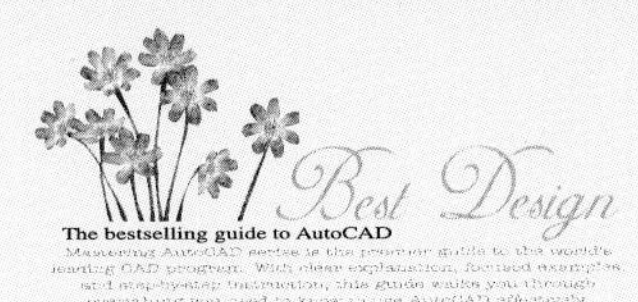

本书部分实例

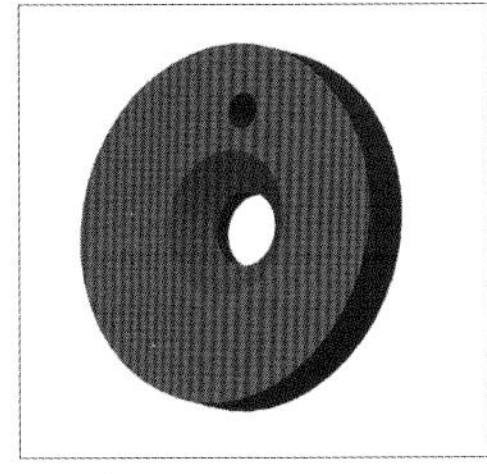

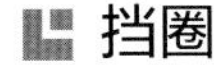
挡圈

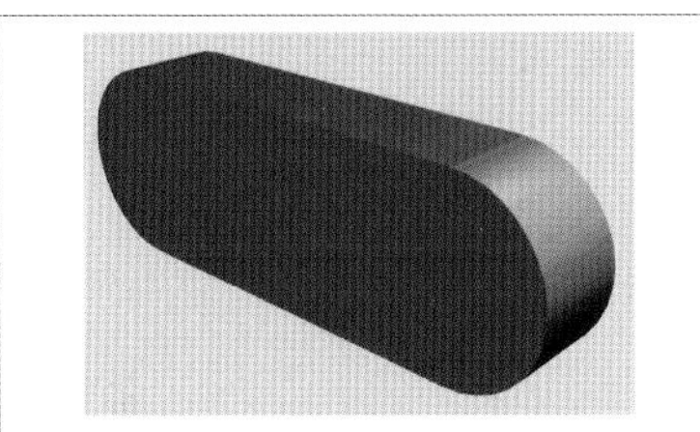

花盆

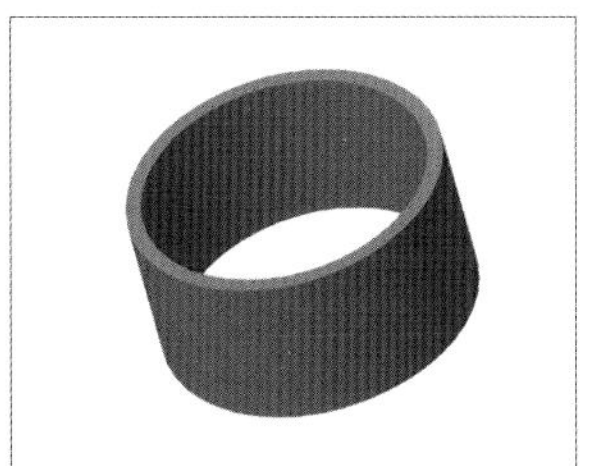

拉伸

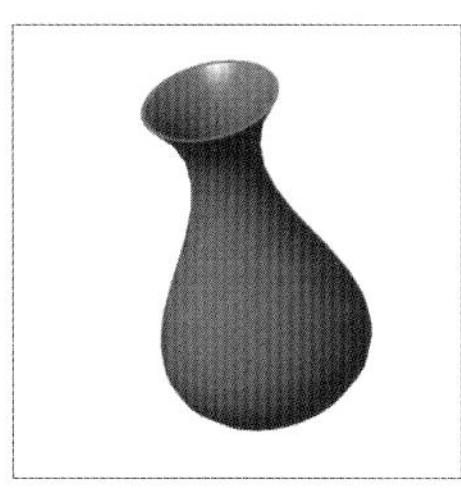

变径进气管

吊钩

旋转

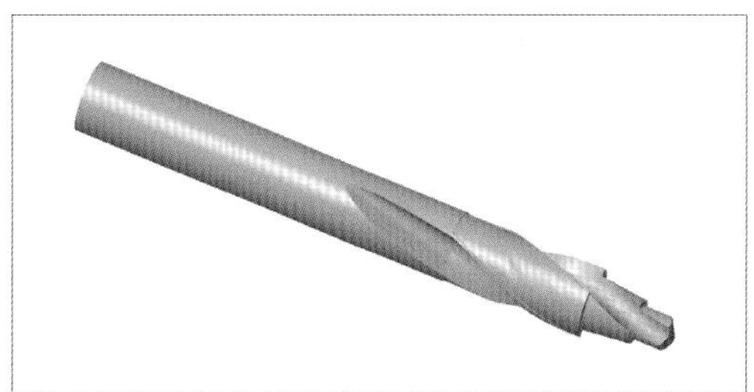

钻头

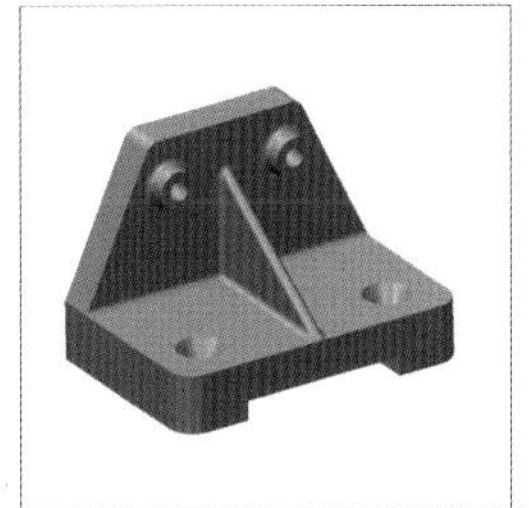

机座

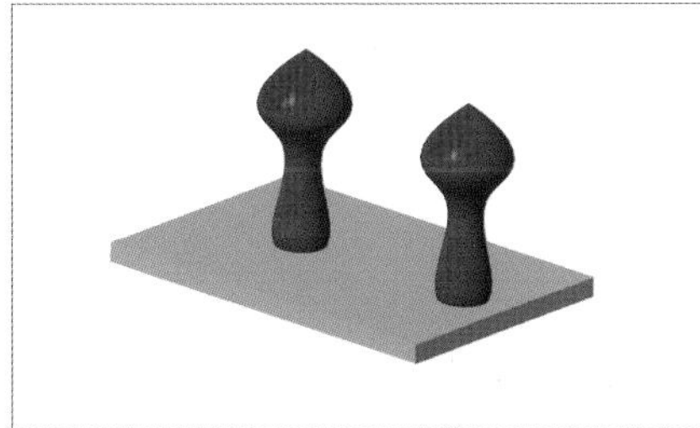

镜像实体

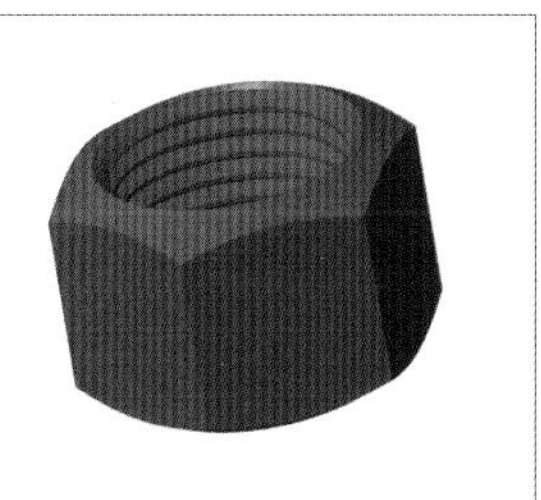

螺母

齿轮泵前盖

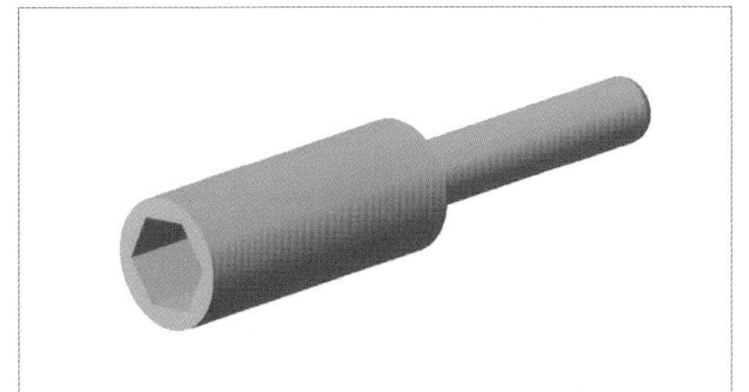

气缸螺栓

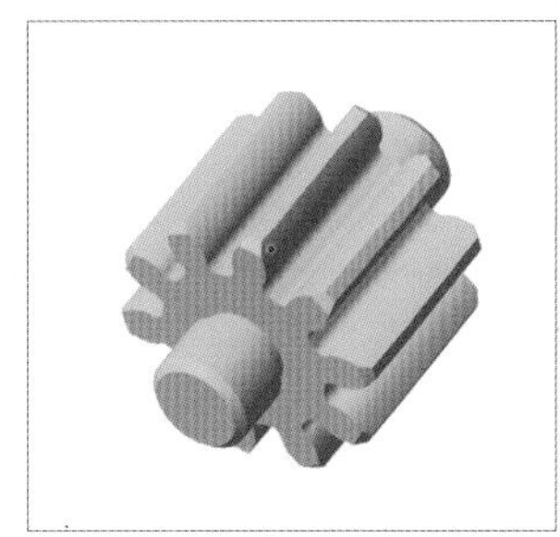

齿轮轴

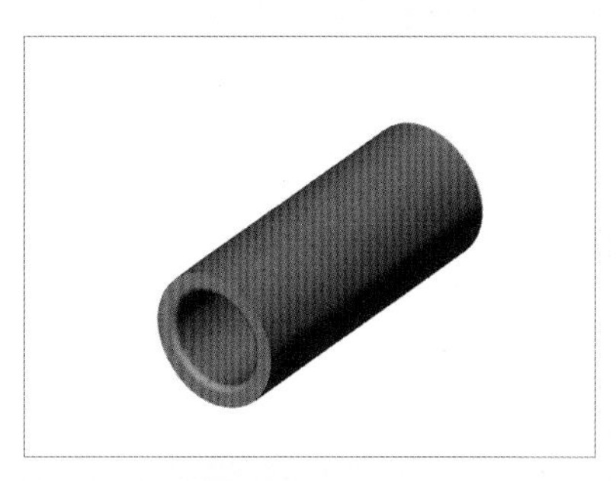

气缸寸套

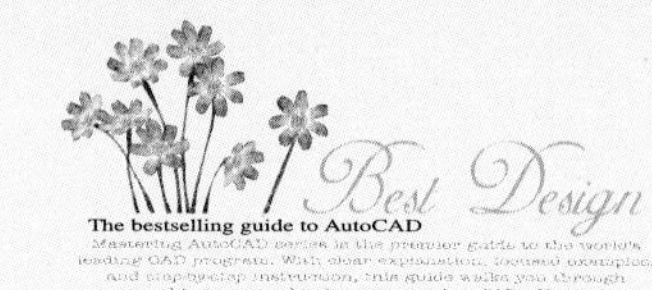

本书部分实例

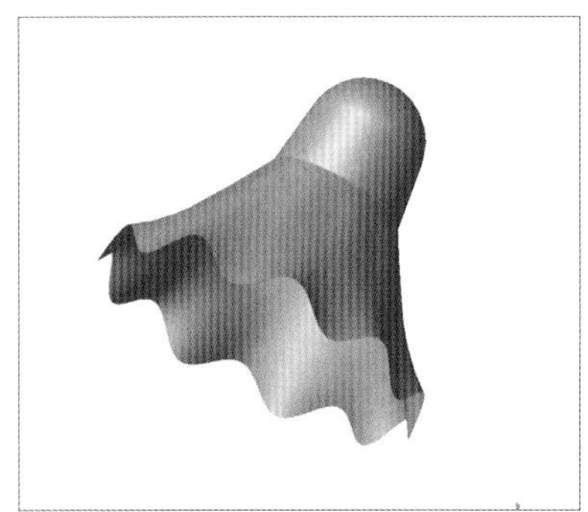

灯罩

轴

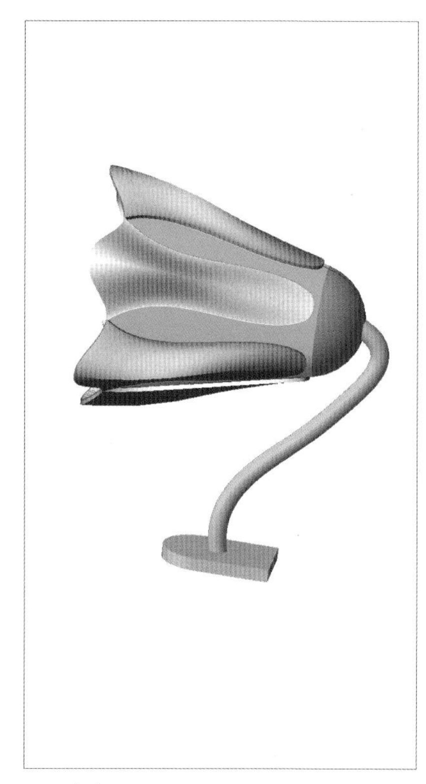

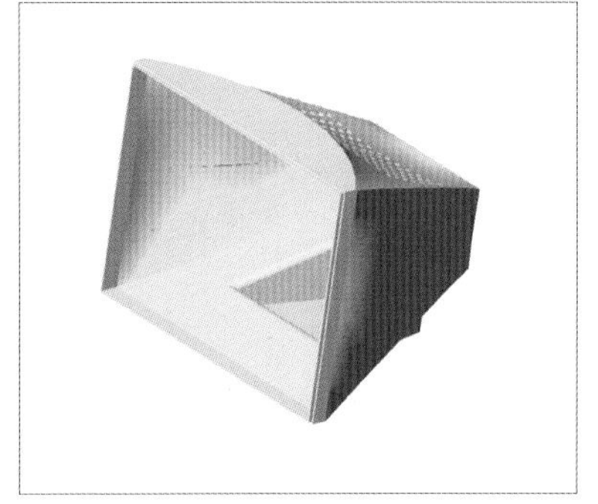

显示器后盖

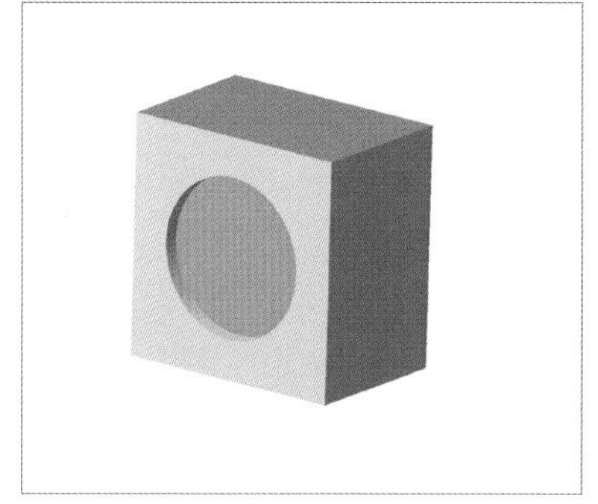

ASM1

台灯

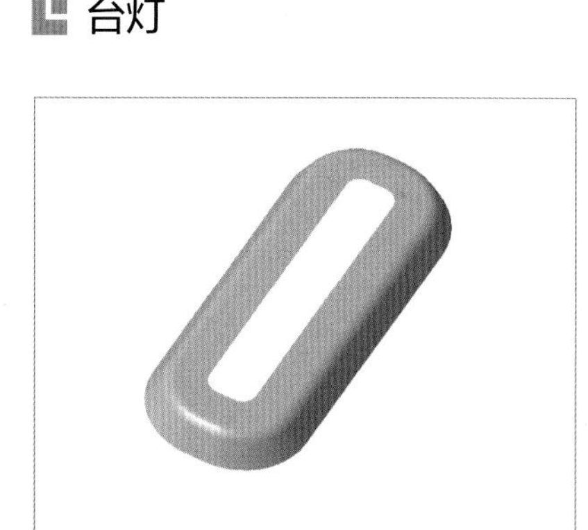

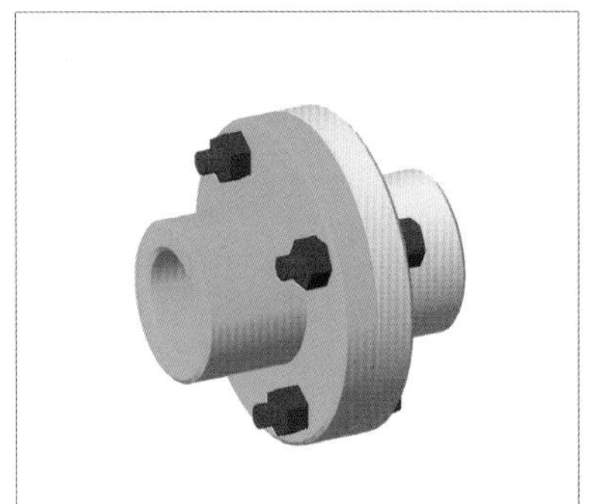

联轴器

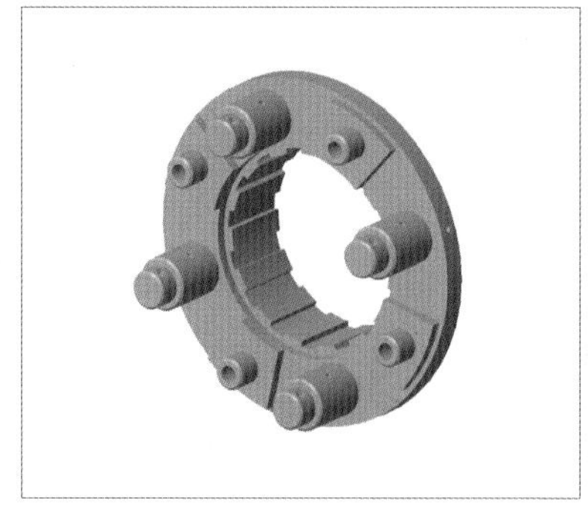

ASM3

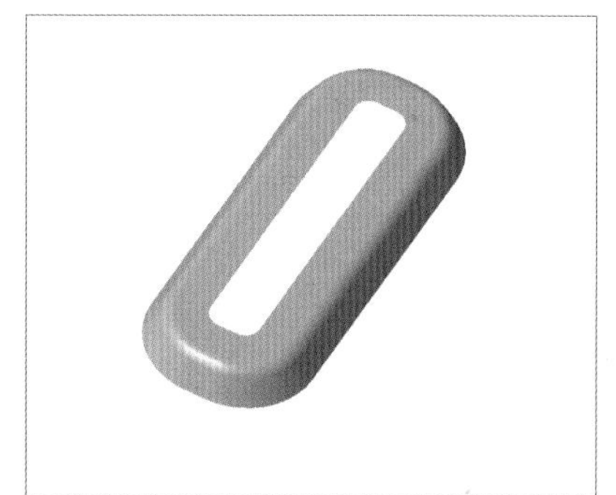

盖板

齿轮轴

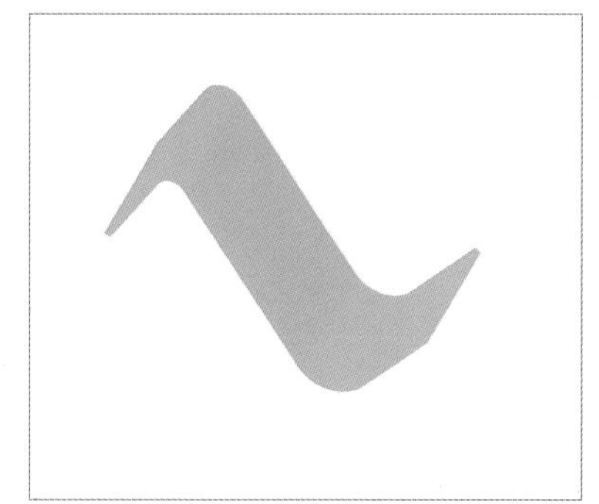

挠件

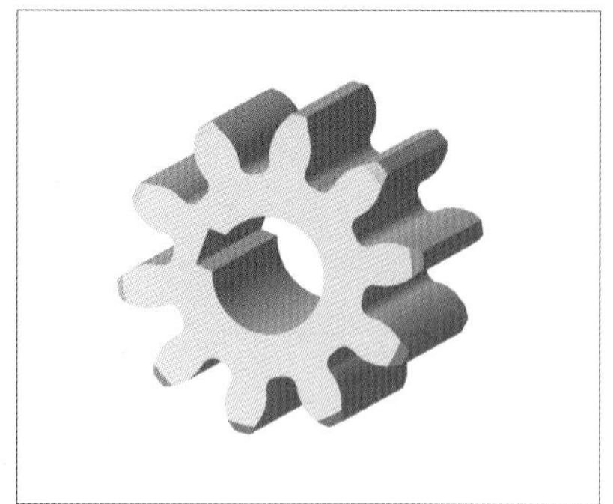

齿轮

本书部分实例

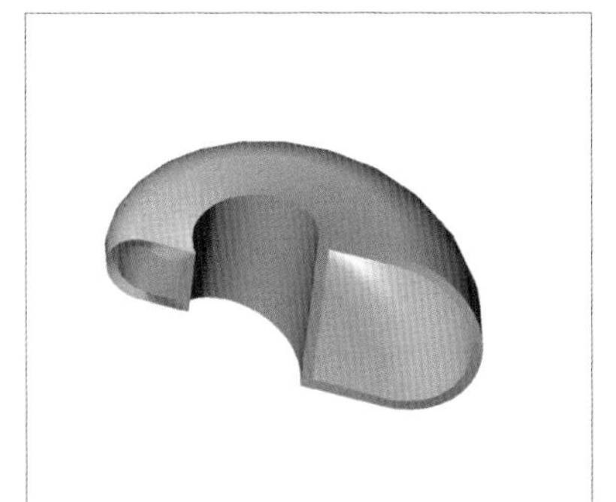
异性弯管

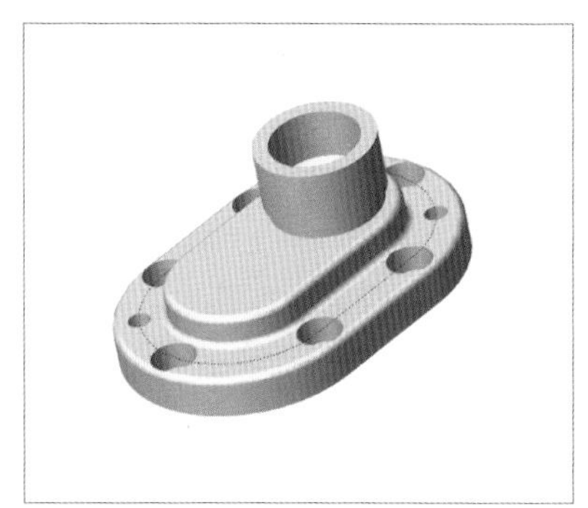
后盖

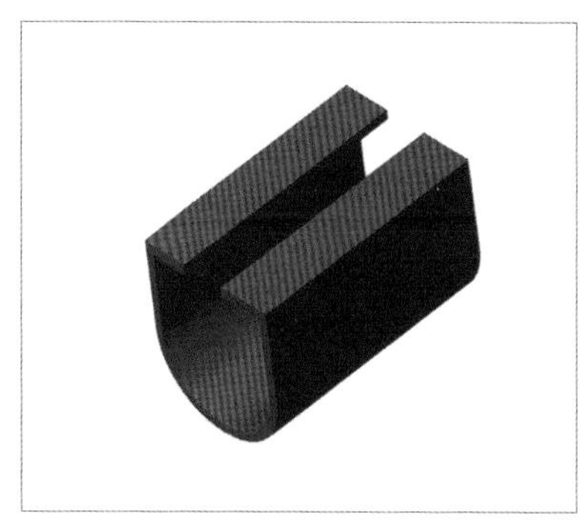
U形体

齿轮泵

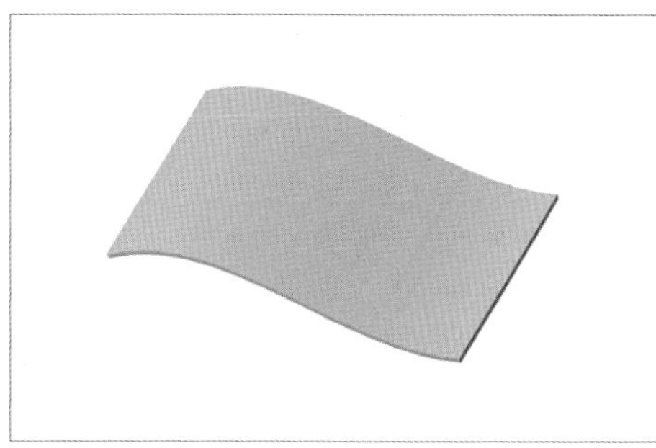
扫描件

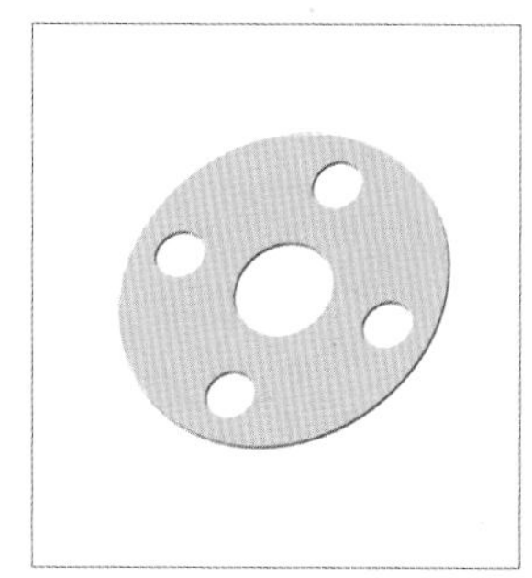
盘件

零件

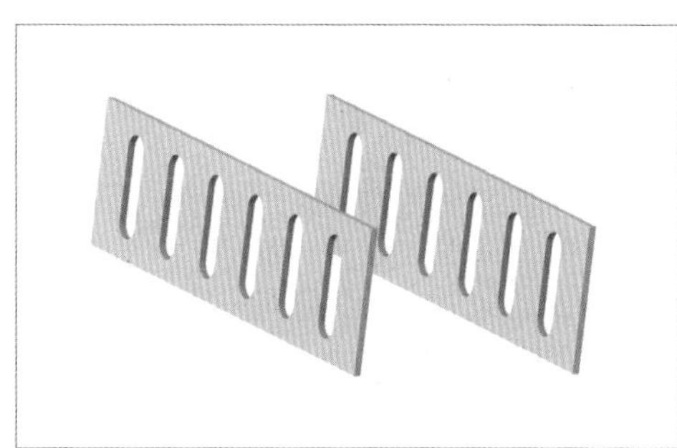
壳体

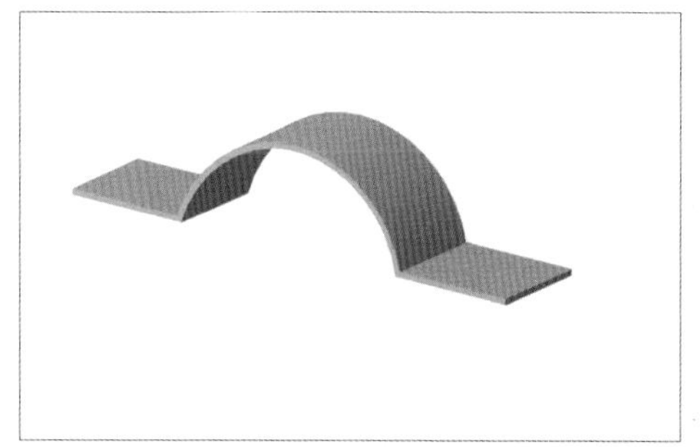
挠曲面

花盆

轴承座

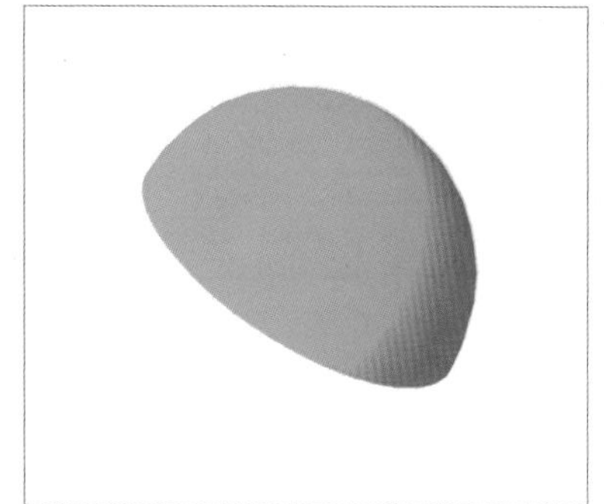
实例

本书部分实例

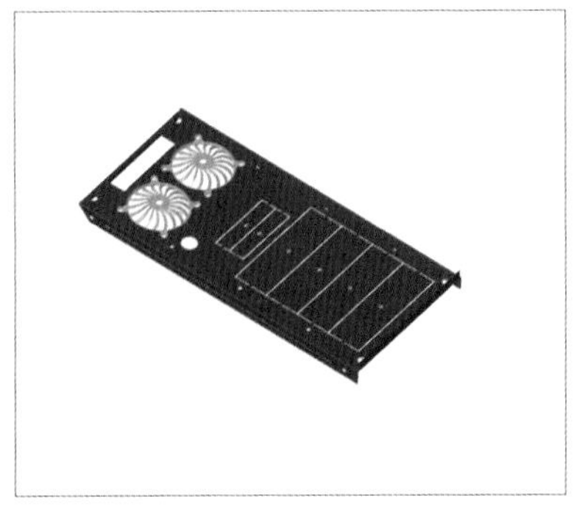

机箱前板

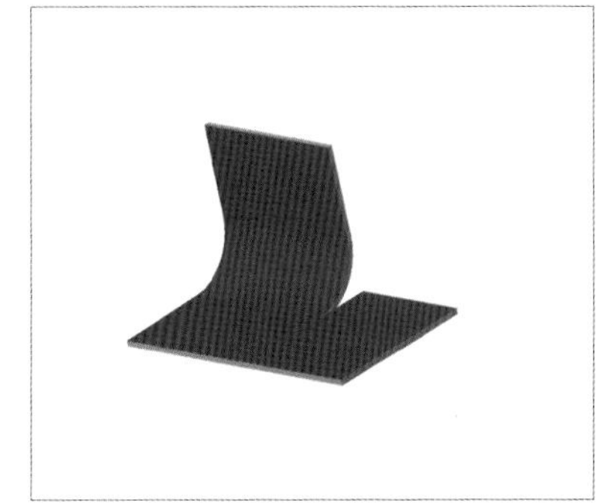

实例

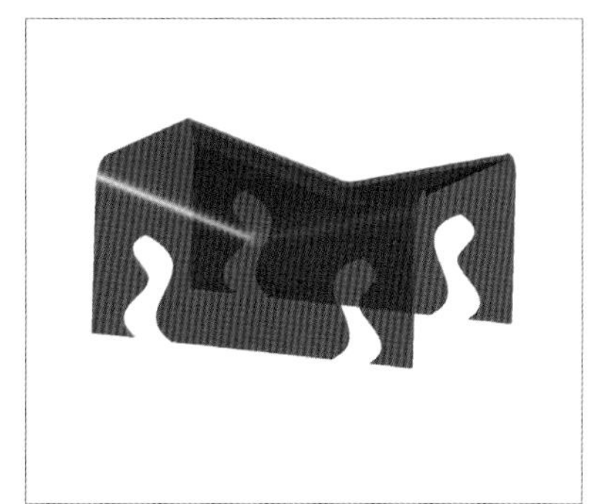

实例

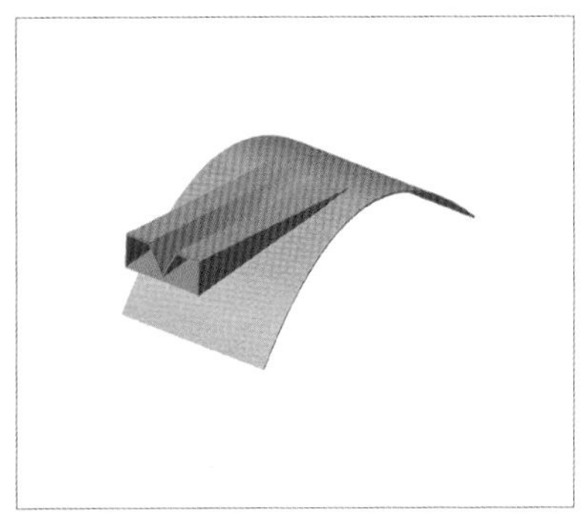

实例

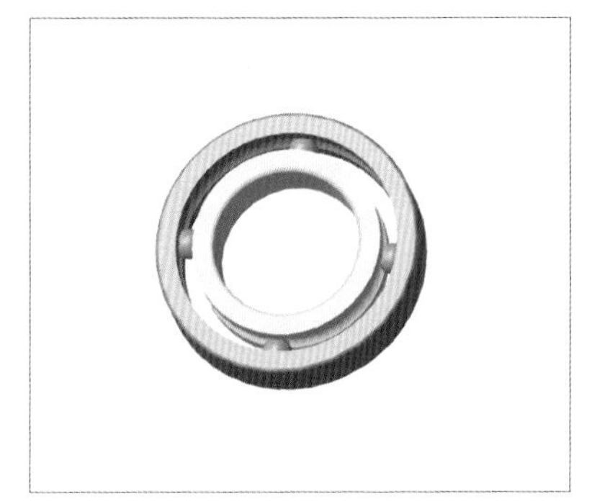

6211

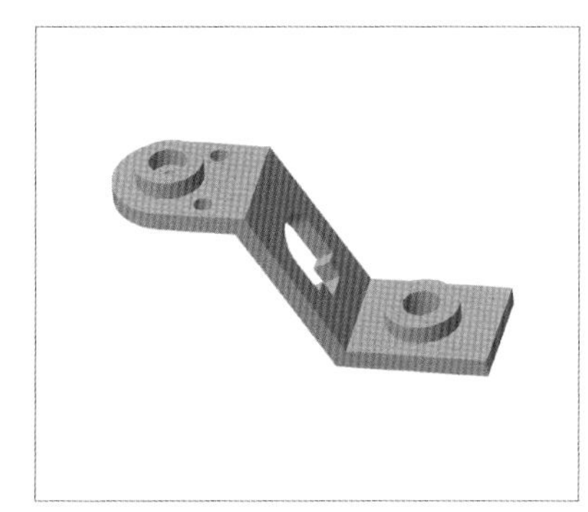

零件

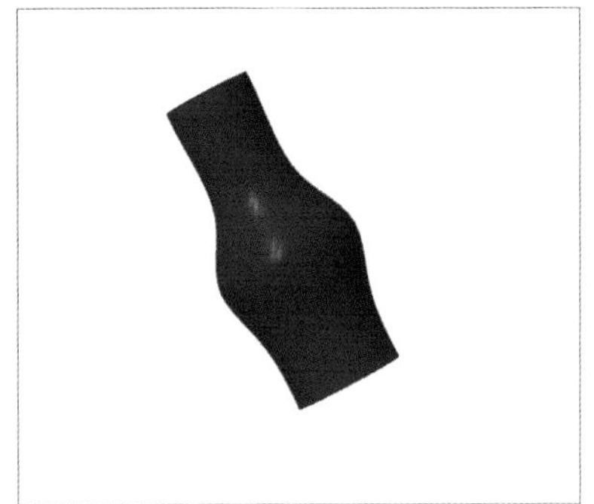

零件

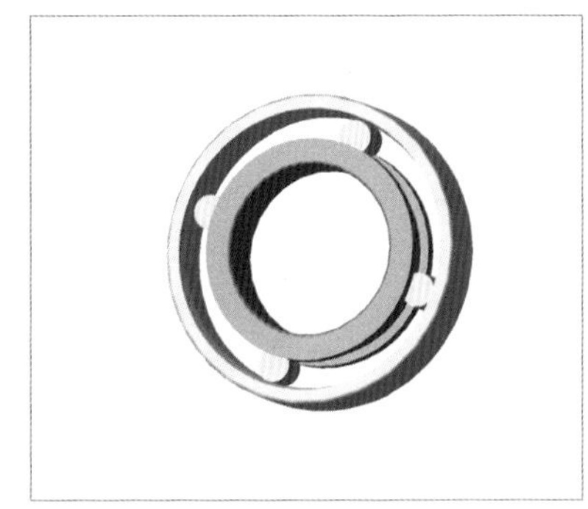

NU211

实例

ZC-P-3

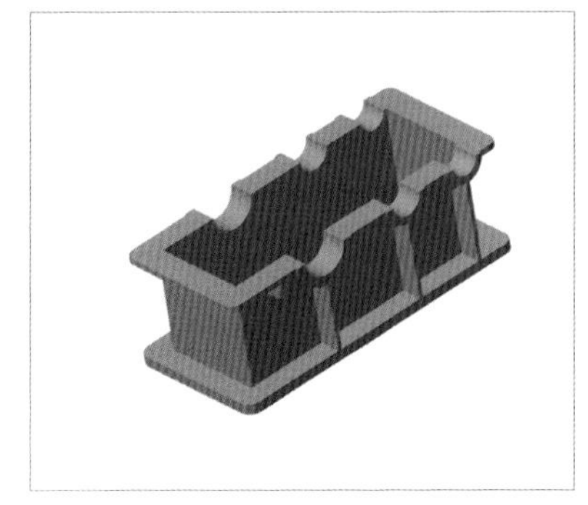

箱体

实例

Pro/ENGINEER Wildfire 5.0 中文版 从入门到精通

CAD/CAM/CAE 技术联盟　编著

清华大学出版社

北　京

内 容 简 介

《Pro/ENGINEER Wildfire 5.0 中文版从入门到精通》综合介绍了 Pro/ENGINEER Wildfire 5.0 中文版的基础知识和应用技巧。全书共分 6 篇：基础知识篇、实体建模篇、曲面造型篇、装配设计篇、钣金设计篇和工程图设计篇，包括从基础建模到高级分析，从一般造型设计到曲面设计，从普通设计模块到钣金设计等特殊模块的全方位的阐述和讲解，让读者全面掌握 Pro/ENGINEER Wildfire 5.0 的设计、分析方法和技巧。

另外，本书随书资源包中还配备了极为丰富的学习资源，具体内容如下。

1. 75 集高清同步微课视频，可像看电影一样轻松学习，然后对照书中实例进行练习。

2. 21 个经典中小型实例，用实例学习上手更快，更专业。

3. 11 种不同类型的综合实例练习，学以致用，动手会做才是硬道理。

4. 附赠 6 套不同类型设计图集及其配套的源文件和视频讲解，可以增强实战能力，拓宽视野。

5. 全书实例的源文件和素材，方便按照书中实例操作时直接调用。

本书适合入门级读者学习使用，也适合有一定基础的读者作参考，还可用作职业培训、职业教育的教材。

图书在版编目（CIP）数据

Pro/ENGINEER Wildfire 5.0 中文版从入门到精通 / CAD/CAM/CAE 技术联盟编著. —北京：清华大学出版社，2020.4

（清华社“视频大讲堂”大系. CAD/CAM/CAE 技术视频大讲堂）

ISBN 978-7-302-53980-3

Ⅰ. ①P… Ⅱ. ①C… Ⅲ. ①机械设计－计算机辅助设计－应用软件 Ⅳ. ①TH122

中国版本图书馆 CIP 数据核字（2019）第 230740 号

责任编辑：贾小红
封面设计：李志伟
版式设计：文森时代
责任校对：马军令
责任印制：沈　露

出版发行：清华大学出版社
网　　址：http://www.tup.com.cn，http://www.wqbook.com
地　　址：北京清华大学学研大厦 A 座　　**邮　　编：**100084
社 总 机：010-62770175　　**邮　　购：**010-62786544
投稿与读者服务：010-62776969，c-service@tup.tsinghua.edu.cn
质量反馈：010-62772015，zhiliang@tup.tsinghua.edu.cn
印 装 者：清华大学印刷厂
经　　销：全国新华书店
开　　本：203mm×260mm　　**印　　张：**30.75　　**插　　页：**2　　**字　　数：**906 千字
版　　次：2020 年 4 月第 1 版　　**印　　次：**2020 年 4 月第 1 次印刷
定　　价：89.80 元

产品编号：074120-01

前　言

Preface

Pro/ENGINEER Wildfire 野火版是业界第一套将产品开发和企业商业过程无缝连接起来的产品，它兼顾了组织内部和整个广义的价值链。它是全面的一体化软件，可以让产品开发人员提高产品质量、缩短产品上市时间、减少成本、改善过程中的信息交流途径，同时为新产品的开发和制造提供了创新方法。Pro/ENGINEER Wildfire 不仅提供了智能化的界面，使产品设计操作更为简单，并且继续保留了 Pro/ENGINEER 将 CAD/CAM/CAE 3 个部分融为一体的一贯传统，为产品设计生产的全过程提供概念设计、详细设计、数据协同、产品分析、运动分析、结构分析、电缆布线、产品加工等功能模块。

一、编写目的

鉴于 Pro/ENGINEER 强大的功能和深厚的工程应用底蕴，我们力图开发一套全方位介绍 Pro/ENGINEER 在各个工程行业实际应用情况的书籍。具体就每本书而言，我们不求事无巨细地将 Pro/ENGINEER 知识点全面讲解清楚，而是针对专业或行业需要，以 Pro/ENGINEER 大体知识脉络为线索，以实例为“抓手”，帮助读者掌握利用 Pro/ENGINEER 进行本专业或本行业工程设计的基本技能和技巧。

二、本书特点

☑　**专业性强**

本书的编者都是在高校多年从事计算机图形教学研究的一线人员，他们具有丰富的教学实践经验与编写教材经验，其中不乏国内 Pro/ENGINEER 图书出版界知名的作者，前期出版的一些相关书籍经过市场检验，很受读者欢迎。多年的教学工作使他们能够准确地把握学生的心理与实际需求，本书是作者总结多年的设计经验以及教学的心得体会，历时多年精心准备编写而成，力求全面细致地展现 Pro/ENGINEER 在工业设计应用领域的各种功能和使用方法。

☑　**实例丰富**

本书的实例不论是在数量上还是在种类上，都非常丰富。单从数量上讲，本书结合大量的工业设计实例详细地讲解了 Pro/ENGINEER 的知识要点，全书包含 100 多个实例，让读者在学习案例的过程中潜移默化地掌握 Pro/ENGINEER 软件的操作技巧。

☑　**涵盖面广**

本书内容涵盖了 Pro/ENGINEER Wildfire 5.0 各个主要功能模块，包括草绘、实体建模、装配图、曲面造型、钣金设计、工程图等内容。在内容组织上遵循由浅入深的原则，突出了易懂、实用、全面的特点。每个功能讲解都附有实例，让读者快速掌握 Pro/ENGINEER Wildfire 5.0 的相关功能。

☑　**突出技能提升**

本书从全面提升 Pro/ENGINEER 设计能力的角度出发，结合大量的案例来讲解如何利用 Pro/ENGINEER 进行工程设计，让读者掌握计算机辅助设计并能够独立地完成各种工程设计。

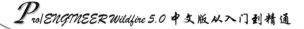

本书中有很多实例本身就是工程设计项目案例，经过作者精心提炼和改编，不仅保证了读者能够学好知识点，更重要的是能帮助读者掌握实际的操作技能，同时培养工程设计的实践能力。

三、本书的配套资源

Note

本书提供了极为丰富的学习配套资源，可扫描封底的“文泉云盘”二维码，获取下载方式，以便读者朋友在最短的时间内学会并掌握这门技术。

1. 配套教学视频

针对本书实例专门制作了 75 集同步教学视频，读者可以扫描书中的二维码观看视频，像看电影一样轻松愉悦地学习本书内容，然后对照课本加以实践和练习，可以大大提高学习效率。

2. 6 套不同类型的设计图集及其配套的源文件和视频讲解

为了帮助读者拓宽视野，本书配套资源赠送了 6 套不同类型的设计图集、源文件，以及时长近 3 个小时的视频讲解。

3. 全书实例的源文件和素材

本书配套资源中包含实例和练习实例的源文件和素材，读者可以安装 Pro/ENGINEER Wildfire 5.0 软件后，打开并使用它们。

四、关于本书的服务

1. “Pro/ENGINEER Wildfire 5.0 简体中文版”安装软件的获取

按照本书上的实例进行操作练习，以及使用 Pro/ENGINEER Wildfire 5.0 进行绘图，需要事先在计算机上安装 Pro/ENGINEER Wildfire 5.0 软件。可以登录官方网站联系购买“Pro/ENGINEER Wildfire 5.0 简体中文版”正版软件，或者使用其试用版。另外，当地电脑城、软件经销商一般有售。

2. 关于本书的技术问题或有关本书信息的发布

读者朋友遇到有关本书的技术问题，可以扫描封底“文泉云盘”二维码查看是否已发布相关勘误/解疑文档。如果没有，可在文档下方寻找联系方式，我们将及时回复。

3. 关于手机在线学习

扫描书后刮刮卡（需刮开涂层）二维码，即可获取书中二维码的读取权限，再扫描书中二维码，可在手机中观看对应教学视频。充分利用碎片化时间，随时随地提升。需要强调的是，书中给出的是实例的重点步骤，详细操作过程还需读者通过视频来学习并领会。

五、关于作者

本书由 CAD/CAM/CAE 技术联盟组织编写。CAD/CAM/CAE 技术联盟是一个集 CAD/CAM/CAE 技术研讨、工程开发、培训咨询和图书创作于一体的工程技术人员协作联盟，包含众多专职和兼职 CAD/CAM/CAE 工程技术专家。

CAD/CAM/CAE 技术联盟负责人由 Autodesk 中国认证考试中心首席专家担任，全面负责 Autodesk 中国官方认证考试大纲制定、题库建设、技术咨询和师资力量培训工作，成员精通 Autodesk 系列软件。其创作的很多教材已经成为国内具有引导性的旗帜作品，在国内相关专业方向图书创作领域具有举足轻重的地位。

六、致谢

在本书的写作过程中，编辑贾小红女士和柴东先生给予了很大的帮助和支持，提出了很多中肯的建议，在此表示感谢。同时，还要感谢清华大学出版社的其他编审人员为本书的出版所付出的辛勤劳动。本书的成功出版是大家共同努力的结果，谢谢所有给予支持和帮助的人。

编　者
2020 年 4 月

Note

目　录

Contents

第 1 篇　基础知识篇

第 2 篇　实体建模篇

第 3 篇　曲面造型篇

第 4 篇 装配设计篇

第 5 篇 钣金设计篇

Note

第6篇 工程图设计篇

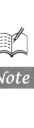

第1篇

基础知识篇

本篇主要介绍 Pro/ENGINEER Wildfire 5.0 中文版的基础知识，包括 Pro/ENGINEER Wildfire 入门、草图绘制、基准特征等。

由于本篇是基础知识篇，所以讲解尽量详细。通过本篇的学习，读者可以初步建立对 Pro/ENGINEER Wildfire 5.0 的感性认识，掌握各种基本操作和草图绘制的方法。

第1章

Pro/ENGINEER Wildfire 5.0 入门

Pro/ENGINEER Wildfire 野火版是全面的一体化软件，可以让产品开发人员提高产品质量、缩短产品上市时间、减少成本、改善过程中的信息交流途径，同时为新产品的开发和制造提供了全新的创新方法。

任务驱动&项目案例

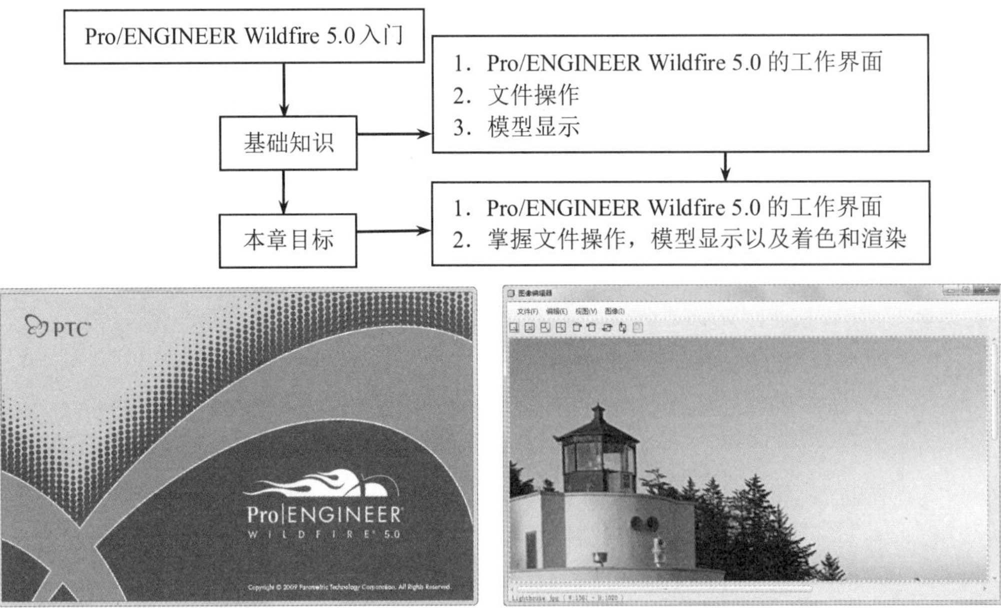
Pro/ENGINEER Wildfire 5.0 入门
基础知识
1．Pro/ENGINEER Wildfire 5.0 的工作界面
2．文件操作
3．模型显示
本章目标
1．Pro/ENGINEER Wildfire 5.0 的工作界面
2．掌握文件操作，模型显示以及着色和渲染
PTC
Pro|ENGINEER
WILDFIRE 5.0

1.1　简　　介

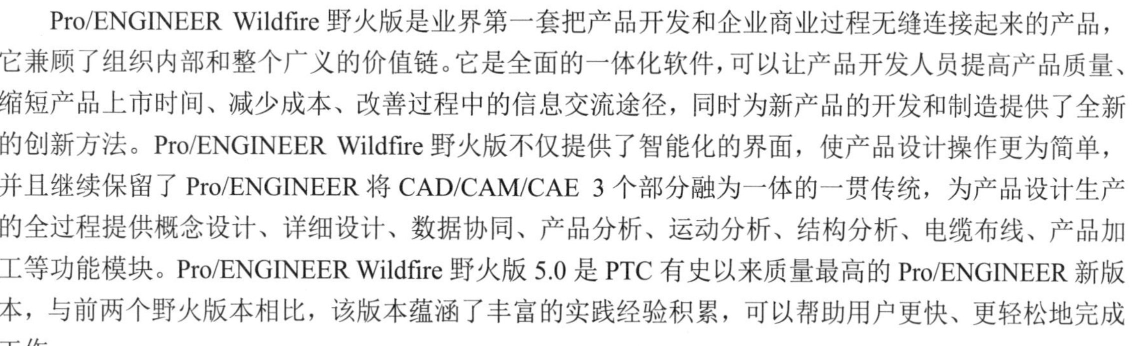

Pro/ENGINEER Wildfire 野火版是业界第一套把产品开发和企业商业过程无缝连接起来的产品，它兼顾了组织内部和整个广义的价值链。它是全面的一体化软件，可以让产品开发人员提高产品质量、缩短产品上市时间、减少成本、改善过程中的信息交流途径，同时为新产品的开发和制造提供了全新的创新方法。Pro/ENGINEER Wildfire 野火版不仅提供了智能化的界面，使产品设计操作更为简单，并且继续保留了 Pro/ENGINEER 将 CAD/CAM/CAE 3 个部分融为一体的一贯传统，为产品设计生产的全过程提供概念设计、详细设计、数据协同、产品分析、运动分析、结构分析、电缆布线、产品加工等功能模块。Pro/ENGINEER Wildfire 野火版 5.0 是 PTC 有史以来质量最高的 Pro/ENGINEER 新版本，与前两个野火版本相比，该版本蕴涵了丰富的实践经验积累，可以帮助用户更快、更轻松地完成工作。

1.1.1　主要特点

目前，日益复杂的产品开发环境要求工程师在不影响质量的前提下，通过压缩开发周期来缩短上市时间。为了解决这些问题，工程师们正在努力寻找整个产品开发过程中能够提高个人效率和流程效率的解决方案。Pro/ENGINEER Wildfire 野火版 5.0 重点解决了这些具体问题。

野火版 5.0 版本中用于提高个人效率的功能有以下方面。

- ☑ 快速草绘工具：该工具减少了使用和退出草绘环境所需的单击菜单次数，它可以处理大型草图，使系统性能提高了 80%之多。
- ☑ 快速装配：流行的用户界面和最佳装配工作流可以使装配速度提高 5 倍。同时，对 Windows XP 64 位系统的最新支持允许处理超大型部件装配。
- ☑ 快速制图：这一给传统 2D 视图增加着色视图的功能，有助于快速阐明设计概念和清除含糊的内容。对制图环境的改进将效率提高了 63%。
- ☑ 快速钣金设计：捕捉设计意图的功能使用户能以比以往快 90%的速度快速建立钣金特征，同时能将特征数目减少 90%。
- ☑ 快速 CAM：制造用户接口增强的功能使制造几何图形的建立速度快了 3 倍。

流程效率是 Pro/ENGINEER Wildfire 野火版 5.0 改进的第二个方面，其重要功能包括以下方面。

- ☑ 智能流程向导：系统新增的可自定义流程向导蕴涵了丰富的专家知识，它能让公司针对不同的流程来选用专家的最佳实践和解决方案。
- ☑ 智能模型：把制造流程的信息内嵌到模型中，该功能让用户能够根据制造流程比较轻松地完成设计，并有助于形成最佳实践。
- ☑ 智能共享：新推出的便携式工作空间可以记录所有修改过、未修改过和新建的文件，它可以简化离线访问 CAD 数据的工作，有助于改进与外部合作伙伴的协作。
- ☑ 与 Windchill 和 Pro/INTRALINK 的智能交互操作性：重要项目的自动报告、项目只有发生变更时才快速检出，以及模型树中新增的报告数据库状态的状态栏，提供了一个高效的信息访问过程。

总之，Pro/ENGINEER Wildfire 野火版 5.0 的特点是操作界面简单、功能齐全、支持网络连接，能将用户在全世界的研发人员和资料连接起来，使企业有能力将产品和产品开发放在业务的中心位置，并激发产品开发过程中的隐藏价值。

Note

1.1.2 行为建模技术

每个工程师解决问题的方法都不一样，如果有时间，工程师会乐意研究所有可能的设计解决方案。但是，工程师还有许多其他重要的事情要做。设想一下，如果您知道工程师如何解决问题，并可以让计算机自动研究所有可能的解决方案，那么您是否能够得到最佳设计？作为 Pro/ENGINEER Wildfire 的一个插件，行为建模技术把获取产品意图看成是工程过程必不可少的一部分。行为建模技术是在设计产品时，综合考虑产品所要求的功能行为、设计背景和几何图形。行为建模技术采用知识捕捉和迭代求解的智能化方法，使工程师可以面对不断变化的需求，追求高度创新的、能满足行为和完善性要求的设计。

行为建模技术的强大功能体现在 3 个方面。

（1）智能模型：可以捕捉设计和过程信息以及定义一件产品所需要的各种工程规范。它是一些智能设计，提供了一组远远超过传统核心几何特征范围的自适应过程特征。这些特征有两个不同的类型，一个是应用特征，它封装了产品和过程信息；另一个是行为特征，它包括工程和功能规范。自适应过程特征提供了大量信息，进一步详细确定了设计意图和性能，是产品模型的一个完整部分，它们使得智能模型具有高度的灵活性，从而对环境的变化反应迅速。

（2）目标驱动式设计：能优化每件产品的设计，以满足使用自适应过程特征从智能模型中捕捉的多个目标和不断变化的市场需求。同时，它还能解决相互冲突的目标问题，采用传统方法不可能完成这一工作。由于规范是智能模型特征中固有的，所以模型一旦被修改，工程师就能快速且简单地重新生成和重新校验是否符合规范，即用规范来实际地驱动设计。由于目标驱动式设计能自动满足工程规范，所以工程师能集中精力设计更高性能、更多功能的产品。在保证解决方案能满足基本设计目标的前提下，工程师能够自由发挥创造力和技能，改进设计。

（3）开放式可扩展环境：开放式可扩展环境是行为建模技术的第三大支柱，它提供无缝工程设计工程，能保证产品不会丢失设计意图。它避免了烦琐。为了尽可能发挥行为建模方法的优势，在允许工程师充分利用企业现有外部系统、应用程序、信息和过程的地方，要部署这项技术。这些外部资源对满足设计目标的过程很有帮助，并能返回结果，这样它们就能成为最终设计的一部分。一个开放式可扩展环境通过在整个独特的工程中提供连贯性，从而增强了设计的灵活性，并能生成更可靠的设计。

1.2 启动 Pro/ENGINEER Wildfire 5.0

单击电脑窗口中的“开始”菜单，展开“所有程序”→PTC→Pro ENGINEER→ Pro ENGINEER，如图 1-1 所示。

如果电脑桌面上有图标的话，双击此图标，也可以启动 Pro/ENGINEER。启动 Pro/ENGINEER 时，将出现如图 1-2 所示的闪屏（Splash screen）。

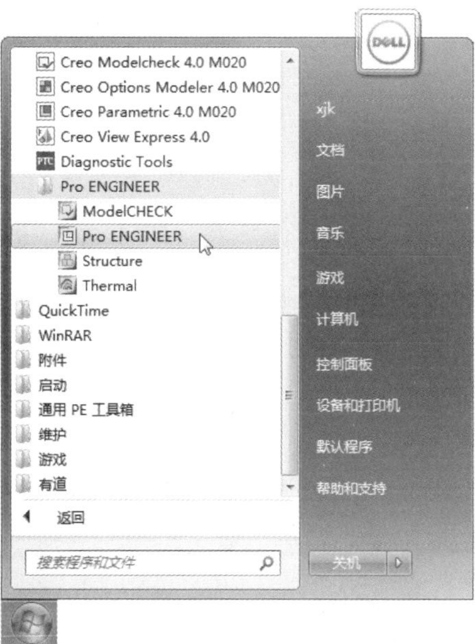

图 1-1　打开 Pro/ENGINEER 系统

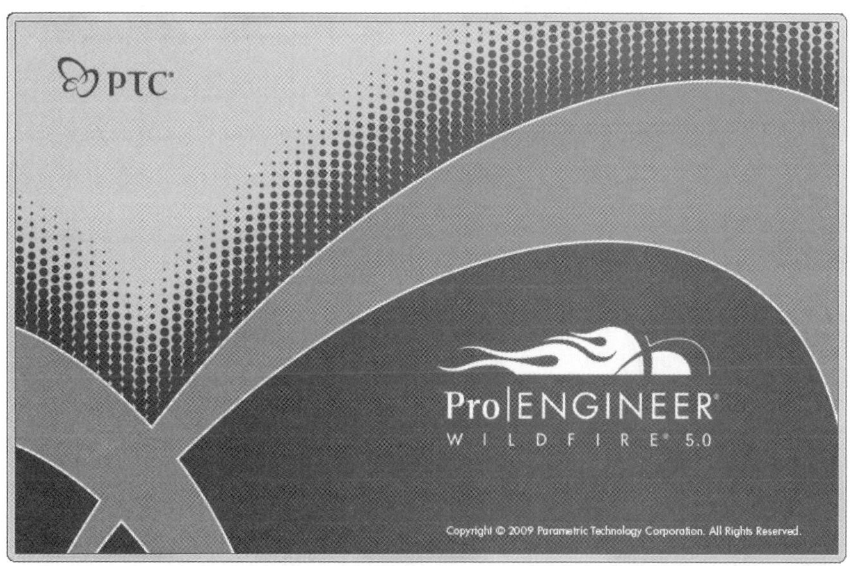

图 1-2　打开 Pro/ENGINEER 系统时的闪屏

1.3　Pro/ENGINEER Wildfire 5.0 工作界面介绍

出现闪屏后，将打开如图 1-3 所示的 Pro/ENGINEER Wildfire 5.0 工作界面。一进入 Pro/ENGINEER Wildfire 5.0 工作界面，Pro/ENGINEER 系统会直接通过网络和 PTC 公司的 Pro/ENGINEER Wildfire 5.0 资源中心的网页链接上（如果网连通的话）。要取消一打开 Pro/ENGINEER Wildfire 5.0 就和资源中心的网页链接上这一设置（可以先跳过这个操作，看过工作窗口的布置后再进行这一个操作），可以选择“工具”→“定制屏幕...”命令，系统打开“定制”对话框，如图 1-4 所示。单击“浏览器”标签，

Note

打开“浏览器”选项卡，如图 1-5 所示。

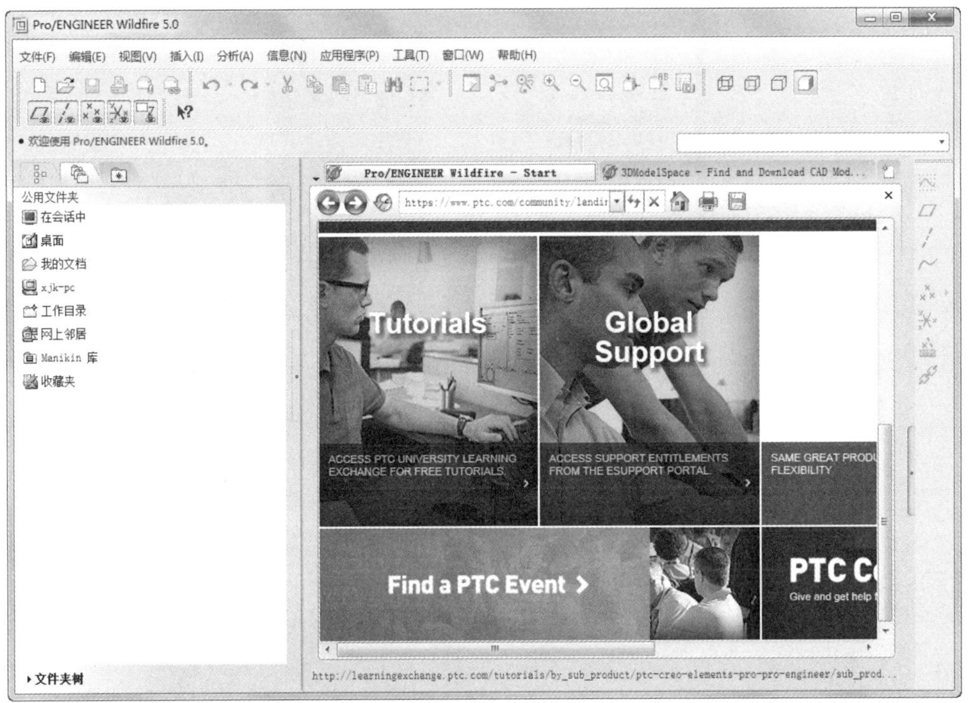

图 1-3　Pro/ ENGINEER Wildfire 5.0 窗口

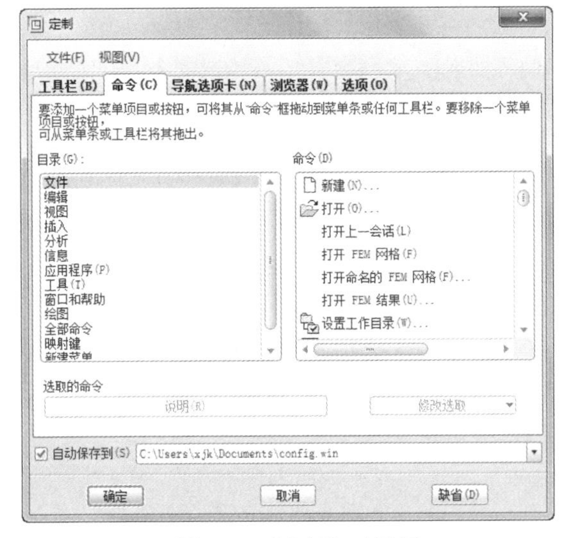

图 1-4　“定制”对话框

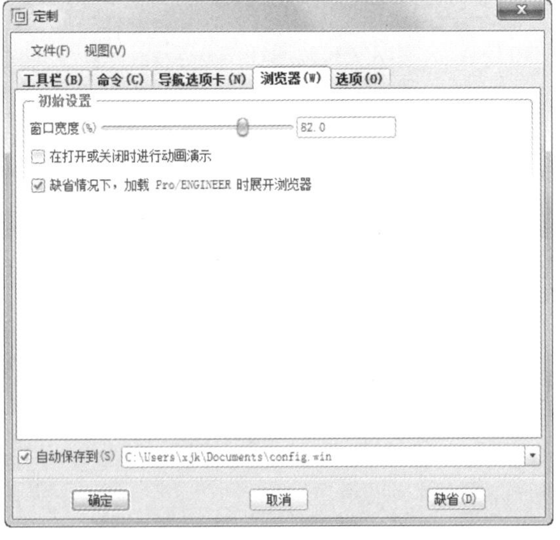

图 1-5　“定制”对话框的“浏览器”选项卡

取消选中“浏览器”选项卡中的“缺省情况下，加载 Pro/ENGINEER 时展开浏览器”复选框，然后单击“确定”按钮，以后再打开 Pro/ENGINEER Wildfire 5.0 时就不会再直接链接上资源中心的网页了。

如图 1-6 所示，Pro/ENGINEER Wildfire 5.0 的工作窗口分为 8 部分，其中，工具栏按放置的位置不同，分为“上工具箱”和“右工具箱”，即位于窗口上方的是上工具箱，位于窗口右侧的是右工具箱。

单击 Web 浏览器关闭条，系统会关闭 Web 浏览器窗口，如图 1-7 所示。

Note

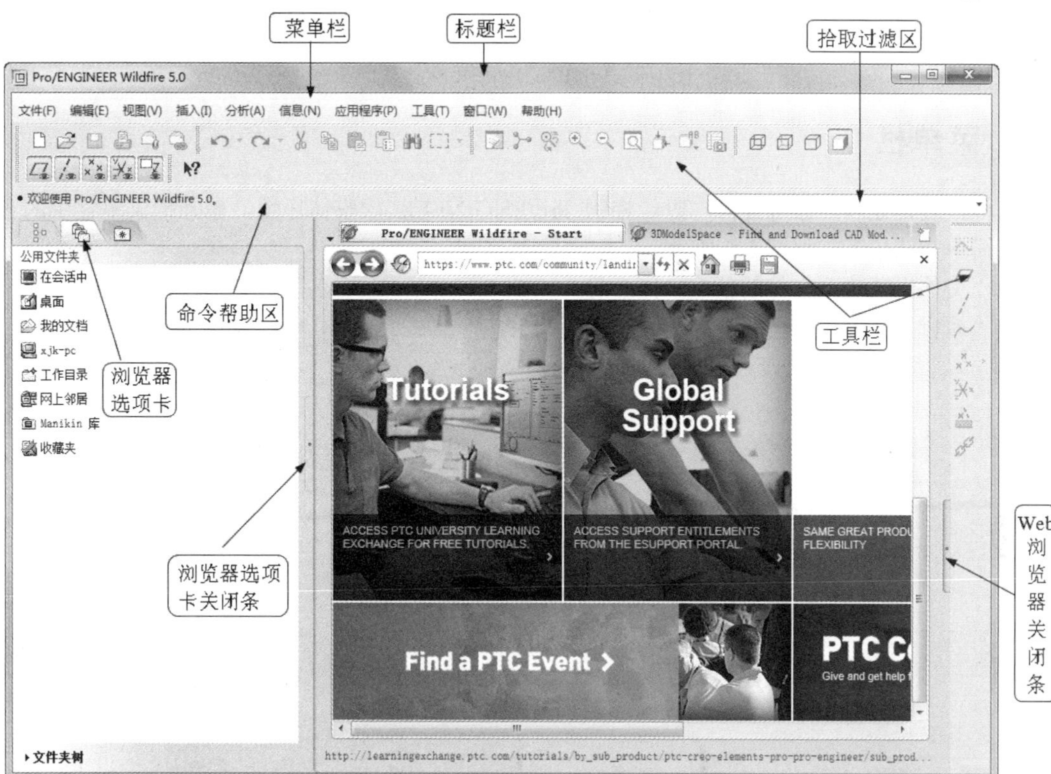

图 1-6　Pro/ENGINEER Wildfire 5.0 窗口布置

图 1-7　Web 浏览器操作条

再次单击 Web 浏览器打开条，又可以把 Web 浏览器窗口打开。

1.3.1　标题栏

标题栏显示当前活动的工作窗口名称，如果当前没有打开任何工作窗口，则显示系统名称。系统可以同时打开几个工作窗口，但是只有一个工作窗口处于活动状态，用户只能对活动的窗口进行操作。如果需要激活其他窗口，可以在菜单栏的“窗口”菜单中选取要激活的工作窗口，此时标题栏将显示被激活的工作窗口的名称，如图 1-8 所示。

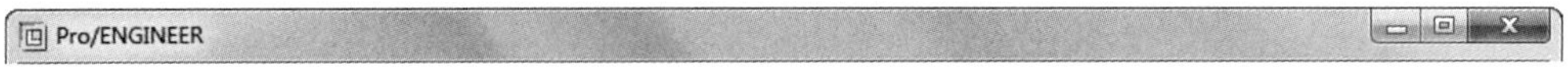

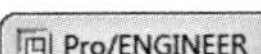

图 1-8　Pro/ENGINEER 标题栏

Note

1.3.2　菜单栏

菜单栏主要是让用户在进行操作时能控制 Pro/ENGINEER 的整体环境。在此把菜单栏中的各项菜单功能简单介绍一下，如图 1-9 所示。

☑　“文件”菜单：文件的新建、保存等，如图 1-10 所示。

☑　“编辑”菜单：剪切、复制等，如图 1-11 所示。

文件(F)　编辑(E)　视图(V)　插入(I)　分析(A)　信息(N)　应用程序(P)　工具(T)　窗口(W)　帮助(H)

图 1-9　Pro/ENGINEER 菜单栏

图 1-10　“文件”菜单

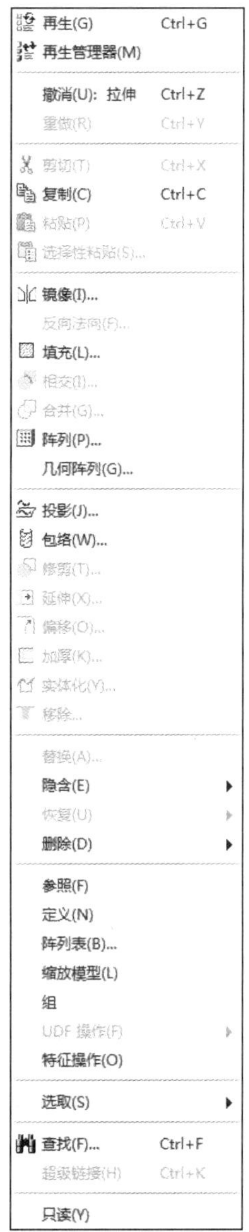

图 1-11　“编辑”菜单

☑　“视图”菜单：3D 视角的控制，如图 1-12 所示。

Note

☑　“插入”菜单：插入各种特征，如图 1-13 所示。

☑　“分析”菜单：提供各种分析功能，如图 1-14 所示。

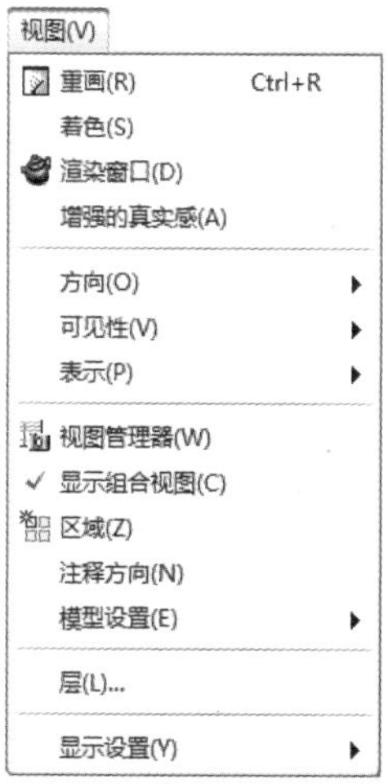

视图(V)
重画(R)　Ctrl+R
着色(S)
渲染窗口(D)
增强的真实感(A)
方向(O)
可见性(V)
表示(P)
视图管理器(W)
显示组合视图(C)
区域(Z)
注释方向(N)
模型设置(E)
层(L)...
显示设置(Y)

图 1-12　“视图”菜单

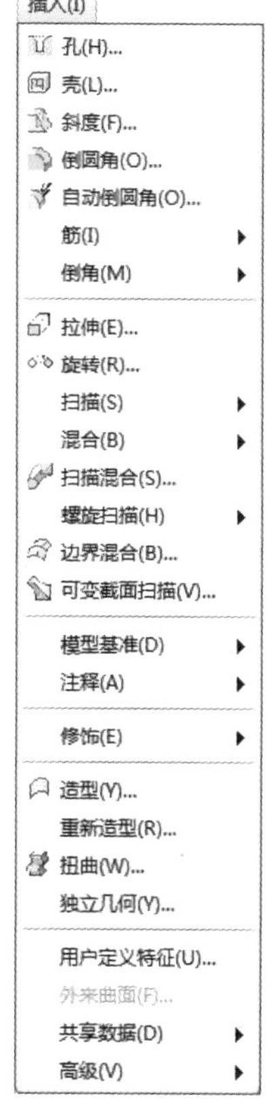

图 1-13　“插入”菜单

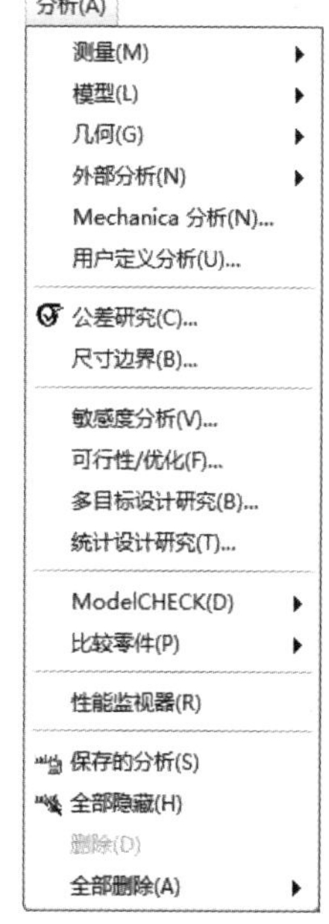

图 1-14　“分析”菜单

☑　“信息”菜单：显示模型的各种数据，如图 1-15 所示。

☑　“应用程序”菜单：标准模块及其他应用模块，如图 1-16 所示。

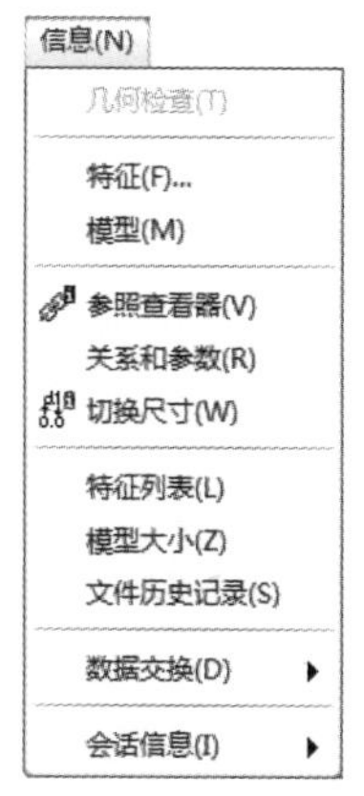

图 1-15　“信息”菜单

图 1-16　“应用程序”菜单

☑　“工具”菜单：提供多种应用工具，如图 1-17 所示。

☑　“窗口”菜单：窗口的控制，如图 1-18 所示。

☑　“帮助”菜单：各命令功能的详细说明，如图 1-19 所示。

图 1-17 “工具”菜单

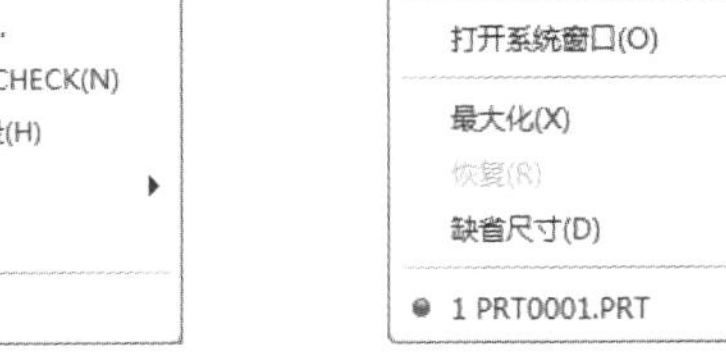

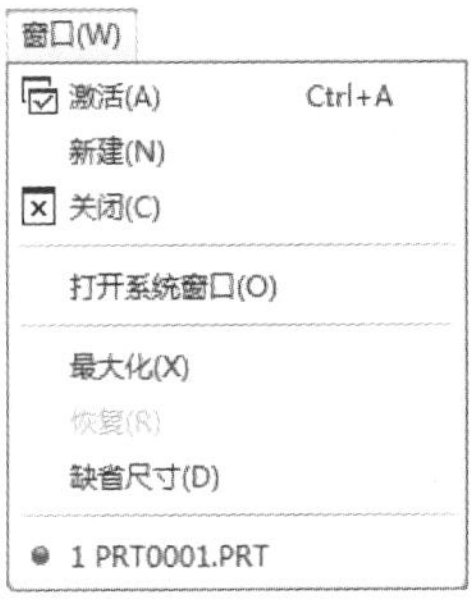

图 1-18 “窗口”菜单

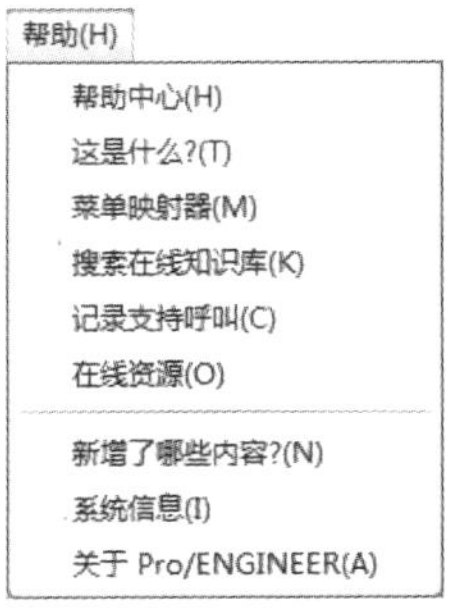

图 1-19 “帮助”菜单

1.3.3 工具栏

右击工具栏中的任何一个处于激活状态的命令，可以打开工具栏配置快捷菜单，如图 1-20 所示。

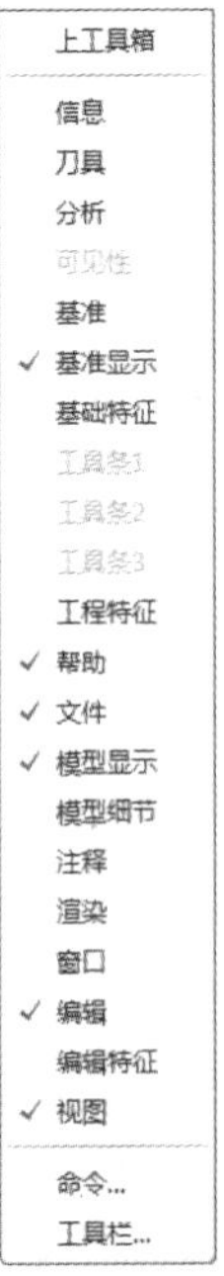

图 1-20 工具栏配置快捷菜单

工具栏名称前带对号标识的表示当前窗口中打开了此工具栏。工具栏名称是灰色的表示当前设计环境中此工具栏无法使用，故其为未激活状态。需要打开或关闭某个工具栏，使用左键单击这个工具栏名称即可。工具栏中的命令以生动形象的图标表示，给用户的操作带来了很大的方便和快捷。各工具栏简单介绍如下。

"信息"工具栏如图 1-21 所示，各图标的含义如表 1-1 所示。

图 1-21 "信息"工具栏

表 1-1 "信息"工具栏各图标的含义

图　标	含　义	图　标	含　义
	显示指定特征的信息		显示有关模型特征列表的信息
	在尺寸值和名称间切换		生成组件的材料清单
	显示指定元件安装过程的信息		电缆信息

"刀具"工具栏如图 1-22 所示，各图标的含义如表 1-2 所示。

图 1-22 "刀具"工具栏

表 1-2 "刀具"工具栏各图标的含义

图　标	含　义	图　标	含　义
	设置各种环境选项		创建宏
	运行跟踪或培训文件		选取分布式计算的主机

"分析"工具栏如图 1-23 所示，各图标的含义如表 1-3 所示。

图 1-23 "分析"工具栏

表 1-3 "分析"工具栏各图标的含义

图　标	含　义	图　标	含　义
	距离		角
	区域		直径
	曲率：曲线的曲率、半径、相切选项、曲面的曲率、垂直选项		剖面：截面的曲率、半径、相切、位置选项和加亮的位置
	偏移：曲线或曲面		着色曲率：高斯、最大、剖面选项
	拔模检测		曲面节点
	显示保存的分析		隐藏所有已保存的分析

"基准"工具栏如图 1-24 所示，各图标的含义如表 1-4 所示。

图 1-24 "基准"工具栏

Note

表 1-4 “基准”工具栏各图标的含义

图 标	含 义	图 标	含 义
	基准点工具		插入参照特征
	草绘工具		基准平面工具
	基准轴工具		插入基准曲线
	基准坐标系工具		插入分析特征

“模型显示”工具栏如图 1-25 所示，各图标的含义如表 1-5 所示。

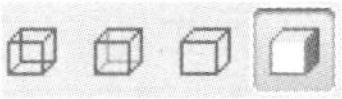

图 1-25 “模型显示”工具栏

表 1-5 “模型显示”工具栏各图标的含义

图 标	含 义	图 标	含 义
	线框		隐藏线
	无隐藏线		着色

“基础特征”工具栏如图 1-26 所示，各图标的含义如表 1-6 所示。

图 1-26 “基础特征”工具栏

表 1-6 “基础特征”工具栏各图标的含义

图 标	含 义	图 标	含 义
	拉伸工具		旋转工具
	可变剖面扫描工具		边界混合工具
	造型工具		

“工程特征”工具栏如图 1-27 所示，各图标的含义如表 1-7 所示。

图 1-27 “工程特征”工具栏

表 1-7 “工程特征”工具栏各图标的含义

图 标	含 义	图 标	含 义
	孔工具		壳工具
	筋工具		拔模工具
	倒圆角工具		倒角工具

“帮助”工具栏如图 1-28 所示，含义为“上下文相关帮助”。

“文件”工具栏如图 1-29 所示，各图标的含义如表 1-8 所示。

图 1-28 “帮助”工具栏

图 1-29 “文件”工具栏

表 1-8 “文件”工具栏各图标的含义

图　标	含　义	图　标	含　义
	发送带有活动窗口中对象的邮件		发送带有活动窗口中对象的链接的电子邮件
	创建新对象		打开现有对象
	保存活动对象		打印活动对象

“视图”工具栏如图 1-30 所示，各图标的含义如表 1-9 所示。

图 1-30 “视图”工具栏

表 1-9 “视图”工具栏各图标的含义

图　标	含　义	图　标	含　义
	启动视图管理器		重画当前视图
	旋转中心开/关		定向模式开/关
	放大		缩小
	重新调整对象使其完全显示在屏幕上		重定向视图
	保存的视图列表		设置层、层项目和显示状态
	外观库，设置图形外观		

“注释”工具栏如图 1-31 所示，各图标的含义如表 1-10 所示。

图 1-31 “注释”工具栏

表 1-10 “注释”工具栏各图标的含义

图　标	含　义	图　标	含　义
	插入注释特征		创建基准目标注释特征以定义基准框
	插入注释元素传播特征		

“窗口”工具栏如图 1-32 所示，各图标的含义如表 1-11 所示。

图 1-32 “窗口”工具栏

表 1-11 “窗口”工具栏各图标的含义

图　标	含　义	图　标	含　义
	创建新的对象窗口		激活窗口
	关闭窗口并将对象留在会话中		

“编辑”工具栏如图 1-33 所示，各图标的含义如表 1-12 所示。

Note

图 1-33 “编辑”工具栏

表 1-12 “编辑”工具栏各图标的含义

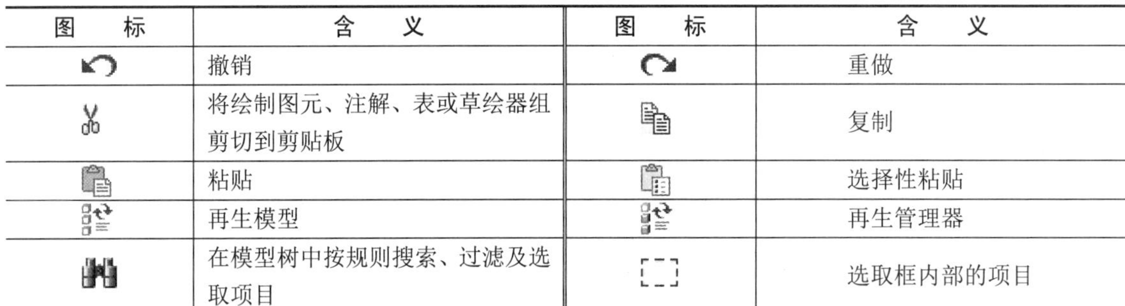

图 标	含 义	图 标	含 义
	撤销		重做
	将绘制图元、注解、表或草绘器组剪切到剪贴板		复制
	粘贴		选择性粘贴
	再生模型		再生管理器
	在模型树中按规则搜索、过滤及选取项目		选取框内部的项目

“编辑特征”工具栏如图 1-34 所示，各图标的含义如表 1-13 所示。

图 1-34 “编辑特征”工具栏

表 1-13 “编辑特征”工具栏各图标的含义

图 标	含 义	图 标	含 义
	镜像工具		合并工具
	修剪工具		阵列工具

“基准显示”工具栏如图 1-35 所示，各图标的含义如表 1-14 所示。

图 1-35 “基准显示”工具栏

表 1-14 “基准显示”工具栏各图标的含义

图 标	含 义	图 标	含 义
	基准平面开/关		基准轴开/关
	基准点开/关		坐标系开/关
	打开或关闭 3D 注释及注释元素		

“渲染”工具栏如图 1-36 所示，各图标的含义如表 1-15 所示。

图 1-36 “渲染”工具栏

表 1-15 “渲染”工具栏各图标的含义

图 标	含 义	图 标	含 义
	打开场景调色板		启用/禁用透视图
	用于照片级逼真渲染参数的编辑器		渲染区域（仅用于 Photolux）
	使用当前渲染引擎渲染当前窗口		

Note

1.3.4 浏览器选项卡

浏览器选项卡中有 3 个属性页，分别是“模型树”“文件夹浏览器”“收藏夹”。

“模型树”属性页如图 1-37 所示，“模型树”浏览器显示当前模型的各种特征，如图基准面、基准坐标系、插入的新特征等。用户在此浏览器中可以快速地找到想要进行操作的特征，查看各特征生成的先后次序等，给用户带来极大的方便。

“模型树”属性页提供了两个下拉按钮，一个是“显示”按钮，单击此按钮，打开如图 1-38 所示下拉菜单，菜单中最下面的“加亮几何”命令表示当此命令选上时，所选的特征将以红色标识，便于用户识别。

选择“显示”下拉菜单中的“层树”命令，此属性页将切换到“层树”浏览器，显示当前设计环境中所有的层，如图 1-39 所示，用户在此浏览器中可以对层进行新建、删除、重命名等操作。

单击“文件夹浏览器”属性页标签，浏览器选项卡切换到“文件夹浏览器”属性页，如图 1-40 所示，此属性页类似于 Windows 的资源浏览器。此浏览器刚打开时，默认的文件夹是当前系统的工作目录。工作目录是指系统在打开、保存、放置轨迹文件时默认的文件夹，工作目录也可以由用户重新设置，具体方法将在以后介绍。

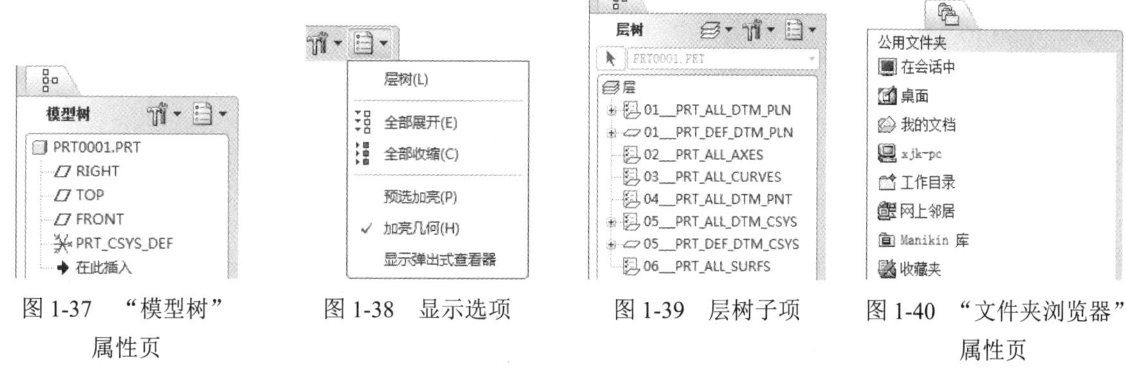

图 1-37 “模型树”属性页　　图 1-38 显示选项　　图 1-39 层树子项　　图 1-40 “文件夹浏览器”属性页

在“文件夹浏览器”的根目录下有一个“在会话中”子项，单击此子项，“浏览器”窗口将显示驻留在当前进程中的设计文件，如图 1-41 所示，这些文件就是在当前打开的 Pro/ENGINEER 环境中设计过的文件。如果关闭 Pro/ENGINEER，这些文件将会丢失，再重新打开 Pro/ENGINEER 时，那些保留在进程中的设计文件就没有了。

单击“收藏夹”属性页标签，浏览器选项卡会切换到“收藏夹”属性页，如图 1-42 所示，在此浏览器中显示个人收藏夹，通过此属性页下的“添加”和“组织”命令可以进行收藏夹的新建、删除、重命名等操作。

图 1-41 “在会话中”子项　　图 1-42 “收藏夹”属性页

1.3.5 主工作区

Pro/ENGINEER 的主工作区是 Pro/ENGINEER 工作窗口中面积最大的部分，在设计过程中设计对象就在这个区域显示，其他的一些基准，如基准面、基准轴、基准坐标系等也在这个区域显示。

Note

1.3.6 拾取过滤栏

单击拾取过滤栏的下拉按钮，弹出如图 1-43 所示下拉菜单，在此下拉菜单中可以选取拾取过滤的项，如特征、基准等。在拾取过滤栏选取了某项，则鼠标就不会在主工作区中选取其他的项了。拾取过滤栏默认的选项为“智能”，鼠标在主设计区中可以选取弹出菜单中列出的所有项。

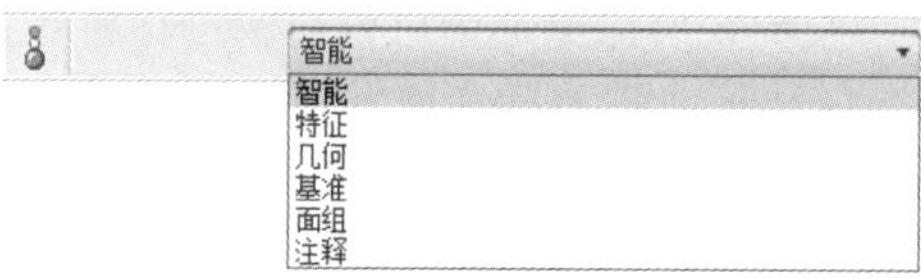

图 1-43 拾取过滤栏

1.3.7 消息显示区

对当前窗口所进行操作的反馈消息就显示在消息显示区中，告诉用户此步操作的结果。

1.3.8 命令帮助区

当鼠标落在命令、特征、基准等上面时，命令帮助区将显示如命令名、特征名、基准名等帮助信息，便于用户了解即将进行的操作。

1.4 文 件 操 作

本节主要介绍文件的基本操作，如新建文件、打开文件、保存文件等，注意硬盘文件和进程中的文件的异同，以及删除和拭除的区别。

1.4.1 新建文件

单击“文件”工具栏中的“新建”按钮，系统打开“新建”对话框，如图 1-44 所示。

从图 1-44 中可以看到，Pro/ENGINEER Wildfire 5.0 提供了如下文件类型。

- ☑ 草绘：2D 剖面图文件，扩展名为.sec。
- ☑ 零件：3D 零件模型，扩展名为.prt。
- ☑ 组件：3D 组合件，扩展名为.asm。
- ☑ 制造：NC 加工程序制作，扩展名为.mfg。
- ☑ 绘图：2D 工程图，扩展名为.drw。
- ☑ 格式：2D 工程图的图框，扩展名为.frm。
- ☑ 报告：生成一个报表，扩展名为.rep。
- ☑ 图表：生成一个电路图，扩展名为.dgm。

Note

☑ 布局：产品组合规划，扩展名为.lay。

☑ 标记：为所绘组合件添加标记，扩展名为.mrk。

“新建”对话框打开时，默认的选项为“零件”，在“子类型”选项组中可以选择“实体”“复合”“钣金件”“主体”，默认的子类型选项为“实体”。

选中“新建”对话框中的“组件”单选按钮，其子类型如图 1-45 所示。

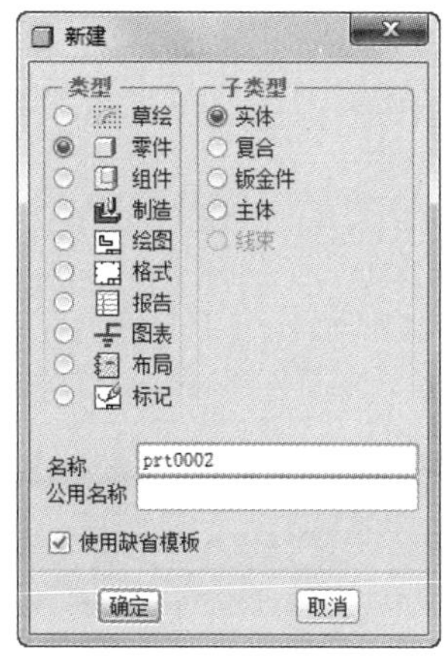

图 1-44 新建零件

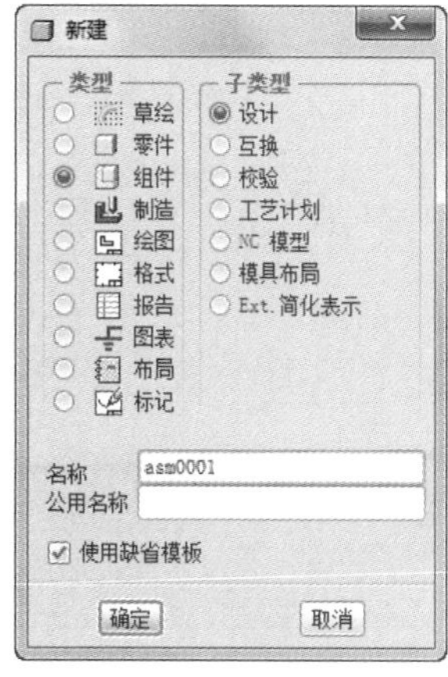

图 1-45 新建组件

选中“新建”对话框中的“制造”单选按钮，其子类型如图 1-46 所示。

在“新建”对话框中选中“使用缺省模板”复选框，生成文件时将自动使用默认的模板，否则在单击“新建”对话框中的“确定”按钮后还要在弹出的“新文件选项”对话框中选取模板。如在选中“零件”单选按钮后的“新文件选项”对话框如图 1-47 所示。

在“新文件选项”对话框中可以选取所要的模板。

图 1-46 新建制造

图 1-47 选取模板

1.4.2 打开文件

单击“文件”工具栏中的“打开”按钮，系统打开“文件打开”对话框，如图 1-48 所示。

在此对话框中，可以选择并打开 Pro/ENGINEER 的各种文件。单击“文件打开”对话框中的“预

Note

览”，则在此对话框的右侧打开文件预览框，可以预览所选择的 Pro/ENGINEER 文件。

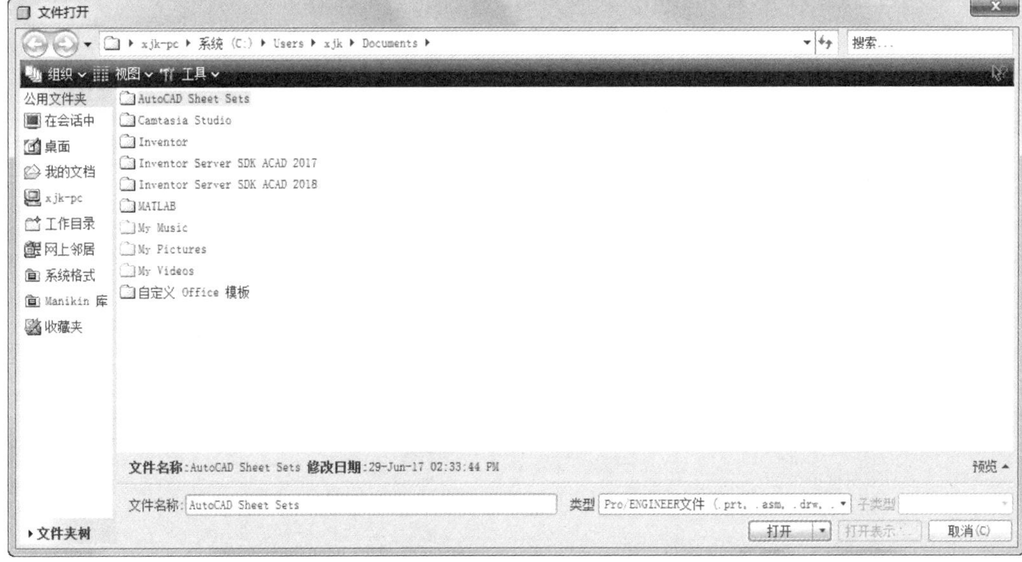

图 1-48　“文件打开”对话框

1.4.3　打开内存中的文件

选择“文件打开”对话框上部的“在会话中”选项，则可以选择当前进程中的文件，单击“打开”按钮就可以打开此文件。同样，打开的文件也是进程中的最新版本。

1.4.4　保存文件

当前设计环境中如有设计对象时，单击“文件”工具栏中的“保存”按钮，系统打开“保存对象”对话框，在此对话框中可以选择保存目录、新建目录、设定保存文件的名称等操作，单击此对话框中的“确定”按钮就可以保存当前设计的文件。

1.4.5　删除文件

选择“文件”→“删除”命令，弹出一个二级菜单，如图 1-49 所示。

图 1-49　删除操作

在此二级命令中有以下两个命令。

☑　旧版本：用于删除同一个文件的旧版本，就是将除了最新版本的文件以外的所有同名的文件全部删除。注意使用“旧版本”命令将删除数据库中的旧版本，而在硬盘中这些文件依然存在。

☑　所有版本：删除选中文件的所有版本，包括最新版本。注意此时硬盘中的文件也不存在了。

1.4.6　删除内存中的文件

选择“文件”→“拭除”命令，弹出一个二级菜单，如图 1-50 所示。

图 1-50　拭除操作

在此二级命令中有以下两个命令。

☑　当前：用于擦除进程中的当前版本。

☑　不显示：用于擦除进程中除当前版本之外的所有同名的版本。

1.5　模 型 显 示

Pro/ENGINEER 提供了 4 种模型显示方式，分别是线框模型、隐藏线模型、无隐藏线模型和着色模型，此 4 种显示方式通过单击“模型显示”工具栏中的“线框”、“隐藏线”、“无隐藏线”和“着色”4 个按钮来切换。下面以一个长方体为例，演示这 4 种模型的显示效果。

线框模型显示效果如图 1-51 所示。隐藏线模型显示效果如图 1-52 所示。无隐藏线模型显示效果如图 1-53 所示。着色模型显示效果如图 1-54 所示。

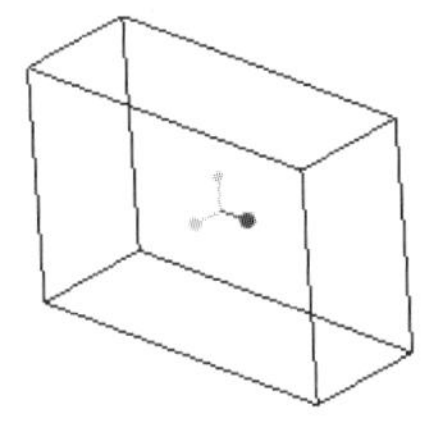

图 1-51　线框模型

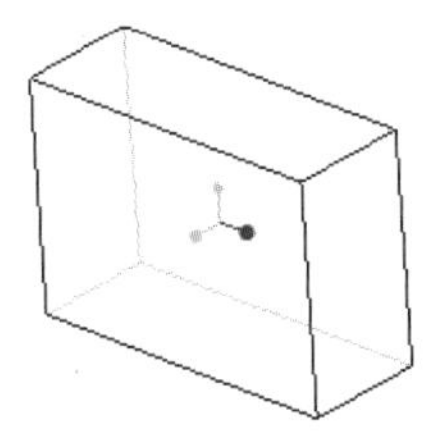

图 1-52　隐藏线模型

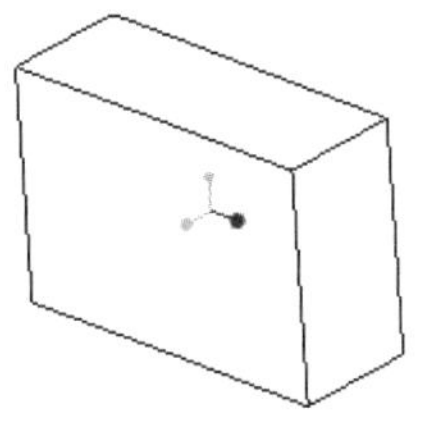

图 1-53　无隐藏线模型

图 1-54　着色模型

“基准显示”工具栏中的“基准平面开/关”按钮、“基准轴开/关”按钮、“基准点开/关”按钮和“坐标系开/关”按钮分别用于控制基准平面、基准轴、基准点和坐标系的显示与否，在此就不再举例，请读者自己单击这 4 个按钮，观察主设计区中的显示变化。

1.6　着色和渲染

当模型制造好以后，为了观看实际环境中模型显示的效果，就需要对模型进行着色渲染。软件中的着色渲染是一个非常重要的环节。

当模型制作完成以后，为了观看实际环境中模型的显示效果，就需要对模型进行着色渲染，在 Pro/ENGINEER 中的着色渲染是一个很实用的模块，其工具栏如图 1-55 所示。

图 1-55　“渲染”工具栏

1.6.1　着色渲染配置

单击“渲染设置”按钮，系统将弹出如图 1-56 所示的“渲染设置”对话框，在对话框中最上面两项是用来设置着色渲染的方式和着色渲染质量。

着色渲染的方式设定有两种形式，如图 1-57 所示。

着色渲染的质量有 3 种形式，如图 1-58 所示。

图 1-56 “渲染设置”对话框

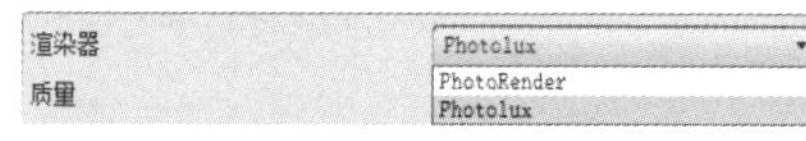

图 1-57 渲染方式

图 1-58 光线跟踪

（1）在渲染设置的“选项”选项卡中共有 4 个选项组，分别是光线跟踪、最终聚合、消除锯齿和阴影，下面对 4 个选项组进行说明。

☑ 光线跟踪：光线跟踪的设置，如图 1-59 所示。

☑ 最终聚合：如图 1-60 所示。选中“启用最终聚合”复选框，计算场景中的间接照明。“最终聚合”使用周围曲面和背景的颜色值来计算场景中的光照。调整滑块或在相邻的框中指定值，以确定最终聚合的精度。

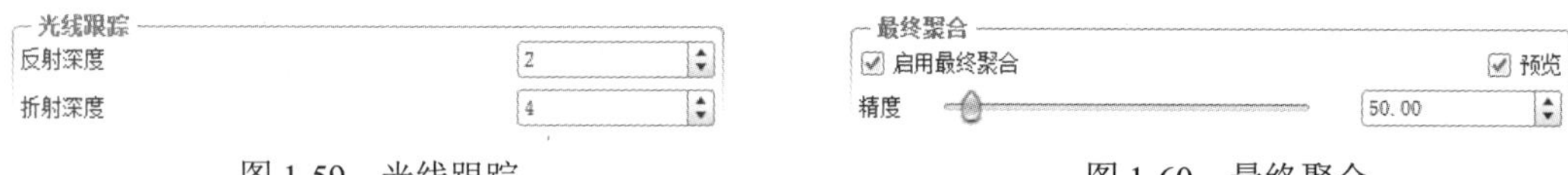

图 1-59 光线跟踪　　图 1-60 最终聚合

在默认情况下，“预览”复选框将被选中。“预览”可在图形窗口中显示“最终聚合”的结果。

☑ 消除锯齿：如图 1-61 所示。在“消除锯齿”选项组中，选择“低”“中”“高”或“最大”选项来调节锯齿显示的大小。

☑ 阴影：如图 1-62 所示。在“阴影”选项组中，选择“精度”下拉列表框中的“低”“中”“高”或“最大”选项来调节阴影。

图 1-61 消除锯齿　　图 1-62 阴影

（2）“高级”选项卡的设置内容如图 1-63 所示。

“高级”选项卡的内容分别如下所示。

☑ 全局照明：使用光源发出的光子来计算场景中的间接照明。调整滑块或在相邻的框中指定“精度”值以设置光子数，指定“半径”值以按房间大小的百分比指定全局照明的半径。

☑ 焦散：使用焦散进行渲染。调整滑块或在相邻的框中指定“精度”值以设置光子数，指定“半径”值以按房间大小的百分比指定焦散的半径。

☑ 全局设置：调整滑块或在相邻的框中输入值，以控制要发送到场景的光子的数目。调整滑块或在相邻的框中输入值，以调节来自符合物理定律的光源的能量输出。这会改进“焦散”和“全局照明”结果。

☑　即时几何：仅在需要时将几何下载到着色引擎。

（3）“输出”选项卡的设置内容如图 1-64 所示。

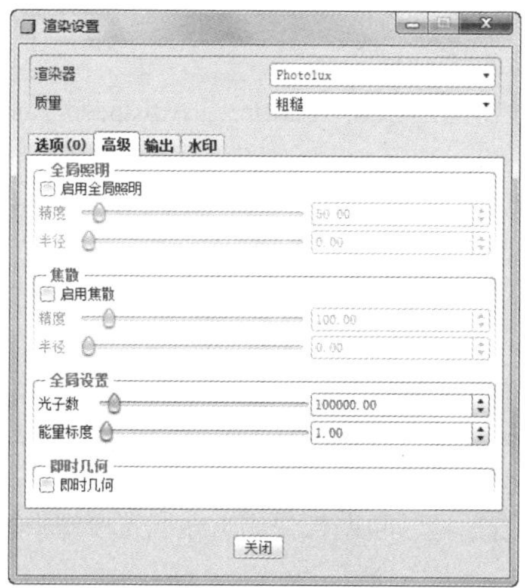

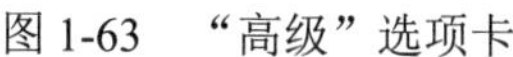
图 1-63　“高级”选项卡

图 1-64　“输出”选项卡

在“渲染到”下拉列表框中可以指定着色渲染后图片的输出情况，如图 1-65 所示。

当“渲染到”下拉列表框中输出的图像文件格式确定以后，图像大小项便可以选择，如图 1-66 所示。

图 1-65　“渲染到”下拉列表框

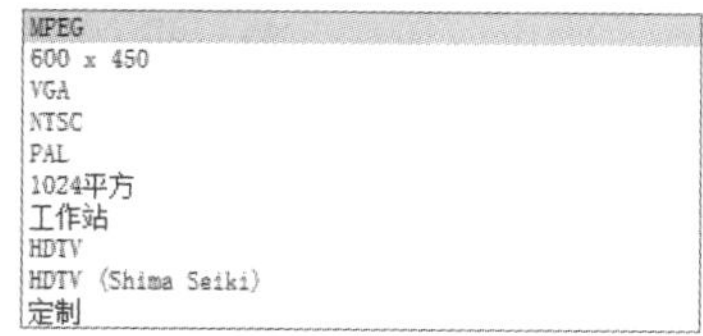

图 1-66　图像的大小

当在“渲染到”下拉列表框中选择输出样式为 Postscript 图像文件格式后，Postscript 选项组便可以选择，如图 1-67 所示。

（4）“水印”选项卡设置的内容，如图 1-68 所示。

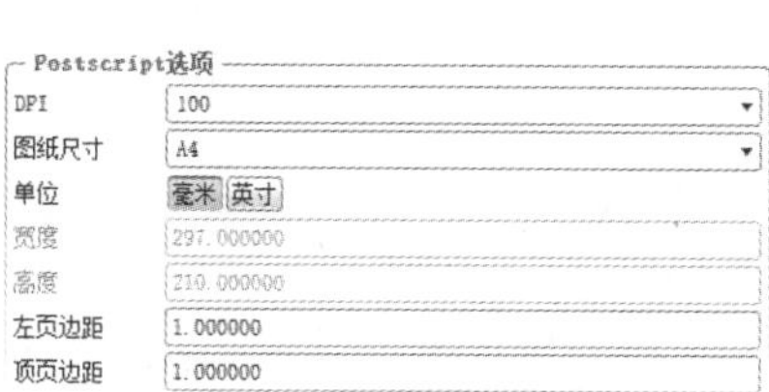

图 1-67　Postscript 选项组

图 1-68　“水印”选项卡

Note

"水印"选项卡其内容分别如下所示。

❶ 在"水印"选项卡的"文本水印"选项组中，选中"启用文本水印"复选框以在图形窗口的模型中插入文本水印。

指定文本水印的其他设置如下。

☑ 文本：允许输入水印文本。默认水印文本为 Pro/ENGINEER Wildfire - Advanced Rendering Extension。

☑ 字体：确定水印文本的字体。默认字体为 Shannon。可设置 pro_font_dir 配置选项，以将字体添加到可用字体列表中。

☑ 颜色：指定水印文本的颜色。默认颜色为白色。

☑ 大小：确定水印文本的大小。默认大小为 0.4。

☑ 对齐：相对于模型对齐或定位水印文本。默认对齐设置为"左下"。

☑ Alpha：确定水印文本的透明度百分比。默认 Alpha 设置为 50%。Alpha 设置为 0%，表明将水印渲染为透明。Alpha 设置为 100%，表明将水印渲染为不透明。

❷ 选中"图像水印"选项组中的"启用图像水印"复选框，将图像作为水印插入模型中。

为图像水印指定以下设置。

☑ 图像：允许浏览并选取水印图像。

☑ 对齐：相对于模型对齐或定位水印图像。默认对齐设置为"右下"。

1.6.2 修改渲染的场景

单击按钮，弹出"场景"对话框，该对话框包含"场景""房间""光源""效果"4 个选项卡，如图 1-69 所示，下面分别介绍。

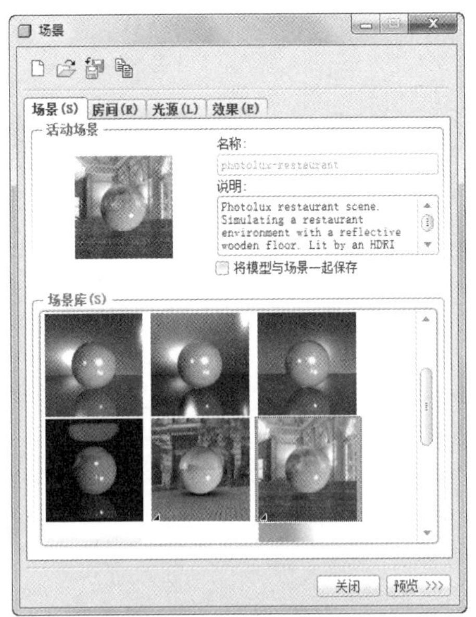

图 1-69 "场景"对话框

（1）在"场景"选项卡中有 13 种渲染的场景供用户选择。

选中"将模型与场景一起保存"复选框，即可将模型和所设的场景一起保存起来。单击"预览"按钮，"渲染场景"将变为如图 1-70 所示，可以对于渲染的场景进行预览。

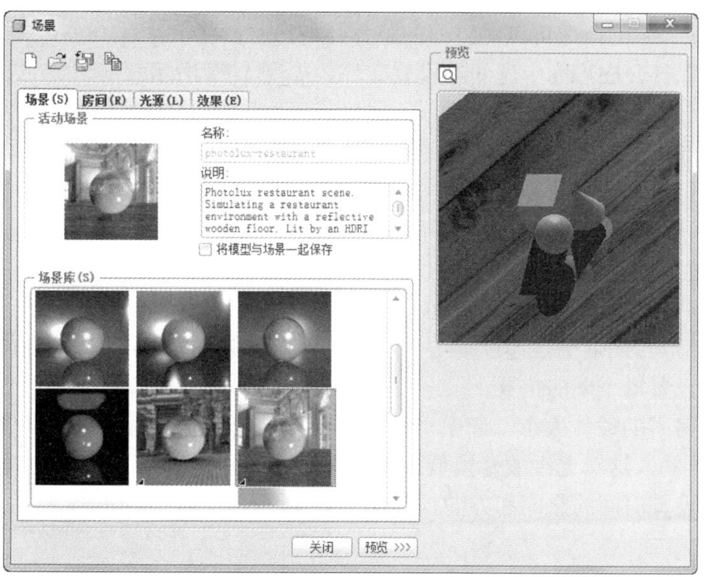

图 1-70　渲染的场景预览

（2）“房间”选项卡如图 1-71 所示。

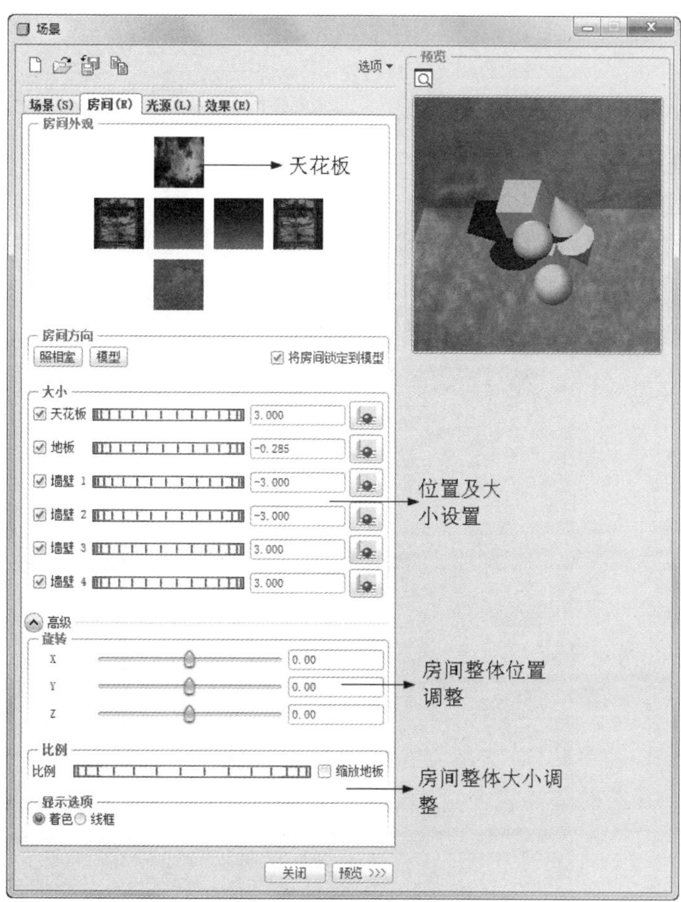

图 1-71　“房间”选项卡

下拉菜单“选项”中的命令可以对房间的整体存取进行操作。

❶ 系统库：可以打开图形库中房间的设置文件，如图 1-72 所示。

❷ 导入房间：导入先前已有的房间。

❸ 导出房间：导出房间。

❹ 房间类型：包括矩形房间和圆柱形房间。

☑ 矩形房间：使用矩形房间设置。矩形房间类似一个长方形，有一个地板、一个天花板和四面墙壁。通过单击“房间纹理”下的每个壁可以设置该壁的颜色和纹理。

☑ 圆柱形房间：使用圆柱形房间设置。圆柱形房间类似一个圆柱体，有一个地板、一个天花板和一个圆柱形封闭墙壁。通过单击“房间纹理”下的每个壁可以设置该壁的颜色和纹理。

❺ 大小：分别设置每个壁的位置。

❻ 比例：设置房间的整体大小，选中“缩放地板”复选框对房间的每个壁进行调整；取消选中则保持原来的位置不动，这对已经放好模型地板的相对位置时非常有用。

❼ 旋转：用来设置房间的空间和方向，如图 1-73 所示。

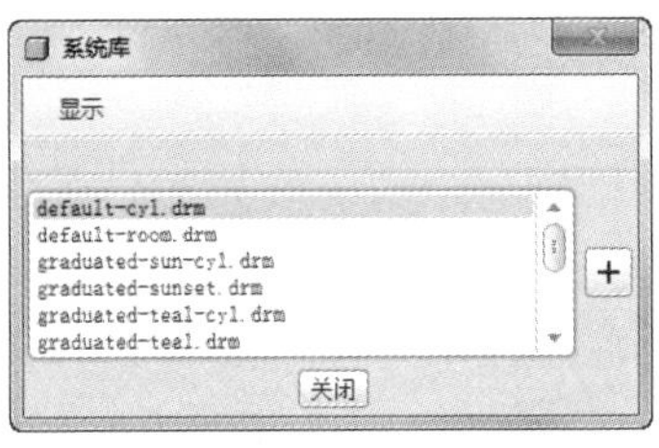

图 1-72 “系统库”对话框

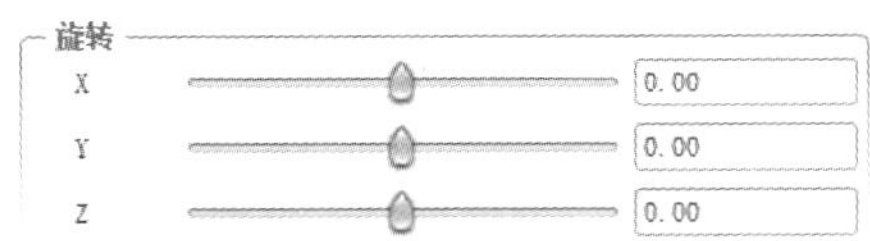

图 1-73 “旋转”选项组

❽ 将房间锁定到模型。

（3）“光源”选项卡如图 1-74 所示。

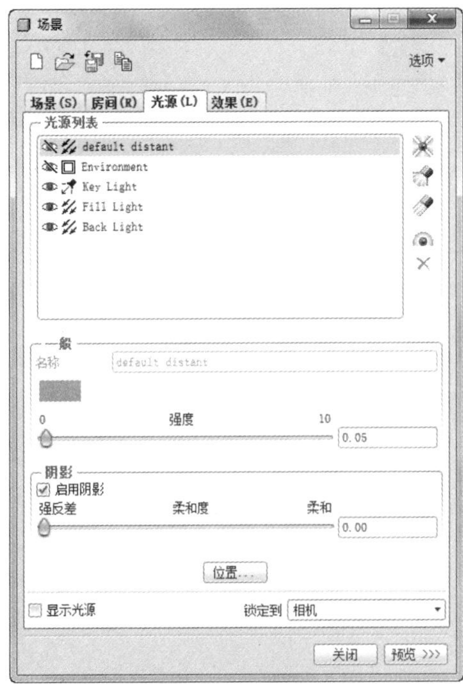

图 1-74 “光源”选项卡

Note

光源编辑器对话框右侧有 5 个图标，分别介绍如下。

☑ ：创建新灯泡。

☑ ：创建新聚光灯。

☑ ：创建新远光源。

☑ ：新增天空光源。

☑ ：删除已经选择的光源。

光源编辑器对话框下方的属性有 3 个选项组，分别是“一般”“阴影”“位置”。只有新建光源时，下面的选项才能设定。

1.6.3　修改外观和颜色

外观反映模型渲染的外观效果。外观由颜色、材质、光源、反射及透明度决定。颜色表示被光照射模型的曲面色彩，颜色是模型外观最基本的组成部分；材质是模型曲面赋予已经存在的图像，使模型外观更加真实表示现实效果。

单击“视图”工具栏“外观库”右侧的下拉三角，在弹出的下拉面板中单击“更多外观”按钮 更多外观...，这时系统出现“外观编辑器”对话框，如图 1-75 所示。

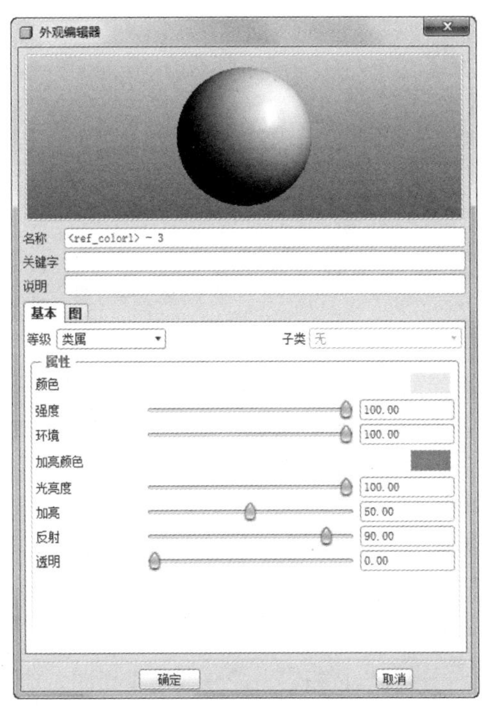

图 1-75　“外观编辑器”对话框

1. 外观颜色的设置

外观颜色主要设置模型的颜色和光泽。颜色和光泽的设置在“外观编辑器”对话框的“基本”选项卡中进行。

“基本”选项卡中的颜色栏设置模型外观的颜色及亮度。“颜色”用来设置模型外观的颜色；“强度”用来设置模型外观对“灯泡光源”“远光源”“聚光灯光源”的反射程度；“环境”用来设置外观反射环境光的多少。

Note

在“颜色编辑器”对话框中可以使用颜色轮盘、混合调色板以及 RGB 和 HSV 参数来定义颜色，如图 1-76 所示。

（1）颜色轮盘：使用鼠标光标在颜色轮盘中选取适当颜色，然后通过颜色轮盘下方的亮度条设置颜色亮度。

（2）混合调色板：通过定义过度的颜色来创建颜色。单击混合调色板四角方框，使用颜色不同的过度颜色。在设置四角上方颜色时，如果单击两个方框之间的黑色条，则可以同时为这两个方框设置颜色，从而创建细线颜色过度。

2. 外观映射

通过贴图可以为外观赋予不同的纹理效果。使用贴图可以为外观建立局部细节，或者定义一个渲染房间。贴图可以通过创建局部细节来给外观增加真实感，而这是用单一颜色无法做到的。通过外观映射可以赋予 3 种不同类型的贴图：凹凸、颜色纹理和贴花。

在“外观编辑器”对话框中单击“图”标签，进入“图”选项卡，如图 1-77 所示。

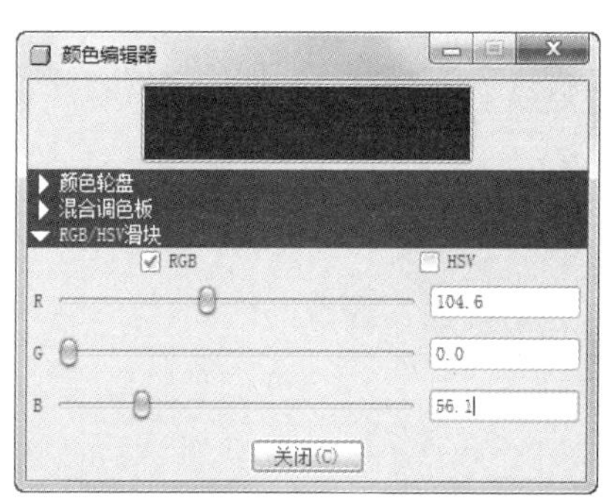

图 1-76　颜色编辑器

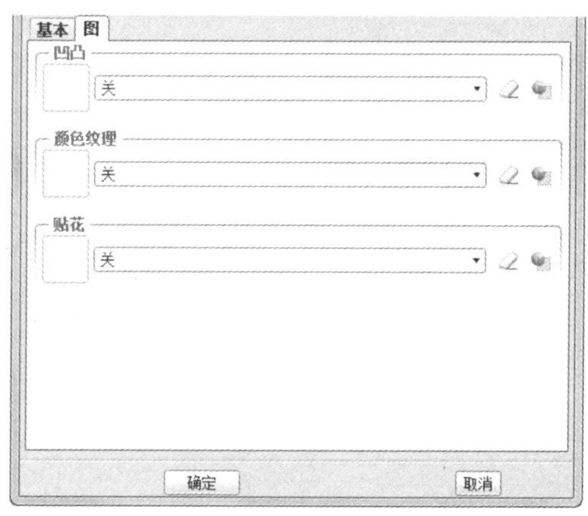

图 1-77　“图”选项卡

☑ 凹凸：用来模拟外观表面的 3D 细节，如粗糙的金属表面凹凸感。凸缘使用单通道图像，通过不同的灰阶色表示外观表面程度，从而实现模型表面的凹凸感。

☑ 颜色纹理：将图片贴在曲面上来模拟现实外观纹理效果。颜色使用的是三通道的图像，可以逼真地将图像赋予模型外观。

☑ 贴花：是特殊处理的纹理图，主要应用在曲面上的徽标或是文本。贴花使用的是四通道图像。

1.6.4　修改透视视图

单击“渲染”工具栏中的“透视图”按钮，能修改透视视图，选择菜单栏中的“视图”→“模型设置”→“透视图设置”命令，弹出“透视图”对话框，如图 1-78 所示。

（1）“透视图”对话框中“类型”下拉菜单中共有 5 个选项，如图 1-79 所示。

☑ 透视图设置：可操控目视图距离和焦距，以调整模型的视图量和观察角度。

☑ 浏览：此查看方法允许用户通过使用“透视图”对话框中的控件或采用鼠标控制在图形窗口中移动模型，从而操控视图。以渐进的方式操控运动。

☑ 漫游：此方法允许用户通过连续运动的方式来查看模型。模型的方向和位置通过类似于飞行模拟器的相互作用进行控制。

☑ 从到：沿对象查看的路径由两个基准点或顶点定义。

图 1-78　“透视图”对话框

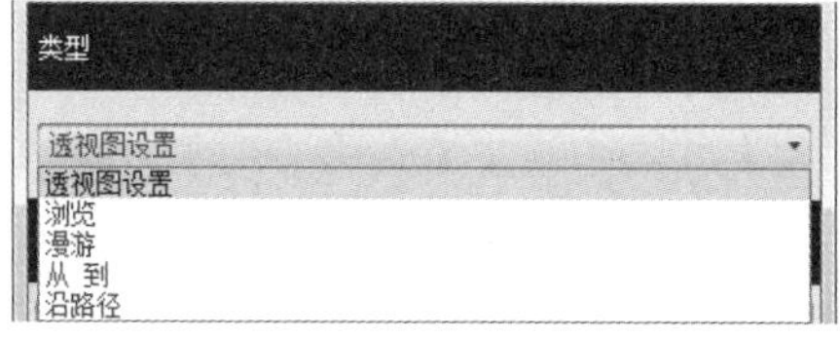

图 1-79　“透视图”类型

☑　沿路径：查看路径由轴、边、曲线或侧面影像定义。

（2）目视距离：调整滑块，指定目视距离值，以在模型中沿着选定的轨迹移动视点。也可在相邻的框中指定目视距离值。目视距离值的范围是-199～600。默认值为 100。目视距离值是模型直径的百分比值。对于着色模型，值 0 在模型内移动视点，并且只有模型的内侧曲面才是可见的。

（3）镜头（毫米）：从列表中选择预设焦距。默认焦距是 35mm –标准。

可用下列方式之一指定的焦距。

❶ 选择范围 18mm～85mm 的焦距。

❷ 选择“定制焦距”（Custom Focal Length），并调整滑块以指定范围在 10～400 的焦距。

❸ 也可在相邻的框中指定焦距值。

1.6.5　视图定位

单击“编辑”工具栏中的“重定向”按钮，就可以定位视图，“方向”对话框如图 1-80 所示。默认的定位方位为“前”。

“方向”对话框的“类型”下拉列表中共有 3 个选项，如图 1-81 所示。

图 1-80　“方向”对话框

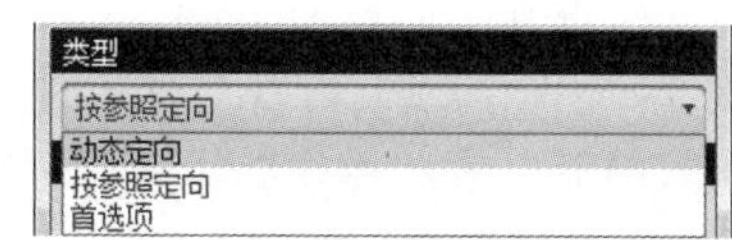

图 1-81　方向类型

☑　动态定向：动态定位。

☑ 按参照定向：按参考定位。

☑ 首选项：按优先定位。

当选择按照动态定向时，对话框如图 1-82 所示。此时对话框中共有 3 个选项组，分别是“平移”“缩放”“旋转”。

Note

当旋转时单击按钮，可以通过滑块来使模型绕 X、Y、Z 轴旋转，如图 1-83 所示。

当选择按钮时，可以通过滑块来使模型绕屏幕中心 H、V、C 轴旋转。

当选择“首选项”时，对话框如图 1-84 所示。对话框中共有两个选项组，其中的“旋转中心”分别如下。

☑ 模型中心：设定旋转中心位于模型中心。

☑ 屏幕中心：设定旋转中心位于屏幕中心。

☑ 点或顶点：设定旋转的位置位于点或是顶点。

☑ 边或轴：设定旋转中心位于选定的边或轴。

☑ 坐标系：设定旋转中心位于所选的坐标系。

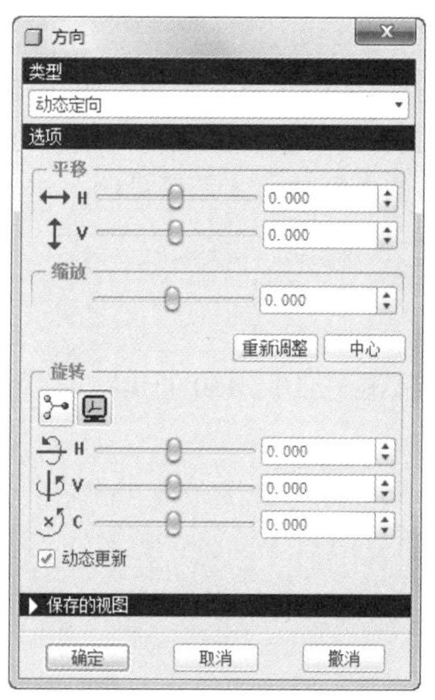

图 1-82 “方向”对话框中动态定向设置

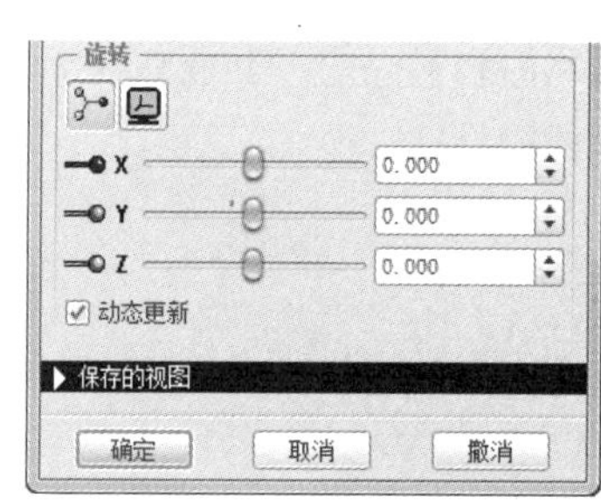

图 1-83 “方向”对话框中的旋转

图 1-84 “方向”类型中的优先选项

1.6.6 图像编辑器

当着色渲染模型后，选择菜单栏中的“工具”→“图像编辑器”命令，就能编辑着色渲染后图像了，这时出现“图像编辑器”对话框，如图 1-85 所示。

（1）“视图”下拉菜单中的命令如图 1-86 所示。

菜单中的命令说明如下。

☑ 显示 Alpha 通道：显示 Alpha 通道。

☑ 光标位置：在“图像编辑器”对话框右下角显示光标 x 和 y 坐标。

☑ 像素 ARGB 值：在“图像编辑器”对话框右下角显示光标位置的 Alpha 和 RGB 值。

（2）“图像”下拉菜单命令如图 1-87 所示。

“图像”下拉菜单中的命令介绍如下。

☑ 尺寸：调整图像大小。

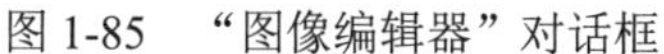

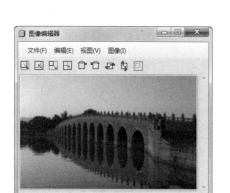

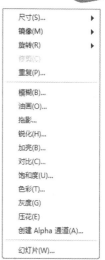

图 1-85　“图像编辑器”对话框　　图 1-86　“视图”下拉菜单　　图 1-87　“图像”下拉菜单

- ☑　镜像：以水平轴或是竖直轴为对称轴制作镜像。
- ☑　旋转：沿顺时针方向或逆时针方向旋转。
- ☑　修剪：修剪图像。
- ☑　重复：复制图像
- ☑　模糊：使图像模糊。
- ☑　油画：在图像上创建油画效果。
- ☑　拖影：模糊图像。
- ☑　锐化：使图像尖锐化，有效的范围是 0.0～1.0。
- ☑　加亮：加亮图像。
- ☑　对比：改变图像的对比度。默认的对比度值为 20。
- ☑　饱和度：改变图像的饱和度。
- ☑　色彩：改变图像的色调。
- ☑　灰度：将图像转换为灰度级别。
- ☑　压花：在图像中创建浮雕效果。
- ☑　创建 Alpha 通道：读取图像中具有指定 RGB 值的所有像素，然后使其变为一个透明通道。
- ☑　幻灯片：以幻灯片的形式显示多个图像。

草图绘制

在建模时往往需要先草绘特征的截面形状，然后通过各种特征工具生成模型。在草图绘制中就要创建特征的许多参数和尺寸。

本章主要讲述草图的绘制、编辑、尺寸标注和几何约束。

任务驱动&项目案例

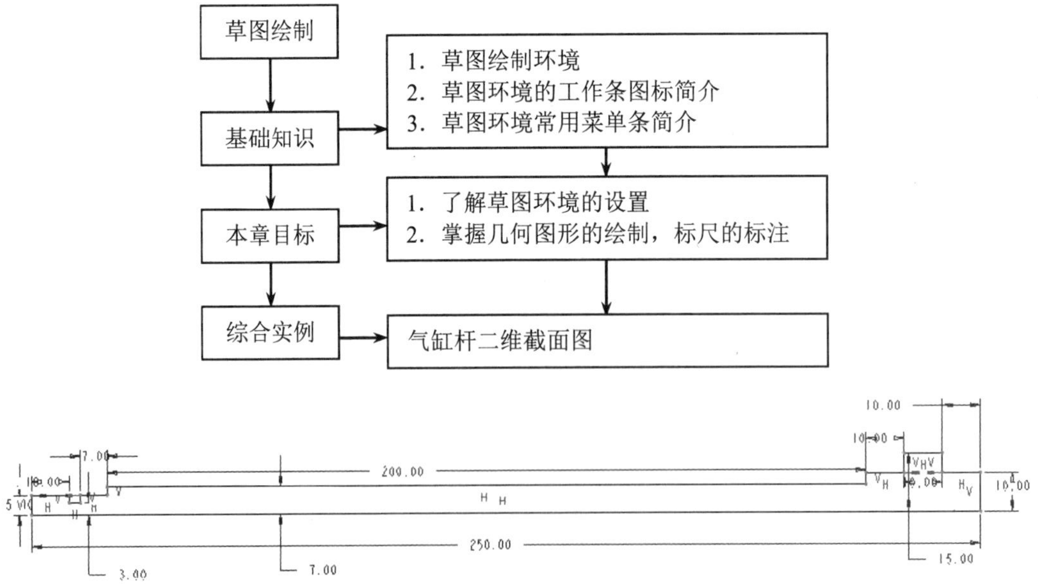

2.1 基本概念

使用 Pro/ENGINEER 进行 3D 实体建模时，必须先建立 3D 的基本实体，然后在这个基本实体上进行各项操作，如添加实体、切除实体等，这是使用 Pro/ENGINEER 进行 3D 设计的基本思路。这个基本的实体，可以由多种方式生成，如拉伸、旋转等。要进行拉伸、旋转此类的操作，就会用到 Pro/ENGINEER 中一个非常重要的操作——草图绘制。

构成 2D 截面的要素有 3 个：2D 几何图形（Geometry）数据、尺寸（Dimension）数据和 2D 几何约束（Alignment）数据。用户在草图绘制环境下，绘制大致的 2D 几何图形形状，不必是精确的尺寸值，然后再修改尺寸值，系统会自动以正确的尺寸值来修正几何形状。除此之外，Pro/ENGINEER 对 2D 截面上的某些几何图形会自动假设某些关联性，如对称、对齐、相切等限制条件，以减少尺寸标注的困难，并达到全约束的截面外形。

2.2 进入草绘环境

进入草绘环境的方法有两种：一是单击“文件”工具栏中的“新建”按钮，在弹出的“新建”对话框中选中“草绘”单选按钮，如图 2-1 所示。

单击“新建”对话框中的“确定”按钮，系统进入草绘环境。

二是在“零件”设计环境下，单击“右工具箱”中“基准”工具栏中的“草绘工具”按钮，系统弹出“草绘”对话框，此对话框默认打开的是“放置”选项卡，如图 2-2 所示。

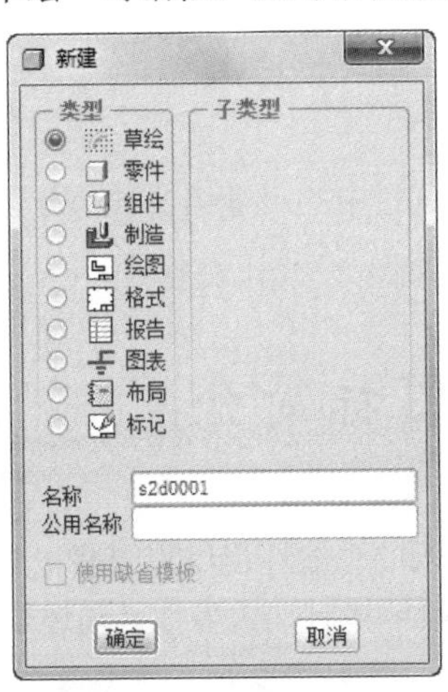

图 2-1 新建草绘文件

图 2-2 “放置”选项卡

此对话框要求用户选取草绘平面及参照平面，一般来说，草绘平面和参照平面是相互垂直的两个平面。在此步骤中，单击选取前（FRONT）面为草绘平面，此时系统默认把右（RIGHT）面设为参照平面，设计环境中的基准面如图 2-3 所示。

此时“草绘”对话框中显示出草绘平面和参照平面，如图 2-4 所示。

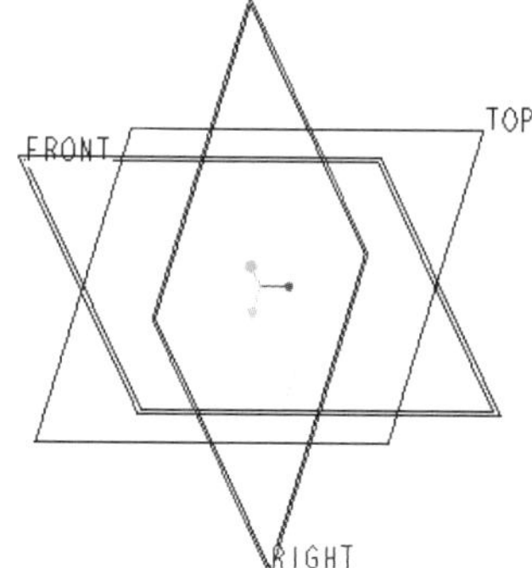

图 2-3　系统默认基准平面

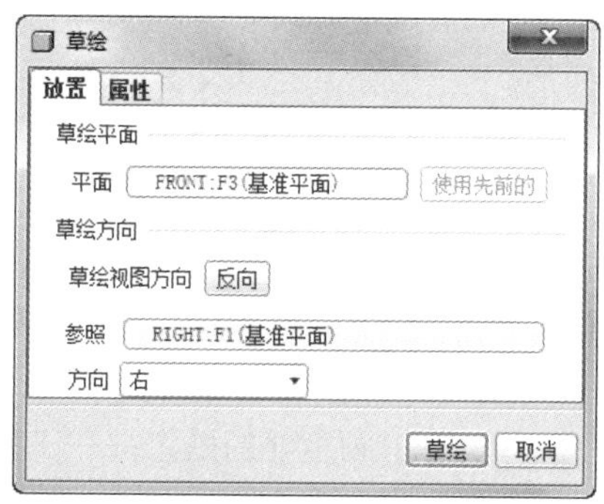

图 2-4　“草绘”对话框

单击“草绘”对话框中的“草绘”按钮，系统进入草绘设计环境，此时系统打开“参照”对话框，如图 2-5 所示。在“参照”对话框中显示出用户选取的草绘平面及参照平面的名称，单击此对话框中的“关闭”按钮，用户就可以在此环境中绘制 2D 截面图。

图 2-5　“参照”对话框

用户完成 2D 截面草图后，单击“右工具箱”中“基准”工具栏中的“继续当前部分”按钮✔，系统将再生所绘制的 2D 截面。

2.3　草绘环境的工具栏图标简介

上述的两种方式进入的草绘环境基本是一致的，只是后者进入的草绘环境约束要多一些，因为它涉及绘图平面和参照平面等内容。在使用 Pro/ENGINEER 的草绘环境时，大多数是通过第二种方式进入草绘环境，在这里详细说明以第二种方式进入的草绘环境。

如图 2-5 所示，进入草绘环境时，窗口中有两个对话框，一个是“参照”对话框，提示用户是否在选取的参照平面；另外一个是“选取”对话框，显示用户选取的参照个数。由于再进入草绘环境中已经设好绘图平面及参照平面，在此直接单击“参照”对话框中的“关闭”按钮，关闭这两个对话框。

草绘环境的布置和 Pro/ENGINEER 的工作窗口布置类似，只是在草绘环境中添加了“草绘器”和“草绘器工具”两个工具栏。“草绘器”工具栏如图 2-6 所示，其作用如表 2-1 所示；“草绘器工具”工具栏如图 2-7 所示，其图标说明如表 2-2 所示。

Note

图 2-6　“草绘器”工具栏

表 2-1　“草绘器”工具栏作用

图　标	名　称	作　用
	草绘方向	调整草绘平面的方向使其与屏幕平行
	切换尺寸显示的开/关	控制尺寸显示
	切换约束显示的开/关	控制约束显示
	切换栅格显示的开/关	控制栅格显示
	切换剖面顶点显示的开/关	控制剖面顶点显示

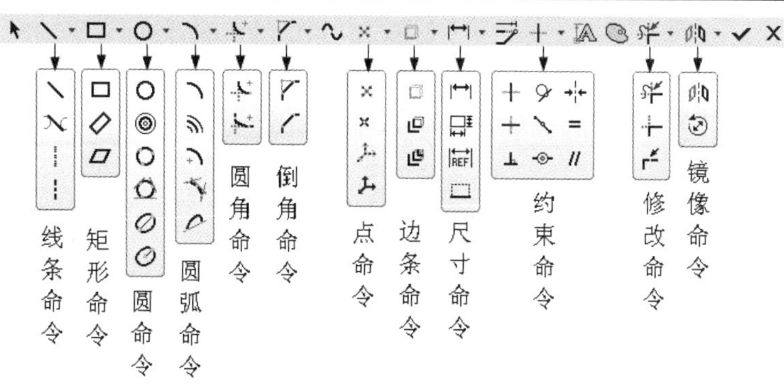

图 2-7　“草绘器工具”工具栏

表 2-2　“草绘器工具”工具栏中的图标说明

图　标	说　明	图　标	说　明
	选取项目		创建直线
	创建矩形		创建圆
	通过 3 个点创建圆弧		在两图元间创建一个圆角
	在两个图元之间创建倒角		创建样条曲线
	创建点		通过边创建图元
	创建定义尺寸		修改尺寸值、样条几何或文本图元
	使线或两点垂直		创建文本，作为剖面一部分
	将调色板中的外部数据插入活动对象		动态修剪剖面图元
	镜像选定图元		继续当前部分
	放弃当前部分		

单击这些图标，就可以直接使用这些命令。如单击某些图标旁边的三角形按钮，则可以打开下拉命令条，如表 2-3 所示。

表 2-3　“草绘器工具”工具栏中的下拉命令条说明

命　令　条	图　标	说　明
线命令条		创建两点线
		创建与两个图元相切的线
		创建两点中心线

Note

续表

命令条	图标	说明
圆命令条		通过拾取圆心和圆上一点来创建圆
		创建同心圆
		通过拾取 3 个点来创建圆
		创建与 3 个图元相切的圆
		创建一个完整的椭圆
圆弧命令条		通过 3 点或通过在其端点与图元相切来创建弧
		创建同心弧
		通过选取弧圆心和端点来创建圆弧
		创建与 3 个图元相切的圆弧
		创建一个锥形弧
圆角命令条		在两图元间创建一个圆角
		在两图元间创建一个椭圆形圆角
点命令条		创建点
		创建参照坐标系
边命令条		通过边创建图元
		平移边创建图元
修剪命令条		动态修剪剖面图元
		将图元修剪（剪切或延伸）到其他图元或几何
		在选取点的位置处分割图元

2.4 草绘环境常用菜单简介

以第二种方式进入的草绘环境的菜单上将添加一组新菜单：“草绘”菜单，并且“编辑”菜单也有一些变化，这两个菜单提供了一些“草绘器”和“草绘器工具”工具栏上所没有的功能，下面简单介绍一下这两个菜单。

2.4.1 “草绘”菜单

“草绘”菜单如图 2-8 所示。

通过此菜单，可以在 2D 设计环境中绘制各种二维图形，添加基准、文本、尺寸和约束等内容。此菜单中的某些功能在“草绘器工具”工具栏中已经有了，在此不再重复介绍。此小节主要介绍一些“草绘器工具”工具栏中没有的功能，详述如下。

☑ “数据来自文件”命令：选取已有的 2D 截面图，直接插入当前的 2D 设计环境中。

☑ “选项”命令：打开“草绘器首选项”对话框，如图 2-9 所示，在此对话框中，可以设定 2D 设计环境中的各种特征，如栅格、顶点、约束的显示；可以选取具体的约束显示的符号；可以设定显示的参数的精确度等设置。

Note

图 2-8 “草绘”菜单

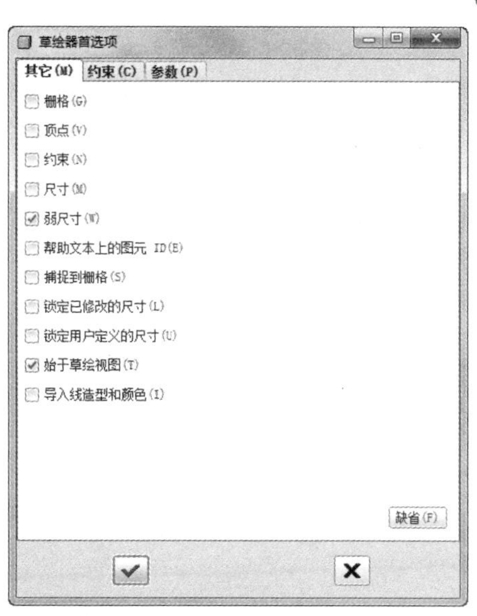

图 2-9 “草绘器首选项”对话框

2.4.2 “编辑”菜单

“编辑”菜单提供了 2D 设计环境中的 Undo、Redo 功能；“复制”和“粘贴”功能；“镜像”和“修剪”等功能，如图 2-10 所示；“选取”命令提供了对鼠标选取的各种操作选项。

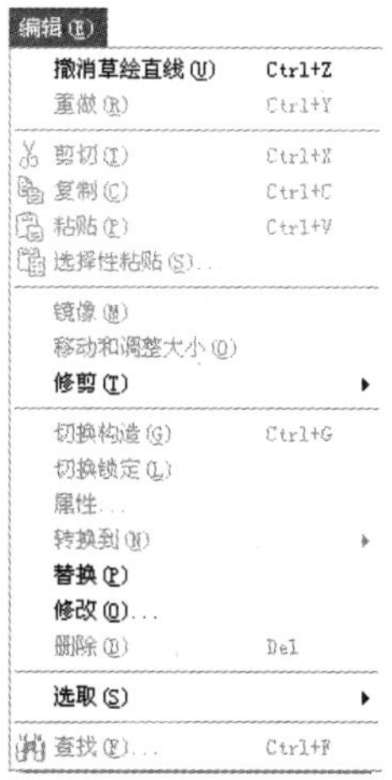

图 2-10 “编辑”菜单

2.5 草绘环境的设置

本节详细介绍 2D 设计环境中网格及其间距、约束、目的管理器等的设置操作。

2.5.1 设置网格及其间距

选择“草绘”→“选项”命令，打开“草绘器首选项”对话框，在“其他”选项卡中选中“栅格”

Note

复选框，如图 2-11 所示，则 2D 设计环境中会显示出栅格。

单击“参数”标签，切换到“草绘器首选项”的“参数”选项卡，如图 2-12 所示。在此对话框中，单击“栅格间距”选项组的下拉列表来确定栅格间距的设定方式。栅格间距的设定有两种方式：一是系统根据设计对象的具体尺寸“自动”调整栅格的间距；二是通过用户“手动”设定栅格的间距。图 2-12 中所示的方式是自动设置栅格的间距，栅格间距为 30。

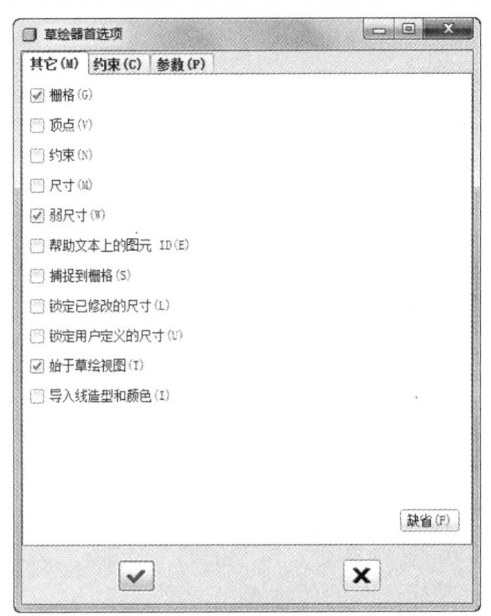

图 2-11 “其他”选项卡

图 2-12 “参数”选项卡

2.5.2 设置拾取过滤

单击当前工作窗口中的“拾取过滤区”下拉列表，可以选取过滤选项，如图 2-13 所示。

图 2-13 拾取过滤选项

在此项中，默认的是“全部”选项，也就是通过鼠标可以拾取全部特征，如果选择“几何”选项，则只能选取设计环境中的几何特征，其他选项含义也一样，读者可以自己操作一下。

2.5.3 设置首选项

选择“编辑”→“选取”→“首选项”命令，如图 2-14 所示。打开“选取首选项”对话框，如图 2-15 所示。

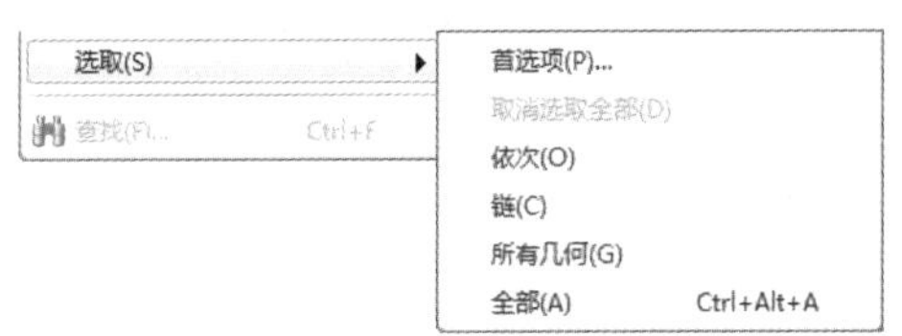

图 2-14 “选取”菜单

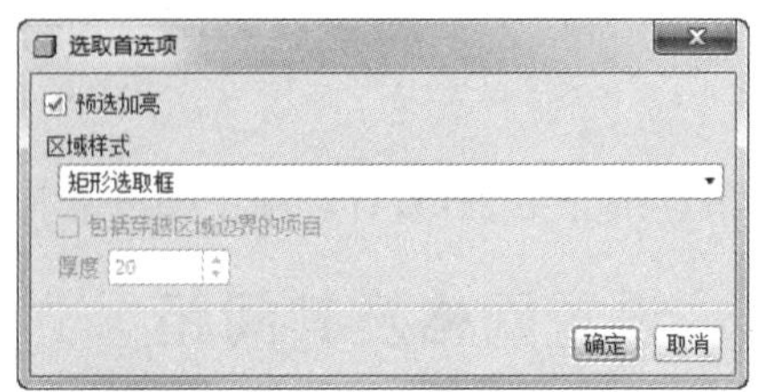

图 2-15 “选取首选项”对话框

Note

选中“选取首选项”对话框中的“预选加亮”复选框，则鼠标在 2D 设计环境中移动时，如果鼠标落在某个特征上，如基准面、基准轴等，则此特征将以绿色加亮显示，不选中“预选加亮”复选框则不会加亮显示。

“选取”二级菜单中的“依次”命令表示通过单击可以一一选取设计环境中的特征，但是只能选取一个特征，如果同时按住 Ctrl 键，在选取特征时，则可以选取多个特征；“链”表示可以选取作为所需链的一端或所需环一部分的图元，从而选取整个图元；“所有几何”表示选中设计环境中的所有几何体；“全部”表示可以选中设计环境中的所有特征，包括几何体、基准、尺寸等。

2.6 几何图形的绘制

在草绘环境中进行相关设置后，即可使用“草绘器工具”工具栏中的按钮进行基本图形的绘制。下面详细介绍在草绘环境中绘制基本图元的方法和步骤。

2.6.1 直线

直线是图形中最常见、最基本的几何图元，50%的几何实体边界由直线组成。一条直线由起点和终点两部分组成。在 Pro/ENGINEER 中，系统提供了线、直线相切、中心线和几何中心线 4 种直线绘制方式。

1. 线

通过“线”命令可以任意选取两点绘制直线，具体操作步骤如下。

（1）在菜单栏中选择“草绘”→“线”→“线”命令，或单击“草绘器工具”工具栏中的“线”按钮。

（2）在绘图区单击确定直线的起点，一条橡皮筋状的直线附着在光标上出现，如图 2-16 所示。

（3）单击确定终点位置，系统将在两点间绘制一条直线，同时，该点也是另一条直线的起点，再次选取另一点即可绘制另一条直线（在 Pro/ENGINEER 中系统支持连续操作），单击中键，结束对直线的绘制，如图 2-17 所示。

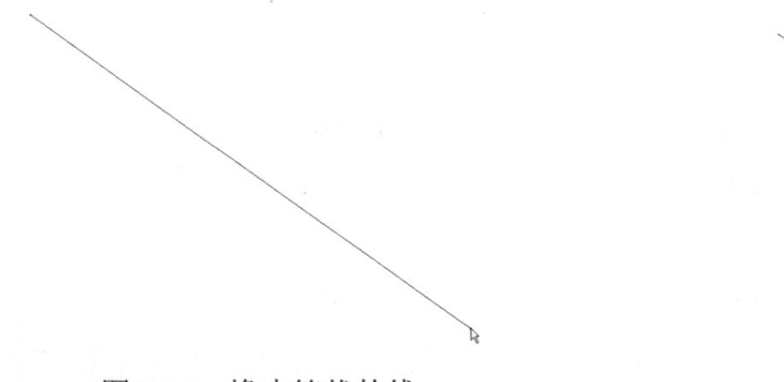

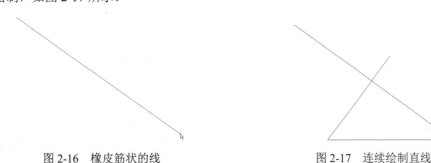

图 2-16 橡皮筋状的线

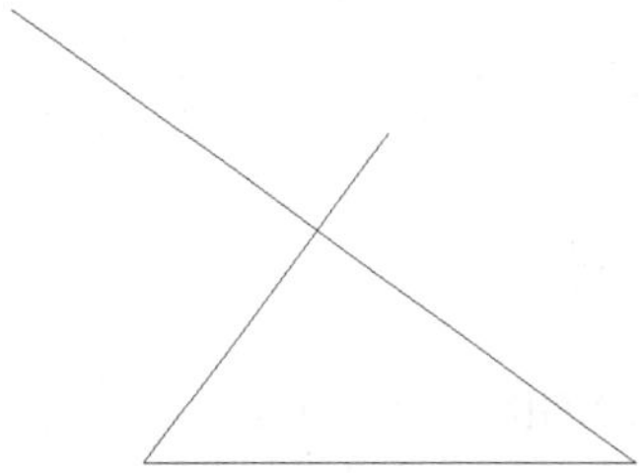

图 2-17 连续绘制直线

2. 相切直线

通过“直线相切”命令可以绘制一条与已存在的两个图元相切的直线，具体操作步骤如下。

（1）在菜单栏中选择“草绘”→“线”→“直线相切”命令，或单击“草绘器工具”工具栏中的“线”按钮右侧的下拉按钮，在打开的“线”选项条中单击“直线相切”按钮。

（2）在已经存在的圆弧或圆上选取一个起点，此时选中的圆或圆弧将加亮显示，同时一条橡皮筋状的线附着在光标上出现，如图 2-18 所示。单击中键可取消该选择而进行重新选择。

（3）在另外的圆弧或圆上选取一个终点，在定义两个点后，可预览所绘制的切线。

（4）单击中键退出，绘制出一条与两个图元同时相切的直线段，如图 2-19 所示。

Note

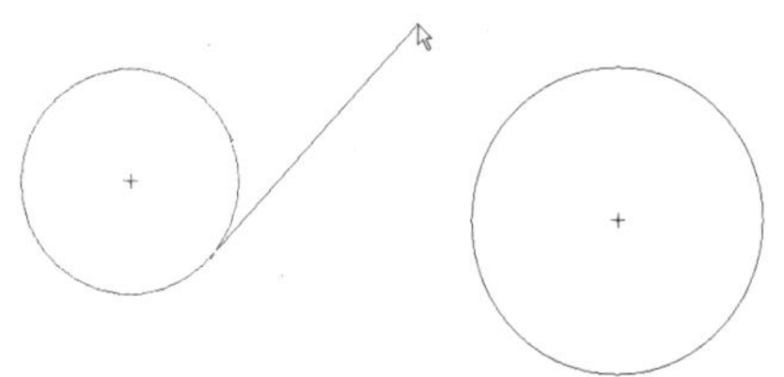

图 2-18　绘制相切线

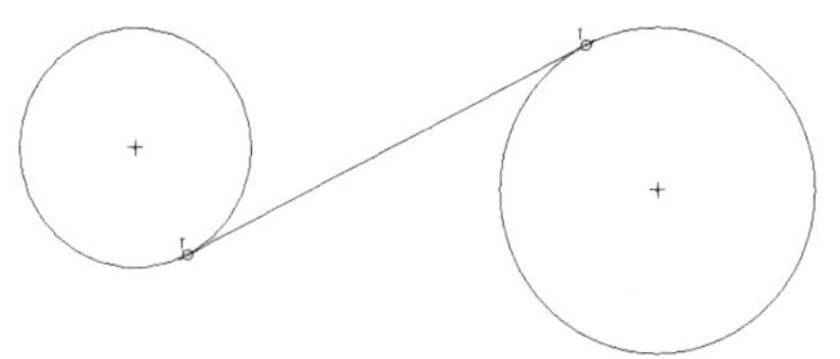

图 2-19　与两图元同时相切的直线

3. 中心线

中心线用来定义一个旋转特征的旋转轴、在同一剖面内的一条对称直线，或用来绘制构造直线。中心线是无限延伸的线，不能用来绘制特征几何。绘制中心线的具体操作步骤如下。

（1）在菜单栏中选择“草绘”→“线”→“中心线”命令，或单击“草绘器工具”工具栏中的“线”按钮╲右侧的下拉按钮▾，在打开的“线”选项条中单击“中心线”按钮┆。

（2）在绘图区选取中心线的起点位置，这时一条橡皮筋状的中心线附着在光标上出现，如图 2-20 所示。

（3）单击选取中心线的终点，系统将在两点间绘制一条中心线。当光标拖着中心线变为水平或者垂直时，会在线旁边出现一个“H”或“V”字样，表示当前位置处于水平或垂直状态，此时单击，即可绘制出水平或垂直中心线。

图 2-20　绘制中心线

4. 几何中心线

利用“几何中心线”命令可以任意绘制几何中心线，具体操作步骤如下。

（1）在菜单栏中选择“草绘”→“线”→“几何中心线”命令，或单击“草绘器工具”工具栏中的“线”按钮╲右侧的下拉按钮▾，在打开的“线”选项条中单击“几何中心线”按钮。

（2）绘制与已存在的两个图元相切的中心线，具体过程与直线相切类似。调用该按钮后在圆弧或圆上选取一个起点，然后在另外一个圆弧或圆上选取一个终点，即可绘制一条与所选图元相切的中心线，单击中键退出。

2.6.2 矩形

在 Pro/ENGINEER 中可通过给定任意两条对角线绘制矩形，具体操作步骤如下。

（1）在菜单栏中选择“草绘”→“矩形”→“矩形”命令，或单击“草绘器工具”工具栏中的“矩形”按钮□。

（2）选取放置矩形的一个顶点单击。

（3）移动光标选取另一个顶点单击，即可完成矩形的绘制，如图 2-21 所示。

该矩形的 4 条线是相互独立的，可进行单独处理（如修剪、对齐等）。单击“草绘器工具”工具栏中的“选取”按钮↖，可选取其中任一条矩形的边，选取的边将以加亮形式显示。

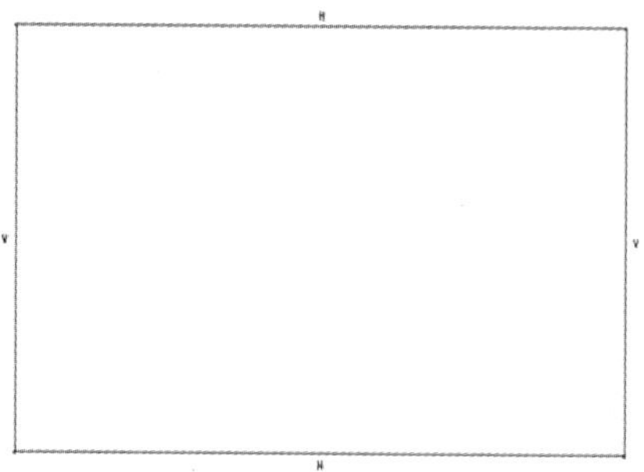

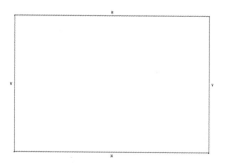

图 2-21　绘制矩形

2.6.3　圆

圆是另一种常见的基本图元，可用来表示圆柱、轴、轮、孔等的截面图。在 Pro/ENGINEER 中提供了多种绘制圆的方法，通过这些方法可以很方便地绘制出满足用户要求的圆。

1. 中心圆

通过确定圆心和圆上的一点绘制中心圆，具体操作步骤如下。

（1）在菜单栏中选择“草绘”→“圆”→“圆心和点”命令，或单击“草绘器工具”工具栏中的“圆心和点”按钮○，默认类型为“圆心和点”。

（2）在绘图区选取一点作为圆心，移动光标时圆拉成橡皮筋状。

（3）将光标移动到合适位置作为圆上一点，单击即可绘制一个圆，光标的径向移动距离就是该圆的半径，如图 2-22 所示。

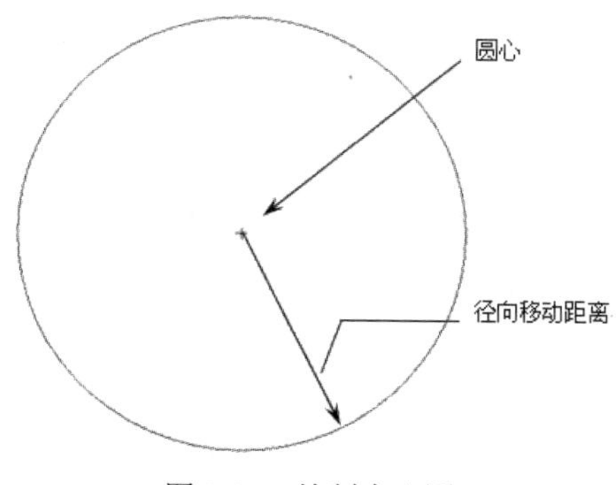

图 2-22　绘制中心圆

2. 同心圆

同心圆是以选取一个参照圆或圆弧的圆心为圆心绘制圆，具体操作步骤如下。

（1）在菜单栏中选择“草绘”→“圆”→“同心”命令，或单击“草绘器工具”工具栏中的“圆心和点”按钮○右侧的下拉按钮▾，在打开的“圆”选项条中单击“同心圆”按钮◎。

（2）在绘图区选取参照圆或圆弧，移动光标在合适的位置单击即可生成同心圆。选定的参照圆可以是一个草绘图元或一条模型边。如果选定的圆参照是一个草绘器“未知”的模型图元，则该图元会自动成为一个参照图元。

3. 通过 3 点绘制圆

3 点圆是通过在圆上给定 3 个点来确定圆的位置和大小，具体操作步骤如下。

（1）在菜单栏中选择“草绘”→“圆”→“3点”命令，或单击“草绘器工具”工具栏中的“圆心和点”按钮○右侧的下拉按钮▾，在打开的“圆”选项条中单击“3点绘圆”按钮○。

（2）在绘图区选取一个点，然后选取圆上的第二个点。在定义两点后，可以看到一个随光标移动的预览圆。

（3）选取圆上的第三个点即可绘制一个圆，如图2-23所示。

Note

4. 通过3个切点绘制圆

通过3个切点绘制圆，首先需要给定3个参考图元，然后绘制与之相切的圆，具体操作步骤如下。

（1）在菜单栏中选择“草绘”→“圆”→“3 相切”命令，或单击“草绘器工具”工具栏中的“圆心和点”按钮○右侧的下拉按钮▾，在打开的“圆”选项条中单击“3相切圆”按钮○。

（2）在参考的圆弧、圆或直线上选取一个起点，单击中键可取消选取。

（3）在第二个参考的圆弧、圆或直线上选取一个点，在定义两点后可预览圆，如图2-24所示。

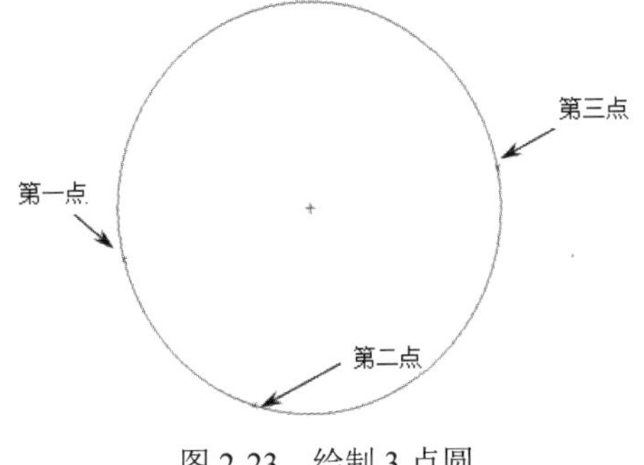

图2-23　绘制3点圆

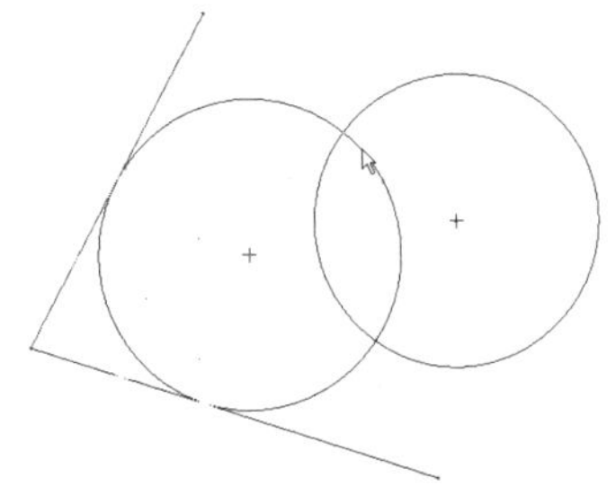

图2-24　定义两点后预览圆

（4）在作为第三个参考的弧、圆或直线上选取第三个点完成圆的绘制，如图2-25所示。

5. 通过长轴端点绘制椭圆

根据椭圆长轴端点绘制椭圆的操作步骤如下。

（1）在菜单栏中选择“草绘”→“圆”→“轴端点椭圆”命令，或单击“草绘器工具”工具栏中的“圆心和点”按钮○右侧的下拉按钮▾，在打开的“圆”选项条中单击“轴端点椭圆”按钮⊘。

（2）在绘图区选取一点作为椭圆的一个长轴端点，再选取另一点作为长轴的另一个端点，此时出现一条直线，向其他方向拖动鼠标绘制椭圆，如图2-26所示。

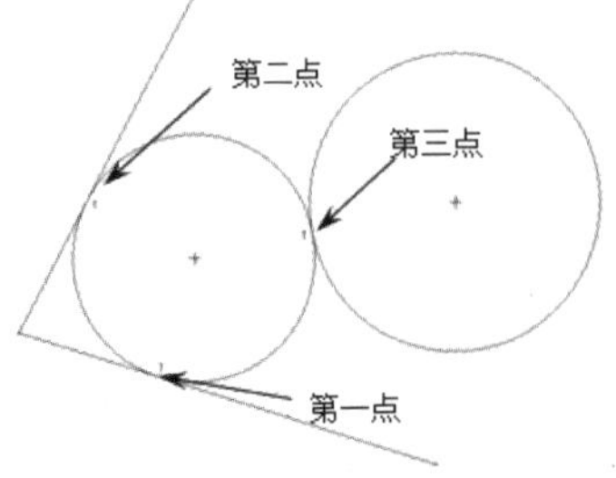

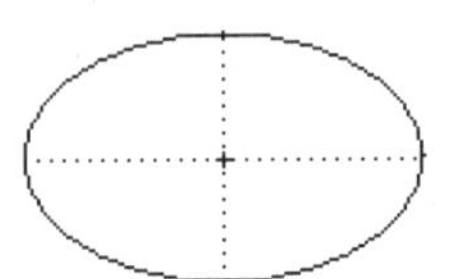

图2-25　通过3个切点绘制圆

图2-26　通过长轴端点绘制椭圆

（3）将椭圆拉至所需形状，单击即可完成椭圆的绘制。

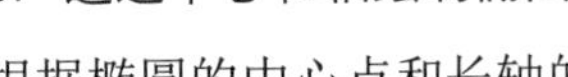

6. 通过中心和轴绘制椭圆

根据椭圆的中心点和长轴的一个端点绘制椭圆的操作步骤如下。

（1）在菜单栏中选择“草绘”→“圆”→“中心和轴椭圆”命令，或单击“草绘器工具”工具栏中的“圆心和点”按钮○右侧的下拉按钮▾，在打开的“圆”选项条中单击“中心和轴椭圆”按钮⊘。

（2）在绘图区选取一点作为椭圆的中心点，再选取一点作为椭圆的长轴端点，此时出现一条关于中心点对称的直线，向其他方向拖动鼠标绘制椭圆。

（3）移动光标确定椭圆的短轴长度，完成椭圆的绘制。

中心和轴椭圆具有以下特征。

☑　椭圆的中心点相当于圆心，可以作为尺寸和约束的参照。

☑　椭圆的轴可以任意倾斜，此时绘制的椭圆也将随轴的倾斜方向倾斜。

☑　当草绘椭圆时，椭圆的中心和椭圆本身将捕捉约束。适用于椭圆的约束包含“相切”“图元上的点”“相等半径”。

2.6.4　圆弧

1. 通过“3 点/相切端”绘制圆弧

此方式是通过给定的 3 点生成圆弧，可以沿顺时针或逆时针方向绘制圆弧。指定的第一点为起点，指定的第二点为圆弧的终点，指定的第三点为圆弧上的一点，通过该点可改变圆弧的弧长。可以沿顺时针或逆时针方向绘制圆弧。该方式为默认方式，具体操作步骤如下。

（1）在菜单栏中选择“草绘”→“弧”→“3 点/相切端”命令，或单击“草绘器工具”工具栏中的“3 点/相切端”按钮◝。

（2）在绘图区选取一点作为圆弧的起点。

（3）选取第二点作为圆弧的终点，此时将出现一个橡皮筋状的圆随光标移动。

（4）通过移动光标选取圆弧上的一点，单击中键完成圆弧的绘制。

2. 绘制同心圆弧

采用此方式可绘制出与参照圆或圆弧同心的圆弧，在绘制过程中首先要指定参照圆或圆弧，然后指定圆弧的起点和终点以确定圆弧，具体操作步骤如下。

（1）在菜单栏中选择“草绘”→“弧”→“同心”命令，或单击“草绘器工具”工具栏中的“3 点/相切端”按钮◝右侧的下拉按钮▾，在打开的“圆弧”选项条中单击“同心圆弧”按钮。

（2）在绘图区选取参照圆或圆弧，即可出现一个橡皮筋状的圆，如图 2-27 所示。

（3）选取一点作为圆弧的起点绘制圆弧。

（4）选取另一点作为圆弧的终点，完成圆弧的绘制，如图 2-28 所示。绘制完成后又出现一个新的橡皮筋状圆，单击中键结束此操作。

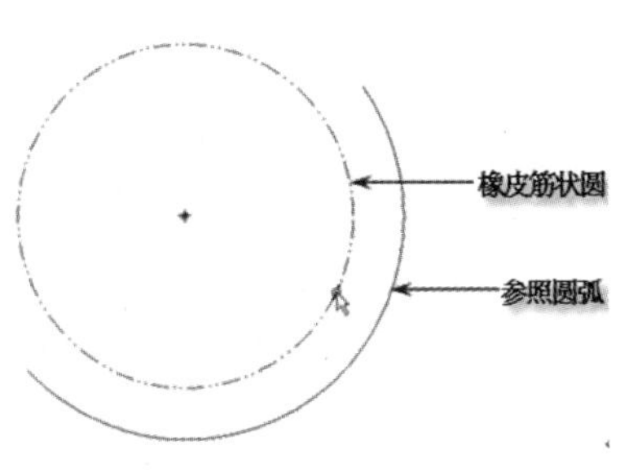

图 2-27　橡皮筋状圆

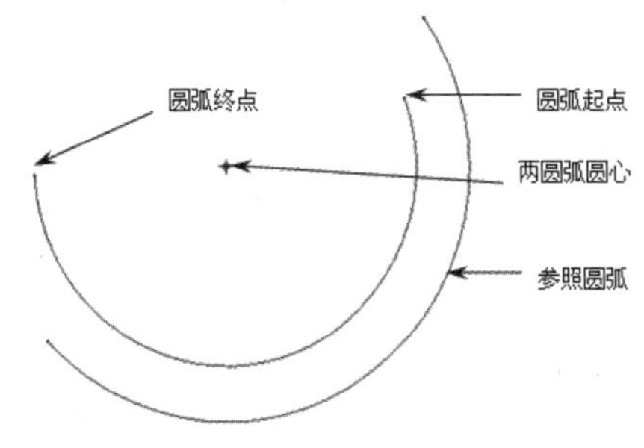

图 2-28　绘制同心圆弧

Note

3. 通过圆心和端点绘制圆弧

采用此方式绘制圆弧首先需要确定圆心然后选取一个端点来绘制圆弧，具体操作步骤如下。

（1）在菜单栏中选择“草绘”→“弧”→“圆心和端点”命令，或单击“草绘器工具”工具栏中的“3 点/相切端”按钮右侧的下拉按钮，在打开的“圆弧”选项条中单击“圆心和端点”按钮。

（2）在绘图区选取一点作为圆弧的圆心，即可出现一个橡皮筋状的圆随光标移动。

（3）拖动鼠标将圆拉至合适的大小，并在该圆上选取一点作为圆弧的起点。

（4）选取另一点作为圆弧的终点，完成圆弧的绘制。

4. 绘制与 3 个图元相切的圆弧

采用此方式可以绘制一条与已知的 3 个参照图元均相切的圆弧，具体操作步骤如下。

（1）在菜单栏中选择“草绘”→“弧”→“3 相切”命令，或单击“草绘器工具”工具栏中的“3 点/相切端”按钮右侧的下拉按钮，在打开的“圆弧”选项条中单击“3 相切圆弧”按钮。

（2）在第一个参照的圆弧、圆或直线上选取一点作为圆弧的起点，单击鼠标中键可取消选择。

（3）在第二个参照的圆弧、圆或直线上选取一点作为圆弧的终点，在定义两个点后可预览圆弧，如图 2-29 所示。

（4）在第三个参照的圆或直线上选取第三个点，即可完成圆弧的绘制，该圆弧与 3 个参照均相切，在图中以“T”表示，如图 2-30 所示。

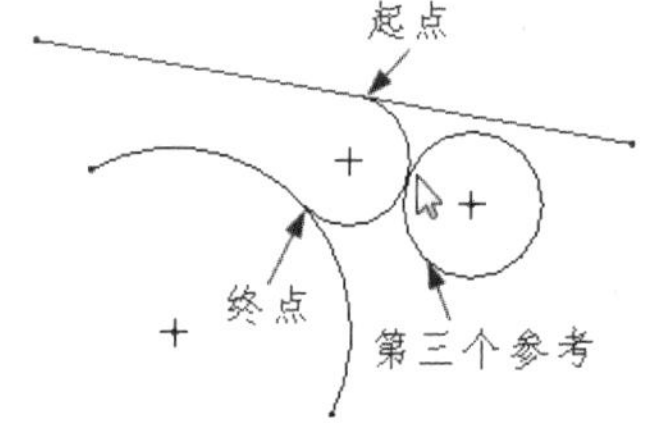

图 2-29　预览圆弧

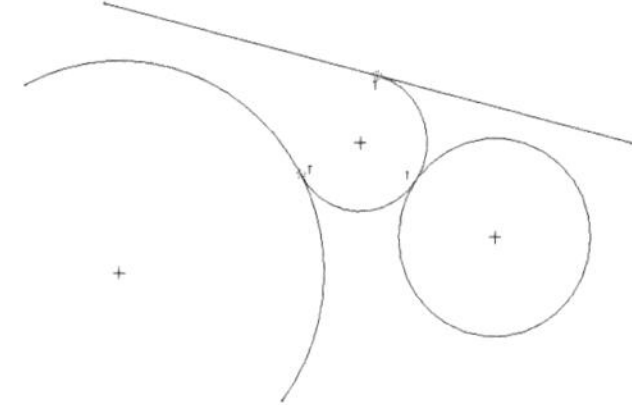

图 2-30　与 3 个图元相切的圆弧

5. 绘制圆锥弧

采用此方式可以绘制一段锥形的圆弧，具体操作步骤如下。

（1）在菜单栏中选择“草绘”→“弧”→“圆锥”命令，或单击“草绘器工具”工具栏中的“3 点/相切端”按钮右侧的下拉按钮，在打开的“圆弧”选项条中单击“圆锥弧”按钮。

（2）选取圆锥的起点。

（3）选取圆锥的终点，这时出现一条连接两点的参考线和一段呈橡皮筋状的圆锥，如图 2-31 所示。

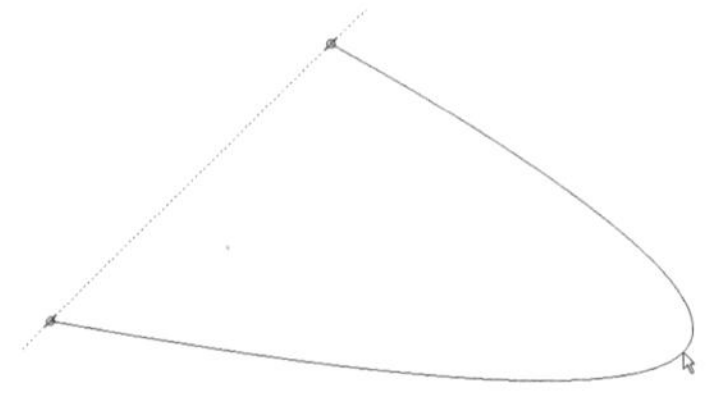

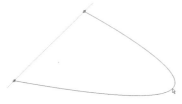

图 2-31　绘制圆锥弧

（4）当移动光标时，圆锥随之也将产生变化。单击拾取轴肩位置即可完成圆锥弧的绘制。

2.6.5　点

点的用途有标明切点的位置、显示线相切的接点、标明倒圆角的顶点等。点的生成方式十分简单，直接用鼠标左键在设计环境中单击一下，就在这个单击的地方放置一个点，如图 2-32 所示。

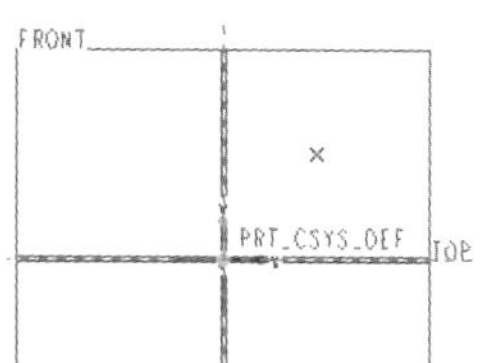

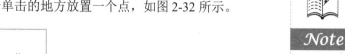

图 2-32　生成点

2.7　草绘图尺寸的标注

在草绘过程中系统将自动标注尺寸，这些尺寸被称为弱尺寸，因为系统在创建或删除它们时并不给予警告，弱尺寸显示为灰色。

用户也可以自己添加尺寸来创建所需的标注形式。用户尺寸被系统默认为是强尺寸，添加强尺寸时系统将自动删除不必要的弱尺寸和约束。

2.7.1　直线尺寸的标注

在草绘环境中可使用“尺寸”命令来标注各种线性尺寸。在菜单栏中选择“草绘”→“尺寸”→“垂直”命令，或单击“草绘器工具”工具栏中的“法向”按钮，可以标注线性尺寸。

线性尺寸标注的类型主要有以下几种。

（1）直线长度。单击“草绘器工具”工具栏中的“法向”按钮，选取线（或分别单击该线段的两个端点），然后单击中键以确定尺寸放置位置，如图 2-33 所示。

（2）两条平行线间的距离。单击“草绘器工具”工具栏中的“法向”按钮，选取两平行线，然后单击中键以放置该尺寸，如图 2-34 所示。

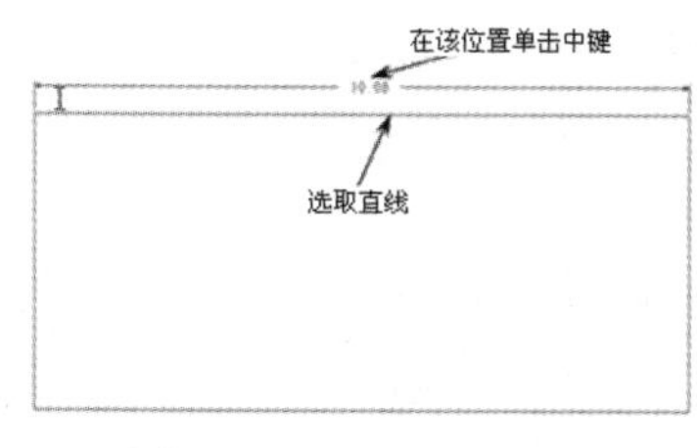

图 2-33　标注直线长度

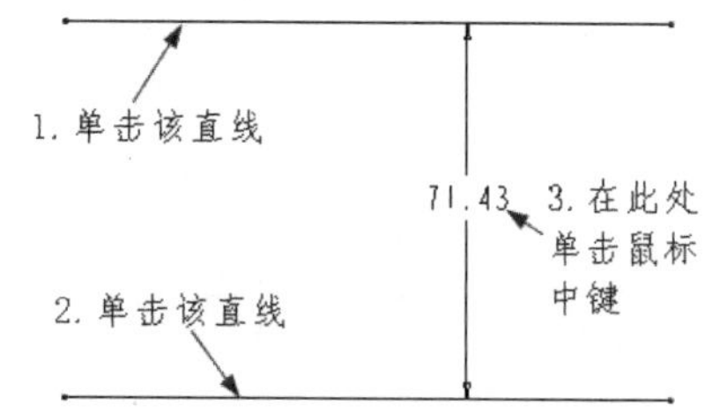

图 2-34　标注两平行线间的距离

（3）点到直线的距离。单击“草绘器工具”工具栏中的“法向”按钮，依次选取点和直线，然后单击中键以放置该尺寸，如图 2-35 所示。

（4）两点间的距离。单击“草绘器工具”工具栏中的“法向”按钮，依次选取两个点，然后单击中键以放置该尺寸，如图 2-36 所示。

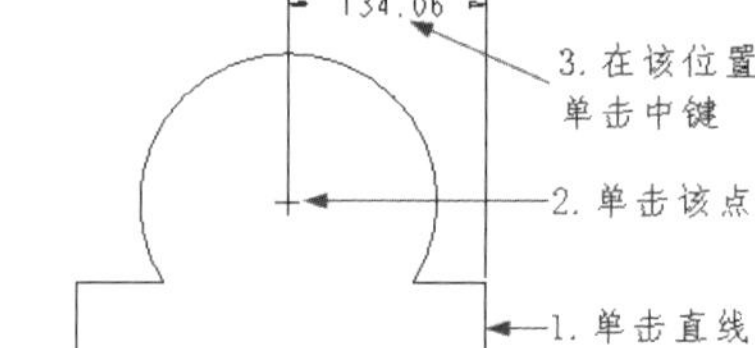

图 2-35　标注点到直线的距离

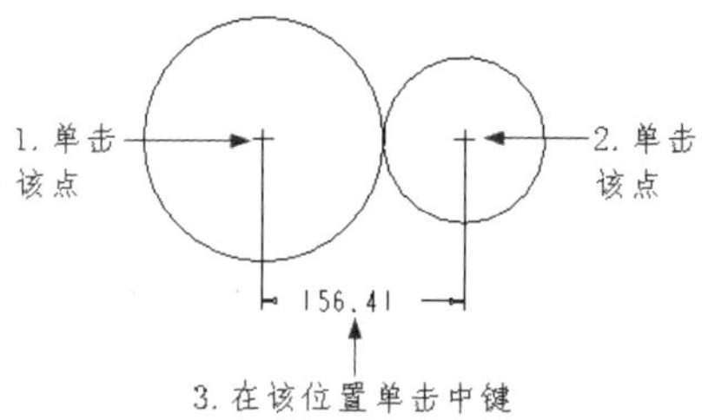

图 2-36　标注两点间的距离

Note

2.7.2　圆的标注

圆和圆弧的定位标注方式和直线类似，在此不再赘述。下面主要讲述圆和圆弧的直径或半径的标注。

圆的标注方法如下。

（1）单击“草绘器工具”工具栏中的“圆”命令，在草绘设计环境中绘制一个圆，如图 2-37 所示。

（2）单击“草绘器工具”工具栏中的“尺寸”命令，使用“尺寸”菜单中默认的选项“法向”命令，单击圆周线上任意一点，然后单击圆周线上对称的另一点，再使用鼠标中键单击两者中间的位置，生成如图 2-38 所示的一个直径尺寸。

（3）按直线的标注方式可以定位圆心。选择“草绘器”菜单中的“尺寸”命令，使用“尺寸”菜单中默认的选项“法向”命令，单击圆周线上任意一点，再使用鼠标中键单击圆周线外的位置，生成如图 2-39 所示的一个半径尺寸。

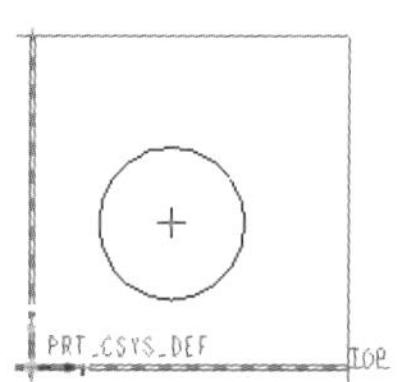

图 2-37　生成圆

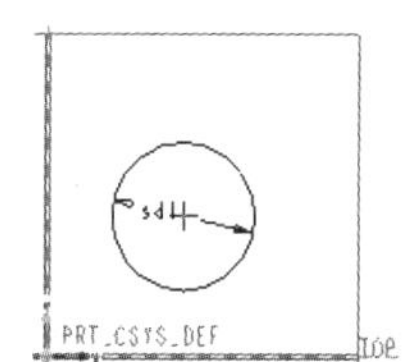

图 2-38　圆直径尺寸标注

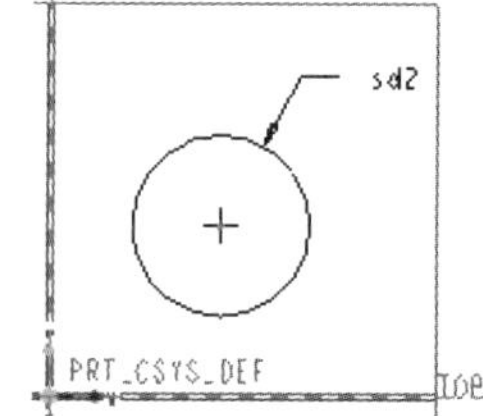

图 2-39　圆半径尺寸标注

（4）加上圆心定位的尺寸。选择“几何”菜单中的“圆”命令，在草绘设计环境中的坐标系位置绘制一个圆，如图 2-40 所示。

（5）选择“草绘器”菜单中的“对齐”命令，先单击圆心，再单击 TOP 基准面（黑点处），如图 2-41 所示。

图 2-40　生成圆

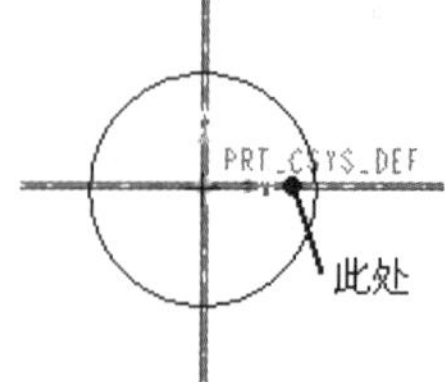

图 2-41　对齐圆心

（6）此时圆心对齐到 TOP 基准面上。对齐操作成功后在消息显示区会出现“——对齐——”消息。同样的操作，将圆心对齐到 RIGHT 面上，则圆心就定位好了，只要把圆的直径或半径标注上，圆的标注就完成了，此处不再赘述。

2.8 修改标注

在进行尺寸标注之后，还可使用“修改”功能对尺寸值和尺寸位置进行修改。修改尺寸值的具体操作步骤如下。

（1）选取要修改的尺寸。

（2）在菜单栏中选择“编辑”→“修改”命令，或单击“草绘器工具”工具栏中的“修改”按钮，系统打开如图2-42所示的“修改尺寸”对话框，所选取的图元尺寸值显示在尺寸列表中。

该对话框中包含“再生”和“锁定比例”两个复选框。选中“再生”复选框，则在拖动轮盘或输入数值后，系统将动态更新几何特征；选中“锁定比例”复选框，在修改一个尺寸时，其他相关的尺寸也将随之发生变化，从而可以保证草图轮廓整体形状不变。

（3）在“尺寸”列表中单击需要修改的尺寸，然后输入一个新值，即可修改尺寸。也可以单击并拖动要修改的尺寸右侧的轮盘，向右拖动增加尺寸值，向左拖动减少尺寸值。在更改尺寸值时，系统将动态地更改几何图形。

（4）重复步骤（3）的操作，修改列表中的其他尺寸。

（5）单击“完成”按钮，系统将再生截面并关闭对话框，如图2-43所示。

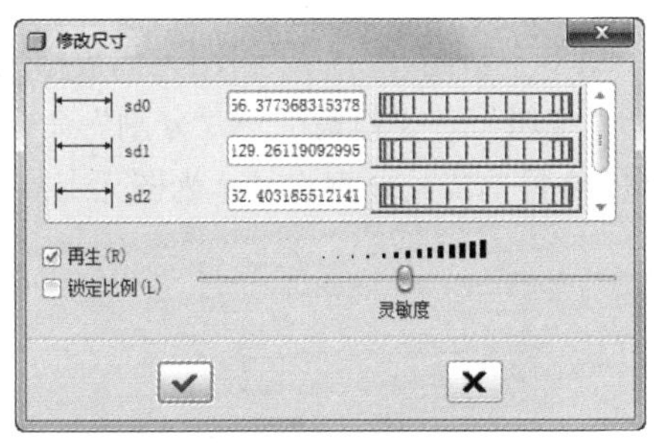

图2-42 “修改尺寸”对话框

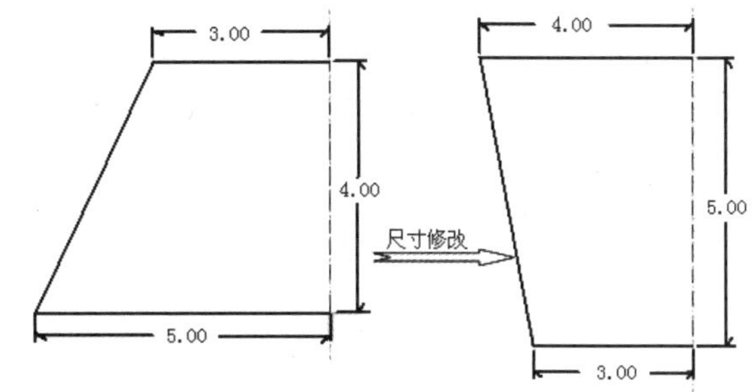

图2-43 编辑尺寸

（6）在绘图区双击需要修改的尺寸，如图2-44所示，在打开的文本框中输入新尺寸值，然后按Enter键，也可以实现对尺寸的编辑修改，图形也会随之更新。用鼠标拖动尺寸线可修改尺寸的放置位置，如图2-45所示。

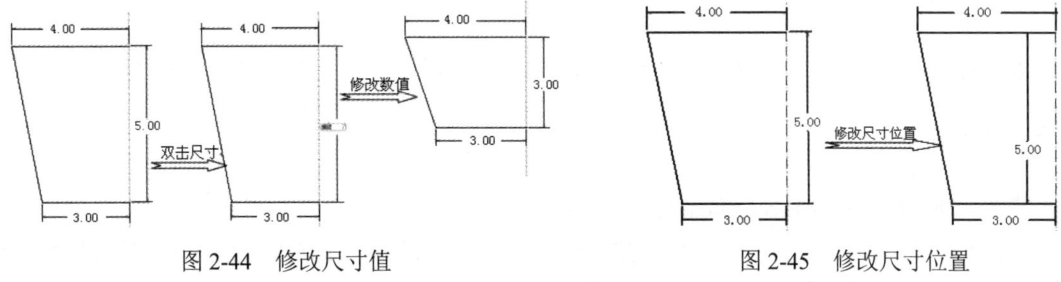

图2-44 修改尺寸值

图2-45 修改尺寸位置

2.9 编辑草图

单纯地使用前面章节中所讲述的绘制图元按钮只能绘制一些简单的图形，要想获得复杂的截面图

Note

形，就必须借助于草图编辑工具对图元进行位置、形状的调整。

2.9.1 裁剪

（1）在菜单栏中选择“编辑”→“修剪”→“拐角”命令，或单击“草绘器工具”工具栏中的“拐角”按钮，系统提示选取要修剪的图元。

（2）若这两图元相交，在要保留的图元部分单击两个图元，则系统将这两个图元相交之后的部分一起修剪，如图 2-46 所示。

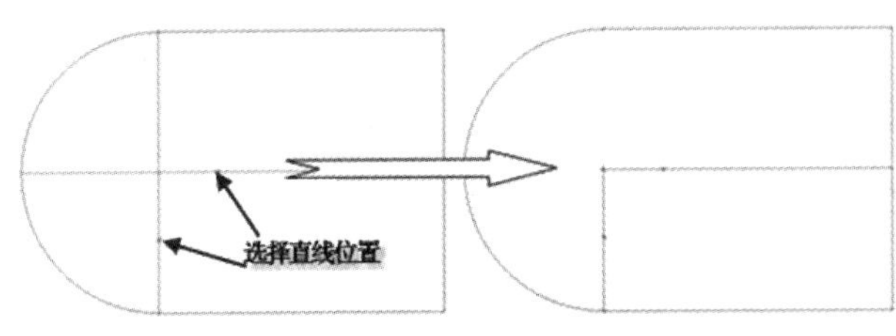

图 2-46　修剪相交图形

2.9.2 分割

在 Pro/ENGINEER 草绘器中可将一个截面图元分割成两个或多个新图元。如果该图元已被标注，则需要在使用“分割”命令之前将尺寸删除。在菜单栏中选择“编辑”→“修剪”→“分割”命令，或单击“草绘器工具”工具栏中的“分割”按钮，在要分割的位置单击，分割点显示为图元上高亮显示的点，系统将在指定的位置分割图元，如图 2-47 所示。

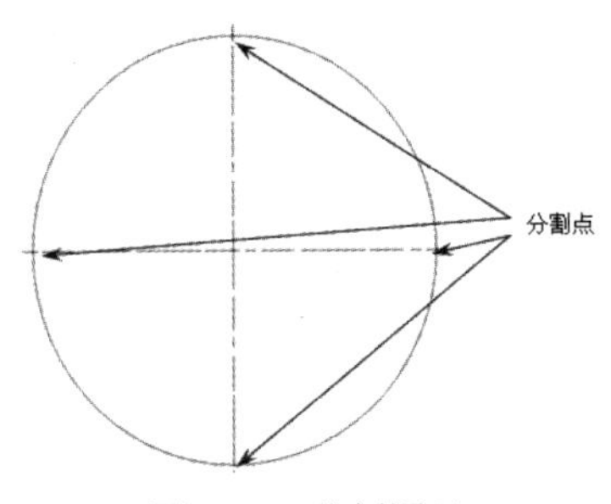

图 2-47　分割图元

注意：要在某个交点处分割图元，在该交点附近单击，系统将会自动捕捉交点并进行分割。

2.9.3 镜像

“镜像”功能用于镜像复制选取的图元，以提高绘图效率，减少重复操作。

在绘图过程中，经常会遇到一些对称的图形，这时就可以绘制半个截面，然后进行镜像即可。利用“镜像”功能镜像几何特征的具体操作步骤如下。

（1）绘制一条中心线和如图 2-48 所示的截面草图。

（2）选取要镜像的图元，按住 Ctrl 键可以选择多个图元，被选中的图元将加亮显示。

（3）在菜单栏中选择“编辑”→“镜像”命令，或单击“草绘器工具”工具栏中的“镜像”按钮。

（4）根据提示选取中心线作为镜像的中心线，系统将所有选取的图元沿中心线生成镜像，结果如图 2-49 所示。

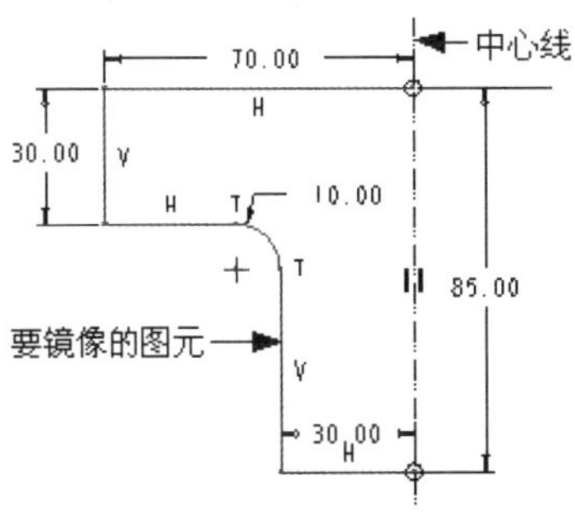

图 2-48　绘制截面草图

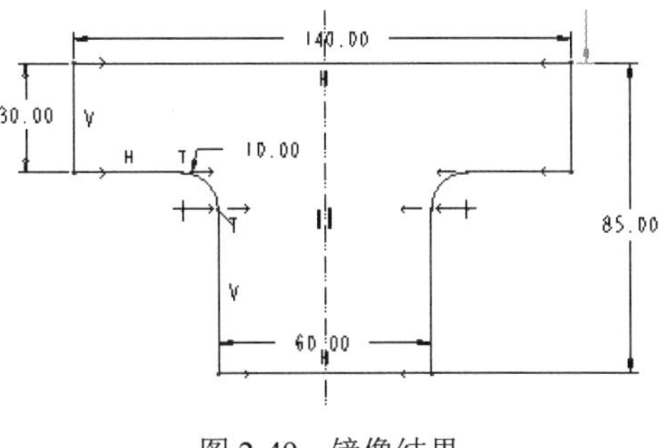

图 2-49　镜像结果

注意：镜像功能只能镜像几何图元，无法镜像尺寸、文本图元、中心线和参照图元。

2.9.4　移动图元

移动图元命令有两种移动方式：一是改变图元的尺寸，如改变圆的半径，使之变大或变小，或是移动直线的端点，使直线变长或变短等；二是只移动图元，并不改变其尺寸大小。移动图元操作的具体步骤如下。

（1）在设计环境中绘制如图 2-50 所示的圆。

（2）单击“草绘器工具”工具栏中的“移动和调整大小”按钮，再单击圆周，此时圆周用红色表示，移动鼠标，随鼠标移动出现一个橡皮筋似的圆，如图 2-51 所示，单击鼠标左键，生成一个新半径值的圆。

（3）单击圆心，此时圆显示红色表示，移动鼠标，选中的圆随鼠标移动而移动，如图 2-52 所示，单击鼠标左键，将圆移到一个新的位置。

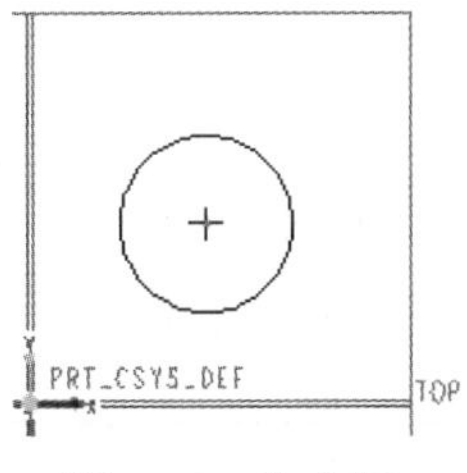

图 2-50　生成圆

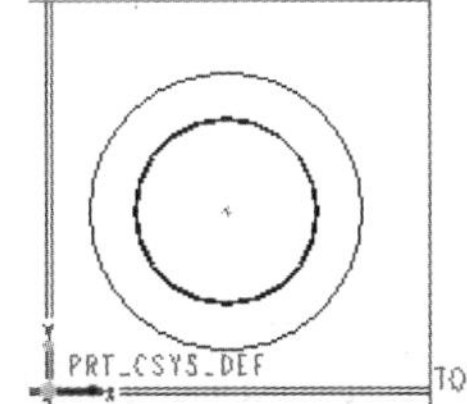

图 2-51　移动圆周生成圆

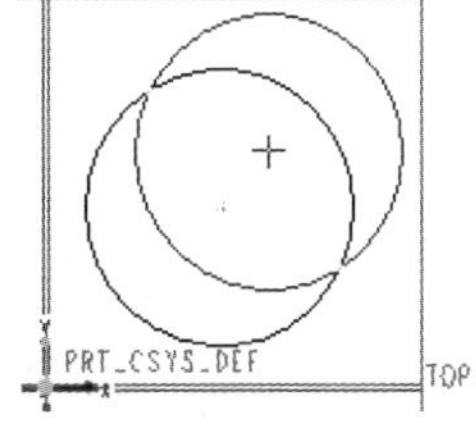

图 2-52　移动圆心生成圆

2.10　几 何 约 束

几何约束是指草图对象之间的平行、垂直、共线和对称等几何关系。几何约束可以替代某些尺寸标注，在 Pro/ENGINEER 草绘环境中可自行设定智能几何约束，也可根据需要人工设定几何约束。

在菜单栏中选择“草绘”→“选项”命令，打开“草绘器首选项”对话框，选择“约束”选项卡，对话框显示如图 2-53 所示。

Note

图 2-53 “约束”选项卡

“约束”选项卡中包含多个复选框，每个复选框代表一种约束类型，选中任一复选框系统将会开启相应的自动约束设置。每个约束类型对应的图形符号如表 2-4 所示。

表 2-4 约束符号

约 束 类 型	符 号
中点	M
相同点	O
水平	H
竖直	V
图元上的点	-O- - -
相切	T
垂直	⊥
平行	$//_1$
相等半径	带有一个下标索引的 R（如 R_1）
具有相等长度的线段	带有一个下标索引的 L（如 L_1）
对称	→←
图元水平或竖直排列	- - ¦
共线	=
边/偏移边	-⊸ O

开启自动设定几何约束后，在绘制图形的过程中就会自动设定几何约束。如图 2-54 所示，在修改其中一个圆的直径时，其他圆的直径也将同时改变。

可根据需要使用“草绘器工具”工具栏“约束”选项条中的各按钮添加约束（此约束为强约束），具体添加步骤如下。

（1）在菜单栏中选择“草绘”→“约束”命令，或单击“草绘器工具”工具栏中的“垂直”按钮十右侧的▸按钮，系统打开如图 2-55 所示的“约束”选项条。

（2）在“约束”选项条中单击“相切”按钮♀。

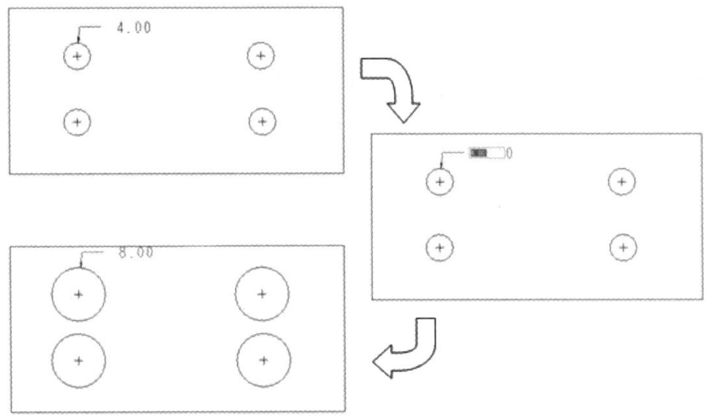

图 2-54 自动几何约束

（3）根据系统提示，选取如图 2-56 所示圆和矩形的边。

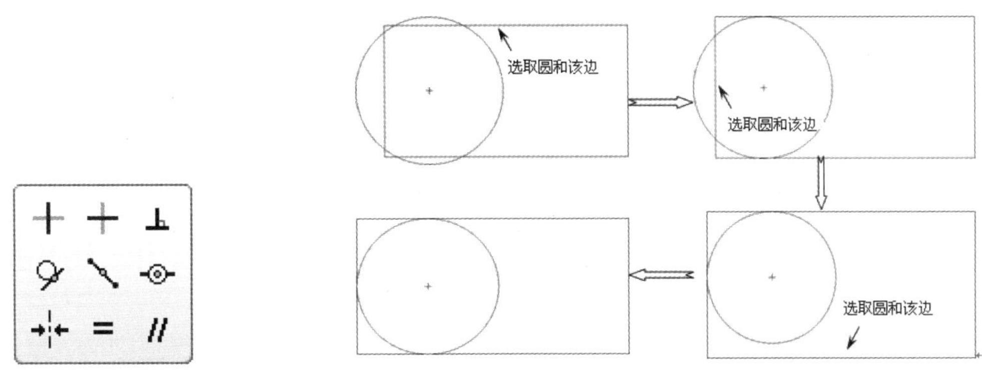

图 2-55 “约束”选项条

图 2-56 几何约束

（4）单击“选取”对话框中的“确定”按钮，系统将按新条件更新截面。

在不需要几何约束时可将其删除。单击或框选要删除的约束，在菜单栏中选择“编辑”→“删除”命令，即可将其删除，删除约束后系统将自动添加一个尺寸值使截面保持可求解状态。

注意：选取要删除的约束后按 Delete 键，也可删除所选取的约束。

在绘制图元过程中，系统将会根据鼠标指定的位置自动提示可能产生的几何约束，以约束符号方式进行提示，用户可根据提示进行绘制，绘制完成后约束符号会显示在图元旁边。修改几何约束的操作方法如下。

（1）右击禁用约束，要再次启用约束，再次右击即可。

（2）按住 Shift 键并右击锁定或解除锁定约束。

（3）当多个约束处于活动状态时，可以使用 Tab 键改变活动约束。

以灰色出现的约束为弱约束，系统可将移除而不予以警告。用户可通过“草绘”菜单中的“约束”命令添加合适的约束。

若需要强化某些约束，首先将其选中，然后在菜单栏中选择“编辑”→“转换到”→“强”命令，约束即被强化。

注意：加强某组中的一个约束时（如“相等长度”），整个组都将被加强。

视频讲解

Note

2.11 综合实例——气缸杆二维截面图

本实例主要讲解气缸杆二维截面图的绘制。首先大致绘制一个截面，然后对该截面进行标注，最后对各尺寸进行修改，结果如图 2-57 所示。

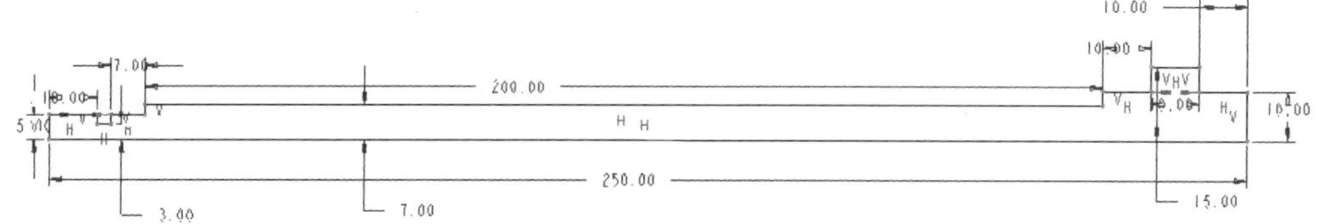

图 2-57 气缸杆二维截面图

（1）使用第一种方法进入二维设计环境，注意在“新建”对话框中输入文件名为 qgg，进入二维设计环境。

（2）在 2D 设计环境中绘制如图 2-58 所示的截面，注意只是大致绘制一个截面。

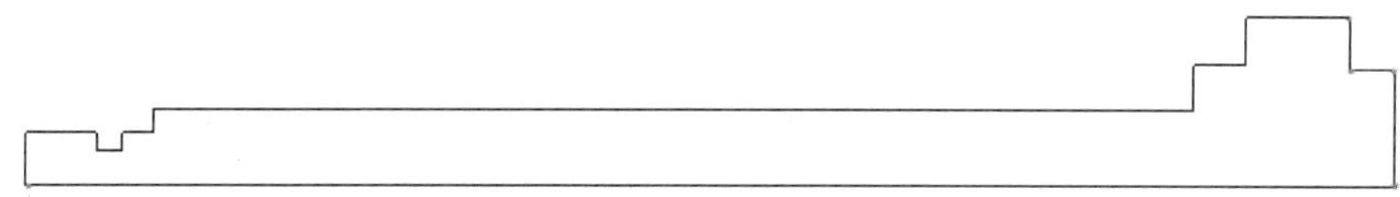

图 2-58 粗略绘制 2D 截面

（3）绘制完成后的草图如图 2-59 所示。

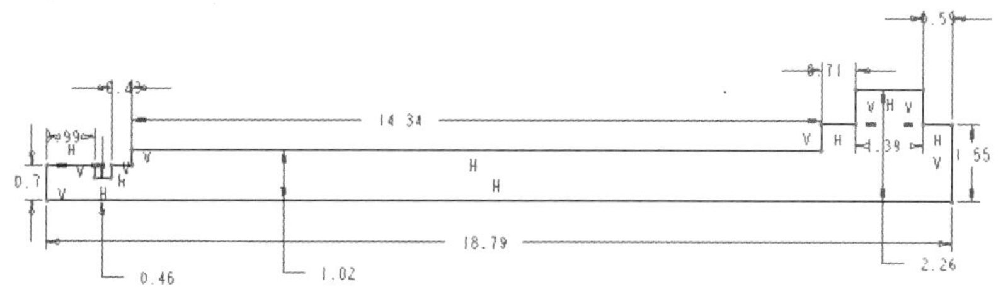

图 2-59 2D 截面

（4）使用鼠标左键依次拾取各个尺寸值，将其值修改，修改后的尺寸值如图 2-60 所示。

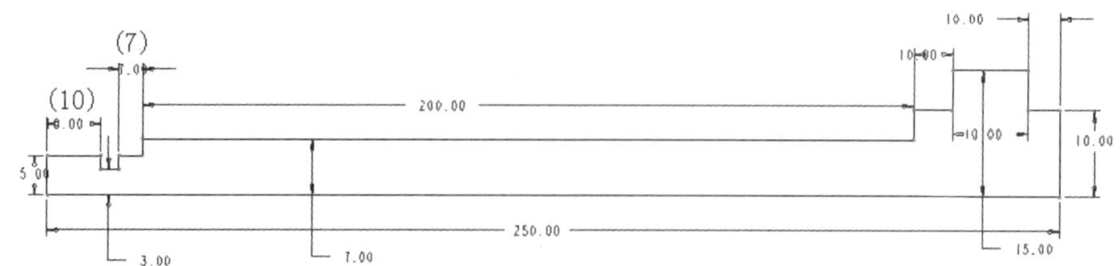

图 2-60 修改 2D 截面尺寸值

（5）选择“草绘器工具”工具栏中的“完成”按钮，设计环境中的 2D 截面设计完成。单击工具栏上的“保存”按钮，将设计环境中的 2D 截面保存，文件名为 qgg.sec，然后选择“窗口”→“关闭”命令，关闭当前设计环境。

基准特征

基准是建立模型的参考，在Pro/ENGINEER系统中，基准虽然不属于实体或曲面特征，但它也是特征的一种。

本章主要讲述基准平面、基准轴、基准点及基准坐标的用途和创建。

任务驱动&项目案例

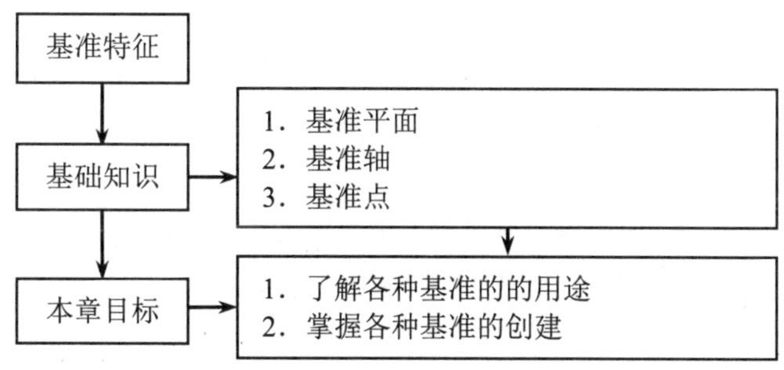

3.1 基 准 平 面

本节主要讲述基准平面的用途、创建、方向及基准面的显示控制。

3.1.1 基准平面的用途

作为三维建模过程中最常用的参照，基准平面可以有多种用途，主要包括以下几个方面。

1. 作为放置特征的平面

在零件建立过程中可将基准平面作为参照用在尚未有基准平面的零件中。而且还可以在没有其他合适的平面曲面时，可以在新建立的基准平面上草绘或放置特征。

2. 作为尺寸标注的参照

可以根据一个基准平面进行标注，就好像它是特征的一条边。而且在标注某一尺寸时，如果既可以选择零件上的面，也可以选择原先建立的任意一个基准面，则最好选择基准面。因为这样可以避免造成不必要的特征父子关系。

3. 作为视角方向的参考

在模型建立时，系统默认的视角方向往往不能满足用户的要求，用户需要自己定义视角方向。而三维物体的方向性是需要两个相互垂直的面来定义的，而有时候特征中没有合适的平面相互垂直，这时就需要创建基准面作为物体视角的参考平面。

4. 作为定义组件的参考面

在定义组件时可能会利用许多零件的平面来定义贴合面、对齐面或定义方向，但是有时可能没有合适的零件平面，这时同样可以将基准面作为其参考依据构建组件。

5. 放置标签注释

也可将基准平面用作参照，以放置设置基准。如果不存在基准平面，则选取与基准标签注释相关的平面曲面会自动创建内部基准平面。设置基准标签将被放置在参照基准平面或与基准平面相关的共面曲面上。

6. 产生剖视图

对于内部复杂的零件，为清楚看出其内部构造，必须利用剖视图来观察。这时就需要定义一个参考基准面，利用此基准面剖切零件。

基准平面是无限的，但是可调整其大小，使其与零件、特征、曲面、边或轴相吻合，或者指定基准平面的显示轮廓的高度和宽度值。或者，可使用显示的控制滑块拖动基准平面的边界重新调整其显示轮廓的尺寸。

3.1.2 基准平面的创建

1. 三点方式创建基准平面

该方式就是通过选取 3 个不相重合的点，通过这 3 个点来决定一个平面。选取的点可以是模型上的点，也可以是建立的参考点。具体操作过程如下。

（1）打开随书电子资料包中提供的源文件 3.1.prt。单击“基准”工具栏中的“基准平面”按钮▱，系统弹出“基准平面”对话框。

（2）选取基准平面通过的第一个点，这时会出现一个黄颜色表示的平面通过选取的点。

（3）依次通过鼠标选取另外两个不重合的点，在选取时要按住 Ctrl 键。选取完成后即可出现基准平面通过所选取的 3 个点，并且有一个箭头表示基准平面的法向，如图 3-1 所示。

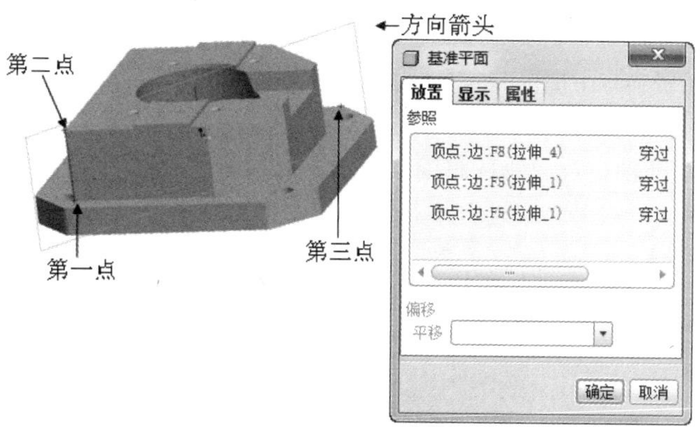

图 3-1　三点确定基准平面

（4）这时“基准平面”对话框中的“确定”按钮变为可用状态，如果需要修改方向可以单击“显示”选项卡中的“反向”按钮，完成设置后单击“确定”按钮即可完成基准平面的建立。

2. 通过一点和一条直线创建平面

通过一个点和一条直线来创建基准平面的过程和通过三点方式的过程基本相同，首先打开“基准平面”对话框，然后选择一条直线和一个点，选择时要按住 Ctrl 键。单击“确定”按钮即完成基准平面的创建。

3. 创建偏移基准平面

这种方式是通过对现有的平面向一侧偏移一段距离而形成一个新的基准平面。具体操作过程如下。

（1）打开随书电子资料包中提供的源文件 3.1.prt。单击“基准”工具栏中的“基准平面”按钮▱，系统弹出“基准平面”对话框。

（2）选取现有的基准平面或平曲面，自它们这里偏移新的基准平面。所选参照及其约束类型均会在“参照”收集器中显示，如图 3-2 所示。

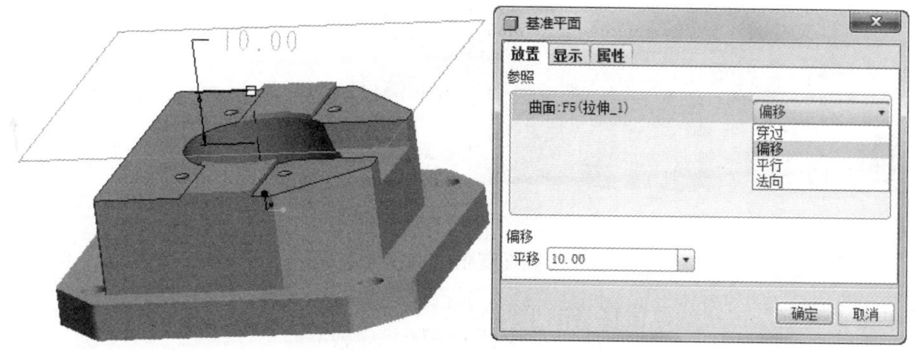

图 3-2　偏移方式创建基准面

如果“偏移”不是选定参照的默认约束，可从“参照”收集器中的约束列表中选取“偏移”。

要调整偏移距离，可在图形窗口中，使用拖动控制滑块将基准曲面手工平移到所需距离处。也可以在“基准平面”对话框内，向“平移”下拉列表框中输入距离值，或从最近使用值的列表中选取一个值。

（3）单击“确定”按钮即可创建偏移基准平面。

4. 创建具有角度偏移的基准平面

具体操作过程如下。

（1）打开随书电子资料包中提供的源文件 3.1.prt。单击“基准”工具栏中的“基准平面”按钮，系统弹出“基准平面”对话框。

（2）选取现有的基准轴、直边或直曲线。所选取的参照出现在“基准平面”对话框的“参照”收集器中，如图 3-3 所示。如果“穿过”不是默认约束，可从“参照”收集器中的约束列表内选取“穿过”。

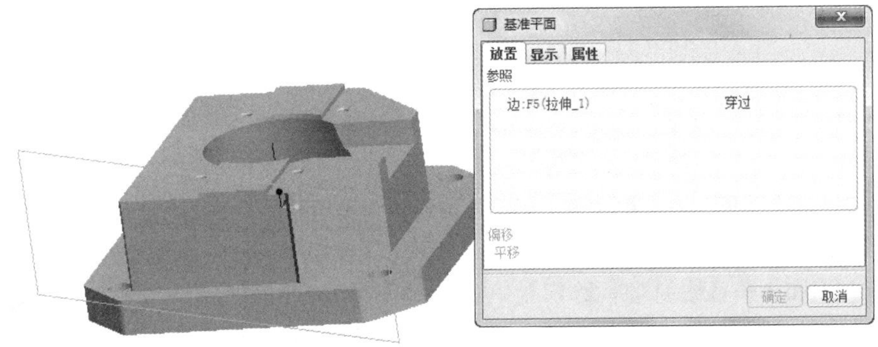

图 3-3 选取边

（3）按 Ctrl 键并选取垂直于选定基准轴的基准平面或平曲面。默认情况下，“偏移”被选作约束。在图形窗口中，使用拖动控制滑块将基准曲面手工旋转到所需角度处。或者在“基准平面”对话框内，在“旋转”下拉列表框中输入角度值，或从最近常用的值列表中选取一个值，如图 3-4 所示。

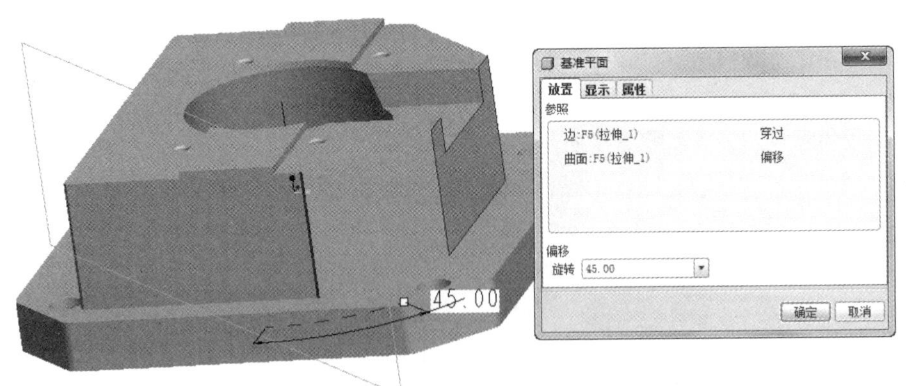

图 3-4 创建具有角度偏移的基准平面

（4）单击“确定”按钮创建偏移基准平面。

5. 通过基准坐标系创建基准平面

可选取一个基准坐标系作为放置参照，然后在距原点的某一偏移处或者通过其中一个虚拟平面沿

其中一个坐标轴放置基准平面。可用约束为“偏移”和“穿过”。“偏移”是默认值。约束类型是“偏移”时，系统就会在距原点的某一偏移处沿选定作为放置参照的基准坐标系的其中一个轴放置基准平面。

具体操作过程如下。

（1）打开随书电子资料包中提供的源文件 3.1.prt。单击“基准”工具栏中的“基准平面”按钮▱，系统弹出“基准平面”对话框。

（2）选取一个基准坐标系作为放置参照。选定的基准坐标系及其约束类型均会出现在“参照”收集器中，如图 3-5 所示。

（3）单击“确定”按钮，系统会沿基准坐标系的其中一个轴或通过该基准坐标系的其中一个虚拟平面，按照指定方向偏移，创建偏移基准平面，如图 3-6 所示。

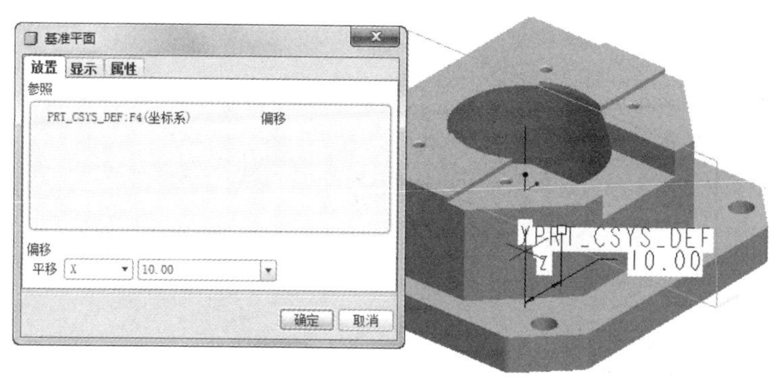

图 3-5　选择基准坐标系

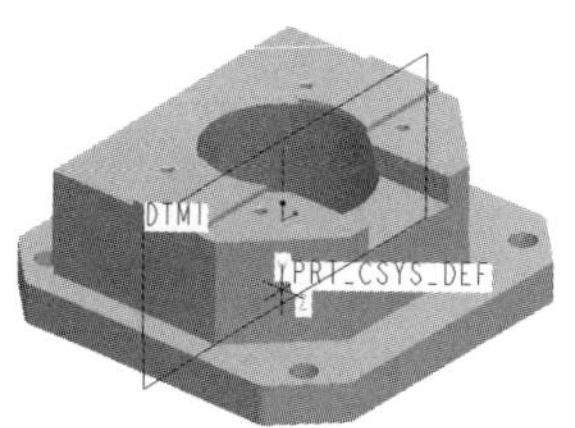

图 3-6　创建基准平面

3.1.3　基准平面的方向

Pro/ENGINEER 系统中基准面有正向和负向之分。同一个基准面有两边，一边用黄色的线框显示，表示这是 3D 实体上指向实体外的平面方向，即正向；另一边用红色线框显示，表示平面的负向。当使用基准面来设置 3D 实体的方向时，需要确定基准面正向所指的方向。

3.2　基　准　轴

本节主要讲述基准轴的用途、创建及基准轴的显示控制。

3.2.1　基准轴的用途

基准轴用黄色中心线表示，并用符号“A_*”标识，其中“*”表示流水号。基准轴的用途主要有两种，详述如下。

（1）作为中心线。可以作为回转体，如圆柱体、圆孔和旋转体等特征的中心线。拉伸一个圆成为圆柱体或旋转一个截面成为旋转体时会自动产生基准轴。

（2）同轴特征的参考轴。如果要使两特征同轴，可以对齐这两个特征的中心线，这样可以确保这两个特征同轴。

Note

3.2.2 基准轴的创建

在 Pro/ENGINEER 中可以通过多种方式来建立基准轴，下面简单介绍常用的几种方法。

1. 创建垂直于曲面的基准轴

具体操作过程如下。

（1）打开随书电子资料包中提供的源文件 3.2.prt。单击“基准”工具栏中的“基准轴”按钮/，系统弹出“基准轴”对话框。

（2）在图形窗口中选取一个曲面。选定曲面（约束类型设置为“法向”）会出现在“参照”收集器中。可预览垂直于选定曲面的基准轴。曲面上出现一个控制滑块，同时出现两个偏移参照控制滑块，如图 3-7 所示。

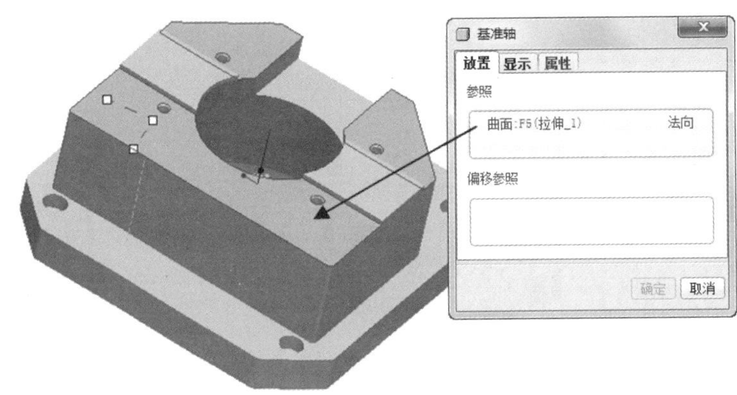

图 3-7　选取参照

（3）拖动偏移参照控制滑块来选取两个参照或以图形方式选取两个参照，如两个平面或两条直边。所选的两个偏移参照将出现在“偏移参照”收集器中，如图 3-8 所示。

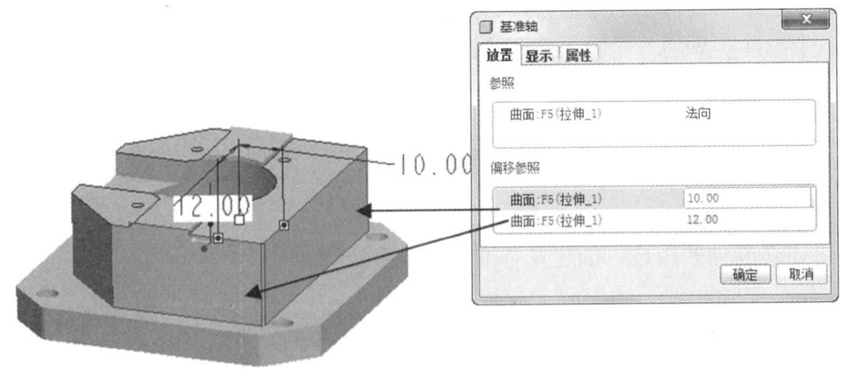

图 3-8　选取偏移参照

可以在“偏移参照”收集器中修改偏移的距离。

（4）单击“确定”按钮来创建垂直于选定曲面的基准轴。

2. 通过一点并垂直于选定平面的基准轴

具体操作过程如下。

（1）打开随书电子资料包中提供的源文件 3.2.prt。单击“基准”工具栏中的“基准轴”按钮/，

系统弹出“基准轴”对话框。

（2）在图形窗口中选取一个曲面。选定曲面（约束类型设置为“法向”）会出现在“参照”收集器中。可预览垂直于选定曲面的基准轴，曲面上出现一个控制滑块，同时出现两个偏移参照控制滑块，如图 3-9 所示。

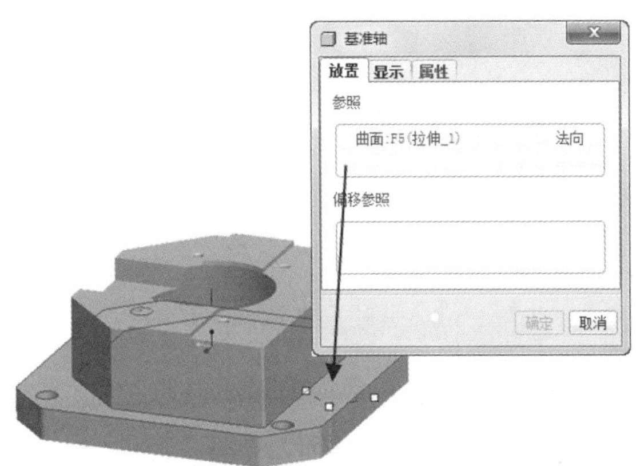

图 3-9 选择基准轴第一参考

（3）按住 Ctrl 键在图形窗口中选取一个非选定曲面上的点。选定的点会出现在“参照”收集器中。这时可以预览通过该点且垂直选定平面的基准轴，如图 3-10 所示。

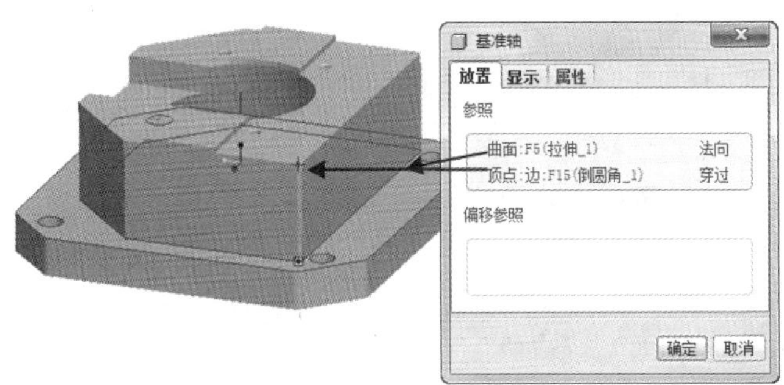

图 3-10 预览基准轴

（4）单击“确定”按钮来创建通过选定点并垂直于选定曲面的基准轴。

3. 通过曲线上一点并相切于选定曲线的基准轴

具体操作过程如下。

（1）打开随书电子资料包中提供的源文件 3.2.prt。单击“基准”工具栏中的“基准轴”按钮/，系统弹出“基准轴”对话框。

（2）在图形窗口中选取一条曲线，选定曲线会出现在“参照”收集器中。可预览相切于选定曲线的基准轴，如图 3-11 所示。

（3）按住 Ctrl 键在图形窗口中选取一个选定曲线上的点，选定的点会出现在“参照”收集器中。这时可以预览通过该点且与选定曲线相切的基准轴，如图 3-12 所示。

（4）单击“确定”按钮来创建通过选定点并与选定曲线相切的基准轴。

4. 通过圆柱体轴线的基准线

具体操作过程如下。

（1）打开随书电子资料包中提供的源文件 3.2.prt。单击“基准”工具栏中的“基准轴”按钮/，

系统弹出“基准轴”对话框。

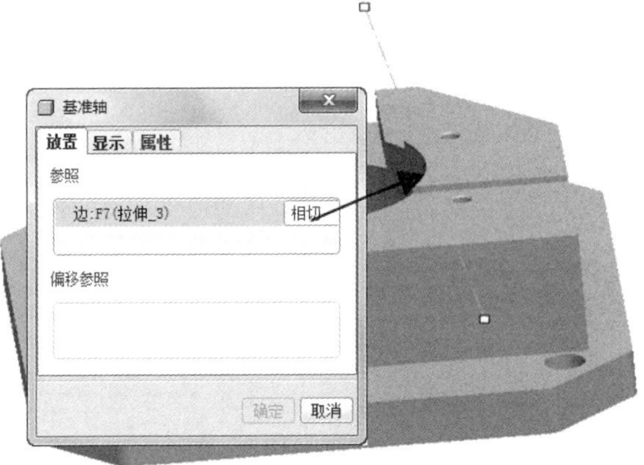

图 3-11　选择基准的参考曲线

（2）在图形窗口中选取如图 3-13 所示的圆柱面。

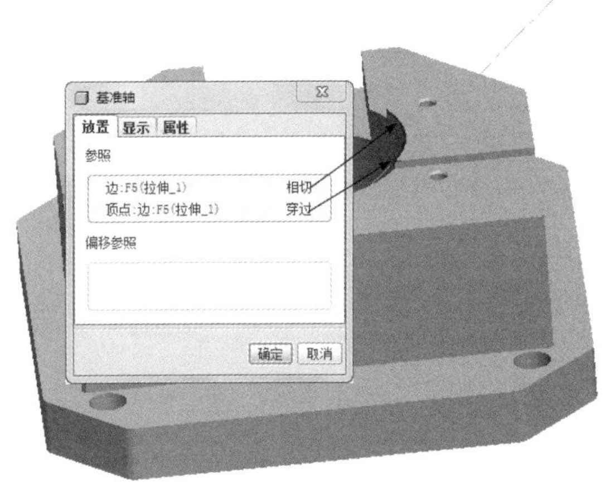

图 3-12　预览基准轴

图 3-13　创建同线基准线

（3）单击“确定”按钮即可生成与该圆柱面轴线同线的基准轴。

3.3　基　准　点

本节主要讲述基准点的用途、创建、基准点的显示控制以及通过基准点创建基准曲线。

3.3.1　基准点的用途

基准点大多用于定位，基准点用符号“PNT*”标识，其中“*”表示流水号。基准点的用途主要有 3 种，详述如下。

（1）作为某些特征定义参数的参考点。

（2）作为有限元分析网格上的施力点。

（3）计算几何公差时，指定附加基准目标的位置。

3.3.2 基准点的创建

要创建位于模型几何上或自其偏移的基准点，可使用一般类型的基准点。依据现有的几何和设计意图，可使用不同方法指定点的位置。下面简单介绍常用的几种方法。

1. 平面偏移基准点

具体操作过程如下。

（1）打开随书电子资料包中提供的源文件 3.3.prt。单击“基准”工具栏中的“基准点”按钮右侧的按钮，系统弹出如图 3-14 所示的工具栏。

（2）单击“基准点”按钮，系统弹出“基准点”对话框，如图 3-15 所示。

图 3-14 基准工具栏

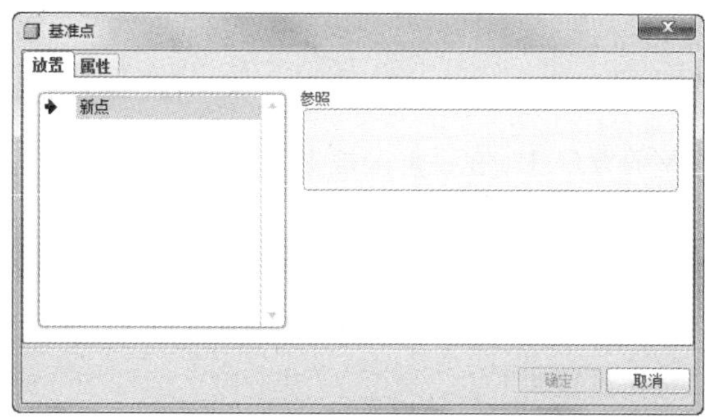

图 3-15 “基准点”对话框

“基准点”对话框中有两个选项卡：“放置”和“属性”，前者用来定义点的位置，后者允许编辑特征的名称并在 Pro/ENGINEER 浏览器中访问特征信息。

新点被添加到点列表中，并且系统提示选取参照，选取模型的上表面来放置基准点。完成后选取的曲面出现在“参照”列表中，同时“基准点”对话框中下方出现“偏移参照”列表，如图 3-16 所示。

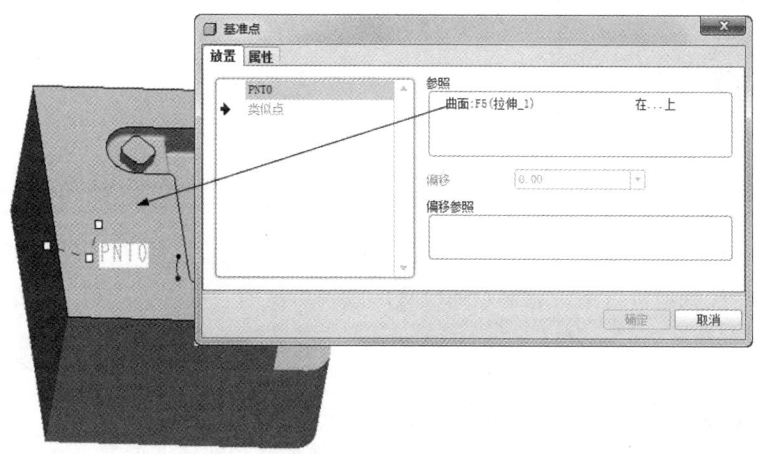

图 3-16 选取放置平面

（3）在“偏移参照”列表中单击鼠标左键，然后按住 Ctrl 键用鼠标左键在图形窗口中选取两个参考面，则选取的曲面出现在参照列表中，新点在选定位置被添加到模型中，如图 3-17 所示。也可

Note

以通过拖动方形图柄到模型的两个侧面。

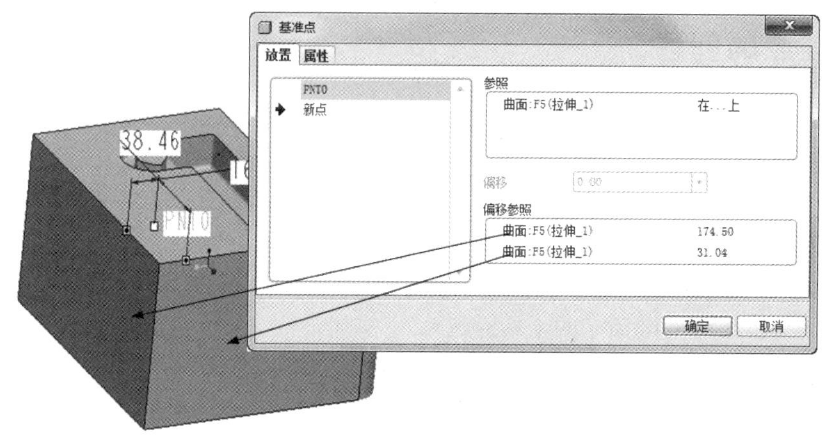

图 3-17　选择偏移参照

要调整放置尺寸，在图形区域中双击某一尺寸值然后输入一新值，或者可通过“基准点”对话框调整尺寸。单击列在“偏移参照”下的某个尺寸值，然后输入新值。标注该点到两个偏移参照的尺寸。

（4）调整完尺寸，单击“新点”可添加更多点，或单击“确定”按钮结束“基准点”命令。

2. 在曲线、边或基准轴上创建基准点

具体操作过程如下。

（1）打开随书电子资料包中提供的源文件 3.3.prt。选取一条边、基准曲线或轴来放置基准点。然后单击按钮，默认点被添加到选定图元中，同时“基准点”对话框打开，新点被添加到点列表中，并且为操作所收集的图元出现在“参照”下，如图 3-18 所示。

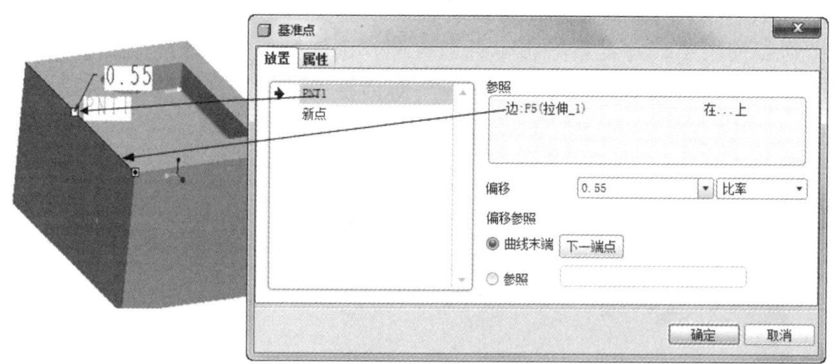

图 3-18　选择边

（2）拖动点的控制滑块可手工调整点的位置，或者可使用“放置”选项卡来定位该点。当使用“放置”选项卡定位基准点时，有以下两个选项。

☑　曲线末端：从曲线或边的选定端点测量距离。要使用另一端点，可单击“下一端点”按钮。对于曲线或边，会默认选中“曲线末端”单选按钮。

☑　参照：从选定图元测量距离。选取参照图元，例如一个实体曲面。

（3）完成设置后单击“新点”可添加更多基准点，或单击“确定”按钮退出该命令。

3. 在图元相交处创建基准点

可以选用多种图元的组合方式，通过图元的相交来创建基准点。在选取相交图元时，按下 Ctrl

键，可选取下列组合之一。

☑　3 个曲面或基准平面。

☑　与曲面或基准平面相交的曲线、基准轴或边。

☑　两条相交的曲线、边或轴。

具体操作过程如下。

（1）打开随书电子资料包中提供的源文件 3.3.prt。单击按钮，打开“基准点”对话框。在选定图元的相交处创建了一个新点。也可以先打开“基准点”对话框，然后按住 Ctrl 键，按照上述规则选取相交图元，如图 3-19 所示。

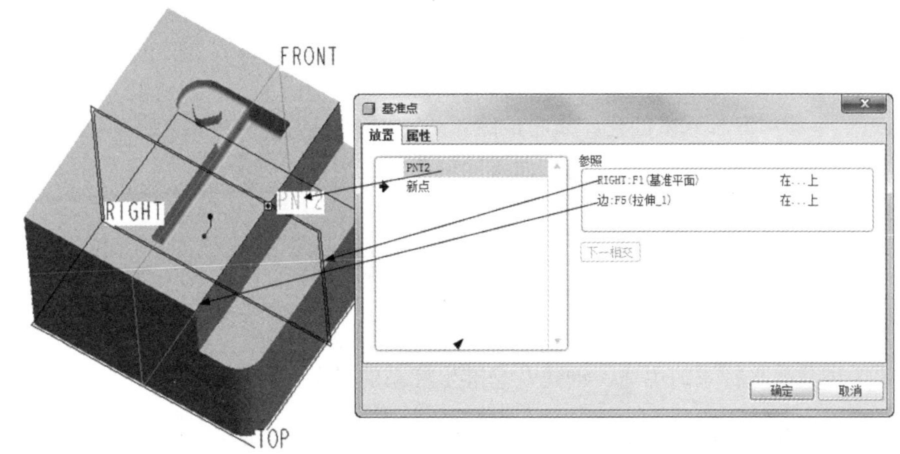

图 3-19　通过图元相交创建基准点

（2）单击“新点”继续创建点，或单击“确定”按钮完成创建。

3.4　基准曲线

本节主要讲述基准曲线的用途和创建。

3.4.1　基准曲线的用途

基准曲线主要用来建立几何的曲线结构，其用途主要有以下 3 种。

（1）作为扫描特征（Sweep）的轨迹线。

（2）作为曲面特征的边线。

（3）作为加工程序的切削路径。

3.4.2　基准曲线的创建

单击“基准”工具栏中的“插入基准曲线”按钮，系统弹出“曲线选项”菜单管理器，如图 3-20 所示。

从“曲线选项”菜单管理器中可以看到，创建曲线的方式有以下 4 种。

（1）通过点：创建一条通过指定点的曲线（或直线）。

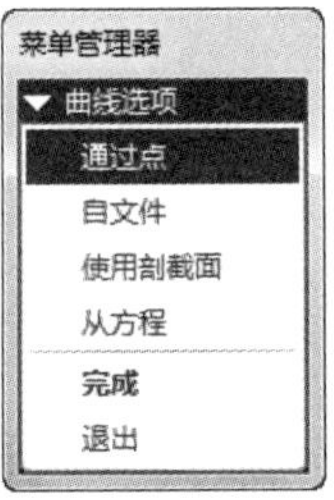

图 3-20 “曲线选项”菜单管理器

（2）自文件：创建一条来自文件的曲线。Pro/ENGINEER 可以接受的文件格式有 IGES、SET 和 VDA 等。

（3）使用剖截面：以剖面的边来创建一条新曲线。

（4）从方程：使用方程式来创建一条新曲线。

选择“退出”命令，退出曲线的创建。曲线的创建将在后面详细介绍。

3.5 基准坐标系

本节主要讲述基准坐标系的用途、创建及基准坐标系的显示控制。

3.5.1 基准坐标系的用途

基准坐标系用符号“CS*”标识，其中“*”表示流水号。基准坐标系的用途主要有以下 4 种。

（1）零部件装配时，如要用到“坐标系重合”的装配方式，须用到基准坐标系。

（2）IGES、FEA 和 STL 等数据的输入与输出都必须设置基准坐标系。

（3）生成 NC 加工程序时必须使用基准坐标系作为参考。

（4）进行重量计算时必须设置基准坐标系以计算重心。

3.5.2 坐标系统的种类

常用的坐标系类型主要有 3 种，即笛卡儿坐标系、柱坐标系和球坐标系。

1. 笛卡儿坐标系

Pro/ENGINEER 总是显示带有 X、Y 和 Z 轴的坐标系，即笛卡儿坐标系。笛卡儿坐标系用 X、Y 和 Z 表示坐标值，如图 3-21 所示为笛卡儿坐标系。

2. 柱坐标系

柱坐标系用半径、角度和 Z 表示坐标值，如图 3-22 所示为柱坐标系，在图中 r 表示半径，θ 表示角度，Z 值表示 Z 轴坐标值。

3. 球坐标系

在球坐标系中采用半径、两个角度表示坐标值，如图 3-23 所示。

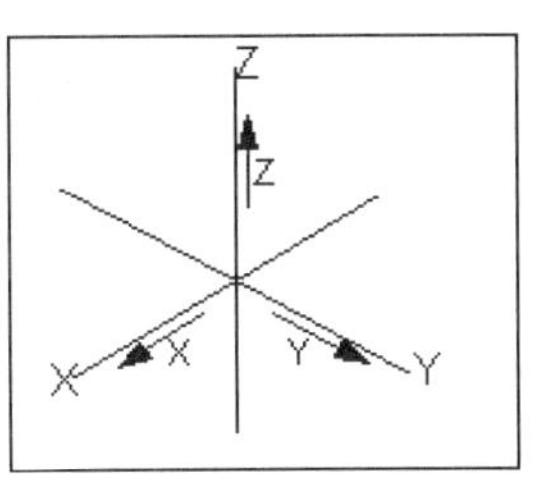

图 3-21 笛卡儿坐标系

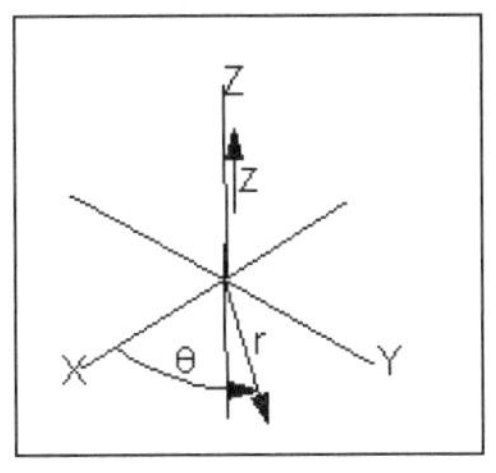

图 3-22 柱坐标系

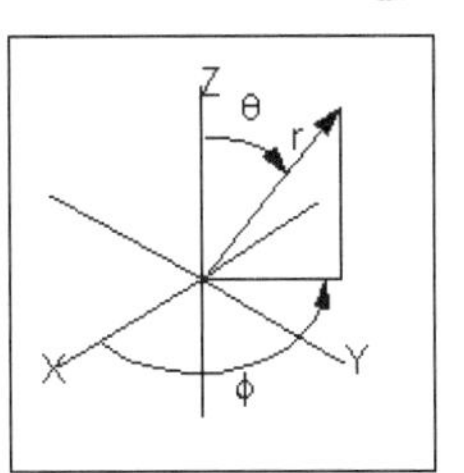

图 3-23 球坐标系

3.5.3 基准坐标系的创建

创建基准坐标系，具体操作过程如下。

（1）打开随书电子资料包中提供的源文件 3.5.prt。单击“基准”工具栏中的“基准坐标系”按钮，系统弹出“坐标系”对话框，如图 3-24 所示。

“坐标系”对话框中默认打开的是“原点”选项卡，此选项卡决定基准点的放置位置。在当前设计环境中有一个长方体，单击此长方体的顶面，此时顶面被红色加亮并在鼠标单击处出现一个基准坐标系，如图 3-25 所示。

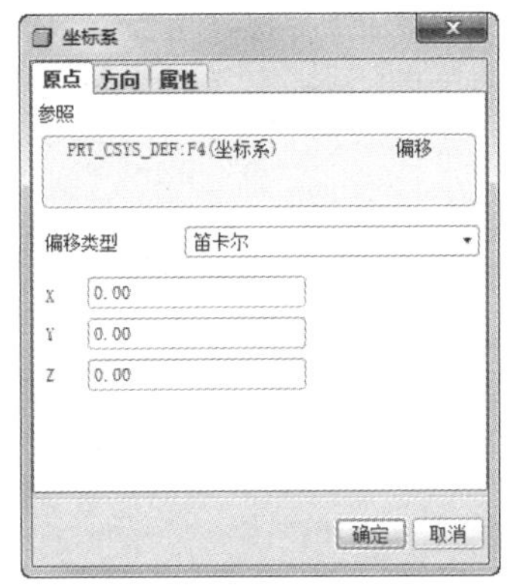

图 3-24 “坐标系”对话框

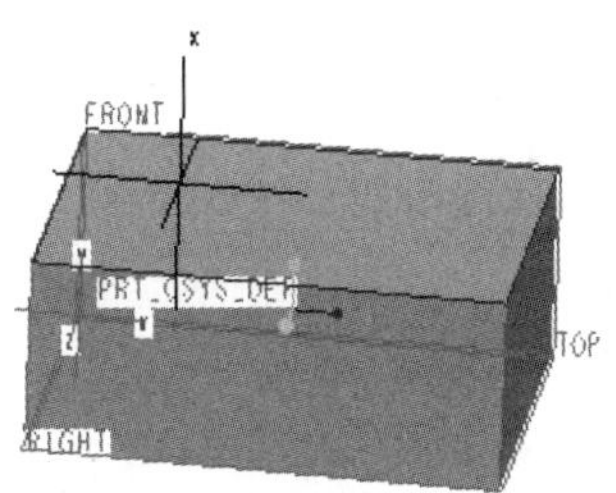

图 3-25 选取坐标系放置位置

此时的“坐标系”对话框的“原点”选项卡如图 3-26 所示。

（2）单击当前设计环境中默认的坐标系 PRT_CSYS_DEF，此时设计环境中出现了新建坐标系偏移默认坐标系的 3 个偏移尺寸值，如图 3-27 所示。

图 3-26 “坐标系”对话框

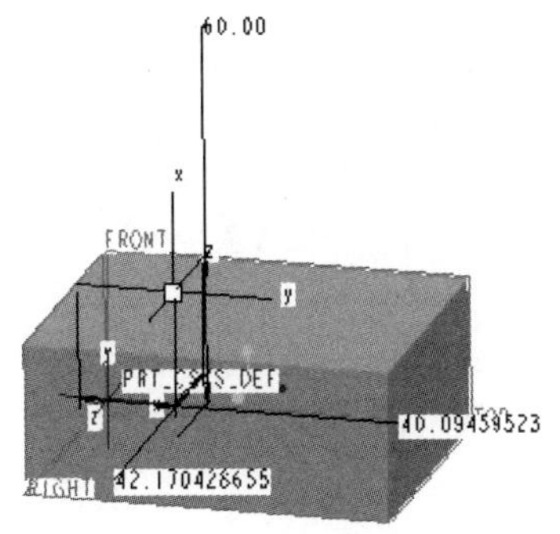

图 3-27 显示坐标系偏移尺寸

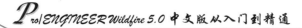

此时的“坐标系”对话框的“原点”选项卡如图 3-28 所示。

可以在“原点”选项卡的 X、Y 和 Z 文本框中直接输入新建坐标系偏移默认坐标系的偏移值，也可以双击设计环境中的坐标值进行偏移值的修改，在此不再赘述。将 X、Y 和 Z 都设为 60，然后单击“坐标系”对话框中的“确定”按钮，系统就生成了一个新基准坐标系，名称为 CS0，如图 3-29 所示。

图 3-28　坐标系“原点”选项卡

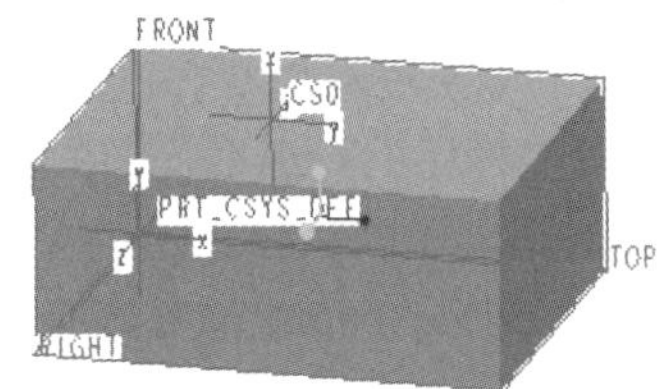

图 3-29　生成基准坐标系

可以通过“坐标系”对话框中的“方向”选项卡设定坐标系轴的方向，“属性”选项卡中可以设定坐标系的名称。

▶▶第 2 篇

实体建模篇

本篇主要介绍 Pro/ENGINEER Wildfire 5.0 中文版的实体造型设计功能，包括基础特征设计、工程特征设计、复杂特征设计以及实体特征编辑等。

本篇所讲述的内容具有很强的实用性和针对性，也是 Pro/ENGINEER Wildfire 建模的核心内容。通过本篇学习，希望读者能够完整地掌握 Pro/ENGINEER Wildfire 的各种建模设计方法。

基础特征设计

前面学习了草图绘制和基准的创建，在本章中主要讲述拉伸、旋转、扫描和混合特征的创建和编辑。通过本章的学习可以对一些简单的实体进行建模。

任务驱动&项目案例

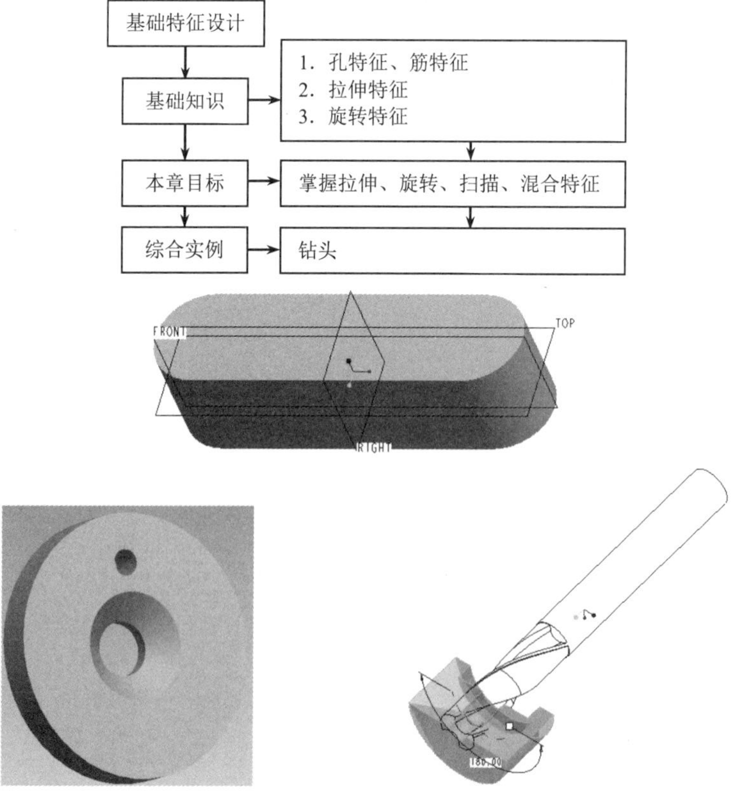

Note

4.1 基本概念

特征造型和参数化设计是 Pro/ENGINEER 的基本特点，详细介绍如下。

4.1.1 特征造型

Pro/ENGINEER 中常用的基础特征包括拉伸、旋转、扫描和混合。除此之外，还有作为实体建模时参考的基准特征，如基准面、基准轴、基准点、基准坐标系等。Pro/ENGINEER 不但是一个以特征造型为主的实体建模系统，而且对数据的存取也是以特征作为最小单元。Pro/ENGINEER 创建的每一个零件都是由一串特征组成的，零件的形状直接由这些特征控制，通过修改特征的参数就可以修改零件。

4.1.2 参数化设计

参数化设计是指零件或部件的形状比较定型，用一组参数约束该几何图形的一组结构尺寸序列，参数与设计对象的控制尺寸有显式对应，当赋予不同的参数序列值时，就可以驱动达到新的目标几何图形，其设计结果是包含设计信息的模型。参数化为产品模型的可变性、可重用性、并行设计等提供了手段，使用户可以利用以前的模型方便地重建模型，并可以在遵循原设计意图的情况下方便地改动模型，生成系列产品，大大提高了生产效率。参数化概念的引入代表了设计思想上的一次变革，即从避免改动设计到鼓励使用参数化设计修改设计。

Pro/ENGINEER 提供了强大的参数化设计功能。配合 Pro/ENGINEER 的单一数据库，所有设计过程中使用的尺寸（参数）都存在数据库中，设计者只需更改 3D 零件的尺寸，则 2D 工程图（Drawing）、3D 组合（Assembly）、模具（Mold）等就会依照尺寸的修改做几何形状的变化。也正因为有了参数化的设计，用户才可以运用强大的数学运算方式，建立各尺寸参数间的关系式（Relation），使得模型可自动计算出应有的外型，减少尺寸逐一修改的烦琐费时，并减少错误的发生。

4.2 拉伸特征

本节主要介绍拉伸特征的基本概念、创建步骤和编辑操作。

拉伸特征是将二维截面延伸到垂直于草绘平面的指定距离处来形成实体。

4.2.1 拉伸特征的创建

使用“拉伸”工具是创建实体或曲面以及添加或移除材料的基本方法之一。通常，要创建伸出项，须选取要用作截面的草绘基准曲线，然后激活“拉伸”工具。

创建拉伸模型的具体操作过程如下。

（1）启动 Pro/ENGINEER 以后，单击“新建”按钮，在弹出的“新建”对话框中选择“零件”类型，在“名称”后的文本框中输入零件名称 lashen，然后单击“确定”按钮，接受系统默认模板，进入实体建模界面。

Note

（2）单击“基础特征”工具栏中的“拉伸”按钮，或选择“插入”→“拉伸”命令激活“拉伸”命令。

（3）系统弹出“拉伸”操控板，单击操控板上的“放置”按钮，则弹出下滑面板，如图 4-1 所示。

图 4-1　“拉伸”操控板及下滑面板

其中操控板各项意义如下。

☑ 按钮：创建实体特征。

☑ 按钮：创建曲面。

☑ 按钮：截止方式控制。

☑ 80.70 文本框：指定拉伸的深度。

☑ 按钮：相对于草绘平面反转特征创建方向。

☑ 按钮：去除材料。

☑ 按钮：通过为截面轮廓指定厚度创建特征。

（4）在下滑面板中单击“定义”按钮，弹出“草绘”对话框，选择 FRONT 面作为草绘平面，其余选项接受系统默认值，如图 4-2 所示。

（5）单击“草绘”按钮，进入草绘界面。单击“草绘器工具”工具栏中的“圆”按钮，以默认坐标系原点为圆心绘圆，并修改尺寸使其直径为 200，绘制结果如图 4-3 所示，单击“草绘器工具”工具栏中的“继续当前部分”按钮退出草绘器。

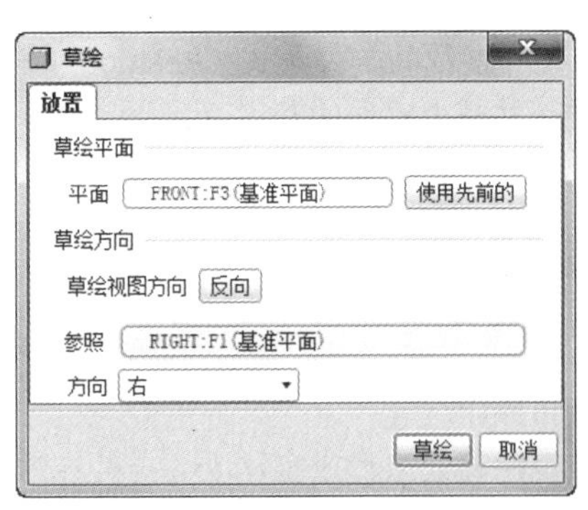

图 4-2　“草绘”对话框

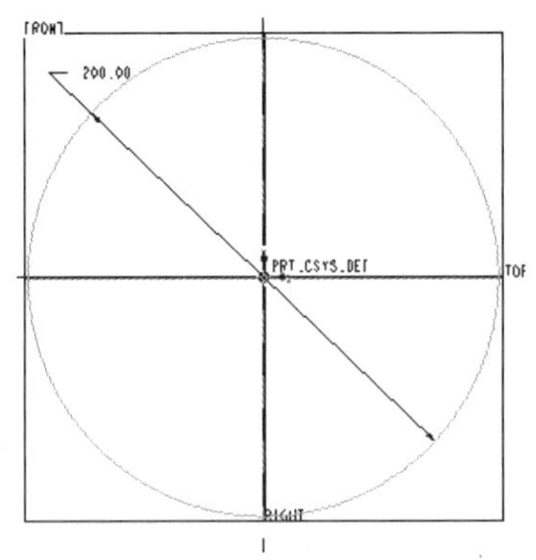

图 4-3　拉伸截面草绘

（6）单击操控板上的“截止方式”按钮后的下三角，弹出如图 4-4 所示的截止方式选项，选择对称方式。此选项用来指定由深度尺寸所控制的拉伸的深度值，其深度数值可以在其后面的文本框中输入，如本例中 100。各个截止方式选项的意义如下。

☑ 盲孔：自草绘平面以指定深度值拉伸截面。

☑ 对称：在草绘平面每一侧上以指定深度值的一半拉伸截面。

☑ 到选定项：将截面拉伸至一个选定点、曲线、平面或曲面。

（7）Pro/ENGINEER 可以显示特征的预览状态，单击控制区的“预览”按钮进行特征预览，

如图 4-5 所示。用户可以观察当前建模是否符合设计意图，并可以返回模型进行相应的修改。当要结束预览时，单击控制区的“暂停”按钮即可回到零件模型，继续对模型进行修改。

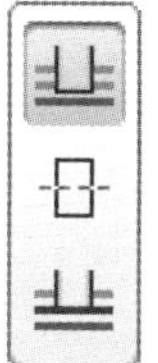

图 4-4　截止方式选项

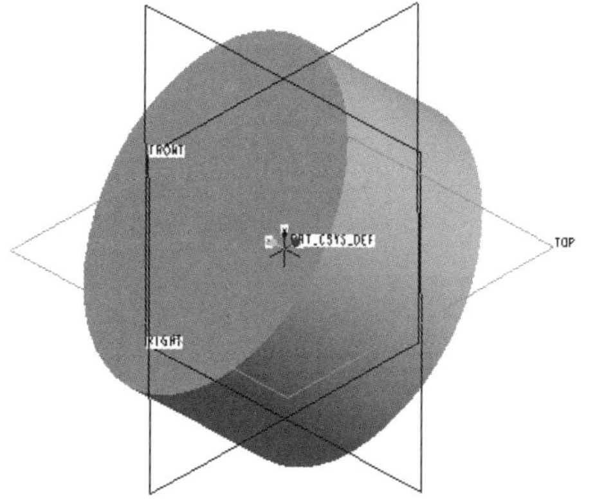

图 4-5　模型预览

（8）改变截止方式为盲孔，高度仍为 100，单击“加厚草绘”按钮，并在其后的文本框中输入 10，操控板各项的设置如图 4-6 所示。可单击“加厚草绘”按钮文本框后的按钮，改变加厚的方向。

图 4-6　操控板各项的设置

（9）单击控制区的按钮，完成本次拉伸操作，得到如图 4-7 所示拉伸实体。

（10）单击“保存”按钮，弹出如图 4-8 所示的“保存对象”对话框，将完成的图形保存到计算机的一个文件夹中。

图 4-7　拉伸实体

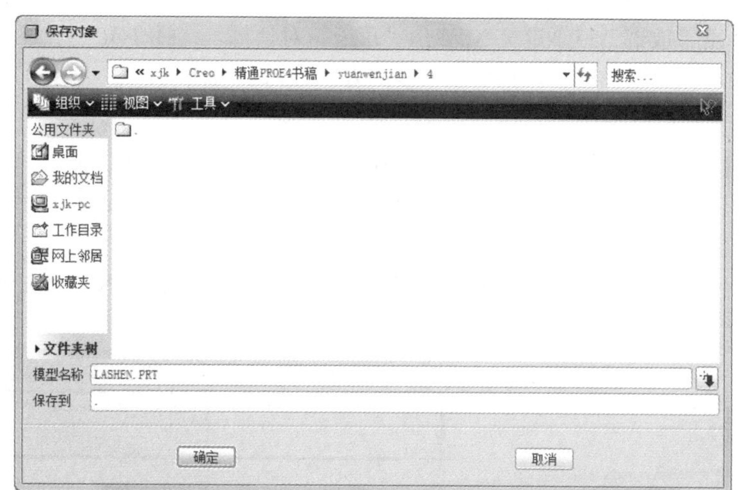

图 4-8　“保存对象”对话框

4.2.2　拉伸特征的编辑

鼠标右键单击“模型树”浏览器中的“拉伸”特征，弹出快捷菜单，如图 4-9 所示。

从“拉伸”快捷菜单中看到，可以对拉伸特征进行删除、成组、隐藏、重命名、编辑、编辑定义以及阵列等多项操作。

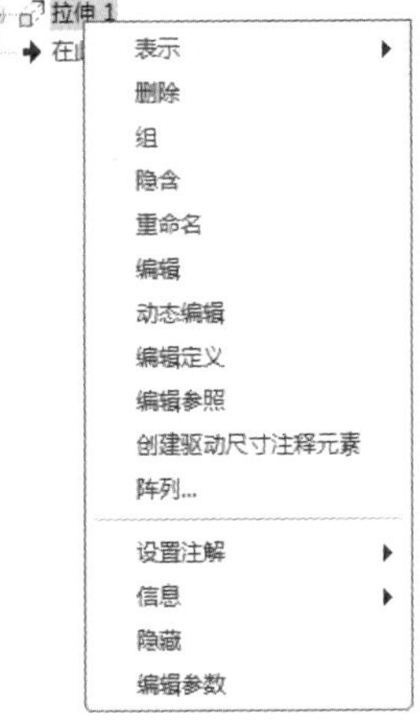

图 4-9　快捷菜单

视频讲解

4.2.3　实例——键

1. 创建新文件

启动 Pro/ENGINEER 后，单击“文件”工具栏中的“新建”按钮，出现“新建”对话框，在“类型”选项组中选中“零件”单选按钮，在“名称”文本框中输入 jian，取消选中“使用缺省模板”复选框，单击“确定”按钮，弹出“新文件选项”对话框，选择 mmns_part_solid，单击“确定”按钮，进入绘图界面。

2. 创建垫圈

（1）单击“基础特征”工具栏中的“拉伸”按钮，打开如图 4-10 所示“拉伸”操控板，依次单击“放置”→“定义”，弹出“草绘”对话框，选择 TOP 基准面为草绘平面，单击“草绘”对话框中的“草绘”按钮，接受默认参照方向进入草绘模式。

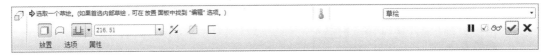

图 4-10　“拉伸”操控板

（2）单击“草绘器工具”工具栏中的“直线”按钮和“圆弧”按钮，绘制草图，如图 4-11 所示。

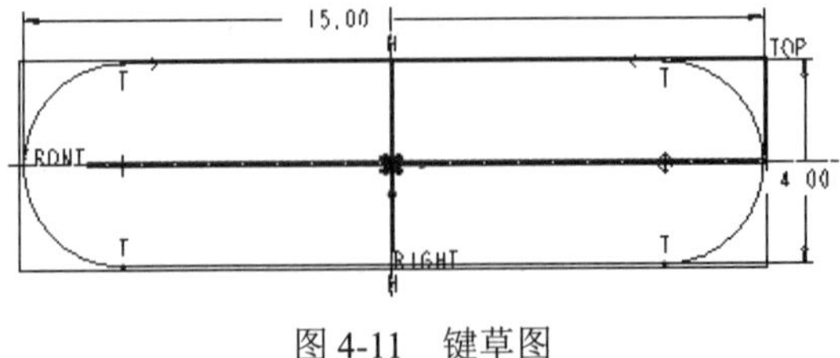

图 4-11　键草图

（3）单击工具栏中的“选择”按钮，依次选择视图中尺寸，将它们修改成如图 4-11 所示。单击✔按钮，完成草绘特征。

（4）在“拉伸”操控板中，单击“实体”按钮，再单击“两侧”按钮，输入拉伸高度 5，再单击右侧的✔按钮，完成拉伸特征，生成平键体，如图 4-12 所示。

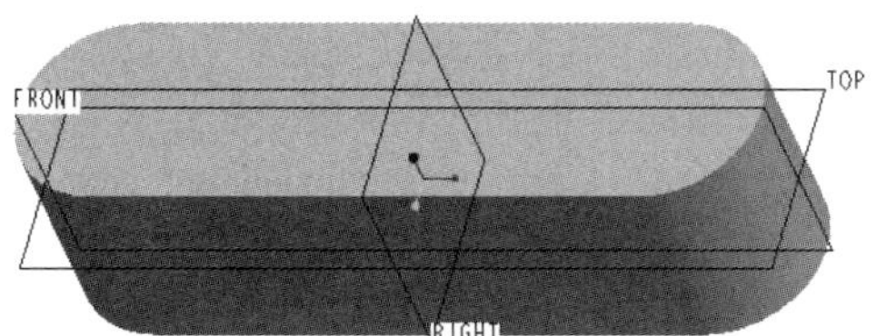

图 4-12　键效果图

4.3　旋转特征

本节主要介绍旋转特征的基本概念、创建步骤和编辑操作。

旋转特征是指 2D 截面绕指定的中心线按指定的角度旋转，生成的三维实体。

4.3.1　旋转特征的创建

旋转工具也是基本的创建方法之一，它允许以实体或曲面的形式创建旋转几何，以及添加或去除材料。要创建旋转特征，通常可激活旋转工具并指定特征类型为实体或曲面，然后选取或创建草绘。旋转截面需要旋转轴，此旋转轴既可利用截面创建，也可通过选取模型几何进行定义。旋转工具显示特征几何的预览后，可改变旋转角度，在实体或曲面、伸出项或切口间进行切换，或指定草绘厚度以创建加厚特征。

创建旋转特征的具体操作过程如下。

（1）单击“新建”按钮，在弹出的“新建”对话框中选择“零件”类型，在“名称”后的文本框中输入零件名称 xuanzhuan，然后单击“确定”按钮，接受系统默认模板，进入实体建模界面。

（2）单击“基础特征”工具栏中的“旋转”按钮，或选择“插入”→“旋转”命令。

（3）系统弹出“旋转”操控板，单击操控板上的“放置”按钮，在弹出的下滑面板上单击“定义”按钮。

（4）在弹出的“草绘”对话框中，选取 FRONT 面作为草绘平面，其余选项接受系统默认值，单击“草绘”按钮进入草绘界面。

（5）单击“中心线”按钮，绘制一条过坐标原点的水平中心线作为旋转中心。

（6）单击“直线”按钮和“圆角”按钮，绘制如图 4-13 所示的截面。

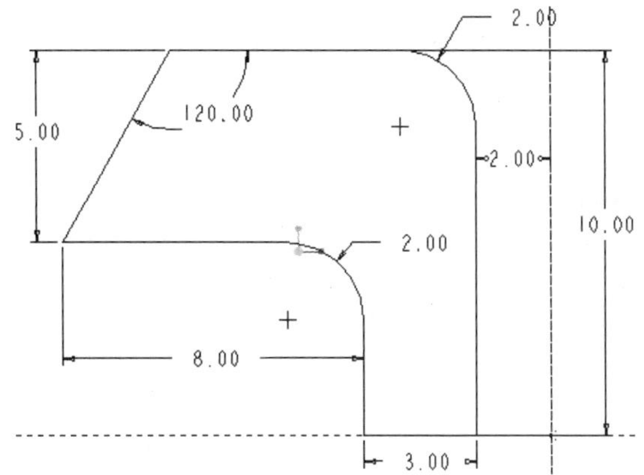

图 4-13　旋转截面草绘

（7）截面绘制完成后单击“草绘器工具”工具栏中的“继续当前部分”按钮✔退出草绘器。在操控板上设置旋转角度为 270，图形预览结果如图 4-14 所示。

（8）取消预览，改变旋转角度为 360，单击控制区的✅按钮，完成旋转体的绘制，结果如图 4-15 所示。

Note

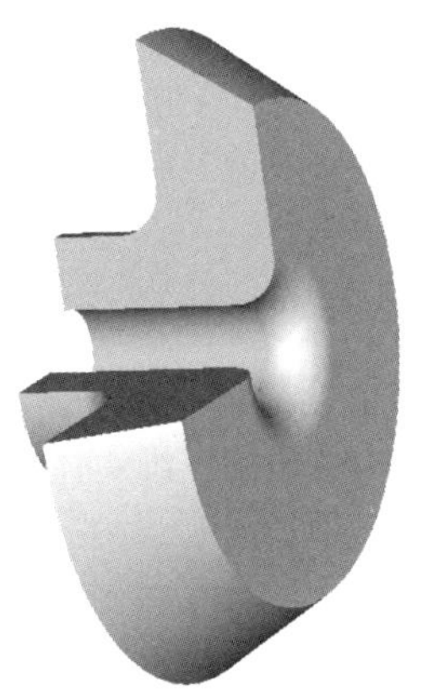

图 4-14　预览图形

图 4-15　旋转体绘制

4.3.2　旋转特征的编辑

鼠标右键单击“模型树”浏览器中的“旋转”特征，弹出快捷菜单，如图 4-16 所示。

从上面的快捷菜单看到，可以对旋转特征进行删除、成组、隐藏、重命名、编辑、编辑定义以及阵列等多项操作。下面讲解“编辑定义”命令的操作。

（1）在屏幕左侧的模型树中右击节点名称“旋转 1”，在弹出的快捷菜单中选择“编辑定义”命令，系统进入该特征的编辑状态。

（2）单击操控板上的“放置”按钮，在弹出的下滑面板中有“草绘”和“轴”两个选项，如图 4-17 所示。单击“编辑”按钮，可以对草绘截面进行编辑；单击“内部 CL”按钮，可以重新选取旋转轴。

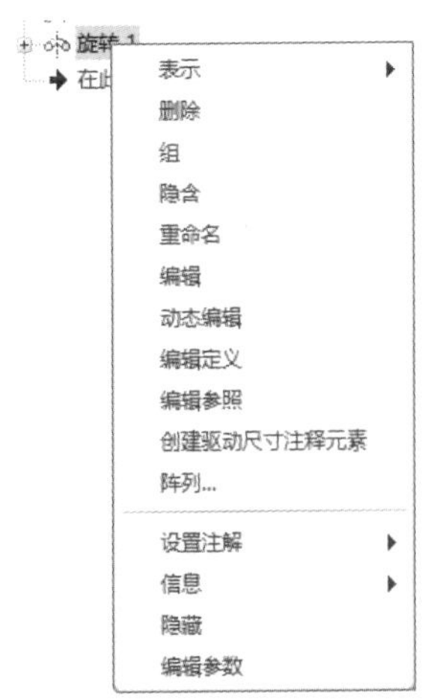

图 4-16　模型树

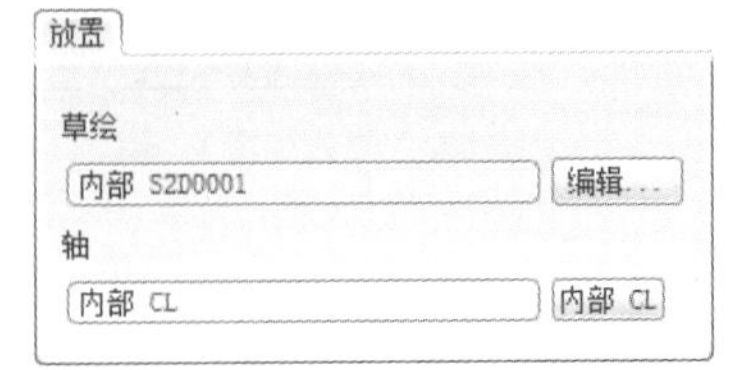

图 4-17　下滑面板

（3）单击操控板上的□按钮，并在其后的文本框内输入壁厚 0.5，旋转角度为 270，单击控制区

的按钮完成对模型的修改，生成的薄壁元件效果如图 4-18 所示。

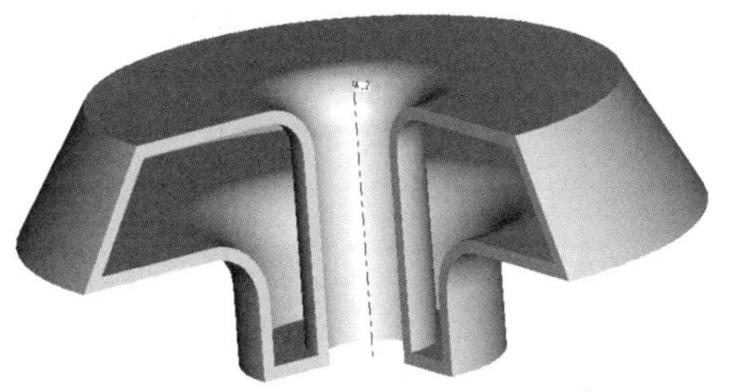

图 4-18　薄壁元件

视频讲解

4.3.3　实例——挡圈

1. 创建新文件

启动 Pro/ENGINEER 后，单击“文件”工具栏中的“新建”按钮，出现“新建”对话框，在“类型”选项组中选中“零件”单选按钮，在“名称”文本框中输入 dangquan，取消选中“使用缺省模板”复选框，单击“确定”按钮，弹出“新文件选项”对话框，选择 mmns_part_solid 选项，单击“确定”按钮，进入绘图界面。

2. 创建挡圈主体

（1）单击“基础特征”工具栏中的“拉伸”按钮，打开如图 4-19 所示的“拉伸”操控板，依次单击“放置”→“定义”，弹出“草绘”对话框，选择 TOP 基准面为草绘平面，单击“草绘”对话框中的“草绘”按钮，接受默认参照方向进入草绘模式。

图 4-19　“拉伸”操控板

（2）单击“草绘器工具”工具栏中的“圆”按钮，绘制一对同心圆及一小圆，如图 4-20 所示。

（3）单击工具栏中的“选择”按钮，依次选择视图中尺寸，将它们修改成如图 4-20 所示。单击“草绘器工具”工具栏中的“继续当前部分”按钮，完成草绘特征。

（4）在“拉伸”操控板单击“实体”按钮，再单击“单侧”按钮，输入深度 5.0，最后单击按钮完成此特征，如图 4-21 所示。

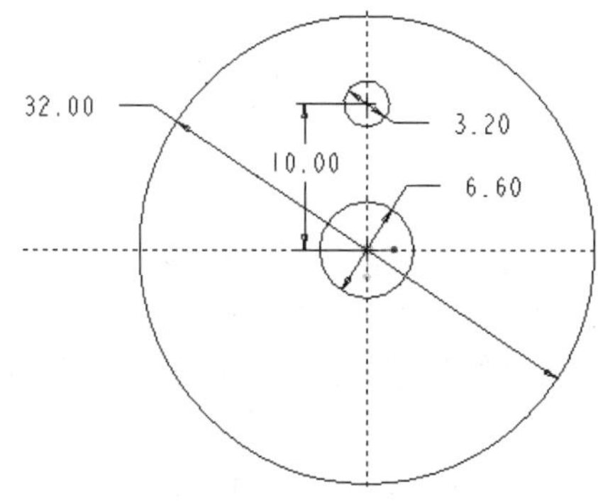

图 4-20　挡圈草图

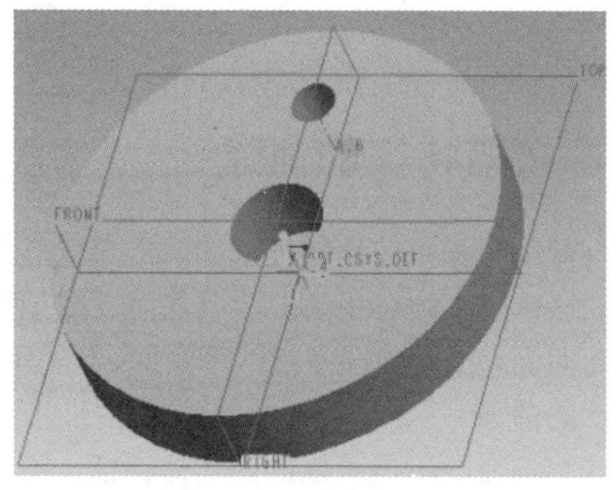

图 4-21　挡圈主体特征

Note

3. 生成旋转切削特征

（1）单击“基础特征”工具栏中的“旋转”按钮，系统打开如图 4-22 所示的“旋转”操控板。依次单击“放置”→“定义”，弹出“草绘”对话框，选择 RIGHT 基准面为草绘平面，单击“草绘”对话框中的“草绘”按钮，接受默认参照方向进入草绘模式。

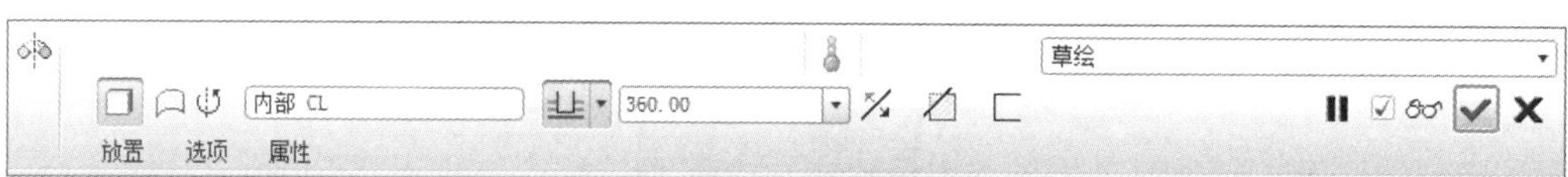

图 4-22 “旋转”操控板

（2）单击“草绘器工具”工具栏中的“中心线”按钮，绘制一条水平中心线（对齐到 FRONT 面），再单击界面右端“草绘器工具”工具栏中的按钮，绘制如图 4-23 所示的两条线段。

（3）单击“草绘器工具”工具栏中的按钮修改尺寸至图 4-23 中所示尺寸。再单击“草绘器工具”工具栏中的“继续当前部分”按钮，完成草绘特征。

（4）在“拉伸”操控板中单击“实体”按钮，再单击“单侧”按钮，输入旋转角度为 360，接下来单击“去除材料”按钮，最后单击按钮，完成旋转切削特征，如图 4-24 所示。

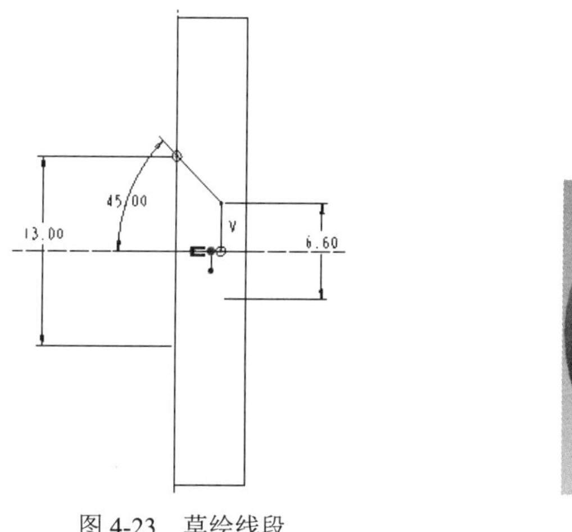

图 4-23 草绘线段

图 4-24 挡圈效果图

4.4 扫描特征

扫描特征是指将指定剖面沿一条指定的轨迹扫出一个实体特征。

4.4.1 扫描特征的创建

常规截面扫描可使用特征创建时的草绘轨迹，也可使用由选定基准曲线或边组成的轨迹。作为一般规则，该轨迹必须有相邻的参照曲面，或是平面。在定义扫描时，系统检查指定轨迹的有效性，并建立法向曲面。法向曲面是指一个曲面，其法向用来建立该轨迹的 Y 轴。存在模糊时，系统会提示选择一个法向曲面。

通过扫描命令不但可以创建实体特征，还可以创建薄壁特征。本小节将分别讲述运用扫描工具创建实体特征和薄壁特征的具体操作过程。

创建实体扫描特征的具体操作过程如下。

（1）在 Pro/ENGINEER 系统中新建一个“零件”设计环境。单击“草绘工具”按钮，系统弹出“草绘”对话框，选取 FRONT 基准面为绘图平面，使用系统默认的参照面，进入草图绘制环境，单击“草绘器工具”工具栏中的“创建样条曲线”按钮，在设计环境中绘制如图 4-25 所示的轨迹线。

（2）单击“草绘器工具”工具栏中的“继续当前部分”按钮✔，生成一条样条曲线并退出草图绘制环境，进入零件设计环境，如图 4-26 所示。

（3）单击“基础特征”工具栏中的“可变剖面扫描工具”按钮，此时系统默认把步骤（2）绘制的样条曲线作为扫描轨迹线，如图 4-27 所示，并同时打开“扫描特征”操控板，如图 4-28 所示，在“扫描特征”操控板中单击“扫描为实体”按钮，表示扫描得到的为实体模型。

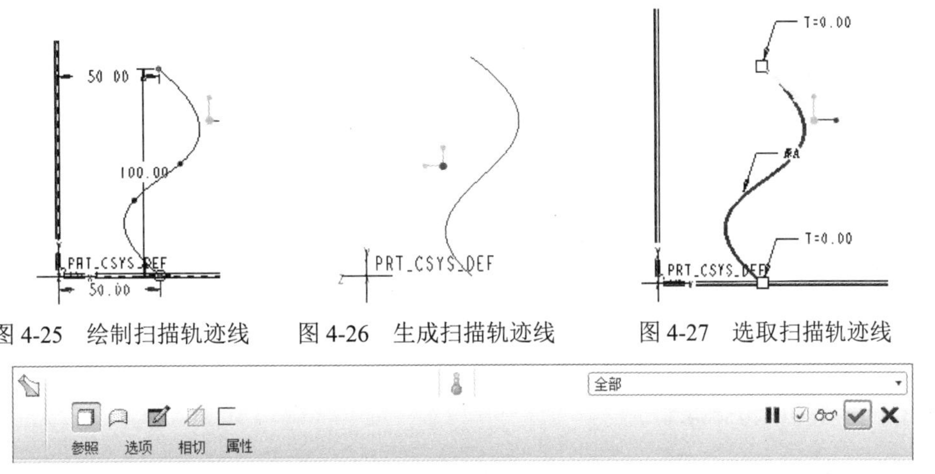

图 4-25　绘制扫描轨迹线　　图 4-26　生成扫描轨迹线　　图 4-27　选取扫描轨迹线

全部
参照　选项　相切　属性

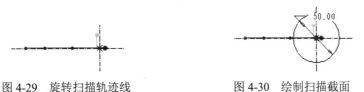

图 4-28　“扫描特征”操控板

（4）单击“扫描特征”工具栏中的“创建或编辑扫描剖面”按钮，系统进入草绘设计环境，并自动旋转样条曲线使之垂直于屏幕，然后将基准面、基准轴、基准点和基准坐标系的显示关闭，此时设计环境中的样条曲线如图 4-29 所示。

（5）单击“草绘器工具”工具栏中的“圆”按钮，在当前设计环境中绘制一个圆，如图 4-30 所示。

图 4-29　旋转扫描轨迹线　　图 4-30　绘制扫描截面

（6）单击“草绘器工具”工具栏中的 “继续当前部分”按钮✔，系统进入零件设计环境，在当前设计环境中生成一个预览扫描特征，旋转此扫描特征，如图 4-31 所示。

（7）单击“建造特征”按钮，生成扫描特征，如图 4-32 所示。

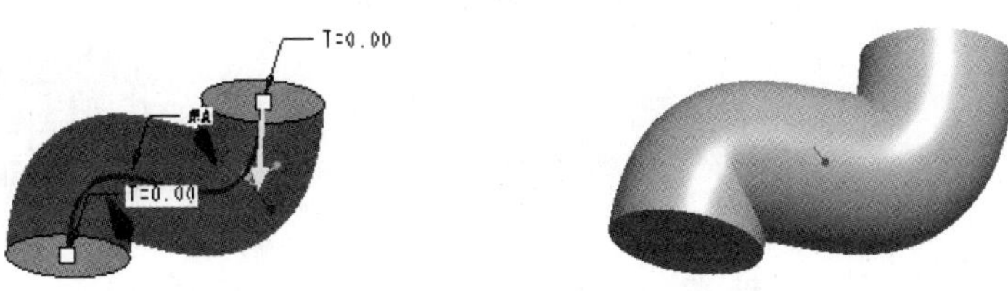

图 4-31　扫描预览特征　　图 4-32　生成扫描特征

Note

下面介绍如何创建薄壁扫描特征，我们需要在前面创建的实体扫描特征的基础上进行操作，具体操作过程如下。

（1）选择前面创建的实体扫描特征，单击鼠标右键，在弹出的快捷菜单中选择“编辑定义”命令，系统打开“扫描特征”操控板，单击“创建薄板特征”按钮，在后面的“数值”文本框中输入3，表示扫描得到的薄壁特征的壁厚为3，如图4-33所示。

图4-33 “扫描特征”操控板

（2）单击“建造特征”按钮，生成薄壁扫描特征，如图4-34所示。

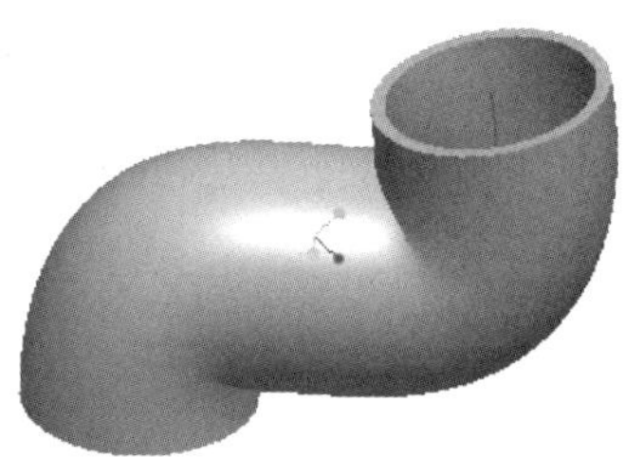

图4-34 生成薄壁扫描特征

4.4.2 扫描特征的编辑

鼠标右键单击“模型树”浏览器中的“变截面扫描”特征，弹出快捷菜单，如图4-35所示。

从上面的快捷菜单可以看到，可以对扫描特征进行删除、成组、隐藏、重命名、编辑、编辑定义以及阵列等多项操作。下面着重讲述“编辑”和“编辑定义”命令的操作。

选择快捷菜单中的“编辑”命令，设计环境中的扫描体的边会被红色加亮并且尺寸也会显示出来，如图4-36所示。在此可以修改扫描截面的尺寸，具体方法不再赘述。

“编辑定义”命令操作如下。

（1）选择快捷菜单中的“编辑定义”命令，系统打开“扫描特征”工具栏，并且设计环境中的扫描体也会回到待编辑状态，如图4-37所示。

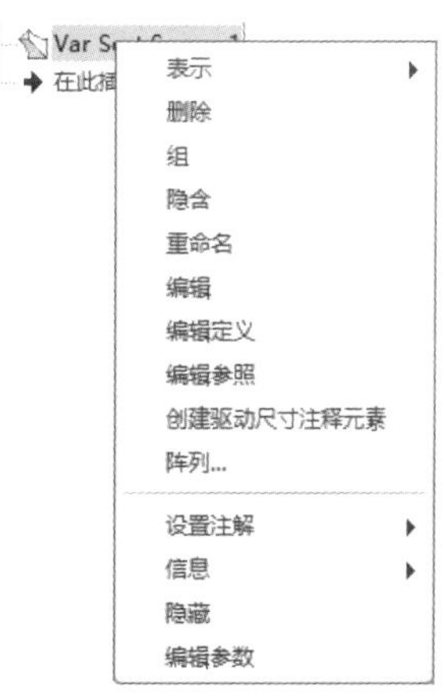

图4-35 快捷菜单

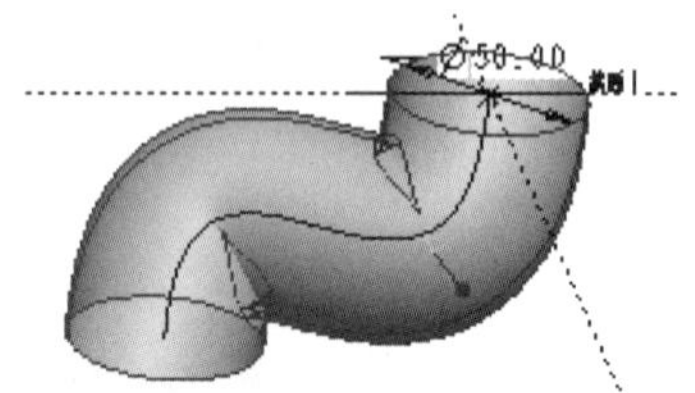

图4-36 编辑扫描特征截面

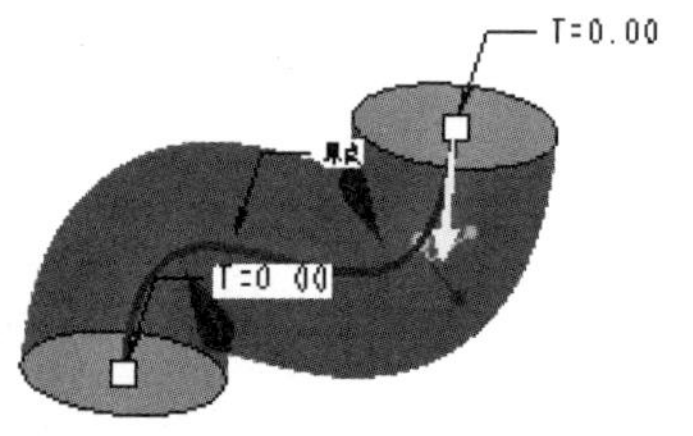

图4-37 编辑扫描特征

（2）通过“扫描特征”工具栏，可以重新设定扫描体的扫描类型、截面形状等，方法和创建扫描特征时的方法一样，在此不再赘述。重新定义完成后，单击“建造特征”按钮✓，重新生成扫描特征；或者单击“取消特征创建/重定义”按钮✕，则设计环境中的扫描特征不会发生任何改变。

4.5　混合特征

本节主要介绍混合特征的基本概念，以及平行混合特征、旋转混合特征及一般混合特征的创建步骤和编辑操作。

混合特征是指将多个剖面合成一个 3D 实体。混合特征的生成方式有 3 种：平行方式、旋转方式和一般方式。其中，旋转方式和一般方式又叫非平行混合特征，与平行混合特征相比，非平行混合特征具有以下特殊优点。

（1）截面可以是非平行截面，但并非一定是非平行截面，将截面之间的角度设为 0° 即可创建平行混合特征。

（2）可以通过从 IGES 文件中输入的方法来创建一个截面。

4.5.1　平行混合特征的创建

具体步骤如下。

（1）在 Pro/ENGINEER 系统中新建一个“零件”设计环境。选择“插入”→“混合”命令，弹出如图 4-38 所示的子菜单，在“混合”子菜单中，“伸出项...”命令用于生成实体混合特征；“薄板伸出项...”命令用于生成薄板实体混合特征；“曲面...”命令用于生成曲面混合特征。

（2）选择“混合”子菜单中的“伸出项...”命令，系统弹出“混合选项”菜单管理器，如图 4-39 所示。

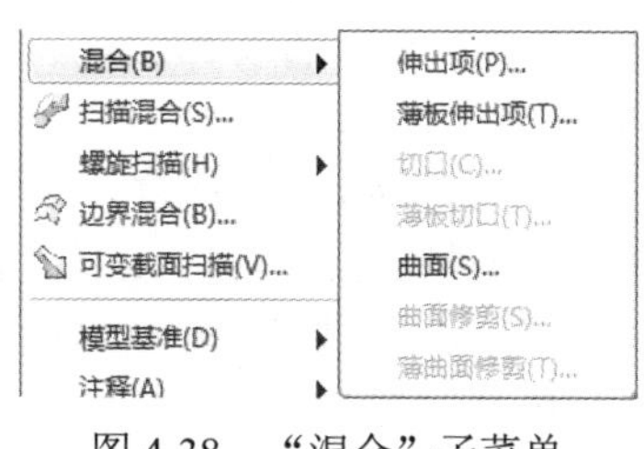

图 4-38　“混合”子菜单

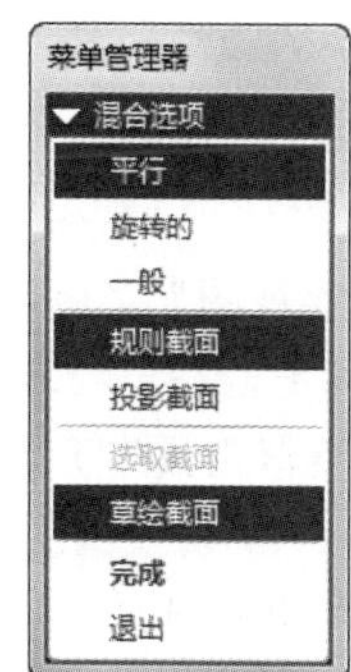

图 4-39　“混合选项”菜单管理器

（3）使用“混合选项”菜单管理器中的默认选项，选择“完成”命令，系统打开“伸出项：混合，平行，规则截面”对话框和“属性”菜单管理器，如图 4-40 所示。

（4）选择“属性”菜单管理器中的“完成”命令，此时“伸出项：混合，平行，规则截面”对话框中转到“截面”子项，此时显示“设置草绘平面”和“设置平面”菜单管理器，并打开“选取”对话框，如图 4-41 所示。

（5）单击平面的标签 FRONT，打开“方向”菜单管理器，并且在 FRONT 面上出现一个红色箭头，如图 4-42 所示。

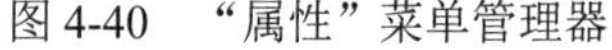

图 4-40 “属性”菜单管理器

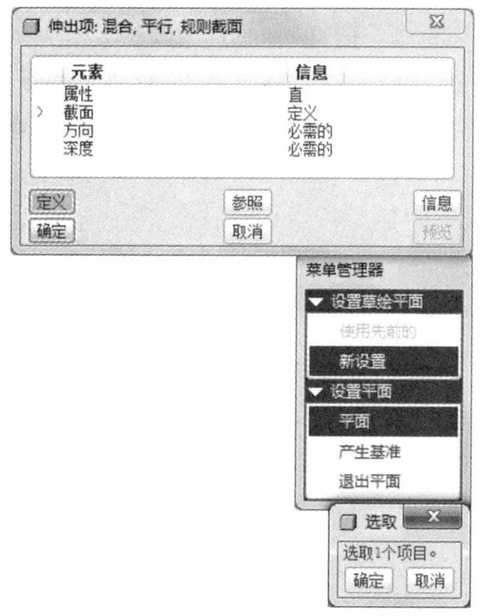

图 4-41 “设置草绘平面”菜单管理器

（6）选择“方向”菜单管理器中的“确定”命令，FRONT 面上的箭头消失并且打开“草绘视图”菜单管理器，如图 4-43 所示。

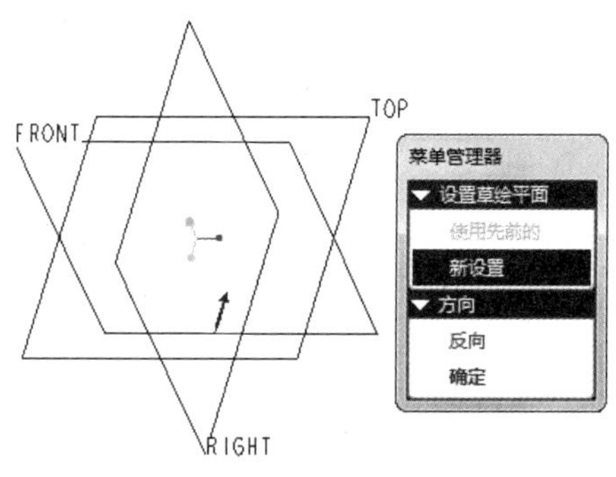

图 4-42 选取草绘平面方向

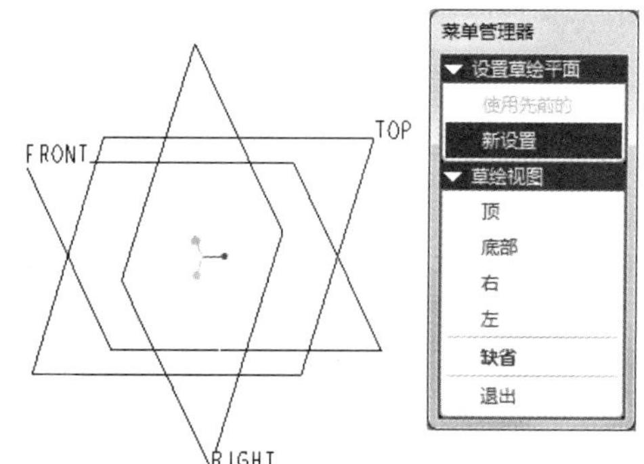

图 4-43 “草绘视图”菜单管理器

（7）选择“草绘视图”菜单管理器中的“右”命令，然后单击选取 RIGHT 面为右参照面，此时系统进入草图绘制环境，在草绘环境中绘制如图 4-44 所示的圆。

（8）单击“草绘器工具”工具栏中的“继续当前部分”按钮✔，第一个剖面再生成功。再选择“草绘”→“特征工具”→“切换剖面”命令，或在工作区域内单击鼠标右键，在弹出的如图 4-45 所示的快捷菜单中选择“切换剖面”命令，此时步骤（7）绘制的圆变成灰色，表示此时的草绘环境进入下一个剖面的绘制，然后在当前设计环境中绘制如图 4-46 所示的圆。

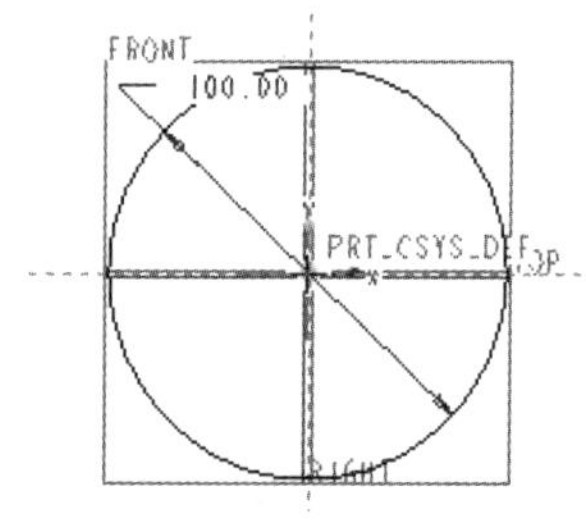

图 4-44 绘制混合截面

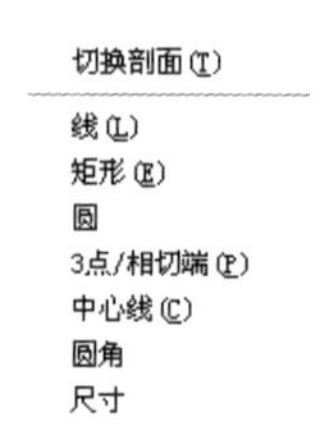

图 4-45 快捷菜单

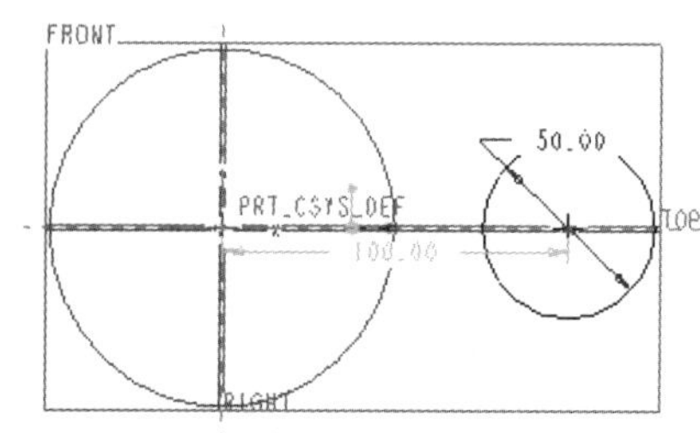

图 4-46 绘制第二个混合截面

(9) 单击“草绘器工具”工具栏中的“继续当前部分”按钮✔，第二个剖面再生成功，此时“伸出项：混合，平行，规则截面”对话框转到“深度”子项。

(10) 此时系统在消息显示区中显示“输入截面 2 的深度”编辑框，如图 4-47 所示。

(11) 在“输入截面 2 的深度”编辑框中输入数值 50.00，单击“接受值”按钮☑，然后单击“伸出项：混合，平行，规则截面”对话框中的“确定”按钮，系统便生成了一个混合特征，旋转该特征，如图 4-48 所示。

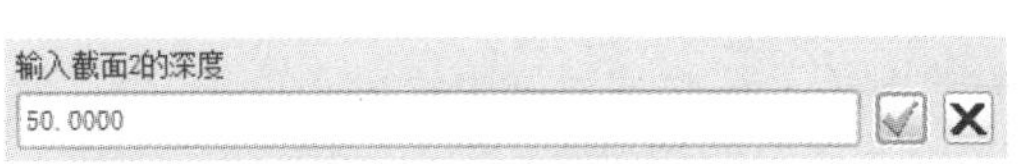

图 4-47　输入混合特征深度

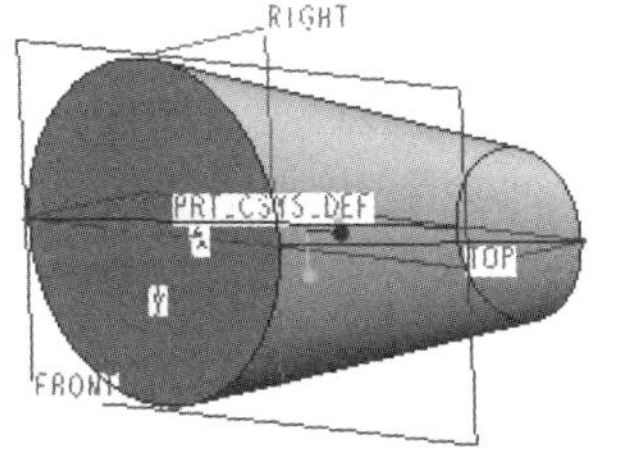

图 4-48　生成混合特征

4.5.2　旋转混合特征的创建

旋转混合特征的创建步骤如下。

(1) 打开 Pro/ENGINEER 系统，新建一个“零件”设计环境。选择“插入”→“混合”→“伸出项”命令，系统打开“混合选项”菜单管理器，如图 4-49 所示。

(2) 选择“混合选项”菜单管理器中的“旋转的”命令，然后选择此菜单管理器中的“完成”命令，系统打开“伸出项：混合，…”对话框和“属性”菜单管理器，如图 4-50 所示。

(3) 选择“属性”菜单管理器中的“光滑”和“开放”命令，然后选择此菜单管理器中的“完成”命令，系统打开“设置草绘平面”菜单管理器，如图 4-51 所示。

图 4-49　“混合选项”菜单管理器

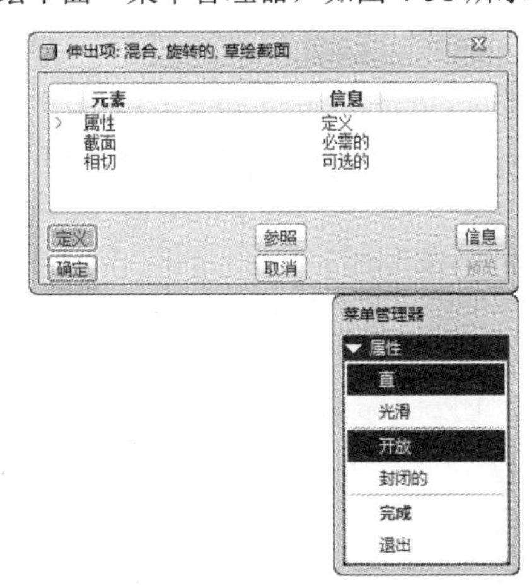

图 4-50　“属性”菜单管理器

图 4-51　“设置草绘平面”菜单管理器

(4) 单击设计环境中的 FRONT 基准面，系统打开“方向”菜单管理器，如图 4-52 所示。

(5) 选择“方向”菜单管理器中的“确定”命令，系统打开“草绘视图”菜单管理器，如图 4-53 所示，要求用户选取参照面。

(6) 选择“草绘视图”菜单管理器中的“缺省”命令，系统进入草图绘制环境，在此设计环境中绘制如图 4-54 所示的相对坐标系和剖面。

Note

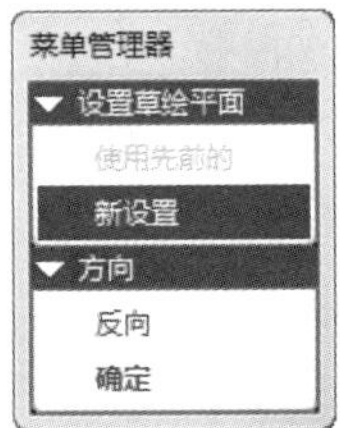

图 4-52 “方向”菜单管理器

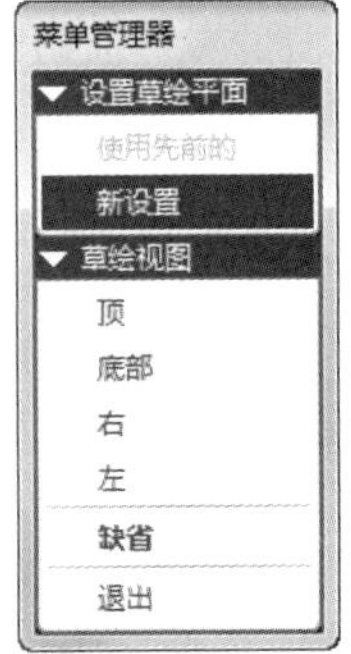

图 4-53 “草绘视图”菜单管理器

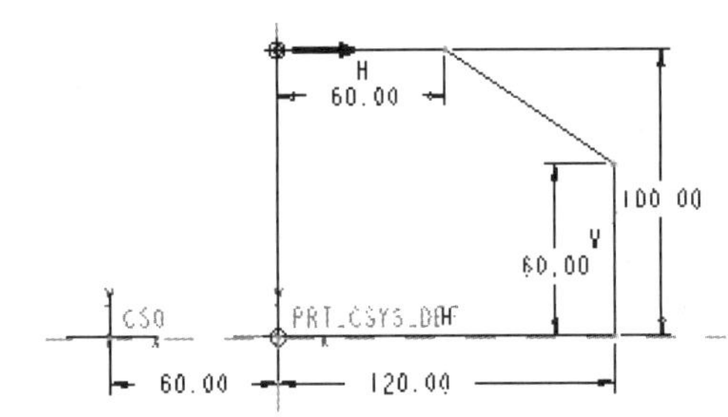

图 4-54 绘制旋转混合特征截面

（7）单击“草绘器工具”工具栏中的“继续当前部分”按钮✔，完成第一个截面的绘制。系统在消息显示区提示输入第二个截面和第一个截面的夹角，在此编辑框中输入角度值 45，然后进入第二个截面的绘制环境，在此设计环境中绘制如图 4-55 所示的相对坐标系和截面。

（8）单击“草绘器工具”工具栏中的“继续当前部分”按钮✔，完成第二个截面的绘制。系统在消息显示区提示是否继续下一个截面的绘制，单击 Yes 按钮；系统在消息显示区提示输入第三个截面和第二个截面的夹角，在此编辑框中输入角度值 45，然后进入第三个截面的绘制环境，在此设计环境中绘制如图 4-56 所示的相对坐标系和截面。

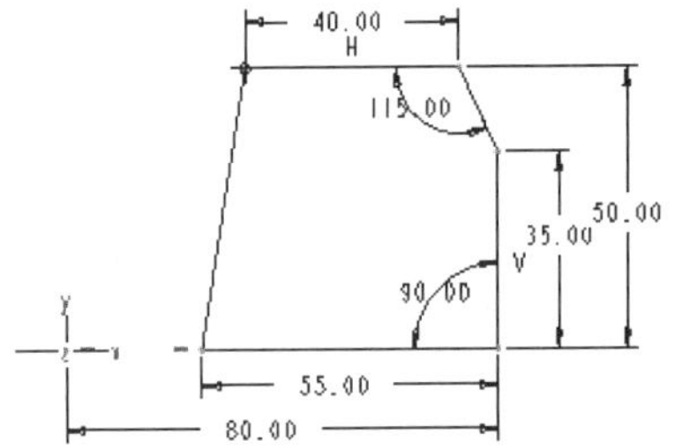

图 4-55 绘制旋转混合特征的第二个截面

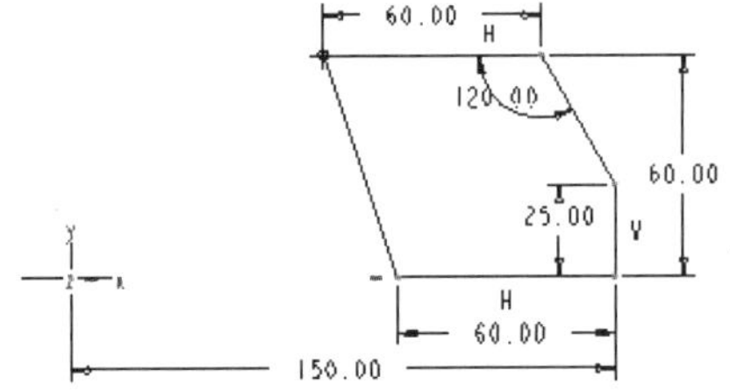

图 4-56 绘制旋转混合特征的第三个截面

（9）单击“草绘器工具”工具栏中的“继续当前部分”按钮✔，完成第三个截面的绘制。系统在消息显示区提示是否继续下一个截面的绘制，单击 No 按钮，此时旋转类型混合的所有定义都已经完成，单击“伸出项：混合，...”对话框中的“确定”按钮，生成如图 4-57 所示的旋转混合特征。

（10）右击“设计树”浏览器中的旋转混合特征，在弹出的快捷菜单中选择“编辑定义”命令，系统重新打开“伸出项：混合，...”对话框，双击此对话框中的“属性”子项，系统打开“属性”菜单管理器，选择此菜单管理器中的“闭合”命令，然后选择“完成”命令，此时旋转混合特征的所有定义已经完成，单击“伸出项：混合，...”对话框中的“确定”按钮，系统便生成了闭合的旋转混合特征，如图 4-58 所示。

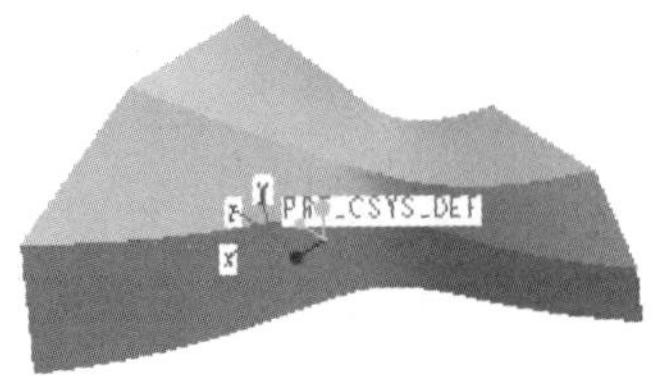

图 4-57 生成开放旋转混合特征

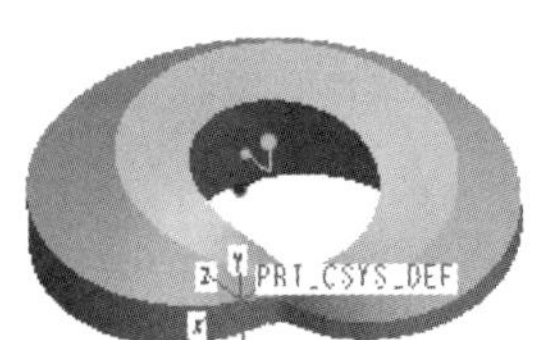

图 4-58 生成闭合旋转混合特征

4.5.3 一般混合特征的创建

一般混合特征是 3 种混合特征中使用最灵活、功能最强的混合特征。参与混合的截面，可以沿相对坐标系的 X、Y 和 Z 轴旋转或者平移，其操作步骤类似于旋转混合特征的操作步骤，下面详述一般混合特征的创建步骤。

（1）打开 Pro/ENGINEER 系统，新建一个“零件”设计环境。选择“插入”→“混合”→“伸出项”命令，系统打开“混合选项”菜单管理器，选择“一般”命令，保留此菜单管理器中的其他默认选项，如图 4-59 所示。

（2）选择“混合选项”菜单管理器中的“完成”命令，系统打开“属性”菜单管理器，选择“光滑”命令，再选择“完成”命令，系统打开“设置草绘平面”菜单管理器，将 FRONT 基准面设为草绘平面，使用系统默认的参照面，进入草绘环境，绘制如图 4-60 所示的相对坐标系和截面。

（3）单击“草绘器工具”工具栏中的“继续当前部分”按钮✔，完成第一个截面的绘制；系统在消息显示区提示输入第二个截面绕相对坐标系的 X、Y 和 Z 轴 3 个方向旋转角度，依次输入 X、Y 和 Z 轴 3 个方向旋转角度 30、30 和 0。系统进入第二个截面的绘制环境，在此设计环境中绘制如图 4-61 所示的相对坐标系和截面。

图 4-59 “混合选项”菜单管理器

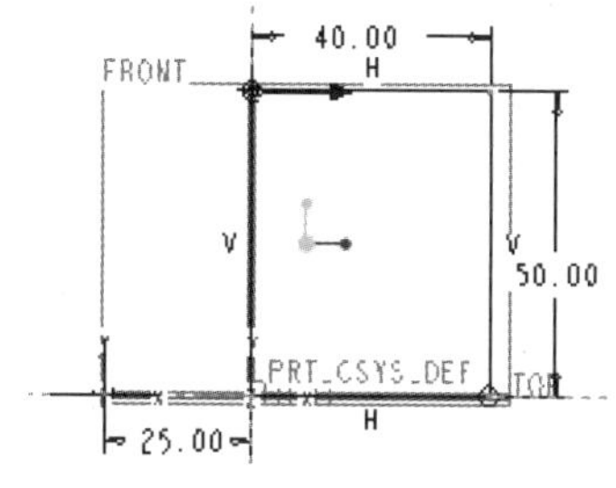

图 4-60 绘制混合截面

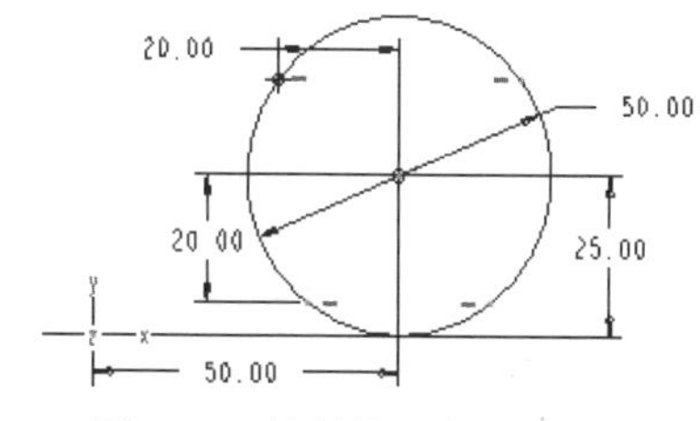

图 4-61 绘制第二个混合截面

（4）单击“草绘器工具”工具栏中的“继续当前部分”按钮✔，完成第二个截面的绘制。系统在消息显示区提示是否继续下一个截面的绘制，左键单击 Yes 按钮。系统在消息显示区提示输入第三个截面绕相对坐标系的 X、Y 和 Z 轴 3 个方向的旋转角度，依次输入 X、Y 和 Z 轴 3 个方向旋转角度 30、30 和 0。系统进入第三个截面的绘制环境，在此设计环境中绘制如图 4-62 所示的相对坐标系和截面。

（5）单击“草绘器工具”工具栏中的“继续当前部分”按钮✔，完成第二个截面的绘制。系统在消息显示区提示是否继续下一个截面的绘制，单击 No 按钮。系统在消息显示区提示输入截面 2 的深度，在此编辑框中输入深度值 50.00，单击此提示框的“接受值”按钮☑。系统在消息显示区提示输入截面 3 的深度，在此编辑框中输入深度值 50.00，单击此提示框的“接受值”按钮☑。此时一般类型混合特征的所有动作都已定义完成，单击“伸出项：混合，…”对话框中的“确定”按钮，系统生成一般类型混合特征，如图 4-63 所示。

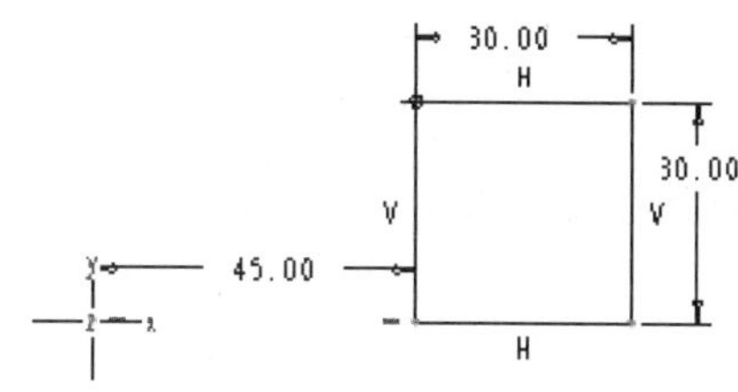

图 4-62 绘制第三个混合截面

图 4-63 生成一般混合特征

4.5.4 扫描混合

Note

扫描混合就是沿选定的轨迹进行扫描的同时，满足在轨迹控制点上的预先截面要求。扫描混合需要单个轨迹（“原始轨迹”）和多个截面。要定义扫描混合的“原始轨迹”，可草绘一个曲线，或选取一个基准曲线或边的链。

扫描混合的菜单选项与前面章节实体扫描的菜单选项有相似之处。

要创建扫描混合，可通过草绘轨迹或选择现有曲线和边，并延拓或修剪该轨迹中的第一个和最后一个图元来定义轨迹。下面将以创建如图 4-64 所示的实体为例讲述创建扫描混合的步骤。

（1）单击工具栏中的按钮，在 TOP 面建立如图 4-65 所示的基准曲线。

（2）选择“插入”→“扫描混合”命令，如图 4-66 所示。系统打开“扫描混合”操控板，如图 4-67 所示。

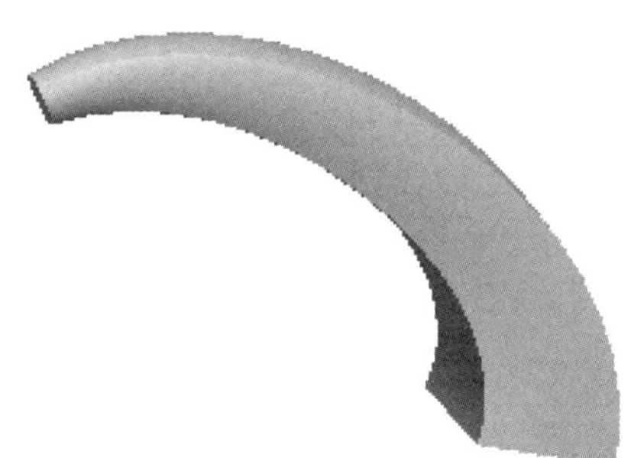

图 4-64 扫描混合

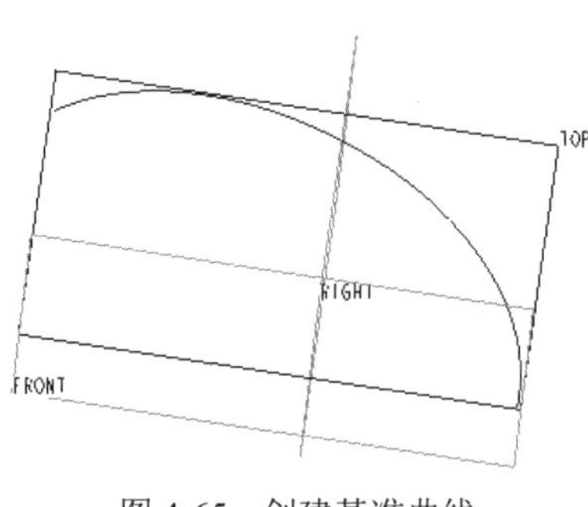

图 4-65 创建基准曲线

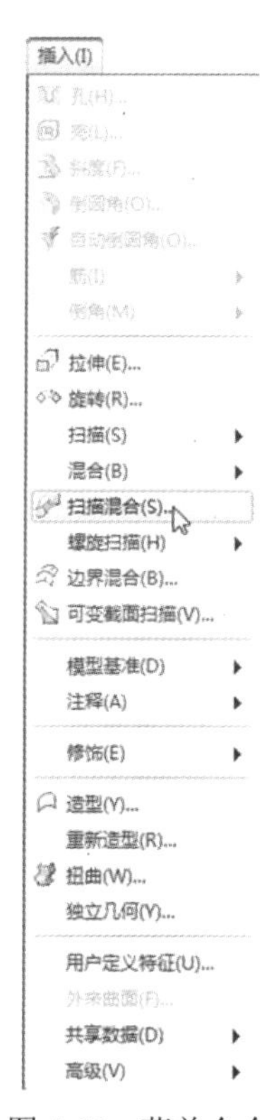

图 4-66 菜单命令

图 4-67 “扫描混合”操控板

（3）单击“扫描混合”工具栏中的按钮选定为实体扫描混合。

（4）在绘图区内选择曲线 AB，如图 4-68 所示。

（5）单击“截面面板”，如图 4-69 所示。在绘图区内选中 A 点，“截面面板”中的“截面旋转角度”项设为 0°，然后单击“截面面板”上的“草绘”按钮，创建截面 1 如图 4-70 所示，单击绘图区

右侧工具栏中的✔按钮，完成截面 1 的绘制。

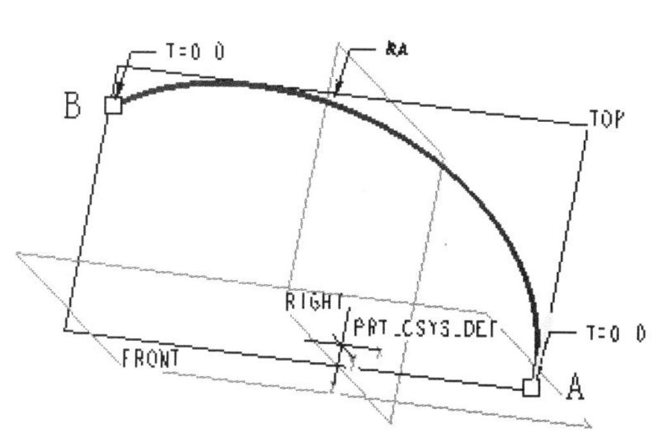

图 4-68　选择扫描混合轨迹

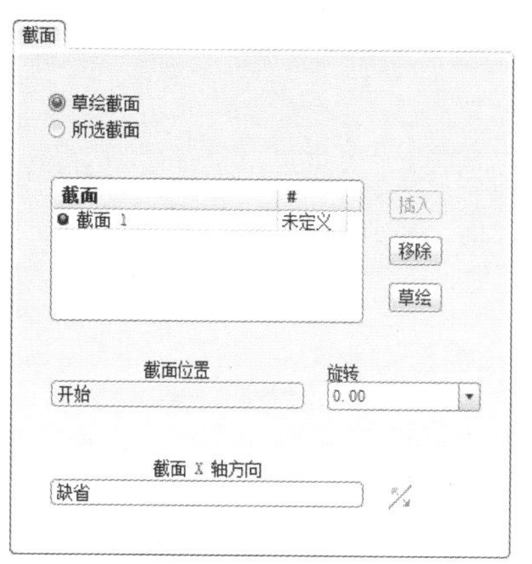

图 4-69　剖面面板

（6）系统自动弹出“截面面板”，单击“插入”按钮，然后在绘图区内选中 B 点，“剖面面板”中的“截面旋转角度”项设为 0°，然后单击“截面面板”上的“草绘”按钮，创建截面 2 如图 4-71 所示，单击绘图区右侧工具栏中的✔按钮，完成截面 2 的绘制。

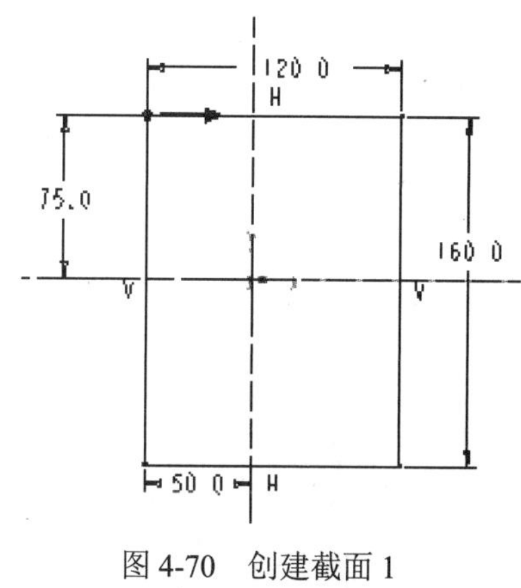

图 4-70　创建截面 1

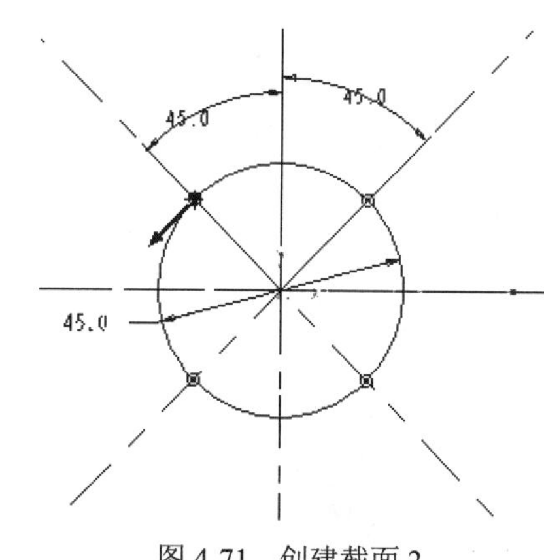

图 4-71　创建截面 2

（7）单击“扫描混合”属性栏中的✔按钮，完成扫描混合。

4.6　综合实例——钻头

视频讲解

本节以钻头为例，综合应用前面所学知识，讲解实体特征的具体建模方法，具体步骤如下。

1. 新建模型

启动 Pro/ENGINEER，以 ZUANTOU 作为新零件文件的名称，创建一个新零件文件。

2. 拉伸钻头体

（1）单击“基础特征”工具栏中的“拉伸”按钮，弹出如图 4-72 所示的“拉伸”操控板。依次单击“放置”→“定义”，弹出如图 4-73 所示的“草绘”对话框，选择 FRONT 基准面为草绘平面，然后单击“草绘”按钮，接受默认参照方向进入草绘模式。

图 4-72 “拉伸”操控板

（2）单击“草绘器工具”工具栏中的“圆”按钮○，绘制如图 4-74 所示的圆。双击选择圆的直径尺寸值，将其修改为 7.10，接着单击“继续当前部分”按钮✔，退出草绘环境。

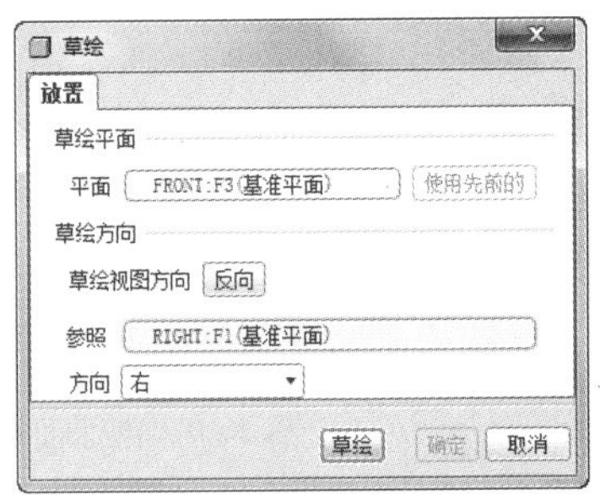

图 4-73 “草绘”对话框

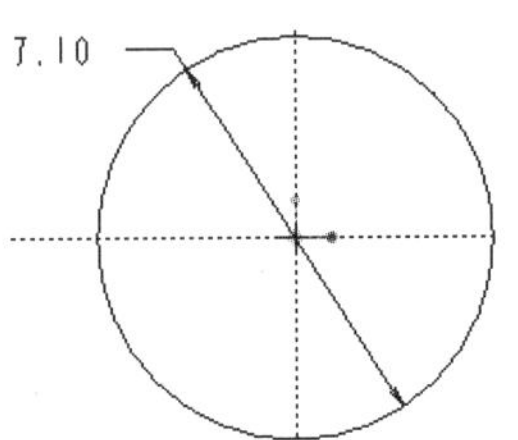

图 4-74 创建草图

（3）在“拉伸”操控板上选择“可变”深度选项，在后面的文本框中输入 12.00 作为可变深度值，单击“建造特征”按钮，完成特征，结果如图 4-75 所示。

3. 扫描切除出槽

（1）单击“基准”工具栏中的“草绘”按钮，弹出“草绘”对话框，选择 TOP 基准面为草绘平面，单击“草绘”对话框中的“草绘”按钮，接受默认参照方向进入草绘模式。单击“草绘器工具”工具栏中的“直线”按钮╲，绘制如图 4-76 所示的直线。然后双击选择直线的尺寸值，将其修改为 12.0，接着单击“继续当前部分”按钮✔，退出草绘环境。

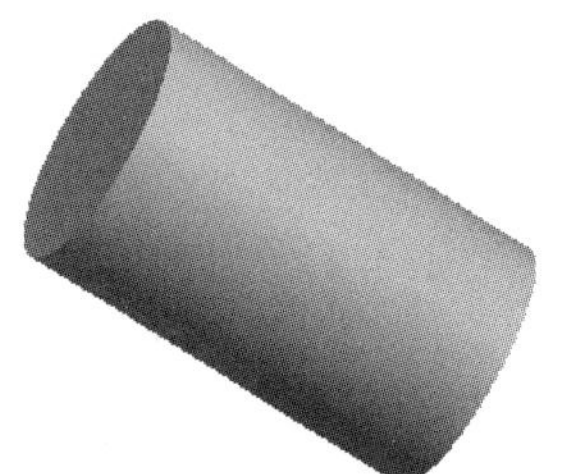

图 4-75 预览特征

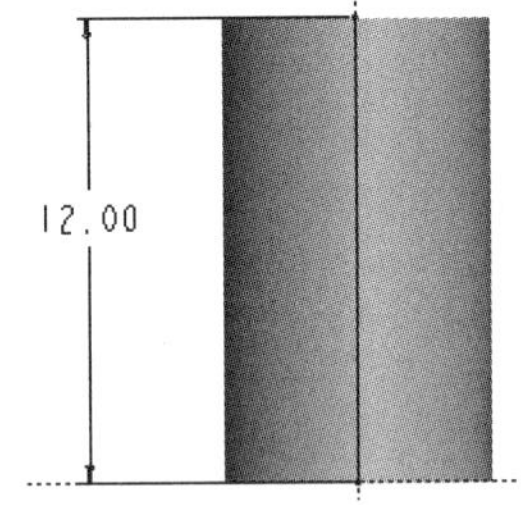

图 4-76 绘制直线草图

（2）选择“插入”→“扫描混合”命令，弹出“扫描混合”操控板，如图 4-77 所示，在操控板中选择“参照”选项，然后在工作区中选择刚刚绘制的直线，再在操控板中选择“截面”选项。选择如图 4-78 所示的直线的一个端点，选择完毕后单击草绘按钮，进入草绘模式。

图 4-77 “扫描混合”操控板

（3）单击“草绘器工具”工具栏中的“直线”按钮╲、“圆”按钮○、“圆形”按钮，绘制如图 4-79 所示的草图，单击“继续当前部分”按钮✔，返回到“截面”选项。单击插入按钮，然后选择直线的另一端点，单击草绘按钮，进入草绘模式，草绘另一端的草图，如图 4-80 所示，单击“继续

当前部分”按钮✔，退出草绘模式。

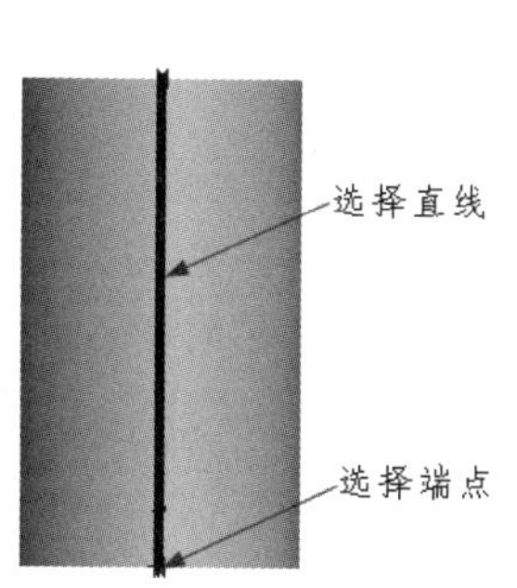

图 4-78　选择直线和端点

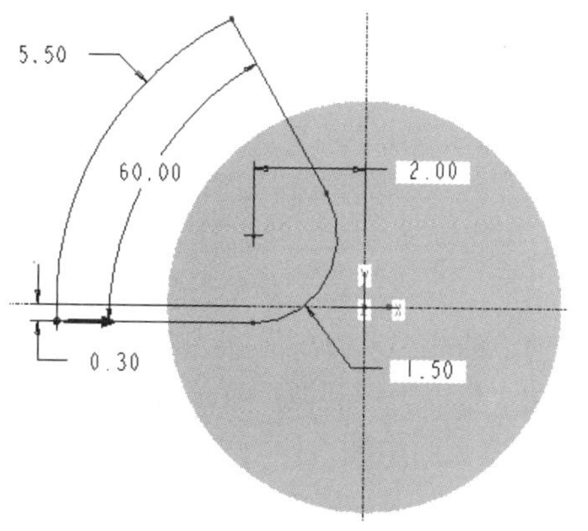

图 4-79　绘制草图

（4）完成截面的设置后，在操控板中单击“创建实体”按钮和“移除材料”按钮，再单击“选项”，在弹出的下滑面板中选择“设置周长控制”选项。最后单击“建造特征”按钮，完成特征，如图 4-81 所示。

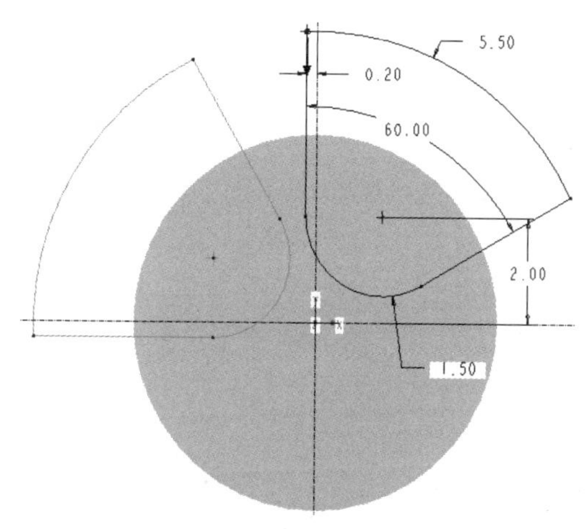

图 4-80　绘制草图

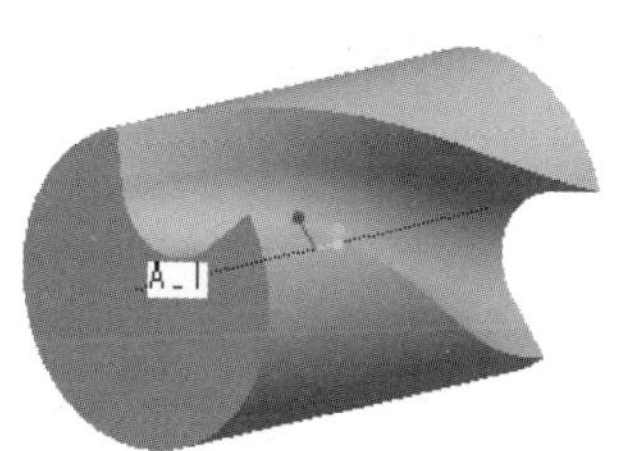

图 4-81　生成特征

（5）通过阵列获得另一侧的扫描特征。具体操作如下：在模型树中选择创建的扫描混合特征，然后单击“编辑特征”工具栏中的“阵列”按钮，弹出“阵列”操控板，如图 4-82 所示，选择轴线阵列，选取轴线 A-1，阵列数为 2，具体设置如图 4-83 所示，单击“建造特征”按钮，完成特征的阵列，结果如图 4-84 所示。

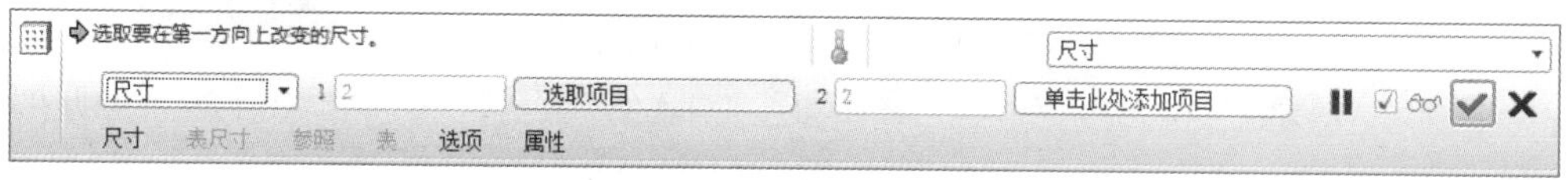

图 4-82　“阵列”操控板

图 4-83　阵列设置

Note

4. 扫描刃口

（1）单击“基准”工具栏中的“草绘”按钮，弹出“草绘”对话框，选择 TOP 基准面为草绘平面，单击“草绘”对话框中的“草绘”按钮，接受默认参照方向进入草绘模式。单击“草绘器工具”工具栏中的“直线”按钮，绘制如图 4-85 所示的直线。然后双击选择直线的尺寸值，将其修改为 12.0，接着单击“继续当前部分”按钮，退出草绘模式。

（2）绘制扫描轨迹线螺旋线。具体画法如下：单击“基准”工具栏中的“曲线”按钮，弹出如图 4-86 所示的“曲线选项”菜单管理器，选择“从方程”命令，然后选择“完成”命令，弹出如图 4-87 所示的“曲线：从方程”和“选取”对话框，在左侧的模型树中选取系统坐标，系统弹出如图 4-88 所示的“设置坐标类型”菜单管理器，在该菜单管理器中选取笛卡儿坐标系，进入程序编辑页面，在该记事本页面中输入如下程序：

```
x =3.55* cos ( t * 90)
y =3.55* sin ( t * 90)
z = t*12
```

（3）在记事本中选择“文件”→“保存”命令，再单击“关闭”按钮，关闭记事本，再单击“曲线：从方程”对话框中的确定按钮，完成曲线绘制，如图 4-89 所示。

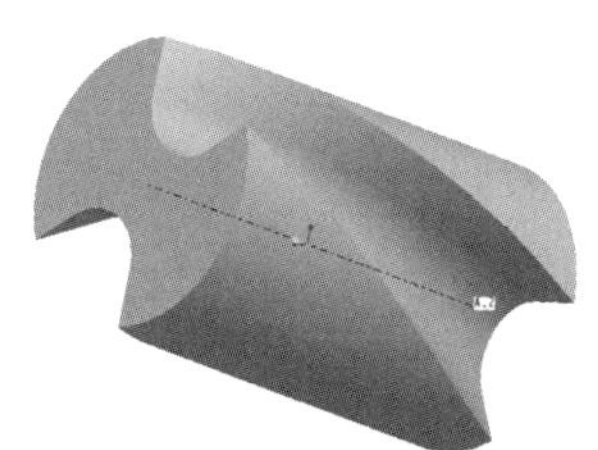

图 4-84　阵列特征

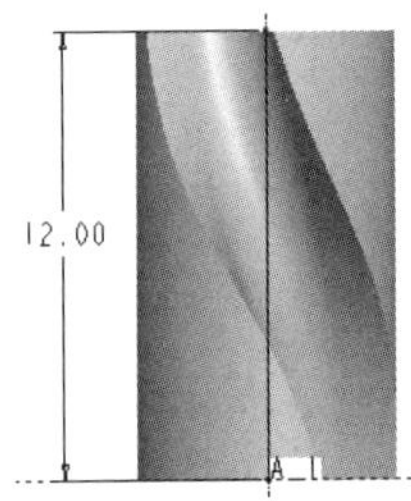

图 4-85　绘制直线

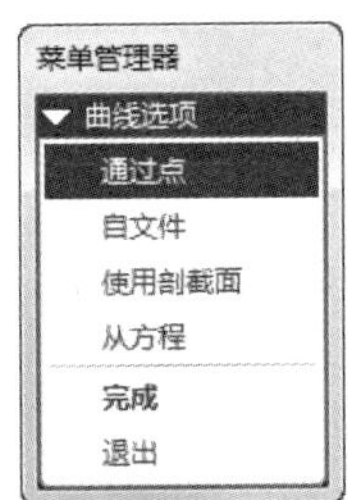

图 4-86　“曲线选项”菜单管理器

图 4-87　“曲线：从方程”和“选取”对话框

菜单管理器
设置坐标类型
笛卡尔
圆柱
球

图 4-88　“设置坐标类型”菜单管理器

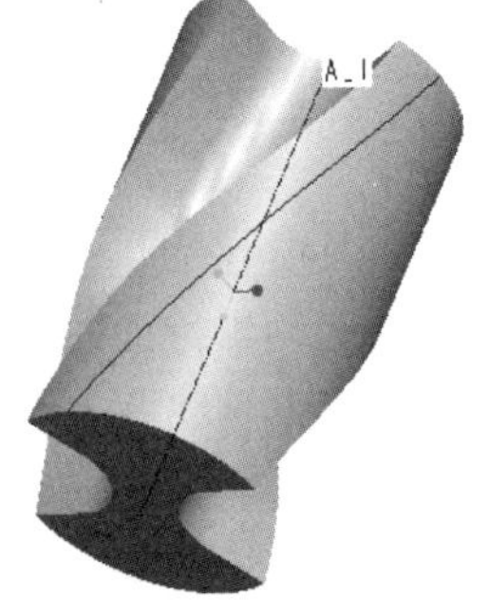

图 4-89　绘制曲线

（4）选择“插入”→“可变截面扫描”命令，弹出如图 4-90 所示的“可变截面扫描”操控板，在操控板中选择“参照”选项，按 Ctrl 键，选择刚刚绘制的直线和曲线，具体设置如图 4-91 所示。然后单击操控板中的“创建或编辑扫描剖面”按钮，进入草绘模式。

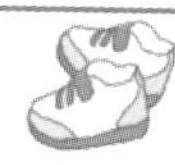

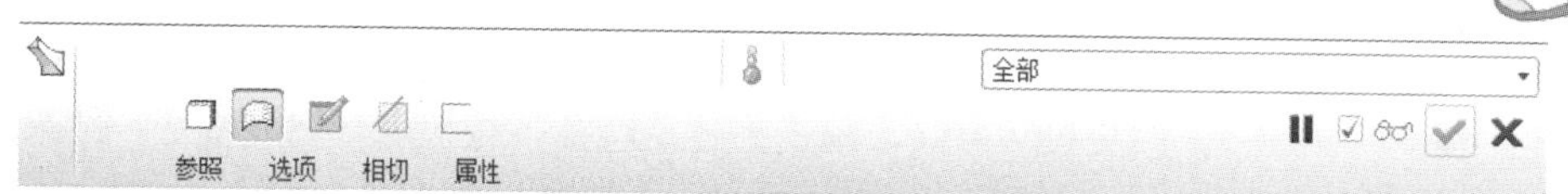

图 4-90 “可变截面扫描”操控板

（5）单击“草绘器工具”工具栏中的“圆”按钮○和“直线”按钮╲，在圆柱的一个端面绘制如图 4-92 所示的草图作为剖面，然后单击“继续当前部分”按钮✔，退出草绘模式。

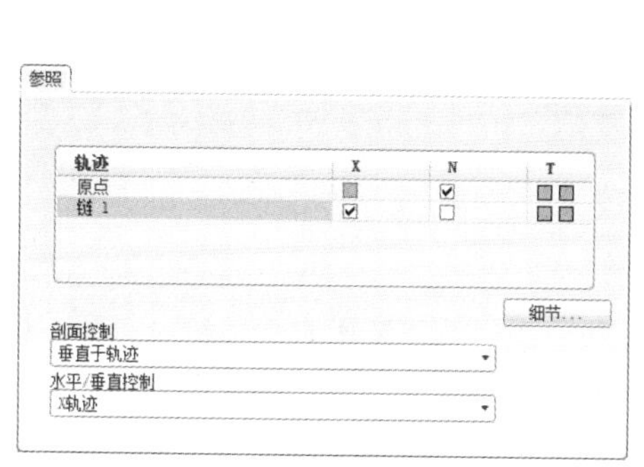

图 4-91 “参照”设置

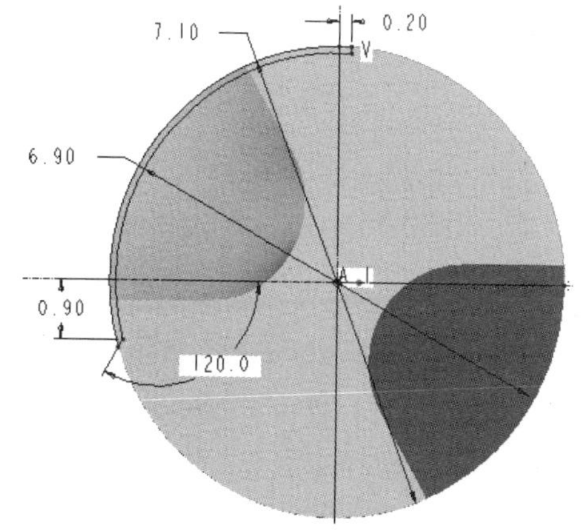

图 4-92 绘制草图

（6）在操控板中单击“创建实体”按钮□和“移除材料”按钮◿，单击“建造特征”按钮✔，完成特征，如图 4-93 所示。

（7）参照步骤（4）～步骤（6）在圆柱体的另一侧进行相同的可变截面扫描，如图 4-94 所示。

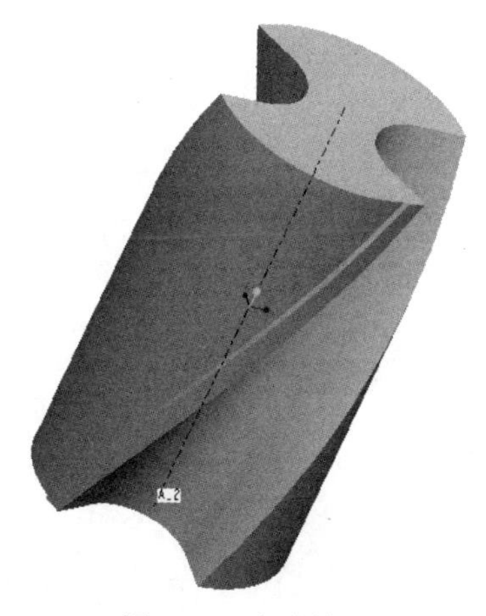

图 4-93 生成特征

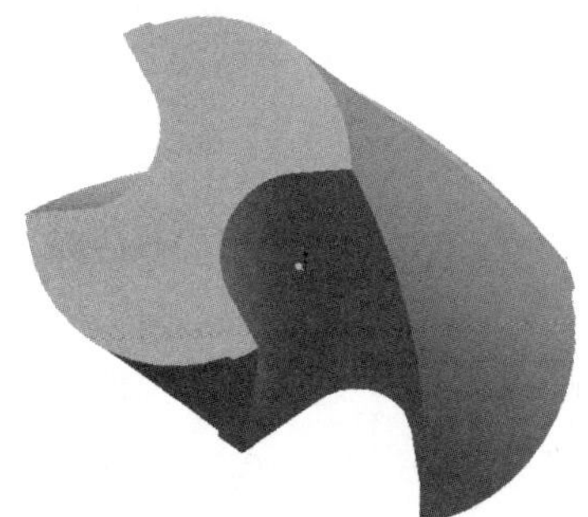

图 4-94 在另一面生成特征

5. 绘制第二段钻头体

（1）单击“基础特征”工具栏中的“拉伸”按钮，在弹出的操控板中依次单击“放置”→“定义”，弹出“草绘”对话框，选择 FRONT 基准面为草绘平面，单击“草绘”对话框中的“草绘”按钮，接受默认参照方向进入草绘模式。

（2）单击“草绘器工具”工具栏中的“圆”按钮○，绘制一个圆，设置其直径尺寸为 7.10，然后单击“继续当前部分”按钮✔，退出草绘环境。

Note

（3）在“拉伸”操控板中选择“可变”深度选项，在后面的文本框中输入 12.00 作为可变深度值，单击“反向”按钮，改变拉伸方向，单击“建造特征”按钮，完成特征，结果如图 4-95 所示。

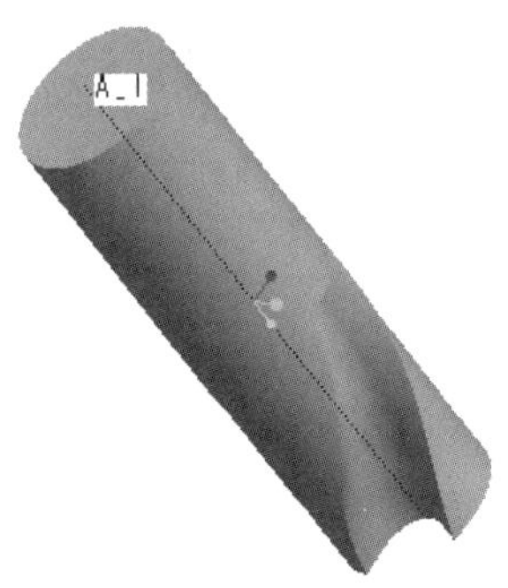

图 4-95　拉伸钻头

6. 完成第二段钻头体的所有特征

扫描切除出槽和扫描出刃口操作可参考上面的步骤，或者通过特征操作来完成第二段钻头体的所有特征，具体操作如下。

（1）选择“编辑”→“特征操作”命令，弹出如图 4-96（a）所示的“特征”菜单管理器，选择“复制”命令，弹出如图 4-96（b）所示的“复制特征”菜单管理器，分别选择“移动”和“完成”命令。

（2）选择前面创建的“扫描混合”特征和“可变截面扫描”特征，选择“完成”命令，在弹出的菜单管理器中选择“平移”命令，如图 4-97（a）所示，弹出“移动特征”菜单管理器，从中选择“曲线/边/轴”命令，如图 4-97（b）所示。

（a）　（b）

图 4-96　特征操作

（a）　（b）

图 4-97　特征操作

（3）在模型图中选择基准轴 A-1，在弹出新的对话框中设置方向，选择“反向”选项，再选择“确定”选项，系统弹出“输入偏移距离”文本框，如图 4-98 所示，在文本框中输入平移距离 12，单击“接受值”按钮，然后选择“旋转”→“曲线/边/轴”选项，在模型图中选取基准轴 A-1，在

弹出新的对话框中设置方向，选择“反向”选项，然后选择“确定”选项，系统弹出“输入旋转角度”文本框，如图 4-99 所示，在文本框中输入 90，单击“接受值”按钮，完成所有操作。

图 4-98　“输入偏移距离”文本框

图 4-99　旋转角度特征操作

Note

（4）选择“完成移动”选项，弹出“组可变尺寸”菜单管理器和“组元素”对话框，如图 4-100 所示。

（5）选择“组可变尺寸”菜单管理器中的“完成”命令，再单击“组元素”对话框中的“确定”按钮，系统返回到“特征”菜单管理器，选择“完成”命令，完成所有操作，生成如图 4-101 所示的特征。

图 4-100　“组可变尺寸”菜单管理器和“组元素”对话框

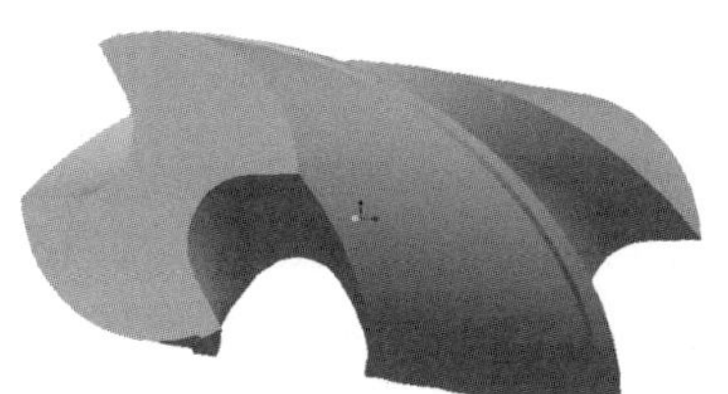

图 4-101　生成特征

7. 拉伸杆

（1）单击“基础特征”工具栏中的“拉伸”按钮，在弹出的操控板中依次单击“放置”→“定义”，弹出“草绘”对话框，选择零件的后端面为草绘平面，单击“草绘”对话框中的“草绘”按钮，接受默认参照方向进入草绘模式。

（2）使用“草绘器工具”工具栏中的“圆”按钮绘制一个圆，设置其直径尺寸为 7.10，然后单击“继续当前部分”按钮，退出草绘环境。

（3）在“拉伸”操控板中选择“可变”深度选项，在后面的文本框中输入 40.00，作为可变深度值，单击“建造特征”按钮，完成特征，结果如图 4-102 所示。

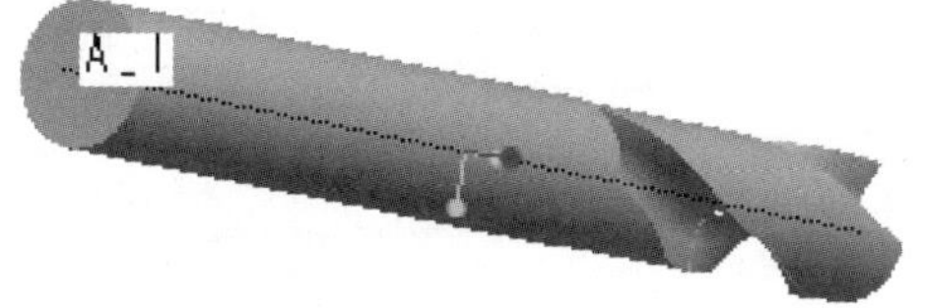

图 4-102　拉伸杆

8. 旋转切除钻头

（1）单击“基础特征”工具栏中的“旋转”按钮，打开“旋转”操控板，依次单击“放置”→“定义”，系统弹出“草绘”对话框，在左侧的“模型树”中选择 TOP 基准平面作为草绘平面；单击“草绘”对话框中的“草绘”按钮，接受默认参照方向进入草绘模式。

（2）使用“草绘器工具”工具栏中的“直线”按钮绘制如图 4-103 所示的截面图。

（3）单击“创建尺寸”按钮和“修改”按钮，创建如图 4-104 所示的尺寸标注方案；单击“继续当前部分”按钮，退出草绘环境。

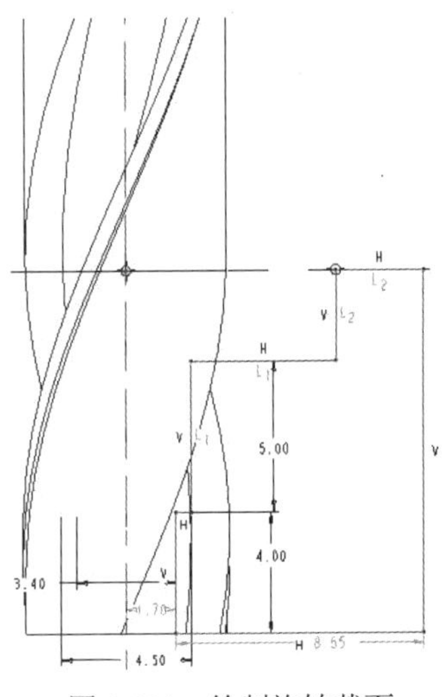

图 4-103　绘制旋转截面

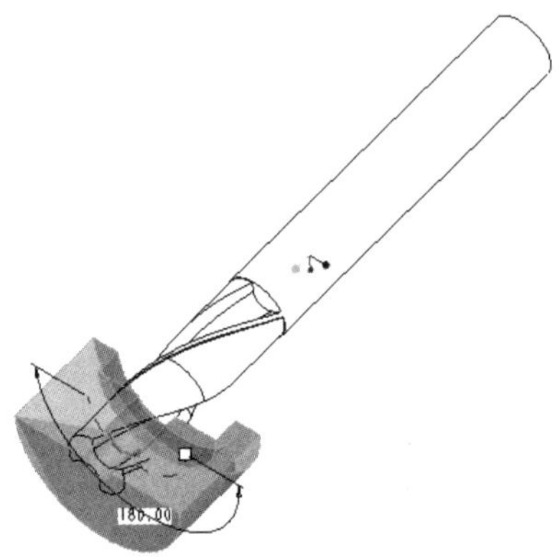

图 4-104　预览特征

（4）在操控板中设置旋转方式为“变量”，在操控板中输入 180 作为旋转的变量角；单击“拉伸”操控板中的“切减材料”按钮；单击“建造特征”按钮，完成特征，如图 4-104 所示。

第5章 工程特征设计

Pro/ENGINEER 创建的每一个零件都是由一串特征组成的，零件的形状直接由这些特征控制，通过修改特征的参数就可以修改零件。

本章主要讲述孔、筋、拔模、圆角和倒角、抽壳等工程特征的创建。

任务驱动&项目案例

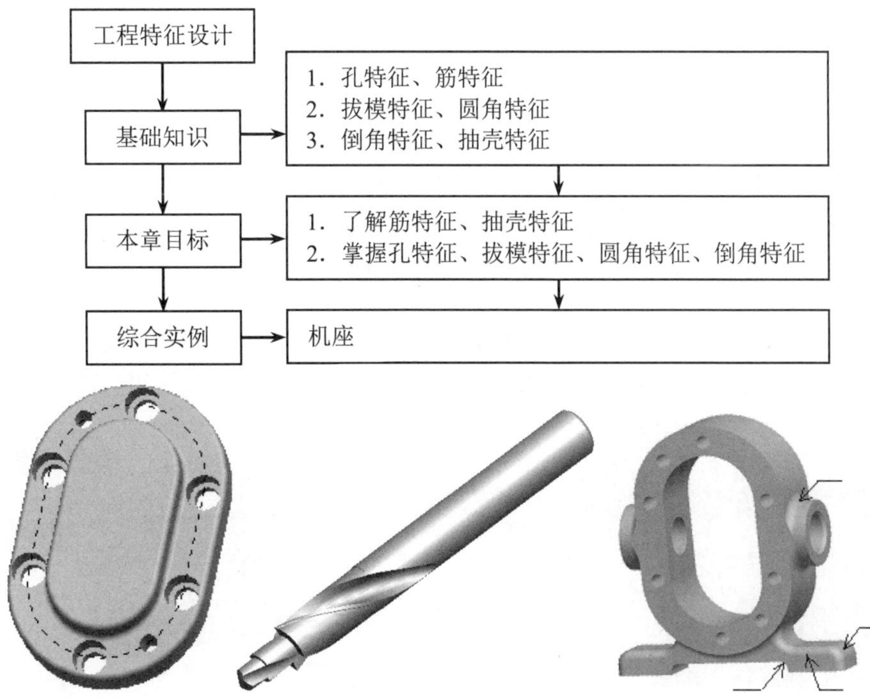

5.1 孔 特 征

Note

孔特征属于减料特征，所以，在创建孔特征之前，必须要有坯料，也就是3D实体特征。

5.1.1 直孔特征的创建

直孔特征属于规则特征，可以用尺寸数值及特征数据描述，生成直孔特征时只需选择直孔特征的放置位置、孔径和孔深即可。

创建孔特征的具体操作过程如下。

（1）新建一个零件模型，文件名称为kong。

（2）单击“基础特征”工具栏中的“拉伸”按钮，以FRONT平面为草绘平面绘制如图5-1所示的截面。

（3）单击“草绘器工具”工具栏中的“继续当前部分”按钮✔，退出草绘器。

（4）操控板的设置如图5-2所示。

（5）单击控制区的按钮，完成拉伸操作，结果如图5-3所示。

图5-1 拉伸截面　　图5-2 操控板设置　　图5-3 拉伸实体

（6）单击“工程特征”工具栏中的“孔”按钮，选取拉伸实体的上表面来放置孔，被选取的表面将会加亮显示，并预显孔的位置和大小，如图5-4所示，通过孔的控制手柄可以调整孔的位置和大小。

（7）拖动控制手柄到合适的位置后，系统显示孔的中心到参照边的距离，通过双击该尺寸值便可以对其进行修改。设置孔中心到边1、2的距离分别为30和50，孔直径为20，如图5-5所示。

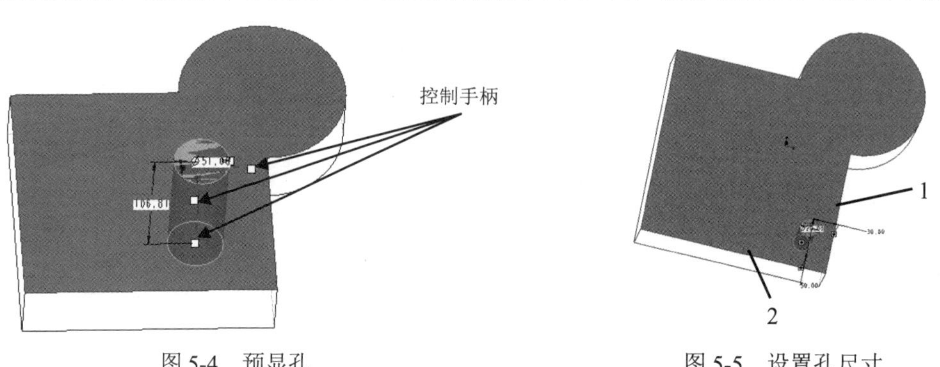

图5-4 预显孔　　图5-5 设置孔尺寸

通过如图 5-6 所示的操控板及“放置”按钮的下滑面板，同样可以设置孔的放置平面、位置和大小。

（1）单击“放置”选项下面的文本框后，选取拉伸实体的上表面作为孔的放置平面；单击“反向”按钮改变孔的创建方向；单击“偏移参照”选项下的文本框，选取拉伸实体的一条参照边，被选取的边的名称及孔中心到该边的距离均显示在下面的文本框中。单击距离值文本框，该框变为可编辑文本框，此时可以改变距离值。再单击“偏移参照”选项下第二行文本框，按住 Ctrl 键同时，在绘图区选取另外一条参照边，如图 5-7 所示。

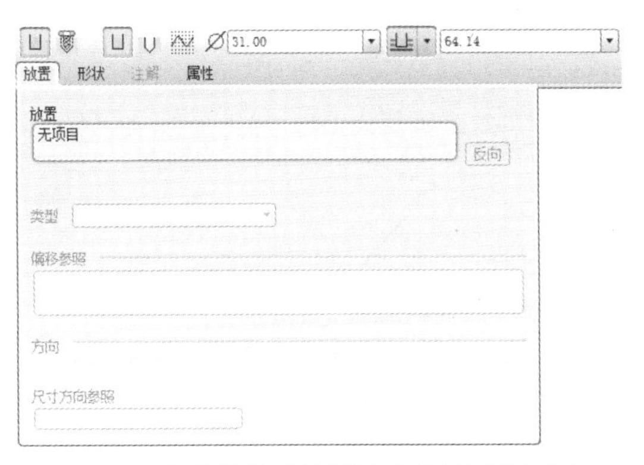

图 5-6　操控板及“放置”按钮的下滑面板

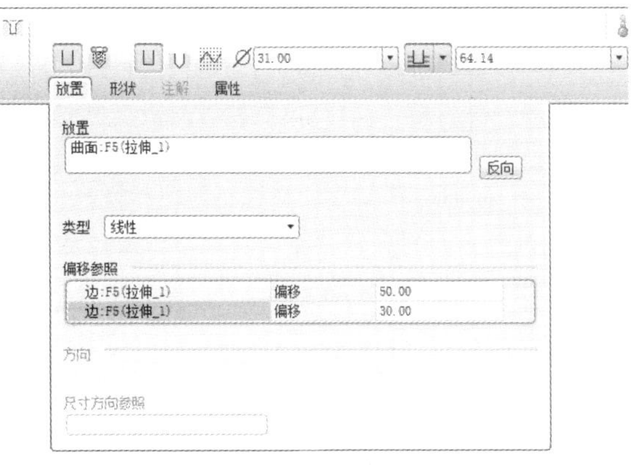

图 5-7　面板的设置

（2）设置完孔的各项参数之后，单击操控板的“形状”按钮，在弹出的如图 5-8 所示的下滑面板中显示了当前孔的形状。

（3）单击控制区的按钮，完成孔操作，结果如图 5-9 所示。

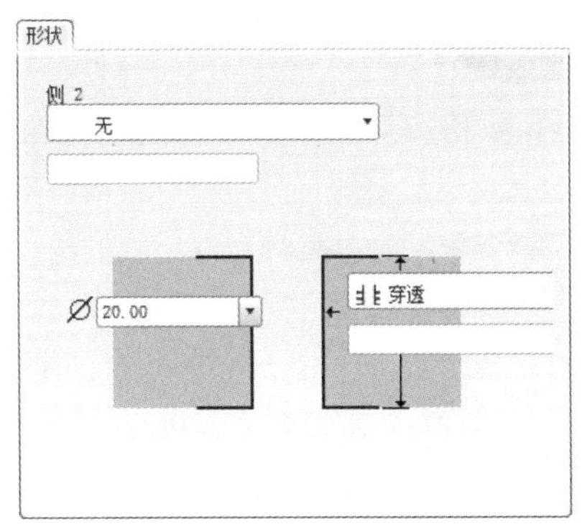

图 5-8　“形状”按钮下滑面板

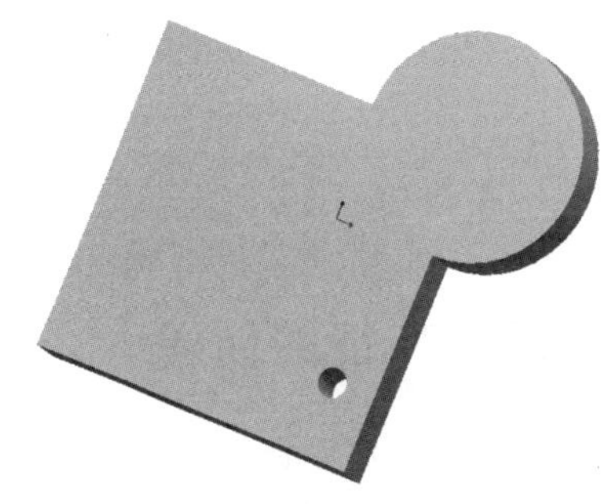

图 5-9　孔效果

5.1.2　草绘孔特征的创建

草绘孔特征属于不规则特征，必须绘制出 2D 剖面形状。草绘特征的创建和直孔特征的创建方式类似，不同之处在于草绘特征必须以胚料特征为基础进行。草绘孔特征的创建步骤如下。

（1）单击“工程特征”工具栏中的“孔”按钮，在操控板上单击“简单孔”按钮，创建简单孔。

（2）单击操控板上的“草绘”按钮，系统显示“草绘”孔选项，单击“激活草绘器”按钮，系统进入草绘界面。绘制如图 5-10 所示的旋转截面，然后单击“草绘器工具”工具栏中的“继续当前部分”按钮✔，退出草绘器返回到主界面。

（3）单击“放置”按钮，展开下滑面板，然后单击“放置”选项下面的文本框后，仍选取拉伸实体的上表面放置孔；单击“偏移参照”选项下的文本框，选取拉伸实体边3作为参照边，单击距离值文本框，设偏距值为30。再单击“偏移参照”选项下第二行文本框，按住Ctrl键的同时，在绘图区单击选取另外一条参照边4，并设置偏距为30，结果如图5-11所示。

Note

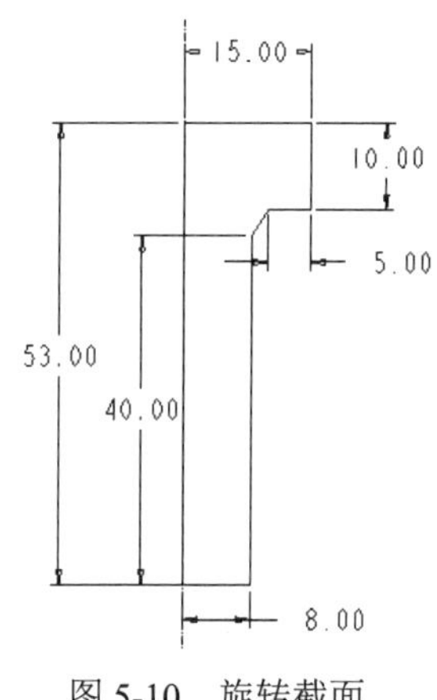

图5-10 旋转截面

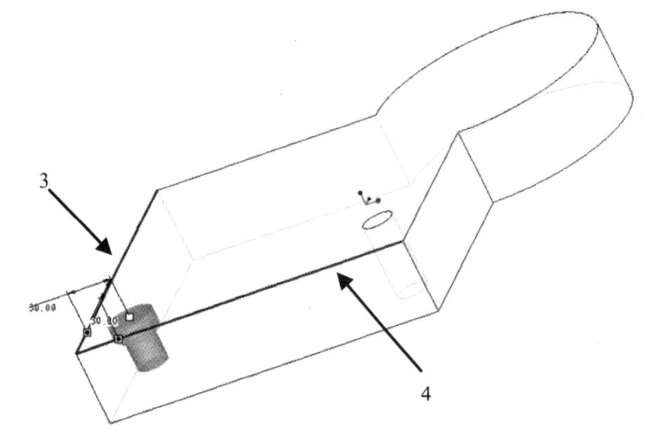

图5-11 孔设置

（4）单击控制区的✔按钮完成孔操作，结果如图5-12所示。

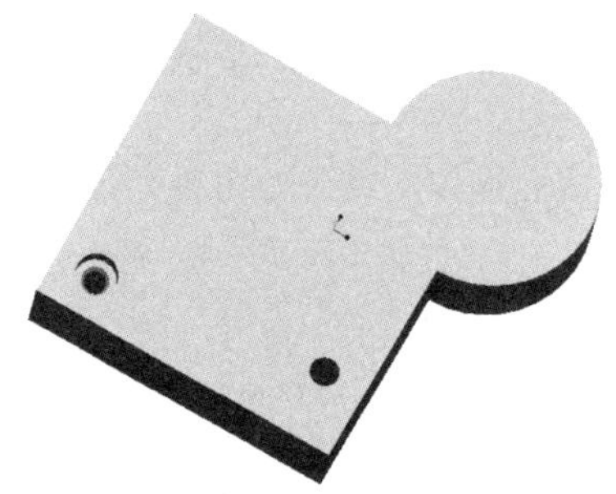

图5-12 草绘孔效果

5.1.3 标准孔特征的创建

标准孔特征的创建步骤如下。

（1）单击“工程特征”工具栏中的“孔”按钮，在操控板上单击“标准孔”按钮，操控板选项如图5-13所示。

图5-13 操控板

（2）操控板的设置为ISO标准、M10x1螺钉、孔深27和“沉孔”，如图5-14所示。

图5-14 操控板的设置

（3）选取拉伸实体的上表面放置螺纹孔，选取图 5-15 中的边 3 和 4 作为参照边，偏距分别为 30 和 170，如图 5-15 所示。

（4）设置完孔的各项参数之后，单击操控板中的“形状”按钮，在弹出的如图 5-16 所示的下滑面板中显示了当前孔的形状。图中文本框显示的尺寸为可变尺寸，用户可以按照自己的要求设置。

Note

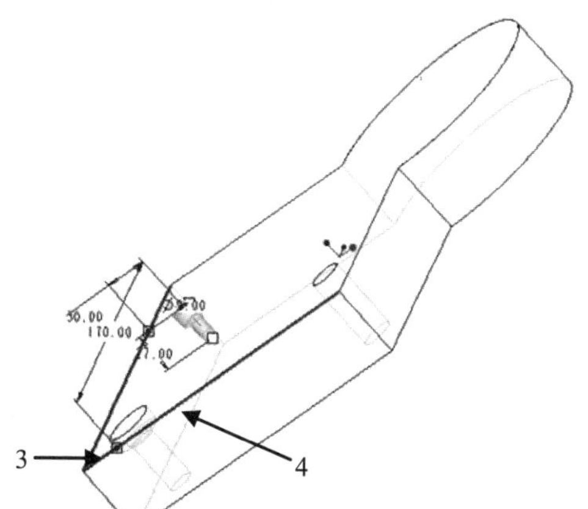

图 5-15 孔设置

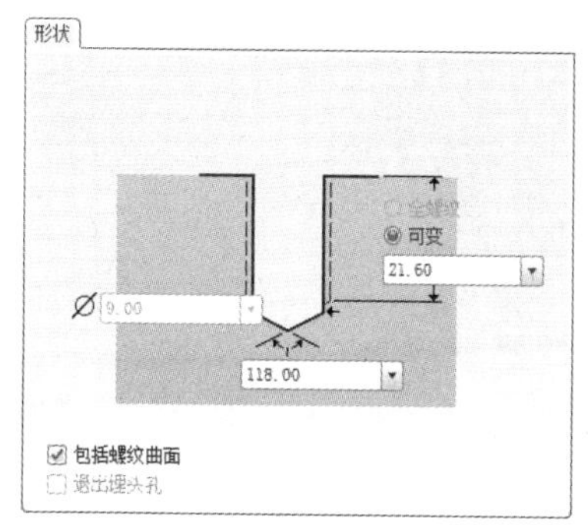

图 5-16 “形状”按钮下滑面板

（5）单击操控板中的“注释”按钮，其下滑面板给出了当前孔的基本信息，如图 5-17 所示。

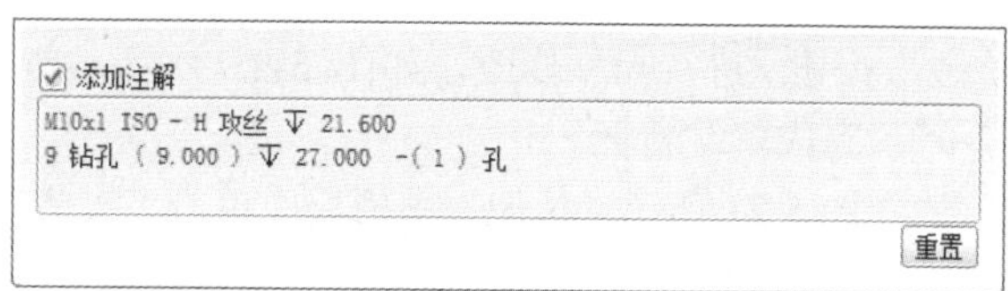

图 5-17 “注释”按钮下滑面板

（6）单击操控板中的“属性”按钮，其下滑面板给出了当前孔的基本属性，如图 5-18 所示。

（7）单击控制区的✓按钮完成孔操作，结果如图 5-19 所示，图中所显示的注释文字为孔属性描述。

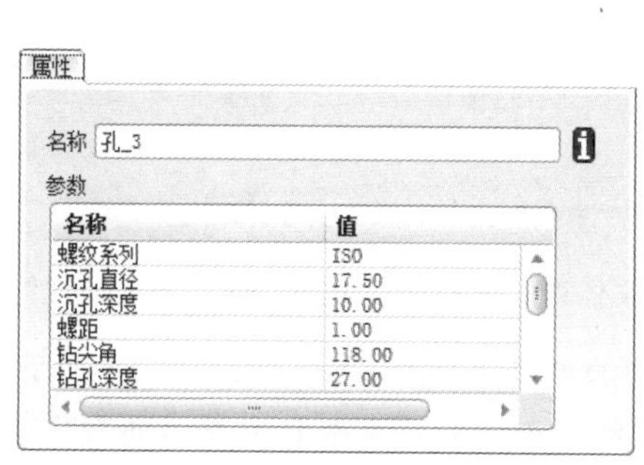

属性

名称 孔_3

参数

名称	值
螺纹系列	ISO
沉孔直径	17.50
沉孔深度	10.00
螺距	1.00
钻尖角	118.00
钻孔深度	27.00

图 5-18 “属性”按钮下滑面板

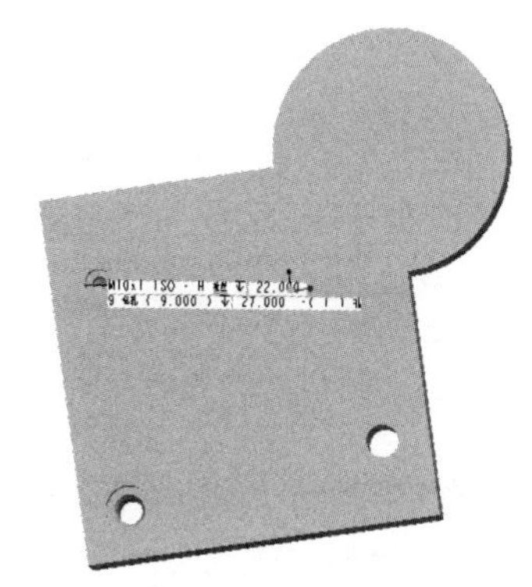

图 5-19 标准孔效果

5.1.4 实例——齿轮泵前盖

视频讲解

本小节以齿轮泵前盖为例，如图 5-20 所示。综合应用前面所学的知识，讲述孔特征的具体建模方法，具体步骤如下。

Note

（1）创建新文件。启动 Pro/ENGINEER 后，单击界面上部工具栏中的（新建）按钮，弹出“新建”对话框，在“类型”选项组中选中“零件”单选按钮，在“名称”文本框中输入 chilunbengqiangai.prt，单击“确定“按钮，进入绘图界面。

（2）设置绘图基准。单击“基础特征”工具栏中的“拉伸”按钮，出现如图 5-21 所示的“拉伸”操控板。依次单击“放置”→“定义”，弹出如图 5-22 所示的“草绘”对话框，选择 TOP 基准面为草绘平面，单击“草绘”对话框中的“草绘”按钮，接受默认参照方向进入草绘模式。

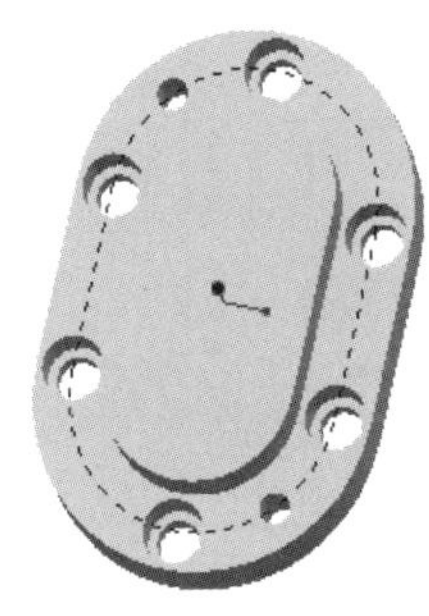

图 5-20　齿轮泵前盖

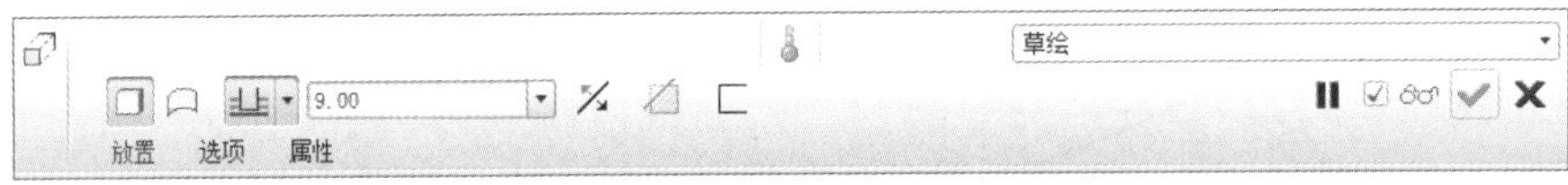

图 5-21　“拉伸”操控板

（3）绘制草图。使用“草绘器工具”工具栏中的“直线”按钮以及“圆弧”按钮绘制如图 5-23 所示泵体外形草图，并使用界面右端“草绘器工具”工具栏中的“约束”按钮在图形中增加约束。

（4）修改草图尺寸。使用“草绘器工具”工具栏中的“尺寸”按钮进行尺寸标注，使用“草绘器工具”工具栏中的“修改”按钮进行尺寸修改，如图 5-23 所示，单击“草绘器工具”工具栏中的“继续当前部分”按钮，完成草绘特征。

（5）生成拉伸实体特征。在图 5-21 所示“拉伸”操控板中单击“实体”按钮，再单击“单侧”按钮，输入拉伸高度 9，单击右侧的“建造特征”按钮，完成拉伸特征，生成前盖实体，如图 5-24 所示。

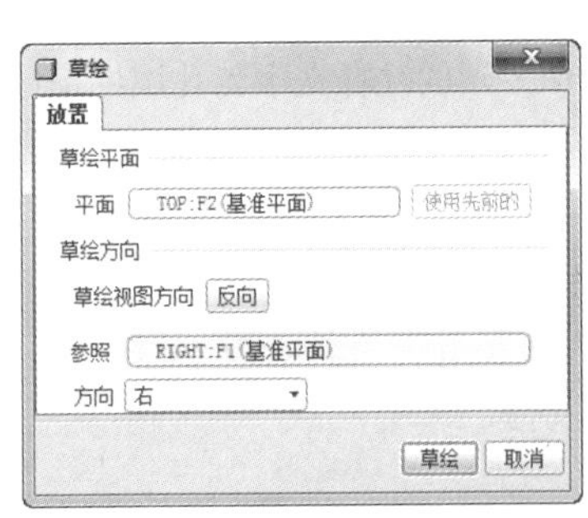

图 5-22　“草绘”对话框

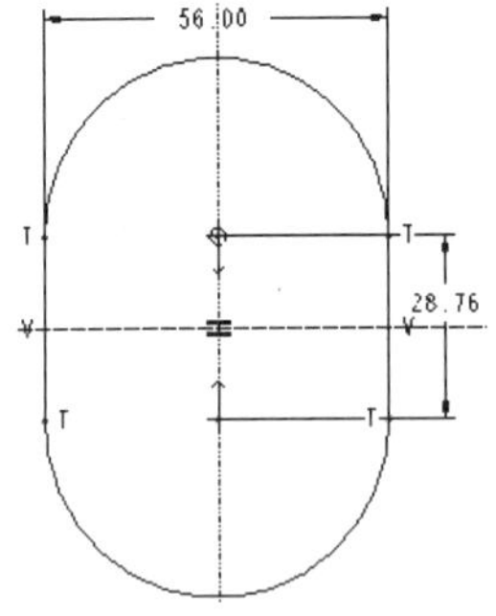

图 5-23　泵体外形草图

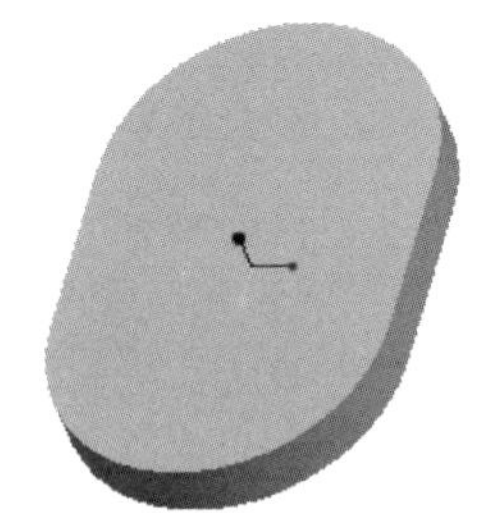

图 5-24　生成泵盖拉伸实体特征

（6）设置绘图基准。单击“基础特征”工具栏中的“拉伸”按钮，弹出如图 5-21 所示的“拉伸”操控板，依次单击“放置”→“定义”，弹出“草绘”对话框，选择 TOP 基准面为草绘平面，单击“草绘”对话框中的“草绘”按钮，接受默认参照方向进入草绘模式。

（7）绘制草图。单击“草绘器工具”工具栏中的“偏移”按钮，弹出“类型”对话框，如图 5-25 所示，选中“环”单选按钮，再选择已生成实体的上表面，界面下面出现“于箭头方向输入偏距[退出]”提示，此处输入“-12”，单击“接受值”按钮，再单击“继续当前部分”按钮完成草绘。

（8）生成拉伸实体特征。在图 5-21 所示“拉伸”操控板中单击（实体）按钮，再单击“单侧”

按钮，输入拉伸高度 16，单击右侧的“建造特征”按钮，完成拉伸特征，如图 5-26 所示。

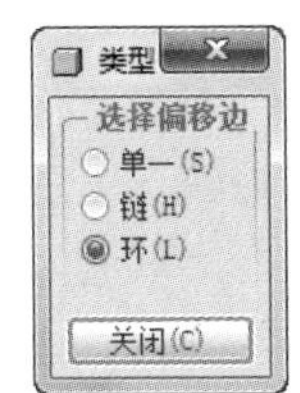

图 5-25　“类型”对话框

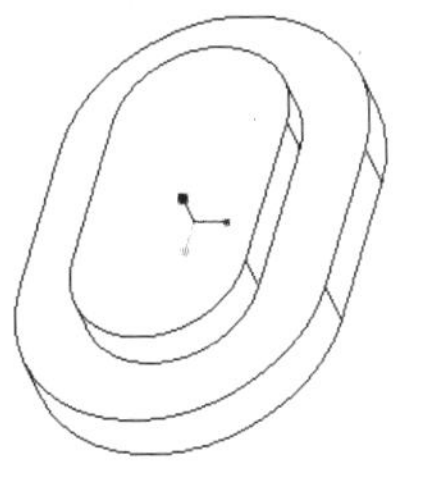

图 5-26　生成泵盖实体特征

（9）添加中心线。单击“草绘器工具”工具栏中的“轴”按钮，系统打开“基准轴”对话框，如图 5-27 所示。选择实体上端曲面为参照，单击“确定”按钮，完成中心线的添加。重复上述命令在下端面中心也添加中心线，如图 5-28 中的 A_1、A_2。

图 5-27　“基准轴”对话框

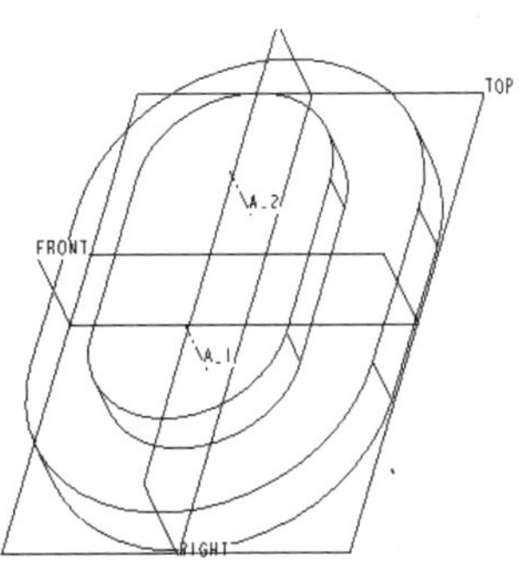

图 5-28　添加中心线

（10）完成轴孔特征。单击“工程特征”工具栏中的“孔”按钮，出现如图 5-29 所示的“孔”操控板，单击“放置”按钮，打开“放置”下滑面板，如图 5-30 所示。“放置”选项选择已绘制好的中心线和前盖的后端面。

图 5-29　“孔”操控板

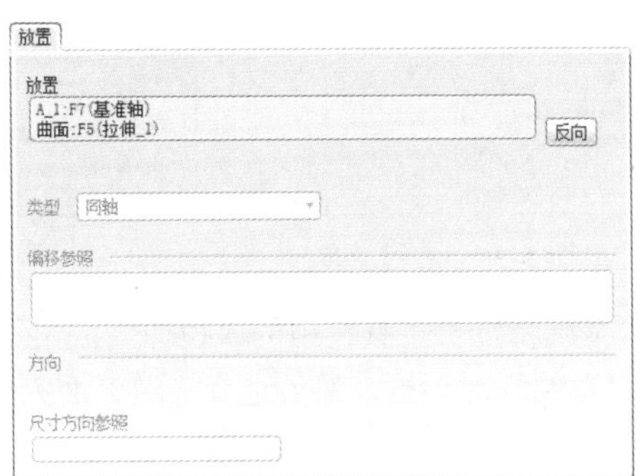

图 5-30　“放置”下滑面板

按照如图 5-31 所示输入所要设置的数据，单击“建造特征”按钮完成轴孔的制作。重复上述命令完成另一轴孔特征，完成图形如图 5-32 所示。

图 5-31　设置孔特征

Note

（11）草绘参考线。单击“草绘器工具”工具栏中的“草绘”按钮，系统打开“草绘”对话框，选择图 5-33 中的（S1）面为草绘面，默认草绘方向不用修改，单击“草绘”进入草绘模式。

单击“草绘器工具”工具栏中的“偏移”按钮，弹出“类型”对话框，选中“环”单选按钮，再选择大的上表面，弹出右侧菜单，如图 5-34 所示，选择“下一个”选项直至加亮最外面的边，选择“接受”选项。

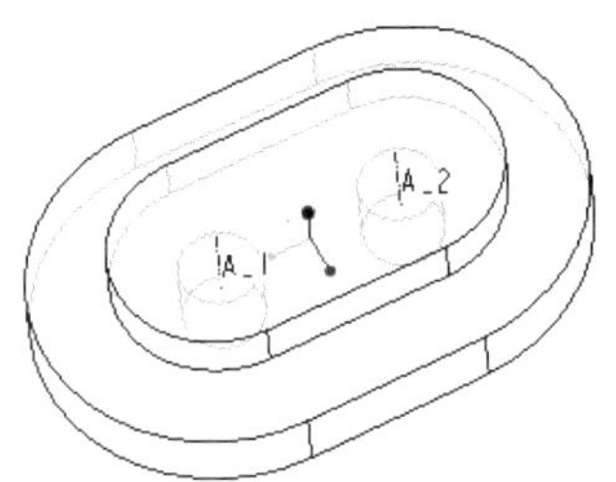

图 5-32　完成轴孔特征

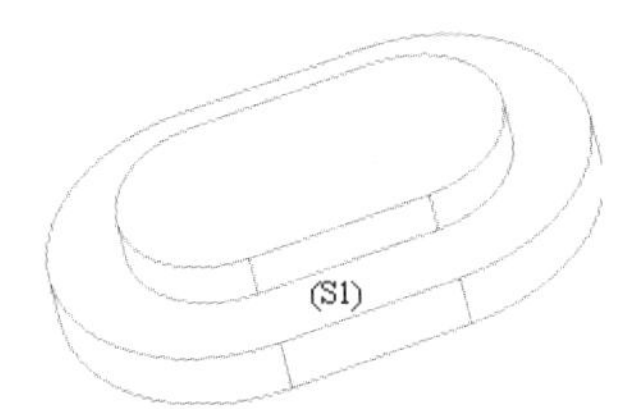

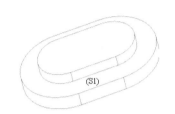

图 5-33　草绘参考面

图 5-34　类型窗口

在界面下面“…输入偏距…”处输入-6，单击“接受值”按钮。再单击右侧工具栏中的“继续当前部分”按钮，完成参考线的绘制，如图 5-35 所示。

（12）修改参考线属性。在左侧的模型树中右击参考线（即草绘 1），打开快捷菜单，选择“属性”命令，如图 5-36 所示。系统弹出如图 5-37 所示的“线造型”对话框，在“样式”下拉列表框中选择“中心线”选项，单击“应用”按钮，再关闭菜单框，完成属性修改。

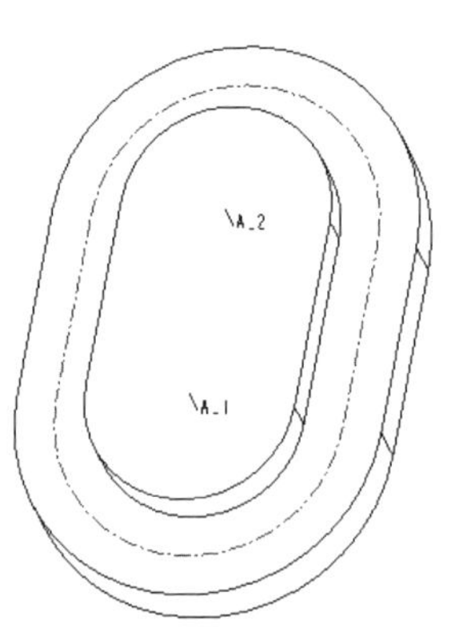

图 5-35　绘制参考线

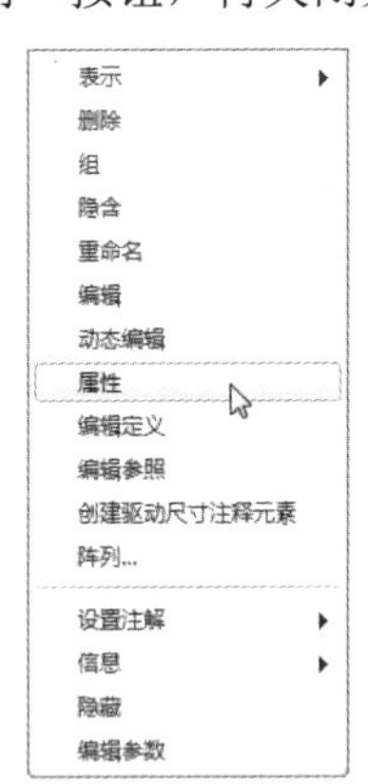

图 5-36　右键菜单

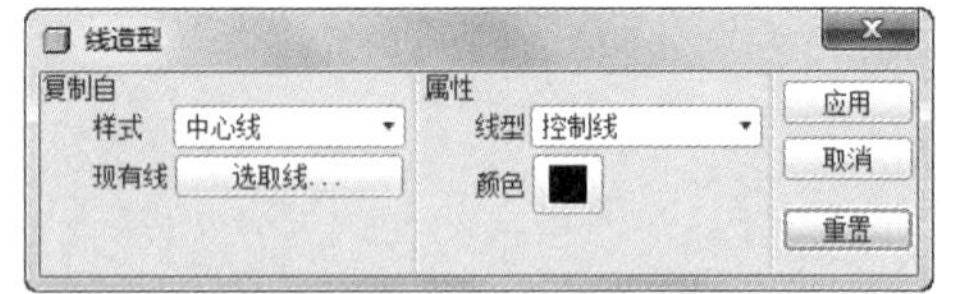

图 5-37　“线造型”对话框

（13）生成沉头孔。单击“基础特征”工具栏中的“拉伸”按钮，出现“拉伸”操控板，依次单击“放置”→“定义”，弹出“草绘”对话框，然后选择（S1）面为草绘平面，接受默认绘图方向，单击“草绘”按钮，进入草绘模式。

选择“草绘”下拉菜单中的“参照”命令，打开“参照”对话框，依次选择上步绘制的一圈曲线，添加到“参照”列表中，如图 5-38 所示，关闭“参照”对话框。绘制 6 个大小同样的圆，位置如图 5-39 所示。

单击界面右端“草绘器工具”工具栏中的“法向”按钮，标注任意圆的直径 Ø7，单击“继续

当前部分”按钮✔完成草绘。

在“拉伸”操控板中单击“实体”按钮，单击“通过全部”按钮，再单击“去除材料”按钮，单击“创建特征”按钮，完成此挖孔特征，如图 5-40 所示。

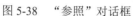

图 5-38　“参照”对话框

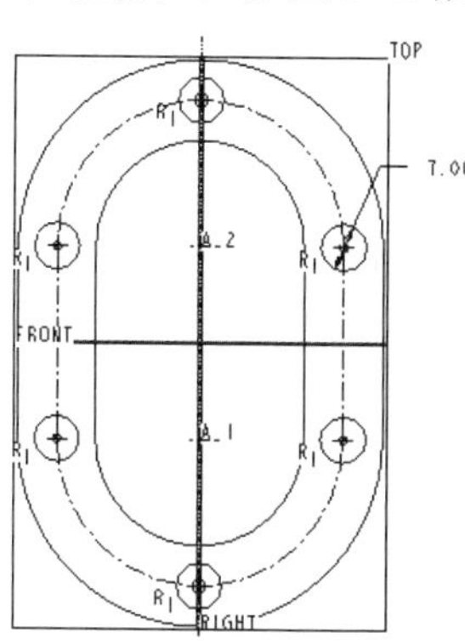

图 5-39　绘制沉头孔草图

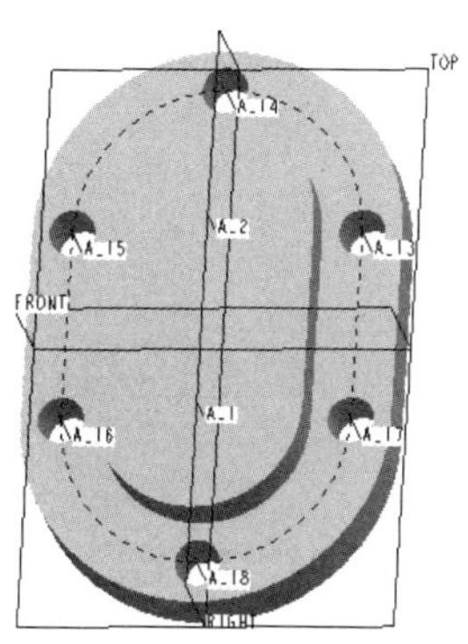

图 5-40　圆柱孔

（14）生成沉头槽。单击“基础特征”工具栏中的“拉伸”按钮，出现“拉伸”操控板，依次单击“放置”→“定义”，弹出“草绘”对话框，然后选择（S1）面为草绘平面，接受默认绘图方向，单击“草绘”按钮，进入草绘模式。

单击“草绘器工具”工具栏中的“同心圆”按钮◎，制作与上步同心的 6 个等圆，单击界面右端绘图工具栏中的“法向”按钮，标注任意圆的直径 Ø10，如图 5-41 所示。单击“继续当前部分”按钮✔完成草绘。

（15）生成拉伸实体特征。在“拉伸”操控板中单击“实体”按钮，再单击“单侧”按钮，输入指定深度 6，单击“改变拉伸方向”按钮以及“去除材料”按钮，最后单击“创建特征”按钮，完成沉头槽特征，如图 5-42 所示。

（16）设置绘图基准。单击“基础特征”工具栏中的“拉伸”按钮，出现 “拉伸”操控板，依次单击“放置”→“定义”，弹出“草绘”对话框，然后选择（S1）面为草绘平面，接受默认绘图方向，单击“草绘”按钮，进入草绘模式。

（17）绘制草图。选择“草绘”下拉菜单中的“参照”命令，系统打开“参照”对话框，选择上步绘制的参考曲线，添加到“参照”列表中，关闭“参照”对话框。绘制两条平行的中心线与 RIGHT 面成 45°，再绘制两个大小同样的圆，如图 5-43 所示。

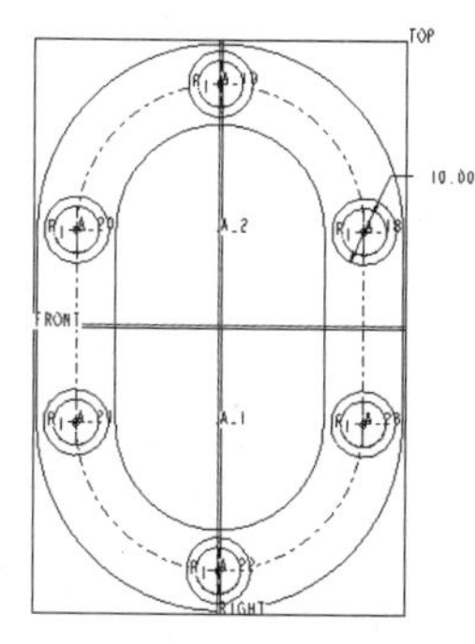

图 5-41　沉头槽草图

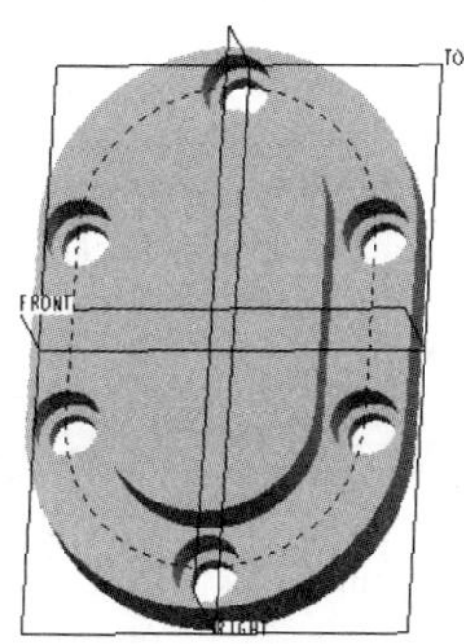

图 5-42　生成沉头孔

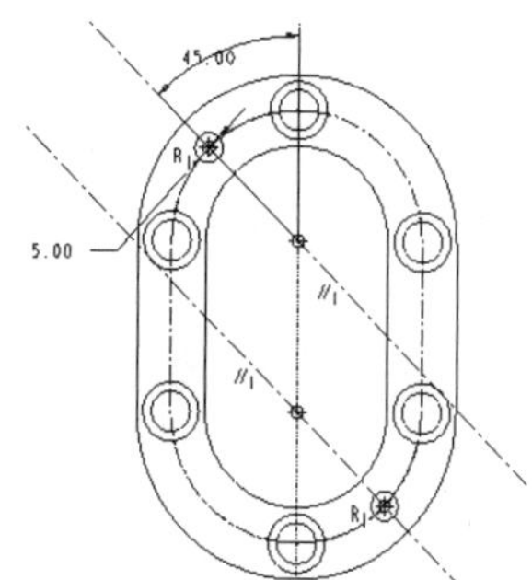

图 5-43　定位销孔草图

（18）修改草图尺寸。单击“草绘器工具”工具栏中的“法向”按钮，标注刚绘制圆的直径 Ø5，单击“继续当前部分”按钮✔完成草绘。

（19）生成销孔特征。在“拉伸”操控板中单击“实体”按钮，单击“通过全部”按钮，并单击“去除材料”按钮，再单击“创建特征”按钮，完成此定位销孔特征，如图 5-20 所示。

5.2 筋 特 征

筋特征是设计中连接到实体曲面的薄翼或腹板伸出项。筋通常用来加固设计中的零件，也常用来防止出现不需要的折弯。利用“筋工具”命令可快速开发简单的或复杂的筋特征。

筋特征的创建过程如下。

（1）新建一个零件设计环境，然后进入草图绘制环境，绘制如图 5-44 所示的 2D 图。

（2）以步骤（1）绘制的 2D 图为拉伸截面，拉伸出一个深度为 200 的 3D 实体，如图 5-45 所示。

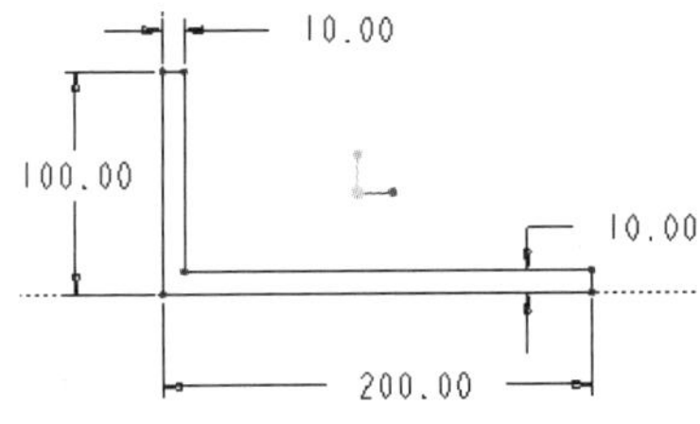

图 5-44　绘制拉伸特征截面图

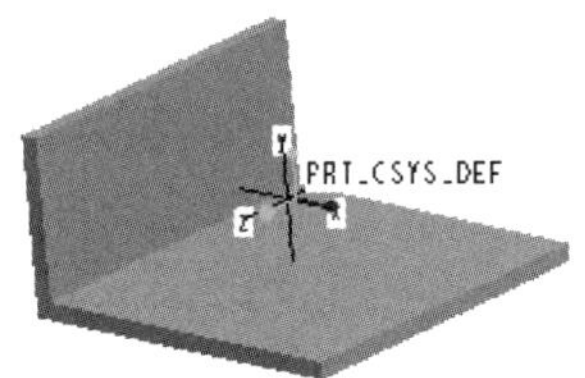

图 5-45　生成拉伸特征

（3）单击“工程特征”工具栏中的“筋”按钮，系统打开“筋”操控板，如图 5-46 所示。

图 5-46　“筋”操控板

（4）将设计环境中的基准面打开。打开“筋”操控板中的“参照”下滑面板，如图 5-47 所示。

（5）单击“定义...”按钮，系统弹出“草绘”对话框，如图 5-48 所示。

图 5-47　“参照”下滑面板

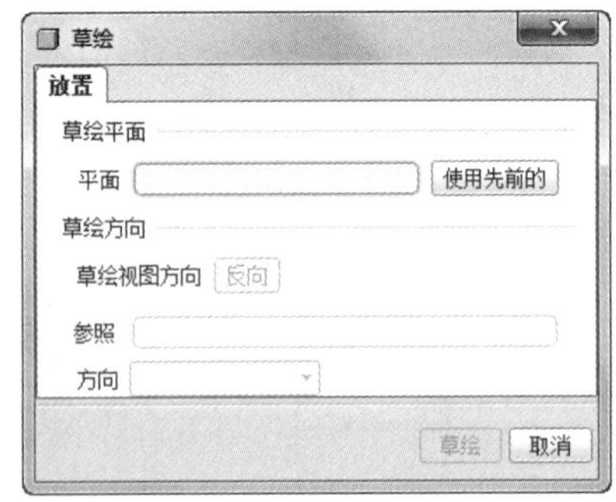

图 5-48　“草绘”对话框

（6）单击“基准”工具栏中的“基准平面工具”按钮，系统打开“基准平面”对话框，如图 5-49 所示。

（7）单击设计环境中的 FRONT 面的标签 FRONT，在“基准平面”对话框的“偏移”子项中输入平移距离 50.00，如图 5-50 所示。

（8）此时设计环境中的设计对象如图 5-51 所示。

图 5-49　“基准平面”对话框

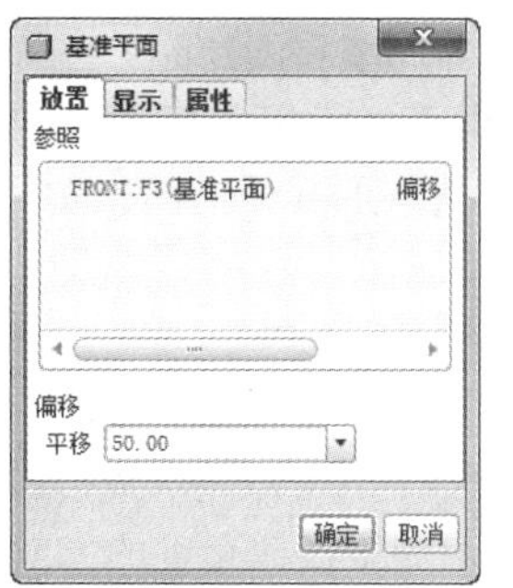

图 5-50　设置平移尺寸

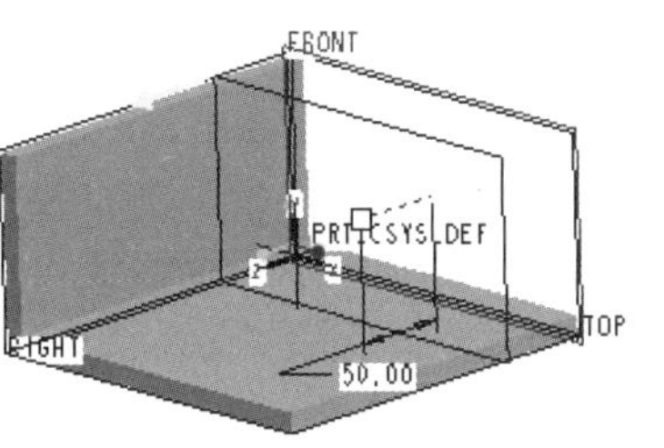

图 5-51　平移基准面预览面

（9）单击“基准平面”对话框中的“确定”按钮，系统生成一个临时基准面，此时“草绘”对话框中的草绘平面会默认选中上步建立的临时基准面，且默认选择 RIGHT 面为参照面，如图 5-52 所示。

（10）单击“草绘”对话框中的“草绘”按钮，进入草图绘制环境，在此环境中绘制如图 5-53 所示的直线。

（11）单击“草绘器工具”工具栏中的“继续当前部分”按钮✔，系统退出草图绘制环境，此时“零件”设计环境中的设计对象如图 5-54 所示。

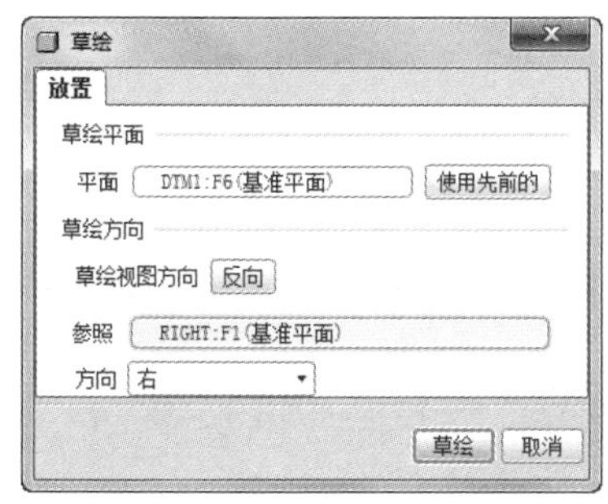

图 5-52　草绘“放置”属性页

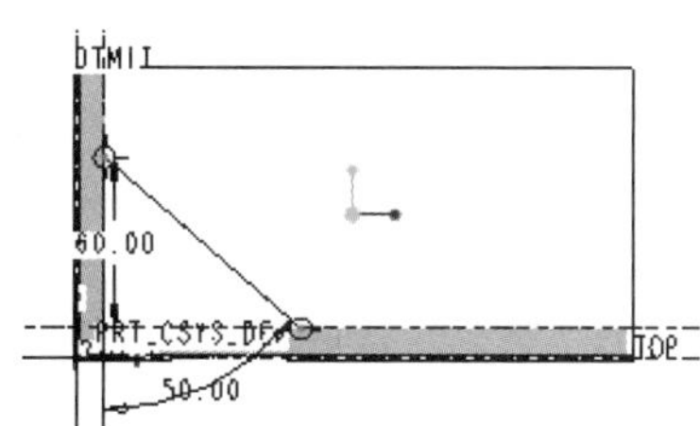

图 5-53　绘制筋特征的直线

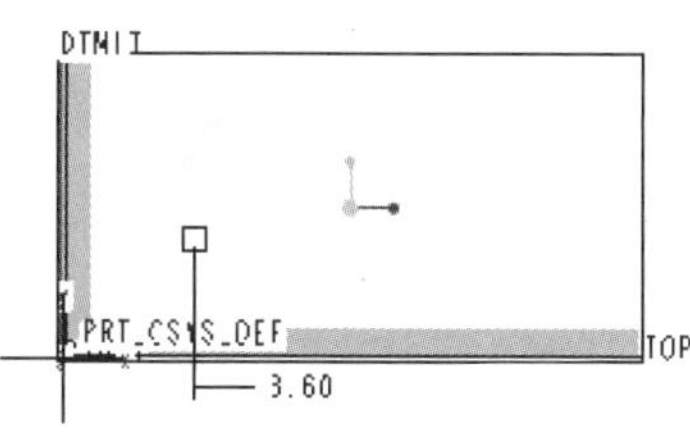

图 5-54　设置筋特征方向

（12）单击图 5-54 中的黄色箭头，使其指向拉伸体，并将默认的“筋”厚度值 3.6 修改为 5.00，如图 5-55 所示。

（13）单击“筋”工具栏中的“建造特征”按钮☑，在拉伸体上生成筋特征，如图 5-56 所示。

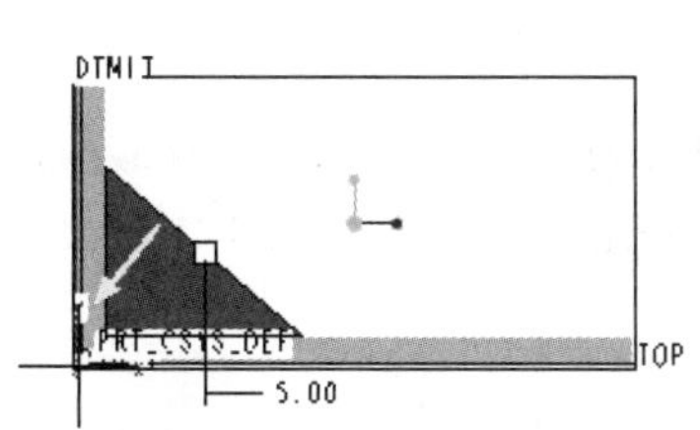

图 5-55　生成筋特征预览体

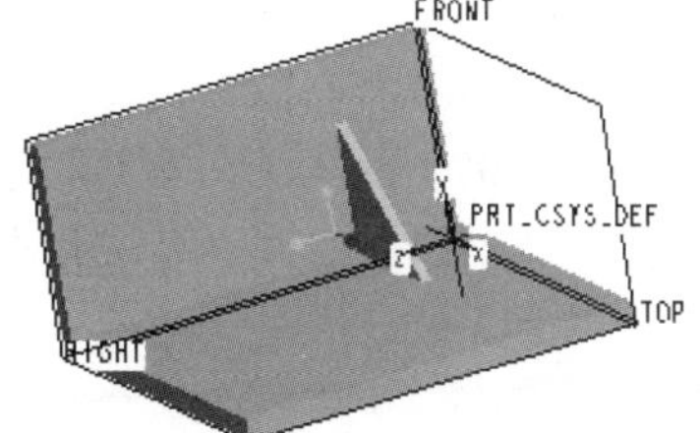

图 5-56　生成筋特征

5.3　拔模特征

拔模特征将-30° 和+30° 间的拔模角度添加到单独的曲面或一系列曲面中。只有曲面是由圆柱面

或平面形成时，才可进行拔模。曲面边的边界周围有圆角时不能拔模，不过，可以先拔模，然后对边进行倒圆角。“拔模工具”命令可拔模实体曲面或面组曲面，但不可拔模二者的组合。选取要拔模的曲面时，首先选定的曲面决定着可为此特征选取的其他曲面、实体或面组的类型。

对于拔模，系统使用以下术语。

（1）拔模曲面：要拔模的模型的曲面。

（2）拔模枢轴：曲面围绕其旋转的拔模曲面上的线或曲线（也称作中立曲线）。可通过选取平面（在此情况下拔模曲面围绕它们与此平面的交线旋转）或选取拔模曲面上的单个曲线链来定义拔模枢轴。

（3）拖动方向（也称作拔模方向）：用于测量拔模角度的方向。通常为模具开模的方向。可通过选取平面（在这种情况下拖动方向垂直于此平面）、直边、基准轴或坐标轴来定义它。

（4）拔模角度：拔模方向与生成的拔模曲面之间的角度。如果拔模曲面被分割，则可为拔模曲面的每侧定义两个独立的角度。拔模角度必须在-30°～30°范围内。

拔模曲面可按拔模曲面上的拔模枢轴或不同的曲线进行分割，如与面组或草绘曲线的交线。如果使用不在拔模曲面上的草绘分割，系统会以垂直于草绘平面的方向将其投影到拔模曲面上。如果拔模曲面被分割，用户可以做如下操作。

（1）为拔模曲面的每一侧指定两个独立的拔模角度。

（2）指定一个拔模角度，第二侧以相反的方向拔模。

（3）仅拔模曲面的一侧（两侧均可），另一侧仍位于中性位置。

5.3.1　创建一个枢轴平面、不分离拔模的特征

一个枢轴平面、不分离拔模特征创建的步骤如下。

（1）在 Pro/ENGINEER 系统中新建一个“零件”设计环境，绘制一个 200×100 的矩形截面并将其拉伸，拉伸距离为 100，生成的拉伸体如图 5-57 所示。

（2）单击“工程特征”工具栏中的“拔模”按钮，系统打开“拔模”操控板，如图 5-58 所示。

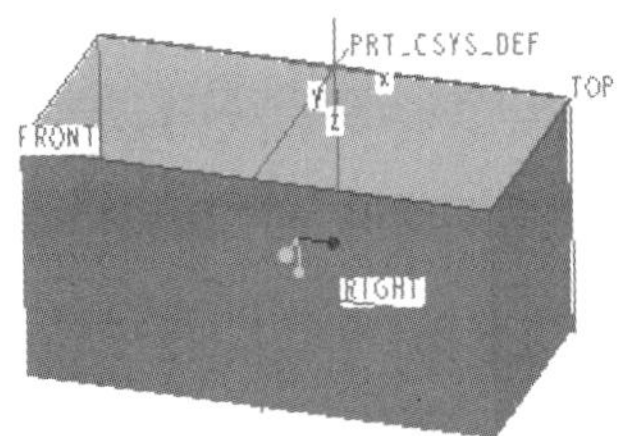

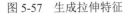

图 5-57　生成拉伸特征

图 5-58　“拔模”操控板

（3）按住 Ctrl 键，依次选取拉伸体的 4 个垂直于 RIGHT 基准面的侧面，如图 5-59 所示。

（4）单击“拔模”操控板中的“定义拔模枢轴的平面或曲线链”输入框，此输入框中显示“选取 1 个项目”，如图 5-60 所示。

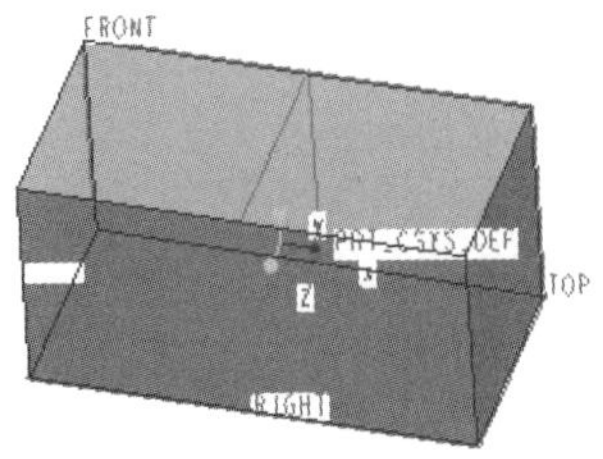

图 5-59　选取拔模面

图 5-60　“拔模”操控板

（5）单击设计环境中的 RIGHT 基准面，系统生成拔模特征的预览体，默认的角度为 1，如图 5-61 所示。

（6）此时的“拔模”操控板变成如图 5-62 所示。

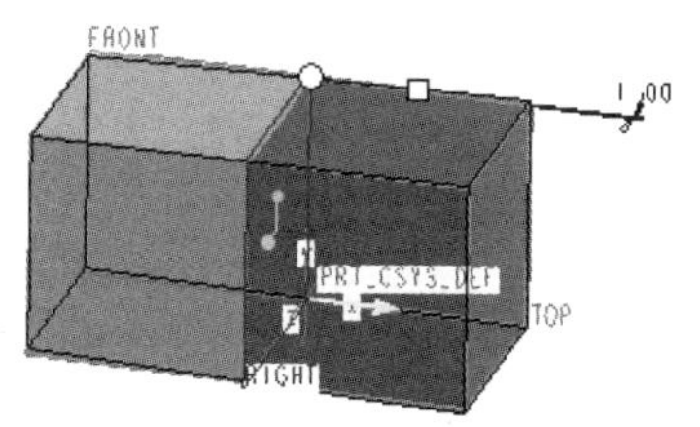

图 5-61　生成拔模预览体

图 5-62　“拔模”操控板

（7）将“拔模”操控板中的角度值修改为 2，此时拔模预览特征也会相应地改变，如图 5-63 所示。

（8）单击“拔模特征”工具栏中的“建造特征”按钮，在拉伸体上生成拔模特征，如图 5-64 所示。

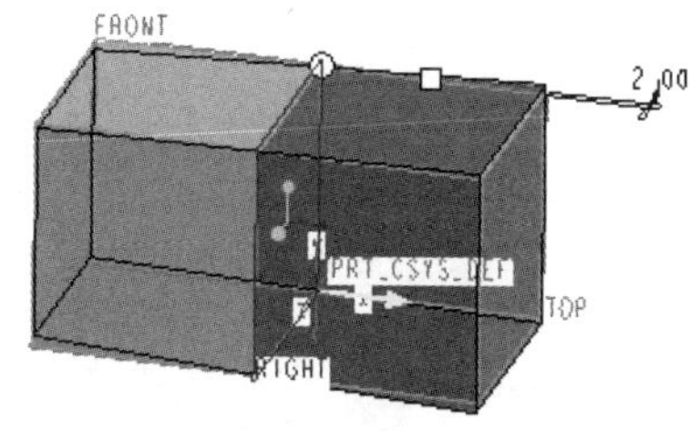

图 5-63　修改拔模特征尺寸

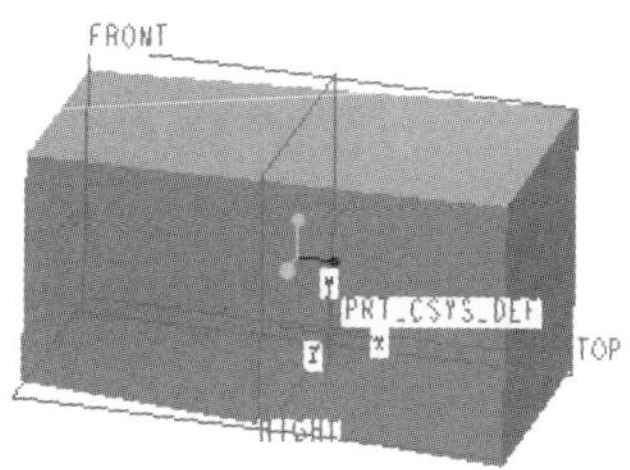

图 5-64　生成拔模特征

5.3.2　实例——钻头细节

本小节以钻头为例，如图 5-65 所示。综合应用前面所学的知识，讲述拔模特征的具体建模方法，具体步骤如下。

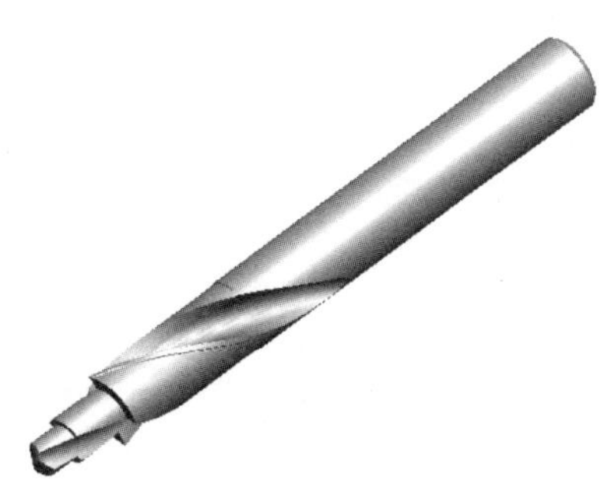

图 5-65　钻头

（1）创建钻头的拔模面。打开 4.6 节绘制的钻头模型。单击“工程特征”工具栏中的“拔模”按钮，选择要拔模的一个平面，选择零件的侧面作为拔模枢轴（或中性面）。选择“拖动方向”参照框，选择零件的底面作为拖动方向平面，如图 5-66 所示，输入拔模角度值 6，单击操控板上的“建造特征”按钮完成特征，如图 5-67 所示。

（2）旋转切除钻尖。单击“基础特征”工具栏中的“旋转”按钮，在基准平面 TOP 上绘制草图，使用“线”按钮绘制如图 5-68 所示的截面图；以 360 作为旋转的变量角进行切除旋转材料，如图 5-69 所示；在零件的另一侧进行相同的旋转切除操作，如图 5-70 所示。

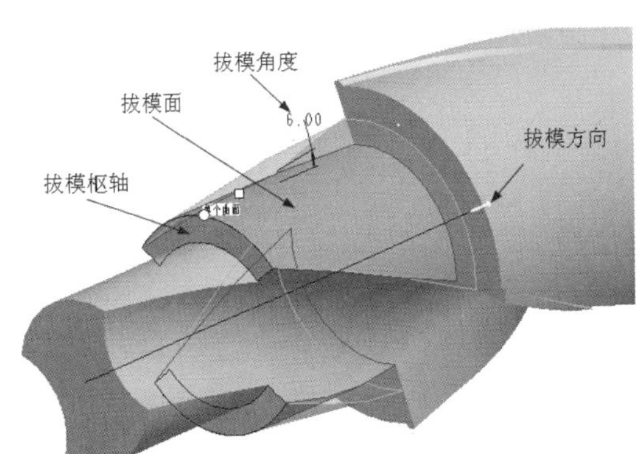

图 5-66　曲面选取

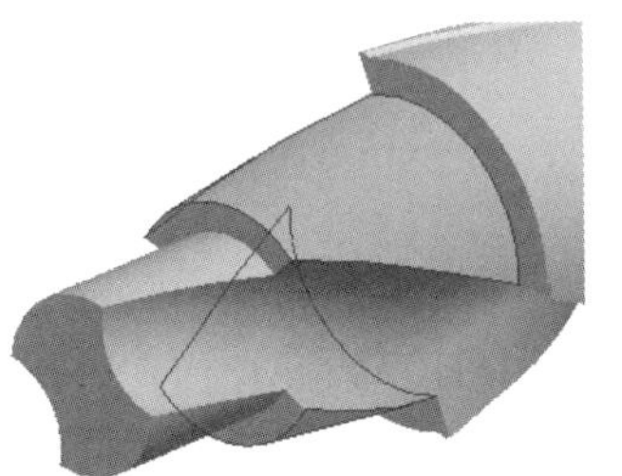
图 5-67　生成特征

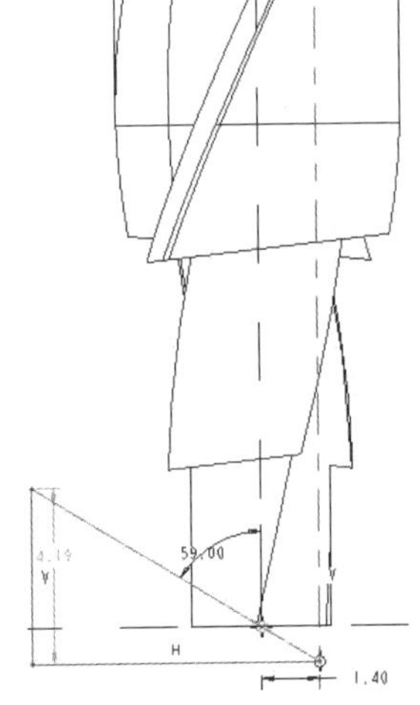

图 5-68　绘制截面图

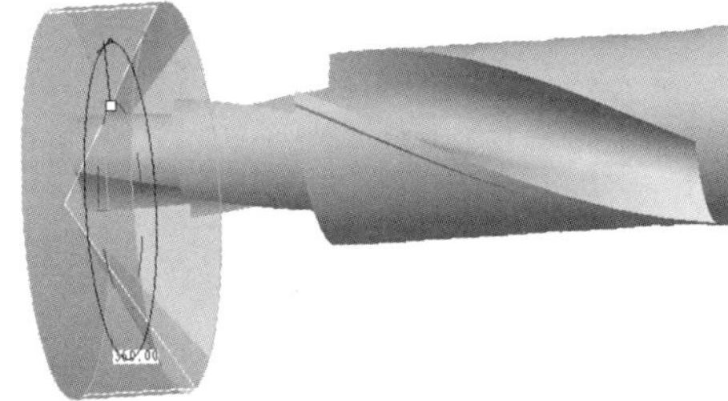
图 5-69　截面旋转

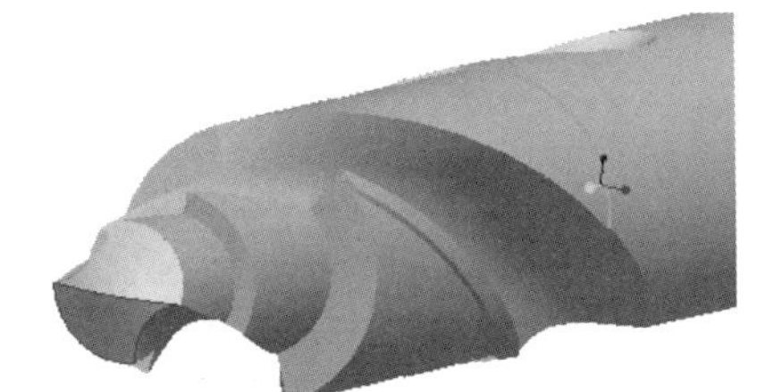
图 5-70　旋转切除

（3）扫描切除过渡段。在 TOP 平面上绘制一条直线，如图 5-71 所示，选择“插入”→“扫描混合”命令，选择刚刚绘制的直线作为参照；选取直线的一端点后单击草绘，在圆柱的一个端面绘制如图 5-72 所示的草图作为剖面并插入，在圆柱的另一个端面绘制一个点作为剖面并插入；单击操控板上的“切减材料”按钮；最后单击“建造特征”按钮完成特征，如图 5-73 所示。

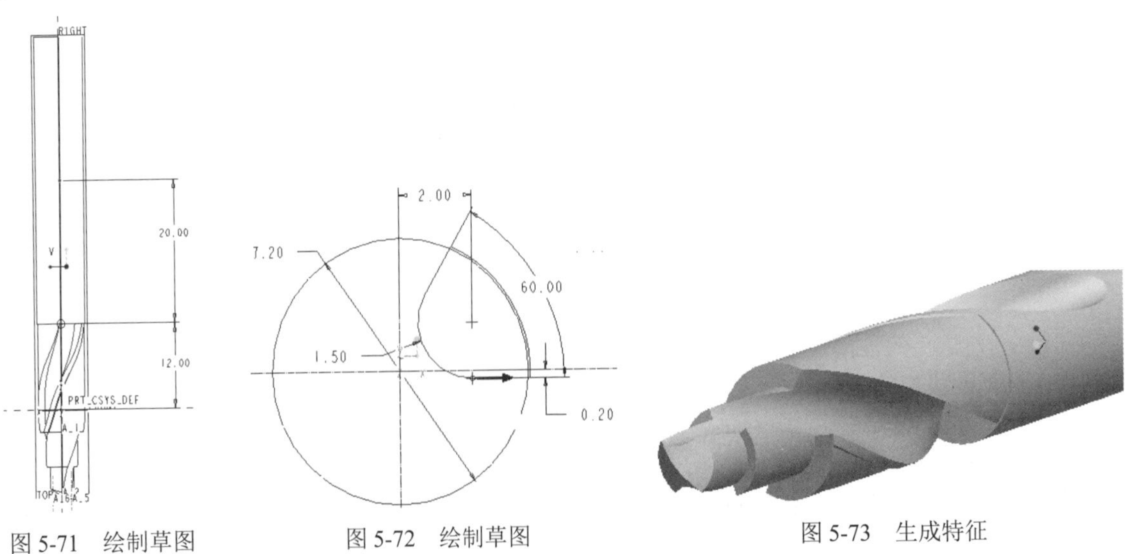

图 5-71　绘制草图　　图 5-72　绘制草图　　图 5-73　生成特征

在圆柱体的另一侧进行相同的扫描混合操作，如图 5-65 所示。

5.4　圆 角 特 征

倒圆角是一种边处理特征，通过向一条或多条边、边链或在曲面之间添加半径形成。

5.4.1　单一值圆形倒圆角的创建

单一值圆形倒圆角的创建步骤如下。

（1）新建一个零件设计窗口，在此设计窗口中拉伸出一个长、宽、高分别为 200、100、200 的长方体，单击“工程特征”工具栏中的“倒圆角”按钮，系统打开“倒圆角”操控板，如图 5-74 所示，此时默认的圆角半径为 3.60。

图 5-74　“倒圆角”操控板

（2）单击长方体顶面的边，则选中的边以红色线条预显出要倒的圆角，且圆角半径为 3.6，如图 5-75 所示。

（3）单击选取长方体上如图 5-76 所示的两条边，此时设计环境中选取的 3 条边所要倒的圆角半径值都是 3.6。

（4）单击“倒圆角”操控板上的“建造特征”按钮，在长方体上生成倒圆角特征，如图 5-77 所示。

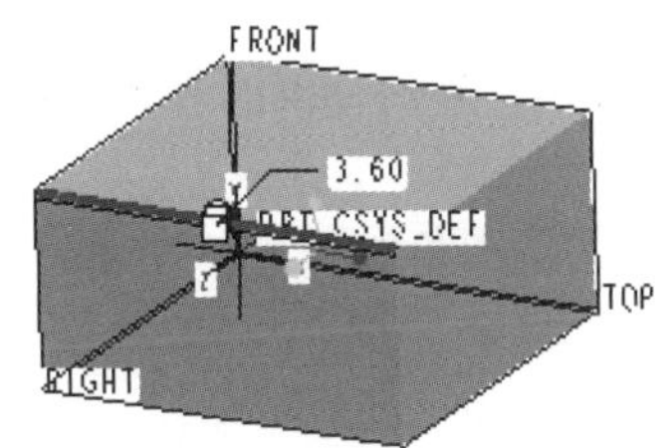

图 5-75　选取倒圆角边

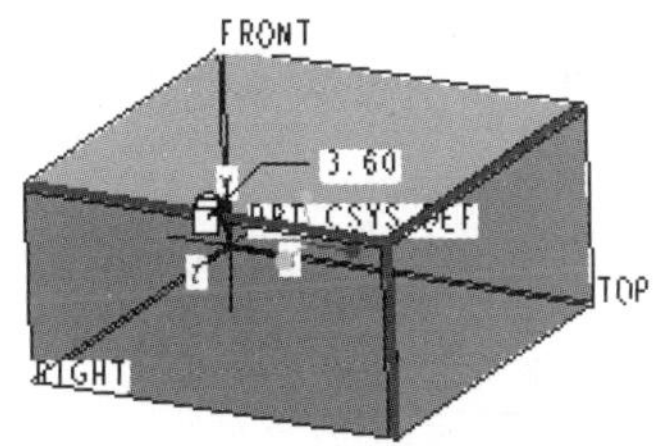

图 5-76　继续选取倒圆角边

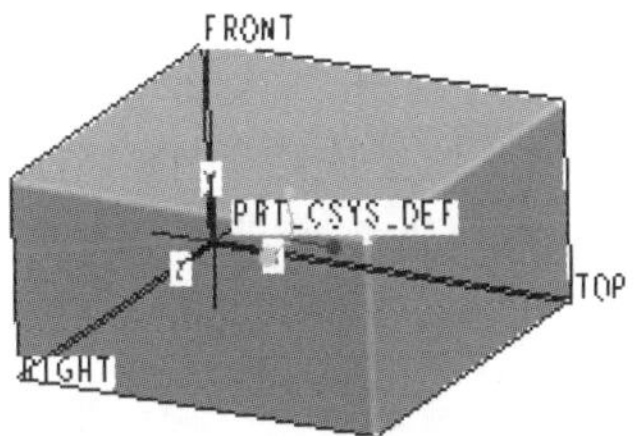

图 5-77　生成倒圆角特征

（5）双击长方体上的圆角特征，此时圆角特征以红色直线加亮显示并显示出圆角半径值为 3.6，如图 5-78 所示。

（6）双击圆角半径值，将其值修改为 10.00，然后选择“编辑”→“再生”命令，重新生成圆角，如图 5-79 所示。

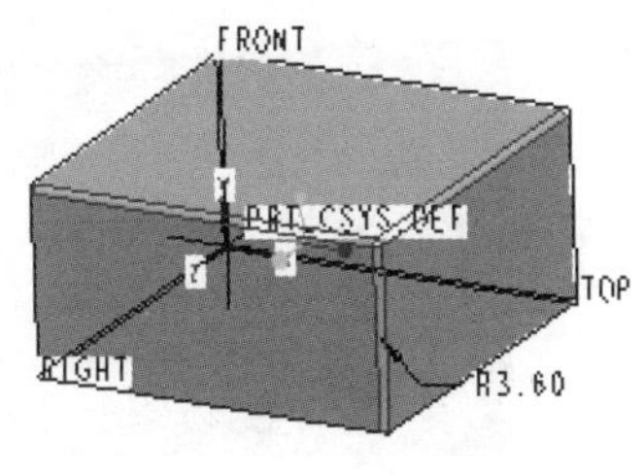

图 5-78　修改圆角尺寸

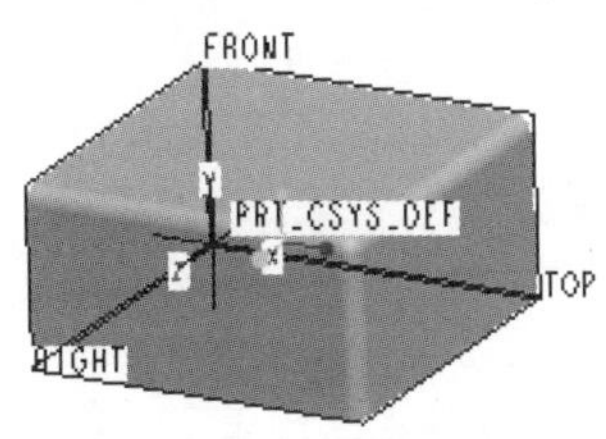

图 5-79　生成倒圆角特征

Note

5.4.2 单一值圆锥型倒圆角的创建

单一值圆锥型倒圆角的创建步骤如下。

（1）当前设计环境中有一个长、宽、高分别为 200、100、200 的长方体，单击“工程特征”工具栏中的“倒圆角”按钮，系统打开“倒圆角”操控板，单击长方体顶面的一条边，如图 5-80 所示，此时默认的圆角半径为 3.60。

（2）单击“倒圆角”操控板中的“集”按钮，弹出“集”下滑面板，如图 5-81 所示。

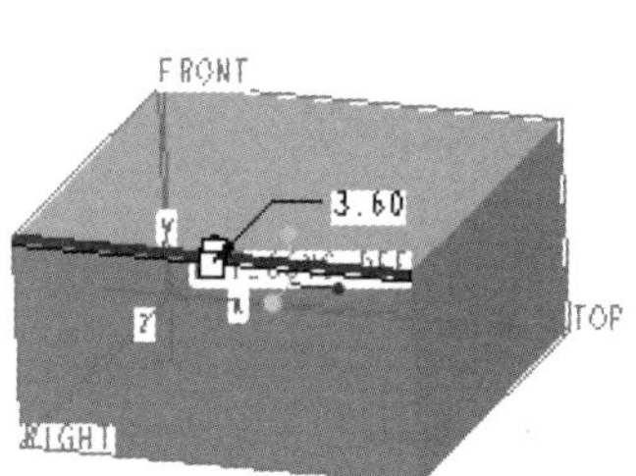

图 5-80　选取倒圆角边

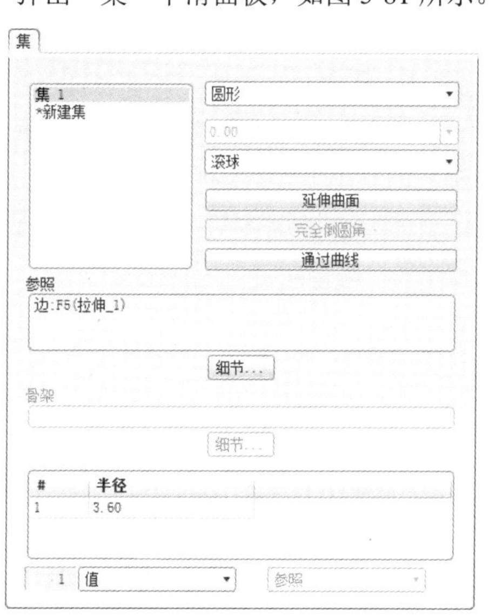

图 5-81　“集”下滑面板

（3）单击“圆形”右侧的下拉按钮，弹出如图 5-82 所示的倒圆角类型，系统提供的有“圆锥”“圆形”“C2 连续”“D1×D2 圆锥”。

（4）选择“圆锥”选项，放大设计环境中的长方体，此时长方体上的倒圆角如图 5-83 所示。

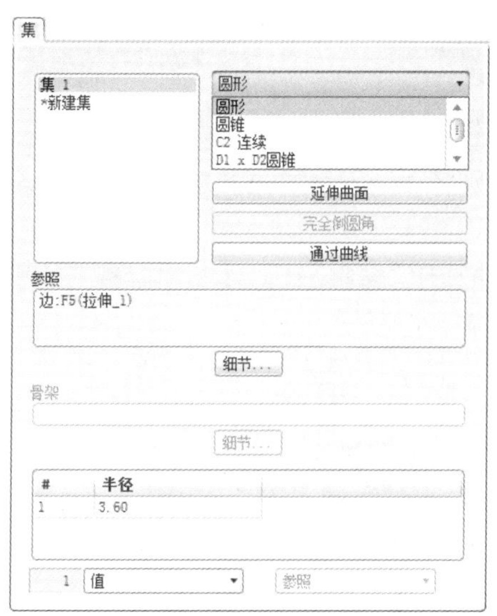

图 5-82　选取倒圆角类型

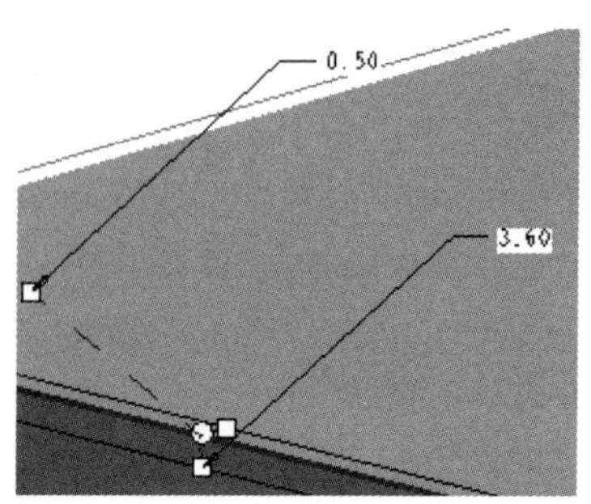

图 5-83　放大倒圆角边

（5）此时的“集”下滑面板如图 5-84 所示，圆锥参数值可以控制倒圆角的锐度，在“集”下滑面板中有两处修改圆锥参数值的地方，也可以双击设计环境中的圆锥参数值来修改。

（6）选择“D1×D2 圆锥”选项，放大设计环境中的长方体，此时长方体上的倒圆角如图 5-85 所示，“D1×D2 圆锥”型倒圆角可以分别控制倒圆角两边的半径值。

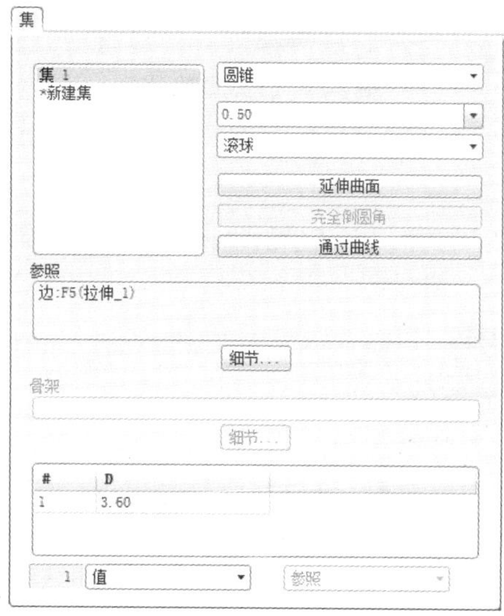

图 5-84 设置圆锥参数值

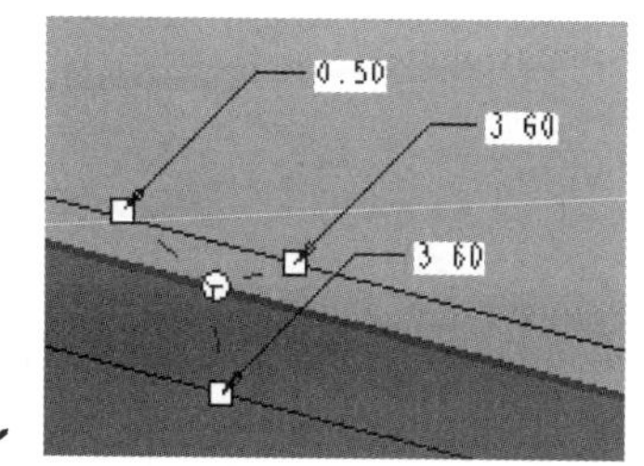

图 5-85 放大倒圆角边

（7）双击倒圆角一边的半径值，将其修改为 6.00，如图 5-86 所示。

（8）此时“集”下滑面板如图 5-87 所示，可以看到 D1 的值已修改为 6.00。

图 5-86 修改圆锥圆角半径值

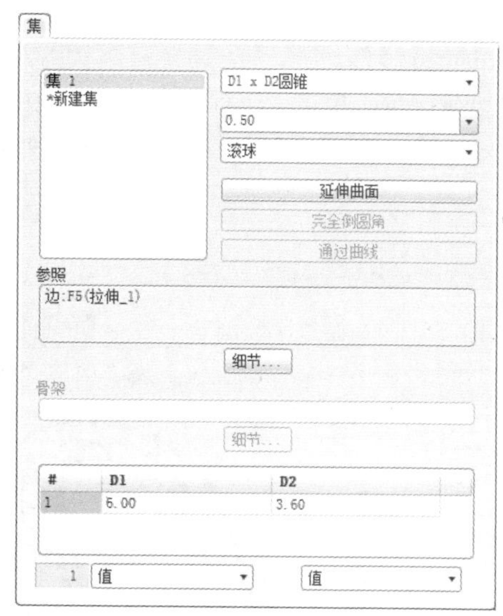

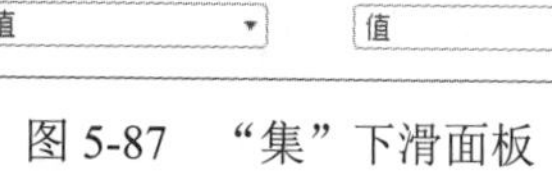

图 5-87 “集”下滑面板

（9）单击“倒圆角”操控板中的“反转圆锥距离的方向”按钮，此时圆锥型倒角两边的半径值发生交换，如图 5-88 所示。

（10）单击“倒圆角”操控板上的“建造特征”按钮，在长方体上生成圆锥型倒圆角特征，如图 5-89 所示。

Note

视频讲解

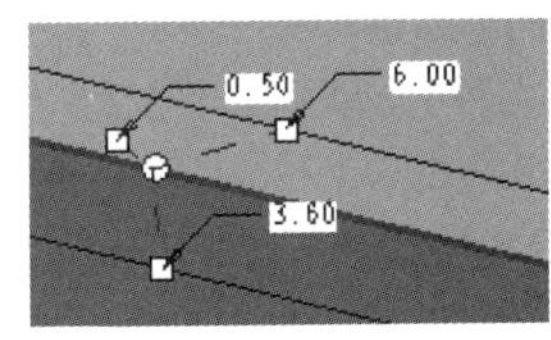

图 5-88　交换圆锥圆角半径值

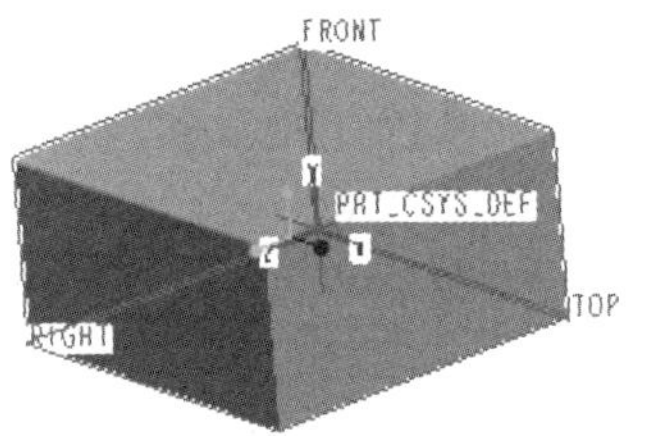

图 5-89　生成圆锥圆角

5.4.3　实例——齿轮泵前盖倒圆角

本小节以齿轮泵前盖为例，如图 5-90 所示。综合应用前面所学的知识，讲述圆角特征的具体建模方法，具体步骤如下。

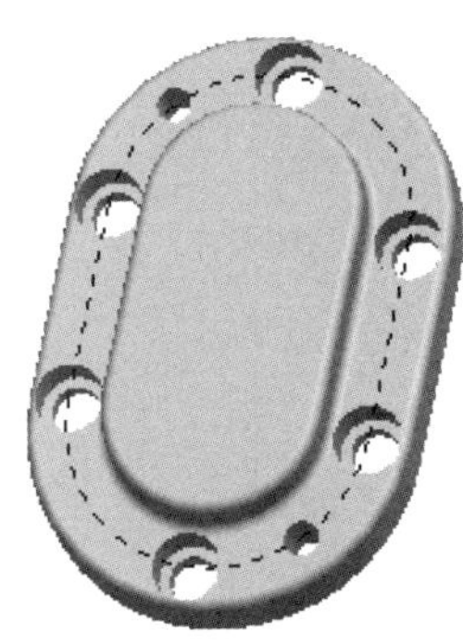

图 5-90　齿轮泵前盖

（1）打开零件。单击“打开”按钮，在弹出的“文件打开”对话框中选择 5.1.4 小节创建的 chilunbengqiangai 零件。

（2）创建圆角。单击“工程特征”工具栏中的“倒圆角”按钮，打开“倒圆角”操控板，如图 5-91 所示。输入 R 值 1.0，再依次点选泵盖外侧的 3 条棱边，如图 5-92 所示。单击按钮，完成圆角特征。

图 5-91　“倒圆角”操控板

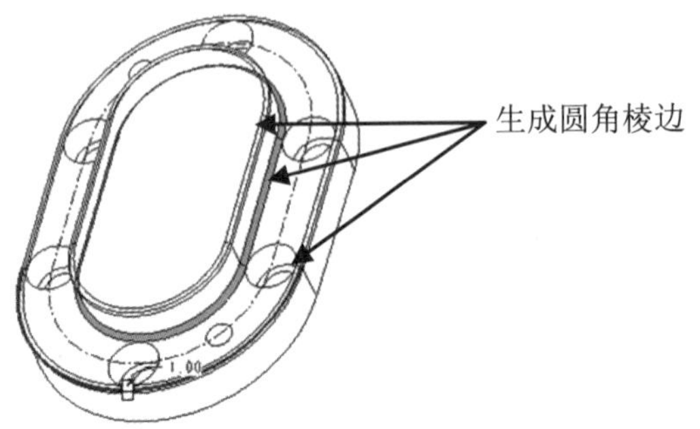

图 5-92　选取生成圆角棱边

5.5 倒角特征

倒角特征是对边或拐角进行斜切削。系统可以生成两种倒角类型：边倒角特征和拐角倒角特征。

5.5.1 边倒角特征的创建

边倒角特征的创建步骤如下。

（1）当前设计环境中有一个长、宽、高分别为 200、100、200 的长方体，单击“工程特征”工具栏中的“倒角”按钮，系统打开“倒角”操控板，单击长方体顶面的一条边，如图 5-93 所示，此时默认的倒角类型为“D×D”，距离值为 3.6。

（2）单击“倒角”操控板中的“倒角类型”子项中的下拉按钮，系统弹出倒角类型，如图 5-94 所示。

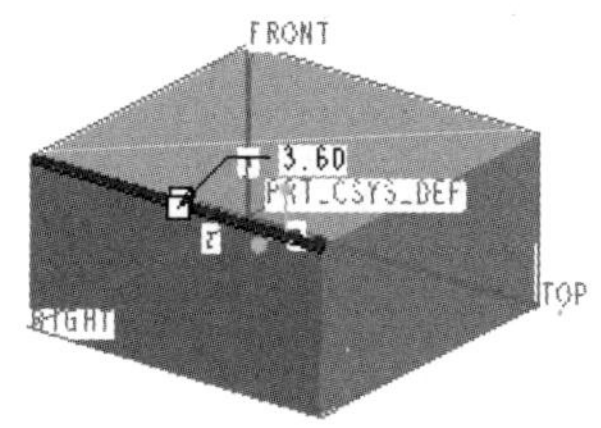

图 5-93 选取倒角边

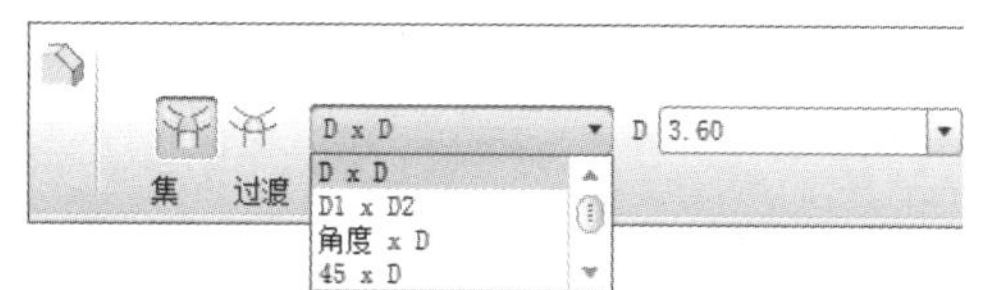

图 5-94 “倒角”操控板

（3）使用系统默认的“D×D”类型倒角，距离值修改为 20，单击“倒角”操控板上的“建造特征”按钮，在长方体体上生成倒角特征，如图 5-95 所示。

（4）右击“模型树”浏览器中的倒角特征，在弹出的快捷菜单中选择“编辑定义”命令，系统打开“倒角”操控板。选择“角度×D”类型，此时设计环境中的倒角如图 5-96 所示。

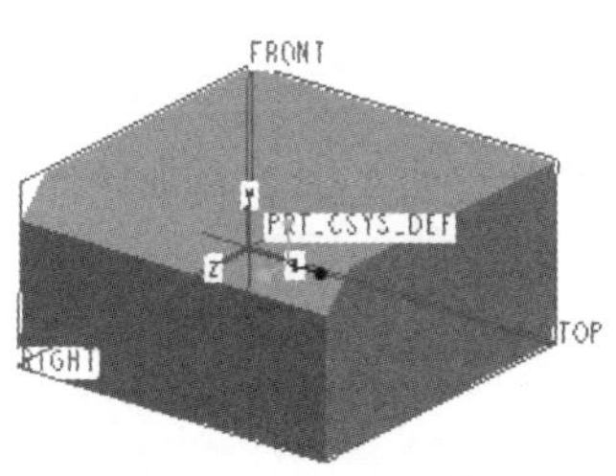

图 5-95 生成倒角

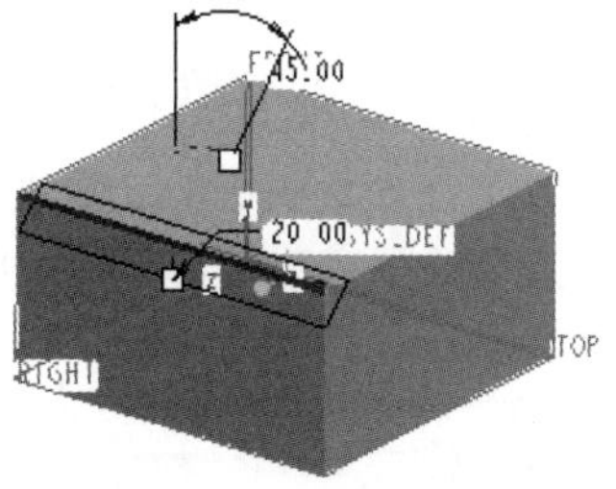

图 5-96 设置倒角类型

（5）此时的“倒角”操控板如图 5-97 所示。

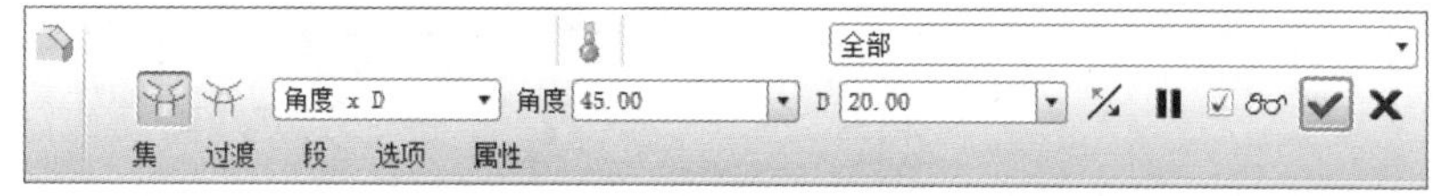

图 5-97 “倒角”操控板

（6）双击角度值 45.00，将其修改为 60.00，或者直接在“倒角”操控板的“角度”子项中设定，此时设计环境中的倒角如图 5-98 所示。

（7）单击“倒角”操控板上的“建造特征”按钮，在长方体上生成“角度×D”类型倒角特

Note

征，如图 5-99 所示。

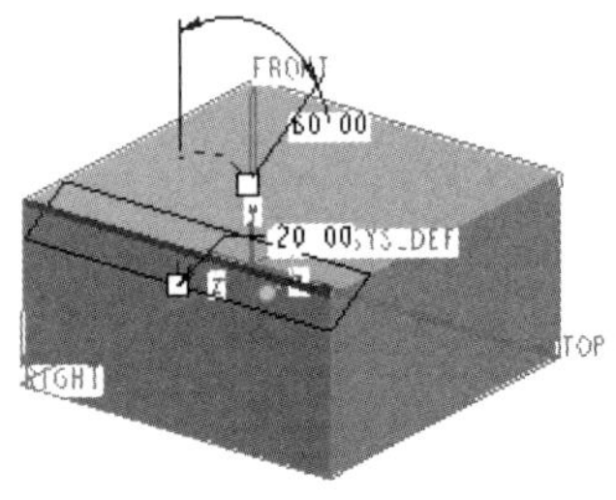

图 5-98　修改倒角角度尺寸

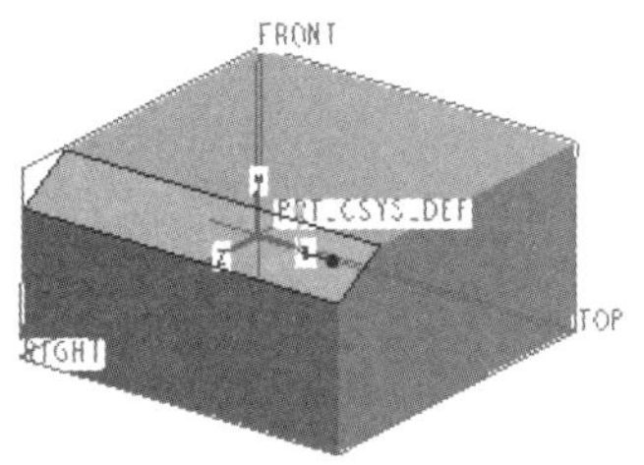

图 5-99　生成倒角

5.5.2　拐角倒角特征的创建

拐角倒角特征的创建步骤如下。

（1）当前设计环境中有一个长、宽、高分别为 200、100、200 的长方体，单击“工程特征”工具栏中的“倒角”按钮，系统打开“倒角”操控板，单击长方体顶面的一条边，如图 5-100 所示，此时默认的倒角类型为 D×D，距离值为 20.00。

（2）单击“倒角”操控板中的“集”按钮，系统弹出“集”下滑面板，如图 5-101 所示。

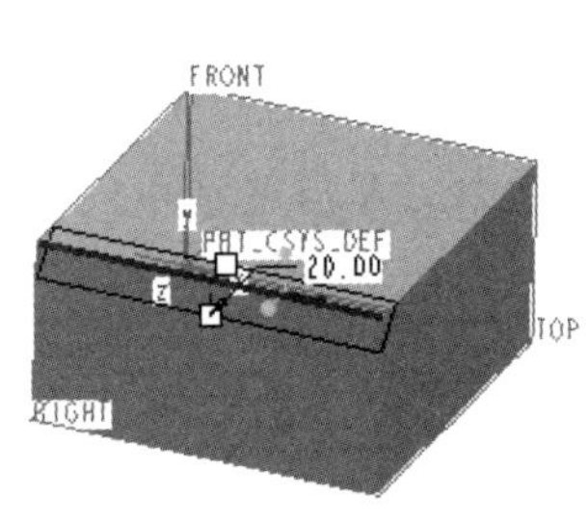

图 5-100　选取倒角特征

图 5-101　“集”下滑面板

（3）单击“集”下滑面板中的“新建集”选项，系统新建一个“集 2”，如图 5-102 所示。

（4）将“集 2”的距离 D 值修改为 10.00，如图 5-103 所示。

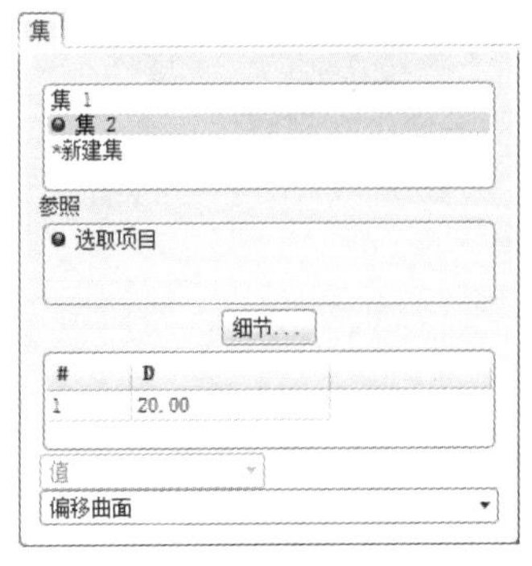

图 5-102　添加倒角新组

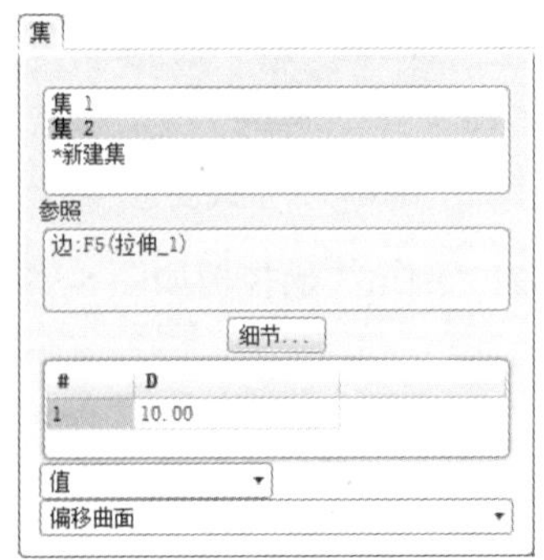

图 5-103　修改倒角距离尺寸

（5）单击设计环境中的长方体上如图 5-104 所示的边，此时系统显示这条边的距离 D 值为 10.00。

（6）同样的方法，再新建一个“设置 3”组，将其距离值 D 改为 30.00，然后使用左键单击长方

体上如图 5-105 所示的边。

（7）单击“倒角”操控板上的“建造特征”按钮✔，在长方体上生成拐角倒角特征，如图 5-106 所示。

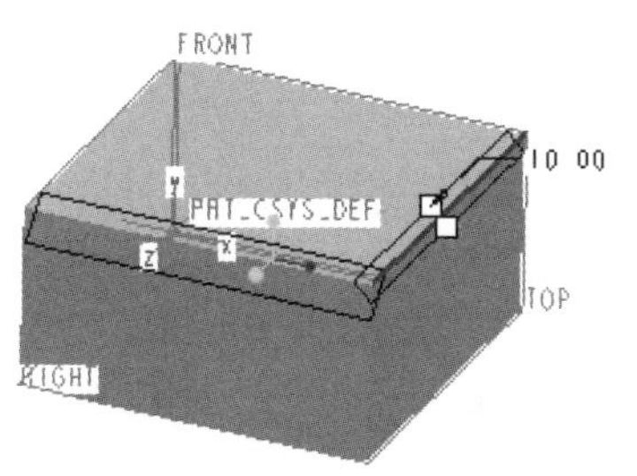

图 5-104　选取倒角边

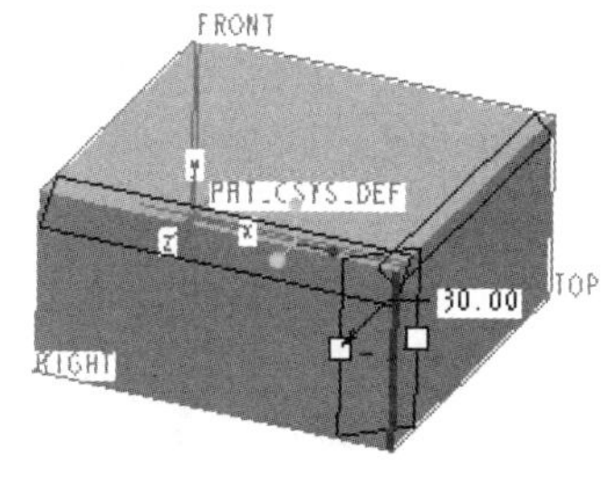

图 5-105　添加倒角新组并选取倒角边

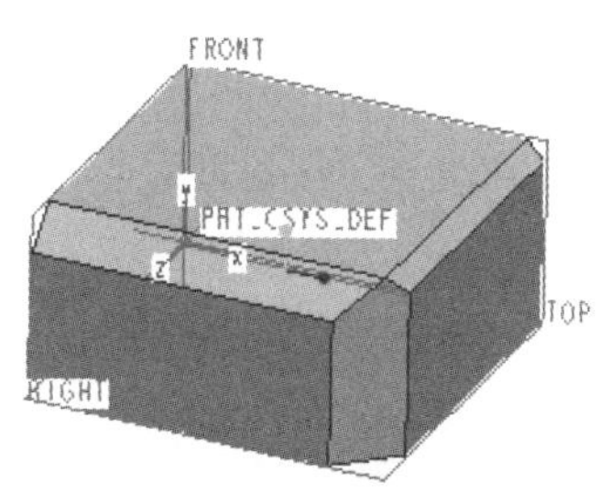

图 5-106　生成拐角倒角特征

5.5.3　实例——键倒角

本小节以键为例，如图 5-107 所示。综合应用前面所学的知识，讲述倒角特征的具体建模方法，具体步骤如下。

（1）打开零件。单击“打开”按钮，在弹出的“文件打开”对话框中选择 4.2.3 小节创建的 jian 零件。

（2）生成倒角。单击“工程特征”工具栏中的“倒角”按钮，系统打开“倒角”操控板，如图 5-108 所示。按提示行提示选择要进行倒角的上下两条边，依次设置“切换至集模式”，倒角方式为 D×D，两个边的倒角值均输入 0.25，再单击右侧的✔按钮，完成倒角特征。完成后如图 5-107 所示。

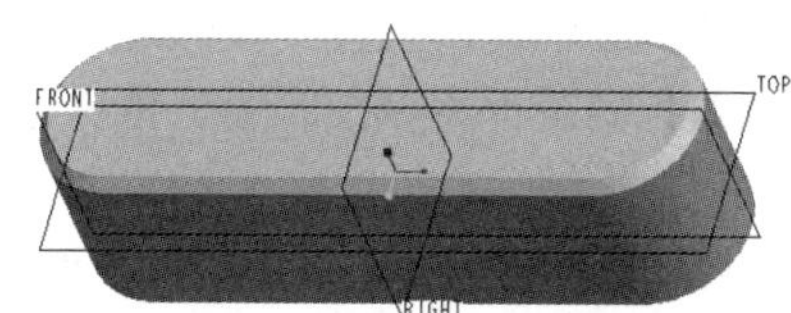

图 5-107　键效果图

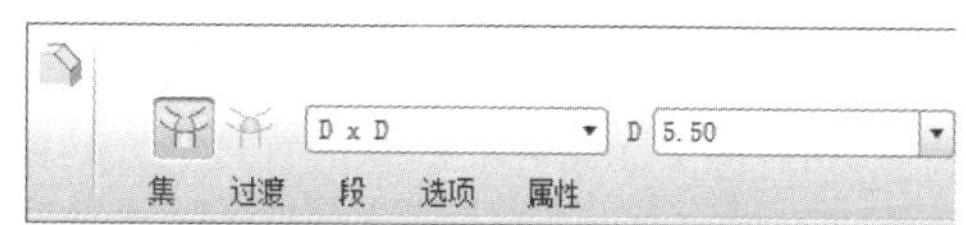

图 5-108　“倒角”操控板

5.6　抽 壳 特 征

“壳工具”命令可将实体内部掏空，只留一个特定壁厚的壳。它可用于指定要从壳移除的一个或多个曲面。

厚抽壳特征的创建步骤如下。

（1）新建一个零件设计窗口，在此设计窗口中拉伸出一个长、宽、高分别为 200、100、200 的长方体，单击“工程特征”工具栏中的“壳”按钮，系统打开“壳”操控板，如图 5-109 所示，此时默认的厚度为 3.75。

图 5-109　“壳”操控板

(2) 此时设计环境中的长方体上出现了一个“封闭”的壳特征，如图 5-110 所示。“封闭”的壳特征表示将实体的整个内部都掏空，且空心部分没有入口。

(3) 单击当前设计环境中的长方体的顶面，此时长方体的顶面以红色加亮，并且这个面成为壳特征的开口面，如图 5-111 所示。

Note

(4) 双击壳的厚度值“3.75”，此值变为可编辑状态，输入新厚度值“10”，然后单击“建造特征”按钮✓，在长方体上生成厚度为 10 的壳特征，如图 5-112 所示。

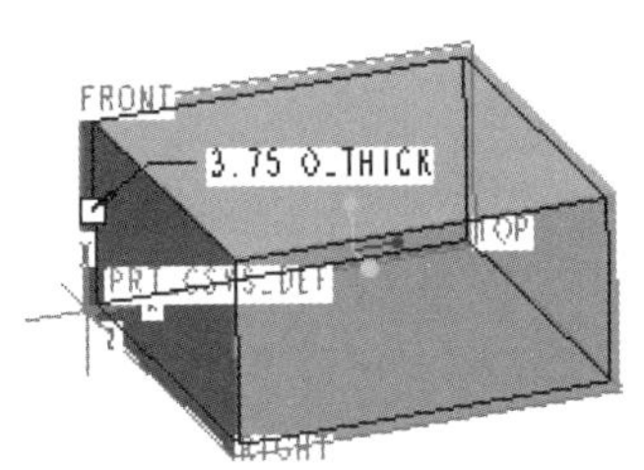

图 5-110　封闭壳特征

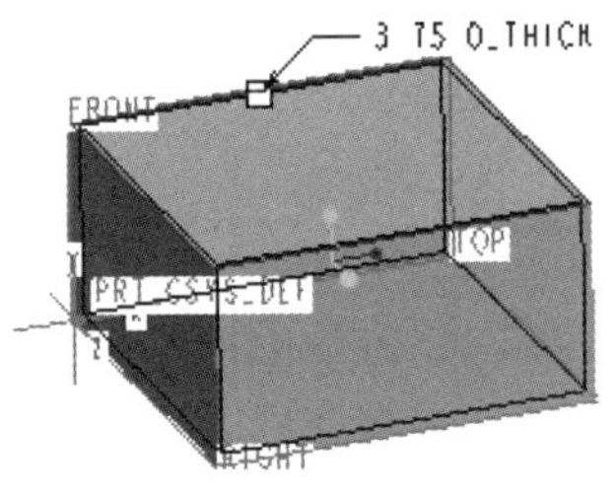

图 5-111　设置壳特征开口面

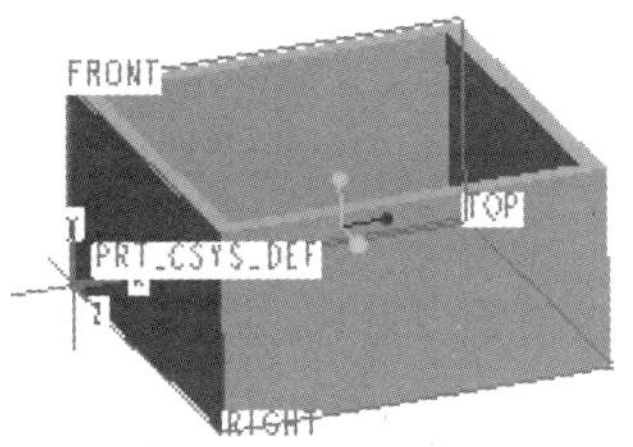

图 5-112　生成壳特征

视频讲解

5.7　综合实例——机座

本节以机座为例，如图 5-113 所示。综合应用前面所学的知识，讲述各种工程特征的具体建模方法，具体步骤如下。

(1) 创建新文件。操作方法参考 5.1.4 小节中齿轮泵前盖设计步骤中创建新文件的过程，输入文件名 jizuo.prt。

(2) 设置绘图基准。单击“基础特征”工具栏中的“拉伸”按钮，打开“拉伸”操控板，依次单击“放置”→“定义”，弹出“草绘”对话框，选择 FRONT 基准面为草绘平面，单击“草绘”对话框中的“草绘”按钮，接受默认参照方向进入草绘模式。

(3) 绘制草图。使用“草绘器工具”工具栏中的“直线”按钮╲和“圆弧”按钮绘制如图 5-113 所示的泵体外形，并使用“约束”按钮⊥在图形中增加约束。

(4) 标注并修改草图尺寸。使用“草绘器工具”工具栏中的“法向”按钮↔进行尺寸标注，使用“草绘器工具”工具栏中的“修改”按钮进行尺寸修改，参照图 5-114，单击“继续当前部分”按钮✔，完成草绘特征。

(5) 生成拉伸实体特征。在“拉伸”操控板中分别单击“实体”按钮□和“两侧”按钮，输入拉伸高度 24，再单击“创建特征”按钮✓，完成拉伸特征，如图 5-115 所示。

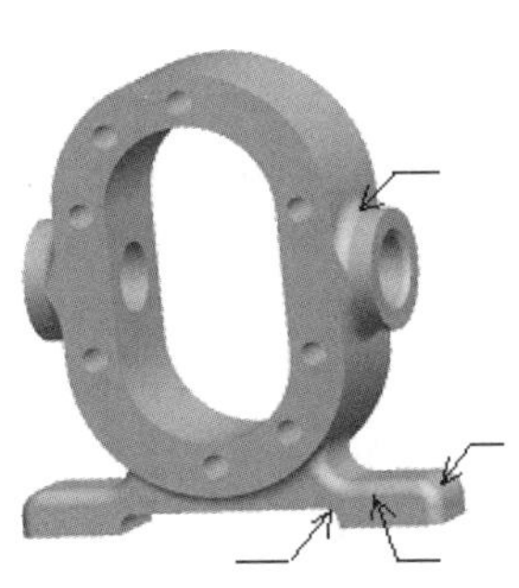

图 5-113　机座

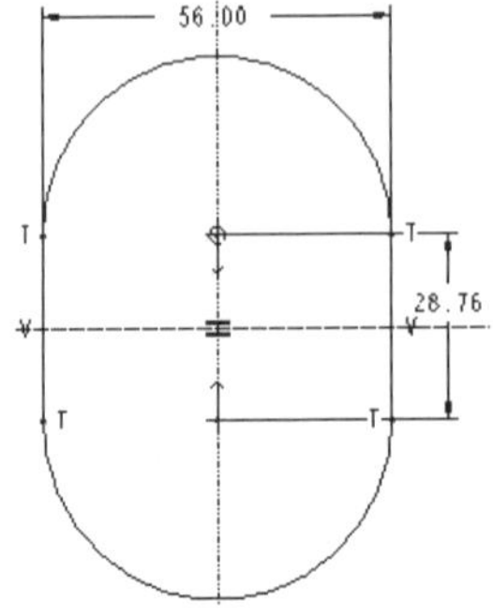

图 5-114　泵腔外形草图

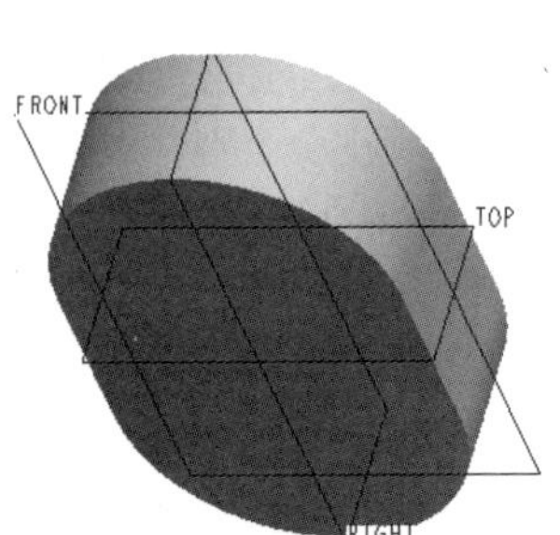

图 5-115　泵腔外形拉伸

（6）设置绘图基准。单击“基础特征”工具栏中的“拉伸”按钮，打开“拉伸”操控板，依次单击“放置”→“定义”，弹出“草绘”对话框，选择 FRONT 基准面为草绘平面，单击“草绘”对话框中的“草绘”按钮，接受默认参照方向进入草绘模式。

（7）绘制草图。使用“草绘器工具”工具栏中的“直线”按钮和“圆形”按钮绘制如图 5-115 所示的底座外形，并使用“约束”按钮在图形中增加约束。

（8）修改草图尺寸。使用“草绘器工具”工具栏中的“法向”按钮进行尺寸标注，使用“修改”按钮进行尺寸修改，参照图 5-116 中的尺寸，单击“继续当前部分”按钮，完成草绘特征。

（9）生成拉伸实体特征。在“拉伸”操控板中分别单击“实体”按钮和“两侧”按钮，输入拉伸高度 16，再单击“创建特征”按钮，完成拉伸特征，如图 5-117 所示。

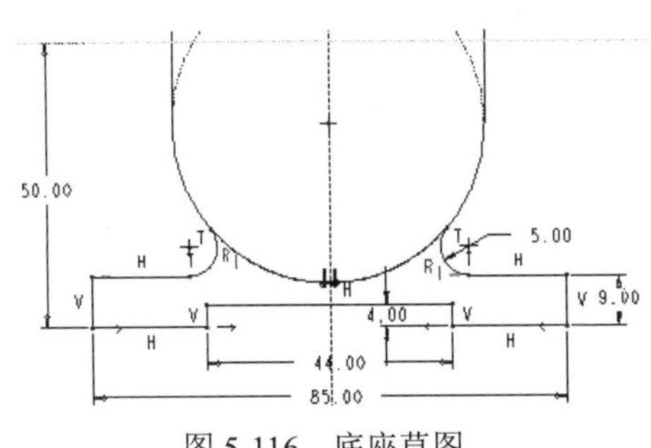

图 5-116　底座草图

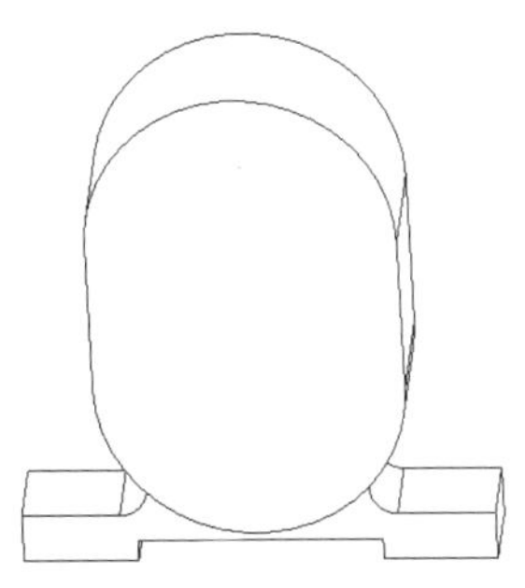

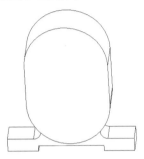

图 5-117　底座拉伸

（10）设置绘图基准。单击“基础特征”工具栏中的“拉伸”按钮，打开“拉伸”操控板，依次单击“放置”→“定义”，弹出“草绘”对话框，选择 RIGHT 基准面为草绘平面，单击“草绘”对话框中的“草绘”按钮，接受默认参照方向进入草绘模式。

（11）绘制草图。使用“草绘器工具”工具栏中的“圆”按钮绘制如图 5-118 所示油口外形。

（12）修改草图尺寸。修改草图尺寸至 Ø24，如图 5-118 所示，单击“继续当前部分”按钮，完成草绘特征。

（13）生成拉伸实体特征。在“拉伸”操控板中分别单击“实体”按钮和“两侧”按钮，输入拉伸高度 70，再单击“创建特征”按钮，完成拉伸特征，形状如图 5-119 所示。

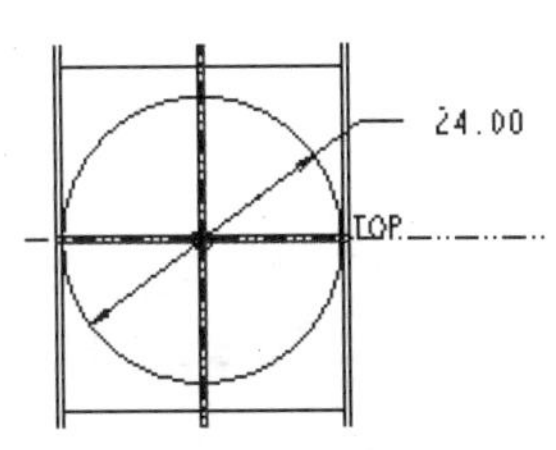

图 5-118　进出油口外形草图

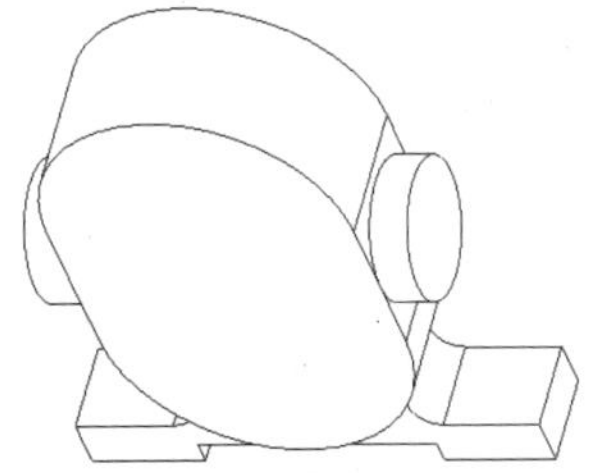

图 5-119　进出油口外形拉伸

（14）设置绘图基准。单击“基础特征”工具栏中的“拉伸”按钮，打开“拉伸”操控板，依次单击“放置”→“定义”，弹出“草绘”对话框，选择草绘平面泵体正表面，默认参照方向进入草绘模式。

（15）绘制草图。单击“草绘器工具”工具栏中的“偏移”按钮，弹出“类型”对话框，选中“环”单选按钮，再选择大的上表面，在下面“…输入偏距…”处输入-10.75，单击“创建特征”按钮完成内腔的草绘，如图 5-120 所示。

（16）生成内腔特征。在“拉伸”操控板中分别单击“实体”按钮、“通过全部”按钮、“改

Note

变拉伸方向”按钮和“去除材料”按钮，再单击“创建特征”按钮，完成此内腔特征，如图 5-121 所示。

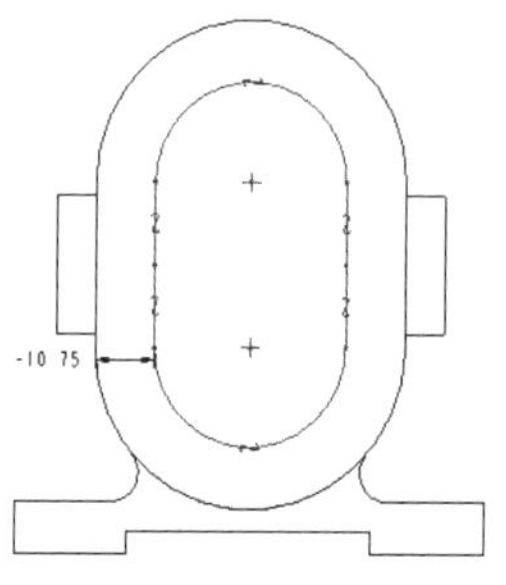

图 5-120　泵体内腔草图

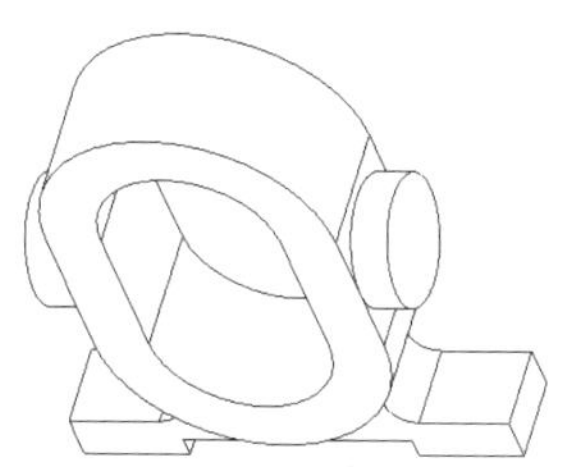

图 5-121　生成泵体内腔

（17）出油口螺纹孔制作。单击“编辑特征”工具栏中的“孔”按钮，打开“孔”操控板，单击“放置”按钮，主参照选择油口的中心线，激活此参照选择出油口端面。

在图 5-122 所示的操控板中分别单击“标准孔”按钮：ISO、“螺钉尺寸”按钮：M16x2、（单侧）：20，再单击“添加埋头孔”按钮。单击“形状”，打开“形状”下滑面板，如图 5-123 所示。按照图 5-123 所示的尺寸进行各项输入。

图 5-122　“孔”操控板

（18）以同样的方法增加进油口的螺纹。完成如图 5-124 所示。

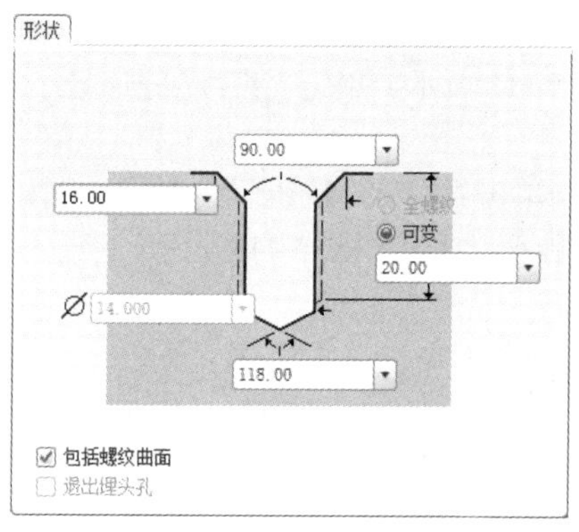

图 5-123　“形状”下滑面板

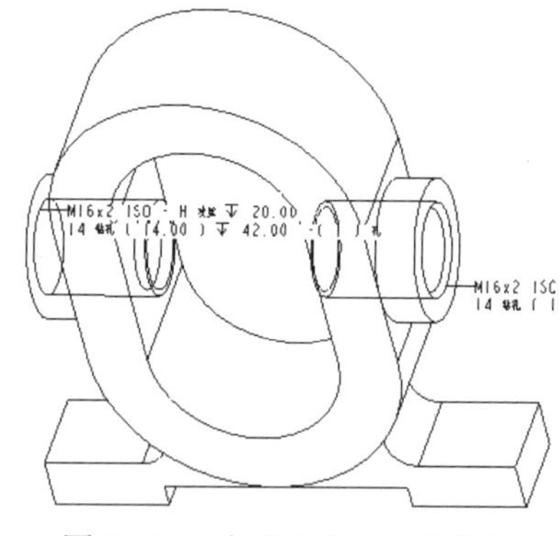

图 5-124　生成进出油口螺纹孔

（19）草绘参考线。单击工具栏中的“草绘”按钮，弹出“草绘”对话框，选择 FRONT 面为草绘面，默认草绘方向不用修改，单击“草绘”按钮进入草绘模式。

单击“偏移”按钮，弹出“类型”对话框，选中“环”单选按钮，再选择泵体正面，在弹出的菜单管理器中选择“下一个”选项直至加亮最外面的边，选择“接受”选项。在下面“…输入偏距…”处输入-6，单击“接受值”按钮，再单击右侧工具栏中的“继续当前部分”按钮，完成参考线绘制，如图 5-125 所示。

（20）修改参考线属性。在左侧的 MODEL TREE（特征树）中右击参考线（即草绘 1），在弹出的快捷菜单中选择“属性”命令，系统弹出“线造型”对话框，在“样式”下拉框中选择“中心线”选项，单击“应用”按钮，再关闭菜单框，完成属性修改。

（21）设置绘图基准（生成 6 个螺纹孔）。单击“基础特征”工具栏中的“拉伸”按钮，打开“拉伸”操控板，依次单击“放置”→“定义”，然后选择泵体正面为草绘平面，接受默认绘图方向，单击“草绘”按钮，进入草绘模式。

（22）绘制草图。在“参照”对话框中添加上步绘制的一圈曲线，如图 5-126 所示，关闭“参照”对话框。绘制 6 个大小同样的圆，位置如图 5-127 所示。

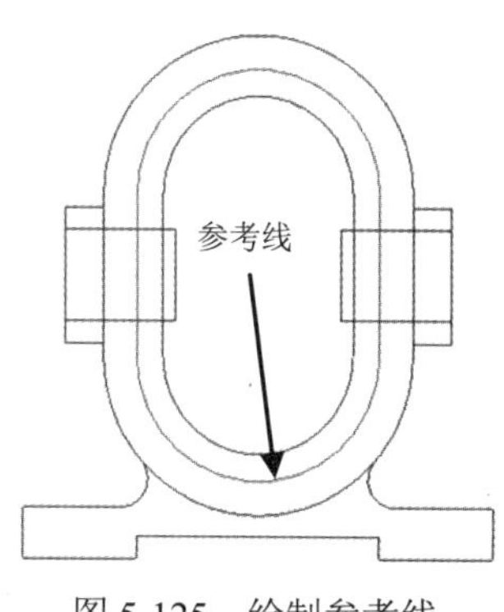

图 5-125　绘制参考线

图 5-126　“参照”对话框

（23）修改尺寸。绘制 6 个大小同样的圆，位置如图 5-127 所示。

单击“草绘器工具”工具栏中的“法向”按钮，标注任意圆的直径 Ø5，单击“继续当前部分”按钮完成草绘。

（24）生成内径孔。在“拉伸”操控板中分别单击“实体”按钮和“通过全部”按钮，并单击“改变拉伸方向”按钮和“去除材料”按钮，再单击“创建特征”按钮，完成此挖孔特征，如图 5-128 所示。

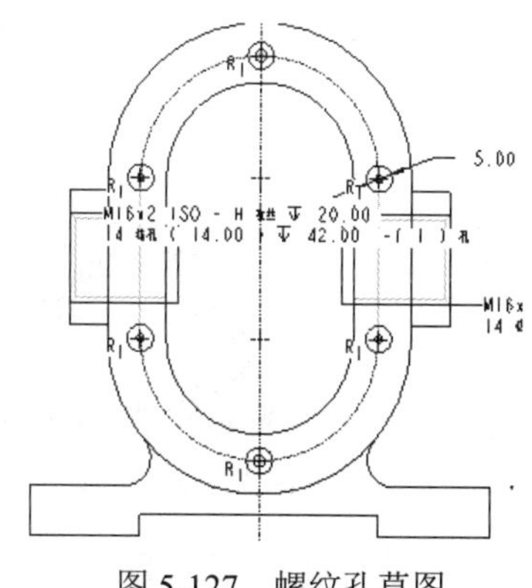

图 5-127　螺纹孔草图

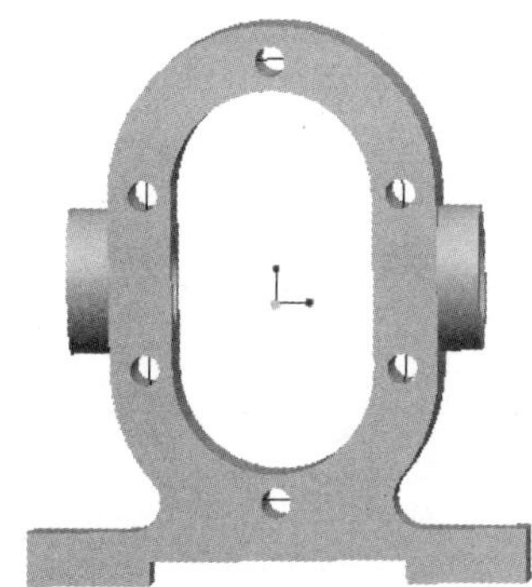

图 5-128　生成内径孔

（25）设置绘图基准。单击“基础特征”工具栏中的“拉伸”按钮，打开“拉伸”操控板，依次单击“放置”→“定义”，弹出“草绘”对话框，然后选择泵体正面为草绘平面，接受默认绘图方向，单击“草绘”按钮，进入草绘模式。

（26）绘制草图。参照中添加参考曲线，关闭“参照”对话框。如图 5-129 中位置绘制，通过参考曲线的圆心的两条平行的中心线与 RIGHT 面成 45°，再绘制两个大小同样的圆。

（27）修改尺寸，单击“草绘器工具”工具栏中的“法向”按钮，标注任意圆的直径 Ø5，单击“继续当前部分”按钮完成草绘。

（28）生成销孔特征。在“拉伸”操控板中单击“实体”按钮和“通过全部”按钮，并单

Note

击“改变拉伸方向”按钮和“去除材料”按钮，再单击“创建特征”按钮，完成此定位销孔特征，如图 5-130 所示。

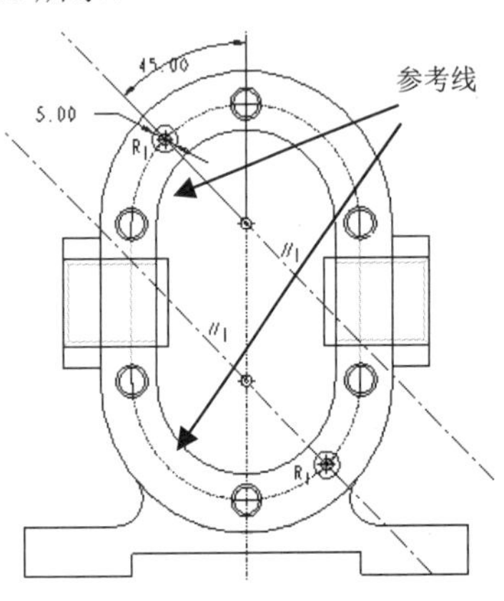

图 5-129　定位销孔草图

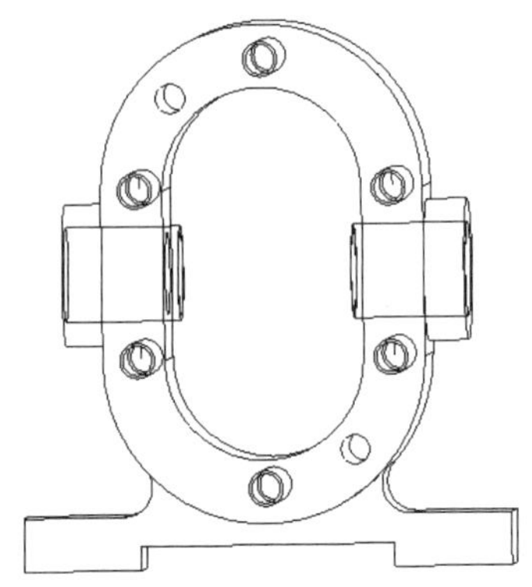

图 5-130　完成定位销孔特征

（29）设置绘图基准。单击“基础特征”工具栏中的“拉伸”按钮，打开“拉伸”操控板，依次单击“放置”→“定义”命令，弹出“草绘”对话框，然后选择齿轮泵底座的顶面为草绘平面，接受默认绘图方向，单击“草绘”按钮，进入草绘模式。

（30）绘制草图。在参照中添加参考面 FRONT，关闭“参照”对话框。如图 5-131 中所示位置绘制两个大小同样的圆，且以 RIGHT 面为中心左右对称。

（31）修改尺寸。单击界面右端“草绘器工具”工具栏中的“法向”按钮，标注任意圆的直径 Ø7，单击“继续当前部分”按钮✔完成草绘。

（32）生成固定孔特征。在“拉伸”操控板中单击“实体”按钮以及“通过全部”按钮，并单击“改变拉伸方向”按钮和“去除材料”按钮，然后单击“创建特征”按钮，完成此定位销孔特征，如图 5-132 所示。

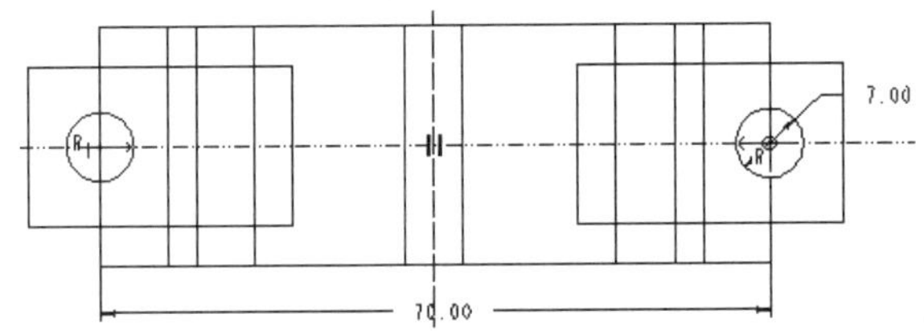

图 5-131　底座固定孔草图

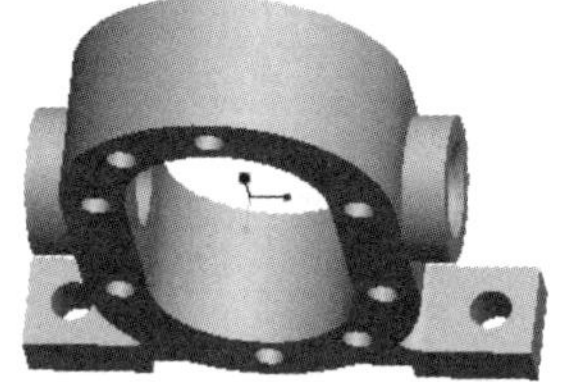

图 5-132　生成底座固定孔

（33）单击“工程特征”工具栏中的“倒圆角”按钮，输入 R=3 值，再依次选择各边进行倒圆角，单击“创建特征”按钮，完成圆角特征，各圆角值参照图 5-113 中的结构形状。

第6章

复杂特征设计

一些复杂的零件造型只通过基本特征和工程特征是无法完成的，如弹簧、茶杯等。在这些零件的建模过程中还要用到高级特征。

本章主要讲述扫描混合、螺旋扫描以及变剖面扫描等高级特征的创建。

任务驱动&项目案例

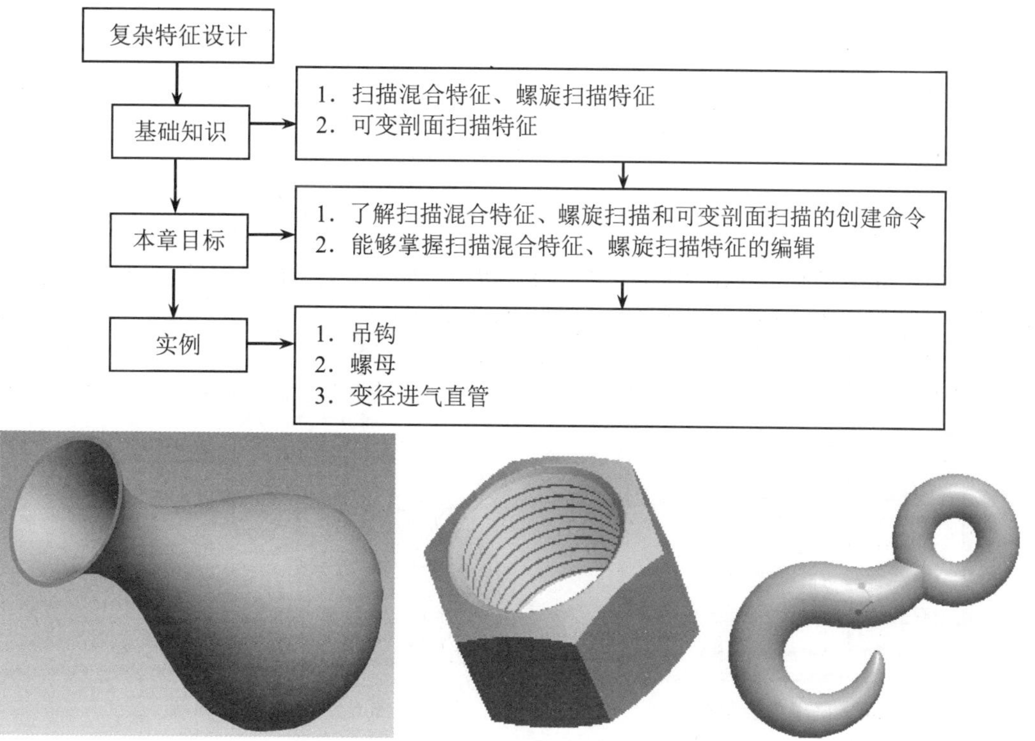
复杂特征设计
基础知识
1. 扫描混合特征、螺旋扫描特征
2. 可变剖面扫描特征
本章目标
1. 了解扫描混合特征、螺旋扫描和可变剖面扫描的创建命令
2. 能够掌握扫描混合特征、螺旋扫描特征的编辑
实例
1. 吊钩
2. 螺母
3. 变径进气直管

6.1　扫描混合特征

扫描混合特征是将多个剖面沿一条轨迹连接起来，扫描混合特征综合了扫描和混合这两种特征。

6.1.1　扫描混合特征的创建

扫描混合特征的创建步骤如下。

（1）在 Pro/ENGINEER 系统中新建一个“零件”设计环境；选择“插入”→“扫描混合”命令，系统打开“扫描混合”操控板，如图 6-1 所示。

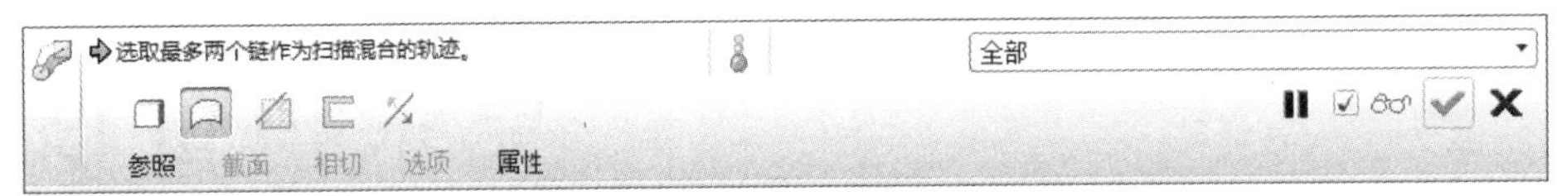

图 6-1　“扫描混合”操控板

（2）单击“扫描混合”操控板中的“参照”按钮，系统打开“参照”下滑面板，如图 6-2 所示。

（3）单击“剖面控制”下拉列表，系统弹出 3 种剖面控制方式供选择，如图 6-3 所示。

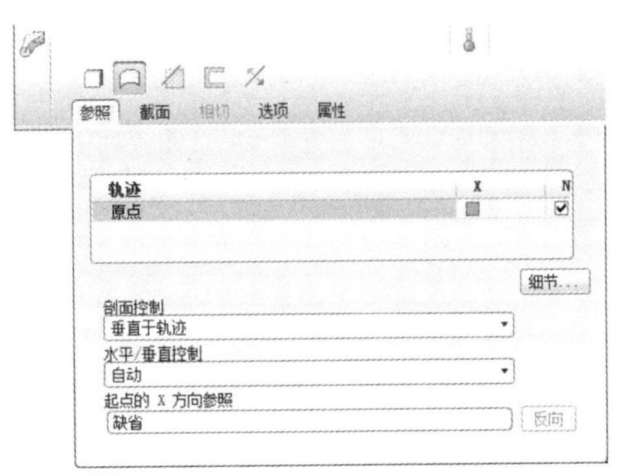

图 6-2　“参照”下滑面板

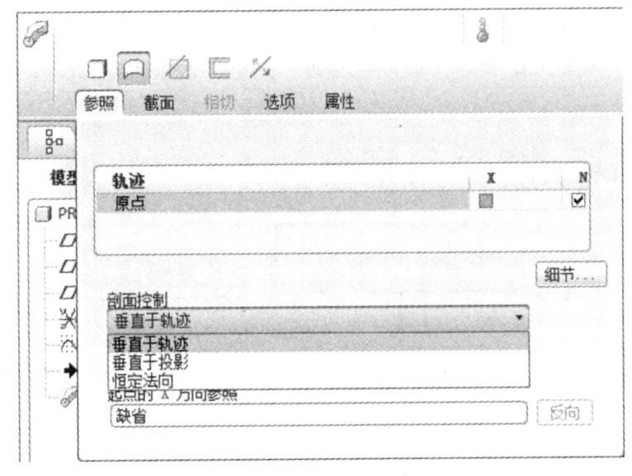

图 6-3　选取剖面控制方式

（4）保持“混合扫描”操控板中的选项不变，单击“草绘工具”按钮，进入草绘环境，选取 Front 基准面为草绘平面，使用系统默认的参照平面，如图 6-4 所示。

（5）单击“样条曲线”按钮，绘制一条样条曲线，如图 6-5 所示。

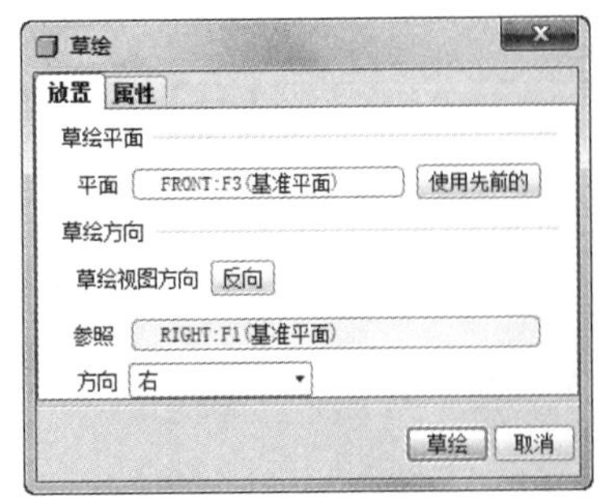

图 6-4　确定草绘面平面

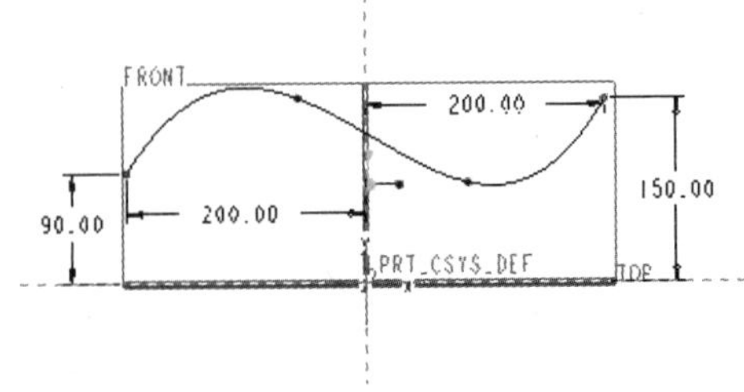

图 6-5　绘制样条曲线

（6）单击“草绘器工具”工具栏中的“继续当前部分”按钮✔，生成一条样条曲线并退出草图

绘制环境，如图 6-6 所示。

（7）单击“扫描混合”操控板中的“退出暂停模式，继续使用此工具”按钮▶，系统回到扫描混合编辑状态，如图 6-7 所示。

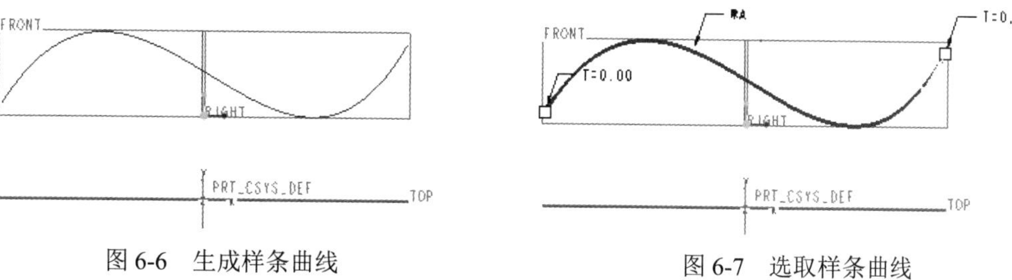

图 6-6　生成样条曲线　　　　图 6-7　选取样条曲线

（8）单击“扫描混合”操控板中的“截面”按钮，系统打开“截面”下滑面板，如图 6-8 所示。

（9）保留“截面”下滑面板中的选项不变，单击设计环境中样条曲线的起点，如图 6-9 所示。

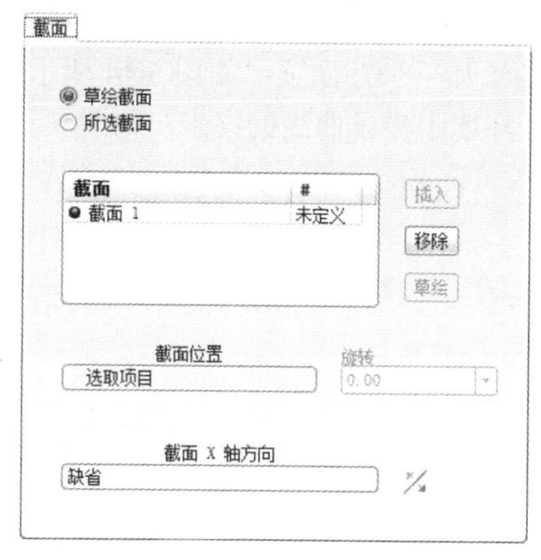

图 6-8　“截面”下滑面板

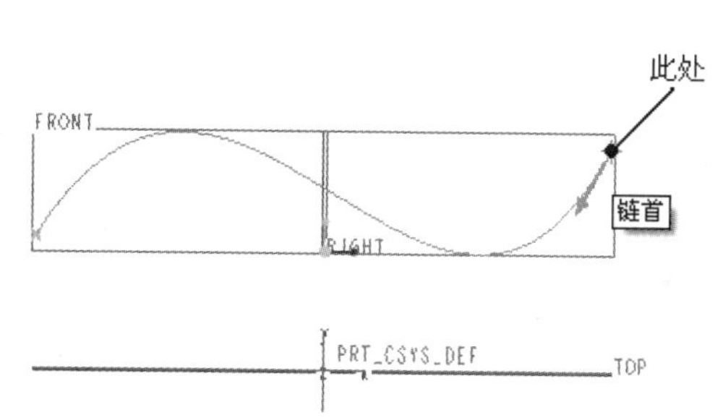

图 6-9　选取样条曲线的起点

（10）此时的“截面”下滑面板如图 6-10 所示。

（11）使用系统默认的 0 旋转角度及其他选项，单击“草绘”按钮，系统进入 2D 截面绘制阶段，绘制一个直径为 50.00 的圆，圆心为选择的样条曲线起点，如图 6-11 所示。

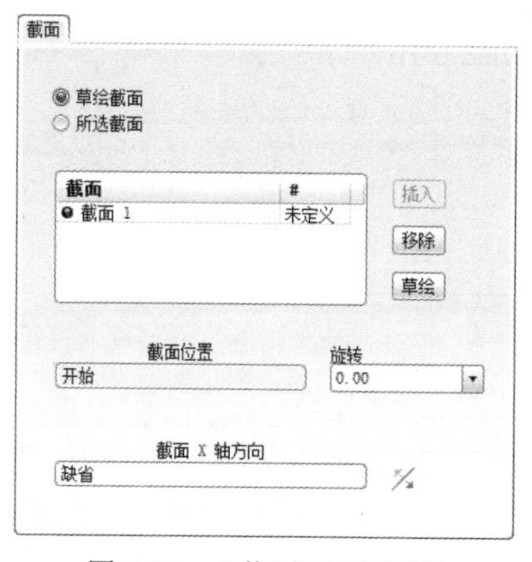

图 6-10　“截面”下滑面板

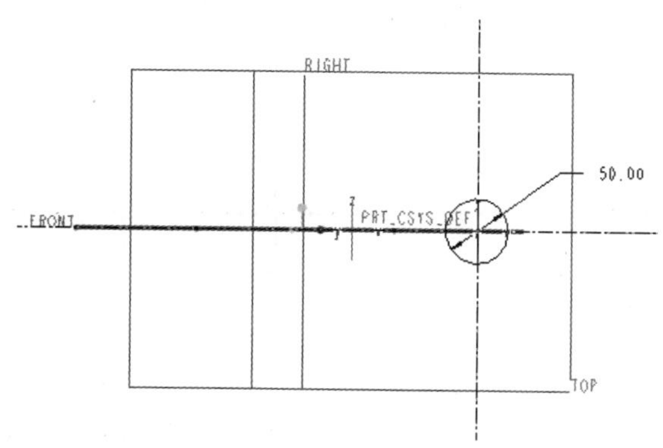

图 6-11　绘制截面

（12）单击“草绘器工具”工具栏中的“继续当前部分”按钮✔，生成截面 1 的 2D 截面图，如

图 6-12 所示。

（13）此时“截面”下滑面板如图 6-13 所示。

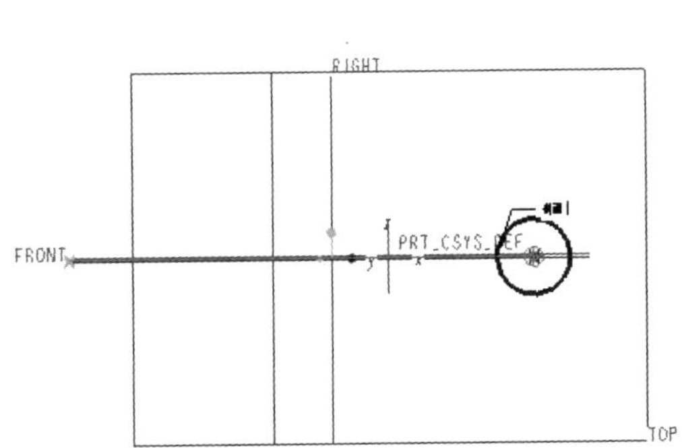

图 6-12 生成截面 1

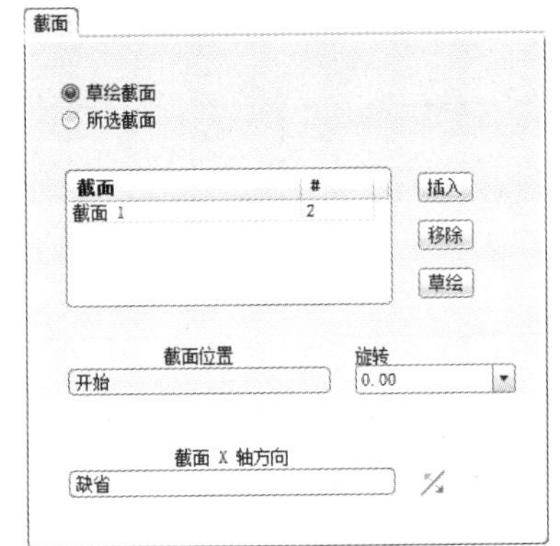

图 6-13 生成截面 1 后的“截面”下滑面板

（14）单击“截面”下滑面板中的“插入”按钮，系统添加一个截面项，如图 6-14 所示。

（15）保留“截面”下滑面板中的选项不变，单击设计环境中样条曲线的终点，如图 6-15 所示。

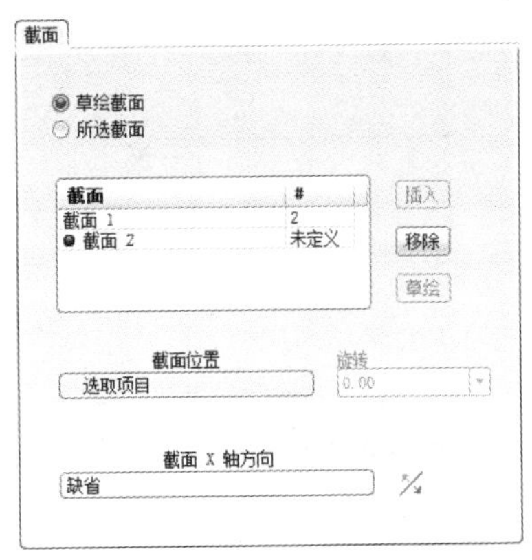

图 6-14 添加截面 2 项

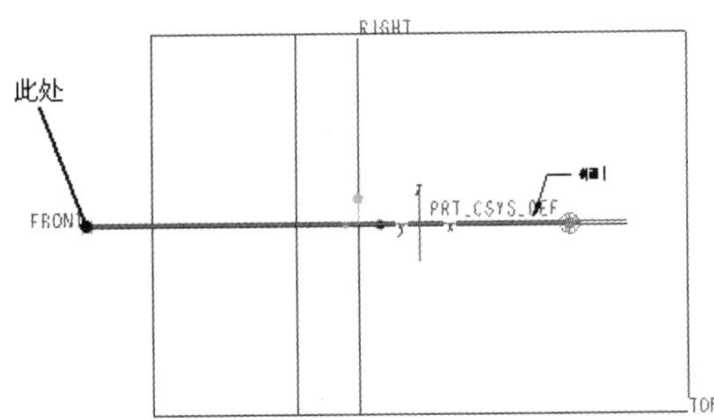

图 6-15 选取样条曲线终点

（16）保留系统默认的 0 旋转角度及其他选项，单击“草绘”按钮，系统进入 2D 截面绘制阶段，绘制一个直径为 100.00 的圆，圆心为选择的样条曲线终点，如图 6-16 所示。

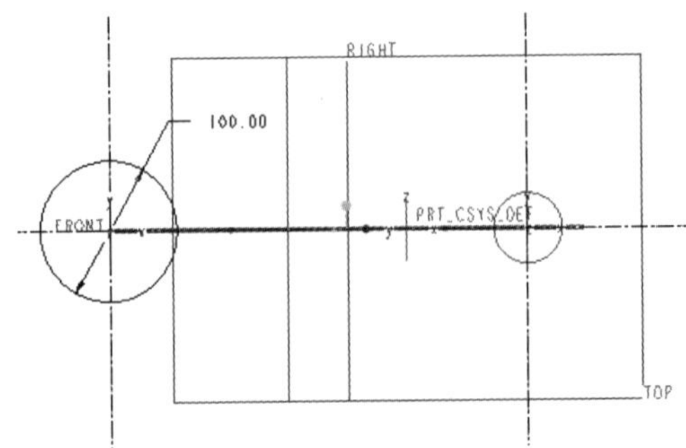

图 6-16 绘制截面 2

（17）单击“草绘器工具”工具栏中的“继续当前部分”按钮✔，生成截面 2 的 2D 截面图，同时生成扫描混合预览特征，如图 6-17 所示。

（18）单击“扫描混合”操控板中的“创建特征”按钮✔，系统生成此扫描混合特征，如图 6-18 所示。

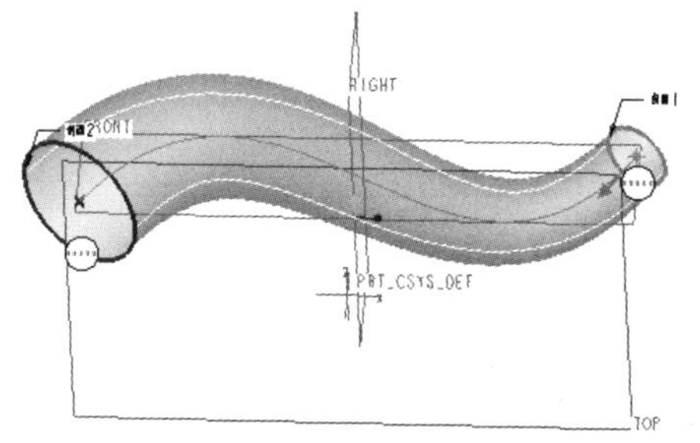

图 6-17　生成扫描混合预览特征

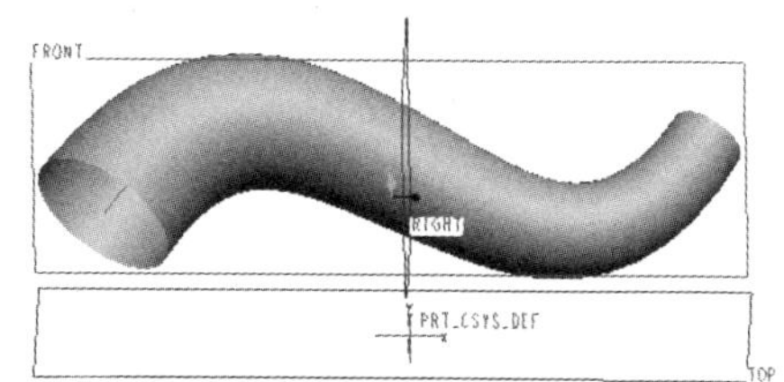

图 6-18　生成扫描混合特征

6.1.2　扫描混合特征的编辑

右击“模型树”浏览器中的扫描混合特征，系统弹出一个快捷菜单，如图 6-19 所示。

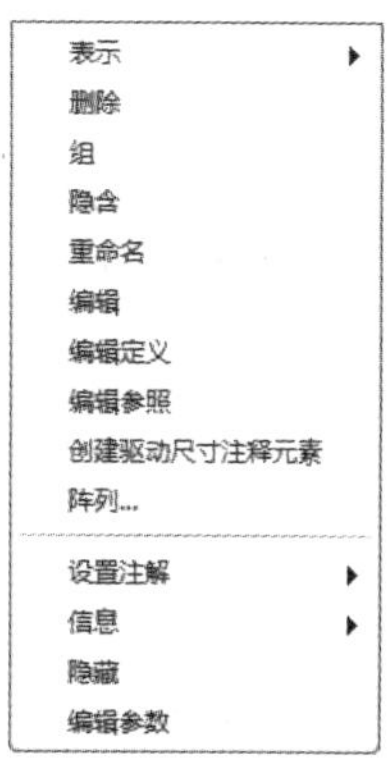

图 6-19　快捷菜单

通过快捷菜单中的“编辑”和“编辑定义”命令，可以修改扫描混合特征的尺寸或重新定义此特征，其使用方法和“扫描”等特征的编辑方法相似，在此不再赘述。

右击“模型树”浏览器中的扫描混合特征，在弹出的快捷菜单中选择“删除”命令，将设计环境中的扫描混合体删除，关闭当前设计窗口。

6.1.3　实例——吊钩

视频讲解

本例绘制如图 6-20 所示的吊钩，具体操作步骤如下。

图 6-20　吊钩

Note

1. 创建新文件

单击“文件”工具栏中的“新建”按钮，在弹出的“新建”对话框的“类型”选项组中选中“零件”单选按钮，在“名称”文本框中输入 diaogou，再在“子类型”选项组中选中“实体”单选按钮，取消选中“使用缺省模板”复选框，单击“确定”按钮加以确认，在使用模板中选择 mmns_part_solid，即可新建一个零件。

2. 创建吊钩头

（1）单击“基础特征”工具栏中的“旋转”按钮，在屏幕的参考面中选取 TOP 平面后，执行草绘命令。

（2）单击工具栏中的按钮，绘制如图 6-21 所示的圆，圆心在水平参考线上，修改圆的直径为 25，圆距垂直参考线为 25。单击工具栏中的按钮，绘制与垂直参考线重合的中心线，退出草绘。

（3）定义旋转角度为 360°，完成旋转创建。

3. 草绘轨迹线

单击工具栏中的“草绘工具”按钮，执行菜单管理器中的草绘命令，选择 FRONT 平面后，开始草绘。单击工具栏中的“直线”按钮，绘制如图 6-22 所示的线段，修改尺寸为 10，线段端点距离垂直参考线的长度为 25。单击工具栏中的“圆心和端点”按钮，绘制如图 6-22 所示的大半圆弧，且圆弧圆心在水平参考线上。单击工具栏中的“3 点/相切端”按钮，单击圆弧端点，绘制如图 6-22 所示的过渡圆弧，连接两个端点。修改尺寸如图 6-21 所示，完成轨迹绘制。

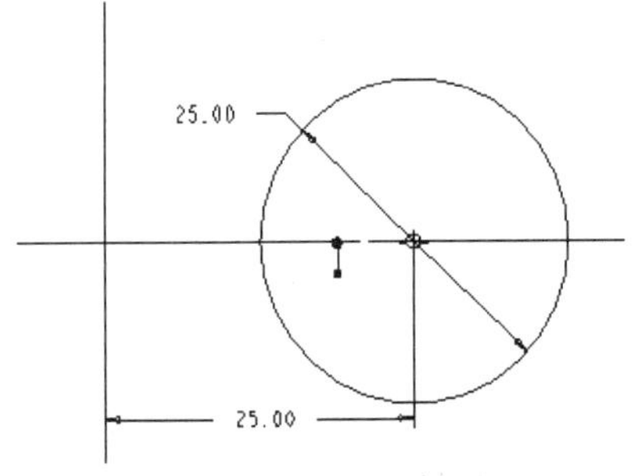

图 6-21　吊钩头草绘

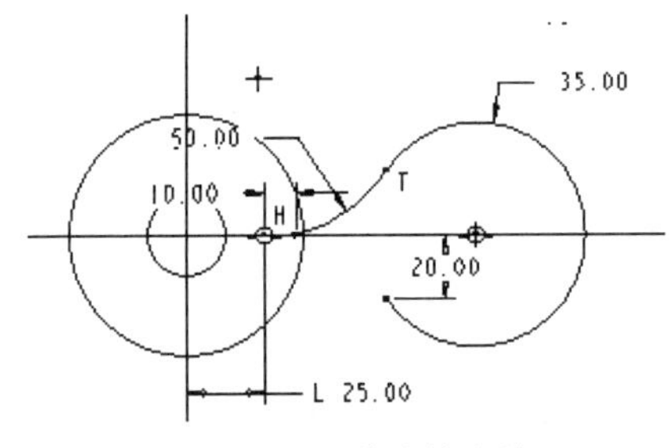

图 6-22　草绘轨迹线

4. 创建圆钩

（1）选择“插入”→“扫描混合”命令，绘制扫描的特征。

（2）首先选择扫描轨迹，单击智能提示区中的“参照”按钮，弹出“参照”下滑面板，如图 6-23（a）所示，选择“轨迹”→“选取项目”选项，选择刚才创建的轨迹线，“参照”下滑面板如图 6-23（b）所示，选择剖面控制为“垂直于轨迹”，其他接受系统默认设置。

（3）单击提示区中的“截面”按钮，弹出“截面”下滑面板，如图 6-23（c）所示，选中“草绘截面”单选按钮，单击截面位置，在绘图区中选择吊钩的前端点，然后单击“草绘”按钮，使用“点”按钮在坐标轴的交点处绘制点，退出草绘。

（4）单击“插入”按钮，截面位置为圆弧的终点，旋转角度为 0，单击“草绘”按钮，以坐标轴交点为圆心，绘制直径为 25 的圆。继续绘制第三个剖面，截面位置为与前面圆弧相切圆弧的终点，旋转角度为 0，绘制直径为 35 的圆。至此，完成剖面的设置。

（5）选择“相切”选项卡，修改开始截面条件为“平滑”，如图 6-23（d）所示。单击按钮，退出扫描混合的创建。结果如图 6-20 所示。

Note

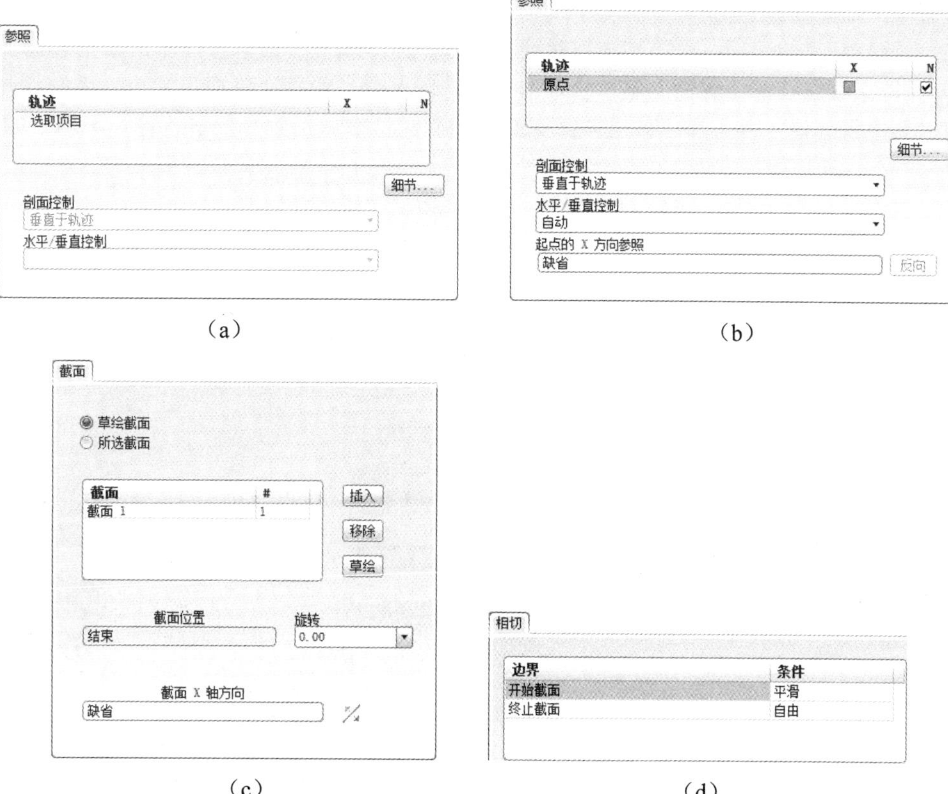

图 6-23 扫描混合编辑框

6.2 螺旋扫描特征

螺旋扫描特征通过沿着螺旋轨迹扫描截面来创建。通过旋转曲面的轮廓（定义从螺旋特征的截面原点到其旋转轴之间的距离）和螺距（螺旋线之间的距离）两者来定义轨迹。

螺旋扫描对于实体和曲面均可用。在“属性”菜单中，对以下成对出现的选项（只选其一）进行选择，来定义螺旋扫描特征。

（1）恒定：螺距是常量。

（2）变量：螺距是可变的并由某图形定义。

（3）穿过轴：横截面位于穿过旋转轴的平面内。

（4）垂直于轨迹：确定横截面方向，使之垂直于轨迹（或旋转面）。

（5）右手：使用右手规则定义轨迹。

（6）左手：使用左手规则定义轨迹。

6.2.1 螺旋扫描特征的创建

螺旋扫描特征的创建步骤如下。

（1）在 Pro/ENGINEER 系统中新建一个“零件”设计环境。选择“插入”→“螺旋扫描”→“伸

出项…”命令，如图 6-24 所示。

（2）系统打开“伸出项：螺旋扫描”对话框，并弹出“属性”菜单管理器，如图 6-25 所示。

（3）保持系统默认的“属性”菜单管理器中的选项不变，选择“完成”命令，系统打开“设置草绘平面”菜单管理器，并且在“伸出项：螺旋扫描”对话框中指到“扫引轨迹”子项，如图 6-26 所示。

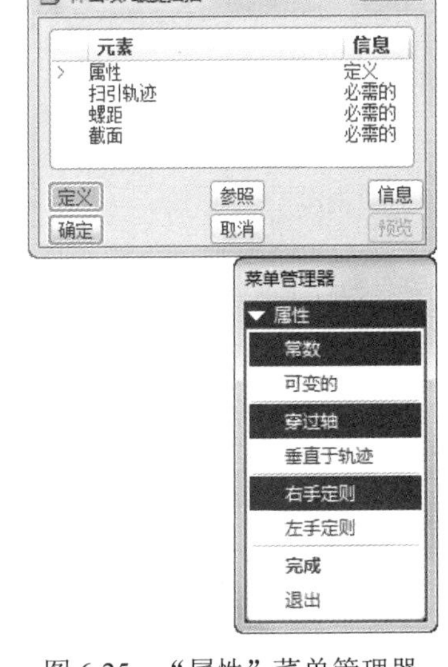

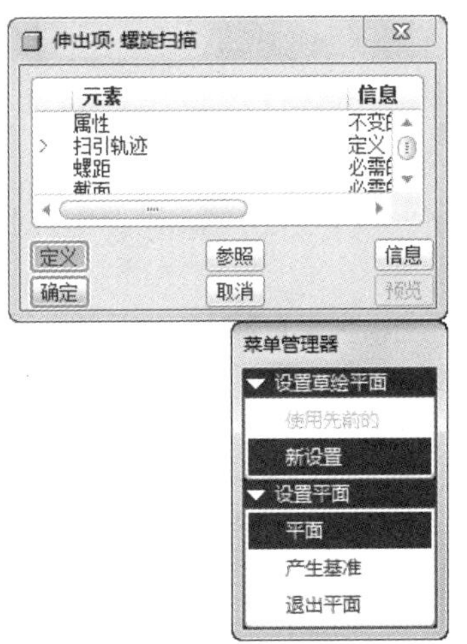

图 6-24　“螺旋扫描”菜单　　图 6-25　“属性”菜单管理器　　图 6-26　“设置草绘平面”菜单管理器

（4）单击当前设计环境中的 FRONT 基准面，选择此面为草绘平面，此时系统弹出“方向”菜单管理器，并且当前设计环境中的 FRONT 基准面上出现了一个红色箭头，表示草绘面的正向，如图 6-27 所示。

（5）选择“方向”菜单管理器中的“确定”命令，使用系统默认的方向为正向，系统弹出“草绘视图”菜单管理器，要求用户设置参照面，如图 6-28 所示。

（6）选择“草绘视图”菜单管理器中的“右”命令，系统弹出“设置平面”菜单管理器，如图 6-29 所示。

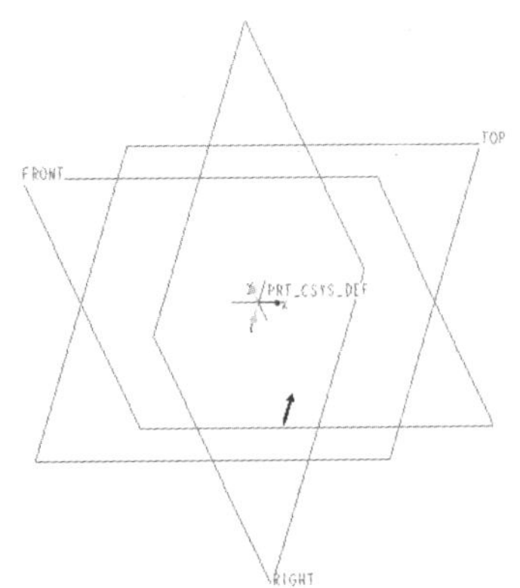

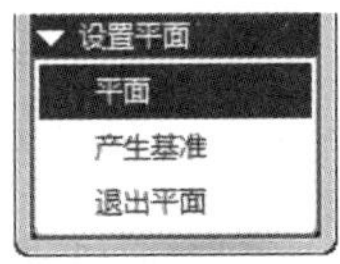

图 6-27　确定草绘平面正向　　图 6-28　“草绘视图”菜单管理器　图 6-29　“设置平面”菜单管理器

（7）单击当前设计环境中的 RIGHT 基准面，将其设置为参照面。系统进入草图绘制环境，选择“草绘”→“参照”命令，弹出“参照”对话框显示选定的草绘基准面和参照基准面，如图 6-30 所示。

（8）单击“参照”对话框中的“关闭”按钮，将此对话框关闭。使用草绘工具在设计环境中绘制如图 6-31 所示的一条竖直的直线及一条竖直的中心线。

图 6-30　“参照”对话框

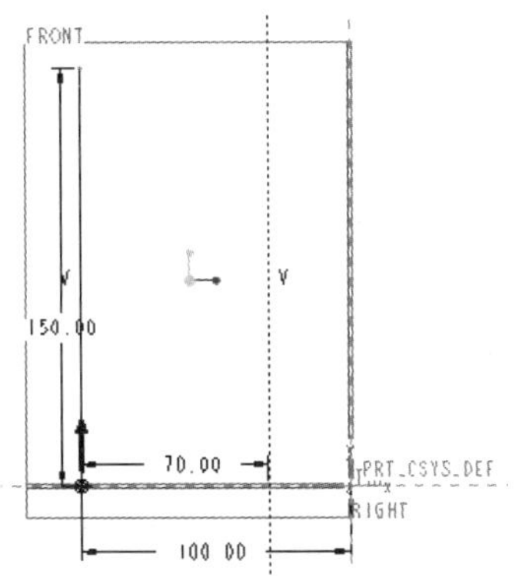

图 6-31　绘制螺旋扫描线及中心线

（9）单击“草绘器工具”工具栏中的“继续当前部分”按钮✔，系统弹出消息输入框，要求用户输入节距值，如图 6-32 所示。

图 6-32　输入螺旋节距

（10）此时“伸出项：螺旋扫描”对话框中指到“螺距”子项，如图 6-33 所示。

（11）使用系统默认的螺距值 15，单击消息输入对话框中的“接受值”按钮✔，系统进入 2D 截面绘制阶段，此时“伸出项：螺旋扫描”对话框中指到“截面”子项，如图 6-34 所示。

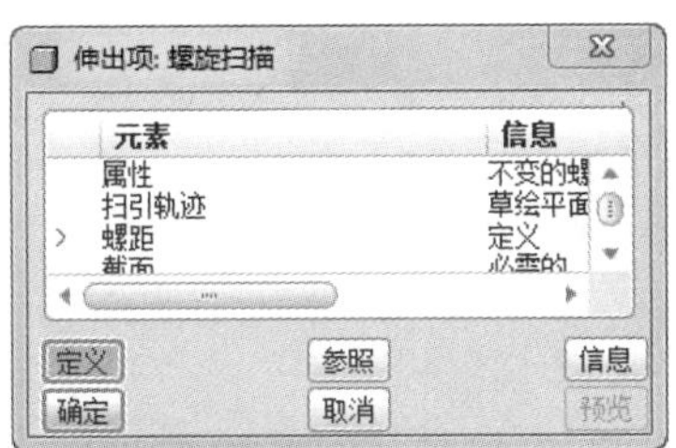

图 6-33　定义螺距参数

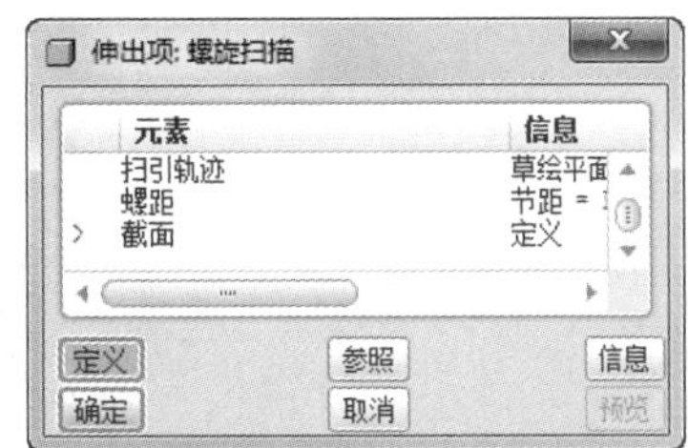

图 6-34　定义草绘截面

（12）在当前设计环境中绘制一个直径为 10.00 的圆，圆心为直线的起点（下端点），如图 6-35 所示。

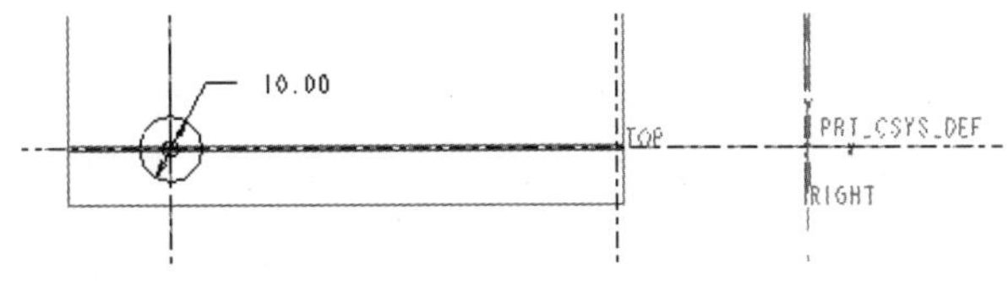

图 6-35　绘制螺旋截面

（13）单击“草绘器工具”工具栏中的“继续当前部分”按钮✔，此时“伸出项：螺旋扫描”对话框中的所有子项都定义完成，如图 6-36 所示。

（14）单击“伸出项：螺旋扫描”对话框中的“确定”按钮，系统生成一个螺旋扫描特征，如图 6-37 所示。

Note

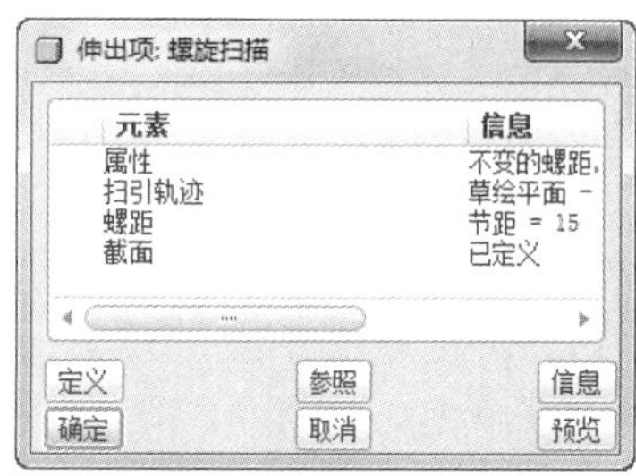

图 6-36　定义完成后的“伸出项：螺旋扫描”对话框

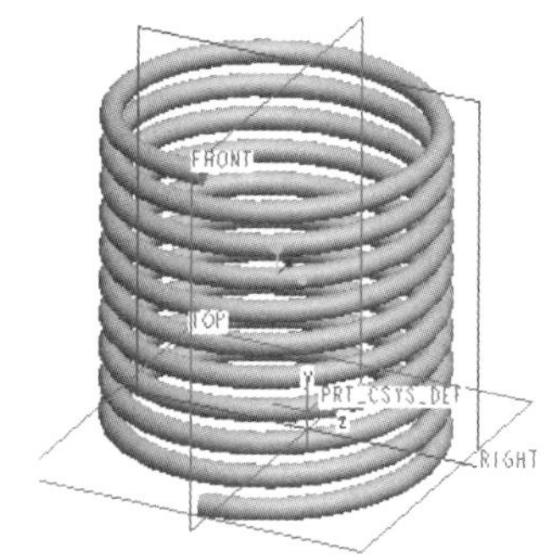

图 6-37　生成螺旋扫描特征

6.2.2　螺旋扫描特征的编辑

右击“模型树”浏览器中的螺旋扫描特征，使用弹出的快捷菜单中的“编辑”和“编辑定义”命令，可以修改螺旋扫描特征的尺寸或重新定义此特征，其使用方法和“扫描”等特征的编辑方法相似，在此不再赘述。

右击“模型树”浏览器中的螺旋扫描特征，在弹出的快捷菜单中选择“删除”命令，将设计环境中的变节距螺旋扫描体删除，关闭当前设计窗口。

视频讲解

6.2.3　实例——六角螺母

本例绘制如图 6-38 所示的六角螺母，具体操作步骤如下。

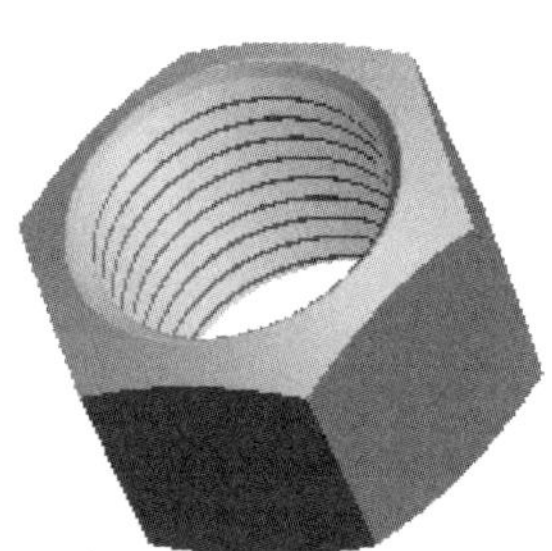

图 6-38　六角螺母

1）在菜单栏中选择“文件”→“新建”命令，打开“新建”对话框，在“类型”选项组中选中“零件”单选按钮。在其后的“子类型”选项组中选中“实体”单选按钮，在“名称”文本框中输入文件名 luomu，单击“确定”按钮，进入零件设计模式。

2）创建螺母主体。

（1）单击“基础特征”工具栏中的“拉伸”按钮，打开“拉伸”操控板，按图 6-39 选择拉伸对话框各项。拉伸深度选为 15。

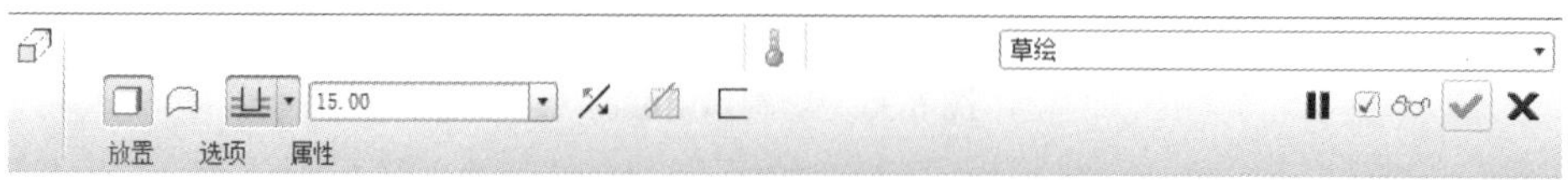

图 6-39　“拉伸”操控板

（2）单击“拉伸”操控板“放置”面板中的“定义”按钮，系统打开“草绘”对话框，选用基准面 TOP 为草绘平面，采用系统默认的参考面 RIGHT，方向为右。单击“草绘”按钮，进入草绘界面。

（3）在草绘环境绘制正六边形，如图 6-40 所示。单击“草绘器工具”工具栏中的“继续当前部分”按钮✔，退出草绘环境。在拉伸属性栏中输入深度为 15，单击“创建特征”按钮☑创建特征。生成如图 6-41 所示正六棱柱。

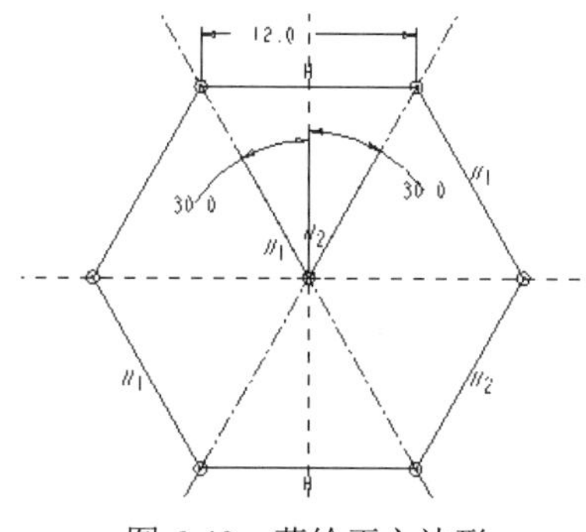

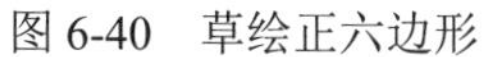

图 6-40　草绘正六边形

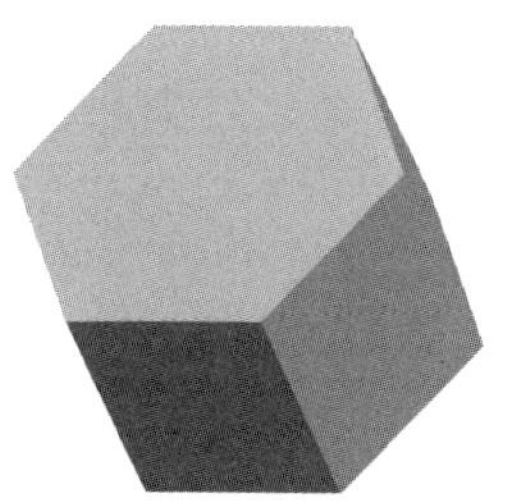

图 6-41　生成正六棱柱

3）创建两头倒角。

（1）单击“基础特征”工具栏中的“旋转”按钮，系统在提示区会出现“旋转”属性栏，单击“移除材料”按钮，默认旋转角度为 360 度。

（2）单击“放置”按钮，单击其面板上的“定义”按钮，选择剖面绘制面。进入剖面草绘界面，选用基准面 FRONT 为草绘平面，采用系统默认的参考面 RIGHT，方向为“底部”。单击“草绘”按钮，进入草绘界面。

（3）进入草绘环境，绘制如图 6-42 所示的草绘截面。单击草绘区右侧的✔按钮，退出草绘环境。

（4）单击“旋转”属性栏中的☑按钮，注意设置剪切方向为向外，模型两头的倒角完成后如图 6-43 所示。

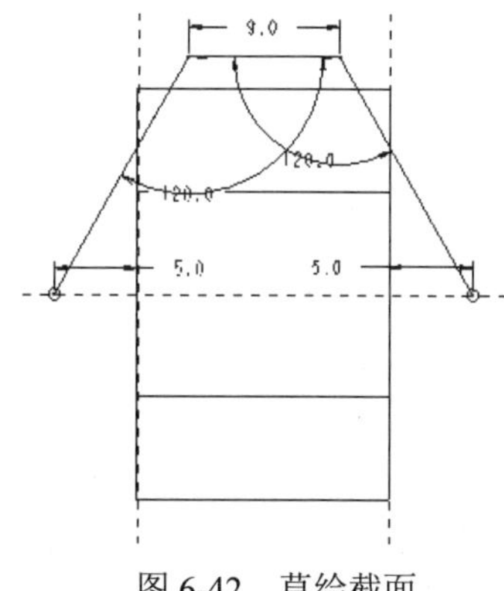

图 6-42　草绘截面

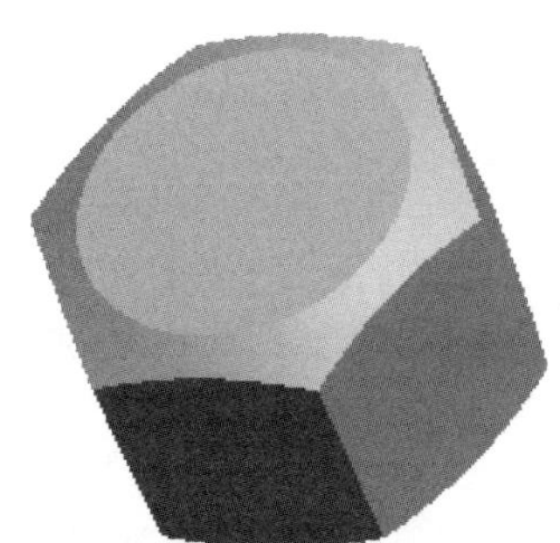

图 6-43　倒角后的六棱柱模型

4）创建螺纹孔。

（1）单击“工程特征”工具栏中的“孔”按钮，打开 “孔”操控板。类型选择为“简单”，孔的直径在提示框的文本框内输入 15，如图 6-44 所示。

图 6-44　“孔”操控板

（2）单击“孔”操控板中的“放置”按钮，系统打开“放置”下滑面板，如图 6-45 所示。主参

照选择 TOP 面，次参照选择 FRONT 面和 RIGHT 面，选择“偏移”方式，设置偏移量为 0，这样孔特征就被布置到了 TOP 面的中心处。

（3）单击“孔”操控板中的“形状”按钮，打开“形状”下滑面板，如图 6-46 所示。在文本框中输入孔特征直径 15，孔深度选为“穿透”，图标为。

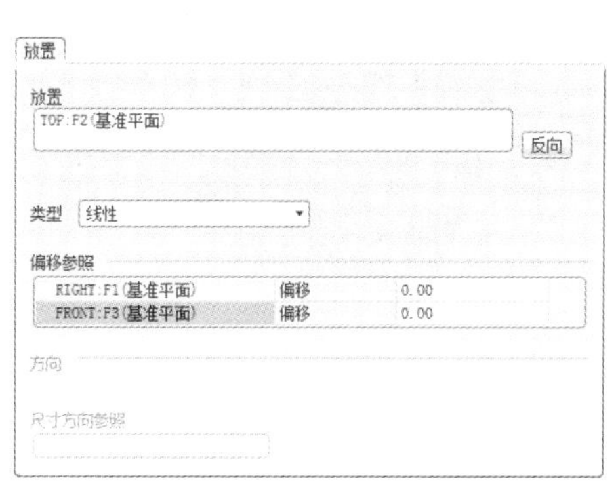

图 6-45 “放置”下滑面板

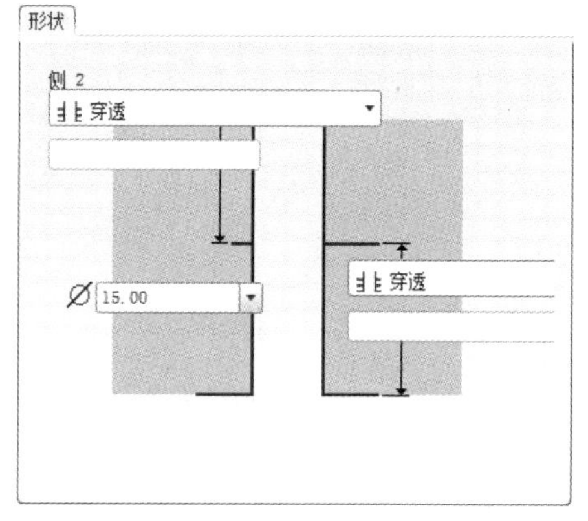

图 6-46 “形状”2 面板

（4）单击“孔”操控板右侧的按钮，孔特征就生成了，如图 6-47 所示。

图 6-47 孔特征的生成

5）创建倒角。

（1）单击“工程特征”工具栏中的“倒角”按钮，打开“倒角”操控板。倒角类型选择为 45×D，倒角的边长为 1，如图 6-48 所示。单击按钮，选择从边创建倒角。

图 6-48 “倒角”操控板

（2）单击“倒角”操控板中的“选项”按钮，打开“选项”下滑面板，如图 6-49 所示，选中“相同面组”单选按钮。

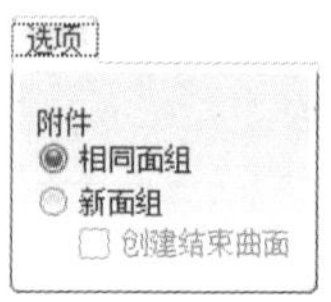

图 6-49 “选项”下滑面板

（3）选择图形区的孔两边的边界，如图 6-50 所示。倒角特征生成如图 6-51 所示。

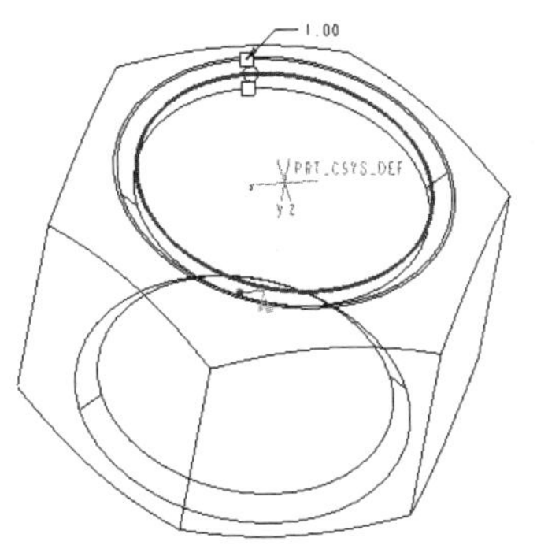

图 6-50　选择倒角边线

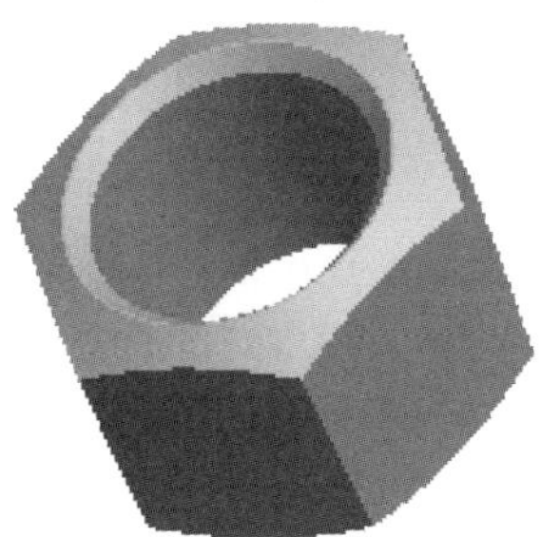

图 6-51　倒角特征的生成

6）创建螺纹。

（1）选择“插入”→“螺旋扫描”→“切口”命令，系统打开“螺旋扫描”对话框，并打开“属性”菜单管理器，选择“常数”+“穿过轴”+“右手定则”。选择“完成”命令，按照菜单管理器提示在草绘环境中选择草绘界面，选择 FRONT 为草绘界面，默认正向。单击“确定”按钮，系统打开“草绘视图”菜单管理器，选择“缺省”命令。

（2）系统进入草绘环境，绘制螺旋扫描的轨迹，如图 6-52 所示。注意在草绘界面先绘制中心线。绘制完成，单击绘图区右侧的“继续当前部分”按钮✔，退出轨迹草绘环境。

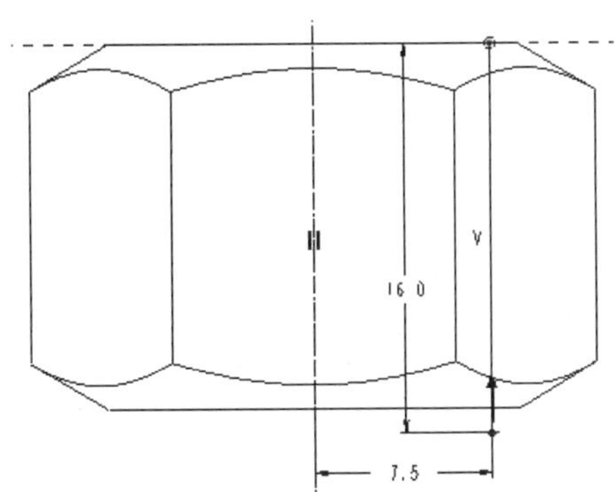

图 6-52　“螺旋扫描”特征的轨迹绘制

（3）系统在绘图区下边打开输入“节距”的提示文本框，输入节距 1.5，单击☑按钮。

（4）进入横截面草绘环境，在扫描起始点处绘制如图 6-53 所示截面。单击绘图区右侧的✔按钮，退出轨迹草绘环境。

（5）系统退出草绘环境，选择菜单管理器中的“确定”命令，最后单击图 6-54 所示“切剪：螺旋扫描”对话框中的“确定”按钮，螺旋扫描特征生成，形成如图 6-38 所示的螺母特征。

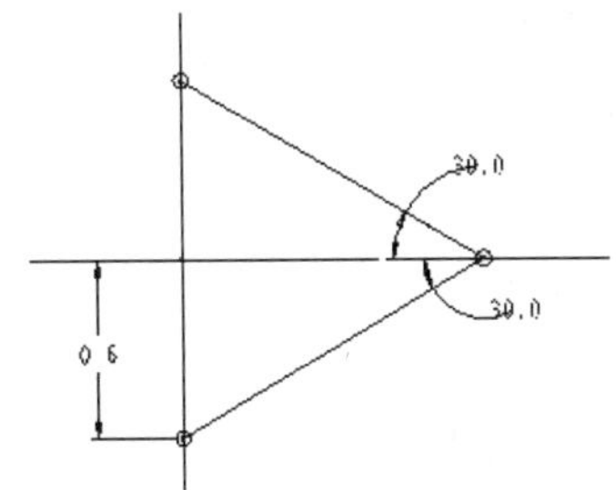

图 6-53　草绘“螺旋扫描”特征的扫描界面

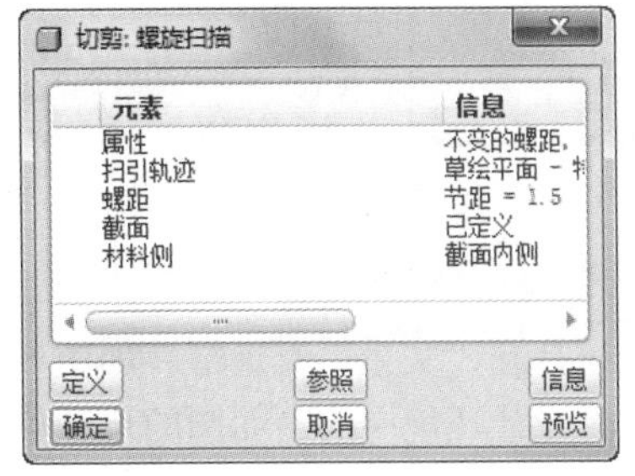

图 6-54　设置好的“切剪：螺旋扫描”对话框

6.3 可变剖面扫描特征

Pro/ENGINEER 系统还可以生成变剖面扫描特征。在生成变剖面扫描特征时，可以选取一条扫描轨迹线，通过 trajpar 参数设置的剖面关系来生成变剖面扫描特征，其中 trajpar 是[0,1]线性变化的，或者拾取多个轨迹线将扫描剖面约束到这些轨迹，生成变剖面扫描特征。

当扫描轨迹为开放（轨迹首尾不相接）时，实体扫描特征的端点可以分为“合并端点”和“自由端点”两种类型，其中“合并端点”是把扫描的端点合并到相邻实体，因此扫描端点必须连接到相邻实体上。“自由端点”则不将扫描端点连接到相邻几何。

6.3.1 变剖面扫描特征的创建

变剖面扫描特征的创建步骤如下。

（1）在 Pro/ENGINEER 系统中新建一个“零件”设计环境。单击“基础特征”工具栏中的“可变剖面扫描工具”按钮，系统打开“扫描”操控板，单击“扫描为实体”按钮，表示扫描特征为实体特征，如图 6-55 所示。

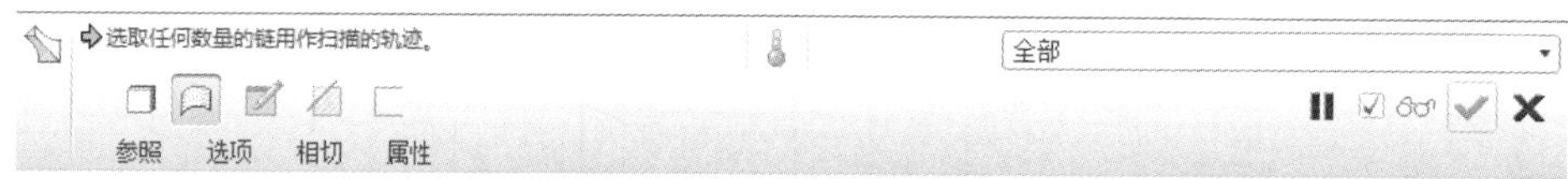

图 6-55 “扫描”操控板

（2）单击“草绘工具”按钮，系统弹出“草绘”对话框，选取 FRONT 基准面为绘图平面，使用系统默认的参照面，进入草图绘制环境，在设计环境中绘制如图 6-56 所示的圆弧线。

（3）单击“草绘器工具”工具栏中的“继续当前部分”按钮，系统生成此圆弧线。单击“扫描”操控板中的“继续执行”按钮，重新激活“扫描特征”操控板，单击此操控板中的“创建或编辑扫描剖面”按钮，系统自动旋转到剖面绘制状态，在扫描起点处自动生成一组竖直、水平的中心线及一个过这两条中心线交点的基准点，以此基准点为中心绘制一个直径为 50 的圆，如图 6-57 所示。

（4）选择“工具”→“关系...”命令，如图 6-58 所示。

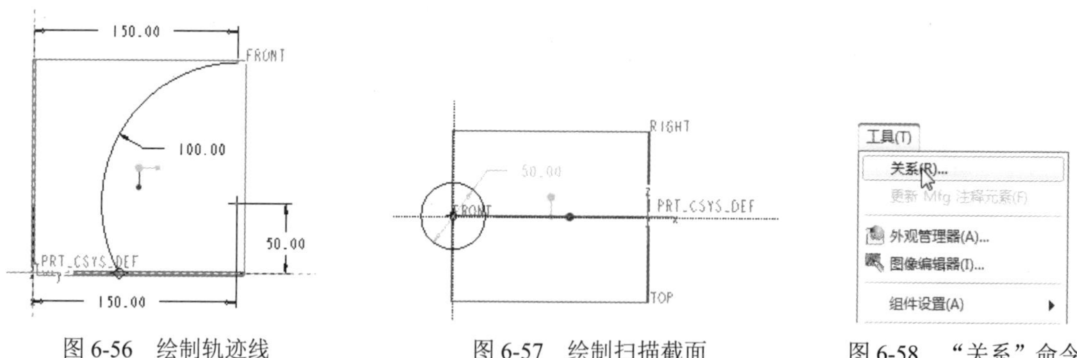

图 6-56 绘制轨迹线　　图 6-57 绘制扫描截面　　图 6-58 “关系”命令

（5）系统打开“关系”对话框，如图 6-59 所示。

（6）此时设计环境中的剖面圆的尺寸值变为尺寸号“sd3”，如图 6-60 所示。

（7）在“关系”对话框中输入公式 sd3=50*(1+2*trajpar)，如图 6-61 所示。公式中的 50 表示剖

面圆的直径，trajpar 表示轨迹变化量，其含义是将整个轨迹设为 1，起始点的 trajpar 值为 0，终点的 trajpar 值为 1，sd3 表示一个随之变化的圆直径。

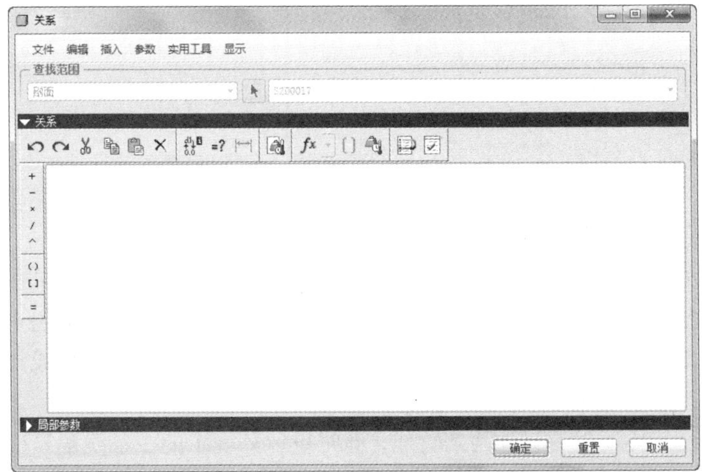

图 6-59　“关系”对话框

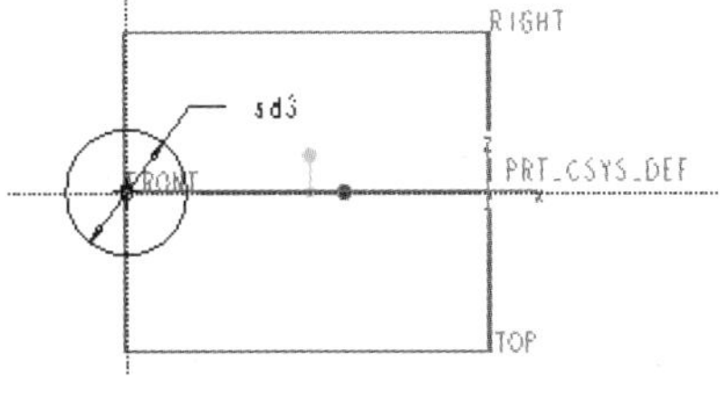

图 6-60　显示截面尺寸号

（8）单击“关系”对话框中的“确定”按钮，然后单击“草绘器工具”工具栏中的“继续当前部分”按钮✔，生成变剖面扫描的预览特征，旋转该预览特征，如图 6-62 所示。

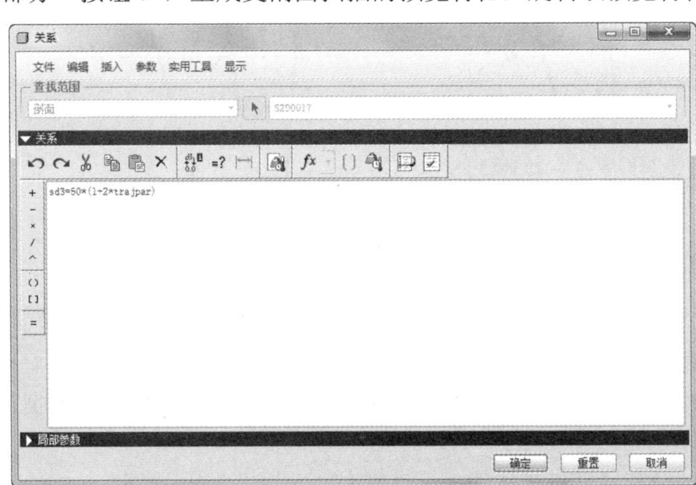

图 6-61　输入关系公式

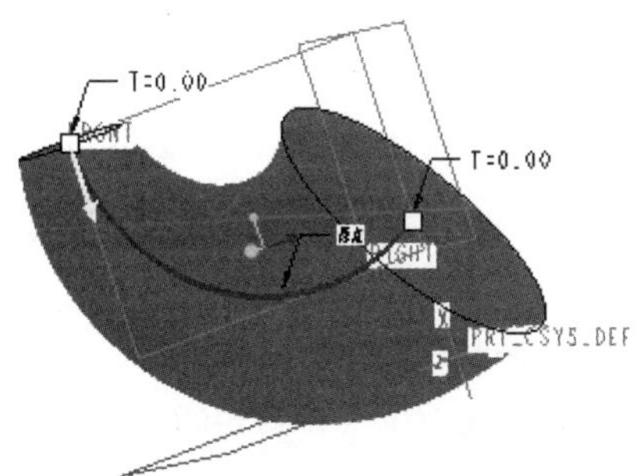

图 6-62　生成扫描预览体

（9）单击“扫描特征”操控板上的“建造特征”按钮☑，生成变剖面扫描实体，如图 6-63 所示。

（10）右击“模型树”浏览器中的扫描特征，在弹出的快捷菜单中选择“删除”命令，将设计环境中的变剖面扫描体删除。同样的操作，将“模型树”浏览器中的草绘圆弧线删除。单击“草绘工具”按钮，系统弹出“草绘”对话框，选取 Front 基准面为绘图平面，使用系统默认的参照面，进入草图绘制环境，在设计环境中绘制如图 6-64 所示的一条直线。

（11）单击“草绘器工具”工具栏中的“继续当前部分”按钮✔，系统生成这条直线。单击“草绘工具”按钮，系统弹出“草绘”对话框，选取 Top 基准面为绘图平面，使用系统默认的参照面，进入草图绘制环境，在设计环境中绘制如图 6-65 所示的两条直线。

Note

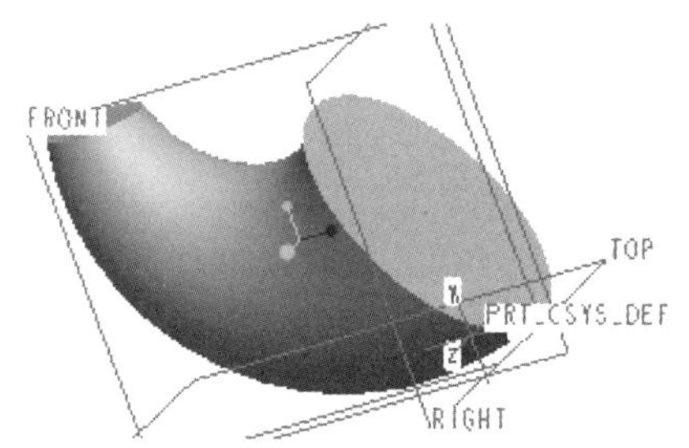

图 6-63　生成扫描实体

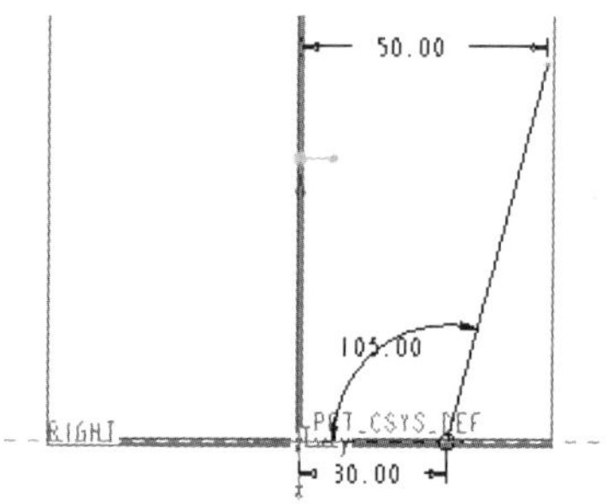

图 6-64　绘制扫描轨迹线

（12）单击“草绘器工具”工具栏中的“继续当前部分”按钮✔，系统生成这两条直线。单击“基础特征”工具栏中的“可变剖面扫描工具”按钮，系统打开“扫描”操控板，单击“扫描为实体”按钮，表示扫描特征为实体特征。单击当前设计环境中的任何一条直线，此时这条直线变成红色加粗显示，扫描的起点用黄色箭头表示，如图 6-66 所示。

（13）按住 Ctrl 键，依次单击当前设计环境中的另外两条直线，此时设计环境中的 3 条线都被选中，如图 6-67 所示。

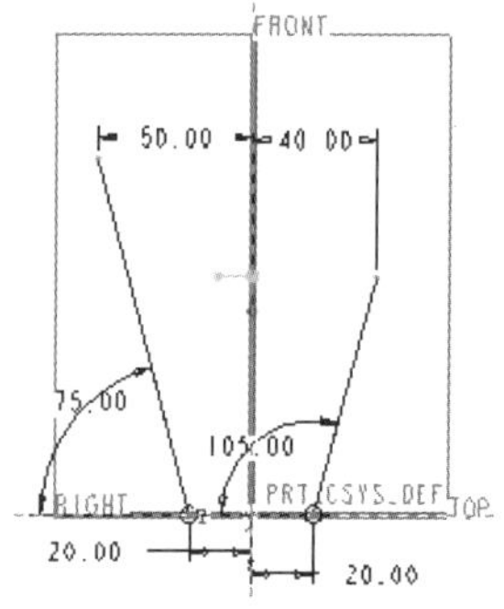

图 6-65　绘制另两条扫描轨迹线

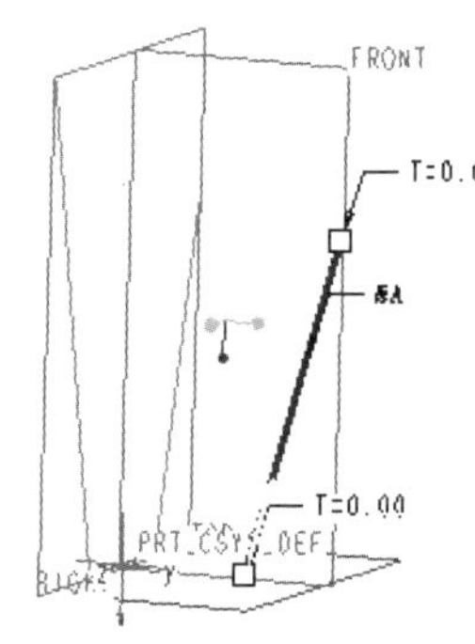

图 6-66　选取扫描轨迹线

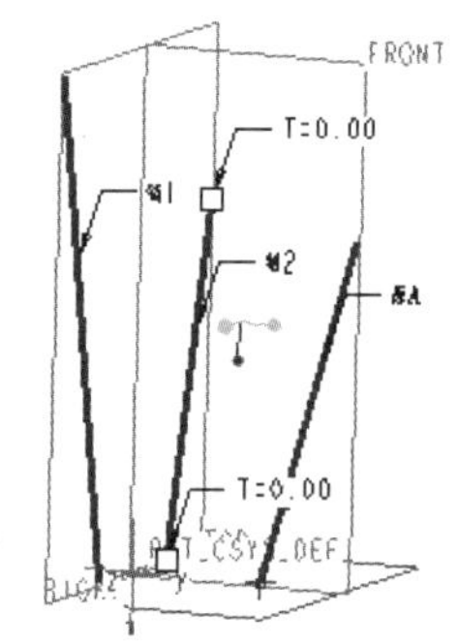

图 6-67　选取另两条扫描轨迹线

（14）单击“扫描特征”操控板中的“创建或编辑扫描剖面”按钮，系统自动旋转到剖面绘制状态，在当前设计环境的 3 条直线的扫描起点处绘制 3 条直线，如图 6-68 所示。

（15）单击“草绘器工具”工具栏中的“继续当前部分”按钮✔，生成变剖面扫描的预览特征，旋转该预览特征，如图 6-69 所示。

（16）单击“扫描特征”操控板中的“建造特征”按钮，生成变剖面扫描实体，如图 6-70 所示，从图中可以看到，变剖面扫描特征的高度由最短的那条轨迹线决定。

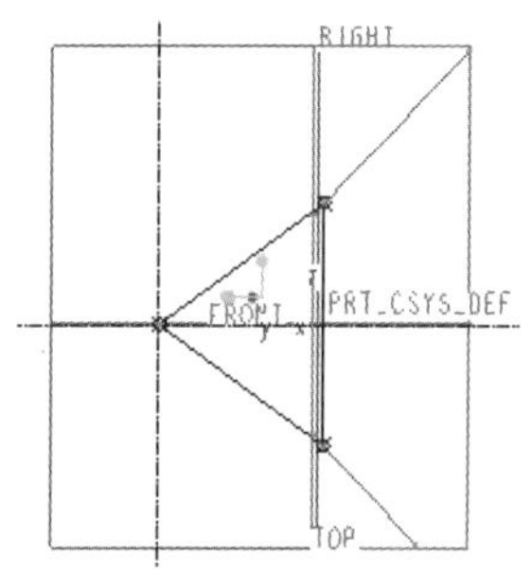

图 6-68　绘制扫描截面

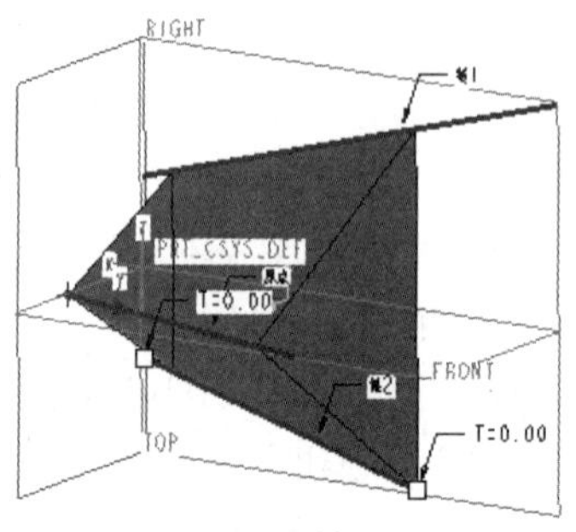

图 6-69　生成变截面扫描预览体

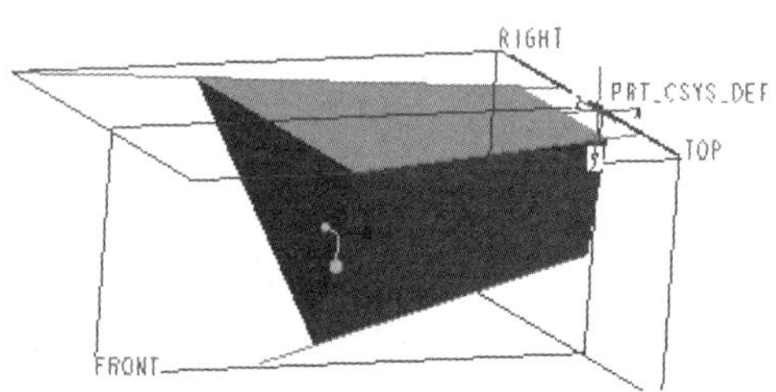

图 6-70　生成变截面扫描特征

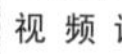

Note

6.3.2　实例——变径进气直管

变径进气直管是气动管道中常用的一种管形式，由于其截面变化，创建过程同之前的简单拉伸有所不同，详细介绍如下。创建过程分为两步进行，首先利用混合命令进行变截面平行混合扫描，然后使用抽壳命令完成进气管的创建。实体如图 6-71 所示。

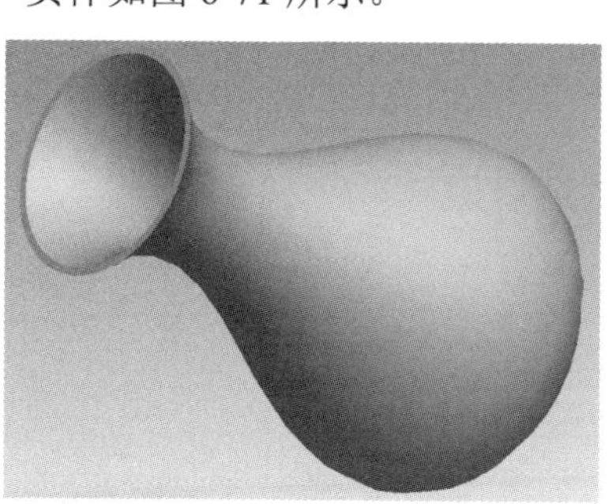

图 6-71　变径进气直管

1. 创建新零件

单击“文件”工具栏中的“新建”按钮，在弹出的“新建”对话框的“类型”选项组中选中“零件”单选按钮，在“名称”文本框中输入 bianjingjinqizhiguan，再在“子类型”选项组中选中“实体”单选按钮，单击“确定”按钮加以确认，即可新建一个零件。

2. 制作实体管道

（1）选择“插入”→“混合”→“伸出项”命令，此时弹出混合功能的菜单管理器，如图 6-72（a）所示，接受系统默认的设置“平行”→“规则截面”→“草绘截面”→“完成”，弹出的下一级菜单管理器如图 6-72（b）所示，选择“光滑”→“完成”命令，在弹出的下一级菜单管理器的提示下，如图 6-72（c）所示，选择 TOP 平面作为草绘平面，选择“确定”→“缺省”命令，如图 6-72（d）所示，进入草绘环境，接受系统提供的参照系。

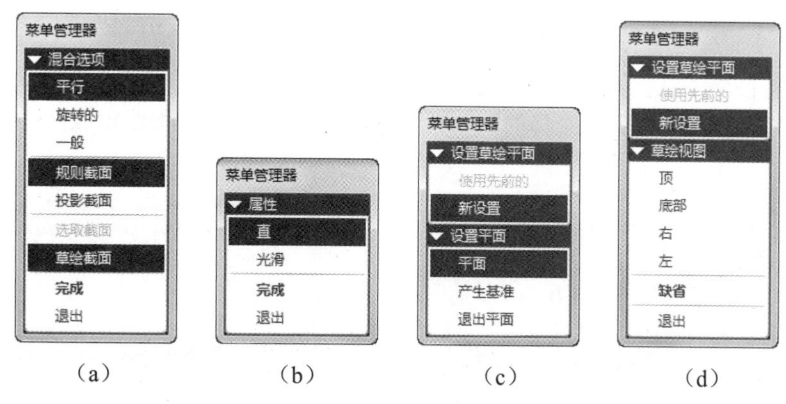

图 6-72　混合菜单管理器

（2）单击工具栏中的“圆”按钮，在工作平面内绘制如图 6-73 所示的圆，圆心在原点上，修改直径尺寸为 11。选择“草绘”→“特征工具”→“切换剖面”命令，之前绘制的圆变为浅灰色，此时再绘制此圆的同心圆，直径为 30。再次执行菜单栏中的“草绘”→“特征工具”→“切换剖面”命令，使得前两个圆变灰后，再绘制直径为 15 的同心圆。重复之前的动作，使前 3 个圆变灰后，再

Note

绘制直径为 20 的同心圆，如图 6-74 所示。完成 4 个圆的绘制后，单击工具栏中的“确定”按钮✔。此时在工作区下方出现的消息输入窗口中，提示输入截面 2 的深度，输入混合长度值 10，然后依次输入第 3、第 4 截面的深度值 20，如图 6-75 所示。此时就完成了混合的全部工作，单击“确定”按钮，完成变截面混合特征的创建。实体图如图 6-76 所示。

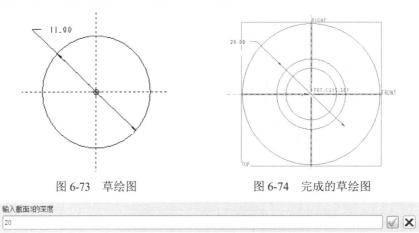

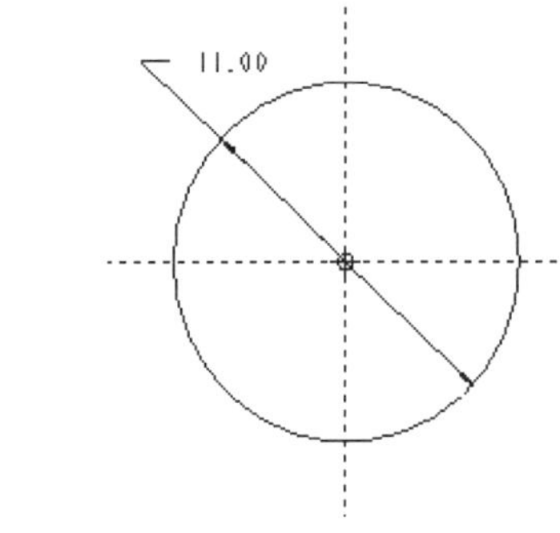

图 6-73　草绘图

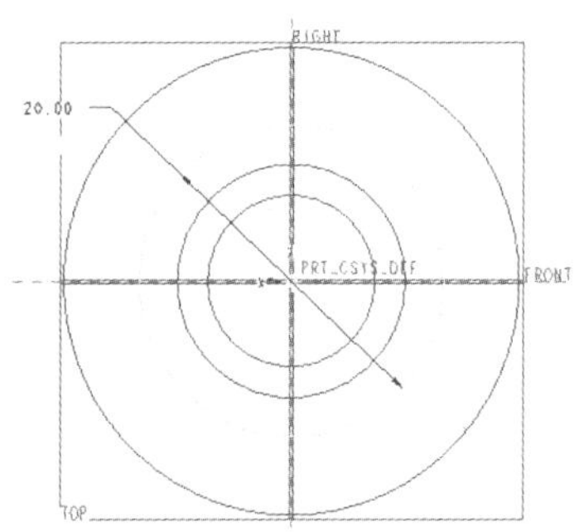

图 6-74　完成的草绘图

输入截面3的深度

20

图 6-75　截面深度输入对话框

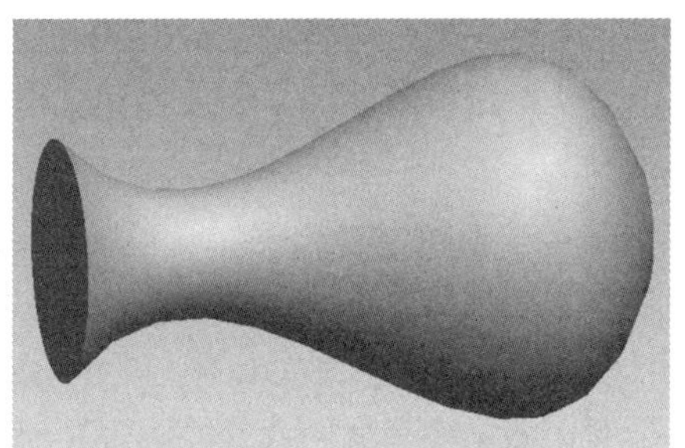

图 6-76　混合实体

3. 抽壳

单击“工程特征”工具栏中的“壳”按钮，在工作区下方的厚度输入框中输入厚度值 0.5。根据提示选取要从零件删除的曲面，选择的曲面如图 6-77 所示。单击✔按钮完成进气直管的创建。结果如图 6-78 所示。

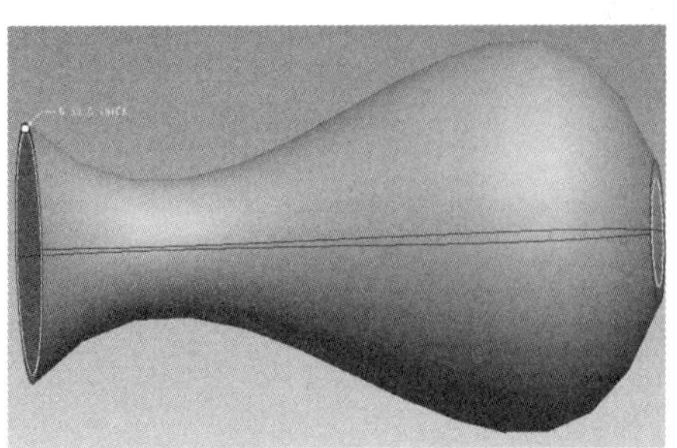

图 6-77　抽壳平面

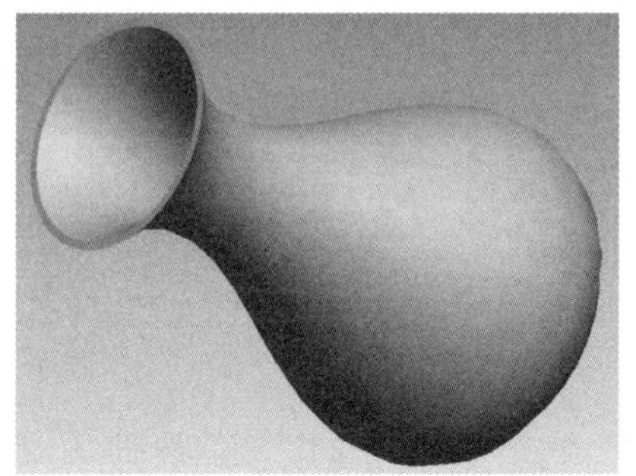

图 6-78　变径进气直管

第7章

实体特征编辑

直接创建的特征往往不能完全符合我们的设计意图，这时就需要通过特征编辑命令来对建立的特征进行编辑操作，使之符合用户的要求。

本章主要讲述复制和粘贴、镜像、阵列、特征组、隐藏、缩放以及查找等实体特征编辑。

任务驱动&项目案例

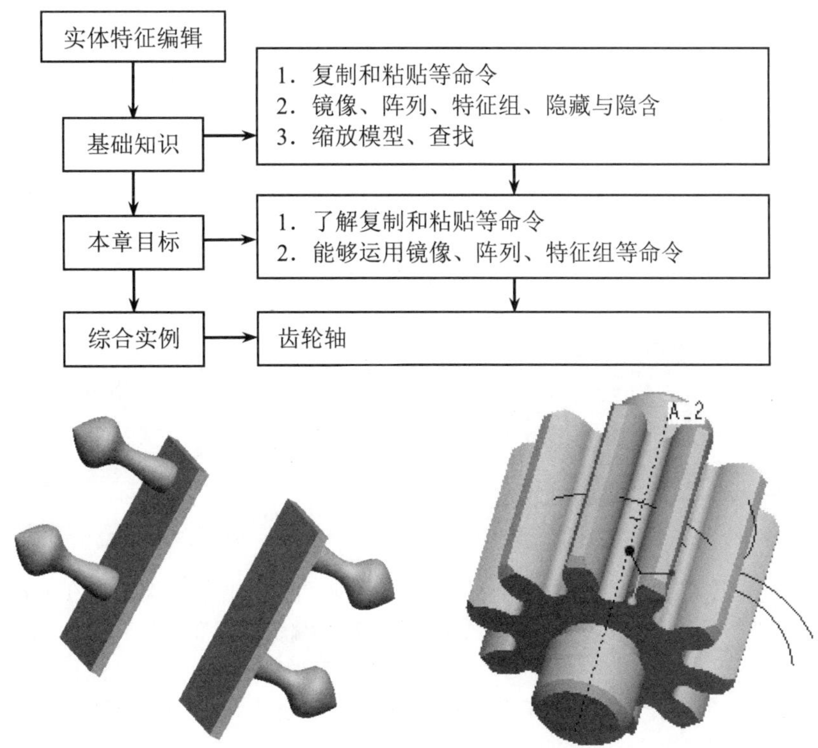

7.1 复制和粘贴

“复制”命令和“粘贴”命令在系统的“编辑”菜单中。“复制”命令和“粘贴”命令操作的对象是特征生成的步骤，并非特征本身，也就是说，通过特征的生成步骤，可以生成不同尺寸的相同特征。“复制”命令和“粘贴”命令可以用在不同的模型文件之间，也可以用在同一模型上。

“复制”命令和“粘贴”命令的使用步骤如下。

（1）打开 Pro/ENGINEER 系统，新建一个“零件”设计环境，在此设计环境中绘制一个长、宽、高分别为 100、100、50 的长方体。

（2）在长方体顶面放置一个直径为 10.00 的通孔，其定位尺寸都是 30.00，如图 7-1 所示，单击“孔”操控板中的“建造特征”按钮✓，生成此孔特征。

（3）单击步骤（2）生成的孔特征，孔特征用红色加亮表示此特征为选中状态。选择“编辑”→“复制”命令，然后再选择“编辑”→“粘贴”命令，此时系统打开“孔特征”工具栏，工具栏中孔的直径、深度值及其他选项和复制选取的孔一样，如图 7-2 所示。

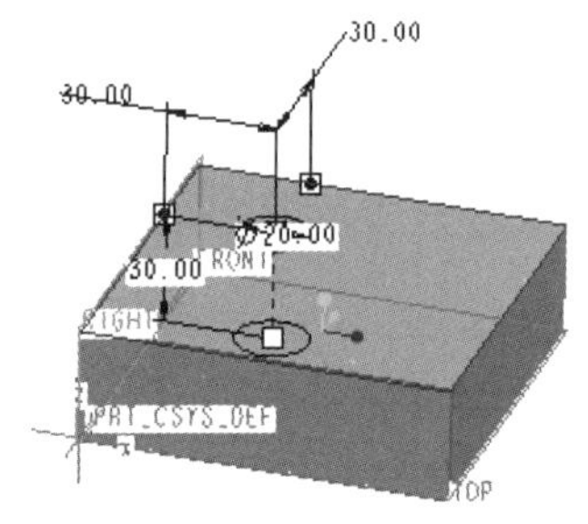

图 7-1　生成孔特征

图 7-2　“孔”操控板

（4）单击长方体的顶面，然后将此孔特征的定位尺寸都设为 25.00，如图 7-3 所示。

（5）将孔特征的直径改为 25.00，孔深改为 20.00，单击“孔”操控板中的“建造特征”按钮✓，生成此孔特征，如图 7-4 所示。

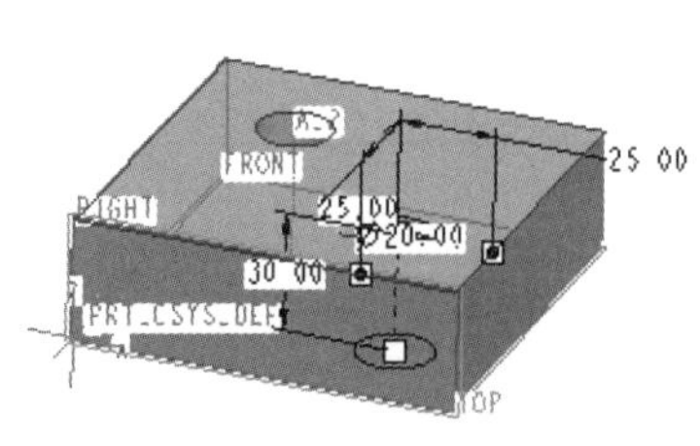

图 7-3　设置孔特征位置

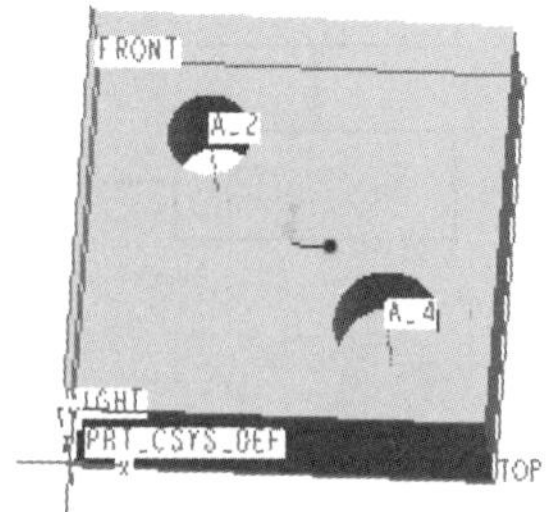

图 7-4　生成复制孔

（6）选中当前设计系统中的长方体，然后选择“编辑”→“复制”命令；在 Pro/ENGINEER 系统中新建一个“零件”设计环境，进入此新建系统后选择“编辑”→“粘贴”命令，系统打开“比例”对话框，如图 7-5 所示。

（7）单击“比例”对话框中的“确定”按钮，系统打开“拉伸”操控板，其中的拉伸深度为 30.00，其他选项和复制选取的长方体一样，如图 7-6 所示。

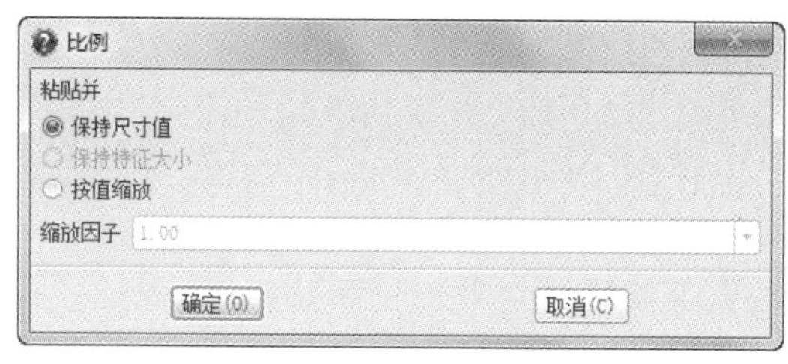

图 7-5　“比例”对话框

图 7-6　“拉伸”操控板

Note

（8）单击“草绘工具”按钮，系统弹出“草绘”对话框，选取 FRONT 基准面为绘图平面，使用系统默认的参照面，进入草图绘制环境，绘制如图 7-7 所示截面。

（9）单击“草绘器工具”工具栏中的“继续当前部分”按钮✔，生成 2D 草绘图并退出草绘环境。单击“拉伸”操控板中的“继续执行”按钮，退出“拉伸”操控板的暂停状态；单击设计环境中拉伸截面的边，此时生成拉伸预览特征，单击“拉伸”操控板中的“建造特征”按钮，生成此拉伸特征，如图 7-8 所示。

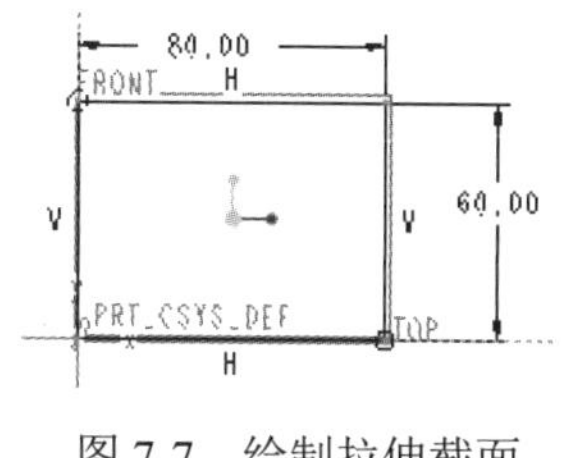

图 7-7　绘制拉伸截面

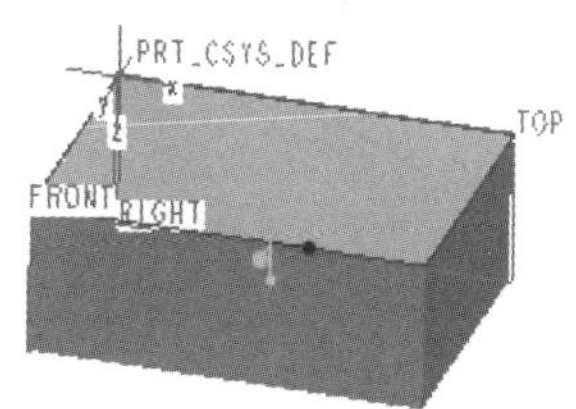

图 7-8　生成拉伸特征

7.2　镜　　像

“镜像”命令在系统的“编辑”菜单中，也存在于系统的“编辑特征”工具栏中，“镜像”命令的图标是。“镜像”命令可以生成指定特征关于指定镜像平面的镜像特征。

“镜像”命令的使用步骤如下。

（1）首先在光盘的相应位置上打开如图 7-9 所示的 jingxiangshiti.prt 文件。

（2）选取模型中所有的特征，然后单击工具栏上的“镜像”按钮，打开“镜像”操控板。

（3）单击工具栏上的按钮，弹出“基准平面”对话框。选取 FRONT 平面作为参照面，同时设置为偏移方式，并使新建立的基准平面沿 FRONT 面向下偏移 100。

（4）单击“基准平面”对话框中的“确定”按钮，然后单击控制区的按钮，使当前界面恢复到可编辑状态。

（5）单击镜像操作面板上的“参照”按钮，弹出如图 7-10 所示的下滑面板。此时的镜像平面默认为前一步新建的基准平面 DTM2。用户可以单击“镜像平面”下的收集器，然后再在模型中选取镜像平面。

（6）单击镜像操作面板中的“选项”按钮，弹出如图 7-11 所示的下滑面板。该面板中的“复制为从属项”为系统默认选项，当选中此复选框时，复制得到的特征是原特征的从属特征，当原特征改变时，复制特征也会发生改变；不选中该复选框时，原特征的改变对复制特征不产生影响。

（7）在图 7-12 中，图 7-12（a）为原特征以 DTM2 为镜像面的结果；图 7-12（b）为复制完成后将模型树中名称为“旋转 1”的旋转特征的旋转角改为 200 度后原始特征的结果；图 7-12（c）为选中“复制为从属项”复选框，复制完成后对原始特征进行编辑后的复制结果；图 7-12（d）为未选

中“复制为从属项”复选框，复制完成后修改原始特征得到的结果。

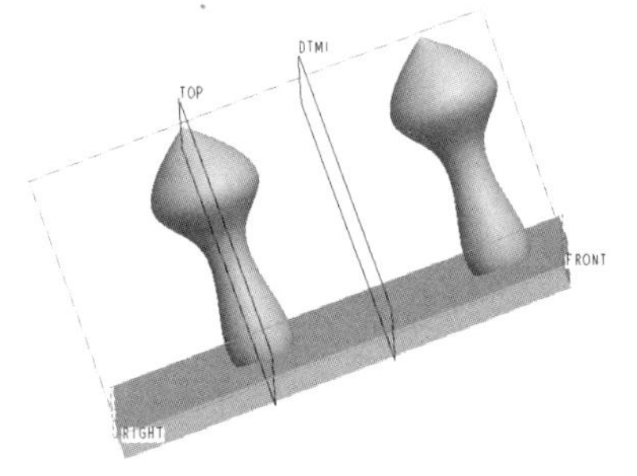

图 7-9　原始模型

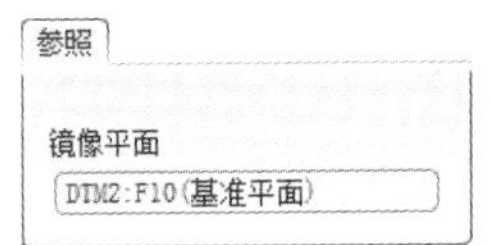

图 7-10　“参照”下滑面板

图 7-11　“选项”下滑面板

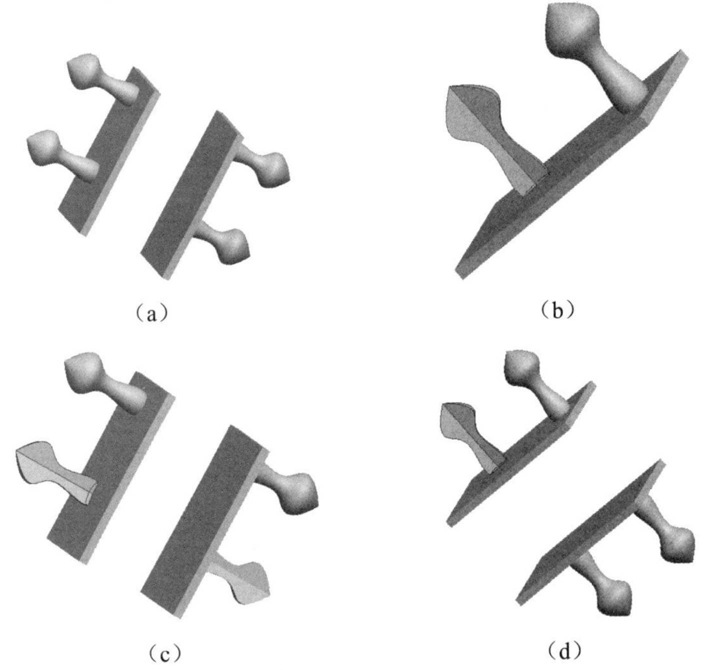

图 7-12　镜像结果对比

（8）保存文件到相应的目录并关闭当前窗口。

7.3　阵　　列

“阵列”命令在系统的“编辑”菜单中，也存在于系统的“编辑特征”工具栏中，“阵列”命令的图标是▦。阵列就是通过改变某些指定尺寸，创建选定特征的多个实例。选定用于阵列的特征称为阵列导引。阵列有如下优点。

（1）创建阵列是重新生成特征的快捷方式。

（2）阵列是由参数控制的，因此通过改变阵列参数，如实例数、实例之间的间距和原始特征尺寸，可修改阵列。

（3）修改阵列比分别修改特征更为有效。在阵列中改变原始特征尺寸时，系统自动更新整个

阵列。

（4）对包含在一个阵列中的多个特征同时执行操作，比操作单独特征更为方便和高效。

系统允许只阵列一个单独特征。要阵列多个特征，可创建一个“特征组”，然后阵列这个组。创建组阵列后，可取消阵列或取消分组实例以便可以对其进行独立修改。

7.3.1　单向线性阵列

单向线性阵列特征的创建步骤如下。

（1）打开 Pro/ENGINEER 系统，新建一个“零件”设计环境，在此设计环境中绘制一个长、宽、高分别为 200、200、50 的长方体，如图 7-13 所示。

（2）在长方体顶面放置一个半径为 10.00 的通孔，其定位尺寸分别为 20.00 和 30.00，如图 7-14 所示，单击“孔”操控板中的“建造特征”按钮✔，生成此孔特征。

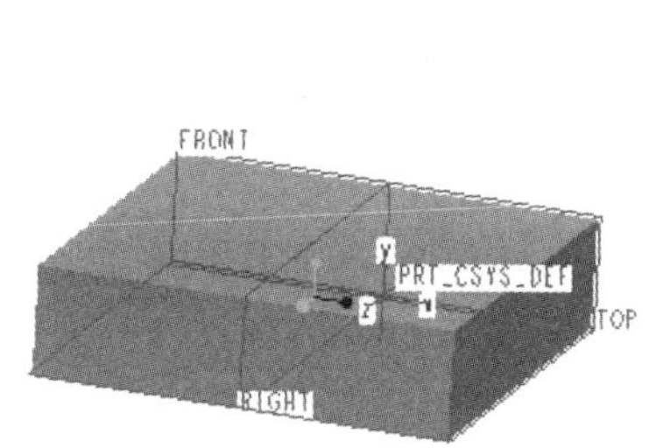

图 7-13　生成长方体特征

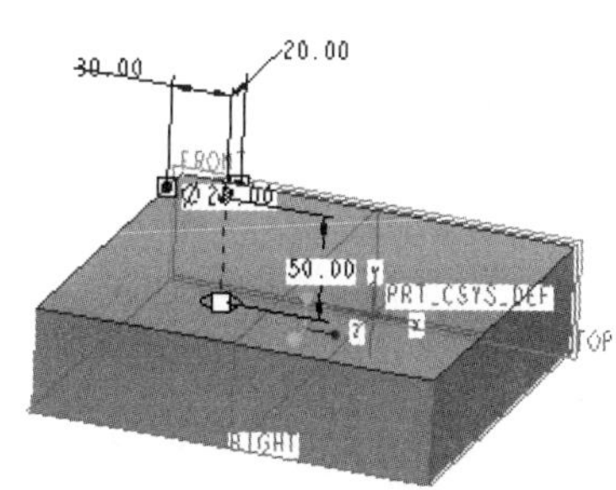

图 7-14　生成孔特征

（3）选中步骤（2）生成的孔特征，单击“编辑特征”工具栏中的“阵列”按钮▦，系统打开“阵列”操控板，如图 7-15 所示。

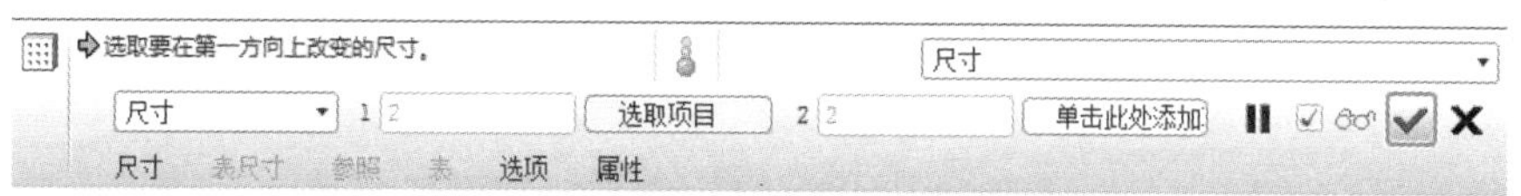

图 7-15　“阵列”操控板

（4）此时设计环境中的孔特征上出现孔的尺寸，如图 7-16 所示。

（5）单击孔特征的定位尺寸 20.00，系统打开一个下拉框，如图 7-17 所示，在此框中可以选择或输入阵列特征的距离值。

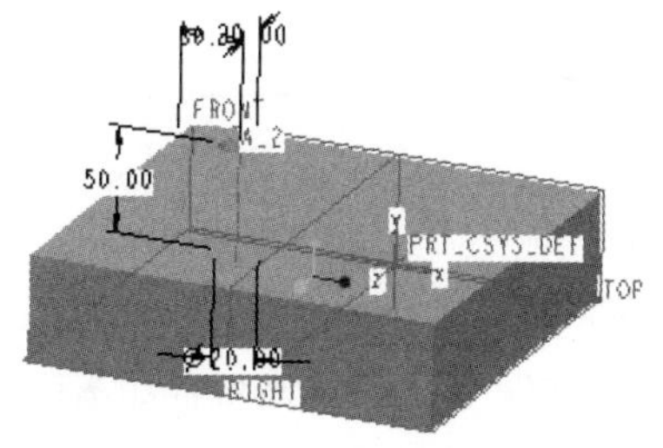

图 7-16　显示孔特征尺寸

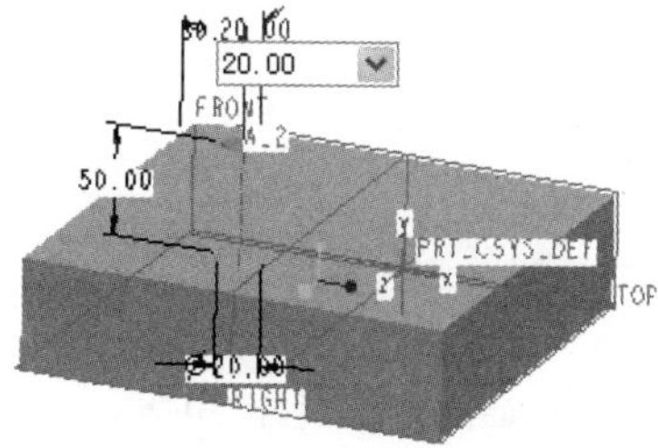

图 7-17　选取阵列参数

（6）在距离值下拉框中输入数值 50.00，然后按 Enter 键，此时在拉伸体上将出现阵列孔的预览位置，如图 7-18 所示。

（7）此时的阵列特征孔共两个，这和“阵列”操控板中的“1”子项后面的数值“2”是对应的，

将此数值“2”改为“3”，可以看到拉伸体上的预览阵列孔也发生了相应的变化，如图 7-19 所示。

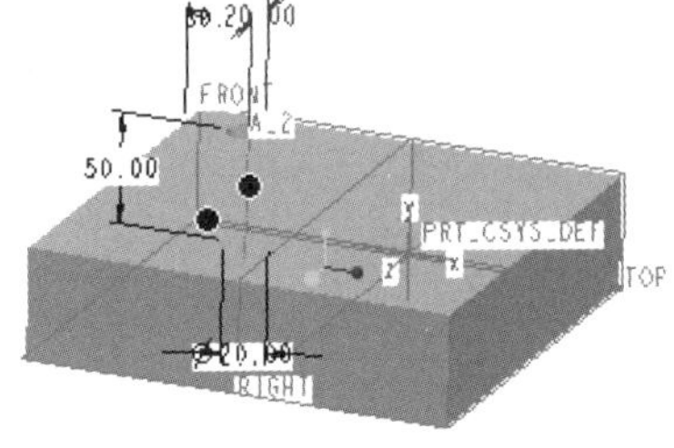

图 7-18　显示阵列预览位置

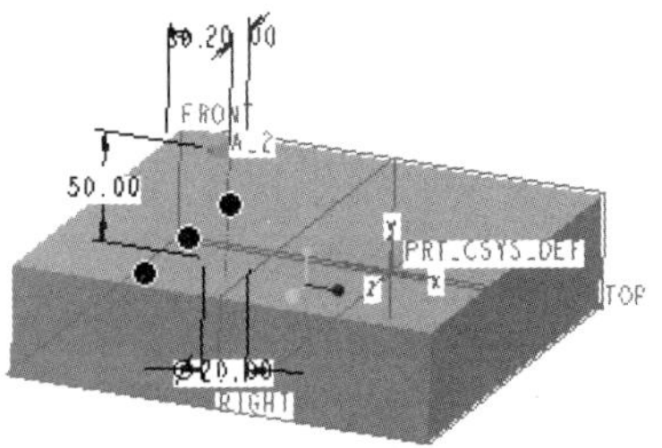

图 7-19　显示相应的阵列预览位置

（8）单击“阵列”操控板中的“建造特征”按钮，生成单向线性孔阵列特征，如图 7-20 所示。

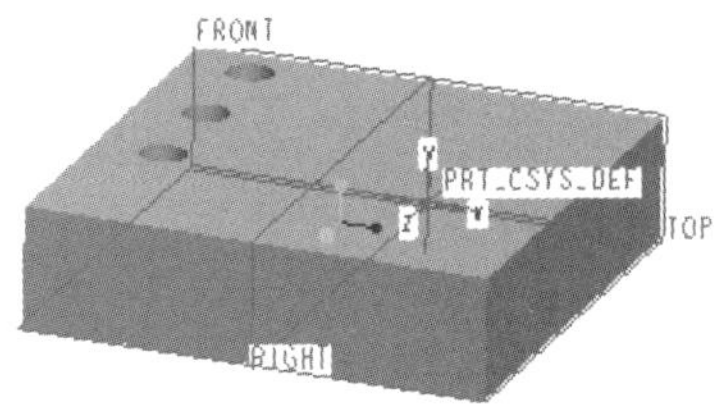

图 7-20　生成孔阵列特征

（9）选择“编辑”→“撤销”命令，将当前设计环境中的阵列特征取消。

7.3.2　双向线性阵列

双向线性阵列特征的创建步骤如下。

（1）继续使用 7.3.1 小节创建的设计环境。选中当前设计环境中的孔特征，单击“编辑特征”工具栏中的“阵列”按钮，系统打开“阵列”操控板，如图 7-21 所示。

图 7-21　“阵列”操控板

（2）单击孔特征的定位尺寸 20.00，在打开的下拉框中可以输入阵列特征的距离值 40.00，然后单击“阵列”操控板中的“单击此处添加项目”编辑框，此时编辑框中的文字变为“选取项目”，如图 7-22 所示。

图 7-22　添加阵列特征

（3）单击孔特征的定位尺寸 30.00，在打开的下拉框中可以输入阵列特征的距离值 50.00，然后将“阵列特征”操控板中的 2 子项后面的数值 2 改为 3，如图 7-23 所示。

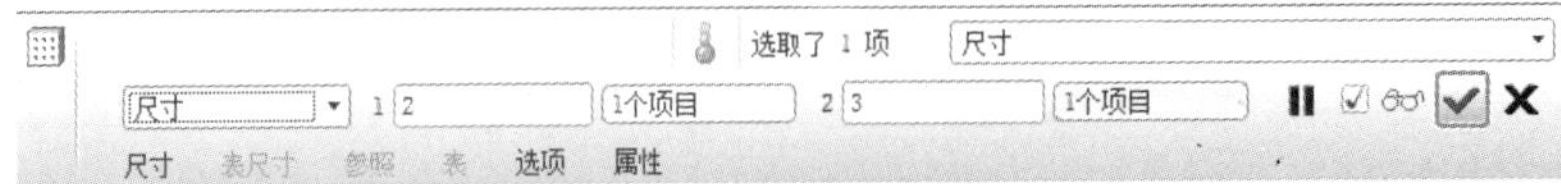

图 7-23　修改阵列特征数

（4）此时在拉伸体上将出现阵列孔的预览位置，如图 7-24 所示。

（5）单击“阵列”操控板中的“建造特征”按钮，生成双向线性孔阵列特征，如图 7-25 所示。

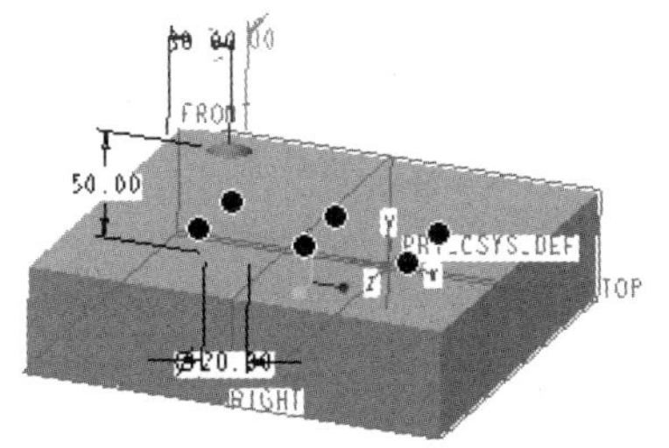

图 7-24　生成阵列特征预览位置

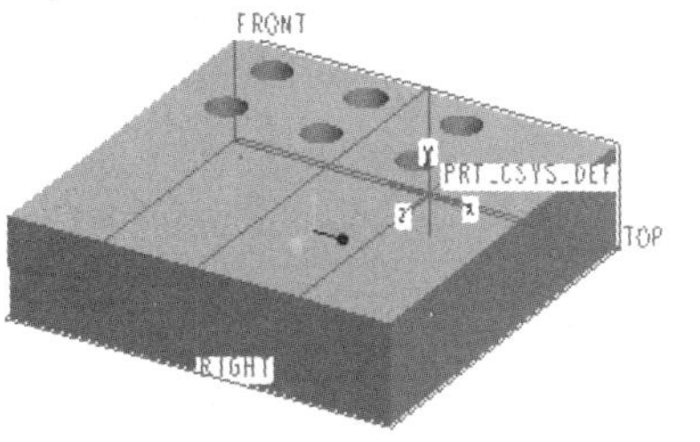

图 7-25　生成双向线性孔阵列特征

7.3.3　旋转阵列

旋转阵列特征的创建步骤如下。

（1）打开 Pro/ENGINEER 系统，新建一个“零件”设计环境，在此设计环境中绘制一个直径为 200.00、厚度为 50.00 的圆柱体，如图 7-26 所示。

（2）单击“基准”工具栏中的“基准轴工具”按钮，系统打开“基准轴”对话框，单击 RIGHT 基准面，然后按住 Ctrl 键，再单击 TOP 基准面，则在此两面交接处生成一条预览基准轴，如图 7-27 所示。

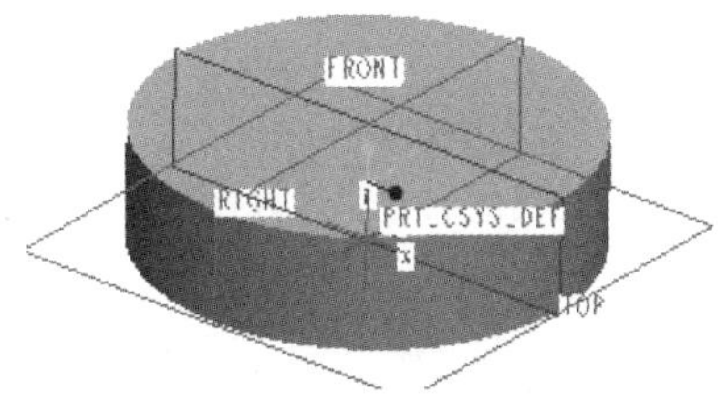

图 7-26　生成圆柱特征

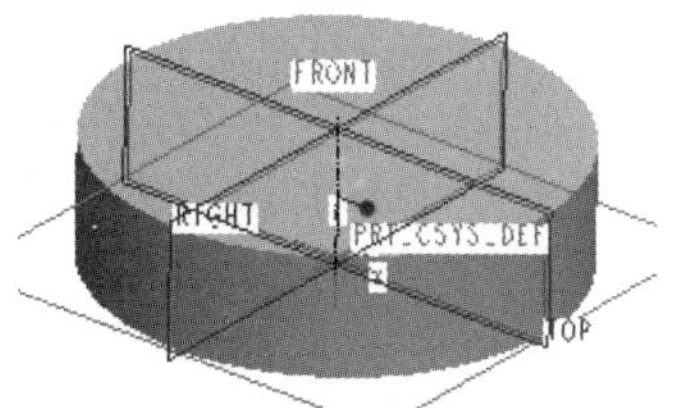

图 7-27　生成轴预览特征

（3）单击“基准轴”对话框中的“确定”按钮，系统生成此基准轴；在圆柱体顶面放置一个半径为 10.00 的通孔，单击“孔”操控板中的“放置”子项，在弹出的“放置”下滑面板中选取“类型”中的“直径”选项，如图 7-28 所示。

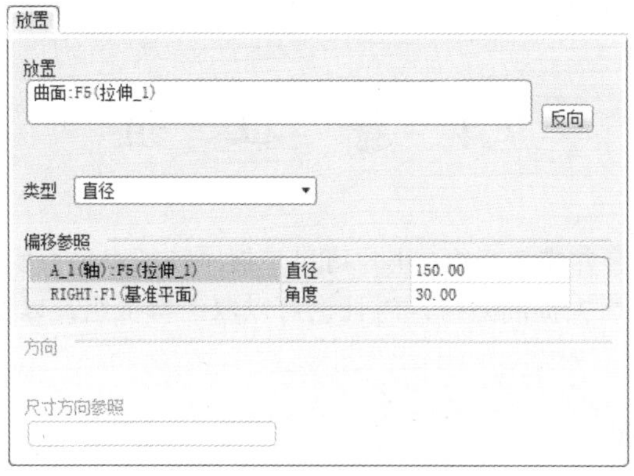

图 7-28　“放置”下滑面板

（4）拖动孔特征的两个操作柄，将其中一个操作柄拖到 TOP 基准面上，另一个操作柄拖到步

Note

骤（3）生成的基准轴上，此时在设计环境中会显示出此孔特征的定位尺寸，一个直径值和一个与 TOP 基准面形成的角度值，如图 7-29 所示。

（5）将孔的定位尺寸中的直径值修改为 150.00，角度值修改为 30.00，然后单击“孔”操控板中的“建造特征”按钮，生成此孔特征，如图 7-30 所示。

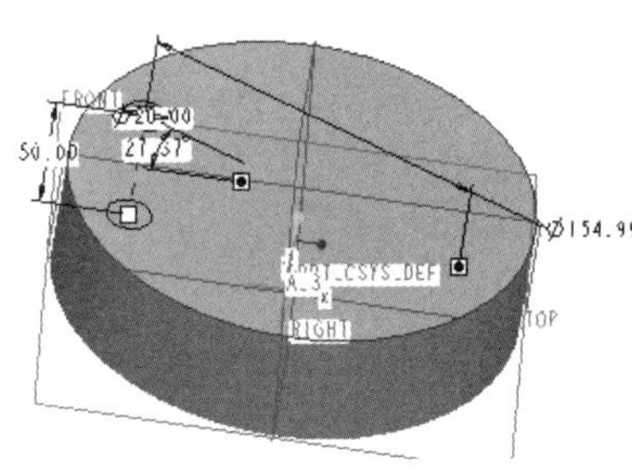

图 7-29　设置孔位置

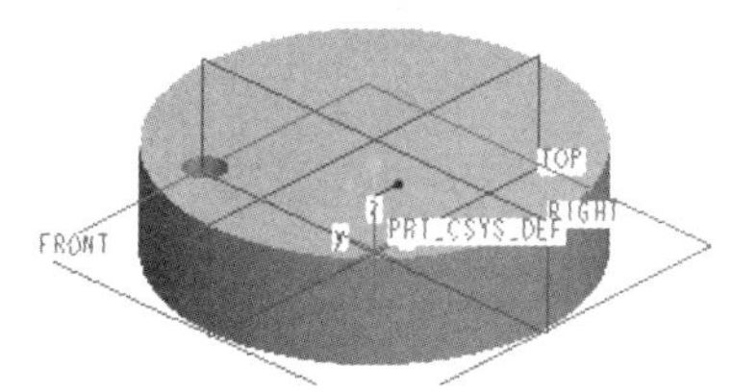

图 7-30　生成孔特征

（6）选中当前设计环境中的孔特征，单击“编辑特征”工具栏中的“阵列”按钮，单击孔特征的角度值 30，在打开的下拉框中可以输入阵列特征的角度距离值 60，然后将“阵列”操控板中的 1 子项后面的数值 2 改为 6，如图 7-31 所示。

图 7-31　“阵列”操控板

（7）此时在圆柱体上将出现阵列孔的预览位置，如图 7-32 所示。

（8）单击“阵列”操控板中的“建造特征”按钮，生成旋转孔阵列特征，如图 7-33 所示。

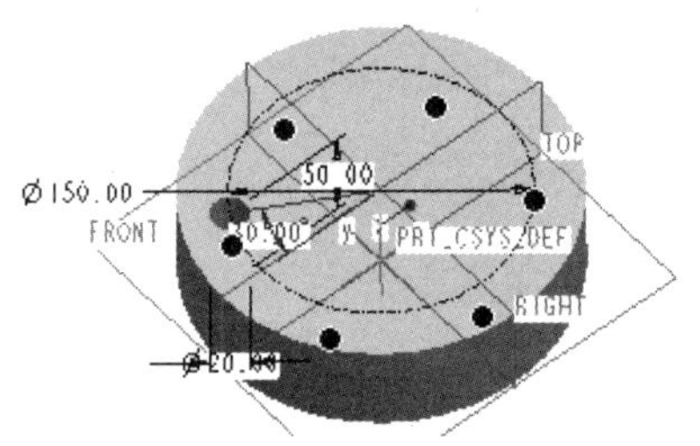

图 7-32　生成孔阵列预览位置

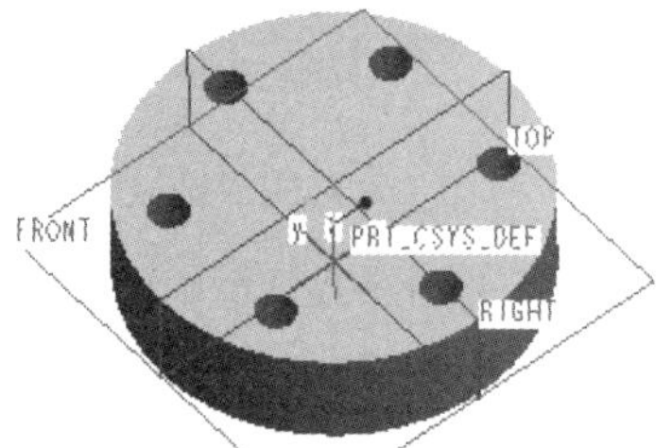

图 7-33　生成孔旋转阵列

7.4　特　征　组

特征组就是将几个特征合并成一个组，用户可以直接对特征组进行操作，不用一一操作单个的特征了。合理使用特征组可以大大提高效率，而且也可以取消特征组，以便对其中各个实例进行独立修改。

7.4.1　特征组的创建

特征组的创建方式有两种。

（1）在“设计树”浏览器中通过 Ctrl 键选取多个特征，然后单击鼠标右键，在弹出的快捷菜单

中选择“组”命令，即可创建特征组，在“设计树”浏览器中用图标表示。

如果选取的特征中间有其他特征，系统会在消息显示区显示“是否组合所有其间的特征？”，单击“是”按钮，则成功创建特征组；如果单击“否”按钮，则退出特征组的创建。

（2）在“设计树”浏览器中选取多个特征后，或者直接在设计环境中选取多个特征后，选择“编辑”→“组”命令，同样可以创建特征组，并在“设计树”浏览器中用图标表示。

Note

7.4.2　特征组的取消

特征组的取消方式非常简单，直接用鼠标右键单击所要取消的特征组，在弹出的快捷菜单中选择“分解组”命令即可。

7.5　隐藏与隐含

隐藏和隐含有较大的区别：隐藏是对非实体特征，如基准等，使其在设计环境中不可见，但在“设计树”浏览器中用灰色表示隐藏的特征；隐含可以将实体特征暂时从设计树中除去，并且被隐含的特征在设计环境中也是不可见的，设计对象“再生”时不会再生隐含的对象，因此加快了对象再生的速度，但是隐含操作不是将特征删除，用户可以随时将其恢复。使用隐藏操作不用考虑特征的父子关系，而使用隐含操作时要考虑特征的父子关系，当父特征被隐含时，其子特征也同时被隐含。

7.5.1　隐藏

系统允许在当前进程中的任何时间隐藏和取消隐藏所选的模型图元。

隐藏某一特征时，系统将该特征从图形窗口中删除，但是隐藏的项目仍存在于“模型树”列表中，其图标以灰色显示，表示该特征处于隐藏状态。取消隐藏某一特征时，其图标返回正常显示，该特征在“图形”窗口中重新显示。特征的隐藏状态与进程相关，隐藏操作不与模型一起保存，退出 Pro/ENGINEER 系统时，所有隐藏的特征自动重新显示。

7.5.2　隐含

隐含命令的具体操作如下。

（1）打开 taidengdengguanchakou 文件，右击“设计树”浏览器中的最后一个特征“倒圆角”，在弹出的快捷菜单中选择“隐含”命令，系统弹出一个对话框提示用户是否确认加亮特征被隐含，单击“确定”按钮，则此子项在“设计树”浏览器中被除去，并且设计环境中的台灯灯管插口上的相应倒圆角特征被除去，如图 7-34 所示。

（2）在“编辑”菜单的“恢复”子菜单下有 3 个命令：“恢复”“恢复上一个集”“恢复全部”。“恢复”命令是恢复选定的特征；“恢复上一个集”命令是恢复上一个操作的特征；“恢复全部”命令是恢复设计环境中的所有特征。选择“恢复上一个集”命令或“恢复全部”命令，则被隐含的倒圆角特征会被恢复，如图 7-35 所示。

（3）右击“设计树”浏览器中的第一个特征“拉伸体”，在弹出的快捷菜单中选择“隐含”命令，则拉伸体及其以下的所有特征都被加亮，如图 7-36 所示，这表示拉伸特征是其下特征的父特征（很明显，拉伸体下面的特征都是在拉伸体上生成的）。

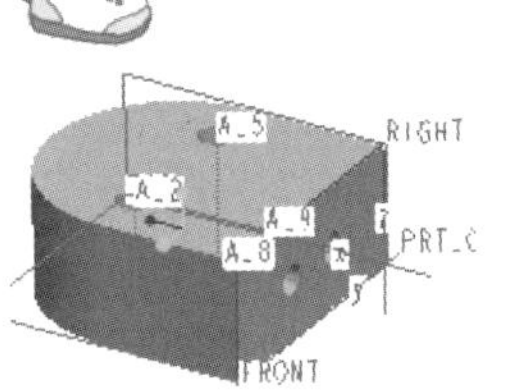

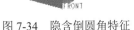

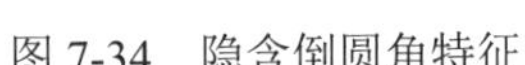
图 7-34　隐含倒圆角特征

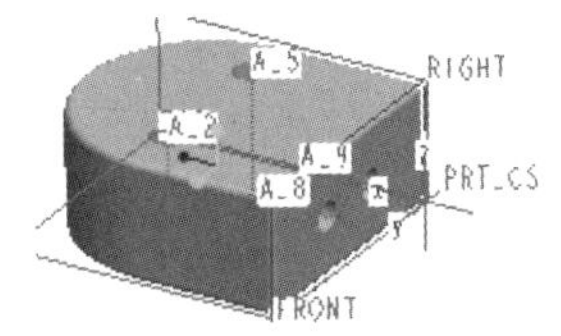

图 7-35　恢复倒圆角特征

图 7-36　设计树隐含变化

（4）此时系统弹出一个对话框提示用户是否确认加亮特征被隐含，单击“确定”按钮，则所有特征在“设计树”浏览器中被除去，并且设计环境中也没有设计对象；选择“编辑”菜单，展开此菜单中的“恢复”选项，选择“上一个”命令或“全部”命令，则被隐含的所有特征被恢复；关闭当前设计环境且不保存设计环境中的对象。

7.6　缩放模型

“缩放模型”命令存在于系统“编辑”菜单中。“缩放模型”命令可以将当前选定的特征缩放指定的倍数。

“缩放模型”命令的具体操作如下。

（1）打开已有零件 qigangluoshuan，单击设计环境中的螺栓体，可以看到整个螺栓体的线框用红色加亮表示。右击“设计树”浏览器中的“旋转”特征，在弹出的快捷菜单中选择“编辑”命令，此时螺栓体上显示出尺寸值，如图 7-37 所示。

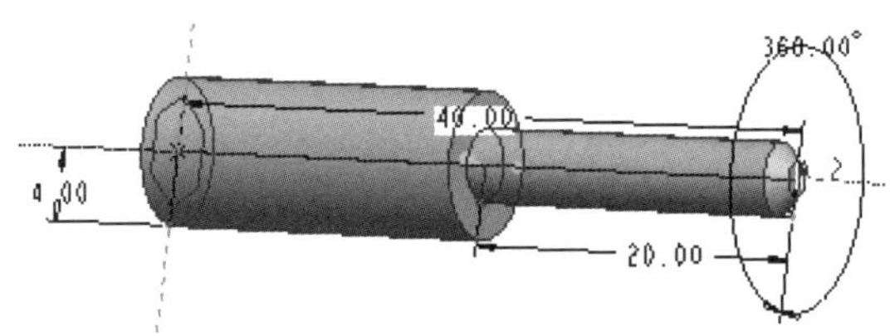

图 7-37　编辑螺栓体

（2）同样的操作，可以观察螺栓上的倒角及六边形孔的尺寸值。再次单击螺栓体，将其设为选中状态，然后选择“编辑”→“缩放模型”命令，系统在消息显示区中要求用户输入缩放比例，如图 7-38 所示。

图 7-38　“输入比例”提示框

（3）在“输入比例”框中输入数值 2，然后单击此框中的“确定”按钮✔，系统打开如图 7-39 所示的“确认”提示框。

（4）单击“确认”提示框中的“是”按钮，系统将选中的对象放大 2 倍，如图 7-40 所示。

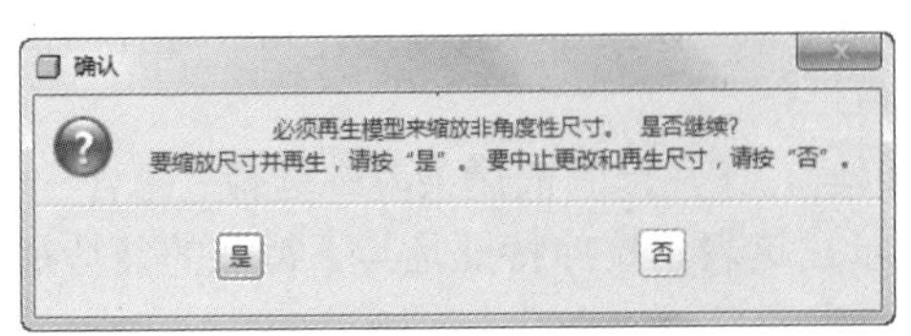

图 7-39　“确认”提示框

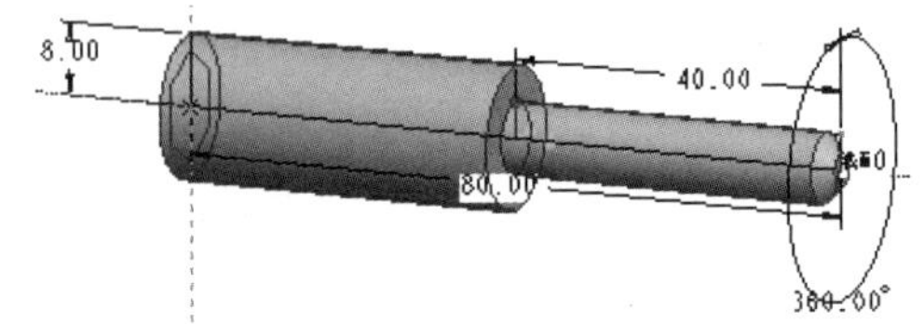

图 7-40　放大后的螺栓体

（5）此时还可以观察螺栓上的倒角及六边形孔的尺寸值，同样也是放大了 2 倍。关闭当前设计环境并且不保存设计对象。

7.7 查　　找

“查找”命令存在于系统的“编辑”菜单中。使用“查找”命令可以查找当前设计环境中对象的各种特征。

“查找”命令的使用步骤如下。

（1）打开已有零件 qigangchentao，选择“编辑”→“查找”命令，系统打开“搜索工具”对话框，如图 7-41 所示。

（2）单击“搜索工具”对话框中的“查找”子项的下拉箭头，可以看到查找特征的过滤项，如图 7-42 所示。

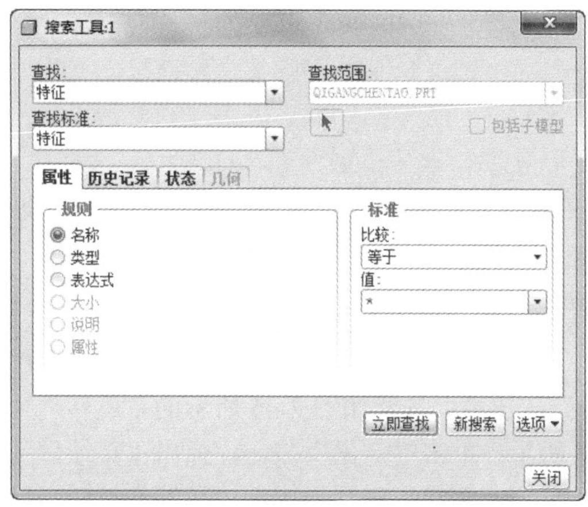

图 7-41　“搜索工具”对话框

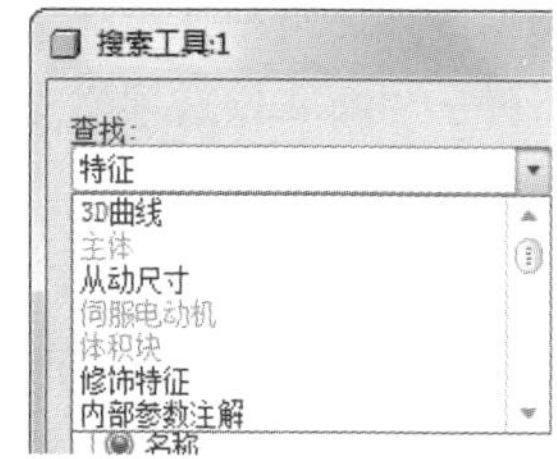

图 7-42　查找过滤选项

（3）单击“搜索工具”对话框中的“立即查找”按钮，系统只搜索当前设计环境中的几个基准，并在“搜索工具”对话框的下部显示，如图 7-43 所示。

（4）单击“搜索工具”对话框中的“关闭”按钮，系统关闭“搜索工具”对话框；单击气缸衬套上的倒圆角特征，将其选中，然后选择“编辑”→“查找”命令，在打开的“搜索工具”对话框中单击“立即查找”按钮，系统除了搜索当前设计环境中的几个基准外，还可搜索到气缸衬套上选定的倒圆角特征，并在“搜索工具”对话框的下部显示，如图 7-44 所示。

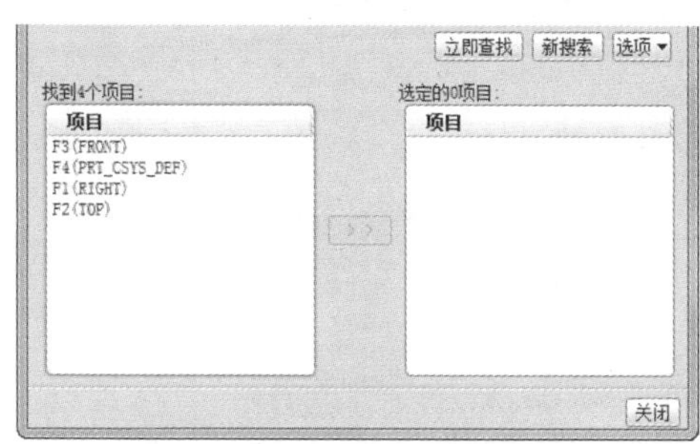

图 7-43　显示查找结果

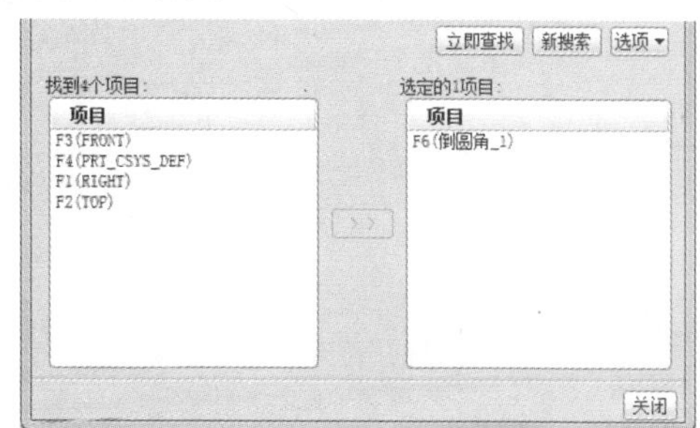

图 7-44　再次显示查找结果

（5）单击“搜索工具”对话框中的“关闭”按钮，系统关闭“搜索工具”对话框；关闭当前设

计环境并且不保存设计对象。

7.8　综合实例——齿轮轴

Note

视频讲解

本节以齿轮轴为例，如图 7-45 所示。综合应用前面所学的知识，讲述实体特征编辑功能的具体建模方法，具体步骤如下。

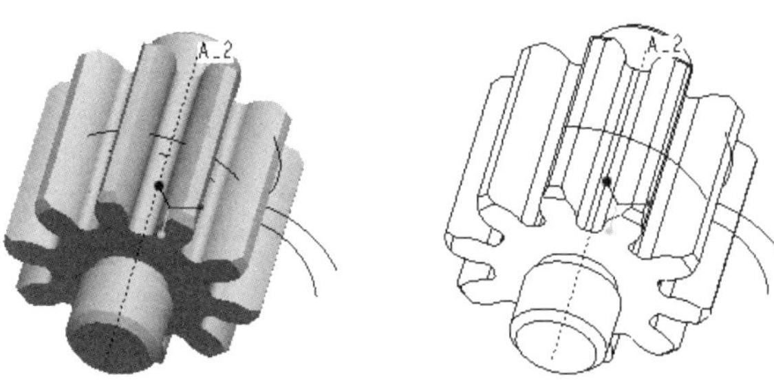

图 7-45　齿槽阵列

1. 创建新文件

启动 Pro/ENGINEER 后，单击界面上部“文件”工具栏中的“新建”按钮，出现“新建”对话框，在“类型”选项组中选中“零件”单选按钮，在“名称”文本框中输入 chilunzhou，单击“确定”按钮，弹出“新文件选项”对话框，选择 mmns_part_solid，单击“确定”按钮，进入绘图界面。

2. 创建齿轮主体

（1）单击“基础特征”工具栏中的“旋转”按钮，打开如图 7-46 所示的“旋转”操控板。单击“放置”，打开“位置”下滑面板，如图 7-47 所示。单击“定义”按钮，弹出“草绘”对话框，如图 7-48 所示，选择 RIGHT 基准面为草绘平面，单击“草绘”对话框中的“草绘”按钮，接受默认参照方向进入草绘模式。

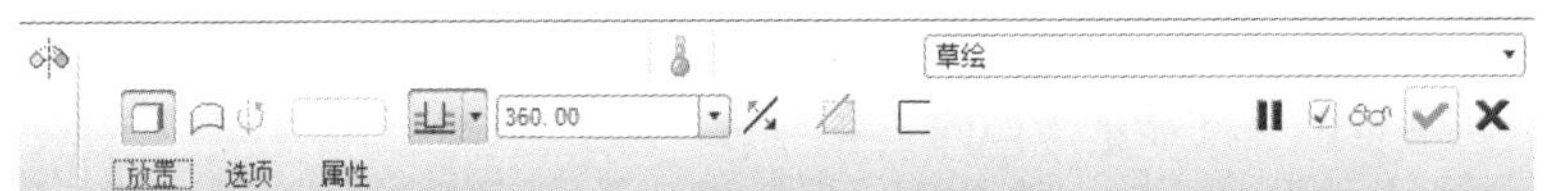

图 7-46　“旋转”操控板

（2）单击“草绘器工具”工具栏中的“中心线”按钮绘制一条中心线（对齐至 TOP 面）。再单击按钮绘制如图 7-49 所示的外形线（必须封闭）。

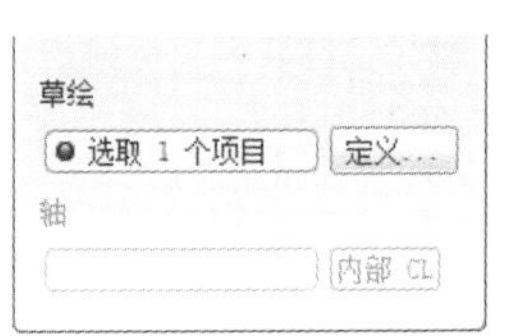

图 7-47　“位置”下滑面板

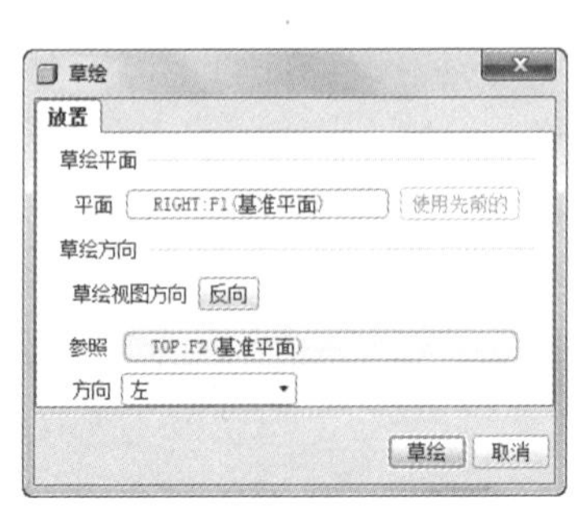

图 7-48　“草绘”对话框

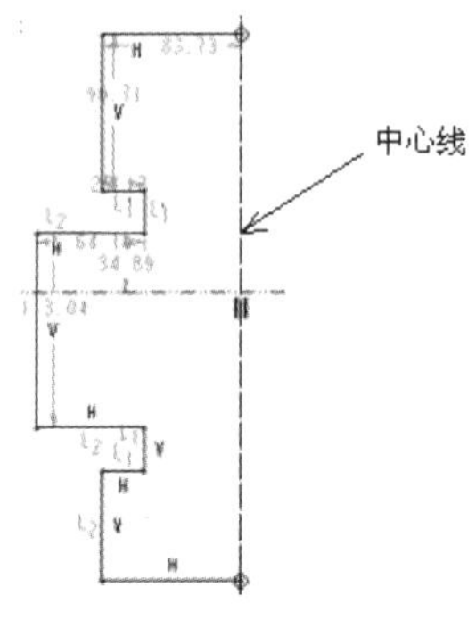

图 7-49　轮辐草图尺寸图

（3）单击“草绘器工具”工具栏中的“标注尺寸”按钮，进行尺寸标注，或单击“选取”按钮，依次单击草图上的尺寸，弹出“修改尺寸”对话框，如图 7-50 所示。修改后尺寸如图 7-51 所示。再单击（确认）按钮，完成草绘特征。

（4）在“旋转”操控板中选择，输入深度处选择 360.00，再单击按钮完成此旋转特征，如图 7-52 所示。

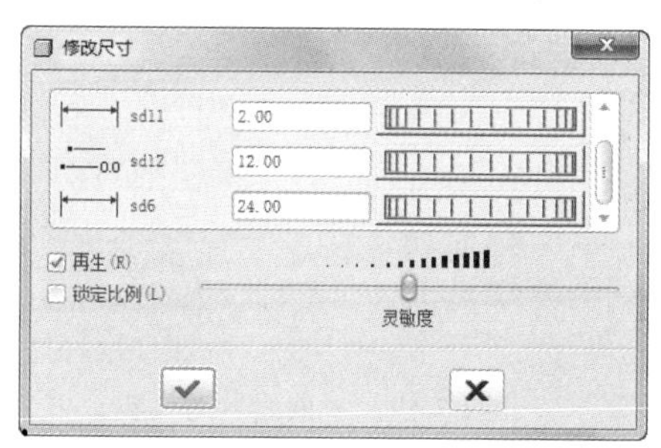

图 7-50　修改轮辐草图尺寸对话框

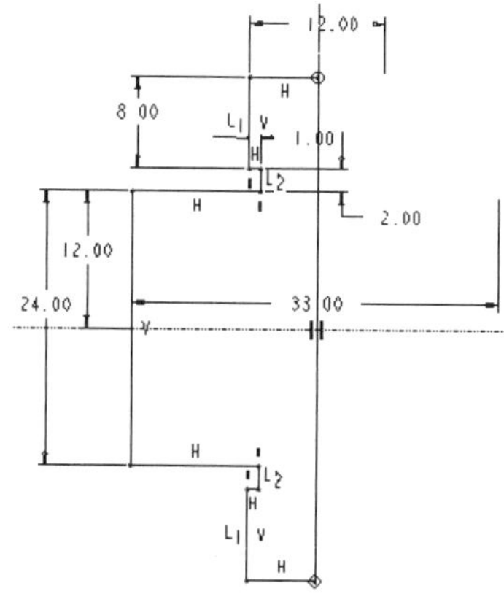

图 7-51　修改后的轮辐草图尺寸

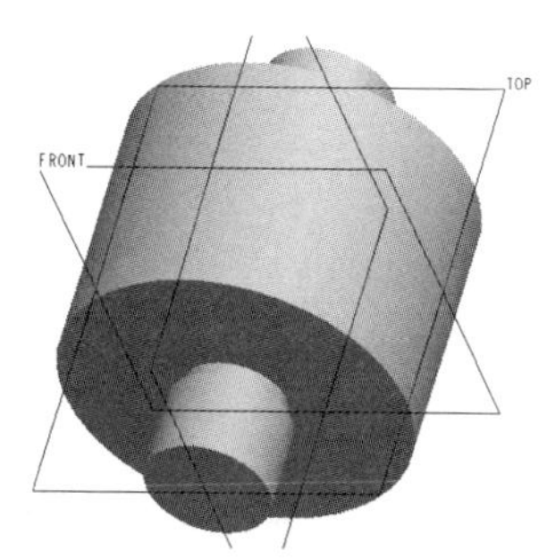

图 7-52　生成轮辐特征

3. 生成倒角

单击“工程特征”工具栏中的“倒角”按钮，打开如图 7-53 所示的“倒角”操控板，选择圆柱外侧的边进行倒角。选择 45 x D，设置 D 为 1.00，单击按钮完成倒角特征。

图 7-53　“倒角”操控板

重复上述步骤，对齿轮 4 个棱边依次进行 C1 倒角，完成特征如图 7-54 所示。

4. 创建齿根圆草图

（1）单击右侧窗口的“草绘曲线”按钮，弹出“草绘”对话框，选择 FRONT 基准面为草绘平面，单击“草绘”对话框中的“草绘”按钮，接受默认参照方向进入草绘模式。

（2）单击“草绘器工具”工具栏中的按钮，制作两个同心的圆，如图 7-55 所示。

（3）单击“草绘器工具”工具栏中的“选择”按钮，依次选择两个圆的直径进行尺寸修改，修改后尺寸如图 7-56 所示。单击“确认”按钮，完成齿根圆及分度圆的绘制特征，如图 7-57 所示。

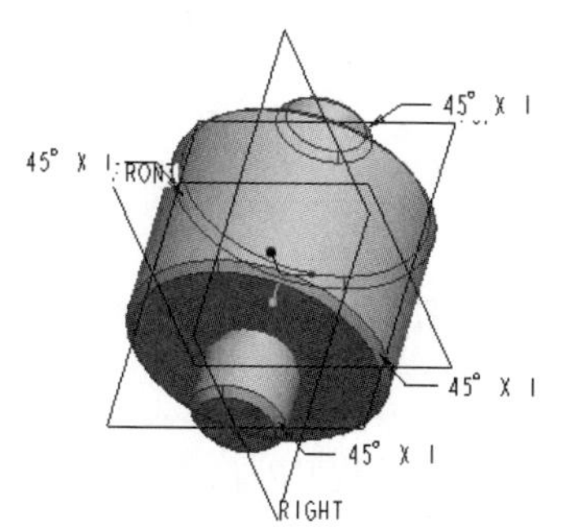

图 7-54　轮辐效果图

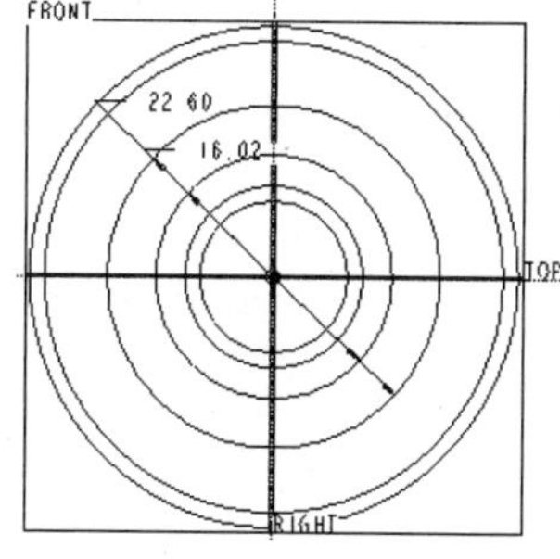

图 7-55　齿根圆草图

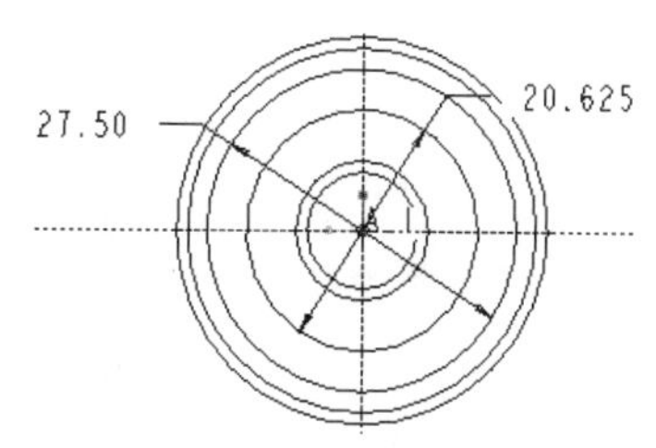

图 7-56　修改草图尺寸

Note

5. 绘制曲线

（1）单击“曲线”按钮，出现如图 7-58 所示菜单管理器，选择“从方程”→“完成”命令，弹出下一个菜单管理器，如图 7-59 所示。如图 7-60 所示，在模型树显示区域选择PRT_CSYS_DEF，弹出图 7-61 所示菜单管理器，选择其中的“笛卡尔”命令。

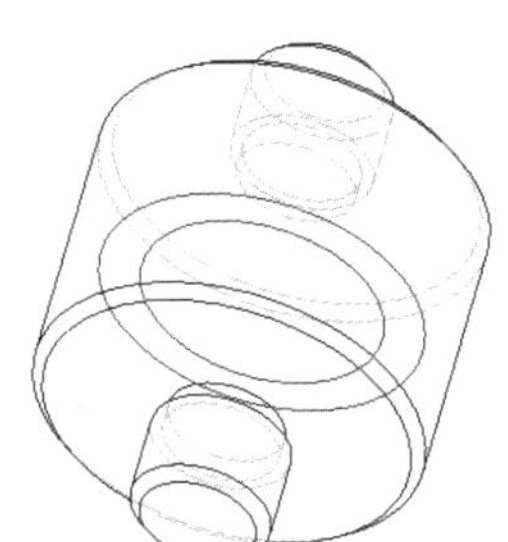

图 7-57　完成两圆参考线特征

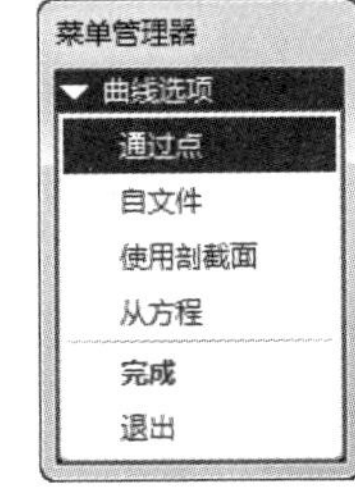

图 7-58　“曲线选项”菜单管理器

图 7-59　“曲线”对话框

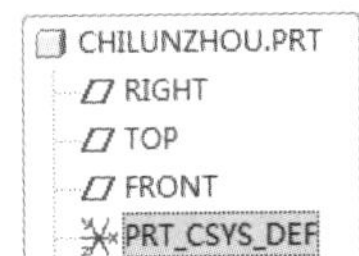

图 7-60　模型树显示区

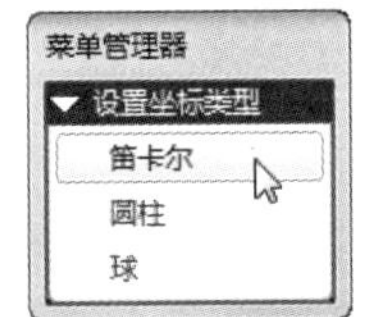

图 7-61　“曲线”定义菜单坐标设置

（2）系统打开 rel.ptd 记事本文件，如图 7-62 所示。在记事本中输入齿廓的曲线方程，如图 7-63 所示。

（3）在图 7-63 所示记事本对话框内选择“文件”→“保存”命令，单击记事本中的“关闭”按钮关闭记事本。再单击图 7-59 所示“曲线：从方程”对话框中的“确定”按钮，生成曲线，如图 7-64 所示。

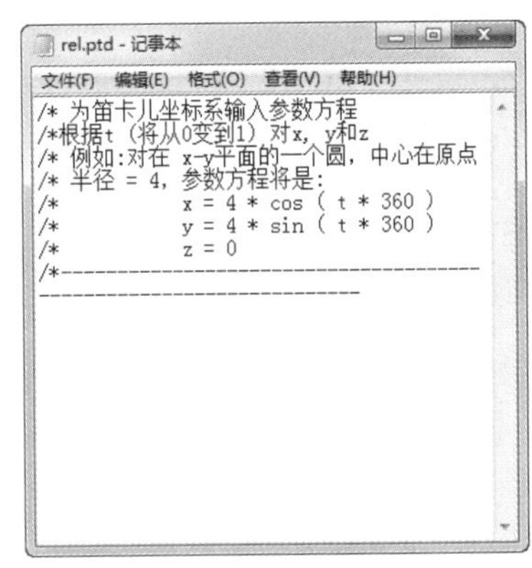

rel.ptd - 记事本

文件(F)　编辑(E)　格式(O)　查看(V)　帮助(H)

```
/* 为笛卡儿坐标系输入参数方程
/*根据t (将从0变到1) 对x, y和z
/* 例如:对在 x-y平面的一个圆, 中心在原点
/* 半径 = 4, 参数方程将是:
/*            x = 4 * cos ( t * 360 )
/*            y = 4 * sin ( t * 360 )
/*            z = 0
/*---------------------------------------------------
-----------------------------------
```

图 7-62　“曲线”方程记事本

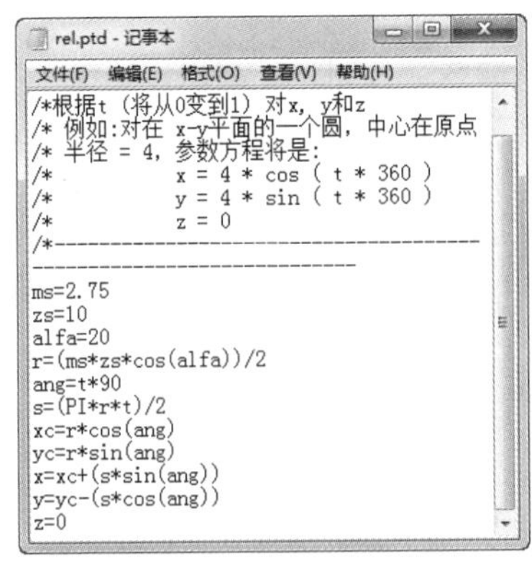

rel.ptd - 记事本

文件(F)　编辑(E)　格式(O)　查看(V)　帮助(H)

```
/*根据t (将从0变到1) 对x, y和z
/* 例如:对在 x-y平面的一个圆, 中心在原点
/* 半径 = 4, 参数方程将是:
/*            x = 4 * cos ( t * 360 )
/*            y = 4 * sin ( t * 360 )
/*            z = 0
/*---------------------------------------------------
-----------------------------------

ms=2.75
zs=10
alfa=20
r=(ms*zs*cos(alfa))/2
ang=t*90
s=(PI*r*t)/2
xc=r*cos(ang)
yc=r*sin(ang)
x=xc+(s*sin(ang))
y=yc-(s*cos(ang))
z=0
```

图 7-63　输入曲线方程

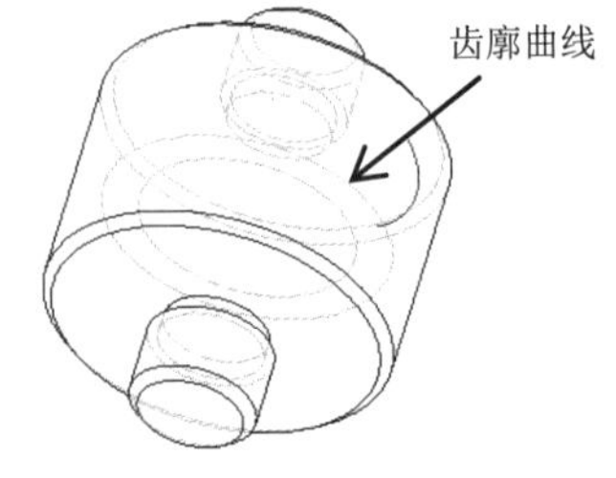

图 7-64　生成轮廓外形曲线

6. 镜像曲线

选择刚刚生成的曲线，单击“草绘器工具”工具栏中的“镜像”按钮，窗口下面出现如图 7-65 所示的镜像操作面板，直接选择 TOP 面为镜像参考面，单击按钮，完成曲面镜像，如图 7-66 所示。

7．旋转复制曲线

（1）选择镜像得到的曲线，依次选择“编辑”→“复制”命令，如图 7-67 所示。

图 7-65　镜像操作面板

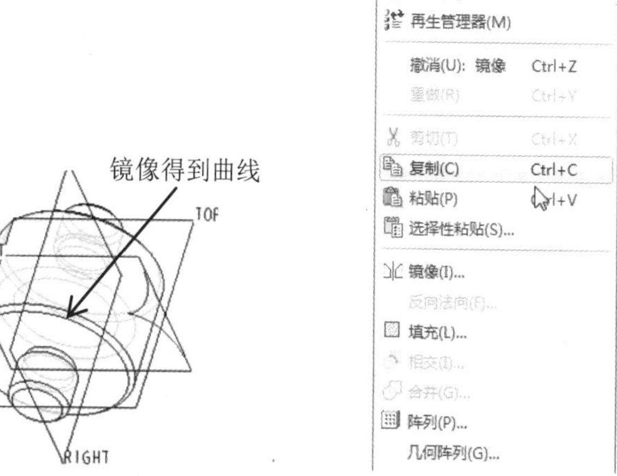

图 7-66　镜像齿廓外形曲线

图 7-67　“编辑”菜单

（2）选择“编辑”→“选择性粘贴”命令，弹出如图 7-68 所示“选择性粘贴”对话框，选中“对副本应用移动/旋转变换”复选框，单击“确定”按钮。

（3）屏幕下方出现如图 7-69 所示的旋转操作面板。单击“旋转”按钮，并选择屏幕中轴的中心线为参照，在角度栏中输入旋转角度值-16.2921，单击✔按钮，完成曲线的旋转复制，如图 7-70 所示。

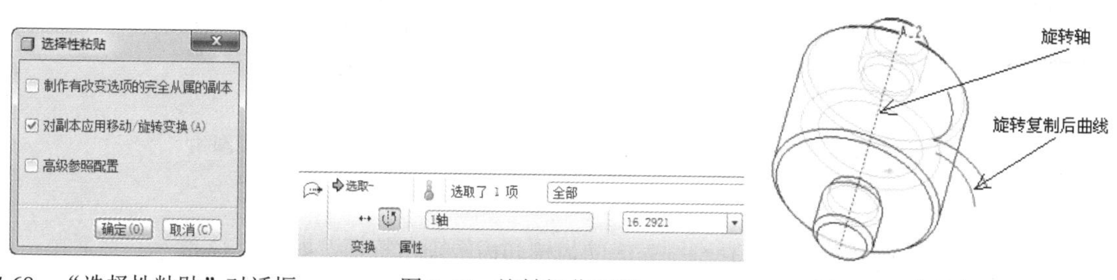

图 7-68　“选择性粘贴”对话框

图 7-69　旋转操作面板

图 7-70　曲线的旋转复制

8．创建齿槽

（1）单击“基础特征”工具栏中的“拉伸”按钮，打开如图 7-71 所示“拉伸”操控板。依次单击“放置”→“定义”，弹出“草绘”对话框，选择 FRONT 基准面为草绘平面，单击“草绘”对话框中的“草绘”按钮，接受默认参照方向进入草绘模式。

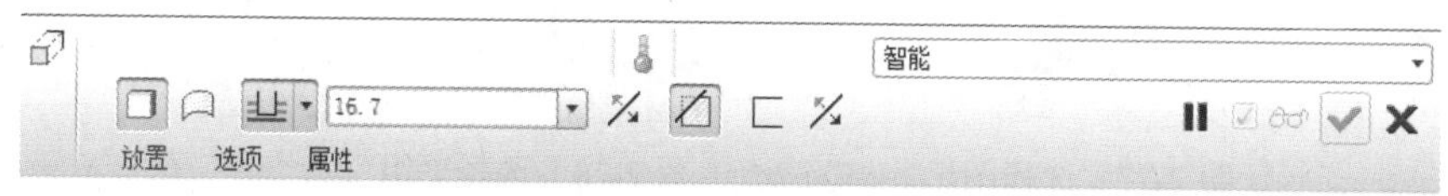

图 7-71　“拉伸”操控板

（2）单击“草绘器工具”工具栏中的“使用”按钮，选择两条弧线、齿根圆及齿顶圆（共计 4 条弧线），然后使用“圆弧”命令绘制圆弧连接两条弧线到齿根圆，再使用“修剪”按钮修剪草图，如图 7-72 所示。单击“确认”按钮✔，完成草绘特征。

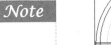

Note

（3）在“拉伸”操控板中单击“实体”按钮，并单击“去除材料”按钮，再单击“选项”，打开“选项”下滑面板，在“侧 1”与“侧 2”下拉列表框中均选择（穿透），如图 7-73 所示。单击按钮，完成齿槽特征，如图 7-74 所示。

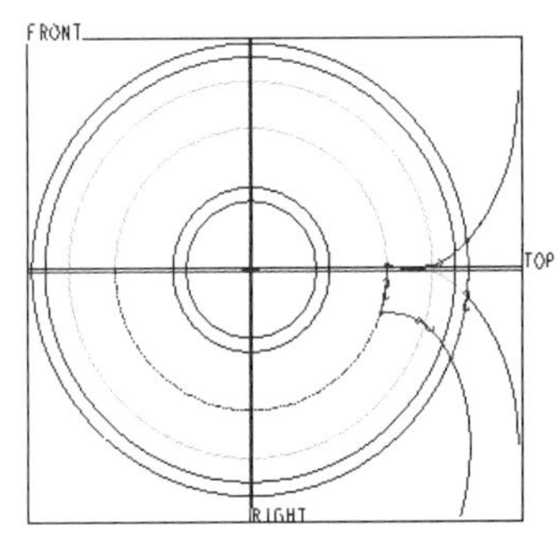

图 7-72　绘制齿形草图

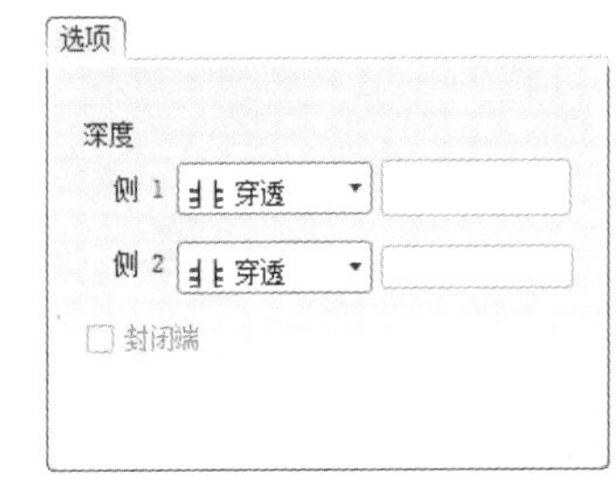

图 7-73　“选项”下滑面板

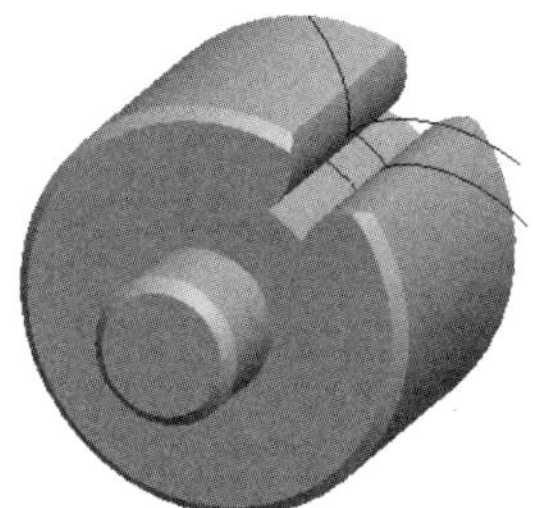
图 7-74　齿槽特征

9. 生成齿根圆角

单击“工程特征”工具栏中的“倒圆角”按钮，输入 R 值 1.2，再依次选择如图 7-75 所示齿根的两条棱，单击按钮，完成圆角特征，如图 7-76 所示。

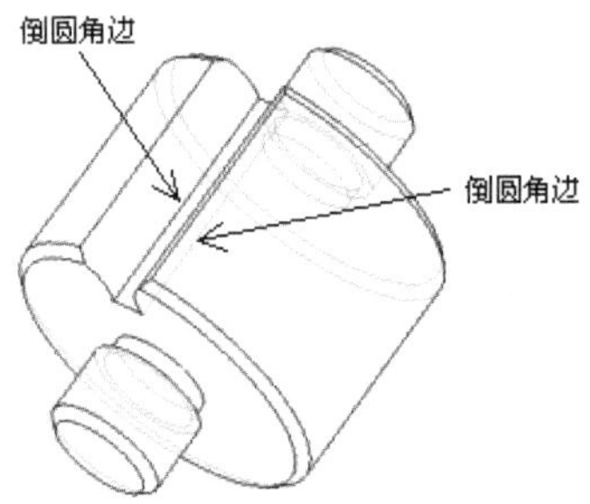

图 7-75　选择倒圆角边

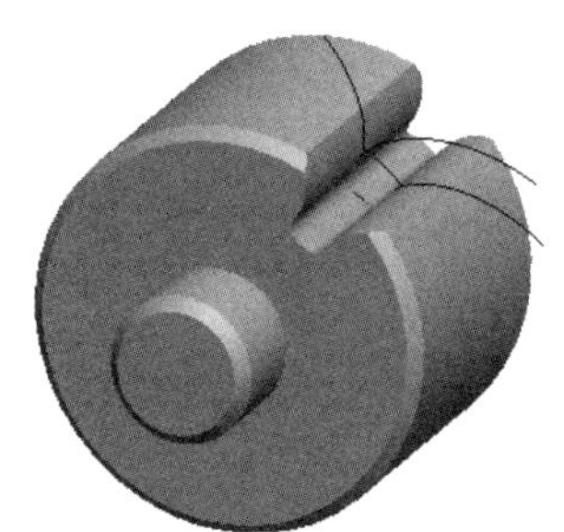
图 7-76　生成齿根圆角

10. 制作齿槽组

按住键盘上的 Shift 键，再选择刚刚完成的齿槽和齿根圆角特征，如图 7-77 所示，然后单击鼠标右键，在弹出的快捷菜单中选择“组”命令，如图 7-78 所示，完成组的创建。

拉伸 1
倒圆角 1
在此插入

图 7-77　选择图示

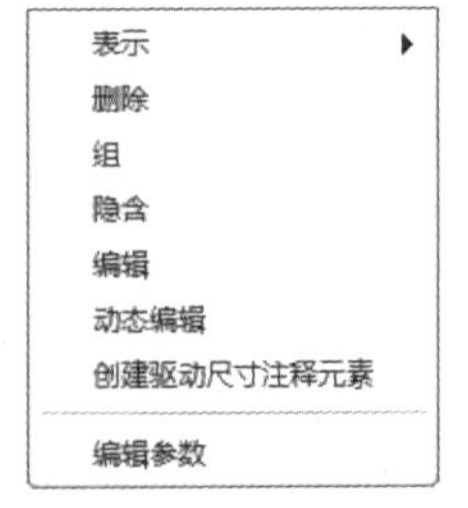

图 7-78　选择“组”命令

11. 旋转复制齿槽

选择创建的组，依次选择“编辑”→“复制”命令，再重复选择“编辑”→“选择性粘贴”命令，弹出“选择性粘贴”对话框，选中“完全从属于要改变的选项”与“对副本应用移动/旋转变换”复选框，单击“确定”按钮。在屏幕上方的菜单中单击“旋转”按钮，并选择屏幕中轴的中心线为参

照，在角度栏中输入旋转角度 36，单击“创建特征”按钮✓，完成齿槽的旋转复制，如图 7-79 所示。

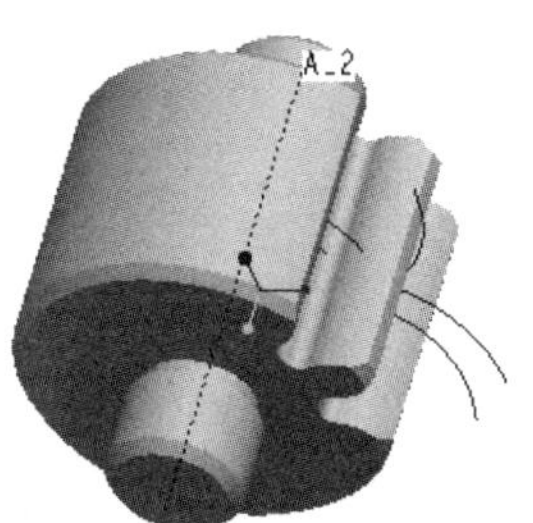

图 7-79　齿槽的旋转复制

12. 齿槽阵列

（1）选择创建的组，单击“草绘器工具”工具栏中的“阵列”按钮▦，选择阵列方式为“轴”，然后选择屏幕中轴的中心线为参照，在角度栏中输入旋转角度 36，如图 7-80 所示。

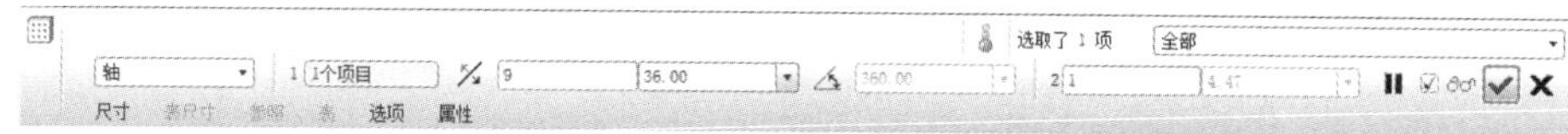

图 7-80　阵列角度设置

（2）在“阵列”操控板中输入阵列数量 9，单击✓按钮完成齿槽阵列，如图 7-45 所示。

▶▶第 3 篇

曲面造型篇

本篇主要介绍 Pro/ENGINEER Wildfire 5.0 曲面造型的有关知识。包括高阶曲面的建立、自由曲面的建立以及曲面编辑等知识。

曲面造型也是造型设计中的难点，通过本篇学习，可以帮助读者掌握 Pro/ENGINEER Wildfire 5.0 曲面造型设计的设计思想和方法。

高阶曲面的建立

本章将介绍一些特殊的曲面建立方法，用更多的方法来控制建立的曲面。因此从数学的分析角度来看，需要用更高阶的微分方程来建立，这些曲面被称为高级曲面或高阶曲面。

任务驱动&项目案例

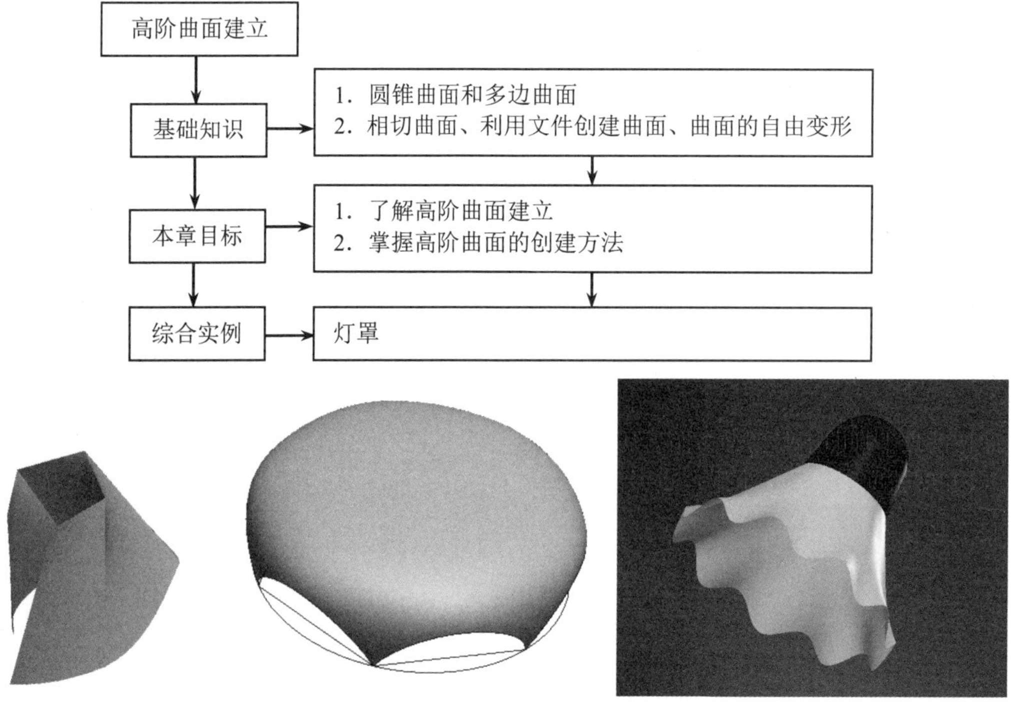

Note

8.1　圆锥曲面和多边曲面

下面分别讲述圆锥曲面和多边曲面的创建方法。

8.1.1　高级圆锥曲面的建立

圆锥曲面是指以两条边界线（仅限单段曲线）形成曲面，再以一条控制曲线调整曲面隆起程度的曲面建立方式。其中构成圆锥曲面需要利用圆锥曲线形成曲面，即曲面的截面为圆锥线。

选择“插入”→“高级”→“圆锥曲面和 N 侧曲面片”命令，弹出如图 8-1 所示的“边界选项”菜单管理器。选择其中的“圆锥曲面”命令。此时“肩曲线”和“相切曲线”两个菜单命令被激活，如图 8-2 所示。这两个命令的意义如下。

（1）肩曲线：曲面穿过控制曲线。在这种情况下，控制曲线定义曲面的每个横截面圆锥肩的位置。

（2）相切曲线：曲面不穿过控制曲线。在这种情况下，控制曲线定义穿过圆锥截面渐进曲线交点的直线。

保持默认“肩曲线”命令，选择图 8-2 中的“完成”命令，即可打开“曲面：圆锥，肩曲线”对话框，如图 8-3 所示。各选项意义如下。

（1）曲线：定义圆锥曲面的边界曲线和控制曲线。其中又包含以下几种类型，如图 8-4“曲线选项”菜单管理器所示。

图 8-1　“边界选项”菜单管理器

图 8-2　选择“圆锥曲面”后的“边界选项”

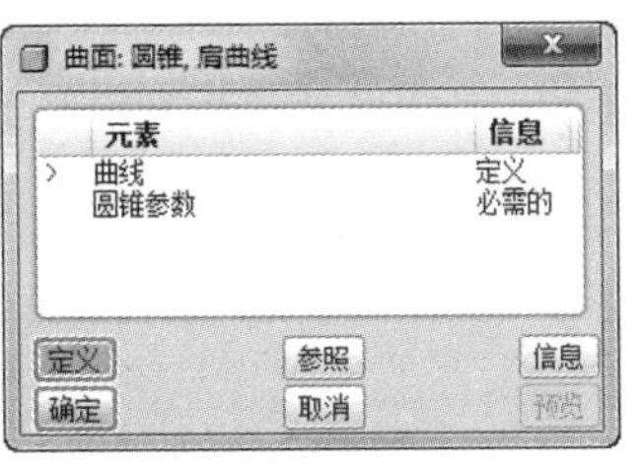

图 8-3　“曲面：圆锥，肩曲线”对话框

图 8-4　“曲线选项”菜单管理器

☑　逼近方向：指定逼近曲面的曲线。

☑　边界：指定圆锥混合的两条边界线。

☑　肩曲线：指定控制曲线隆起程度的肩曲线。

（2）圆锥参数：控制生成曲面的形式，范围是 0.05～0.95，分为以下几种类型。

☑　0<圆锥参数<0.5：椭圆。

☑　圆锥参数=0.5：抛物线。

☑　0.5<圆锥参数<0.95：双曲线。

Note

8.1.2 多边曲面的建立

N 侧曲面片用来处理 N 条线段所围成的曲面，线段数目不得少于 5 条，N 侧曲面边界不能包括相切的边、曲线。N 条线段形成一个封闭的环。N 侧曲面片的形状由连接到一起的边界几何决定。

多边曲面的建立过程如下。

（1）单击系统工具栏中的“新建”按钮，建立新的零件文件。

（2）单击“特征”工具栏中的“草绘基准线”按钮，选择 TOP 基准面作为草绘平面，建立如图 8-5 所示的曲线。

（3）单击工具栏中的✔按钮，完成基准曲线的绘制，系统返回零件设计状态。

（4）单击“特征”工具栏中的“创建基准轴线”按钮，按住 Ctrl 键，选择 TOP、RIGHT 两个基准平面，单击“基准轴”对话框中的“确定”按钮，如图 8-6 所示，完成基准轴线的绘制。

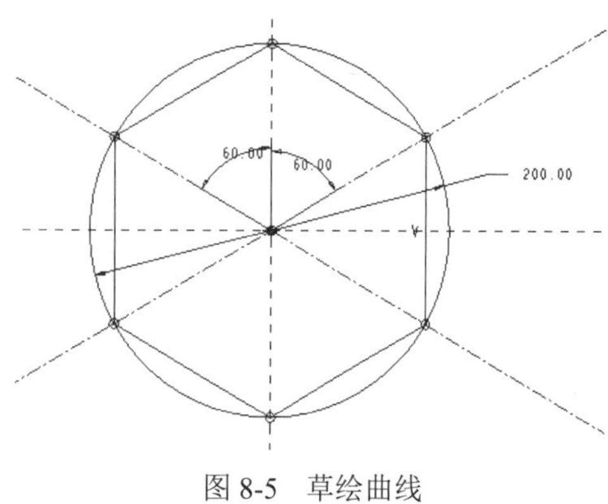

图 8-5　草绘曲线

图 8-6　“基准轴”对话框

（5）单击“特征”工具栏中的“创建基准平面”按钮，系统弹出如图 8-7 所示的“基准平面”对话框。

（6）选择如图 8-8 所示的线段，按住 Ctrl 键，选择 TOP 基准面，在“基准平面”对话框的“偏移”中，输入旋转值 120，此时“基准平面”对话框如图 8-9 所示。生成的基准面如图 8-10 所示，单击对话框中的“确定”按钮，完成基准面的绘制。

图 8-7　“基准平面”对话框

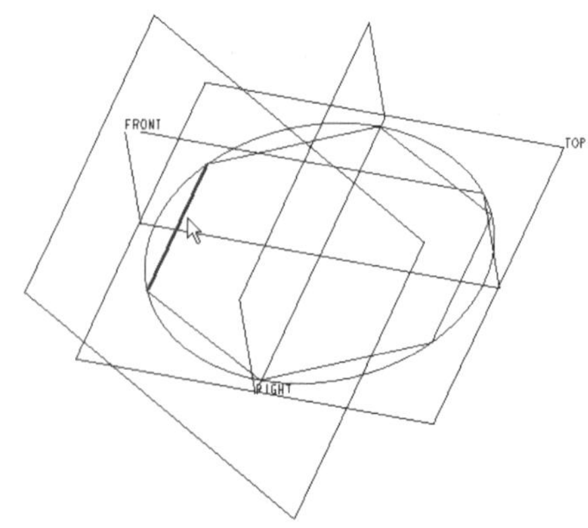

图 8-8　选择的线段

（7）再次单击“特征”工具栏中的“草绘”按钮，选择刚生成的基准面 DTM1 为绘图平面，单击“草绘”按钮，进入绘图界面。

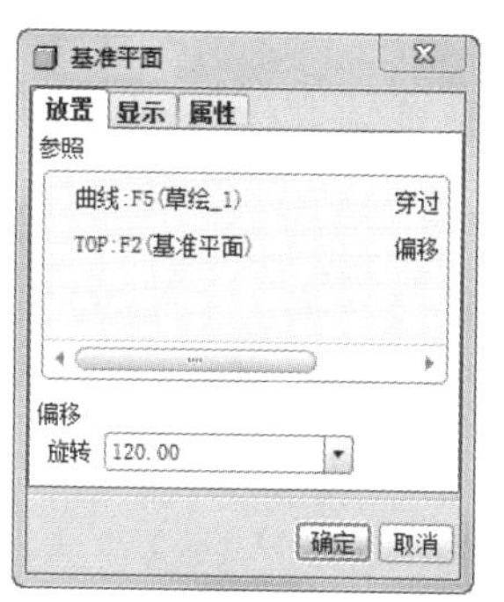

图 8-9 选择参照后的“基准平面”对话框

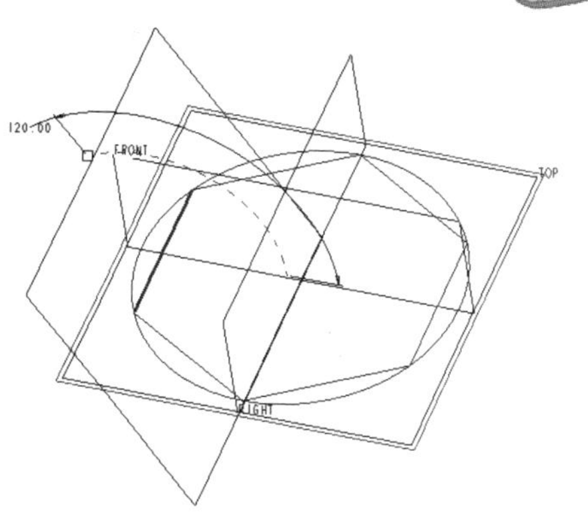

图 8-10 生成的基准平面

（8）系统显示“参照”对话框，如图 8-11 所示。选取轴线 A1，此时“参照”对话框中的内容如图 8-12 所示。单击“关闭”按钮。

图 8-11 “参照”对话框

图 8-12 “参照”对话框中的内容

（9）单击工具栏中的按钮，绘制如图 8-13 所示的圆弧。

（10）单击“特征”工具栏中的按钮，系统弹出如图 8-14 所示的“约束”对话框，选择约束的方式，选择对齐约束，选择圆弧的端点与五边形的顶点对齐，如图 8-15 所示。用同样的方式对齐另一端。生成的曲线如图 8-16 所示。

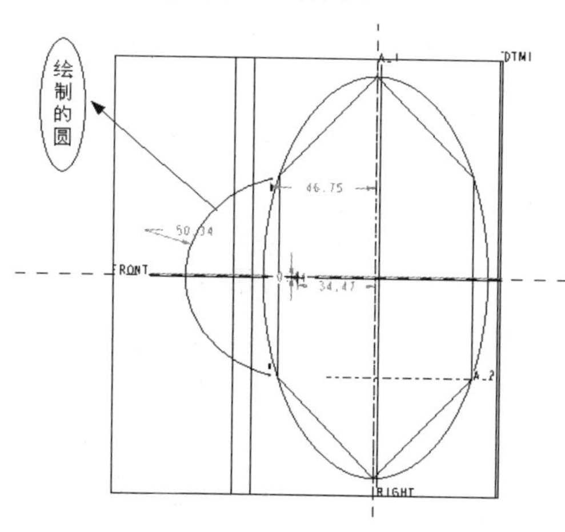

图 8-13 草绘圆弧

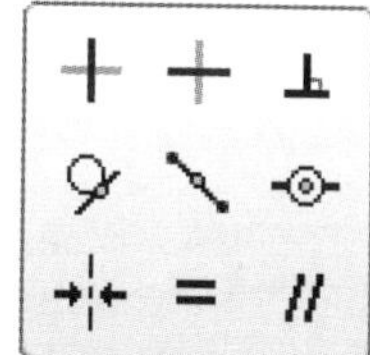

图 8-14 “约束”对话框

（11）选中步骤（10）中生成的曲线，单击“特征”工具栏中的“镜像”按钮，系统弹出镜像

Note

操作面板，如图 8-17 所示，根据系统提示选择 RIGHT 基准面作为镜像平面。单击✔按钮，完成曲线的镜像，如图 8-18 所示。

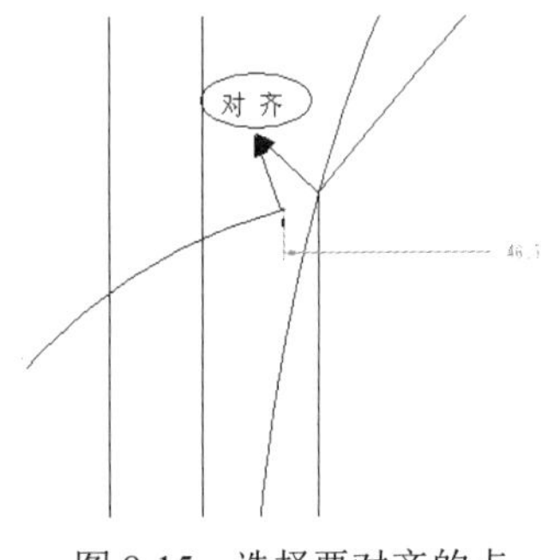

图 8-15　选择要对齐的点

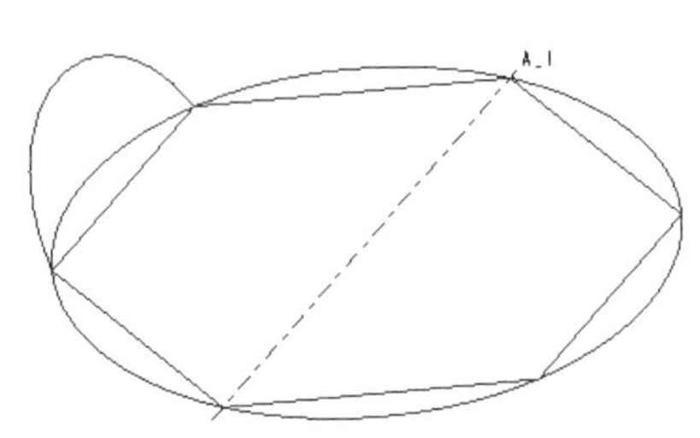

图 8-16　生成的曲线

图 8-17　镜像操作面板

（12）再次单击“特征”工具栏中的“创建基准平面”按钮，创建如图 8-19 所示的基准平面 DTM2。

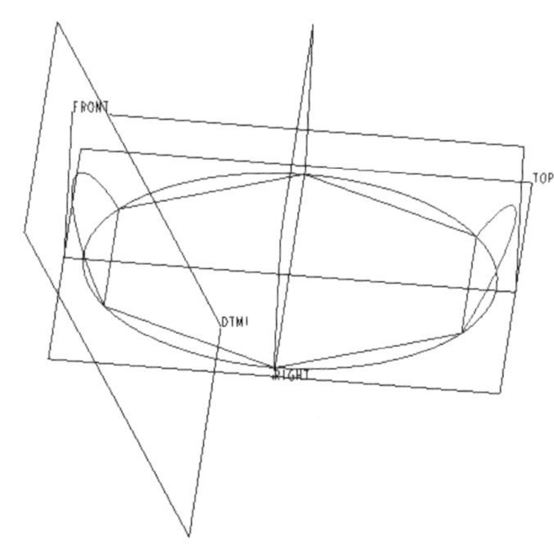

图 8-18　镜像的曲线

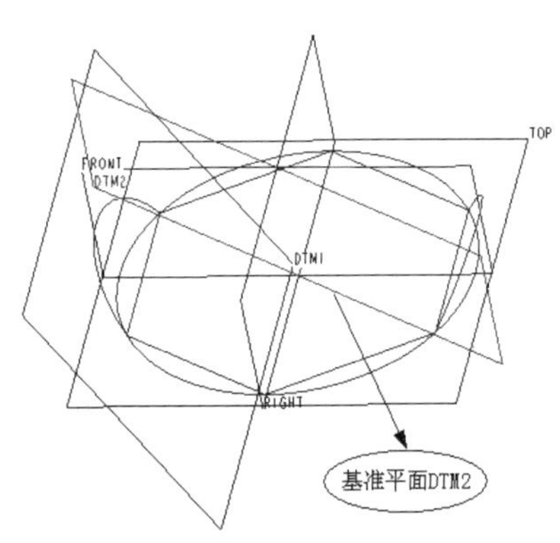

图 8-19　创建的基准平面

（13）通过步骤（11），将曲线镜像至如图 8-20 所示。

（14）选择“插入”→“高级”→“圆锥曲面和 N 侧曲面片”命令，选择“边界选项”菜单管理器中的“N 侧曲面”命令，如图 8-21 所示。选择“完成”命令。

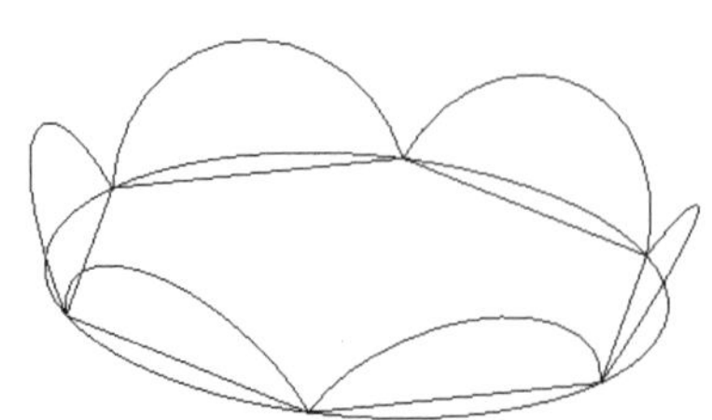

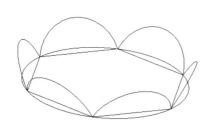

图 8-20　镜像的最终曲线

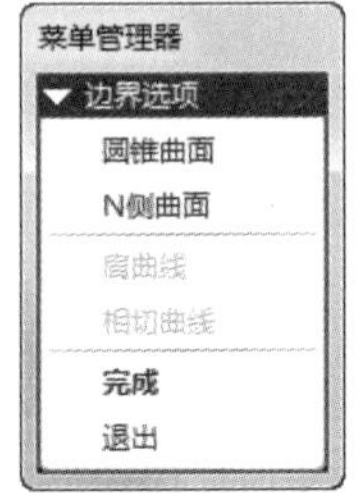

图 8-21　选择“N 侧曲面”命令

（15）按住 Ctrl 键，依次选取 TOP 基准面上的 6 条圆弧曲线，如图 8-22 所示。选择“链”菜单

管理器中的“完成”命令，如图 8-23 所示。

（16）单击“曲面：N 侧”对话框中的“确定”按钮，生成的图形如图 8-24 所示。

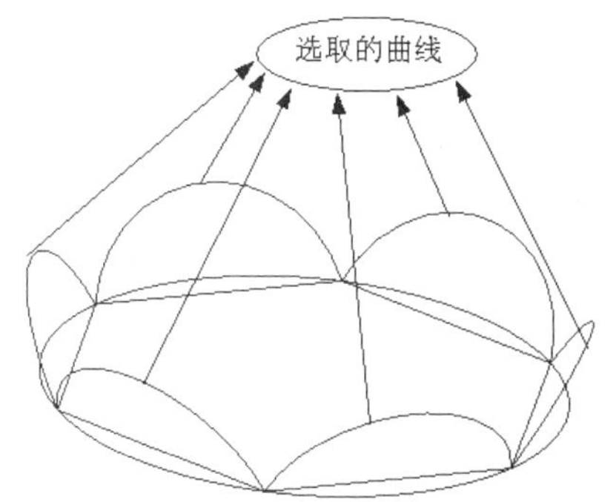

图 8-22　选取的曲线

图 8-23　选择“完成”命令

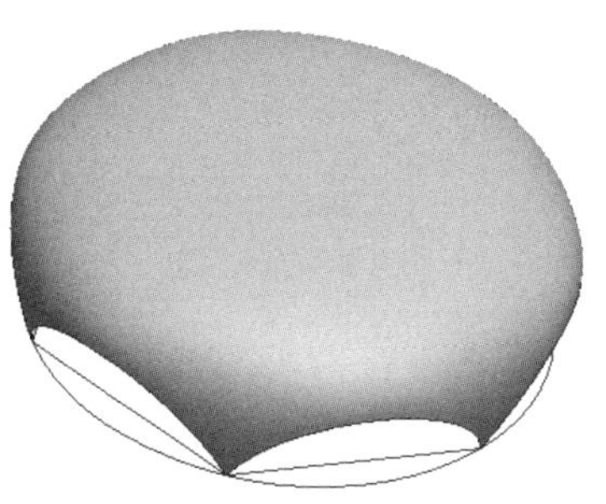

图 8-24　N 侧多边曲面

（17）选择“文件”→“保存副本”命令，将文件命名为 ex3，保存当前模型文件。

8.2　相 切 曲 面

8.2.1　相切曲面的建立

曲面与截面之间建立的相切曲面是由曲面与截面之间的一系列相切曲面组成的。

与曲面及截面相切的曲面的建立过程如下。

（1）单击“新建”按钮□，建立一零件文件。

（2）建立一个如图 8-25 所示的旋转曲面。

（3）单击“特征”工具栏中的▱按钮，系统弹出如图 8-26 所示的“基准平面”对话框。选择 FRONT 基准平面，如图 8-27 所示，在“基准平面”对话框中输入偏移值 150，如图 8-28 所示，单击“确定”按钮。

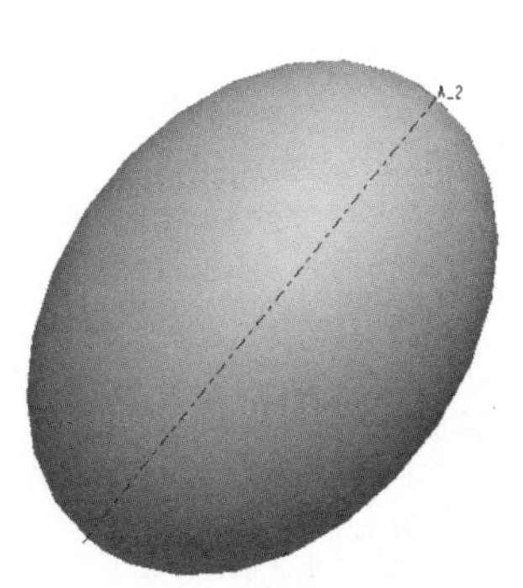

图 8-25　旋转曲面

图 8-26　“基准平面”对话框

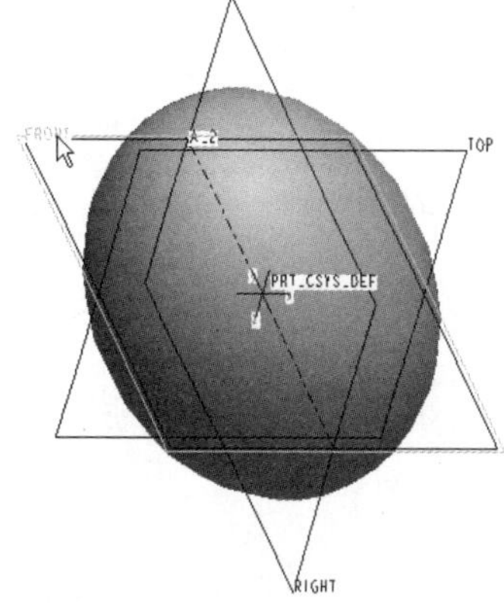

图 8-27　选择 FRONT 基准面

（4）选择“插入”→“高级”→“将剖面混合到曲面”→“曲面”命令。

（5）选择步骤（2）中建立的旋转曲面。单击“选取”对话框中的“确定”按钮。

（6）系统弹出“设置草绘平面”菜单管理器，选择步骤（3）建立的基准面 DTM1 作为草绘平面。选择“确定”→“缺省”命令，系统进入草绘界面。

（7）绘制如图 8-29 所示截面。

图 8-28 “基准平面”对话框

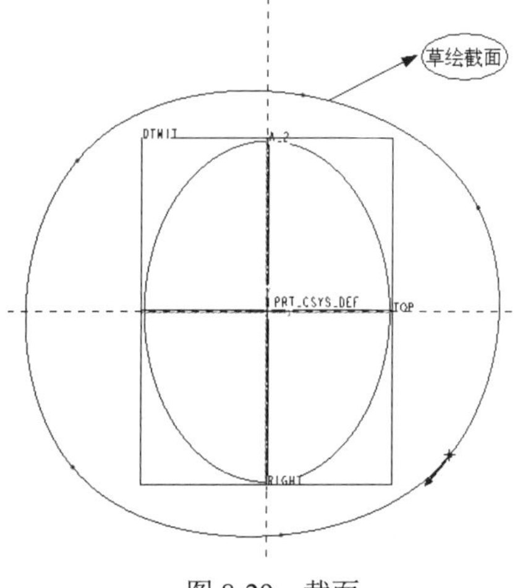

图 8-29 截面

（8）单击工具栏中的✔按钮，退出草绘界面。

（9）单击“曲面：截面到曲面混合”对话框中的“确定”按钮，如图 8-30 所示，生成的曲面如图 8-31 所示。

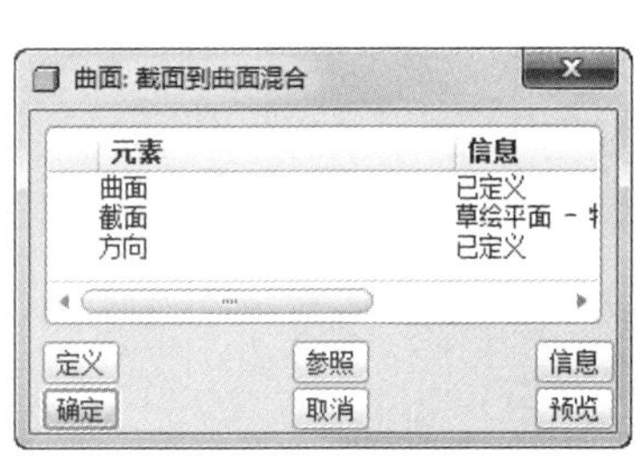

图 8-30 单击“确定”按钮

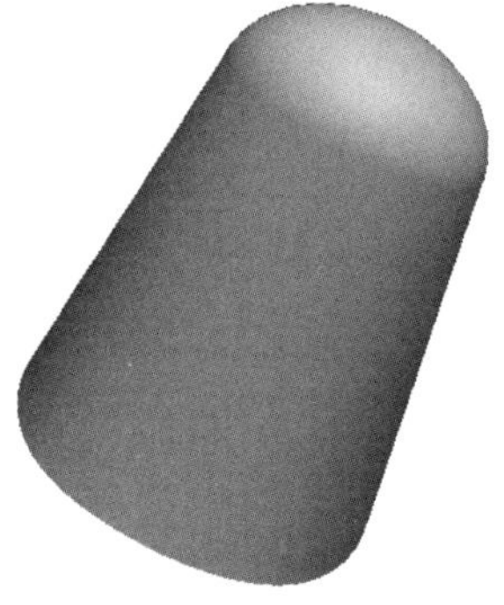

图 8-31 与截面相切曲面

（10）选择“文件”→“保存副本”命令，将文件命名为 ex4，保存当前模型文件。

8.2.2 混合相切的曲面

选择“插入”→“高级”→“将切面混合到曲面”命令，系统弹出如图 8-32 所示的“曲面：相切曲面”对话框。

“曲面：相切曲面”对话框的“基本选项”选项组中的 3 个图标的意义如下。

（1）图标：通过外部曲线创建与曲面相切的曲面。

（2）图标：在实体外部创建与实体表面圆弧相切的曲面。

（3）图标：在实体内部创建与实体表面圆弧相切的曲面。

单击“曲面：相切曲面”对话框中的参照按钮，系统弹出“链”菜单管理器，如图 8-33 所示，

各选项的作用如下。

（1）依次：一段一段选取曲线或模型边线来组成线段（一定要依次选取）。

（2）相切链：选取相切的曲线来组成线段。

（3）曲线链：选取曲线来组成线段。

（4）边界链：选取模型的边界来组成线段。

（5）曲面链：选取曲面的边界来组成线段。

（6）目的链：选取目的链来组成线段。

图 8-32　将切面混合到曲面

图 8-33　“链”菜单管理器

8.3　利用文件创建曲面

使用文件创建曲面，经常用于对已有的实物曲面进行特征曲线关键点的测绘后，将测绘点保存为系统接受文件，格式为*.Ibl，然后再用 Pro/ENGINEER 对曲面进行修改完善等。

1. 数据文件的创建

在 Windows 记事本中，将各特征的关键点坐标，按格式一次写在记事本上，并将该文件保存为扩展名类型为*.ibl 的文件。其默认的格式如下。

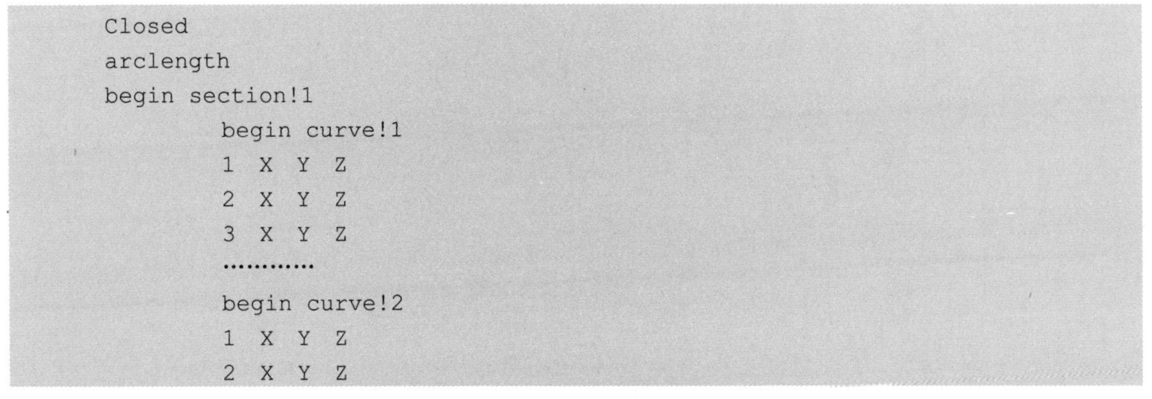

```
Closed
arclength
begin section!1
        begin curve!1
        1  X  Y  Z
        2  X  Y  Z
        3  X  Y  Z
        ............
        begin curve!2
        1  X  Y  Z
        2  X  Y  Z
```

```
          3  X  Y  Z
          ............
           :
           :
           :
Begin section!2
          begin curve!1
          1  X  Y  Z
          2  X  Y  Z
          3  X  Y  Z
          ............
          begin curve!2
          1  X  Y  Z
          2  X  Y  Z
          3  X  Y  Z
          ............
           :
           :
           :
............
```

具体解释如下。

（1）第 1 行的 closed，表示的是截面生成的类型，可以是 open（开放）或 closed（封闭）。

（2）第 2 行的 arclength，表示的是曲面混成的类型，可以是 arclength（弧形）或 pointwise（逐点）。

（3）第 3 行的 begin section，表示的是新生成截面，在每个截面生成前必须要有这一句。

（4）第 4 行的 begin curve，表示将列出截面处的曲线的数据点。

（5）数字部分从左到右第 1 列为各点坐标的编号，第 2、3、4 列依次为笛卡儿坐标的 X、Y、Z 值，每一段数据前，都要指明该数据属于哪一个截面。

（6）如果曲线中只有两个数据点，则该曲线为一直线段，如果多于两点，则为一自由曲线。

2. 利用文件建立曲面

过程如下。

（1）打开 Windows 记事本，在记事本中输入下面的数据。

```
open
 Arclength
begin section!1
begin Curve!1
1   -65    -160    0
2   0      -150    0
3   60     -120    0
begin curve!2
1   60     -120    0
2   90     -70     0
3   100    0       0
```

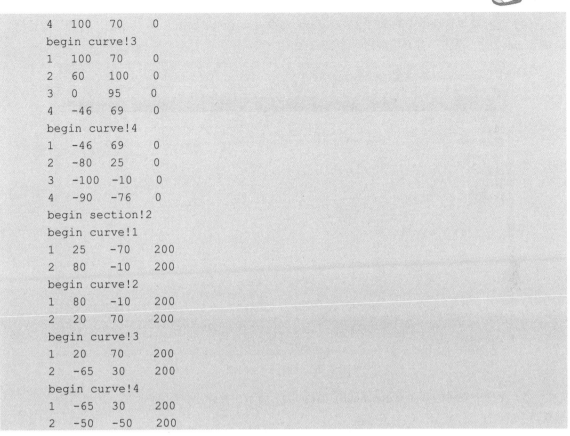

```
4   100    70      0
begin curve!3
1   100    70      0
2   60     100     0
3   0      95      0
4   -46    69      0
begin curve!4
1   -46    69      0
2   -80    25      0
3   -100   -10     0
4   -90    -76     0
begin section!2
begin curve!1
1   25     -70     200
2   80     -10     200
begin curve!2
1   80     -10     200
2   20     70      200
begin curve!3
1   20     70      200
2   -65    30      200
begin curve!4
1   -65    30      200
2   -50    -50     200
```

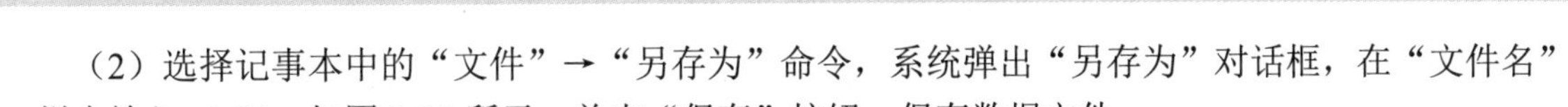

（2）选择记事本中的“文件”→“另存为”命令，系统弹出“另存为”对话框，在“文件名”一栏中输入 c1.ibl，如图 8-34 所示。单击“保存”按钮，保存数据文件。

（3）新建零件文件 ex9，选择“插入”→“高级”→“从文件混合”→“曲面”命令，系统显示如图 8-35 所示的“得到坐标系”菜单管理器。

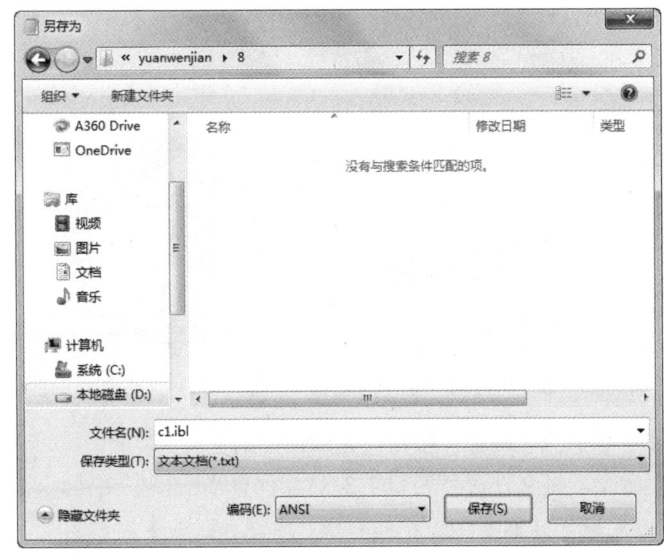

图 8-34　保存文本

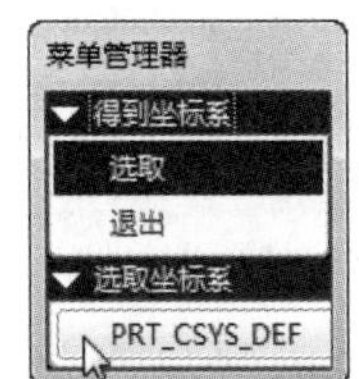

图 8-35　“得到坐标系”菜单管理器

Note

（4）选择菜单管理器中的 PRT_CSYS_DEF 命令，系统弹出如图 8-36 所示的“打开”对话框。选中 c1.ibl 文件，单击“打开”按钮。

图 8-36 “打开”对话框

（5）文件中表述的截面显示在窗口中如图 8-37 所示，并弹出如图 8-38 所示的“方向”菜单管理器。

（6）选择菜单管理器中的“确定”命令。

（7）单击“曲面：从文件混合”对话框中的“预览”按钮，生成的模型如图 8-39 所示。

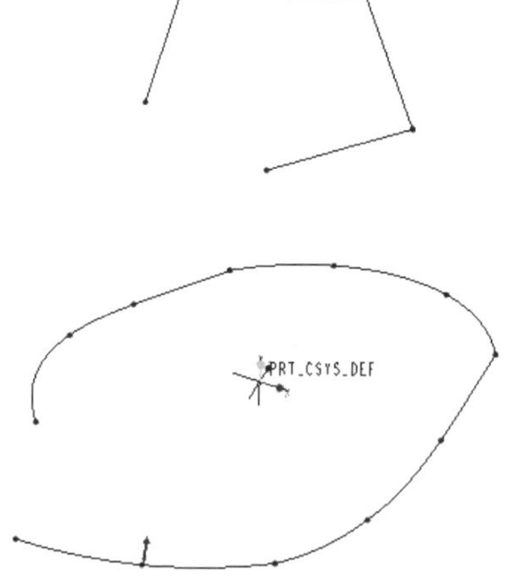

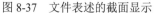

图 8-37 文件表述的截面显示

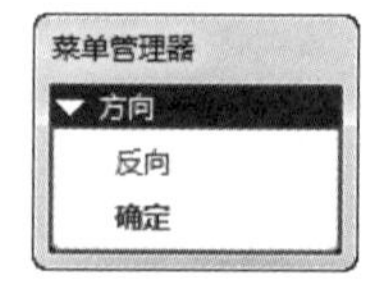

图 8-38 “方向”菜单管理器

图 8-39 文件创建的曲面

（8）单击“曲面：从文件混合”对话框中的“确定”按钮，完成曲面的创建。

（9）选择“文件”→“保存副本”命令，将文件命名为 ch4_3ex1，保存当前模型文件。

注意：如果编辑了数据文件后，在模型中可以重新读取数据文件，通过更新来生成曲面。

8.4　曲面的自由变形

所谓曲面的自由变形，也就是用网格的方式，把曲面分成很多小面，利用小面上的顶点移动位置来控制曲面的变形。曲面的自由变形有两种方法：一种是对存在的曲面进行整体调整，另一种是在曲面的局部进行曲面调整。

选择“插入”→“高级”→“曲面自由形状”命令，打开“曲面：自由形状”对话框，如图 8-40 所示。对话框中所示的 3 个元素的意义解释如下。

（1）基准曲面：定义进行自由构建曲面的基本曲面。

（2）栅格：控制基本曲面上经、纬方向的网格数。

（3）操作：进行一系列的自由构建曲面操作，如移动曲面、限定曲面自由构建区域等。

定义基准曲面的经、纬网格数后，系统会弹出“修改曲面”对话框，如图 8-41 所示。曲面变形的控制由“修改曲面”对话框中的参数来控制。

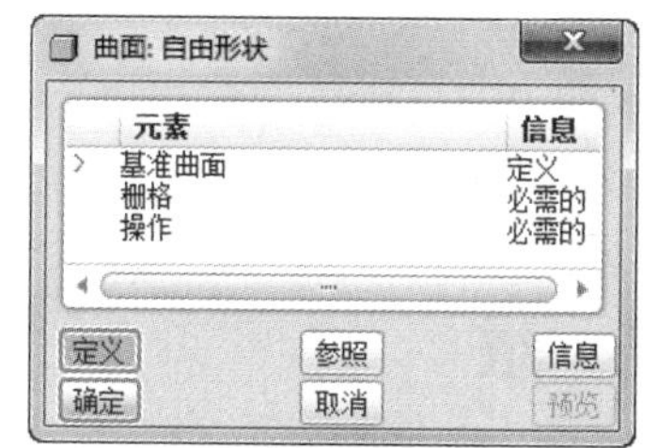

图 8-40　“曲面：自由形式”对话框

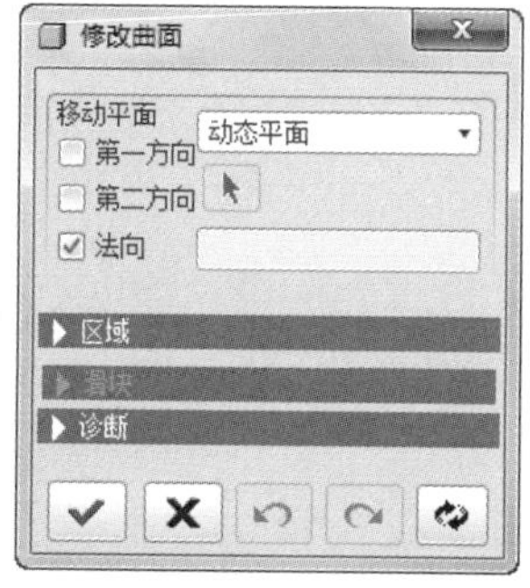

图 8-41　“修改曲面”对话框

在“修改曲面”对话框的“移动平面”选项组中，可以指定参考平面，利用参考平面来引导曲面的自由变形，如图 8-42 所示。

（1）第一方向：可以拖动控制点沿着第一方向移动。

（2）第二方向：可以拖动控制点沿着第二方向移动。

（3）法向：可以拖动控制点沿着所定义的移动平面的法线方向移动。

单击动态平面后的下拉按钮▾，弹出如图 8-43 所示的 3 个移动平面选项。

❶ 动态平面：根据移动方向，系统自动定义移动平面。

❷ 定义的平面：选择一个平面定义移动方向。

❸ 原始平面：以选择的底层基本曲面定义移动方向。

图 8-42　“移动平面”选项组

图 8-43　移动平面选项

单击“修改曲面”对话框中的“区域”选项，打开“区域”面板，可以设定在曲面自由变形的过程中指定区域是光滑过渡，还是按直线形过渡等，如图 8-44 所示。单击平滑区域后的▾按钮，可以分别设定两个方向上的过渡方式，如图 8-45 所示。各选项的含义说明如下。

Note

（1）局部：只移动选定点。

（2）平滑区域：将点的运动应用到符合立方体空间指定的区域内。选择两点，可以确定一个区域。

（3）线性区域：将点的运动应用到平面内的指定区域内。选择两点，可以确定一个区域。

（4）恒定区域：以相同距离移动指定区域中的所有点。选择两点，可以确定一个区域。

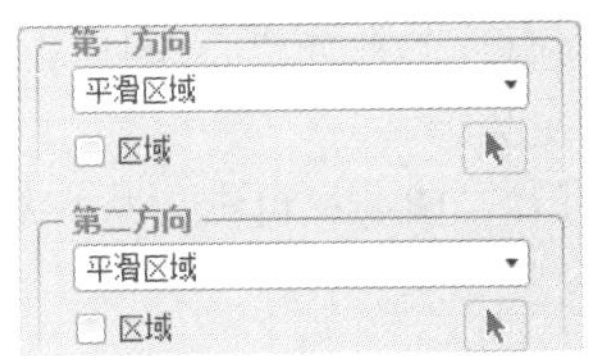

图 8-44 “区域”面板

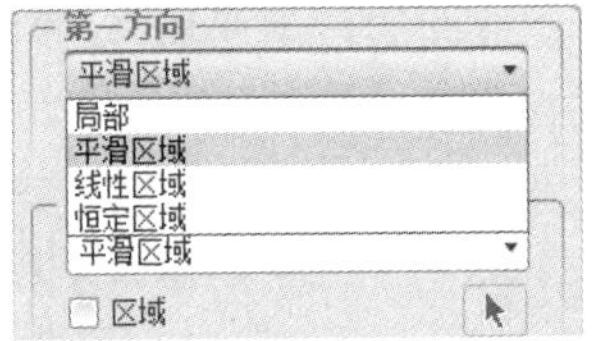

图 8-45 设定过渡方式

在“修改曲面”对话框的“诊断”选项中，可以在曲面自由变形的过程中，显示曲面的不同特性，从而直观地观看曲面的变形情况，如图 8-46 所示“诊断”选项。

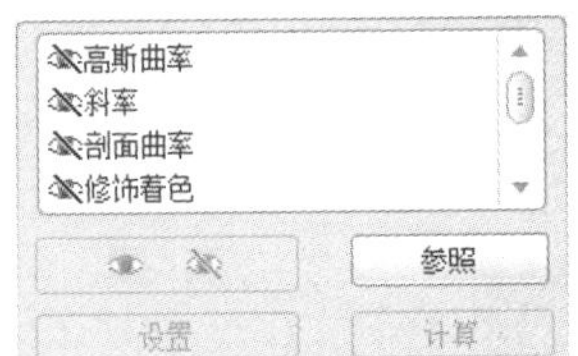

图 8-46 诊断

8.5 展平面组

使用“展平面组”可以展开一个面组，从而形成一个与源面组具有相同参数的平面型曲面。“展平面组”功能只对面组有效，如果要展开实体的表面，可以先复制实体表面，把实体表面转换为面组。

在系统的下拉菜单中选择“插入”→“高级”→“展平面组”命令，出现如图 8-47 所示的“展平面组”对话框。

（1）源面组：选择一个曲面的面组，面组中的各曲面必须相切。

（2）原点：选择一个基准点，“原点”必须位于源面组上。

（3）参数化方法：系统给出了 3 种定义曲面参数化的方法。

☑ 自动：此为系统的默认设置选项，也是系统默认的参数化方法。选中此单选按钮，系统自动定义参数化。如果系统无法执行展开面组，可以选择“有辅助”或“手动”选项。

☑ 有辅助：通过选择曲面边界上的 4 个点（顶点或基准点），来创建一个用于曲面参数化的参照曲面。

☑ 手动：选择一个用于曲面参数化的参照曲面。

如果不选中“放置”选项组中的“定义放置”复选框，系统将把扁平面组放置到通过原点与原面组相切的平面上；如果要指定所选择坐标系的 XY 平面放置展开面组，可以在“放置”选项组中选中“定义放置”复选框，在“展平面组”对话框中将出现如图 8-48 所示的选项。

（1）坐标系：为展平面组的放置选择一个坐标系。

（2）X 方向点：选择一个基准点，该基准点与原点连线的方向与坐标系 X 轴对齐。X 方向的点

也必须位于源面组上。

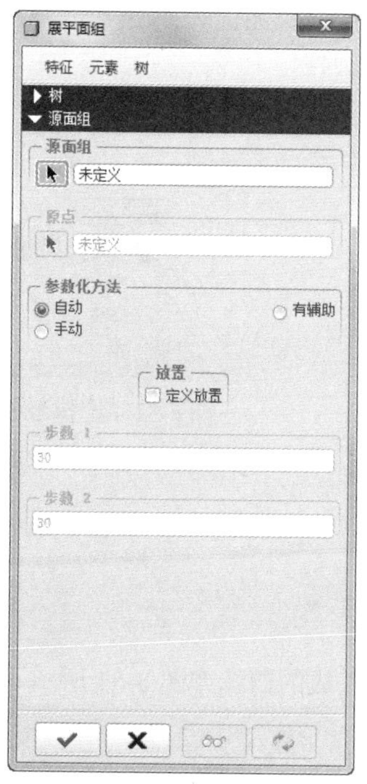

图 8-47 “展平面组”对话框

图 8-48 选中“定义放置”复选框后的对话框

8.6 综合实例——灯罩

视频讲解

本综合实例主要练习高级曲面中的圆锥曲面及将剖面混合到曲面等高阶曲面的功能。最终生成的模型如图 8-49 所示。具体步骤如下。

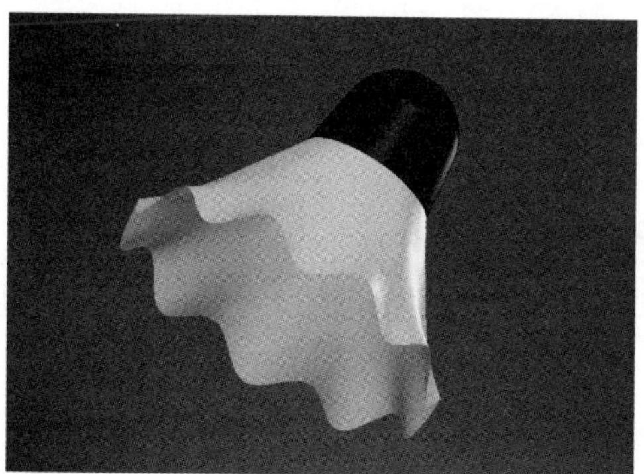

图 8-49 灯罩

1. 新建模型

启动 Pro/ENGINEER，以 deng 作为新零件文件的名称，创建一个新零件文件。

2. 从方程创建曲线

（1）单击“特征”工具栏中的“基准曲线”按钮，弹出如图 8-50 所示的“曲线选项”菜单

Note

管理器，选择“从方程”→“完成”命令。

（2）系统提示选取坐标系如图 8-51 所示，选择系统默认的坐标系。

（3）系统提示选择坐标系的类型如图 8-52 所示，选择“圆柱”命令。

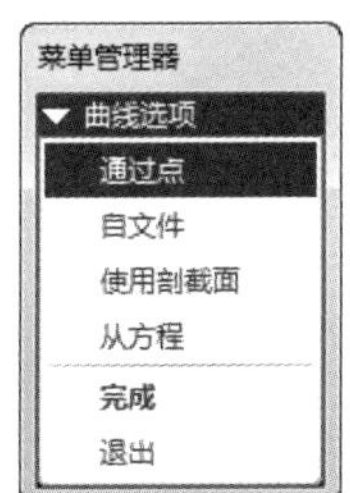

图 8-50　“曲线选项”菜单管理器

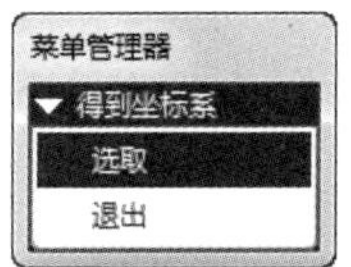

图 8-51　选取坐标系

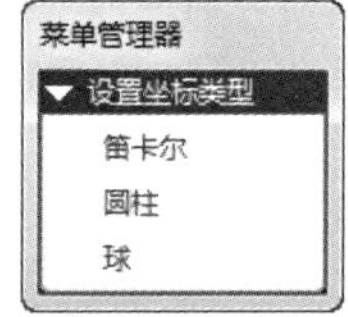

图 8-52　选择坐标系类型

（4）系统弹出记事本编辑器如图 8-53 所示，输入以下公式。

```
R=100
Theta=t*360
Z=9*sin(10*t*360)
```

（5）单击“曲线：从方程”对话框中的“预览”按钮，生成的曲线如图 8-54 所示。

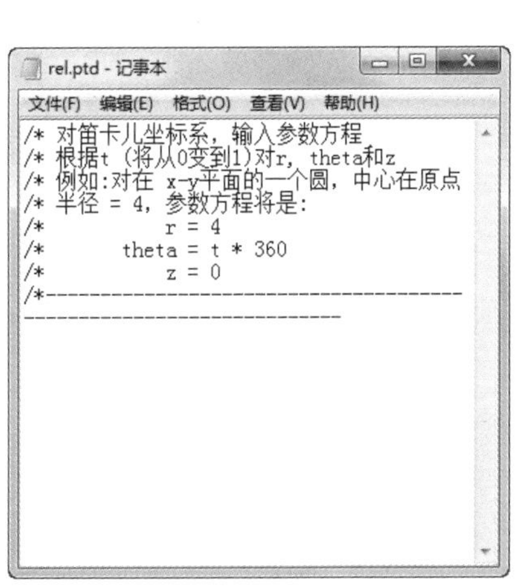

图 8-53　记事本编辑器

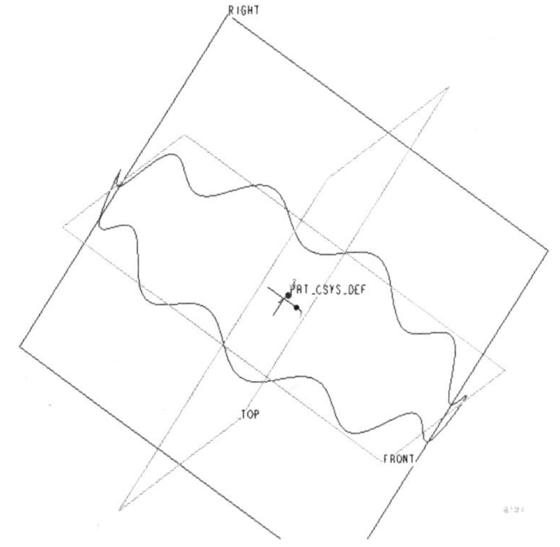

图 8-54　从方程生成的曲线

（6）以同样的方式分别生成 r=70、Theta=t*360、z=40；r=40、Theta=t*360、z=90 的圆。最终曲线如图 8-55 所示。

3. 创建曲面特征

（1）选择“插入”→“高级”→“圆锥曲面和 N 侧曲面片”命令，选择“边界选项”菜单管理器中的“圆锥曲面”命令。保持默认“肩曲线”命令，选择“完成”命令。

（2）选择如图 8-56 所示的两条曲线作为边界线。

（3）选择“肩曲线”命令，如图 8-57 所示。

（4）选择如图 8-58 所示的曲线作为肩曲线。

（5）选择菜单管理器中的“确认曲线”命令，如图 8-59 所示。

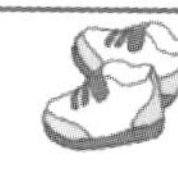

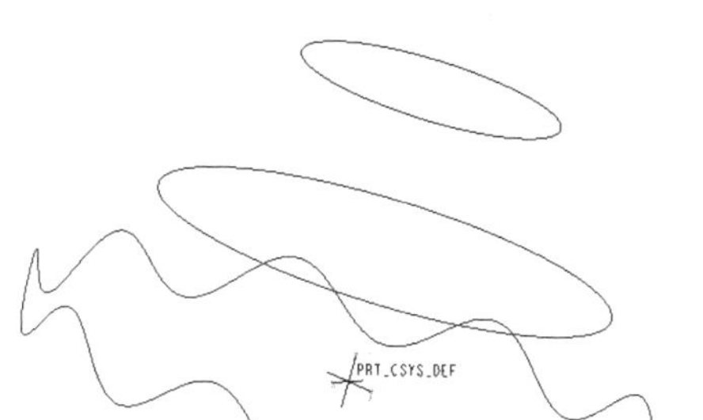

图 8-55　最终生成的曲线

图 8-56　选择的边界曲线

图 8-57　选择“肩曲线”命令

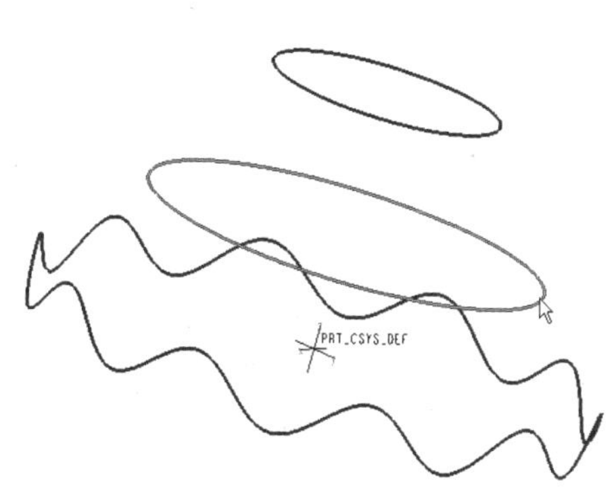

图 8-58　选取作为肩曲线的曲线

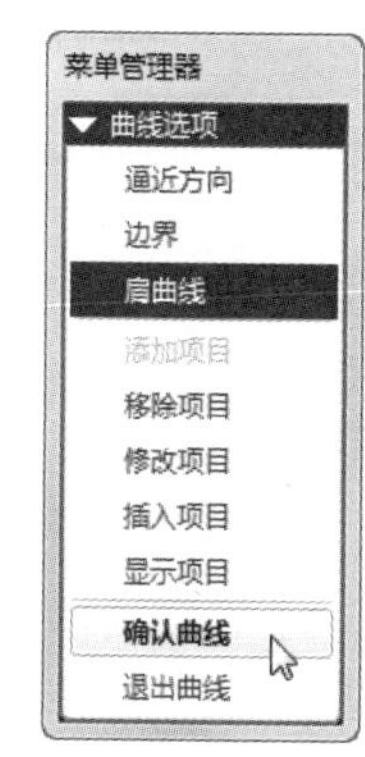

图 8-59　选择“确认曲线”命令

（6）在提示区中根据系统提示接受默认值“圆锥参数”——0.5。

（7）按 Enter 键，或单击☑按钮，单击“曲面：圆锥，肩曲线”对话框中的“预览”按钮，生成的灯罩曲面如图 8-60 所示。

4．生成灯罩的顶部

（1）单击“基础特征”工具栏中的“旋转”按钮，选择 RIGHT 面，绘制旋转特征截面如图 8-61 所示。生成的模型如图 8-62 所示。

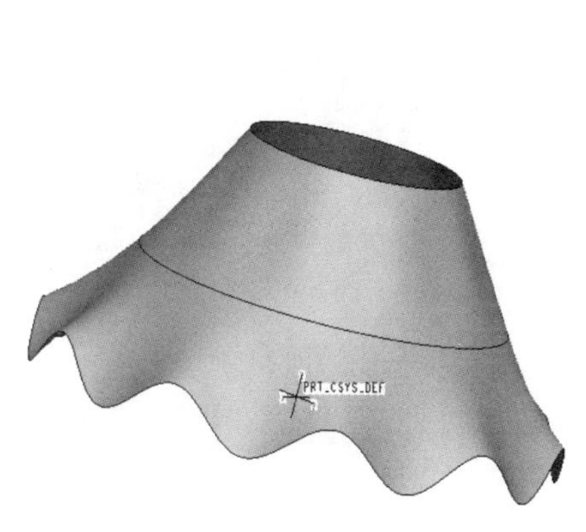

图 8-60　灯罩曲面

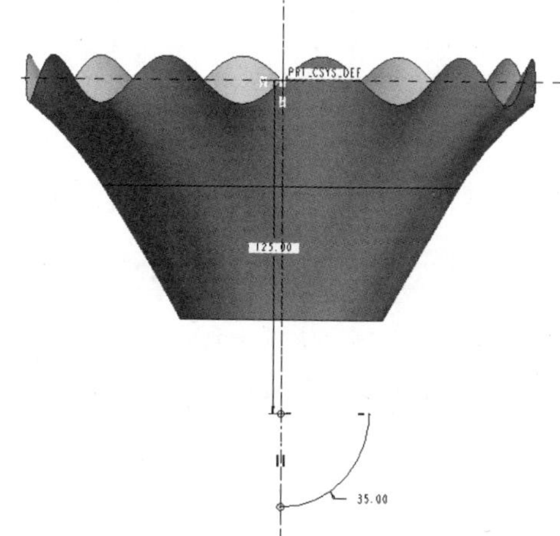

图 8-61　旋转特征截面

（2）选择“插入”→“高级”→“将截面混合到曲面”→“曲面”命令。

（3）选择旋转曲面。单击“选取”对话框中的“确定”按钮。

（4）系统弹出“设置草绘平面”菜单管理器，如图 8-63 所示，选择“产生基准”命令，弹出如图 8-64 所示的菜单管理器。选择“穿过”命令，选择半径为 40 的圆，选择“完成”命令。选择随后菜单管理器中的“确定”→“缺省”命令，系统进入草绘界面。

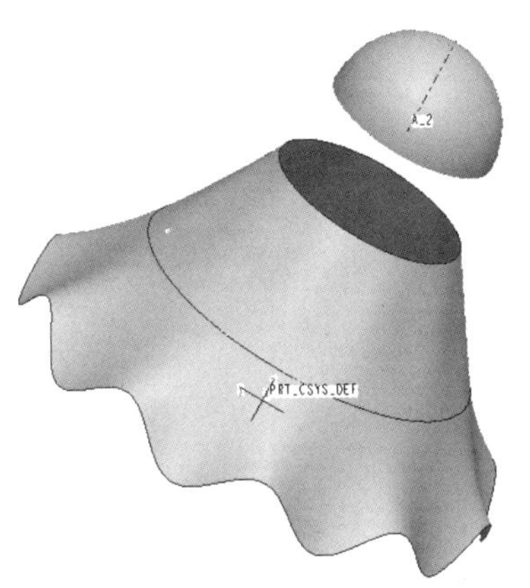

图 8-62　旋转特征曲面

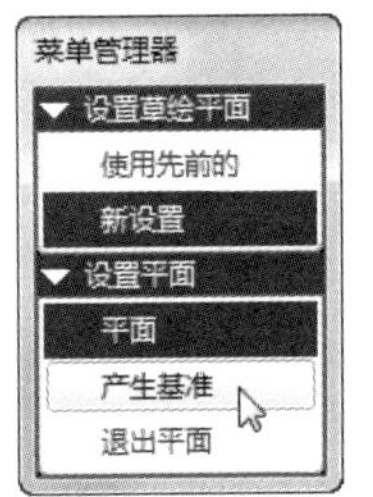

图 8-63　“设置草绘平面”菜单管理器

图 8-64　菜单管理器

（5）单击“特征”工具栏中的“使用”按钮□，再选择半径为 40 的圆。

（6）单击工具栏中的✔按钮，退出草绘界面。

（7）单击“曲面：截面到曲面混合”对话框中的“确定”按钮，如图 8-65 所示，生成的灯罩如图 8-66 所示。

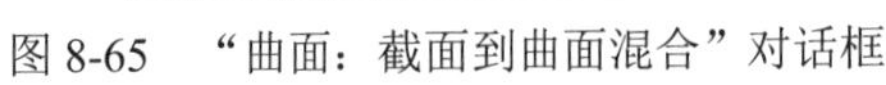
图 8-65　“曲面：截面到曲面混合”对话框

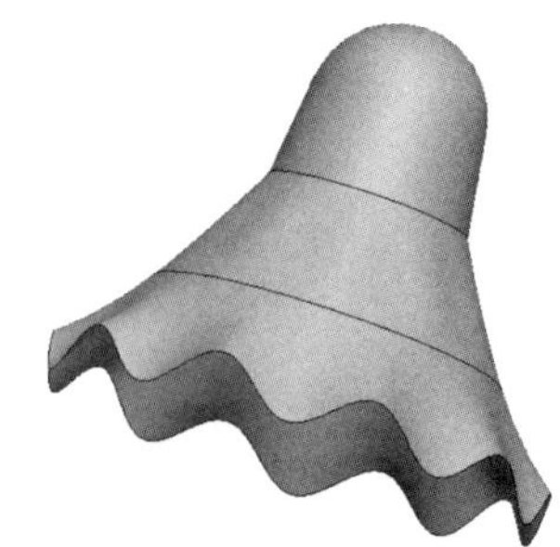

图 8-66　灯罩

（8）选择“文件”→“保存副本”命令，将文件命名为 deng，保存当前模型文件。

自由曲面的建立

自由曲面也称为交互式曲面，它是将艺术性和技术性完美地结合在一起，将工业设计的自由曲面造型工具并入设计环境中。本章主要介绍自由曲线的生成和编辑以及曲线的曲率计算以及自由曲面的生成、连接、修剪和修补等操作。

任务驱动&项目案例

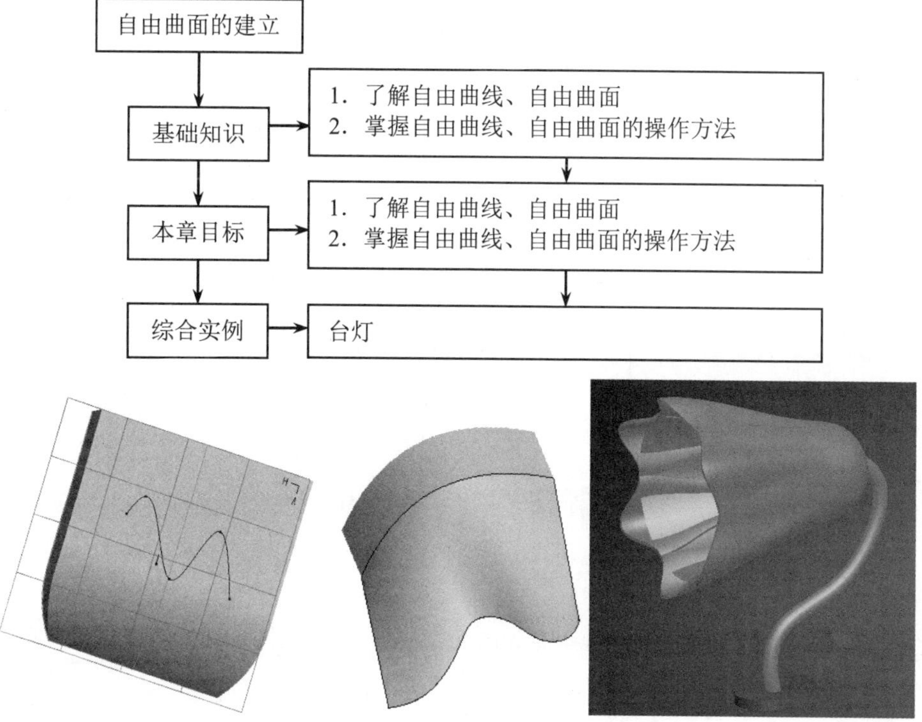

9.1 工 具 栏

Note

在进入自由曲面之前，先介绍建立自由曲面过程中常用的工具栏。相对于基本曲面来说，自由曲面的建立基本上是在一个比较独立的环境中完成的，这种环境简称为造型。

9.1.1 进入自由曲面设计环境

进入自由曲面设计环境的常用方法有两种。

（1）选择“插入”→“造型”命令。

（2）单击“造型”按钮，打开 Pro/ENGINEER 的造型界面窗口，造型快捷工具栏在该窗口的顶部水平显示，造型工具栏在窗口的右侧垂直显示。与该软件中其他模块的不同之处在于环境的不同，在自由曲面设计环境中，可以多视图的显示，单击工具栏中的按钮，就可以显示多视图工作界面，如图 9-1 所示，这将有利于曲线设计。

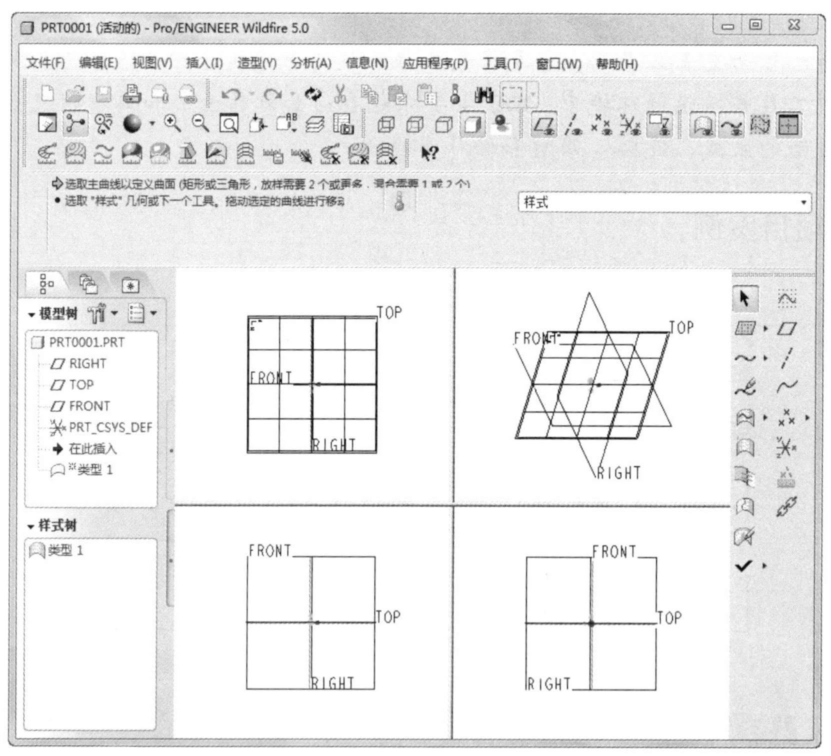

图 9-1 多视窗工作界面

9.1.2 自由曲面工具栏

系统提供了横竖两排工具栏，横向工具栏如图 9-2 所示，横向工具栏中部分图标介绍如表 9-1 所示。

图 9-2 自由曲面横向工具栏

Note

表 9-1　自由曲面横向工具栏部分图标的含义

图　　标	名　　称	用　　途
	曲率显示	显示所选的自由曲线的曲率并且能够持续地显示
	剖面	显示截面的曲率半径、相切、位置选项和加亮的位置
	偏移	显示曲线或是曲面的偏移量的大小
	着色的曲率	高斯、最大、剖面选项
	拔模显示	显示在曲面中的拔模
	删除曲率分析	删除所显示的曲率分析
	删除截面分析	删除所显示的截面分析

自由曲面竖向工具栏如图 9-3 所示，部分图标的含义如表 9-2 所示。

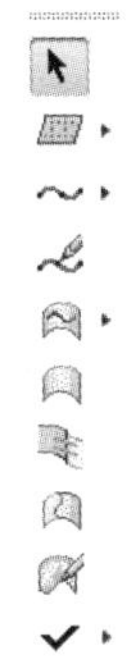

图 9-3　自由曲面竖向工具栏

表 9-2　自由曲面竖向工具栏部分图标的含义

图　　标	用　　途	图　　标	用　　途
	选择对象		设定要使用的基准平面
	创建曲线		编辑曲线
	将曲线投影到曲面上来创建曲线		通过边界创建曲线
	连接曲面		修剪选择的曲面

9.1.3　下拉菜单介绍

竖向工具栏图标的功能也可以通过选择“造型”菜单命令来实现，如图 9-4 所示。

“造型”下拉菜单中各相关命令作用如下。

（1）首选项：选项的参数设置。

（2）设置活动平面：设定当前活动平面。

（3）内部平面：创建内部基准平面。

（4）跟踪草绘：利用图像作为参考来绘制草图。

（5）捕捉：打开捕捉功能。

（6）曲线：创建曲线命令。

（7）弧：创建圆弧命令。

（8）曲面：创建曲面。

（9）曲面修剪：修剪面组。

Note

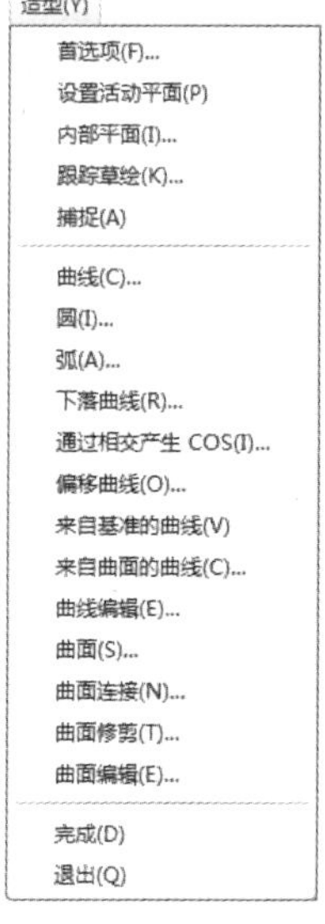

图 9-4 “造型”下拉菜单

9.1.4 曲面造型优化选项

在自由曲面创建过程中，可以使用“造型首选项”对话框设置显示，或者使用曲率图和曲面网格的优先选项来设定显示情况。

选择“造型”→“首选项”命令，打开“造型首选项”对话框，如图 9-5 所示。

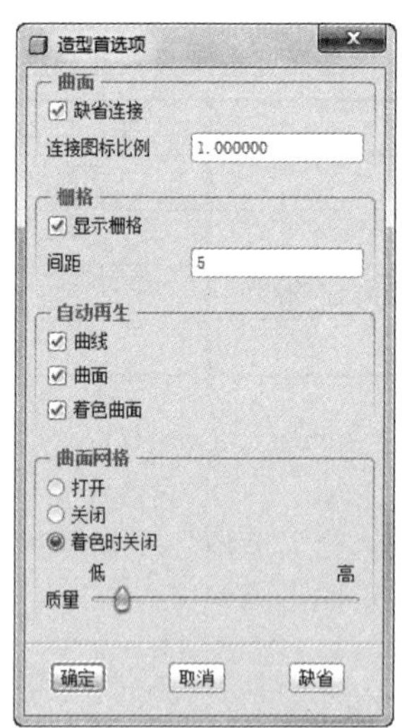

图 9-5 “造型首选项”对话框

下面对于设置造型首选项中的各项进行详细说明。

（1）选中“缺省连接”复选框，如果可能，连接会在创建曲面时自动建立。

（2）显示栅格：该选项用于定义工作平面栅格的显示与否。

（3）间距：该选项可以用于修改栅格在显示中的线数。

（4）自动再生：在该选项组中包含如下选项。

☑ 曲线：在选中该复选框时，造型特征中的子项曲线在父项修改期间自动再生。

Note

☑　曲面：在选中该复选框时，如果显示模型是线框，那么造型特征中的子项曲面会在父项修改期间自动再生。如果造型特征包括多个曲面，并且在进行曲线编辑时需要很多的交互控制，在这种情况下最好将其关闭。

☑　着色曲面：在选中该复选框时，如果显示的模型是线框或着色，造型特征中的子项曲面在父项修改期间自动再生。如果造型特征包括多个曲面，并且在进行曲线编辑时需要很多的交互控制，在这种情况下最好将其关闭。

（5）曲面网格：这些选项可用来设置曲面网格的显示优先选项。根据设定的选项，使用“曲面网格”选项组中制定的值显示曲面网格，通过显示曲面网格可以更仔细地检查曲面的质量。它计算曲面上的一组密集等高线。该选项包括以下选项。

☑　打开：选中该单选按钮，将显示曲面网格。

☑　关闭：选中该单选按钮，将关闭曲面网格的显示。

☑　着色时关闭：选中该单选按钮，将显示曲面网格，但是模型着色时不显示。

（6）质量：该选项用于修改“曲面网格”的质量。可以增加或减少在两个方向上显示网格线的数量。

9.2　软点的控制

定义曲线上的点在还没有参考其他对象以前都是独立的。通过软点技术，可把曲线上的点配合Shift键抓取到其他对象，建立不同条件的参考，这些具有参数链接的树形点便称为“软点”。当曲线的点为软点参考到其他对象，便成为它们的子系。当修改这些对象，曲线会依软点建立的条件对应更新，如果删除这些对象，曲线也将被删除。

软点的建立方式如下。

（1）构建曲线时，配合Shift键使用插入点或者端点锁定到对象，使其成为软点。

（2）通过曲线的编辑功能，对于已经建立的曲线配合Shift键使用插入点或者端点锁定到对象，使其成为软点。

9.2.1　设置软点参考

通过软点功能，可建立参数的链接参考，并且可以设置软点的位置。被软点所参考的视为父系，具有软点的曲线，便视为子系。当父系的几何属性发生改变以后，绘入下方的“全部再生”按钮便从绿色变为黄色，用户需要执行上面的“编辑”→“全部再生”进行更新。

1. 建立软点之间的父子关系

如图9-6所示，构建曲线A，曲线A与曲线O只有绘制的先后顺序，但是不具有参数链接的父子关系，也就是彼此几何是独立的。当设置曲线A的端点成为软点参考到曲线O，如图9-7所示，便建立了父子参考，被参考的曲线O视为父系，具有软点的曲线A视为子系，该端点也以空心圆的形式表示出来，如图9-8所示。因为彼此已经建立参考，所以当改变曲线O的几何，曲线A也将发生改变，如图9-9所示。

2. 绘制曲线设置软点

选择“造型”→“曲线”命令，配合Shift键选取要参考的对象，所点选的位置除了定义插入点，同时也会参考链接至对象，绘制曲线A，定义端点参考到曲线B成为软点。

Note

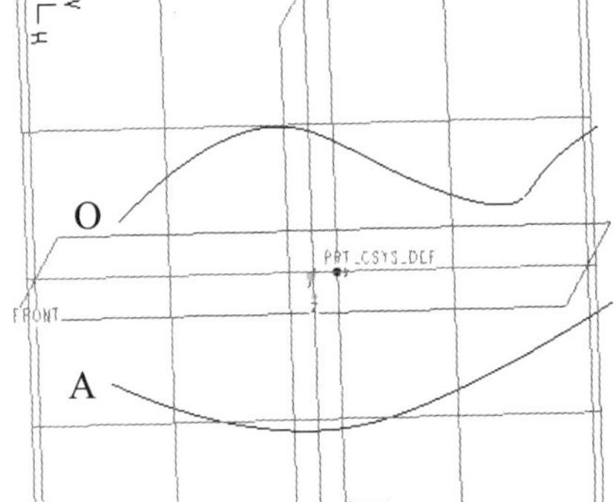

图 9-6　两个独立曲线

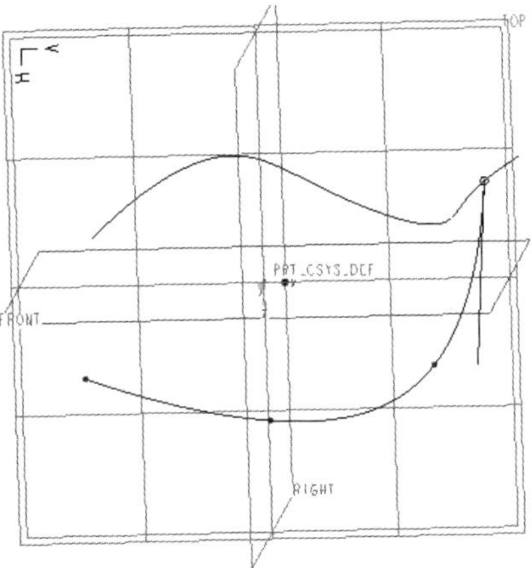

图 9-7　曲线 A 参考到曲线 O

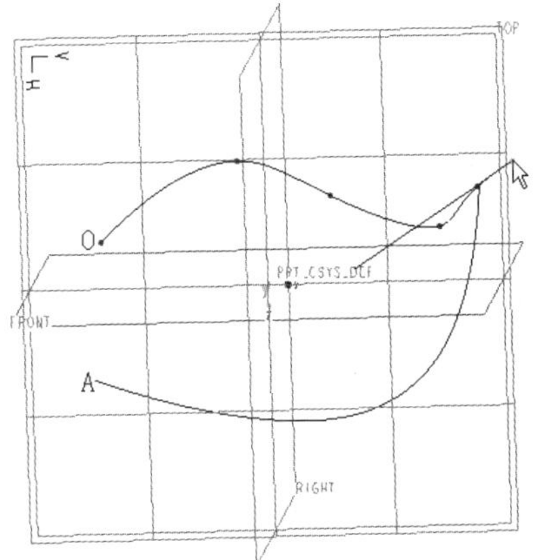

图 9-8　曲线 A 与曲线 O 的父子关系

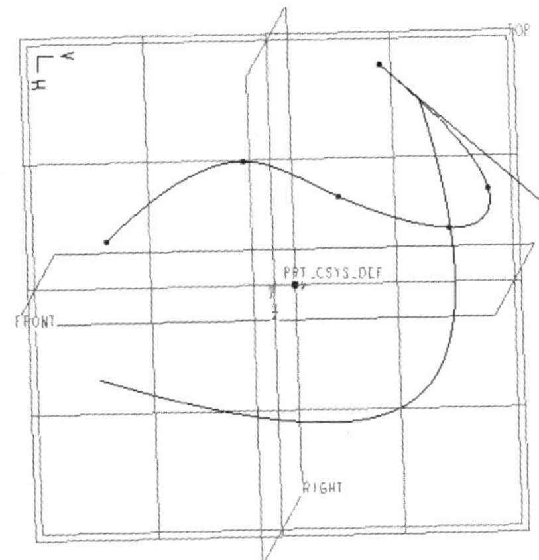

图 9-9　几何关系的变化

9.2.2　软点的参考形式

选择“造型”→“曲线编辑”命令，在软点处单击鼠标右键会显示软点的设置快捷方式菜单，如图 9-10 所示，用户可以通过“长度比例”“长度”等方式控制软点参考形式，所设置的形式将记录在“软点”的“类型”中，如图 9-11 所示的“点”按钮弹出面板。

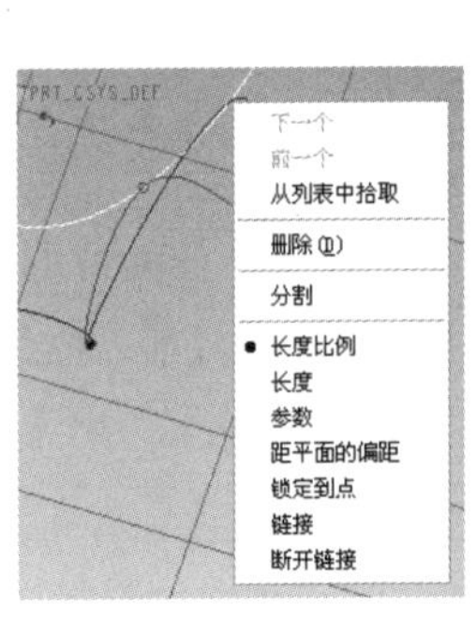

图 9-10　快捷方式

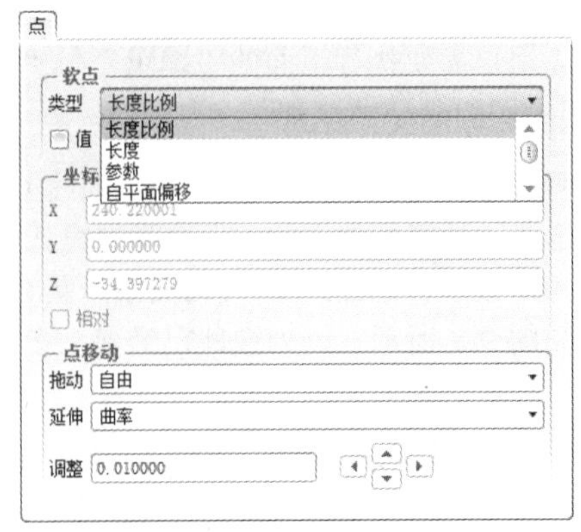

图 9-11　“点”按钮弹出面板

1. 长度比例

当曲线点锁定至边界或曲线，以“长度比例”设置软点的参考形式，如图 9-12 所示，所参考的线长为 1，线的两端点分别为 0 和 1，依照比例定义软点位置。当拖曳软点后，该新的位置比例值记录于“值”。用户可用输入数值的方式精确地控制软点位置，如图 9-13 所示。

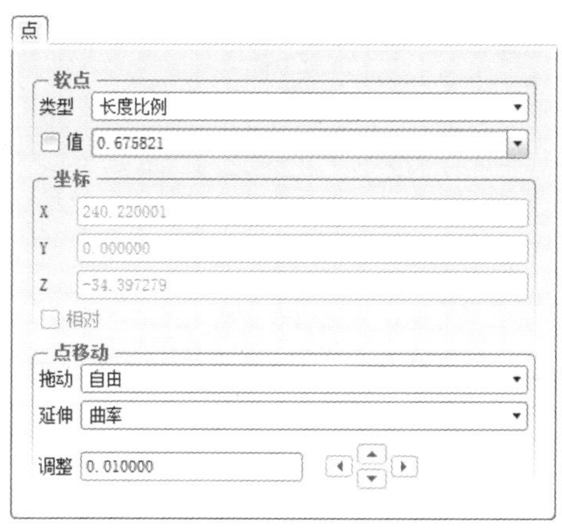

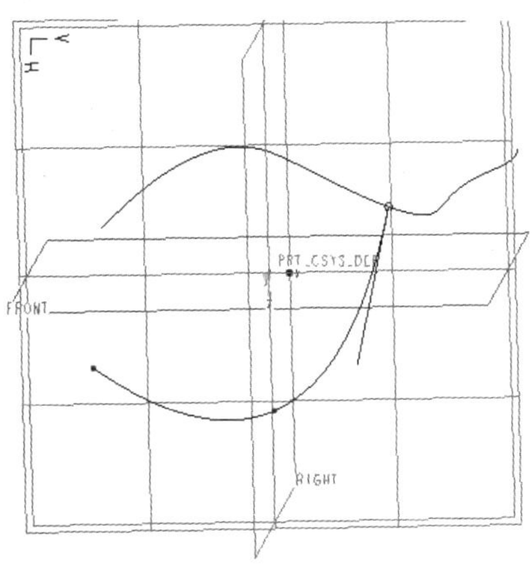

图 9-12　“点”按钮弹出面板的类型设置

图 9-13　软点精确位置

当以“长度比例”的形式设置软点时，可以改变其数值，如图 9-14 所示，软点的位置将随着输入数值的不同而发生变化，最后得到软点变化后的位置如图 9-15 所示。

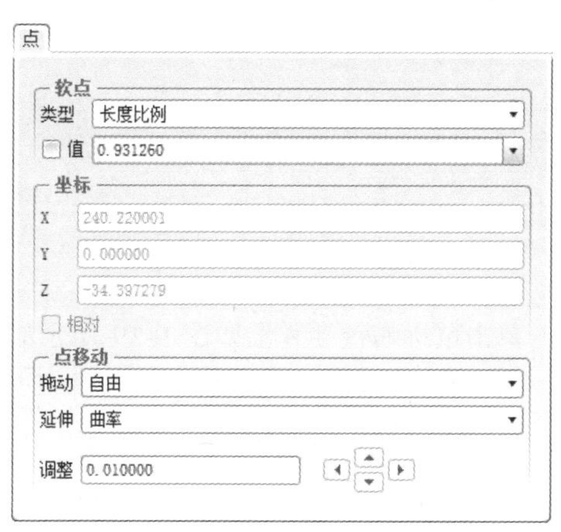

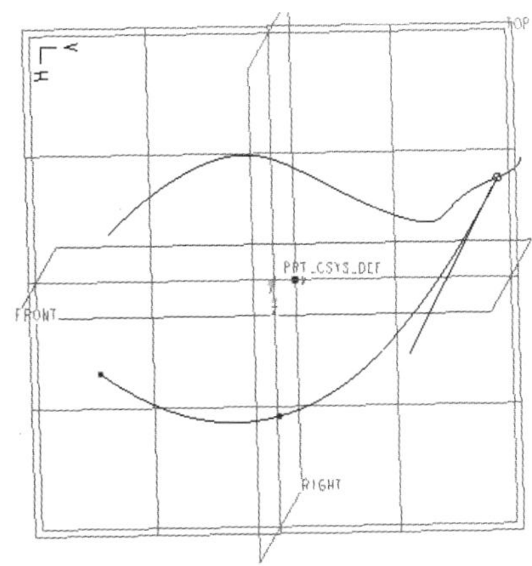

图 9-14　“点”按钮控制面板的“长度比例”设置

图 9-15　软点变化后的位置

2. 长度

以实际线长作为参考，设置“点”按钮中的软点类型，如图 9-16 所示。线的两端点分别为 0 与实际总长，“值”字段将记录真实的位置。用户可用输入的数值方式精确地控制软点的位置，输入精确的数值后软点改变后的位置如图 9-17 所示。

3. 自平面偏移

在已参考边界或曲线情况下，从指定的平面作为平面的偏移量，控制软点的位置。如图 9-18 所示，在“点”按钮控制面板的类型设置中把软点参考类型切换到“自平面偏移”，点选所要的平面，并且输入正确的偏移量，偏移量与参考的边界两个条件所定的交点，便是软点的位置。若选中“值”字段，离开造型特征以后，编辑曲线，系统将会出现偏距值。

Note

图 9-16　“点”按钮控制面板的类型设置

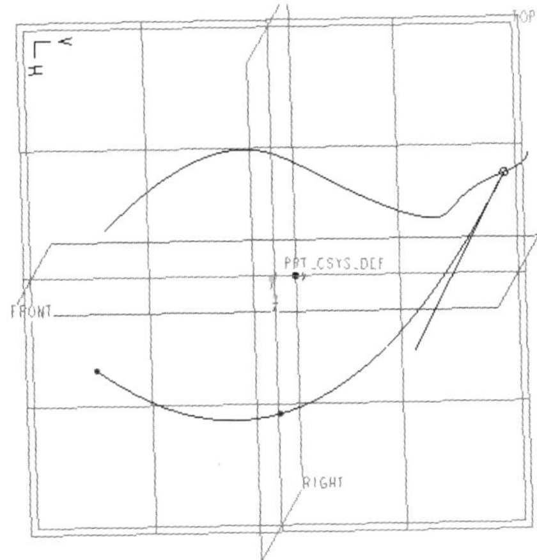

图 9-17　软点改变后的位置

图 9-18　“点”按钮控制面板的类型设置

4. 锁定到点

以此方式设置的软点，会自动地锁定到最近的点。单击鼠标右键会弹出如图 9-19 所示的软点类型快捷方式，它会锁到最近的插入点而不是端点。以此方式锁定的点，不再具有移动的自由度，在屏幕上显示为“×”，如图 9-20 所示。

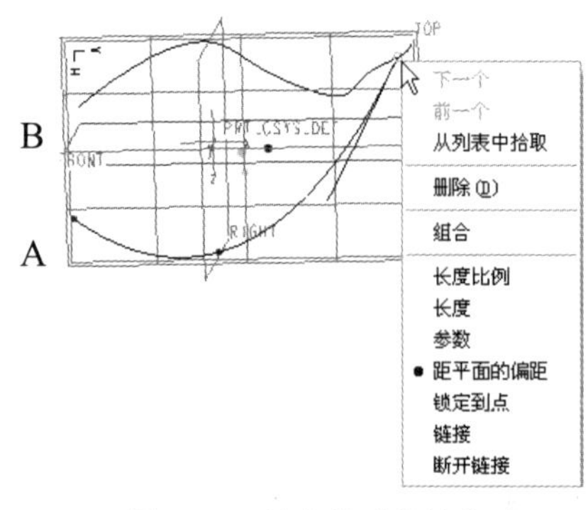

图 9-19　软点类型快捷方式

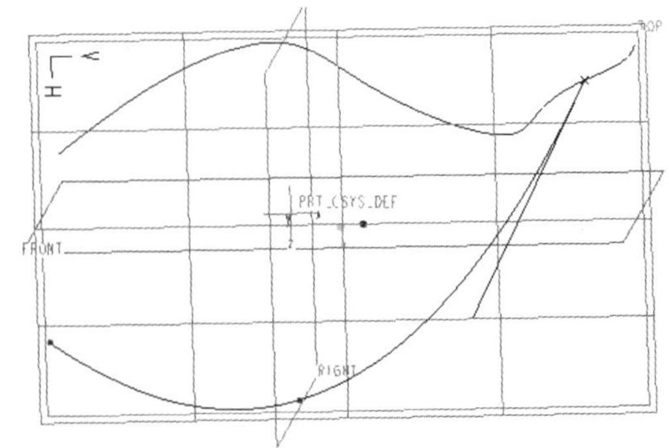

图 9-20　锁定到点

5. 链接

“类型”的功能主要是设置软点参考，但是“链接”则是显示当前的参考状态，也就是说，用户

不可以通过此选项主动设置链接至某一个对象。当用户选取插入点配合 Shift 键抓取到“曲面”“实体表面”或“基准平面”便代表参考到相关的对象，系统会以方格的形式显示，如图 9-21 所示“点”按钮控制面板中的软点类型自动切换为“链接”项目，自由曲线的端点通过 Shift 键抓取到 FRONT 基准平面，软点类型字段自动地切换到“链接”项目，并且以方格的形式显示该点，如图 9-22 所示。

Note

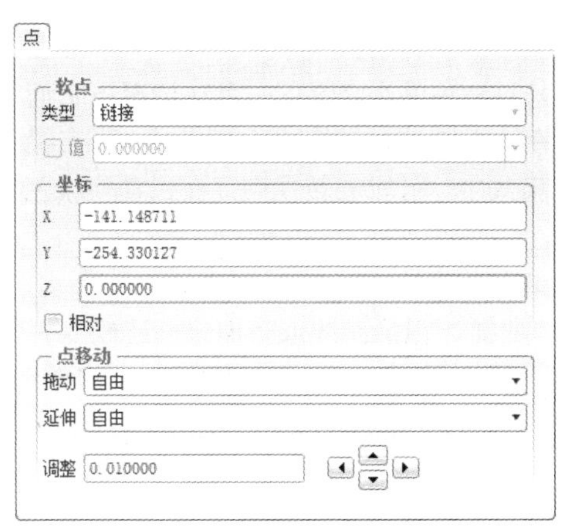

图 9-21 “点”按钮控制面板中类型选项

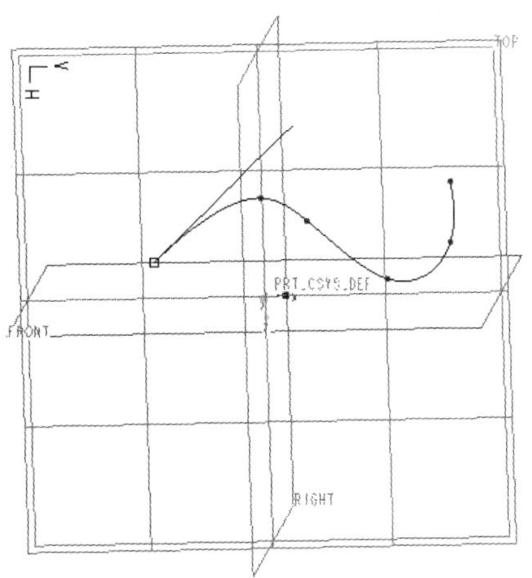

图 9-22 软点变化后的位置

6. 断开链接

对任何参考形式的软点，选中以后，单击鼠标右键就会弹出如图 9-23 所示的软点类型快捷菜单，选择“断开链接”命令以后就会切换到“断开链接”选项，便可取消软点的参考，该点就会变为实心的，如图 9-24 所示。

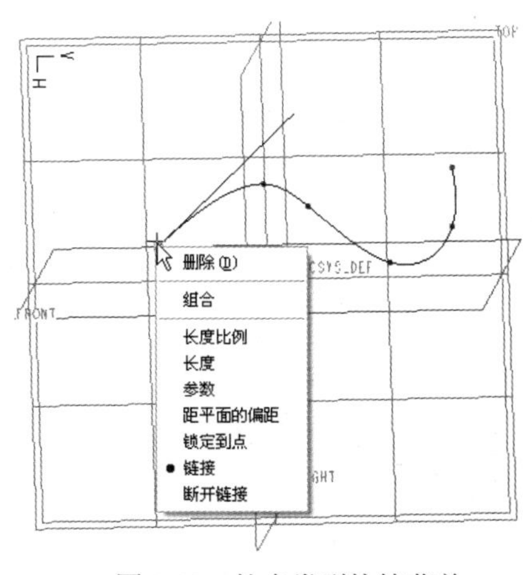

图 9-23 软点类型快捷菜单

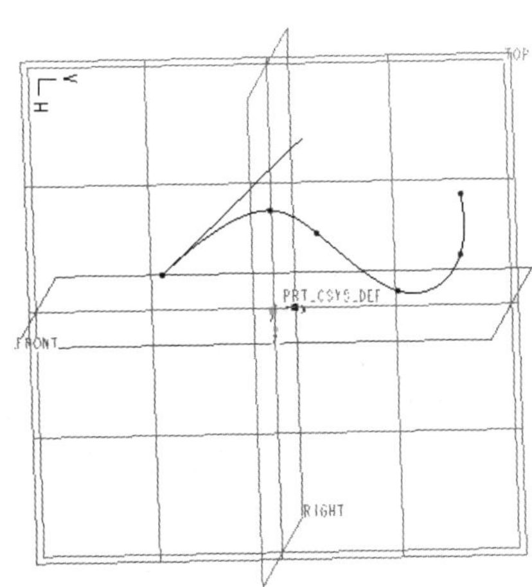

图 9-24 断开链接

9.3 自由曲线

造型曲线是通过两个或是更多定义点画出的路径。一组内部插值点和端点定义了曲线。在造型中，如何创建高质量的曲线是创建高质量曲面特征的关键，因为所有的曲面都是由曲线直接定义的。曲线

上的每一个点都有自己的位置、切线和曲率。

9.3.1 造型曲线上的点

Note

曲线可以通过定义曲线上的点来创建，定义曲线有两种基本类型的点。

（1）自由点：不受约束的点。

（2）约束点：受某种方式约束的点。

要创建曲线，必须先指定两个或更多的点。自由点是以紫色的小点显示，默认情况下它们被投影到基准平面上，但是可以从其他的视图指定其深度。当在 4 视图的显示模式下工作时，可在绿色深度线为可见的另一其他平面中指定深度。在单一视图显示模式中，可以旋转视图，直到看到绿色线通过该点，然后沿绿色线单击任意位置来指定该点的深度。

根据约束点所受约束条件的不同，约束点又分为软点和约束点。

（1）软点：可通过捕捉任何曲线、边、面组或实体曲面、扫描曲线或多面来创建软点。创建软点时，正在捕捉的图元将被加亮显示。软点是部分约束，可以在其父项曲线、曲面、边或多面上滑动。

（2）固定点：固定点可以理解为是完全约束的软点，所以不能在其父项上面滑动。

可以通过如下方法将软点转换为固定点。

（1）将曲线捕捉到基准点或是定点上。

（2）如果使用“锁定到点”命令，则自由曲线上的软点将转换为固定点。使用“锁定到点”命令会将软点移动到其父曲线上最近的定义曲线的插值点。

（3）当平面曲线被捕捉到现有图元上时，点被固定，因为此平面与其他图元相交。

9.3.2 造型曲线的建立

单击工具栏中的造型曲线按钮，即可进入“曲线”类型面板，如图 9-25 所示。

图 9-25 “曲线”类型面板

控制面板中各个选项的作用如下。

☑ 自由曲线：创造三维自由曲线，即非约束曲线。

☑ 平面曲线：在指定活动平面绘制曲线，曲线位于指定的活动平面。

☑ 曲面上的曲线：绘制曲面上的自由曲线。

☑ 按比例更新：即当重新计算曲线时，按比例更新未约束的点。

☑ 控制点：创建和编辑曲线的控制点。

1. 自由曲线

自由曲线可位于三维空间中任何地方，其建立步骤如下。

（1）设置此造型曲线方向活动的基准平面，设置方式参考前面的相关部分。

（2）如果要建立自由造型曲线，则切换到 4 视窗显示状态。

（3）选择“造型”→“曲线”命令，打开“曲线”对话框。

（4）单击“曲线”对话框中的“自由曲线”按钮。

（5）在曲线类型中选取“释放”。

Note

（6）在活动基准平面中，通过单击来定义曲线通过的点。

（7）因为每定义一个点即确定了此点的坐标值，要定义另一坐标值就必须在另一个视图中沿绿线单击，以确定曲线上当前点的深度。

（8）建立的自由曲线如图 9-26 所示。

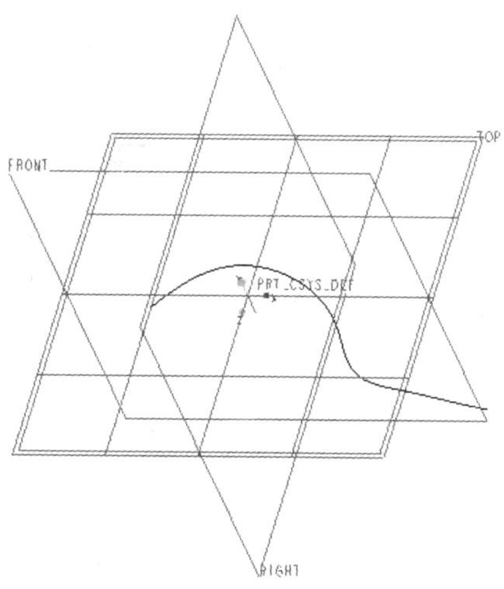

图 9-26　自由曲线

2. 建立平面曲线

此种方式建立的是一条位于活动基准平面上的曲线，且不允许在编辑过程中把它的任何点移出平面，除非把它转换为自由曲线。建立的步骤如下。

（1）定义此造型曲线方向活动的基准平面。设置方式参考前面的部分。

（2）单击鼠标右键，在弹出的快捷菜单中选择"活动平面方向"命令。

（3）选择"造型"→"曲线"命令，打开"曲线"对话框。

（4）在曲线类型中选择第二项"创建平面曲线"。

（5）在活动基准平面中，通过单击来定义曲线通过的点。

（6）在"曲线"的"参照"按钮面板的偏移下拉列表中输入偏移量，如图 9-27 所示。

（7）也可以在进行曲线编辑时，按住 Shift 键并用鼠标左键拖移活动平面以定义偏移量。

（8）单击"重复"或者鼠标的中键以完成该曲线并创建另一条，或者单击"确定"按钮以完成曲线的建立并关闭"曲线"工具。

3. 建立曲面上的曲线

造型特征中有一种称为曲面上的曲线的特殊曲线。由于曲面上的曲线的全部点都被限制在曲面上，因此该曲线也在曲面上，成为该曲线的子特征。

其建立步骤如下。

（1）选择"造型"→"曲线"命令，打开"曲线"对话框。

（2）在曲线的类型中选择"曲面上的曲线"。

（3）沿选定曲线单击以定义曲线通过的点，造型曲线将定义点为曲面上的曲线。

（4）单击"确定"按钮以完成曲线的定义。

（5）建立的曲面上的曲线如图 9-28 所示。

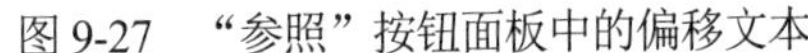
图 9-27 “参照”按钮面板中的偏移文本

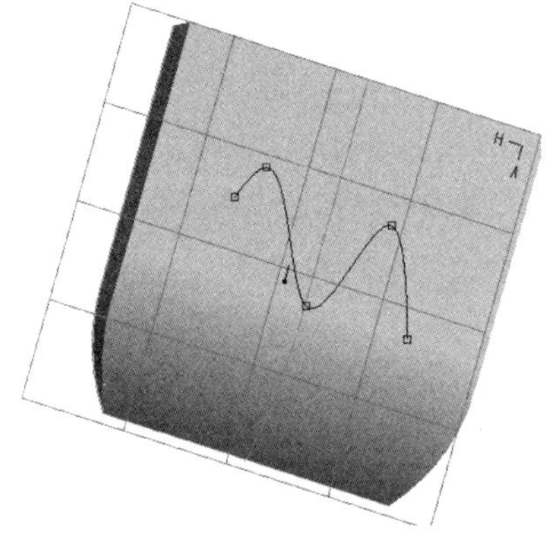
图 9-28 建立 COS 曲线

9.3.3 转变基准曲线为自由曲线

自由曲线是高度灵活的曲线，而基准曲线一般很难有高度的灵活性，因此，可以通过转变，使基准的曲线变为自由曲线，从而获得高度的灵活性。下面将介绍如何将基准曲线转变为自由曲线。

转变基准曲线为自由曲线的过程如下。

（1）进入自由曲线编辑环境，如果单击“造型工具”工具栏中的“曲线编辑”按钮，是无法选择基准曲线的，要更换基准到曲面为基准曲线。

（2）选择“造型”→“来自基准的曲线”命令。

（3）单击选中模型中的基准曲线，如图 9-29 所示。

（4）选取基准曲线之后，单击✔按钮，如图 9-30 所示。再单击“造型工具”工具栏中的“曲线编辑”按钮，刚才转换的基准曲线上出现了节点，如图 9-31 所示。可见基准曲线已经转换为了自由曲线。

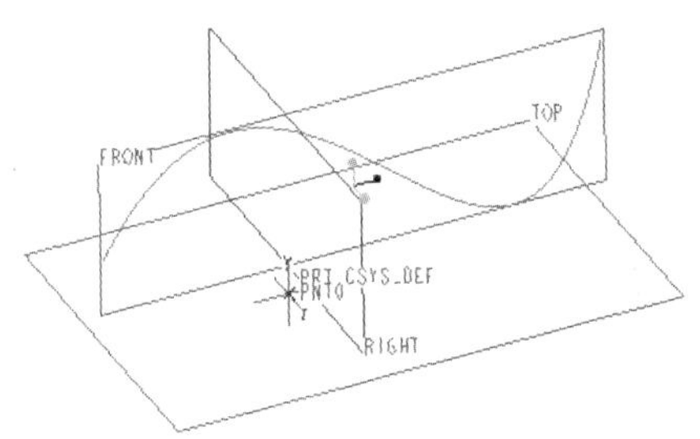

图 9-29 基准曲线

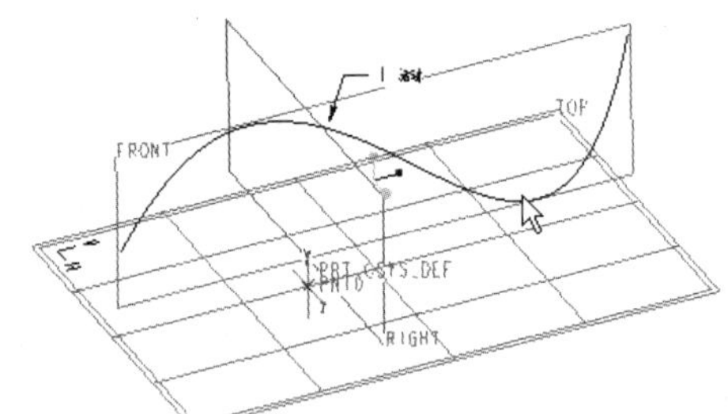

图 9-30 选取基准曲线

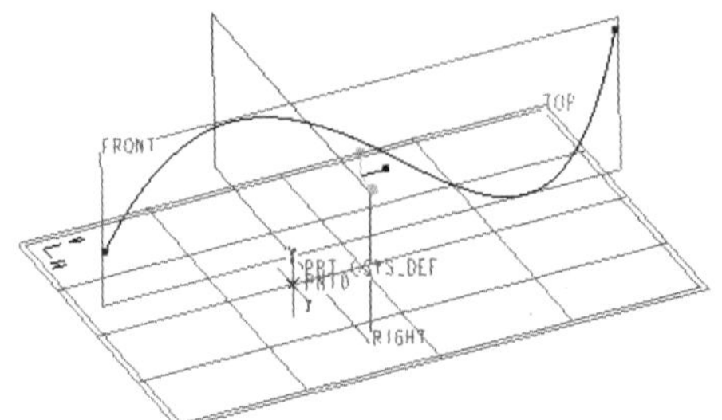

图 9-31 基准曲线的节点

9.3.4　抓取模型的边线来生成自由曲线

在自由曲线的生成过程中，可以利用抓取功能，捕捉模型中的参考位置，如边线、定点、基准轴线、基准曲线等，下面通过实例来介绍如何抓取模型中的边线来生成自由曲线。

抓取模型的边线来生成自由曲线的过程如下。

（1）如图 9-32 所示一个实体曲面，下面通过抓取模型中的边线，使生成的自由曲线顶点位于模型边线上。

（2）单击“造型”按钮，进入自由曲面界面，然后单击“造型工具”工具栏中的“曲线编辑”按钮，选择“造型”→“捕捉”命令，打开捕捉功能。

（3）打开捕捉功能以后，单击“造型工具”工具栏中的“曲线”按钮，在出现的控制面板中单击“平面曲线”按钮，当靠近模型的特征区域，光标的前面出现了十字，如图 9-33 所示。

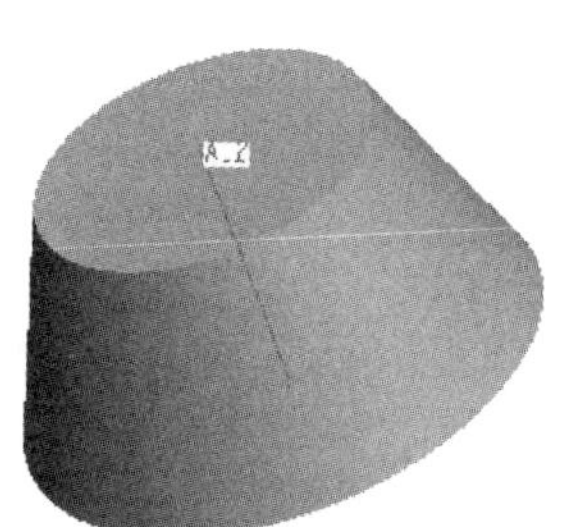

图 9-32　实体曲面

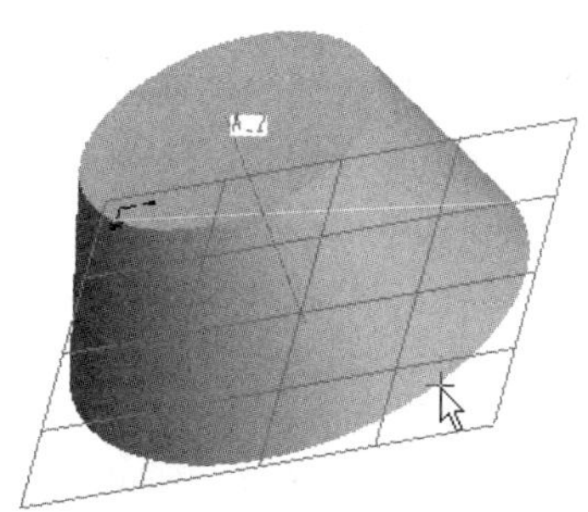

图 9-33　光标变成十字

（4）绘制如图 9-34 所示的自由曲线，从图中可以看出，捕捉生成的自由曲线的节点上的标记为一个小圆圈。

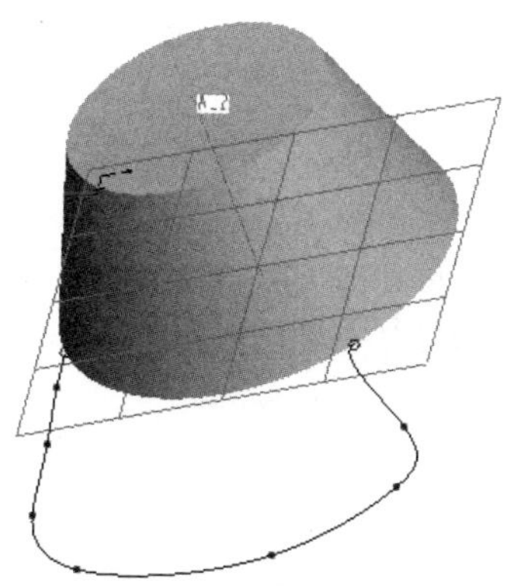

图 9-34　绘制自由曲线

9.4　造型曲线的编辑

曲线在创建完成以后，有可能还需要对其进行编辑修改才可能达到设计的要求。编辑曲线主要是修改曲线点的位置、约束条件、曲线的切换以及方向等。对于曲线进行编辑主要包含以下几个方面的问题。

Note

9.4.1 编辑曲线上的点

自由曲线的形状可以通过移动插值点来实现，选中的插值点的颜色与其他点的颜色不相同。插值点的位置主要是由操控板的“点”按钮来控制。对于软点可以改变其类型，对于自由点可以直接修改其值。

可以按照下面的方法直接执行编辑。

（1）沿曲面、边或者曲线直接拖动软点。

（2）在屏幕上任意位置单击并且拖动自由点，自由点在平行于当前基准平面中移动。

（3）使用 Alt 键可垂直于活动平面拖动。

（4）使用 Ctrl+Alt 快捷键可相对于视图垂直或者水平移动点。

（5）输入用于放置自由曲线的点 X、Y、Z 的坐标值，可相对原位置指定坐标值，也可以将坐标值指定为距坐标系原点的绝对距离。

下面介绍“点”选项中各项的作用。

用鼠标右键单击软点可显示软点快捷菜单。也可以在操控板中单击“点”按钮，显示“点”选项列表，其中可用的选项列举说明如下。

（1）长度：确定从参照曲线到软点的距离。

（2）长度比例：通过保持从曲线起点到软点长度相对于曲线总长度的百分比来保持软点的位置。

（3）参数：通过保持点沿曲线常数的参数，来保持点的位置。

（4）距平面的偏距：通过使参照曲线与给定偏距处的平面相交来确定点的位置，如果找不到多个交点，将使用与上一个参数最接近的值。

（5）锁定到点：将软点锁定到参照曲线上能找到父曲线上最近的插值点。

（6）链接：指明该点是软点，但是有些软点类型不适用，这包括曲面或平面上的软点相对于基准点或顶点的软点。

（7）断开链接：断开软点与父几何的链接。此点变成自由点，并且定义在当前的位置。

（8）自由：点移动不受约束。

（9）水平/竖直：无论最初向哪个方向移动鼠标，点移动被约束在水平或者是垂直的方向上。

（10）垂直：点移动被约束在垂直于当前基准平面的方向上。

在编辑曲线的过程中需要往曲线上增加或者删除插值点。

在曲线上增加插值点时，造型将通过几个难以重新拟合的曲线，这可以明显地改变曲线的形状。

9.4.2 按比例更新

按比例更新的曲线允许曲线自由点相对于软点之间按比例进行移动。在曲线编辑过程中，曲线按比例保持其形状。没有按比例更新的曲线，在编辑过程中只在软点处改变形状，曲线具有两个软点或更多的软点时才可以按比例进行更新。

当一条处于编辑状态的曲线上有两个软点，这两个软点捕捉到另外的一个曲线上，该曲线即可按比例进行更新。

如果取消选中“按比例更新”复选框，那么，在移动右侧软点进行编辑时，其结果是只有被拖动的点进行移动，如图 9-35 所示，其他的插值点位置并未发生变化。

如果选中“按比例更新”复选框，如图 9-36 所示，那么，在移动右侧软点进行编辑时，其结果是曲线上的其他自由点与被拖动的软点成等比例的移动。

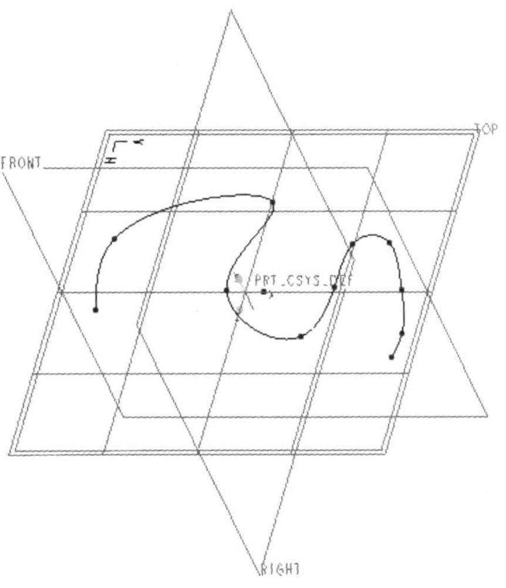

图 9-35　曲线上点的变化情况

图 9-36　“按比例更新”复选框

9.4.3　增加自由曲线的节点

要在自由曲线上增加节点，只要在选中自由曲线的情况下，在需要增加节点的地方右击，弹出如图 9-37 所示的快捷菜单，选择“添加点”命令即可，增加完节点的示意图如图 9-38 所示。

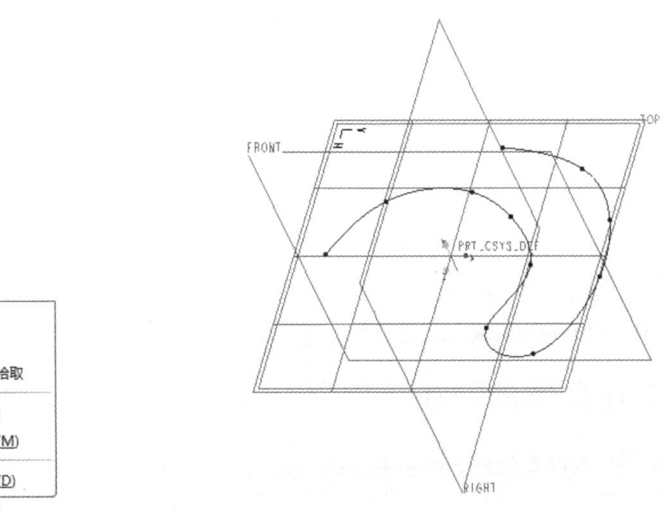

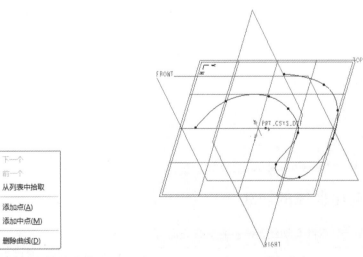

图 9-37　添加节点快捷菜单　　　　图 9-38　增加节点

在需要增加节点的地方右击，在弹出如图 9-39 所示的快捷菜单中选择“添加中点”命令，则生成的节点位于所选取曲线节点位置在中间，如图 9-40 所示。

绘制曲线时，尽量以少数的插入点描述曲线，插入点越少越好。调整曲率时，尽量从存在的点或切线先做调整。

Note

下一个
前一个
从列表中拾取
添加点(A)
添加中点(M)
删除曲线(D)

图 9-39　添加快捷方式

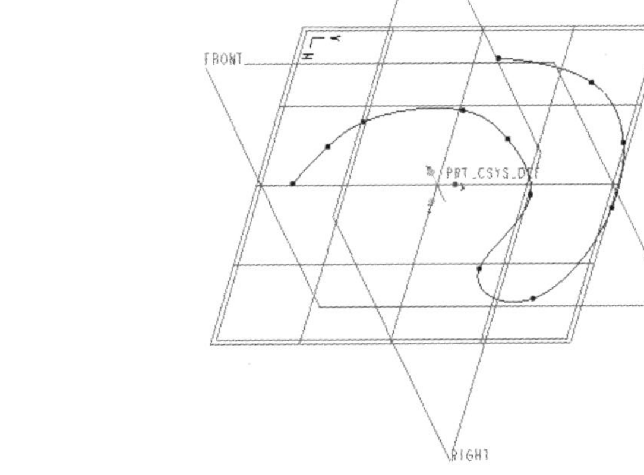

图 9-40　增加中点节点

9.4.4　删除自由曲线的节点

如果要在自由曲线中删除节点，只要先选中需要删除的节点，右击，在如图 9-41 所示的快捷菜单中选择“删除”命令，删除节点以后的曲线如图 9-42 所示。

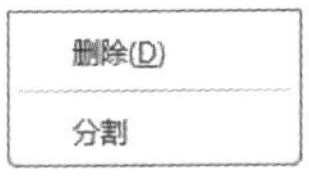

删除(D)
分割

图 9-41　“删除”快捷方式

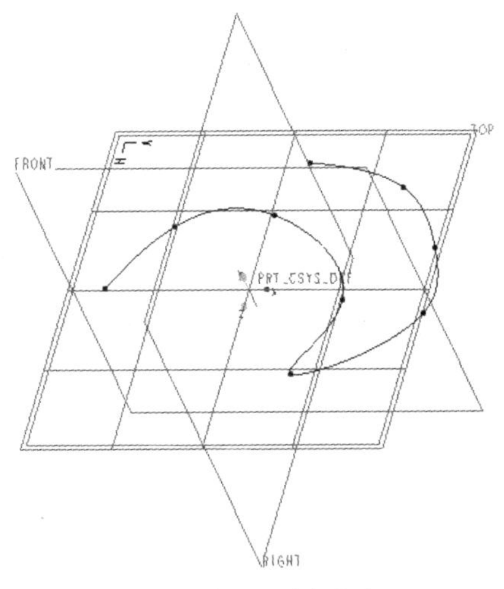

图 9-42　删除节点

9.4.5　编辑自由曲线的切线

曲线上面的每一个点都有切线，对于造型曲线而言，只有点选才会显示切线，其符号是黄色直线。使用曲线的切线可以改变曲线的形状，并创建与另一曲线或是曲面的连接。通过单击所选曲线的端点可以显示切向量。单击并拖动切向量的末端，可以改变其角度和长度。单击造型控制面板中的“相切”按钮，通过在“相切”选项中设置相关的选项，可影响在屏幕上对切向量的直接操作。

改变切线的方向约束的基本步骤如下。

（1）选择“造型”→“曲线编辑”命令，或是单击“造型工具”工具栏中的“曲线”按钮。

（2）选取曲线。

（3）单击曲线的一个端点，显示带有插值点的曲线的切向量。对于带控制点的曲线，可选取端点与前一个点间的曲线段。

（4）单击切向量并在平面上拖动以改变向量的长度和角度，或者是转到下一步。

（5）在造型操控器板中单击“相切”按钮，或用鼠标右键单击切向量，显示切线快捷菜单。

（6）在“约束”选项中，从“第一”下拉列表框中选取下列的切线约束之一。

☑ 自然：使用定义点的自然数学切线。这是新建曲线的默认设置。在修改定义点时，切线可能改变方向。

☑ 自由：使用用户指定的切线。操作时自然曲线切线将变为自由切线。修改后，按照指定的方向和长度可自由拖动切线。

☑ 固定角度：设置当前的方向，允许通过拖动改变长度。

☑ 水平：相对于当前的基准平面的网格，将当前方向设置为水平，允许通过拖动改变长度。

☑ 垂直：相对于当前的基准平面的网格，将当前方向设置为垂直，允许通过拖动改变长度。

☑ 法向：设置当前的方向垂直于所选的参照基准平面。

☑ 对齐：设置当前方向指向另一曲线上的参照位置。

（7）如果“属性”选项组被激活，可以在“属性”选项组中进行指定的选项。

（8）单击“参照”选项后的选择箭头，为此切线选择新的参照平面。

（9）改变“拖动”设置将改变在屏幕上直接对切向量进行操作的方式。

☑ 自由：相切运动无约束。

☑ 角度加仰角：锁定切线的当前长度，使得只有角度和仰角能够改变。

☑ 长度：锁定切线的当前方向，以便只能改变长度。

9.4.6 自由曲线的分割

如果需要分割曲线，只要先选中需要分割处的节点，右击，弹出如图 9-43 所示的快捷菜单，选择“分割”命令。

分割后的自由曲线如图 9-44 所示，可以单独编辑。

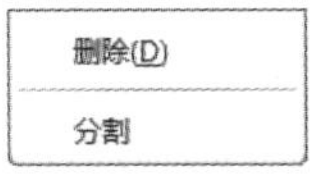

删除(D)

分割

图 9-43　分割曲线的快捷方式

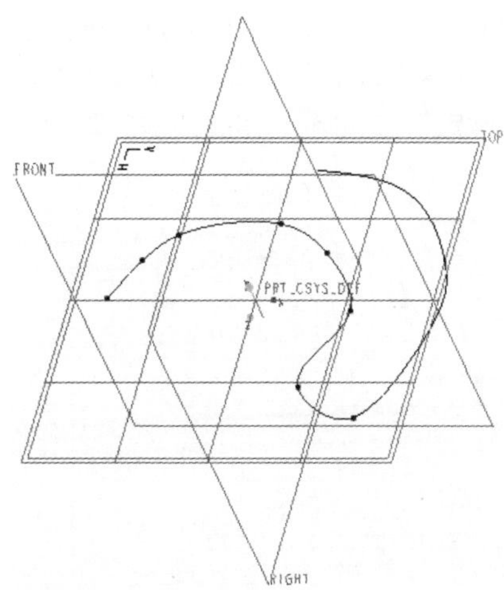

图 9-44　分割曲线

分割曲线的步骤如下。

（1）选择“造型”→“曲线编辑”命令，或是单击“造型工具”工具栏中的“曲线编辑”按钮。

（2）在曲线上选取一个插值点。

（3）单击鼠标右键，从弹出的快捷菜单中选择“分割”命令。

（4）单击“确定”按钮✔，完成曲线的操作。曲线在指定点处被分开。由于重新拟合到新定义的点，因此生成的曲线的形状会发生变化。

Note

9.4.7 自由曲线的延伸

通过在曲线外增加插值点或直接在曲线的端点可以延伸曲线。

1. 自由延伸

（1）单击“造型”按钮，进入自由曲面绘图界面，单击“曲线”按钮，绘制如图 9-45 所示的自由曲线。

（2）单击“曲线编辑”按钮，对于刚才所画的曲线进行编辑，在如图 9-46 所示“点”下滑面板中选择拖动方式为“自由”方式。

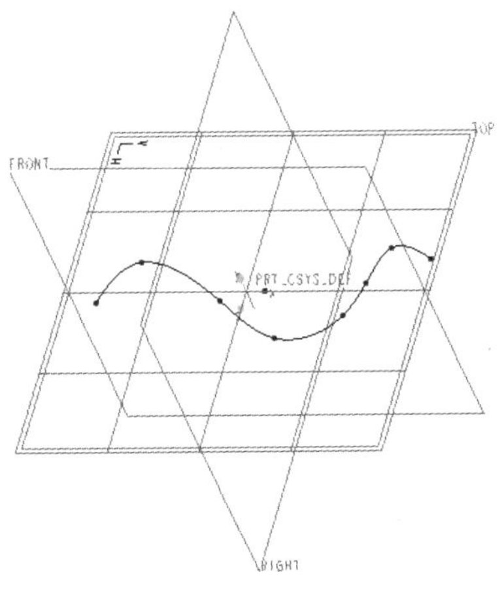

图 9-45　自由曲线

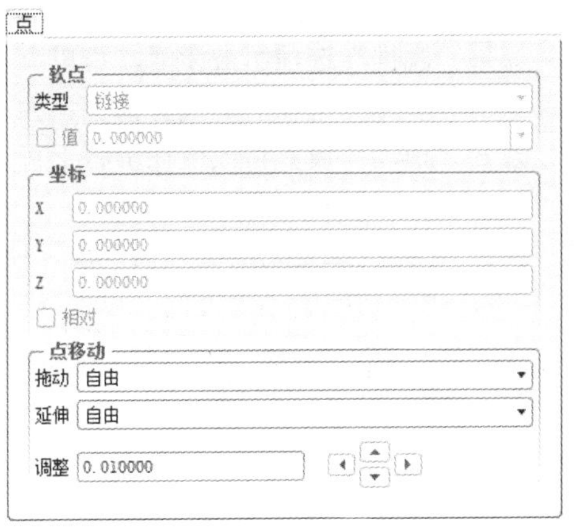

图 9-46　“点”下滑面板

（3）按住 Shift+Alt 快捷键，可以通过鼠标点选的方式选取曲线的延伸位置。如果在“点”下滑面板中设置拖动方式为“自由”方式时，则 X、Y、Z 的坐标将发生变化，如图 9-47 所示。

（4）单击“确定”按钮✔，完成曲线的延伸，如图 9-48 所示。

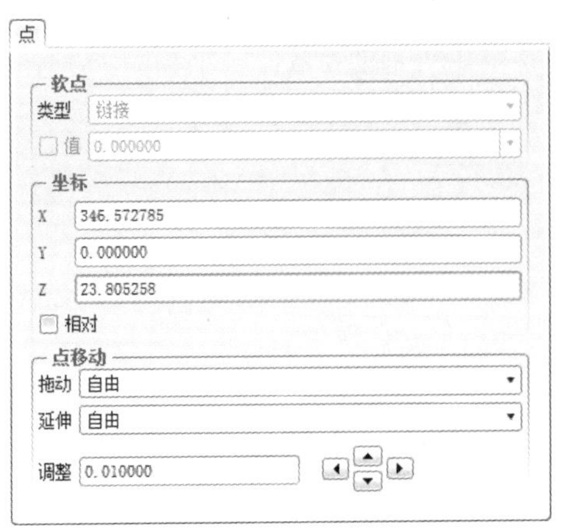

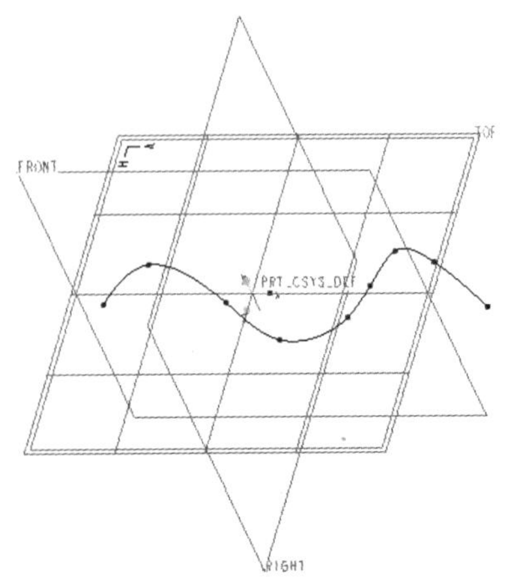

图 9-47　“点”下滑面板

图 9-48　曲线的延伸

2. 相切延伸曲线

（1）单击“造型”按钮，进入自由曲面绘图界面，单击“曲线”按钮，绘制如图 9-49 所示的自由曲线。

（2）单击“编辑曲线”按钮，对于刚才所画的曲线进行编辑，单击如图 9-50 所示“点”下滑面板中的“延伸”下拉列表，在延伸的方式中选择“相切”选项。

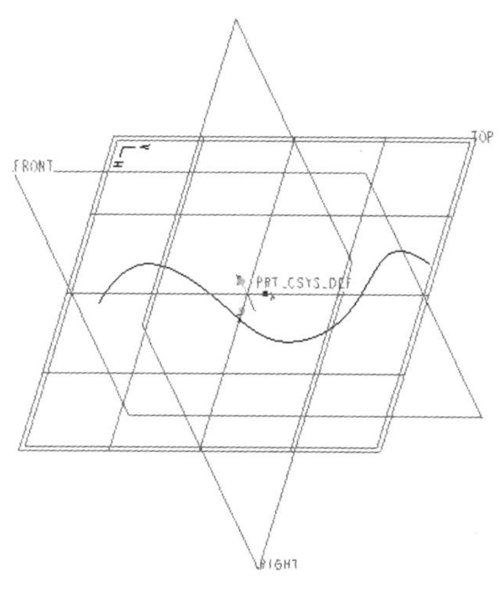

图 9-49　自由曲线

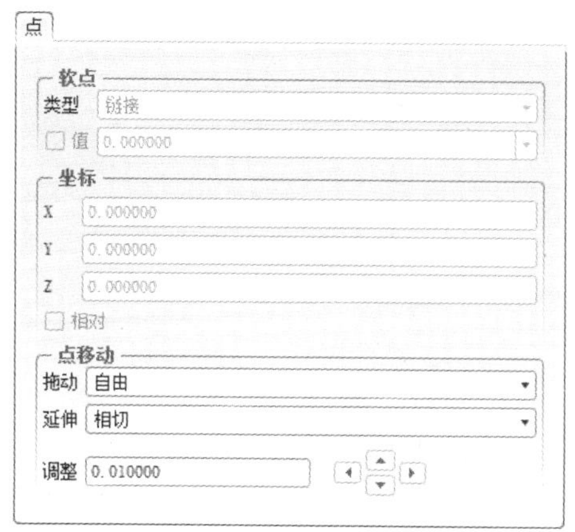

图 9-50　“点”下滑面板

（3）按住 Shift+Alt 快捷键，可以通过点选的位置作为延伸曲线的位置，如图 9-51 所示。

（4）单击“确定”按钮，完成曲线的延伸，如图 9-52 所示。

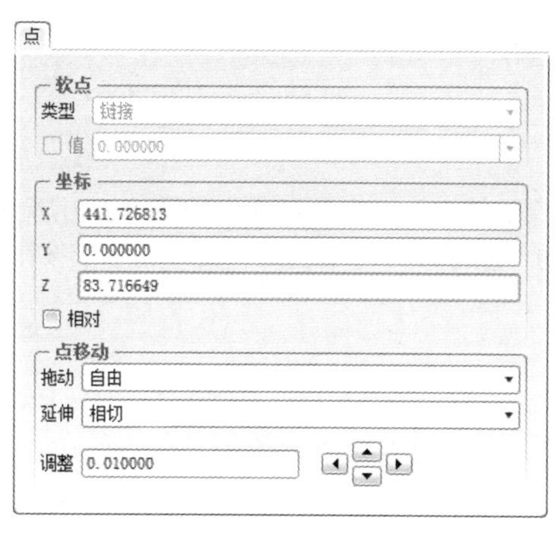

图 9-51　“点”下滑面板

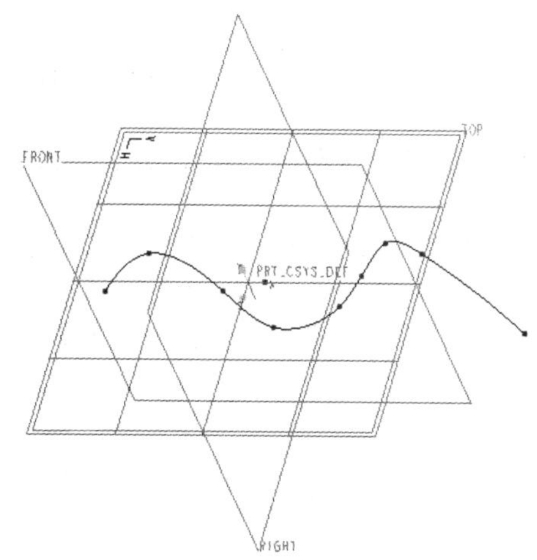

图 9-52　曲线的延伸

3. 曲率延伸

（1）单击“造型”按钮，进入自由曲面绘图界面，单击“曲线”按钮，绘制如图 9-53 所示的曲线。

（2）单击“曲线编辑”按钮，对于刚才所画的曲线进行编辑，在“点”下滑面板的延伸方式中选择“曲率”方式，如图 9-54 所示。

（3）单击“确定”按钮，完成曲线的延伸，如图 9-55 所示。

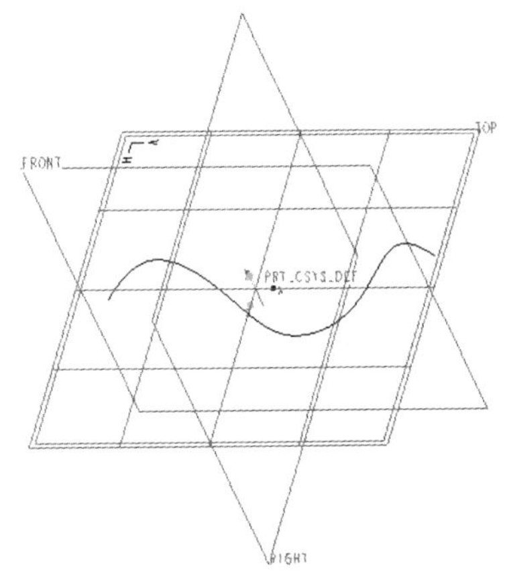

图 9-53　选择曲线

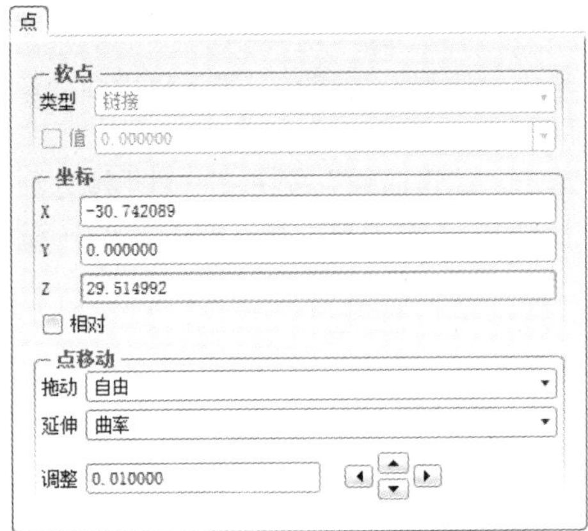

图 9-54　“点”下滑面板

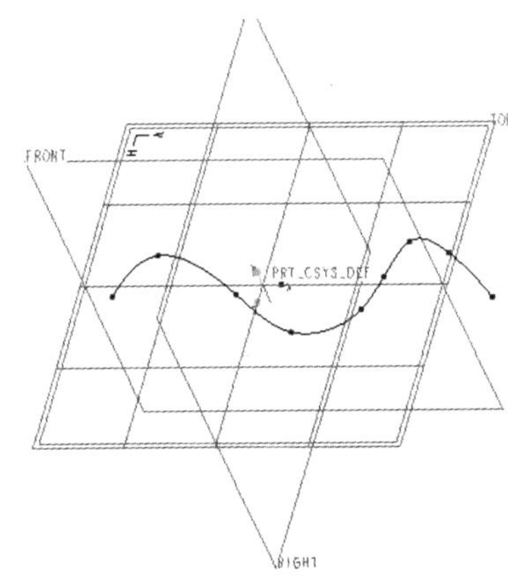

图 9-55　曲线的延伸

9.4.8　删除分割后自由曲线的关联性

如果要删除自由曲线中的节点，只要先选中需要删除的节点，右击，在弹出如图 9-56 所示的快捷方式中选择“删除”命令，系统弹出如图 9-57 所示的“删除段”对话框，单击“删除”按钮，删除分割后自由曲线的关联性的自由曲线如图 9-58 所示。

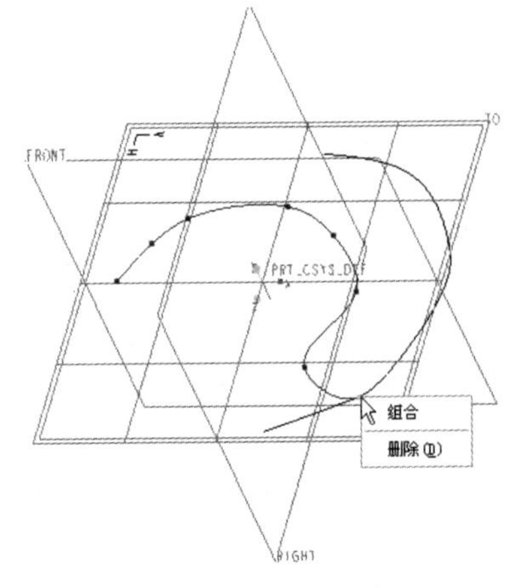

图 9-56　选择曲线

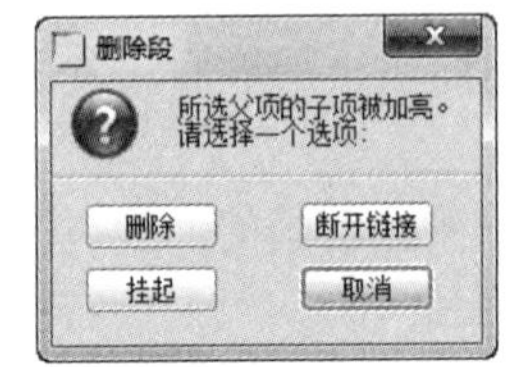

图 9-57　“删除段”对话框

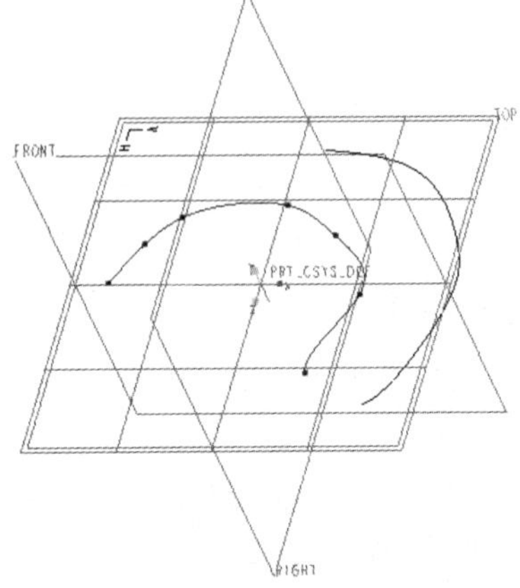

图 9-58　删除分割后自由曲线的相关性

Note

9.4.9　删除自由曲线的线段

如果需要分割自由曲线，只要选中需要分割的节点，右击，在弹出的快捷菜单中选择“分割”命令即可。如图 9-59 所示的自由曲线，单击鼠标右键，弹出如图 9-60 所示的快捷菜单，选择上面的曲线，这时弹出如图 9-61 所示的对话框，分割以后的自由曲线可以独立地编辑。

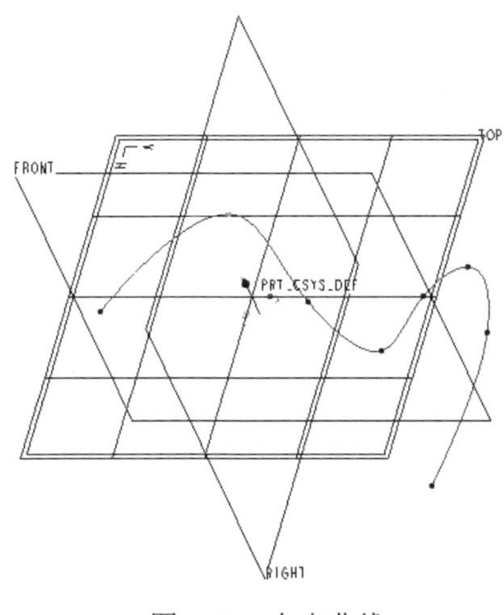

图 9-59　自由曲线

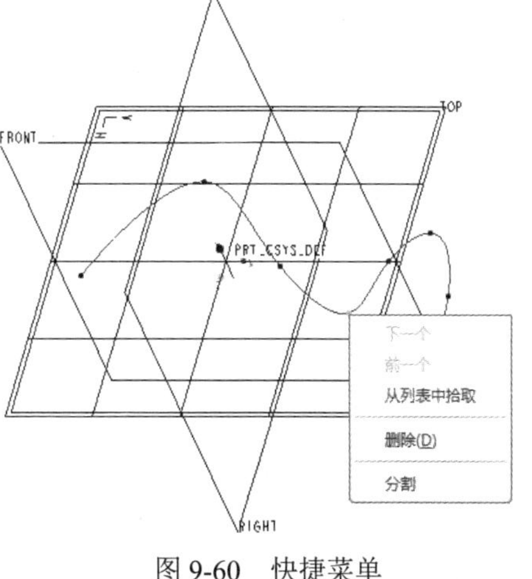

图 9-60　快捷菜单

图 9-61　是否删除图元

当单击“是”按钮后，曲线将被删除。

9.4.10　改变自由曲线的类型

在一定的条件下，自由曲线可以相互转换。下面将介绍如何在曲线之间进行转换。

1. 将平面曲线转换为自由曲线

（1）单击“造型工具”工具栏中的“曲线”按钮，建立如图 9-62 所示的曲面上的曲线，图中点的标记为一个小四方框。

（2）单击“草绘器工具”工具栏中的“更改为自由曲线”按钮，系统将弹出如图 9-63 所示是否将曲面上的曲线转换为自由曲线对话框，单击“是”按钮。

（3）图中的曲面上的曲线将被转换成自由曲线，如图 9-64 所示。

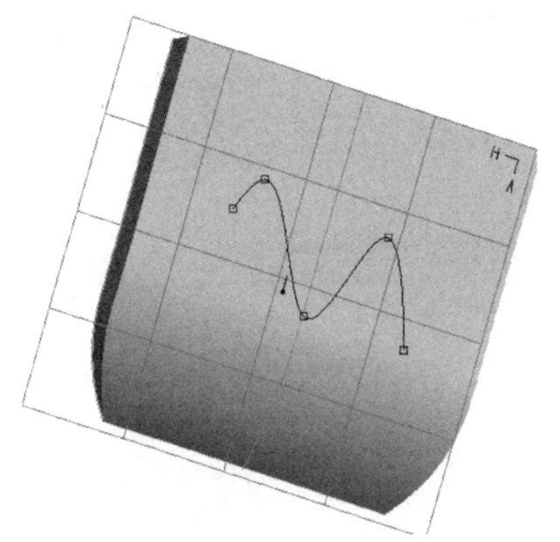

图 9-62　曲面上的曲线

图 9-63　是否删除图元

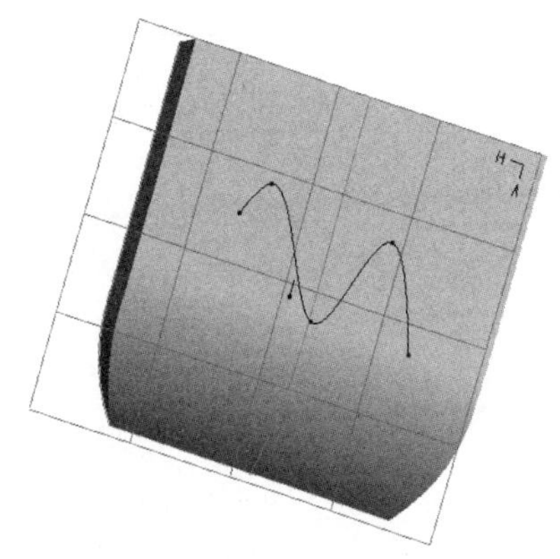

图 9-64　自由曲线

（4）单击工具栏中的✔按钮，完成曲线的转换。

2. 将自由曲线转换为平面曲线

（1）单击“造型工具”工具栏中的“曲线”按钮，绘制如图9-65所示的自由曲线。

（2）单击“编辑曲面”按钮，选择上面绘制的曲线，然后单击如图9-66所示面板中的“平面”按钮，选择TOP平面作为要生成的曲线的平面，则生成如图9-67所示平面曲线。

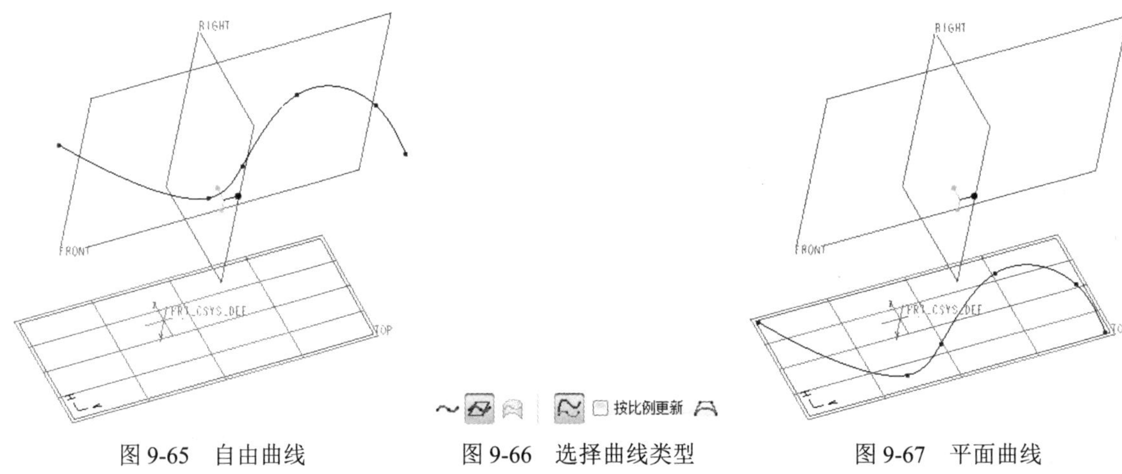

图9-65　自由曲线　　图9-66　选择曲线类型　　图9-67　平面曲线

9.4.11　自由曲线的合成

多段自由曲线之间可以合成为整段自由曲线。打开端点捕捉方式，拖动需要合成曲线的端点靠近需要合成的端点处，这时光标会出现一个十字，然后右击，在弹出的快捷菜单中选择“合成”命令。

自由曲线的合成过程如下。

（1）单击“造型工具”工具栏中的“曲线”按钮，建立如图9-68所示的曲面上的曲线，单击其中的一个小点，然后单击鼠标右键，弹出如图9-69所示的合成曲线快捷菜单，图中点的标记为一个小四方框。

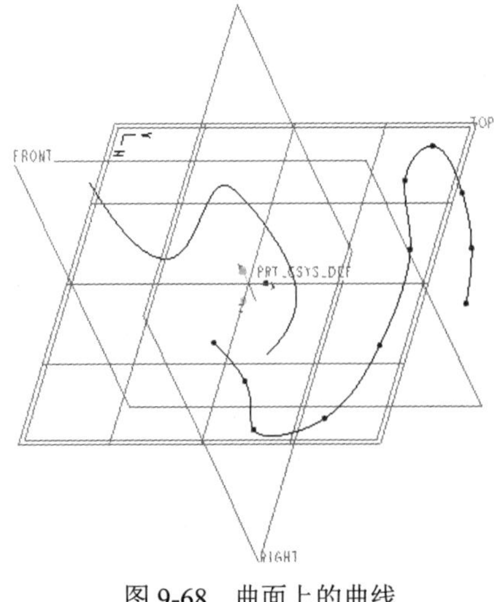

图9-68　曲面上的曲线

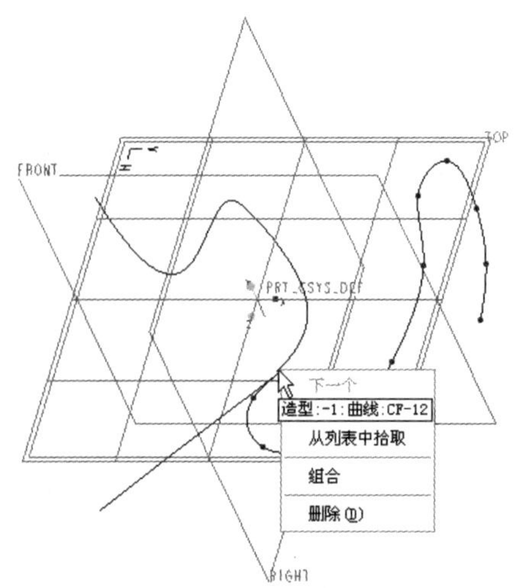

图9-69　合成曲线快捷菜单

（2）两段曲线最后合成的曲线如图9-70所示。

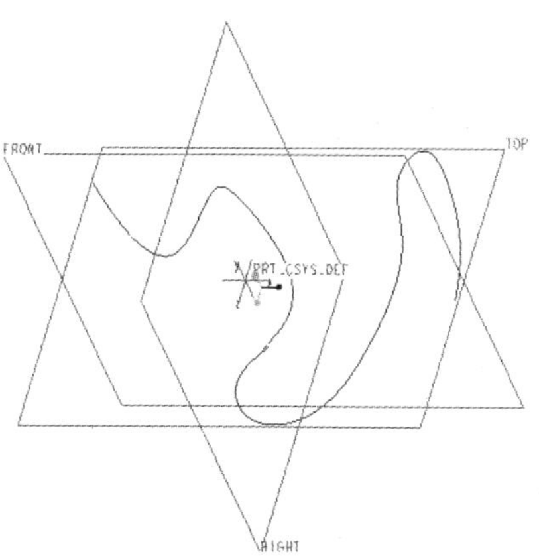

图 9-70　合成曲线

9.4.12　自由曲线的复制和移动

自由曲线除了可以编辑外，还可以对整个曲线进行移动和复制。移动和复制的曲线还可以编辑，而不影响原曲线的形状。

造型中移动和复制的功能仅适用造型曲线。这些功能适用于平面曲线和自由曲线，但是不适用于曲面上的曲线。

1. 移动曲线

移动曲线的步骤如下。

（1）选择“编辑”→“移动”命令。

（2）选择曲线。

（3）在“选取”对话框中单击“确定”按钮。

（4）通过拖动来定位曲线。

2. 复制曲线

复制曲线的步骤如下。

（1）选择“编辑”→“复制”命令。

（2）选择曲线。

（3）在“选取”对话框中单击“确定”按钮。

（4）通过拖动来定位曲线。

3. 删除曲线

删除曲线有两种方法。

方法 1：

（1）选择曲线。

（2）选择“编辑”→“删除”命令。

（3）系统提示“是否删除选定的图元”，按 Enter 键，选取的曲线就被删除。

方法 2：

（1）用鼠标右键单击曲线。

（2）从弹出的快捷菜单中选择“删除曲线”命令。

（3）系统提示“是否删除选定的图元”，按 Enter 键，选取的曲线就被删除。

9.5 曲线的分析

Note

9.5.1 曲率的显示

造型曲线上的每一点都有自己的位置、切线和曲率。一条曲线是不是光滑，一般是通过曲线的曲率来确定。曲率用曲率图来表示的，显示沿曲线上一组点的曲率。曲率图通过显示与曲线垂直的直线，来表现曲线的平滑度和数学曲率。这些曲线越长，曲率值就越大。

理想情况下，曲率图应该平滑。曲率图的下沉和凸块表示了曲线形状发生了急速变化。当然曲率图中的拐角或是折隙并不表示曲线中的折缝，仅仅表示曲率的急剧变化，曲线仍然是内部连续，如图 9-71 所示。

单击工具栏中的“曲率”按钮，即可显示所选中自由曲线的曲率，但是所显示的曲率有时太小，无法看清。

选择“造型”→“首选项”命令，在出现的“造型首选项”对话框中通过设置如图 9-72 所示“曲面网格”选项组中的“质量”来调整。

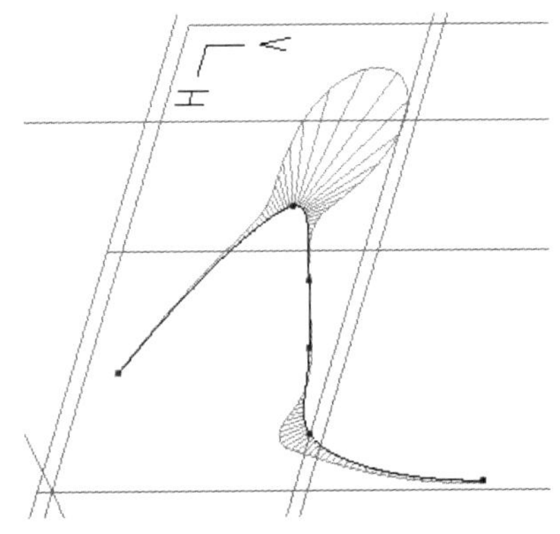

图 9-71 曲率中的突变

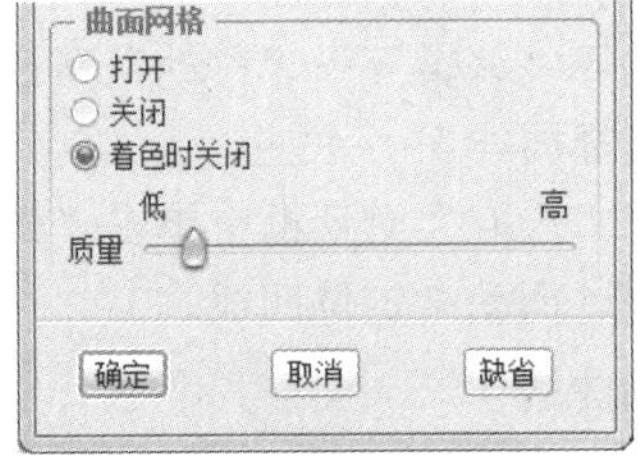

图 9-72 曲面网格

用户可以通过下列方法来调整曲线曲率。

（1）拖曳曲线的插入点或端点。

（2）拖曳曲线端点的切线。

显示与调整曲线的曲率的步骤如下。

（1）单击“曲线编辑”按钮，点选进入曲线编辑模式。

（2）单击“曲率”按钮，出现“曲率”对话框，选中保存项目。

（3）调整曲线可以改变曲率。

9.5.2 曲率显示与自由曲线的品质

自由曲线上的曲率主要是用来反映自由曲线的品质，如图 9-73 所示，是一个有 3 个节点的自由曲线，其上面显示的曲率比较光滑、匀称，因此，该自由曲线的品质比较好。

如果在上面的自由曲线上增加一个节点，其曲率如图 9-74 所示，这时，自由曲线上显示的曲率有一个高坡，可见自由曲线的品质有所下降。

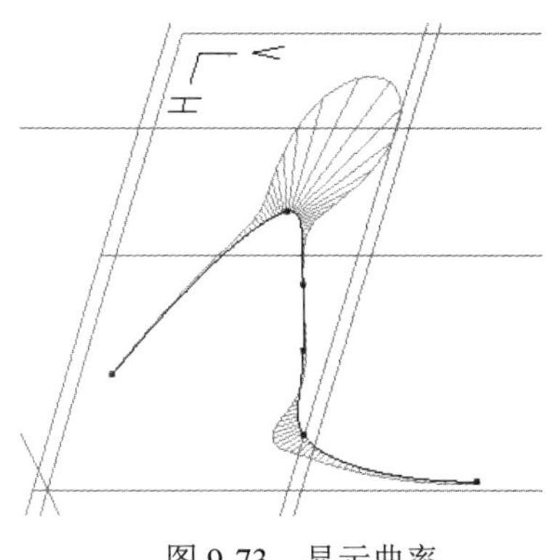

图 9-73　显示曲率

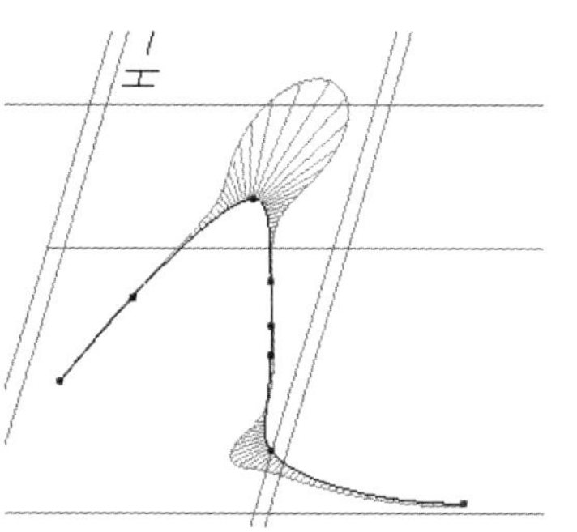

图 9-74　增加节点后显示曲率

9.5.3　检测曲率

对于曲率检测，除了可以查看曲线几何的走势以外，还可以检查是否有反屈点或反屈点出现的位置是否合适。

1. 反屈点的定义

曲线可视为由无限多个圆弧相接，每个圆弧都有圆心。对于没有反屈点的曲线而言，圆心都在同一侧，如果曲线有反屈点，圆心会在圆弧的两侧，其中圆心转向的点便是反屈点。如图 9-75 所示曲线，圆心在曲线的两侧，具有一个反屈点。在同一曲线上，可有多个反屈点。

视造型要求，可以有一个或者多个反屈点，但是设计者必须要明确掌握它的位置与数目。不合适的反屈点，在灯光下会产生不必要的影子。如果出现在侧壁，根据模具结构不同，在开模时可能造成“倒勾”而无法脱模。

2. 反屈点的检测

曲线的曲率连接如果明显，很容易觉察出反屈点，但是在某些情况下，若没有曲率的检测，则不容易发现反屈点的存在或有多余的反屈点。

在如图 9-76 所示的曲线中可以很明显地看到有反屈点存在，但是在图 9-77 所示的曲线中就不是很容易能看到是否存在反屈点，在这种情况下，通常是通过对曲线曲率的检测来发现是否存在反屈点。

图 9-75　显示反屈点

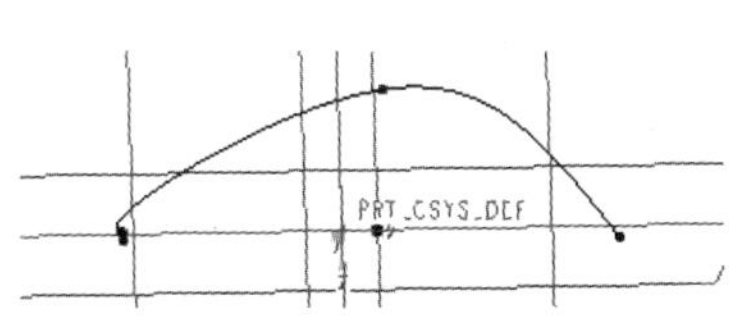

图 9-76　反屈点明显

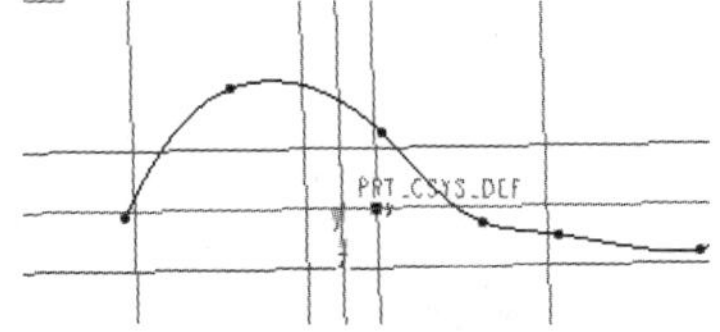

图 9-77　反屈点不明显

9.6　自由曲面

造型曲面可用 3 条或是 4 条边界曲线或是边来创建。一般来说，它们必须有软点连接或是在端点共享顶点，没有必要将曲线修剪成绝对的拐点。在造型中，内部的曲线是定义曲面内部形状的曲线，可以向造型曲面中添加任意数量的内部曲线。

创建曲面的基本步骤如下。

（1）选择“造型”→“曲面”命令，或是单击“造型”按钮。

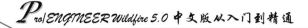

（2）选择一条边界，按住 Ctrl 键依次选择其他的 3 条边界。

（3）如果需要，可单击一条或是多条内部曲线，以进一步定义曲面。

（4）如果需要，可单击显示为通过曲面边界箭头，以修改新曲面和其相邻曲面间的连接。

Note

（5）如果创建三角面时要改变自然边界，可在操控板中单击“选项”按钮，然后单击选取箭头，并且选取新的边界。

（6）单击✔按钮，完成曲面的操作。

9.6.1 利用 4 条曲线生成自由曲面

利用 4 条曲线生成自由曲面的步骤如下。

（1）绘制如图 9-78 所示的实体模型。

（2）单击“造型”按钮，进入自由曲面界面。

（3）单击工具栏中的“曲线”按钮，在如图 9-79 所示的曲线类型中选择“自由曲线”。

（4）为了能绘制二维自由曲线，先使活动平面与屏幕平行，选择“造型”→“设置活动平面”命令，如图 9-80 所示，然后单击选择 Front 作为工作平面。选择“视图”→“方向”→“活动平面的方向”命令。

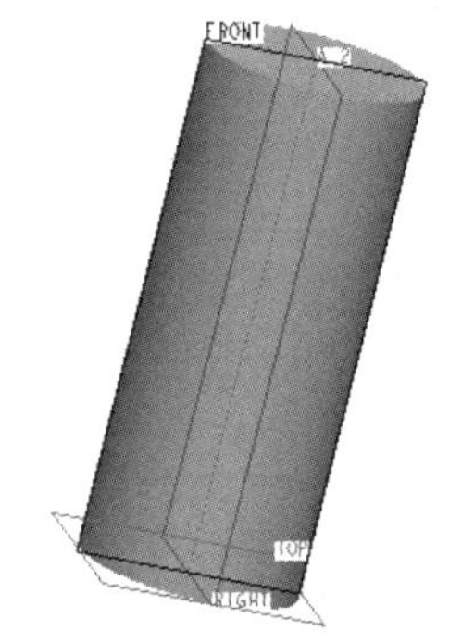

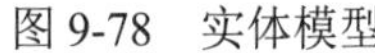

图 9-78　实体模型

图 9-79　曲线类型

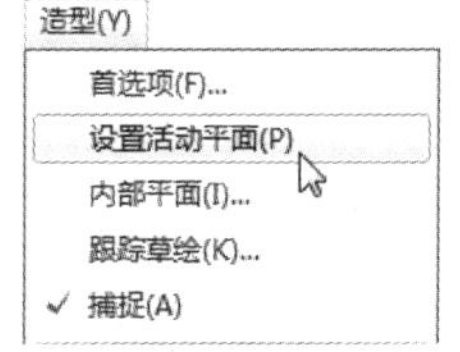

图 9-80　设置活动平面

（5）在活动平面上绘制第一条自由曲线，如图 9-81 所示。

（6）单击鼠标中键完成第一条曲线的绘制，单击工具栏中的“曲线”按钮，在如图 9-82 所示的曲线类型中选择“自由”。

（7）再绘制侧面的自由曲线，如图 9-83 所示。

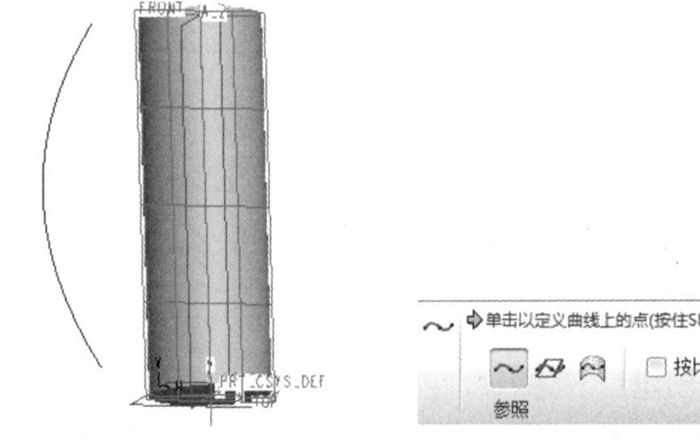

图 9-81　第一条自由曲线　　图 9-82　曲线类型

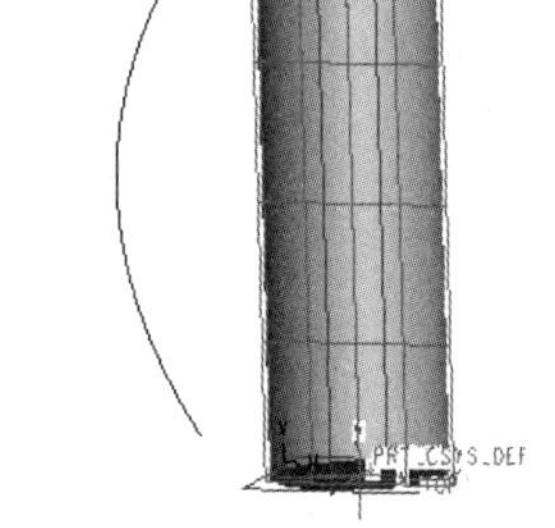

图 9-83　绘制曲线

（8）单击工具栏中的“曲线”按钮，准备在新的活动面内绘制自由曲线，选择“造型”→“捕捉”命令，如图 9-84 所示，打开捕捉的功能。

（9）选取绘制的第一条曲线，此时，在光标的地方出现一个十字，如图 9-85 所示。

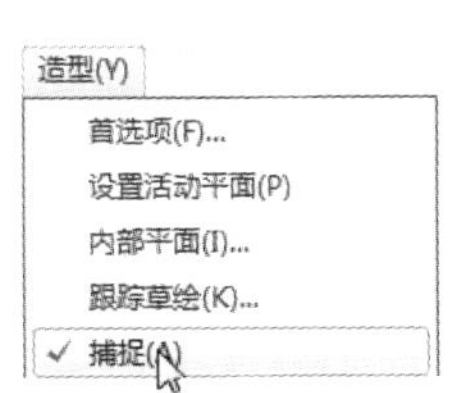

图 9-84　捕捉

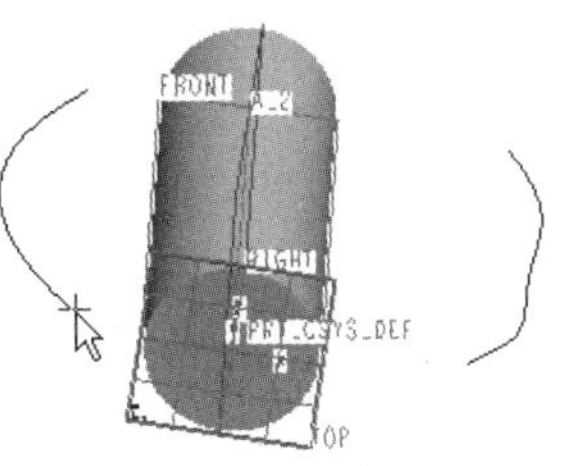

图 9-85　选取曲线

（10）选择“视图”→“方向”→“活动平面的方向”命令，使活动平面和屏幕平行，利于二维的自由曲面的绘制，则曲线的方向如图 9-86 所示。

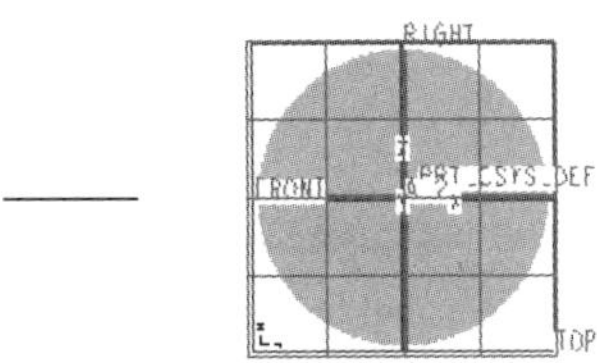

图 9-86　设置方向

（11）在绘制自由曲线的另一端时，也使用捕捉命令。同时，可以旋转模型，选取第二条自由曲线。

（12）绘制第 3 条自由曲线，如图 9-87 所示。

（13）为了生成一个自由平面，选择模型的上端面，绘制第 4 条自由曲线，如图 9-88 所示。

（14）单击“确定”按钮，选取的端面处生成一个基准平面如图 9-88 所示，并将其作为基准平面。

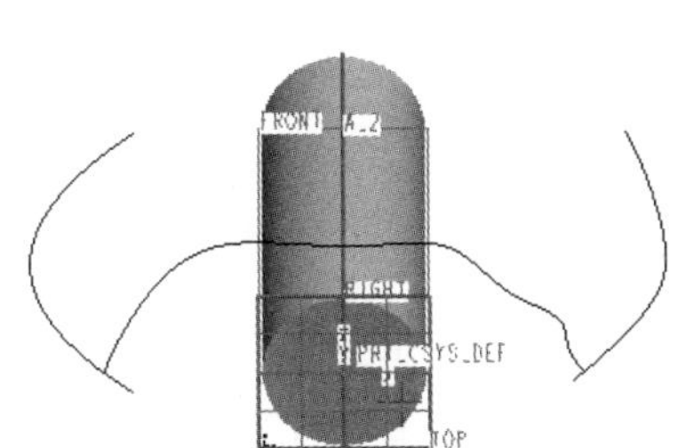

图 9-87　第 3 条自由曲线

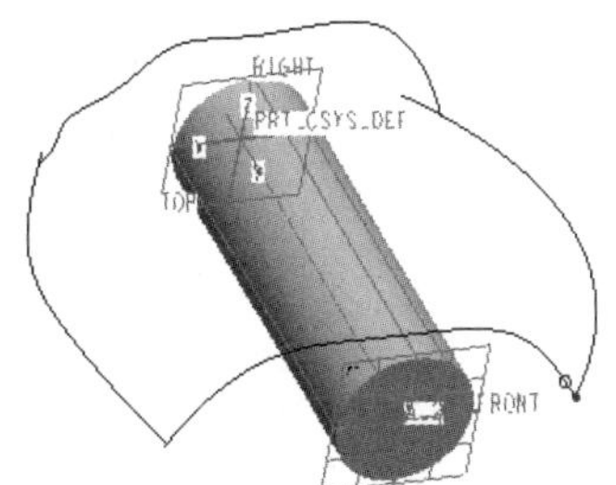

图 9-88　绘制第 4 条自由曲线

（15）完成第 4 条曲线的绘制以后，单击“自由曲面绘制”按钮，绘制如图 9-89 所示的自由曲面。

（16）选中上面生成的曲面，然后选择“编辑”→“镜像”命令，选择 FRONT 作为镜像的平面，镜像刚才生成的曲面，则如图 9-90 所示。

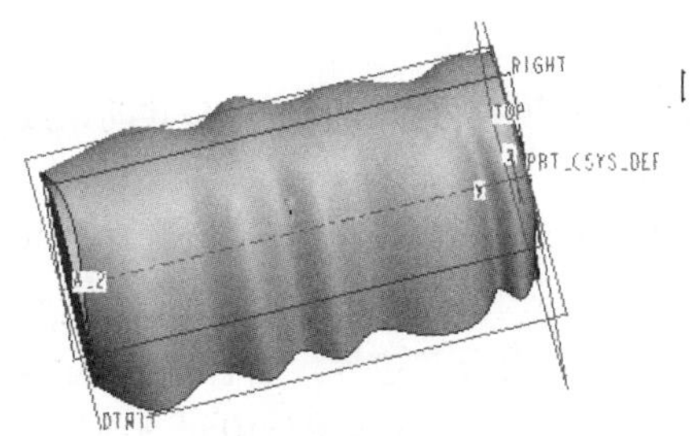

图 9-89　生成曲面

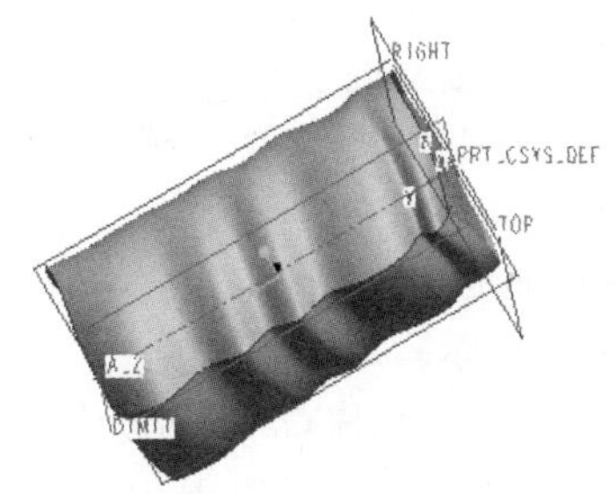

图 9-90　镜像复制曲面

（17）单击✔按钮，完成曲面的绘制。

（18）选择“文件”→“保存副本”命令，在新建名称中输入 ex1，保存当前模型文件。

Note

9.6.2　利用 3 条曲线生成自由曲面

除了可以利用 4 条曲线生成自由曲面以外，在特殊情况下，还可以利用 3 条自由曲线来生成自由曲面。

（1）选择如图 9-91 所示的 3 条曲线。

（2）单击“造型”按钮，按住 Ctrl 键后依次选择 3 条曲线，如图 9-92 所示。

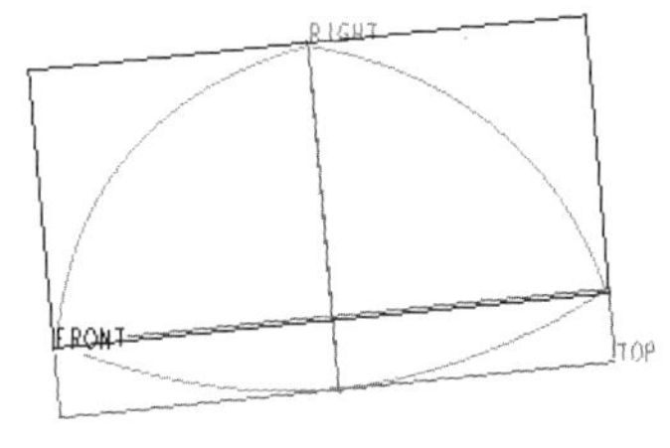

图 9-91　3 条曲线

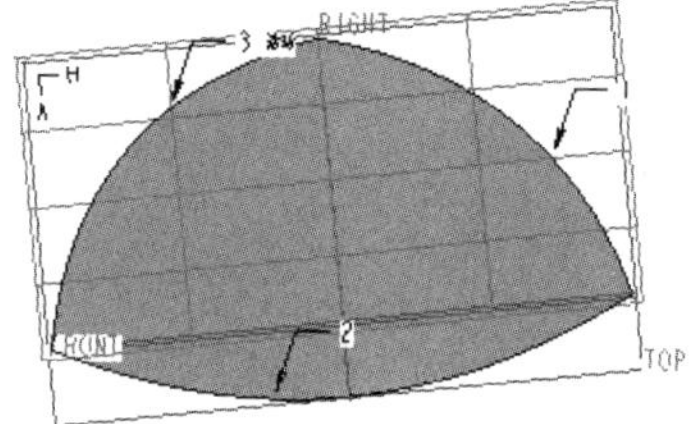

图 9-92　选择曲线

（3）单击✔按钮，完成根据 3 条曲线构造自由曲面的操作，如图 9-93 所示。

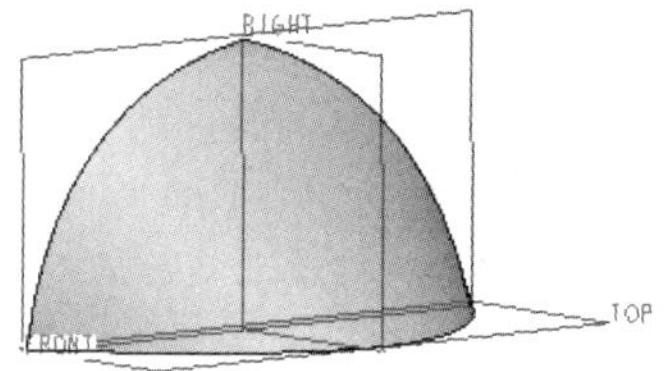

图 9-93　生成自由曲面

（4）选择“文件”→“保存副本”命令，在新建名称中输入 ex2，保存当前模型文件。

一般不通过 3 条曲线来生成自由曲面，因为这种自由曲面的品质不是很好。

9.7　自由曲面的连接

当以其他曲面的边界来建立造型曲面时，常常要考虑与相邻曲面的连续性问题。

9.7.1　曲面的连接类型

曲面的连接主要有以下 3 种类型。

（1）位置连续：也称 G0 连续，与相邻的曲面只有公共的边界，但没有公共的切线或是曲率。曲线之间以虚线表示。

（2）相切连续：也称 G1 连续，造型曲面与相邻的曲面有公共的边界，而且有公共的切线。曲面之间以单箭头表示。

（3）曲率连接：也称 G2 连续，造型曲线与相邻的曲面有公共边界，而且有公共的切线和曲率。

如果曲面之间有更高级的连接方式，在显示连接符号时，单击连接符号中间的部位，连接符号可

以升级为更高一级的连接关系。

9.7.2　曲面连接的控制设置

造型曲面的连接状态与曲线的连接相同，也是用单箭头或双箭头来表示曲面之间的连续类型的，根据箭头的方向来确定主控和受控对象，单击箭尾还可以反转这种受控的关系。

主控和受控的优势主要体现在曲面的更改上，修改主控对象则不会影响主控对象，理解这种关系对建模有很大好处，如果要保持某一曲面在修改过程中不需要变化，那么就设置它为主控对象。

曲面连接的控制设置的过程如下。

（1）如图 9-94 所示，初始的模型是一个拉伸曲面。

（2）单击工具栏中的“造型”按钮，进入自由曲面操作界面。单击“造型工具”工具栏中的“曲线”按钮，在如图 9-95 所示自由曲线类型工具条中的“平面曲线”按钮，目标是建立一个自由曲线，绘制的自由曲线如图 9-96 所示。

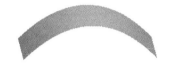

图 9-94　拉伸曲面

图 9-95　曲线类型工具条

（3）在操控面板中单击“自由”按钮，捕捉如图 9-97 所示刚才绘制的曲线的一个端点。

（4）捕捉曲面的一个端点，如图 9-98 所示，绘制如图 9-99 所示的自由曲线。

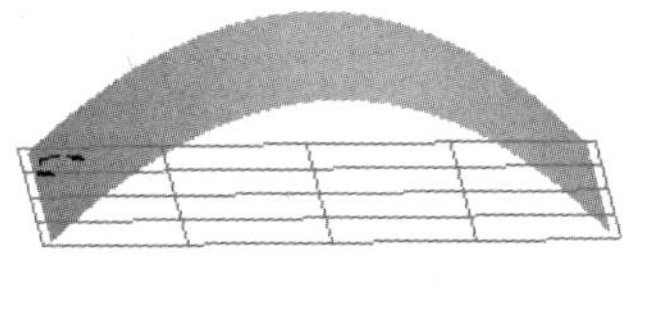

图 9-96　自由曲线

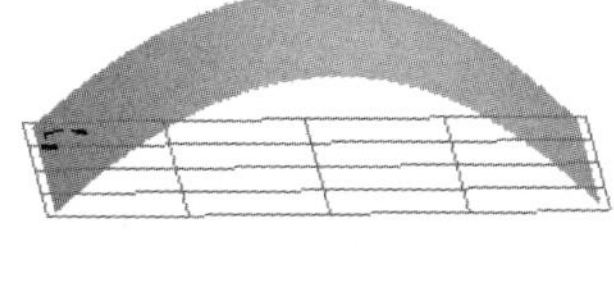

图 9-97　选取曲线端点

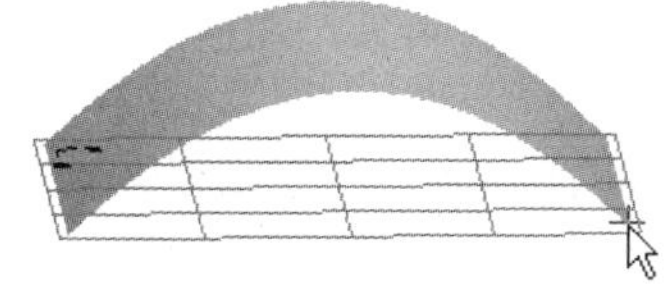

图 9-98　选取模型端点

（5）利用同样的方法，在模型中的另一边也用捕捉的方法选取自由曲线的端点和拉伸曲面的端点来生成一条三维的自由曲线，生成的两条曲线如图 9-100 所示。

（6）单击“造型工具”工具栏中的“造型”按钮，选择拉伸的曲面上的一条边，如图 9-101 所示。

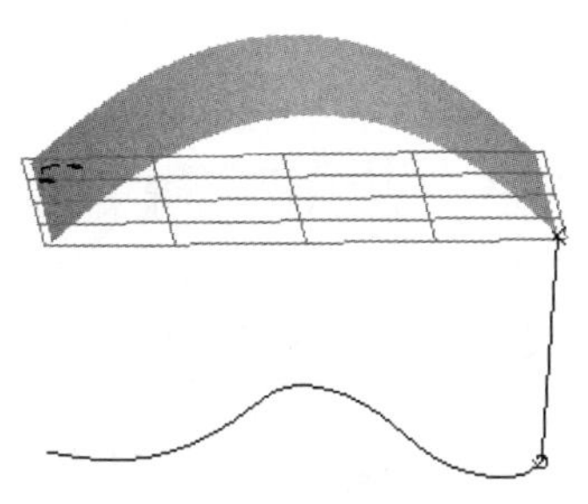

图 9-99　绘制自由曲线

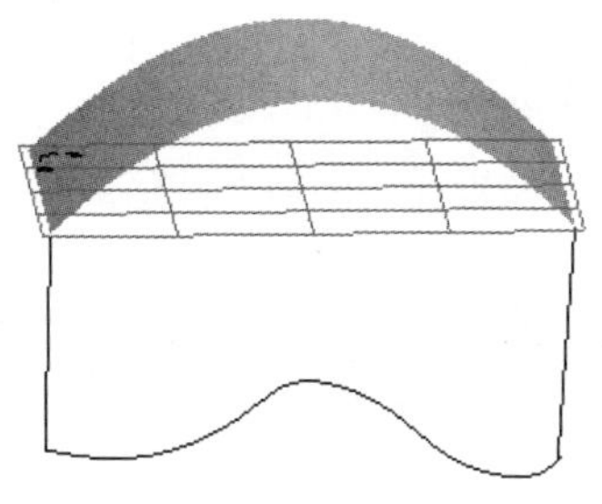

图 9-100　生成另外一条自由曲线

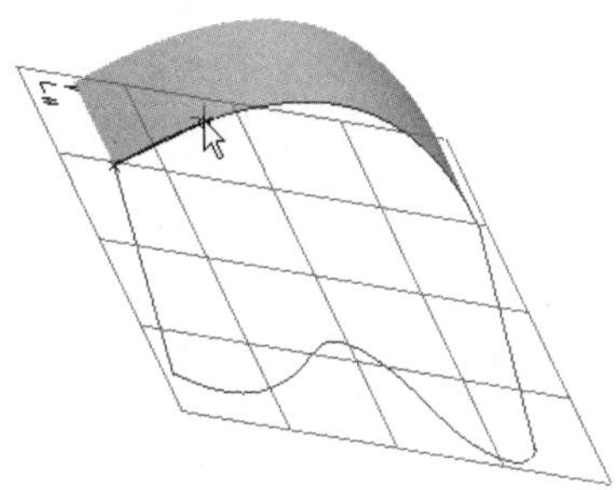

图 9-101　选取自由曲面的边缘

（7）单击工具栏中的“曲面”按钮，选择所有的自由曲线，如图 9-102 所示。

（8）单击“确定”按钮✔，生成如图 9-103 所示的自由曲面预览图。

（9）单击“确定”按钮✔，最后生成的自由曲面如图 9-104 所示。

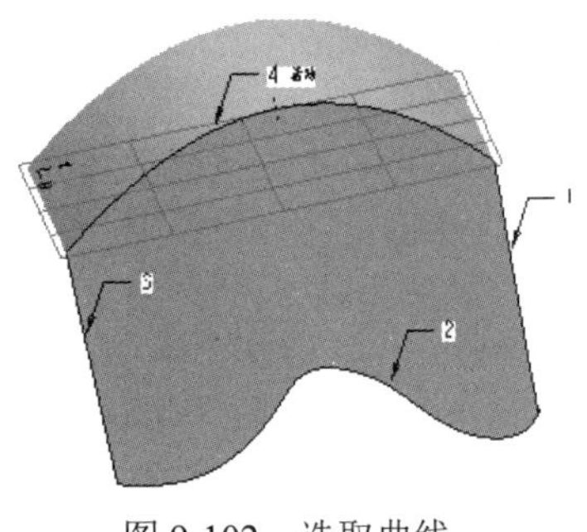
图 9-102　选取曲线

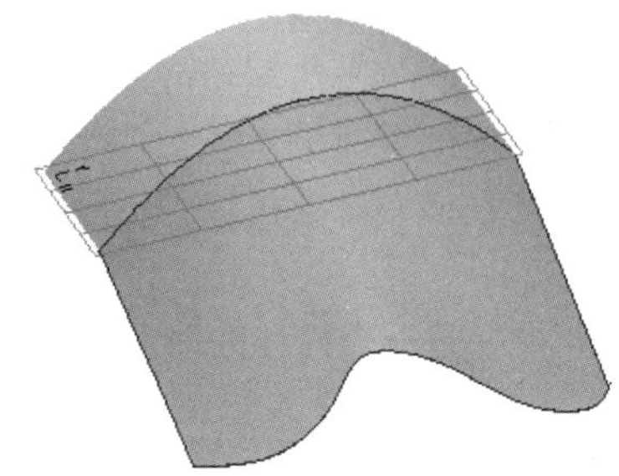
图 9-103　自由曲面预览

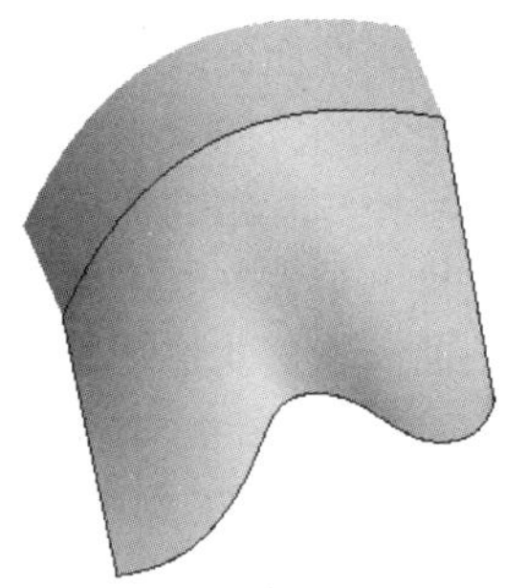
图 9-104　自由曲面

9.7.3　曲面连续的条件

自由曲面是以边界曲线来构造的，因此要建立与相邻曲面的连续类型，则用于建立曲面的曲线、其他图元的边界、内部控制曲线必须同时满足相应的连续条件才可以实现。

（1）边界曲率的连续，内部的控制曲线与相邻的曲面呈自由的相接状态，则曲面之间只能位置连续。

（2）内部控制的曲线和相邻的曲面呈相切状态，则曲面之间可以达到相切连续。

（3）内部控制的曲线与相邻的曲面呈曲面曲率状态，则曲面可以达到曲率连续。

（4）边界曲线的设置与满足条件的内部控制曲线类似，不过边界曲线还可以通过设置与相邻的曲面边界的连续状态来定义相应的曲面的连续情况。

如果相邻的曲面的曲率呈现连续状态，则可以通过单击箭头中部而在相切和曲率联系之间进行切换。

9.8　自由曲面的修剪

曲面的裁剪就是通过新生成的曲面或是利用曲线、基准平面等来切割裁剪已存在的曲面。

可以对已经修剪的曲面进行其他操作，即造型允许进行的嵌套修剪操作。

与任何其他的操作造型曲面一样，可在被修剪的曲面上创建 COS、放置曲线和软点。修剪曲面的基本步骤如下。

（1）选择“造型”→“修剪”命令，或单击“曲面修剪”按钮。

（2）选取要修改的一个或是多个曲面。

（3）选取要用于修剪曲面的曲线，如果选定的曲线能形成有效修剪部分，则用选定曲线来修剪曲面。

（4）单击曲面网格，选取要保留或删除的被剪切的部分，可以切换选取。如果选取所有的被修剪部分进行删除，则系统将会显示一条错误信息。

（5）单击“确定”按钮✔。

要删除作为造型特征的自特征而创建的修剪曲面，可以选取被修剪的面组部分，然后在菜单栏中

选择“编辑”→“删除”命令。

如果选取修剪的曲面来定义修剪的操作，那么造型会以各种颜色来显示网格区域，分别表示先前所做的保留或删除选择。在嵌套修剪操作中重定义或插入修剪时，造型将移除在要重定义或插入的修剪之后创建的所有修剪。

重定义修剪曲面的基本步骤如下。

（1）选取要重新定义的要修剪的曲线。

（2）单击鼠标右键，从弹出的快捷菜单中选择“编辑定义”命令，造型会以不同颜色显示网格区域，显示先前所做的保留或删除选择。

（3）进行下列的操作。

❶ 选取要删除的网格区域。

❷ 取消已经删除的网格区域的删除操作。

❸ 选取一条新的曲线或一组新的曲线以修剪面组。

基本常用的裁剪方法有4种，分别是用特征中的切除方法来裁剪曲面、用曲面来裁剪曲面、用曲面上的曲线来裁剪曲面、用轮廓线裁剪曲面，当然还可以用在曲面的端点处的倒圆角来裁剪曲面，下面分别进行介绍。

9.9　综合实例——台灯

视频讲解

本综合实例主要练习自由曲面中的造型曲线、投影曲线及旋转曲面等自由曲面的功能。最终生成的台灯模型如图9-105所示。具体步骤如下。

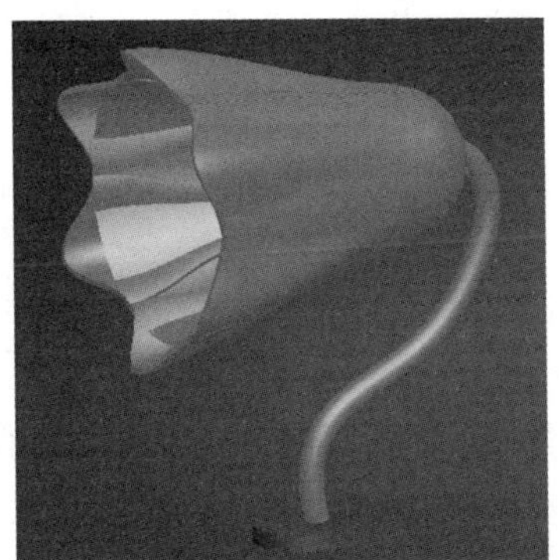

图9-105　台灯模型

1. 创建旋转曲面

（1）单击“工程特征”工具栏中的“旋转”按钮，然后单击“曲面”按钮，单击“放置”→“定义”按钮。

（2）弹出如图9-106所示“草绘”对话框，选择FRONT作为草绘平面，选择基准平面RIGHT作为参考平面，单击“草绘”按钮，进入草绘环境。

（3）绘制如图9-107所示截面，单击“草绘器工具”工具栏中的“确定”按钮✔，退出草绘环境。

（4）单击特征工具栏中的“确定”按钮，完成旋转曲面的绘制。

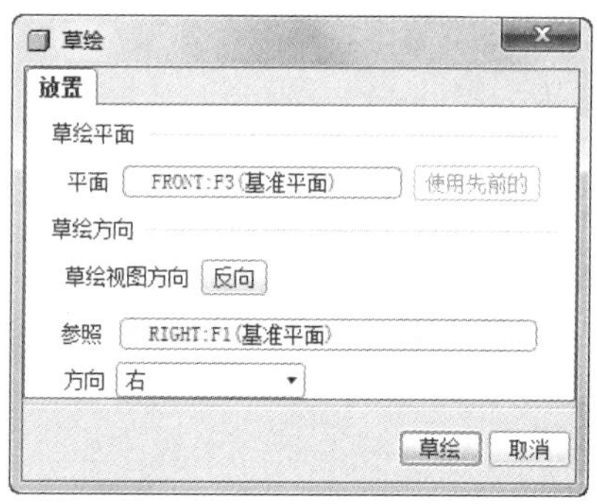

图 9-106 “草绘”对话框

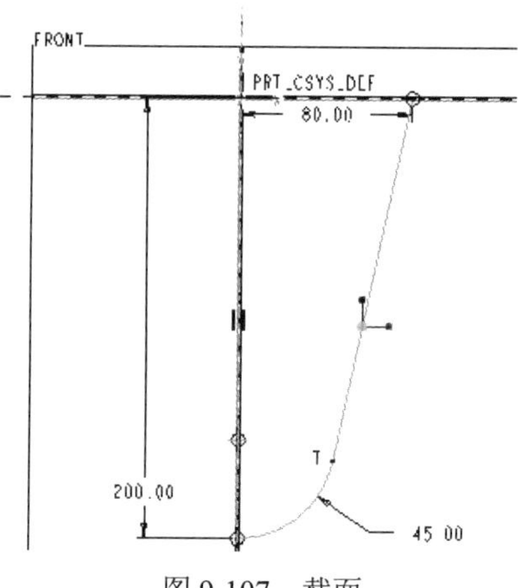

图 9-107 截面

2. 创建基准点

（1）单击特征工具栏中的“平面”按钮，系统弹出如图 9-108 所示的“基准平面”对话框，按住 Ctrl 键，选择基准轴线 A_1，再选择基准平面 FRONT，在旋转距离文本框中输入 30.5，在“基准平面”对话框中单击“确定”按钮，生成基准平面 DTM1。

（2）单击“点”按钮，系统弹出“基准点”对话框。按住 Ctrl 键，然后选择曲面的开口边和 DTM1，单击鼠标中键，弹出的“基准点”对话框如图 9-109 所示，单击鼠标中键，建立基础点 PNT0。

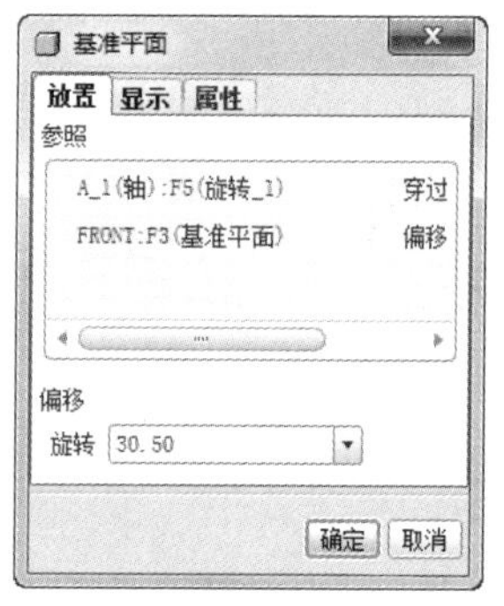

图 9-108 “基准平面”对话框

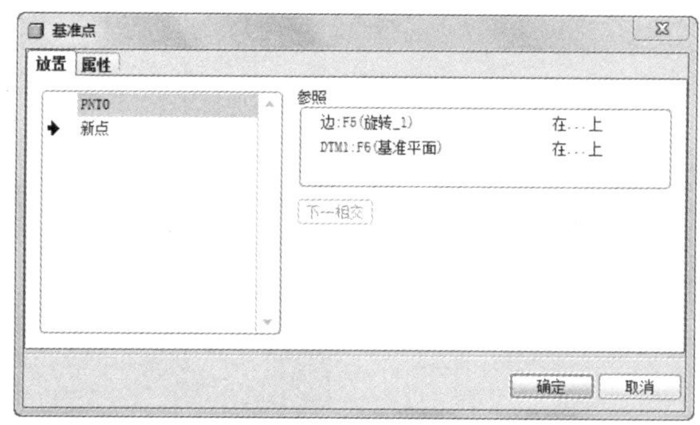

图 9-109 “基准点”对话框

（3）单击“编辑特征”工具栏中的“镜像”按钮，进入镜像环境，选择 PNT0 点作为镜像的对象，单击镜像平面使其变为黄色，如图 9-110 所示，选择基准平面 FRONT 作为镜像的平面，得到基准点 PNT1，如图 9-111 所示。

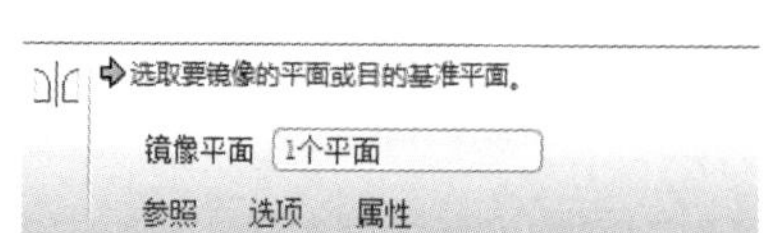

图 9-110 镜像特征工具栏

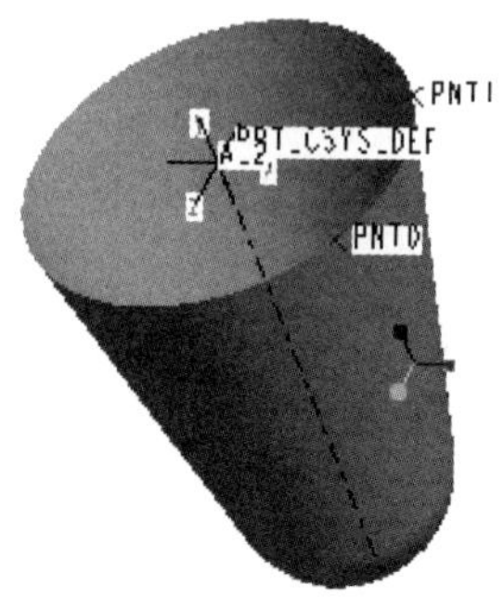

图 9-111 镜像点

（4）单击“点”按钮，选择基准平面 FRONT 作为参照，在背景上单击鼠标右键并且稍作停顿，从弹出的快捷菜单中选择“偏移参照”命令，选择基准平面 RIGHT，按住 Ctrl 键选择基准平面 TOP，在“偏移参照”编辑框中修改偏移值，如图 9-112 所示。

（5）单击鼠标中键，完成 PNT2 的创建，如图 9-113 所示。

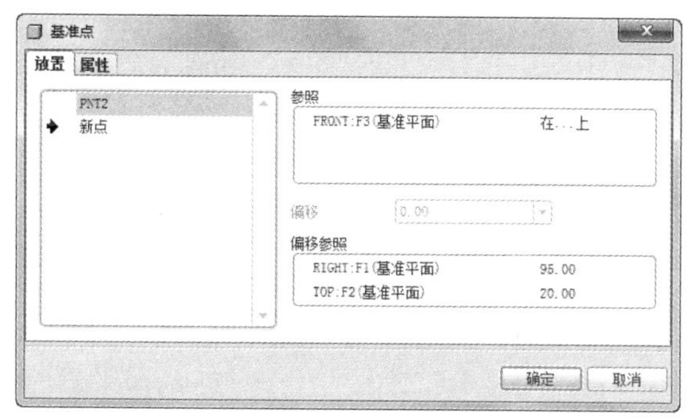

图 9-112　“基准点”对话框偏移参照设置

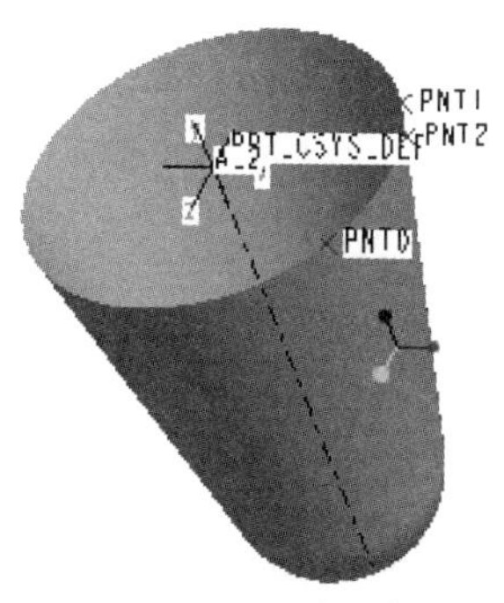

图 9-113　点 PNT2 的建立

3. 创建曲线

（1）选择旋转曲面，按住 Ctrl 键，选择 FRONT 基准平面。

（2）选择“编辑”→“相交”命令，系统弹出如图 9-114 所示的“相交”特征面板，在曲面中选择曲面的表面，然后单击“确定”按钮，创建如图 9-115 所示曲线。

（3）在模型树中将该曲线重新命名为 CURVE1。

4. 创建投影曲线

（1）选择“编辑”→“投影”命令，然后单击“参照”按钮，弹出如图 9-116 所示的“参照”下滑面板，选择“投影草绘”选项。

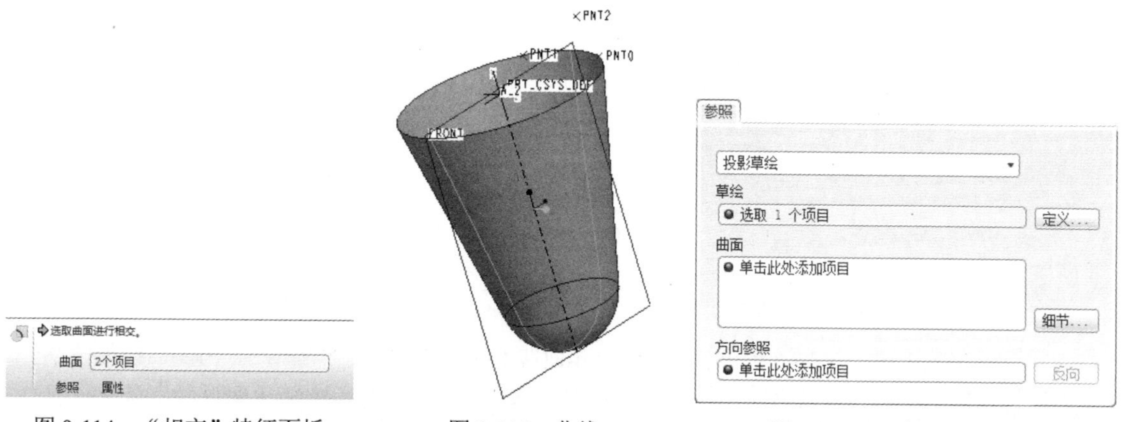

图 9-114　“相交”特征面板　　图 9-115　曲线　　图 9-116　“参照”下滑面板

（2）单击“定义”按钮，进入草绘编辑器，系统弹出如图 9-117 所示的“草绘”对话框，选择 RIGHT 作为草绘平面，基准平面 TOP 作为参考平面，单击“草绘”按钮，进入草绘环境。

（3）绘制如图 9-118 所示一段弧线。

（4）单击工具栏中的“确定”按钮✔，退出草绘器。

（5）选择旋转曲面如图 9-119 所示。

（6）单击鼠标右键，在背景上稍作停顿，从弹出的快捷菜单中选择“选取方向参照”命令。

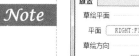

Note

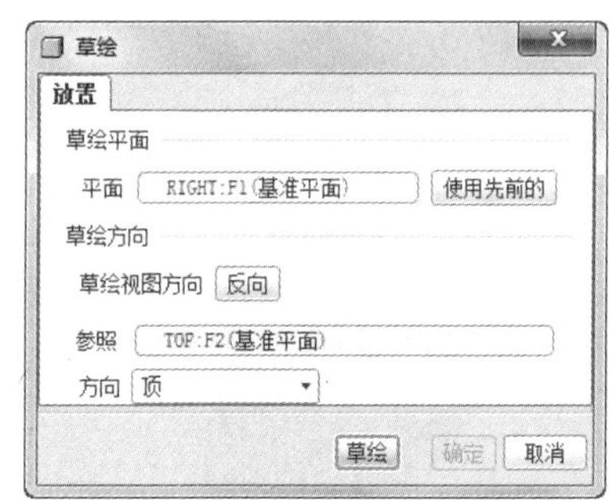

图 9-117 “草图”对话框

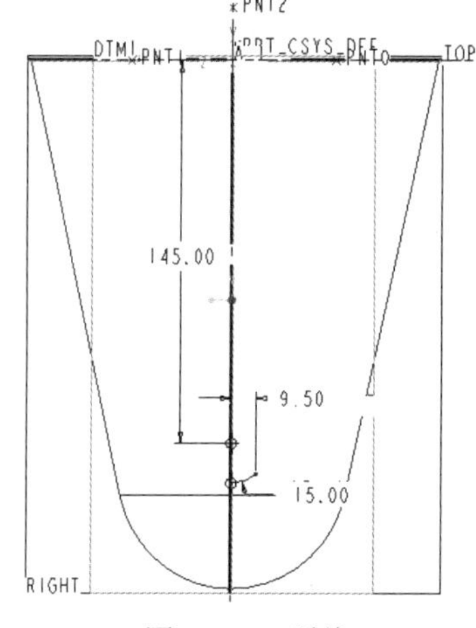

图 9-118 弧线

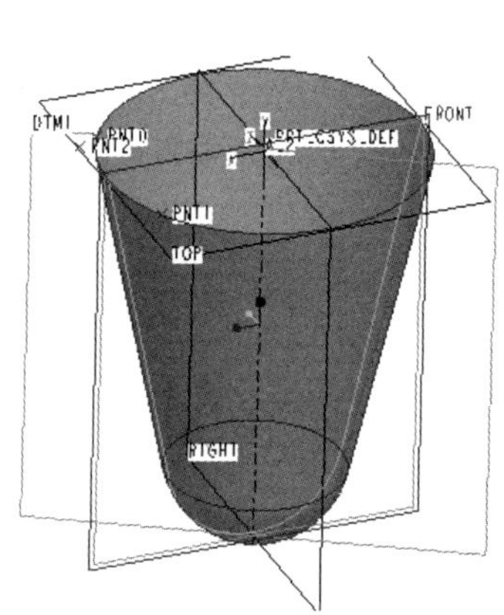

图 9-119 旋转曲面

（7）选取基准平面 RIGHT。单击鼠标中键，完成如图 9-120 所示的曲线绘制，在模型树中将该曲线命名为 CURVE2。

5. 创建造型曲线

（1）单击“工程特征”工具栏中的“造型”按钮，进入自由曲面绘制环境，单击“设置活动平面”按钮，选择基准平面为 FRONT。然后单击“曲线”按钮，在如图 9-121 所示曲线类型面板中选择“平面曲线”。

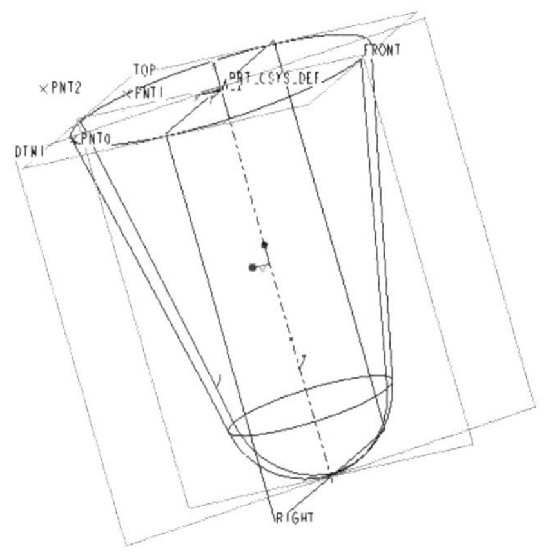

图 9-120 曲线

图 9-121 曲线类型特征面板

（2）按住 Shift 键，一次捕捉基准点 PNT2 和曲线 CURVE2 的一个端点，做出的曲线如图 9-122 所示。单击鼠标右键，在背景上稍作停顿，从弹出的快捷菜单中选择“活动平面方向”命令。

（3）单击“曲线编辑”按钮，然后单击附着在基准点 PNT2 上的端点，在该点的切线上单击鼠标右键，弹出如图 9-123 所示的快捷菜单，选择“法向”命令，选择基准平面 TOP。

（4）单击另外一个端点，在该点的切线上单击鼠标右键，弹出如图 9-124 所示的快捷菜单，选择“曲面相切”命令，然后选择曲线相邻的曲面。

（5）单击“确定”按钮，创建第一条曲线，称为 C1。

（6）单击“曲线”按钮，在如图 9-125 所示曲线类型面板中选择“曲面上的曲线”选项，单击鼠标右键，在背景上稍作停顿，从弹出的快捷菜单中选择“设置活动平面”命令，选择基准平面 RIGHT。

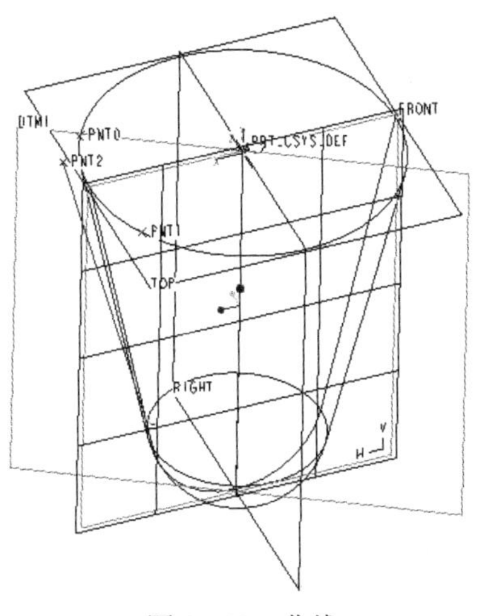

图 9-122　曲线

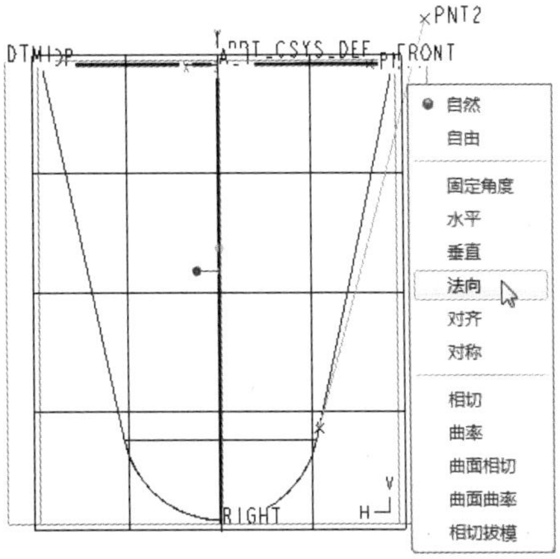

图 9-123　快捷菜单

（7）按住 Shift 键，一次捕捉基准点 PNT1 和曲线 CURVE2 的另一个端点。单击“曲线编辑”按钮，编辑曲线，得到如图 9-126 所示编辑曲线。

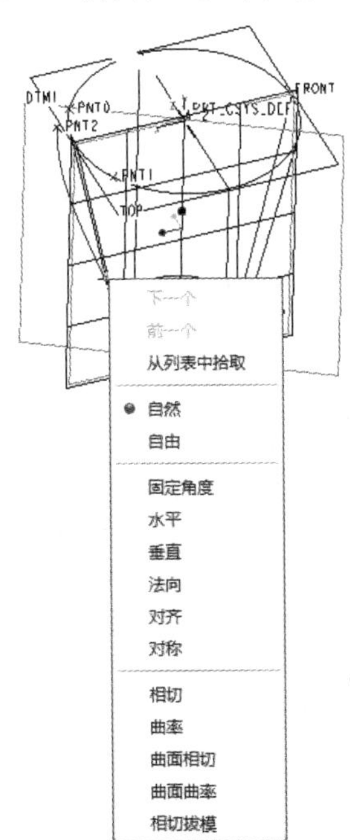

图 9-124　快捷菜单

图 9-125　曲线类型特征面板

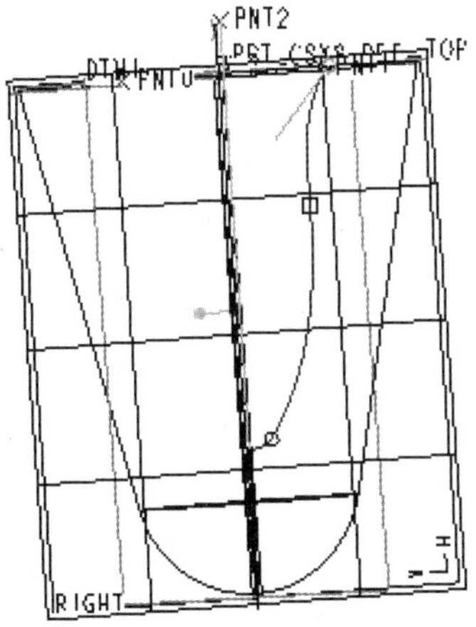

图 9-126　编辑曲线

（8）单击“确定”按钮，创建曲线称为 C2。

（9）单击“曲线”按钮，在如图 9-127 所示曲线类型特征面板中选择“自由曲线”选项。

图 9-127　曲线类型特征面板

（10）按住 Shift 键，一次捕捉基准点 PNT1 和 PNT2。然后单击“曲线编辑”按钮，单击附着基准点 PNT1 附近的端点，在该点的切线上单击鼠标右键，弹出如图 9-128 所示快捷菜单，选择“对齐”命令。单击旋转曲面的开口边线，完成点的捕捉。

（11）单击附着在基准点 PNT2 上的端点，在该点的切线上单击鼠标右键，从弹出的快捷菜单中选择“法向”命令，选择基准平面 FRONT，最后生成的曲线如图 9-129 所示，单击✔按钮，重命名曲线的名称为 C3。

Note

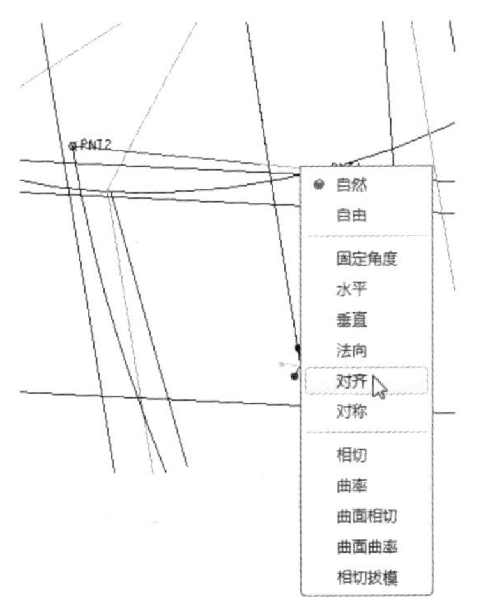

图 9-128　快捷菜单

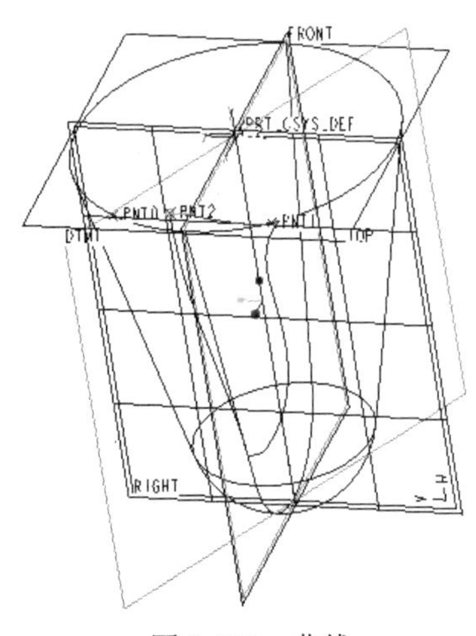

图 9-129　曲线

（12）单击“设置活动平面”按钮，选择基准平面 TOP。单击“曲线”按钮，在图标板中选择“平面曲线”选项，单击如图 9-130 所示“参照”按钮弹出下滑面板，在“偏移”下拉列表框中输入-50，按住 Shift 键分别选择 C1 和 C2。

（13）单击“曲线编辑”按钮，单击附着在 C2 上的端点，在该点的切线上单击鼠标右键，弹出如图 9-131 所示的快捷菜单，选择“曲面相切”命令，单击“确定”按钮✔，创建曲线称为 C4。

（14）单击“曲线”按钮，单击如图 9-132 所示“参照”按钮弹出下滑面板，在“偏移”下拉列表框中输入-110。按住 Shift 键，分别单击 C1 和 C2。单击“曲线编辑”按钮，单击附着在 C1 附近的端点，在该点切线上单击鼠标右键，从弹出的快捷菜单中选择“法向”命令，选择基准平面 FRONT。单击附着在 C2 上的端点，在该点的切线上单击鼠标右键，从弹出的快捷菜单中选择“曲面相切”命令。

图 9-130　“参照”下滑面板

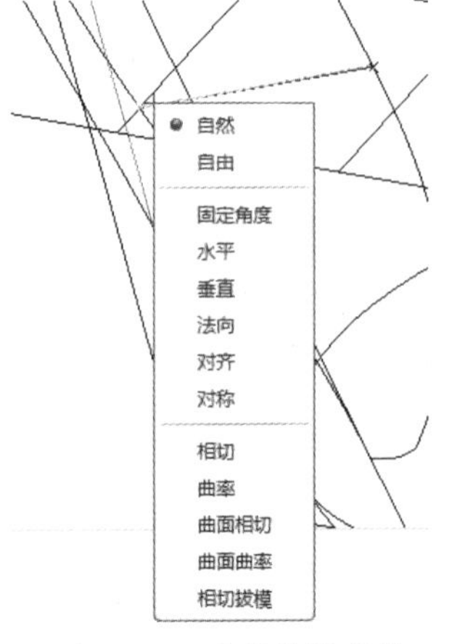

图 9-131　曲线快捷菜单

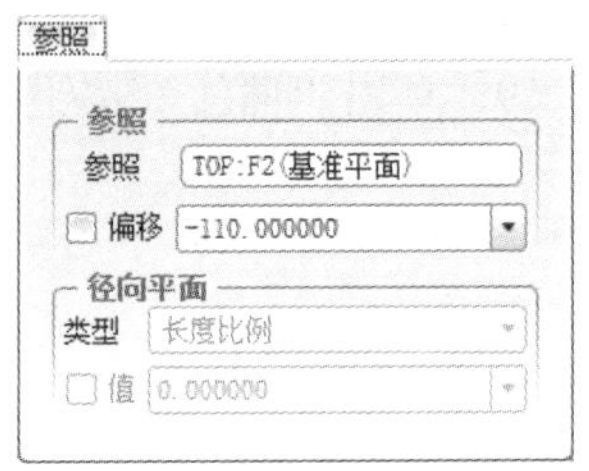

图 9-132　“参照”下滑面板

（15）单击“确定”按钮✔，创建如图 9-133 所示曲线，命名为 C5。

（16）单击“造型工具”工具栏中的“曲面”按钮，选择曲线 CURVE2，按住 Ctrl 键，继续选择 C2、C3、C1，单击鼠标中键。单击下滑面板中的“内部”选项。

（17）选择 C4，按住 Ctrl 键，继续选择 C5，单击鼠标中键，单击“确定”按钮✔保存操作，然后单击“继续当前部分”按钮✔，退出曲面环境，如图 9-134 所示。

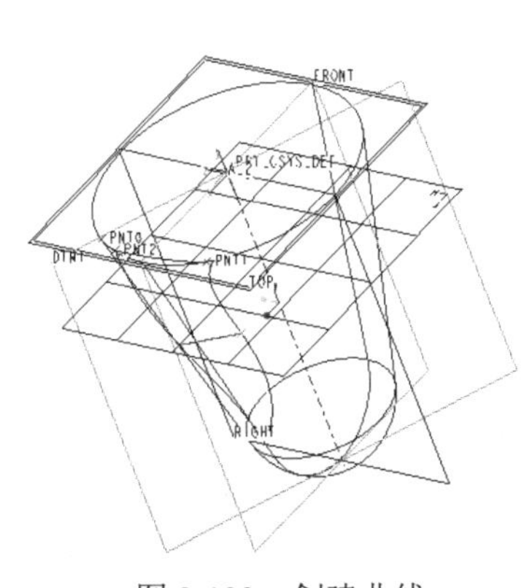

图 9-133　创建曲线

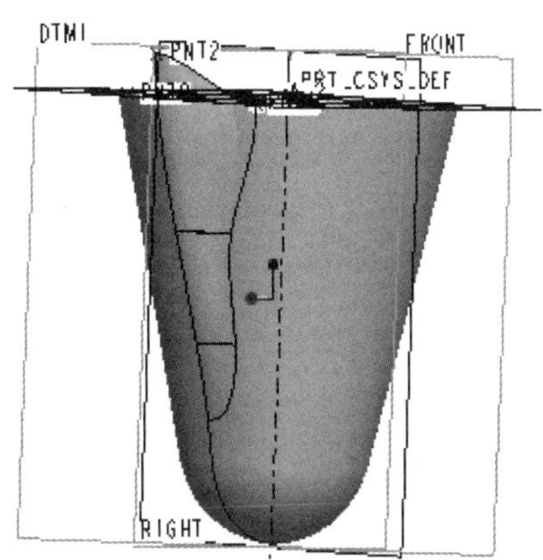

图 9-134　造型曲面

（18）当造型特征处于选择状态时，单击“镜像”按钮，然后选择基准平面 FRONT，单击“确定”按钮完成镜像的操作，如图 9-135 所示。

（19）在镜像曲面选中的情况下，按住 Ctrl 键选择造型曲面，单击“合并”按钮，系统进入合并环境，弹出如图 9-136 所示“参照”下滑面板，选择要合并的两个平面，然后单击鼠标中键，完成曲面的合并，如图 9-137 所示。

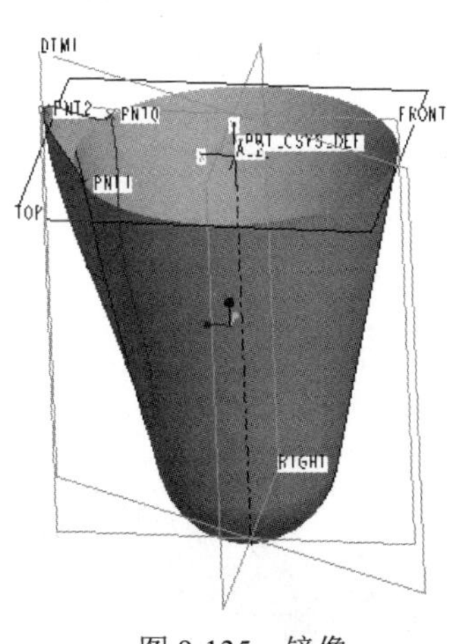

图 9-135　镜像

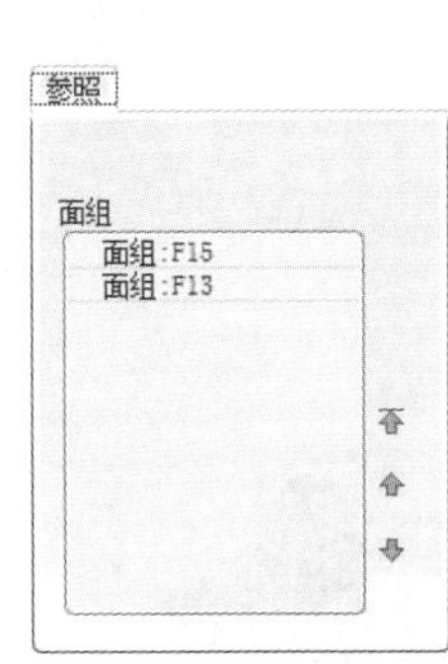

图 9-136　“参照”下滑面板

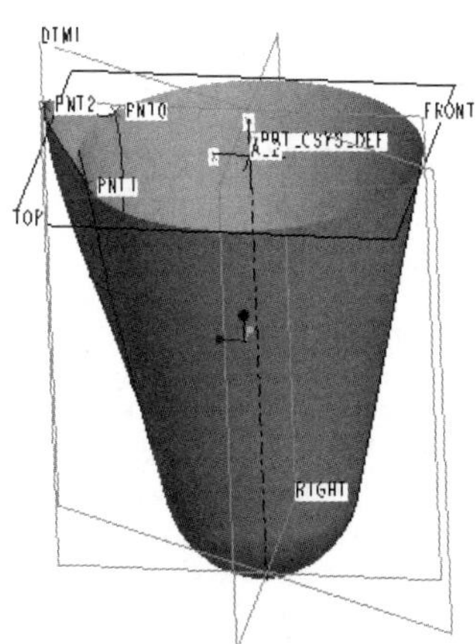

图 9-137　合并曲面

6. 复制曲面

（1）在合并后的曲面处于选择状态时，单击“编辑”工具栏中的“复制”按钮，然后单击“选择性粘贴”按钮，在对话框中选择“对于副本应用移动/旋转”选项，进入复制环境，复制操控板如图 9-138 所示。

（2）单击“旋转”按钮，然后选择基准轴 A_1，单击“选项”按钮，弹出如图 9-139 所示的下滑面板，取消选中“隐藏原始几何”复选框，输入角度为 60° 的尺寸，单击鼠标中键得到如图 9-140

Note

所示的复制模型。

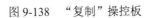

图 9-138　“复制”操控板

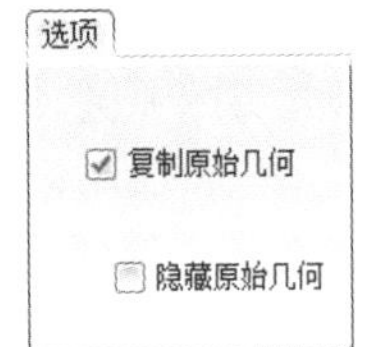

图 9-139　“选项”下滑面板

（3）当在步骤（2）中复制的曲面组处于选中状态时，单击鼠标右键，从弹出的快捷菜单中选择“阵列”命令，在选择尺寸的情况下，在角度的文本框中输入 60，输入阵列的总数为 6，如图 9-141 所示。单击“确定”按钮，完成阵列操作，最后生成的阵列曲面如图 9-142 所示。

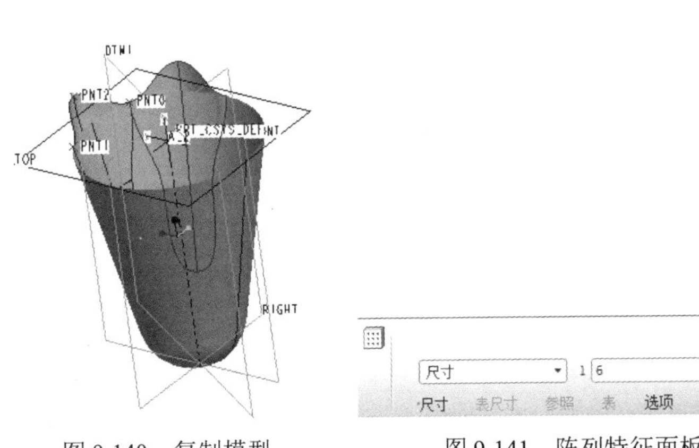

图 9-140　复制模型

图 9-141　阵列特征面板

图 9-142　阵列曲面

（4）在模型树中选择如图 9-143 所示需要合并的曲面，系统进入合并的环境，通过单击按钮来调整合并的方向，最后选择如图 9-144 所示的方向，然后单击“确定”按钮，完成曲面的合并。

（5）依照上面的操作完成阵列曲面的合并操作，最后合并曲面如图 9-145 所示。

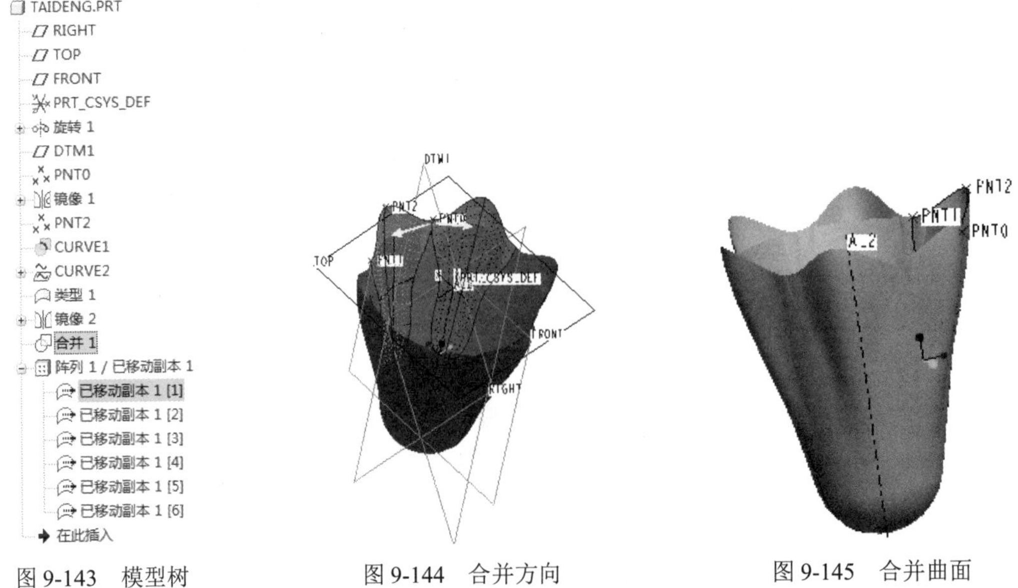

图 9-143　模型树

图 9-144　合并方向

图 9-145　合并曲面

（6）选择“编辑”→“加厚”命令，系统弹出如图 9-146 所示的“加厚”操控板，在厚度的文本框中输入厚度为 3.5，选择需要加厚的曲面，单击“确定”按钮，完成曲面的加厚操作，如图 9-147 所示。

（7）单击“基准平面”按钮，系统弹出“基准平面”对话框，如图 9-148 所示，选择 RIGHT 作为参考平面，在偏移中输入平移的距离为 200，单击“确定”按钮，完成基准平面 DTM2 的建立。

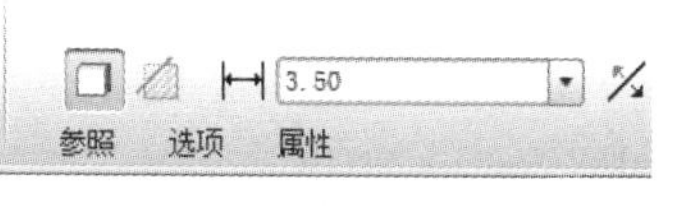

图 9-146　“加厚”操控板

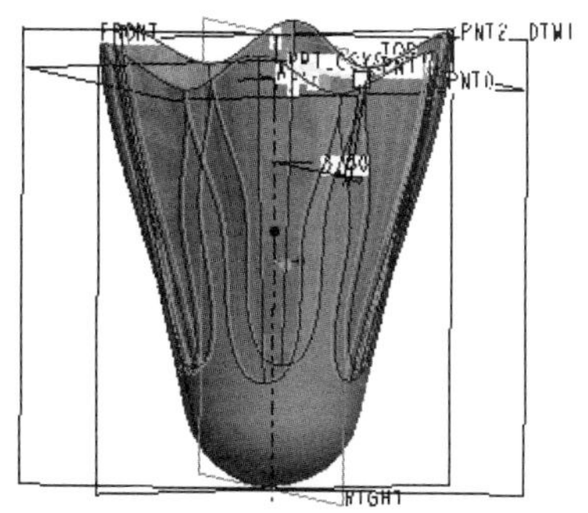

图 9-147　加厚曲面

图 9-148　“基准平面”对话框

（8）选择“插入”→“拉伸”命令，选择 DTM2 作为绘图的平面，绘制如图 9-149 所示的草图，单击“确定”按钮，在拉伸的长度文本框中输入数值 10，然后单击按钮，完成造型曲面，如图 9-150 所示。

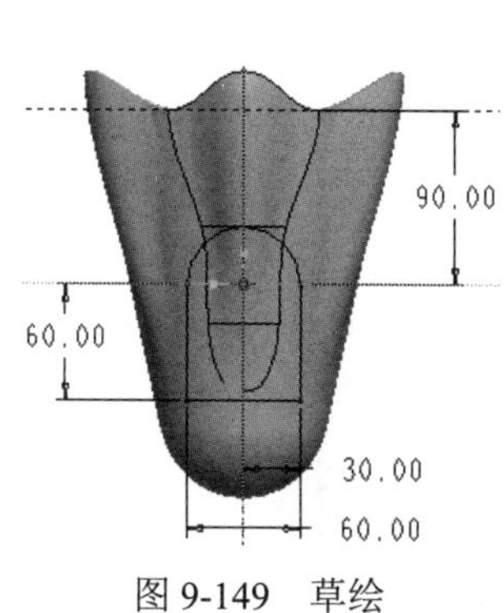

图 9-149　草绘

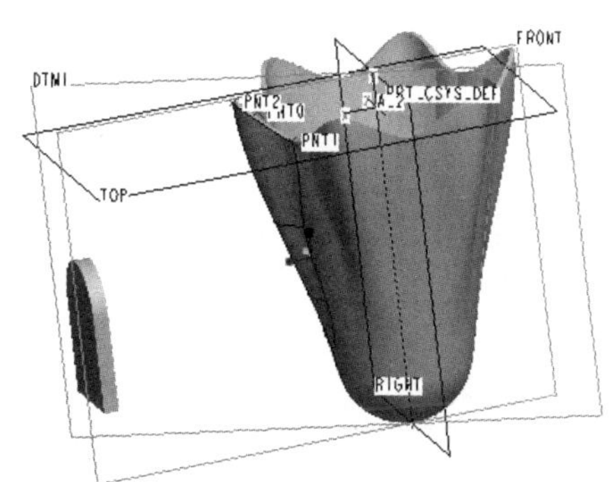

图 9-150　拉伸实体

（9）选择“插入”→“扫描”→“伸出项”命令，系统弹出如图 9-151 所示的菜单管理器，选择“草绘轨迹”命令。系统弹出如图 9-152 所示的“设置草绘平面”菜单管理器，选择 FRONT 作为设置的平面后，系统弹出如图 9-153 所示的“伸出项：扫描”对话框。

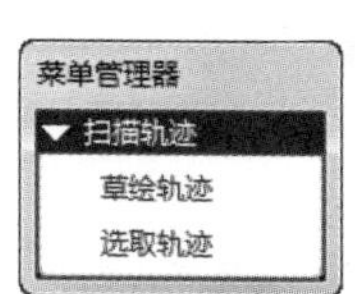

图 9-151　“扫描轨迹”菜单管理器

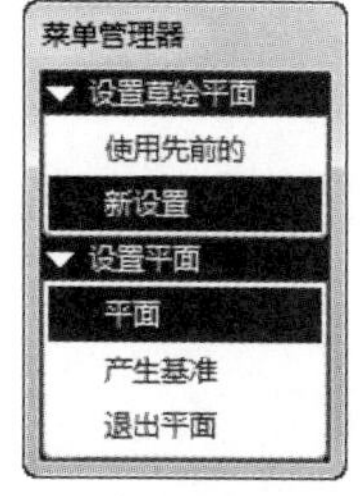

图 9-152　“设置草绘平面”菜单管理器

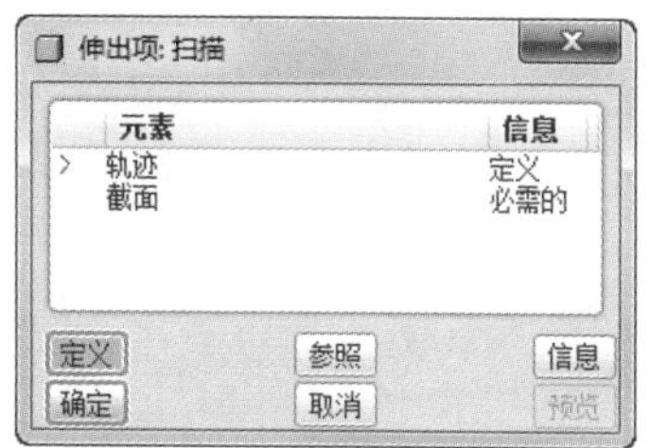

图 9-153　“伸出项：扫描”对话框

（10）选择 FRONT 作为草绘的平面，在“方向”菜单管理器中选择“确定”命令，然后选择“缺省”命令，进入草绘器，绘制如图 9-154 所示轨迹。

（11）单击“草绘器工具”工具栏中的“确定”按钮✔，弹出如图 9-155 所示的“属性”菜单管理器，选择“合并端”→“完成”命令。

Note

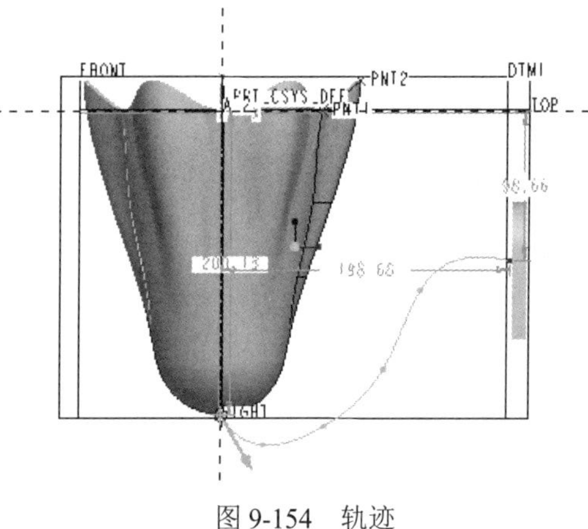

图 9-154　轨迹

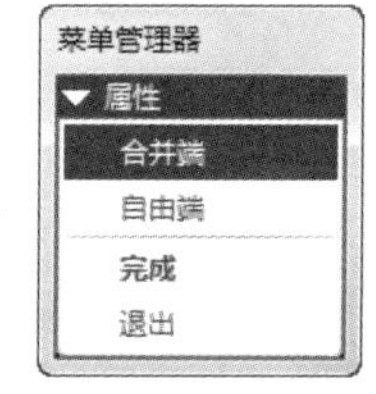

图 9-155　“属性”菜单管理器

（12）系统进入扫描截面的环境，绘制如图 9-156 所示扫描截面，单击“草绘器工具”工具栏中的✔按钮，退出草绘图。

（13）单击“伸出项：扫描”对话框中的“确定”按钮，完成特征的创建，得到如图 9-157 所示扫描曲面。

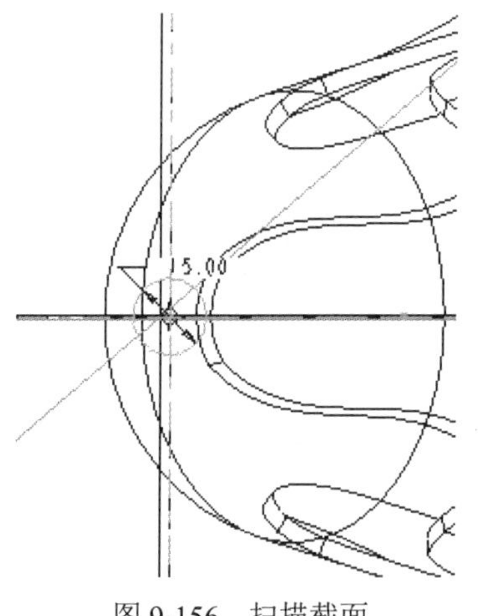

图 9-156　扫描截面

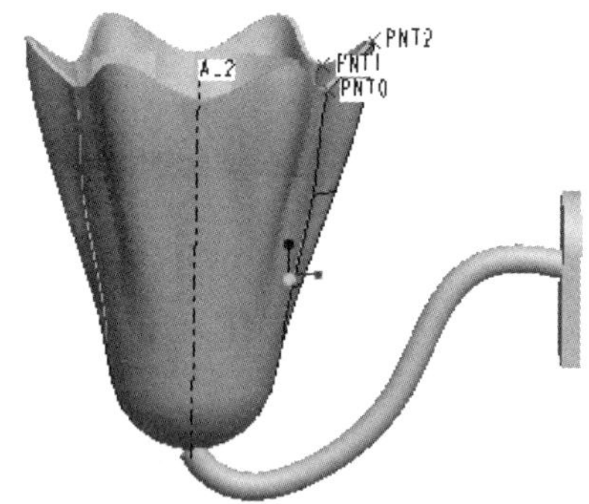

图 9-157　扫描曲面

第10章

曲面的编辑

曲面完成后，根据新的设计要求，可能需要对曲面进行修改与调整。曲面的修改与编辑的命令主要在“编辑”菜单中。只有在模型中选取曲面后，“编辑”菜单中的命令或“特征”工具栏中的图标才能使用。本章将讲述曲面的编辑与修改工具，在曲面模型的建立过程中，利用这些工具加快建模速度。

任务驱动&项目案例

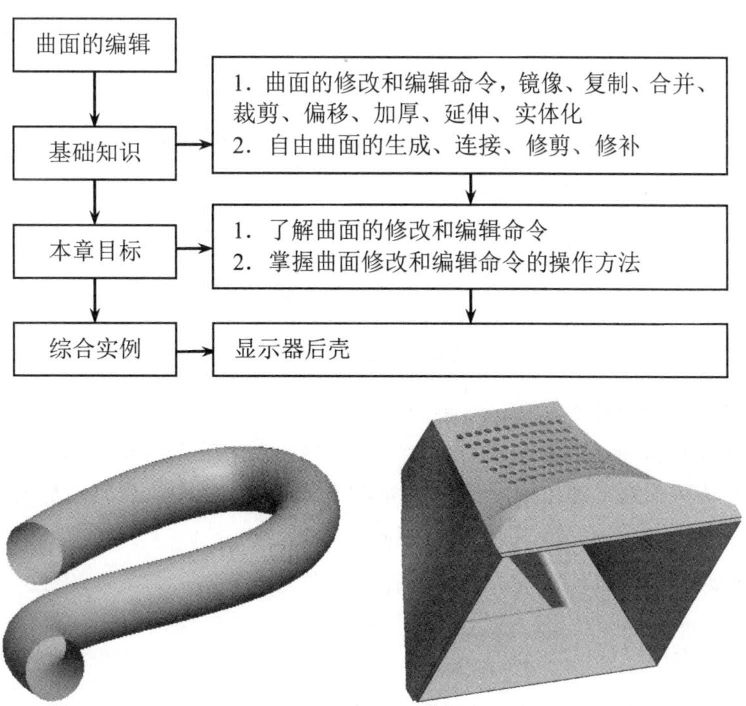

曲面的编辑
基础知识
1．曲面的修改和编辑命令，镜像、复制、合并、裁剪、偏移、加厚、延伸、实体化
2．自由曲面的生成、连接、修剪、修补
本章目标
1．了解曲面的修改和编辑命令
2．掌握曲面修改和编辑命令的操作方法
综合实例
显示器后壳

10.1　镜 像 曲 面

镜像功能可以相对于一个平面对称复制特征，通过镜像简单特征完成复杂模型的设计，这样可以节省大量的制作时间。使用镜像工具，用户可以建立一个或多个曲面关于某个平面的镜像，镜像命令可以在“编辑”菜单中找到，如图 10-1 所示。

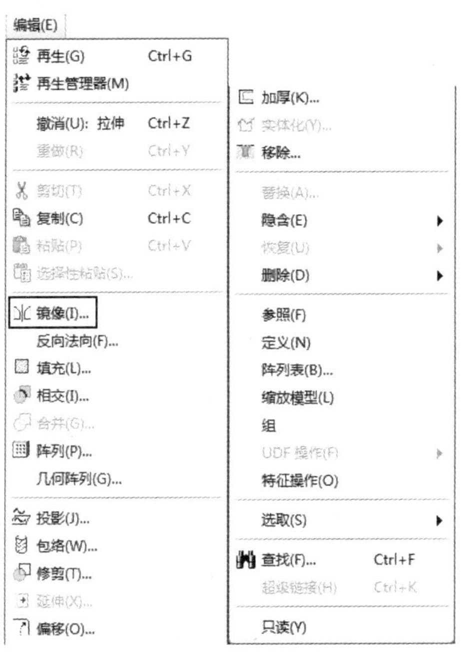

图 10-1　“编辑”菜单命令

选择要镜像的曲面，然后单击“特征”工具栏中的“镜像”按钮，或选择“编辑”→“镜像”命令，打开“镜像”操控板，如图 10-2 所示。

图 10-2　“镜像”操控板

（1）镜像平面：镜像特征与原特征对称的平面。

（2）参照：单击该按钮，弹出如图 10-3 所示的下滑面板，它与镜像平面的内容相同。

（3）选项：单击该按钮，弹出如图 10-4 所示的下滑面板，选中“复制为从属项”复选框，镜像的特征从属于原特征，原特征改变，镜像特征也随之改变。

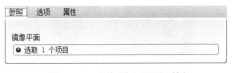

图 10-3　“参照”下滑面板

图 10-4　“选项”下滑面板

（4）属性：设定当前特征的名称，显示当前特征的属性。

10.2　复制曲面

曲面复制分普通复制和选择性复制两种，下面分别讲述。

10.2.1　普通复制

使用“复制”命令，可以直接在选定的曲面上创建一个面组，生成的面组含有与父项曲面形状和大小相同的曲面。使用该命令可以复制已存在的曲面或实体表面。

曲面的复制有 3 种形式：一是复制所有选择的曲面；二是复制曲面并填充曲面上的孔；三是复制曲面上封闭区域内部分曲面。

选择要复制的曲面，使曲面呈红色高亮显示，如图 10-5 所示。

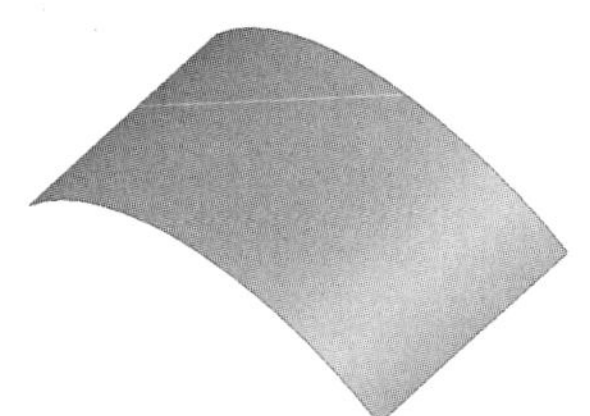

图 10-5　选择的曲面

单击“编辑”工具栏中的“复制”按钮，以及“编辑”→“复制”由灰色不可用变为可用。单击“复制”按钮，再单击“粘贴”按钮，系统弹出曲面复制特征面板，如图 10-6 所示。

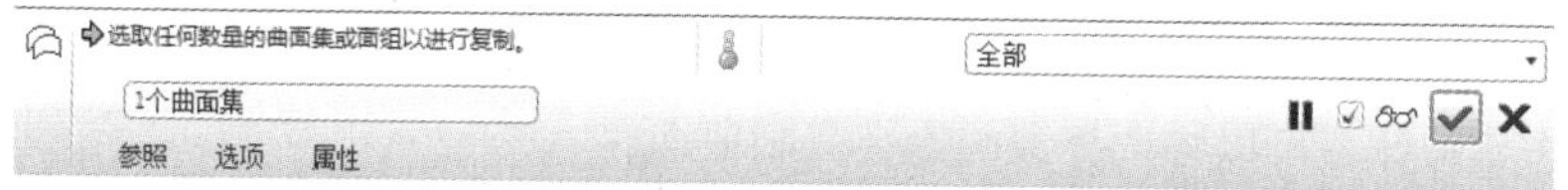

图 10-6　复制特征面板

单击面板中的“选项”按钮，弹出下滑面板，如图 10-7 所示。3 个选项的意义如下。

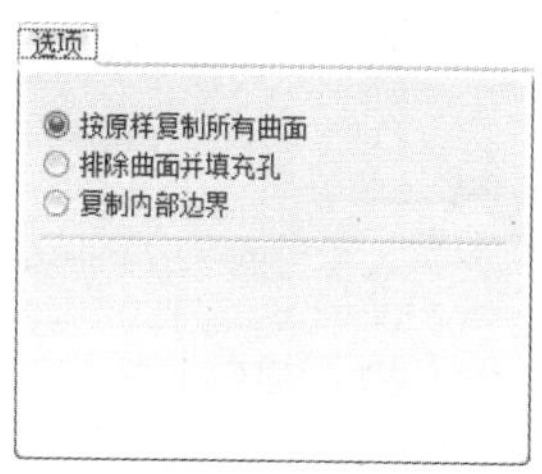

图 10-7　“选项”下滑面板

（1）按原样复制所有曲面：复制所有选择的曲面。

（2）排除曲面并填充孔：如果选中该单选按钮，以下的两个编辑框将被激活，如图 10-8 所示。

❶ 排除轮廓：从当前复制特征中选择排除曲面。

❷ 填充孔/曲面：在已选择的曲面上选择孔的边填充孔。

（3）复制内部边界：如果选中该单选按钮，“边界曲线”编辑框将被激活，如图 10-9 所示，选择封闭的边界，复制边界内部曲面。

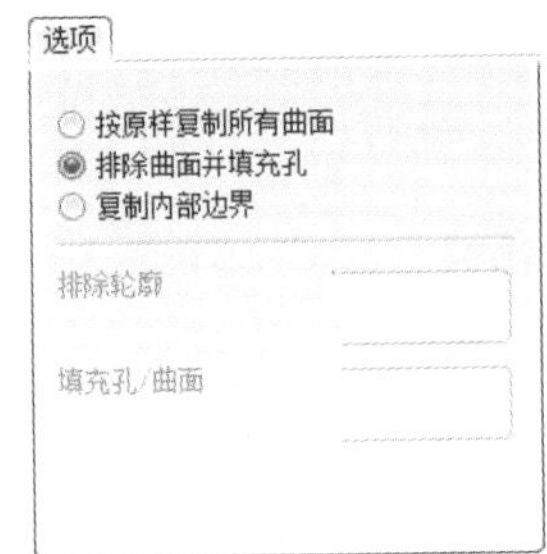

图 10-8　选中“排除曲面并填充孔”单选按钮

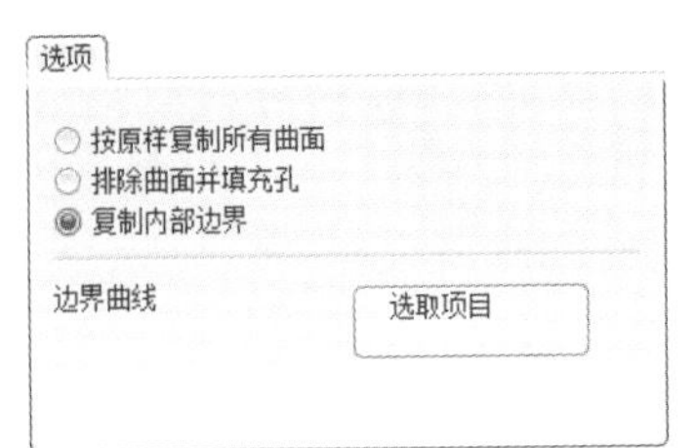

图 10-9　选中“复制内部边界”单选按钮

10.2.2　选择性复制

单击系统窗口中的选择过滤器智能▾后的下拉按钮▾，在弹出的选项中选择“几何”选项，如图 10-10 所示。

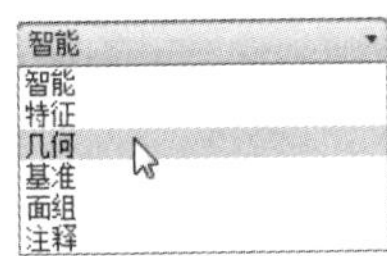

图 10-10　选择过滤器

选中要复制的曲面或面组，单击“编辑”工具栏中的“复制”按钮，再单击系统工具栏中的“选择性粘贴”按钮，弹出如图 10-11 所示的选择性粘贴特征面板。

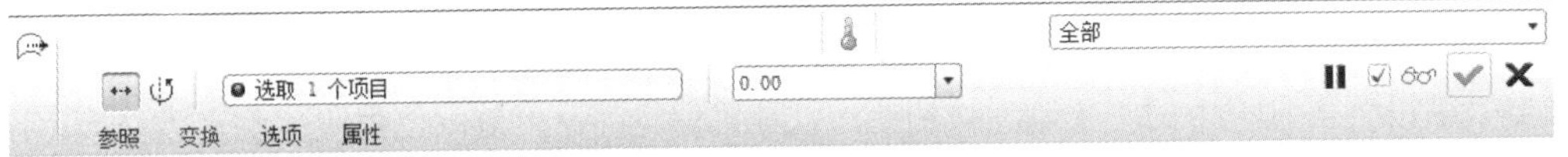

图 10-11　选择性粘贴特征面板

☑　↔：单击该按钮，可以沿选择参照平移复制曲面。

☑　↻：单击该按钮，可以绕选择参照旋转复制曲面。

单击“参照”按钮，系统弹出如图 10-12 所示下滑面板，在此面板中定义要复制的曲面面组。

单击“变换”按钮，系统弹出如图 10-13 所示的下滑面板，在此面板中定义复制曲面面组的形式，平移或旋转，平移距离或旋转角度，以及方向参照。

单击“选项”按钮，弹出的下滑面板中有两个复选框，如图 10-14 所示。

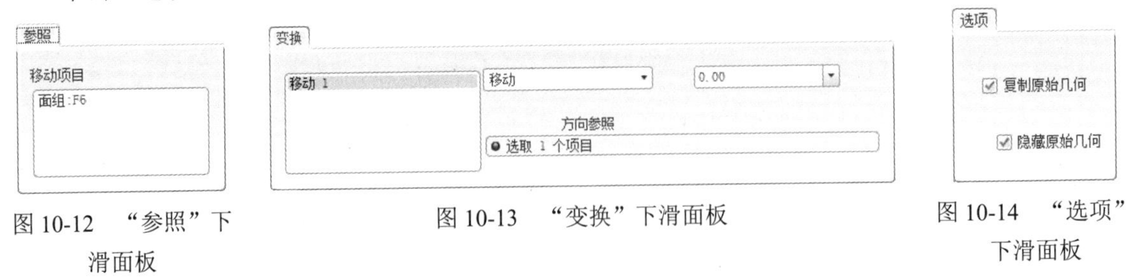

图 10-12　“参照”下滑面板

图 10-13　“变换”下滑面板

图 10-14　“选项”下滑面板

10.3　合并曲面

两个相邻或相交面组可合并，生成的面组是一个单独的特征，与两个原始面组及其他单独的特征

一样。在删除合并面组特征后，原始面组仍然存在。

按住 Ctrl 键，选择要合并的两个曲面，单击“编辑特征”工具栏中的“合并”按钮，或选择“编辑”→“合并”命令，系统弹出如图 10-15 所示的合并特征面板。

图 10-15　合并特征面板

单击面板中的“参照”按钮，弹出的下滑面板如图 10-16 所示，列出了用于合并的曲面。

单击面板中的“选项”按钮，在弹出的下滑面板中有合并曲面的两种形式，如图 10-17 所示。

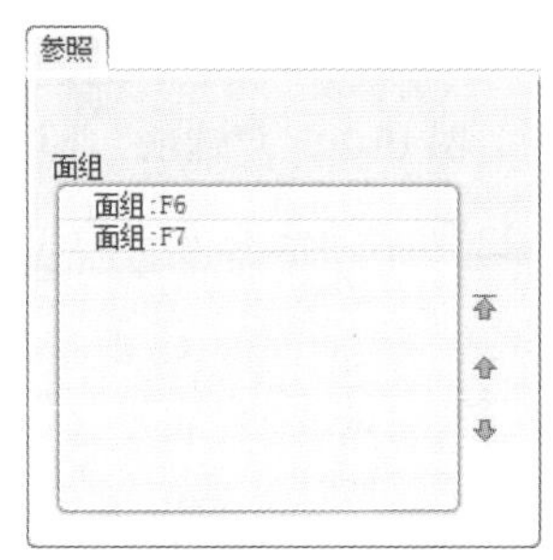

图 10-16　“参照”下滑面板

图 10-17　“选项”下滑面板

（1）相交：当两个曲面相互交错时，选择相交的形式来合并，通过单击按钮为每个面组指定哪一部分包括在合并特征中。

（2）连接：当一个曲面的边位于另一个曲面的表面时，使用该选项，将与边重合的曲面合并在一起。

10.4　裁 剪 曲 面

曲面的裁剪就是通过新生成的曲面或是利用曲线、基准平面等来切割剪裁已存在的曲面。基本常用的裁剪方法有以下几种，分别是用特征中的切除方法来裁剪曲面、用曲面来裁剪曲面、用曲面上的曲线来裁剪曲面。用特征中的切除方法来裁剪曲面，我们在介绍基本曲面时已经做过介绍，在此我们不再赘述，本节主要介绍后面两种裁剪曲面的方法。

10.4.1　用曲面来裁剪曲面

选择被修剪的曲面，此时“编辑特征”工具栏中的“修剪”按钮由灰色不可用状态变为可用状态，单击“修剪”按钮，或选择“编辑”→“修剪”命令，系统弹出如图 10-18 所示的修剪特征面板。

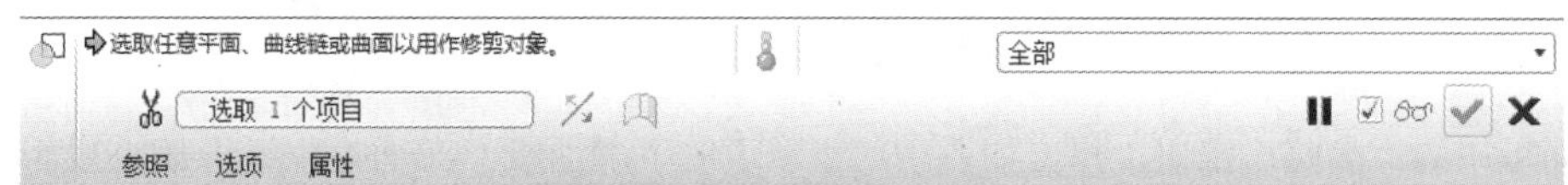

图 10-18　修剪特征面板

单击面板中的“参照”按钮，弹出的下滑面板如图 10-19 所示，列出了“修剪的面组”和“修剪

对象”两个项目。

单击面板中的“选项”按钮，系统弹出如图 10-20 所示的下滑面板。选中“薄修剪”复选框，则面板会变为如图 10-21 所示。

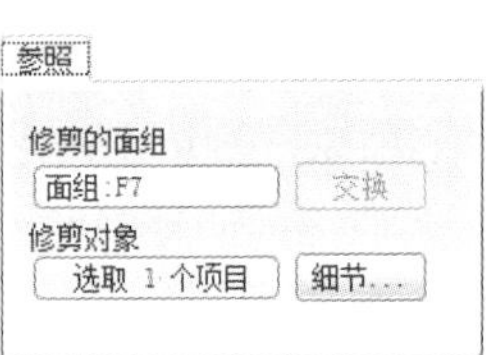

图 10-19 “参照”下滑面板

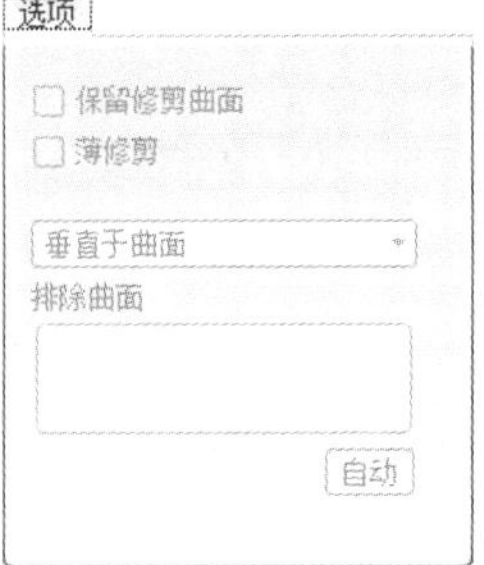

图 10-20 “选项”下滑面板

单击垂直于曲面后的下拉按钮▾，面板弹出如图 10-22 所示的修剪方式的 3 个选项，各选项的意义如下。

（1）垂直于曲面：在垂直于曲面的方向上加厚曲面。

（2）自动拟合：确定缩放坐标系并沿 3 个轴自动拟合。

（3）控制拟合：用特定的缩放坐标系和受控制的拟合运动来加厚曲面。

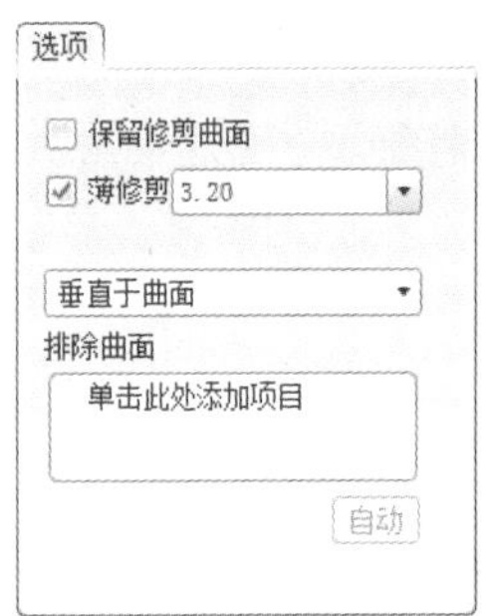

图 10-21 选中“薄修剪”选项面板

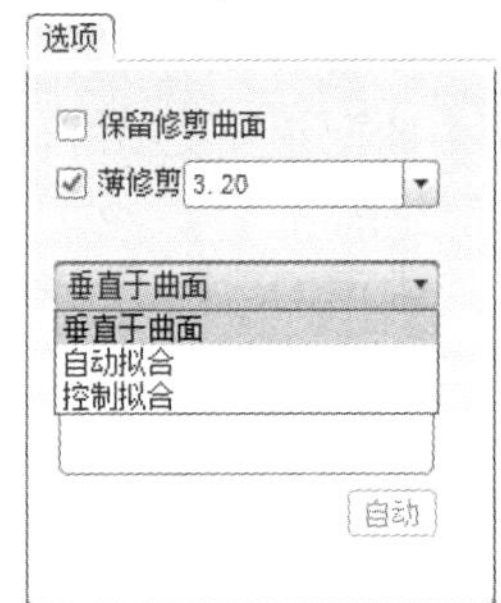

图 10-22 选项面板中的修剪方式

10.4.2 用曲面上的曲线来裁剪曲面

曲面上的曲线可以用来裁剪曲面，对于用来裁剪曲面的曲线来说，不一定是要封闭的，但曲线一定要位于曲面上。因此所选取的将裁剪曲面的曲线必须位于曲面上，不能选取任意的空间曲线，但可以通过投影的方法将空间曲线投影到曲面上，再利用投影曲线裁剪曲面。

选择“编辑”→“投影”命令，系统弹出投影特征面板，如图 10-23 所示。

图 10-23 投影特征面板

单击面板中的“参照”按钮，弹出如图 10-24 所示的下滑面板。在面板中选取确定投影原始曲线的方式——选取链还是草绘；选取将曲线投影到的曲面以及投影方向。

单击投影链后的下拉按钮▾，弹出“投影链”和“投影草绘”两个投影方式选项，如图 10-25 所示。

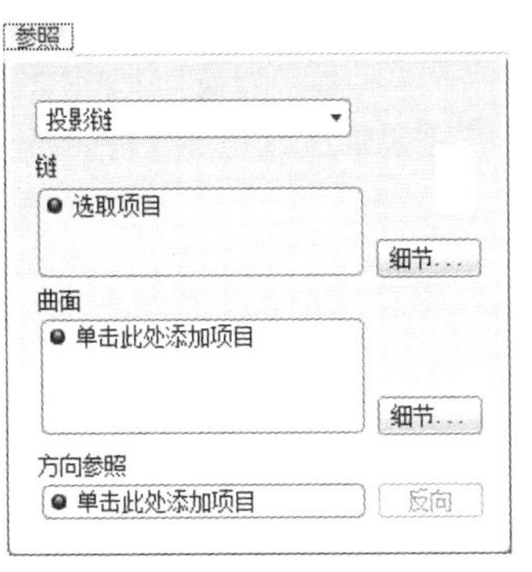

图 10-24　“参照”下滑面板

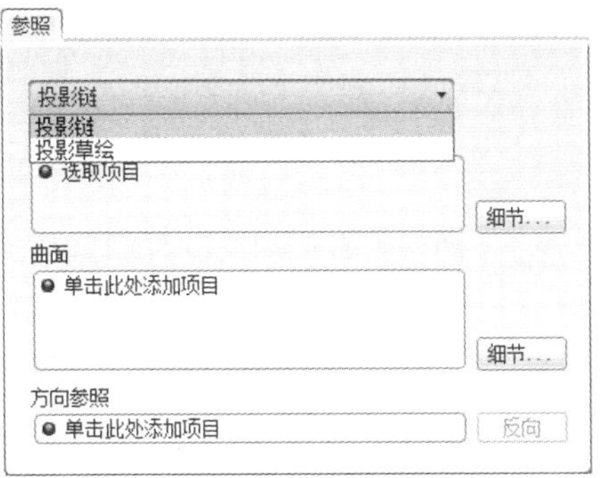

图 10-25　投影方式

（1）投影链：选取现有的曲面作为投影原始曲线。

（2）投影草绘：草绘投影原始曲线。

10.5　曲面偏移

在模型中选择一个面，然后选择“编辑”→“偏移”命令，打开“偏移”操控板，如图 10-26 所示。使用该面板可完成曲面偏移的各种设置及操作。

图 10-26　“偏移”操控板

单击后面的按钮，弹出 4 种偏移类型。：标准偏移特征；：具有拔模特征；：展开类型；：替换型。21.51：偏移距离。

单击面板中的“选项”按钮，在弹出的面板中有 3 种控制偏移的方式，如图 10-27 所示。

（1）垂直于曲面：偏移后的曲面垂直于原始曲面。

（2）自动拟合：系统根据自动决定的坐标系缩放相关的曲面。

（3）控制拟合：在指定坐标系下将原始曲面进行缩放并沿指定轴移动。

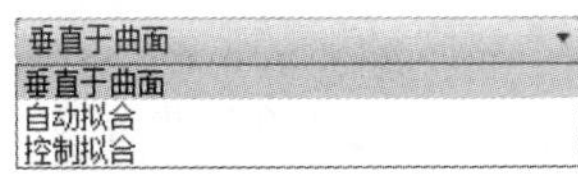

图 10-27　选项面板中的 3 种控制偏移方式

10.6　曲面加厚

曲面从理论上讲，是没有厚度的，因此，如果以曲面为参考，产生薄壁实体，就要用到曲面加厚的功能，在设计一些复杂的均匀薄壁塑料件、压铸件、钣金件时经常用到。

选择面组，选择“编辑”→“加厚”命令，进入曲面加厚的界面，弹出如图 10-28 所示的曲面“加厚”操控板。

图 10-28 “加厚”操控板

单击操控板中的“选项”按钮，在弹出的面板中有 3 个选项：垂直于曲面、自动拟合、控制拟合，如图 10-29 所示。

（1）垂直于曲面：垂直于原始曲面增加均匀厚度。

（2）自动拟合：系统根据自动决定的坐标系缩放相关的厚度。

（3）控制拟合：在指定坐标系下将原始曲面进行缩放并沿指定轴给出厚度。

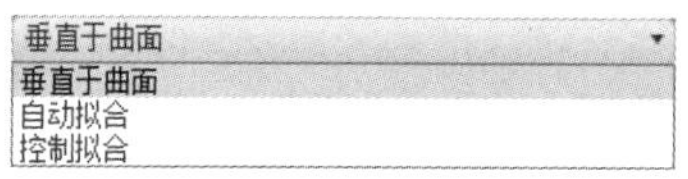

图 10-29 选项面板

10.7 曲面的延伸

延伸曲面的方法包括 4 种，分别是同一曲面类型的延伸、延伸曲面到指定的平面、与原曲面相切延伸、与原曲面逼近延伸。

选择要延伸曲面的边链，选择“编辑”→“延伸”命令，这时弹出如图 10-30 所示的“延伸”操控板。

图 10-30 “延伸”操控板

按钮和按钮是曲面延伸的两种方式。分别代表沿原始曲面延伸曲面，和将曲面延伸至指定平面。

在 1.20 中可输入曲面延伸的距离，单击按钮，可改变曲面延伸的方向。

单击按钮后，单击“参照”按钮，在该项的弹出面板中，用户可更改曲面延伸的参考边。

单击“量度”按钮，弹出如图 10-31 所示的面板。在该面板中，用户可添加、删除或设置延伸的相关配置。在该面板中，单击鼠标右键，然后在弹出的快捷菜单中选择“添加”命令，可在延伸特征的参考边中添加一个控制点。

图 10-31 量度面板

单击量度面板中后的下拉按钮，弹出两个测量距离方式。

☑ 测量参照曲面中的延伸距离。

☑ 测量选定平面中的延伸距离。

每种测量方式，又有 4 种距离类型，如图 10-32 所示。

（1）垂直于边：垂直于边测量延伸距离。

（2）沿边：沿测量边测量延伸距离。

（3）至顶点平行：在顶点处开始延伸边并平行于测量边。

（4）至顶点相切：在顶点处开始延伸边并与下一单侧边相切。

图 10-32　量度面板中的 4 种距离类型

单击延伸特征面板中的“选项”按钮，弹出如图 10-33 所示的下滑面板。在“方法”下拉列表框中可以选择沿原始曲面延伸曲面下的 3 种延伸方式：相同、相切、逼近，如图 10-34 所示。

图 10-33　“选项”下滑面板

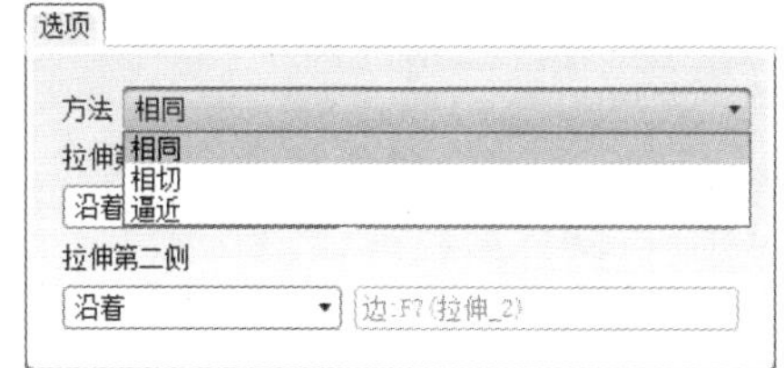

图 10-34　3 种延伸方式

（1）相同：以保证连续曲率变化延伸原始曲面。例如，平面类型、圆柱类型、圆锥面类型或样条曲面类型。原始曲面将按指定的距离通过其选定的原始边界。

（2）相切：建立的延伸曲面与原始曲面相切。

（3）逼近：在原始曲面和延伸边之间，以边界混合的方式创建延伸特征。

单击特征面板中的按钮，延伸特征面板中的“量度”和“选项”按钮变为灰色不可用状态，如图 10-35 所示。

图 10-35　延伸特征面板

10.8　曲面的实体化

实体化就是将前面设计的面组特征转换为实体几何。有时，为了能分析生成的模型特性，也需要把曲面模型转变为实体模型。

曲面的实体化包括曲面模型转变为实体和用曲面来裁剪切割实体两种功能。

曲面转换为实体的步骤如下。

（1）画出如图 10-36 所示的扫描曲面。单击系统工具中的□按钮，改变模型的显示方式为框架显示，如图 10-37 所示。

图 10-36　模型

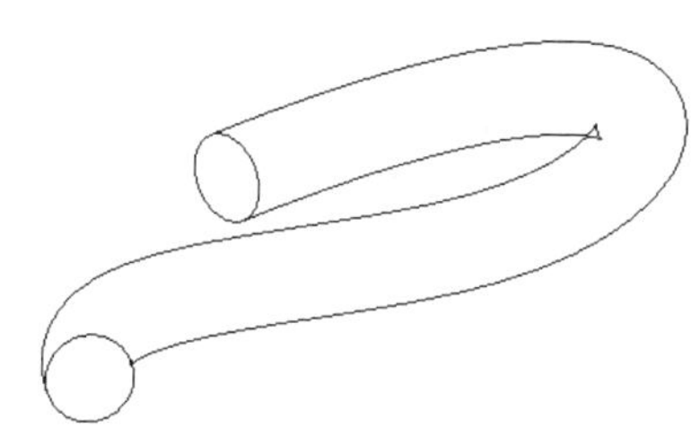

图 10-37　框架方式显示模型

（2）选中扫描曲面，选择“编辑”命令，此时因为曲面不是封闭曲面，故“实体化”命令不可用，呈灰色显示状态。

（3）在图形窗口中，选中扫描曲面，单击鼠标右键，在弹出的快捷菜单中选择“编辑定义”命令。重新编辑扫描曲面，将其属性改为“封闭端”。

（4）再选中扫描曲面，选择“编辑”命令，此时“实体化”命令呈高亮显示——可用。

（5）选择“实体化”命令，系统弹出实体化特征面板，如图 10-38 所示。

图 10-38　实体化特征面板

（6）此时只有创建伸出项特征可用。单击特征面板中的✓按钮，将曲面实体化，生成的模型如图 10-39 所示。

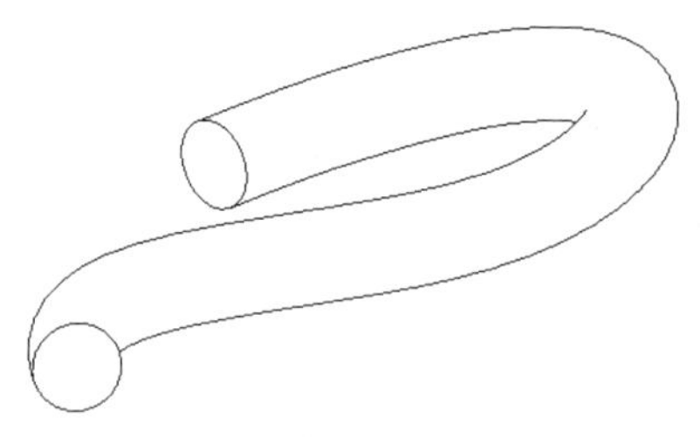

图 10-39　实体化后的模型

（7）选择“文件”→“保存副本”命令，在新建名称一栏中输入 ex19，保存当前文件。

视频讲解

10.9　综合实例——显示器后壳

本实例创建显示器后壳，如图 10-40 所示。首先绘制截面，通过拉伸得到曲面特征，然后填充截面，创建曲线得到边界曲面，最后合并得到显示器后壳。具体步骤如下。

Note

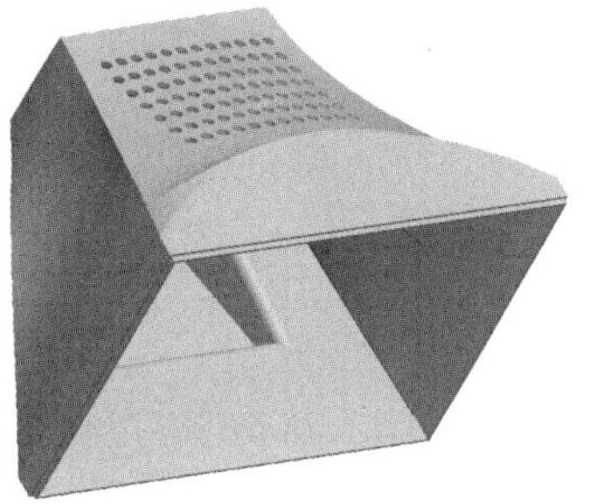

图 10-40 显示器后壳

1）新建一个 xianshiqihouke.prt 文件。

2）曲面拉伸。

（1）单击“基础特征”工具栏中的“拉伸”按钮，进入拉伸命令状态。

（2）在操控板上单击“拉伸为曲面”按钮，然后单击操控板上的“放置”按钮，在弹出的下滑面板中单击“定义”按钮，弹出“草绘”对话框后，选择 FRONT 面作为草绘平面，其余选项接受系统默认值，单击“草绘”按钮，进入草绘界面。

（3）在草绘环境下绘制如图 10-41 所示的截面。单击工具箱上的“完成”按钮✔退出草绘器。

（4）在操控板的截至方式选项中选择“指定深度”，并在其后面的文本框中输入曲面拉伸深度尺寸 20。单击控制区的“完成”按钮，完成拉伸曲面特征的创建，结果如图 10-42 所示。

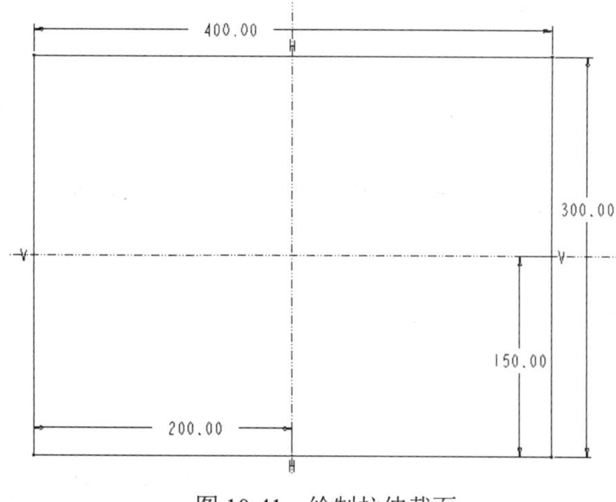

图 10-41 绘制拉伸截面

图 10-42 拉伸曲面特征

3）创建基准平面。

单击工具箱上的按钮，采用偏移方式创建一个基准平面 DTM1，该平面与 FRONT 面平行，偏距为 300。

4）填充特征。

（1）选择“编辑”→“填充”命令，并从弹出的操控板上单击“参照”按钮，在其下滑面板中单击“定义”按钮，在弹出的“草绘”对话框中选取新建的基准平面 DTM1 面作为草绘平面。

（2）绘制如图 10-43 所示的截面，然后单击工具箱上的“完成”按钮✔退出草绘器。

（3）单击控制区的“完成”按钮，完成填充特征的创建，结果如图 10-44 所示。

5）重复上述步骤 3）和 4），以拉伸曲面较长的那一部分外边框所在的平面为草绘平面，绘制如图 10-45 所示的填充截面，结果如图 10-46 所示。

Note

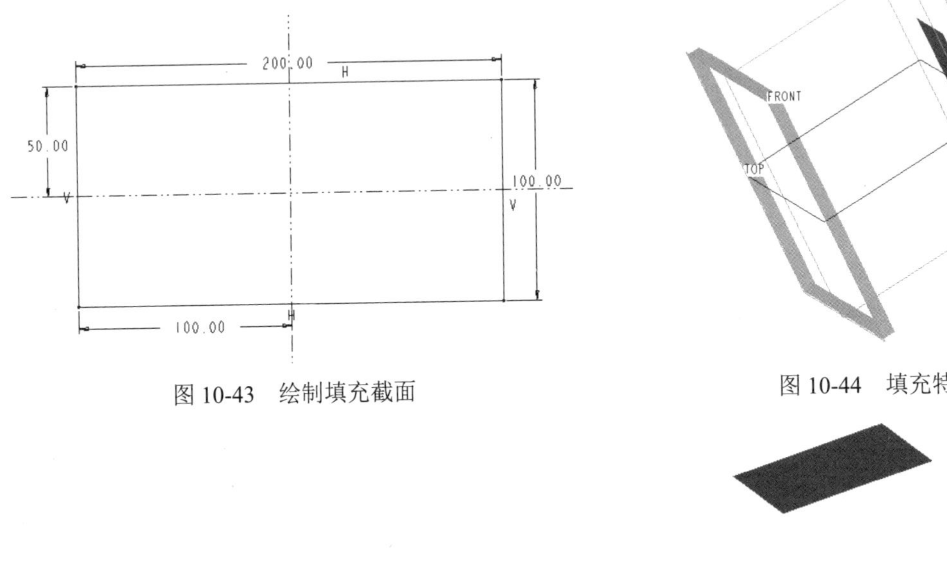

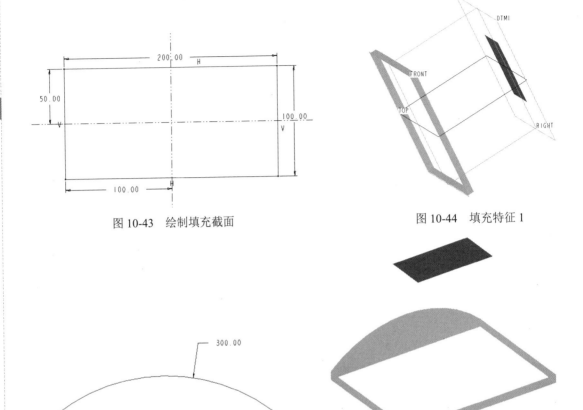

图 10-43　绘制填充截面　　　　图 10-44　填充特征 1

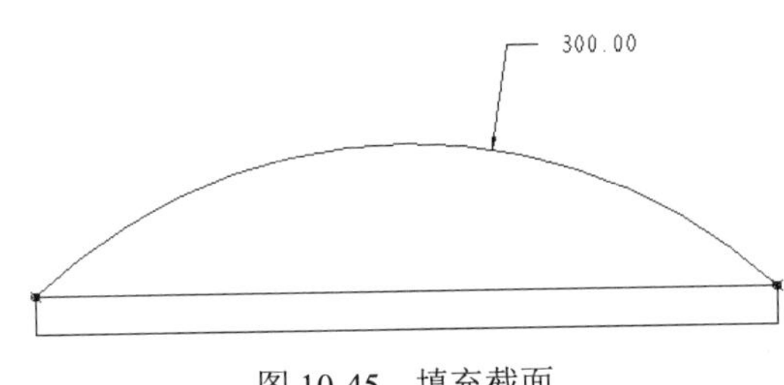

图 10-45　填充截面

图 10-46　填充特征 2

6）创建机箱后壳。

（1）单击工具栏上的“草绘”按钮，在弹出的“草绘”对话框中选取 RIGHT 面作为草绘平面。

（2）单击工具栏上的“消隐”按钮，使模型以无隐藏线的线框图方式显示，然后再单击“使用”按钮，选取如图 10-46 所示的填充特征 2 在 TOP 面上所形成的直线作为边界曲线。

（3）单击工具栏上的“样条”按钮，绘制如图 10-47 所示的曲线，然后单击工具栏上的“完成”按钮✔，退出草绘器。

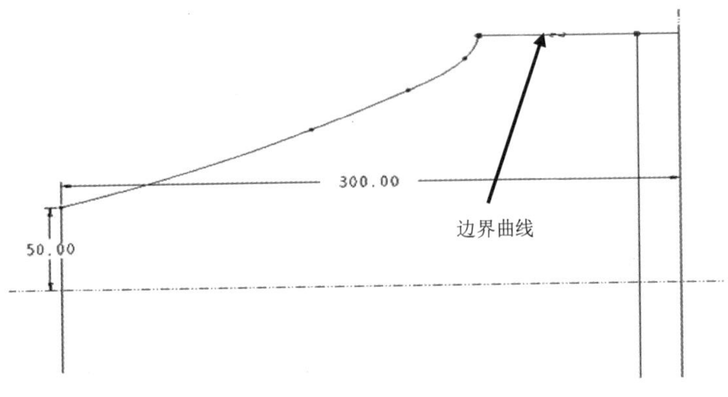

图 10-47　草绘 1

（4）单击工具栏上的“草绘”按钮，在 TOP 面内绘制如图 10-48 所示的草绘曲线 2。

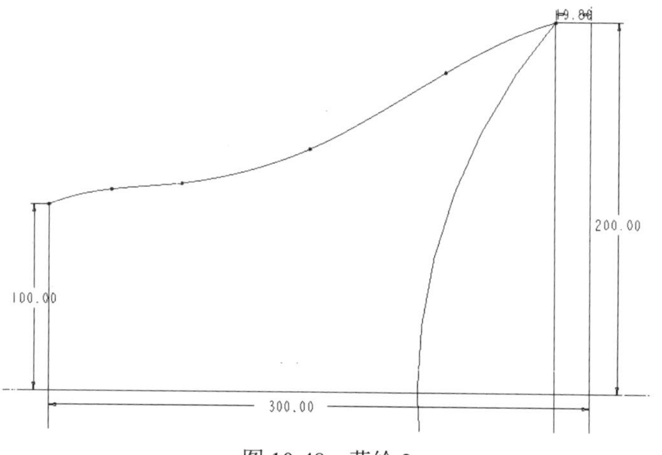

图 10-48　草绘 2

（5）选取草绘曲线 2，然后单击工具栏上的“镜像”按钮，以 RIGHT 平面作为对称平面将其镜像到 RIGHT 平面的另一侧。

（6）单击工具栏上的“点”按钮，在拉伸特征和填充特征的拐角处创建两个基准点 PNT0 和 PNT1，如图 10-49 所示。

（7）单击工具栏上的“平面”按钮，创建一个通过如图 10-50 所示的两条边的基准平面 DTM2。

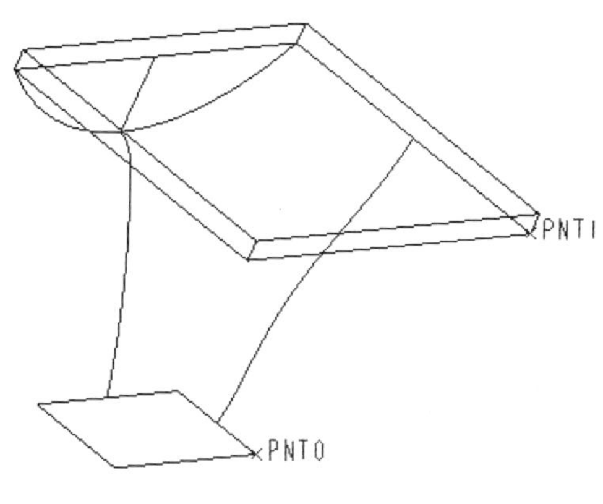

图 10-49　创建基准点 1

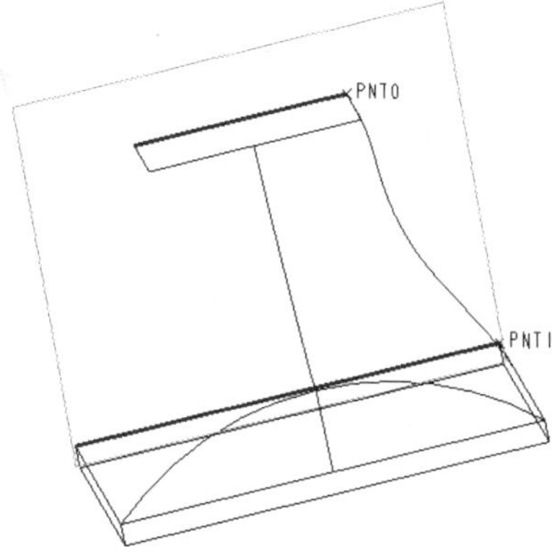

图 10-50　创建基准平面 DTM2

（8）单击工具栏上的“草绘”按钮，将基准平面 DTM2 作为草绘平面，绘制如图 10-51 所示的一条连接 PNT0 和 PNT1 的直线线段。

（9）选取草绘曲线 3，然后单击工具栏上的“镜像”按钮，以 RIGHT 平面作为对称平面将其镜像到 RIGHT 平面的另一侧。

（10）单击工具栏上的“点”按钮，在如图 10-52 所示的位置创建两个基准点 PNT2 和 PNT3。

（11）单击工具栏上的“平面”按钮，创建一个如图 10-53 所示的通过一条拉伸边和基准点 PNT3 的基准平面 DTM3。

（12）单击工具栏上的“草绘”按钮，将基准平面 DTM3 作为草绘平面，绘制如图 10-54 所示的一条过 PNT3 的样条曲线。

（13）选取草绘曲线 4，然后单击工具栏上的“镜像”按钮，以 RIGHT 平面作为对称平面将

Note

其镜像到 RIGHT 平面的另一侧。

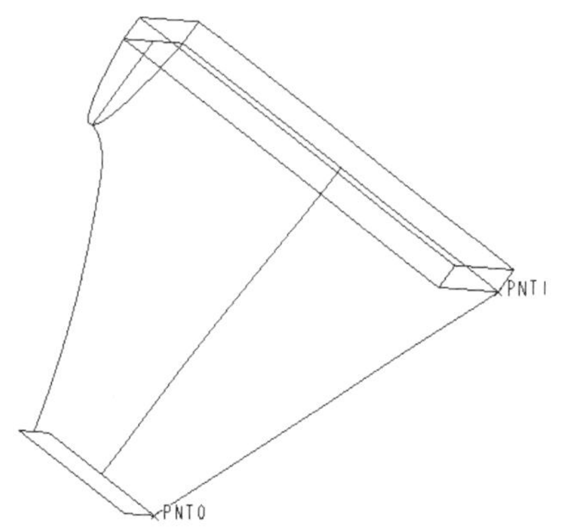

图 10-51　草绘 3

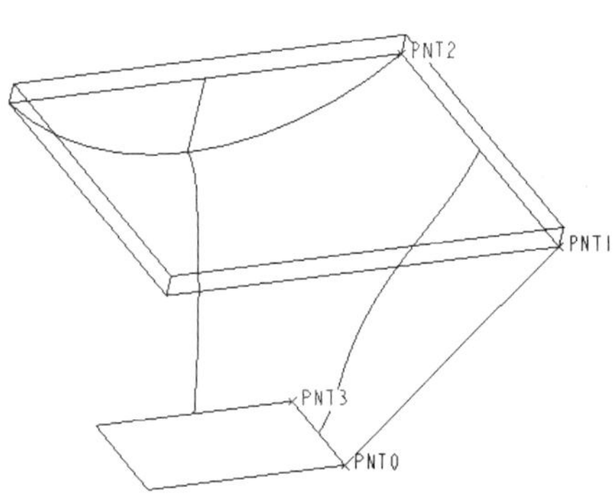

图 10-52　创建基准点 2

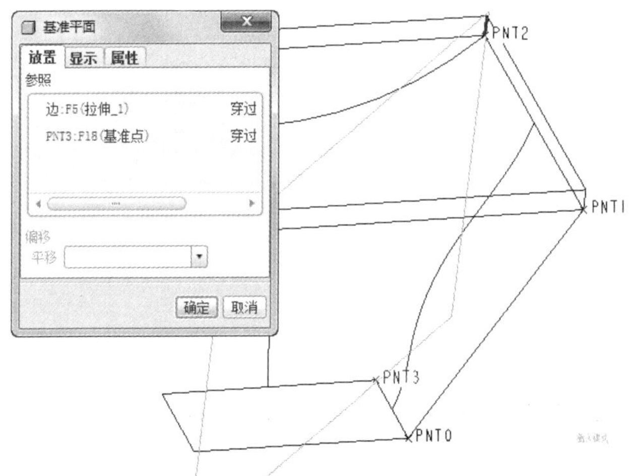

图 10-53　创建基准平面 DTM3

（14）单击工具栏上的“边界混合”按钮，依次选取如图 10-55 所示的 3 条曲线，创建边界曲面 1。

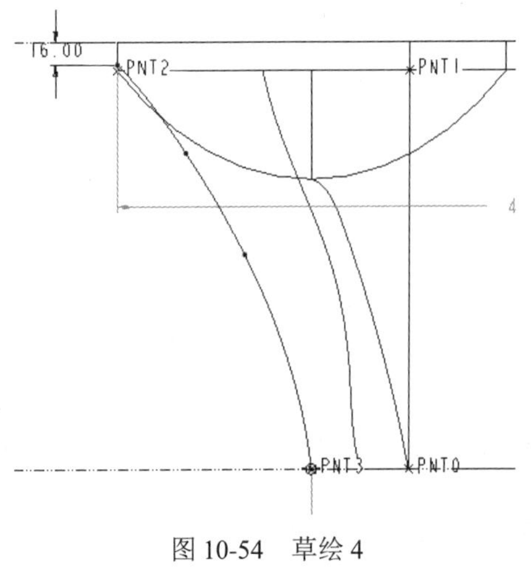

图 10-54　草绘 4

T=0.00

1

2

3

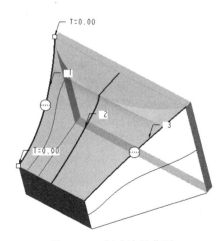

T=0.00

图 10-55　创建边界曲面 1

Note

（15）重复上述步骤（14）分别创建边界曲面 2、3、4，如图 10-56 所示。

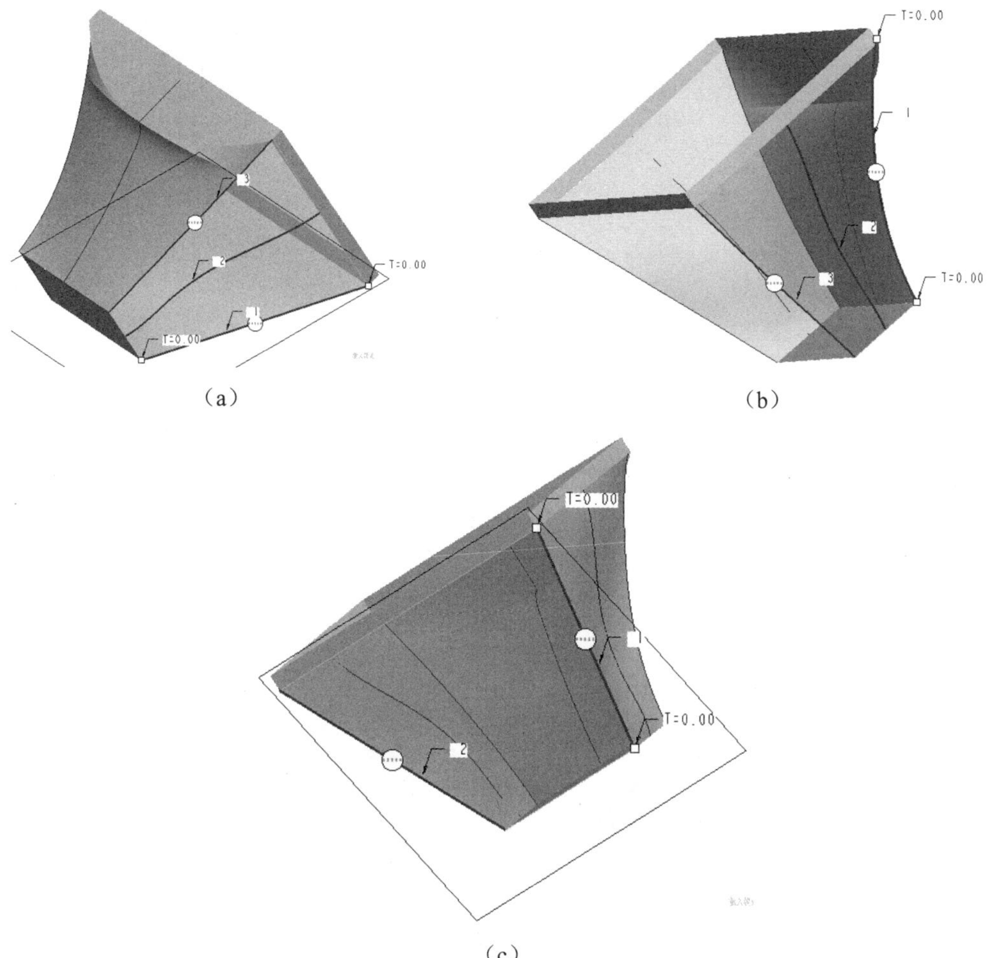

（a）　　　　　　（b）

（c）

图 10-56　边界曲面 2、3、4

7）创建底座。

（1）单击工具箱上的“拉伸”按钮。

（2）在操控板上单击“拉伸为曲面”按钮，然后单击操控板上的“放置”按钮，在弹出的下滑面板中单击“定义”按钮，弹出“草绘”对话框后，选取 TOP 面作为草绘平面，其余选项接受系统默认值，单击“草绘”按钮，进入草绘界面。

（3）绘制如图 10-57 所示的截面，然后单击工具栏上的“完成”按钮✔退出草绘器。

（4）单击操控板上的“选项”按钮，在弹出的下滑面板中选取“封闭端”选项。

（5）在操控板的截至方式选项中选择“指定深度”，在其后面的文本框中输入曲面深度尺寸 150，模型预显结果如图 10-58 所示。

（6）单击控制区的“完成”按钮，完成拉伸曲面特征的创建。

8）合并曲面。

（1）选取拉伸特征和与之相交的截面，然后选取“编辑”→“合并”命令，设置合并方向如图 10-59 所示。

Note

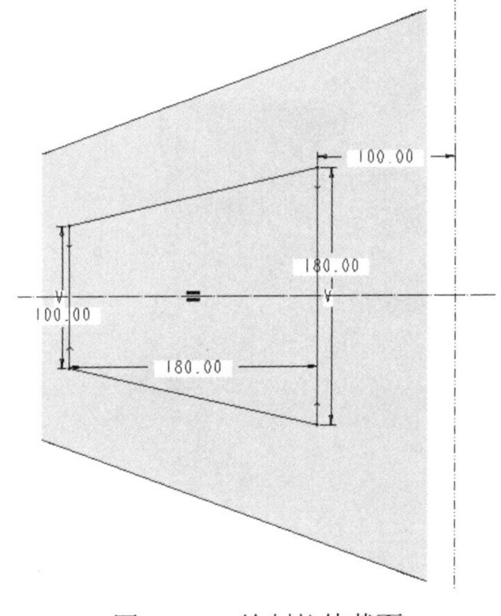

图 10-57　绘制拉伸截面

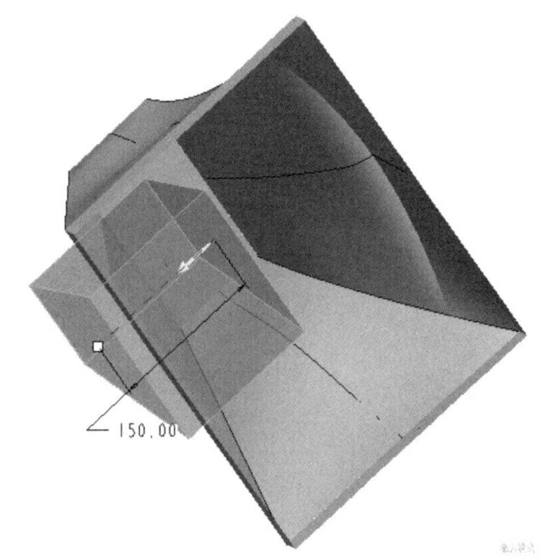

图 10-58　模型预显结果

（2）单击控制区的“完成”按钮，完成曲面合并。

9）创建圆角。单击“工程特征”工具栏中的“倒圆角”按钮，选取如图 10-60 所示的交线倒圆角，设置圆角半径为 10。

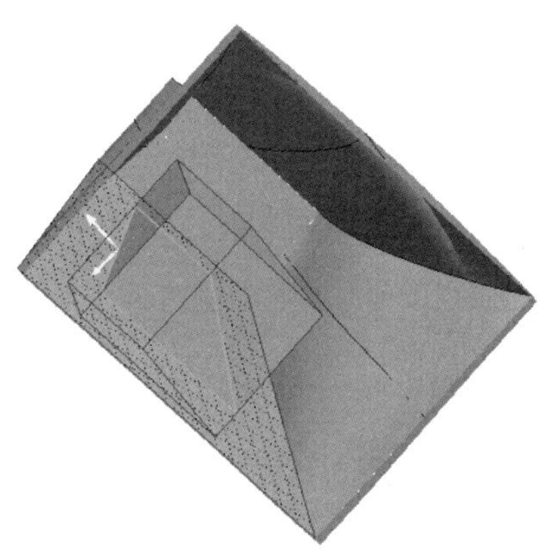
图 10-59　设置合并方向

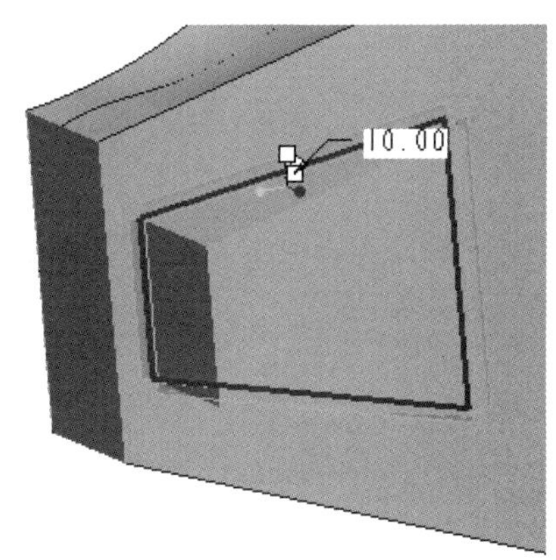

图 10-60　倒圆角

10）创建排气孔。

（1）单击“基础特征”工具栏上的“拉伸”按钮，在操控板上单击“拉伸为曲面”按钮，设置拉伸为曲面。在 TOP 面内如图 10-61 所示的位置绘制一个圆形截面，然后单击工具箱上的“完成”按钮✔退出草绘器。

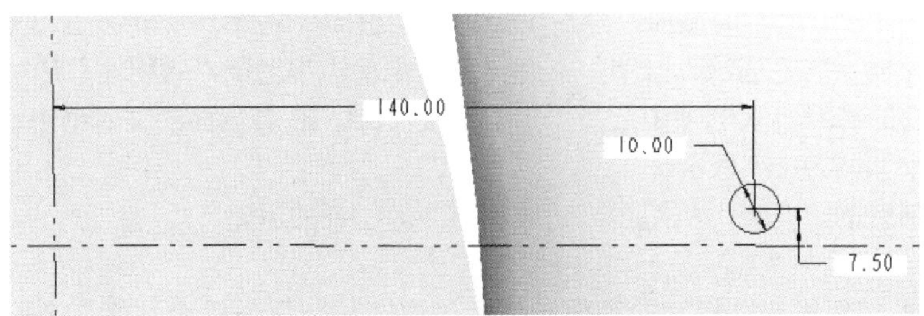

图 10-61　拉伸截面

（2）单击操控板上的“移除按钮”按钮，设置为拉伸剪切材料。然后激活“面组”选项后的收集器，选取被剪切的面组，单击操控板上左边的“反向”按钮调整拉伸方向，单击操控板上右边的“反向”按钮调整曲面被剪切的部分，图形预显结果如图 10-62 所示。

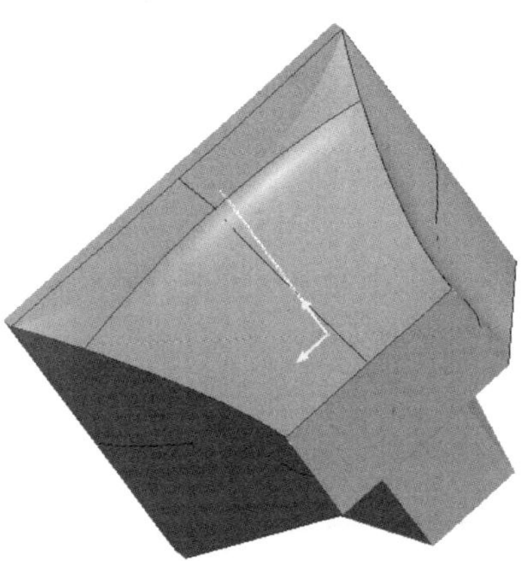

图 10-62　被剪切曲面及剪切方向

（3）单击控制区的“完成”按钮，完成拉伸剪切。

（4）选取上一步的拉伸特征，然后单击工具箱上的“阵列”按钮，单击操控板上的 1 后的收集器，然后选取 RIGHT 面，单击操控板上的 2 后的收集器，然后选取 FRONT 面，操控板的设置如图 10-63 所示，阵列方向如图 10-64 所示。

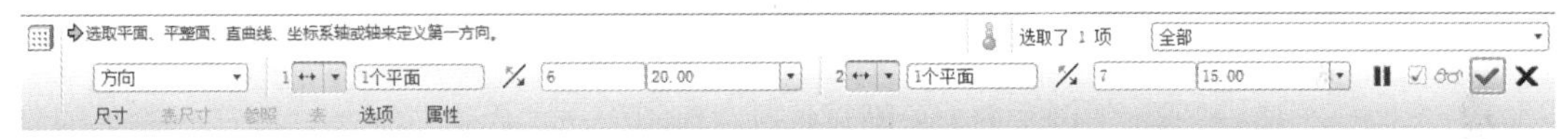

图 10-63　操控板的设置

（5）选取阵列特征，然后单击工具栏上的“镜像”按钮，选取 RIGHT 平面作为镜像平面镜像阵列特征，如图 10-65 所示。

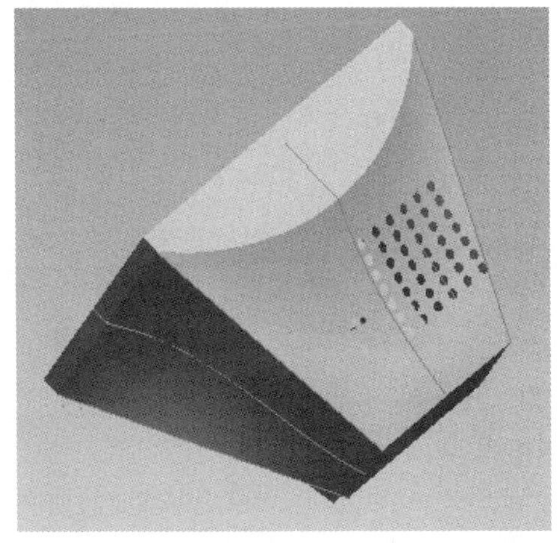

图 10-64　阵列方向

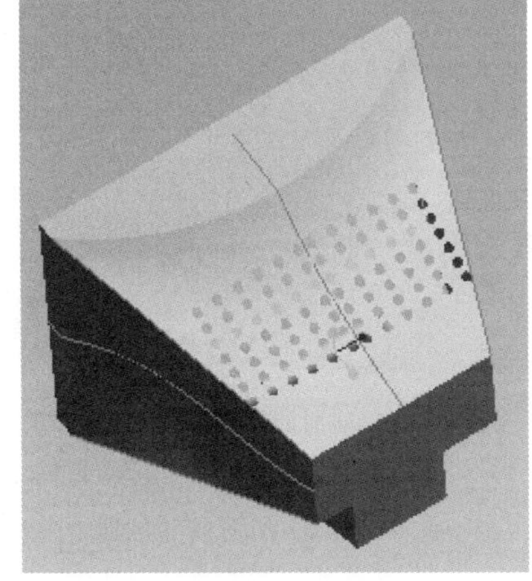

图 10-65　镜像

11）创建接口。

（1）单击“基础特征”工具栏上的“拉伸”按钮，在操控板上单击“拉伸为曲面”按钮，

Note

设置拉伸为曲面。选取“拉伸 2”曲面特征中与 FRONT 面平行且较大的那一个曲面作为草绘。绘制如图 10-66 所示的截面，然后单击工具箱上的“完成”按钮✔退出草绘器。

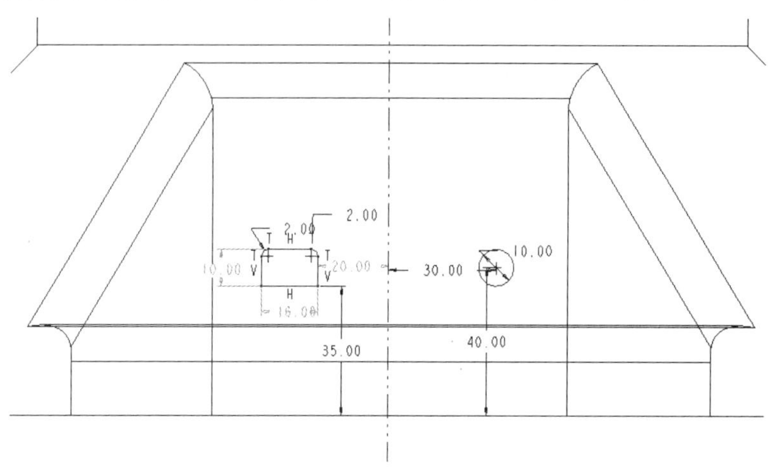

图 10-66　拉伸截面

（2）单击操控板上的“两侧”按钮，然后单击“移除材料”按钮，设置为拉伸剪切材料。激活“面组”选项后的收集器，选取被剪切的面组，该面组加亮显示。单击操控板上左边的“反向”按钮调整拉伸方向，单击操控板上右边的“反向”按钮调整曲面被剪切的部分，图形预显结果如图 10-67 所示。

（3）单击控制区的“完成”按钮，完成拉伸剪切。

12）合并曲面。

（1）选取如图 10-68 所示的两个曲面，然后选择“编辑”→“合并”命令， 单击控制区的“完成”按钮，完成曲面合并。

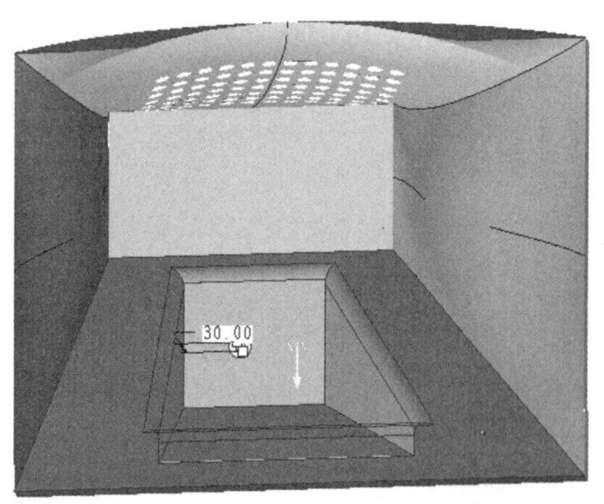

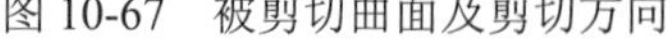

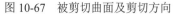

图 10-67　被剪切曲面及剪切方向

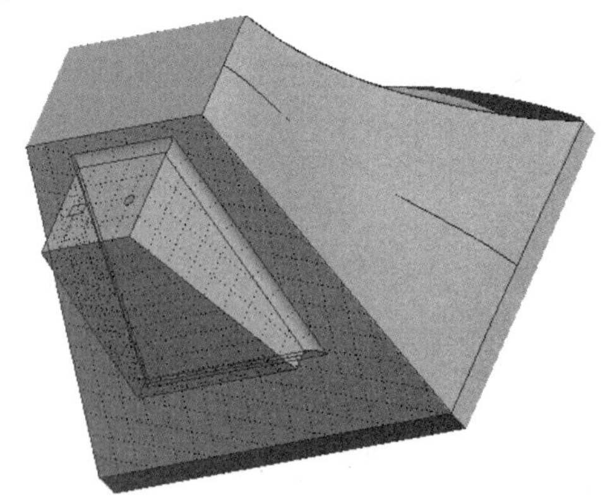

图 10-68　合并曲面

（2）用同样的方法将所有的曲面合并成一个曲面面组。

13）曲面加厚。选取最终的曲面面组，然后选择“编辑”→“加厚”命令，将该曲面加厚成壁厚为 5 的薄壁实体。

14）拉伸为实体。

（1）单击“基础特征”工具栏上的“拉伸”按钮，在操控板上单击“拉伸为实体”按钮，设置拉伸为实体。

Note

（2）单击工具箱上的“消隐”按钮，使模型以无隐藏线的线框图方式显示。然后单击工具箱上的“使用”按钮，选取壳体内边框线作为边界曲线。

（3）单击“偏移”按钮，选择以偏移的方式创建边界图元，选取壳体内边框线作为边界曲线，并使之向外偏移 2.5，然后单击工具箱上的“完成”按钮✔退出草绘器。

（4）设置截至方式为（单方向），拉伸方向向外，拉伸深度为 5。

（5）单击控制区的“完成”按钮，完成实体拉伸，结果如图 10-69 所示。

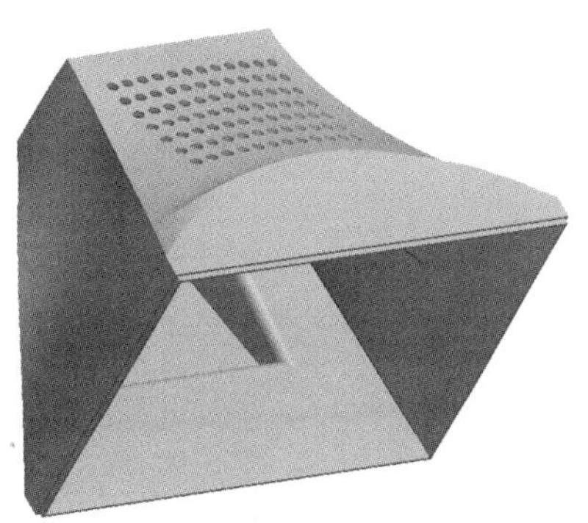

图 10-69　最终完成图

▶▶第 4 篇

装配设计篇

本篇主要介绍 Pro/ENGINEER Wildfire 基本装配和高级装配的有关知识。

本篇内容属于在实体造型设计的基础上的深入和延伸，也是学习 Pro/ENGINEER Wildfire 必须掌握的基本知识。通过本篇学习，可以帮助读者掌握 Pro/ENGINEER Wildfire 装配体设计的设计思想和方法。

第11章 装配

在Pro/ENGINEER Wildfire中，设计的单个零件需要通过装配的方式形成组件，组件是通过一定的约束方式将多个零件合并到一个文件中。元件之间的位置关系可以进行设定和修改，使之满足用户设计的要求。本章将讲述装配零件的过程和元件之间的约束关系。最后还讲述了爆炸图的生成，使元件之间的位置关系更能清晰地表现出来。

任务驱动&项目案例

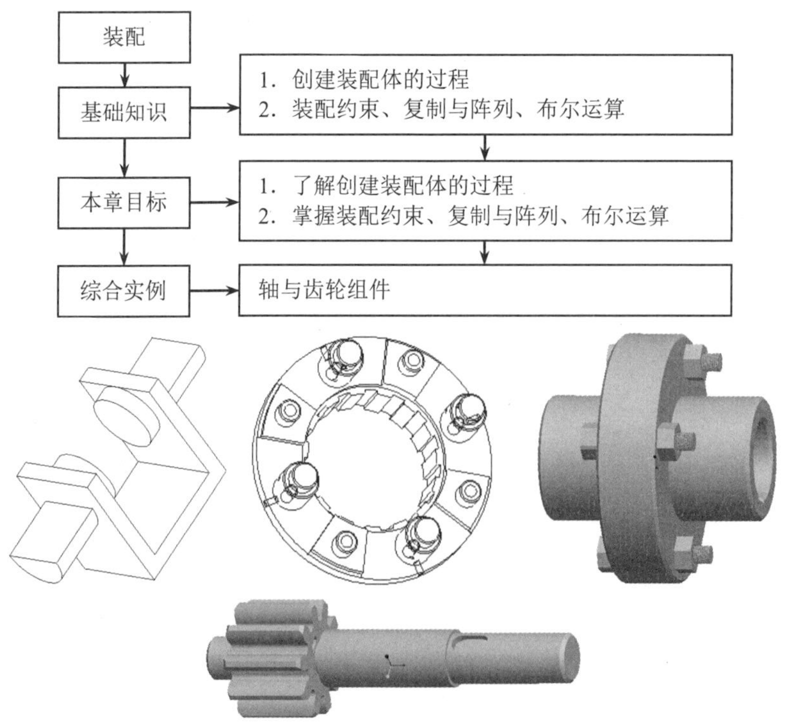
装配
基础知识
1. 创建装配体的过程
2. 装配约束、复制与阵列、布尔运算
本章目标
1. 了解创建装配体的过程
2. 掌握装配约束、复制与阵列、布尔运算
综合实例
轴与齿轮组件

Note

11.1 概　　述

装配模式有以下几个功能。

（1）把零件放进装配，装配零件元件和子装配构成一个装配。

（2）零件修改，包括特征构造。

（3）修改装配放置偏距，创建及修改装配的基准平面、坐标系、剖面视图。

（4）构造新的零件，包括镜像零件。

（5）运用“移动”（Move）和“复制”（Copy）创建零件。

（6）构造钣金件。

（7）创建可互换的零件自动更换零件，创建在装配零件下贯穿若干零件的装配特征。

（8）用“族表”（family table）建立装配图族。

（9）生成装配的分解视图。

（10）装配分析，获取装配工程信息，执行视图和层操作，创建参照尺寸和操作界面。

（11）删除或替换装配元件。

（12）简化装配图。

（13）通过“程序”设计，用户可以根据提示来更改模型的生成效果。

11.1.1　装配界面

进入 Pro/ENGINEER Wildfire 系统后，选择“文件”→“新建”命令，系统打开如图 11-1 所示的“新建”对话框，选中“组件”单选按钮，然后指定文件名，系统默认扩展名为.asm。在弹出的第二个对话框中选择 mmns_asm_design 选项，如图 11-2 所示。

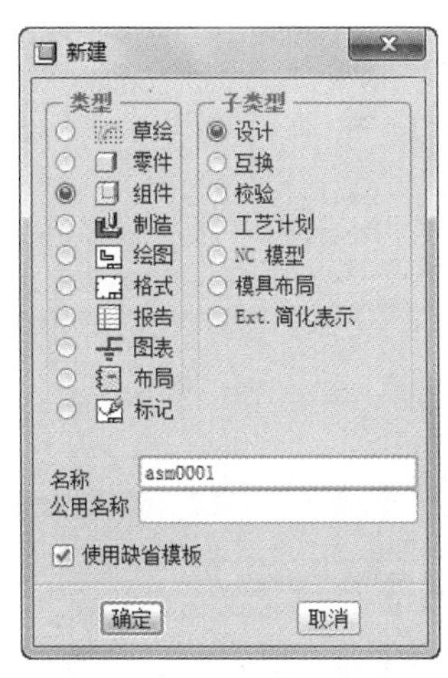

图 11-1　“新建”对话框

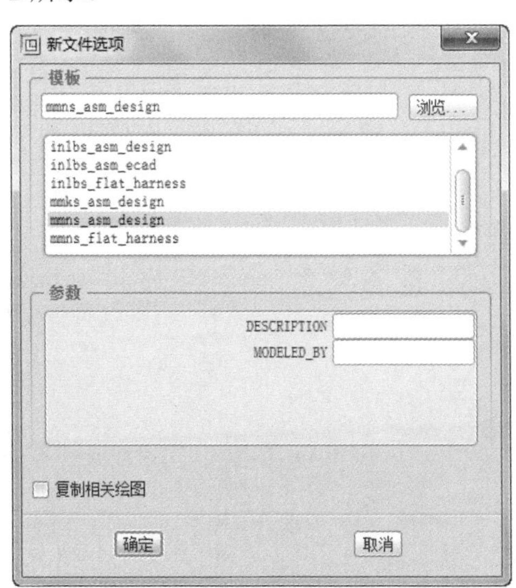

图 11-2　“新文件选项”对话框

完成设置后单击“确定”按钮，系统将自动进入装配模式，并在绘图区自动创建 3 个基准平面（ASM_RIGHT、ASM_TOP、ASM_FRONT）和一个坐标系（ASM_DEF_CSYS）。新版本装配模式

下的系统菜单栏与 Pro/ENGINEER 2001 版基本相同。不同的是 Wildfire 版完全取消了菜单管理器，菜单管理器下的“装配”（Assembly）菜单项分别分配到了“编辑”“插入”“视图”等菜单中，同时在绘图区右侧添加了几个常见的图标按钮，如将元件添加到装配按钮、在装配模式下创建元件按钮。装配模式下的系统菜单栏与零件模式大体相同，只是多了一个“特征或元件的再生”按钮。

Note

11.1.2 组件模型树

如图 11-3 所示，在“模型树”窗口内显示了组件的一个图形化、分层的表示。模型树的节点表示构成组件的子组件、零件和特征。图标或符号提供了其他的信息。可用鼠标左键双击元件名称以放大和缩小树的显示。

模型树可用作选择工具，从各种元件和特征操作中迅速标识并选取对象。另外，系统定义信息栏可用于显示“模型树”中有关元件和特征的信息。当顶级组件处于活动状态时，可通过如图 11-4 所示的模型树的右键快捷菜单来直接访问下列组件的操作。

（1）修改组件或组件中的任意元件。

（2）打开元件模型。

（3）重定义元件约束。

（4）重定义参照、删除、隐含、恢复、替换和阵列元件。

（5）创建、装配或包含新元件。

（6）创建装配特征。

（7）创建注释（有关其他信息，请参阅“基础帮助”）。

（8）控制参照。

（9）访问模型和元件信息。

（10）重定义所有元件的显示状态。

（11）重定义单个元件的显示状态。

（12）固定打包元件的位置。

（13）更新收缩包络特征。

图 11-3 组件模型树

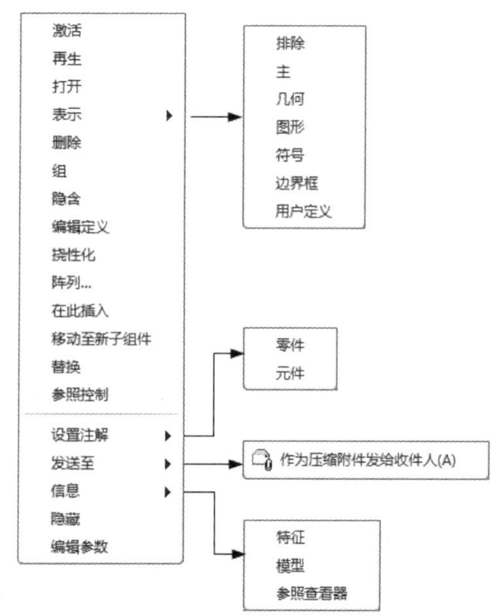

图 11-4 模型树右键快捷菜单

注意：只有当系统中不存在其他活动操作时，才可从“模型树”窗口调用操作。而且，当子模型是活动状态时，在没有活动模型的项目上只能进行“编辑”“隐藏/取消隐藏”“信息”等操作。在动态块中，由于属性的位置包括在动作的选择集中，因此必须将其锁定。

Note

视频讲解

11.2　创建装配体的一般过程

本节简要介绍一下创建装配体的一般过程。

11.2.1　创建装配图

如果要创建一个装配体模型，首先要创建一个装配体模型文件。选择“文件”→“新建”命令或者单击“新建”按钮，打开如图 11-5 所示的“新建”对话框。在“类型”选项组中选中“组件”单选按钮，然后在“子类型”选项组中选中“设计”单选按钮。然后在“名称”文本框中输入新建文件的名称 example1，如图 11-5 所示。

因为前面已经设置了默认模板，因此这里就可以直接使用默认模板，然后单击“确定”按钮进入组件设计环境，此时在图形区有 3 个默认的基准平面，如图 11-6 所示。这 3 个基准平面相互垂直，是默认的装配基准平面，用来作为放置零件时的基准，尤其是第一个零件。

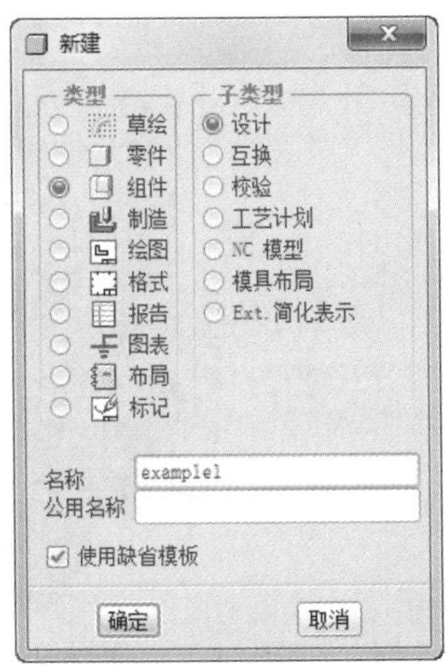

图 11-5　“新建“对话框

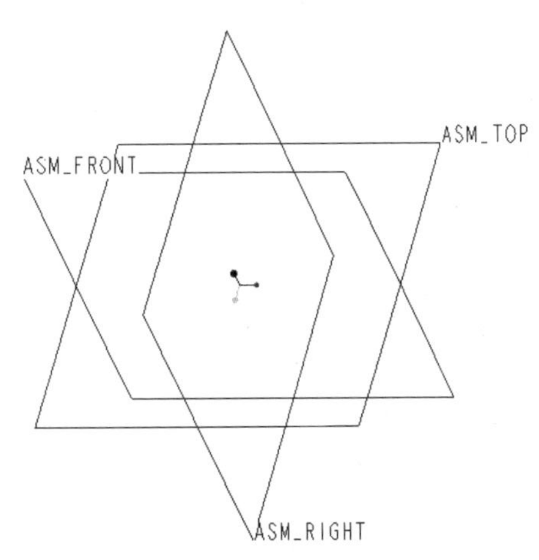

图 11-6　默认的基准平面

11.2.2　进行零件装配

零件装配的过程如下。

（1）按照前面小节讲述的方法建立一个组件类型的新文件，文件名称为 lianzhouqi.asm。然后进入装配的环境。选择“插入”→“元件”→“装配”命令或者单击工具栏上的“装配”按钮，打开如图 11-7 所示的“打开”对话框。

插入资料包中的 zuotao.prt 文件，然后单击“打开”按钮，则可以将该元件添加到当前的装配模型中，如图 11-8 所示。

单击约束类型下拉列表框，从中选择约束类型“缺省”，如图 11-9 所示。然后单击操控板的按钮，即可将该零件在系统的默认位置固定。

Note

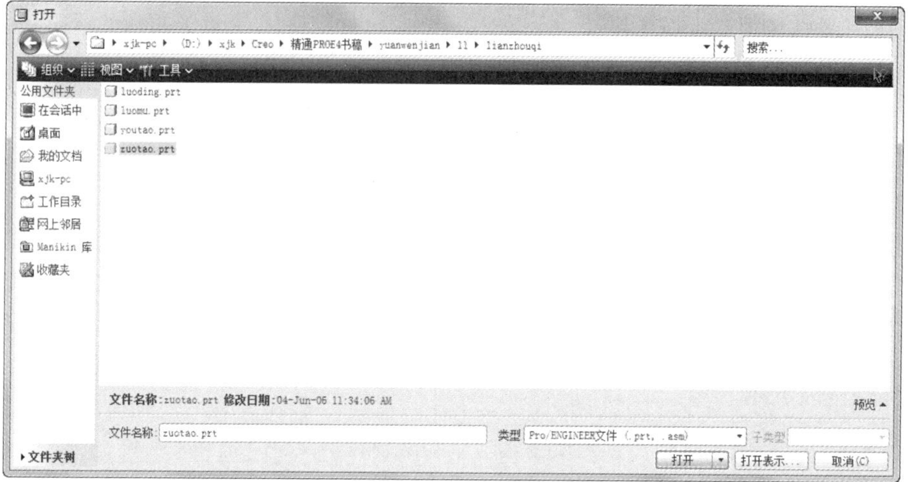

图 11-7　“打开”对话框

（2）再次选择“插入”→“元件”→“装配”命令或者单击工具栏上的“装配”按钮，打开“打开”对话框，并在资料包相应位置打开 youtao.prt 文件，结果如图 11-10 所示。其中新添加的零件处于加亮显示，表示该零件还处于未固定状态。

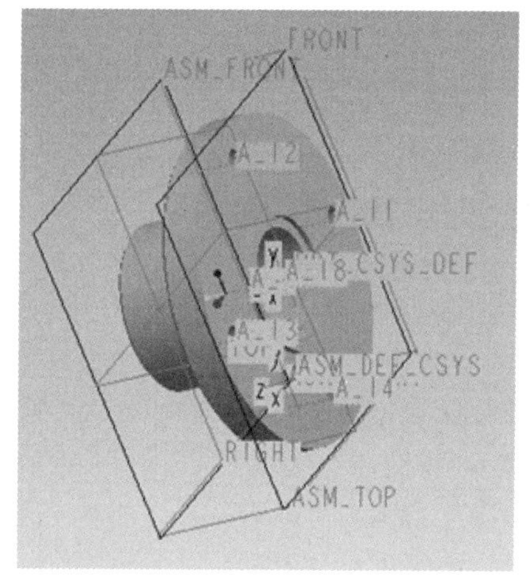

图 11-8　插入第一个零件

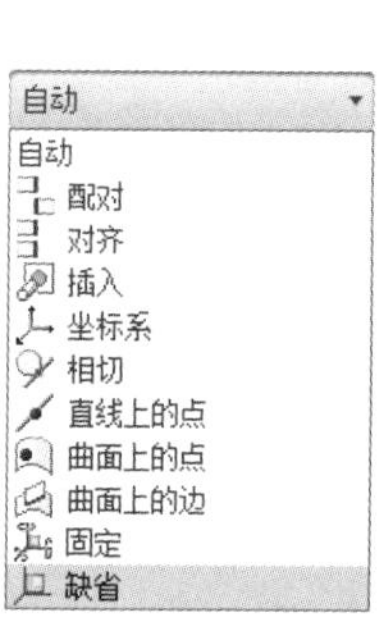

图 11-9　约束类型列表框

图 11-10　添加第二个零件

然后单击操控板上的“放置”按钮，弹出如图 11-11 所示的“放置”下滑面板，在该下滑面板中左侧是约束管理器，右侧是约束类型和状态显示。

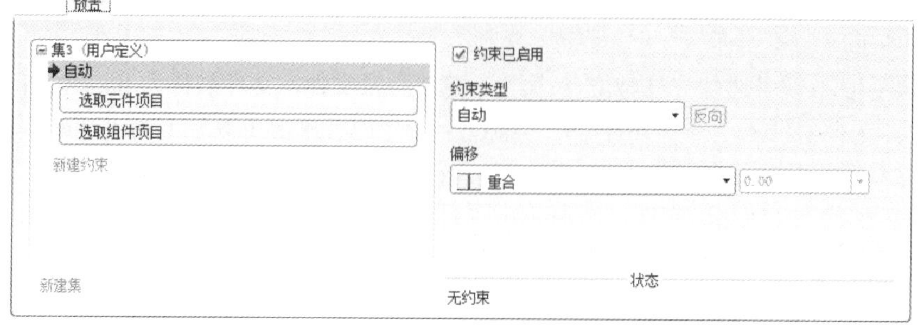

图 11-11　“放置”下滑面板

Note

在“约束类型”下拉列表框中选择“配对”选项，然后用鼠标选择组件上的匹配平面和元件上的匹配平面，这时零件就会按照约束的类型将零件移动到相应的位置，如图 11-12 所示。

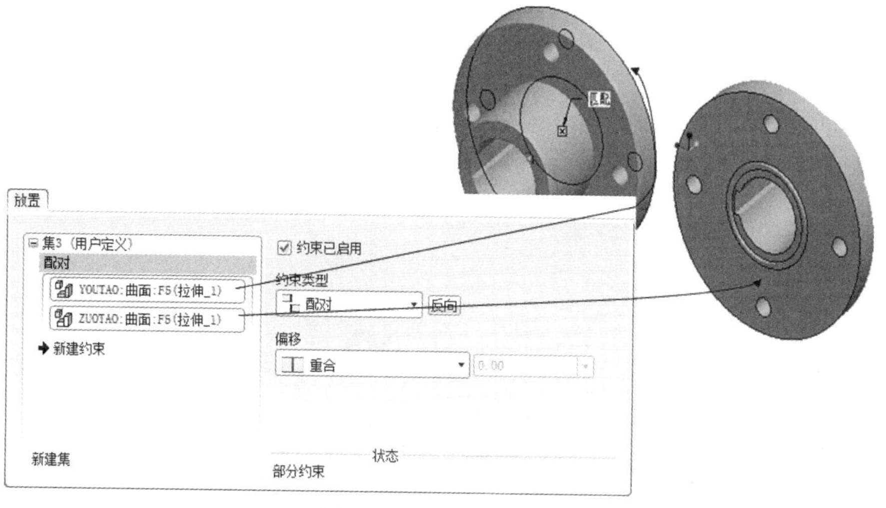

图 11-12 选择匹配平面

然后单击约束管理器中的➡新建约束，建立一个新的约束，这时约束类型显示为“自动”，通过单击其右侧的▾按钮，从弹出的下拉列表中选择“对齐”方式。然后单击按钮，将基准轴显示开关打开，选择两个零件的旋转中心线作为对齐的参照，则新添加的零件就会移动到相应的位置，如图 11-13 所示。

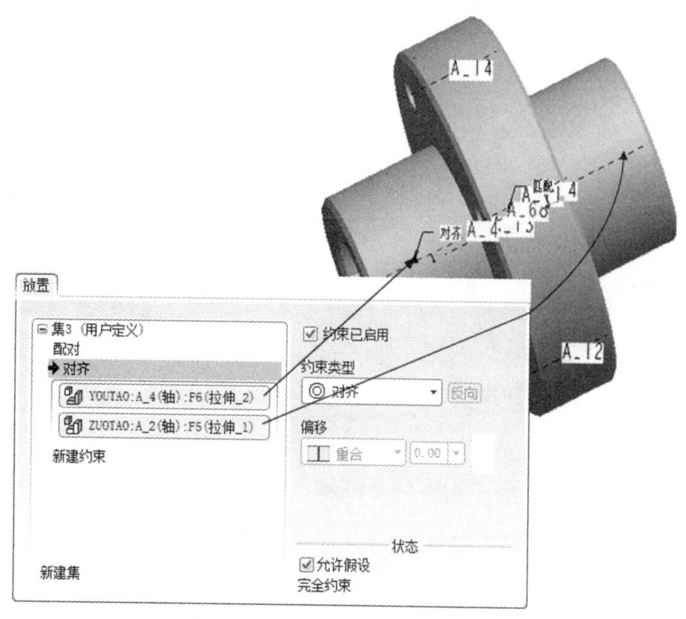

图 11-13 选择对齐轴线

再次单击约束管理器中的➡新建约束建立一个新的约束，并将约束类型修改为“对齐”方式，然后选择两个螺钉孔的轴线作为对齐参照，如图 11-14 所示。

Note

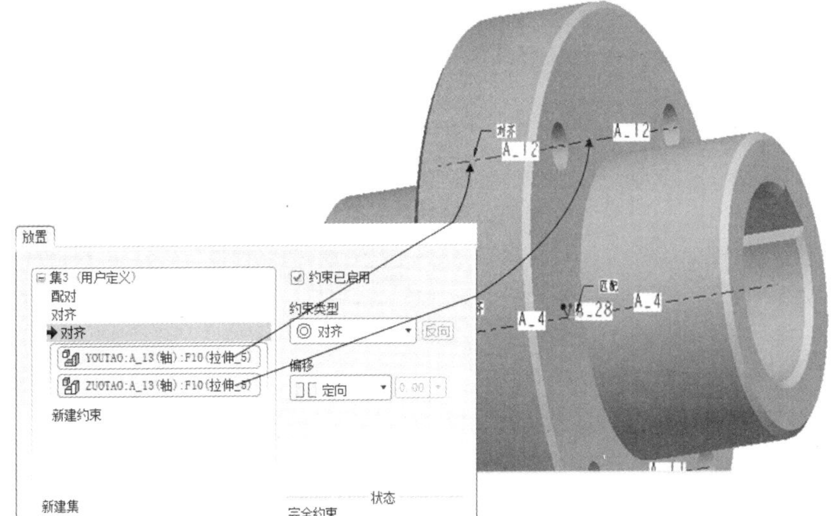

图 11-14　添加新的约束

然后单击操控板的✓按钮，将该零件按照当前设置的约束固定在当前的位置。

（3）选择“插入”→“元件”→“装配”命令或者单击工具栏上的“装配”按钮，打开“打开”对话框，并在资料包相应位置打开 luoding.prt 文件，并按照上面所属的过程将其固定到合适的位置，如图 11-15 所示。

（4）选择“插入”→“元件”→“装配”命令或者单击工具栏上的“装配”按钮，打开 “打开”对话框，并在资料包相应位置打开 luomu.prt 文件，并按照上面所属的过程将其固定到合适的位置，如图 11-16 所示。

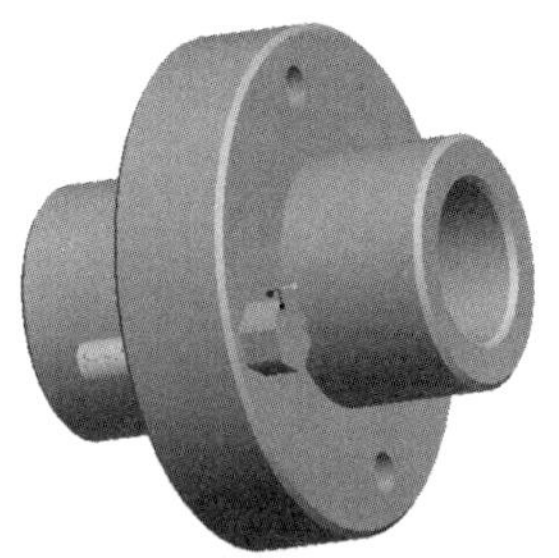

图 11-15　添加螺钉

图 11-16　添加螺母

（5）在模型树中选择 luoding.prt，然后单击工具栏上的“阵列”按钮，选择阵列类型为“轴”，并从模型中选取两个轴承套的中心轴作为阵列基准轴，并设置操控板如图 11-17 所示。

图 11-17　操控板设置

设置完成后单击操控板上的✓按钮，阵列结果如图 11-18 所示。

在模型树中选择 luomu.prt，单击工具箱上面的“阵列”按钮，然后选择阵列类型为“轴”，并从模型中选取两个轴承套的中心轴作为阵列基准轴，操控板设置跟上面螺钉阵列相同，阵列结果如

图 11-19 所示。至此整个连轴器的装配完成。

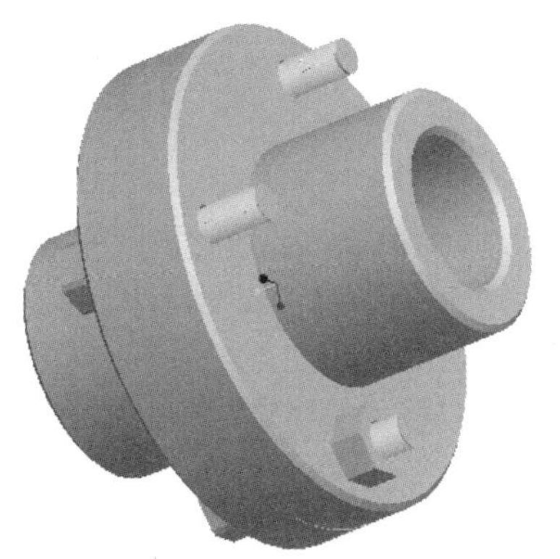

图 11-18 阵列螺钉

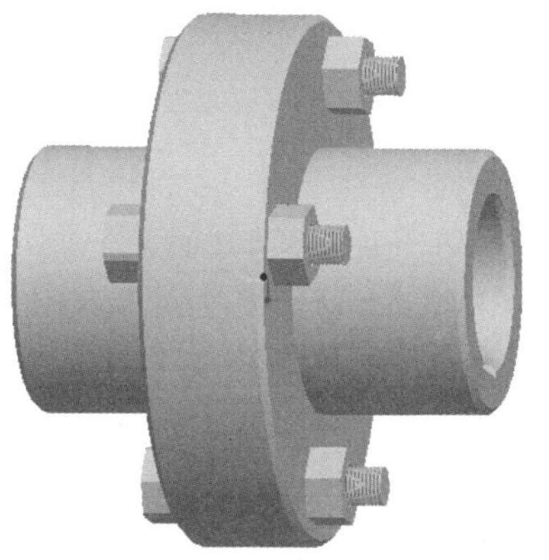

图 11-19 螺母阵列

11.3 装配约束

Pro/ENGINEER 系统一共提供了 9 种装配约束关系，其中最常用的是“匹配”（又叫“配对”）“对齐”“插入”“坐标系”，下面分别详述这些装配约束关系。

11.3.1 匹配

匹配约束关系，指两个面贴合在一起，两个面的垂直方向互为反向，如图 11-20 所示。

匹配约束关系使用步骤如下。

（1）在 Pro/ENGINEER 系统中新建一个零件，名称为 assemble1，零件尺寸如图 11-21 所示。

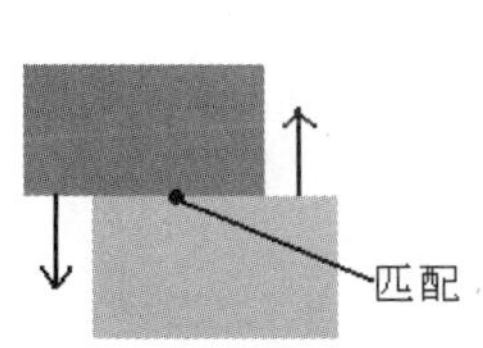

图 11-20 匹配约束关系

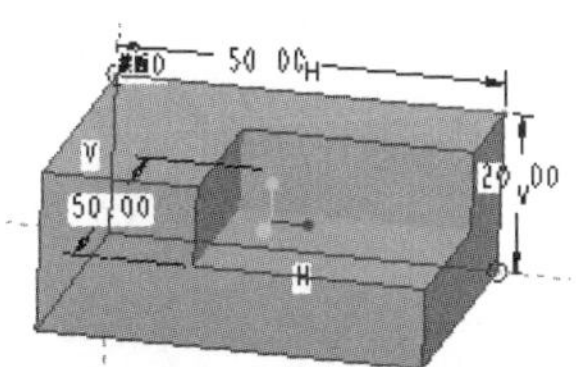

图 11-21 生成零件 1

（2）在 Pro/ENGINEER 系统中新建一个零件，名称为 assemble2，零件尺寸如图 11-22 所示。

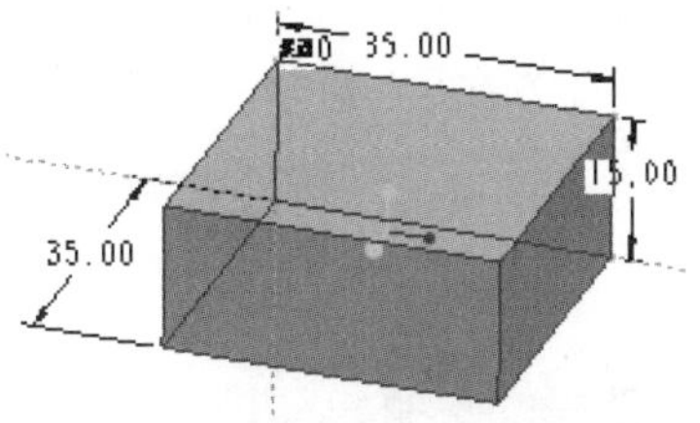

图 11-22 生成零件 2

（3）在 Pro/ENGINEER 系统中新建一个装配设计环境，使用系统默认的名称。单击“工程特征”工具栏中的“装配”按钮，系统打开“打开”对话框，选取步骤（1）生成的零件 assemble1，系统将此零件调入装配设计环境，同时打开“元件放置”操控板，如图 11-23 所示。

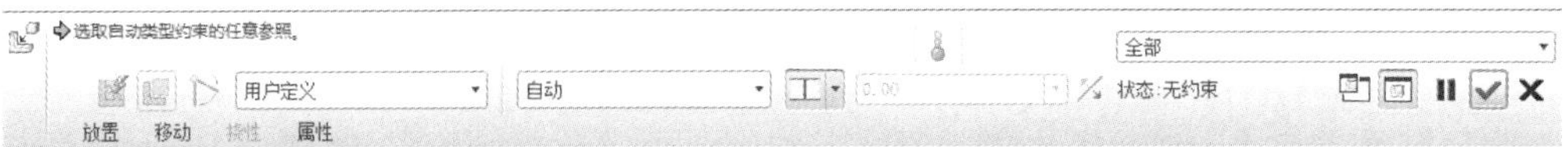

图 11-23　“元件放置”操控板

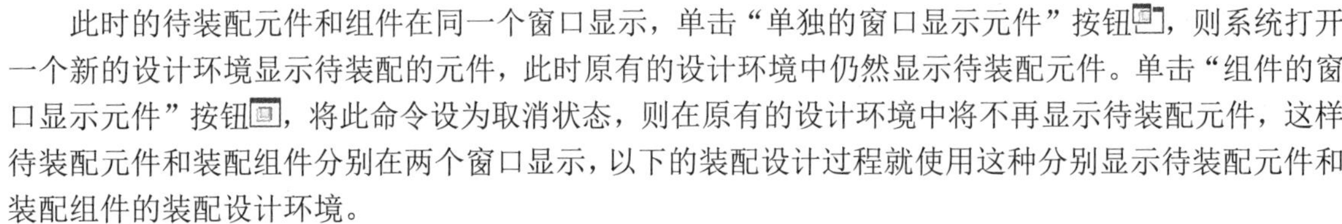

此时的待装配元件和组件在同一个窗口显示，单击“单独的窗口显示元件”按钮，则系统打开一个新的设计环境显示待装配的元件，此时原有的设计环境中仍然显示待装配元件。单击“组件的窗口显示元件”按钮，将此命令设为取消状态，则在原有的设计环境中将不再显示待装配元件，这样待装配元件和装配组件分别在两个窗口显示，以下的装配设计过程就使用这种分别显示待装配元件和装配组件的装配设计环境。

（4）保持“约束类型”选项中的“自动”类型不变，单击装配组件中的 ASM_FRONT 基准面，然后单击待装配元件中的 FRONT 基准面，此时“元件放置”操控板的约束类型变为“对齐”类型，如图 11-24 所示。

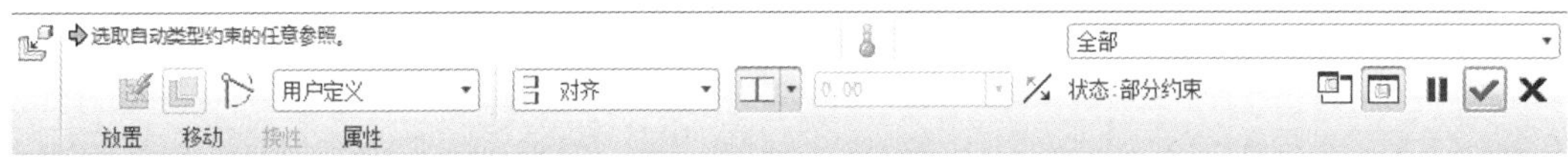

图 11-24　对齐约束

（5）重复步骤（4），将 ASM_RIGHT 基准面和 RIGHT 基准面对齐，ASM_TOP 基准面和 TOP 基准面对齐，此时“放置状态”子项中显示“完全约束”，表示此时待装配元件已经完全约束好了。单击“元件放置”操控板中的“确定”按钮，系统将 assemble1 零件装配到组件装配环境中，如图 11-25 所示。

（6）单击“工程特征”工具栏中的“装配”按钮，系统打开“打开”对话框，选取步骤（2）生成的零件 assemble2，系统将此零件调入装配设计环境，同时打开“元件放置”操控板，将此对话框中的“约束类型”设为“匹配”类型，然后分别单击待装配元件和装配组件如图 11-26 所示的面。

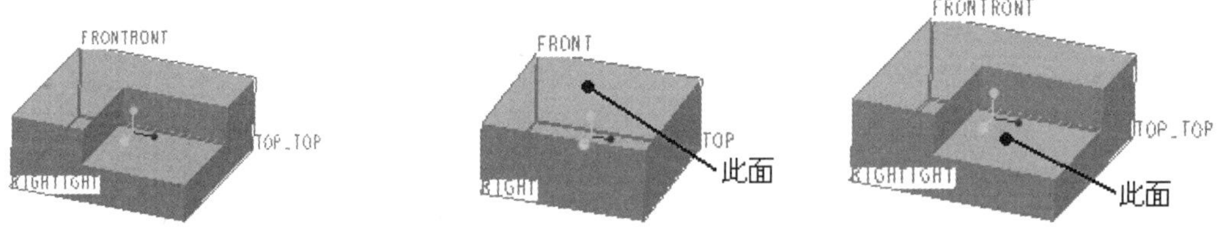

图 11-25　将零件装入装配环境

图 11-26　选取匹配装配特征

（7）同样的操作，将待装配元件和装配组件的面按如图 11-27 所示的数字“匹配”在一起。

（8）单击“元件放置”操控板中的“确定”按钮，系统将 assemble2 零件装配到组件装配环境中，如图 11-28 所示。

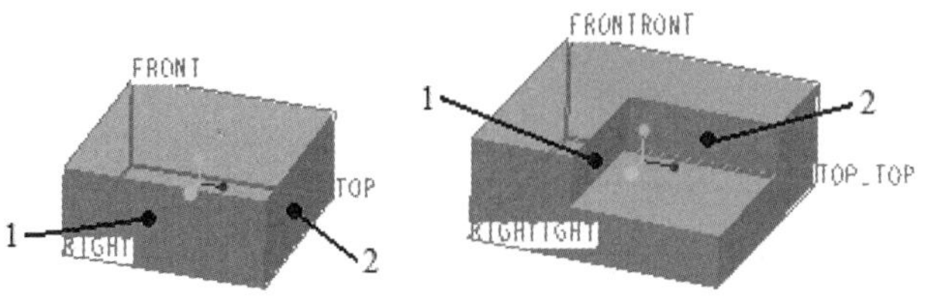

图 11-27　再选取匹配装配特征

图 11-28　将零件装配到装配环境

（9）“匹配”约束关系也可以偏移（Offset）一段距离，就成了“匹配偏移”约束关系，使用方法和“匹配”约束关系类似，只要在“元件放置”工具条中设定相应的偏移距离即可，在此不再赘述。在“设计树”浏览器中将 assemble2 元件删除，保留当前设计对象，留在下一小节继续使用。

11.3.2　对齐

对齐约束关系，指两个面相互对齐在一起，两个面的垂直方向为同向；也可以使用对齐约束关系使两圆弧或圆的中心线成一条直线，如图 11-29 所示。

对齐约束关系使用步骤如下。

（1）继续使用 11.3.1 小节的设计对象；单击“工程特征”工具栏中的“装配”按钮，系统打开“打开”对话框，选取零件 assemble2，系统将此零件调入装配设计环境，同时打开“元件放置”操控板，将“约束类型”设为“匹配”类型，然后使用鼠标分别单击待装配元件和装配组件如图 11-30 所示的面。

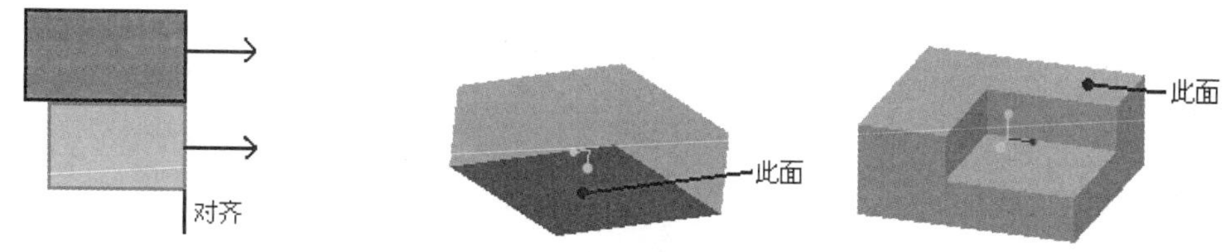

图 11-29　对齐约束关系　　图 11-30　选取匹配装配特征

（2）同样的操作，将待装配元件和装配组件的面按如图 11-31 所示的数字“对齐”在一起。

（3）单击“元件放置”操控板中的“确定”按钮，系统将 assemble2 零件装配到组件装配环境中，如图 11-32 所示。

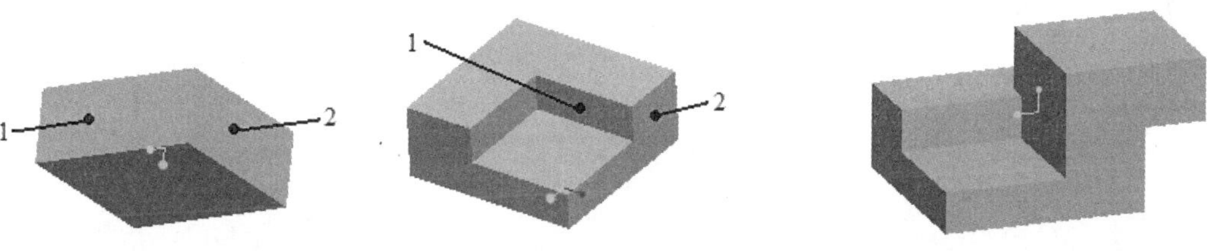

图 11-31　选取对齐装配特征　　图 11-32　将零件装配到装配环境

（4）“对齐”约束关系也可以偏移（Offset）一段距离，就成了“对齐偏移”约束关系，使用方法和“对齐”约束关系类似，只要在“元件放置”工具条中设定相应的偏移距离即可，在此不再赘述。关闭当前设计环境并且不保存设计环境中的对象。

11.3.3　插入

插入约束关系，指轴与孔的配合，即将轴插入孔中。

插入约束关系使用步骤如下。

（1）利用已有的 assemble1 和 assemble2 零件，分别添加如图 11-33 所示的轴和孔，其中，assemble1 零件上添加的轴的直径为 8.00，高度为 20.00，定位尺寸都为 15.00；assemble2 零件上添加的孔的直径为 8.00，贯穿整个零件，定位尺寸都为 15.00。

（2）在 Pro/ENGINEER 系统中新建一个装配设计环境，装配体名称为 asm1；单击“工程特征”工具栏中的“装配”按钮，系统打开“打开”对话框，选取步骤（1）生成的零件 assemble1，系统

将此零件调入装配设计环境，同时打开“元件放置”操控板，按照 11.3.1 小节步骤（4）～步骤（5）的方法，将 assemble1 装配到空的装配设计环境中，如图 11-34 所示。

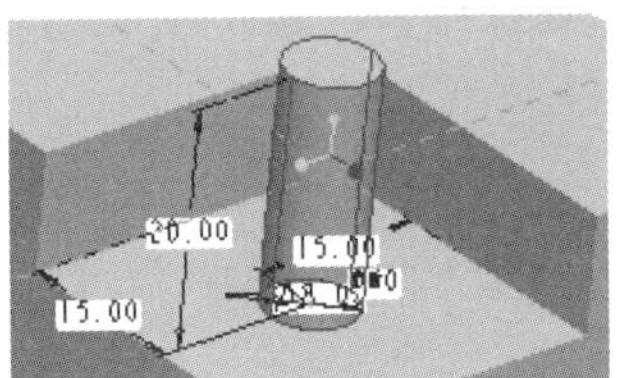

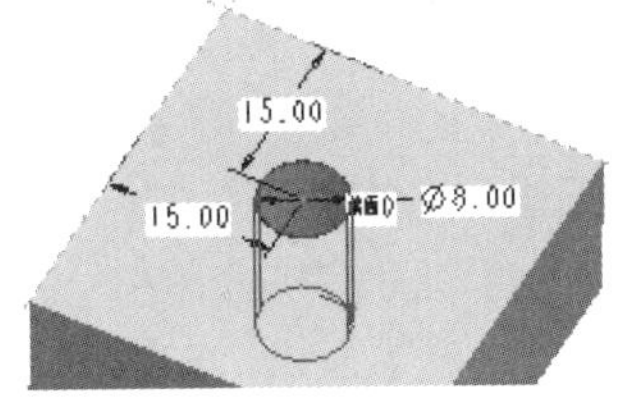

图 11-33　添加圆柱特征及孔特征

（3）单击“工程特征”工具栏中的“装配”按钮，系统打开“打开”对话框，选取步骤（1）生成的零件 assemble2，系统将此零件调入装配设计环境，同时打开“元件放置”操控板，将此对话框中的“约束类型”设为“匹配”类型，然后使用鼠标分别单击待装配元件和装配组件如图 11-35 所示的面。

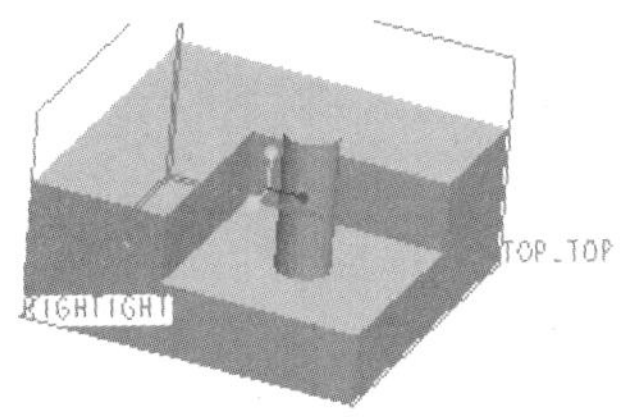

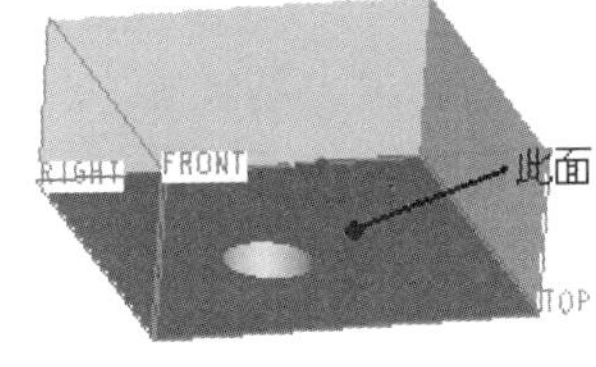

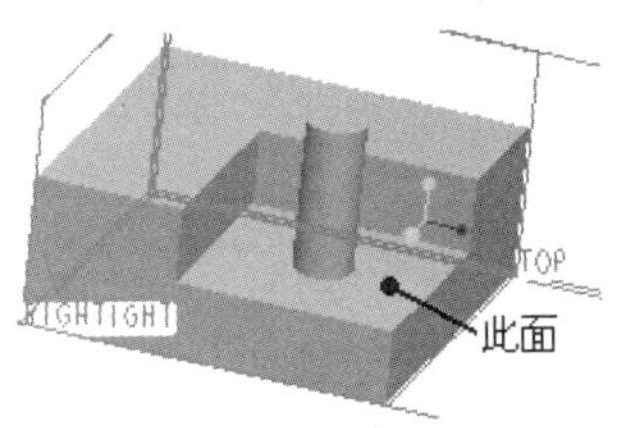

图 11-34　将零件装入空装配环境

图 11-35　选取匹配装配特征

（4）将“元件放置”操控板中的“约束类型”设为“插入”类型，然后分别单击待装配元件和装配组件如图 11-36 所示之处。

（5）单击“元件放置”操控板中的“确定”按钮，系统将 assemble2 零件装配到组件装配环境中，如图 11-37 所示。

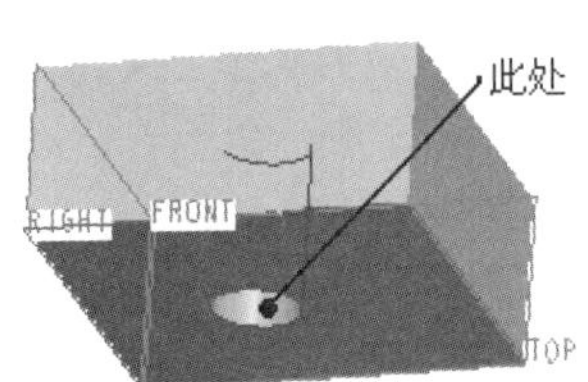

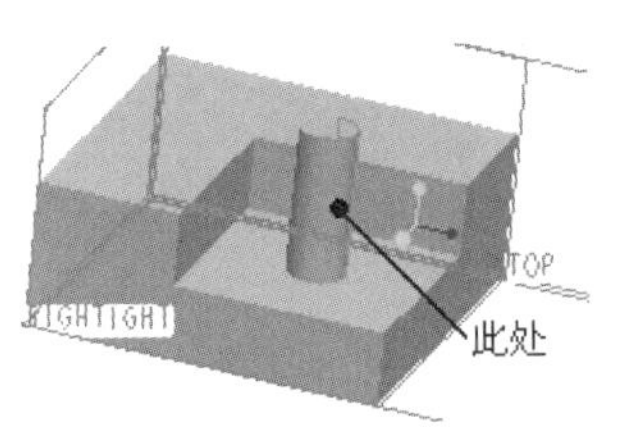

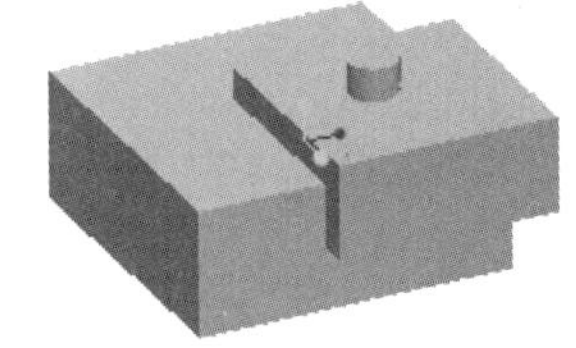

图 11-36　选取插入特征

图 11-37　将零件装配到装配环境

11.3.4　坐标系

坐标系约束关系，指利用坐标系重合方式，即将两坐标系的 X、Y 和 Z 重合在一起，将零件装配到组件，在此要注意 X、Y 和 Z 的方向。

坐标系约束关系使用步骤如下。

（1）继续使用 11.3.3 小节的设计对象；单击“基准”工具栏中的“基准坐标系工具”按钮，然后单击当前设计环境中的默认坐标系 PRT_CSYS_DEF，设计环境中出现一个坐标系并显示其相对于默认坐标系的偏移值，如图 11-38 所示。

（2）分别单击 X、Y 和 Z 的偏移值，将其值分别修改为 20.00、10.00 和 20.00，如图 11-39 所示。

（3）单击“坐标系”对话框中的“确定”按钮，系统生成此坐标系，名称为 ACS0，如图 11-40 所示。

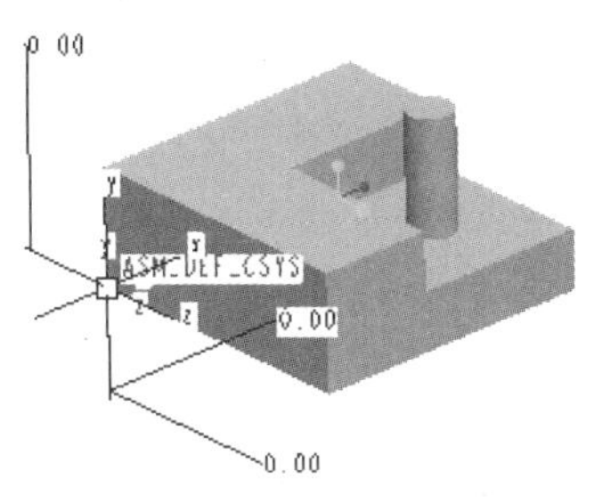

图 11-38 生成预览坐标系

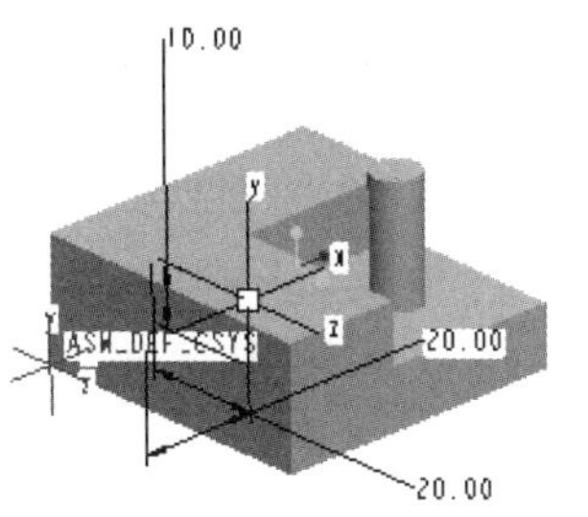

图 11-39 平移坐标系

（4）单击“工程特征”工具栏中的“装配”按钮，系统打开“打开”对话框，选取零件 assemble2，系统将此零件调入装配设计环境，同时打开“元件放置”操控板，将“约束类型”设为“坐标系”类型，然后分别单击待装配元件的默认坐标系和装配组件中上一步添加的坐标系，再单击“元件放置”工具条中的“确定”按钮，系统将 assemble2 零件装配到组件装配环境中，如图 11-41 所示。

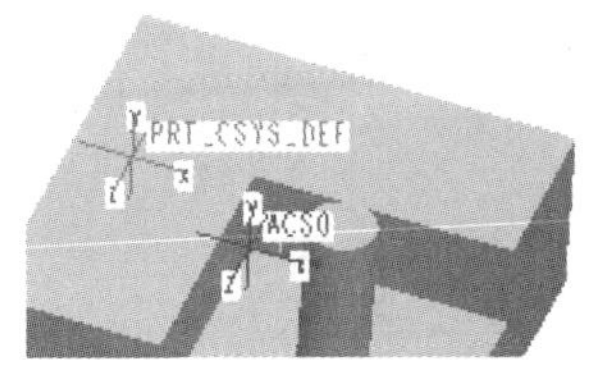

图 11-40 生成坐标系

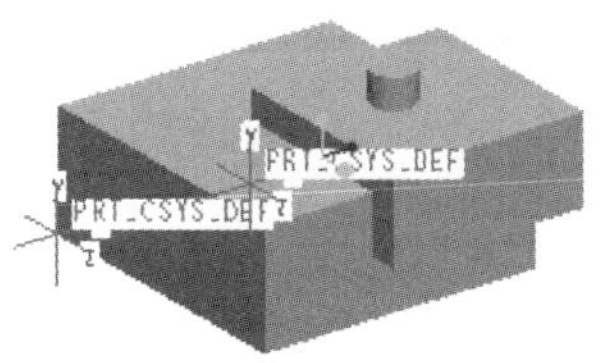

图 11-41 通过坐标系装配好零件

注意：使用“坐标系”约束方式时，一定要仔细注意坐标系 X、Y 和 Z 轴及其方向。

11.3.5 其他约束方式

1. 相切

相切约束关系，指两曲面以相切的方式装配。

2. 线上点

线上点约束关系，指两曲面以某一线上点相接的方式装配。

3. 曲面上的点

曲面上的点约束关系，指两曲面上以某一点相接的方式装配。

4. 曲面上的边

曲面上的边约束关系，指两曲面上以某一边相接的方式装配。

11.4 复制与阵列

11.4.1 零件复制

Pro/ENGINEER 提供了一个“复制”命令用于零件的复制操作。当零件完成装配后，可以利用“复制”命令对零件进行“平移”或“旋转”，以进行零件的复制。下面通过实例来讲解如何通过旋转进行零件的复制。

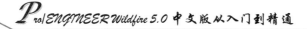

Note

（1）首先将资料包中的 yuanwenjian\11\copy 目录下的所有零件复制到当前工作目录下，选择“文件”→“新建”命令，系统打开如图 11-42 所示的“新建”对话框，选择“组件”模式，然后指定文件名为 asm1。

（2）在完成设置后单击“确定”按钮，系统将自动进入装配模式，并且将在绘图区中自动创建出 3 个基准平面（ASM_RIGHT、ASM_TOP、ASM_FRONT），以及一个坐标系（ASM_DEF_CSYS）。

（3）选择“插入”→“元件”→“装配”命令，或直接单击“装配”按钮，系统打开“打开”对话框，打开零件 part1.prt，接着系统打开“元件放置”操控板，在放置类型列表中单击“缺省”按钮，表示将在默认位置装配零件 part1，即系统通过将 part1 的默认坐标系与组件的默认坐标系对齐来放置零件。放置效果如图 11-43 所示。

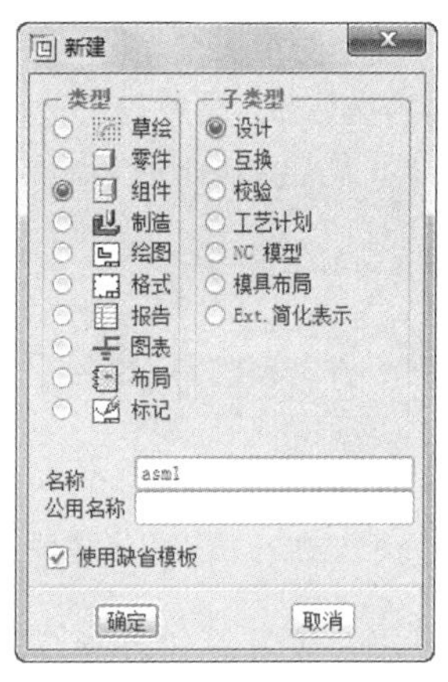

图 11-42　“新建”对话框

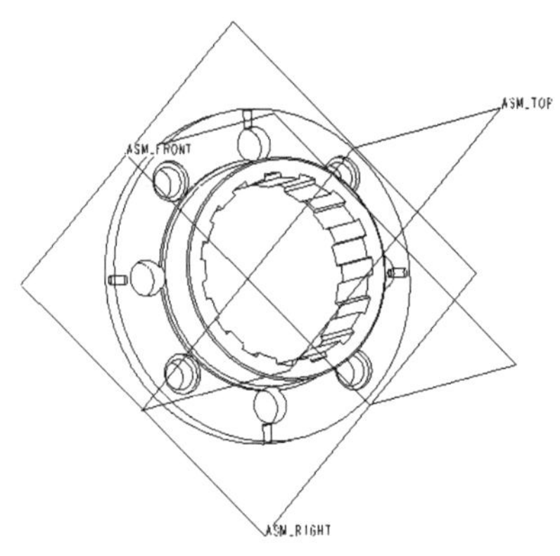

图 11-43　零件放置效果图

注意：在此过程中，可以单击系统工具栏上的有关基准开关按钮打开或关闭基准。

（4）选择“插入”→“元件”→“装配”命令，或直接单击“装配”按钮，系统打开“打开”对话框，打开零件 part2.prt，在“移动”面板下选择合适的操作将零件 part2.prt 移动到便于观察的位置，切换到“放置”下滑面板，在“约束类型”列表中依次选择“插入”与“配对”进行装配，如图 11-44 所示，在这两种约束下需要选取的特征表面如图 11-45 所示。

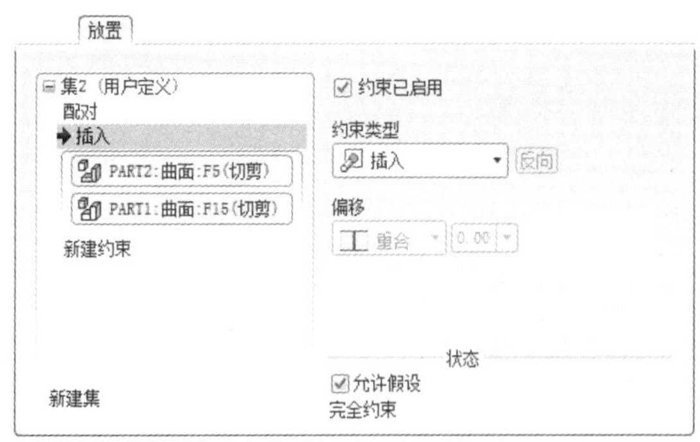

图 11-44　约束类型设置

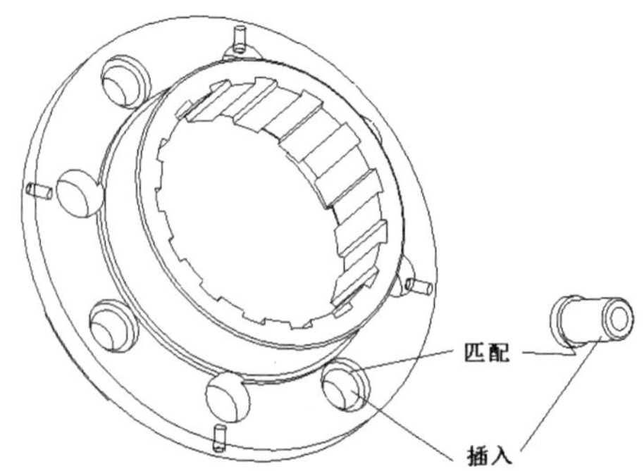

图 11-45　插入、匹配约束

注意：选择插入的参照面时，一定要正确选择组上与元件上配合对应的两个半圆柱面。即圆孔的前半圆柱面对圆柱的后半圆柱面，这样才能正确装配。

（5）设置完毕，“放置状态”栏中将提示完全约束和允许假设，此时可单击“确定”按钮完成装配件的创建，完成效果如图 11-46 所示。

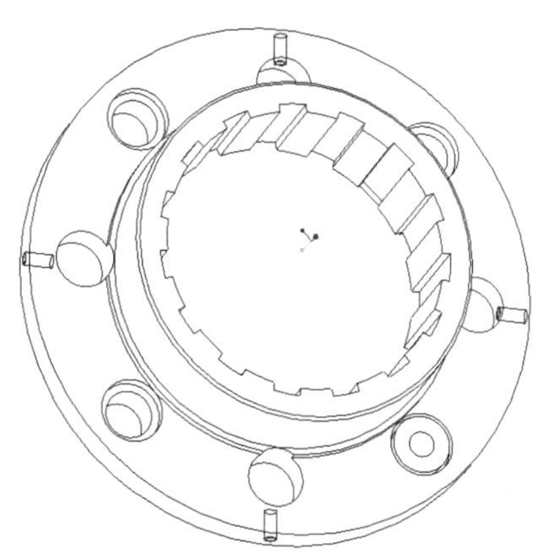

图 11-46　装配效果图

（6）选择“编辑”→“元件操作”命令，系统打开“元件”菜单管理器，选取“复制”命令，如图 11-47（a）所示。系统接着提示选取坐标系，选取坐标系 ASM_DEF_CSYS，系统打开“选取”对话框，如图 11-47（b）所示。根据提示选取复制零件 part2.prt，单击“选取”对话框上的“确定”按钮以结束选取复制零件。系统打开“退出”菜单管理器，接下来选择“旋转”命令作为复制零件的操作，选择 X 轴作为旋转轴，如图 11-47（c）所示。

（7）系统提示输入旋转角度，在系统装配区下侧输入旋转角度 90，如图 11-47（e）所示，单击鼠标中键或右侧“接受值”按钮☑，再在“退出”菜单管理器中选择“完成移动”命令，如图 11-47（d）所示，接下来系统提示“输入沿这个复合方向的实例数目”，输入复制零件的个数 4（包括原始零件），如图 11-47（f）所示，单击鼠标中键或右侧“接受值”按钮☑，最后选择菜单管理器中的“完成”命令以结束复制。完成效果如图 11-48 所示。保存组件 asm1.asm。

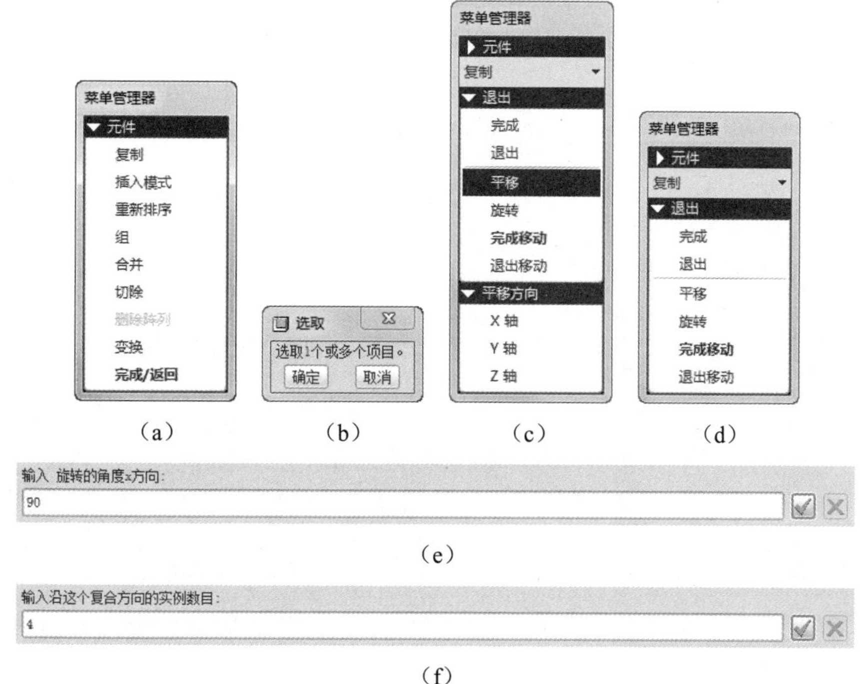

图 11-47　零件复制设置

Note

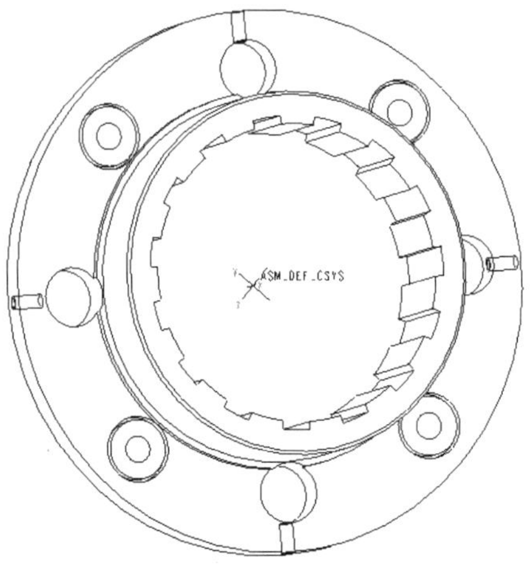

图 11-48　复制效果图

视频讲解

11.4.2　零件重复放置

（1）首先将资料包中的 yuanwenjian\11\copy 目录下的所有零件复制到当前工作目录下，接着选择“文件”→“新建”命令，系统打开“新建”对话框，选择“组件”模式，然后指定文件名为 asm2。

（2）重复 11.4.1 小节的步骤（2）～步骤（5），完成零件 part2.prt 的装配。

（3）在装配模型树中选取零件 part2.prt，选择“编辑”→“重复”命令，系统打开“重复元件”对话框，如图 11-49 所示，选取“可变组件参照”列表框中的“插入”选项，再单击“放置元件”选项组中的“添加”按钮。

（4）按住鼠标中键拖动鼠标，将模型旋转到适当位置。依次单击图 11-50 中箭头所指的 3 个孔内壁，则“放置元件”列表框中显示所选取曲面的信息，如图 11-51 所示，单击“确定”按钮，完成效果如图 11-52 所示。

图 11-49　“重复元件”对话框

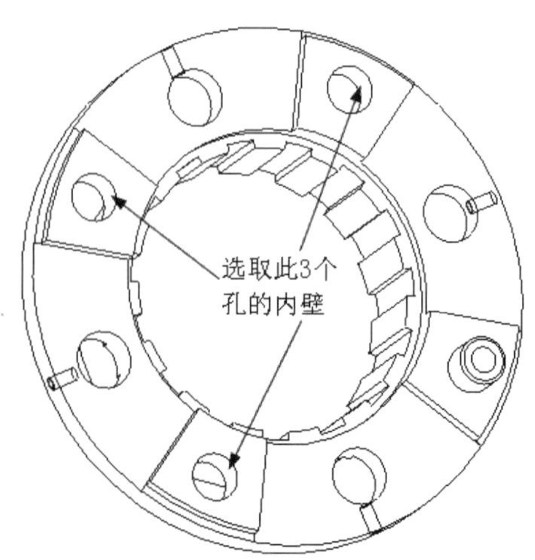

图 11-50　内壁选取

图 11-51　曲面信息

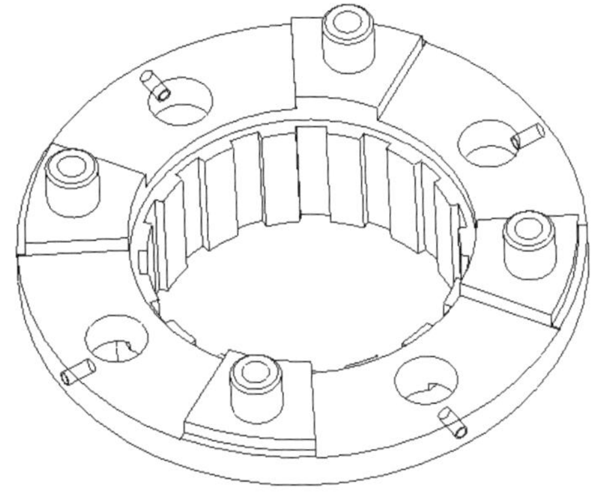

图 11-52　效果图

11.4.3　零件阵列

系统提供了一个“阵列”命令用于零件的阵列操作。当零件完成装配后，可以利用“阵列”命令进行零件的阵列操作。

根据零件的装配特点，可以实现 4 种不同的阵列方式：参照、尺寸、表、填充。如果零件是通过“匹配偏距”或“对齐偏距”关系而装配的，那么可以取偏距值为参照通过“尺寸”或“表”的方式来实现阵列，如果选取的零件是装配在一个以阵列方式产生的特征中时，还可以“参照”的方式来实现阵列。“填充”方式是通过草绘布局来实现零件的阵列的。下面通过实例来分别讲解这几种阵列操作。

1. 参照阵列

（1）将系统的工作目录设置成与上一步零件复制时的工作目录相同，打开 11.4.1 小节创建的组件 asm1.asm。

（2）选择“插入”→“元件”→“装配”命令，或单击工具栏中的“装配”按钮，系统打开“打开”对话框，打开零件 part3.prt，在“移动”面板下选择合适的操作将零件 part3.prt 移动到便于观察的位置，切换到“放置”下滑面板下，在“约束类型”下拉列表框中依次选择“插入”与“配对”进行装配，如图 11-53 所示，在这两种约束下需要选取的特征表面如图 11-54 所示。

图 11-53　约束类型设置

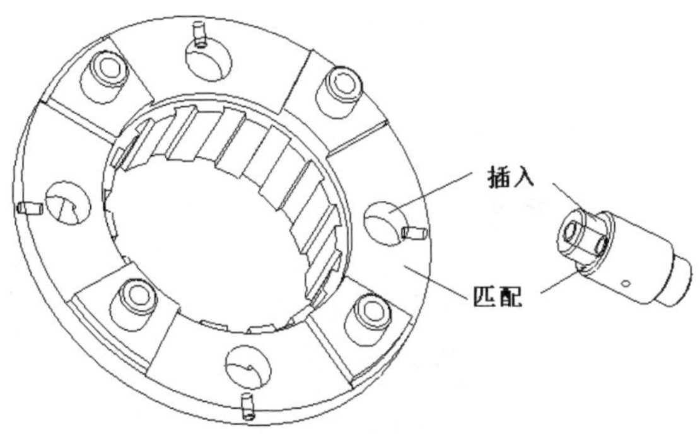

图 11-54　插入、匹配约束

（3）设置完毕，“放置状态”显示框中将提示“完全约束”和“允许假设”，此时可单击对话框

Note

中的✔按钮完成装配件的创建，完成效果如图 11-55 所示。

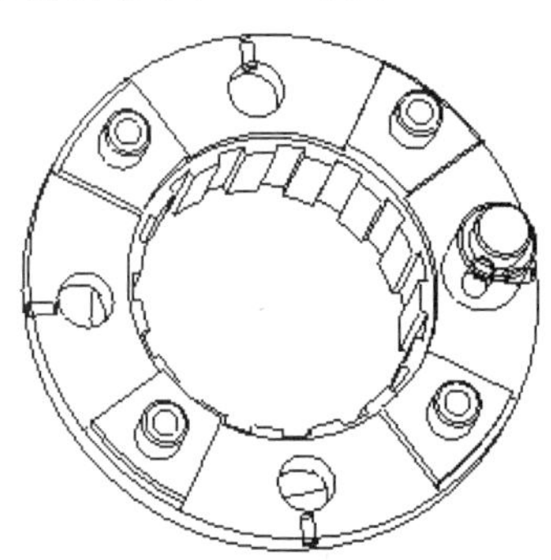

图 11-55　效果图

（4）在模型树中选取零件 part3.prt，单击鼠标右键，从打开的快捷菜单中选择“阵列”命令，或选取零件 part3.prt 后，单击“阵列”按钮。

（5）打开“阵列”操控板，如图 11-56 所示，接受系统默认的阵列方式：参照，单击“确定”按钮✔。系统将根据阵列的圆孔自动完成阵列装配。完成效果如图 11-57 所示。

图 11-56　“阵列”操控板

视频讲解

2. 尺寸阵列

（1）首先将资料包中的 yuanwenjian\11\pattern 目录下的所有零件和组件复制到当前工作目录下，打开文件 asm1.asm。

（2）单尺寸单方向阵列。选取零件 part2.prt 后，单击“阵列”按钮，系统在绘图区显示零件的装配尺寸，如图 11-58 所示，并打开“阵列”操控板，单击“尺寸”按钮，系统打开“尺寸”面板，接受系统自动设置的“尺寸”阵列方式，接着单击数值为 30 的尺寸，在对话框中输入尺寸增量 35，并输入阵列数量 5，如图 11-59 所示，单击右侧的✔按钮或直接单击鼠标中键完成阵列，完成效果如图 11-60 所示。

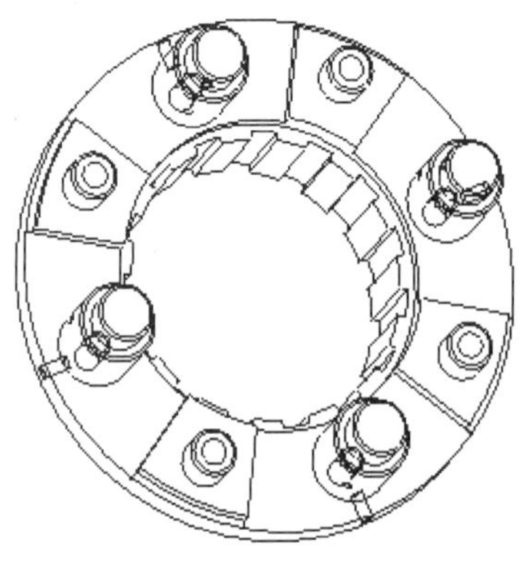

图 11-57　阵列效果图

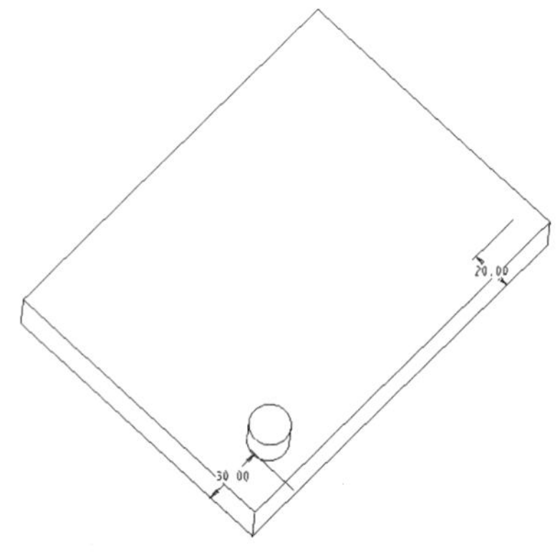

图 11-58　装配尺寸

（3）两尺寸双方向阵列。在模型树中选取阵列（part2.prt），单击鼠标右键，从弹出的快捷菜单中选择“编辑定义”命令，系统打开“阵列”操控板。然后在“阵列”属性栏中增加一个阵列方向，

在“方向 2”栏中的空白区单击一下，接着在装配区单击数值为 20 的尺寸，输入尺寸增量 50，并输入阵列数量 3，如图 11-61 所示，单击“确定”按钮完成阵列，完成效果如图 11-62 所示。

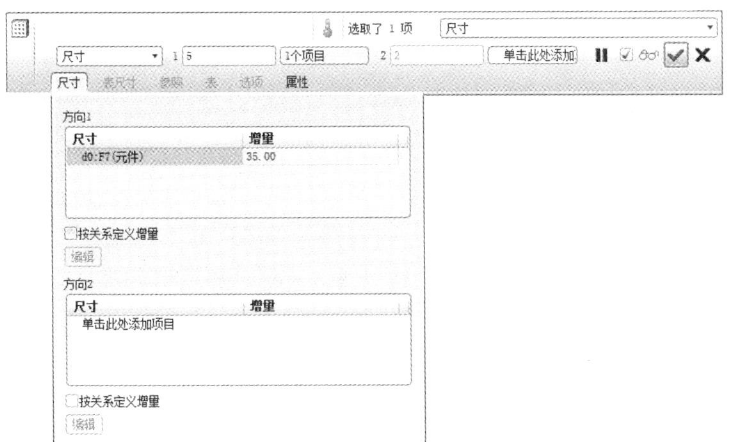

图 11-59　“阵列”操控板

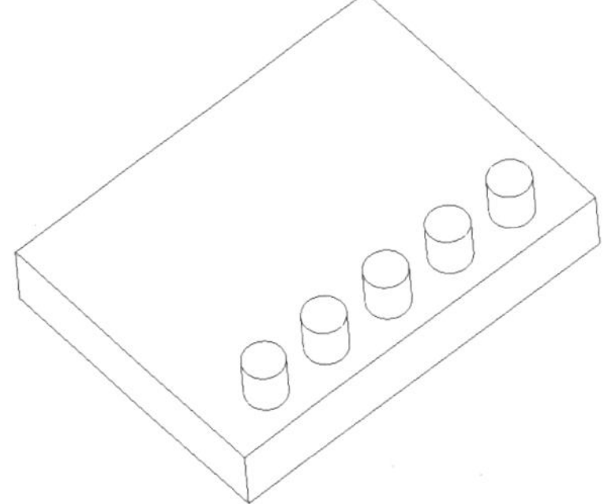

图 11-60　阵列效果图

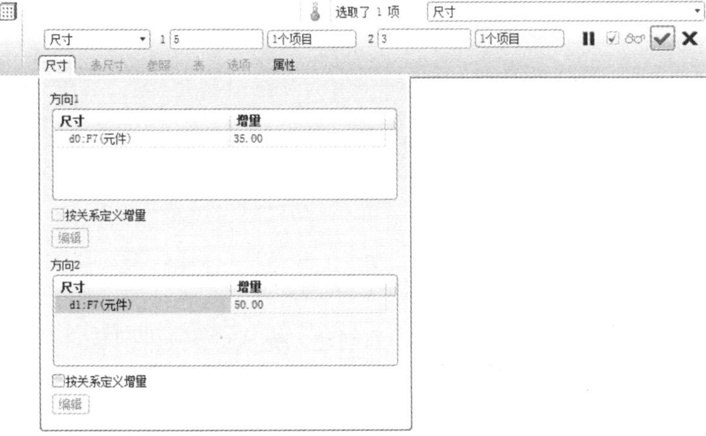

图 11-61　阵列设置

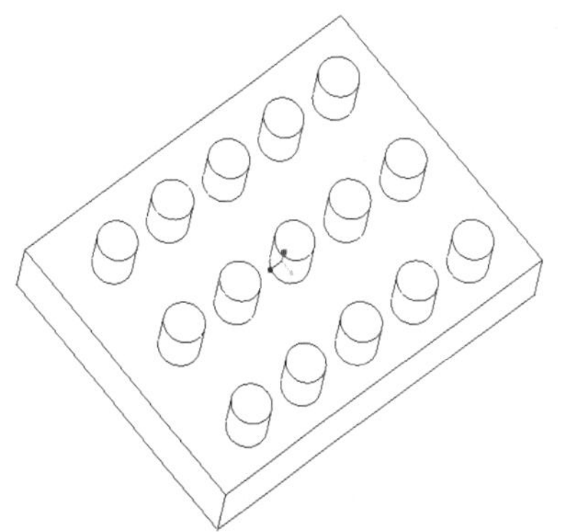

图 11-62　效果图

（4）三尺寸双方向阵列。在模型树中选取阵列（part2.prt），单击鼠标右键，从弹出的快捷菜单中选择“编辑定义”命令，系统打开“阵列”操控板。在“尺寸”面板的“方向 1”栏中的空白区单击一下，按住 Ctrl 键，在装配区单击数值为 20 的尺寸，输入尺寸增量 15，将方向 2 的阵列数量改为 2，如图 11-63 所示，单击“确定”按钮完成阵列创建，完成效果如图 11-64 所示。保存组件 asm2.asm。

3. 表阵列

视频讲解

（1）将系统的工作目录设置成与 11.4.1 小节零件复制时的工作目录相同，打开其创建的组件 asm2.asm。

（2）在模型树中选取阵列（part2.prt），单击鼠标右键，从打开的快捷菜单中选择“删除阵列”命令，如图 11-65 所示，删除前面创建的阵列，再在模型树中选取零件 part2.prt，单击鼠标右键，从打开的快捷菜单中选择“阵列”命令，或选取零件 part2.prt 后，单击“阵列”按钮，系统打开“阵列”操控板，在操控板中将阵列方式设置为“表”，如图 11-66 所示。

（3）按住 Ctrl 键，在装配区分别单击数值为 30 和 20 的尺寸，表示选取两个尺寸来驱动阵列，单击装配区下侧的“编辑”按钮，系统打开编辑阵列表，表设置如图 11-67 所示。

Note

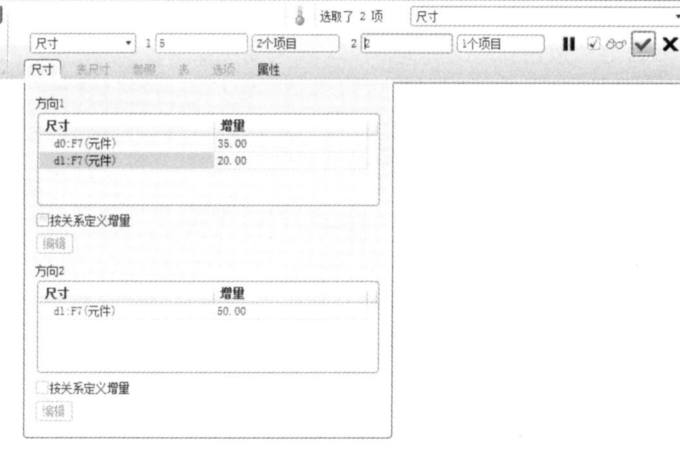

图 11-63　阵列设置

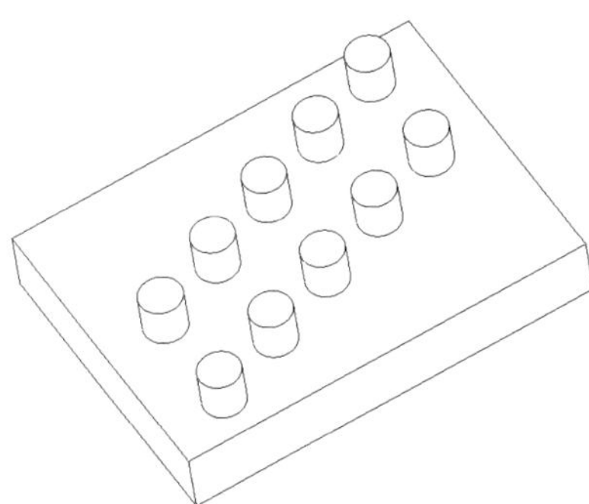

图 11-64　效果图

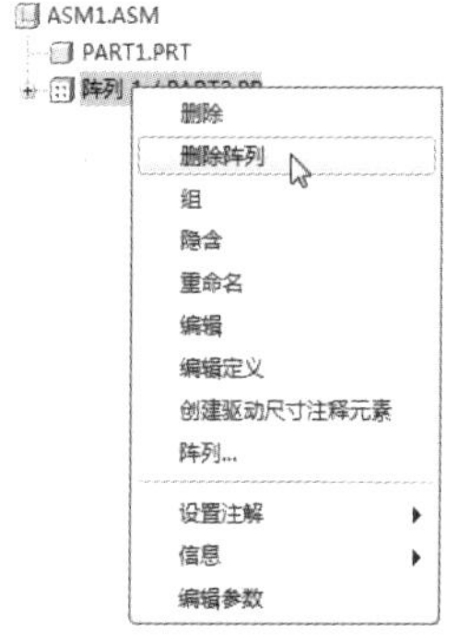

图 11-65　删除阵列设置

图 11-66　阵列设置

（4）设置完成后保存表再退出，单击“确定”按钮完成阵列创建，完成效果如图 11-68 所示。

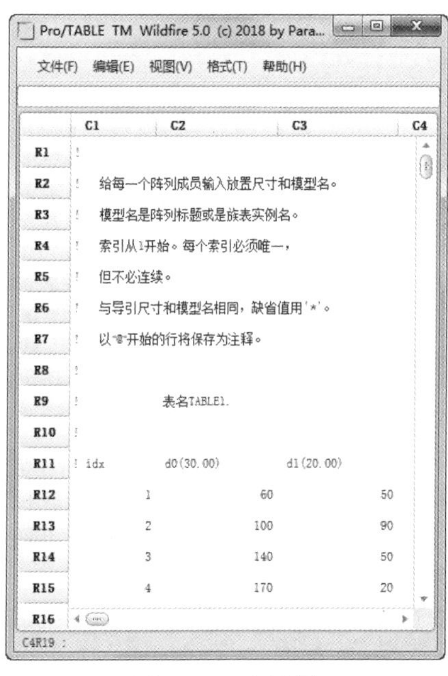
Pro/TABLE TM Wildfire 5.0 (c) 2018 by Para...

文件(F) 编辑(E) 视图(V) 格式(T) 帮助(H)

	C1	C2	C3	C4
R1	!			
R2	!	给每一个阵列成员输入放置尺寸和模型名。		
R3	!	模型名是阵列标题或是族表实例名。		
R4	!	索引从1开始。每个索引必须唯一，		
R5	!	但不必连续。		
R6	!	与导引尺寸和模型名相同，缺省值用'*'。		
R7	!	以'@'开始的行将保存为注释。		
R8	!			
R9	!	表名TABLE1.		
R10	!			
R11	! idx	d0(30.00)	d1(20.00)	
R12	1	60	50	
R13	2	100	90	
R14	3	140	50	
R15	4	170	20	
R16				

C4R19 :

图 11-67　表设置

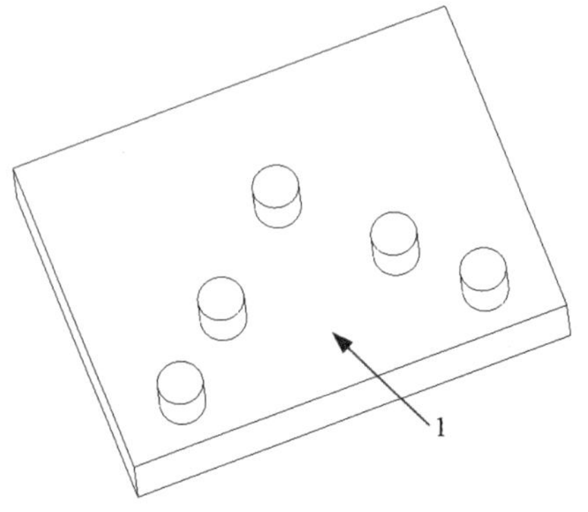

图 11-68　效果图

Note

4. 填充阵列

（1）将系统的工作目录设置成与 11.4.1 小节零件复制时的工作目录相同，打开其创建的组件 asm2.asm。

（2）在模型树中选取阵列（part2.prt），单击鼠标右键，从打开的快捷菜单中选择“删除阵列”命令，删除前面创建的阵列，再在模型树中选取零件 part2.prt，单击鼠标右键，从打开的快捷菜单中选择“阵列”命令，或选取零件 part2.prt 后，单击“阵列”按钮，系统打开“阵列”操控板，将阵列方式设置为“填充”，单击“阵列”操控板中的“参照”按钮，系统打开“参照”面板，再单击“定义”按钮进入草绘界面。

（3）系统打开“草绘”对话框，选取零件 part1.prt 的顶面作为草绘平面，即图 11-68 中箭头 1 所指的平面，系统自动默认 TOP 平面作为参照面，方向为底部，如图 11-69 所示，单击“草绘”按钮。关闭系统打开的“参照”对话框，系统打开“缺少参照”界面，单击“是”按钮以进入草绘界面。

（4）绘制如图 11-70 所示的草绘图，单击草绘图区右侧的✔按钮以结束草绘。在“阵列”对话框中设置阵列单元的间距为 30，如图 11-71 所示。单击右下侧按钮完成阵列创建。完成效果如图 11-72 所示。

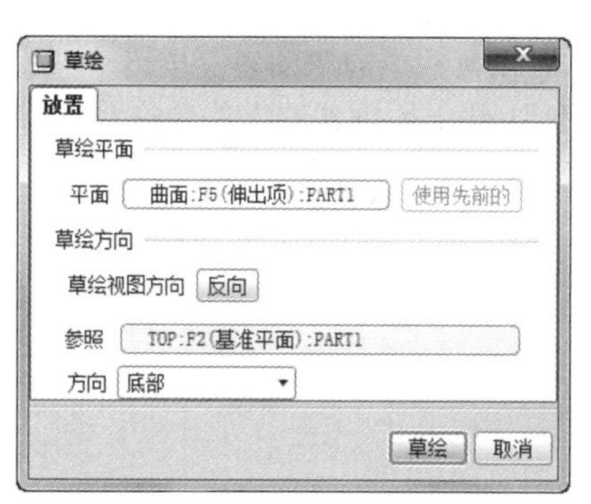

图 11-69 “草绘”对话框

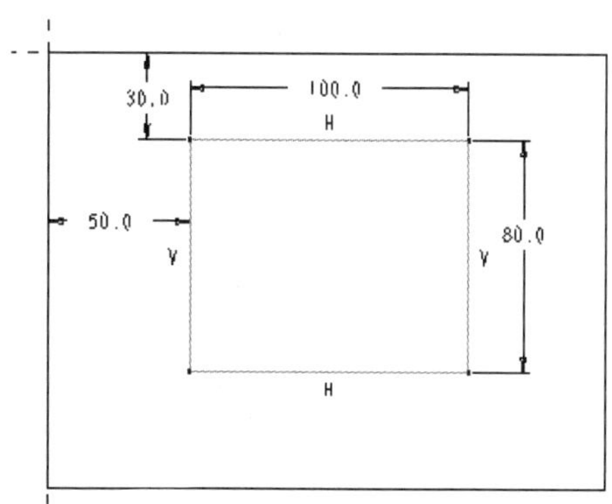

图 11-70 草绘图

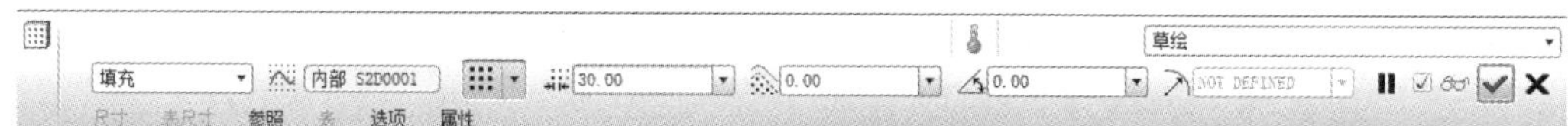

图 11-71 填充设置

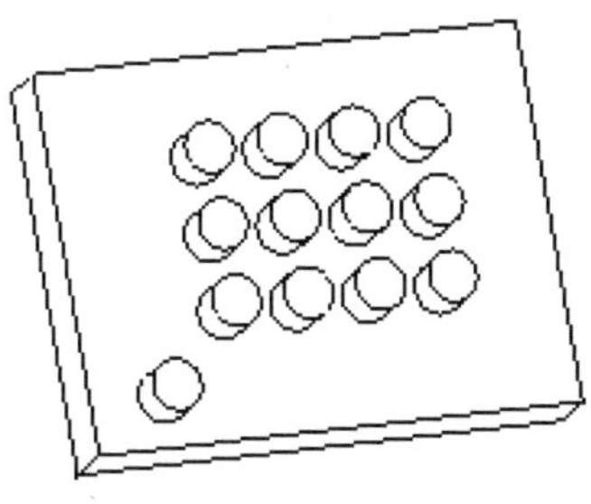

图 11-72 效果图

（5）改变阵列零件布局。在模型树中选取阵列（part2.prt），单击鼠标右键，从打开的快捷菜单中选择“编辑定义”命令，系统打开“阵列”操控板。鼠标左键单击阵列区域正中心的零件，实心变为空心圆圈，如图 11-73 所示，再单击装配区下侧“确定”按钮，直接单击鼠标中键完成阵列的重新定义，完成效果如图 11-74 所示。

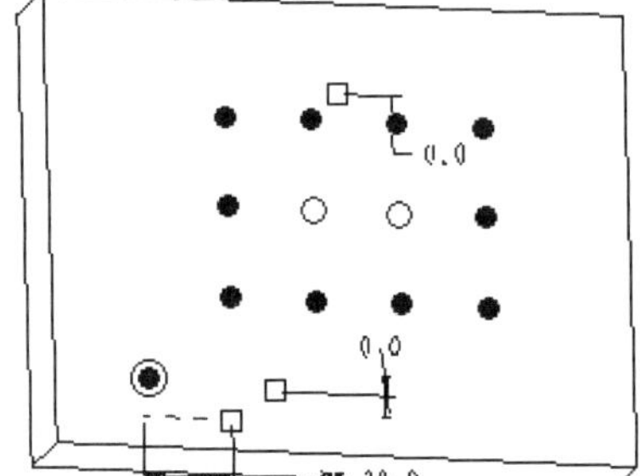

图 11-73　去掉中间两个阵列零件

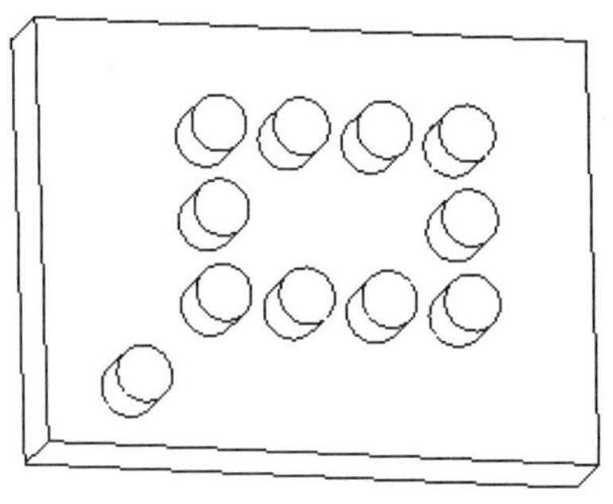

图 11-74　效果图

Note

视频讲解

11.4.4　零件镜像

“镜像”操作可以在组合模式下进行零件组件的复制，系统会自动地将复制的零件或组件保存为新的文件。步骤如下。

（1）首先将资料包中的 yuanwenjian\11\mirror 目录下的所有零件和组件复制到当前工作目录下，打开文件 asm1.asm，如图 11-75 所示。

（2）选择“插入”→“元件”→“创建”命令，或单击工具栏中的“创建”按钮，系统打开“元件创建”对话框，类型选择“零件”，子类型选择“镜像”，输入所创建的零件名称为 part2_mir1，如图 11-76 所示，单击“确定”按钮。

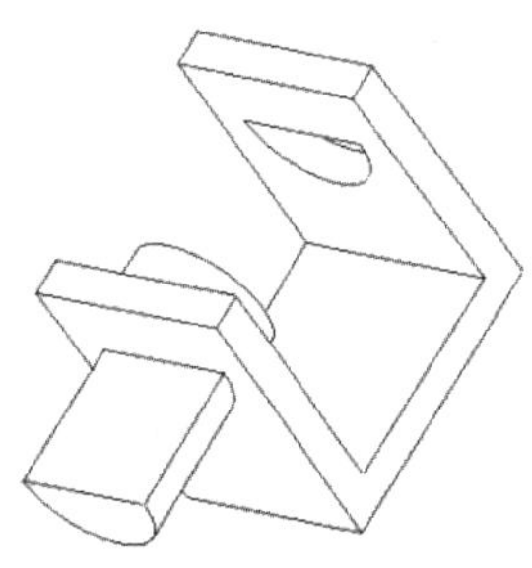

图 11-75　初始文件

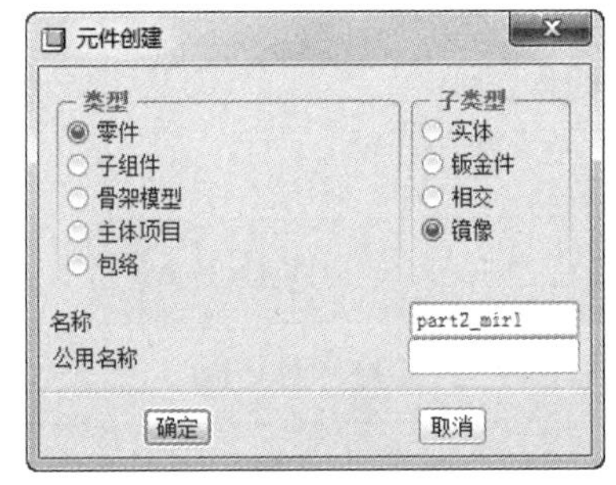

图 11-76　“元件创建”对话框

（3）系统打开“镜像零件”对话框，镜像类型选择“仅镜像几何”方式，选取基准面 ASM_FRONT 作为平面参照，如图 11-77 所示，单击“确定”按钮，完成效果如图 11-78 所示。

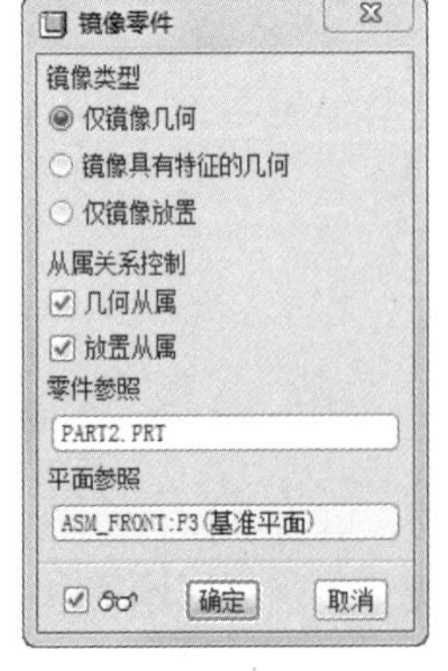

图 11-77　“镜像零件”对话框

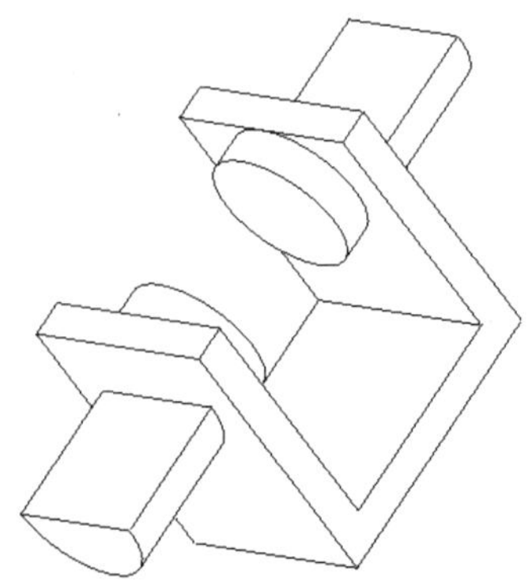

图 11-78　效果图

11.5　布尔运算

Note

11.5.1　合并

视频讲解

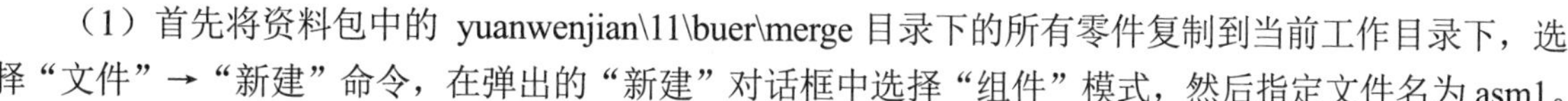

（1）首先将资料包中的 yuanwenjian\11\buer\merge 目录下的所有零件复制到当前工作目录下，选择“文件”→“新建”命令，在弹出的“新建”对话框中选择“组件”模式，然后指定文件名为 asm1。

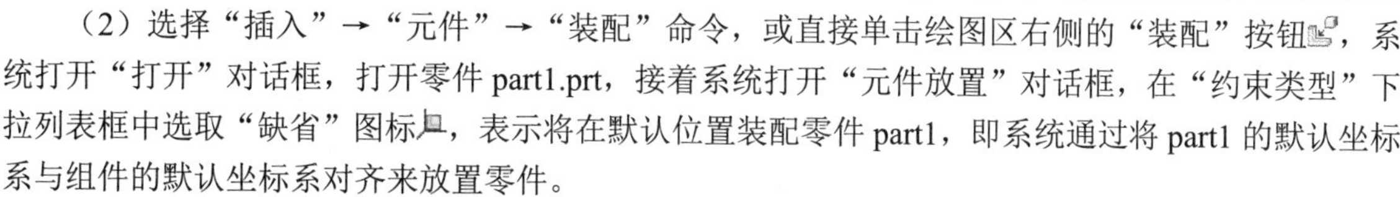

（2）选择“插入”→“元件”→“装配”命令，或直接单击绘图区右侧的“装配”按钮，系统打开“打开”对话框，打开零件 part1.prt，接着系统打开“元件放置”对话框，在“约束类型”下拉列表框中选取“缺省”图标，表示将在默认位置装配零件 part1，即系统通过将 part1 的默认坐标系与组件的默认坐标系对齐来放置零件。

（3）选择“插入”→“元件”→“装配”命令，或直接单击绘图区右侧的“装配”按钮，系统打开“打开”对话框，打开零件 part2.prt，同时系统打开“元件放置”操控板，在“放置”面板中依次设定为“插入”与“匹配”进行装配，在这两种约束下需要选取的特征表面如图 11-79 所示。

（4）设置完毕，“元件放置”操控板“放置状态”显示框中将提示“完全约束”和“允许假设”，此时可单击按钮完成装配件的创建，完成效果如图 11-80 所示。保存为 asm1.asm。

（5）选择“编辑”→“元件操作”命令，系统打开“元件”菜单管理器，选择“合并”命令。

（6）系统打开“选取”对话框，如图 11-81 所示。选取被执行合并的零件 part1.prt，单击鼠标中键确定或单击“选取”对话框中的“确定”按钮以完成执行合并零件的选取。

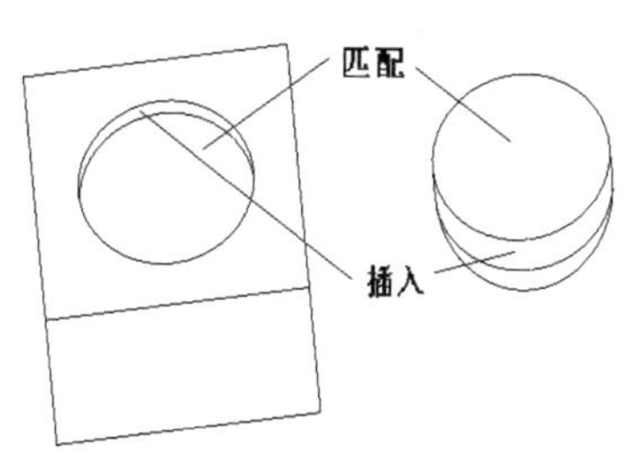

图 11-79　约束类型设置

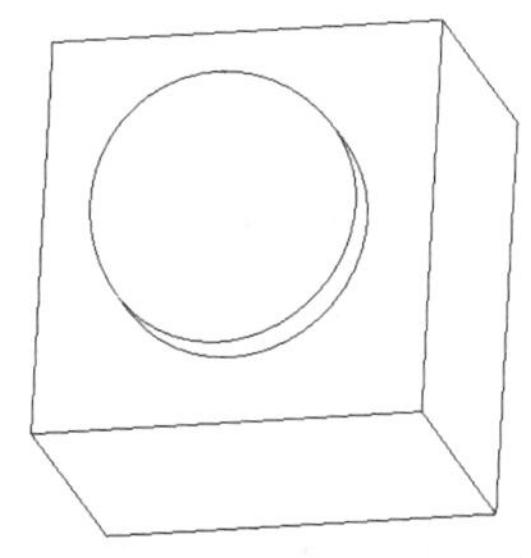

图 11-80　装配效果图

图 11-81　选取确认

（7）选取合并参照零件 part2.prt，单击鼠标中键确定或单击“选取”对话框中的“确定”按钮以完成参照零件的选取。

（8）在系统打开的“选项”菜单管理器中选择“参照”和“无基准”，再选择“完成”命令，如图 11-82 所示，系统在装配区下侧提示“是否支持特征的相关放置”，单击鼠标中键或“否”按钮，如图 11-83 所示，系统接着提示“是否从装配中分离零件 PART2”，单击鼠标中键或“是”按钮，如图 11-84 所示。则模型树中只剩下零件 part1.prt。

（9）查看结果。打开文件 part1.prt，可以发现该零件发生了改变，改变前后效果如图 11-85 所示。

（10）用户可以尝试更改零件 part2.prt 的尺寸，可以发现合并零件 part1.prt 的尺寸也会跟着发生改变。也可以删除合并特征，然后练习以“复制”和“复制基准”的方式合并零件，并相应地进行零件检验和修改，看看有什么不同的情况，从而了解几种不同方式的区别。

Note

图 11-82　参考设置

图 11-83　是否支持特征的相关放置

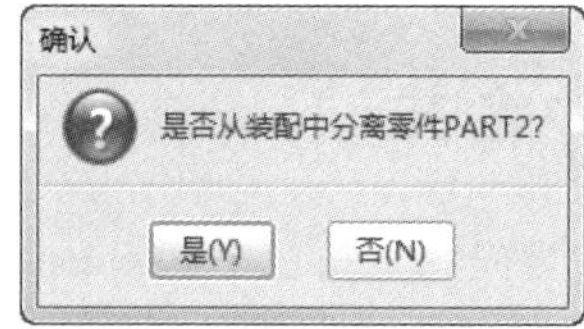

图 11-84　分离零件确认

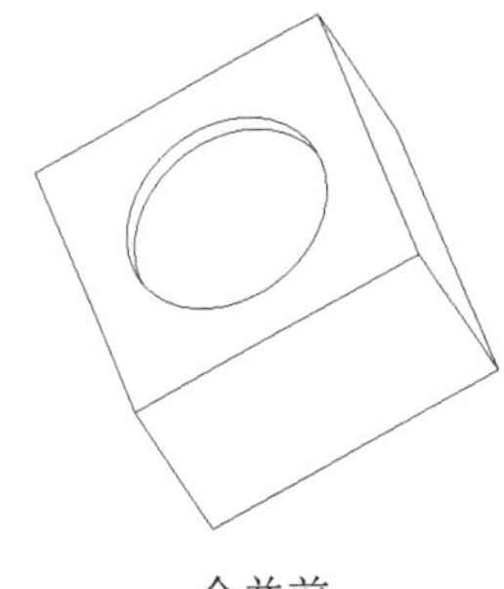
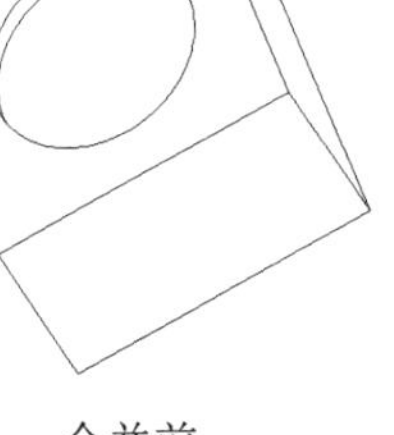
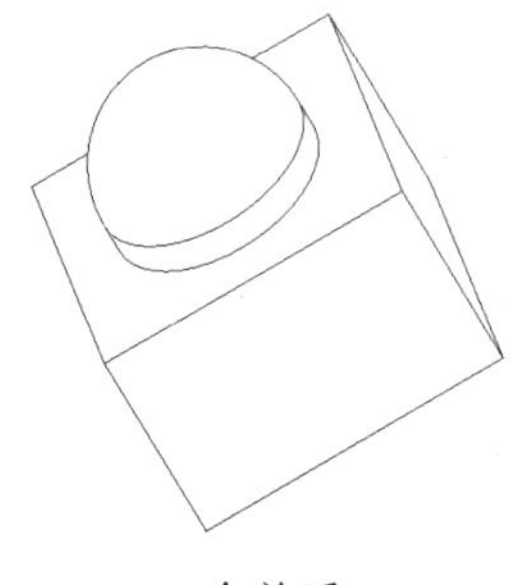

图 11-85　合并前后效果图

注意：合并选项各项功能如下。

- ☑ 参照：零件以参考的方式进行合并，零件之间保持父子关系。
- ☑ 复制：零件以复制的方式进行合并，执行合并的零件之间不会保持父子关系。如果选择“复制”命令，那么菜单管理器中的“无基准”和“复制基准”命令不可以使用。
- ☑ 无基准：合并后的零件中不包含用来进行合并零件中的所有基准，只复制模型特征。
- ☑ 复制基准：复制合并零件中的所有基准。

11.5.2　切除

视频讲解

（1）首先将资料包中的 yuanwenjian\11\buer\cutout 目录下的所有零件复制到当前工作目录下，选择“文件”→“新建”命令，在弹出的“新建”对话框中选择“组件”模式，然后指定文件名为 asm1。

（2）选择“插入”→“元件”→“装配”命令，或单击“装配”按钮，系统打开“打开”对话框，打开零件 part1.prt，接着系统打开“元件放置”操控板，在“约束类型”下拉列表框中选取图标，表示将在默认位置装配零件 part1，即系统通过将 part1 的默认坐标系与组件的默认坐标系对齐来放置零件。

（3）选择“插入”→“元件”→“装配”命令，或直接单击绘图区右侧的“装配”按钮，系统打开“打开”对话框，打开零件 part2.prt，同时系统打开“元件放置”操控板，在“放置”面板中依次设定为“插入”与“对齐”进行装配，在这两种约束下需要选取的特征表面如图 11-86 所示。

（4）设置完毕，“放置状态”显示框中将提示“完全约束”和“允许假设”，此时可单击按钮完成装配件的创建，完成效果如图 11-87 所示。保存为 asm1.asm。

（5）选择“编辑”→“元件操作”命令，系统打开“元件”菜单管理器，选择“切除”命令，如图 11-88 所示。

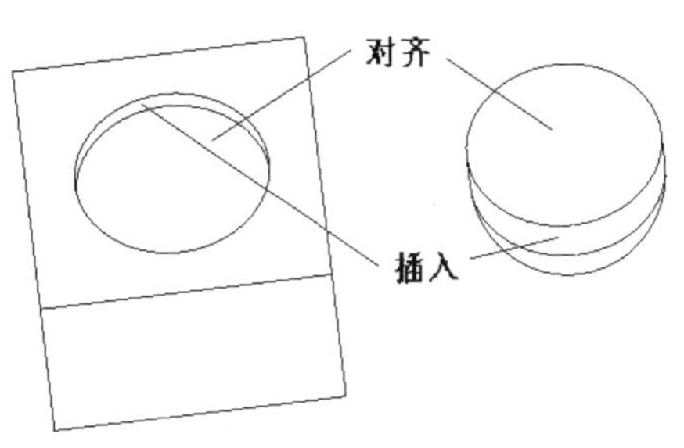

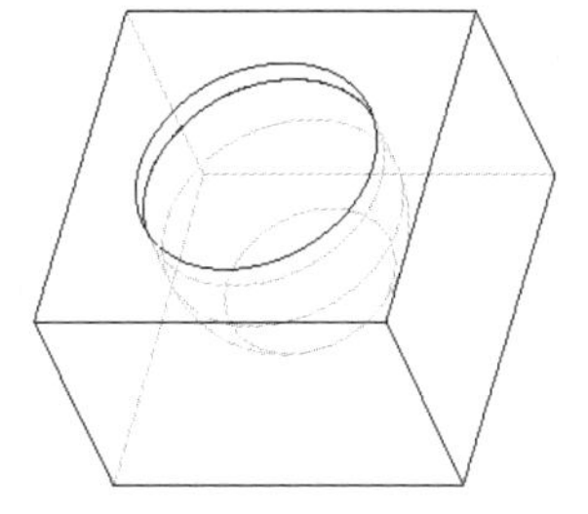

图 11-86　约束类型设置　　图 11-87　装配效果图

（6）系统打开“选取”对话框，如图 11-89 所示。选取被执行切除的零件 part1.prt，单击鼠标中键确定或单击“选取”对话框中的“确定”按钮以完成执行切除零件的选取。

（7）选取切除参照零件 part2.prt，单击鼠标中键确定或单击“选取”对话框中的“确定”按钮以完成参照零件的选取。

（8）在系统打开的“选项”菜单管理器中选择“参照”命令，再选择“完成”命令，如图 11-90 所示，系统在装配区下侧提示“是否支持特征的相关放置”，单击鼠标中键或“否”按钮。

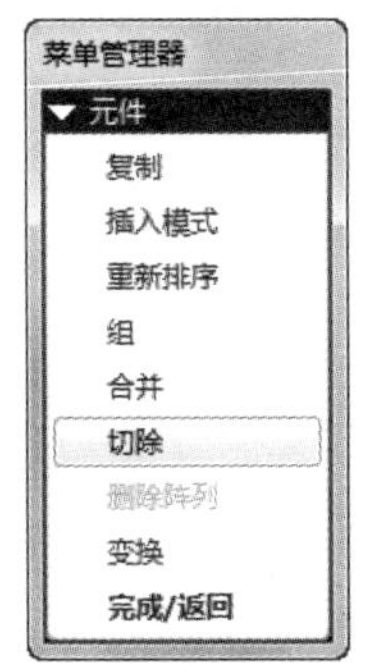

图 11-88　“元件”菜单管理器　　图 11-89　切除确认　　图 11-90　参考设置

（9）查看结果。打开文件 part1.prt，可以发现该零件发生了改变，改变前后的效果如图 11-91 所示。

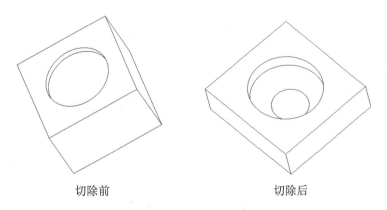

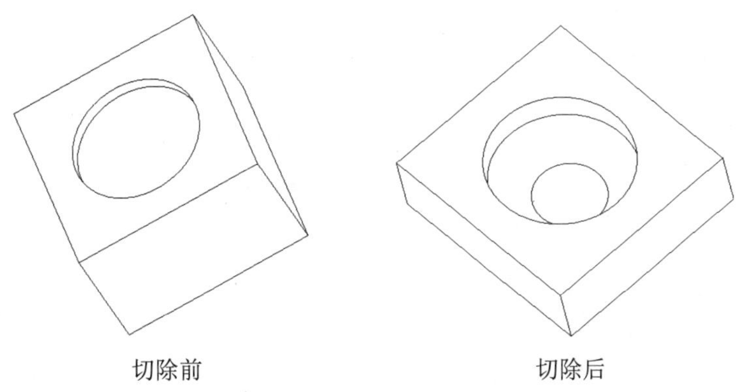

图 11-91　切除前后的效果图

（10）用户可以尝试更改零件 part2.prt 的尺寸，可以看到切除零件 part1.prt 的尺寸也会跟着发生改变。也可以删除切除特征，然后练习以“复制”的方式切除零件，并相应地进行零件检验和修改，看看有什么不同的情况，从而掌握几种不同方式的区别。

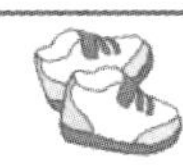

视频讲解

Note

11.5.3 相交

（1）首先将资料包中的 yuanwenjian\11\buer\intersect 目录下的所有零件复制到当前工作目录下，选择“文件”→“新建”命令，在弹出的“新建”对话框中选择“组件”模式，然后指定文件名为 asm1。

（2）选择“插入”→“元件”→“装配”命令，或单击“装配”按钮，系统打开“打开”对话框，打开零件 part1.prt，接着系统打开“元件放置”操控板，在“约束类型”下拉列表框中选取图标，表示将在默认位置装配零件 part1，即系统通过将 part1 的默认坐标系与组件的默认坐标系对齐来放置零件。

（3）选择“插入”→“元件”→“装配”命令，或单击“装配”按钮，系统打开“打开”对话框，打开零件 part2.prt，同时系统打开“元件放置”操控板，在“放置”面板中依次设定为“插入”与“对齐”进行装配，在这两种约束下需要选取的特征表面如图 11-92 所示。

（4）设置完毕，“放置状态”显示框中将提示“完全约束”和“允许假设”，此时可单击按钮完成装配件的创建，完成效果如图 11-93 所示。保存 asm1.asm。

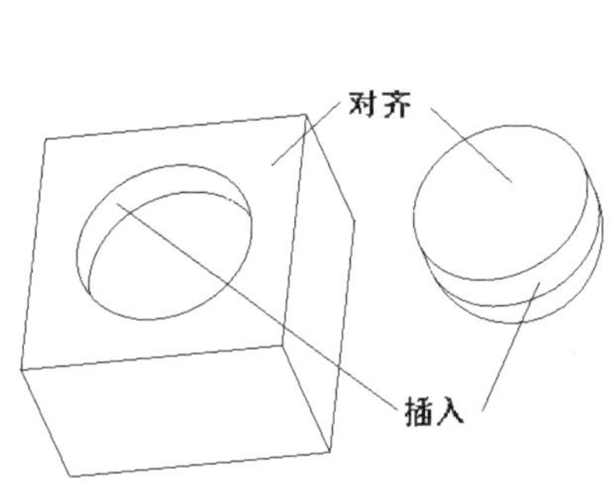

图 11-92 约束类型设置

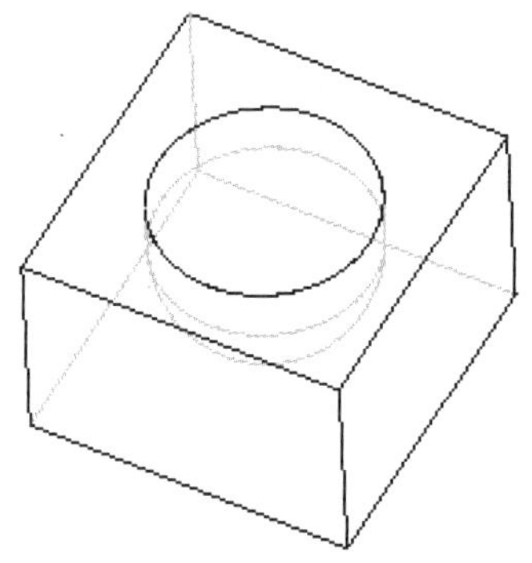

图 11-93 装配效果图

（5）选择“插入”→“元件”→“创建”命令，或单击“创建”按钮，系统打开“元件创建”对话框，类型选择“零件”，子类型选择“相交”，输入所创建零件名称为 part_insert，如图 11-94 所示，单击“确定”按钮完成。

（6）系统打开“选取”对话框，并提示“选取第一个零件”：选择零件 part1.prt，系统接着提示“选取零件求交”：选取零件 part2.prt，再单击鼠标中键确定或单击“选取”对话框（见图 11-95）中的“确定”按钮，系统提示“已经创建交集零件 PART_INSECT”。保存组件 asm1.asm。

（7）查看结果。打开文件 part_insert.prt，效果如图 11-96 所示。

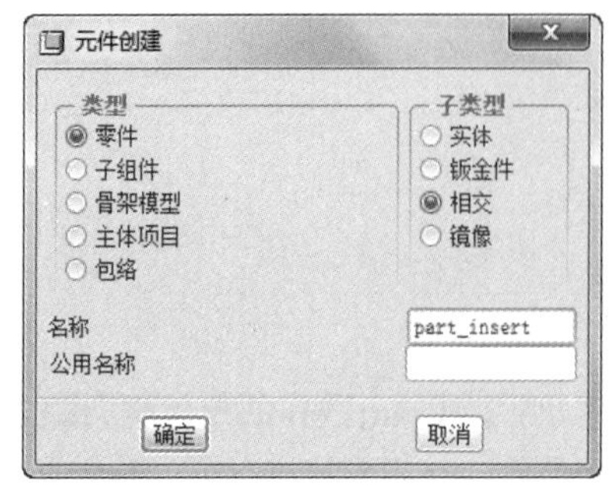

图 11-94 “元件创建”对话框

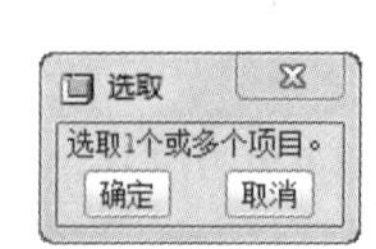

图 11-95 “选取”对话框

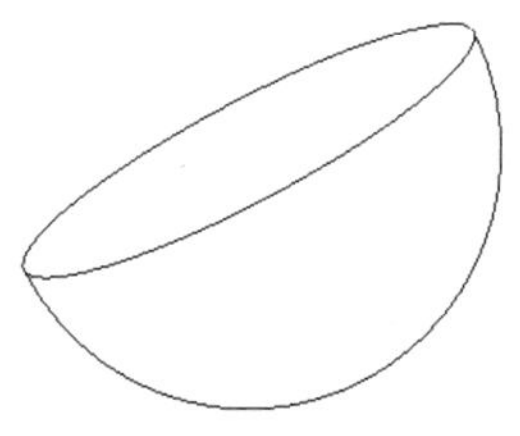

图 11-96 效果图

视频讲解

Note

11.6 综合实例——轴、齿轮组件

轴、齿轮组件主要是由齿轮通过件与轴进行连接，如图 11-97 所示。下面详细介绍制作此组件的具体操作步骤。

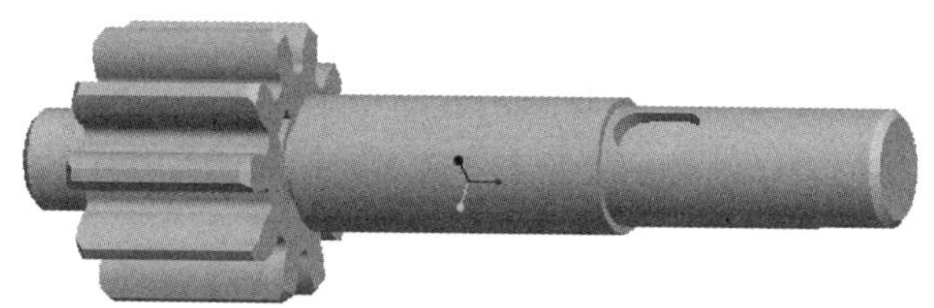

图 11-97 轴、齿轮组件装配

1. 创建新文件

启动 Pro/ENGINEER 后，单击界面上部“文件”工具栏中的“新建”按钮，出现“新建”对话框，在“类型”选项组中选中“组件”单选按钮，在“名称”文本框中输入 chilunzhou，单击“确定”按钮，弹出“新文件选项”对话框，选择 mmns_asm_design，单击“确定”按钮，进入绘图界面。

2. 调入轴零件

单击“工程特征”工具栏中的“装配”按钮，在弹出的窗口中选择 zhou.prt 调入，弹出如图 11-98 所示操控板。

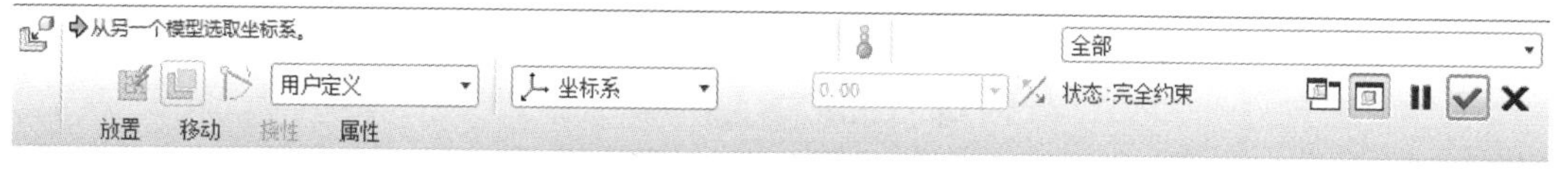

图 11-98 “元件放置”操控板

在约束中选择“坐标系”，再依次选择元件的坐标系和组件的坐标系，单击“确定”按钮，完成轴的调入装配，如图 11-99 所示。

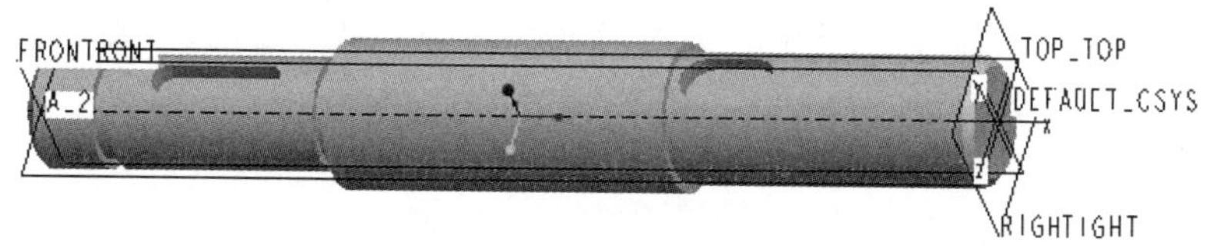

图 11-99 调入轴

3. 调入键零件

单击“工程特征”工具栏中的“装配”按钮，在弹出的窗口中选择 jian.prt 调入，如图 11-100 所示，在弹出如图 11-98 所示的“元件放置”操控板中将约束选择为“匹配”，约束中“偏移”设置为“重合”，然后选择图 11-100 中的匹配面 1 和匹配面 2，在如图 11-98 所示的“元件放置”操控板的约束中“偏移”设置为“重合”，再单击“新建约束”按钮，增加约束选择“插入”，然后选择图 11-100 中的插入面 1 和插入面 2。

单击“确定”按钮，完成键与轴的装配，如图 11-101 所示。

Note

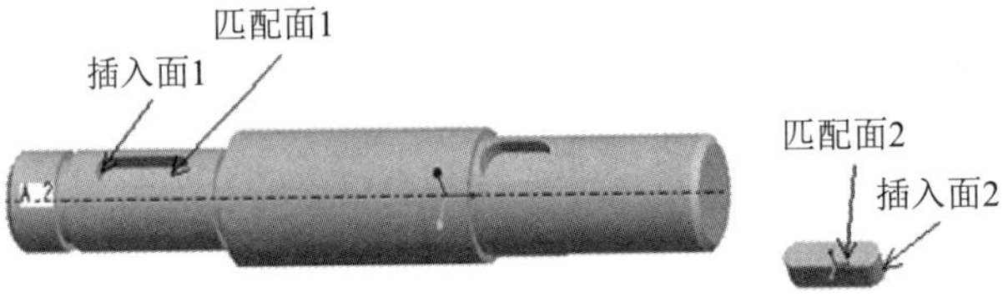

图 11-100　调入键零件

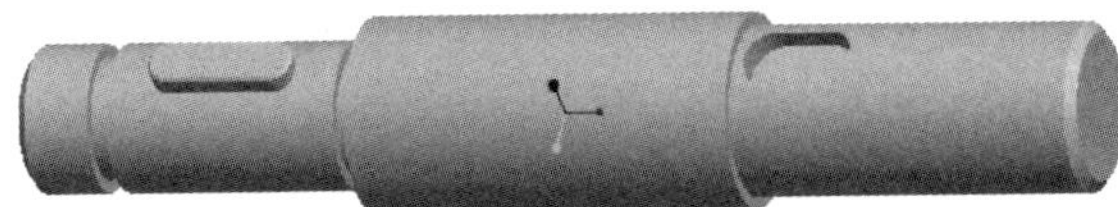

图 11-101　轴键装配

4. 调入直齿轮零件

单击“草绘器工具”工具栏中的“添加组件”按钮，在弹出的窗口中选择 chilun_2.prt 调入，如图 11-102 所示。

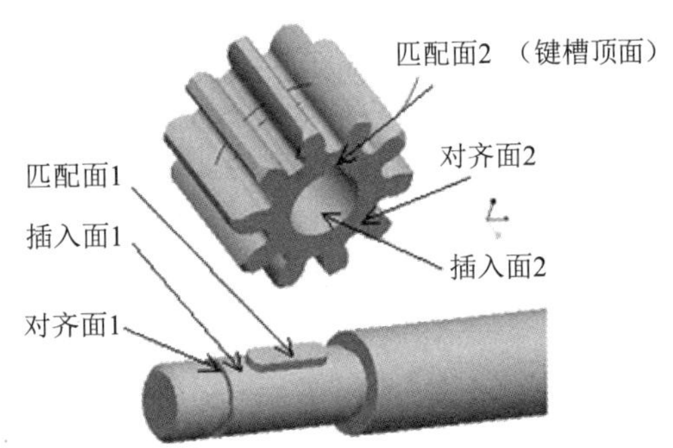

图 11-102　调入直齿轮

在弹出如图 11-98 所示“元件放置”操控板中约束选择“匹配”，然后选择图 11-102 中的匹配面 1 和匹配面 2，再单击“新建约束”按钮，如图 11-98 所示“元件放置”操控板的约束中“偏移”设置为“重合”，增加约束选择“对齐”，然后选择图 11-102 中的对齐面 1 和对齐面 2，如图 11-98 所示“元件放置”操控板中约束中“偏移”设置为“重合”，再单击“新建约束”按钮，增加约束选择“插入”，然后选择图 11-102 中的插入面 1 和插入面 2，单击“确定”按钮，完成轴的装配。完成后如图 11-97 所示，将组件图存盘，以备后用。

高级装配

在设计产品之初，通常会对整个产品做布局设计，将零件的位置和零件之间的装配关系用一些简单的线条及符号来描述，从而获得整个产品的概念设计。

任务驱动&项目案例

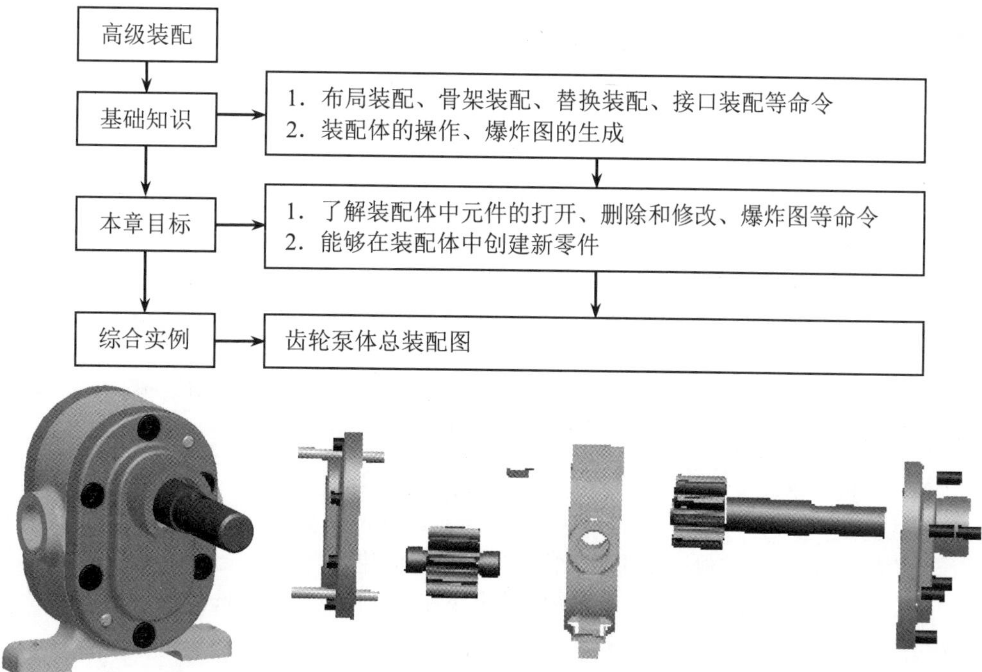

Note

12.1 布局装配

本系统提供了一个“布局”工具，可以通过它对产品进行布局装配设计。

12.1.1 概述

“布局”是 Pro/ENGINEER 中一个独立的设计模块，涉及的内容比较多，但有许多内容与“草绘器工具”（工程图）模块非常相似，而且许多选项的功能也和“草绘器工具”模块一样。它是一种非参数的平面绘图设计，但是它不仅提供产品的初步设计规划，而且对于以后产品的组合和修改，都有相当便利的地方，所以布局的功能可以一直延伸到产品开发完成为止。

视频讲解

12.1.2 布局界面

1）选择“文件”→“新建”命令，系统打开如图 12-1 所示的“新建”对话框，在对话框中选择“布局”模式，接受系统默认文件名或重新指定文件名。

2）完成设置后单击“确定”按钮，系统打开“新布局”对话框，如图 12-2 所示，此对话框用来设置布局图纸的格式和大小，下面具体解释各选项栏的功能。

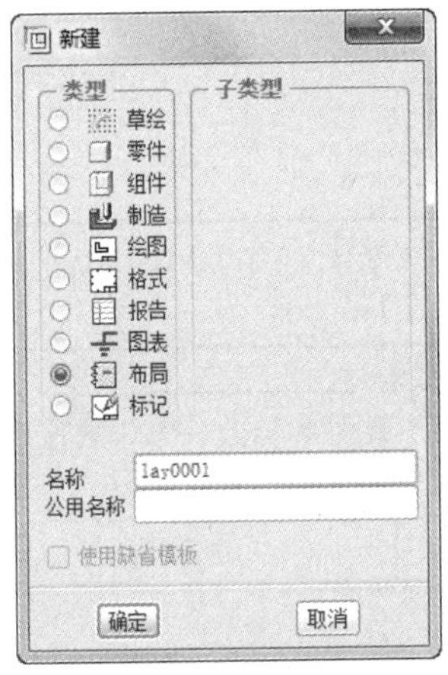

图 12-1 “新建”对话框

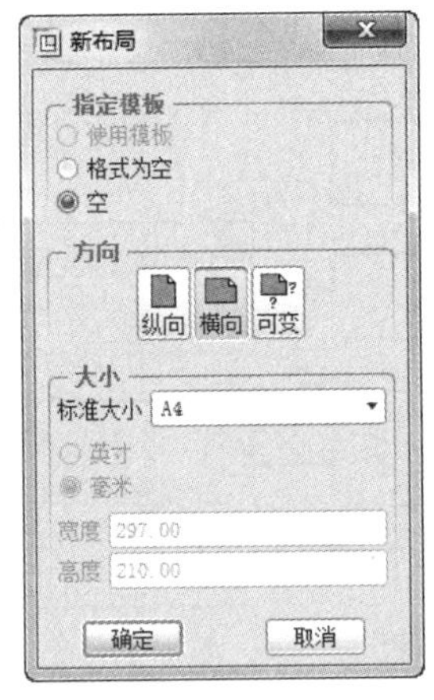

图 12-2 “新布局”对话框

（1）“指定模板”选项组。

☑ “使用模板”单选按钮：指定模板，一般情况下不可用。

☑ “格式为空”单选按钮：选中该单选按钮后，可以通过浏览选取“格式”文件（后缀为.frm）作为模板，“格式”文件可以通过“格式”模块来创建。

☑ “空”单选按钮：用于自定义设置模板的大小和定位。选中该单选按钮后，“定位”选项组才可用。

（2）“方向”选项组。

☑ 纵向：将标准大小的图纸纵向放置。

☑ 横向：将标准大小的图纸横向放置。

☑ 可变：自定义设置图纸的大小，选中该选项后，单位设置项和宽、高度设置项才可用。

3）完成设置后单击“确定”按钮，系统进入布局工作环境，可以发现其操作界面与“草绘器工具”界面类似，左侧为绘图区，右侧为“草绘器工具”工具栏，如图 12-3 所示。与零件的工作界面相比较，可以发现菜单栏中多了“草绘”“格式”“表”3 项，图标按钮工具栏也有一些变动。

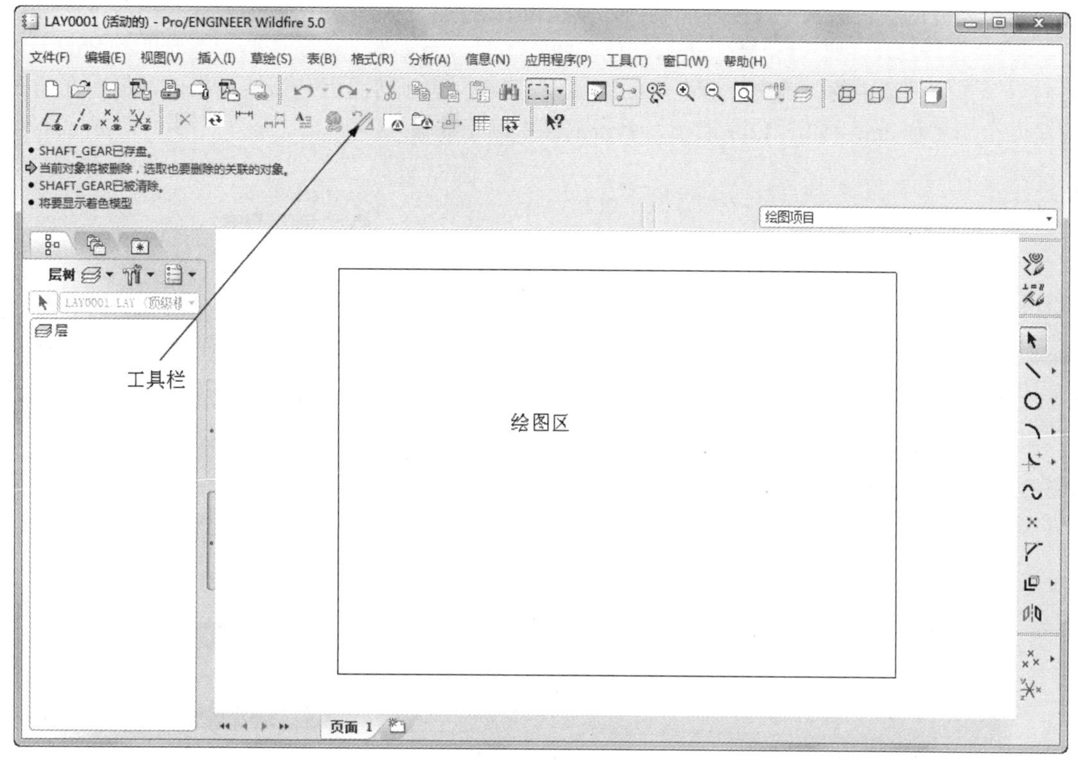

图 12-3　布局工作环境

12.1.3　实例操作

自动装配的基本思想是将不同零件中具有相同名字的基准关联到“布局”同一基准，再在装配文件中按关联基准配合，从而实现自动装配。基本步骤如下。

（1）将资料包中的 yuanwenjian\12\layout 目录下的所有零件复制到当前工作目录下，打开文件 lay3.lay，如图 12-4 所示，可以发现“布局”中已经创建了一个全域基准轴 AXIS 和一个全域基准平面 DTM。

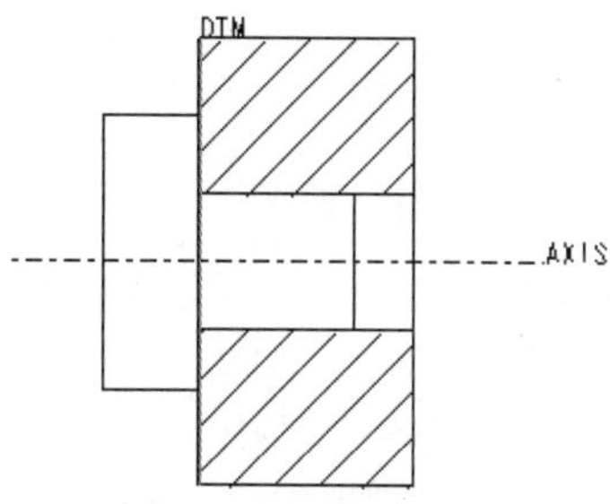

图 12-4　布局界面

（2）打开零件 part1_lay3.prt，如图 12-5 所示，选择“文件”→“声明”命令，系统打开“声明”

菜单管理器，选择“声明布局”命令，再在系统打开的“布局”菜单管理器中选取 LAY3，如图 12-6 所示，（注意，声明时应保证“布局”文件 lay3.lay 处于进程中，即“布局”文件和“零件”文件同时处于打开状态）再选择“声明名称”命令，然后在模型树中选取基准面 DTM1，基准面 DTM1 上将显示一个朝外的红色箭头（黄色箭头朝内，系统没有显示），如图 12-7 所示，在绘图区下侧出现提示：➪选择将匹配全局黄色侧的基准侧。，表示红色侧面将与另一个零件上的黄色侧面进行匹配装配，选择“方向”菜单管理器中的“确定”命令，如图 12-8 所示，表示接受红色箭头的指向，接着在绘图区下侧输入全局名称 dtm，如图 12-9 所示，单击鼠标中键完成输入。

Note

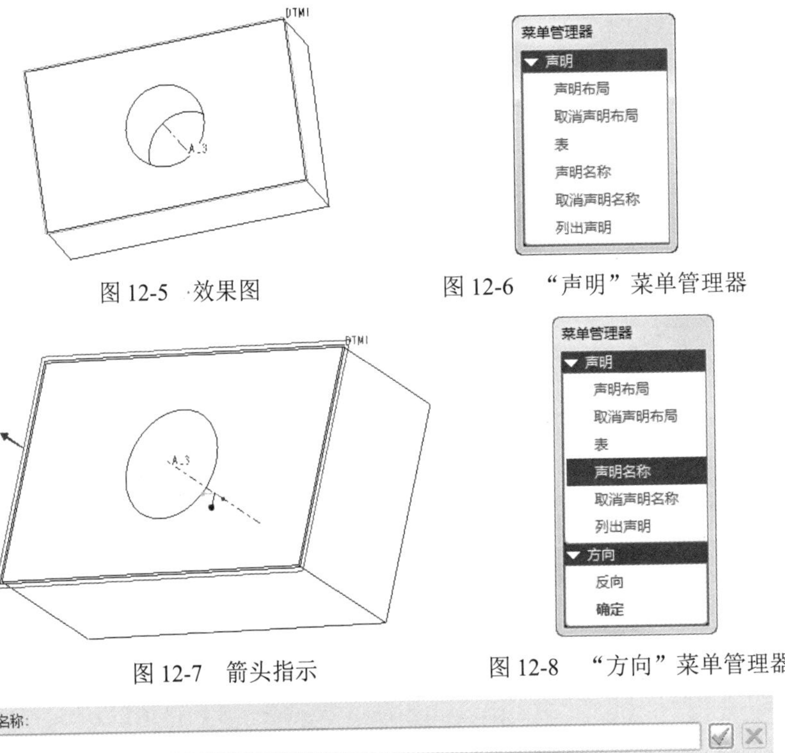

图 12-5 效果图　　图 12-6 “声明”菜单管理器

图 12-7 箭头指示　　图 12-8 “方向”菜单管理器

输入全局名称:
dtm

图 12-9 输入全局名称

（3）与声明基准面类似，再声明全局基准轴，选取基准轴 A_3，在绘图区下侧输入全局名称 axis，如图 12-10 所示，单击鼠标中键完成输入。完成效果如图 12-11 所示，可以发现基准面 DTM1 和基准轴 A_3 的名称分别变成了 DTM 和 AXIS。

图 12-10 输入全局名称

（4）打开零件 part2_lay3.prt，如图 12-12 所示，以相同的方式将零件声明到 lay3.lay 文件，在关联基准面 DTM1 时，DTM1 上也将显示一个朝小圆柱方向的红色箭头，在此需要改变 DTM1 红色箭头的方向，单击鼠标右键或选择“方向”菜单管理器中的“反向”命令以改变箭头指向，改变后箭头指向如图 12-13 所示，再选择“方向”菜单管理器中的“正向”命令接受红色箭头的指向，然后在绘图区下侧输入全局名称 dtm，单击鼠标中键完成输入。接下来关联全局基准轴，选取轴 A_5，输入全局名称 axis，完成效果如图 12-14 所示。

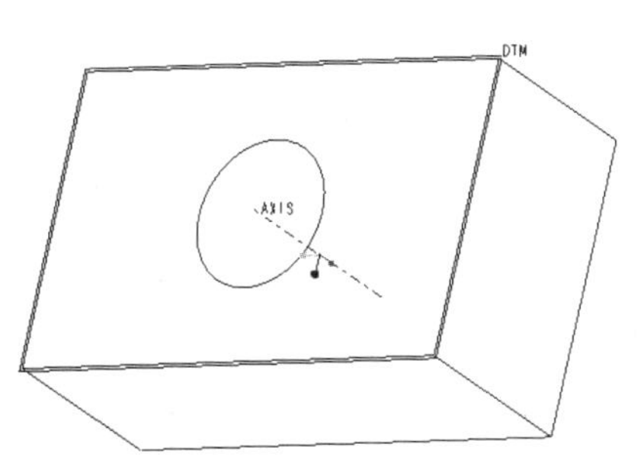

图 12-11 效果图

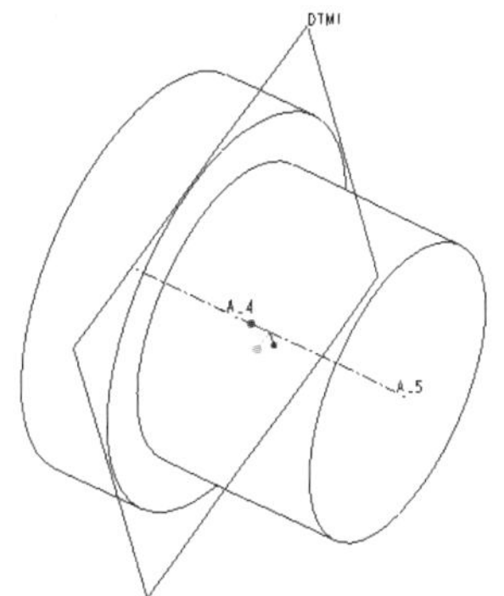

图 12-12 效果图

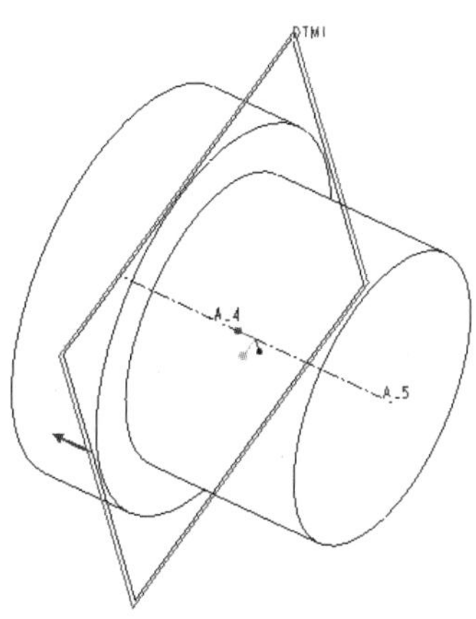

图 12-13 基准面法向定义

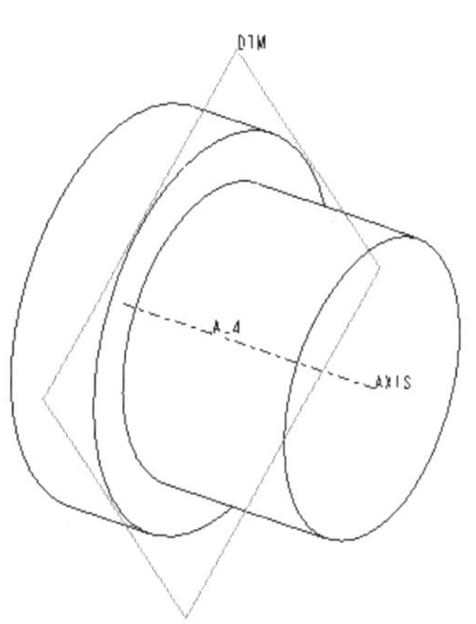

图 12-14 效果图

（5）选择“文件”→“新建”命令，在弹出的“新建”对话框中选择“组件”模式，然后指定文件名为 asm1。

（6）选择“插入”→“元件”→“装配”命令，或单击“装配”按钮，系统打开“打开”对话框，打开零件 part1_lay3.prt，接着系统打开“元件放置”用户界面，在放置列表中选择图标，表示将在默认位置装配零件 part1，即系统通过将 part1 的默认坐标系与组件的默认坐标系对齐来放置零件。

（7）读入零件 part2_lay3.prt 后，系统打开“自动/手工”菜单管理器，如图 12-5 所示，选择“自动”命令，系统将按照先定义的全局基准进行自动装配，完成效果如图 12-16 所示。

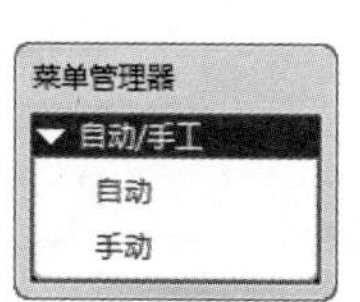

图 12-15 定义自动装配

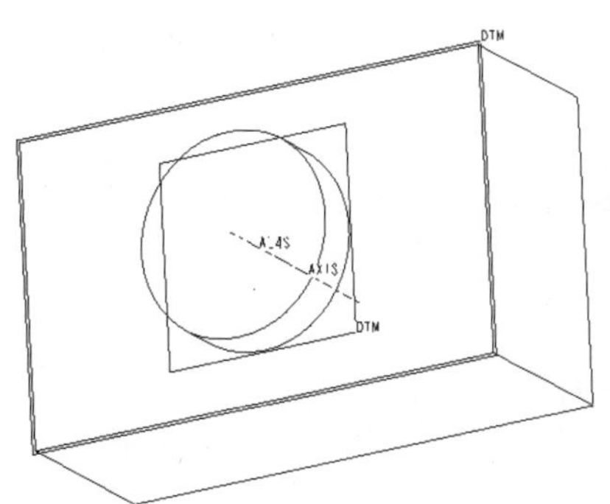

图 12-16 效果图

注意：全域基准平面匹配。基准平面有两个方向，因此两个面匹配时需要指定具体的配合面，Pro/ENGINEER 用箭头指向和颜色来区别基准面的两个方向，系统一般显示红色箭头，红色箭头所指的一面和另一红色箭头所指的背面将通过匹配的方式来配合，如图 12-17 所示。

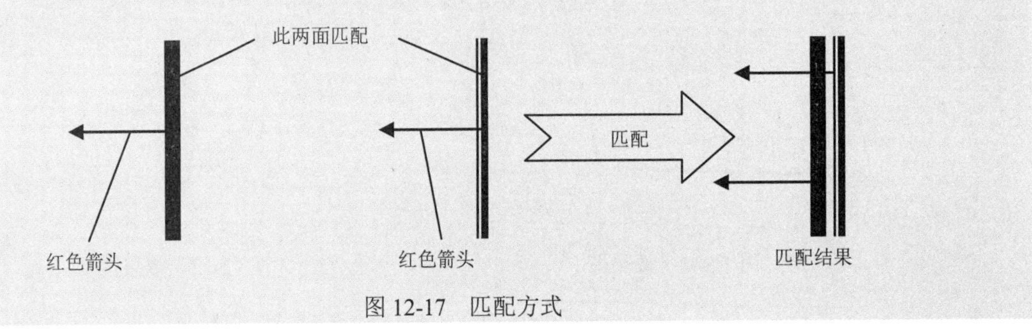

图 12-17　匹配方式

视频讲解

12.2　骨架装配

骨架装配的基本思想是：用基准点、线、轴、面或实体绘制组件的基本骨架，再将零部件与骨架一一匹配来生成组件，或者直接参照骨架来生成组件。

骨架模型可以在组件模式下直接生成（直接方式），也可以先以零件方式生成一个独立的文件，再在组件模式下以骨架的名义读入（间接方式）。

12.2.1　直接方式

（1）将资料包中的 yuanwenjian\12\skeleton 目录下的所有文件复制到工作目录下，选择“文件”→“新建”命令，在打开的“新建”对话框中选择“组件”模式，指定文件名为 asm1_skeleton，接受系统其他默认设置，单击“确定”按钮，系统将自动进入装配模式。

（2）单击“创建”按钮，系统打开“元件创建”对话框，如图 12-18 所示，选中“骨架模型”单选按钮，接受系统默认的名称 ASM1_SKELETON_SKEL，单击“确定”按钮。

（3）系统打开“创建选项”对话框，如图 12-19 所示，选中“空”单选按钮，单击“确定”按钮，可以发现模型树出现了一个名称为 ASM1_SKELETON_SKEL.PRT 的项，图标为一个空心六面体，表示这是一个骨架模型，这个骨架模型名称总是排在模型树的顶部，也就是排在其他特征和零部件之前。

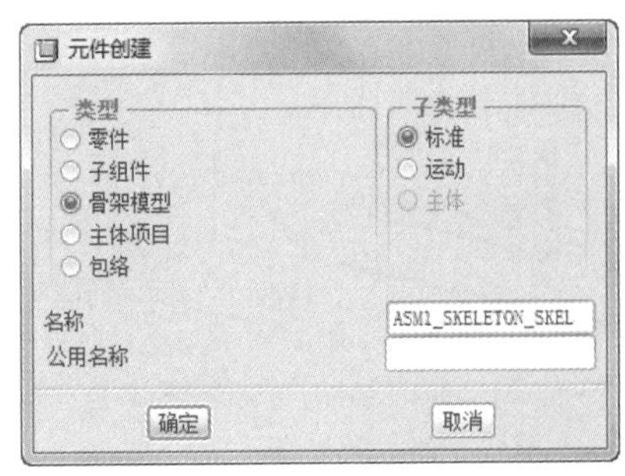

图 12-18　“元件创建”对话框

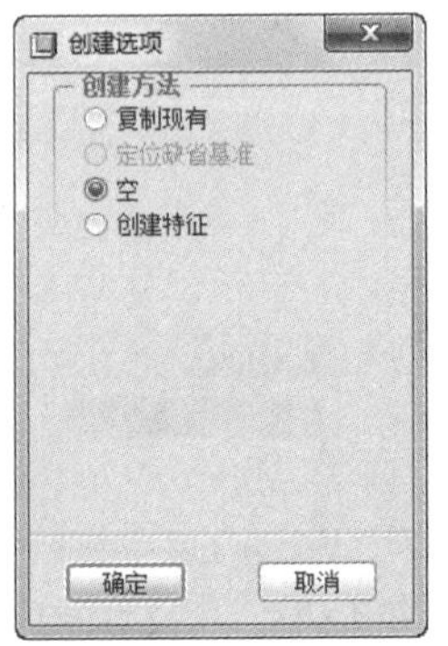

图 12-19　“创建选项”对话框

注意：“创建选项”对话框中有一个“创建特征”单选按钮，选中该单选按钮表示系统直接进入骨架模型的编辑状态，不需要再激活骨架模型，关于“激活”和“复制现有”的概念将在本节后面提到。

（4）在 ASM1_SKELETON_SKEL.PRT 创建具体的骨架结构之前必须激活骨架文件，以便使所创建的特征成为骨架特征，而不是组件特征，激活方式为：在模型树中选取骨架模型，单击鼠标右键，从系统弹出的快捷菜单中选择“激活”命令，如图 12-20 所示，之后可以发现右下角多出了一颗类似星星的标识，如图 12-21 所示。

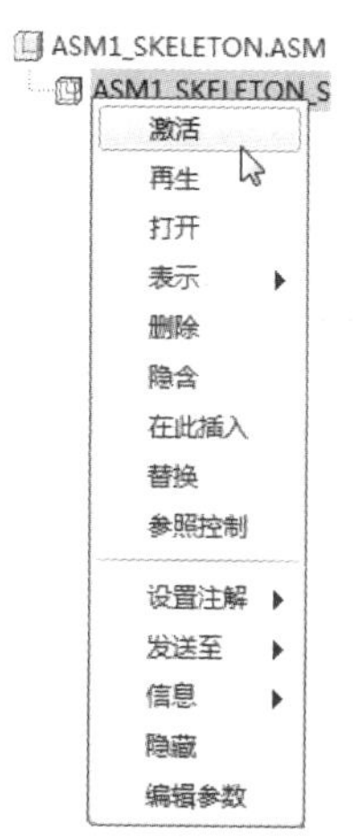

图 12-20　激活方式

图 12-21　激活显示状态

注意：模型树设置方法如下。

若模型树中没有出现基准面和基准坐标系，在模型树界面上选择“设置”→“树过滤器”命令，如图 12-22 所示，再从系统打开的“模型树项目”对话框中选中“特征”复选框，如图 12-23 所示。

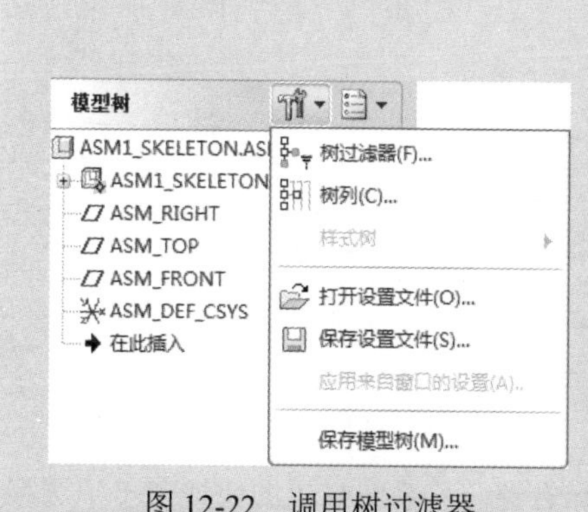

图 12-22　调用树过滤器

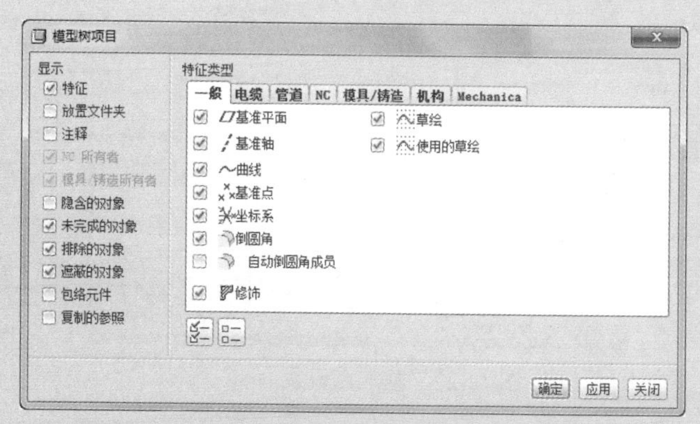

图 12-23　过滤选项设置

（5）单击绘图区右侧的“草绘”按钮，系统打开“草绘”对话框，选取基准面 ASM_FRONT 作为草绘平面，ASM_TOP 作为参照平面，方向朝顶，如图 12-24 所示。

（6）单击对话框上的“草绘”按钮，系统打开“参照”对话框，选取基准面 ASM_TOP 和 ASM_RIGHT 作为参照，即以 ASM_TOP 和 ASM_RIGHT 作为尺寸标注和约束的参照，如图 12-25 所示，单击“关闭”按钮，开始草绘剖面图。

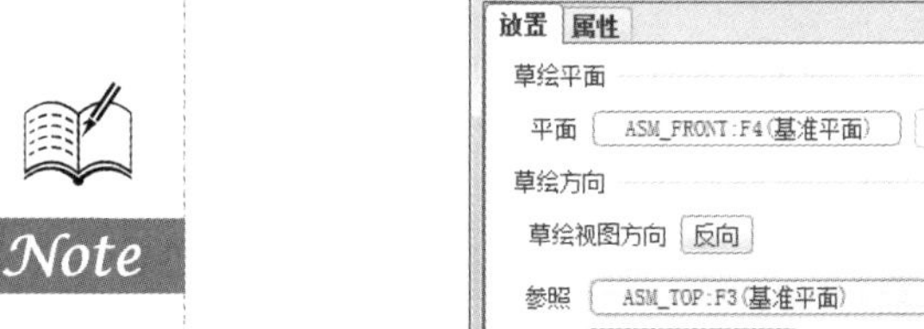

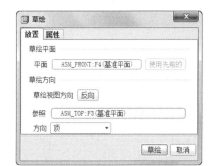

图 12-24　草绘”对话框

图 12-25　“参照”对话框

（7）绘制如图 12-26 所示剖面，完成后单击草绘图区右侧的✔按钮，结束草绘。

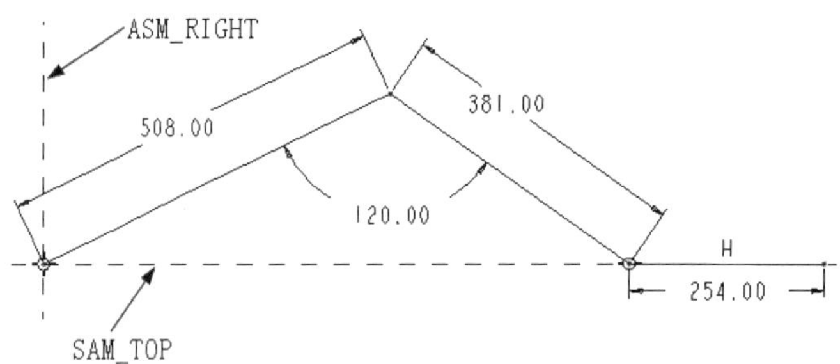

图 12-26　剖面图

（8）选择“插入”→“模型基准”→“点”→“点”命令，或单击“基准点”按钮，系统打开“基准点”对话框，选取上面创建的 3 条线段 4 个端点，“基准点”显示信息如图 12-27 所示，单击“确定”按钮完成基准点的设置。完成效果如图 12-28 所示。

图 12-27　基准点设置

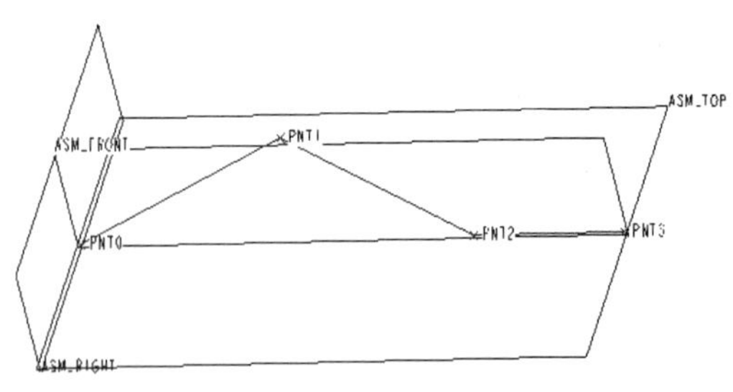

图 12-28　效果图

（9）在模型树中选取 ASM1_SKELETON.ASM，单击鼠标右键，从系统弹出的快捷菜单中选择“激活”命令，再选择“插入”→“元件”→“装配”命令，或单击“装配”按钮，系统打开“打开”对话框，打开零件 part1_skeleton.prt，在“约束类型”栏中依次选择“配对”“线上点”“线上点”进行装配，如图 12-29 所示，在这 3 种约束下需要选取的特征如图 12-30 所示。

（10）单击“确定”按钮完成装配件的创建，完成效果如图 12-31 所示，接下来分别读入文件 part2_skeleton.prt 和 part3_skeleton.prt，零件 part2_skeleton.prt 与组件的约束关系是：组件基准面 ASM_FRONT 和零件基准面 FRONT 匹配；点 PNT1 在零件轴线 A_4 上；点 PNT2 在零件轴线 A_3

上。零件 part3_skeleton.prt 与组件的约束关系是：组件基准面 ASM_FRONT 和零件基准面 FRONT 匹配；点 PNT2 在零件轴线 A_4 上；点 PNT3 在零件轴线 A_3 上；完成效果如图 12-32 所示。保存文件 asm1_skeleton.asm。

图 12-29　元件放置界面

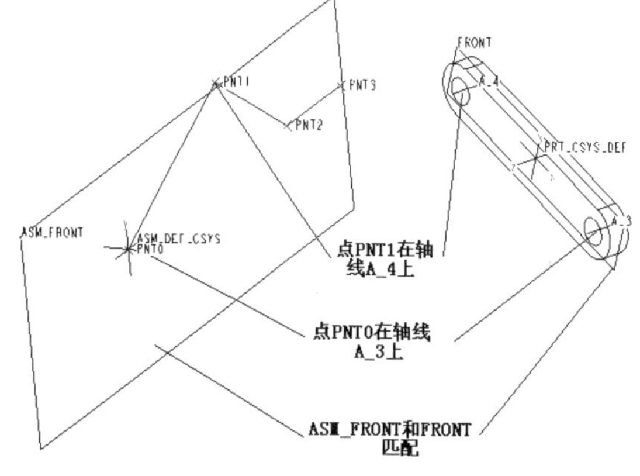

图 12-30　约束定义

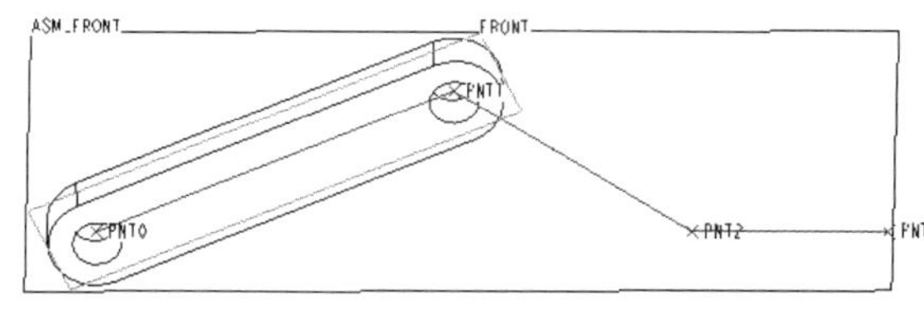

图 12-31　效果图

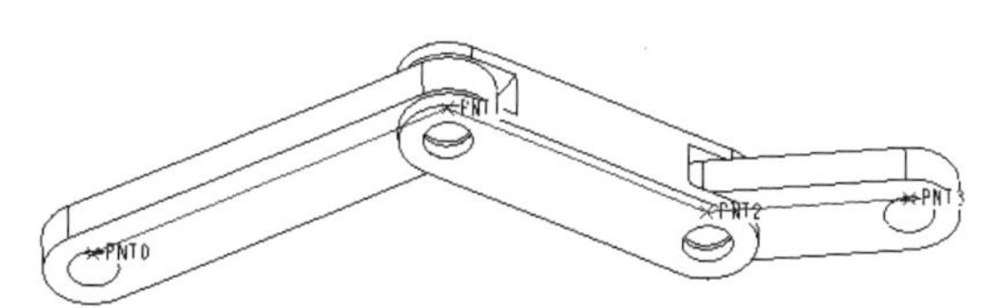

图 12-32　效果图

（11）在模型树中选取 ASM1_SKELETON_SKEL.PRT，单击鼠标右键，从系统弹出的快捷菜单中选择“激活”命令，再选取曲线（标识 1），单击鼠标右键，从系统弹出的快捷菜单中选择“编辑”命令，如图 12-33 所示，将角度标注 120.00° 改为 90°，选择“编辑”→“再生”命令，可以看到组件发生了改变，如图 12-34 所示。

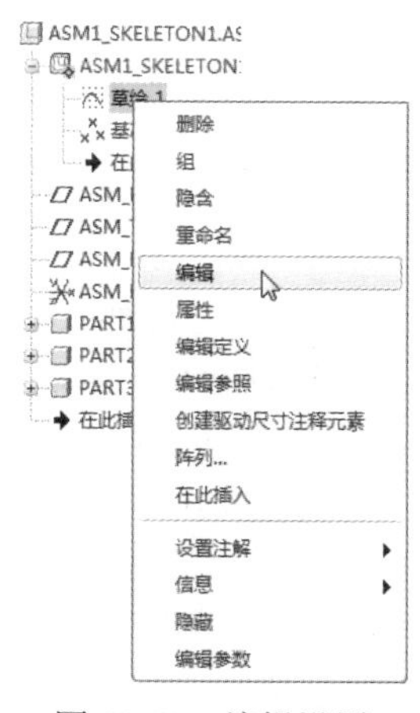

图 12-33　编辑设置

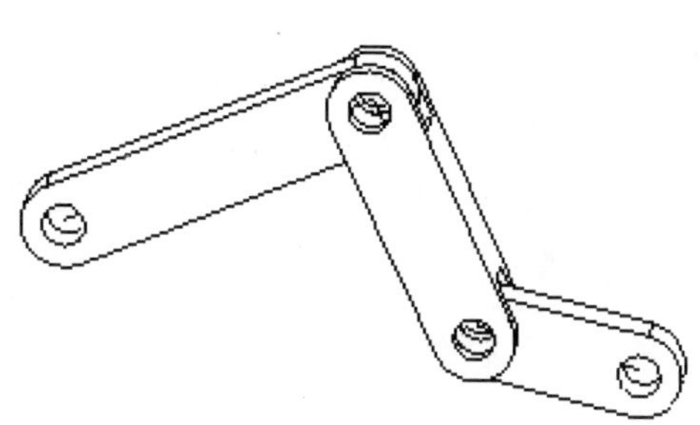

图 12-34　效果图

12.2.2　间接方式

（1）将资料包中的 yuanwenjian\12\skeleton 目录下的所有文件复制到工作目录下，选择“文件”→

“新建”命令，在系统打开的“新建”对话框中选择“组件”模式，指定文件名为 asm2_skeleton.asm，接受系统其他默认设置，单击“确定”按钮，系统将自动进入装配模式。

（2）选择“插入”→“元件”→“创建”命令，或单击“创建”按钮，系统打开“元件创建”对话框，如图 12-35 所示，选中“骨架模型”单选按钮，接受系统默认的名称 ASM2_SKELETON_SKEL，单击“确定”按钮。

Note

（3）系统打开“创建选项”对话框，如图 12-36 所示，选中“复制现有”单选按钮，单击“浏览”按钮，选取文件 skeleton1.prt，单击“确定”按钮，系统将通过坐标系对齐的方式来放置 skeleton1.prt，同时模型树出现了一个名称为 ASM2_SKELETON_SKEL.PRT 的项，接下来的操作方式与“直接方式”类似。

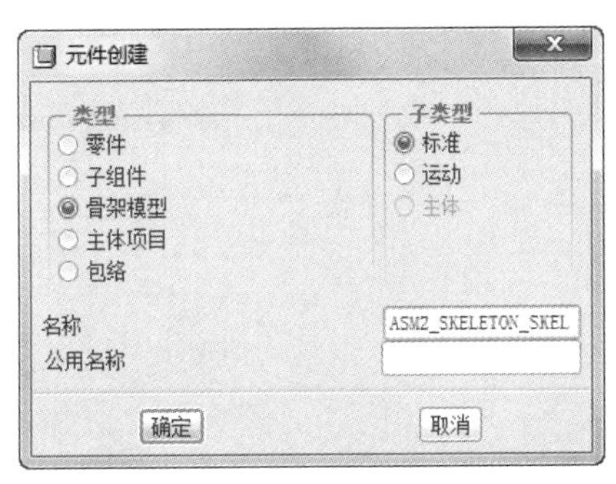

图 12-35 “骨架模型”设置

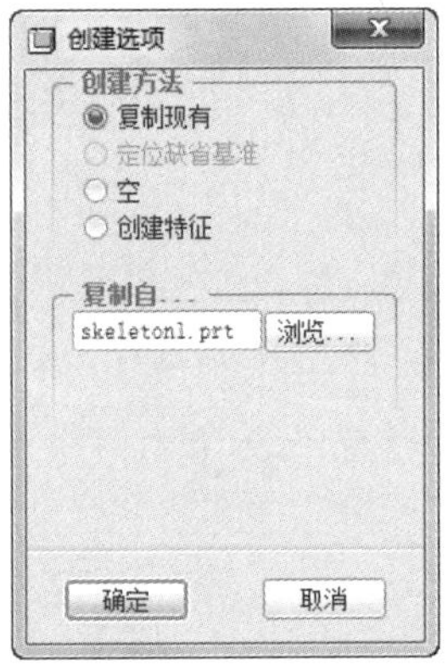

图 12-36 项设置

注意：本节骨架装配所用的零件是事先已经创建的，只能用骨架模型来改变组件的外形，不能改变大小，用户也可以尝试直接在组件模式下参照骨架模型来创建零件，这样就可以通过骨架模型来同时控制组件的大小和形状了。

通过骨架装配，简化了零件的装配，也避免了一些不必要的零件之间的父子关系，还可以通过改变骨架结构来改变组件的结构，适用于机构件的仿真。

12.3 替换装配

组件初步完成后，有时候需要对组件中的部分零件进行更换，例如一些标准件（螺栓、螺母）的替换，如果从头再来，先删除要被替换的零件，再调入替换的零件重新进行装配，这就显得比较烦琐，采用 Pro/E 提供的交换装配功能，可以根据预先的定义自动进行零件替换。Pro/E 提供了多种零件替换方式，如族表、互换、参照模型、布局、手动等。下面分别通过实例对这几种方式进行讲解。

12.3.1 “族表”替换

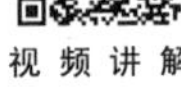

视频讲解

使用此项功能的前提是替换零件已经创建好零件族，有关通过族表始建零件系列见前面的介绍。

（1）将资料包中的 yuanwenjian\12\interchange\table 目录下的所有文件复制到当前工作目录下，打开装配文件 asm1_table.asm，组件效果如图 12-37 所示。

（2）将组件中一个 M6×40 的螺栓替换为 M10×45 的螺栓：在模型树中选取零件 M6×

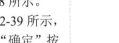

40_GB5780.PRT，单击鼠标右键，从系统弹出的快捷菜单中选择“替换”命令，如图 12-38 所示。

（3）在系统打开的“替换”对话框中选中“族表”单选按钮，再单击按钮，如图 12-39 所示，系统打开“族树”对话框，选取代号为 M10×45_GB5780 的零件，如图 12-40 所示，单击“确定”按钮，再单击“替换”对话框中的“确定”按钮，可以发现组件中的一个螺栓大小发生了改变，替换后效果如图 12-41 所示。

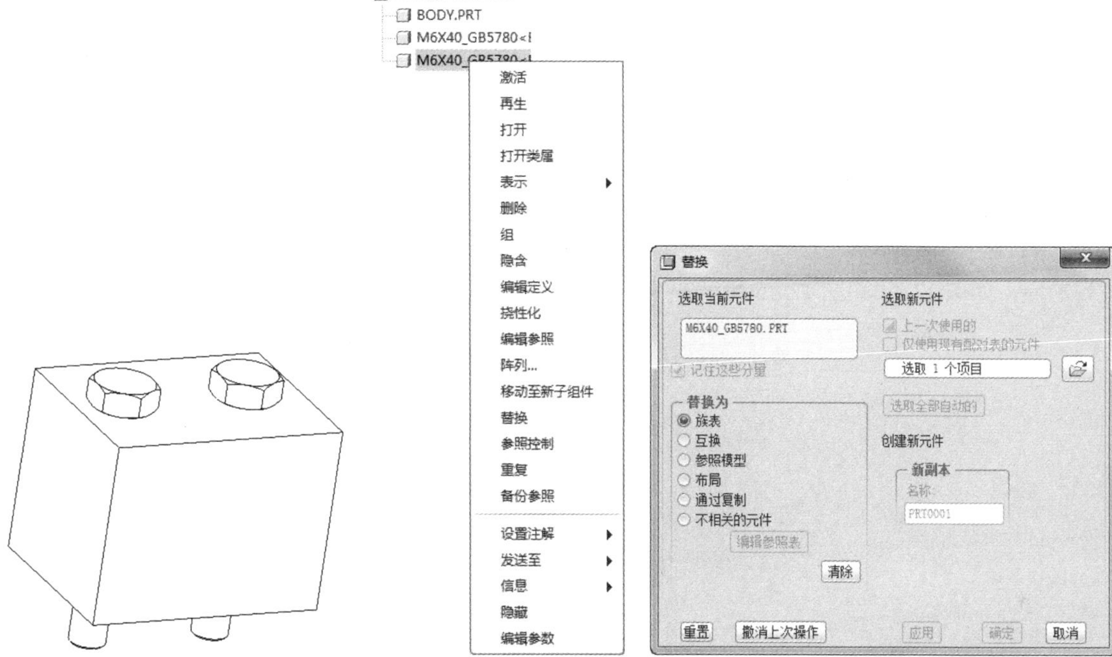

图 12-37　组件效果图　　图 12-38　替换设置　　图 12-39　替换方式设置

图 12-40　换零件选取

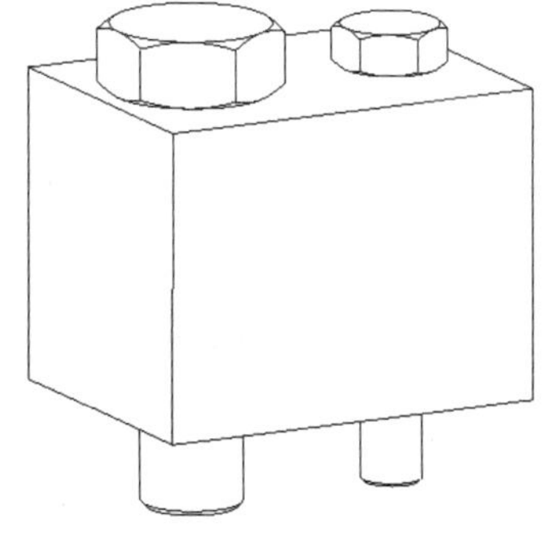

图 12-41　效果图

12.3.2　“互换”替换

（1）将资料包中的 yuanwenjian\12\interchange\exchange 目录下的所有文件复制到当前工作目录下，打开装配文件 asm1_exchange.asm，组件效果如图 12-42 所示。

（2）将组件中的螺栓 NUT1.PRT 替换为螺栓 NUT2.PRT，替换之前应先对 NUT1.PRT 和 NUT2.PRT 进行约束条件关联的定义。选择“文件”→“新建”命令，在系统打开的“新建”对话框中选择“组件”模式，子类型选择“互换”，输入文件名称为 subasm1_exchange，如图 12-43 所示，然后单击“确

定”按钮。

（3）选择“插入”→“元件”→“装配”→“功能”命令，在系统打开的“打开”对话框中选取零件 NUT1.PRT，系统载入零件 NUT1。

（4）选择“插入”→“元件”→“装配”→“功能”命令，在系统打开的“打开”对话框中选取零件 NUT2.PRT，系统载入零件 NUT2。

注意：“类型”选项组包括以下两种选项。

- ☑ 简化元件：使用零件的外形图来进行更换，通常应用于复杂的替换。
- ☑ 功能元件：用相似结构的零件以相同的装配约束方式来替换零件，通过定义参照标签来建立约束条件的关联。

（5）系统打开“元件放置”用户界面，这里定义的约束没有什么意义，可以随意定义，选取约束条件类型为“自动”，再单击“确定”按钮即可。

（6）选择“插入”→“参照标签”命令，系统打开“参照标签”对话框，选取零件 NUT1 和 NUT2 对齐的面，如图 12-44 和图 12-45 所示。

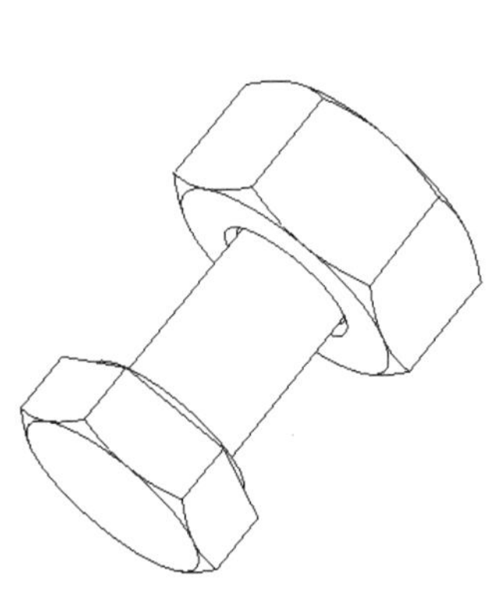

图 12-42　效果图

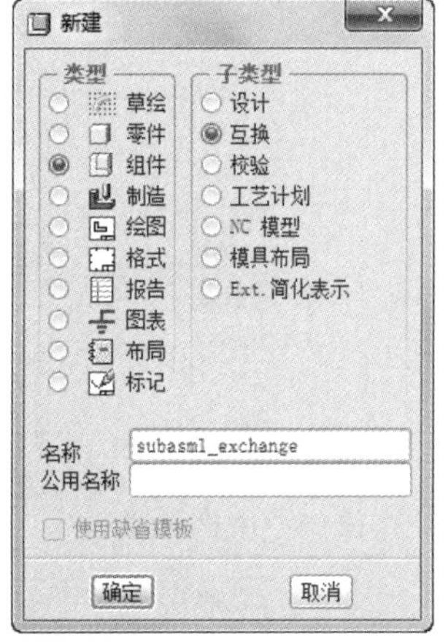

图 12-43　“新建”对话框

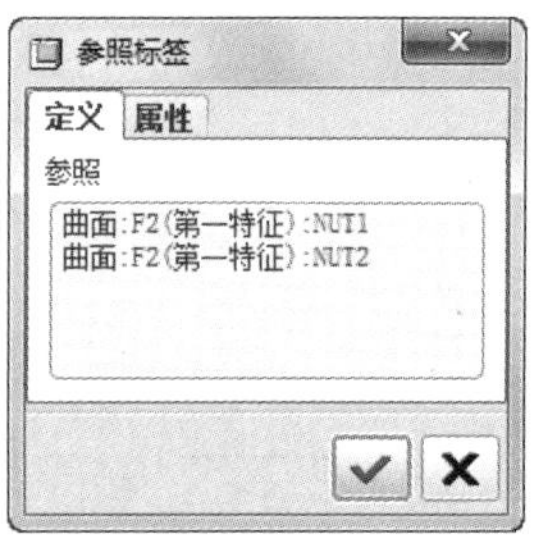

图 12-44　“参照标签”对话框

（7）选择“插入”→“参照标签”命令，系统打开“参照标签”对话框，选取零件 NUT1 和 NUT2 插入的面，如图 12-46 和图 12-47 所示。

图 12-45　参照标签属性

图 12-46　“参照标签”对话框

图 12-47　参照标签属性

注意：此处选取的 NUT1 的顶面应是组件 asm1_exchange.asm 中用到的配合面。

（8）完成标签定义后单击“参照标签”对话框中的“确定”按钮，保存并关闭文件。

（9）切换到组件 asm1_exchange.asm 的工作窗口，确认该窗口为活动窗口，接下来将组件中一个 NUT1 替换为 NUT2：在模型树中选取零件 NUT1.PRT，单击鼠标右键，从弹出的快捷菜单中选择

Note

“替换”命令，如图 12-48 所示。

（10）在系统打开的“替换”对话框中选中“互换”单选按钮，再单击按钮，如图 12-49 所示，系统打开“族树”对话框，选取零件 NUT2.PRT，如图 12-50 所示，单击“确定”按钮，再单击“替换”对话框中的“确定”按钮，可以发现组件中的一个螺栓的大小发生了改变，替换后的效果如图 12-51 所示。

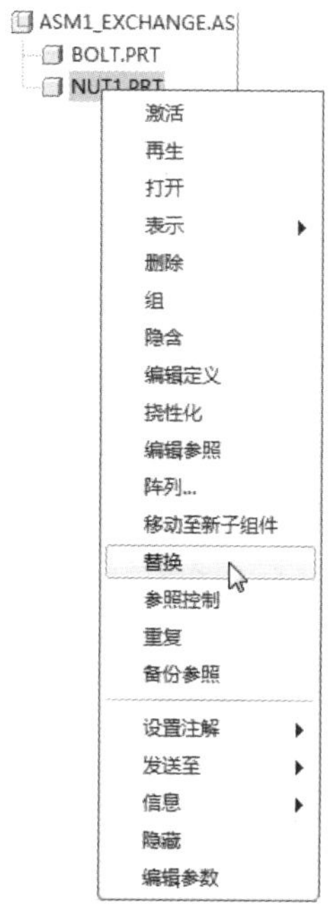

图 12-48　替换设置

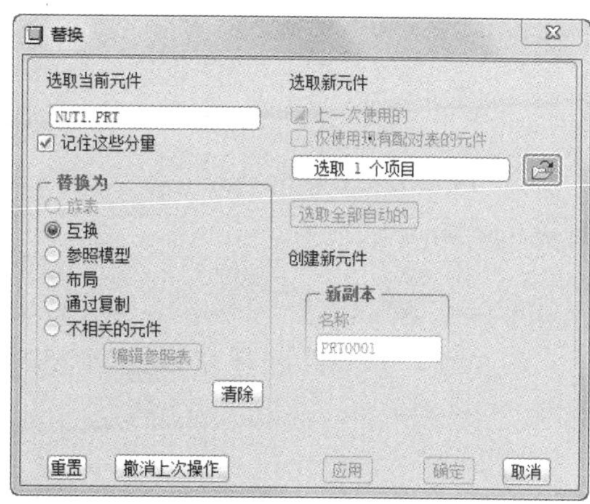

图 12-49　互换设置

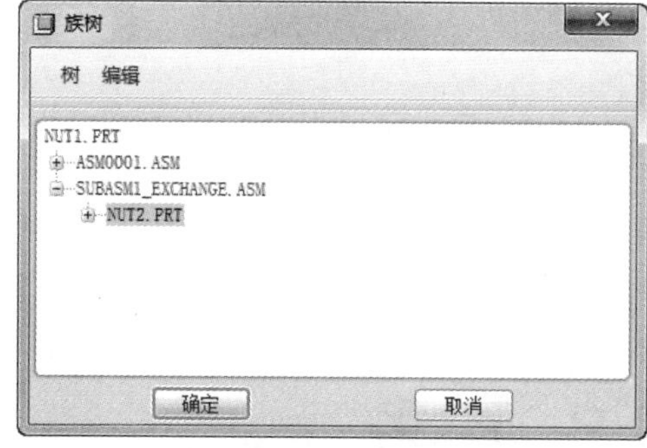

图 12-50　替换零件选取

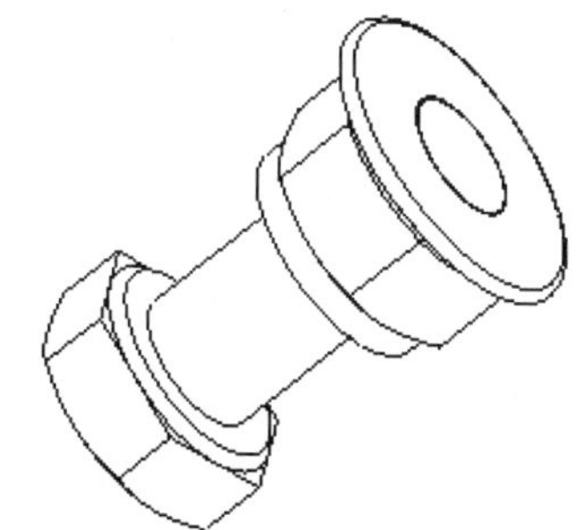
图 12-51　效果图

12.3.3　“布局”替换

视频讲解

在使用“布局”替换功能之前，替换零件和被替换零件应已经和同一个布局文件建立了声明。

（1）将资料包中的 yuanwenjian\12\interchange\layout 目录下的所有文件复制到当前工作目录下，打开装配文件 asm1_lay3.asm，组件效果如图 12-52 所示。

（2）将组件中一个零件 PART2_LAY3.PRT 替换为 PART3_LAY3.PRT：在模型树中选取零件 PART2_LAY3.PRT，单击鼠标右键，从弹出的快捷菜单中选择“替换”命令。

（3）在系统打开的“替换”对话框中选中“布局”单选按钮，再单击按钮，如图 12-53 所示，

Note

系统打开“打开”对话框，选取零件 PART3_LAY3.PRT，系统打开“元件放置”操控板，可以发现约束已经定义，如图 12-54 所示，直接单击“确定”按钮，最后单击“替换”对话框中的“确定”按钮，可以发现组件中的一个螺栓样式发生了改变，替换后效果如图 12-55 所示。

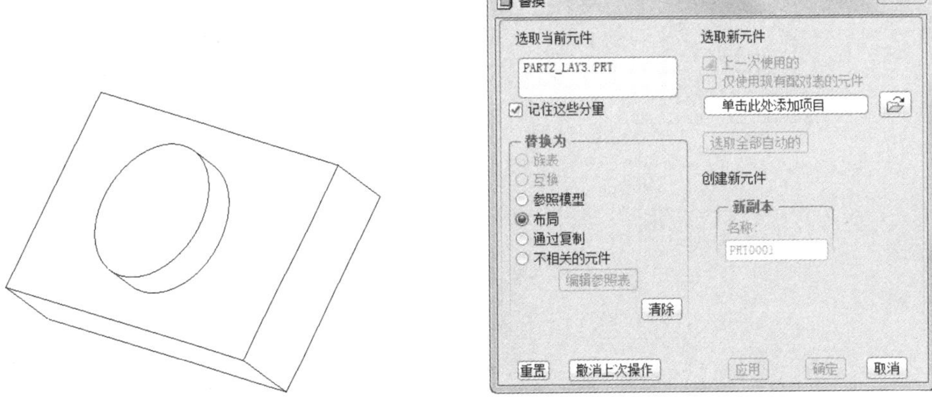

图 12-52　效果图

图 12-53　“替换”对话框

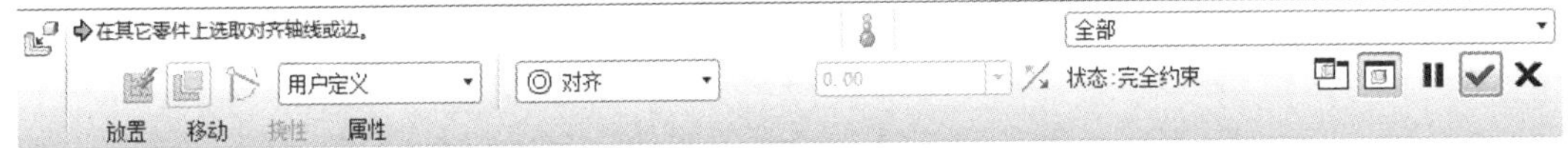

图 12-54　“元件放置”操控板

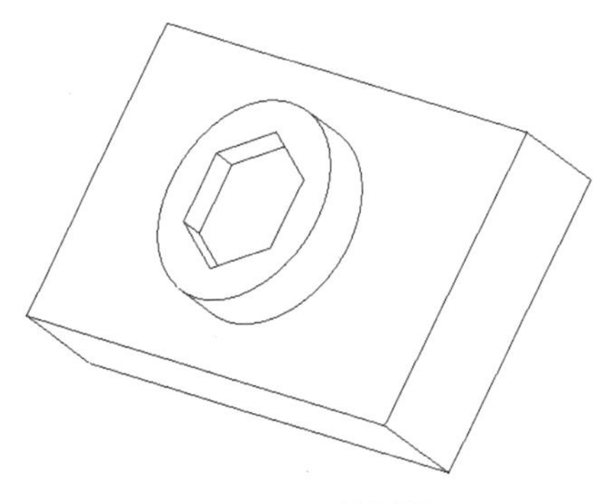

图 12-55　效果图

12.4　接口装配

视频讲解

接口是部分定义的约束组，用来定义零件应如何装配到另一个零件或组件中。举个例子，假如已知零件 A 的某个基准面将用于创建匹配约束，你就定义一个接口为匹配约束，并使这个基准面与约束关联，这样的约束条件组称为一个接口，装配零件前，可在该零件中创建并存储多个接口，每个接口可定义装配零件的不同方法，使用接口可以提高装配的效率。下面通过实例来具体讲解接口装配的过程。

（1）将资料包中的 yuanwenjian\12\intfc 目录下的所有文件复制到工作目录下，选择“文件”→“打开”命令，在系统打开的“打开”对话框中选取文件 nut.prt，零件效果如图 12-56 所示（螺纹已隐藏）。

（2）选择“插入”→“模型基准”→“元件界面”命令，如图 12-57 所示，系统打开“元件界

面”对话框，在“界面名称”栏中出现一个名为 INTFCOO2 的接口，如图 12-58 所示。

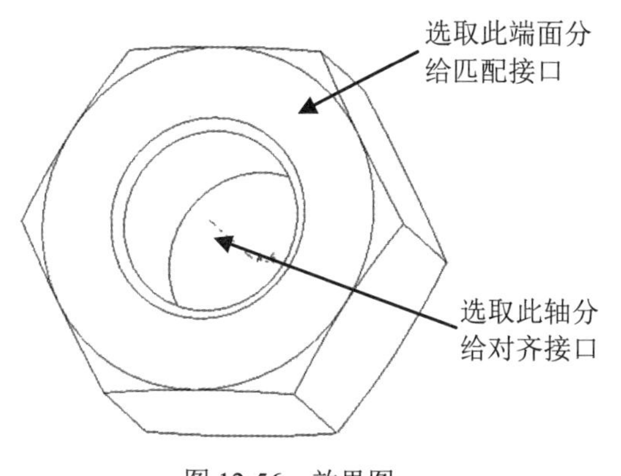

图 12-56　效果图

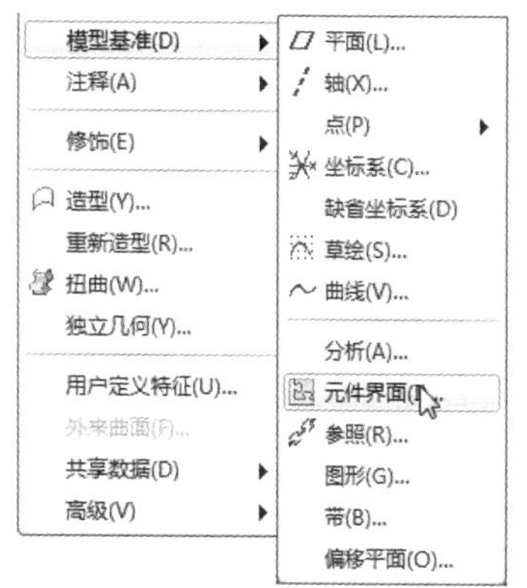

图 12-57　选择命令

（3）接受系统自定义的接口名称，再设置该接口的约束类型：选取“配对”约束类型，系统提示“在一个零件上选取匹配的曲面或基准平面”，选取螺母的一个端面，如图 12-56 所示提示，单击新建约束，选取“对齐”选项，之后在零件上选取轴 A_6，完成效果如图 12-59 所示，单击“元件界面”对话框中的✓按钮，保存文件 nut.prt。

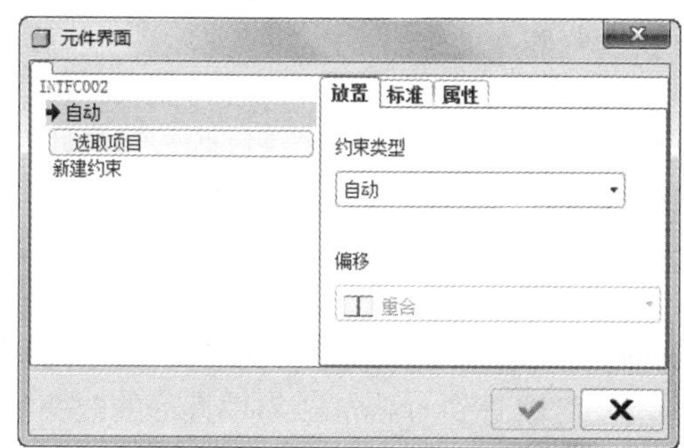

图 12-58　元件界面设置

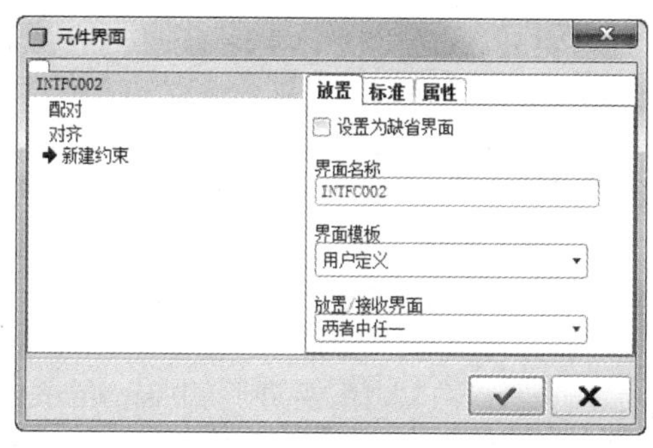

图 12-59　“元件界面”完成效果

（4）打开文件 asm1_intfc.asm，选择“插入”→“元件”→“装配”命令，或直接单击绘图区右侧的“装配”按钮，系统打开“打开”对话框，打开零件 nut.prt。

（5）在“元件放置”用户界面选取列表中的接口 INTFC002，（用户可以尝试单击自动放置按钮来完成装配），打开“放置”下滑面板，并已定义好“配对”及“对齐”约束，如图 12-60 所示，分别在螺栓零件上选取一平面及轴线，如图 12-61 中箭头所指。

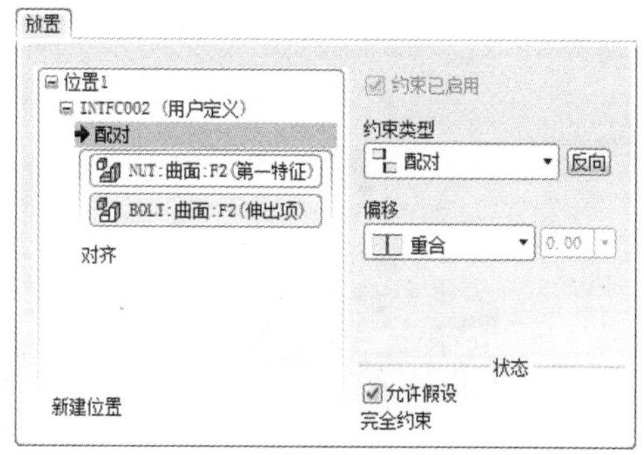

图 12-60　“放置”下滑面板

（6）单击“元件放置”操控板中的✔按钮。组件完成效果如图 12-62 所示。

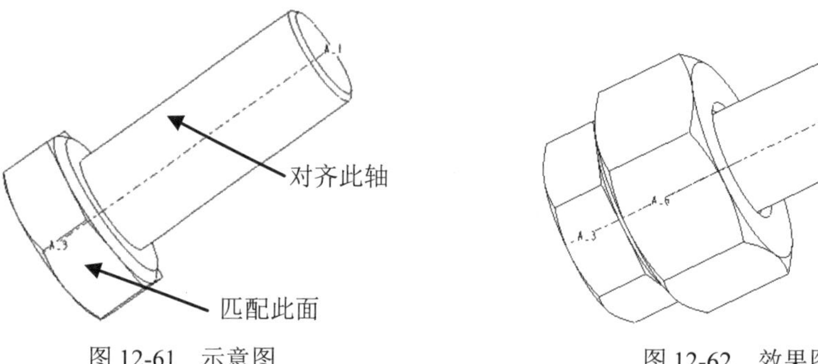

图 12-61　示意图　　　　图 12-62　效果图

12.5　装配体的操作

12.5.1　装配体中元件的打开、删除和修改

装配体中元件的打开、删除和修改的步骤如下。

（1）打开已有的装配体文件 asm1.asm，右击设计树浏览器中的 assemble2 子项，系统打开一个快捷菜单，如图 12-63 所示。

（2）从上面的快捷菜单中可以看到，可以在此对装配体元件进行“打开”“删除”“修改”等操作。选择快捷菜单中的“打开”命令，系统将在一个新的窗口打开选中的零件，并将此零件的设计窗口设为当前激活状态，如图 12-64 所示。

（3）在当前激活的零件设计窗口，将当前设计对象上的孔特征的直径修改为 10.00，然后选择“编辑”→“再生”命令，系统重新生成 assemle2 零件，此时可以看到零件上孔特征的直径已经改变。将当前零件设计窗口关闭，系统返回 asm1 装配体设计环境，可以看到 assemle2 零件直径的改变情况，如图 12-65 所示。

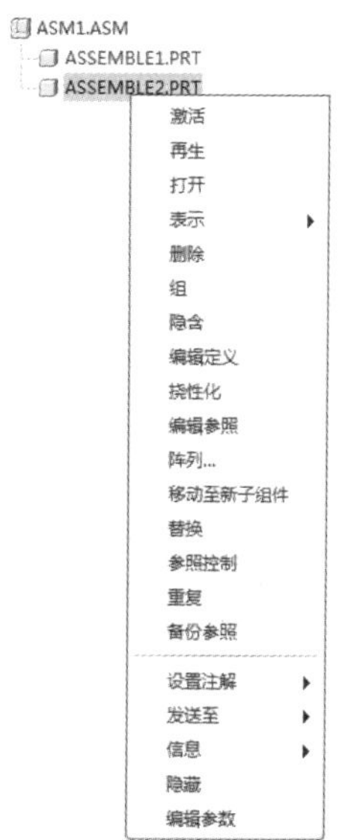

图 12-63　快捷菜单

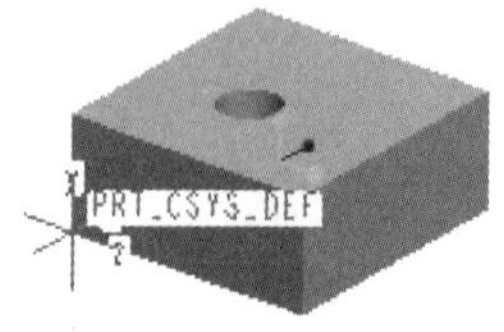

图 12-64　打开零件

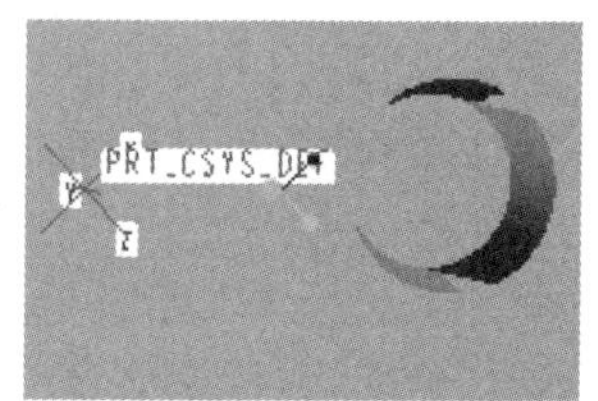

图 12-65　修改孔尺寸

（4）右击“设计树”浏览器中的 assemble2 子项，在弹出的快捷菜单中选择“编辑定义”命令，系统打开“元件放置”操控板，如图 12-66 所示，可以看到此操控板中显示装配元件现有的约束关系，用户在此操控板中可以重新定义装配元件的约束关系。

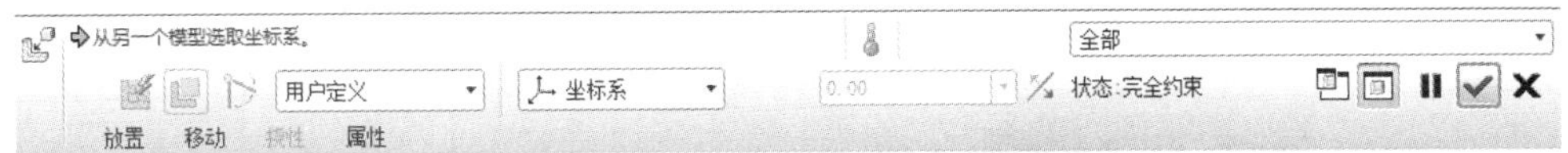

图 12-66　“元件放置”操控板

（5）单击“元件放置”操控板中的“取消”按钮，不对此装配元件的约束关系做任何修改。右击设计树浏览器中的 assemble2 子项，在弹出的快捷菜单中选择“删除”命令，系统将设计环境中的 assemble2 零件删除，如图 12-67 所示，

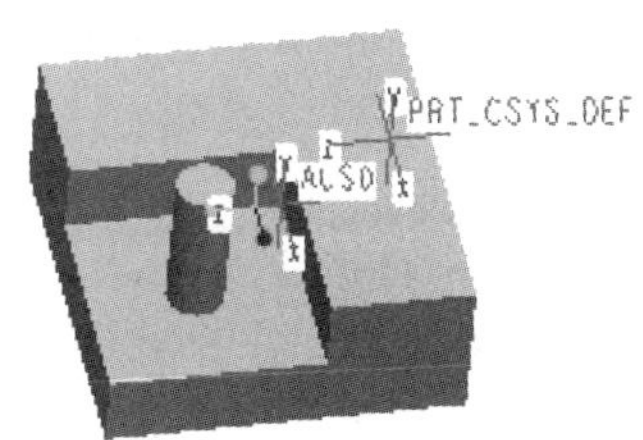

图 12-67　删除零件

（6）关闭当前设计环境并且不保存当前设计对象。

12.5.2　在装配体中创建新零件

除了在装配体中装入零件外，还可以在装配体中直接创建新零件，创建步骤如下。

（1）打开已有的装配体文件 asm1.asm，单击“工程特征”工具栏中的“创建”按钮，系统打开“元件创建”对话框，如图 12-68 所示。

（2）在“元件创建”对话框的“名称”文本框中输入零件名 assemble4，然后单击此对话框中的“确定”按钮，系统打开“创建选项”对话框，如图 12-69 所示。

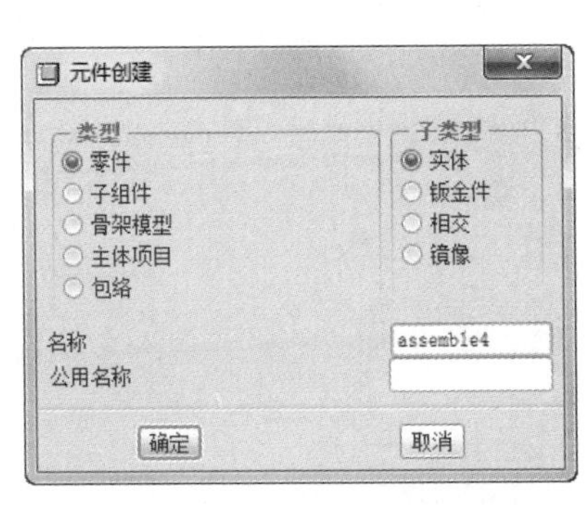

图 12-68　“元件创建”对话框

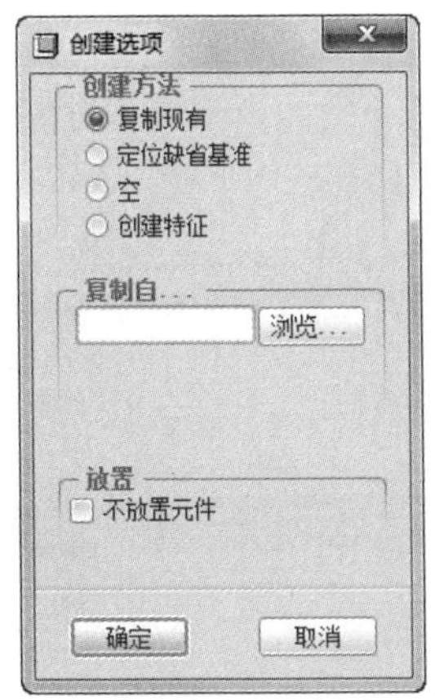

图 12-69　“创建选项”对话框

（3）选中“创建选项”对话框中的“创建特征”单选按钮，然后单击“确定”按钮；单击“草绘工具”按钮，系统弹出“草绘”对话框，选取如图 12-70 所示的绘图平面和参考面。

（4）为了显示方便，将当前设计对象设为“隐藏线”显示模式，然后在草图绘制环境中绘制如图 12-71 所示的 2D 截面。

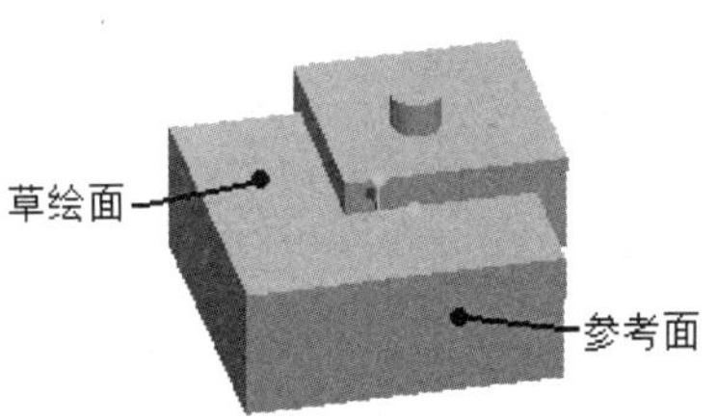

图 12-70　选取草绘面及参考面

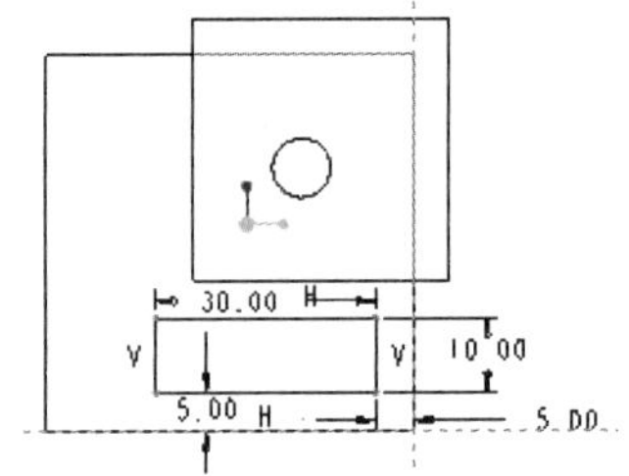

图 12-71　绘制截面

（5）生成此 2D 截面后，使用“拉伸工具”命令将其拉伸，拉伸深度为 10.00，此时设计环境中的设计对象如图 12-72 所示。

（6）此时当前设计环境的主工作窗口中有一行字：活动零件 ASSEMBLE4，并且设计树浏览器中的 assemble4 子项下有一个绿色图标，如图 12-73 所示，表示此时 assemble4 零件仍处于创建状态。

（7）右击设计树浏览器中的 assemble4 子项，在弹出的快捷菜单中选择“打开”命令，系统在单独设计窗口中将零件 assemble4 打开，然后再将此窗口关闭，则此时零件 assemble4 处于装配完成状态，设计树浏览器中的 assemble4 下的绿色图标不存在了，如图 12-74 所示。

图 12-72　生成拉伸特征

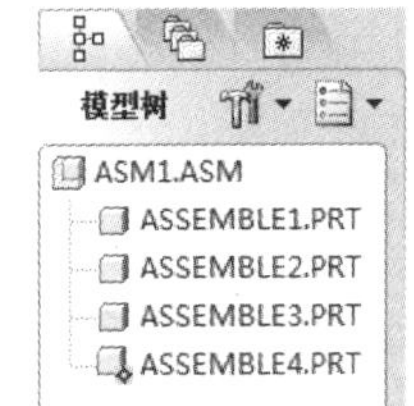

图 12-73　设计树浏览器（1）

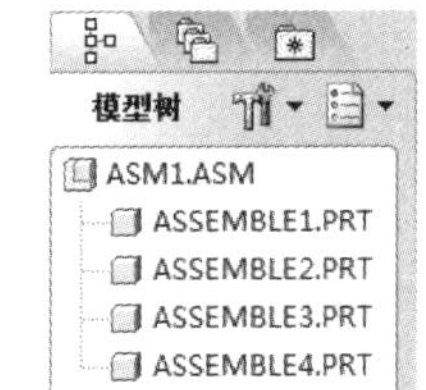

图 12-74　设计树浏览器（2）

12.5.3　移动装配件

系统调入元件或子装配件后，会将其放在一个默认位置来显示，用户可以使用“元件放置”用户界面的“移动”下滑面板来调节待装配件的位置，以方便添加装配约束，如图 12-75 所示，一共有 4 种移动类型：定向模式、平移、旋转和调整。选择移动类型后，必须选取参照来移动元件或子装配件。

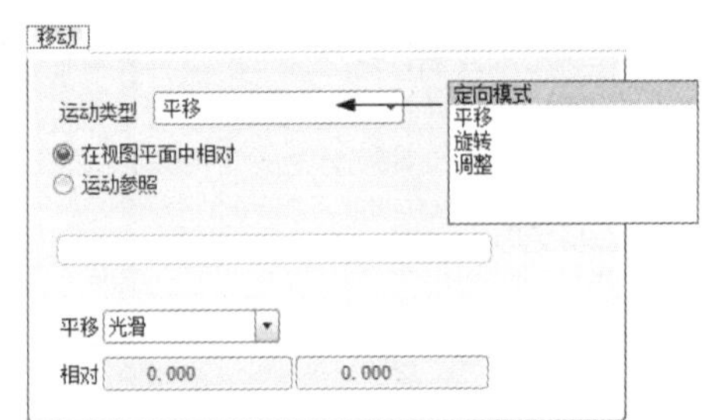

图 12-75　“移动”下滑面板

1. 移动类型

（1）定向模式：使用定向模式移动元件或子装配件。

（2）平移：根据所选的移动参照移动元件或子装配件。

（3）旋转：沿所选的移动参照旋转元件或子装配件。

（4）调整：根据所选的移动参照，定义要移动的元件或子装配件与已有装配件匹配或对齐，一般会有匹配、匹配偏距、对齐、对齐偏距等约束功能。

2. 运动参照

图中直接选取参照，如图 12-76 所示。

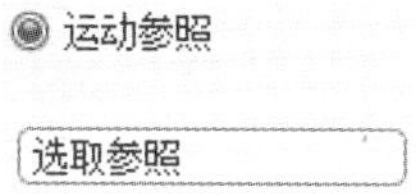

◉ 运动参照

选取参照

图 12-76　运动参照设置

3. 运动增量

系统提供以下两种运动增量方式。

（1）平移

☑ 光滑：连续平移。

☑ 1、5、10：不连续平移，以 1、5 或 10 为单位跳跃式移动。

（2）旋转

☑ 光滑：连续旋转。

☑ 5、10、30、45、90：不连续旋转，以 5、10、30、45 或 90 度为单位跳跃式旋转。

4. 相对位置

移动件相对其初始位置所平移的距离或旋转的角度。

12.6　爆炸图的生成

12.6.1　关于爆炸图

组件的爆炸图也称为分解视图，是将模型中每个元件与其他元件分开表示。使用“视图管理器”中的“分解”命令可创建分解视图。分解视图仅影响组件外观，设计意图以及装配元件之间的实际距离不会改变。可创建分解视图来定义所有元件的分解位置。

可以为每个组件定义多个分解视图，然后可随时使用任意一个已保存的视图。还可以为组件的每个绘图视图设置一个分解状态。每个元件都具有一个由放置约束确定的默认分解位置。默认情况下，分解视图的参照元件是父组件（顶层组件或子组件）。

12.6.2　新建爆炸图

在组件环境下如果要建立爆炸图，选择“视图”→“分解”→“分解视图”命令来建立，如图 12-77 所示。

（1）打开第 11 章建立的组件文件 lianzhouqi.asm，如图 12-78 所示。

（2）选择“视图”→“分解”→“分解视图”命令，系统就会根据使用的约束产生一个默认的分解视图，如图 12-79 所示。

Note

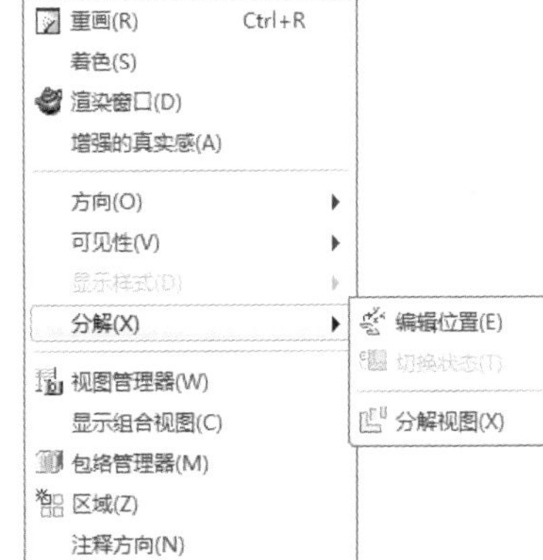

图 12-77　分解菜单

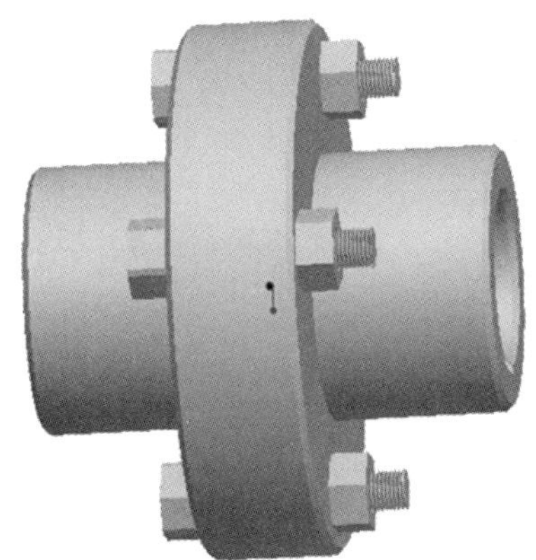

图 12-78　打开装配图

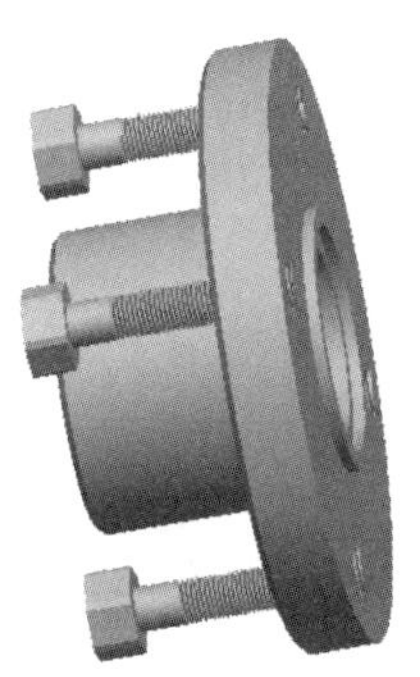

图 12-79　默认的分解视图

12.6.3　编辑爆炸图

默认的分解视图产生非常简单，但是默认的分解视图通常无法贴切地表现出各个元件之间的相对位置，因此常常需要通过编辑元件位置来调整爆炸图。要编辑爆炸图，选择“视图”→“分解”→“编辑位置”命令，打开如图 12-80 所示的“编辑位置”操控板，编辑爆炸视图。

图 12-80　“编辑位置”操控板

“编辑位置”操控板中提供了 3 种编辑类型。

☑　平移：使用“平移”类型移动元件时，可通过平移参照设置移动方向，平移的运动参照包含 6 类。

☑　旋转：在多个元件具有相同的分解位置时，某一个元件的分解方式可复制到其他元件上。因此，可以先处理好一个元件的分解位置，然后使用复制位置功能对其他元件位置进行设定。

☑　视图平面：将元件的位置恢复到系统默认分解的情况。

单击“参照”按钮，在弹出的“参照”下滑面板中选中“移动参照”复选框，在绘图区选取要移动的螺钉，再选取移动参照，然后单击操控板中的“完成”按钮☑，结果如图 12-81 所示。

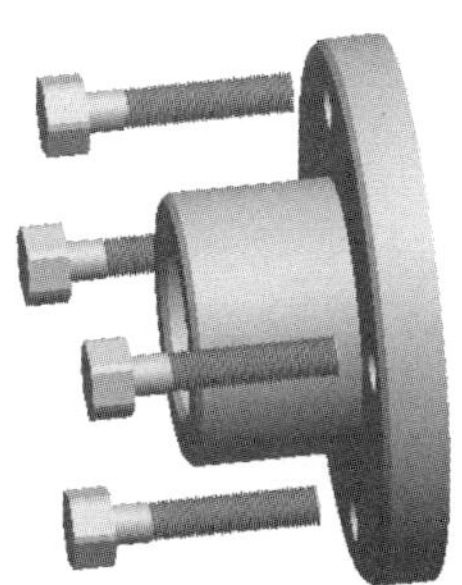

图 12-81　移动参照结果

12.6.4　保存爆炸图

建立爆炸视图后，如果想在下一次打开文件时还可以看到相同的爆炸图，就需要对产生的爆炸视图进行保存。首先单击“视图管理器”按钮或者选择“视图”→“视图管理器”命令，打开“视图管理器”对话框，然后切换到“分解”选项卡，如图 12-82 所示。

在该对话框中单击“新建”按钮，由于前面对默认爆炸图的位置进行了调整，因此弹出如图 12-83 所示的对话框，让用户选择是否保存修改的状态。

图 12-82　“视图管理器”对话框

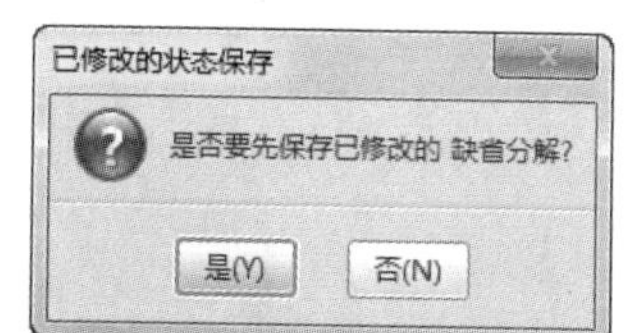

图 12-83　“已修改的状态保存”对话框

在该对话框中单击“是”按钮，则可弹出“保存显示元素”对话框，如图 12-84 所示；如果选择“缺省分解”选项并单击其中的“确定”按钮，即可弹出如图 12-85 所示的“更新缺省状态”对话框，如果选取其他则直接进入如图 12-86 所示的对话框。

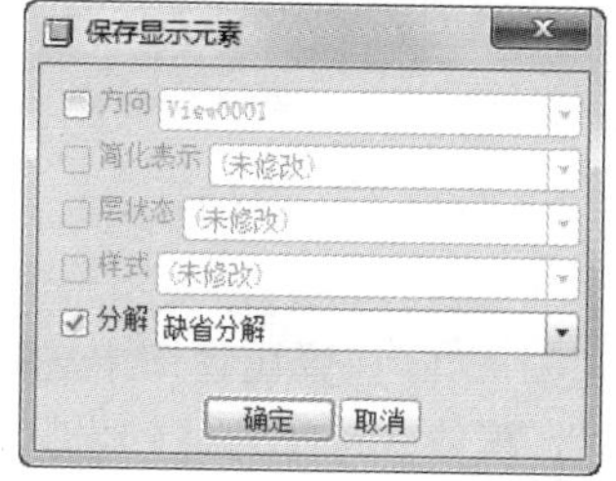

图 12-84　“保存显示元素”对话框

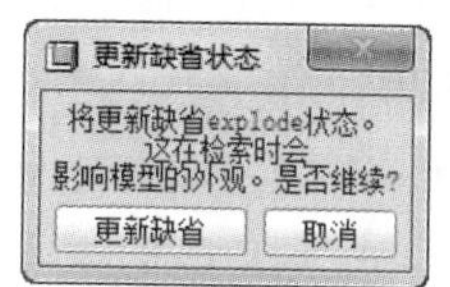

图 12-85　“更新缺省状态”对话框

Note

图 12-86　输入名称

在图 12-86 所示的对话框中输入爆炸图的名称，默认的名称是 Exp000#，其中#是按顺序编列的数字。然后单击“关闭”按钮即可完成爆炸图的保存。

12.6.5　删除爆炸图

也可以将生成的爆炸图恢复到没有分解的装配状态。要将视图返回到其以前未分解的状态，选择“视图”→“分解”→“取消分解视图”命令，即可恢复到没有分解的装配状态。

12.7　齿轮泵体总装配图

视频讲解

齿轮泵体总装配图主要由机座、前盖、后盖、轴齿轮等组件通过键、销及螺钉等进行连接组成，如图 12-87 所示。下面详细介绍制作此组件的具体操作步骤。

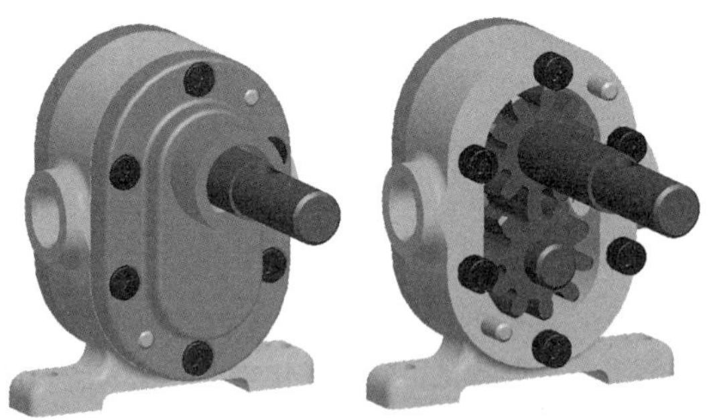

图 12-87　初装配效果图

1. 创建新文件

创建新文件，输入文件名 chilunbeng。

2. 调入机座零件

单击界面右端“草绘器工具”工具栏中的“装配”按钮，在弹出窗口中选择 jizuo.prt 调入，在弹出的“元件放置”功能菜单栏的约束中选择“坐标系”，再依次选择元件的坐标系和组件的坐标系，单击“确定”按钮，完成机座的调入装配，如图 12-88 所示。

3. 调入齿轮泵前盖零件

单击“装配”按钮，在弹出的窗口中选择 qiangai.prt 调入，如图 12-89 所示。

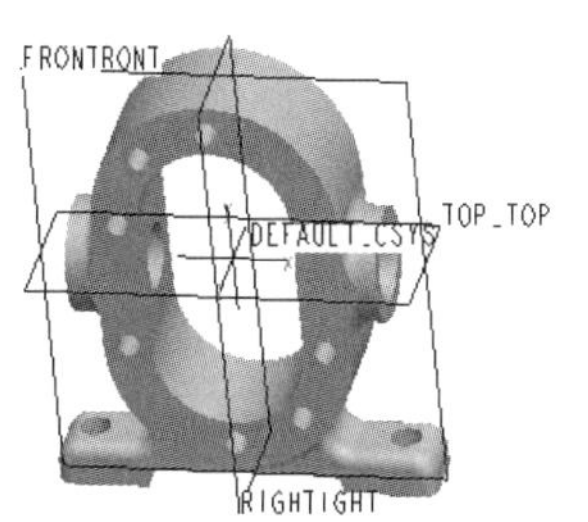

图 12-88 调入机座零件

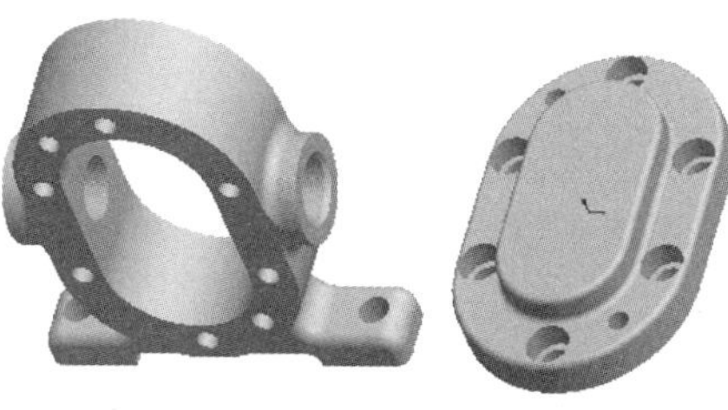

图 12-89 调入齿轮泵前盖零件

在弹出的“元件放置”操控板中约束选择“配对”，然后选择图 12-90 中的匹配面 1 和匹配面 2。如图 12-91 中“偏移”设置为“重合”。再单击“新建约束”按钮，增加约束选择“对齐”，然后选择图 12-90 中的轴线 A_56、A_38；再单击“新建约束”按钮，增加约束选择“对齐”，然后选择图 12-90 中的轴线 A_57、A_39，单击“确定”按钮，完成前盖的装配。装配好的前盖如图 12-92 所示。

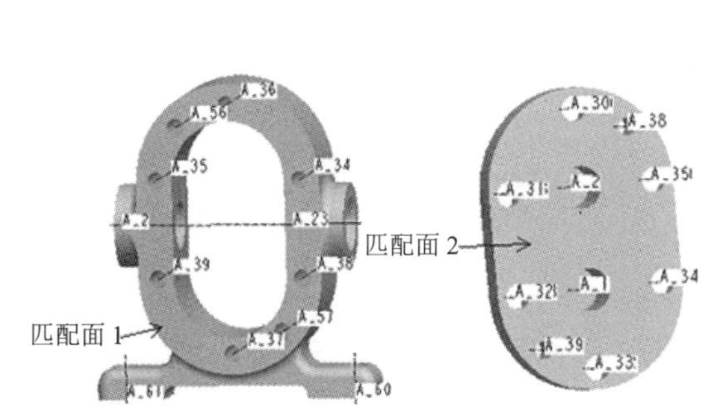

图 12-90 装配匹配面

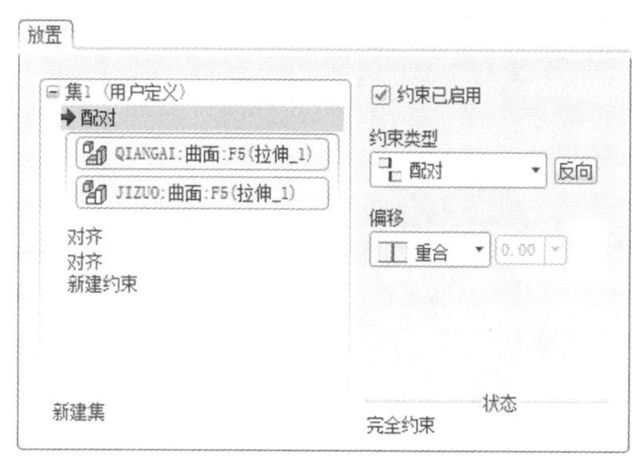

图 12-91 “偏移”设置

4. 调入销进行定位

单击“装配”按钮，在弹出的窗口中选择 xiaoding.prt 调入，如图 12-93 所示。

图 12-92 齿轮泵体前盖装配

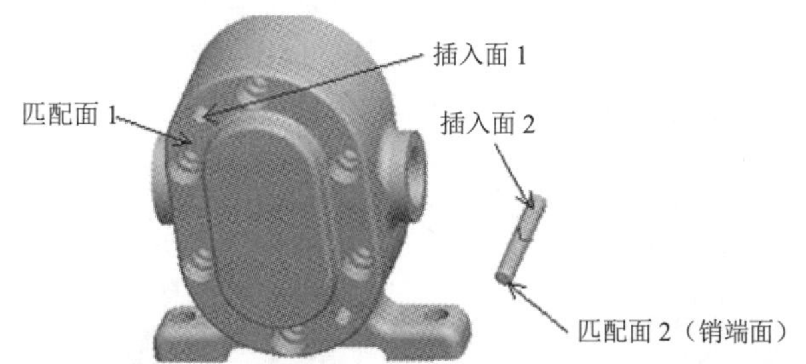

图 12-93 调入定位销

在弹出如图 12-91 所示的“元件放置”功能菜单中，约束选择“配对”，然后选择图 12-93 中的匹配面 1 和匹配面 2，在弹出的如图 12-91 所示的“偏移”设置对话框中约束的“偏移”设置为“重合”。再单击“新建约束”按钮，增加约束选择“插入”，然后选择图 12-93 中的插入面 1 和插入面 2，单击“确定”按钮，完成一个销的装配，如图 12-94 所示。

Note

5. 利用重复命令装配另一个销

选择刚刚装配的销，选择“编辑”→“重复”命令，如图 12-95 所示。

弹出如图 12-96 所示对话框，在“可变组件参照”选项组中选择“插入”参照，单击下面的“添加”按钮，再选择下面定位销孔的表面，单击“确认”按钮，完成另一个销的装配。完成后的结果如图 12-97 所示。

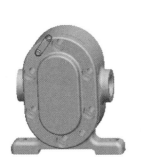

图 12-94 装配一个定位销

图 12-95 “编辑”菜单

图 12-96 “重复元件”对话框

6. 调入螺钉进行连接

单击“装配”按钮，在弹出的窗口中选择 luoding.prt 调入，如图 12-97 所示。

在弹出的“元件放置”操控板中，约束选择“配对”，然后选择图 12-98 中的匹配面 1 和匹配面 2，在弹出的如图 12-91 所示的“偏移”设置对话框中约束的“偏移”设置为“重合”。再单击“新建约束”按钮，增加约束选择“插入”，然后选择图 12-98 中的插入面 1 和插入面 2，单击“确定”按钮，完成一个螺钉的装配，如图 12-99 所示。

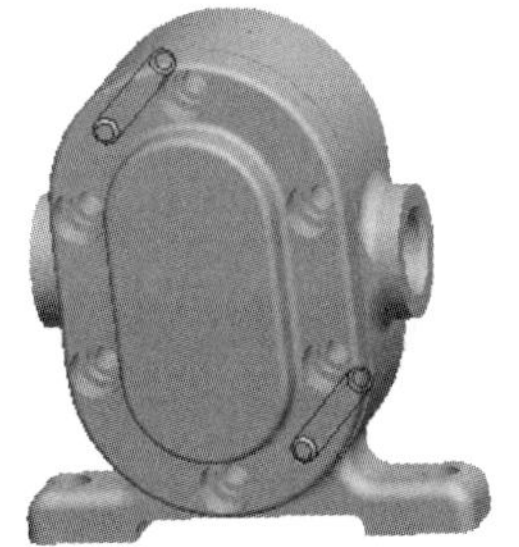

图 12-97 完成定位销装配

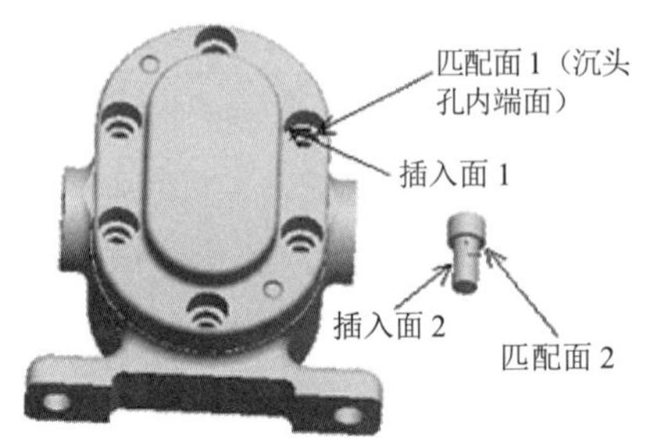

图 12-98 调入螺钉

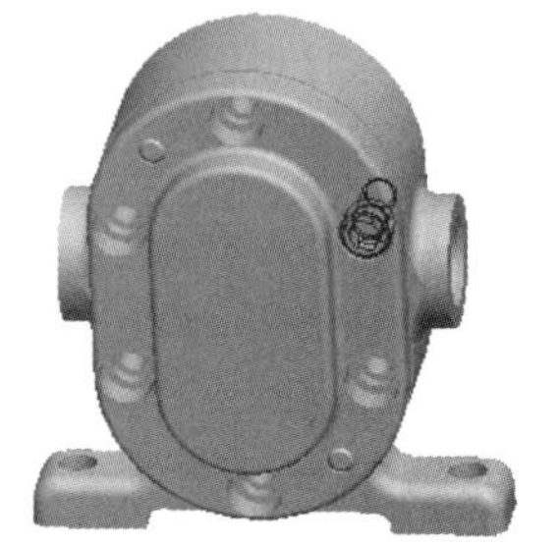

图 12-99 装配一个连接螺钉

7. 利用重复命令装配其余 5 个螺钉

与重复装配销命令方法相同：在如图 12-96 所示“重复元件”对话框的“可变组件参照”选项组中选择“插入”参照，单击下面的“添加”按钮，再依次选择其余沉头孔内圆表面，单击“确认”按钮，完成其余 5 个螺钉的装配，如图 12-100 所示。

8. 调入齿轮轴

单击“装配”按钮，在弹出的窗口中选择 chilun1.prt 调入。在弹出的“元件放置”操控板中约束选择“配对”，然后选择图 12-101 中的匹配面 1 和匹配面 2，在“偏移”中输入 1；再单击“新建约束”按钮，增加约束选择“插入”，然后选择图 12-101 中的插入面 1 和插入面 2，单击“确定”按钮。完成齿轮轴的装配，如图 12-102 所示。

图 12-100　完成螺钉装配

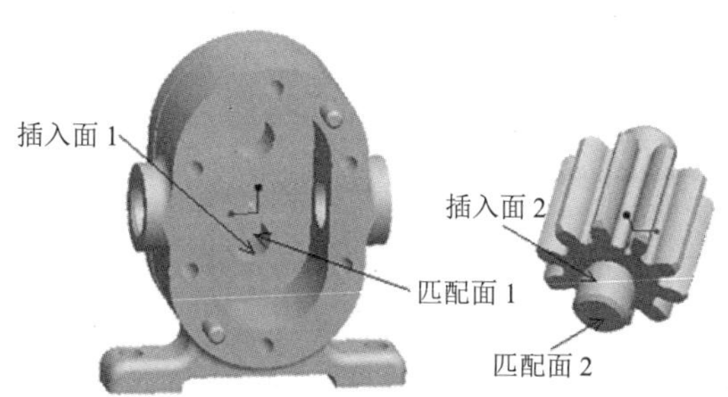

图 12-101　调入齿轮轴

9. 调入轴、齿轮组件

单击“装配”按钮，在弹出的窗口中选择 changchilun.asm1 调入。在弹出的“元件放置”操控板中约束选择“配对”，然后选择图 12-103 中的匹配面 1 和匹配面 2，在“偏移”中输入 1；单击“新建约束”按钮，增加约束选择“插入”。接着选择图 12-103 中的插入面 1 和插入面 2，单击“新建约束”按钮，增加约束选择“对齐”选项。然后选择图 12-103 中的对齐面 2 和总装配图中的基准面 ASM_TOP，在“偏移”中选择“定向”，单击“确定”按钮，完成齿轮轴的装配。完成齿轮轴装配后，如图 12-104 所示。

图 12-102　齿轮轴装配

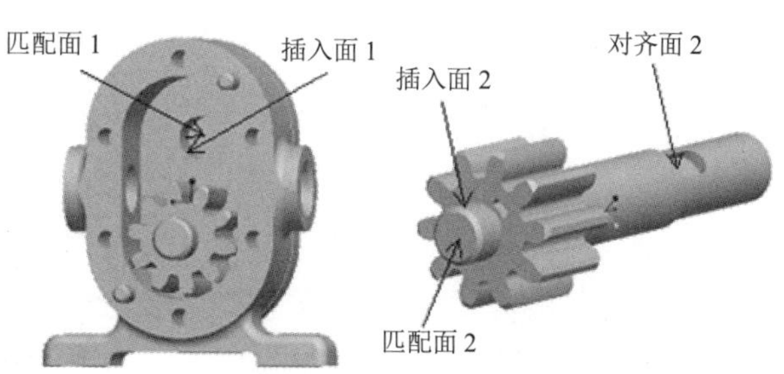

图 12-103　调入轴和齿轮组件

10. 调入齿轮泵后盖零件

单击“装配”按钮，在弹出的窗口中选择 hougai.prt 调入，如图 12-105 所示。

在弹出的窗口中约束选择“配对”，然后选择图 12-106 中的匹配面 1 和匹配面 2。

约束菜单中“偏移”设置为“重合”，再单击“新建约束”按钮，增加约束选择“对齐”，然后选择图 12-106 中的轴线 A_56、A_37；再单击“新建约束”按钮，增加约束选择“对齐”，然后选择图 12-106 中的轴线 A_57、A_36。单击“确定”按钮，完成后盖的装配，如图 12-107 所示。

图 12-104　齿轮与轴组件装配

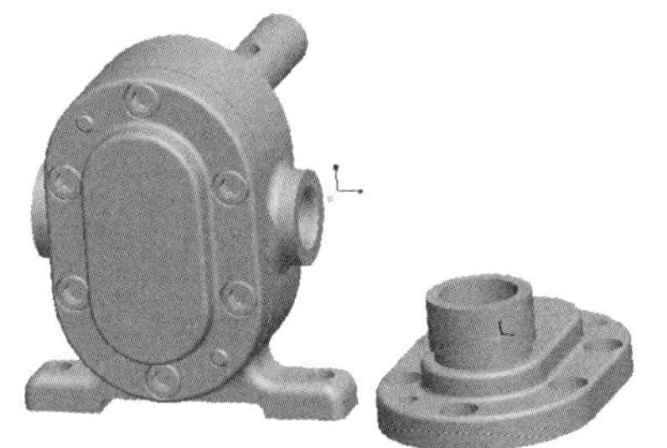

图 12-105　调入齿轮泵后盖

11. 调入螺钉进行连接

与第 6 步中螺钉装配方法相同，用 6 个螺钉固定后盖，完成后的结果如图 12-108 所示。

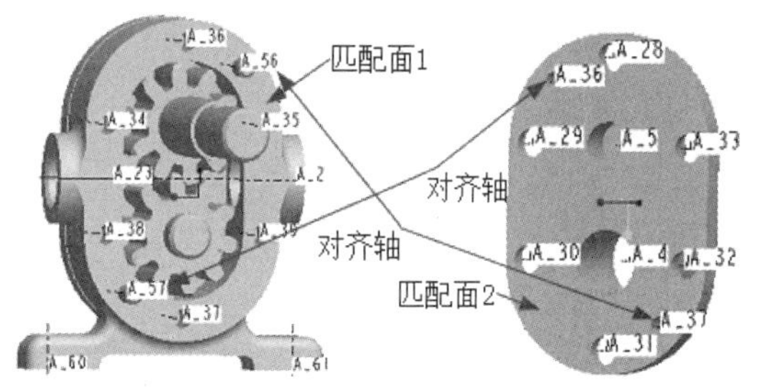

图 12-106　后盖装配匹配面

图 12-107　齿轮泵后盖装配

图 12-108　螺钉连接

12. 设置组件颜色

如图 12-109 所示，单击“视图”工具栏“外观库”右侧的三角按钮，弹出如图 12-110 所示的外观编辑器。先指定颜色，关闭外观管理器。单击“视图”工具栏中的“外观库”按钮，此时光标变为“毛笔”状，指定位置选择元件，分别选择不同的元件一一设置颜色，如图 12-110 所示。

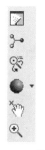

图 12-109　外观库

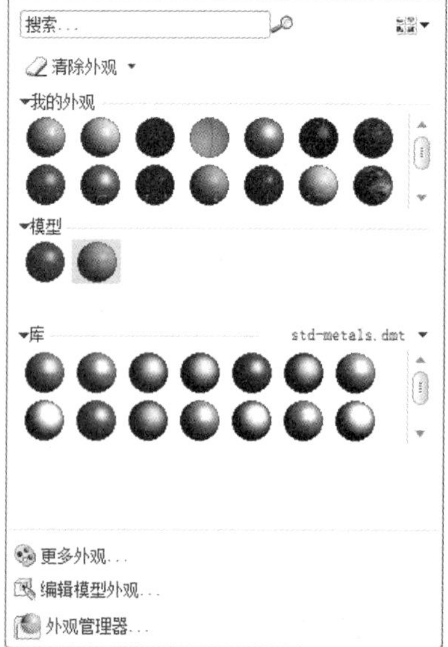

图 12-110　“外观编辑器”对话框

总装配文件初步完成，如图 12-87 所示，保存总装配文件。

13. 制作爆炸图

如图 12-111 所示，选择“视图”→“分解”→“分解视图”命令，得到如图 12-112 所示的爆炸图。

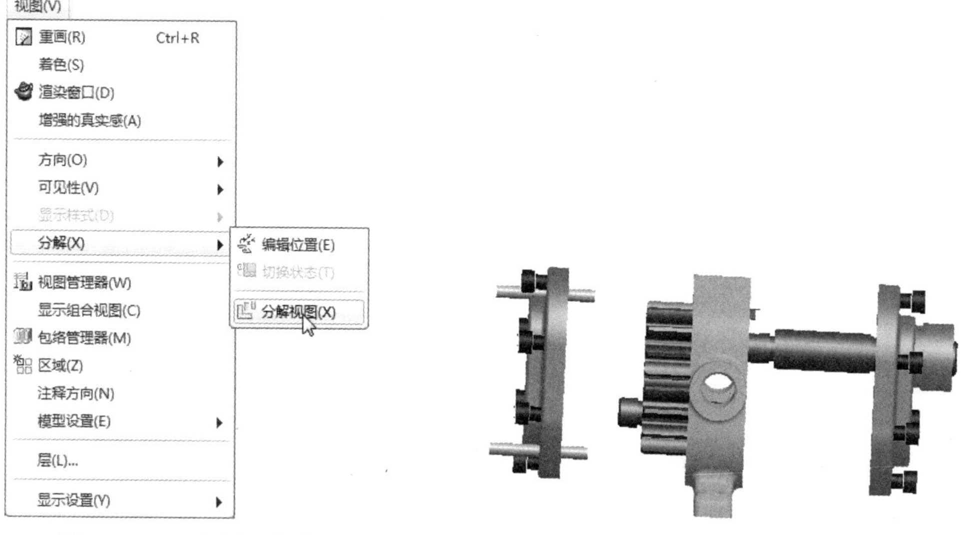

图 12-111　“视图”菜单

图 12-112　初始爆炸图

再选择“视图”→“分解”→“编辑位置”命令，弹出“分解位置”操控板，如图 12-113 所示。

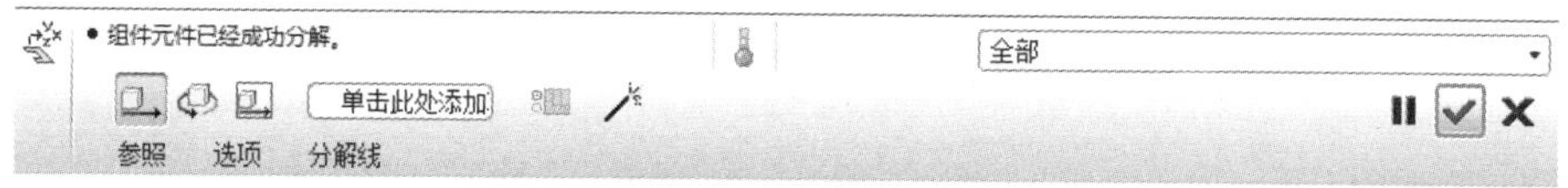

图 12-113　“分解位置”操控板

选择任意零件的水平方向的边，再选择任意零件进行水平方向的平移，完成爆炸图如图 12-114 所示。

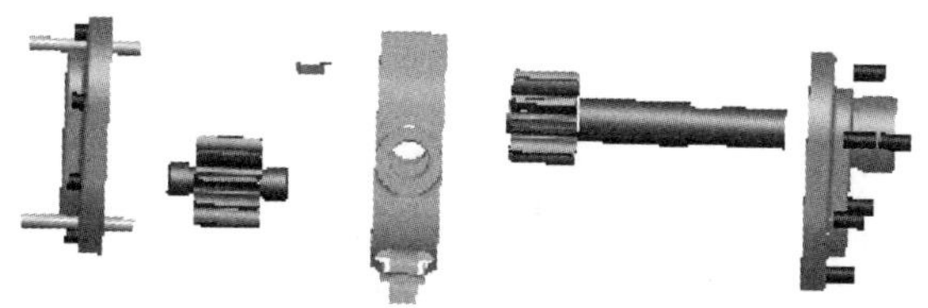

图 12-114　完成爆炸图

第5篇

钣金设计篇

本篇主要介绍 Pro/ENGINEER Wildfire 5.0 钣金设计的有关知识。包括钣金特征和钣金编辑等知识。

钣金设计是一种特殊的造型设计，需要用到很多独特的功能。通过本篇的学习，可以帮助读者掌握 Pro/ENGINEER Wildfire 5.0 钣金设计的设计思想和方法。

第13章

钣金特征的创建

在钣金设计中，壁类结构是创建其他所有钣金特征的基础，任何复杂的特征都是从创建第一壁开始的。钣金件的基本成型模式主要是指创建钣金件第一壁特征的方法。在Pro/ENGINEER Wildfire中，系统主要提供了“平整”“拉伸”“旋转”“混合”“偏移”5种创建第一壁特征的基本模式。

任务驱动&项目案例

钣金特征的创建

- 基础知识
  1. 平整壁特征、拉伸壁特征、旋转壁特征
  2. 混合壁特征、偏移壁特征
- 实例
  1. 盘件
  2. 挠件
  3. 花盆
  4. 异形弯管
  5. 盖板
  6. 折弯件
  7. 挠曲面
  8. 起子
  9. 扫描件
  10. 弯片
  11. U型体
  12. 壳体

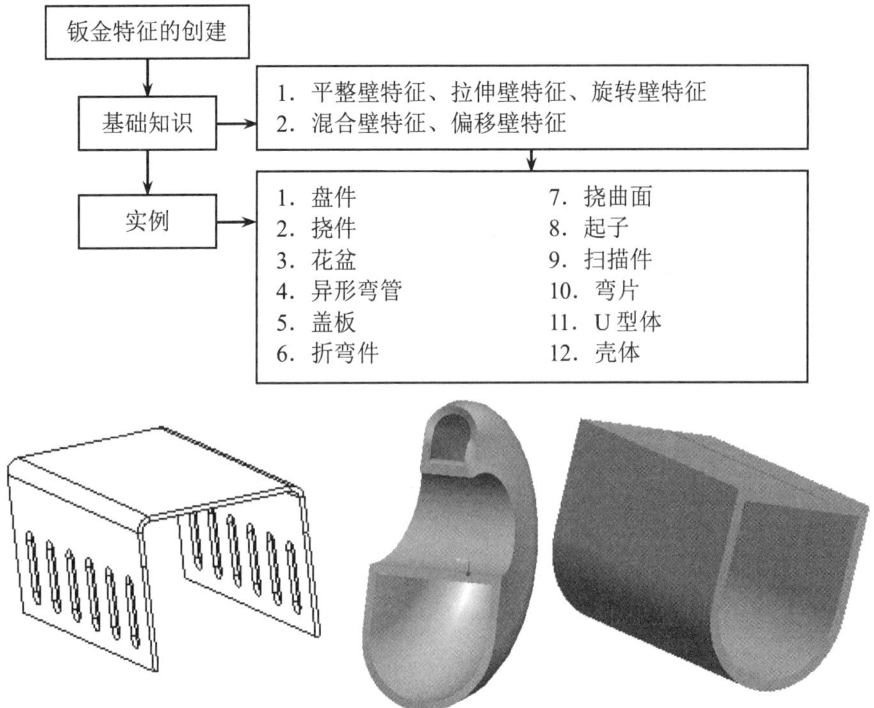

13.1　创建分离的平整壁

平整壁是钣金件的平面/平滑/展平的部分。它可以是第一壁（设计中的第一个壁），也可以是后续壁。平整壁可采用任何平整形状。

可创建 3 种类型的次要平整壁：非连接、无半径和使用半径。

13.1.1　创建平整壁特征

本小节只讲解非连接平整壁的生成，创建平整壁特征的基本生成方法如下。后续壁中平整壁的生成放到 13.6 节中详细讲解。

（1）启动平整壁特征命令，开始平整壁特征的创建。

（2）草绘平整壁特征截面，截面必须是封闭的。

（3）指定材料生成的方向和厚度。

（4）确认定义并生成平整特征。

13.1.2　实例——盘件

下面通过具体实例来详细讲解非连接平整壁的生成方法。

（1）从桌面双击图标启动 Pro/ENGINEER Wildfire。

（2）单击工具栏中的“新建”按钮，系统弹出“新建”对话框。在“类型”选项组中选中“零件”单选按钮，“子类型”选项组中选中“钣金件”单选按钮，在“名称”文本框中输入钣金文件的名称 panjian，如图 13-1 所示，单击“确定”按钮进入钣金设计模式，系统自动在模型设计区建立了基准平面和坐标系，如图 13-2 所示。

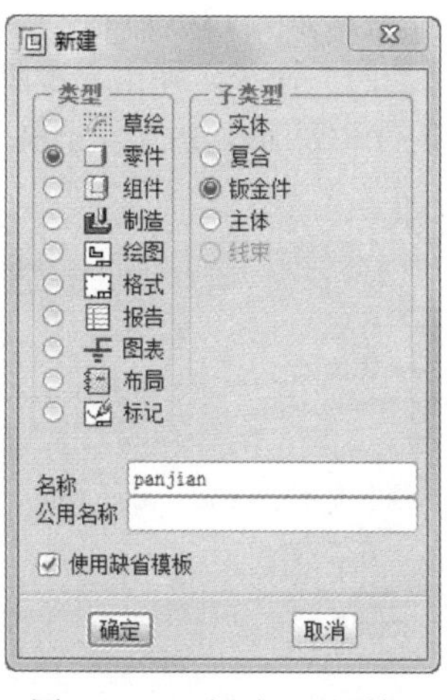

图 13-1　“新建”对话框

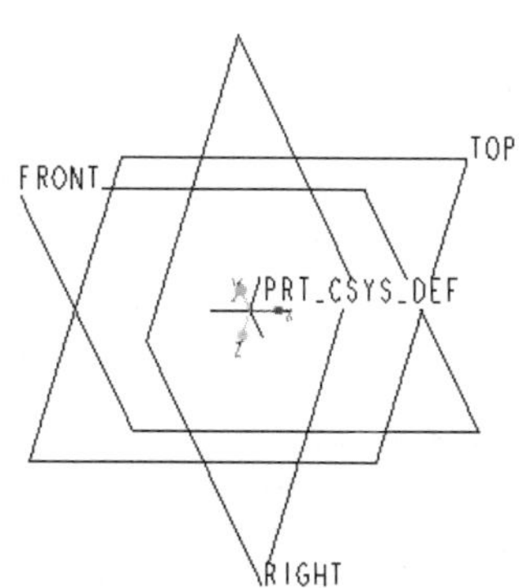

图 13-2　基准面、坐标系

（3）启动创建平整壁命令。单击“钣金件”工具栏中的“平整”按钮，或依次选择“插入”→“钣金件壁”→“分离的”→“平整”命令，操作如图 13-3 所示。

Note

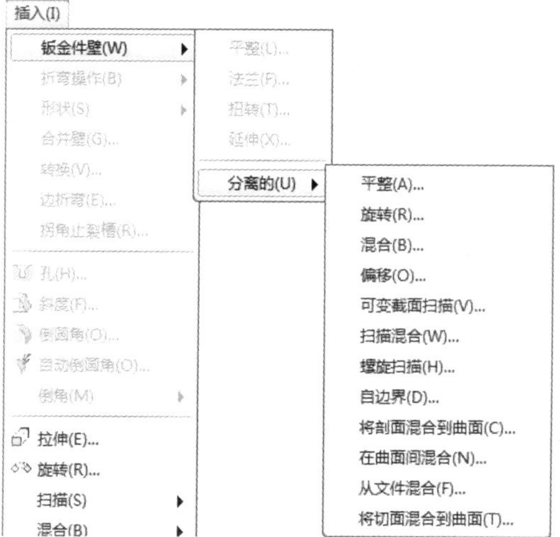

图 13-3 启动创建平整壁命令

（4）草绘驱动面轮廓线。

❶ 选择“平整”命令后，系统弹出如图 13-4 所示的操控板。同时在信息栏提示操作信息，如图 13-5 所示。

图 13-4 操控板

选取一个封闭的草绘。(如果首选内部草绘，可在 参照 面板中找到 "定义" 选项。)

图 13-5 操作提示

❷ 在工作区域单击鼠标右键，在弹出的快捷菜单中选择“定义内部草绘”命令，选择 TOP 基准面作为草绘平面，然后系统给出其他参考的设置，接受默认选项，如图 13-6 所示。

❸ 选择草绘。系统进入草绘环境后，选择“草绘”→“参照”命令，弹出“参照”对话框，如图 13-7 所示。对话框中有两个默认参照：F1（RIGHT）和 F3（FRONT），接受对话框中的默认参照，单击“关闭”按钮，关掉对话框。

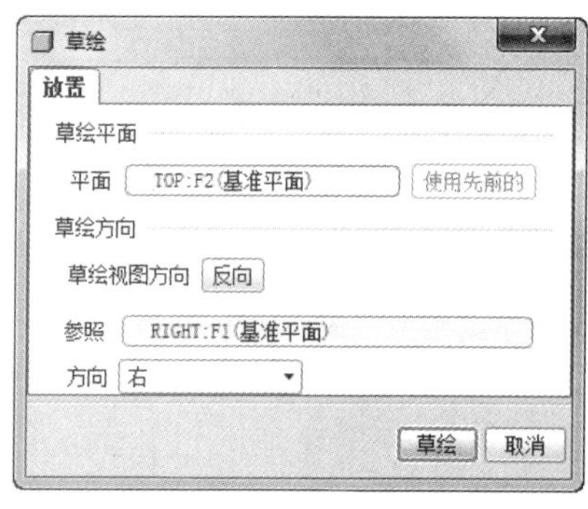

图 13-6 设置草绘平面

图 13-7 选取参照

❹ 草绘轮廓线。单击“草绘器工具”工具栏中的“辅助线”按钮┆，绘制出两条辅助线，与 RIGHT 基准面成 45°，然后单击“圆”按钮○，绘制如图 13-8 所示的轮廓线。绘制完成后单击“草绘器工

具”工具栏中的✔按钮，完成草绘。

❺ 输入厚度。消息区中出现系统操作提示，要求用户输入钣金件的厚度。如图 13-9 所示，输入 5，并按 Enter 键或单击✔按钮完成输入。

（5）确认定义并生成平整壁。至此，钣金件截面、厚度全部定义完毕。结束第一壁的创建，制造完成后的平整壁如图 13-10 所示。

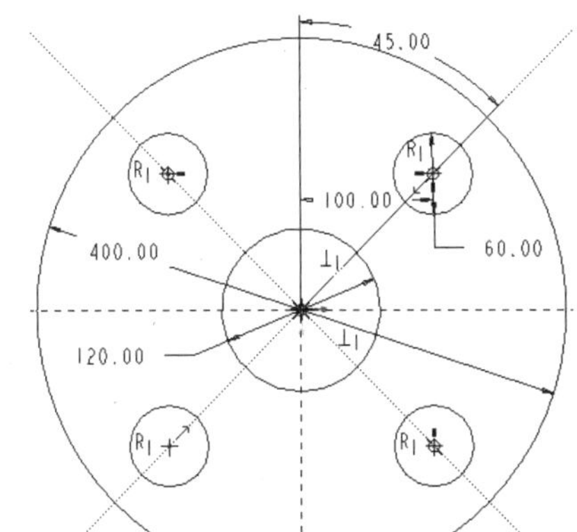

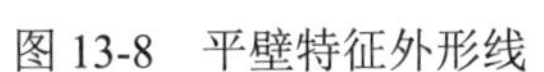

图 13-8　平壁特征外形线

图 13-9　输入材料厚度

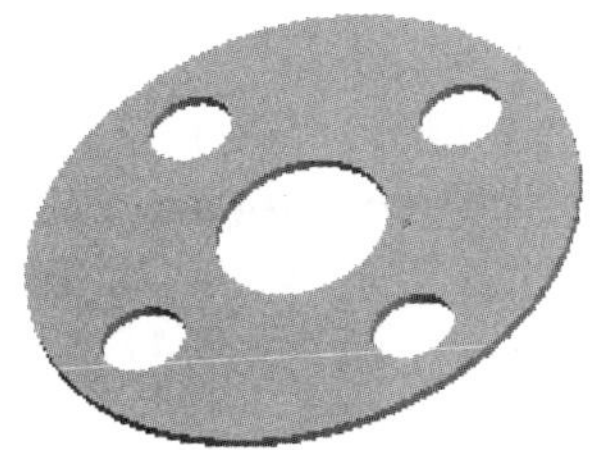

图 13-10　生成平整壁特征

13.2　拉伸壁特征

拉伸壁是草绘壁的侧截面，并使其拉伸出一定长度。它可以是第一壁（设计中的第一个壁），也可以是从属于主要壁的后续壁。

可创建 3 种类型的后续壁：非连接、无半径和使用半径。如果拉伸壁是第一壁，则只能使用“非连接”选项。

13.2.1　创建拉伸壁特征

创建拉伸壁特征相比创建平整壁特征要复杂一些，需要定义的选项也多一些。下面是创建拉伸平整壁特征的基本方法。

（1）单击“钣金件”工具栏中的“拉伸”按钮。

（2）单击鼠标右键，在弹出的快捷菜单中选择“定义内部草绘”命令，选定参照并草绘壁的轮廓线。完成草绘后，在“草绘器工具”工具栏中单击✔按钮。

（3）如果想要指定壁应拉伸的长度，设置拉伸长度。

（4）单击✔按钮，拉伸壁特征创建完毕。

13.2.2　实例——挠件

通过一个实例来掌握创建拉伸壁特征的方法。下面是创建拉伸壁特征的具体方法和步骤。

（1）从桌面双击图标启动 Pro/ENGINEER Wildfire。

（2）单击工具栏中的“新建”按钮，系统弹出“新建”对话框。在“类型”选项组中选中“零件”单选按钮，“子类型”选项组中选中“钣金件”单选按钮，在“名称”文本框中输入钣金文件名

称 naojian，单击“确定”按钮，进入钣金设计模式。

（3）启动“拉伸”命令。单击“钣金件”工具栏中的“拉伸”按钮，弹出如图 13-11 所示的“拉伸”操控板。

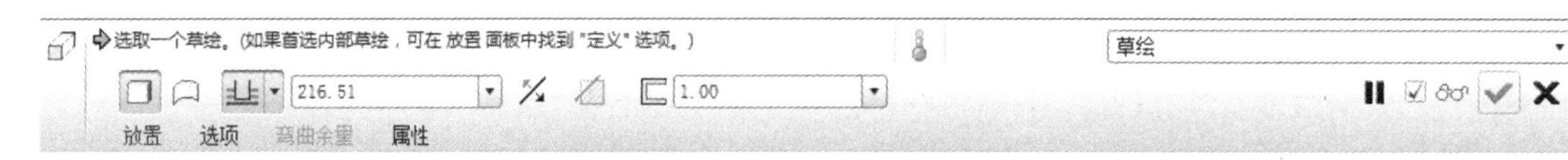

图 13-11 “拉伸”操控板

（4）草绘驱动面轮廓线。

❶ 在工作区域单击鼠标右键，在弹出的快捷菜单中选择“定义内部草绘”命令，弹出“草绘”对话框，如图 13-12 所示，选择 TOP 基准面作为草绘平面，RIGHT 基准面作为参照平面。

❷ 选择参照。系统进入草绘环境后，选择“草绘”→“参照”命令，弹出“参照”对话框，如图 13-13 所示。此对话框的作用是要求用户在工作区中选择图元作为草绘时的参照。对话框中有两个默认参照：F1（RIGHT）和 F3（FRONT），接受对话框中默认参照，单击“关闭”按钮。

图 13-12 “草绘”对话框

图 13-13 添加参照

❸ 草绘轮廓线。利用“草绘器工具”工具栏中的“直线”按钮，绘制出外型线大致轮廓，然后利用“圆角”按钮添加圆角，最后绘制成如图 13-14 所示的轮廓线。完成后单击“草绘器工具”工具栏中的✔按钮，完成草绘。

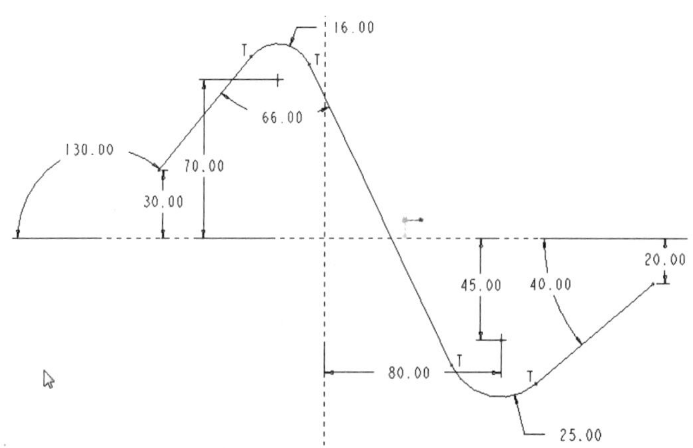

图 13-14 拉伸壁特征外形线

（5）定义方向。在图 13-15 中单击右边的按钮可定义材料加厚的方向。

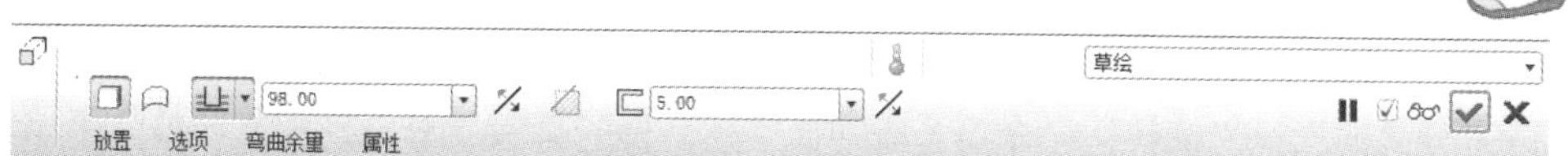

图 13-15 拉伸设置

（6）输入材料厚度。接着在信息区提示输入材料厚度，在文本框中输入 5，如图 13-15 所示。

（7）定义拉伸方式。选择指定的拉伸值图标，如图 13-15 所示。

（8）输入拉伸深度。在文本框中输入 98，然后单击按钮完成输入，如图 13-15 所示。

（9）确认定义并完成钣金特征。制造完成后的拉伸壁如图 13-16 所示。

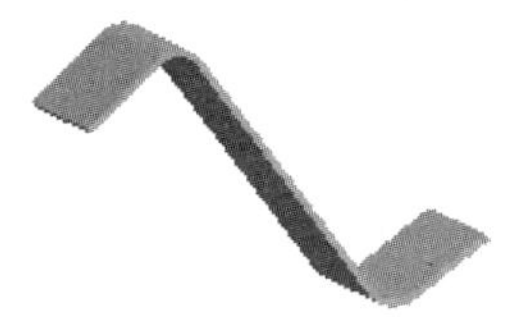

图 13-16 完成拉伸壁特征

13.3 旋转壁特征

旋转壁特征就是草绘一个截面，然后让该截面绕轴旋转一定角度后生成的壁特征。本节主要介绍旋转壁特征的基本生成方法，然后结合实例讲述创建旋转壁特征的具体步骤，最后详细介绍一下旋转壁特征选项的含义及设置。

13.3.1 创建旋转壁特征

下面是创建旋转壁特征的基本方法和步骤。

（1）单击“钣金件”工具栏中的“旋转壁”按钮或选择“插入”→“钣金件壁”→“分离的”→“旋转”命令，系统弹出“属性”菜单管理器。

（2）定义“属性”菜单管理器，并选择“完成”命令。

（3）指定参照并草绘截面。进入草绘环境绘制截面，并画出旋转轴。完成草绘后，在“草绘器工具”工具栏中单击✔按钮。

（4）选取加厚壁的方向。

（5）输入壁厚度值并单击按钮，系统自动弹出“旋转到”菜单管理器。

（6）定义壁的旋转角度。从菜单管理器中选取默认值或选择“可变的”命令，然后输入准确值（以度为单位）。

（7）在“旋转壁”对话框中单击“确定”按钮，系统自动生成旋转壁。

13.3.2 实例——花盆

视频讲解

通过一个实例来掌握创建旋转壁特征的方法，具体创建的步骤和方法如下。

（1）从桌面双击图标启动 Pro/ENGINEER Wildfire。

（2）单击工具栏中的“新建”按钮，系统弹出“新建”对话框。在“类型”选项组中选中“零件”单选按钮，“子类型”选项组中选中“钣金件”单选按钮，在“名称”文本框中输入钣金文件名称 huapen，单击“确定”按钮进入钣金设计模式，系统自动在模型设计区建立了基准平面和坐标系。

Note

（3）启动“旋转”命令。单击“钣金件”工具栏中的“旋转”按钮，或选择“插入”→“钣金件壁”→“分离的”→“旋转”命令，系统弹出“第一壁：旋转”对话框和“属性”菜单管理器。

（4）草绘驱动面轮廓线。

❶ 如图 13-17 所示，用于设置旋转壁特征的旋转属性，选择“单侧”命令，再选择“完成”命令。

☑ 单侧：单侧旋转就是相对于草绘平面而言，以草绘平面为基准，沿草绘平面的某一侧进行旋转。

☑ 双侧：双侧旋转就是相对于草绘平面而言，以草绘平面为基准，同时向草绘平面的两侧进行旋转，可分别指定向两侧旋转的角度值，也可指定两侧总共的角度值，这时向两侧旋转的角度值相等，都等于总角度值一半。

❷ 设置草绘平面。系统弹出“设置平面”菜单管理器，如图 13-18 所示，用于选择草绘轮廓线平面。在工作区域选择 TOP 基准面作为草绘平面，然后系统弹出“方向”菜单管理器，选择“确定”命令，指定草绘平面的方向朝下。系统打开“草绘视图”菜单管理器，要求用户为草绘平面选择一个参考方向，接受默认“缺省”选项，如图 13-19 所示。

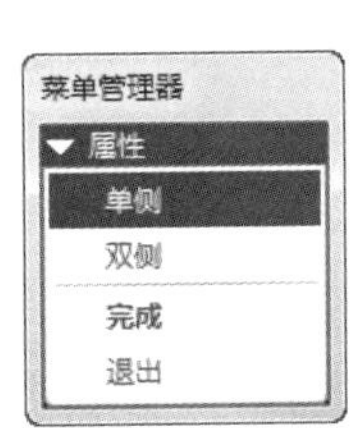

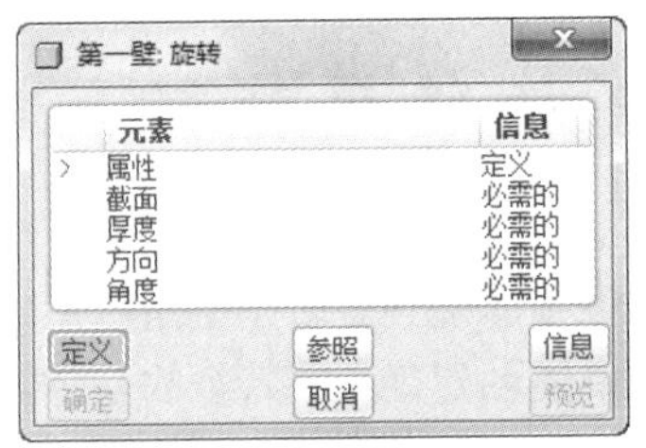

图 13-17 “属性”菜单管理器和“第一壁：旋转”对话框

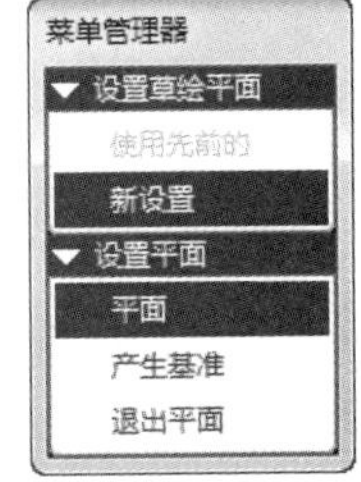

图 13-18 “设置平面”菜单管理器

❸ 选择参照。系统进入草绘环境后，选择“草绘”→“参照”命令，弹出“参照”对话框，如图 13-20 所示。此对话框的作用是要求用户在工作区中选择图元作为草绘时的参照。对话框中有两个默认参照：F1（RIGHT）和 F3（FRONT），接受对话框中默认参照，单击“关闭”按钮，关掉对话框。

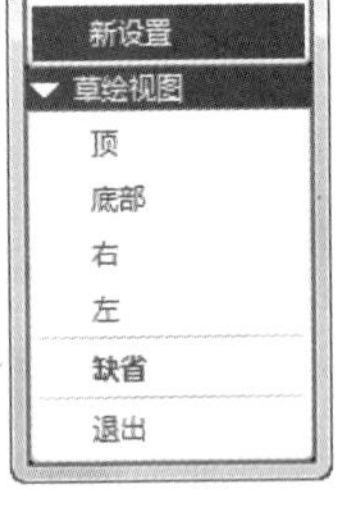

图 13-19 定义草绘方向

图 13-20 “参照”对话框

❹ 草绘轮廓线。单击“草绘器工具”工具栏中的“直线”按钮╲，绘制如图 13-21 所示的轮廓线。在绘制过程中必须要绘制一条中心线，否则会弹出“未完成截面”信息框，如图 13-22 所示，提示“截面未完成，其原因在消息区中列出。是否退出草绘器？”同时在消息区中显示系统操作信息“缺少旋转轴。草绘中心线。”单击“否”按钮，接着画出一中心线。

（5）指定加厚方向。绘制完成后单击“草绘器工具”工具栏中的✔按钮，完成草绘。消息区中出现系统操作提示“箭头显示加厚方向”。拾取“反向”或“确定”。要求用户确定壁的加厚方向。如

图 13-23 所示，选择“确定”命令。同时在工作区域显示一个红色箭头，表示钣金厚度的加厚方向。

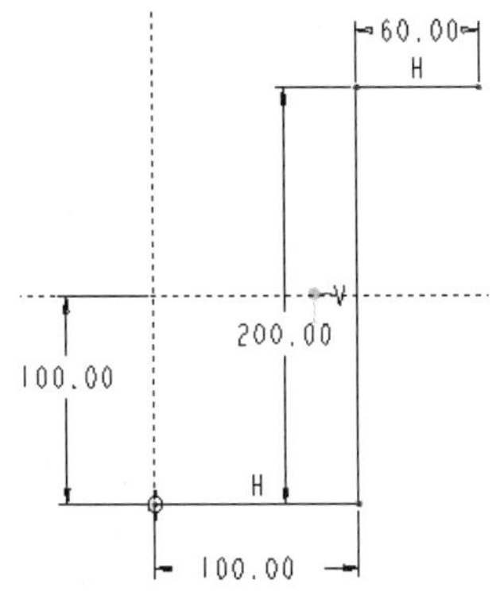

图 13-21　旋转外形线

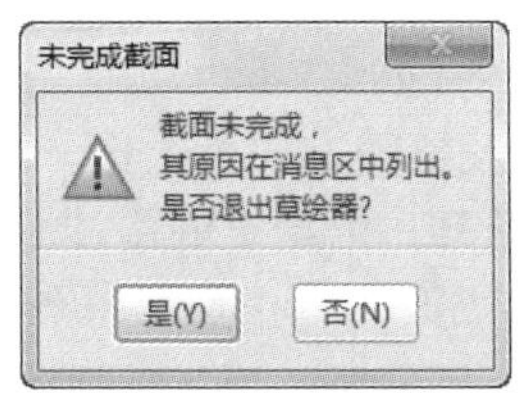

➪缺少旋转轴。草绘中心线。

图 13-22　系统出现错误提示

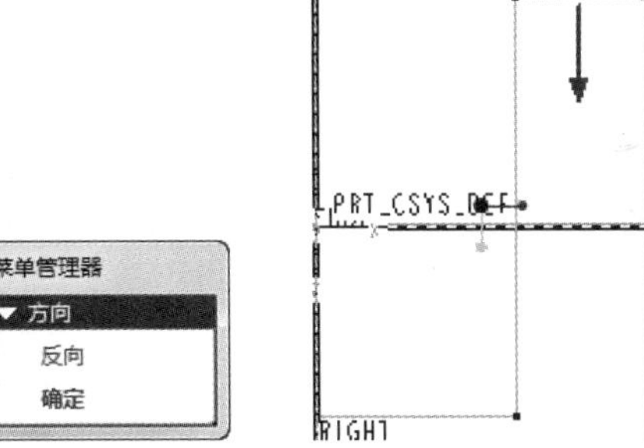

图 13-23　材料加厚方向

（6）输入厚度值。接着在信息区提示输入材料厚度，在文本框中输入 5，并按 Enter 键或单击✓按钮完成输入，如图 13-24 所示。

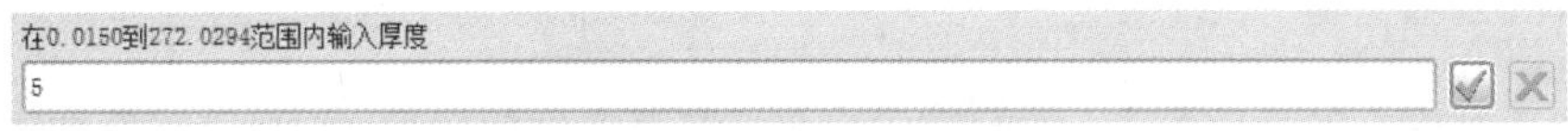

图 13-24　输入材料厚度值

（7）输入旋转角度。系统弹出“旋转到”菜单管理器，要求用户确定旋转角度，从中选择 360 选项，如图 13-25 所示。选择“完成”命令。

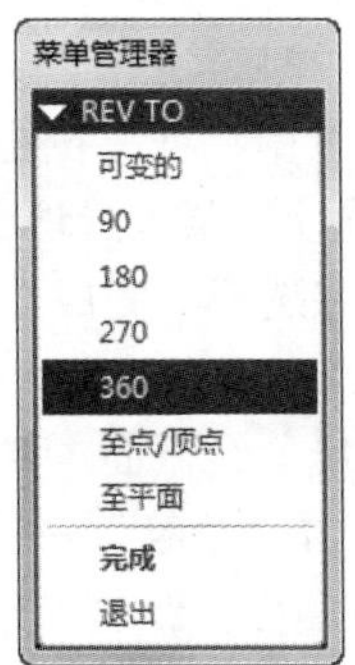

图 13-25　定义旋转角度

☑　可变的：该选项要求用户通过输入数值来指定特征的旋转角度。

☑　90：它是可变角度的特殊情况。即相当于在输入文本框中输入 90。系统将按照指定的方向

Note

旋转 90 度，生成旋转特征。

☑ 180：它是可变角度的特殊情况。即相当于在输入文本框中输入 180。系统将按照指定的方向旋转 180 度，生成旋转特征。

☑ 270：它是可变角度的特殊情况。即相当于在输入文本框中输入 270。系统将按照指定的方向旋转 270 度，生成旋转特征。

☑ 360：它是可变角度的特殊情况。即相当于在输入文本框中输入 360。系统将按照指定的方向旋转 360 度，生成旋转特征。

☑ 至点/顶点：它要求在特征旋转方向上选择一点或一特征顶点作为特征旋转的终止点，然后特征将从草绘平面开始旋转，沿指定的旋转方向，旋转到指定的终止点为止。

☑ 至平面：该项要求在特征旋转方向上选择一个平面或生成新基准面，作为特征旋转的终止面，然后特征将从草绘平面开始旋转，沿指定的旋转方向，旋转到指定的终止面为止。

（8）确认定义并生成钣金特征。此时，钣金件元素特征全部定义完毕。在“第一壁：旋转”对话框中单击“确定”按钮，结束第一壁的创建，如图 13-26 所示。定义完成后的旋转壁如图 13-27 所示。

图 13-26　确认定义

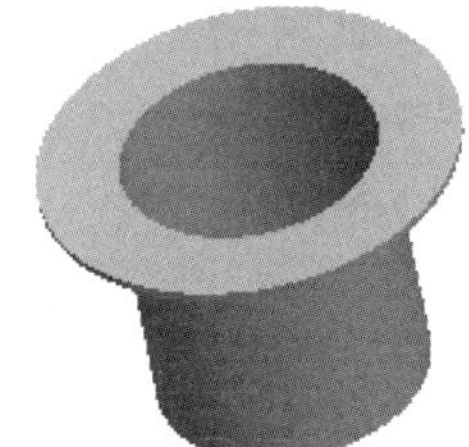
图 13-27　生成旋转壁特征

13.4　混合壁特征

混合壁特征就是多个截面通过一定的方式连在一起而产生的特征。混合壁特征要求至少有两个截面。

13.4.1　创建混合壁特征

创建混合壁特征的基本步骤如下。

（1）单击“钣金件”工具栏中的“混合壁特征”按钮或选择“插入”→“钣金件壁”→“分离的”→“混合”命令，系统弹出“混合选项”菜单管理器。

（2）定义“混合选项”菜单管理器，并选择“完成”命令。

（3）系统弹出“属性”菜单管理器，选择“直的”→“光滑”命令，定义各界面是否光滑连接。

（4）指定参照和草绘壁。进入草绘环境草绘截面，并画出截面轮廓线，单击鼠标右键，在弹出的快捷菜单中选择“切换截面”命令，或选择“草绘”→“特征工具”→“切换截面”命令，然后草绘另一截面，绘完后再切换截面，直到所有截面都绘制完毕。完成草绘后，在“草绘器工具”工具栏中单击✔按钮。

（5）选取加厚壁的方向。

（6）输入壁厚度值并单击按钮。

（7）在消息区文本框中输入各截面间的距离，输入后单击按钮，系统提示输入下一截面距离。

（8）截面距离都定义后，单击“第一壁：混合”对话框中的“确定”按钮，系统自动把各界面进行混合生成混合壁特征。

13.4.2　实例——异形弯管

Note

视频讲解

在这次实战演练中，将利用“旋转”和“混合”特征命令创建一个新的钣金特征。

具体创建过程和步骤如下。

（1）从桌面双击图标启动 Pro/ENGINEER Wildfire。

（2）单击工具栏中的“新建”按钮，系统弹出“新建”对话框。在“类型”选项组中选中“零件”单选按钮，在“子类型”选项组中选中“钣金件”单选按钮，在“名称”文本框中输入钣金文件名称 yixingwanguan，单击“确定”按钮，进入钣金设计模式，系统自动在模型设计区建立了基准平面和坐标系。

（3）启动“混合”命令。单击“钣金件”工具栏中的“混合”按钮，或选择“插入”→“钣金件壁”→“分离的”→“混合”命令。

（4）定义混合选项。系统弹出“混合选项”菜单管理器，如图 13-28 所示，在混合特征类型中选择“旋转的”命令，在混合截面性质选项中选择“规则截面”命令，在获取混合截面方式选项中选择“草绘截面”命令，然后选择“完成”命令。

- ☑　平行：混合截面将以平行方式产生混合特征，各个截面相互平行。
- ☑　旋转：各个截面之间将选择一个角度，即相邻的截面以旋转一定的角度方式连接。
- ☑　一般：每个截面都必须定义一个坐标系，“一般”混合产生的特征必须绕 3 个坐标轴都旋转，需要输入对 3 个轴的旋转角度。

（5）定义旋转属性。系统弹出“属性”菜单管理器，如图 13-29 所示，系统默认选项为“直”和“开放”。在这里选择“光滑”和“开放”，然后选择“完成”命令。

- ☑　开放：表示所创建特征的首尾两个截面不连接，即特征是开放状态。
- ☑　封闭的：表示所创建特征的首尾两个截面相连接，即特征是闭合状态。

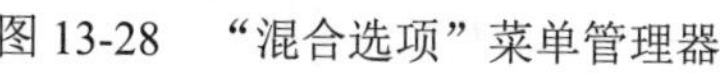

图 13-28　“混合选项”菜单管理器

图 13-29　定义混合属性

（6）设置草绘平面。系统弹出“设置平面”菜单管理器，用于选择草绘平面。在工作区域选择 TOP 基准面作为草绘平面，系统然后弹出“方向”菜单管理器，选择“确定”命令，指定草绘平面的方向朝下。系统打开“草绘视图”菜单管理器，要求用户为草绘平面选择一个参考方向，接受“缺省”选项。

（7）选择参照。系统将自动进入草绘环境，选择“草绘”→“参照”命令，弹出“参照”对话框。对话框中有两个默认参照：F1（RIGHT）和 F3（FRONT），接受对话框中的默认参照，单击“关闭”按钮，关掉对话框。

Note

（8）草绘第一个截面。绘制截面时，应先建立坐标，再画轮廓线。可以单击“草绘器工具”工具栏中的“坐标系”按钮，建立坐标。单击“草绘器工具”工具栏中的“直线”按钮和“圆弧”按钮，绘制如图13-30所示截面。

（9）输入Y轴转角。绘制完第一个截面后，单击工具栏中的✔按钮。系统在信息区提示“为截面2输入绕Y轴转角”，在文本框中输入60，如图13-31所示，按Enter键。

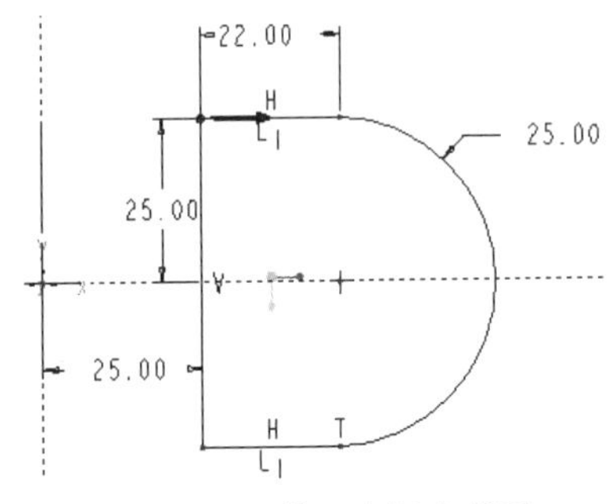

图13-30　第一个混合截面

图13-31　输入截面2旋转角度

（10）绘制第二个截面。进入第二截面绘制，单击“草绘器工具”工具栏中的“坐标系”按钮，建立坐标。然后单击“草绘器工具”工具栏中的“直线”按钮和“圆弧”按钮，画出如图13-32所示的轮廓线。

（11）绘制完第二个截面后，单击工具栏中的✔按钮。系统弹出“确认”对话框，单击“是”按钮，如图13-33所示。

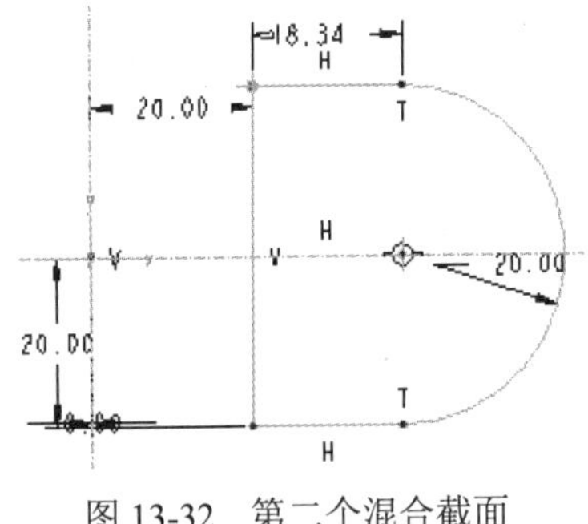

图13-32　第二个混合截面

图13-33　操作提示

（12）输入第三截面Y轴转角。系统信息区又提示为截面3输入绕Y轴转角，在文本框中输入120，如图13-34所示，按Enter键。

图13-34　输入截面3 Y轴转角

（13）绘制第三截面。进入第三截面草绘环境，单击“草绘器工具”工具栏中的“坐标系”按钮，建立坐标。然后单击“草绘器工具”工具栏中的“直线”按钮和“圆弧”按钮，画出如图13-35所示的轮廓线。

（14）绘制完第三个截面后，单击工具栏中的✔按钮。系统弹出“确认”对话框，单击“否”按钮，然后按Enter键，如图13-36所示。

（15）定义混合方向。系统将弹出“方向”菜单管理器，同时工作区显示红箭头，表示材料加厚方向如图13-37所示，选择“确定”命令。

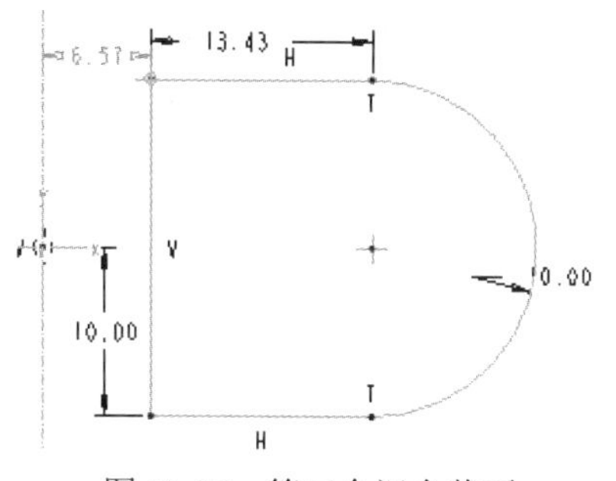

图 13-35　第三个混合截面

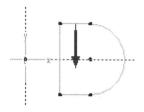

图 13-36　操作提示

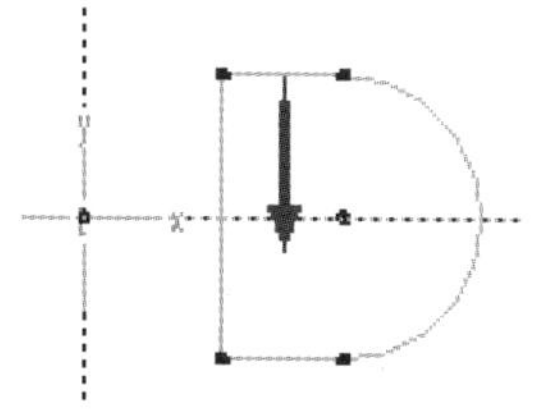

图 13-37　“方向”菜单管理器和系统混合方向提示

（16）输入材料厚度。在系统信息区弹出一个信息提示框，要求用户输入钣金件的厚度，在此输入 3，然后按 Enter 键，如图 13-38 所示。

图 13-38　输入材料厚度

（17）确认定义并生成钣金特征。至此，所有需要定义的选项都已定义完成，在“第一壁：混合，旋转的，草绘截面”对话框中单击“确定”按钮，结束混合壁特征的创建，如图 13-39 所示。定义完成后的钣金件如图 13-40 所示。

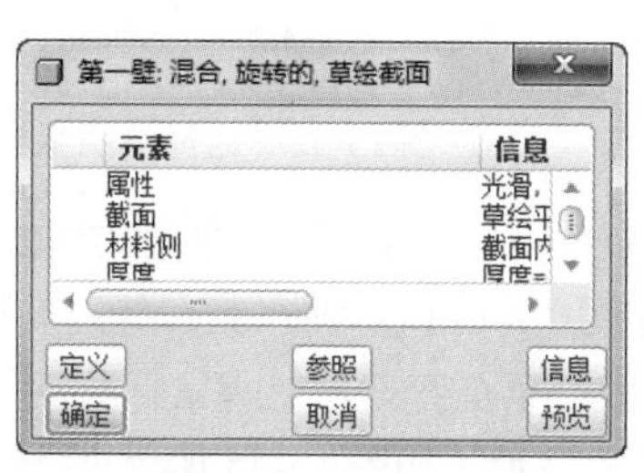

图 13-39　确认定义

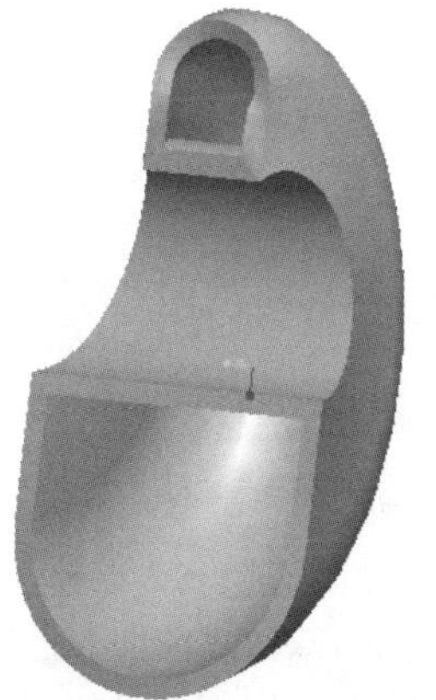

图 13-40　生成混合壁特征

13.5　偏移壁特征

偏移壁特征是指选取一个面组或实体的一个面，按照定义的方向和距离偏移而产生的壁特征。可选取现有曲面或草绘一个新的曲面进行偏移，除非转换实体零件，否则偏移壁不能是在设计中创建的第一个特征。本节主要讲述创建偏移壁特征的基本方法，然后结合实例讲述创建偏移壁特征的具体步骤，最后详细讲述一下偏移壁特征选项及设置。

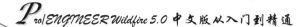

Note

13.5.1 创建偏移壁特征

创建偏移壁特征的基本方法和步骤如下。

（1）选择“插入”→“钣金件壁”→“分离的”→“偏移”命令。

（2）选取面组或从其开始偏移壁的曲面。

（3）输入偏移距离并单击✓按钮。

（4）选取加厚壁的方向：“正向”或“反向”。

（5）定义需要的偏移壁类型。加亮“偏移类型”并单击“定义”。选取相应的类型。

（6）使用“排除”“材料侧”和“交换侧”选项，可进一步定制偏移壁。

（7）在“第一壁：偏移”对话框中单击“确定”按钮。偏移壁创建完毕。

视频讲解

13.5.2 实例——盖板

在这次实战演练中，将通过一个具体实例来掌握创建偏移壁特征的方法。具体创建的方法和步骤如下。

（1）从桌面双击图标启动 Pro/ENGINEER Wildfire。

（2）单击“打开”按钮，系统弹出“文件打开”对话框，从资料包中找到文件 gaiban.prt 并打开，显示如图 13-41 所示。

（3）建立坐标系。单击“特征”工具栏中的“基准坐标系”按钮，系统弹出“坐标系”对话框，选取如图 13-42 所示的坐标作参照，偏移类型为“笛卡儿”。分别输入 X、Y 和 Z 轴偏移量为 10、20 和 20，如图 13-43 所示。然后单击“确定”按钮。

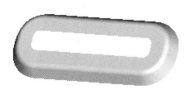

图 13-41　打开的钣金文件

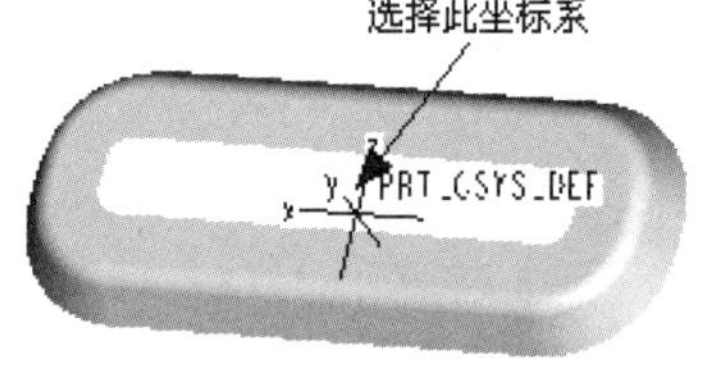

图 13-42　选择参照坐标

（4）启动“偏移壁”命令。单击“钣金件”工具栏中的“偏移”按钮，或依次选择“插入”→“钣金件壁”→“分离的”→“偏移”命令，弹出如图 13-44 所示的“第一壁：偏移”对话框。

（5）选取曲面。双击“曲面”选项，弹出“选取”菜单管理器，将鼠标移动至几何模型区，单击实体右侧的“曲面 F5”，被选中的曲面用红色网格面显示，如图 13-45 所示。

曲面：用于指定需要偏移的曲面。可以选择一个或多个曲面。

（6）输入偏移距离。系统工作区中模型上出现红色箭头表示偏移方向，同时系统信息区出现文本框，提示“输入偏移距离”，在文本框中输入 25，并按 Enter 键，如图 13-46 所示。

（7）定义材料侧。系统弹出定义材料侧“方向”菜单管理器，同时在模型显示区显示一红色箭头，如图 13-47 所示，表示壁的增厚方向，选择“确定”命令，输入厚度为 3，按 Enter 键。

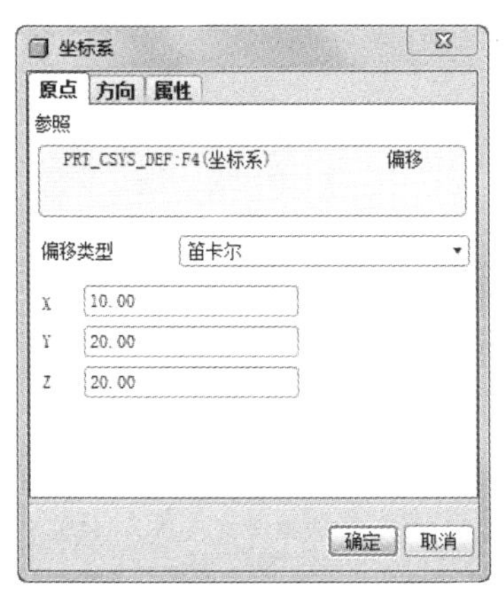

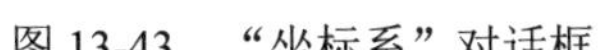

图 13-43　“坐标系”对话框

图 13-44　“第一壁：偏移”对话框

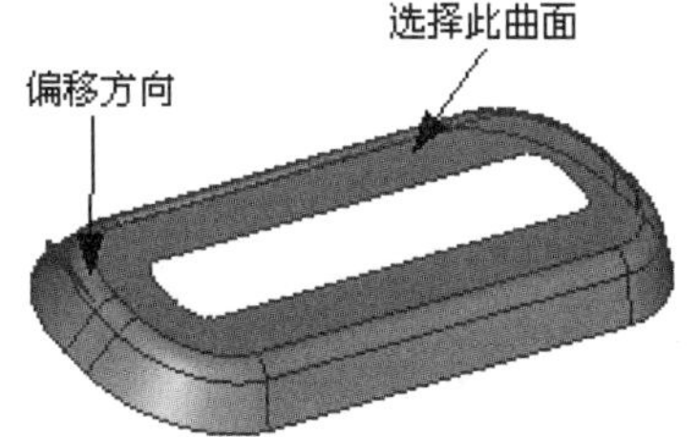

图 13-45　选取曲面

输入偏移距离。<ESC> 退出
25

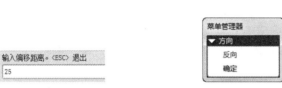

图 13-46　输入偏移距离

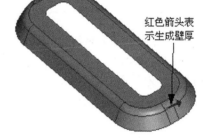

红色箭头表示生成壁厚

图 13-47　“方向”菜单管理器并定义材料侧

（8）确认定义并生成偏移特征。至此，所有需要定义的选项都已定义完成，最后单击“第一壁：偏移”对话框中的“确定”按钮，如图 13-48 所示，系统自动生成偏移壁特征，如图 13-49 所示。

图 13-48　确认定义

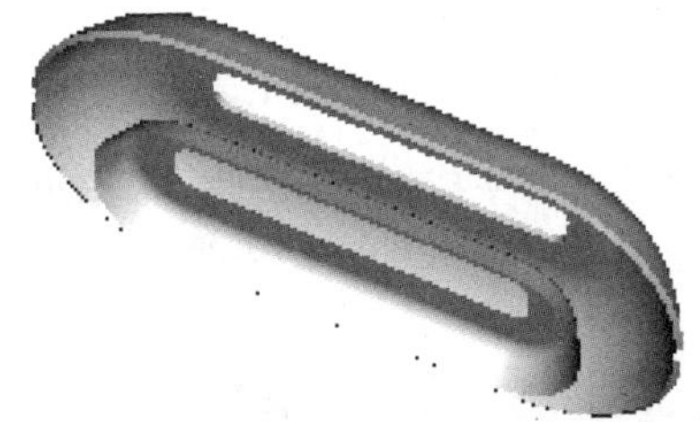

图 13-49　生成偏移壁特征

（9）“编辑定义”该特征。把鼠标移到模型树，选择刚创建的偏移壁特征，然后单击鼠标右键，从弹出的快捷菜单中选择“编辑定义”命令，如图 13-50 所示。然后系统弹出“第一壁：偏移”对话框，双击“偏移类型”选项，弹出“偏移类型”菜单管理器，如图 13-51 所示。

“偏移类型”菜单管理器提供了以下 3 种偏移类型。

☑　垂直于曲面：这是系统默认的偏移方向，将垂直于曲面进行偏移。

☑　控制拟合：以控制距离创建偏移。系统先要求选取坐标系，然后又要求在选择拟合时是否控制沿 X 轴、Y 轴、Z 轴平移，此外还需要定义材料侧和厚度。

☑　自动拟合：自动拟合面组或曲面的偏移。这种偏移类型只需定义材料侧和厚度。

（10）选择偏移类型。系统打开“偏移类型”菜单管理器，从中选择“控制拟合”命令，如图 13-51 所示。然后选择“完成”命令。系统接着弹出如图 13-52 所示的“警告”对话框，单击“确定”按钮。

Note

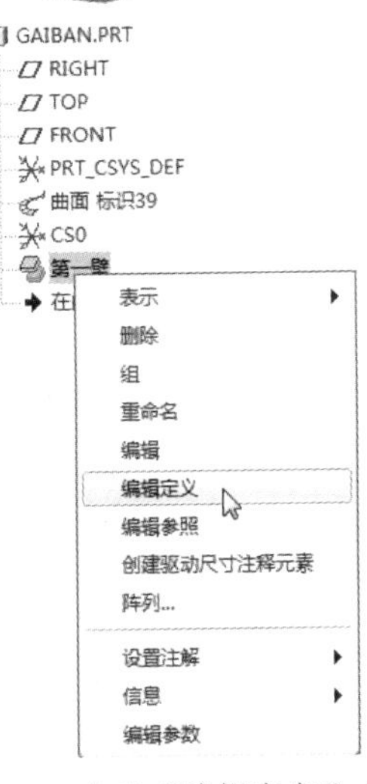

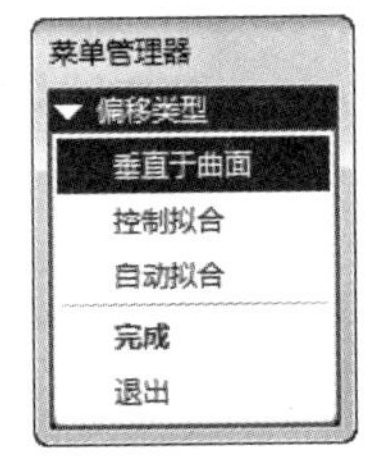

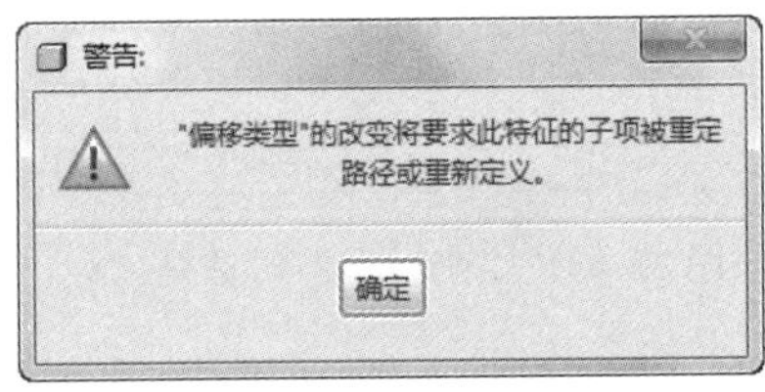

图 13-50 启动“编辑定义”命令 图 13-51 “偏移类型”菜单管理器 图 13-52 “警告”对话框

（11）选取坐标系。系统弹出“选取”对话框，同时系统信息提示区出现操作提示，要求用户选择“坐标系”进行缩放，把鼠标移到模型树，选择创建的坐标系 CSO，如图 13-53 所示。

（12）定义“平移”菜单管理器。系统弹出“平移”菜单管理器，如图 13-54 所示。接受系统默认选项，表示偏移特征将沿坐标 X 轴、Y 轴和 Z 轴进行平移，然后选择“完成”命令。

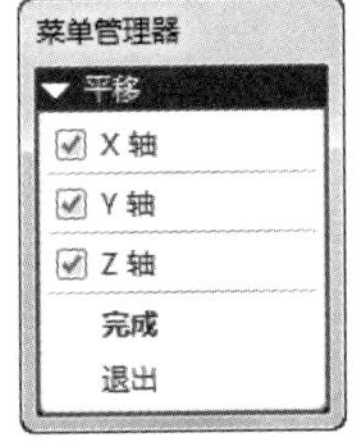

图 13-53 在模型树中选择坐标系 图 13-54 “平移”菜单管理器

（13）确认定义并生成特征。至此，需要重新编辑定义的选项都已定义完毕，最后单击如图 13-55 所示对话框中的“确定”按钮，结束第一壁特征的编辑定义操作，重新生成第一壁特征，如图 13-56 所示。

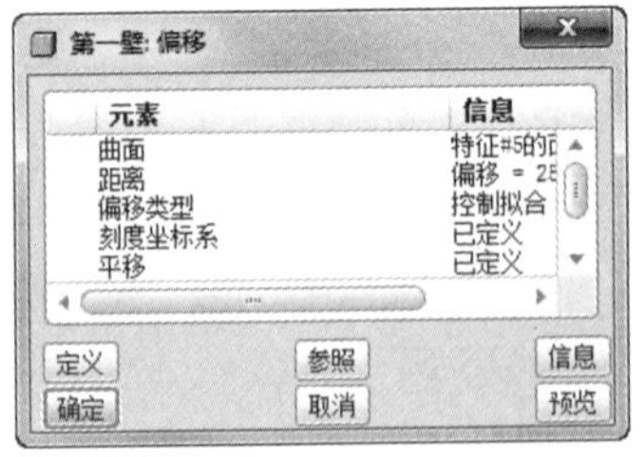

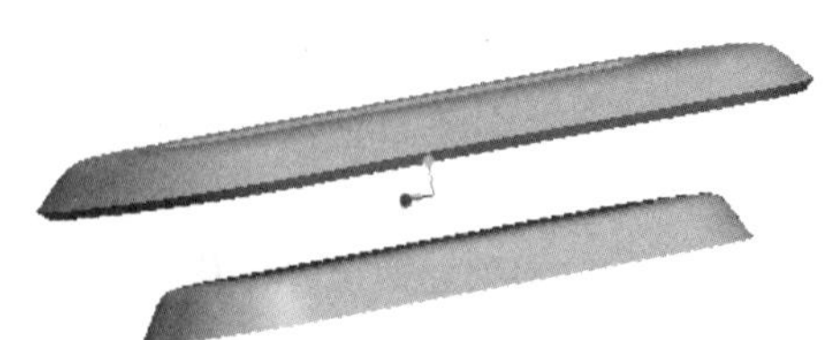

图 13-55 确认定义 图 13-56 生成偏移壁特征

13.6 附加平整壁特征

附加平整壁特征只能连接平整的壁，即其连接的实体边上须为一直线，壁的宽度可以等于连接边

的长度，也可以小于连接边的长度。

13.6.1　创建附加平整壁特征的基本方法

下面讲解一下附加平整壁特征的创建方法。

（1）启动平整壁特征命令。

（2）定义附着边。

（3）选取平整附加壁的形状。

（4）定义平整附加壁与主钣金壁的夹角。

（5）定义折弯半径。

（6）单击✓按钮，生成附加平整壁特征。

13.6.2　实例——折弯件

视频讲解

下面通过一个实例来讲解创建不分离壁特征的具体方法。

具体操作方法如下。

（1）从桌面双击图标启动 Pro/ENGINEER Wildfire。

（2）单击工具栏中的“打开”按钮，弹出“文件打开”对话框，从资料包中找到文件 zhewanjian，单击“打开”按钮完成文件载入。

（3）启动平整壁特征命令。单击“钣金件”工具栏中的“平整”按钮，或选择“插入”→“钣金件壁”→“平整”命令，如图 13-57 所示。

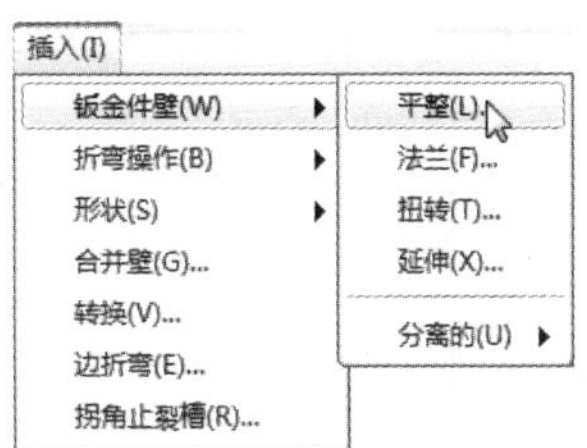

图 13-57　启动平整壁命令

（4）选择展开长度计算方式。系统弹出“创建平整壁”操控板，如图 13-58 所示，单击操控板中的“弯曲余量”按钮，选择“按折弯表”方式，然后在下拉列表中选择“系统 table1”选项，如图 13-59 所示。

图 13-58　“创建平整壁”操控板

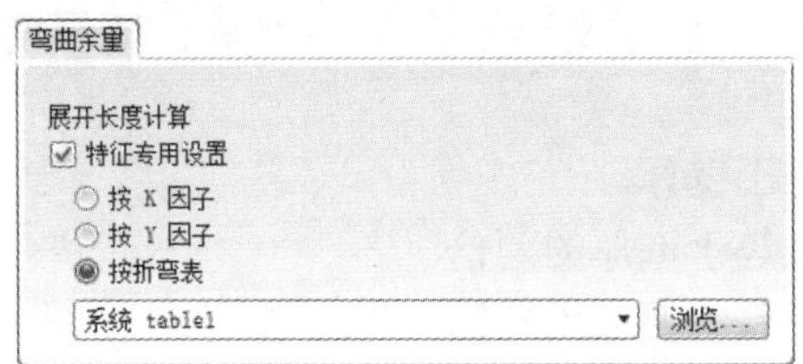

图 13-59　选择展开长度计算方式

Note

（5）选择半径生成侧。系统提供两种方法：单击操控板中的按钮标注零件的外部半径，单击操控板中的按钮标注零件的内部半径。一般习惯于标注内半径。

（6）选择附着边。系统信息提示操作，要求选择一个边连接到侧壁上。选择如图 13-60 所示的边作为后续壁的连接边。

（7）定义折弯角。系统提供定义折弯角的方式包括 3 种："平整""选取特定角度""输入角度"。选择"输入角度"，输入角度值 135，如图 13-61 所示。

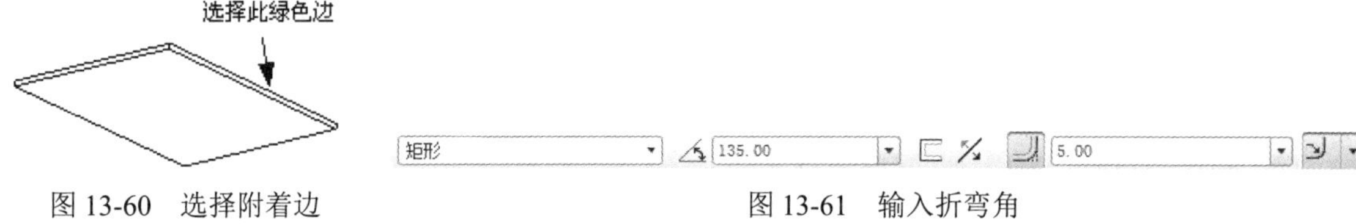

图 13-60　选择附着边　　　　图 13-61　输入折弯角

（8）定义平整壁形状。完成角度输入后，单击操控板，选择轮廓类型，如图 13-62 所示。系统提供了"矩形"、"梯形"、L、T 和"用户定义"5 种轮廓类型。在这里选择"用户定义"方式。

（9）绘制截面。单击操控板中的"形状"按钮，在弹出的"形状"下滑面板中单击"草绘"按钮，如图 13-63 所示。系统弹出"草绘"对话框，如图 13-64 所示同时在工作区模型上出现黄色箭头表示草绘方向，红色表示草绘平面，接受系统默认的草图平面和草绘方向。

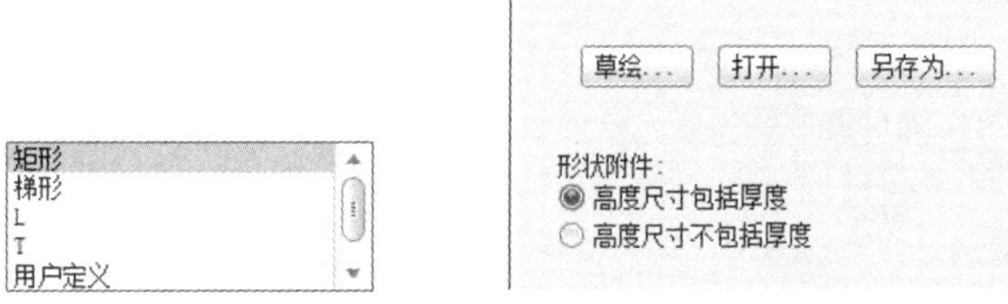

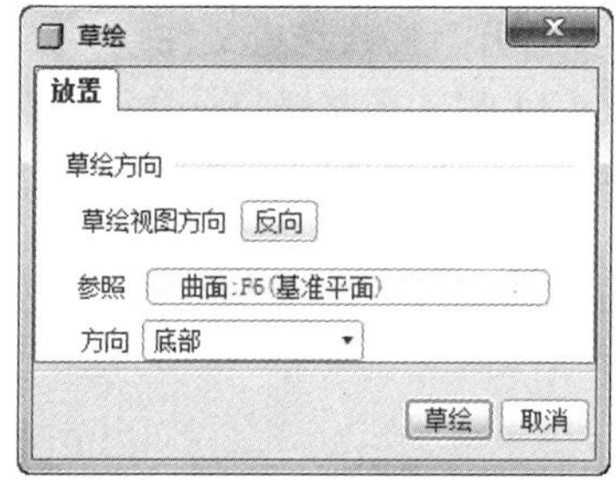

图 13-62　壁轮廓类型列表　　图 13-63　"形状"下滑面板　　图 13-64　"草绘"对话框

系统进入草绘环境，接受系统默认参照，单击"草绘器工具"工具栏中的"直线"按钮和"圆弧"按钮，绘制如图 13-65 所示截面。注意在连接边上不要画线。最后单击"草绘器工具"工具栏中的✔按钮，结束截面绘制。

（10）定义止裂槽。完成截面绘制后，单击操控板中的"止裂槽"按钮，系统弹出"止裂槽"下滑面板，如图 13-66 所示，系统提供了 5 种方式："无止裂槽""扯裂""拉伸""矩形""长圆形"。这里选择"无止裂槽"。

"止裂槽"在钣金展开和折弯时，如果止裂槽设置不当，特征创建就会失败。

☑　无止裂槽：表示不需要使用止裂槽。

☑　拉伸：在壁连接点处拉伸用于折弯止裂槽的材料。

（11）定义半径。系统提供了 3 种定义半径的方式："厚度""厚度*2""输入值"，选择"输入值"，如图 13-67 所示。

☑　厚度：表示半径数值等于壁厚。

☑　厚度*2：表示半径数值等于壁厚的两倍。

☑　输入值：选择该选项，系统要求用户输入半径值。

（12）输入半径值。在系统信息提示区出现操作提示，提示用户输入折弯率，在文本框中输入角

度值 50，如图 13-68 所示。按 Enter 键，结束输入。

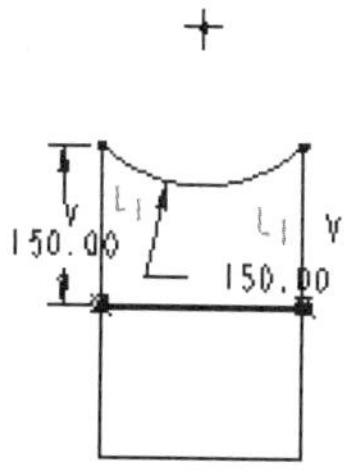

图 13-65　绘制草绘截面

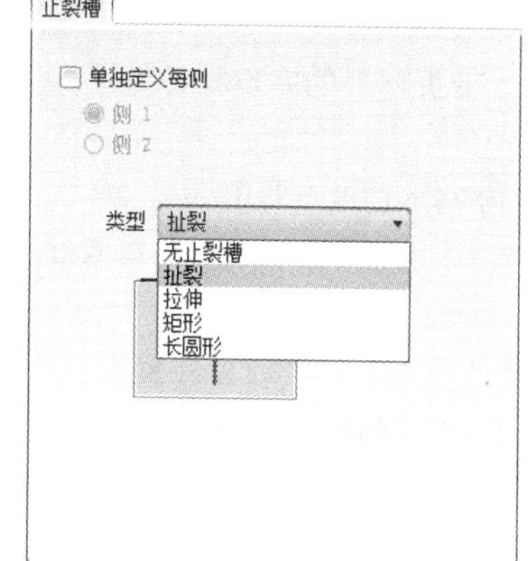

图 13-66　“止裂槽”下滑面板

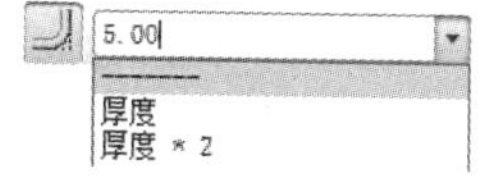

图 13-67　“半径选取”菜单

（13）确认定义。此时，“壁选项”对话框中各选项都已定义完毕，单击对话框中的“完成”按钮。

（14）生成钣金特征。单击“完成”按钮后，生成不分离的平整特征，如图 13-69 所示。

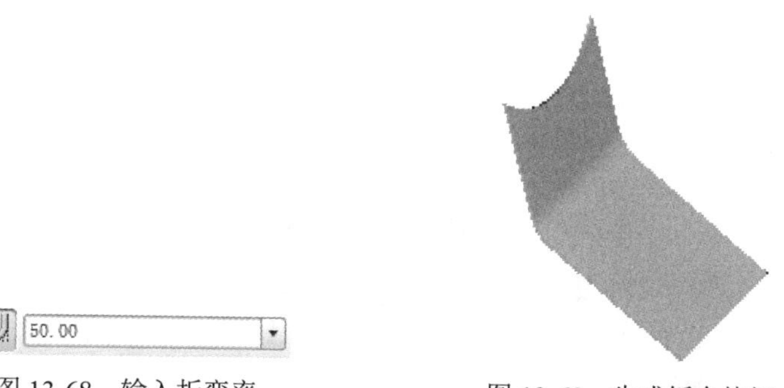

图 13-68　输入折弯率

图 13-69　生成钣金特征

13.7　创建附加法兰壁特征

与创建附加平整壁特征类似，附加法兰壁特征只能连接平整的壁，即其连接的实体边上须为一直线，壁的宽度可以等于连接边的长度，也可以小于连接边的长度。

13.7.1　创建附加法兰壁特征的基本方法

下面讲解一下创建附加法兰壁特征的方法。

（1）启动创建附加法兰壁特征命令。

（2）定义附着边。

（3）选取法兰附加壁的侧面形状。

（4）定义法兰附加壁的轮廓尺寸。

（5）定义折弯半径。

（6）单击✓按钮，生成附加法兰壁特征。

视频讲解

13.7.2 实例——挠曲面

下面利用“带折弯”选项，创建“带折弯”的完整拉伸壁。

具体操作方法如下。

（1）从桌面双击图标启动 Pro/ENGINEER Wildfire。

（2）单击工具栏中的“打开”按钮，弹出“文件打开”对话框，从资料包中找到文件 naoqumian，单击“打开”按钮完成文件载入。

（3）启动法兰壁特征命令。选择“插入”→“钣金件壁”→“法兰”命令，或单击“钣金件”工具栏中的“法兰”按钮，启动创建法兰壁命令。

（4）选择折弯方式。系统弹出“法兰”操控板，单击“弯曲余量”按钮，如图 13-70 所示，系统默认的是折弯表“tablel”。

（5）选择半径生成侧。单击如图 13-71 所示的按钮，选择半径生成侧，系统提供了两种方法：“内侧半径”和“外侧半径”，选择“内侧半径”。

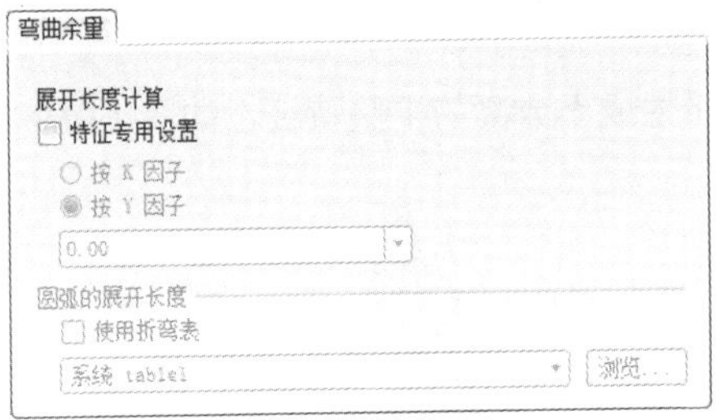

图 13-70 “弯曲余量”下滑面板

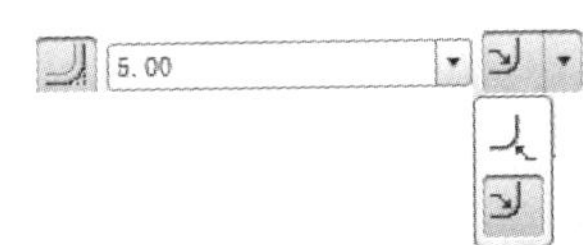

图 13-71 “半径所在侧”面板

（6）选择附着边。单击操控板中的“放置”按钮，该按钮以红色显示，表示需要选择一个边连接到侧壁上。在出现的下滑面板中，单击“细节”按钮，如图 13-72 所示，系统弹出“链”对话框，如图 13-73 所示，选择如图 13-74 所示的红色边作为后续壁的附着边。

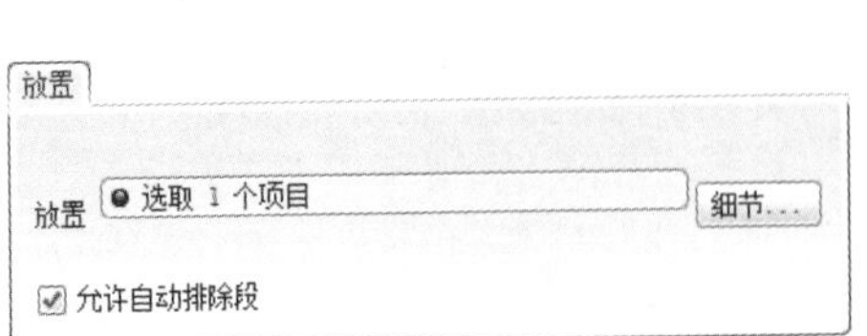

图 13-72 “放置”下滑面板

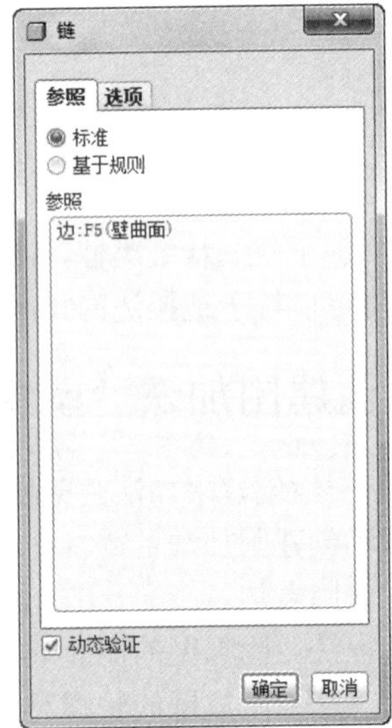

图 13-73 “链”对话框

(7) 设置草绘截面。接下来需要选择草绘截面，单击操控板中的“形状”按钮，系统弹出“草绘”下滑面板，单击“草绘”按钮，系统弹出“草绘”对话框，如图 13-75 所示，选中“通过参照”单选按钮，接受系统默认的草绘参照和草绘方向，然后单击“草绘”按钮。

图 13-74　选择附着边

图 13-75　“草绘”对话框

(8) 绘制截面。系统进入草绘环境，接受系统默认参照，单击“草绘器工具”工具栏中的“直线”按钮╲，绘制如图 13-76 所示截面。注意线的端点与参照对齐。最后单击“草绘器工具”工具栏中的✔按钮，结束截面绘制。

(9) 定义止裂槽。完成截面绘制后，单击操控板中的“止裂槽”按钮，出现“止裂槽”下滑面板，在止裂槽类型中选择“无止裂槽”，如图 13-77 所示。

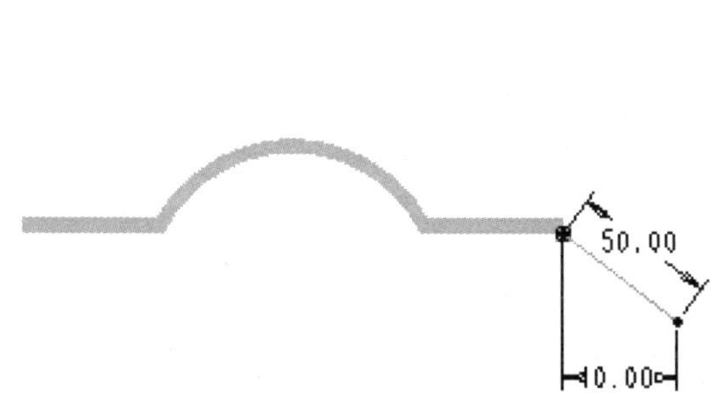

图 13-76　绘制外形轮廓线

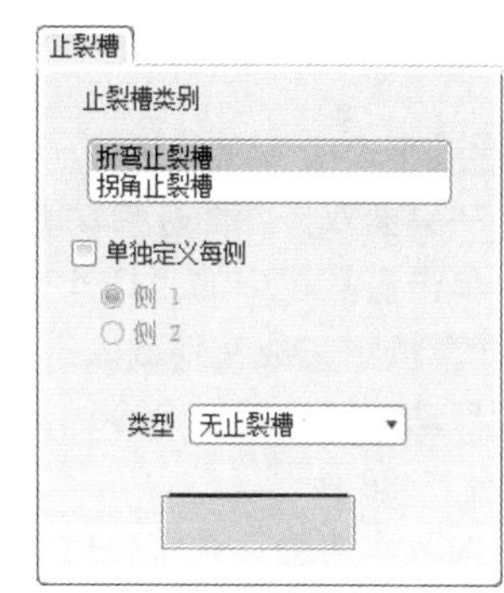

图 13-77　“止裂槽”下滑面板

(10) 输入半径值。在操控板的文本框中输入折弯半径值 20.00，然后按 Enter 键确认。

(11) 定义拉伸长度。单击操控板中的“长度”按钮，在出现的下滑面板中，第一端点和第二端点都选择“链端点”，如图 13-78 所示。

(12) 确认定义。此时，各选项都已定义完毕，单击“法兰”操控板中的✔按钮。

(13) 生成钣金特征，如图 13-79 所示。

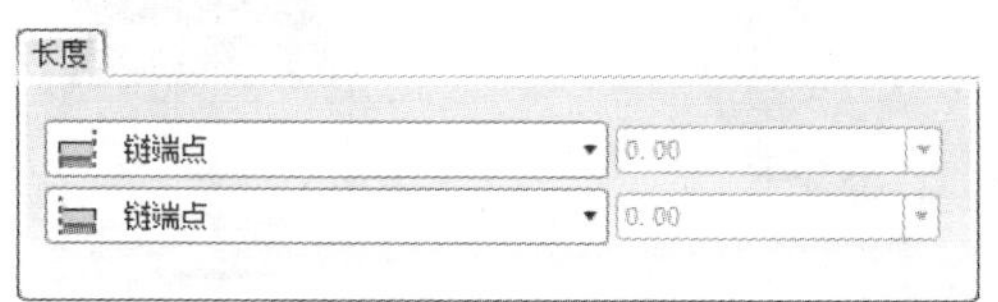

图 13-78　定义长度

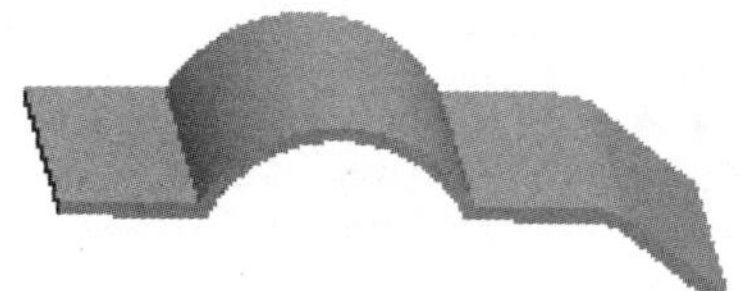

图 13-79　生成钣金特征

13.8 扭转壁特征

扭转壁是钣金件的螺旋或螺线部分。扭转壁就是将壁沿中心线扭转一个角度，类似于将壁的端点反方向转动一个相对小的指定角度。可将扭转连接到现有平面壁的直边上。

由于扭转壁可更改钣金零件的平面，所以通常用作两钣金件区域之间的过渡。它可以是矩形或梯形。

本节首先讲述创建扭转壁的基本方法，接着通过实例来具体讲解创建扭转壁的过程，最后讲解一下扭转壁特征的选项及设置。

13.8.1 创建扭转壁特征的基本方法

创建扭转壁特征的基本方法如下。

（1）启动扭转壁命令。

（2）选择连接边。

（3）定义扭转轴。

（4）输入起点宽度、终止宽度、扭转角度和扭顶角及展开长度。

（5）形成扭转壁。

13.8.2 实例——起子

视频讲解

下面通过一个实例具体讲解一下扭转壁的创建过程，具体操作方法如下。

（1）从桌面双击图标启动 Pro/ENGINEER Wildfire。

（2）单击工具栏中的“打开”按钮，弹出“文件打开”对话框，从资料包中找到文件 qizi，单击“打开”按钮完成文件载入。

（3）启动扭转壁特征命令。选择“插入”→“钣金件壁”→“扭转”命令，来启动创建扭转壁命令，如图 13-80 所示。

（4）选取连接边。系统弹出“扭转”对话框和“特征参考”菜单管理器。用于用户选择扭转侧壁应连接的直边。把鼠标移到工作区，选取如图 13-81 所示的直边。

（5）选取扭转轴点。系统在信息提示区提示在连接边上选取基准点，同时系统弹出“扭曲轴点”菜单管理器和“特征参考”菜单管理器，选择“使用中点”命令，如图 13-82 所示。

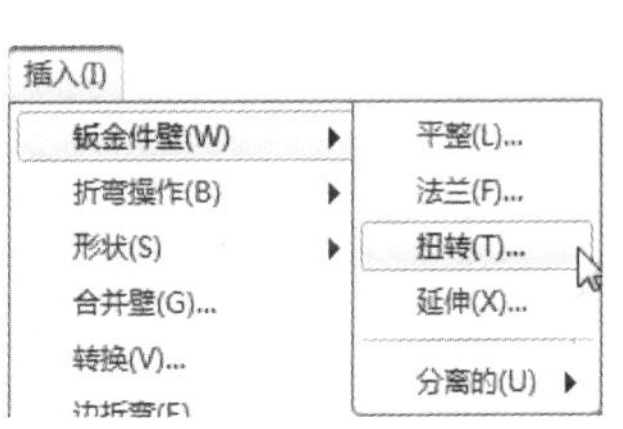

图 13-80　启动扭转壁命令

图 13-81　选择附着边

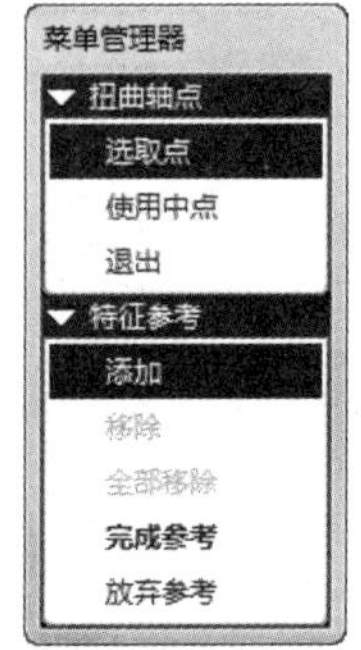

图 13-82　“扭曲轴点”菜单管理器

（6）指定起始宽度。接着信息提示区会出现操作提示，要求用户输入起始宽度，在文本框中输入 16.00，按 Enter 键或单击按钮，结束输入，如图 13-83 所示。

（7）输入终止宽度。接着信息提示区会出现操作提示，要求用户输入终止宽度，在文本框中输入 10，按 Enter 键或单击按钮，结束输入，如图 13-84 所示。

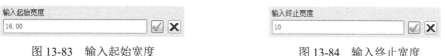

图 13-83　输入起始宽度　　图 13-84　输入终止宽度

（8）输入扭曲长度。接着信息提示区会出现操作提示，要求用户输入扭转长度，在文本框中输入 80，按 Enter 键或单击按钮，结束输入，如图 13-85 所示。

（9）输入扭顶角。接着信息提示区会出现操作提示，要求用户输入扭顶角，在文本框中输入 180，按 Enter 键或单击按钮，结束输入，如图 13-86 所示。

图 13-85　输入扭曲长度　　图 13-86　输入扭曲角

（10）输入扭曲发展长度。接着信息提示区会出现操作提示，要求用户输入扭曲展开长度，在文本框中输入 60，按 Enter 键或单击按钮，结束输入，如图 13-87 所示。

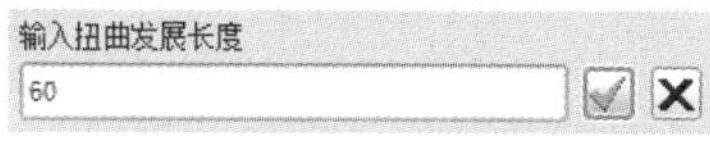

图 13-87　输入扭曲发展长度

（11）确认定义。至此扭转壁特征各选项都已定义完毕，单击对话框中的“确定”按钮，如图 13-88 所示。

（12）生成钣金特征。单击“确定”按钮后，系统自动在工作区生成钣金特征，完成的扭转壁特征如图 13-89 所示。

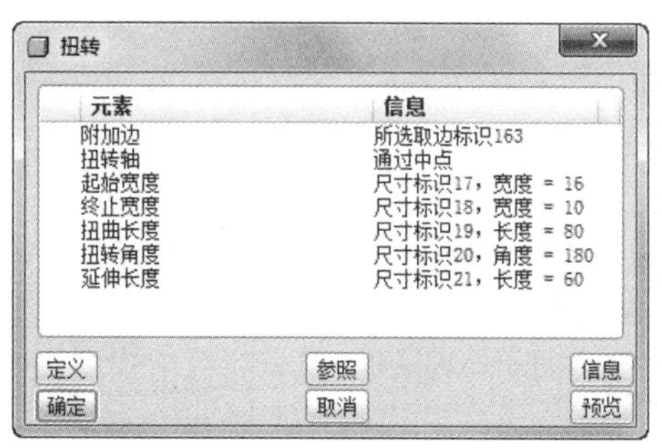

图 13-88　确认定义

图 13-89　生成钣金特征

13.9　扫描壁特征

扫描薄壁就是将截面沿着指定的薄壁边沿进行扫描而形成的特征。连接边不必是线性的。相邻的曲面也不必是平面。

本节首先将讲述创建扫描壁特征的基本方法，接着通过实例来具体讲解创建扫描壁的过程，最后讲解一下扭转壁特征选项及设置。

Note

13.9.1 创建扫描壁特征

创建扫描壁有两种方式，分为无半径的扫描壁生成方法和有半径的扫描壁生成方法。

1. 创建无半径的扫描壁基本方法

（1）启动创建扫描壁特征命令。

（2）出现“链”对话框，为扫描壁选取连接边。

（3）在“链”对话框中选取必需的连接链和选项。

（4）在草绘器中选取要查看的方向。

（5）确定参照和草绘壁。完成草绘后，在“草绘器工具”工具栏中单击✔按钮，出现“止裂槽”下滑面板。

（6）定义要使用的折弯止裂槽类型。

（7）定义止裂槽宽度。

（8）输入折弯止裂槽的角度。

（9）在“壁”选项对话框中，单击“确定”按钮。壁创建完毕。

2. 创建半径扫描壁特征

（1）启动创建半径扫描壁命令。

（2）定义半径所在的侧。

（3）选取要附加扫描壁的边。

（4）在“链”对话框中选取所需的连接链和选项。

（5）在草绘器中选取要查看的方向。

（6）参照和草绘壁。完成草绘后，在“草绘器工具”工具栏中单击✔按钮，出现“止裂槽”下滑面板。

（7）定义要使用的折弯止裂槽类型。

（8）定义止裂槽宽度。

（9）输入折弯止裂槽的角度。

（10）在扫描壁对话框中单击“确定”按钮。壁创建完毕。

视频讲解

13.9.2 实例——扫描件

在这次实战演练中，将利用“无半径”选项，创建无半径扫描壁特征。其具体创建方法如下。

（1）从桌面双击图标启动 Pro/ENGINEER Wildfire。

（2）单击工具栏中的“打开”按钮，弹出“文件打开”对话框，从资料包中找到文件 saomiaojian，单击“打开”按钮完成文件载入。

（3）启动扫描壁特征命令。选择“插入”→“钣金件壁”→“法兰”命令，启动扫描壁特征命令。

（4）选取轨迹。系统弹出“扫描壁”操控板，如图 13-90 所示，单击轮廓薄壁下拉菜单，系统提供了 9 种定义轮廓壁的类型：“T”“弧”“S”“打开”“平齐的”“鸭形”“C”“Z”“用户定义”。选择“用户定义”选项，让用户选择扫描轨迹线，默认选项是“切线链”，将鼠标移动到工作区选取如图 13-91 所示的曲线。单击操控板上的“放置”按钮，系统弹出下滑面板，单击“细节”按钮，如图 13-92 所示，可以看到该曲线链的详细信息，如图 13-93 所示。

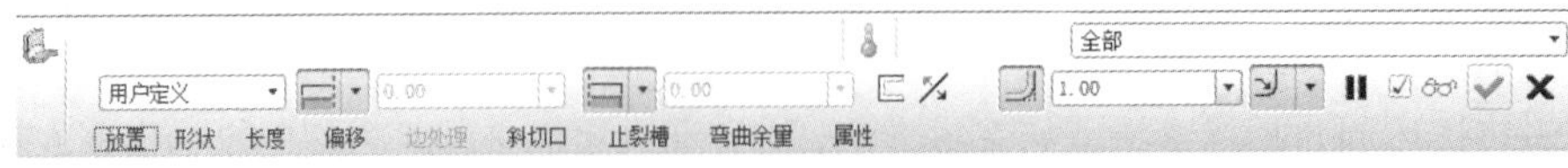

图 13-90 “扫描壁”操控板

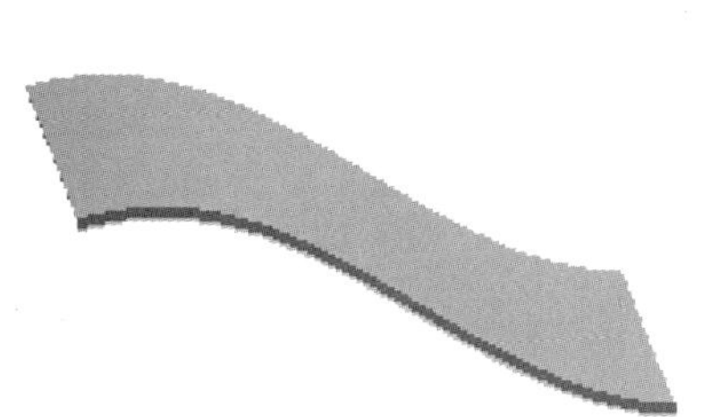

图 13-91 选取扫描轨迹

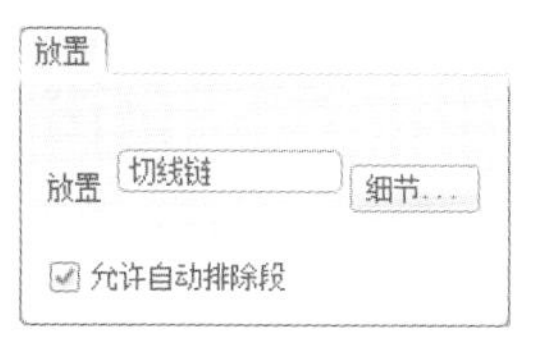

图 13-92 “放置”下滑面板

图 13-93 扫描轨迹详细信息

（5）为扫描截面选取水平面上的向上方向。单击操控板上的“形状”按钮，系统弹出“草绘”下滑面板，单击“草绘”按钮，系统弹出“草绘”对话框，为草绘截面选取水平面上的向上方向，同时系统工作区中出现红色箭头。接受系统默认选项“正向”。

（6）草绘扫描截面。系统自动进入草绘环境，单击“草绘器工具”工具栏中的“直线”按钮╲，绘制如图 13-94 所示的截面线。最后单击“草绘器工具”工具栏中的✔按钮，完成扫描截面绘制。

（7）定义止裂槽。单击操控板上的“止裂槽”按钮，系统弹出“止裂槽”下滑面板，系统提供的止裂槽类型包括：无止裂槽、V 型止裂槽、圆形止裂槽、矩形止裂槽和长圆形止裂槽。在此，选择止裂槽类型为圆形止裂槽，定义圆形止裂槽的深度和宽度都为“厚度”，如图 13-95 所示。

（8）输入半径值。在操控板的文本框中输入折弯半径值 10.00，然后按 Enter 键确认。

（9）确认定义。至此扫描壁特征各选项都已定义完毕，单击操控板上的✔按钮。

（10）生成钣金特征。单击“确定”按钮后，系统自动在工作区生成钣金特征，完成的扫描壁特征如图 13-96 所示。

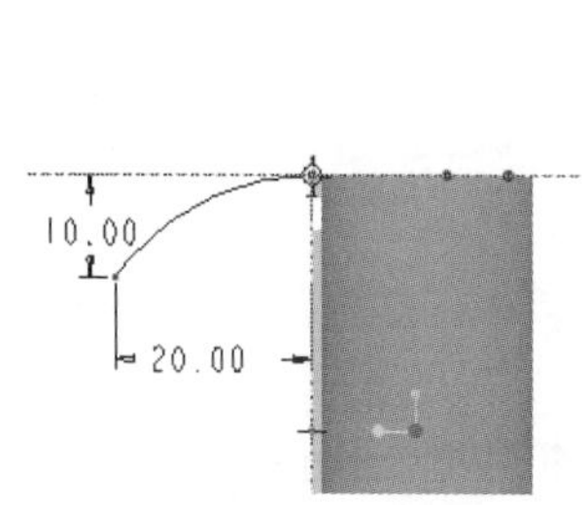

图 13-94 扫描截面

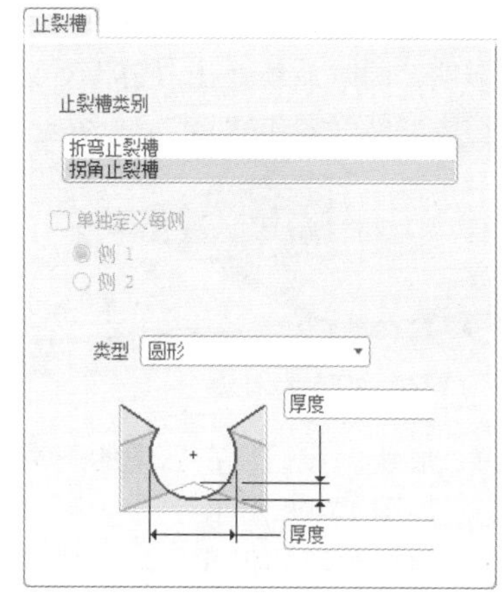

图 13-95 “止裂槽”下滑面板

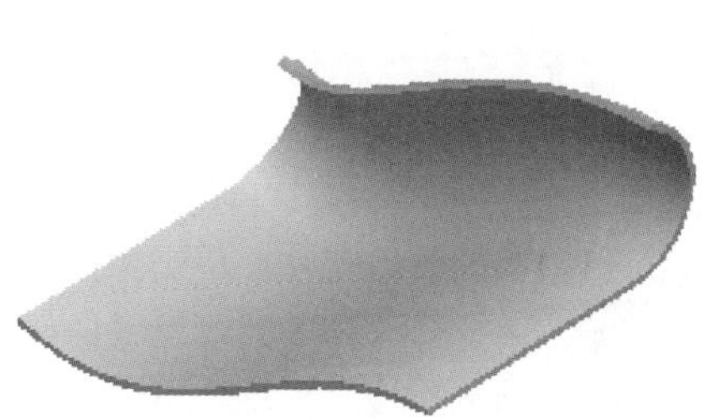

图 13-96 生成钣金特征

13.10 折边壁特征

Note

在进行半径设计时，通常会要求将钣金件的某一条边折弯过来，即折边，通俗地说就是钣金“翻边”。Pro/ENGINEER 中的折边命令，就是通过折边操作来进行钣金翻边的。在 5.0 版本中，创建折边壁特征，需要用到法兰壁特征命令。

折边是用于连接钣金壁的对接接头（焊缝）的一部分。可将折边放置在直边、圆弧或扫描边上。所使用的折边类型取决于需要的锁定缝的类型。

本节会首先了解到创建折边壁特征的基本方法，然后通过一些具体实例来加强对这一特征的理解，最后再讲解一下折边壁特征的选项及设置。

13.10.1 创建折边壁特征的基本方法

创建折边壁特征相对简单，下面是创建折边壁的基本方法。

（1）启动折边壁命令。

（2）为折边选取连接边。

（3）定义折边属性。包括“名称”“位置类型”“保持壁高度”“截面”“止裂槽”。

（4）完成折边特征创建。

视频讲解

13.10.2 实例——弯片

折边壁特征形式较多，但创建比较简单。下面通过实例来全面讲解折边特征的创建。

在这次实战演练中，将利用“打开折边”选项，创建打开折边壁特征。其具体步骤如下。

（1）从桌面双击图标启动 Pro/ENGINEER Wildfire。

（2）单击工具栏中的“打开”按钮，弹出“文件打开”对话框，从资料包中找到文件 wanpian，单击“打开”按钮完成文件载入。

（3）启动折边壁特征命令。单击“钣金件”工具栏中的“法兰”按钮，启动创建折边壁特征命令。

（4）指定折边的附着边。系统弹出“法兰”操控板，“折边类型”选择“打开”，单击“放置”按钮，在出现的下滑面板中选择“细节”选项，同时系统弹出“链”对话框。用于选择附着边。把鼠标移到工作区，单击如图 13-97 所示的附着边。然后单击“链”对话框中的“确定”按钮。

图 13-97 指定附着边

（5）修改折边尺寸。单击操控板中的“形状”按钮，在出现的下滑面板中，把折边的长度修改为 10.00，半径修改为 3.00，厚度保持不变，如图 13-98 所示。

（6）预览折边壁特征。单击折边壁特征将以预览的形式显示。单击“折边壁”操控板中的“完成”按钮，生成如图 13-99 所示的折边壁特征。

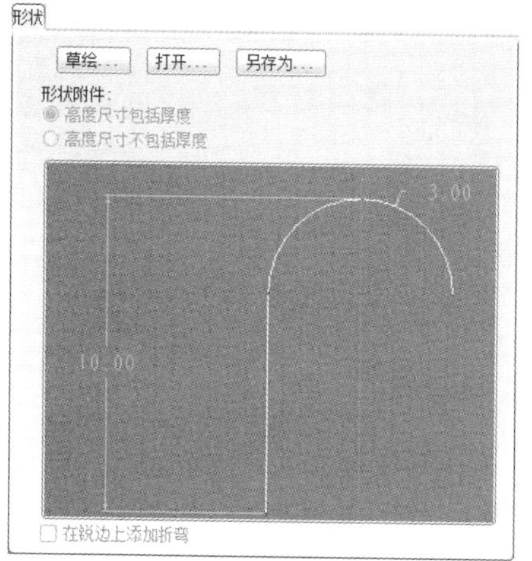

图 13-98　修改折边尺寸

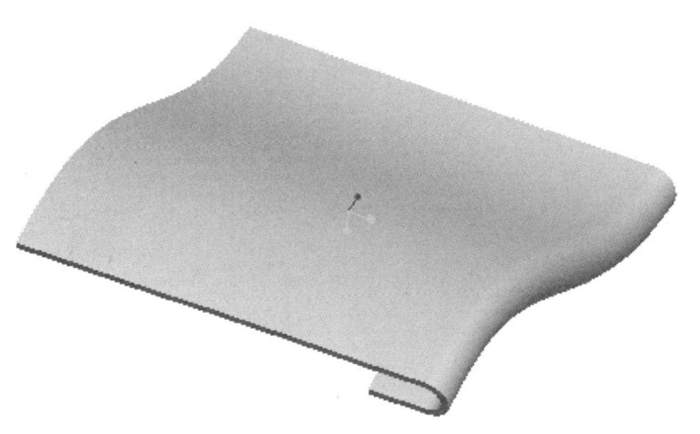

图 13-99　生成折边壁特征

13.11　延拓壁特征

延拓壁特征也叫延伸壁特征，就是将已有的平板钣金件延伸到某一指定的位置或指定的距离，不需要绘制任何截面线。延拓壁不能建立第一壁特征，它只能用于建立额外壁特征。

本节将首先讲述创建延拓壁特征的基本方法，接着通过一个实例来进一步加强对创建延拓壁特征方法的理解，最后讲解一下延拓壁特征的选项及设置。

13.11.1　创建延拓壁特征的基本方法

创建延拓壁特征的方法也比较简单，其方法和步骤如下。

（1）启动延拓壁特征命令。

（2）选取要延伸的直边。"延拓距离"和"设置平面"菜单管理器出现。

（3）定义延伸壁的

（4）在"壁选项"对话框中单击"确定"按钮。壁创建完毕。

13.11.2　实例——U 型体

下面通过一个实例具体讲解一下创建延拓壁特征的具体方法和步骤。

（1）从桌面双击图标启动 Pro/ENGINEER Wildfire。

（2）单击工具栏中的"打开"按钮，弹出"文件打开"对话框，从资料包中找到文件 Uxingti，单击"打开"按钮完成文件载入。

（3）启动延拓壁特征命令。单击"钣金件"工具栏中的"延伸"按钮。

（4）定义要延拓的边。系统弹出"壁选项：延伸"对话框，同时弹出"选取"对话框，如图 13-100 所示。将鼠标移到工作区，选取如图 13-101 所示的边。

（5）定义延拓距离。接着系统弹出"延拓距离"菜单管理器，如图 13-102 所示，选择"向上至平面"命令，选择延拓边对面的平面，如图 13-103 所示。

（6）确认定义并生成延拓壁特征。最后单击如图 13-104 所示对话框中的"确定"按钮，生成的

延伸壁特征如图 13-105 所示。

Note

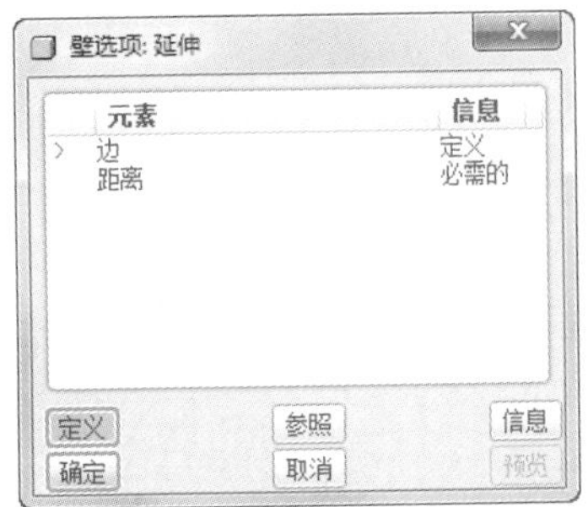

图 13-100 “壁选项：延伸”对话框

图 13-101 选取延拓边

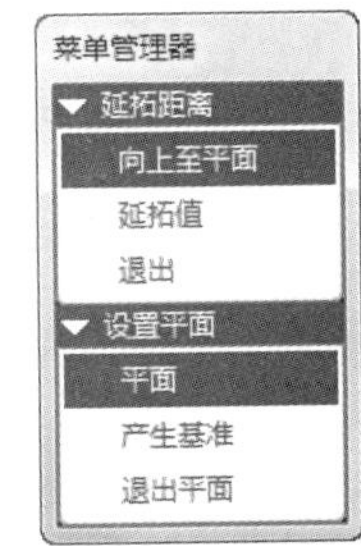

图 13-102 定义延拓距离

图 13-103 选择平面

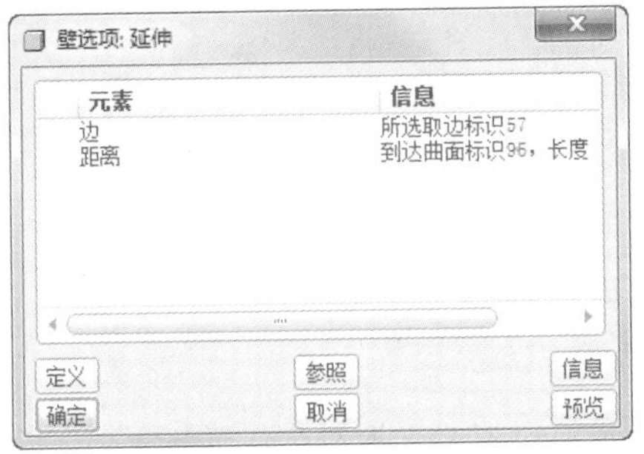

图 13-104 确认定义

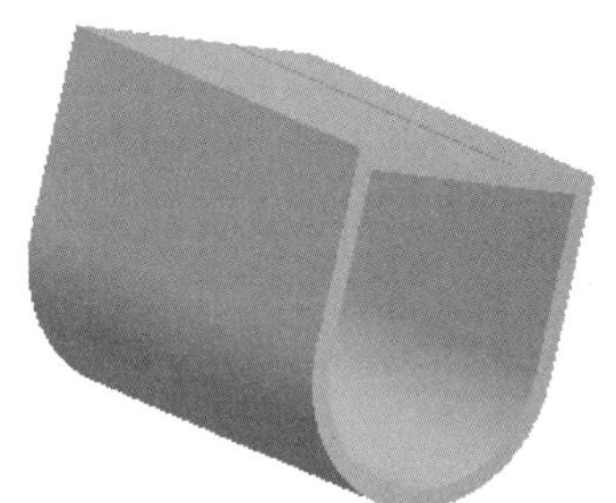

图 13-105 生成钣金特征

13.12 合 并

合并壁将至少需要两个非附属壁合并到一个零件中。在 Pro/ENGINEER 中，通过合并操作可以将多个分离的壁特征合并成一个钣金件。

本节将首先讲述创建合并壁特征的基本方法，接着通过一个实例来进一步加强对创建合并壁特征方法的理解。

13.12.1 创建合并壁特征的基本方法

（1）启动合并壁命令。

（2）选取将未连接壁与其合并的基础壁曲面。

（3）选取将要与基础壁合并的未连接壁曲面。

（4）在“壁选项”对话框中单击“确定”按钮。

视频讲解

13.12.2 实例——壳体

下面通过一个实例具体讲解一下创建合并壁特征的具体方法和步骤。

（1）从桌面双击图标启动 Pro/ENGINEER Wildfire。

（2）单击工具栏中的“打开”按钮，弹出“文件打开”对话框，从资料包中找到文件 keti，单击“打开”按钮完成文件载入。

（3）编辑特征。在模型树中选择“分离壁”选项并单击鼠标右键，在弹出的快捷菜单中选择“编

辑定义”命令，如图 13-106 所示。

（4）换侧。系统弹出“分离壁：偏移”对话框，从中选择“交换侧”选项，并双击它，如图 13-107 所示。

这时“交换侧”信息栏中显示为“白色”，单击对话框中的“确定”按钮，生成的偏移壁特征如图 13-108 所示。

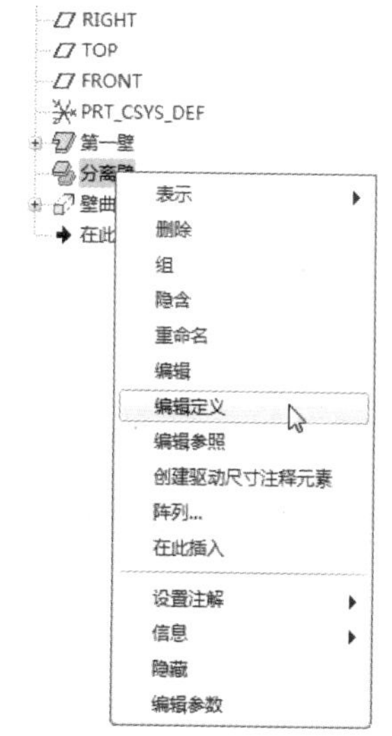

图 13-106　编辑定义

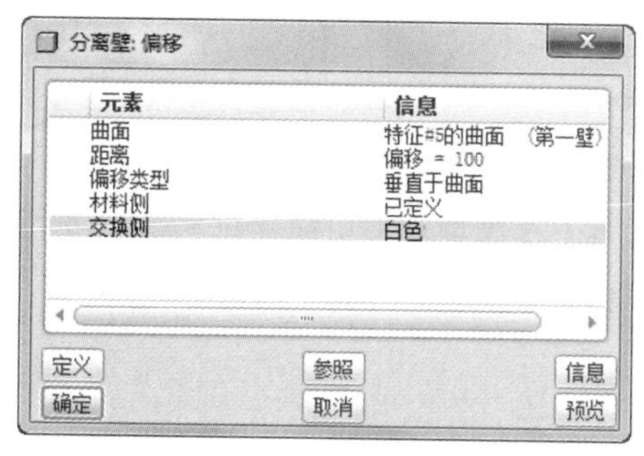

图 13-107　“分离壁：偏移”对话框

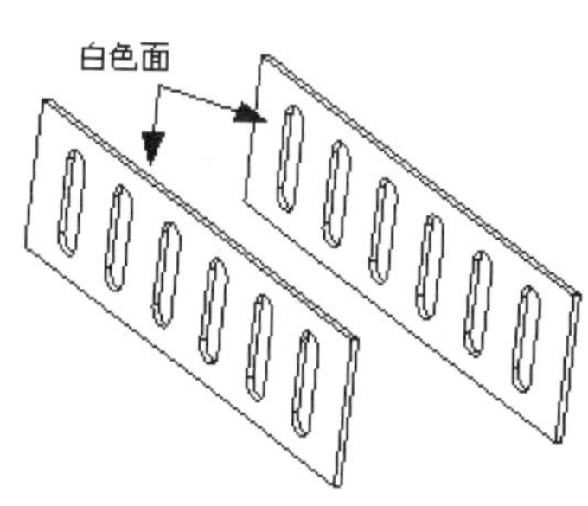

图 13-108　交换侧

（5）启动“分离的”拉伸壁特征命令。单击“钣金件”工具栏中的“拉伸”按钮，启动创建拉伸壁命令。

（6）定义拉伸属性。系统弹出“拉伸壁”操控板，如图 13-109 所示，单击“放置”按钮，系统弹出“放置”下滑面板。

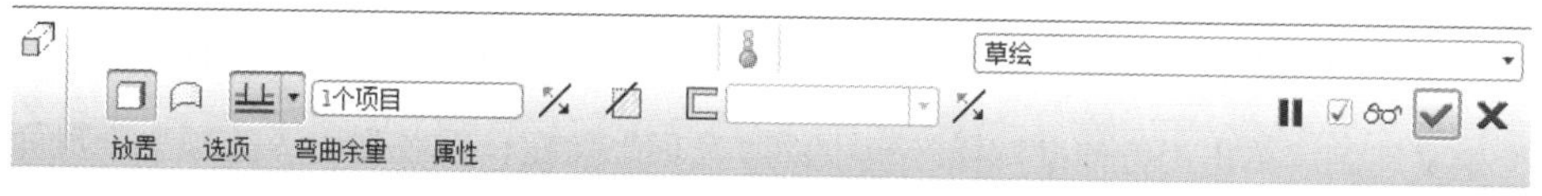

图 13-109　“拉伸壁”操控板

（7）定义草绘平面。单击“定义”按钮，如图 13-110 所示。系统接着弹出“草绘”对话框，如图 13-111 所示。选择 RIGHT 面作为草绘平面。同时工作区出现红色箭头，表示草绘平面的方向，接受系统默认的草绘方向和草绘参照，如图 13-112 所示。

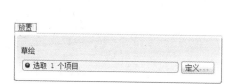

图 13-110　“放置”下滑面板

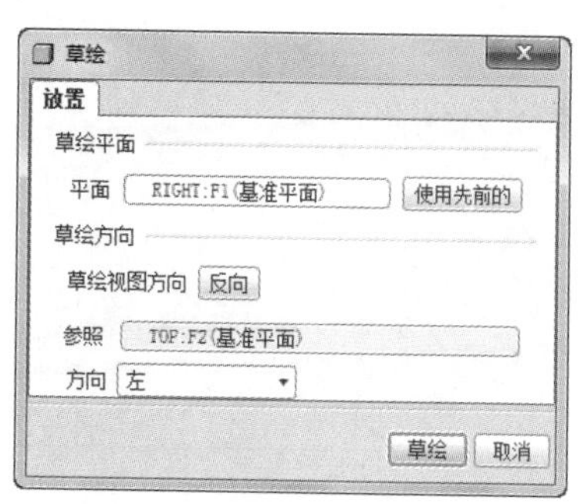

图 13-111　“草绘”对话框

（8）绘制截面。单击“草绘”按钮后，系统进入草绘环境，增加两条边作为草绘参照，如图 13-113 所示。绘制如图 13-114 所示的截面曲线。绘制完成后，单击“草绘器工具”工具栏中的✔按钮，结束截面的绘制。

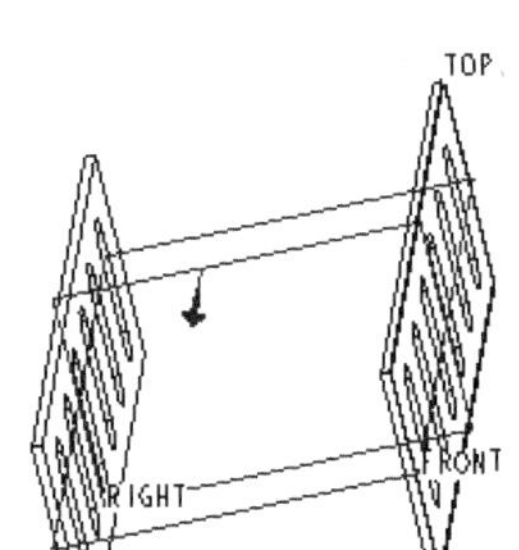

图 13-112　草绘方向

图 13-113　添加参照

（9）选择材料加厚的方向。系统工作区模型上出现红色箭头，用于指定材料生成厚度的方向，接受系统默认方向，如图 13-115 所示。

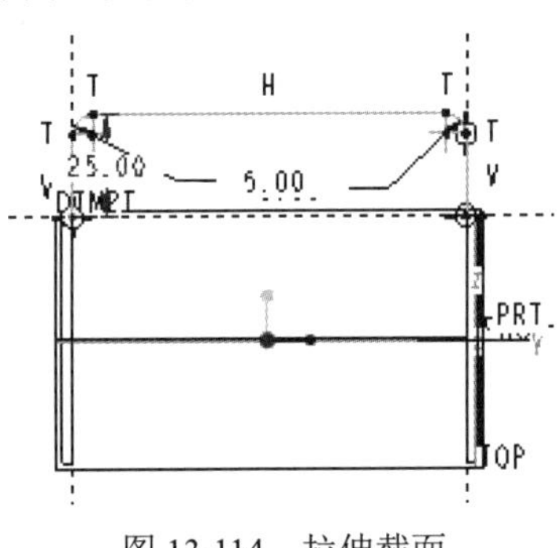

图 13-114　拉伸截面

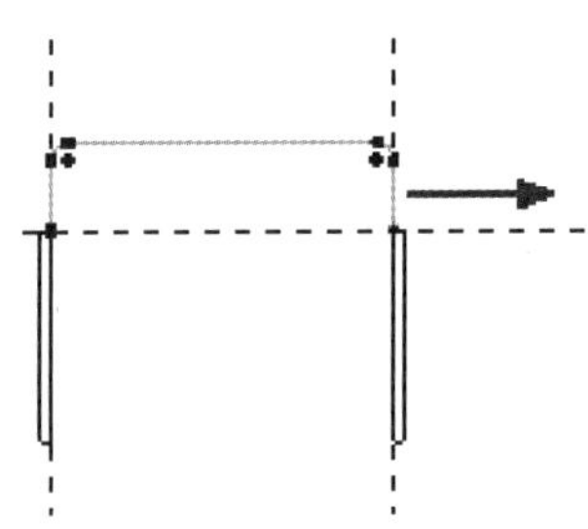

图 13-115　方向和方向显示

（10）定义起始。单击“拉伸壁”操控板中的“选项”按钮，系统弹出“选项”下滑面板，选择“到选定项”选项，系统工作区出现红色箭头，选择如图 13-116 所示端点，然后在第 2 侧的选项中选择“到选定项”选项，系统工作区出现红色箭头，选择如图 13-117 所示端点。

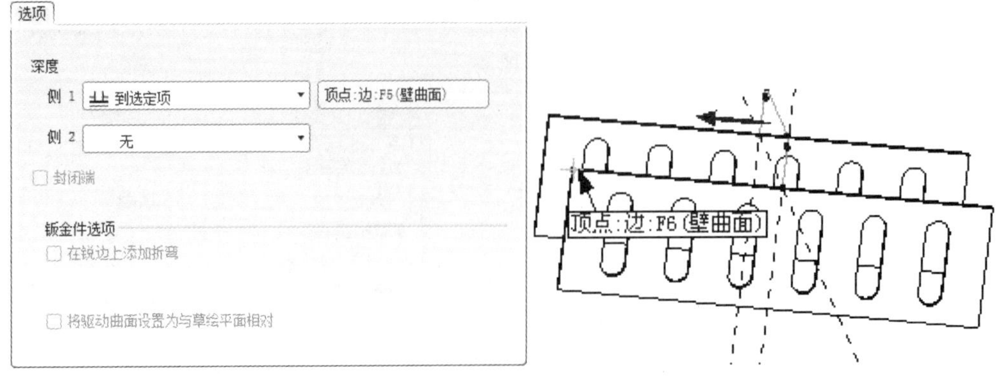

图 13-116　“选项”下滑面板和选择端点

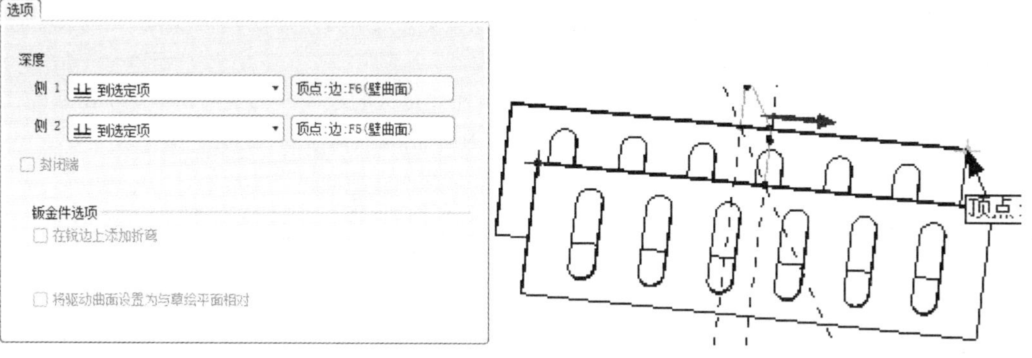

图 13-117 选择端点

（11）交换侧。单击操控板中的“预览”按钮，会发现创建的分离的拉伸壁与偏移壁的红色面不在同一侧，需要交换侧，否则在以后创建合并壁命令就不能继续。选中“选项”下滑面板中的“将驱动曲面设置为与草绘平面相对”复选框，使交换侧信息提示为“白色”。

（12）确认定义并生成“分离的”拉伸壁，单击操控板中的✔按钮，生成如图 13-118 所示的拉伸壁特征。

（13）启动合并壁命令。选择“插入”→“合并壁”命令，启动创建合并壁命令，如图 13-119 所示。

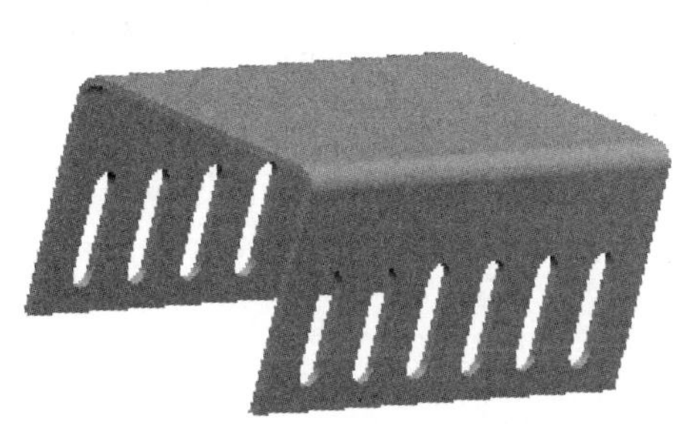

图 13-118 生成拉伸壁特征

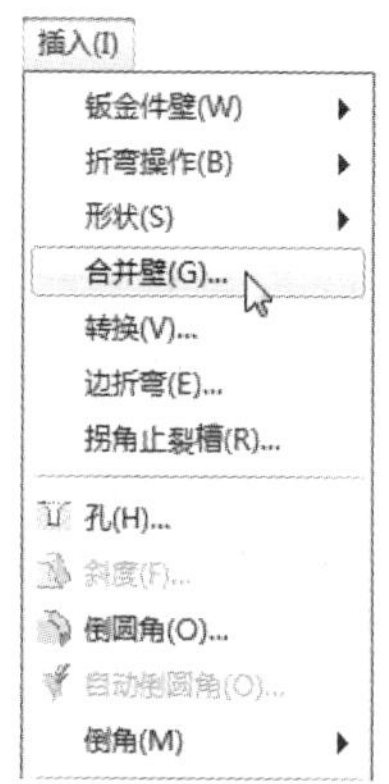

图 13-119 启动合并壁命令

（14）选取分离的壁将合并到的曲面。系统在消息区出现操作提示，要求用户选择分离的壁要合并到哪个曲面上。同时弹出如图 13-120 所示“特征参考”菜单管理器，接受菜单管理器的默认设置，选择如图 13-121 所示的分离壁的右侧面。然后选择“完成参考”命令。

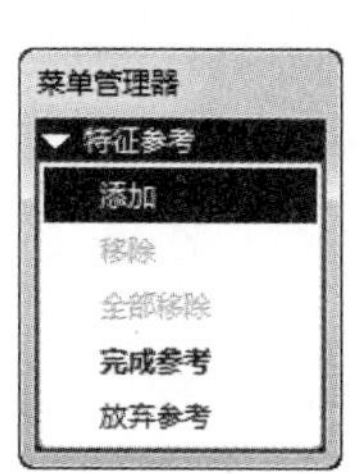

图 13-120 “特征参考”菜单管理器

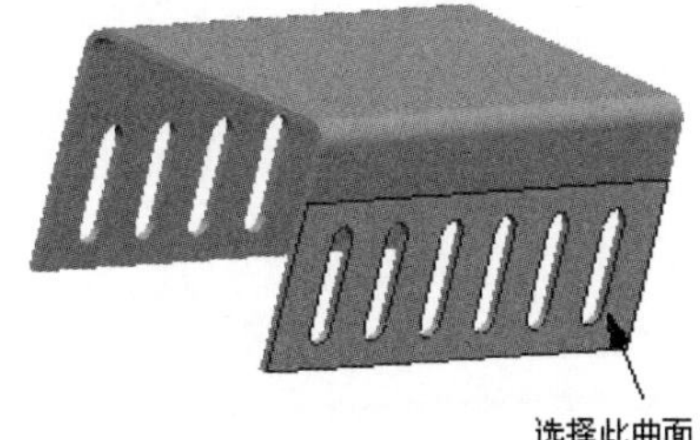

图 13-121 选择合并到的曲面

（15）选择合并到基础曲面的曲面。接着系统信息区出现操作提示，要求用户选择将哪些曲面合

Note

并到刚才选择的面上。同时弹出“特征参考”菜单管理器，接受菜单管理器的默认设置，选择如图 13-122 所示的分离壁的右侧面。然后选择“完成参考”命令。

（16）确认定义生成第一次合并壁特征。至此所有需要定义的选项都已定义完毕，单击如图 13-123 所示对话框中的“确定”按钮，结束合并壁的操作，制作完成的钣金特征如图 13-124 所示。

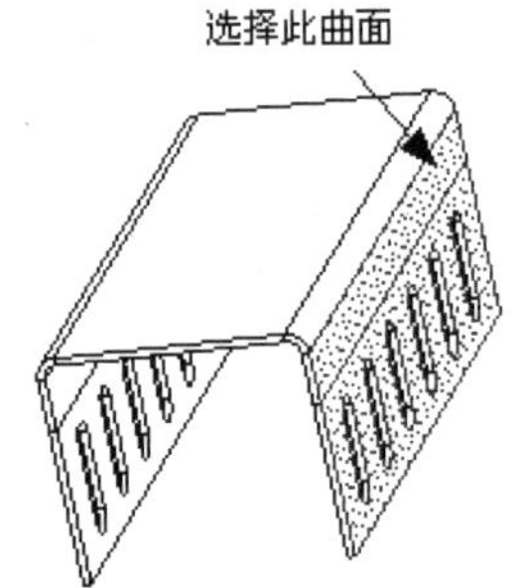

图 13-122　选择曲面

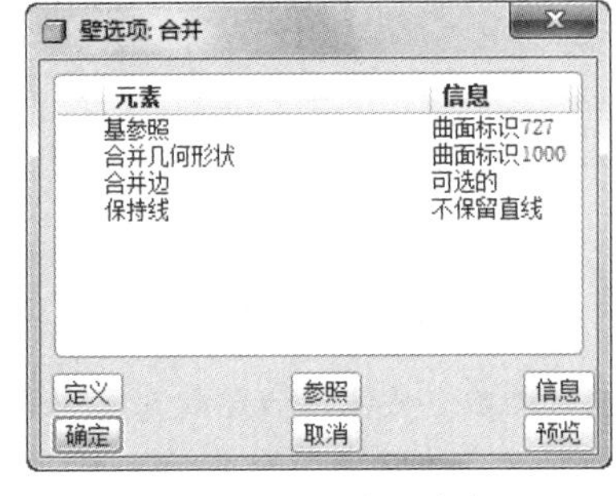

图 13-123　确认定义

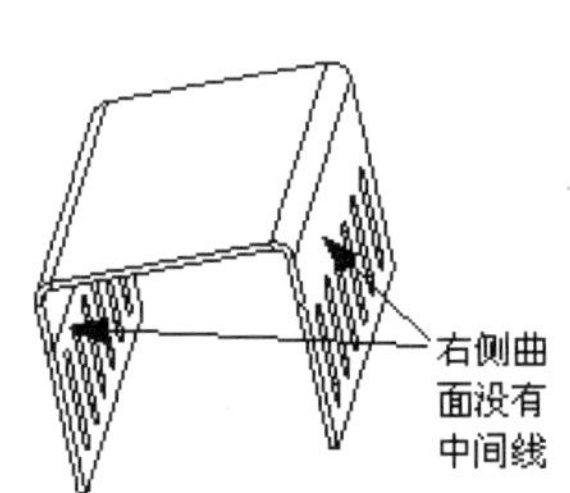

图 13-124　生成钣金特征

（17）创建第二次合并壁。以与创建第一次合并壁相同的步骤创建第二次合并壁，按照如图 13-125 所示选择合并的目的面和合并的参照面。

（18）完成合并壁特征。完成后的钣金件如图 13-126 所示，可以发现两侧的中间线都不见了，说明这 3 个壁已经合并为一个整体。

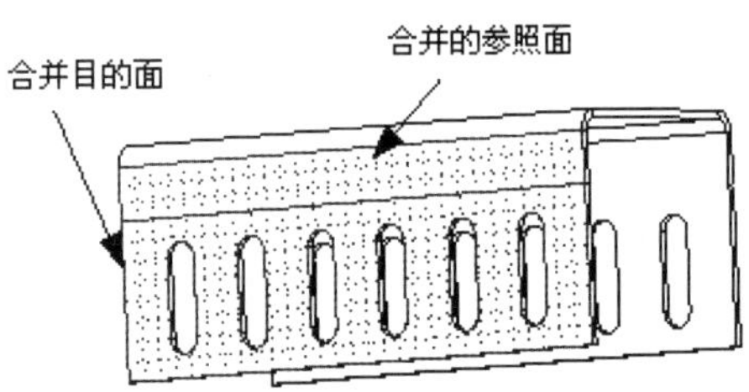

图 13-125　选择合并的目的面和参照面

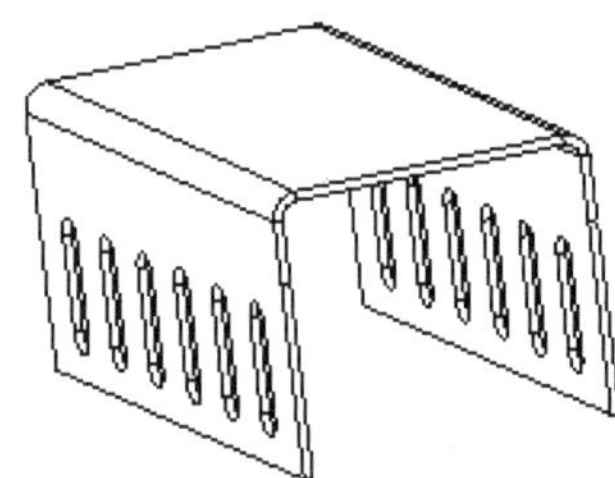
图 13-126　生成钣金特征

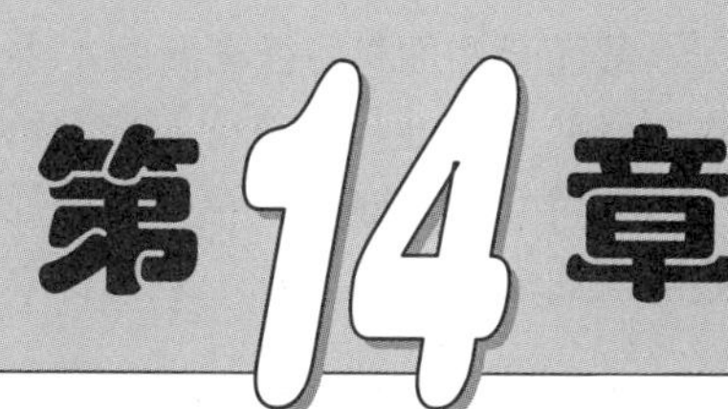

钣金编辑

通过前面几章的学习，我们已经掌握了创建钣金壁特征的方法。但在钣金设计过程中，通常还需要对壁特征进行一些处理，如折弯、展开、冲孔等。本章将学习壁处理中常用到的一些基本命令，包括“折弯”“边折弯”“展平”“折弯回去”“平整阵列”“切割”“切口”“冲孔”“印贴”等命令。

任务驱动&项目案例

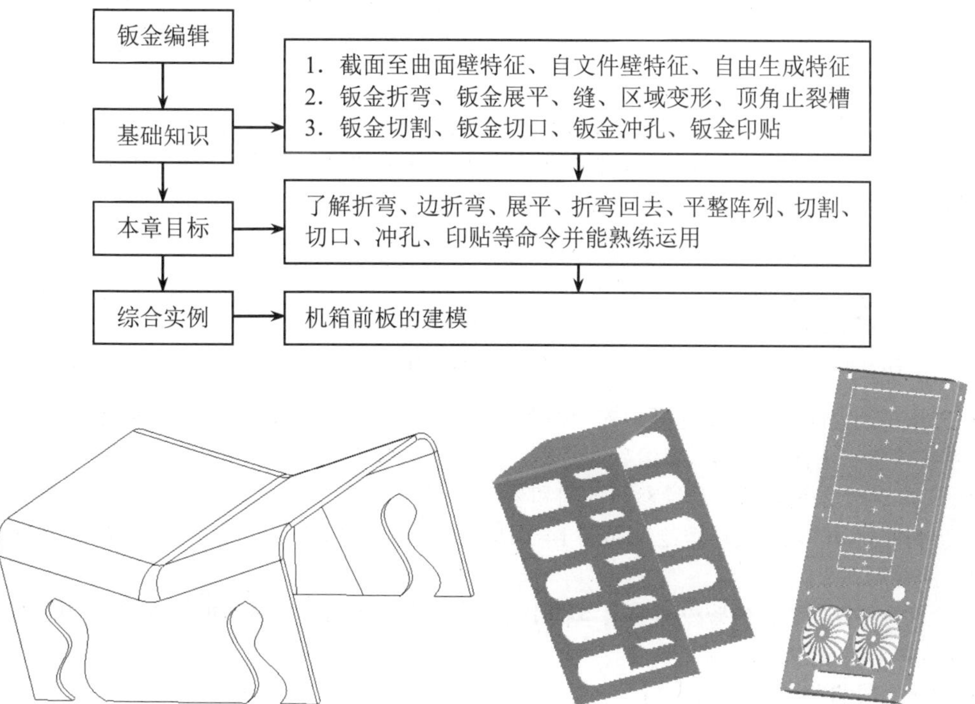

钣金编辑
基础知识
1. 截面至曲面壁特征、自文件壁特征、自由生成特征
2. 钣金折弯、钣金展平、缝、区域变形、顶角止裂槽
3. 钣金切割、钣金切口、钣金冲孔、钣金印贴
本章目标
了解折弯、边折弯、展平、折弯回去、平整阵列、切割、切口、冲孔、印贴等命令并能熟练运用
综合实例
机箱前板的建模

14.1 截面至曲面壁特征

Note

“截面至曲面”特征在新版本中也称为“将剖面混合到曲面”特征，表示在截面与指定的表面之间建立壁曲面特征，此特征一端为所绘截面，另一端与指定的曲面相切。

本节将介绍创建截面至曲面特征的基本方法，并举出一实例进行实战演练，使读者进一步掌握创建截面至曲面特征的方法，最后讲解截面至曲面特征的选项及设置。

14.1.1 创建截面至曲面特征

在创建“截面至曲面”特征前，必须保证有绘制好的曲面。操作的基本方法如下。

（1）启动“截面至曲面”命令。

（2）绘制曲面作为壁特征的相切边界曲面。

（3）绘制截面特征。

（4）指定材料生成方向和特征厚度。

（5）生成截面至曲面特征。

视频讲解

14.1.2 实例

下面通过创建一实例具体讲解创建“截面至曲面”的方法，操作过程如下。

（1）从桌面双击图标启动 Pro/ENGINEER Wildfire。

（2）单击工具栏中的“新建”按钮，弹出“新建”对话框。在“类型”选项组中选中“零件”单选按钮，在“子类型”选项组中选中“钣金件”单选按钮，在“名称”文本框中输入钣金文件名称 shili1.prt，单击“确定”按钮进入钣金设计模式，系统自动在模型设计区建立了基准平面和坐标系。

（3）利用“拉伸”命令创建曲面。

❶ 启动“拉伸”曲面命令。单击“钣金件”工具栏中的“拉伸”按钮，或选择“插入”→“拉伸”命令，系统弹出“拉伸”操控板，同时在信息栏中提示“选取一个草绘。（如果首选内部草绘，可在放置面板中找到“定义”选项）”，如图 14-1 所示。

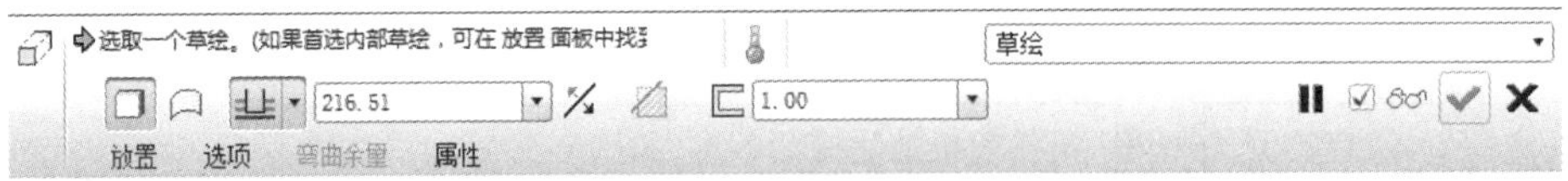

图 14-1 “拉伸”操控板

❷ 选择草绘截面。单击操控板中的“放置”按钮，系统弹出“放置”下滑面板，单击“定义”按钮。系统接着在工作区弹出“草绘”对话框，用于定义草绘平面。在工作区域选择 TOP 基准面作为草绘平面，接受系统默认的草绘参照方向和参考平面。

❸ 绘制截面。进入草绘环境绘制如图 14-2 所示的截面。单击“草绘器工具”工具栏中的✔按钮，完成截面的绘制。

❹ 输入拉伸深度。在操控板深度文本框中输入拉伸深度值 100，然后单击操控板中的“确定”按钮，完成曲面特征创建。

❺ 制作完成的曲面如图 14-3 所示。

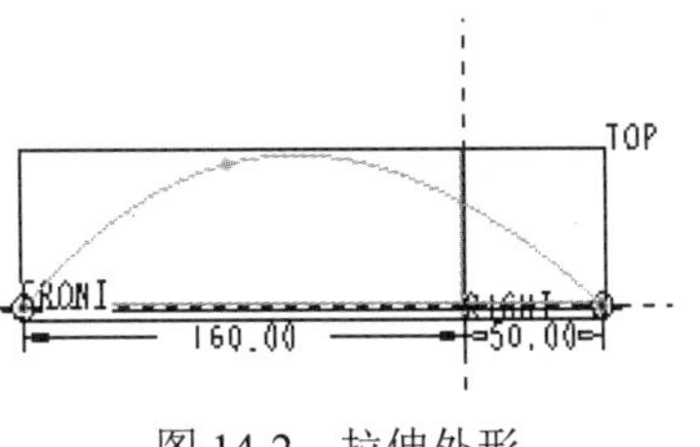

图 14-2　拉伸外形

图 14-3　拉伸特征

（4）创建一基准平面。单击“特征”工具栏中的“基准平面”按钮，弹出“基准平面”对话框，把鼠标移到工作区，选择 RIGHT 基准平面，在“平移”下拉列表框中输入-200，单击“确定”按钮，如图 14-4 所示。

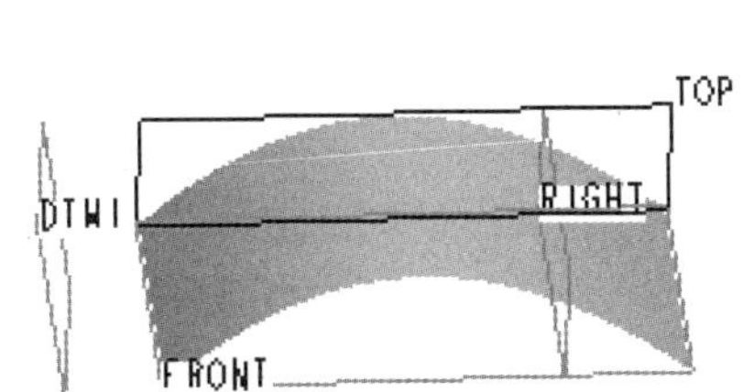

图 14-4　创建基准曲面 DTM1

（5）启动“截面至曲面”命令。选择“插入”→“钣金件壁”→“分离的”→“将剖面混合到曲面”命令，如图 14-5 所示。

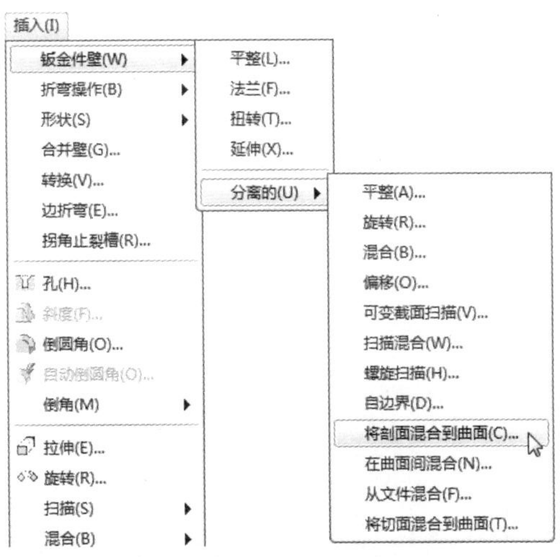

图 14-5　选择命令

（6）选择曲面。系统弹出“分离壁：截面到曲面混合”对话框，双击“曲面”选项，系统弹出“选取”对话框，把鼠标移到工作区，选择刚创建拉伸特征的外表面，单击“选取”对话框中的“确定”按钮，如图 14-6 所示。

（7）获取截面。

❶ 选择草绘截面。接着系统弹出“设置草绘平面”菜单管理器，如图 14-7 所示。选择“新设置”→

Note

“平面”命令，把鼠标移到工作区，选择刚创建的基准平面DTM1。

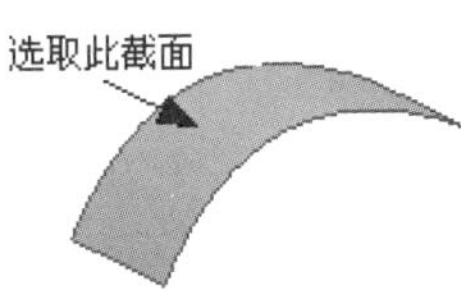

图14-6　选取截面

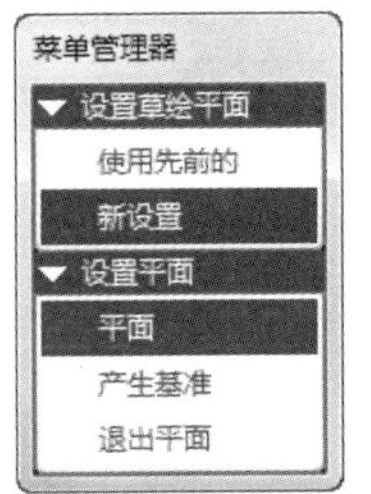

图14-7　“设置草绘平面”菜单

❷ 选择特征生成方向。系统弹出“方向”菜单管理器，选择“反向”命令，再选择“确定”命令，如图14-8所示。

❸ 草绘截面。在接下来弹出的如图14-9所示的“草绘视图”菜单管理器中选择“缺省”命令。系统自动进入草绘环境，接受系统默认的参照，绘制如图14-10所示的截面。单击“草绘器工具”工具栏中的✔按钮，完成截面绘制。

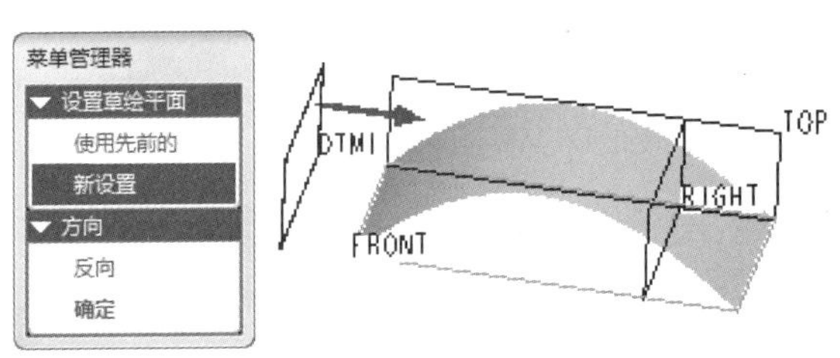

图14-8　选择草绘方向

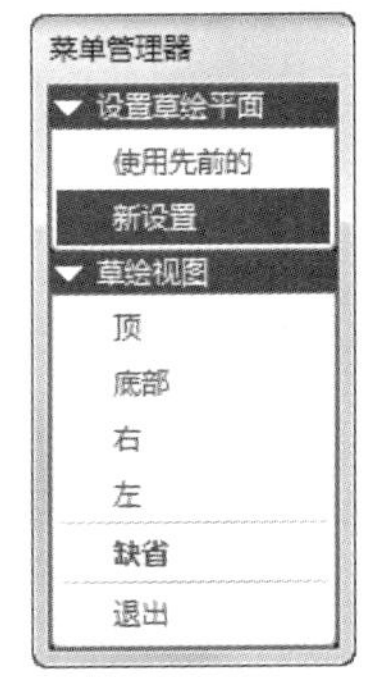

图14-9　“草绘视图”菜单管理器

（8）定义材料生成的方向。弹出如图14-11所示的“方向”菜单管理器，用于指定材料的生成方向，同时在工作区中显示红色箭头，表示材料的生成方向。选择菜单管理器中的“确定”命令。

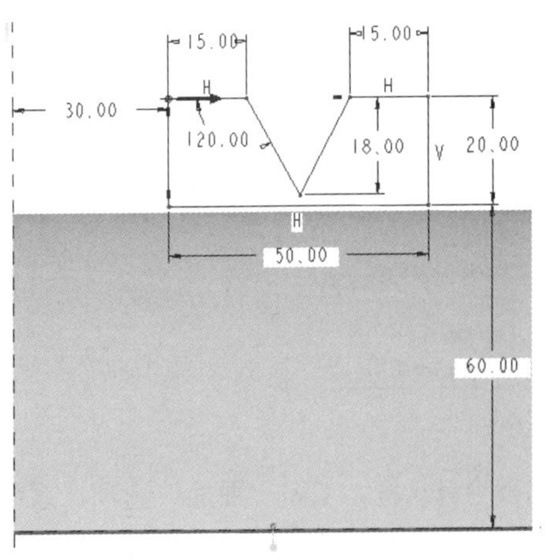

图14-10　绘制截面

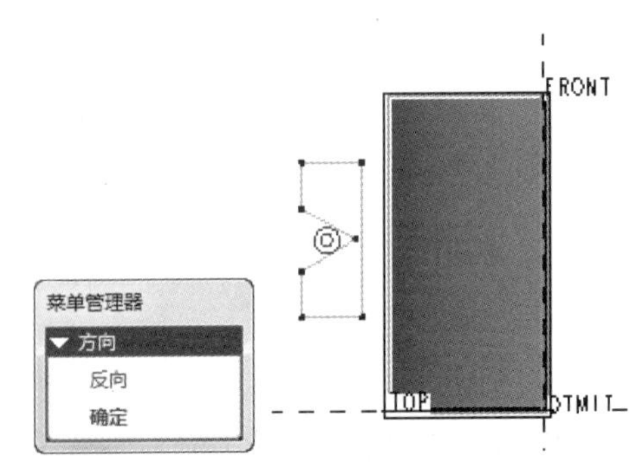

图14-11　材料生成的方向

（9）确认定义。定义完上面所有选项后，单击如图14-12所示的“分离壁：截面到曲面混合”

对话框中的“确定”按钮，结束第一壁创建。

（10）完成钣金特征。创建的壁特征如图 14-13 所示。

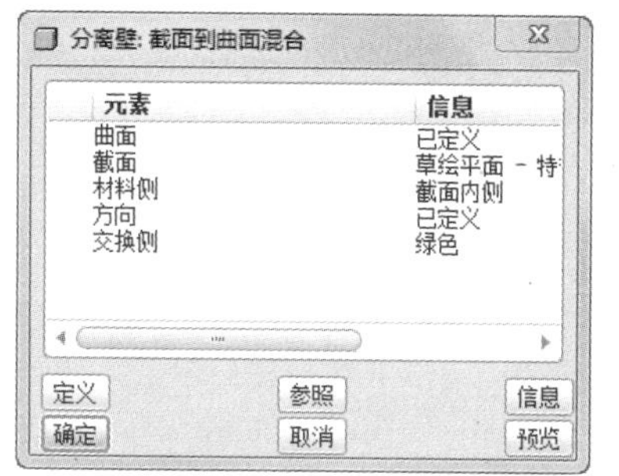

图 14-12　确认定义

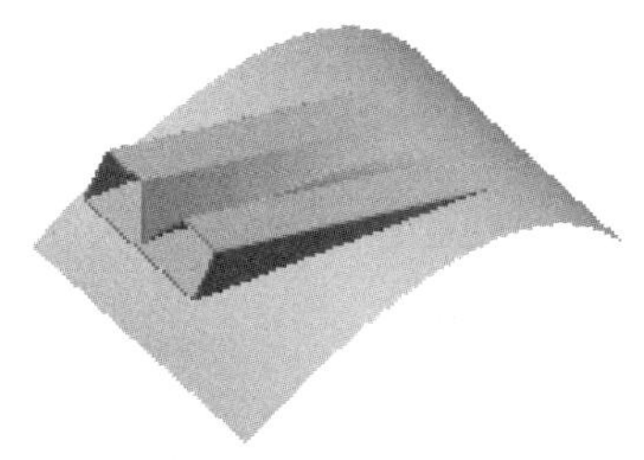

图 14-13　完成钣金特征

14.2　自文件壁特征

“自文件”选项用于调用曲线文件并自动将曲线混合成壁曲面，然后通过输入钣金的厚度，从而生成需要的壁特征。

14.2.1　创建自文件壁特征

创建自文件壁特征的基本方法如下。

（1）预先创建一个曲面文件。

（2）启动创建自文件壁特征的命令。

（3）指定一个坐标系。

（4）调入曲线文件。

（5）确定特征的生成方向和指定钣金的厚度。

（6）生成自文件壁特征。

14.2.2　实例

下面通过一个实例演练来详细讲解创建自文件壁特征的具体方法，具体步骤如下。

（1）创建曲面文件。

❶ 打开记事本程序。从桌面选择“开始”→“附件”→“记事本”命令，打开记事本程序。

❷ 输入程序。按照图 14-14 所示，在记事本文本框中输入以下内容：

```
Open    Arclength
Begin Section !1
Begin Curve !1
1 0 0 -30
2 30 10 -40
3 80 3    -30
Begin Section !2
```

Begin Curve !2

1 0 0 0

2 30 10 5

3 100 5 0

Begin Section !3

Begin Curve !3

1 0 0 50

2 50 15 40

3 80 10 60

图 14-14 记事本中输入以上内容

❸ 保存文件。然后选择“文件”→“保存”命令，把该文件命名为 curve1.ibl 进行保存，保存的路径是 Pro/ENGINEER 的当前工作目录。

❹ 关闭记事本程序。

（2）从桌面双击图标启动 Pro/ENGINEER Wildfire。

（3）单击工具栏中的“新建”按钮，系统弹出“新建”对话框。在“类型”选项组中选中“零件”单选按钮，在“子类型”选项组中选中“钣金件”单选按钮，在“名称”文本框中输入钣金文件名称 shili2.prt，单击“确定”按钮进入钣金设计模式，系统自动在模型设计区建立了基准平面和坐标系。

（4）启动自文件壁特征命令。选择“插入”→“钣金件壁”→“分离的”→“从文件混合”命令，操作如图 14-15 所示。

（5）指定坐标系。系统弹出“第一壁：从文件混合”对话框，同时弹出“得到坐标系”菜单管理器，系统提示需要指定一个坐标系，把鼠标移到工作区单击系统默认的坐标系 PRT_CSYS_DEF，如图 14-16 所示。

（6）调入曲面文件。接着弹出“打开”对话框，在先前保存的路径下选择曲面文件名称 curve1.lib，单击“打开”按钮，如图 14-17 所示。

（7）定义材料生成侧。系统弹出“方向”菜单管理器，用于指定材料的生成方向，同时在工作区中调入的曲线上显示材料生成的方向，此处选择“反向”命令，然后再选择“确定”命令，如图 14-18 所示。

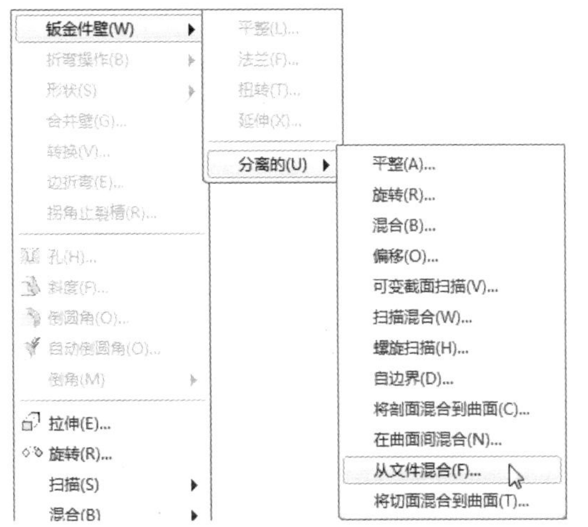

图 14-15　启动自文件命令

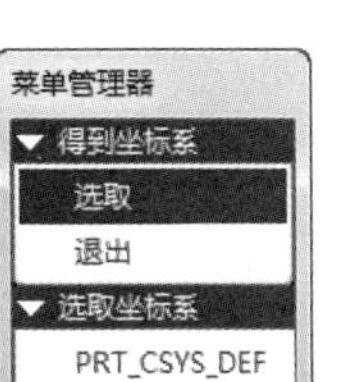

图 14-16　得到坐标系

图 14-17　“打开”对话框

（8）输入薄壁厚度。接着系统信息提示区提示用户输入特征的生成厚度，在文本框中输入厚度 1，并按 Enter 键或单击☑按钮，如图 14-19 所示。

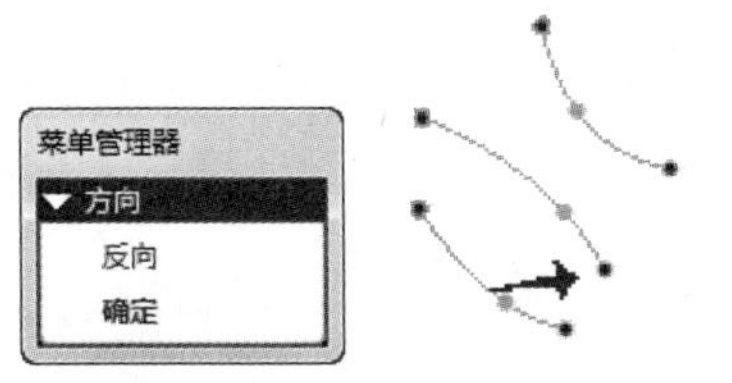

图 14-18　定义材料生成侧

图 14-19　输入厚度

（9）确认定义。所有的特征参数都已经定义完毕，最后单击“第一壁：从文件混合”对话框中的“确定”按钮完成特征的建立，如图 14-20 所示。

（10）生成壁特征。单击“确定”按钮后，系统自动在工作区生成自文件混合特征，生成的壁特征如图 14-21 所示。

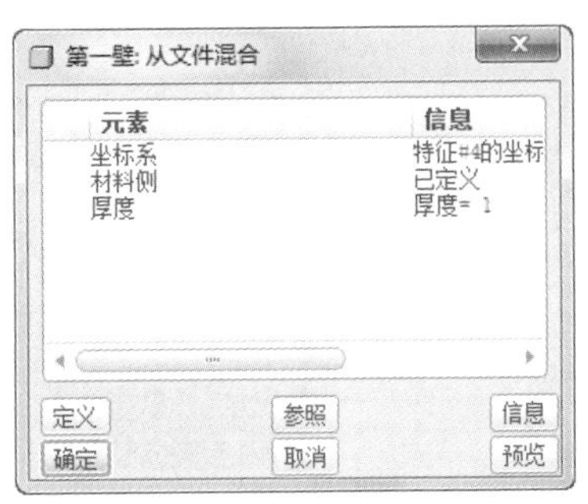

图 14-20　确认定义

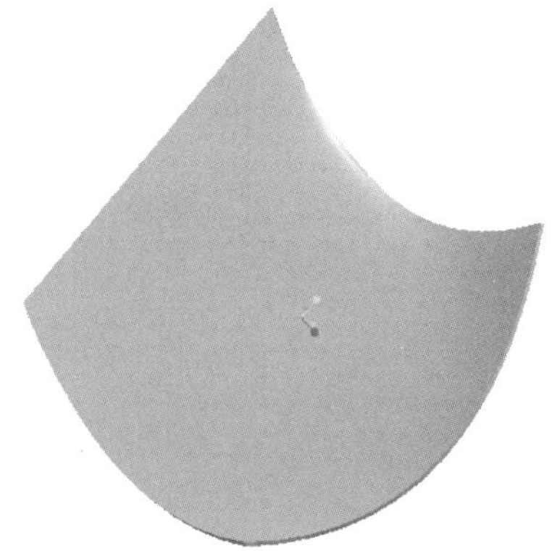

图 14-21　生成钣金特征

14.3　自由生成特征

“自由生成”可以动态调整曲面形状，使曲面更加符合设计加工的要求。

本节主要讲述创建自由生成特征的基本方法，并举一实例来加深对创建自由生成特征方法的理解。最后讲解一下自由生成特征的选项及其设置。

14.3.1　创建自由生成特征

在创建自由生成特征之前，必须要有一个已存在的曲面。操作的基本方法如下。

（1）绘制曲面。

（2）启动自由生成命令。

（3）在曲面上划分网格。

（4）拖动控制点至适当位置。

（5）确定钣金厚度，生成壁特征。

14.3.2　实例

下面通过创建一实例具体讲解创建“自由生成特征”的方法，操作过程如下。

（1）从桌面双击图标启动 Pro/ENGINEER Wildfire。

（2）单击工具栏中的“新建”按钮，系统弹出“新建”对话框。在“类型”选项组中选中“零件”单选按钮，在“子类型”选项组中选中“钣金件”单选按钮，在“名称”文本框中输入钣金文件名称 shili3.prt，单击“确定”按钮进入钣金设计模式，系统自动在模型设计区建立了基准平面和坐标系。

（3）利用“拉伸”命令创建一曲面。

❶ 启动“拉伸”曲面命令。单击“钣金件”工具栏中的“拉伸”按钮，或选择“插入”→“拉伸”命令，系统弹出“拉伸”操控板，同时在信息栏提示“选取一个草绘。(如果首选内部草绘，可在放置面板中找到“定义”选项)”，如图 14-22 所示。

❷ 选择草绘截面。单击操控板中的“放置”按钮，系统弹出“放置”下滑面板，单击“定义”按钮。系统接着在工作区弹出“草绘”对话框，用于定义草绘平面。在工作区域选择 TOP 基准面作为草绘平面，接受系统默认的草绘参照方向和参考平面。

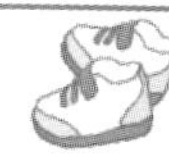

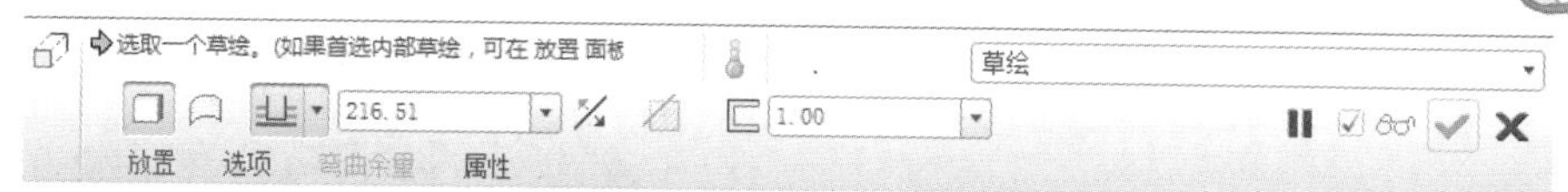

图 14-22　“拉伸”操控板

Note

❸ 绘制截面。进入草绘环境，单击“草绘器工具”工具栏中的“圆弧”按钮，绘制如图 14-23 所示截面。绘制完成后，单击“草绘器工具”工具栏中的✔按钮，完成截面绘制。

❹ 输入拉伸深度。在“拉伸”操控板深度文本框中输入拉伸深度值 200，然后单击操控板中的“确定”按钮，完成曲面特征创建。

❺ 生成曲面特征。制作完成的曲面如图 14-24 所示。

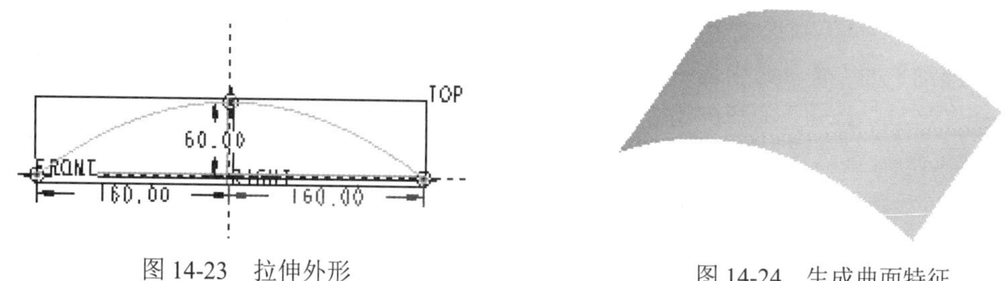

图 14-23　拉伸外形

图 14-24　生成曲面特征

（4）启动“自由生成”命令。选择“插入”→“高级”→“曲面自由形状”命令。

（5）选取基准曲面。系统弹出“曲面：自由形状”对话框，如图 14-25 所示，同时弹出选取基准曲面的“选取”对话框，把鼠标移到工作区，直接单击刚创建的曲面。

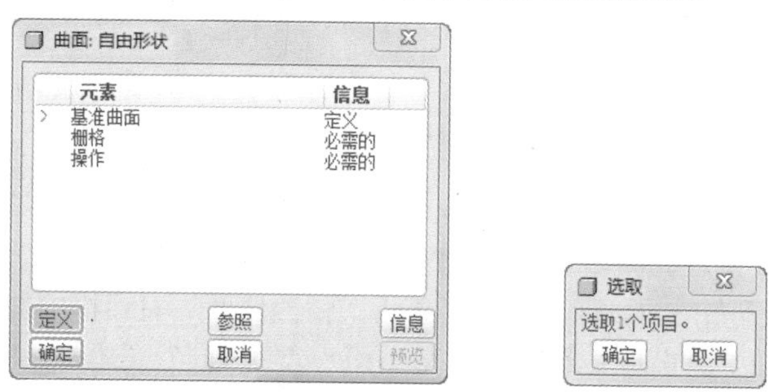

图 14-25　“曲面：自由形状”对话框和“选取”对话框

（6）划分网格。

❶ 划分左右网格。系统信息提示区显示“输入在指定方向的控制曲线号”，在文本框中输入 8，表示左右方向共有 8 条曲线。同时在曲面上显示一个蓝色箭头，表示左右方向划分，如图 14-26 所示。输入后按 Enter 键或单击按钮，表示完成输入。

图 14-26　输入左右方向控制曲线号

❷ 划分前后网格。接着系统在系统信息提示区显示“输入在指定方向的控制曲线号”，提示用户输入指定方向的曲线数，在文本框中输入 8，表示前后方向共有 8 条曲线。同时在曲面上显示一个蓝色箭头，表示前后方向划分。输入后按 Enter 键或单击按钮，表示完成输入。网格划分如图 14-27 所示。

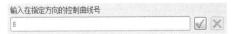

Note

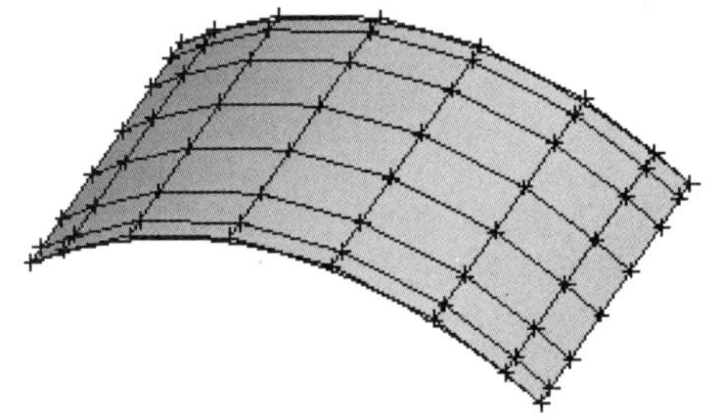

图 14-27　输入前后方向曲线号并生成网格

（7）曲面操作。划分好网格后，系统弹出“修改曲面”对话框，如图 14-28 所示，该对话框包括 5 个选项：“移动平面”“区域”“滑块”“诊断”“控制按钮”。

❶ 在“移动平面”选项组中选中“第一方向”和“第二方向”复选框，并接受对话框默认设置。

❷ 单击“区域”按钮，系统弹出“区域”界面，如图 14-29 所示。在“第一方向”和“第二方向”的下拉列表框中都选择“平滑区域”选项。

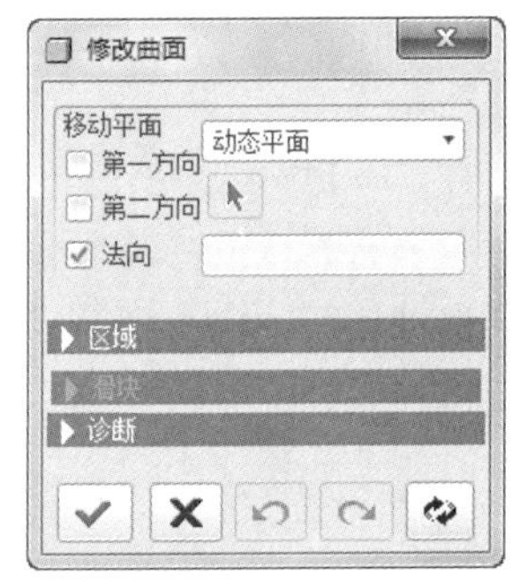

图 14-28　“修改曲面”对话框

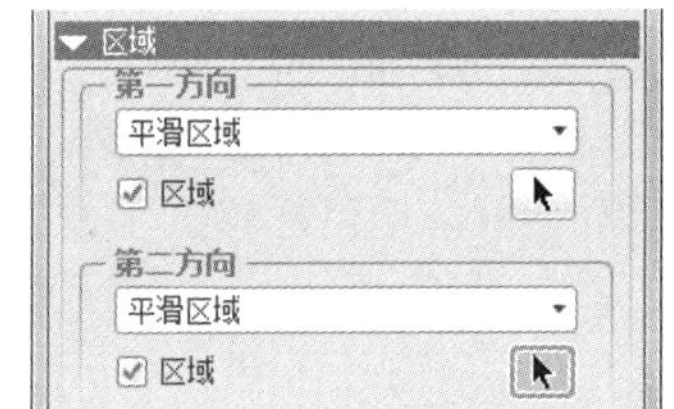

图 14-29　“区域”界面

❸ 单击“第一方向”后面的“选取”按钮，在曲面上选取第一列和第二列，然后单击“第二方向”后面的“选取”按钮，接着在曲面上选取第一行和第三行。完成局部区域如图 14-30 所示。

❹ 在曲面上选择左上角一点，即第一点。单击“修改曲面”对话框中的“滑块”按钮，系统弹出“滑块”界面，在“第一方向”文本框中输入-10、“第二方向”文本框中输入 0、“敏感度”文本框中输入 80，然后按 Enter 键确认。这时第一点会沿第一方向反向移动 10 个单位，如图 14-31 所示。

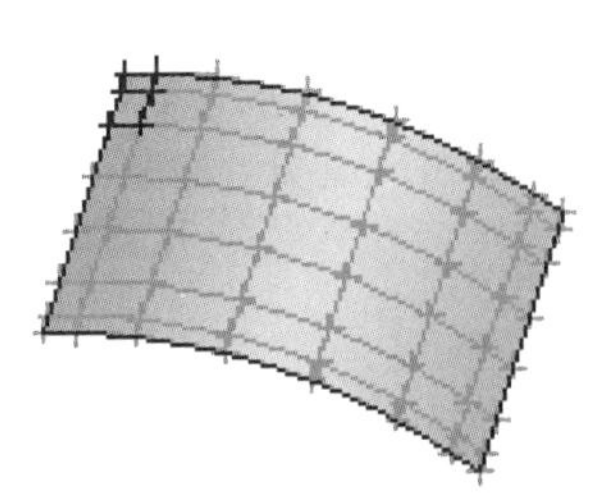

图 14-30　创建局部区域

图 14-31　“滑块”界面

❺ 完成曲面第一点的修改。第一点修改后效果如图 14-32 左图所示，此时只有选定的区域有变化。蓝线表示拉伸方向。

❻ 定义其他 3 个点。然后按照步骤（4）分别定义其他 3 个顶点的移动情况。

❼ 完成曲面 4 个顶点的修改。4 个顶点定义完成后曲面如图 14-32 右图所示。单击对话框中的

Note

按钮，完成曲面操作。

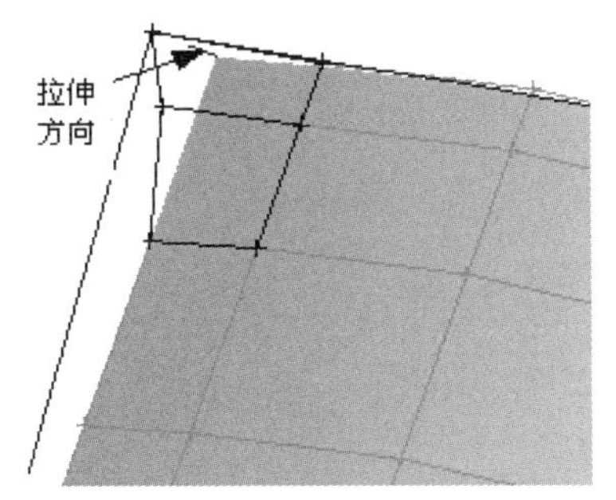

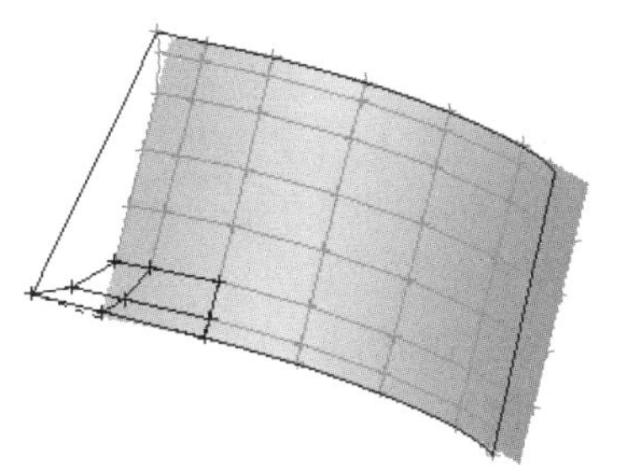

修改第一点　　　　修改 4 个顶点

图 14-32　修改点

（8）确认定义。在“曲面：自由形状”对话框中单击“确定”按钮，结束第一壁的创作，如图 14-33 所示。

（9）生成钣金特征。单击“确定”按钮后，系统自动在工作区创建钣金特征，制作完成的自由生成特征如图 14-34 所示。

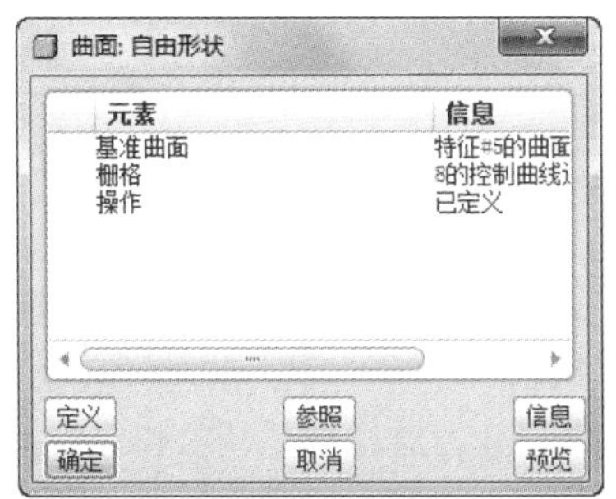

图 14-33　“曲面：自由形状”对话框

图 14-34　生成自由特征

14.4 钣金折弯

将钣金件壁折弯成形为斜形或筒形，此过程在钣金件设计中称为弯曲，在本软件中称为钣金折弯。折弯线是计算展开长度和创建折弯几何的参照点。

在设计过程中，只要壁特征存在，可随时添加折弯。可跨多个成形特征添加折弯，但不能在多个特征与另一个折弯交叉处添加这些特征。

在本节中，我们首先讲述创建钣金折弯特征的基本方法，接着进行实战演练来进一步讲述创建折弯特征的详细步骤，最后讲解一下折弯特征的选项及设置。

14.4.1 创建折弯特征的基本方法

在 Pro/ENGINEER 软件中，折弯特征命令分为两种类型：“角度折弯”和“滚动折弯”。它们分别用于将钣金的平面区域弯曲某个角度或弯曲为圆弧状，每种弯曲操作又有不同的 3 种方式，即“常规”“带有旋转”“平面”。

下面分别讲述这两种折弯类型的创建方法。

1. 角度折弯

（1）启动折弯命令。
（2）定义折弯方式，选择“角度”折弯。
（3）选取草绘平面和参考平面，绘制折弯线。
（4）指定折弯侧和固定侧。
（5）指定折弯角度和折弯半径。
（6）生成折弯特征。

Note

2. 滚动折弯

（1）启动折弯命令。
（2）定义折弯方式，选择“滚动”折弯。
（3）选取草绘平面和参考平面，绘制折弯线。
（4）指定折弯侧和固定侧。
（5）指定折弯半径。
（6）生成折弯特征。

视频讲解

14.4.2 实例

折弯类型有两种：“角度”折弯和“滚动”折弯，操作有 3 种不同方式：“规则”“带有旋转”“平面”。下面分别结合实例进行讲述。

在这一实例中，将利用“角度”选项，进行“角度”折弯特征的创建。具体操作步骤和过程如下。

（1）从桌面双击图标启动 Pro/ENGINEER Wildfire。

（2）单击工具栏中的“打开”按钮，弹出“文件打开”对话框，从资料包中找到文件 shili4，单击“打开”按钮完成文件的载入，如图 14-35 所示。

（3）启动折弯壁特征命令。单击“钣金件”工具栏中的“折弯”按钮，启动折弯壁特征命令，开始折弯壁特征创建。

（4）定义折弯选项。系统弹出折弯“选项”菜单管理器，如图 14-36 所示，在折弯类型中选择“角度”，折弯方式选择“常规”。然后选择“完成”命令。

（5）指定折弯表。系统弹出“折弯选项：角度，常规”对话框，如图 14-37 所示，同时系统弹出“使用表”菜单管理器，系统默认选项是“零件折弯表”。采用默认选项，如图 14-38 所示。然后选择“完成/返回”命令。

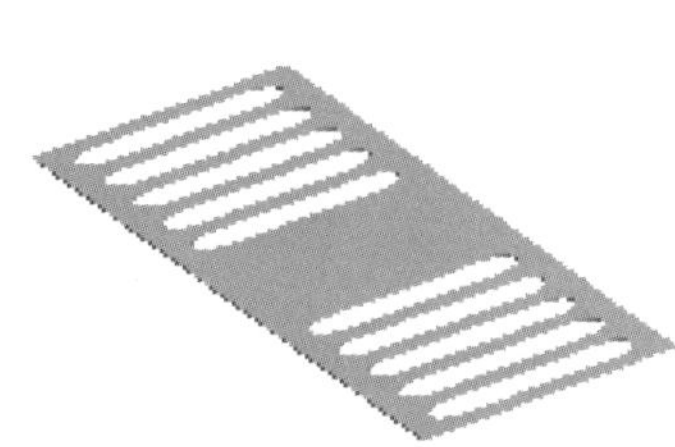

图 14-35 打开钣金件

图 14-36 “选项”菜单管理器

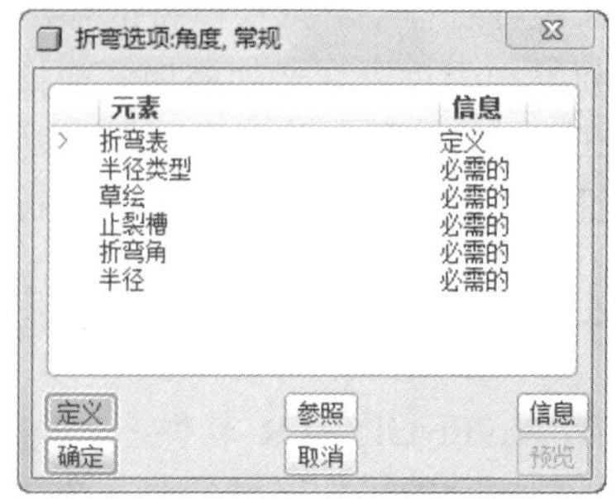

图 14-37 “折弯选项：角度，常规”对话框

（6）指定折弯半径类型。接着系统弹出“半径所在的侧”菜单管理器，系统默认的选项是“内侧半径”，一般使用“内侧半径”选项，接受系统默认选择，并选择“完成/返回”命令，如图 14-39 所示。

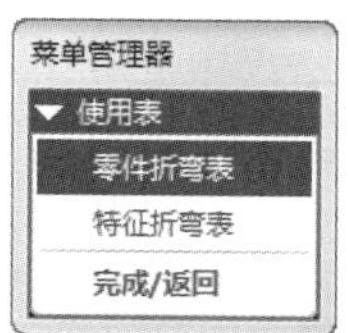

图 14-38 “使用表”菜单管理器

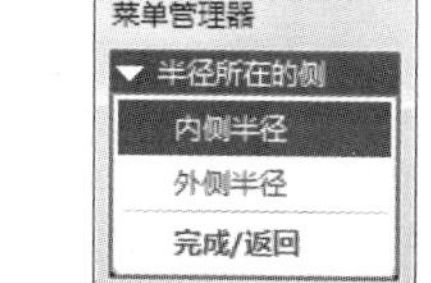

图 14-39 指定折弯半径类型

（7）选择折弯线草绘平面。系统弹出“设置草绘平面”菜单管理器，同时系统信息提示区提示“选取一钣金曲面在上面进行草绘”，把鼠标移到工作区模型上，选取如图 14-40 所示的曲面，接着系统弹出“方向”菜单管理器，选择“确定”命令。然后系统弹出“草绘视图”菜单管理器，要求用户选择参考方向，在“草绘视图”菜单管理器中选择“缺省”命令。

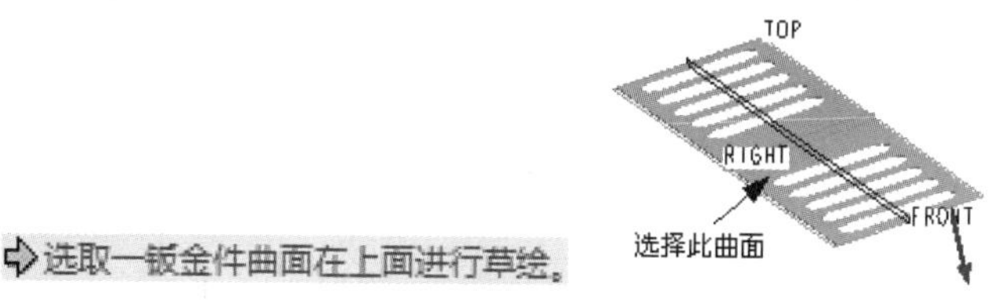

图 14-40 选择折弯线草绘平面和草绘方向

（8）草绘折弯线。系统自动进入草绘环境，然后选择“草绘”→“参照”命令，在弹出的“参照”对话框中添加如图 14-41 所示的两个参照，然后单击“草绘器工具”工具栏中的“直线”按钮，绘制如图 14-42 所示的折弯线，绘制完成后，单击“草绘器工具”工具栏中的✔按钮，退出草绘环境。

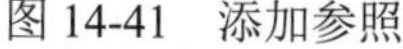

图 14-41 添加参照

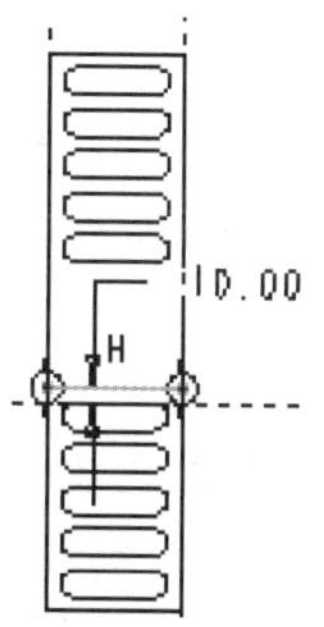

图 14-42 折弯线

（9）指定折弯侧。绘制完折弯线后，系统弹出如图 14-43 所示的“折弯侧”菜单管理器，用于指定在哪一侧折弯，同时系统工作区出现红色箭头，表示折弯侧。选择“确定”命令，确定红色箭头指示的一侧为折弯侧。

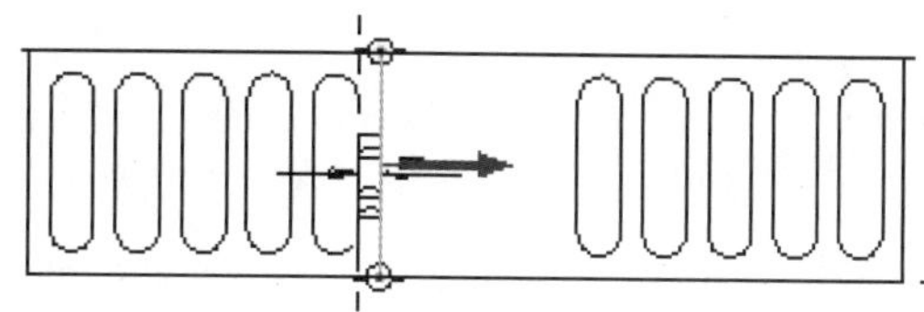

图 14-43 指定折弯侧

（10）指定固定侧。指定完折弯侧后，系统信息提示区提示用户指定固定的区域，接着系统弹出“方向”菜单管理器，让用户选择固定侧方向。选择“反向”命令，然后选择“确定”命令表示确认，如图 14-44 所示。

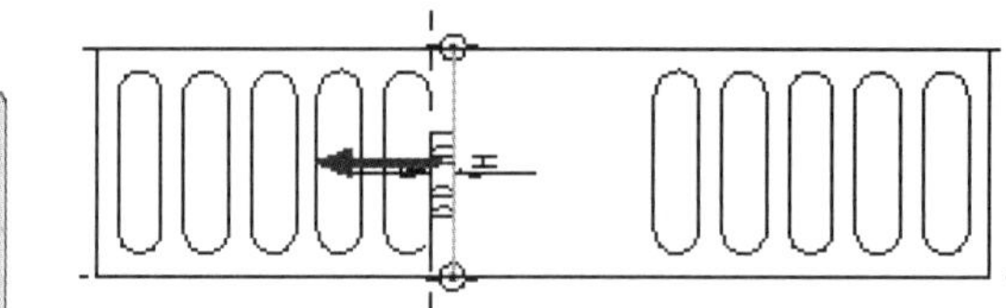

图 14-44　指定固定侧

（11）定义止裂槽。系统弹出“止裂槽”菜单管理器，系统默认选项是“无止裂槽”，接受系统默认选项，选择“无止裂槽”命令，然后选择“完成”命令，如图 14-45 所示。

（12）定义折弯角度。系统弹出 DEF BEND ANGLE 菜单管理器，系统默认选项是 90.000 选项，接受系统默认选项，选择 90.000 选项，系统工作区出现折弯角度显示。然后选择“完成”命令，如图 14-46 所示。

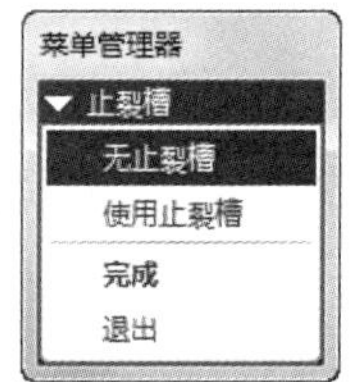

图 14-45　“止裂槽”菜单管理器

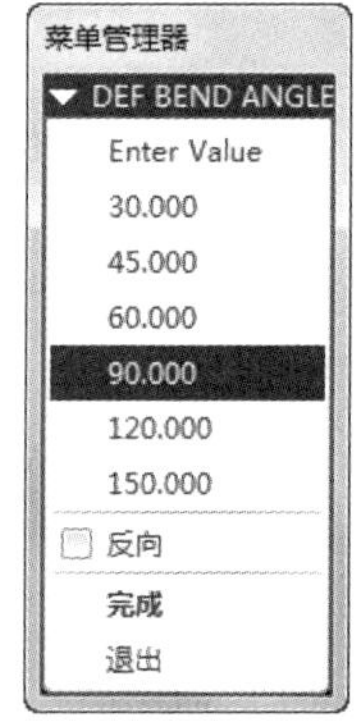

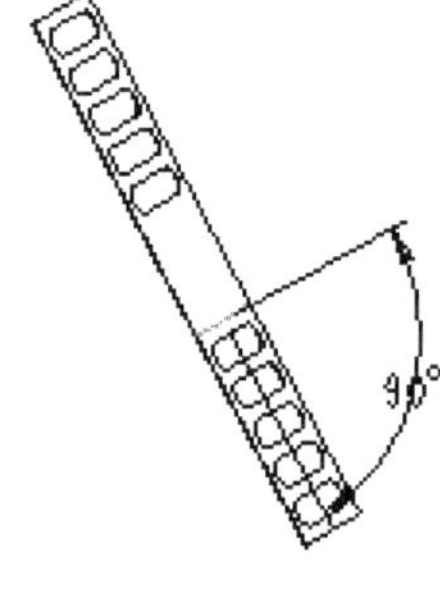

图 14-46　定义折弯角度

（13）定义折弯半径。系统弹出“选取半径”菜单管理器，在这里选择“厚度*2”选项，如图 14-47 所示。

（14）确认定义并生成折弯特征。至此，折弯特征所有选项都已定义完毕，单击对话框中的“确定”按钮，结束折弯特征创建，如图 14-48 所示。系统自动生成折弯特征，生成的折弯特征如图 14-49 所示。

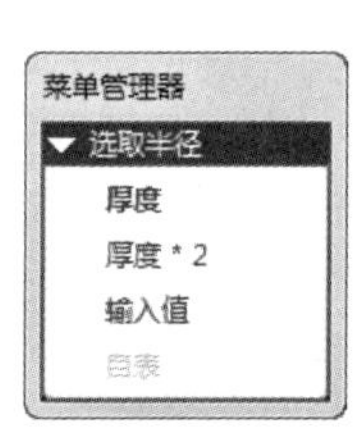

图 14-47　“选取半径”菜单管理器

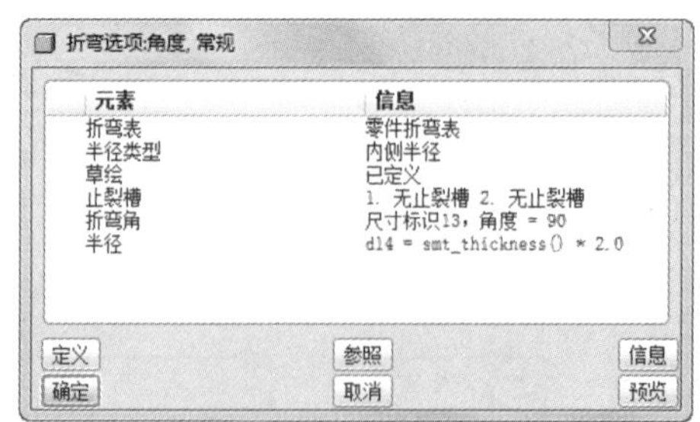

图 14-48　确认定义

图 14-49　生成折弯特征

（15）创建另一个折弯特征。按照创建第一个折弯特征的方式创建另一个折弯特征。草绘折弯线平面和参考方向及参考平面，如图 14-50 所示。

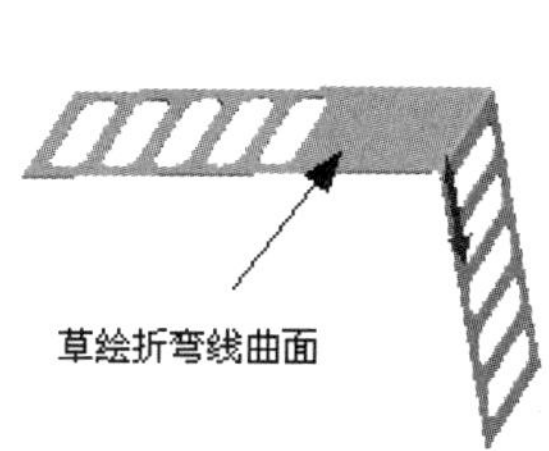

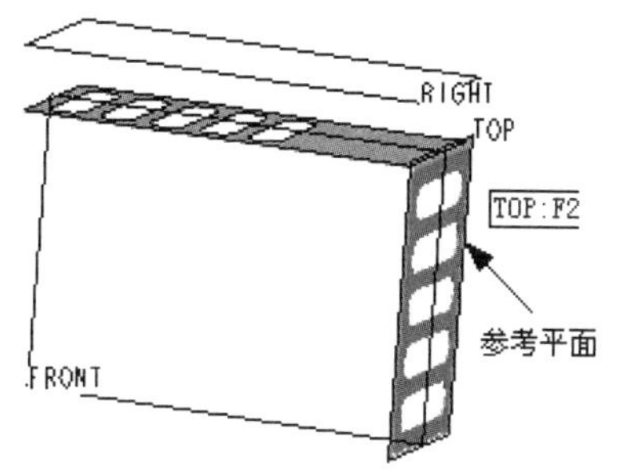

图 14-50　草绘折弯线平面和参考方向

（16）进入草绘环境后，选择“草绘”→“参照”命令，添加如图 14-51 所示的两个草绘参照，单击对话框中的“关闭”按钮，然后利用“草绘器工具”工具栏中的“直线”按钮，画出折弯线，如图 14-51 所示。绘制完成后，单击“草绘器工具”工具栏中的✔按钮，退出草绘环境。

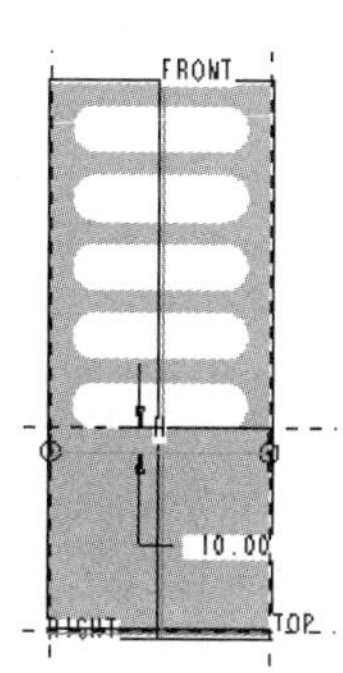

图 14-51　参照”对话框和折弯线

（17）确认定义并生成钣金特征。至此，折弯特征所有选项都已定义完毕，单击对话框中的“确定”按钮，结束折弯特征的创建，如图 14-52 所示。系统自动生成折弯特征，生成的折弯特征如图 14-53 所示。

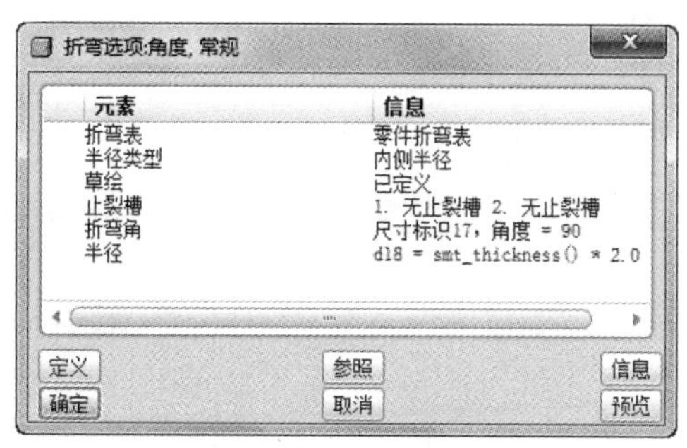

图 14-52　确认定义

图 14-53　生成钣金特征

14.5　钣金边折弯

“边折弯”将非相切、箱形边（轮廓边除外）的倒圆角，转换为折弯。根据选择要加厚的材料侧

的不同，某些边显示为倒圆角，而某些边则具有明显的锐边。利用边折弯选项可以快速对边进行倒圆角。

本节将首先讲述创建钣金边折弯特征的基本方法，然后通过实例具体讲述创建钣金边折弯的方法。

14.5.1 创建边折弯特征的基本方法

边折弯特征创建过程比较简单，下面讲解一下创建的基本步骤。

（1）启动边折弯命令。

（2）选取要折弯的边，然后选择“完成集合”命令。

（3）在“边折弯”对话框中单击“确定”按钮，边折弯即创建。

视频讲解

14.5.2 实例

（1）从桌面双击图标启动 Pro/ENGINEER Wildfire。

（2）单击工具栏中的“打开”按钮，弹出“文件打开”对话框，从资料包中找到文件 shili5，单击“打开”按钮完成文件载入，如图 14-54 所示。

（3）启动折弯壁特征命令。单击“钣金件”工具栏中的“边折弯”按钮，启动边折弯命令，开始创建边折弯特征。

（4）选择折弯边。系统弹出如图 14-55 所示的“边折弯”对话框，只有一个“边折弯”选项。同时系统弹出“折弯要件”菜单管理器，如图 14-56 所示。把鼠标移到工作区，选择如图 14-57 所示的 4 条边，然后选择“折弯要件”菜单管理器中的“完成集合”命令。

图 14-54 打开钣金文件

图 14-55 “边折弯”对话框

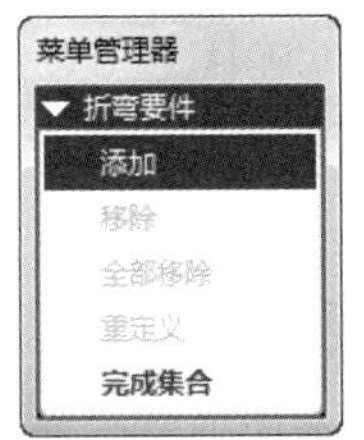

图 14-56 “折弯要件”菜单管理器

（5）确认定义并生成边折弯特征。单击“边折弯”对话框中的“确定”按钮，如图 14-58 所示，生成边折弯特征钣金件如图 14-59 所示。

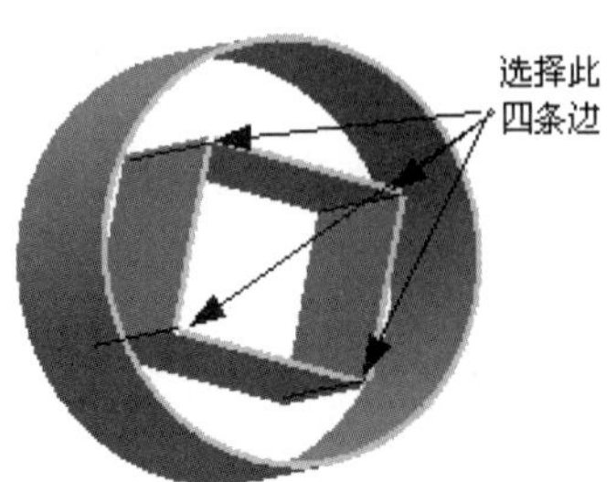

图 14-57 选择折弯边

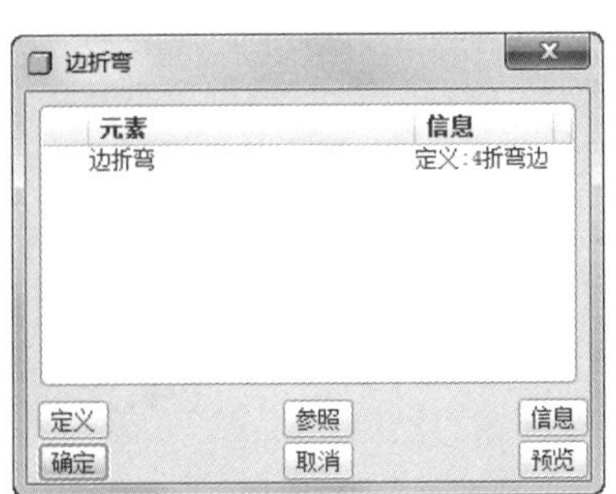

图 14-58 确认定义

（6）修改折弯钣金特征。如图 14-59 所示，边折弯特征并不明显，可以通过修改折弯半径来使折弯特征变得明显。

❶ 启动"编辑"命令。将鼠标移到模型树中右击"边折弯 标识 171"，在弹出的快捷菜单中选择"编辑"命令，如图 14-60 所示。

图 14-59　生成钣金特征

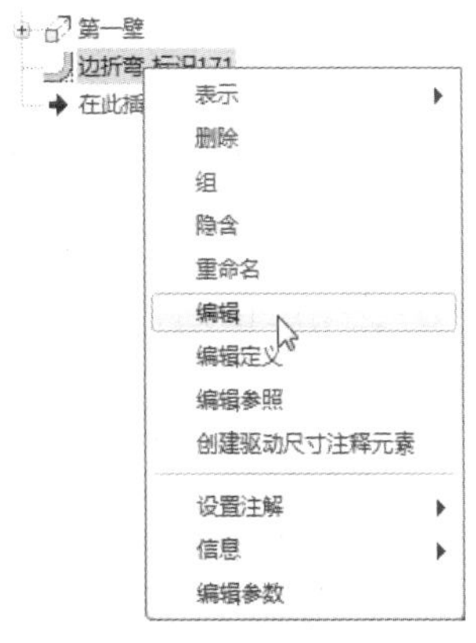

图 14-60　启动"编辑"命令

❷ 修改折弯半径。在钣金件模型上显示与边折弯有关的各种尺寸，如图 14-61 所示。

接着把鼠标移到工作区，单击钣金件上折弯半径标识 R5，数字 5 表示半径值。单击鼠标右键，在弹出的快捷菜单中选择"值"命令，如图 14-61 所示，接着在信息提示区文本框中输入数值 20，按 Enter 键表示确认。

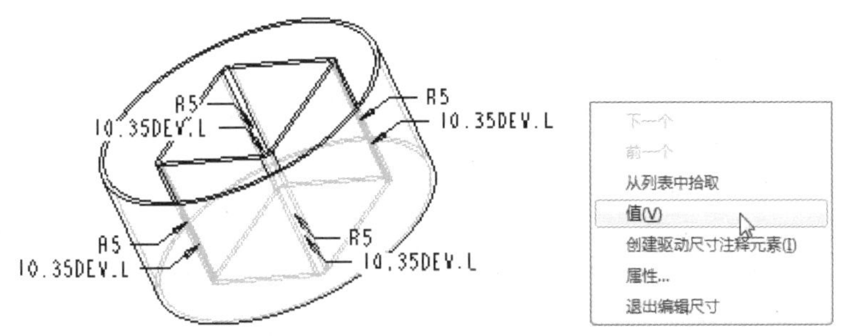

图 14-61　"修改"菜单和尺寸显示

依照同样方法修改其余 3 处半径值，全部修改为 20，修改后的值如图 14-62 所示。

❸ 再生模型。单击主工具栏中的"再生"快捷方式，系统自动按照新修改的半径值重新生成模型，重新生成后的模型如图 14-63 所示。

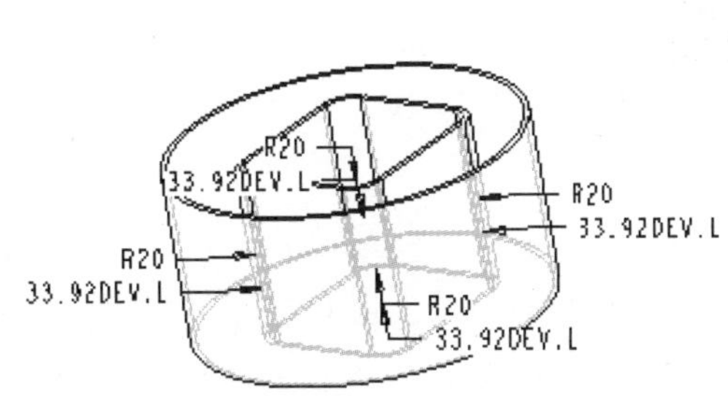

图 14-62　修改半径值

图 14-63　生成钣金特征

14.6 钣金展平

Note

在钣金设计中，不仅需要把平面钣金折弯，而且也需要将折弯的钣金展开为平面钣金。所谓的展平，在钣金中也称为展开。在 Pro/ENGINEER 中，系统可以将折弯的钣金件展平为平面钣金。

本节先介绍创建钣金展平特征的基本方法，然后结合实战演练具体讲解一下钣金展平的方法，最后再学习一下展平特征的选项及设置。

14.6.1 创建钣金展平特征的基本方法

创建钣金展平特征的基本方法如下。

（1）执行展平特征命令，并选取特征的种类。

（2）选取保持固定的平面或边。

（3）再选取要展平的曲面。

（4）生成钣金展平特征。

视频讲解

14.6.2 实例

进行钣金展平特征操作时，系统提供了 3 种展平类型："常规""过渡""剖截面驱动"。在这次实战演练中，将利用"常规"选项，创建钣金"规则"展平特征。

具体创建步骤如下。

（1）从桌面双击图标启动 Pro/ENGINEER Wildfire。

（2）单击工具栏中的"打开"按钮，弹出"文件打开"对话框，从资料包中找到文件 shili6，单击"打开"按钮完成文件的载入，如图 14-64 所示。

（3）启动展平命令。选择"插入"→"折弯操作"→"展平"命令，启动展平命令，开始创建展平特征。

（4）指定展平类型。系统弹出"展平选项"菜单管理器，如图 14-65 所示，接受系统默认选择，选择"常规"命令。接着选择"完成"命令。

（5）选取固定面。接着系统弹出如图 14-66 所示的"规则类型"对话框，同时弹出"选取"对话框，用于选取固定面，选取如图 14-67 所示的平面。然后选择"完成"命令。

图 14-64 打开钣金文件

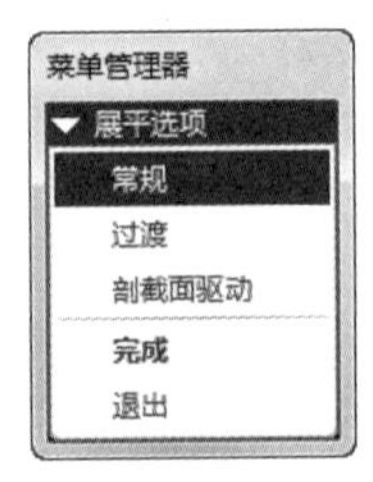

图 14-65 "展平选项"菜单管理器

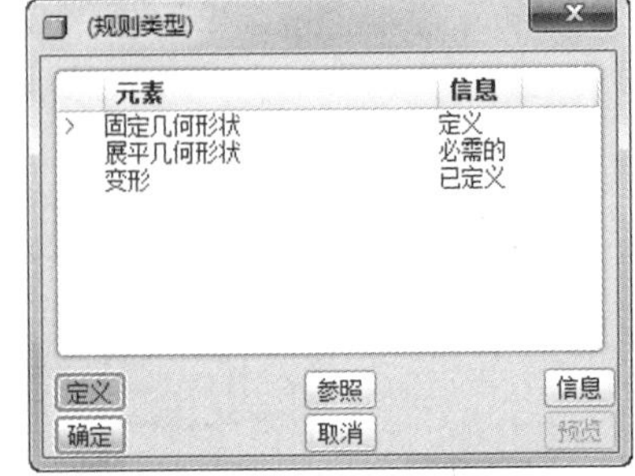

图 14-66 "规则类型"对话框

（6）选取展平面。接着系统弹出"展平选取"菜单管理器，如图 14-68 所示，选择"展平全部"命令，再选择"完成"命令。

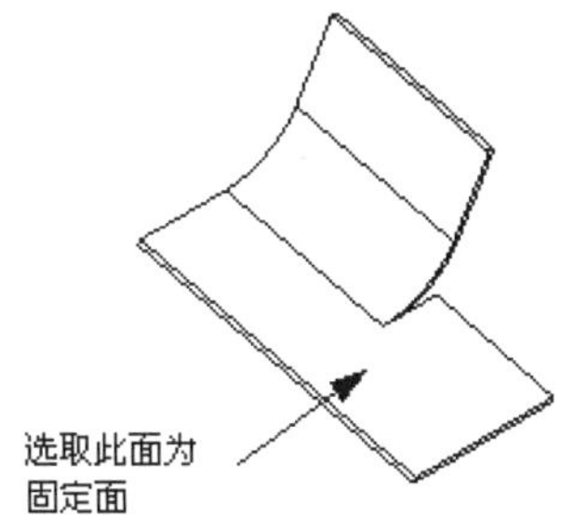

图 14-67　选取固定面

图 14-68　“展平选取”菜单管理器

（7）确认定义并生成钣金展平特征。最后单击“规则类型”对话框中的“确定”按钮，完成钣金展平特征的创建，如图 14-69 所示。

图 14-69　确认定义并生成展平特征

14.7　钣金折弯回去

在 Pro/ENGINEER 中，系统提供了折弯回去功能，这个功能是与展平功能相对应的，用于将展平钣金的平面薄板整个或部分平面再恢复为折弯状态。但并不是所有能展开的钣金件都能折弯回去。

本节先进述一下创建折弯回去的基本方法，接着结合实例进行实战演练，进一步熟悉创建钣金折弯回去的方法。

注意：

（1）如果部分地折弯回去包含变形区域的规则展平，就可能达不到原始的折弯条件。

（2）Pro/SHEETMETAL 检查每个折弯回去部分的轮廓。与折弯区域部分相交的轮廓被加亮。

（3）系统提示确认这部分是否折弯回去或保持平整。

（4）不能折弯回去一个剖面（剖截面驱动）展平。

14.7.1　创建钣金折弯回去的基本方法

创建钣金折弯回去特征比较简单，下面是创建钣金折弯回去特征的基本步骤。

（1）启动折弯回去操作。

（2）当零件展平时，选取要保持固定的平面或边。

（3）出现“折弯回去选取”菜单管理器，定义要折弯回去的部分。

（4）在“折弯回去”对话框中单击“确定”按钮。将零件折弯回去。

视频讲解

Note

14.7.2 实例

下面通过一个实例来具体讲解创建折弯回去特征的方法。

利用“折弯回去选取”选项来创建钣金折弯回去特征，具体步骤如下。

（1）从桌面双击图标启动 Pro/ENGINEER Wildfire。

（2）单击工具栏中的“打开”按钮，弹出“文件打开”对话框，从资料包中找到文件 shili7，单击“打开”按钮完成文件载入，如图 14-70 所示。

（3）启动展平命令。选择“插入”→“折弯操作”→“折弯回去”命令，启动折弯回去命令，开始创建钣金折弯回去特征。

（4）指定固定几何形状。系统弹出“折弯回去”对话框，如图 14-71 所示，同时弹出“选取”对话框，选取如图 14-72 所示的固定边。接着系统弹出“折弯回去选取”对话框，接受系统默认选项，然后选择“完成”命令。

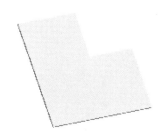

图 14-70　打开钣金文件

图 14-71　“折弯回去”对话框

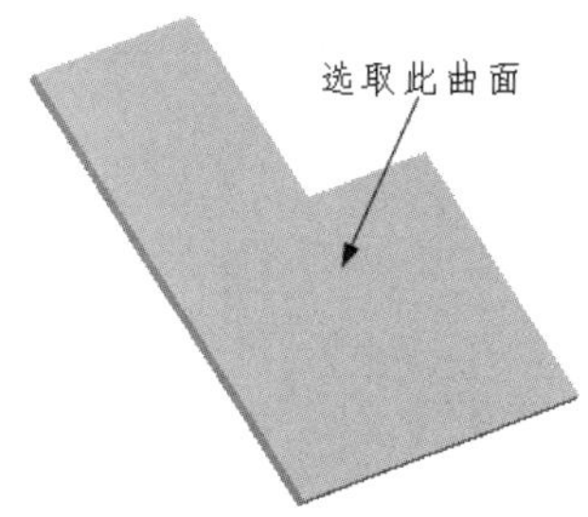

图 14-72　指定固定几何形状

（5）指定折弯回去的类型。接着系统弹出如图 14-73（a）所示的“特征参考”菜单管理器，选择“添加”命令，选择如图 14-73（b）所示的面，接着选择“完成参考”命令。

（6）确认定义并生成钣金特征，最后单击如图 14-74（a）所示对话框中的“确定”按钮，生成钣金特征如图 14-74（b）所示。

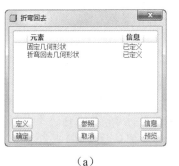

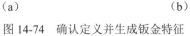

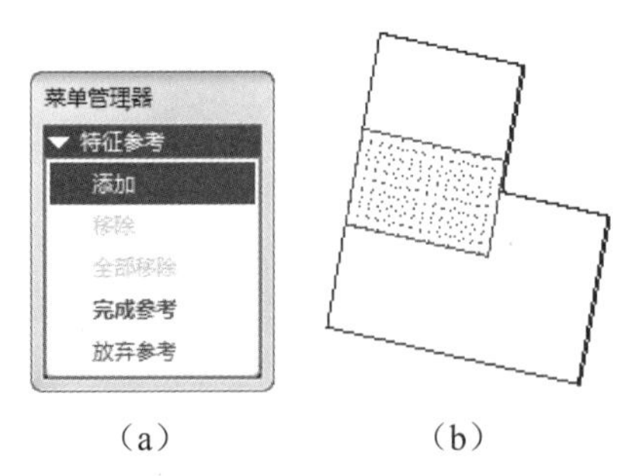

（a）　（b）

图 14-73　选取折弯回去的几何形状

（a）　（b）

图 14-74　确认定义并生成钣金特征

14.8　平整形态

在 Pro/ENGINEER 中，系统提供了一种与“展平”功能相似的“平整形态”功能，但“平整形

态”特征与“展平”功能又有些不同。

（1）“平整形态”特征会永远位于整个钣金特征的最后。当加入“平整形态”特征后，钣金件就以二维展开方式显示在屏幕上。当加入了新的钣金特征时，“平整形态”特征又会自动隐含，钣金又会以三维状态显示，要加入的特征会插在“平整形态”特征之前，“平整形态”特征自动放到钣金特征最后面。完成新的特征加入后，系统又自动恢复“平整形态”特征，钣金件仍以二维展开方式显示在屏幕上。因此在钣金设计过程中，通常尽早建立“平整形态”特征，有利于二维工程图制作或加工制作。

（2）在创建“平整形态”特征时，展开类型只有“展开全部”一种；而在创建“展平”时，系统提供了两种展开类型：“展平全部”和“展平选取”。

本节将首先讲述创建平整形态特征的基本方法，接着结合实例具体讲解创建平整形态特征的具体方法。

14.8.1　创建“平整形态”特征的基本方法

创建“平整形态”特征的方法与创建“展平”特征的方法相似，都很简单。其方法如下。

（1）打开需要展平的钣金文件。

（2）启动平整形态命令。

（3）选取固定平面或边。

（4）生成展开的钣金件。

14.8.2　实例

视频讲解

下面将通过一个实例来具体讲解创建“平整形态”特征的方法。具体步骤如下。

（1）从桌面双击图标启动 Pro/ENGINEER Wildfire。

（2）单击工具栏中的“打开”按钮，弹出“文件打开”对话框，从资料包中找到文件 shili8，单击“打开”按钮完成文件的载入，如图 14-75 所示。

（3）启动平整形态命令。选择“插入”→“折弯操作”→“平整形态”命令，启动平整形态命令，开始创建平整形态特征。

（4）指定固定面或边。系统弹出“选取”对话框，同时系统信息提示区出现操作提示，要求用户选择展平时保持固定的面或边，如图 14-76 所示。

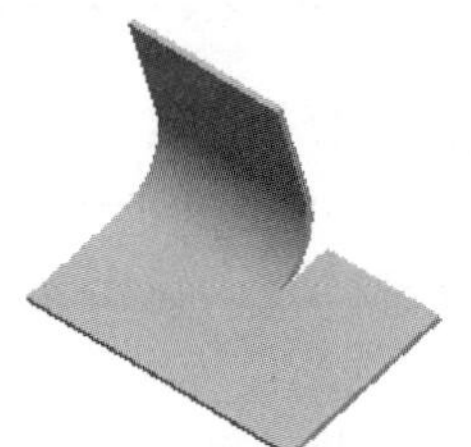

图 14-75　打开钣金文件

➩选取当展平/折弯回去时保持固定的平面或边。

图 14-76　系统信息提示

把鼠标移到工作区，选择如图 14-77 所示的固定面。

（5）添加折弯特征。

❶ 单击“钣金件”工具栏中的“折弯”按钮，启动折弯命令。此时工作区中的钣金特征以三

维状态显示，如图 14-78 所示。

❷ 选择折弯类型。在弹出的“选项”菜单管理器中选择“轧”和“常规”命令，然后选择“完成”命令，如图 14-79 所示。

Note

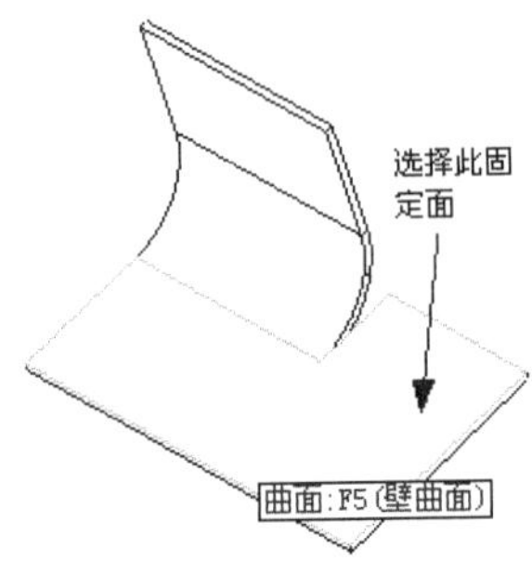

图 14-77 选取固定面

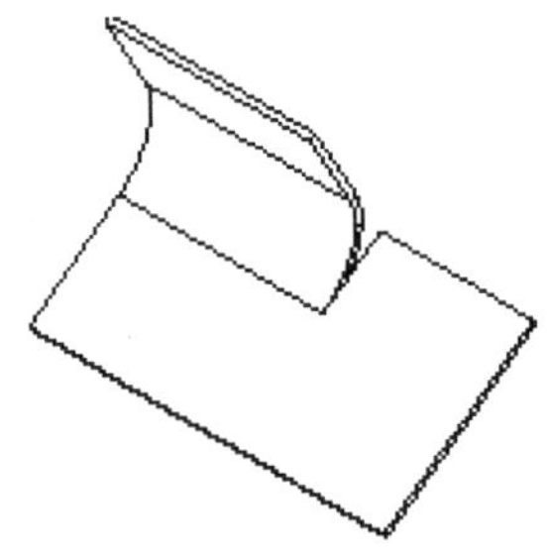

图 14-78 钣金特征

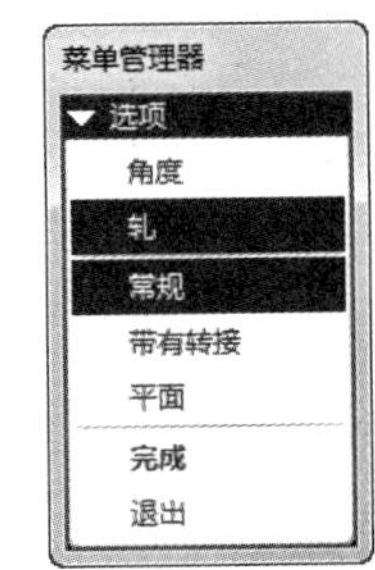

图 14-79 “选项”菜单管理器

❸ 选择折弯表。系统弹出“折弯选项：轧、规则”对话框，同时弹出“使用表”菜单管理器，接受系统默认选项，选择“零件折弯表”命令，再选择“完成/返回”命令。

❹ 定义半径所在的侧。接着系统弹出“半径所在的侧”菜单管理器，接受系统默认选项，选择“内侧半径”命令，再选择“完成/返回”命令。

❺ 绘制折弯线。系统弹出“设置草绘平面”菜单管理器，选择如图 14-80 所示平面，在弹出的“方向”菜单管理器中，接受默认方向，选择“确定”命令。在弹出的“草绘视图”菜单管理器中选择“缺省”命令，再选择“完成”命令。这时模型树中“平整形态”已经变成最后一个特征，并自动被隐含，如图 14-81 所示。

系统进入草绘环境，单击“草绘器工具”工具栏中的“直线”按钮，绘制如图 14-82 所示的折弯线。绘制完成后，单击“草绘器工具”工具栏中的✔按钮，完成折弯线的绘制。

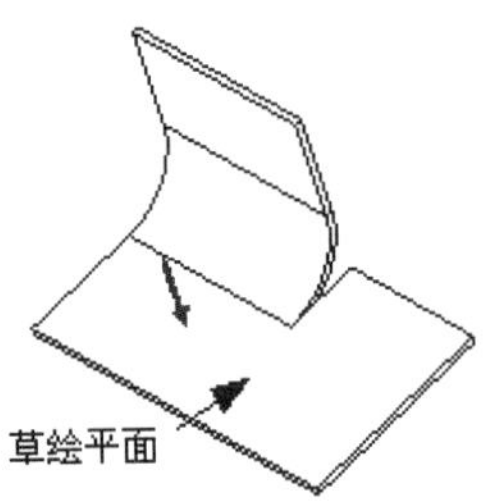

图 14-80 选择草绘平面

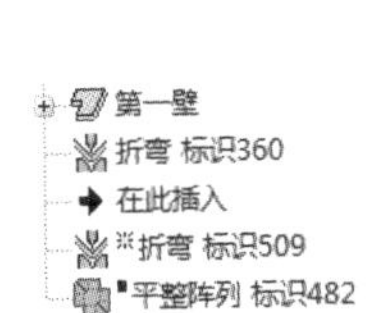

图 14-81 隐含平整阵列特征

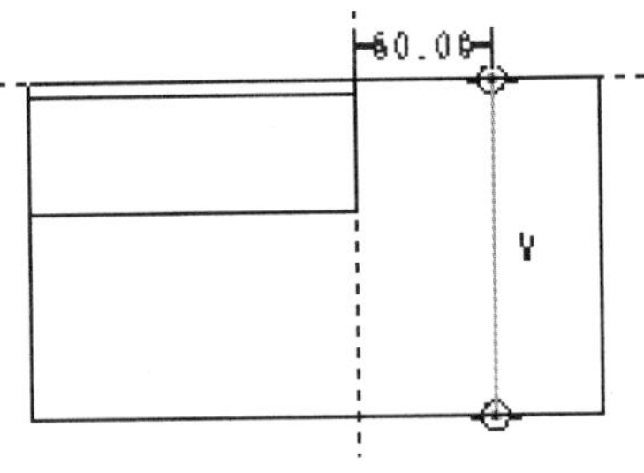

图 14-82 绘制折弯线

❻ 选择折弯侧和固定侧。系统弹出“折弯侧”菜单管理器，选择“确定”命令。接着系统让用户选择固定侧，系统弹出“方向”菜单管理器，选择“反向”一次，再选择“确定”命令表示确认。

❼ 定义止裂槽。接着系统弹出“止裂槽”菜单管理器，系统默认是“无止裂槽”选项，接受系统默认选项，然后选择“完成”命令。

❽ 指定折弯半径。接着系统弹出“半径选取”菜单管理器，选择“厚度*2”选项。

❾ 确认定义并生成折弯特征。最后单击“折弯回去：规则，滚动”对话框中的“确定”按钮，生成的特征如图 14-83 所示。

可以看到，在折弯特征创建完成后，系统自动恢复平整阵列特征，钣金特征又以二维状态显示。此时模型树区中，“平整阵列”特征又排到最后，同时隐含属性被去掉，如图 14-84 所示。

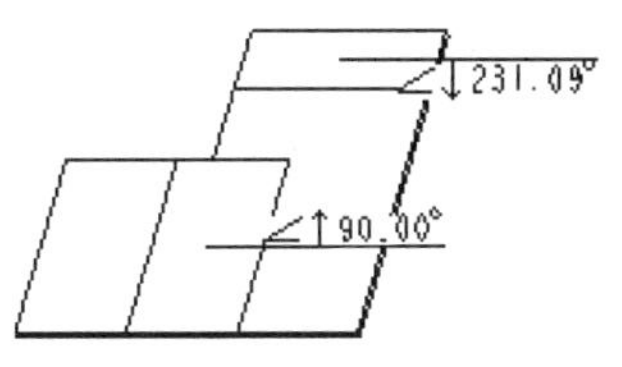

图 14-83　生成折弯特征

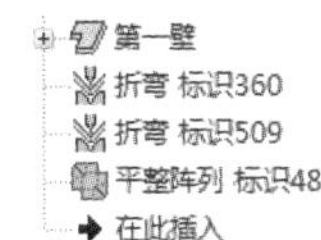

图 14-84　去掉隐含属性

14.9　缝

在 Pro/ENGINEER 中，系统提供了“缝”功能，也叫“扯裂”功能，用来处理封闭钣金件的展开问题。因为封闭的钣金件是无法直接展开的，可以利用“缝”功能先在钣金件的某处产生裂缝，即裁开，使钣金件不再封闭，这样就可以展开了。

本节首先讲述创建缝特征的基本方法，然后结合实例具体讲述一下创建缝特征的方法。

14.9.1　创建缝特征的基本方法

“缝”特征的创建相对也比较容易，下面是创建“缝”特征的基本方法。

（1）启动缝命令。

（2）选择“缝”类型。

（3）选择或草绘缝曲线。

（4）单击对话框中的“确定”按钮，完成“缝”特征的创建。

14.9.2　实例

下面将通过一个实例来讲解具体创建缝特征的方法，操作步骤如下。

（1）从桌面双击图标启动 Pro/ENGINEER Wildfire。

（2）单击工具栏中的“打开”按钮，弹出“文件打开”对话框，从资料包中找到文件 shili9，单击“打开”按钮完成文件的载入，如图 14-85 所示。

（3）展平钣金件。

❶ 启动展平特征命令。单击“钣金件”工具栏中的“展平”按钮，启动钣金展开命令，开始创建钣金展开特征。

❷ 指定展平类型。系统弹出“展平选项”菜单管理器，接受系统默认选择，选择“常规”命令，接着选择“完成”命令。

❸ 选取固定面。接着系统弹出“规则类型”对话框，同时弹出“选取”对话框，用于选取固定面，选取如图 14-85 所示的平面。然后选择“完成”命令。

❹ 选取展平面。系统弹出“展平选取”菜单管理器，如图 14-86 所示，选择“展平全部”命令，再选择“完成”命令。系统信息提示区出现操作提示，警告用户“某些变形曲面不能延伸至零件的外侧。选取要变形的曲面”，如图 14-87（a）所示。同时，系统工作区中的钣金特征上出现红色区域，这些区域是不能展平的，如图 14-87（b）所示。

（4）启动缝命令。单击“钣金件”工具栏中的“扯裂”按钮，启动“缝”特征命令，开始缝特征的创建。

Note

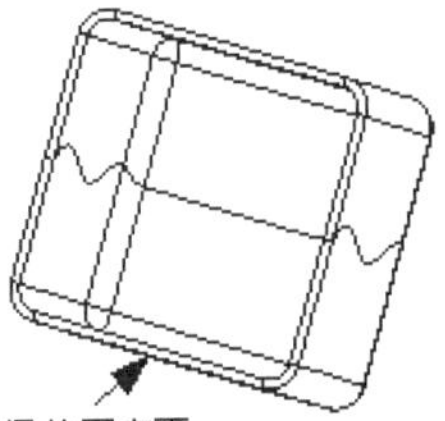

选择此固定面

图 14-85 选取固定面

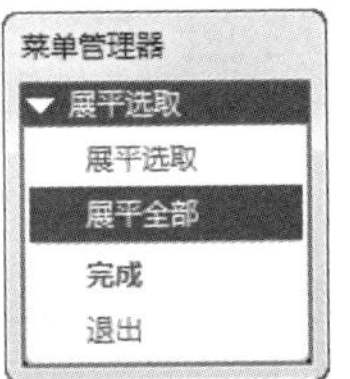

图 14-86 “展平选取”菜单管理器

⚠警告：某些变形曲面不能延伸至零件的外侧。
➪选取要变形的曲面。

（a）

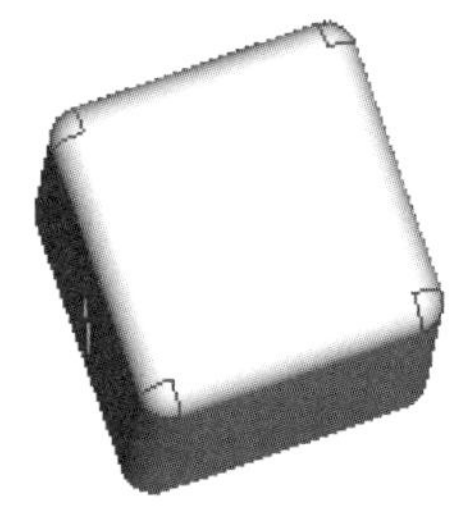

（b）

图 14-87 系统信息提示和不能展平区域

（5）选择缝类型。接着系统弹出“选项”菜单管理器，系统默认选项是“规则缝”，在这里选择“曲面缝”命令。然后选择“完成”命令，如图 14-88 所示。

（6）指定要删除的曲面。系统信息提示区出现操作提示，要求用户选取一个或多个要删除的曲面，如图 14-89 所示，同时系统弹出“特征参考”菜单管理器，用于增加要删除的曲面。选取如图 14-90 所示的 4 个曲面作为要删除的曲面，然后选择“完成参考”命令。

图 14-88 “选项”菜单管理器

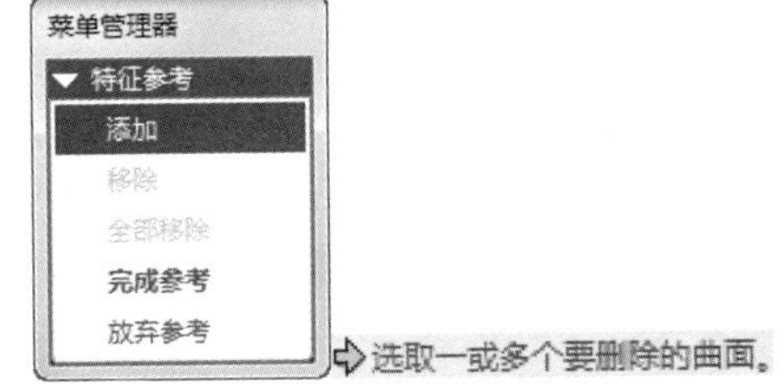

图 14-89 “特征参考”菜单管理器和操作提示

（7）确认定义并生成钣金特征。最后单击“割裂（规则类型）”对话框中的“确定”按钮，完成缝特征的创建。生成的钣金特征如图 14-91 所示。

图 14-90 选取要删除的曲面

图 14-91 生成钣金特征

（8）隐含“缝 标识 507”特征。把鼠标移到模型区，选择钣金特征“缝 标识 507”，然后单击

鼠标右键，在弹出的快捷菜单中选择“隐含”命令，如图 14-92 所示。

（9）启动“缝”特征命令。单击“钣金件”工具栏中的“扯裂”按钮，启动“缝”特征命令，开始创建另一缝特征。

（10）选择缝类型。系统弹出“选项”菜单管理器，接受系统默认选项，选择“边缝”命令，然后选择“完成”命令，如图 14-93（a）所示。

（11）选取边。系统弹出“割裂：（边类型）”对话框，同时弹出如图 14-93（b）所示的“割裂工件”菜单管理器，用于选择裂缝边，选择如图 14-94 所示，选中的边以蓝色显示。然后选择“完成集合”命令。

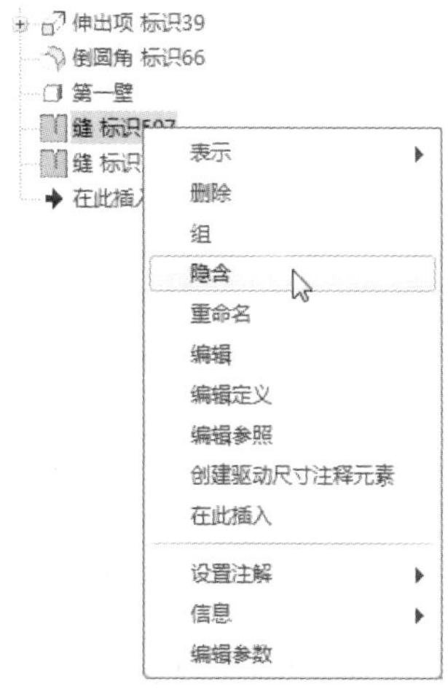

图 14-92　隐含缝特征

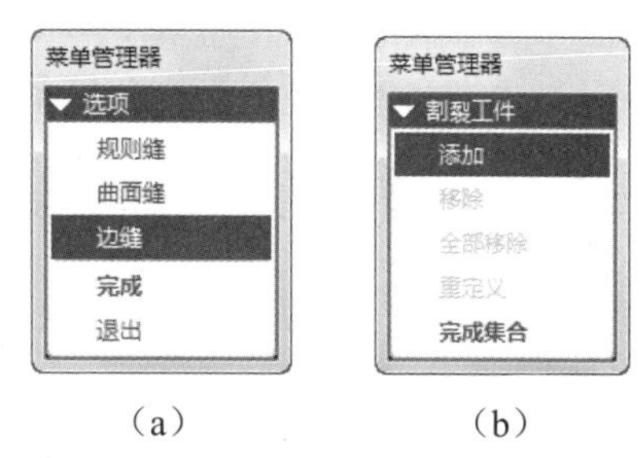

图 14-93　“选项”和“割裂工件”菜单管理器

（12）启动展平特征命令。单击“钣金件”工具栏中的“展平”按钮，启动钣金展平命令，开始创建展平特征。

（13）指定展平类型。系统弹出“展平选项”菜单管理器，接受系统默认选择，选择“常规”命令，接着选择“完成”命令。

（14）选取展平面。系统弹出“展平选取”菜单管理器，如图 14-95 所示，选择“展平全部”命令，然后再选择“完成”命令。

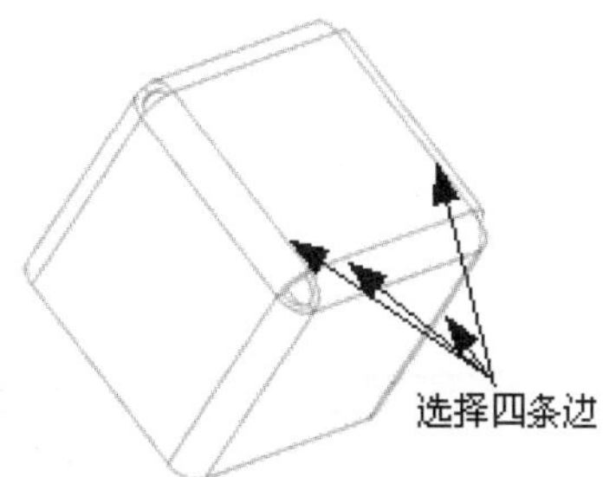

图 14-94　选择 4 条边

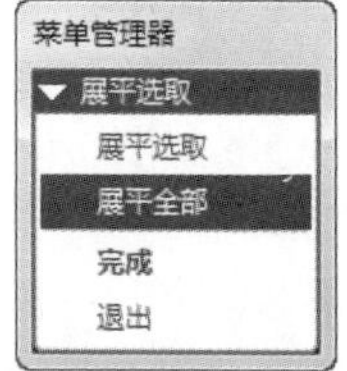

图 14-95　“展平选取”菜单管理器

（15）确认定义生成展平特征。最后单击“规则类型”对话框中的“确定”按钮，系统自动在模型区生成钣金特征，生成的钣金特征如图 14-96 所示。

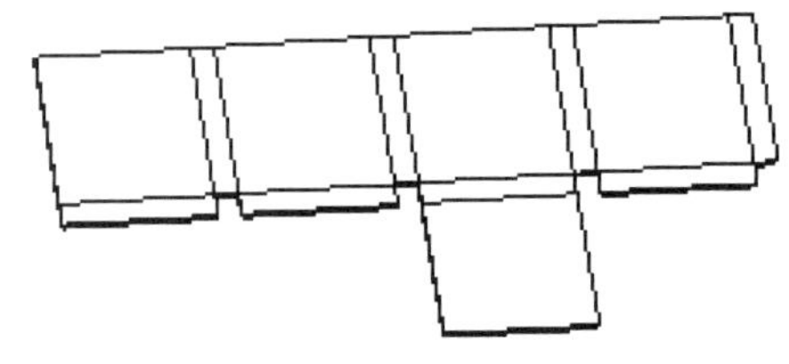

图 14-96　确认定义并生成展平特征

14.10　区 域 变 形

在 14.9 节实例中我们进行实战演练时，就遇到了钣金不能展开的情形，需要定义变形的曲面。在 Pro/ENGINEER 中，可以利用“区域变形”功能来实现。

本节先讲述一下创建区域变形的基本方法，然后再结合实例具体讲述一下创建区域变形的方法。

14.10.1　创建区域变形特征的基本方法

创建区域变形特征的方法比较简单，基本方法如下。

（1）启动“区域变形”命令。

（2）绘制“变形区域”边界线。

（3）生成变形区域。

14.10.2　实例

视频讲解

下面将通过一个实例来讲解具体创建区域变形特征的方法，操作步骤如下。

（1）从桌面双击图标启动 Pro/ENGINEER Wildfire。

（2）单击工具栏中的“打开”按钮，弹出“文件打开”对话框，从资料包中找到文件 shili10，单击“打开”按钮完成文件载入，如图 14-97 所示。

（3）启动展平特征命令。单击“钣金件”工具栏中的“展平”按钮，启动钣金展平命令，开始创建钣金展平特征命令。

（4）指定展平类型。系统弹出“展平选项”菜单管理器，接受系统默认选择，选择“常规”命令。接着选择“完成”命令。

（5）选取固定面。系统弹出如图 14-98 所示“规则类型”对话框，同时弹出“选取”对话框，用于选取固定面，选取如图 14-99 所示的平面。然后选择“完成”命令。

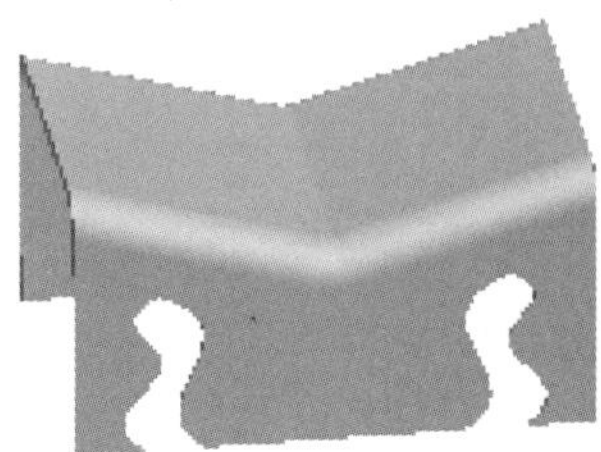

图 14-97　打开钣金文件

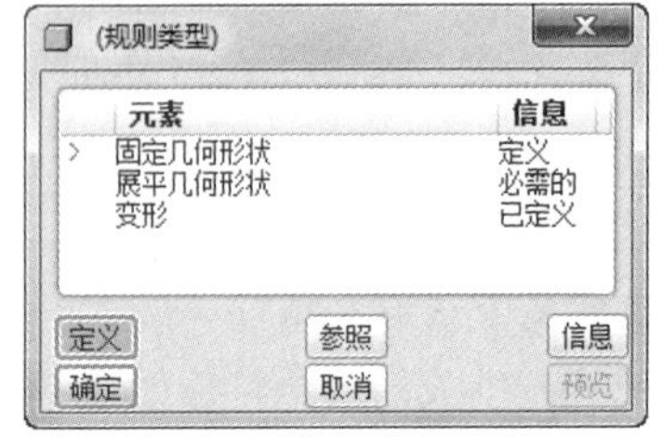

图 14-98　“规则类型”对话框

（6）选取展平面。系统弹出“展平选取”菜单管理器，如图 14-100 所示，选择“展平全部”命令，再选择“完成”命令。系统信息提示区出现操作提示，警告用户“某些变形曲面不能延伸至零件的外侧，选取要变形的曲面”，如图 14-101 所示。同时，系统工作区中钣金特征上出现红色区域，这些区域是不能展平的，如图 14-102 所示。

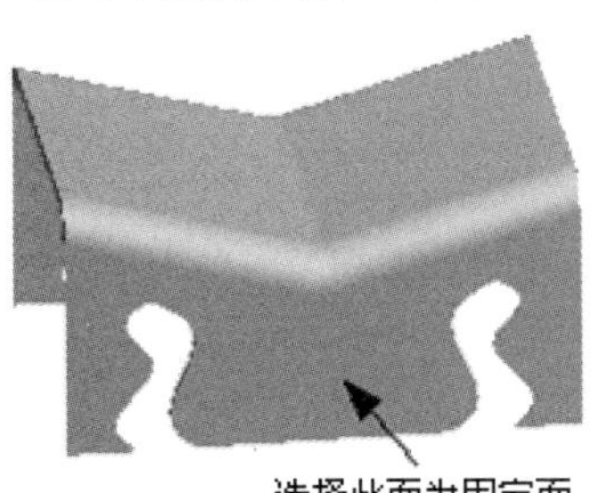

图 14-99　选择草绘平面

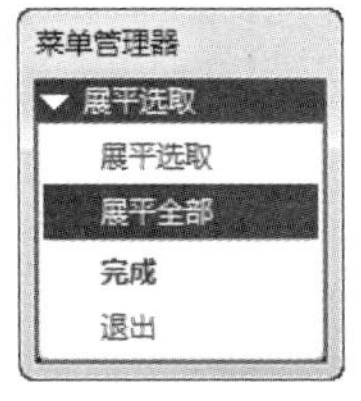

图 14-100　“展平选取”菜单管理器

⚠警告：某些变形曲面不能延伸至零件的外侧。
⇨选取要变形的曲面。

图 14-101　系统信息提示

（7）启动区域变形命令。单击“钣金件”工具栏中的“变形区域”按钮，启动区域变形命令，开始创建区域变形特征。

（8）定义草绘平面。系统弹出“变形区域”对话框，该对话框中只有一个“草绘”选项需要定义，同时系统弹出“设置草绘平面”菜单管理器，如图 14-103 所示，用于选择草绘平面，选取如图 14-104 所示的平面，然后选择“草绘视图”菜单管理器中的“缺省”命令，最后选择“完成”命令。

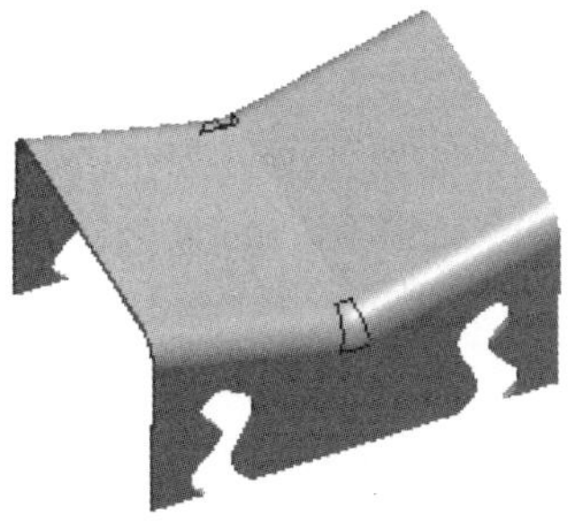

图 14-102　选取展平面

菜单管理器
▼ 设置草绘平面
使用先前的
新设置
▼ 设置平面
平面
产生基准
退出平面

图 14-103　“变形区域”对话框和“设置草绘平面”菜单管理器

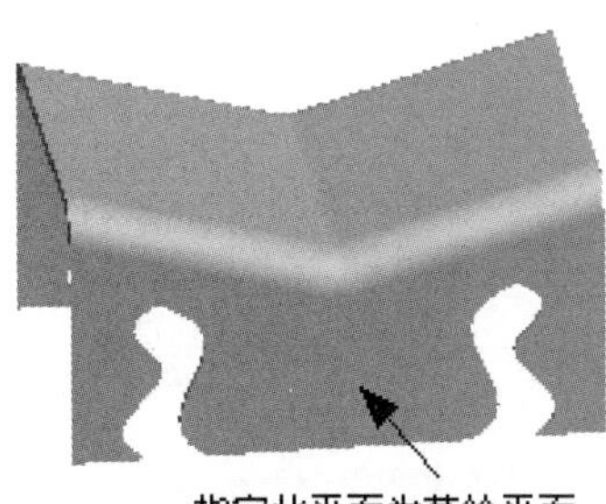

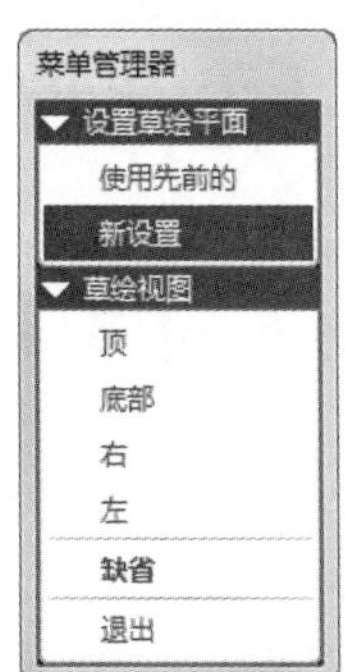

图 14-104　选择草绘平面和“草绘视图”菜单管理器

（9）绘制区域变形边界线。系统自动进入草绘环境，接受系统默认参照，单击“草绘器工具”工具栏中的“直线”按钮和“通过边创建图元”按钮，绘制如图 14-105 所示边界线。绘制完成后，单击“草绘器工具”工具栏中的✔按钮，完成边界线的绘制。

（10）确认定义并生成特征。至此，所有区域变形特征都已定义完毕，单击对话框中的“确定”

Note

按钮，系统自动在模型区生成钣金特征，生成的钣金特征如图 14-106 所示。

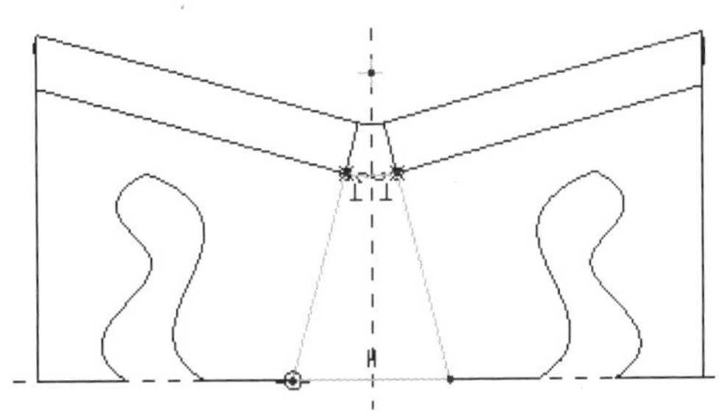
图 14-105　绘制区域变形边界线

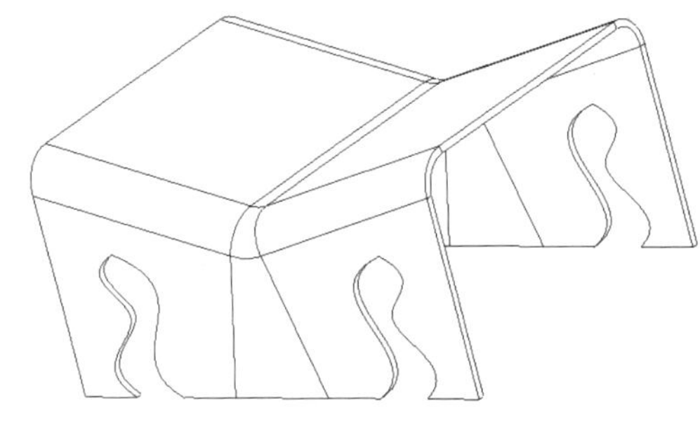
图 14-106　生成钣金特征

（11）镜像生成另一区域变形特征。

❶ 选取要复制的特征。单击钣金模型上的变形区域，或单击模型树中的“区域变形标识 540”特征，结束对象选取。

❷ 启动镜像命令。选择“编辑”→“镜像”命令，启动镜像命令。

❸ 选择镜像平面。系统弹出“镜像”操控板，如图 14-107 所示，用于选择镜像所需平面，把鼠标移到工作区，选择如图 14-108 所示的 TOP 基准面作为镜像平面。

图 14-107　“镜像”操控板

❹ 生成镜像特征。选择好镜像平面后，系统自动生成镜像特征，如图 14-109 所示。

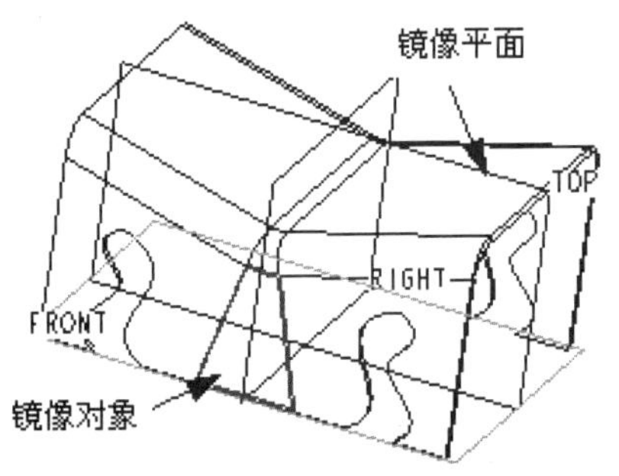

图 14-108　选取要复制的对象和镜像平面

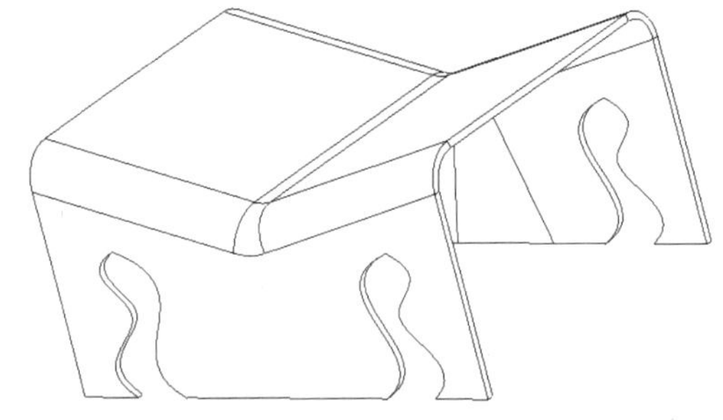
图 14-109　生成镜像特征

（12）创建展平特征

❶ 启动展平特征命令。单击“钣金件”工具栏中的“展平”按钮，启动钣金展平命令，开始创建钣金展平特征。

❷ 指定展平类型。系统接着弹出“展平选项”菜单管理器，接受系统默认选择，选择“常规”命令，接着选择“完成”命令。

❸ 选取固定面。接着系统弹出“规则类型”对话框，同时弹出“选取”对话框，用于选取固定面，选取如图 14-110 所示的平面。然后选择“完成”命令。

❹ 选取展平面。系统弹出“展平选取”菜单管理器，如图 14-111 所示，选择“展平全部”命令，再选择“完成”命令。

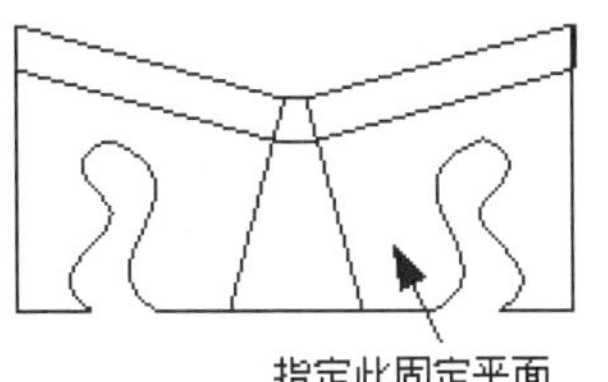

图 14-110　选取固定面

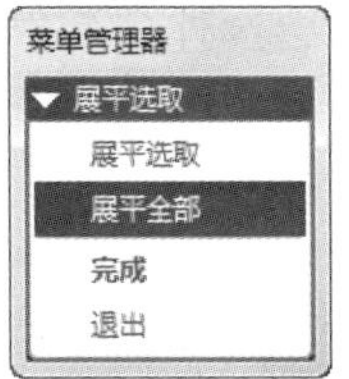

图 14-111　“展平选取”菜单管理器

Note

❺ 增加变形区域。系统弹出“特征参考”菜单管理器，如图 14-112 所示，用于增加变形区域。把鼠标移到工作区，选取如图 14-113 所示的变形区域。然后选择“完成参考”命令。

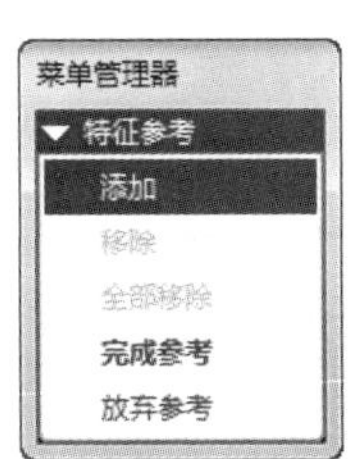

图 14-112　“特征参考”菜单管理器

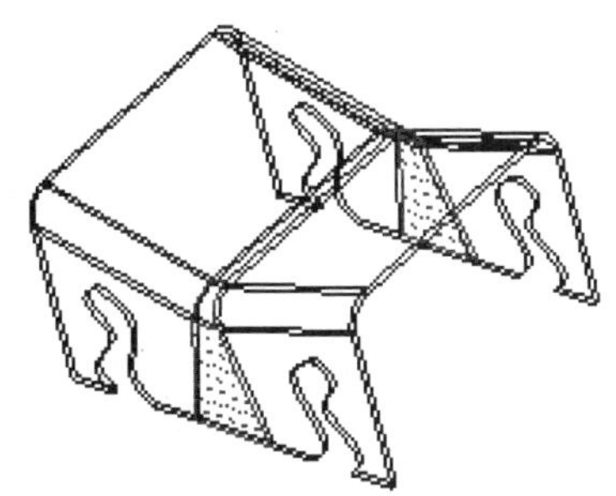

图 14-113　增加变形区域

❻ 确认定义并生成展平特征。至此，创建展平特征的选项都已定义完毕，单击如图 14-114 所示的“规则类型”对话框中的“确定”按钮，系统自动生成钣金特征，生成的钣金特征如图 14-115 所示。

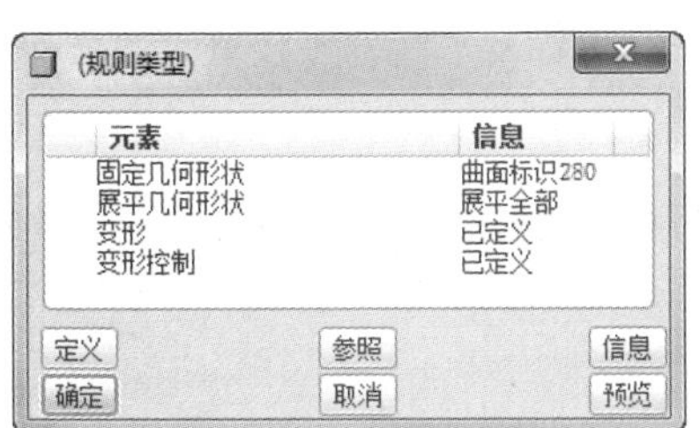

图 14-114　确认定义

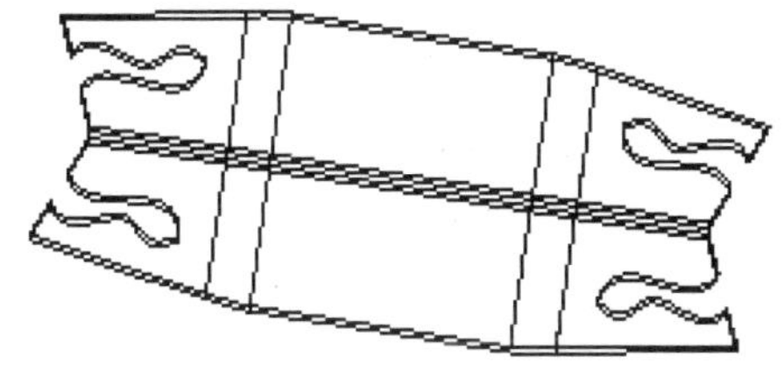

图 14-115　生成钣金特征

14.11　转换特征

在 Pro/ENGINEER 中，转换特征主要是针对由实体模型转变而来的不能展开的钣金件，因为在通过实体零件转换为钣金零件的过程之后，其仍不是一完整的钣金件。若需要进行展平，还需要在零件上增加一些特征，才能顺利进行展平操作。

转换功能就是通过在钣金件上定义很多点或线，以将钣金件分割开，然后再对钣金件进行展平。

14.11.1　转换特征的选项及设置

转换特征共有 5 个选项：“点止裂”“边缝”“裂缝连接”“折弯”“拐角止裂槽”。

1. 点止裂

在钣金件的实体边上选择或建立基准点特征，将该实体边分割为各自独立的段落连接。“点止裂”

Note

的作用有两种：供“裂缝连接”选取点和创建“边缝”或“折弯”时将边线切割为多个线段，如图 14-116 所示。

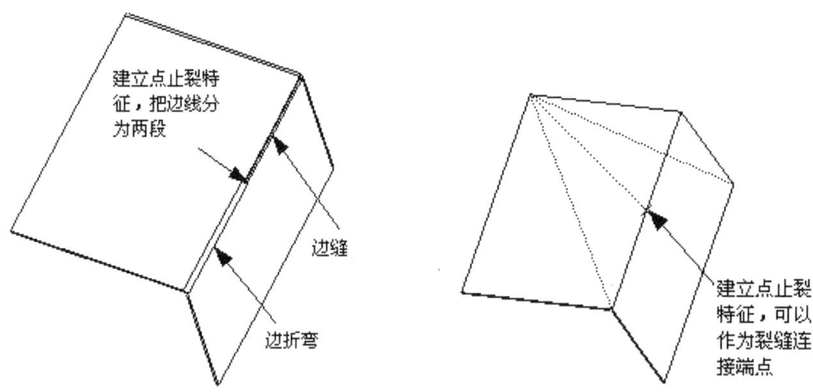

图 14-116　点止裂特征两种作用

创建点止裂特征有两种方法：直接在钣金特征上选取基准点和在钣金特征上创建基准点。如果选择创建基准点，系统提供了 3 种创建基准点的方式：“偏距”“长度比例”“准确长度”。

☑　偏距：选择一边来放置基准点，然后选择一个参照，相对于参照偏移一个距离来定位点位置。

☑　长度比例：选择一边来放置基准点，通过输入长度比例系数来定位点位置，范围为 0～1。

☑　准确长度：选择一边来放置基准点，通过输入一个准确的数值来定位点位置。

2. 边缝

沿着零件的边线建立扯裂特征，相当于“缝”特征中的“曲面缝”特征。这里不再详细讲述。

3. 裂缝连接

用于连接钣金零件上的顶点或点止裂点，以创建裂缝特征，其方法为选取两点产生裂缝直线，如图 14-117 所示。选择第一端点时，系统自动选出所有可能的裂缝连接线，然后通过选择第二点来确定裂缝连接线。

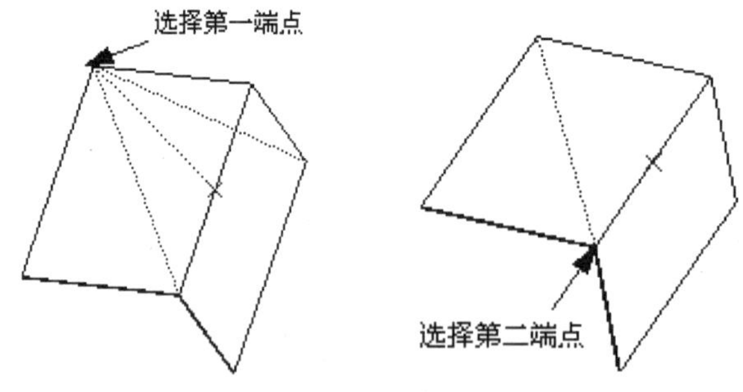

图 14-117　创建裂缝连接方式

4. 折弯

用于在钣金件的边上建立折弯特征，相当于“边折弯”特征，折弯半径为钣金厚度。在创建“转变”特征过程时，如果没有建立“折弯”，系统会自动增加折弯特征。

5. 拐角止裂槽

就是顶角止裂槽，用于在适当的顶角上建立倒圆角或是斜圆形拐角止裂槽，在 14.12 节将详细讲

视频讲解

Note

述“顶角止裂槽”的使用。

14.11.2 实例

下面将在一个实体转换的钣金件上创建转换特征，然后再将其展开。详细步骤如下。

（1）从桌面双击图标启动 Pro/ENGINEER Wildfire。

（2）单击工具栏中的“打开”按钮，弹出“文件打开”对话框，从资料包中找到文件 shili11.prt，单击“打开”按钮完成文件载入，如图 14-118 所示。

（3）启动转换命令。单击“钣金件”工具栏中的“转换”按钮，启动转换命令，开始创建转换特征。

（4）定义点止裂。系统弹出“钣金件转换”对话框，如图 14-119 所示，双击“点止裂”选项，弹出“点止裂”菜单管理器，用于创建或选取产生边缝或裂缝的端点如图 14-120 所示。选择“选取”命令，然后选择“完成”命令。

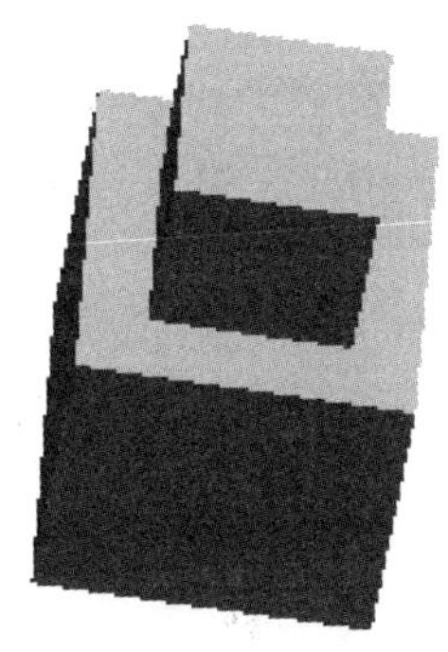

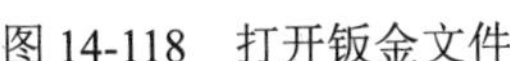

图 14-118 打开钣金文件

图 14-119 “钣金件转换”对话框

图 14-120 “点止裂”菜单管理器

（5）创建止裂点。单击“基准”工具栏中的“基准点”按钮，系统弹出“基准点”对话框，如图 14-121 所示，把鼠标移到工作区，选择如图 14-122 所示的边创建止裂点，在“偏移参照”栏选取“参照”选项，系统信息提示区提示选择平面作为点尺寸标注的目的平面，选择平面，在信息提示区出现输入值文本框，输入 50.00，并按 Enter 键，生成止裂点，用红色×表示，如图 14-123 所示。最后又回到“点止裂”菜单管理器，选择“完成”命令。

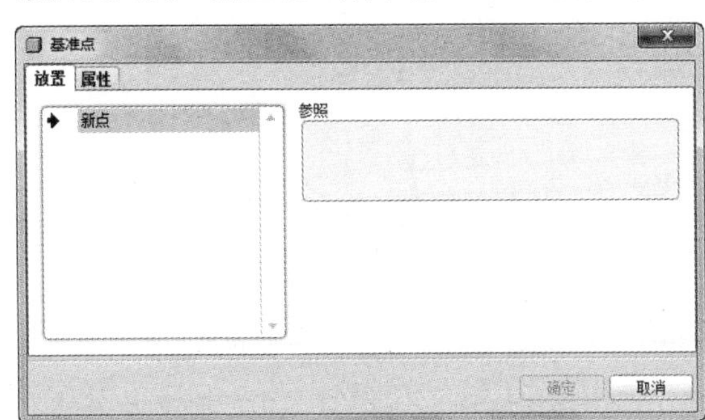

图 14-121 “基准点”对话框

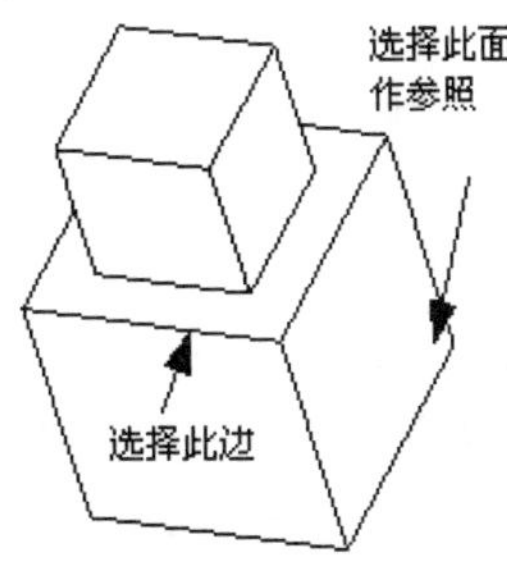

图 14-122 选择创建止裂点的边

图 14-123 生成止裂点

（6）定义边折弯。双击“钣金件转换”对话框中的“折弯”选项，系统弹出“折弯要件”菜单管理器，如图 14-124 所示。按住 Ctrl 键，用鼠标点选如图 14-125 所示的边进行折弯。接着选择“完成”命令。然后单击对话框中的“预览”按钮，折弯特征如图 14-126 所示。

Note

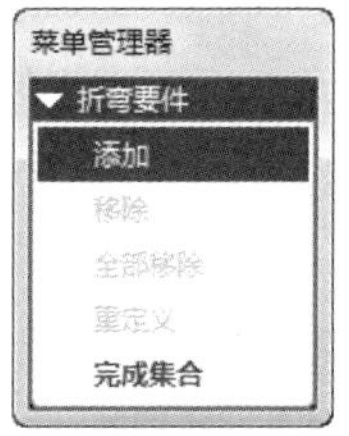

图 14-124 “折弯要件”菜单

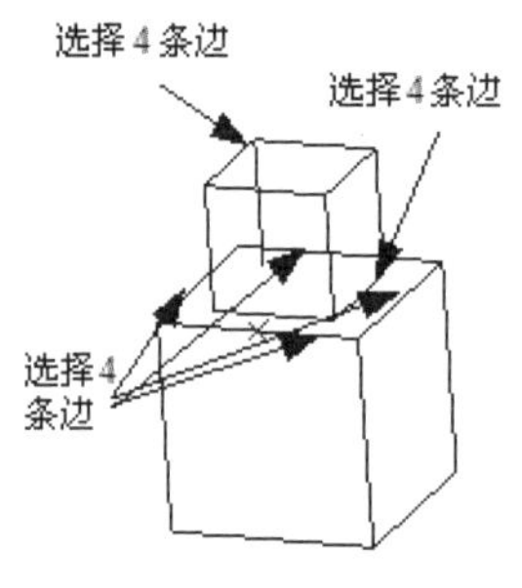

图 14-125 定义折弯边

图 14-126 生成边折弯特征

（7）定义边缝。双击“钣金件转换”对话框中的“边缝”选项，系统弹出如图 14-127 所示的“割裂工件”菜单管理器，选择如图 14-128 所示的 8 条边，然后选择“完成集合”命令。

（8）定义裂缝连接。双击“裂缝连接”选项，系统弹出“裂缝连接”菜单管理器，如图 14-129 所示。选择“添加”命令，弹出如图 14-130 所示的对话框。用于定义裂缝连接所需的两点。如图 14-131 所示，选取钣金件特征上的第一点，系统自动找到可能连接的连线，再选取第二点，确定一条裂缝连接线，如图 14-131 所示。然后单击“裂缝连接”对话框中的“确定”按钮。又回到“裂缝连接”菜单管理器，选择“添加”命令，依照创建第一条裂缝连接线的方法创建其余 3 条连接线。然后选择“裂缝连接”菜单管理器中的“完成集合”命令。

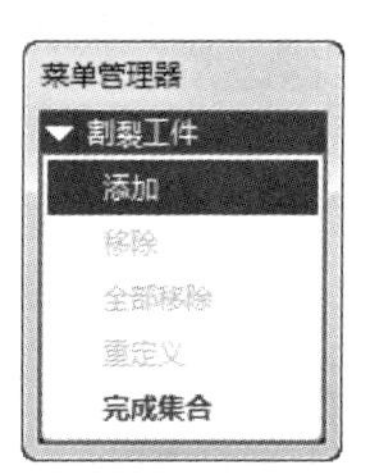

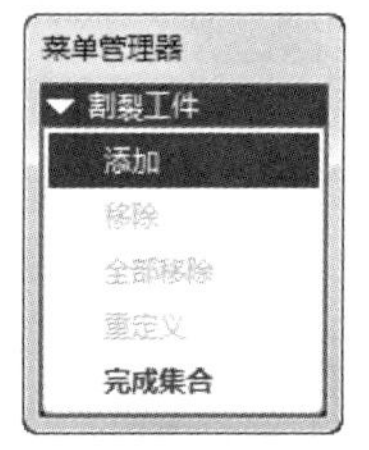

图 14-127 “割裂工件”菜单管理器

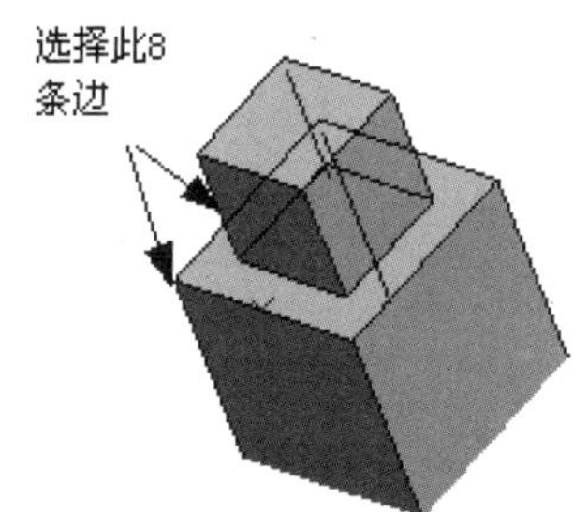

图 14-128 选择创建边缝的边

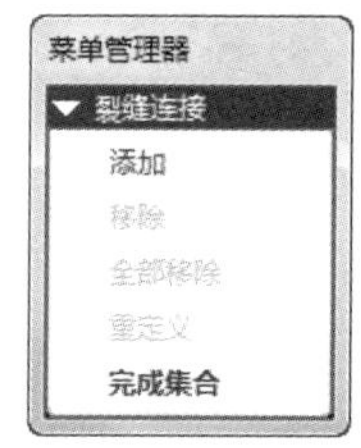

图 14-129 “裂缝连接”菜单管理器

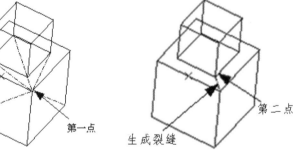

图 14-130 “裂缝连接”对话框

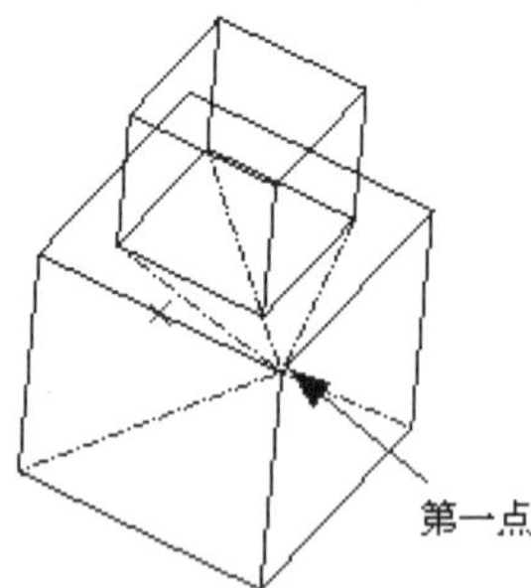

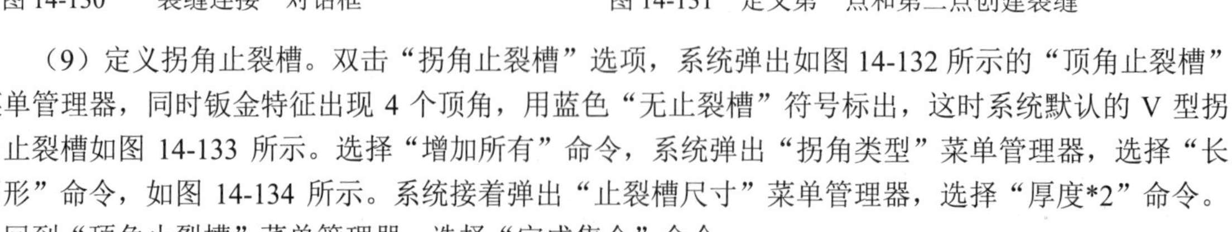

图 14-131 定义第一点和第二点创建裂缝

（9）定义拐角止裂槽。双击“拐角止裂槽”选项，系统弹出如图 14-132 所示的“顶角止裂槽”菜单管理器，同时钣金特征出现 4 个顶角，用蓝色“无止裂槽”符号标出，这时系统默认的 V 型拐角止裂槽如图 14-133 所示。选择“增加所有”命令，系统弹出“拐角类型”菜单管理器，选择“长圆形”命令，如图 14-134 所示。系统接着弹出“止裂槽尺寸”菜单管理器，选择“厚度*2”命令。又回到“顶角止裂槽”菜单管理器，选择“完成集合”命令。

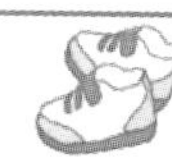

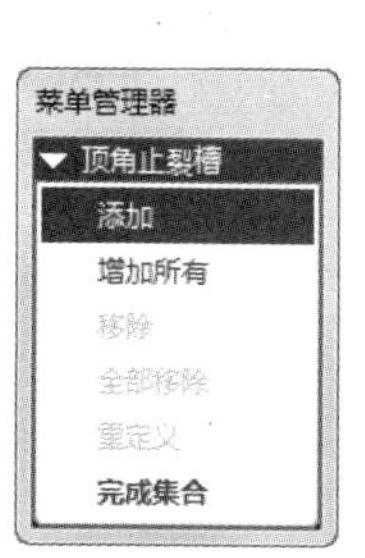

图 14-132　“顶角止裂槽”菜单管理器

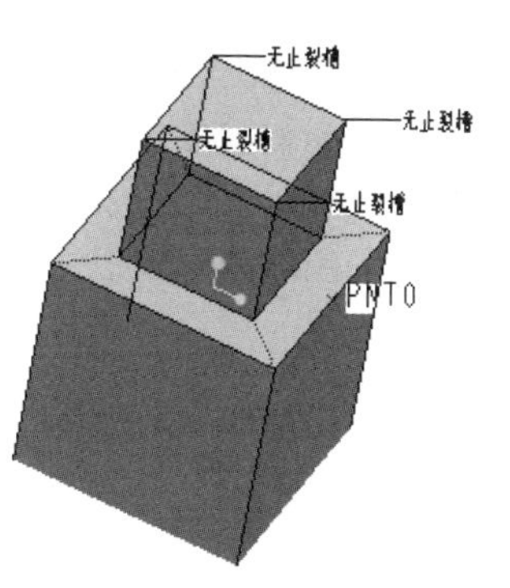

图 14-133　V 型止裂槽

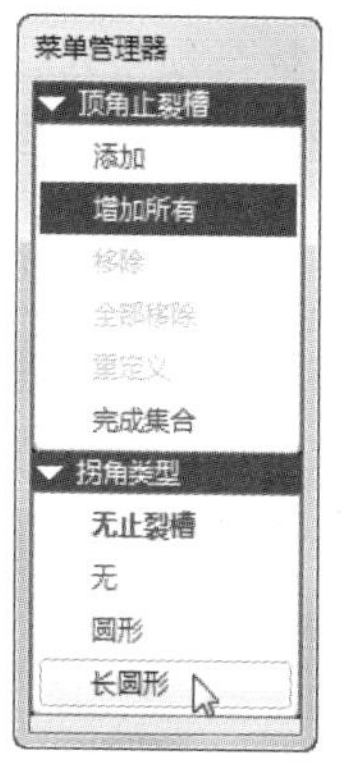

图 14-134　“拐角类型”菜单管理器

（10）生成钣金转换特征。单击如图 14-135 所示“钣金件转换”对话框中的“确定”按钮，生成钣金特征如图 14-136 所示。可以看到顶角处出现了蓝色“长圆形”标识，表示顶角是斜圆形拐角止裂槽。

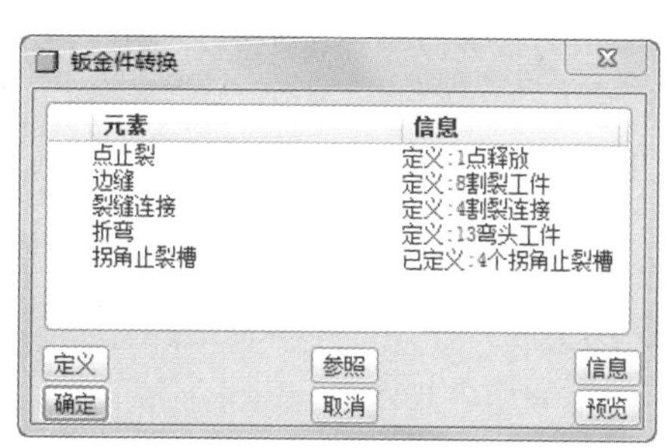
钣金件转换

元素	信息
点止裂	定义:1点释放
边缝	定义:8割裂工件
裂缝连接	定义:4割裂连接
折弯	定义:13弯头工件
拐角止裂槽	已定义:4个拐角止裂槽

定义　参照　信息
确定　取消　预览

图 14-135　确认定义生成转换特征

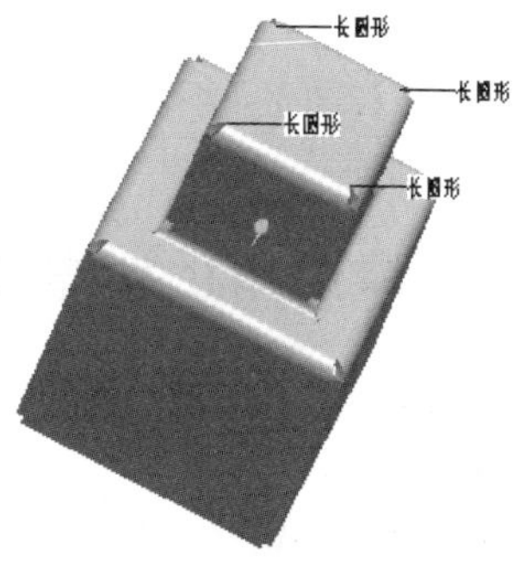

图 14-136　生成转换特征

（11）展开钣金件。单击“钣金件”工具栏中的“平整形态”按钮，弹出“选取”对话框。把鼠标移到工作区，选取如图 14-137 所示平面作为固定面，系统立即生成平整特征，如图 14-138 所示。

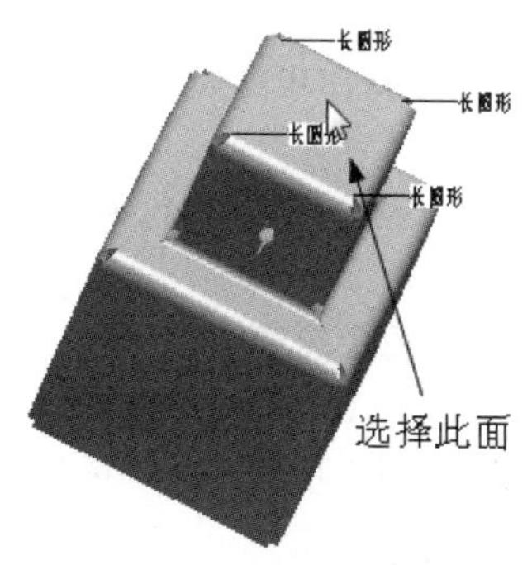

图 14-137　选择固定面

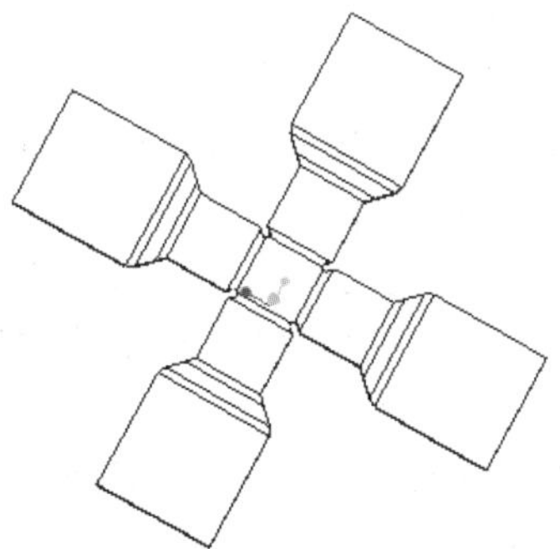

图 14-138　生成平整阵列特征

14.12　顶角止裂槽

“顶角止裂槽”就是 14.11 节讲到的“拐角止裂槽”，用于在展开件的顶角处增加“止裂槽”，以使展开件在折弯顶角处改小变形或防止开裂。

系统提供了 4 种“顶角止裂槽”：“无止裂槽”“无”“圆形”“长圆形”。

☑ 无止裂槽：这是系统默认选项，表示创建 V 型拐角止裂槽，用符号“无止裂槽”表示。

☑ 无：表示创建方形拐角止裂槽。用符号“无”表示。

☑ 圆形：表示创建圆形拐角止裂槽。用符号“圆形”表示

☑ 长圆形：表示创建斜圆形拐角止裂槽。用符号“长圆形”表示。

“拐角止裂槽”展开后如图 14-139 所示。

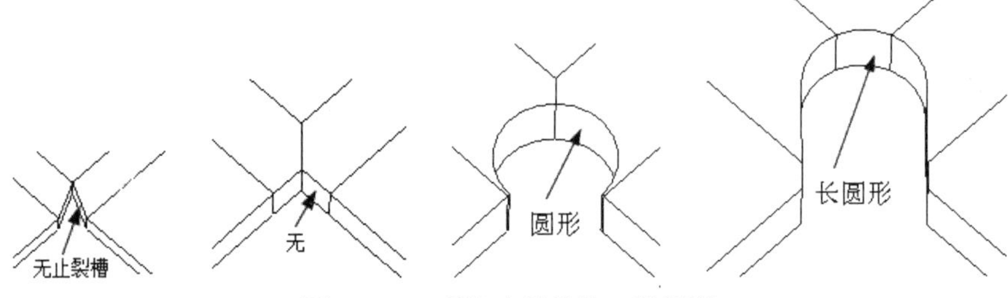

图 14-139　顶角止裂槽的 4 种类型

由于该特征相对简单，本节就简单讲述一下创建顶角止裂槽的基本方法，然后结合实例具体了解一下。

14.12.1　创建顶角止裂槽特征的基本方法

创建顶角止裂槽特征的方法比较简单，操作方法如下。

（1）启动止裂槽命令。

（2）选取顶角标记。

（3）定义止裂槽类型。

（4）生成止裂槽特征。

14.12.2　实例

视频讲解

下面将通过一个实例来讲解具体创建顶角止裂槽特征的方法，操作步骤如下。

（1）从桌面双击图标启动 Pro/ENGINEER Wildfire。

（2）单击工具栏中的“打开”按钮，弹出“文件打开”对话框，从资料包中找到文件 shili12，单击“打开”按钮完成文件载入，如图 14-140 所示。

（3）启动顶角止裂槽命令。单击“钣金件”工具栏中的“拐角止裂槽”按钮。启动创建顶角止裂槽命令。

（4）选择顶角标记。系统弹出“顶角止裂槽”菜单管理器，用于增加顶角，选择“增加所有”命令，如图 14-141 所示。

（5）定义顶角类型。然后系统接着弹出“拐角类型”菜单管理器，如图 14-142 所示。选择“无止裂槽”命令，又回到“顶角止裂槽”菜单管理器，选择“完成集合”命令。

（6）确认定义并生成“拐角止裂槽”特征。最后单击“拐角止裂槽”对话框中的“确定”按钮。生成钣金特征如图 14-143 所示。

（7）创建平整形态。为了更好地看清顶角止裂槽的形状，我们接着创建平整形态，把钣金件展开。

图 14-140　打开钣金文件

图 14-141　“顶角止裂槽”菜单管理器

图 14-142　“拐角类型”菜单管理器

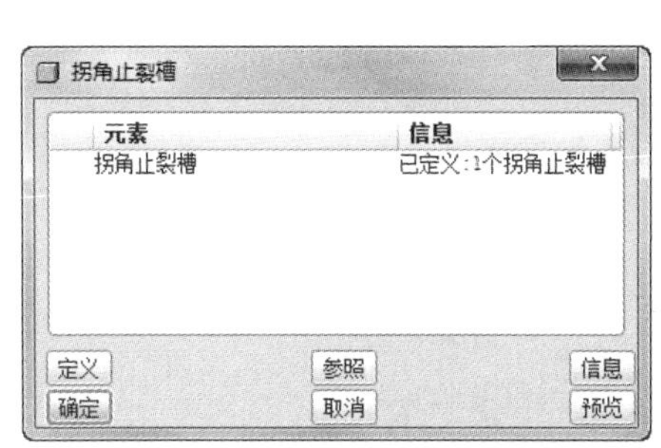

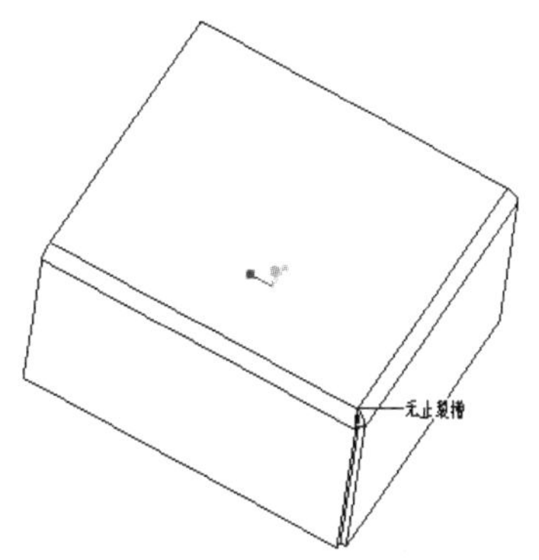

图 14-143　确认定义并生成顶角止裂槽特征

单击“钣金件”工具栏中的“平整形态”按钮，启动创建平整形态命令。然后选择钣金件的上顶面作为固定面，钣金特征立即转变为二维特征，如图 14-144 所示，右图为顶角止裂槽的局部放大图。

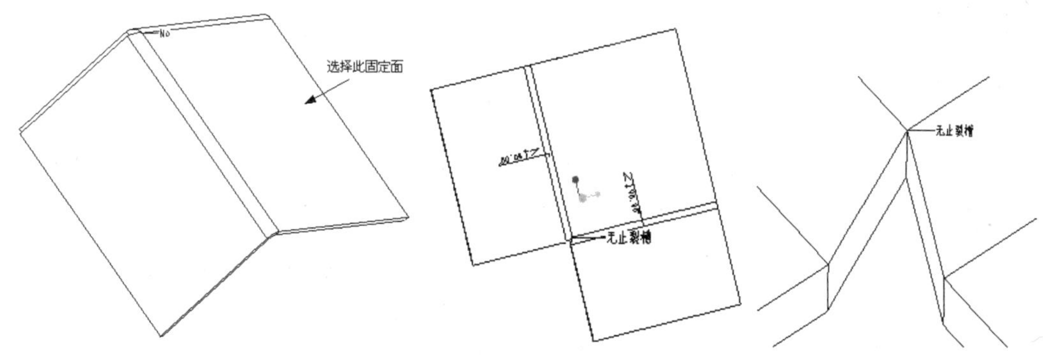

图 14-144　生成钣金平整形态和顶角止裂形状

14.13　钣金切割

在 Pro/ENGINEER 中，系统提供了切割功能。切割功能主要用于切割钣金中多余的材料，它不仅可以用于创建钣金特征，还能用于折弯时的一些工艺要求。因为在钣金折弯时，常常由于材料的挤

Note

压，钣金件弯曲处材料易形成变形，因此在实际的钣金设计中，要求在折弯处切割出小面积的切口，这样就可以避免材料的挤压变形。

钣金模式中切割和实体模式中切割基本上相同，但又有些不同。当切割特征的草绘平面与钣金件成某个角度时，两者生成特征的几何形状就有些不同了，如图 14-145 所示。

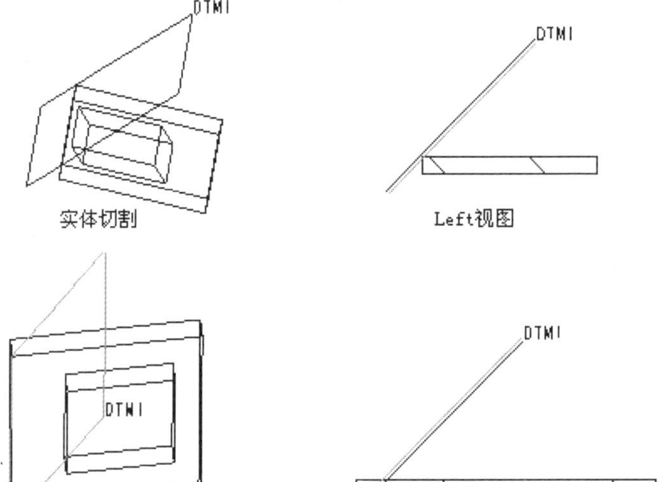

图 14-145　钣金切割和视图切割比较

本节主要讲述创建钣金切割的基本方法，接着结合实例具体讲述创建钣金切割的方法。

14.13.1　创建切割特征的基本方法

创建切割特征的操作很简单，下面讲解一下创建切割特征的基本方法。

（1）启动切割命令。

（2）选择草绘切割线平面。

（3）绘制切割线。

（4）完成切割特征。

视频讲解

14.13.2　实例

在这次实战演练中，通过一个实例来具体掌握创建钣金切割特征命令的使用方法。

创建钣金切割特征的具体方法如下。

（1）从桌面双击图标启动 Pro/ENGINEER Wildfire。

（2）单击工具栏中的“打开”按钮，弹出“文件打开”对话框，从资料包中找到文件 shili13，单击“打开”按钮完成文件载入。

（3）启动创建切割特征命令。单击“钣金件”工具栏中的“拉伸”按钮，启动创建钣金切割特征命令开始创建钣金的切割特征。

（4）选取草绘截面。系统弹出操控板，如图 14-146 所示，单击操控板上的“放置”按钮，系统弹出“放置”下滑面板，如图 14-147 所示。单击“定义”按钮，系统弹出“草绘”对话框，用于选择草绘平面，如图 14-148 所示。

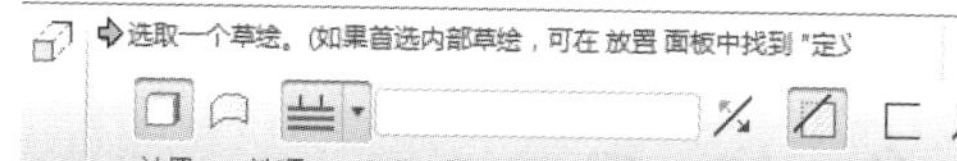

图 14-146　操控板

（5）选择草绘平面的投影方向。接着把鼠标移到工作区，选择 DTM1 基准面作为草绘面。选择好草绘平面后，选择草绘平面的投影方向。同时系统工作区出现红色箭头，表示系统默认的投影方向。接受系统默认选项，如图 14-149 所示。

图 14-147　“放置”下滑面板

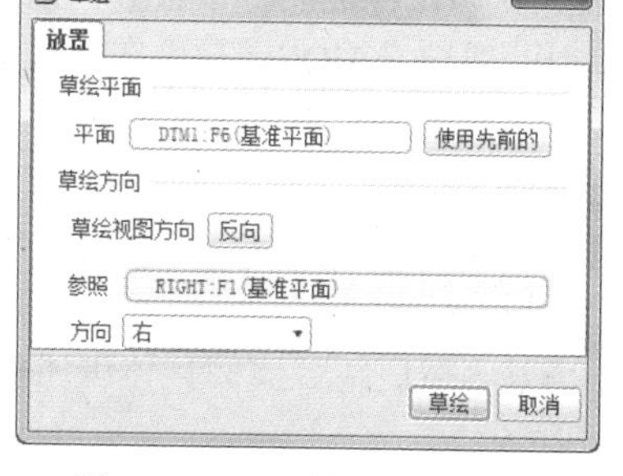

图 14-148　“草绘”对话框

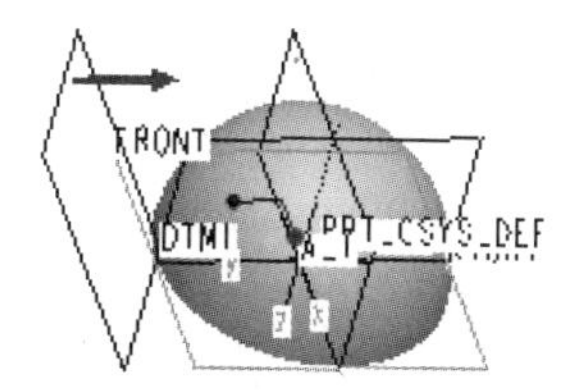

图 14-149　选择草绘平面投影方向

（6）草绘切割截面。接受系统默认参照，单击“草绘器工具”工具栏中的“圆”按钮○，绘制如图 14-150 所示的切割截面。绘制完成后，单击“草绘器工具”工具栏中的✔按钮，结束截面绘制。

（7）定义切割材料侧。可以单击如图 14-151 所示操控板上更改切割材料侧的方向，同时模型上显示如图 14-151 所示红箭头，表示材料的切割方向。接受系统默认的切割方向。

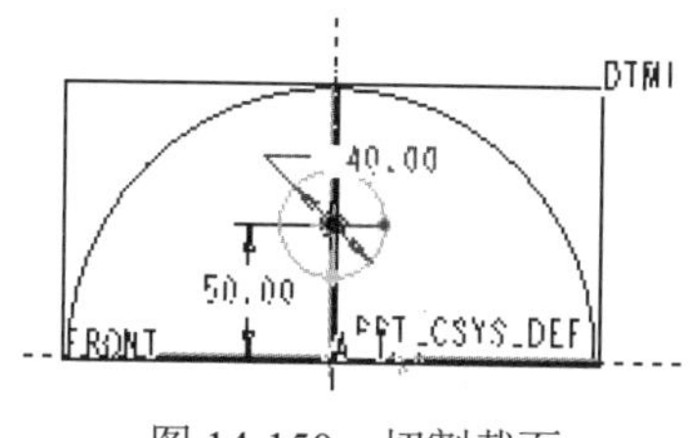

图 14-150　切割截面

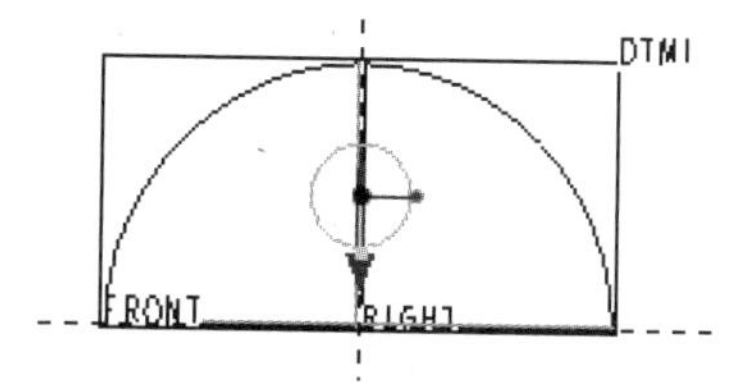

图 14-151　切割材料侧

（8）定义切割深度。在“拉伸”操控板的“深度”下拉列表框中选择“拉伸至下一曲面”选项☰，单击“完成”按钮，如图 14-152 所示。

图 14-152　“拉伸”操控板

（9）生成钣金切割特征。至此，切割特征选项都已定义完毕，最后单击“拉伸”操控板上的“确认”按钮✔，如图 14-153 所示。

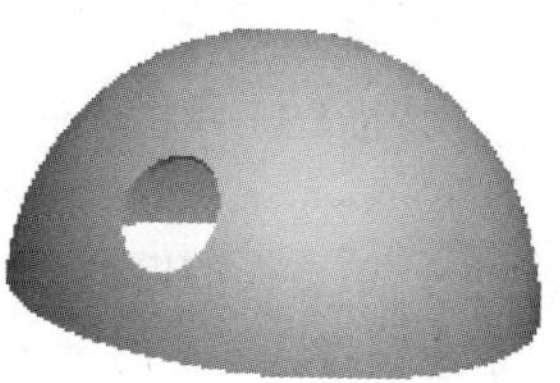

图 14-153　生成切割特征

14.14 钣金切口

Note

钣金切口，就是从钣金件中移除材料，通常在折弯处挖出切口，切口垂直于钣金件曲面。这样钣金件在进行折弯或展平操作时，就不会发生因材料挤压而发生的钣金变形。

切口特征功能与切割特征功能基本相同，但建立方法不同。建立切口特征需要先建立一个 UDF 数据库（扩展名是.gph），该数据库用来定义切口特征的各项参数。该 UDF 数据库不仅可以在同一钣金件内多次调用，还可供其他钣金件调用。要定义 UDF，首先在一钣金件上创建一个钣金切割特征，并且在绘制切割特征截面时，需要定义一个局部坐标系。接着利用 UDF 数据库，创建一个 UDF。如果定义该 UDF 数据库与原钣金件的关系是“从属”关系，则该 UDF 数据库不能被其他钣金件所调用；如果想让该 UDF 数据库被其他钣金件所调用，可以定义该 UDF 数据库与原钣金件的关系是“独立”关系。

本节主要介绍切口特征创建的基本方法，然后结合实例具体讲述钣金切口特征创建的方法。本节重点是掌握 UDF 数据库的建立方法。

14.14.1 创建钣金切口特征的基本方法

下面讲述创建切口特征的基本方法。

（1）创建切口 UDF 数据库。

（2）启动切口特征。

（3）在当前钣金件上使用切口的 UDF 数据库。

（4）完成切口的创建。

视频讲解

14.14.2 实例

在这次实战演练中，通过一个实例具体讲述切口特征的创建过程。

其创建过程和步骤如下。

1. 启动 Pro/ENGINEER 软件

2. 建立切口的 UDF 数据库

（1）单击工具栏中的“打开”按钮，弹出“文件打开”对话框，从资料包中找到文件 shili14，单击“打开”按钮完成文件载入，如图 14-154 所示。

图 14-154　打开钣金文件

（2）启动创建切割特征命令。单击“特征”工具栏中的按钮，启动创建钣金切割特征命令，开始创建钣金切割特征。

（3）选取草绘截面。系统弹出操控板，单击操控板上的“放置”按钮，系统弹出“放置”下滑面板，单击“定义”按钮，系统弹出“草绘”对话框，用于选择草绘平面。

（4）选择草绘平面的投影方向。把鼠标移到工作区，选择如图 14-155 所示平面作为草绘面。选

择好草绘平面后，系统弹出“方向”菜单管理器。用于选择草绘平面的投影方向。同时系统工作区出现红色箭头，表示系统默认的投影方向。接受系统默认选项，选择“正向”命令。

（5）草绘切割截面及建立局部坐标。系统弹出“参照”对话框，添加如图 14-156 所示的两条边作为参照，单击对话框中的“关闭”按钮。绘制如图 14-157 所示的切割截面，然后单击工具栏中的“坐标系”按钮，建立局部坐标，如图 14-157 所示。绘制完成后，单击“草绘器工具”工具栏中的✔按钮，结束截面绘制。

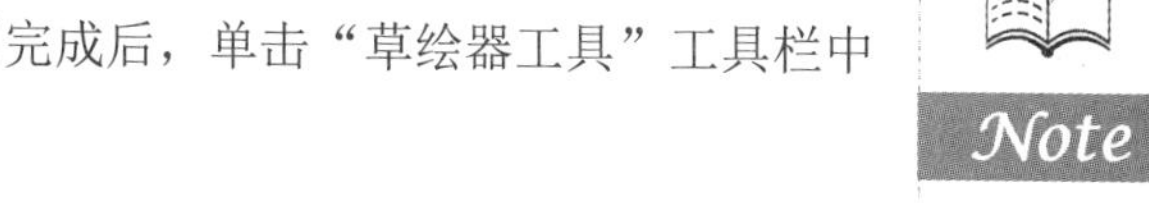

图 14-155 选择草绘平面

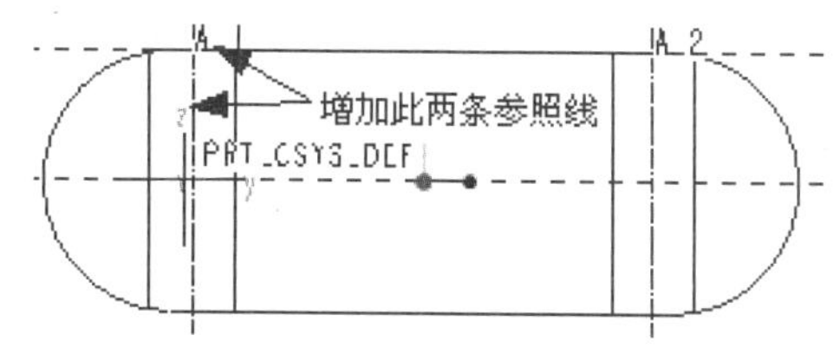

图 14-156 添加参照

（6）定义切割材料侧。可以单击操控板上更改切割材料侧的方向，同时模型上显示红色箭头，表示材料的切割方向。接受系统默认的切割方向。

（7）定义切割深度。在操控板上的“深度”下拉列表框中选择“拉伸至下一曲面”选项，单击“完成”按钮。

（8）移除垂直于驱动曲面的材料。单击操控板中的“移除与曲面垂直的材料”按钮，此时“移除垂直于驱动曲面的材料”按钮变得可用，如图 14-158 所示，系统一共提供了 3 种切割特征：“移除垂直于驱动曲面的材料”按钮、“移除垂直于偏移曲面的材料”按钮和“移除垂直于偏移曲面驱动曲面的材料”按钮。

（9）生成钣金切口特征。至此，切口特征选项都已定义完毕，最后单击“拉伸”操控板中的✔按钮，生成切口特征，如图 14-159 所示。

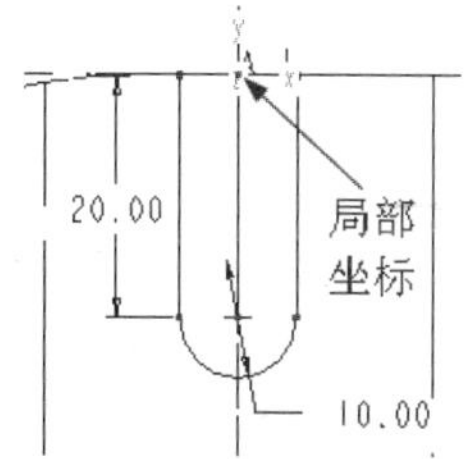

图 14-157 草绘切割截面和局部坐标

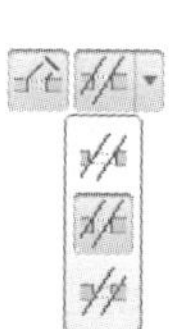

图 14-158 切剪按钮

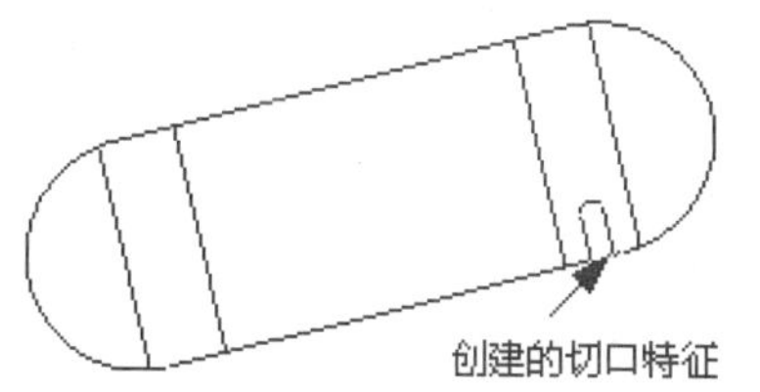

图 14-159 生成切口特征

3. 定义 UDF 特征

（1）启动 UDF 命令。依照图 14-160 所示步骤，启动创建 UDF 特征命令，开始定义 UDF 特征。系统弹出 UDF 菜单管理器，选择“创建”命令。

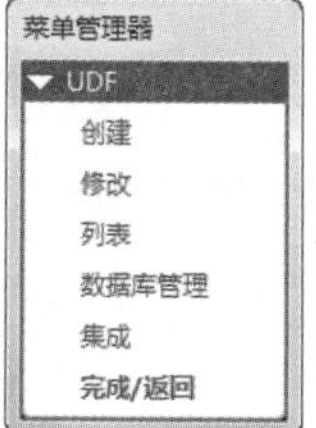

图 14-160 启动 UDF 命令

（2）定义 UDF 特征名称。系统信息提示区出现操作提示，要求用户为 UDF 数据库文件输入一个名称，在文本框中输入 qiekou_01，输入完成后，按 Enter 键结束输入，如图 14-161 所示。

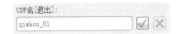

图 14-161　输入 UDF 数据库文件名称

（3）定义 UDF 特征与当前钣金特征的关系。系统弹出“UDF 选项”菜单管理器，选择“从属的”命令，表示该切口特征依附于当前钣金特征，如图 14-162 所示。

（4）增加 UDF 数据库特征。接着系统弹出“UDF 特征”和“选取特征”菜单管理器。用于增加 UDF 数据库特征，如图 14-163 所示。把鼠标移到工作区，选择刚创建生成的切口特征，然后选择“完成”命令，接着选择“完成/返回”命令。

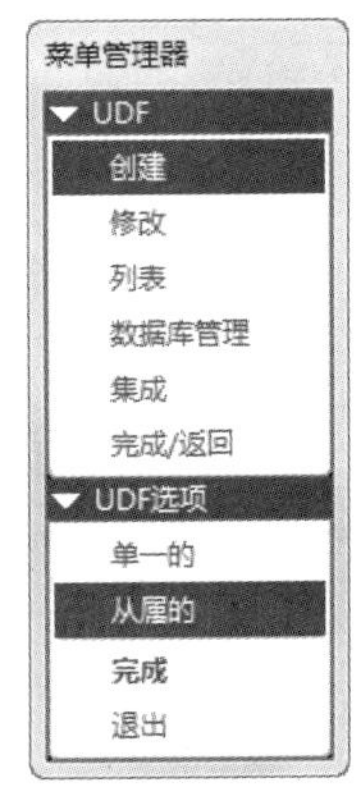

图 14-162　“UDF 选项”菜单管理器

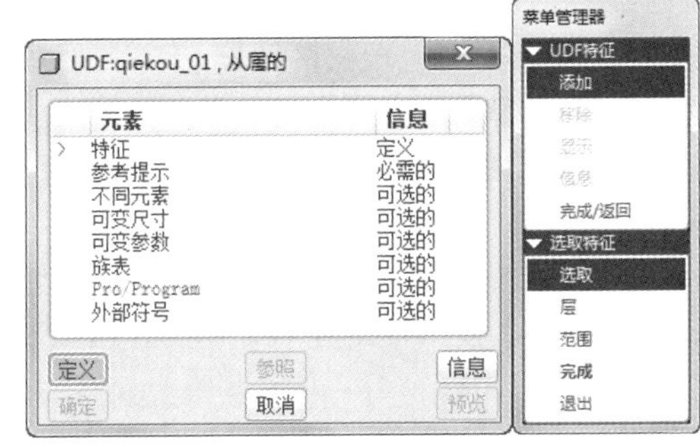

图 14-163　UDF 对话框和增加 UDF 特征

（5）定义切割特征为 UDF。接着信息提示区显示“是否为冲压或穿孔特征定义一个 UDF？”文本框，单击文本框后面的“是”按钮。

（6）输入刀具名称。接着系统信息提示区又出现操作提示，要求用户为刀具定义一个名称，在文本框中输入 qiekou_01，然后按 Enter 键，如图 14-164 所示。

（7）为刀具选取对称标识。系统弹出“对称”菜单管理器，要求用户为刀具选择一个对称轴，选择“Y 轴”命令，如图 14-165 所示。

（8）为高亮面输入名称。此时系统又在信息提示区出现“以参照颜色为曲面输入提示”文本框，同时模型上用蓝色显示该放置面，输入的文本用于在创建切口特征时提示显示的提示信息，如图 14-166 所示，在文本框中输入“切口放置面”，并按 Enter 键，结束输入。

图 14-164　输入刀具名称

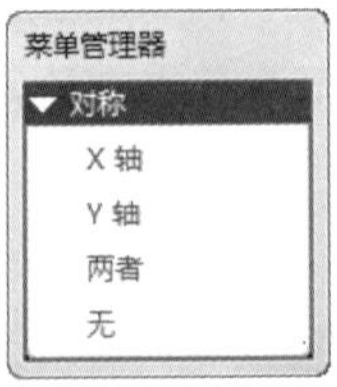

图 14-165　“对称”菜单管理器

图 14-166　为高亮面输入名称

接着系统信息提示区又出现“以参照颜色为曲面输入提示”文本框，同时模型上显示出 FRONT 基准面，如图 14-167 所示。该基准面是草绘平面的参考面，在文本框中输入“参考平面”，并按 Enter 键，结束输入。

接着系统信息提示区又出现“以参照颜色为轴输入提示”文本框，同时模型上显示出 A_2 轴，如图 14-167 所示。该轴是建立局部坐标的参照，在文本框中输入“对称轴”，并按 Enter 键，结束输入。

最后弹出“修改提示”菜单管理器，如图 14-168 所示，用于对刚才定义的提示输入进行修改，选择“完成/返回”命令，结束 UDF 特征的提示信息的输入。

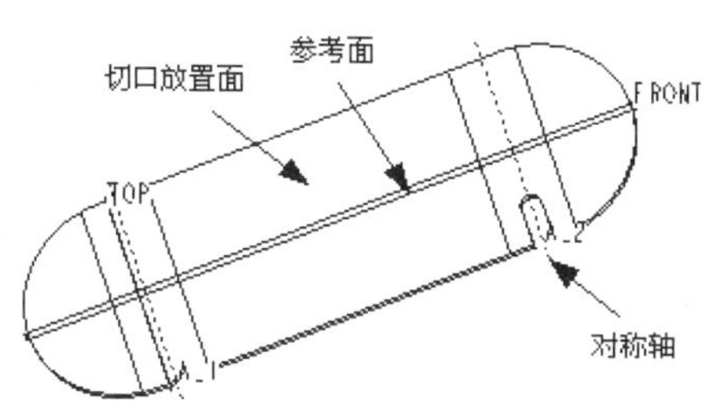

图 14-167 定义参照

图 14-168 “修改提示”菜单管理器

（9）定义可变尺寸。接着双击如图 14-169 所示“UDF：qiekou_01，从属的”对话框中的“可变尺寸”选项。系统弹出“可变尺寸”和“增加尺寸”菜单管理器，用于选择可变尺寸，如图 14-170 所示。把鼠标移到工作区中模型上，选择 20 和 10 两个尺寸。选择“可变尺寸”菜单管理器中的“完成/返回”命令。

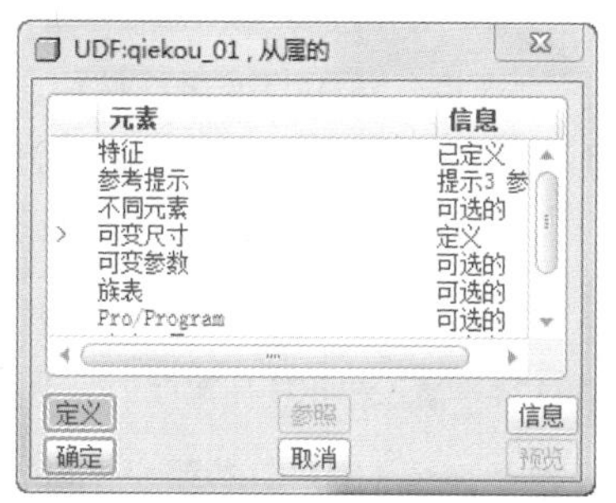

图 14-169 “UDF”对话框

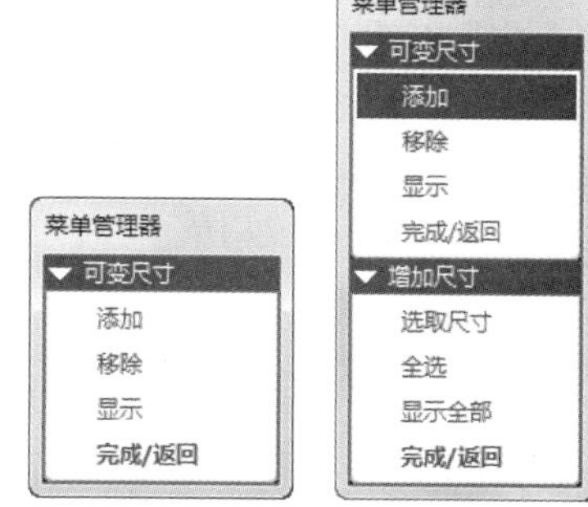

图 14-170 “可变尺寸”和“增加尺寸”菜单管理器

系统信息提示信息区出现“输入尺寸值的提示”文本框，在此文本框中输入“切口特征深度”，并按 Enter 键，如图 14-171 所示。

系统信息提示信息区又出现“输入尺寸值的提示”文本框，在此文本框中输入“切口圆弧直径”，并按 Enter 键，如图 14-171 所示。

图 14-171 输入尺寸值

（10）完成 UDF 特征的定义。最后单击“UDF：qiekou_01，从属的”对话框中的“确定”按钮，结束 UDF 特征的定义。

在创建了 UDF 特征后，系统自动在工作目录中生成了一个名为 qiekou_01.gph 的文件，此文件就是切口的 UDF 数据库文件。

4. 在钣金中使用 UDF 特征

（1）启动切口命令。选择“插入”→“形状”→“凹槽”命令，启动凹槽命令。

（2）添加 UDF 数据库文件。系统弹出“打开”对话框，从“组目录”中选择 qiekou_01.gph 数

Note

据库文件，然后单击“打开”按钮，如图 14-172 所示。

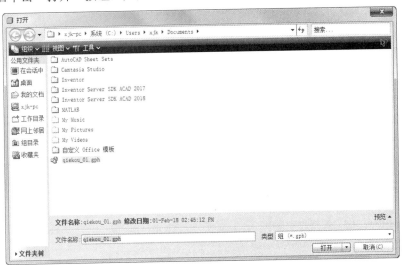

图 14-172 “打开”对话框

（3）系统打开一个“插入用户定义”对话框，用来显示 UDF 特征，选择“高级参照配置”选项，然后单击“确定”按钮。

（4）定义 UDF 尺寸。系统弹出“用户定义的特征配置”对话框，单击“变量”按钮，然后单击“值”段数字进行修改。切割特征的切口特征深度尺寸 20 修改为 30，如图 14-173 所示。冲孔特征宽度 10 修改为 15，如图 14-174 所示。

拉伸 1	Dimension	d13	30.00

图 14-173 输入切口特征深度

拉伸 1	Dimension	d14	15.00

图 14-174 输入冲孔特征宽度

（5）定义选取参考。单击对话框中的“放置”按钮，开始替换原 UDF 中参照平面和坐标系。

选取“切口放置面”。系统在信息提示区出现操作提示，提示用户选择“切口放置面”，选择如图 14-175 所示的切口放置面。

选取“参考面”。系统在信息提示区出现操作提示，提示用户选择“参考面”，选择如图 14-175 所示的基准面作为参考面。

选取“对称轴”。系统在信息提示区出现操作提示，提示用户选择“对称轴”，选择如图 14-175 所示的轴作为对称轴。

（6）完成切口特征定义。结束切口特征定义，生成的切口特征如图 14-176 所示。

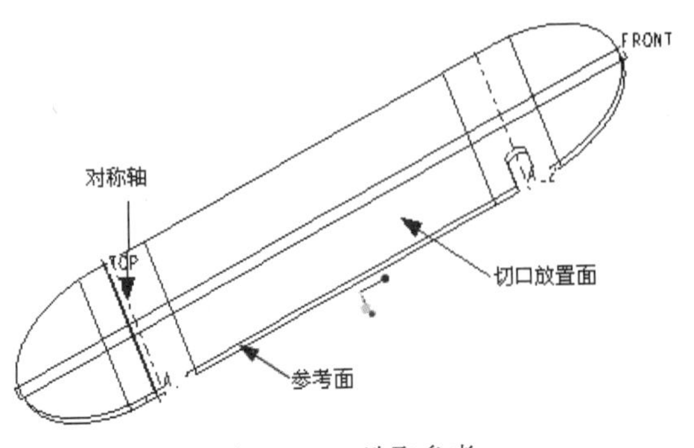

图 14-175 选取参考

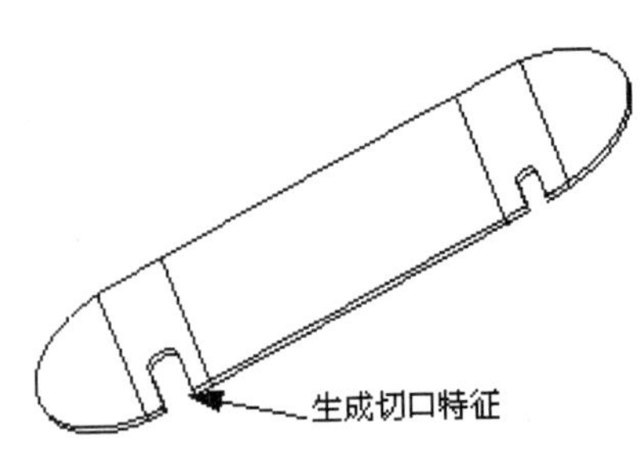

图 14-176 生成切口特征

（7）启动折弯回去命令。单击“钣金件”工具栏中的“折弯回去”按钮，启动“折弯回去”命令。

（8）选取固定面。系统信息提示区出现操作提示，提示用户选取当折弯回去时保持固定的平面，选取如图 14-177 所示的平面作为折弯回去的固定面。

（9）折弯回去选取。系统弹出“折弯回去选取”菜单管理器，选择“折弯回去全部”命令，然后选择“完成”命令，如图 14-178 所示。

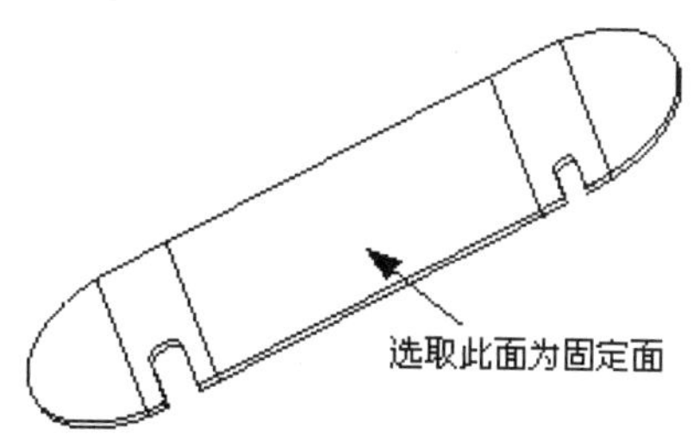

图 14-177　选取固定面

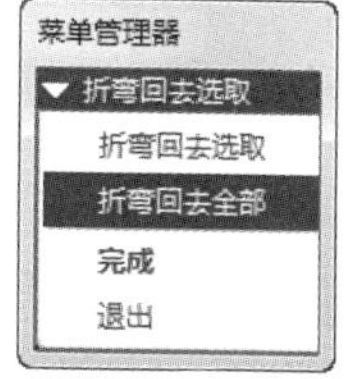

图 14-178　“折弯回去选取”菜单管理器

（10）确认定义并生成折弯特征。至此折弯回去的两个选项都已定义完毕，单击“折弯回去”对话框中的“确定”按钮，完成“折弯回去”特征的操作，如图 14-179 所示，最后生成的钣金特征如图 14-180 所示。

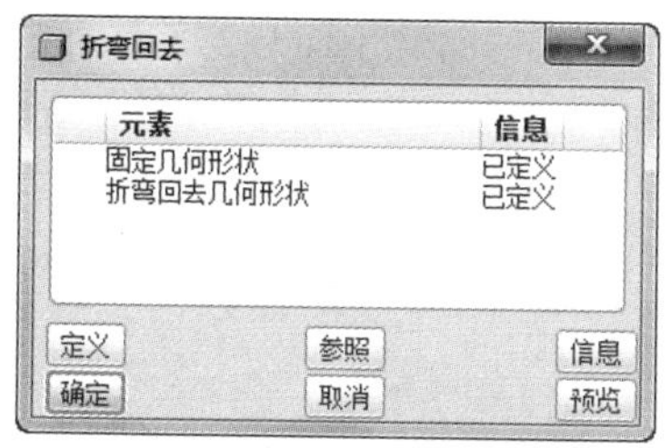

图 14-179　确认定义

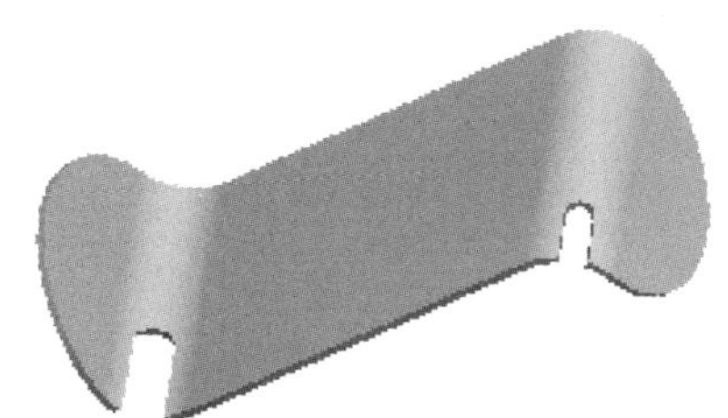

图 14-180　生成钣金特征

14.15　钣金冲孔

冲孔特征主要用于切割钣金中的多余材料，也就是一般性的切割操作。创建冲孔特征也需要先定义出冲孔数据库，创建冲孔特征的过程和创建切口特征的情况基本相同，不同于创建切割的过程。创建冲孔特征和创建切口特征的过程还是有一些区别的。

对于切口特征的 UDF 冲孔数据库，在绘制切割特征的截面时，不需要设置一个局部坐标系。另外，也不必为 UDF 定义一个刀具名称，而只要定义切割特征的参考位置即可。

冲孔可以创建在钣金件的任何位置，而切口只能创建在钣金件的边缘，冲孔特征的 UDF 形状是封闭的，而切口的 UDF 形状是开放的。

本节主要介绍冲孔特征创建的基本方法，然后结合实例具体讲述钣金冲孔特征创建的方法。本节重点掌握冲孔 UDF 数据库的建立方法及与建立切口 UDF 数据库的区别。

14.15.1　创建钣金冲孔特征的基本方法

下面讲述创建钣金冲孔特征的基本方法。

（1）启动 Pro/ENGINEER 软件。
（2）创建冲孔 UDF 数据库。
（3）启动创建冲孔特征。
（4）在当前钣金件上使用冲孔的 UDF 数据库。
（5）完成冲孔的创建。

Note

视频讲解

14.15.2 实例

在这次实战演练中，通过一个实例具体讲述冲孔特征的创建过程。其详细步骤如下。

1. 启动 Pro/ENGINEER 软件

2. 建立切口的 UDF 数据库

（1）单击工具栏中的“打开”按钮，弹出“文件打开”对话框，从资料包中找到文件 shili15，单击“打开”按钮完成文件载入，如图 14-181 所示。

（2）启动创建切割特征命令。单击“钣金件”工具栏中的“拉伸”按钮，启动钣金切割特征命令，开始创建钣金切割特征。

（3）选取草绘截面。系统弹出操控板，单击操控板上的“放置”按钮，系统弹出“放置”下滑面板，单击“定义”按钮，系统弹出“草绘”对话框，用于选择草绘平面。

（4）选择草绘平面的投影方向。接着把鼠标移到工作区，选择如图 14-182 所示的平面作为草绘平面。选择好草绘平面后，选择草绘平面的投影方向。同时系统工作区出现红色箭头，表示系统默认的投影方向。接受系统默认选项。

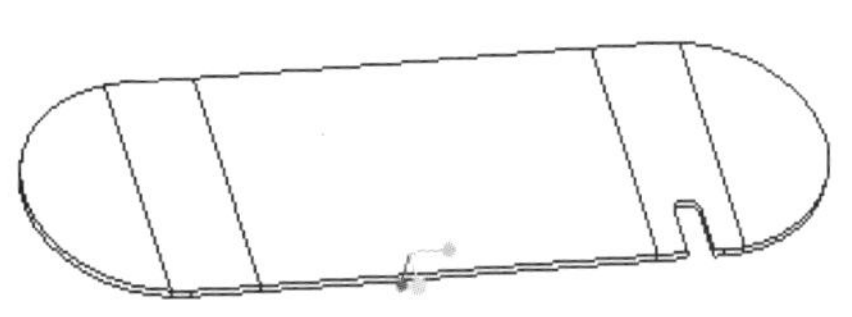

图 14-181　打开钣金文件

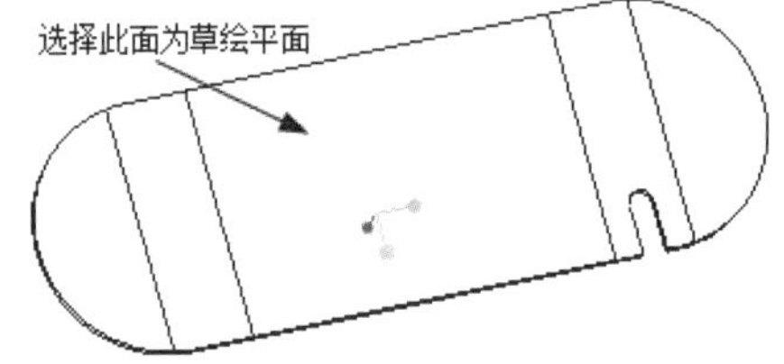

图 14-182　选择草绘平面

（5）草绘切割截面。系统弹出“参照”对话框，如图 14-183 所示，添加如图 14-184 所示的坐标系作为参照，单击对话框中的“关闭”按钮。绘制如图 14-185 所示的切割截面，绘制完成后，单击“草绘器工具”工具栏中的✔按钮，结束截面绘制。

图 14-183　“参照”对话框

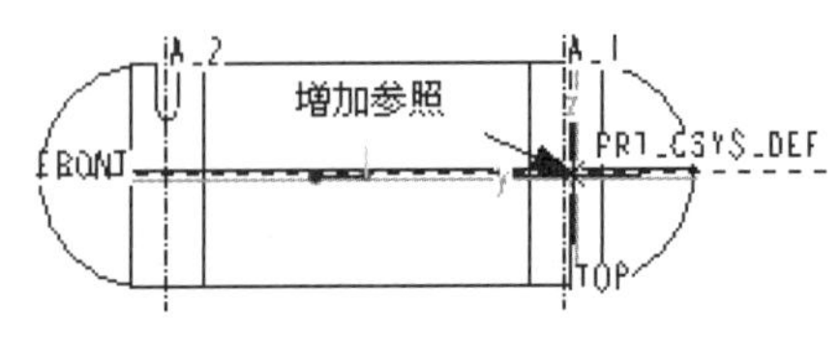

图 14-184　增加参照

（6）定义切割材料侧。可以单击操控板上更改切割材料侧的方向图标，同时模型上显示红色箭头表示材料的切割方向。接受系统默认的切割方向。

（7）定义切割深度。在“拉伸”操控板上的“深度”下拉列表框中选择“拉伸至下一曲面”选项⩸，单击“完成”按钮。

（8）确认定义并生成钣金切割特征。至此，切割特征选项都已定义完毕，系统自动在工作区生成切割特征，如图 14-186 所示。

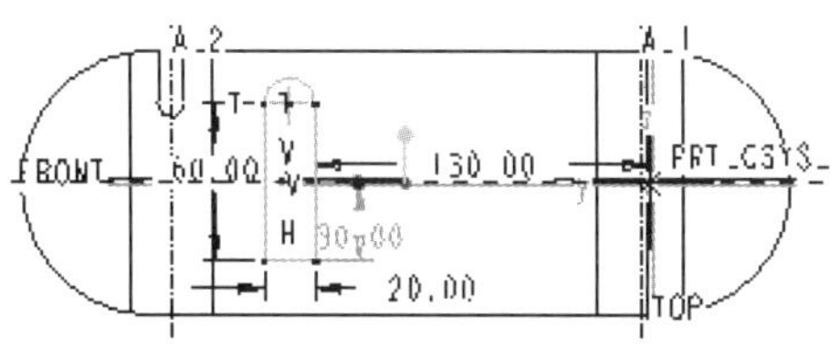

图 14-185　草绘切割截面

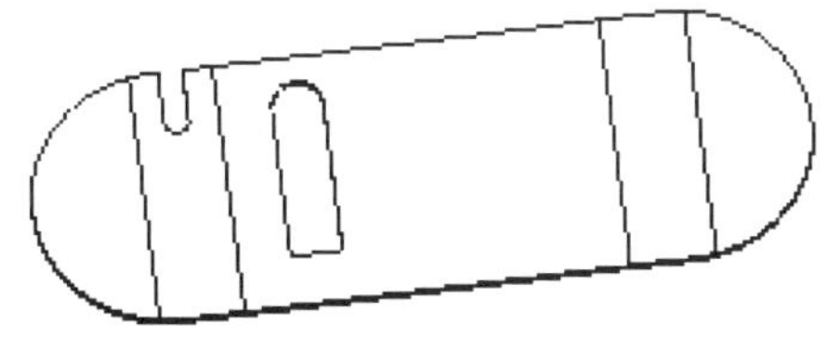

图 14-186　生成钣金切割特征

3. 定义 UDF 特征

（1）启动 UDF 命令。选择“工具”→“UDF 库”命令，启动创建 UDF 特征命令，开始定义 UDF 特征。系统弹出 UDF 菜单管理器，选择“创建”命令。

（2）定义 UDF 特征名称。系统信息提示区出现操作提示，要求用户为 UDF 数据库文件输入一个名称，在文本框中输入 chongkong_01，输入完成后按 Enter 键结束输入，如图 14-187 所示。

（3）定义 UDF 特征与当前钣金特征的关系。系统弹出“UDF 选项”菜单管理器，选择“从属的”命令，表示该切口特征依附于当前钣金特征，如图 14-188 所示。

（4）增加 UDF 数据库特征。接着系统弹出“UDF 特征”和“选取特征”菜单管理器，用于增加 UDF 数据库特征，如图 14-189 所示。把鼠标移到工作区，选择刚创建生成的切口特征，然后选择“完成”命令，接着选择“完成/返回”命令。

UDF名[退出]:

chongkong_01

图 14-187　输入 UDF 名称

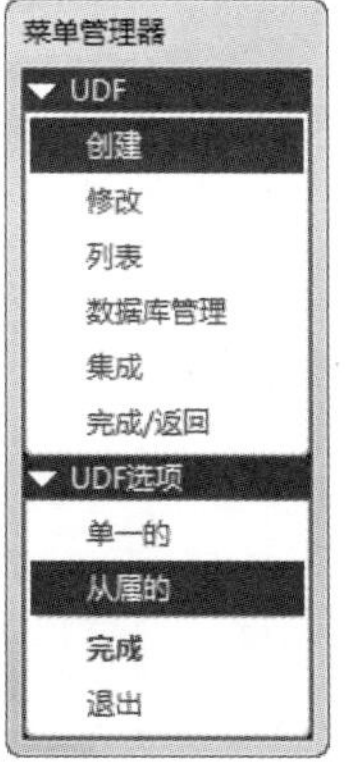

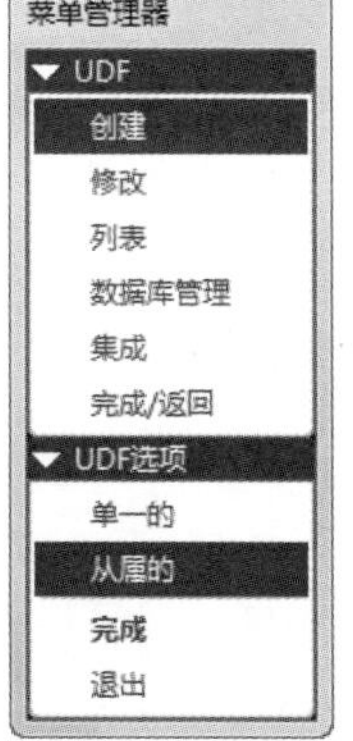

图 14-188　“UDF 选项”菜单管理器

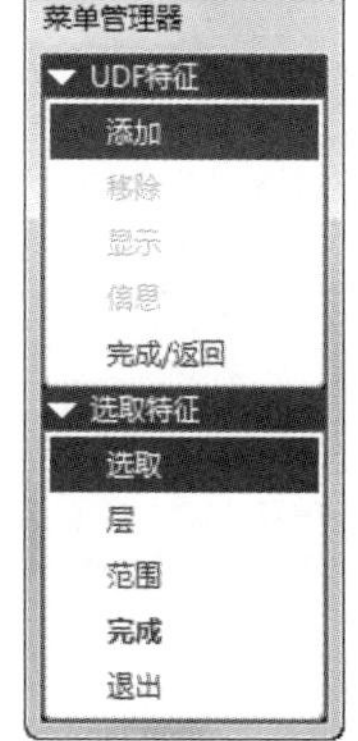

图 14-189　“UDF 特征”和“选取特征”菜单管理器

（5）定义切割特征为 UDF。接着信息提示区显示“是否为冲压或穿孔特征定义一个 UDF？”文本框，单击文本框后面的“是”按钮。

（6）为高亮面输入名称。此时系统又在信息提示区出现“以参照颜色为曲面输入提示”文本框，同时模型上用蓝色显示该放置面，输入的文本用于在创建冲孔特征时提示显示的提示信息，如图 14-190 所示，在文本框中输入“冲孔特征放置面”，并按 Enter 键，结束输入。

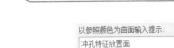

图 14-190　输入提示信息

Note

接着系统信息提示区又出现"以参照颜色为基准面输入提示"文本框，同时模型上显示出 FRONT 基准面，如图 14-191 所示。该基准面是草绘平面的参考面，在文本框中输入"参考平面"，并按 Enter 键，结束输入。

接着系统信息提示区又出现"以参照颜色为坐标系输入提示"文本框，同时模型上显示出坐标系，如图 14-191 所示，在文本框中输入"坐标系"，并按 Enter 键，结束输入。

最后选择"修改提示"菜单管理器中的"完成/返回"命令，如图 14-192 所示，结束 UDF 特征提示信息的输入。

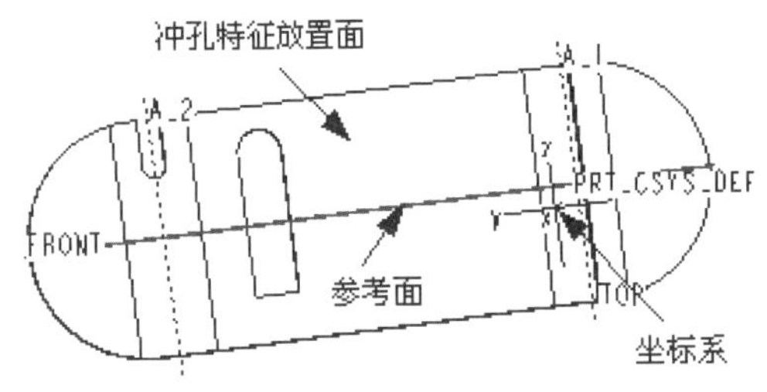

图 14-191　定义参照

图 14-192　"修改提示"菜单管理器

（7）定义可变尺寸。接着双击如图 14-193 所示"UDF：chongkong_01，从属的"对话框中的"可变尺寸"选项。系统弹出"可变尺寸"和"增加尺寸"菜单管理器，用于选择可变尺寸，如图 14-194 所示，把鼠标移到工作区中模型上，选择 130、30、20 和 60 4 个尺寸。单击"可变尺寸"菜单管理器中的"完成/返回"命令。

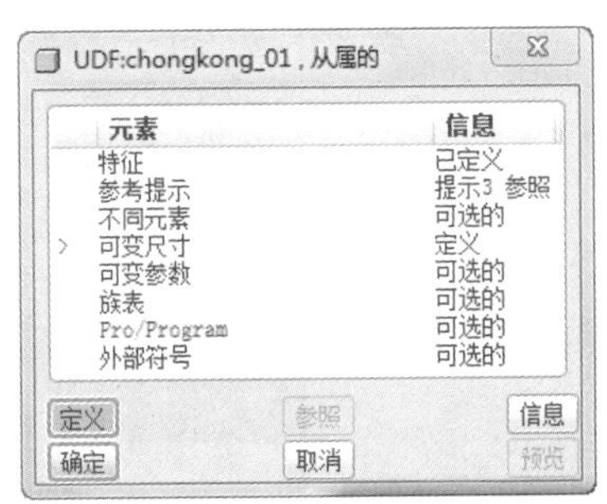

图 14-193　"UDF：chongkong_01，从属的"对话框

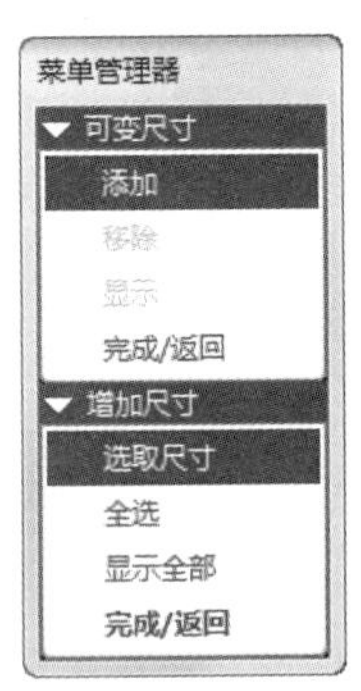

图 14-194　"可变尺寸"和"增加尺寸"菜单管理器

系统信息提示信息区出现"输入尺寸值"文本框，同时工作区中 20 这个尺寸变成紫红色。在此文本框中输入"冲孔圆弧直径"，并按 Enter 键，如图 14-195 所示。

接着系统信息提示信息区出现"输入尺寸值"文本框，同时工作区中 60 这个尺寸变成紫红色。在此文本框中输入"冲孔特征深度"，并按 Enter 键，如图 14-195 所示。

接着系统信息提示信息区出现"输入尺寸值"文本框，同时工作区中 130 这个尺寸变成紫红色。在此文本框中输入"水平尺寸标注"，并按 Enter 键，如图 14-195 所示。

接着系统信息提示信息区出现"输入尺寸值"文本框，同时工作区中 30 这个尺寸变成紫红色。在此文本框中输入"垂直尺寸标注"，并按 Enter 键，如图 14-195 所示。

（8）完成 UDF 特征的定义。最后单击"UDF：chongkong_01，从属的"对话框中的"确定"按

钮，结束 UDF 特征的定义。

在创建了 UDF 特征后，系统自动在工作目录中生成了一个名为 chongkong_01.gph 的文件，此文件就是冲孔的 UDF 数据库文件。

4. 在钣金中使用 UDF 特征

（1）启动冲孔命令。选择“插入”→“形状”→“冲孔”命令，启动“冲孔”命令，如图 14-196 所示。

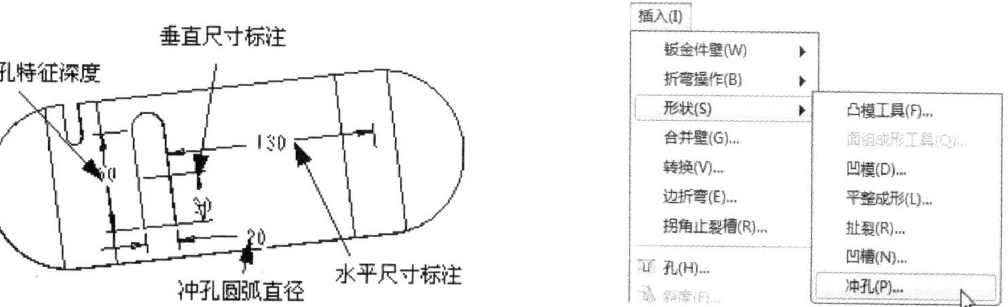

图 14-195 定义信息提示

图 14-196 启动“冲孔”命令

（2）添加 UDF 数据库文件。系统弹出“打开”对话框，从“组目录”中选择 chongkong_01.gph 数据库文件，然后单击“打开”按钮，如图 14-197 所示。

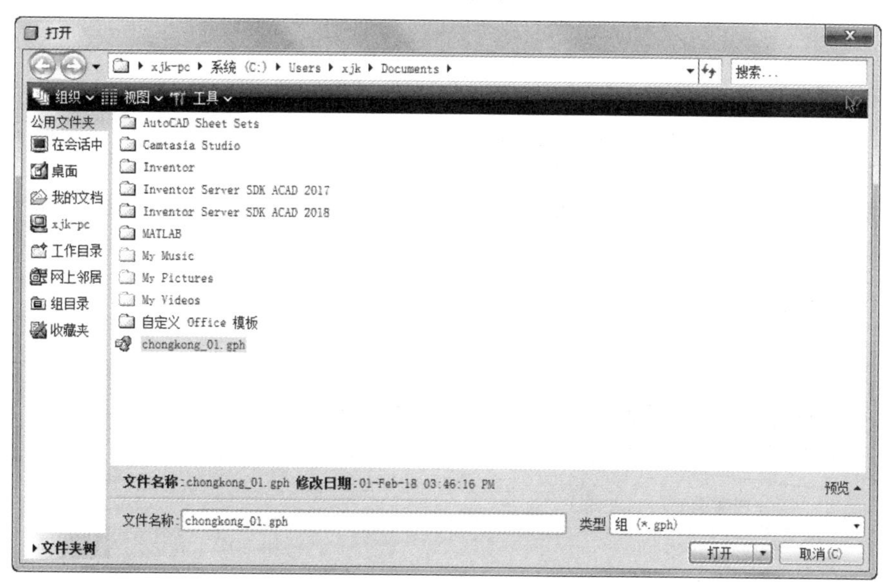

图 14-197 “打开”对话框

（3）系统打开一个插入“用户定义”对话框，用来显示 UDF 特征，选择“高级参照配置”选项，然后单击“确定”按钮。

（4）定义 UDF 尺寸。系统弹出“用户定义的特征放置”对话框，选择“变量”选项卡，如图 14-198 所示，然后单击“值”段数字进行修改。切割特征的冲孔圆弧尺寸 20 修改为 30，冲孔特征深度 60 修改为 70，水平尺寸标注 130 修改为 90，垂直尺寸标注 30 修改为 40，如图 14-198 所示。

（5）定义选取参考。选择“放置”选项卡，开始替换原 UDF 中参照平面和坐标系，如图 14-199 所示。

图 14-198　输入尺寸值

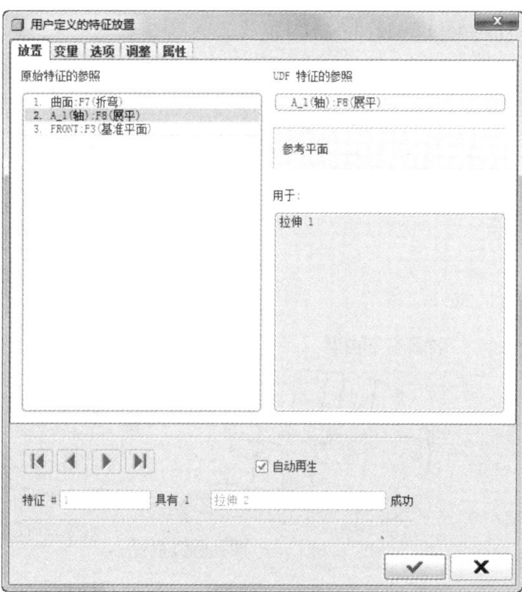

图 14-199　“放置”选项卡

选取“冲孔放置面”。系统在信息提示区出现操作提示，提示用户选择“冲孔放置面”，选择如图 14-200 所示的平面为冲孔放置面。

选取“参考面”。系统在信息提示区出现操作提示，提示用户选择“参考面”，选择如图 14-200 所示的基准面作为参考面。

选取“坐标系”。系统在信息提示区出现操作提示，提示用户选择“坐标系”，选择如图 14-200 所示的坐标系作为坐标系。

替换完成后单击“用户定义的特征放置”对话框中的✓按钮，生成的冲孔特征如图 14-201 所示。

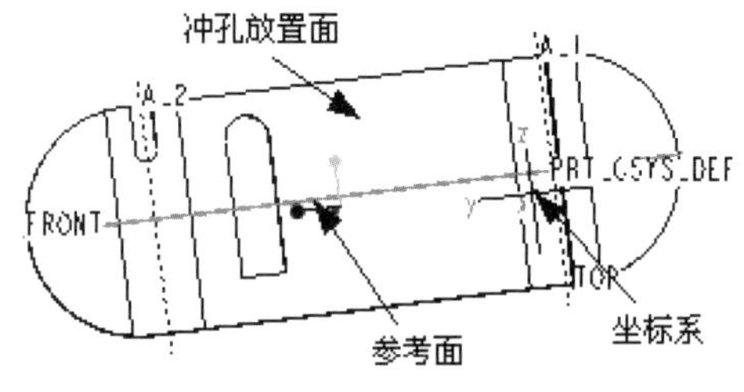

图 14-200　选取参照

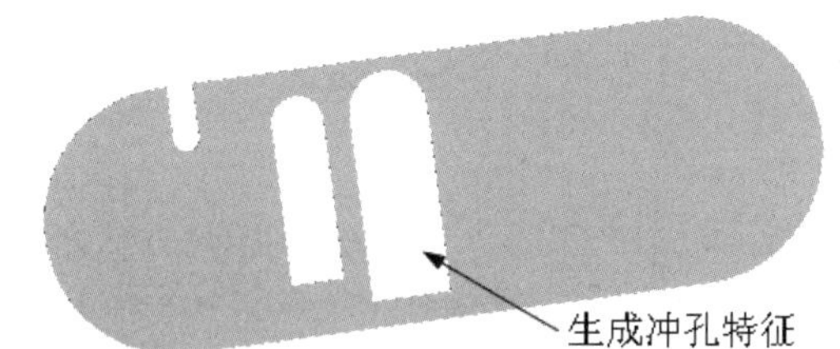

图 14-201　确认定义并生成特征

5. 创建折弯回去特征

（1）启动折弯回去命令。单击“钣金件”工具栏中的“折弯回去”按钮，启动“折弯回去”命令。

（2）选取固定面。系统信息提示区出现操作提示，提示用户为折弯回去选取一个固定平面，选取如图 14-202 所示的平面作为折弯回去的固定面。

（3）折弯回去选取。系统弹出“折弯回去选取”菜单管理器，选择“折弯回去全部”命令，然后选择“完成”命令，如图 14-203 所示。

（4）确认定义并生成折弯特征。单击“折弯回去”对话框中的“确定”按钮，完成“折弯回去”

特征的操作，如图 14-204 所示，最后生成的钣金特征如图 14-205 所示。

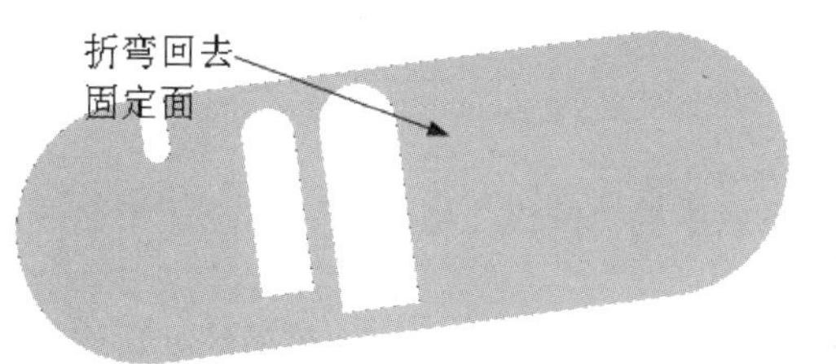

图 14-202　选取固定面

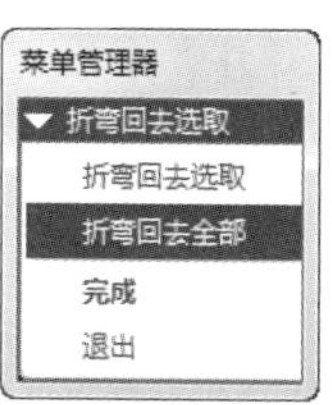

图 14-203　"折弯回去选取"菜单

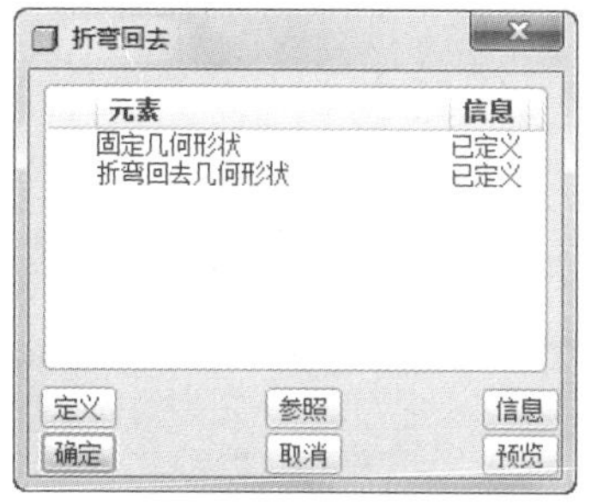

图 14-204　确认定义

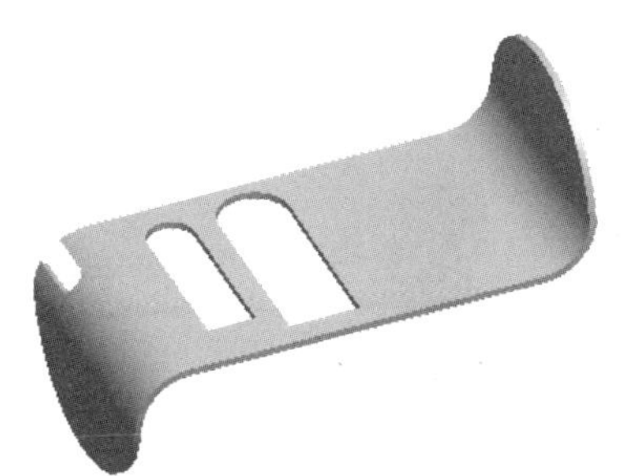

图 14-205　生成折弯特征

14.16　钣金印贴

印贴特征分为模具和冲孔两种特征，在生产印贴之前必须先建立一个拥有模具或冲孔的几何形状的实体零件，作为印贴特征的参考零件，而此种零件可在零件设计或钣金设计模块下建立。

模具印贴的参考零件必须带有边界面，参考零件既可以是凸的，也可以是凹的，而冲孔印贴不需要边界面，参考零件只能是凸的。模具印贴是冲出凸形或凹形的钣金，而冲孔印贴则只能是冲出凸形的钣金。

本节主要讲述建立印贴特征的基本方法，然后结合实例具体讲述建立印贴特征的具体步骤。

14.16.1　建立钣金印贴特征的基本方法

下面讲述建立印贴特征的基本方法。

（1）建立参考零件。

（2）建立本体。

（3）启动印贴命令。

（4）选择模具印贴。

（5）定义形状放置。

（6）选取边界平面和种子面。

（7）生成印贴特征。

14.16.2　实例

在本实例中，参考零件是凹的。下面具体讲述创建印贴特征的步骤。

（1）启动 Pro/ENGINEER Wildfire 软件。

（2）单击工具栏中的“打开”按钮，弹出“文件打开”对话框，从资料包中找到文件 shili16.prt，最后单击“打开”按钮，钣金显示如图 14-206 所示。

Note

（3）创建模具印贴特征。

❶ 启动“印贴”命令。单击“钣金件”工具栏中的“凹模”按钮，启动凹模命令，开始创建凹模特征。

❷ 定义选项。系统弹出“选项”菜单管理器，如图 14-207 所示，接受系统默认选项，直接选择“完成”命令。各选项意思放到后面集中讲。

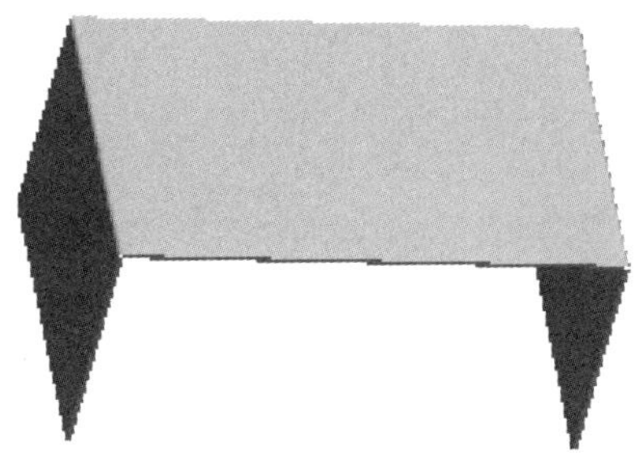

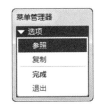

图 14-206　打开钣金文件

图 14-207　“选项”菜单管理器

❸ 选择参考零件。系统打开“打开”对话框，从资料包中找到文件 form_die_02.prt，单击对话框中的“打开”按钮。

❹ 定义“模板”对话框。系统弹出“模板”对话框，让用户进行装配。同时在另一小窗口中弹出印贴窗口，如图 14-208 所示。按照如图 14-209 所示的关系进行装配。然后单击对话框中的“确定”按钮，如图 14-210 所示。

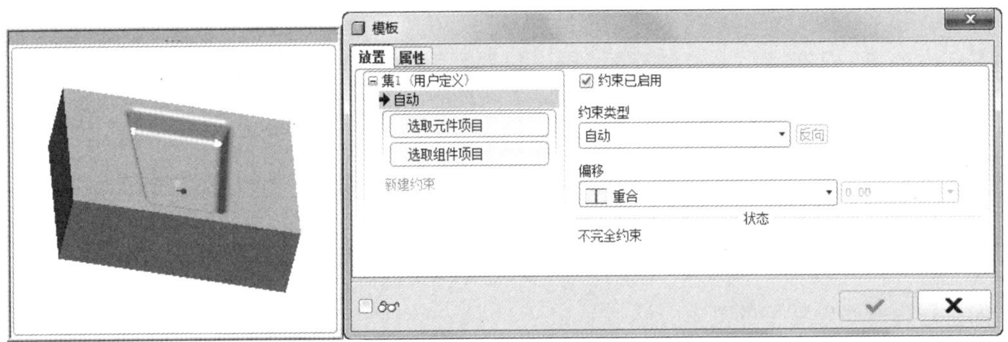

图 14-208　“印贴”窗口和“模板”对话框

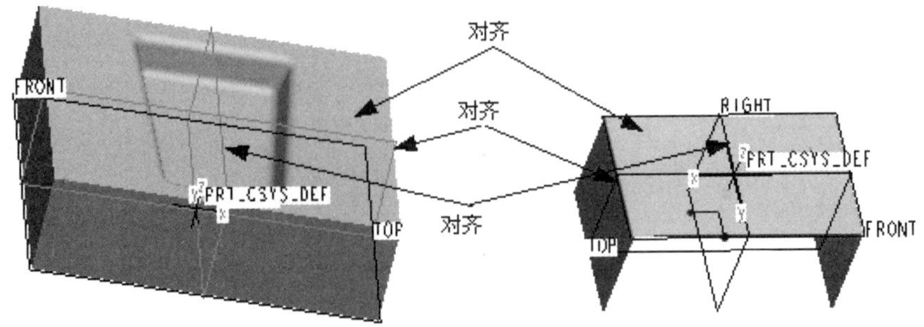

图 14-209　定义装配关系

❺ 选取边界平面和种子曲面。把鼠标移到模型上，在参考零件小窗口中依次单击“边界平面”和“种子曲面”，如图 14-211 所示。

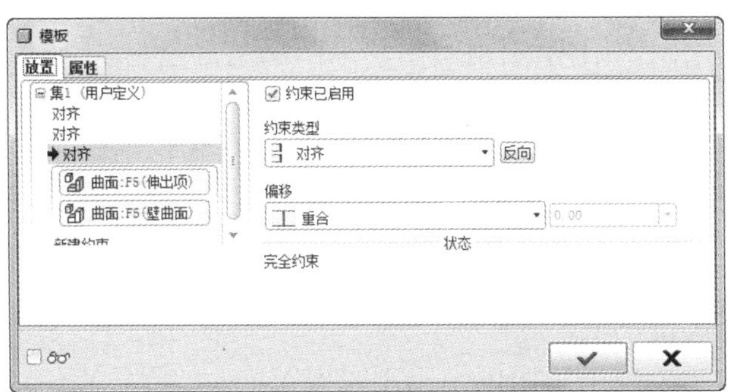

图 14-210 “模板”对话框

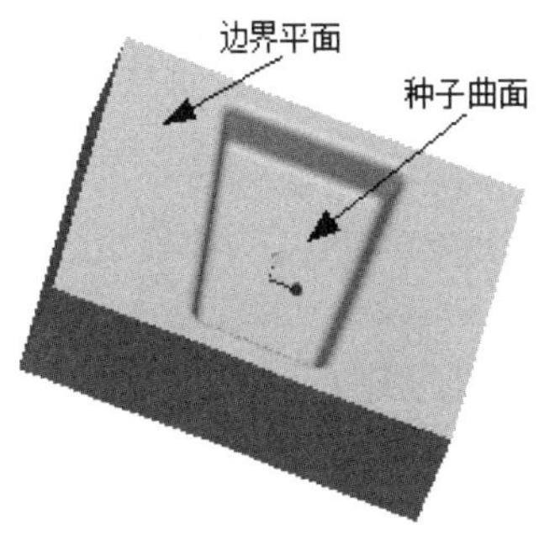

图 14-211 定义边界面和种子面

❻ 确认定义并生成印贴特征。至此，“模板”对话框中选项都已定义完毕，最后单击如图 14-212 所示的“模板”对话框中的“确定”按钮，系统自动生成模具印贴特征，如图 14-213 所示。

图 14-212 确认定义

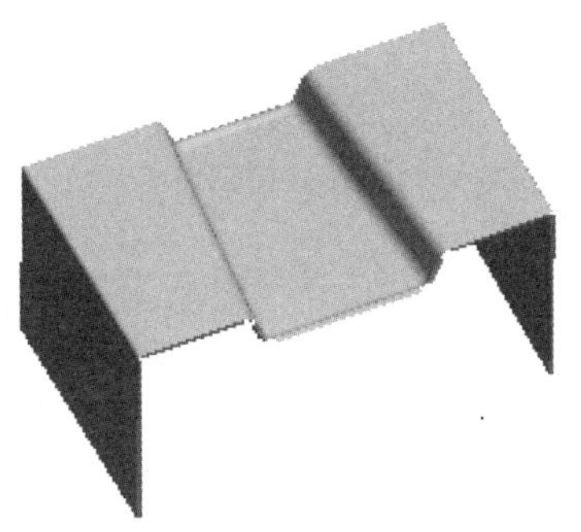

图 14-213 生成模具印帖特征

14.17 钣金平整印贴

在 Pro/ENGINEER 中，系统提供了平整印贴功能，用于将由于印贴特征造成的钣金凸起或凹陷恢复为平面，平整印贴操作比较简单。

本节先介绍创建平整印贴的基本方法，然后再结合一个实例具体讲述创建平整印贴特征的方法。

14.17.1 创建钣金平整印贴功能的基本方法

下面是创建平整印贴的基本步骤。

（1）启动 Pro/ENGINEER Wildfire。

（2）打开带有印贴特征的钣金文件。

（3）启动平整印贴命令。

（4）选取印贴特征。

（5）单击“确定”按钮，生成平整印贴特征。

视频讲解

Note

14.17.2 实例

下面通过一个实例来具体讲解创建平整印贴特征的步骤。

（1）启动 Pro/ENGINEER Wildfire 软件中文版。

（2）单击工具栏中的“打开”按钮，弹出“文件打开”对话框，从资料包中找到文件 exercise14_17.prt，最后单击“打开”按钮，钣金显示如图 14-214 所示。

（3）启动平整印贴命令。单击如图 14-215 所示的平整印贴命令图标，启动“平整成形”命令，开始创建平整印贴特征。

图 14-214　打开钣金文件

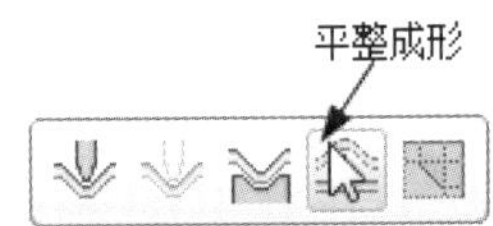

图 14-215　启动平整印帖命令

（4）选取模板特征。系统弹出“平整”对话框，双击“印贴”选项，系统弹出如图 14-216 所示的“特征参考”菜单管理器和“选取”对话框，用于增加模板特征。选取如图 14-217 所示的印贴特征，然后选择“特征参考”菜单管理器中的“完成参考”命令。

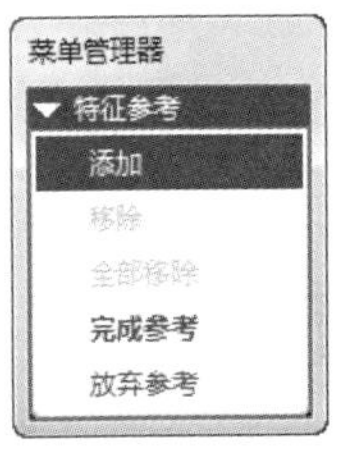

图 14-216　“特征参考”菜单管理器

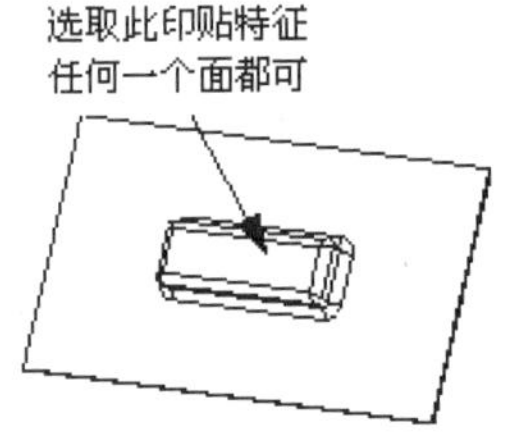

图 14-217　选取印帖特征

（5）确认定义并生成平整印贴特征。单击如图 14-218 所示“平整”对话框中的“确定”按钮，完成平整印帖特征选项的定义。生成的平整印贴特征如图 14-219 所示。

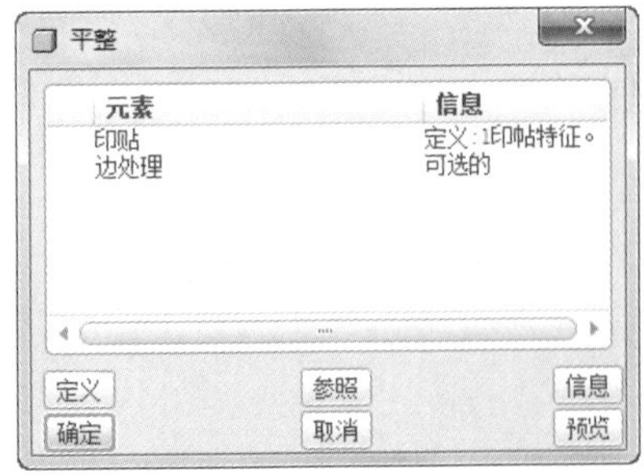

图 14-218　确认定义

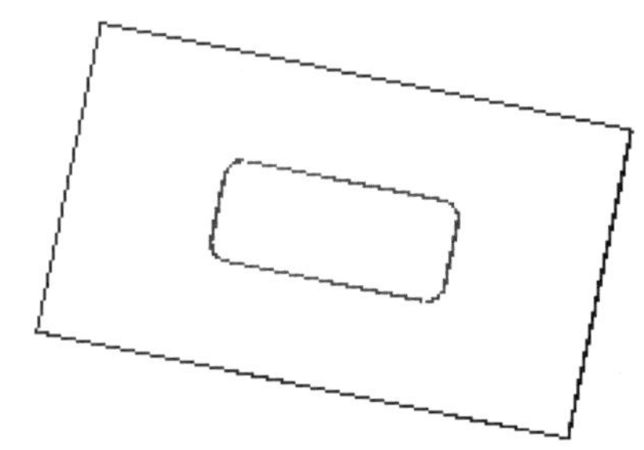

图 14-219　生成平整印帖特征

14.18 综合实例——机箱前板

机箱前板的创建比较复杂，如图 14-220 所示，用到了许多钣金特征，主要有拉伸、法兰壁、成形等特征。其难点在于风扇出风口的创建，用到多次成形特征及特征操作。

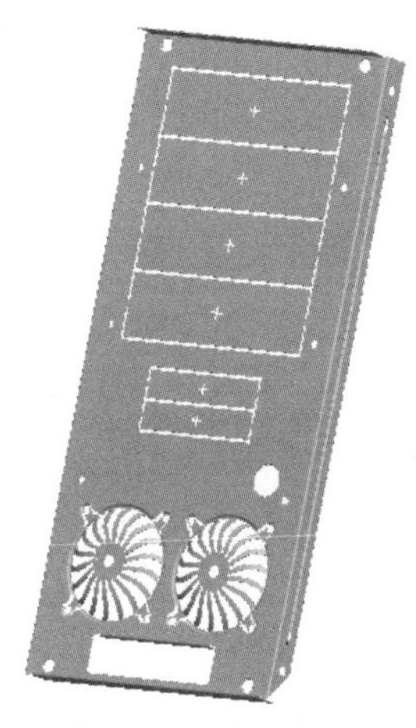

图 14-220 机箱前板

其创建步骤如下。

1. 创建第一壁

（1）单击工具栏上的“新建”按钮，或选择“文件”→“新建”命令，打开“新建”对话框，选择“类型”为“零件”，“子类型”为“钣金”，输入名称为 ji-xiang-qian-ban，取消选中“使用缺省模版”复选框，然后单击“确定”按钮。在打开的“新文件选项”对话框中选择模版 mmns-part-sheetmetal，单击“确定”按钮。

（2）单击“钣金件”工具栏上的“拉伸”按钮，或选择“插入”→“拉伸”命令，在弹出的操控板中单击“放置”→“定义”，弹出“草绘”对话框，选择 FRONT 基准平面为草绘平面，RIGHT 基准平面为参照平面，方向向“右”，单击“草绘”按钮，如图 14-221 所示，进入草绘环境。

（3）绘制如图 14-222 所示的草绘图形，然后单击工具栏上的“完成”按钮✔。

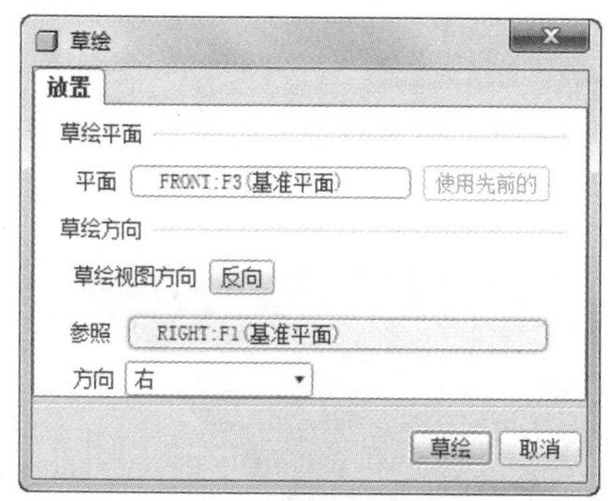

图 14-221 草绘视图设置

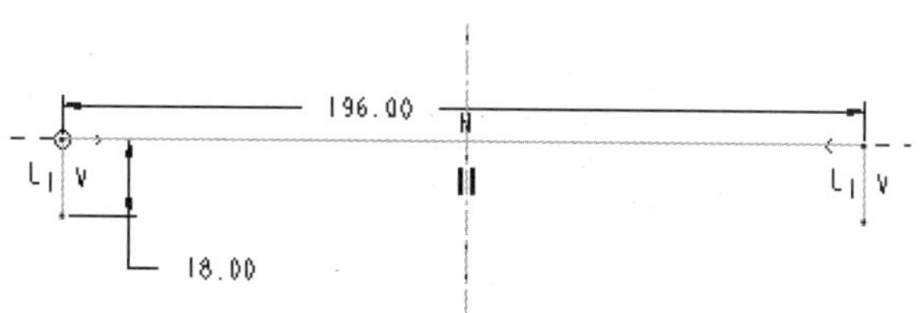

图 14-222 草绘截面

（4）在操控板中选择拉伸方式为“两侧深度”按钮，输入拉伸长度为 410。输入钣金厚度为 0.7，

Note

如图 14-223 所示。单击按钮，调整厚度方向如图 14-224 所示，单击操控板中的“确认”按钮。结果如图 14-225 所示。

图 14-223　“拉伸”操控板设置

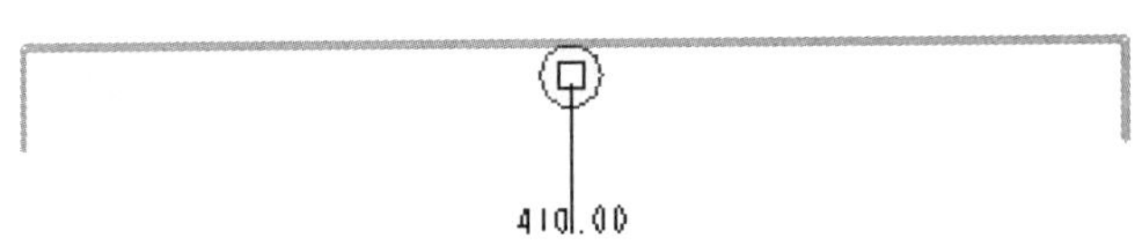

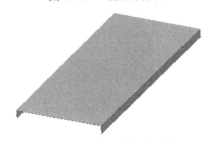

图 14-224　料加厚方向

图 14-225　创建的拉伸特征

（5）单击“钣金件”工具栏上的“边折弯”按钮，或选择“插入”→“边折弯”命令，打开“边折弯”对话框和“折弯要件”菜单管理器，如图 14-226 所示。

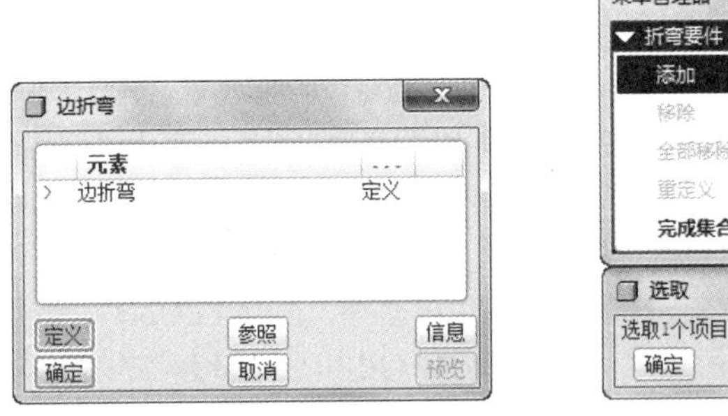

图 14-226　“边折弯”对话框与“折弯要件”菜单管理器

（6）按住 Ctrl 键选取如图 14-227 所示的两条棱边为折弯边。然后选择“折弯要件”菜单管理器中的“完成集合”命令。再单击“边折弯”对话框中的“确定”按钮。创建的边折弯特征如图 14-228 所示。

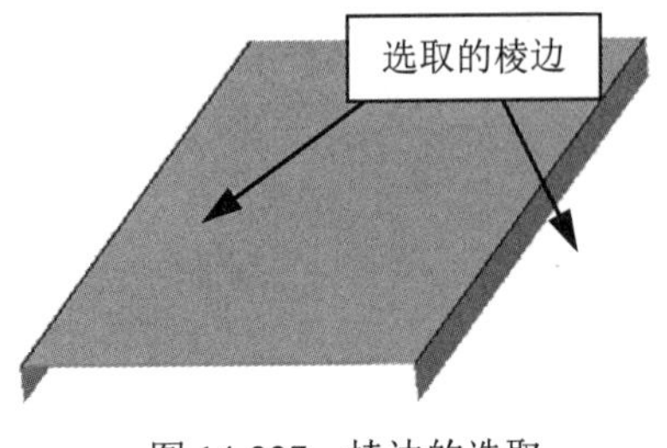

图 14-227　棱边的选取

图 14-228　创建的边折弯特征

（7）单击“钣金件”工具栏上的“拉伸”按钮，或选择“插入”→“拉伸”命令，在弹出的操控板中单击“去除材料”按钮，单击“移除与曲面垂直的材料”按钮，然后单击“放置”→“定义”，弹出“草绘”对话框，选择 RIGHT 基准平面为草绘平面，TOP 基准平面为参照平面，方向向“右”，如图 14-229 所示。单击“草绘”按钮，进入草绘环境。

（8）绘制如图 14-230 所示的草绘图形，然后单击工具栏上的“完成”按钮✔。

（9）在操控板内选择拉伸方式为“两侧深度”按钮，输入拉伸长度为 200。单击操控板中的“确认”按钮。结果如图 14-231 所示。

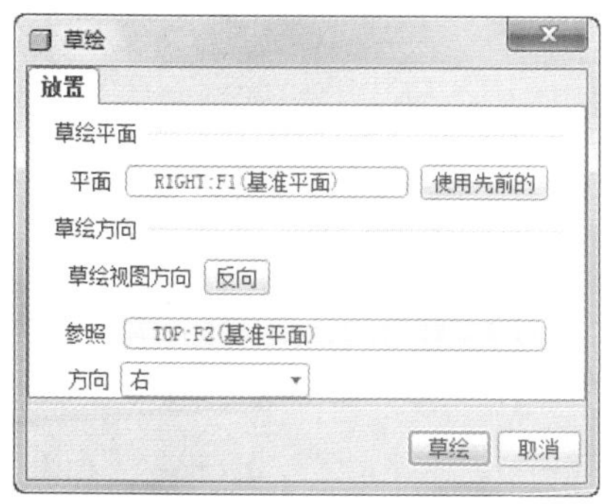

图 14-229　草绘视图设置

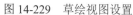

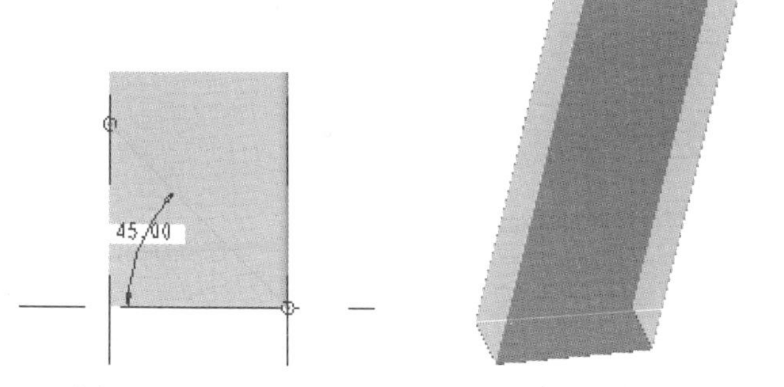

图 14-230　草绘截面　　图 14-231　创建的拉伸切除特征

视频讲解

2. 创建法兰壁特征

（1）单击“钣金件”工具栏上的“法兰”按钮，或选择“插入”→“钣金壁操作”→“法兰”命令，在弹出的操控板中单击“放置”→“细节”，弹出“链”对话框，然后单击选取如图 14-232 所示的边为法兰壁的附着边，再单击“确定”按钮。

（2）在操控板中选择法兰壁的形状为 I，然后单击“形状”按钮，输入法兰壁的长度为 14，角度为 90，如图 14-233 所示。选择法兰壁第一端端点位置为“以指定值修剪”按钮，输入长度值为 −2.5，选择法兰壁第二端端点位置为“以指定值修剪”按钮，输入长度值为−2.5，输入内侧折弯半径为 0.7，操控板设置结果如图 14-234 所示。

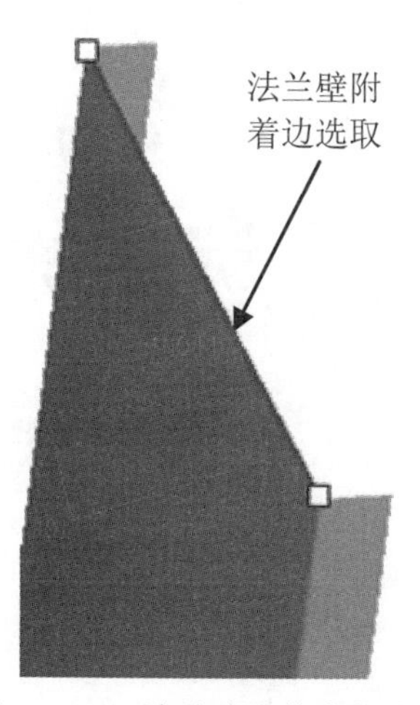

图 14-232　法兰壁附着边的选取

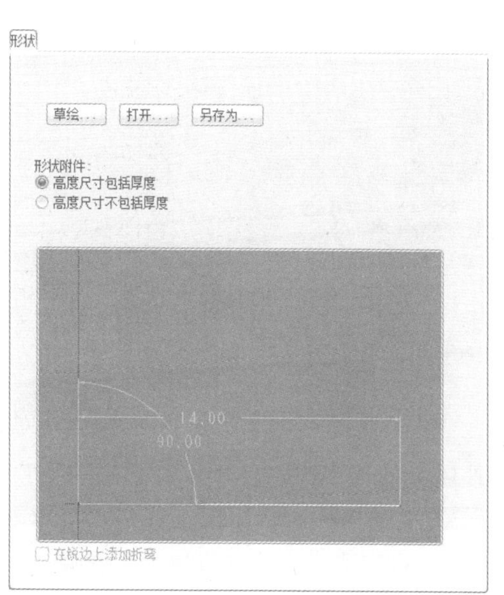

图 14-233　法兰壁尺寸设置

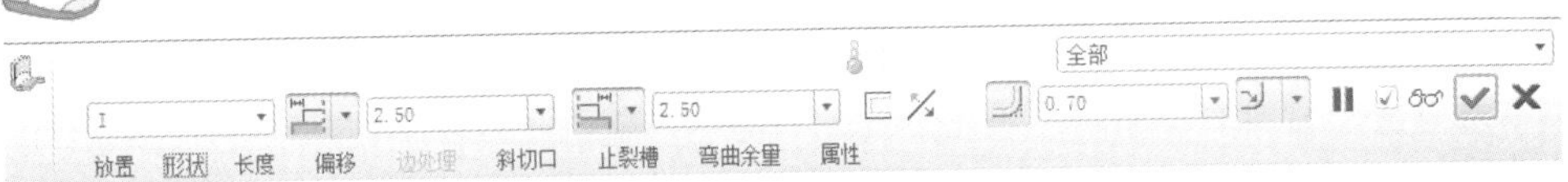

图 14-234　操控板设置结果

Note

（3）单击“止裂槽”，选择止裂槽类别为“折弯止裂槽”，类型为“拉伸”，选择长度为“厚度”，角度为 45。止裂槽设置如图 14-235 所示。单击“确认”按钮，结果如图 14-236 所示。

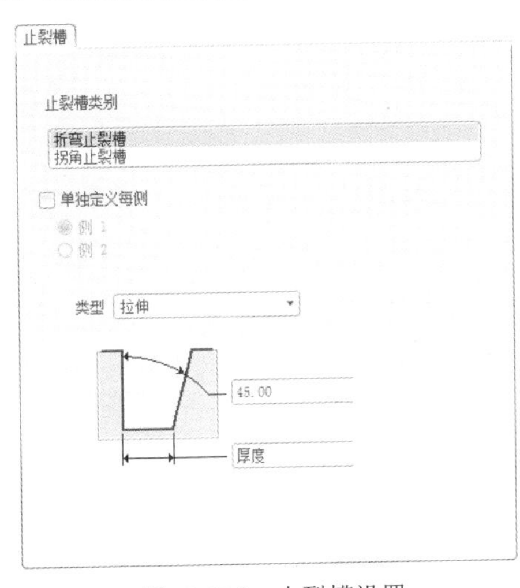

图 14-235　止裂槽设置

图 14-236　创建的法兰壁

（4）以相同的方法，创建法兰壁，法兰壁的附着边如图 14-237 所示，法兰壁的轮廓设置如图 14-238 所示，操控板设置如图 14-239 所示。止裂槽设置如图 14-240 所示，结果如图 14-241 所示。

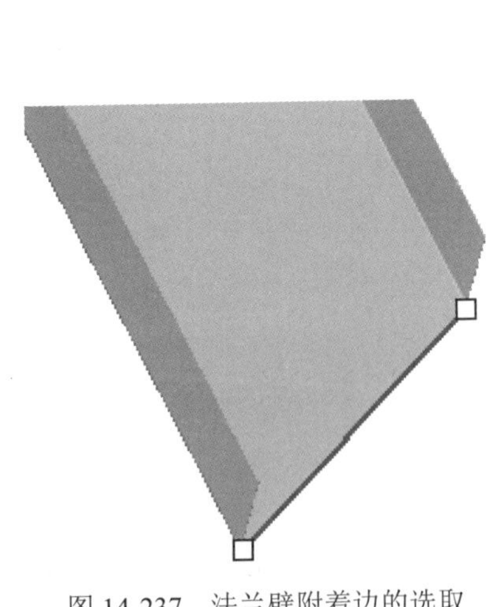

图 14-237　法兰壁附着边的选取

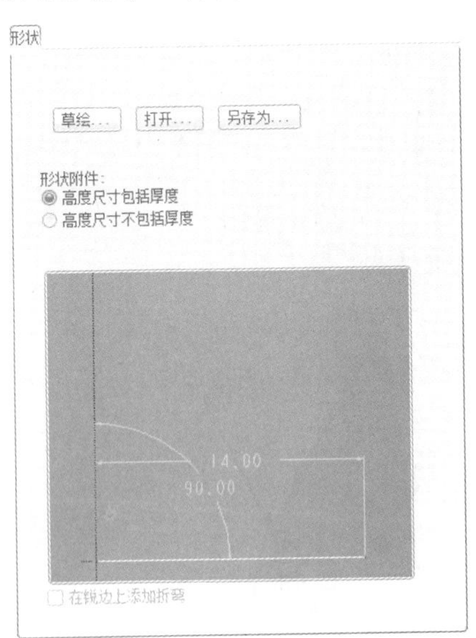

图 14-238　法兰壁尺寸设置

图 14-239　操控板设置结果

3. 创建风扇出风口

（1）创建拉伸去除材料特征，选择 TOP 基准平面为草绘平面，RIGHT 基准平面为参照平面，方向向“左”。拉伸截面如图 14-242 所示，拉伸方式为“拉伸至与所有曲面相交”按钮。结果如图 14-243 所示。

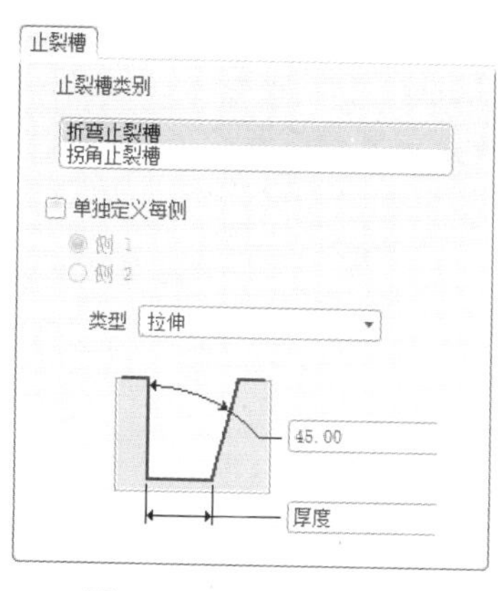

图 14-240　止裂槽设置

图 14-241　创建的法兰壁

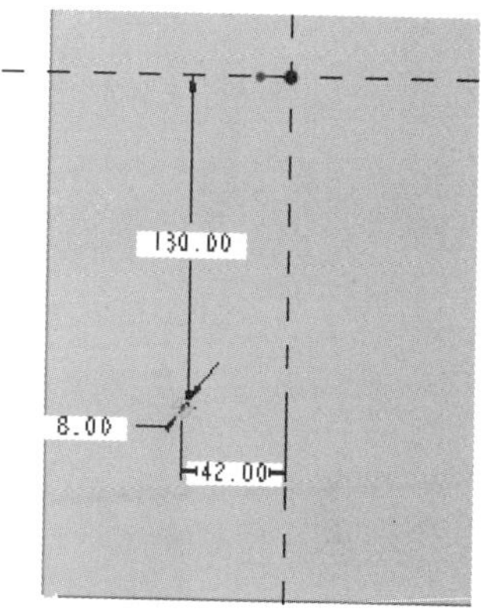

图 14-242　草绘截面

（2）单击特征工具栏上的“草绘”按钮，弹出“草绘”对话框，选择 TOP 基准平面为草绘平面，RIGHT 基准平面为参照平面，方向向“左”。单击“草绘”按钮，进入草绘环境。绘制如图 14-244 所示的图形，然后单击工具栏上的“完成”按钮✔。

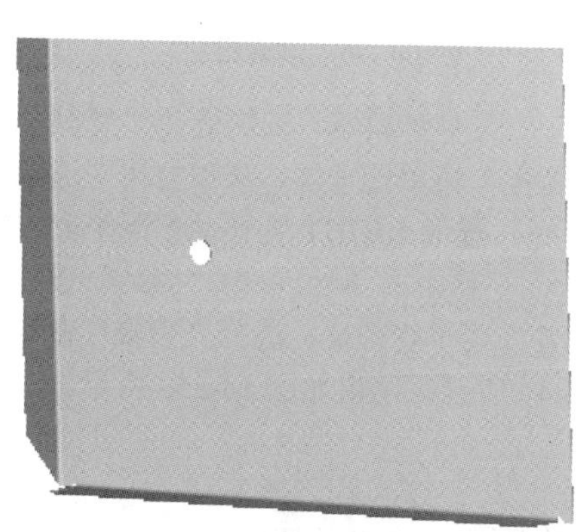
图 14-243　创建的拉伸切除特征

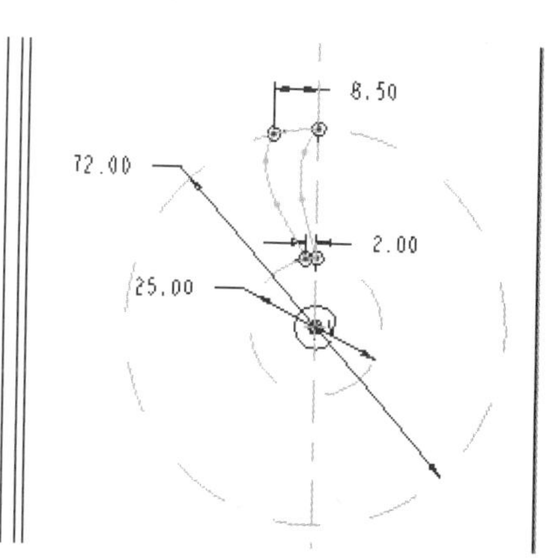

图 14-244　绘制的图形

（3）单击特征工具栏上的“拉伸”按钮，或依次选择“插入”→“拉伸”命令，在弹出的操控板中单击“去除材料”按钮，单击“移除与曲面垂直的材料”按钮，然后选择步骤（2）创建的草绘特征，选择拉伸方式为“拉伸至与所有曲面相交”按钮，单击操控板中的“确认”按钮。结果如图 14-245 所示。

（4）在左侧的模型树中选中刚刚创建的拉伸去除特征，然后选择“编辑”→“阵列”命令，选择阵列方式为“轴”，选择如图 14-246 所示的轴为阵列参照轴。输入阵列个数为 18，旋转角度为 20，然后单击操控板中的“确认”按钮，结果如图 14-247 所示。

4. 创建复制移动特征

（1）按住 Ctrl 键选中最后创建的 3 个特征，然后单击鼠标右键，从弹出的快捷菜单中选择“组”命令，如图 14-248 所示。

视频讲解

Note

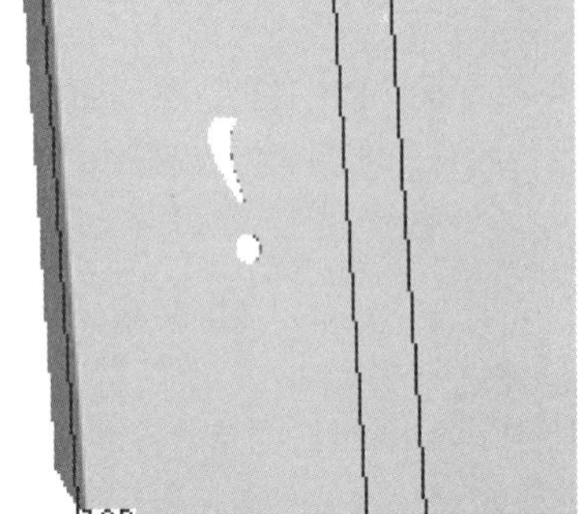

图 14-245　创建的拉伸切除特征

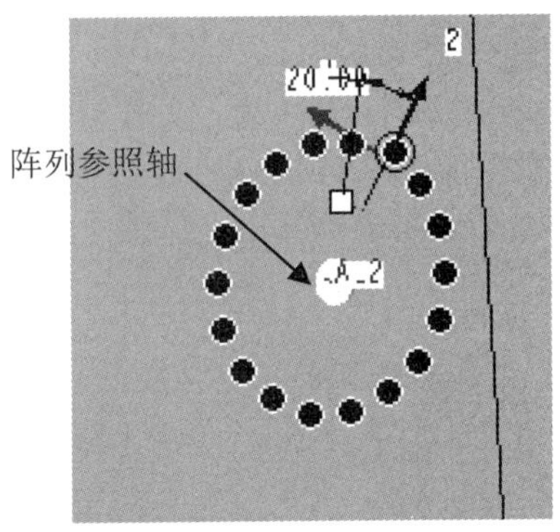

图 14-246　参考轴选取

图 14-247　创建的阵列特征

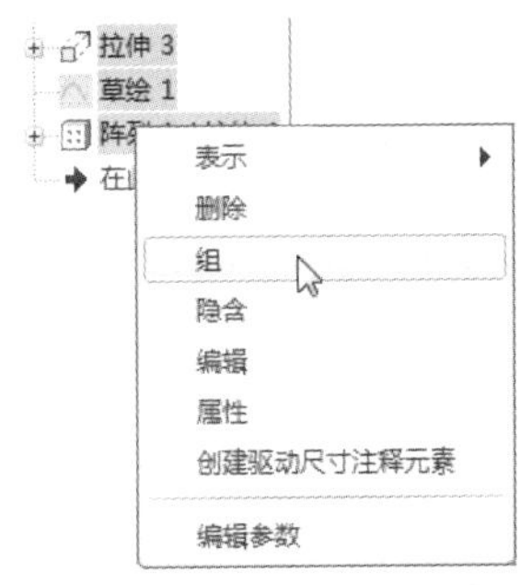

图 14-248　创建组

（2）选择“编辑”→“特征操作”命令，弹出“特征”菜单管理器，依次选择“复制”→“移动”→“选取”→“独立”→“完成”命令，弹出“选取特征”菜单管理器，从模型树中选取刚刚创建的组特征，然后选择“完成”→“平移”→“平面”命令，选取RIGHT为移动参照平面，然后依次选择“反向”→“确定”命令，在下侧信息提示区内输入平移距离 84。单击“确认”按钮☑。选择“完成移动”命令。弹出“组元素”对话框和“可变尺寸”菜单管理器，选择“完成”命令，单击“确定”按钮，再选择“完成”命令。操作过程如图 14-249 所示。结果如图 14-250 所示。

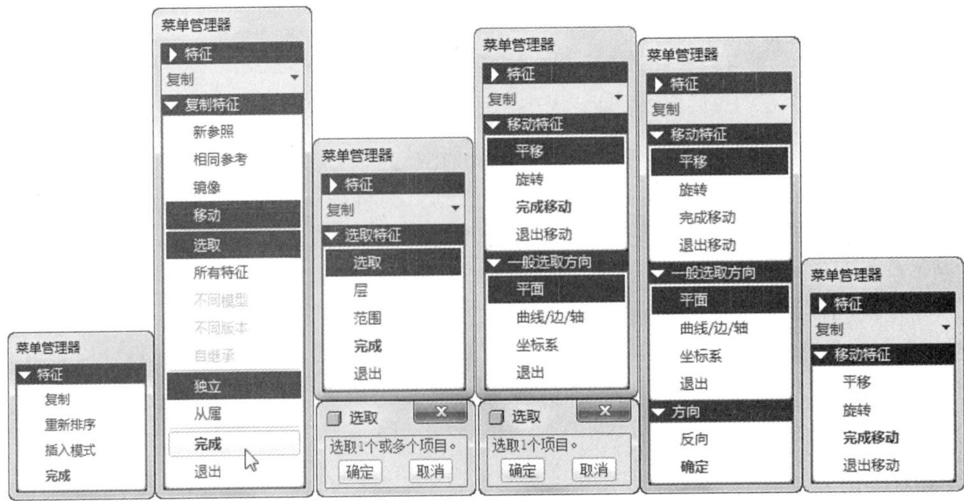

图 14-249　特征复制操作

Note

5. 建风扇安装孔

（1）单击“钣金件”工具栏上的“拉伸”按钮，或选择“插入”→“拉伸”命令，在弹出的操控板中单击“去除材料”按钮，单击“移除与曲面垂直的材料”按钮，然后单击“放置”→“定义”，弹出“草绘”对话框，选择 TOP 基准平面为草绘平面，RIGHT 基准平面为参照平面，方向向“左”，如图 14-251 所示。单击“草绘”按钮，进入草绘环境。

图 14-250 特征复制结果

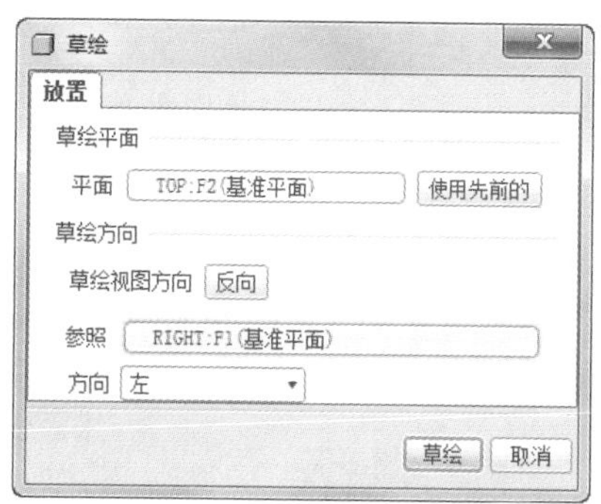

图 14-251 草绘视图设置

（2）绘制如图 14-252 所示的直径为 5 的圆，然后单击工具栏上的“完成”按钮✔。

（3）在操控板内选择拉伸方式为“拉伸至与所有曲面相交”按钮，单击操控板中的“确认”按钮。结果如图 14-253 所示。

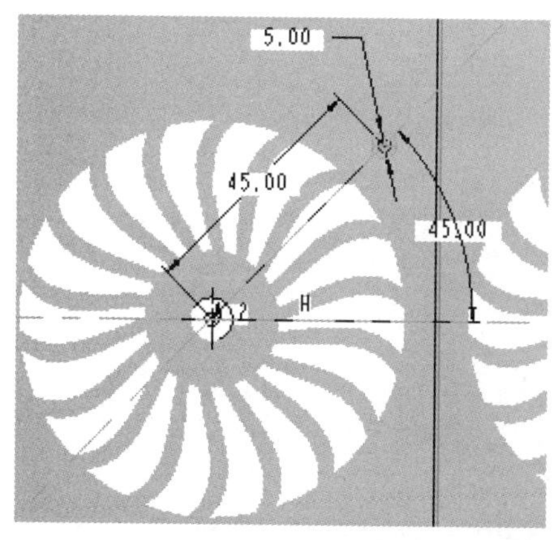

图 14-252 草绘截面

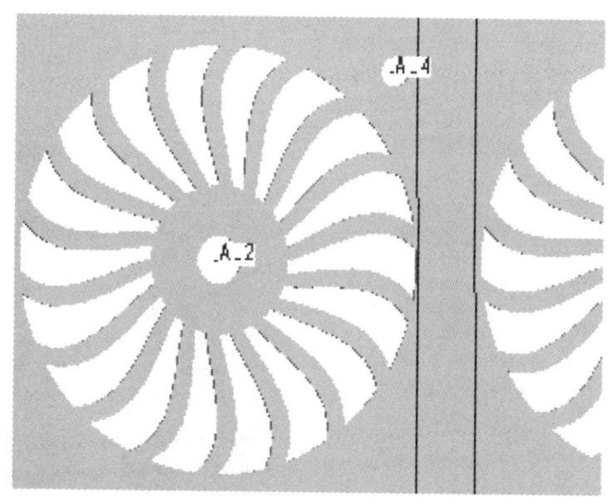

图 14-253 创建的拉伸切除特征

（4）在左侧的模型树中选中刚刚创建的拉伸切除特征，然后选择“编辑”→“阵列”命令，选择阵列方式为“尺寸”，单击阵列操控板中的“尺寸”按钮，打开“尺寸”下滑面板。在绘图区选择数值 45，输入增量 90，然后在操控板中输入阵列个数为 4。单击操控板中的“确认”按钮，结果如图 14-254 所示。

（5）单击“钣金件”工具栏上的“凹模”按钮，或选择“插入”→“形状”→“凹模”命令，在弹出的“选项”菜单管理器中依次选择“参照”→“完成”命令，如图 14-255 所示。系统弹出“打开”对话框，选择 qian-ban-mo-1，单击“打开”按钮。系统弹出“qian -ban-mo-1-印贴”窗口和模型放置“模板”对话框，如图 14-256 所示。

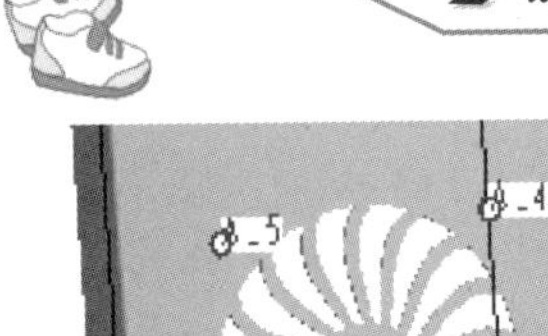

Note

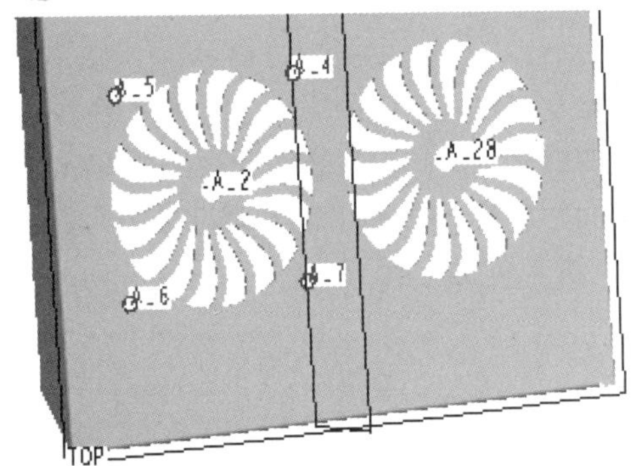

图 14-254　创建的阵列特征

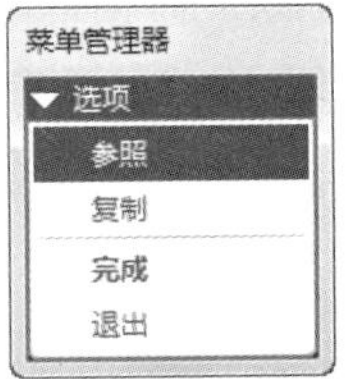

图 14-255　“选项”菜单管理器

（6）选中“模板”对话框左下侧的“预览”按钮☑ 60'，然后在“模板”对话框右侧的“约束类型”下拉列表框中选择“配对”选项，在“偏移”下拉列表框中选择“重合”选项，如图 14-257 所示。然后依次点选 qian-ban-mo-1 的平面 1 和零件的平面 2，如图 14-258 所示。使这两个面相匹配。

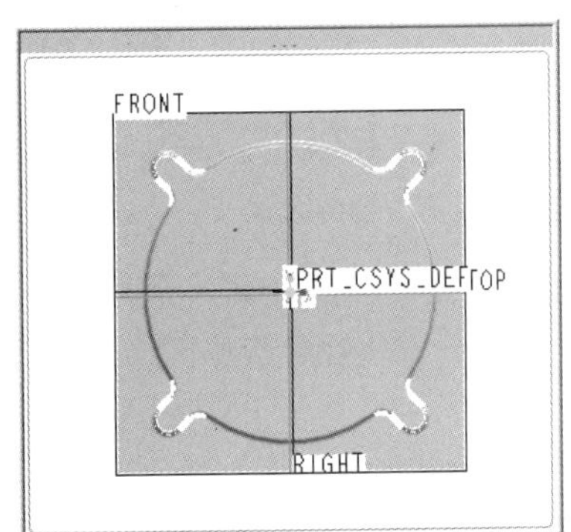

图 14-256　成型模型

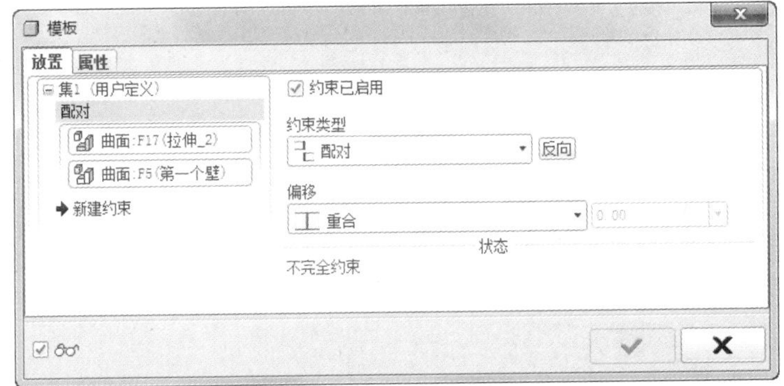

图 14-257　约束设置

图 14-258　约束平面的选取

（7）在“模板”对话框中，单击“放置”选项卡下的“新建约束”按钮，在右侧的“约束类型”下拉列表框中选择“对齐”选项，如图 14-259 所示。然后依次点选 qian-ban-mo-1 的轴 1 和零件的轴 2，如图 14-260 所示。

（8）在模型放置“模板”中，单击“集”节点下的“新建约束”按钮，在右侧的“约束类型”下拉列表框中选择“配对”选项，在“偏移”下拉列表框中选择“定向”选项，然后依次点选 qian-ban-mo-1 的 TOP 基准平面和零件的 RIGHT 基准平面。此时在模型放置“模板”右下侧的“状态”显示“完全约束”，如图 14-261 所示。单击“完成”按钮 ✔ 。

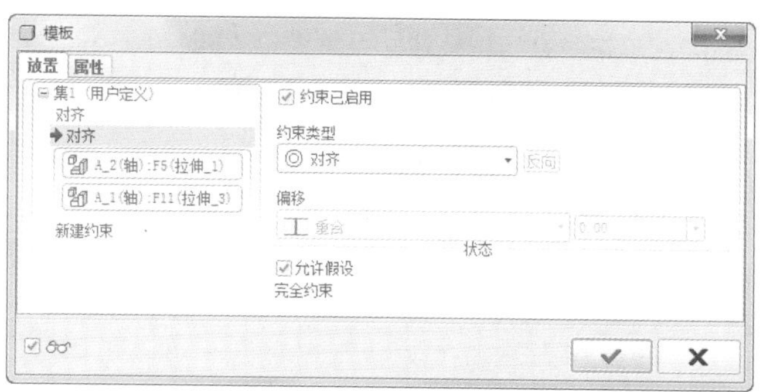

图 14-259 新建约束

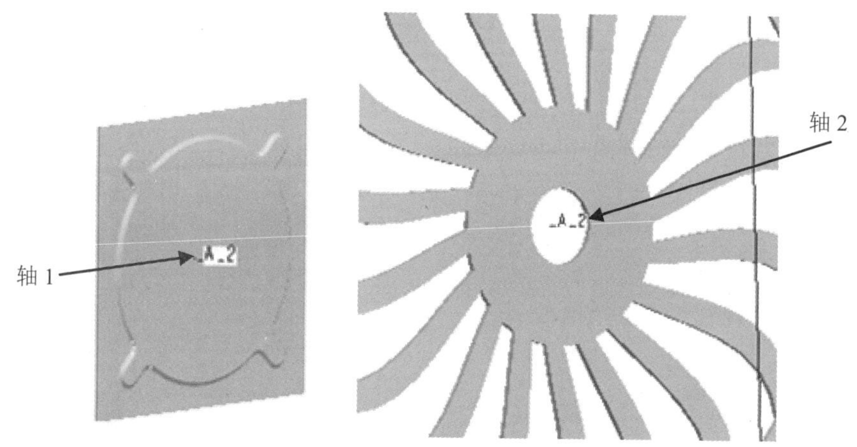

图 14-260 约束轴的选取

（9）此时在“凹模”窗口的信息提示区内显示从参照零件选取边界平面。，点选 qian-ban-mo-1 的平面 1 作为边界平面。此时在“凹模”窗口的信息提示区内显示从参照零件选取种子曲面。，点选 qian-ban-mo-2 的平面 2 作为种子平面。如图 14-262 所示，然后单击“确定”按钮，完成成形特征的创建。结果如图 14-263 所示。

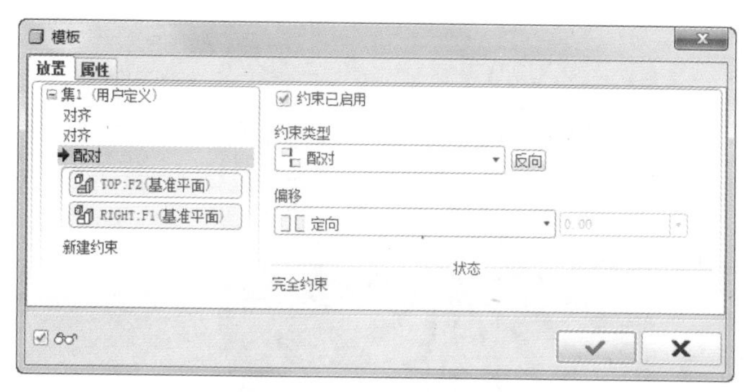

图 14-261 完成约束

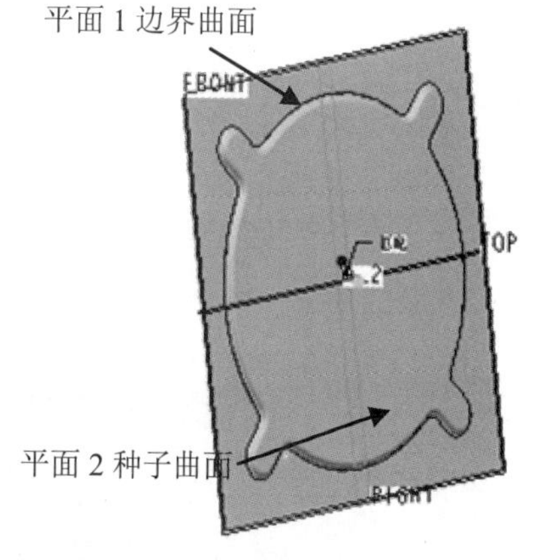

图 14-262 边界种子曲面的选取

（10）单击“钣金件”工具栏上的“凹模”按钮，或选择“插入”→“形状”→“凹模”命令，在弹出的“选项”菜单管理器中选择“参照”→“完成”命令，如图 14-264 所示。系统弹出“打开”

Note

对话框，选择 qian-ban-mo-2，单击“打开”按钮。系统弹出“qian -ban-mo-2-印贴”窗口和模型放置“模板”对话框，如图 14-265 和图 14-266 所示。

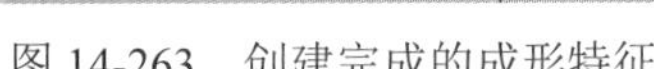

图 14-263　创建完成的成形特征

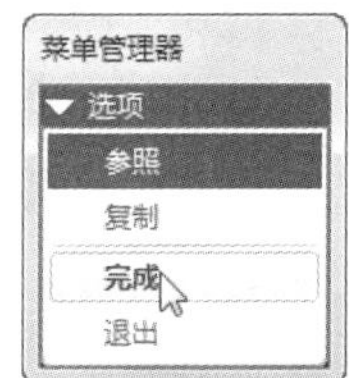

图 14-264　“选项”菜单管理器

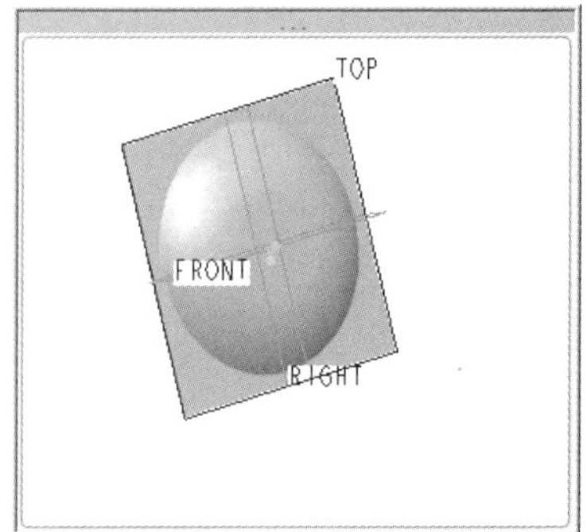

图 14-265　成型模型

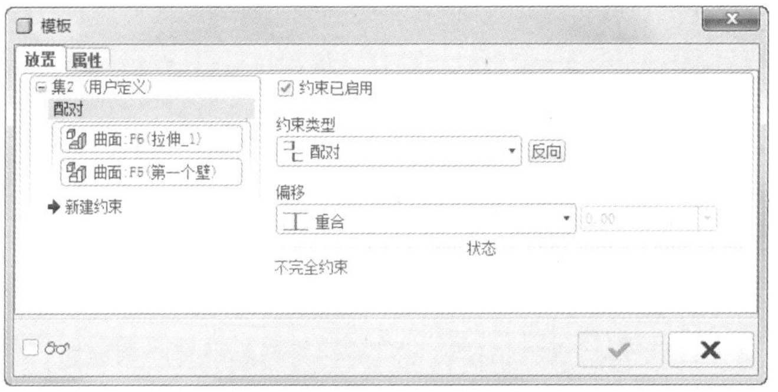

图 14-266　放置设置

（11）选中“模板”对话框左下侧的“预览”按钮☑ 👓，然后在“模板”对话框右侧的“约束类型”下拉列表框中选择“配对”选项，在“偏移”下拉列表框中选择“重合”选项，如图 14-266 所示。然后依次点选 qian-ban-mo-2 的平面 1 和零件的平面 2，如图 14-267 所示。使这两个面相匹配。通过单击“约束类型”后的“反向”按钮，调整两个零件匹配的方向。

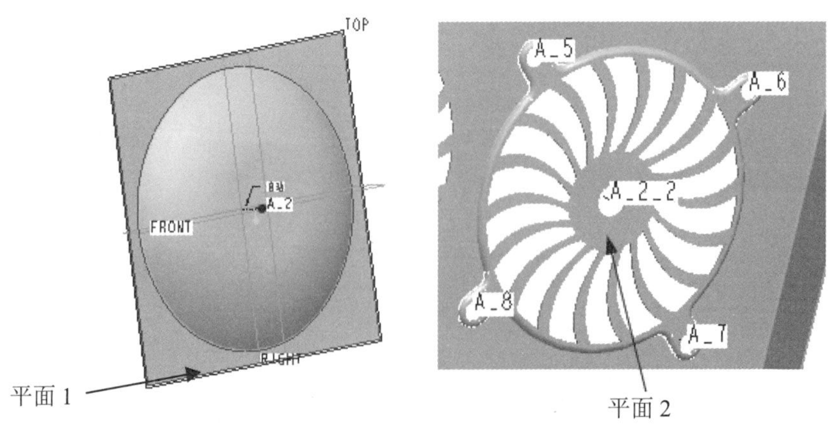

图 14-267　约束平面的选取

（12）在“模板”对话框中，单击“集”节点中的“新建约束”按钮，在右侧的“约束类型”下拉列表框中选择“对齐”选项，然后依次点选 qian-ban-mo-2 的轴 1 和零件的轴 2，如图 14-268 所示。此时在模型放置“模板”右下侧的“状态”显示“完全约束”，如图 14-269 所示。单击“完成”按钮✓。

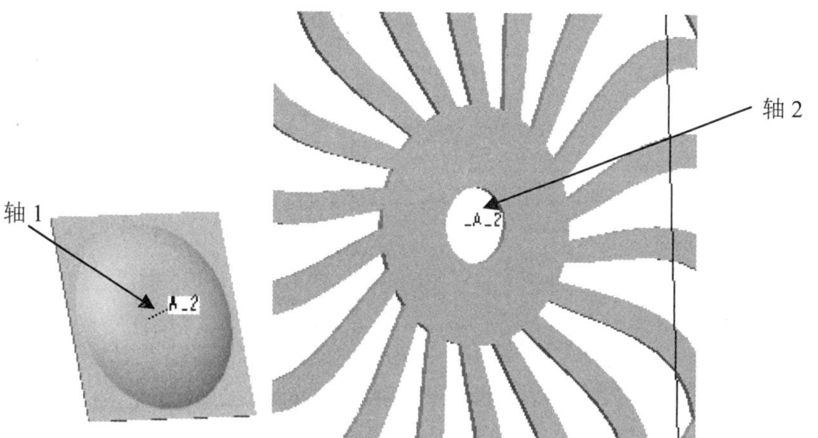

图 14-268　约束轴的选取

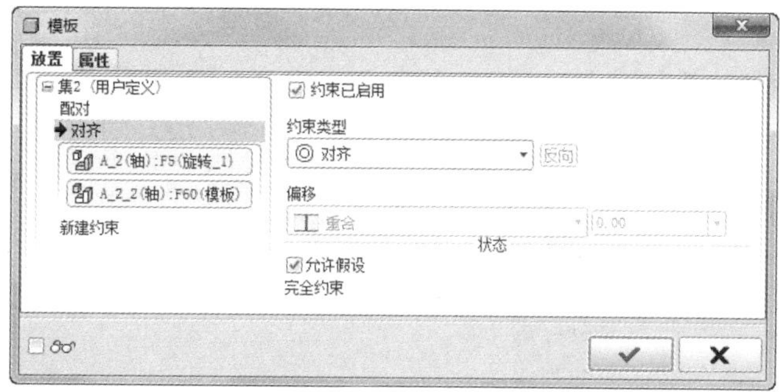

图 14-269　新建约束

（13）此时在“印贴”窗口的信息提示区内显示➡从参照零件选取边界平面。，点选 qian-ban-mo-2 的平面 1 作为边界平面。此时在“印贴”窗口的信息提示区内显示➡从参照零件选取种子曲面。，点选 qian-ban-mo-2 的平面 2 作为种子平面。如图 14-270 所示，然后单击“确定”按钮，完成成形特征的创建。结果如图 14-271 所示。

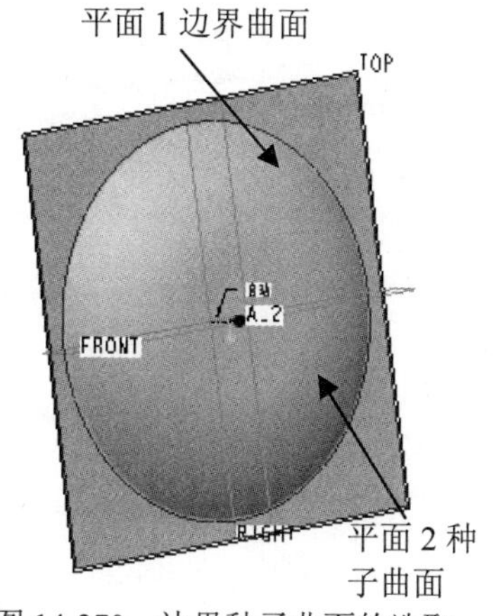

图 14-270　边界种子曲面的选取

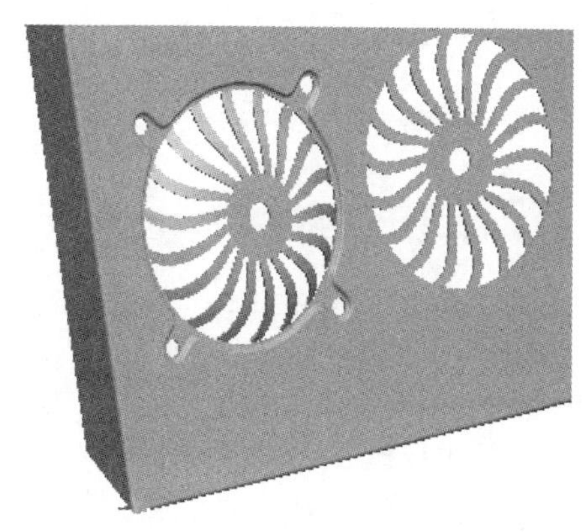

图 14-271　创建完成的成形特征

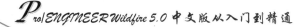

（14）按住 Ctrl 键选中最后创建的 3 个特征，然后单击鼠标右键，从弹出的快捷菜单中选择“组”命令，如图 14-272 所示。

（15）在左侧的模型树中选中刚刚创建的组特征，然后选择“编辑”→“镜像”命令，打开镜像操控板，点选 RIGHT 面为镜像参照平面，然后单击操控板中的“确认”按钮✓。结果如图 14-273 所示。

Note

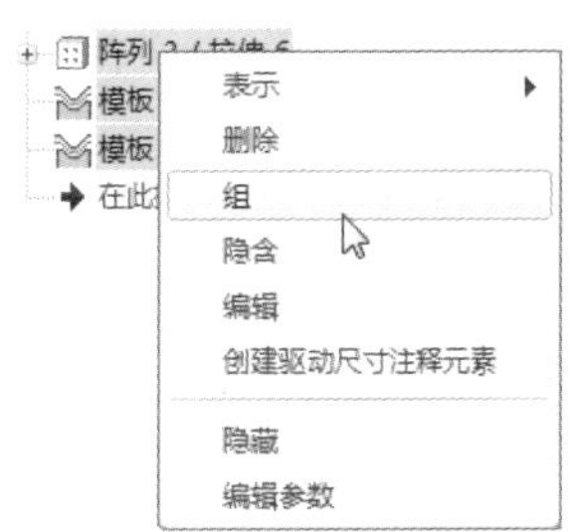

图 14-272 创建组

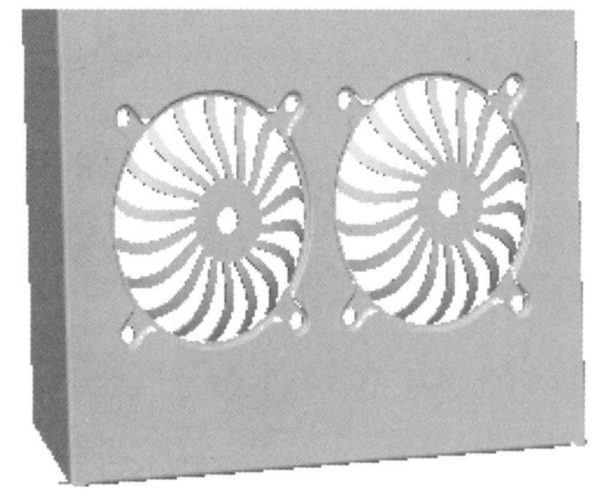

图 14-273 镜像结果

视频讲解

6. 创建前端 USB 插孔安装槽

（1）创建拉伸切除材料特征，选择 TOP 基准平面为草绘平面，RIGHT 基准平面为参照平面，方向向“左”。拉伸截面如图 14-274 所示，拉伸方式为“拉伸至与所有曲面相交”按钮。结果如图 14-275 所示。

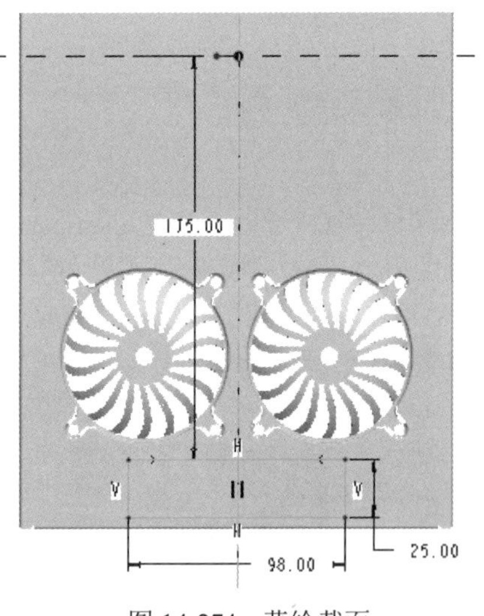

图 14-274 草绘截面

图 14-275 创建的拉伸切除特征

（2）单击“钣金件”工具栏上的“法兰”按钮，或依次选择“插入”→“钣金壁操作”→“法兰”命令，在弹出的操控板中单击“位置”→“细节”，弹出“链”对话框，然后单击选取如图 14-276 所示的边为法兰壁的附着边，再单击“确定”按钮。

（3）在操控板中选择法兰壁的形状为“用户定义”，然后单击“形状”按钮，再单击“草绘”按钮，弹出“草绘”对话框，再单击“草绘”按钮，进入草绘环境。绘制如图 14-277 所示的草图，然

后单击工具条上的“完成”按钮✔。

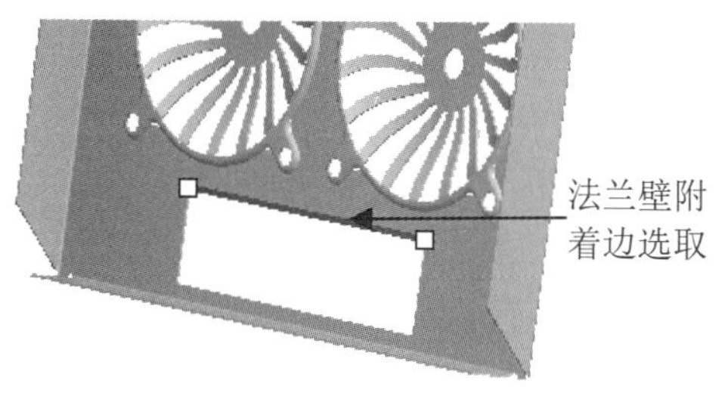

图 14-276　法兰壁附着边的选取

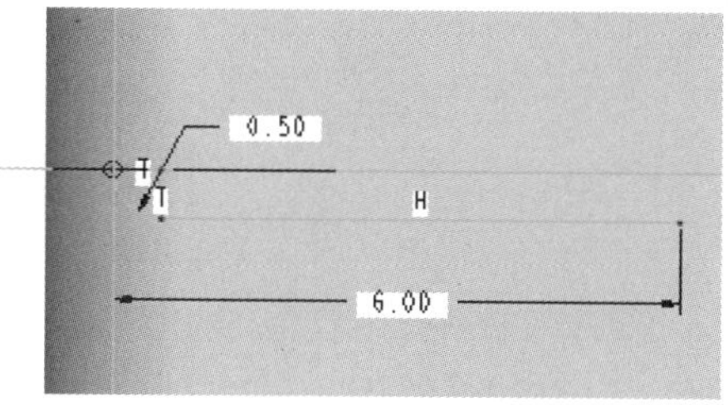

图 14-277　绘制的图形

（4）在操控板中选择法兰壁第一端端点位置为“以指定值修剪”按钮，输入长度值为-5，选择法兰壁第二端端点位置为“以指定值修剪”按钮，输入长度值为-5，输入内侧折弯半径为 0.7，操控板设置结果如图 14-278 所示，单击“确认”按钮，结果如图 14-279 所示。

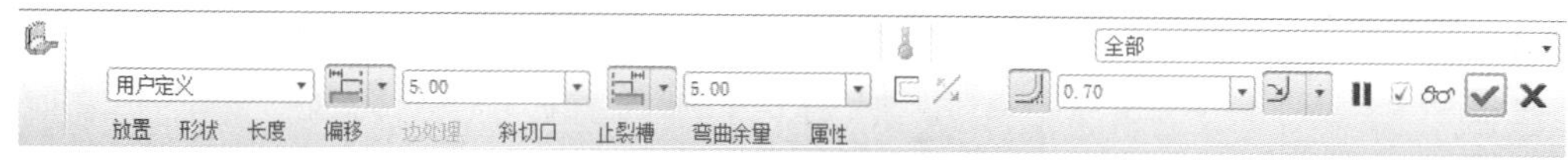

图 14-278　操控板设置结果

图 14-279　创建的法兰壁

（5）依次选择“插入”→“倒圆角”命令，然后按住 Ctrl 键，点选如图 14-280 所示的 4 条棱边。输入圆角半径为 3，然后单击操控板中的“确认”按钮。结果如图 14-281 所示。

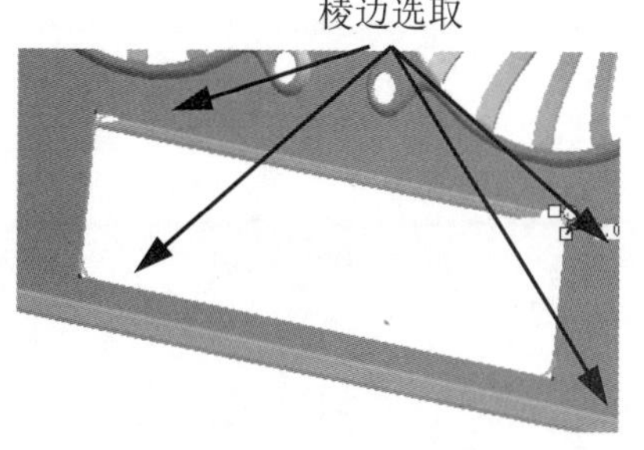

图 14-280　倒圆角棱边选取

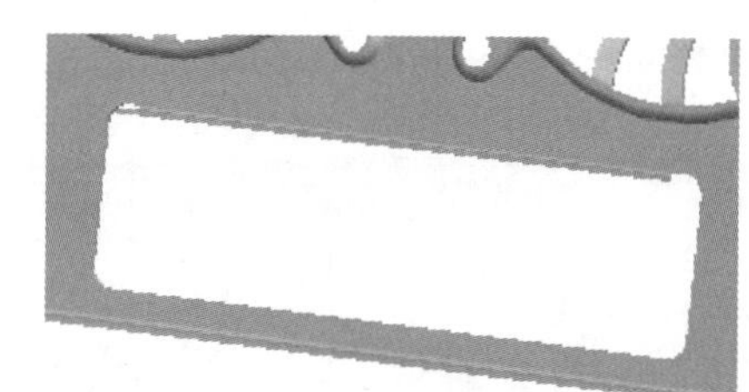

图 14-281　倒圆角结果

7. 创建上部光驱和软驱的安装孔

（1）创建拉伸去除材料特征，选择 TOP 基准平面为草绘平面，RIGHT 基准平面为参照平面，

Note

方向向“左”。拉伸截面如图 14-282 所示，拉伸方式为“拉伸至与所有曲面相交”按钮。结果如图 14-283 所示。

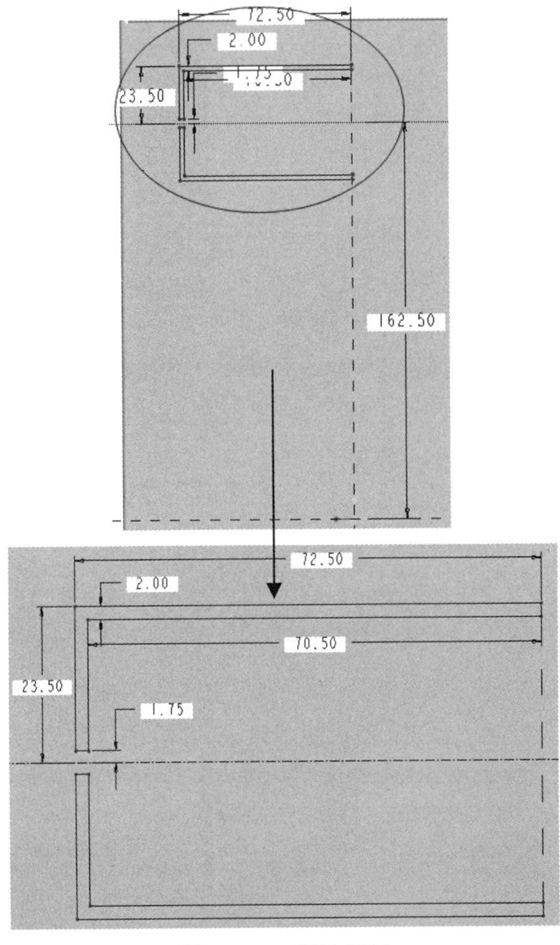

图 14-282　草绘截面

（2）在左侧的模型树中选中刚刚创建的拉伸切除特征，然后依次选择“编辑”→“阵列”命令，选择阵列方式为“尺寸”，单击阵列操控板中的“尺寸”按钮，打开“尺寸”下滑面板。在绘图区选择数值 162.5，输入增量-45，如图 14-284 所示。然后在操控板中输入阵列个数为 4。单击操控板中的“确认”按钮，结果如图 14-285 所示。

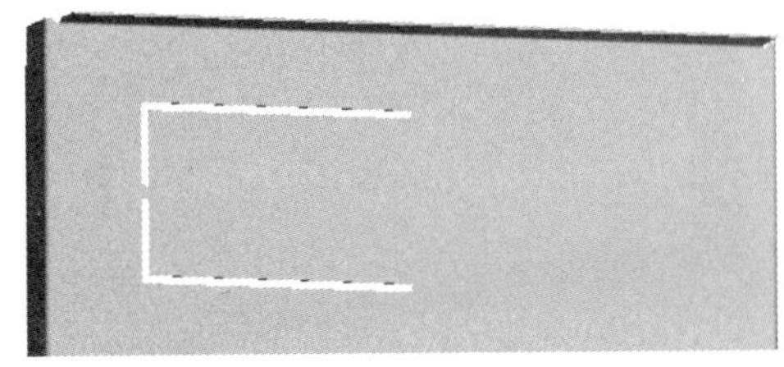

图 14-283　创建的拉伸切除特征

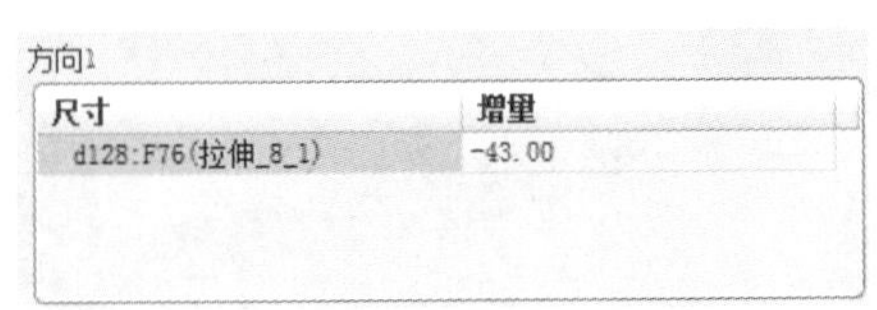

图 14-284　阵列尺寸设置

（3）在左侧的模型树中选中刚刚创建的阵列特征，然后依次选择“编辑”→“镜像”命令，打开镜像操控板，点选 RIGHT 面为镜像参照平面，然后单击操控板中的“确认”按钮。结果如图 14-286

所示。

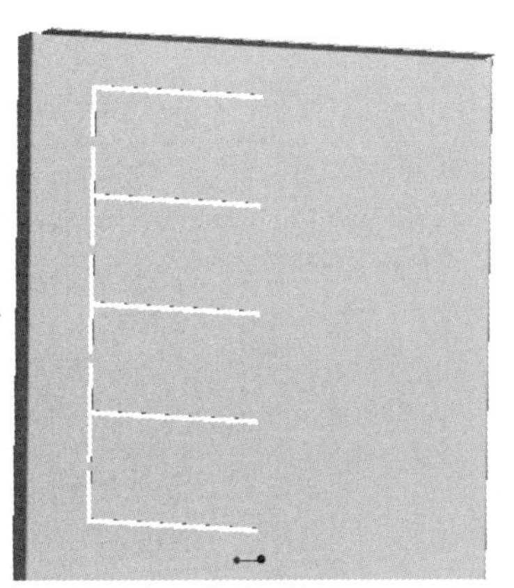

图 14-285 创建的阵列特征

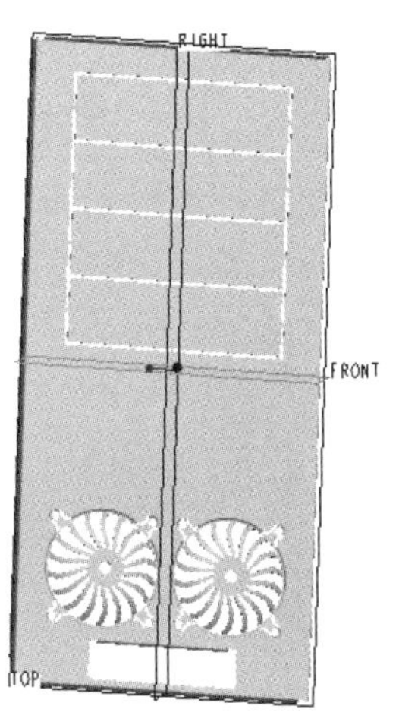

图 14-286 镜像结果

（4）创建拉伸切除材料特征，选择 TOP 基准平面为草绘平面，RIGHT 基准平面为参照平面，方向向“左”。拉伸截面如图 14-287 所示，拉伸方式为“拉伸至与所有曲面相交”按钮。结果如图 14-288 所示。

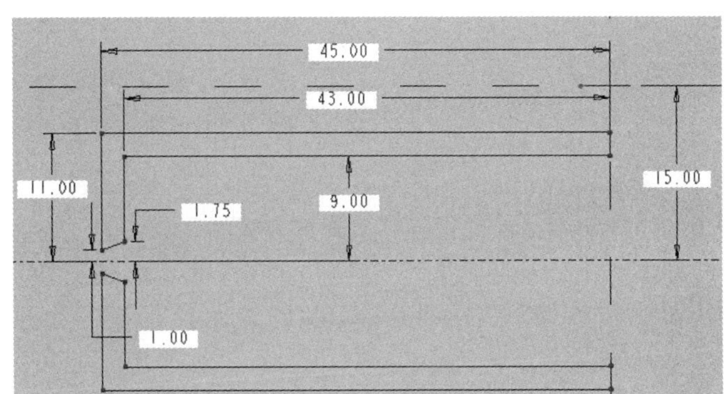

图 14-287 草绘截面

（5）在左侧的模型树中选中刚刚创建的拉伸切除特征，进行阵列，阵列方式为“尺寸”，在绘图区选择数值 15，输入增量 20。阵列个数为 2。单击操控板中的“确认”按钮，结果如图 14-289 所示。

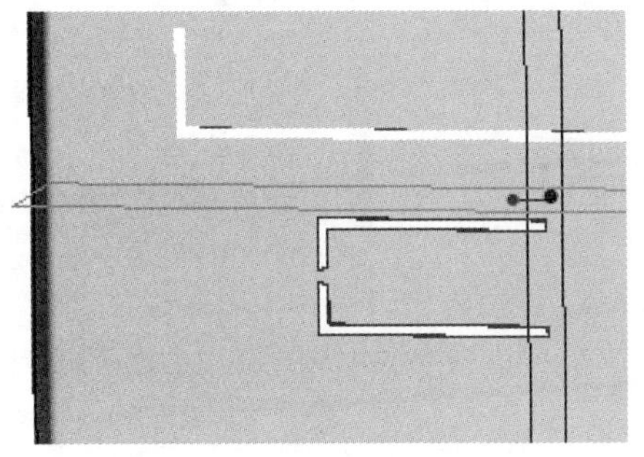

图 14-288 创建的拉伸切除特征

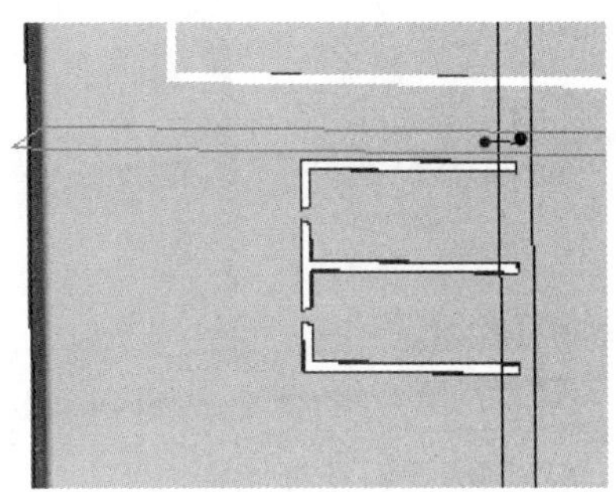

图 14-289 创建的阵列特征

（6）将刚刚创建的阵列特征以 RIGHT 平面为参照进行镜像，结果如图 14-290 所示。

（7）创建拉伸切除材料特征，选择 TOP 基准平面为草绘平面，RIGHT 基准平面为参照平面，方向向“左”。拉伸截面如图 14-291 所示，拉伸方式为“拉伸至与所有曲面相交”按钮。结果如图 14-292 所示。

Note

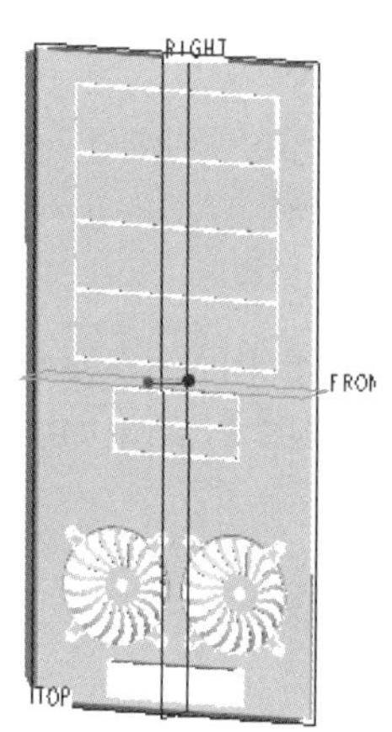

图 14-290　镜像结果

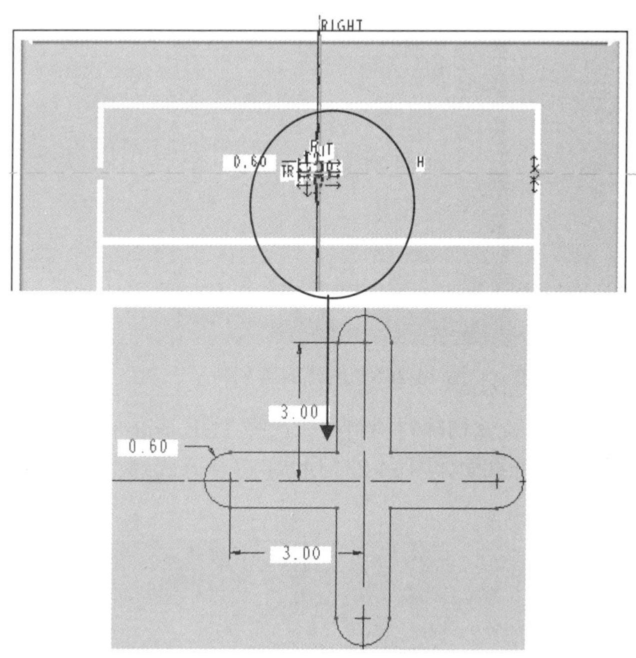

图 14-291　草绘截面

（8）选中刚刚创建的拉伸切除特征进行阵列，阵列方式为其默认的“参照”。结果如图 14-293 所示。

（9）以相同的方法和尺寸创建另一个拉伸切除材料特征及阵列，结果如图 14-294 所示。

图 14-292　创建的拉伸切除特征

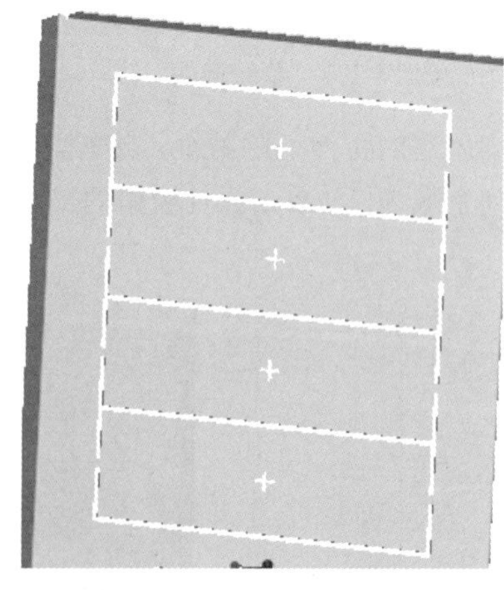

图 14-293　创建的阵列特征

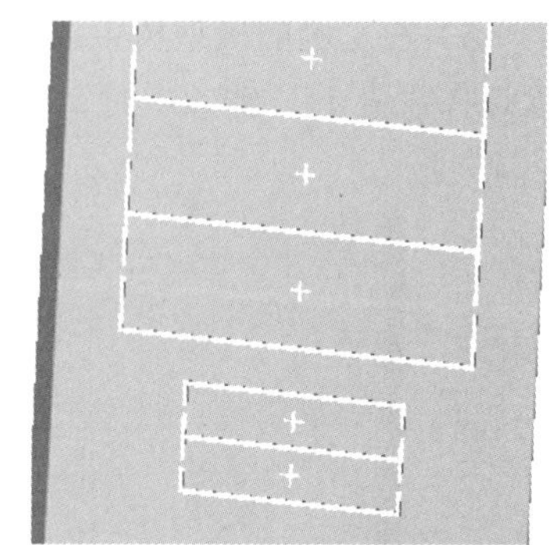

图 14-294　创建的拉伸切除材料并阵列

8. 创建控制线通孔及其他孔

视频讲解

（1）创建拉伸切除材料特征，选择 TOP 基准平面为草绘平面，RIGHT 基准平面为参照平面，

方向向“左”。拉伸截面如图 14-295 所示的直径为 22 的圆，拉伸方式为“拉伸至与所有曲面相交”按钮。结果如图 14-296 所示。

（2）单击特征工具栏上的“法兰”按钮，或依次选择“插入”→“钣金壁操作”→“法兰”命令，在弹出的操控板中单击“放置”→“细节”，弹出“链”对话框，然后单击选取如图 14-297 所示的边为法兰壁的附着边，再单击“确定”按钮。

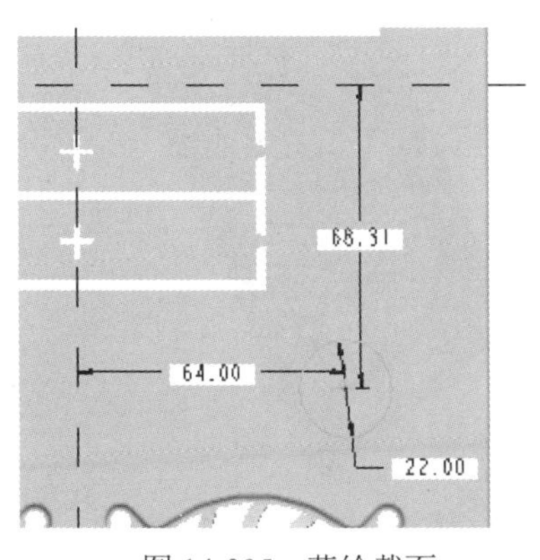

图 14-295　草绘截面

图 14-296　创建的拉伸切除特征

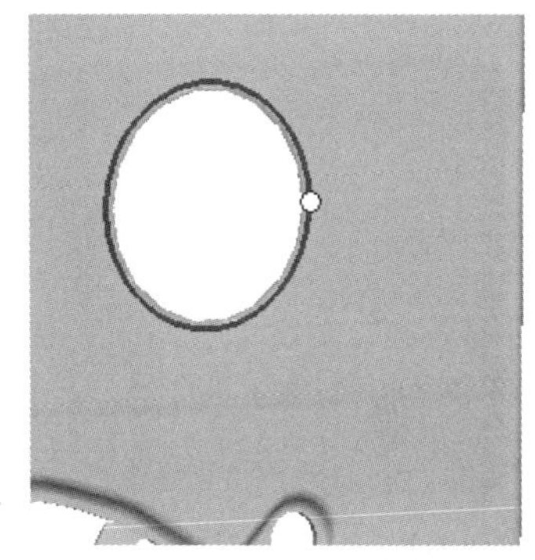

图 14-297　法兰壁附着边的选取

（3）在操控板中选择法兰壁的形状为“平齐的”，然后单击“形状”，输入法兰壁的长度为 1.8，如图 14-298 所示。单击“确认”按钮，结果如图 14-299 所示。

（4）创建拉伸切除材料特征，尺寸如图 14-300 所示，结果如图 14-301 所示。

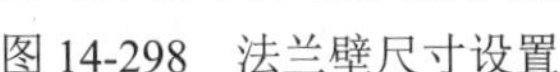

图 14-298　法兰壁尺寸设置

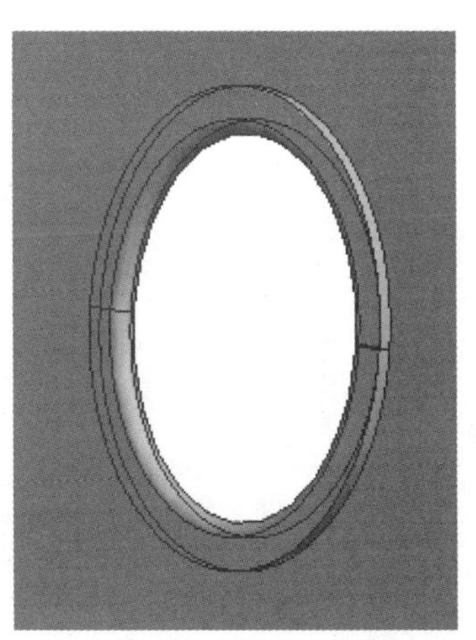

图 14-299　创建的法兰壁

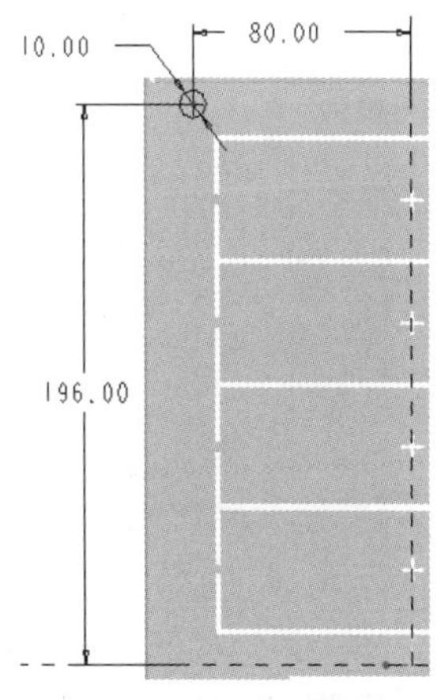

图 14-300　草绘截面

（5）将步骤（4）创建的孔，分别以 RIGHT 和 FRONT 基准平面为参照进行镜像，结果如图 14-302 所示。

（6）以相同的方法在刚刚创建的 4 个孔上创建法兰壁特征，选择法兰壁的形状为“平齐的”，输入法兰壁的长度为 1.5，如图 14-303 所示。

（7）创建拉伸切除材料特征，尺寸如图 14-304 所示，结果如图 14-305 所示。

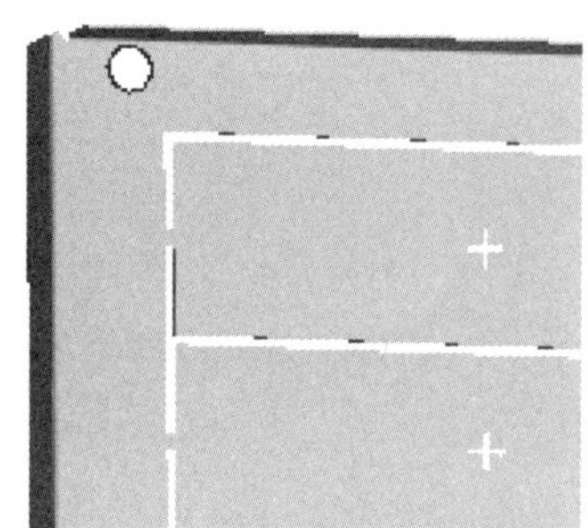

图 14-301　创建的拉伸切除特征

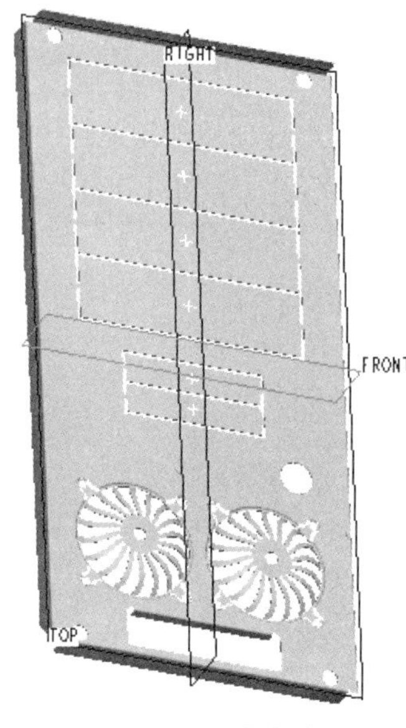

图 14-302　镜像结果

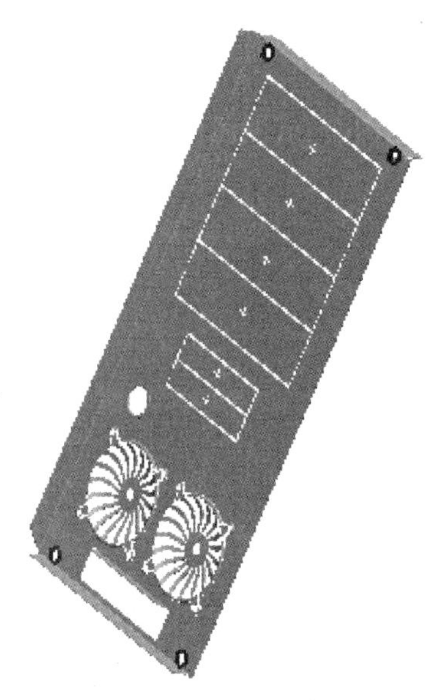

图 14-303　创建的法兰壁

（8）将步骤（7）创建的拉伸切除特征进行阵列，选择阵列方式为“尺寸”，在绘图区选择数值 120，输入增量-100，输入阵列个数为 3。结果如图 14-306 所示。

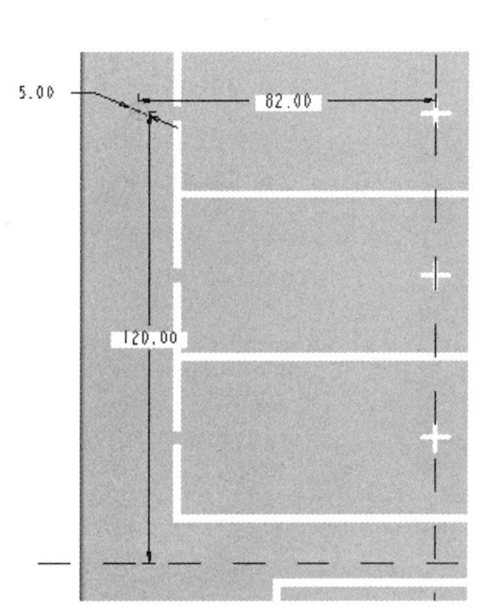

图 14-304　草绘截面

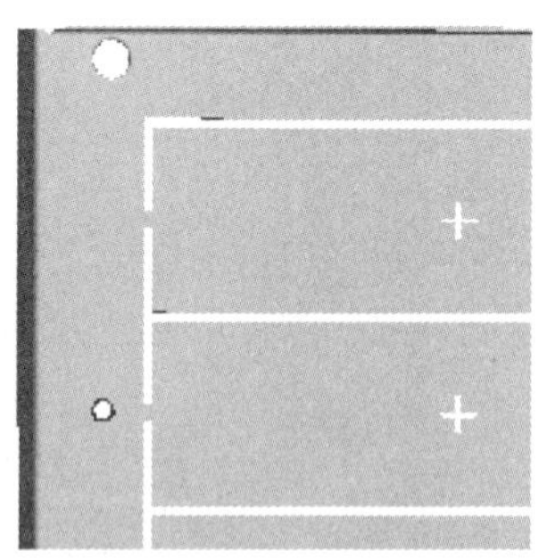

图 14-305　创建的拉伸切除特征

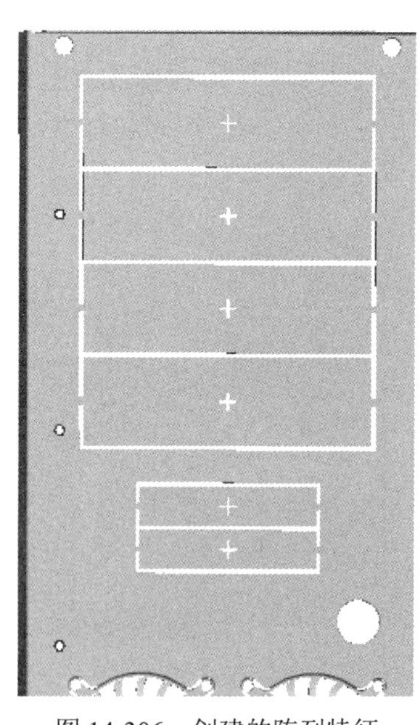

图 14-306　创建的阵列特征

（9）将步骤（8）的阵列特征，以 RIGHT 面为参照进行镜像，结果如图 14-307 所示。

9. 创建左右两侧的法兰壁及成形特征

（1）创建法兰壁特征，选取如图 14-308 所示的边为法兰壁的附着边，法兰壁的形状为“平齐的”，法兰壁的长度为 2.5，如图 14-309 所示。单击“确认”按钮✔，结果如图 14-310 所示。

（2）在左侧的模型树中选中刚刚创建的法兰壁特征，然后依次选择“编辑”→“镜像”命令，

打开镜像操控板，点选 RIGHT 面为镜像参照平面，然后单击操控板中的“确认”按钮☑。

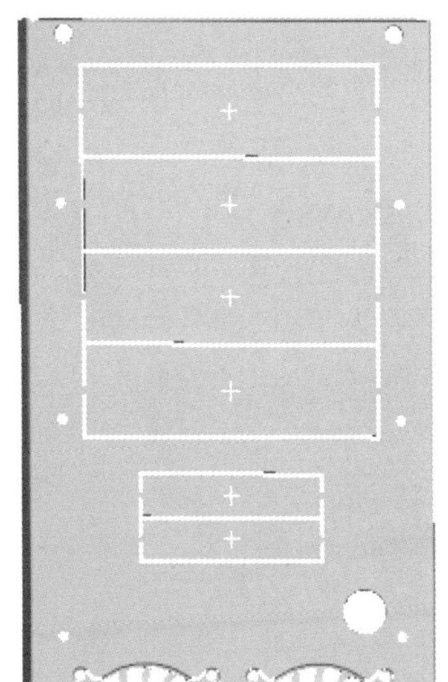

图 14-307　镜像结果

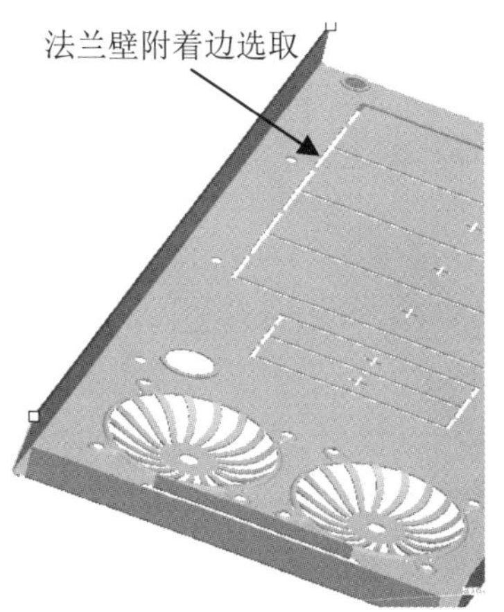

图 14-308　法兰壁附着边的选取

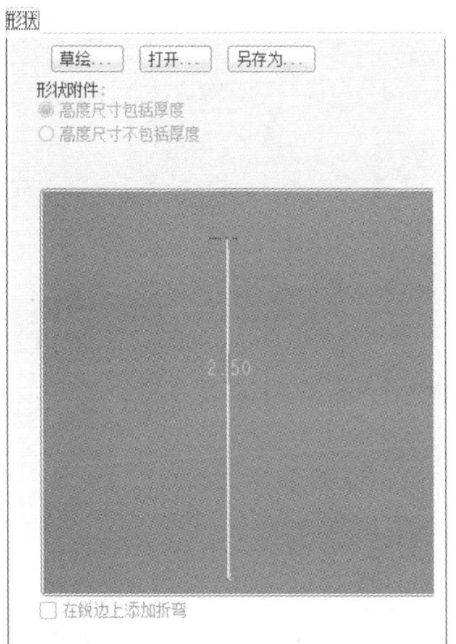

图 14-309　法兰壁尺寸设置

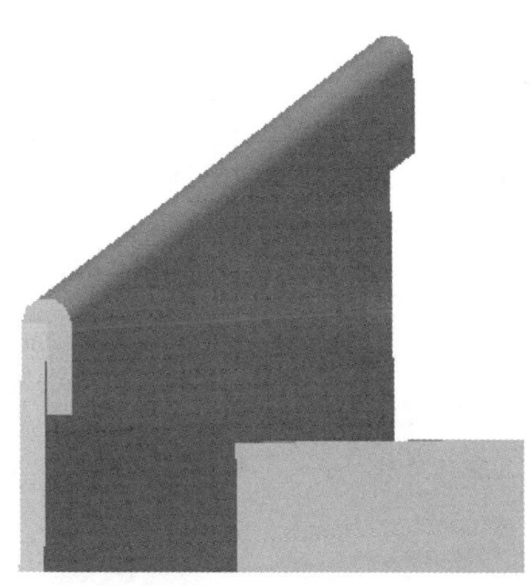

图 14-310　创建的法兰壁

（3）系统提示参照丢失，在出现的法兰壁操控板中单击“位置”→“细节”，弹出“链”对话框，然后单击选取如图 14-311 所示的边为法兰壁的附着边，再单击“确定”按钮。在操控板中单击“确认”按钮✔，结果如图 14-312 所示。

（4）上面介绍的方法创建的成形特征，模板为 qian-ban-mo-3，模板与零件的 3 个约束分别如下。

❶ 模板的平面 1 与零件的平面 2，如图 14-313 所示。

❷ 模板的 FRONT 基准平面与零件的 TOP 基准平面约束为“配对”，偏距值为 10。

❸ 模板的 RIGHT 基准平面与零件的 FRONT 基准平面约束为“配对”“重合”。

Note

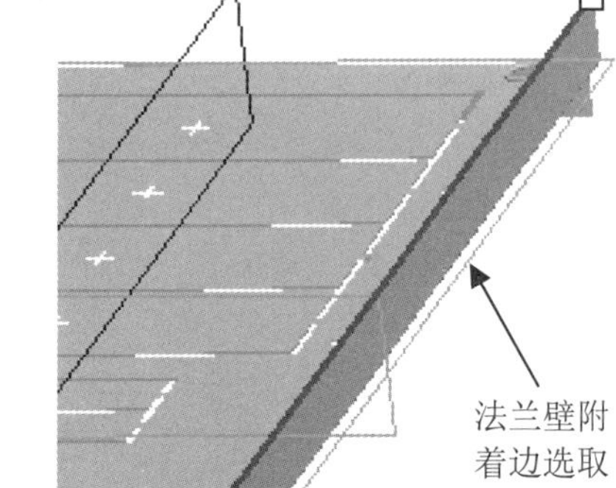

图 14-311　法兰壁附着边的选取

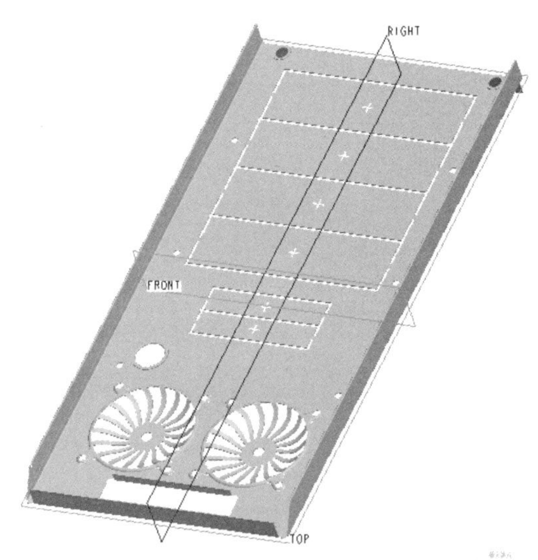

图 14-312　创建的法兰壁

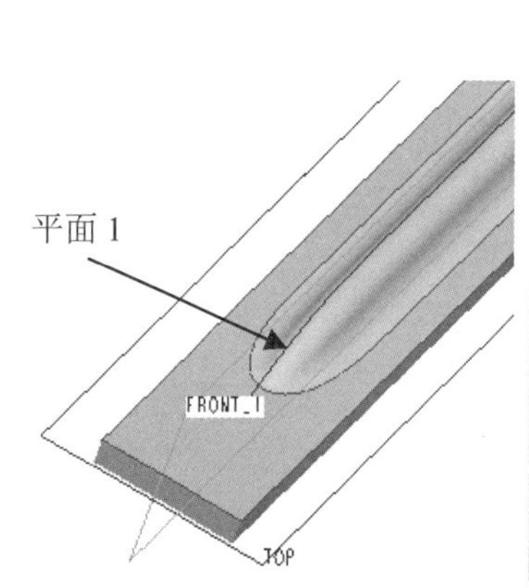

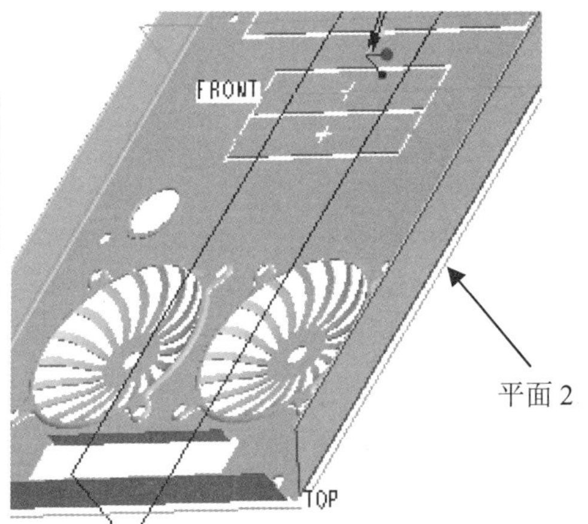

图 14-313　约束平面的选取

（5）模板的边界平面和种子曲面，设置如图 14-314 所示，然后单击“确定”按钮，完成成形特征的创建。结果如图 14-315 所示。

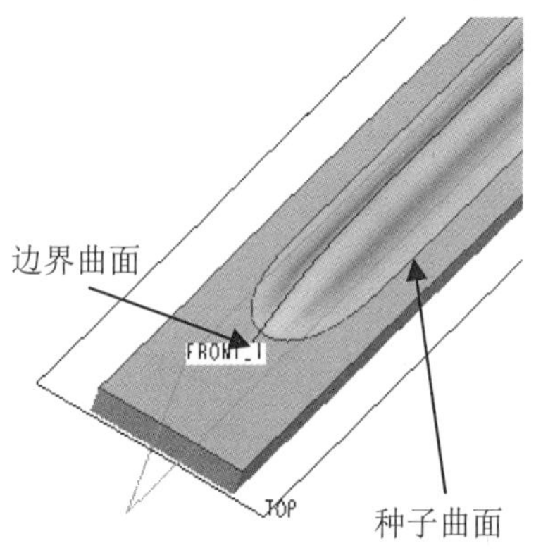

图 14-314　边界种子曲面的选取

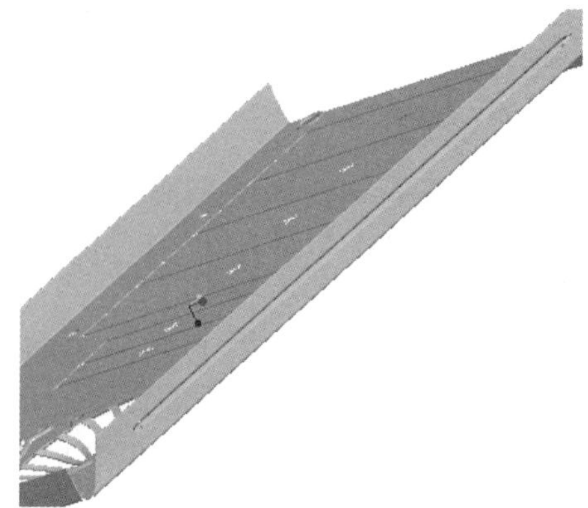

图 14-315　创建完成的成形特征

（6）将步骤（5）的成形特征，以 RIGHT 面为参照进行镜像，结果如图 14-316 所示。

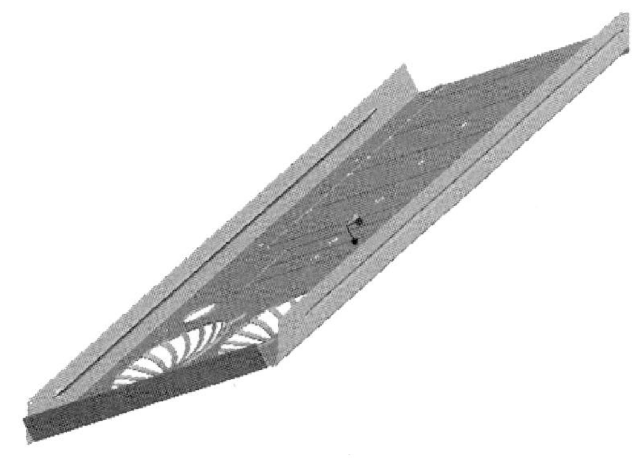

图 14-316　镜像结果

（7）创建拉伸切除材料特征，尺寸如图 14-317 所示，拉伸方式为两侧拉伸，长度为 200，结果如图 14-318 所示。

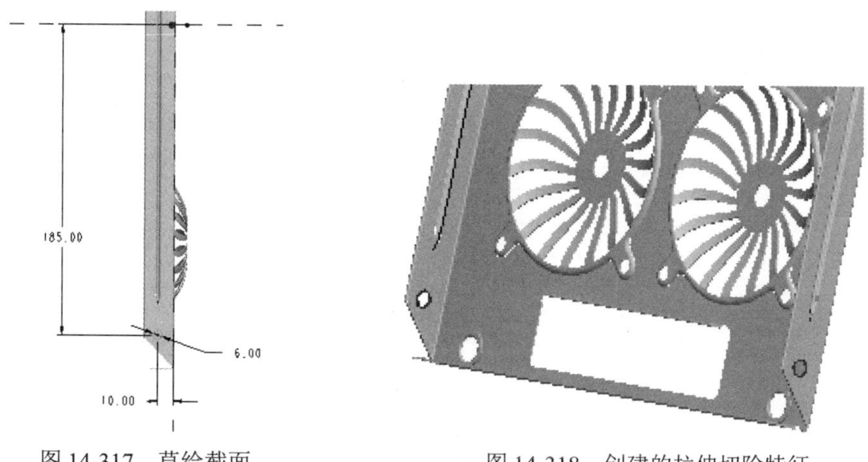

图 14-317　草绘截面　　图 14-318　创建的拉伸切除特征

（8）将步骤（7）创建的拉伸切除特征以 FRONT 面为参照进行镜像，结果如图 14-220 所示。

▶▶第6篇

工程图设计篇

本篇主要介绍Pro/ENGINEER Wildfire 5.0工程图的有关知识，包括工程图基础和工程图汇总等知识。

本篇内容属于在实体造型设计的基础上的深入和延伸，也是学习Pro/ENGINEER Wildfire必须掌握的基本知识。通过本篇的学习，可以帮助读者掌握Pro/ENGINEER Wildfire工程图设计的设计思想和方法。

第15章

工程图基础

工程图制作是整个设计的最后环节，是设计意图的表现和工程师、制造师等沟通的桥梁。传统的工程图制作通常是通过纯手工或相关二维CAD软件来完成的。制作时间长、效率低。Pro/ENGINEER用户在完成零件装配件的三维设计后，通过使用工程图模块，工程图的大部分工作就可以从三维设计到二维工程图设计来自动完成。工程图模式具有双向关联性。当在一个视图里改变一个尺寸值时，其他的视图也因此完全更新，包括相关三维模型也会自动更新。同样，当改变模型尺寸或结构时，工程图的尺寸或结构也会发生相应的改变。

任务驱动&项目案例

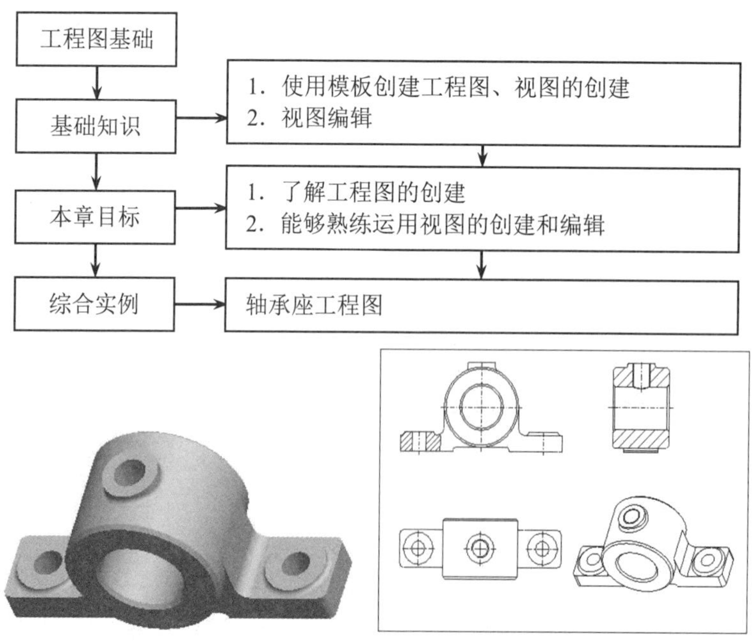

15.1 使用模板创建工程图

新建工程图后，系统将打开“新建绘图”对话框，用来设置工程图模板，对话框由 3 部分组成，“缺省模型”和“指定模板”两部分位于上部，是固定不变的；下部分内容是可变的，与“指定模板”的选取项有关，下面分别对各部分进行详细说明。

15.1.1 缺省模型

缺省模型用来设置工程图参照的 3D 模型文件，当系统已经打开一个零件或组件时，系统会自动获取这个模型文件作为默认值；如果没有任何零件和组件打开，用户则需要通过单击浏览...按钮来搜寻要创建工程图的文件；如果同时打开了多个零件或组件，系统则会以当前激活的零件或组件作为工程图的参照；如果用户没有选取任何文件，系统则会产生一张空白的工程图。

15.1.2 指定模板

“指定模板”选项组共有 3 个选项：使用模板、格式为空、空。

（1）使用模板：选中该单选按钮后，会出现如图 15-1 所示的对话框，其下方有“模板”选项组，用户可根据需要来选取模板类型，然后单击确定按钮，系统会自动创建工程图，工程图中包含 3 个视图：主视图、仰视图、侧视图。

（2）格式为空：选中该单选按钮后，会出现如图 15-2 所示的对话框，其下方有“格式”选项组，用来在工程图上加入图框，包括工程图的图框、标题栏等项目，但是系统不会创建任何视图。用户也可以通过单击浏览...按钮来搜寻其他的格式文件。完成后单击确定按钮。

（3）空：选中该单选按钮后，会出现如图 15-3 所示的对话框，其下方有“方向”和“大小”两个选项组。

图 15-1 “使用模板”选项

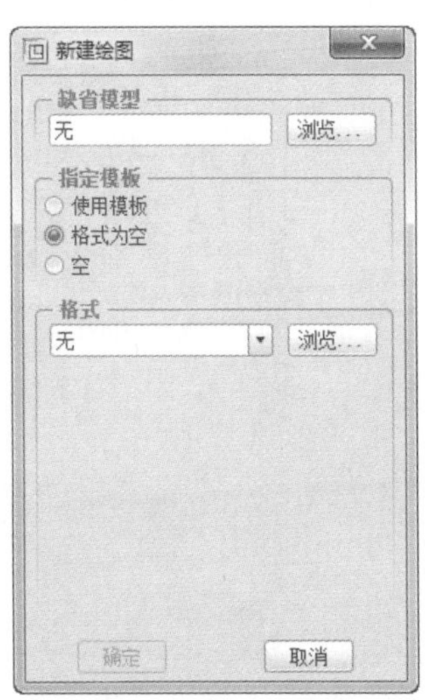

图 15-2 “格式为空”选项

图 15-3 “空”选项

☑ 方向：纵向、横向、自定义图纸的长与宽。

☑ 大小：设置图纸的大小，包括标准大小和自定义大小，只有当“方向”设为“可变”时，才可以自定义图纸的大小。

完成后单击“确定”按钮，系统会创建一张没有图框和视图的空白工程图。

Note

15.2 视图的创建

在“工程图”模式下，除了可以用“使用模板”方式创建工程视图外，还有多种视图的创建方法。因为“使用模板”方式只能创建简单的视图，至于剖视图、局部视图、旋转视图、展平折视图等，则需要使用其他的方法，所以视图的创建是工程图中很重要的一部分，本节将一一介绍各种视图的创建方法。

视频讲解

15.2.1 一般视图与投影视图

如果使用“空”方式创建工程图，第一个放置的视图一定是一般视图，一般视图是所有其他视图的基础，如投影视图、局部视图等，也是唯一可以单独存在的视图类型。下面通过实例来详细讲解创建步骤。

（1）首先将资料包 yuanwenjian\18\xiaxiangti 目录下的零件复制到当前工作目录下，打开零件 xiaxiangti。再选择“文件”→“新建”命令，接着在弹出的“新建”对话框中选取“绘图”模式，然后指定文件名为 xiaxiangti。

（2）系统打开“新建绘图”对话框，接受缺省模型 XIAXIANGTI.PRT，在“指定模板”选项组中选中“空”单选按钮，设置图纸方向为“横向”，大小为 A3，如图 15-4 所示，单击确定按钮。

（3）单击“布局”选项卡“模型视图”面板中的“一般”按钮，系统提示“选取绘制视图的中心点”，在绘图区单击鼠标左键以确定视图放置位置，系统打开“绘图视图”对话框，如图 15-5 所示。不做任何方向设置，直接单击确定按钮，将视图放置在工程图右上角。

图 15-4 图纸设置

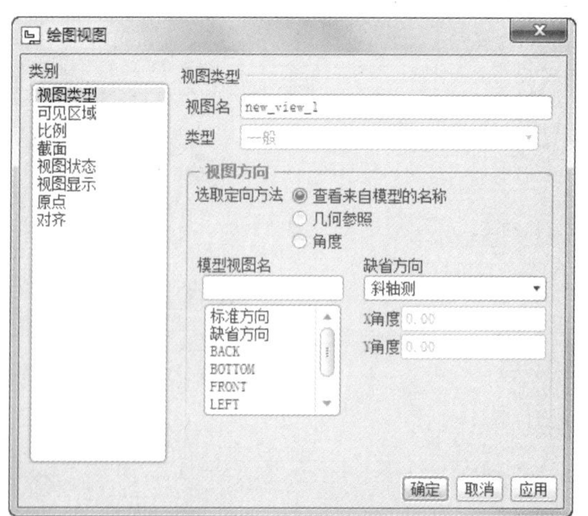

图 15-5 视图类型设置

（4）单击“布局”选项卡“模型视图”面板中的“一般”按钮，系统提示“选取绘制视图的

中心点”，在绘图区单击鼠标左键以确定视图放置位置，系统打开“绘图视图”对话框，在“模型视图名”列表框中选择 FRONT 选项，如图 15-6 所示，单击“确定”按钮，将视图放置在工程图左下角。

（5）单击“布局”选项卡“模型视图”面板中的“投影”按钮，选取左下角的视图作为投影父视图，再在父视图上方单击鼠标左键放置投影视图。采用同样的方法在视图右下角再放置一个投影视图，完成效果如图 15-7 所示。

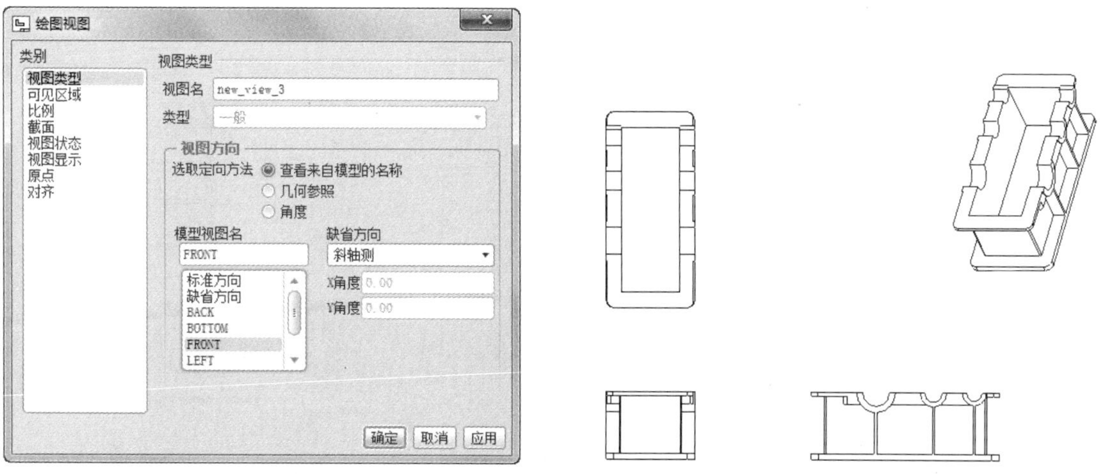

图 15-6　设置属性　　　　图 15-7　效果图

（6）创建半视图。单击“布局”选项卡“模型视图”面板中的“投影”按钮，选取左下角的一般视图作为父视图，在工程图左列两视图之间单击鼠标左键来放置视图，再选取视图，单击鼠标右键，从系统打开的快捷菜单中选择“属性”命令，如图 15-8 所示。系统打开“绘图视图”对话框，在“类别”列表框中选取“可见区域”选项，在“视图可见性”下拉列表框中选择“半视图”选项，“半视图参照平面”选取基准面 RIGHT，所有设置如图 15-9 所示，单击“确定”按钮，系统完成半视图的创建，完成效果如图 15-10 所示。

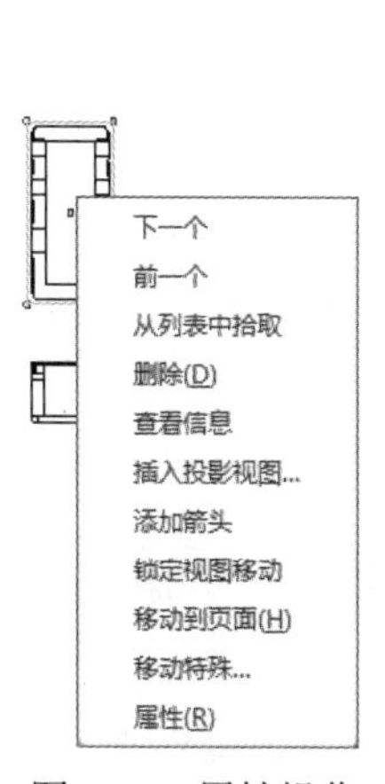

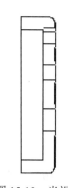

图 15-8　属性操作

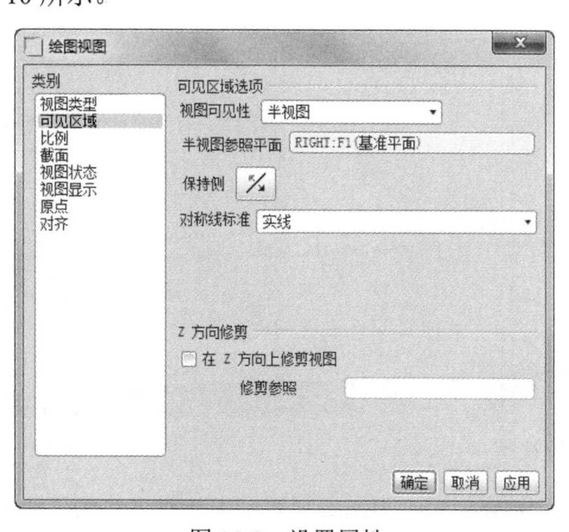

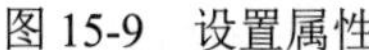

图 15-9　设置属性

图 15-10　半视图

（7）创建破断视图。单击“布局”选项卡“模型视图”面板中的“投影”按钮，选取左上角的投影视图作为父视图，在工程图顶排两视图之间单击鼠标左键来放置视图，再选取视图，单击鼠标

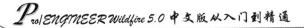

右键，从系统打开的快捷菜单中选择“属性”命令。系统打开“绘图视图”对话框，在“类别”列表框中选择“可见区域”选项，在“视图可见性”下拉列表框中选择“破断视图”选项，再单击➕按钮来添加两条破断线，然后设置“破断线造型”为“视图轮廓上的 S 曲线”，如图 15-11 所示。

（8）在零件的一条水平边上选取两点，表示通过这两点且垂直水平边来创建两条破断线，如图 15-12 所示，两破断线之间的线条将被删除，单击“确定”按钮，系统完成破断视图创建，完成效果如图 15-13 所示。

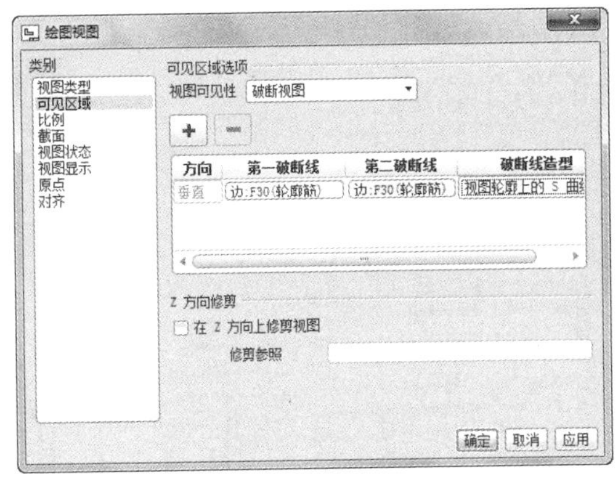

图 15-11　设置属性

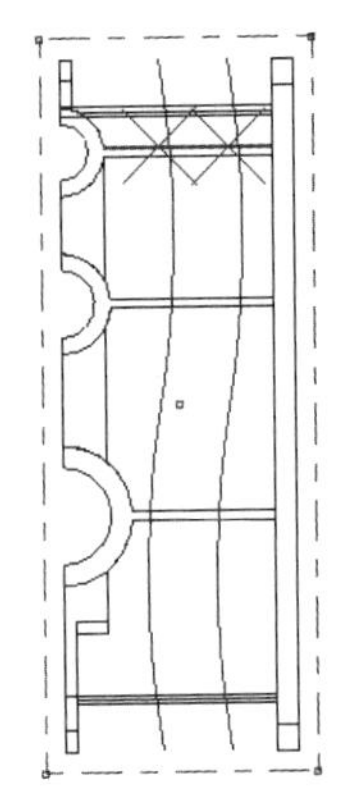

图 15-12　创建试除区域

（9）单击“布局”选项卡“模型视图”面板中的“一般”按钮，系统提示“选取绘制视图的中心点”，在工程图右中部单击鼠标左键以确定视图放置位置，系统打开“绘图视图”对话框，在“类别”列表框中选择“可见区域”选项，在“视图可见性”下拉列表框中选择“局部视图”选项，在刚才放置的视图上选取一点作为局部视图的中心点，接下来草绘一条封闭的轮廓线来确定局部视图的显示区域，单击鼠标中键完成轮廓线绘制，设置如图 15-14 所示。

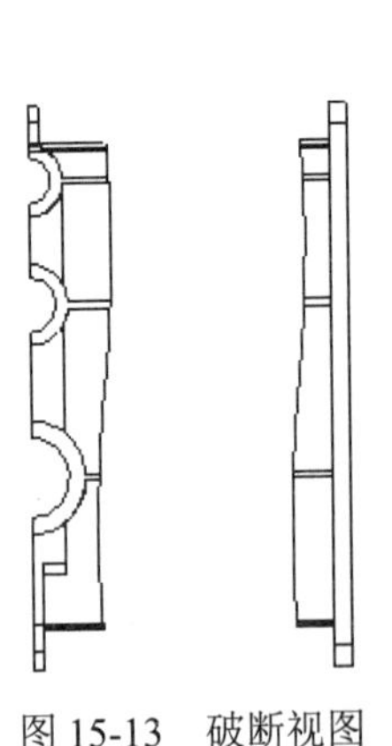

图 15-13　破断视图

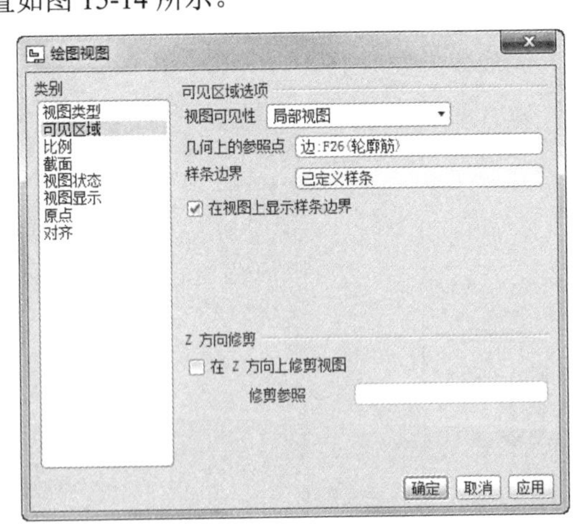

图 15-14　设置属性

（10）单击“应用”按钮，在“类别”列表框中选择“比例”选项，在“比例和透视图选项”选项组中选中“定制比例”单选按钮，输入局部视图比例“0.01”，此尺寸比例表示视图与实际模型的尺寸比值，即视图显示图形大小是模型实际大小的一百分之一，如图 15-15 所示，单击“确定”按钮，完成效果如图 15-16 所示，工程图效果如图 15-17 所示。

Note

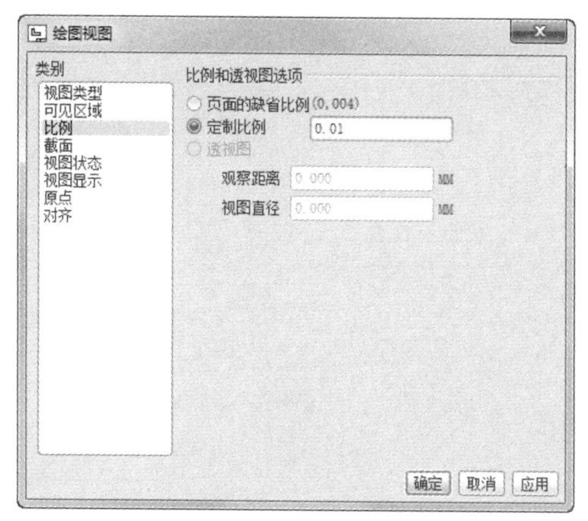

图 15-15　设置比例

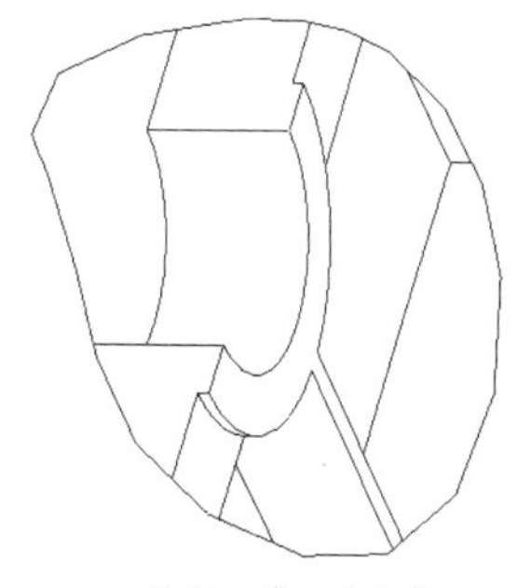

图 15-16　局部视图

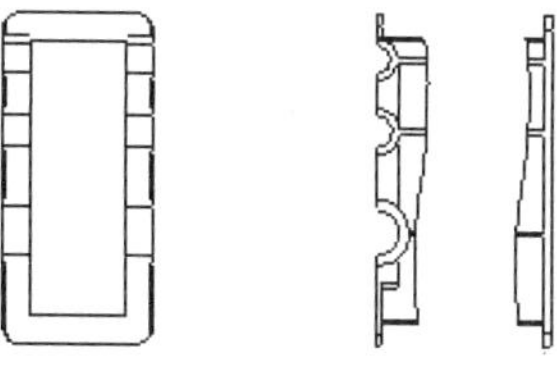

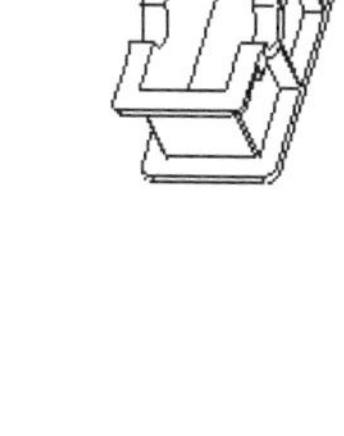

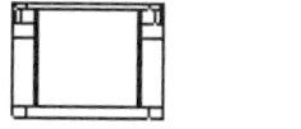

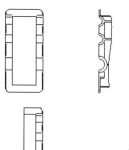

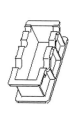

图 15-17　工程图

15.2.2　辅助、旋转与详图视图

视频讲解

当零件有斜面时，使用正投影将不能直观地表示其形状，如果以垂直斜面的方向进行投影，这样的视图效果就比较直观，这种视图称为辅助视图；旋转视图是绕切割平面旋转 90 度并沿其长度方向偏距的剖视图，视图是一个区域截面，仅显示被切割平面所通过的实体部分；对于零件中细小或复杂的部位，可以适当放大以便清楚地表达其形状，这种视图称为详图视图。

（1）首先将资料包 yuanwenjian\18\lingjian1 目录下的零件复制到当前工作目录下，打开零件 lingjian1.prt，接着在“新建”对话框中选取“绘图”模式，然后指定文件名为 lingjian1。

（2）系统打开“新建绘图”对话框，接受默认模型 LINGJIAN1.PRT，在“指定模板”选项组中选中“空”单选按钮，设置图纸方向为“横向”，大小为 A3，单击“确定”按钮。

（3）单击“布局”选项卡“模型视图”面板中的“一般”按钮，系统提示“选取绘制视图的中心点”，在绘图区单击鼠标左键以确定视图放置位置，系统打开“绘图视图”对话框，在“模型视图名”列表框中选取 FRONT 选项，如图 15-18 所示，单击“确定”按钮，将视图放置在工程图左下角。

（4）创建辅助视图。单击“布局”选项卡“模型视图”面板中的“辅助”按钮，系统接着提示选取轴线基准平面作为投影方向，选取如图 15-19 所示箭头所指的边作为参考边，在一般视图的右上方选取视图放置中心，完成的视图如图 15-20 所示。

Note

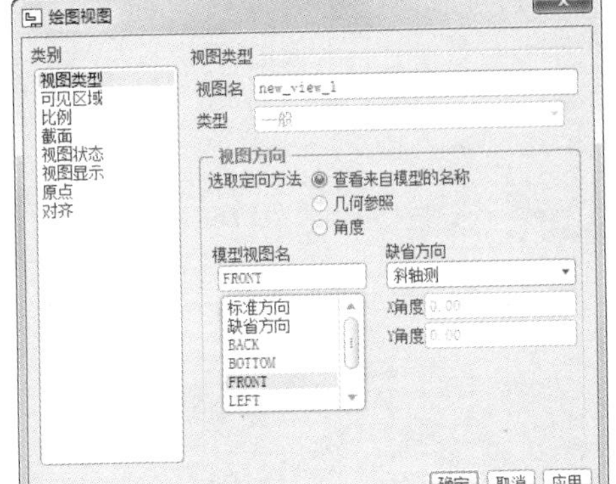

图 15-18　属性设置

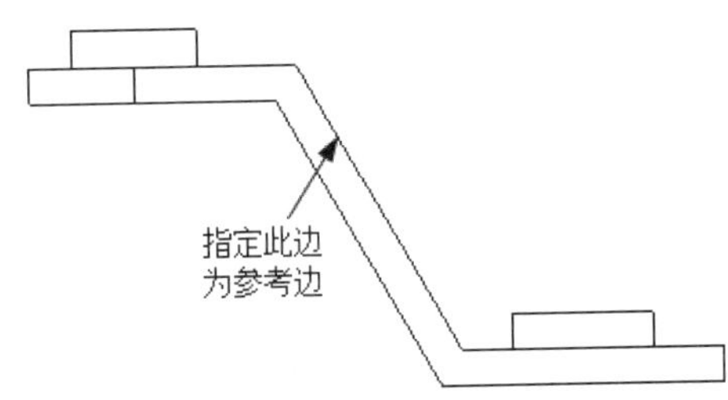

图 15-19　参考边设置

（5）创建详图视图。单击“布局”选项卡“模型视图”面板中的“详细”按钮，系统提示“在一现有视图上选取要查看细节的中心点”，在如图 15-20 所示箭头所指的中心点处单击鼠标左键，再草绘一条封闭的样条曲线来定义详图视图的轮廓，单击鼠标中键结束样条曲线的绘制，在辅助视图左方适当的位置选取视图放置中心，完成效果如图 15-21 所示。

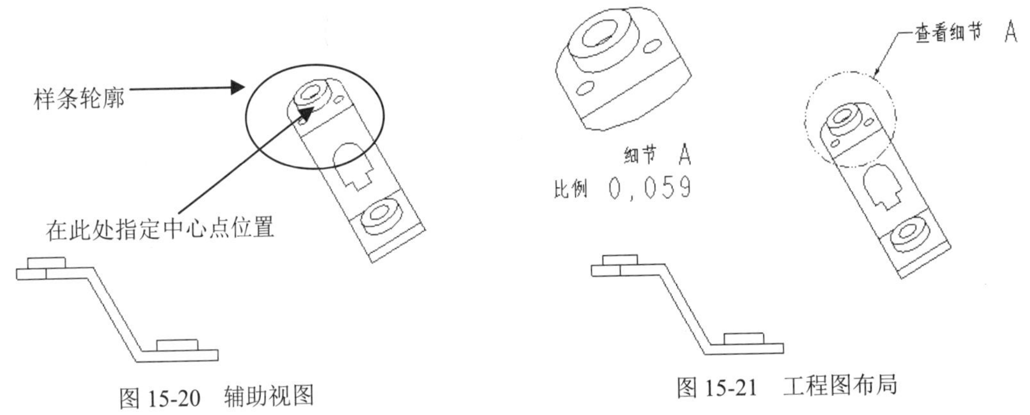

图 15-20　辅助视图

图 15-21　工程图布局

（6）创建旋转视图。单击“布局”选项卡“模型视图”面板中的“旋转”按钮，选取右上角的辅助视图作为父视图，接着在适当的位置选取视图的放置中心点，系统打开“绘图视图”对话框和“剖截面创建”菜单管理器，如图 15-22 和图 15-23 所示。

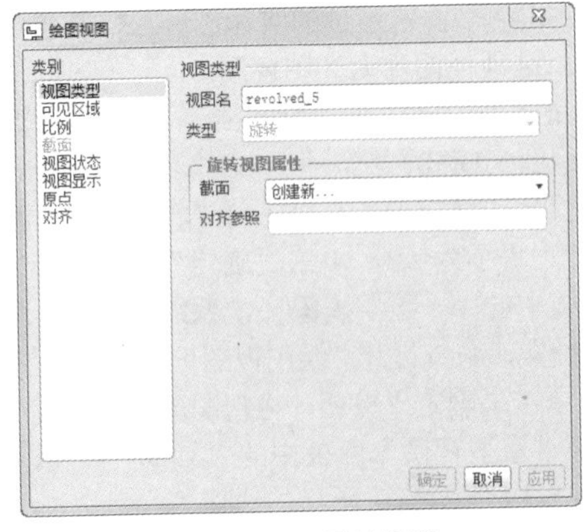

图 15-22　属性设置

图 15-23　剖截面设置

（7）如果在零件模式下已经创建截面的话，在“绘图视图”对话框的“截面”下拉列表框中会出现截面名，可以直接选取使用。在此首先创建一个截面，选取图 15-23 中的“平面”→“单一”命令，再选择“完成”命令，在绘图区下方输入截面名称“sec1”，单击鼠标中键完成输入，系统打开“设置平面”菜单管理器，如图 15-24 所示，选择“平面”命令，再在模型树中选取基准面 FRONT 作为剖截面，单击“绘图视图”对话框中的[确定]按钮完成视图的创建，如图 15-25 所示。

菜单管理器
设置平面
平面
产生基准
退出平面

图 15-24　“设置平面”菜单管理器

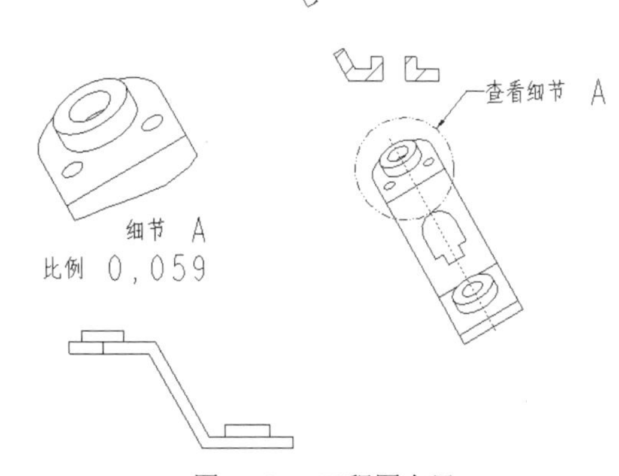

图 15-25　工程图布局

注意：在零件模式下创建剖截面，依次选择“视图”→“视图管理器”命令，系统打开“视图管理器”对话框，如图 15-26 所示，在“剖面”选项卡中单击“新建”按钮来创建剖截面，输入剖截面名称，再单击鼠标中键，系统打开如图 15-27 所示的菜单管理器，用户接下来可以根据不同的方式来生成剖截面。

图 15-26　“视图管理器”对话框

图 15-27　剖截面设置

（8）创建曲面视图。单击“布局”选项卡“模型视图”面板中的“投影”按钮，选取左下角的一般视图作为父视图，在工程图左列两视图之间单击鼠标左键来放置视图，再选取视图，单击鼠标右键，从系统打开的快捷菜单中选择“属性”命令，系统打开“绘图视图”对话框，在“类别”列表框中选择“截面”选项，在“剖面选项”选项组中选中“单个零件曲面”单选按钮，在刚才放置的视图上单击鼠标左键选取一个平面，所有设置如图 15-28 所示，单击“确定”按钮，系统完成曲面视图的创建，完成效果如图 15-29 所示。

Note

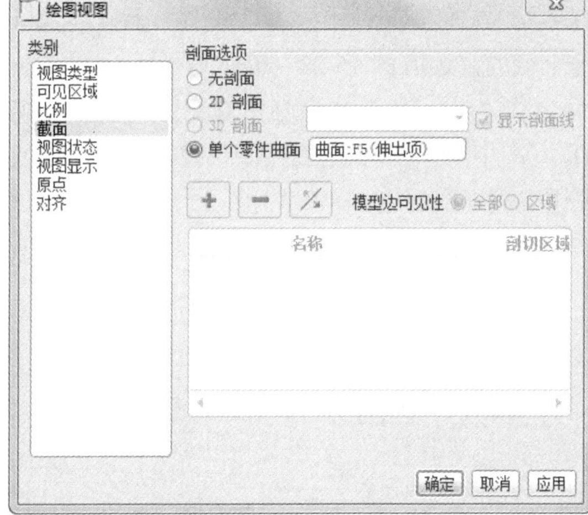

图 15-28　工程图布局

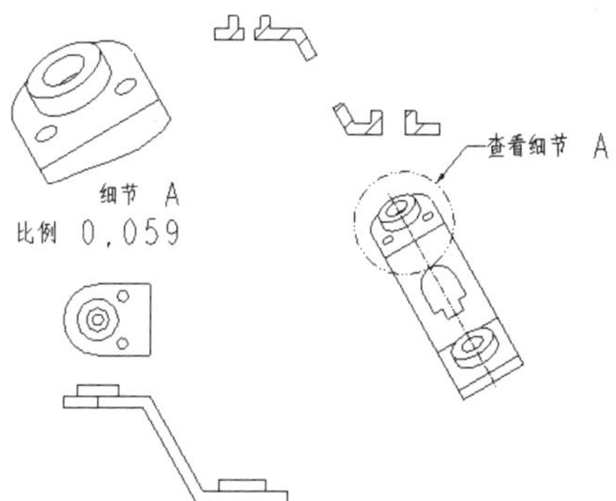

图 15-29　完成曲面视图的创建

视频讲解

15.2.3　剖视图

剖视图用来显示零件或组件的内部结构，主要有 10 种显示方式，其意义如下。

☑　完整的：视图显示为全部视图。

☑　一半：视图显示为半剖视图。

☑　局部：通过绘制边界来显示局部剖视图。

☑　全部&局部：同时显示全部剖视图与局部剖视图。

☑　全部剖截面：显示剖视图的所有边界。

☑　区域剖截面：剖视图只显示截面所经过的实体轮廓。

☑　对齐剖截面：显示绕某轴展开的区域剖截面。

☑　全部对齐：显示绕某轴展开的完整剖截面。

☑　展开剖截面：显示展开的区域剖截面，使得剖截面平行于屏幕。

☑　全部展开：显示展开的全部剖截面，使得剖截面平行于屏幕。

下面通过实例来详细讲解几种剖视图的创建过程。

（1）首先将资料包 yuanwenjian\18\lingjian2 目录下的零件复制到当前工作目录下，打开零件 lingjian2.prt，接着在“新建”对话框中选取“绘图”模式，然后指定文件名为 lingjian2。

（2）系统打开“新建绘图”对话框，接受默认模型 LINGJIAN1.PRT，在“指定模板”选项组中选中“空”单选按钮，设置图纸方向为“横向”，大小为 A3，单击“确定”按钮。

（3）单击“布局”选项卡“模型视图”面板中的“一般”按钮，系统提示“选取绘制视图的中心点”，在绘图区单击鼠标左键以确定视图放置位置，系统打开“绘图视图”对话框，在“模型视图名”列表框中选择 TOP 选项，如图 15-30 所示，单击确定按钮，将视图放置在工程图合适的位置，完成效果如图 15-31 所示。

（4）创建完整的全部剖视图。

❶ 单击“布局”选项卡“模型视图”面板中的“投影”按钮，在步骤（3）创建的视图正上方放置投影视图，再选取投影视图，单击鼠标右键，从系统打开的快捷菜单中选择“属性”命令，系统打开“绘图视图”对话框，在“类别”列表框中选择“截面”选项，在“剖面选项”选项组中选中“2D 剖面”单选按钮，再单击➕按钮添加剖截面，指定剖切面名称为 XSEC_FRONT，然后选择 FRONT

平面，设置剖切区域为“完全”，所有设置如图 15-32 所示，单击“确定”按钮，系统完成剖视图创建，完成效果如图 15-33 所示。

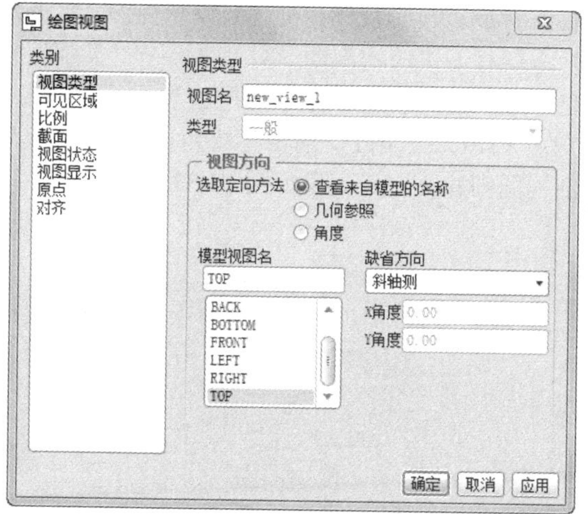

图 15-30　视图方向设置

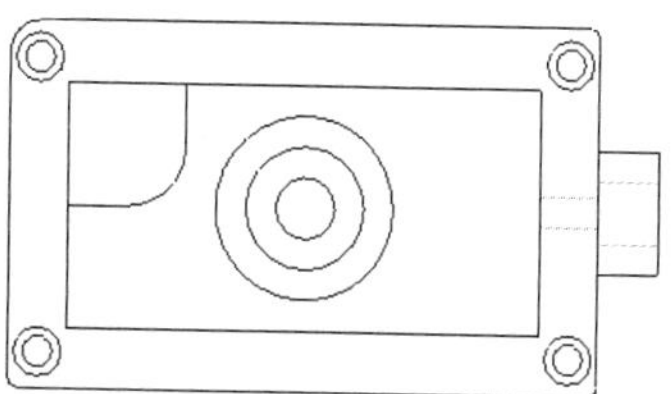

图 15-31　一般视图

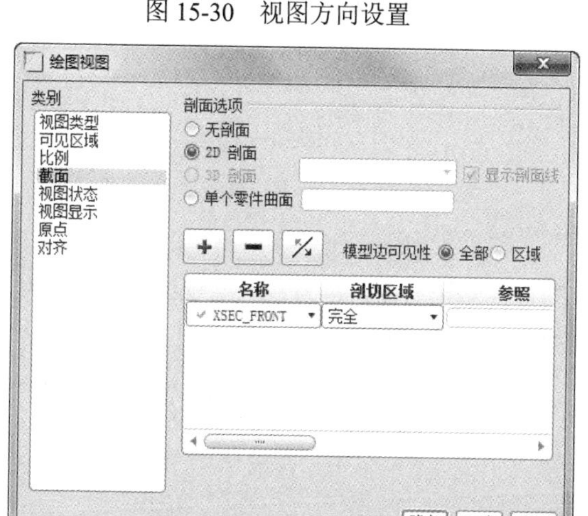

图 15-32　视图类型设置

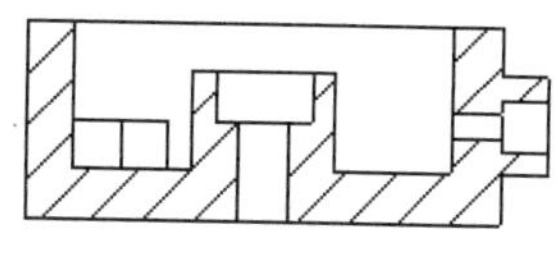

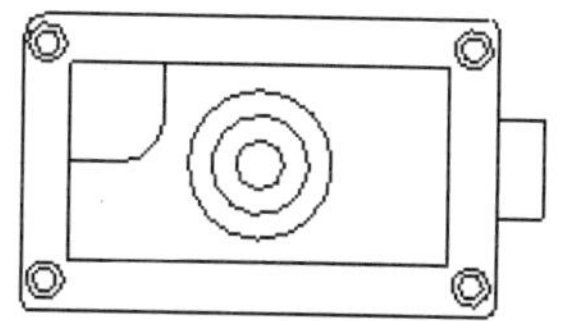

图 15-33　剖视图

❷ 添加箭头。选取剖视图，单击鼠标右键，从弹出的快捷菜单中选择“添加箭头”命令，如图 15-34 所示。系统提示“给箭头选出一个截面在其处垂直的视图”，单击鼠标左键选取父视图，完成效果如图 15-35 所示。

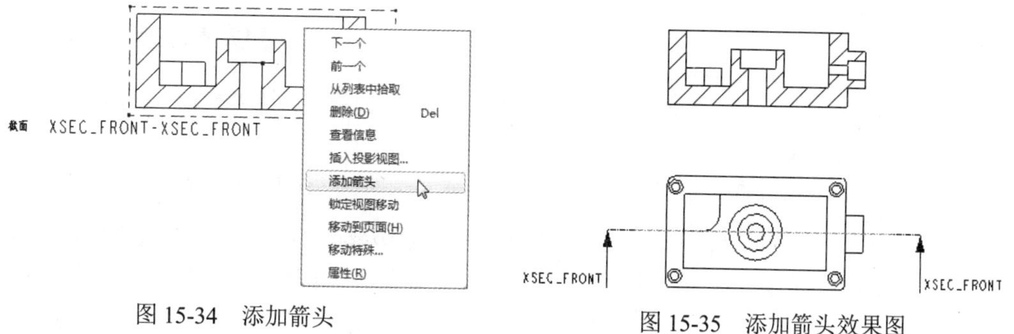

图 15-34　添加箭头

图 15-35　添加箭头效果图

（5）创建区域剖截面。

Note

单击“布局”选项卡“模型视图”面板中的“投影”按钮，系统提示“选取投影父视图”，选取一般视图作为父视图，再在父视图左方单击鼠标左键放置投影视图，再选取投影视图，单击鼠标右键，从系统打开的快捷菜单中选择“属性”命令，系统打开“绘图视图”对话框，在“类别”列表框中选择“截面”选项，在“剖面选项”选项组中选中“2D 剖面”单选按钮，“模型边可见性”选为“区域”，再单击➕按钮添加剖截面，指定剖截面名称为 XSEC_RIGHT，剖切区域为“完全”，所有设置如图 15-36 所示，单击“确定”按钮，系统完成剖视图创建，完成效果如图 15-37 所示。

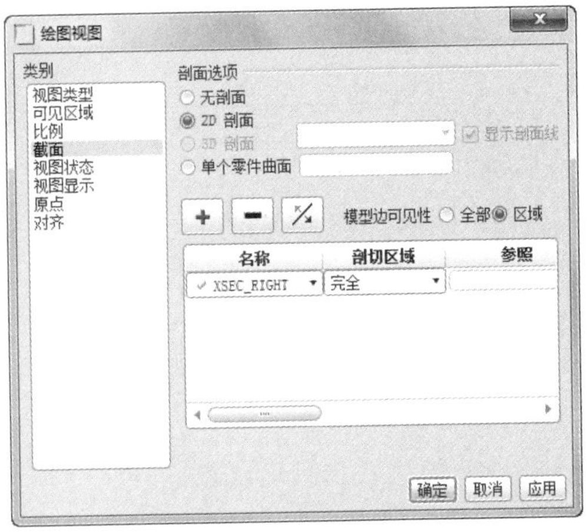

图 15-36　视图类型设置

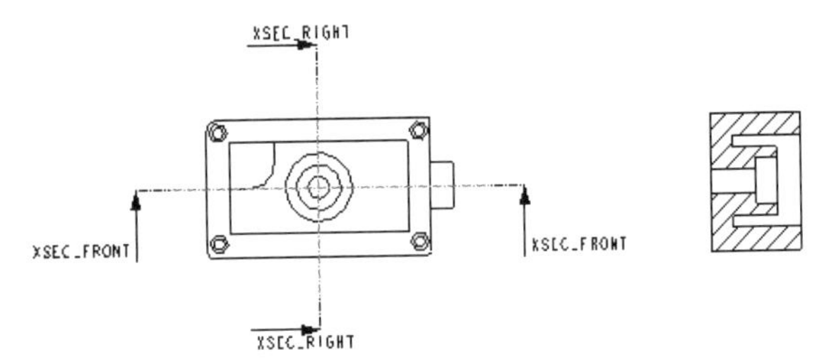

图 15-37　剖视图

（6）创建对齐剖截面。

打开零件 lingjian2，选择“视图”→“视图管理器”命令，系统打开“视图管理器”对话框，在“剖面”选项卡中单击“新建”按钮来创建剖截面，输入剖截面名称：Xsec_1，如图 15-38 所示，再单击鼠标中键，系统打开“剖截面创建”菜单管理器。

在“剖截面创建”菜单管理器上依次选择“偏移”→“单侧”→“单一”命令，如图 15-39 所示，选择“完成”命令。

图 15-38　创建剖截面

图 15-39　剖截面设置

系统打开“设置平面”菜单管理器，如图 15-40 所示，选取零件的顶面作为草绘平面，如图 15-41 所示，单击鼠标中键或选择“方向”菜单管理器中的“确定”命令来确认查看草绘平面的方向，再单击鼠标中键以接受默认的草绘视图参照，关闭系统打开的“参照”对话框。

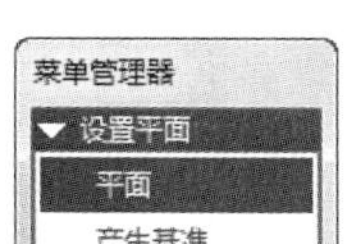

图 15-40 草绘平面设置

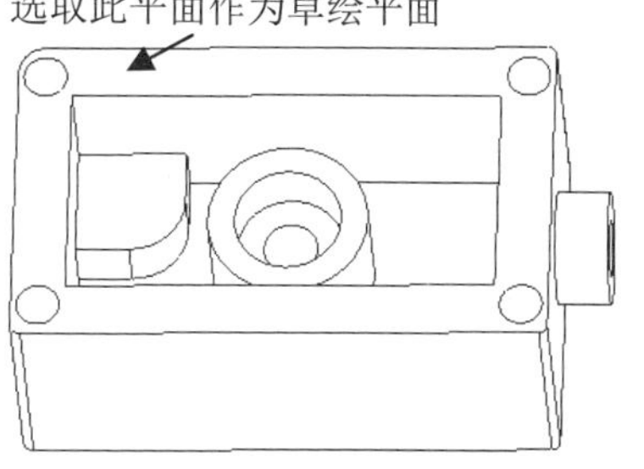

图 15-41 选取草绘平面示意图

❶ 绘制如图 15-42 所示的两条等长的直线，添加约束条件和尺寸后单击✔按钮完成草绘，剖截面已经创建。约束条件为：点 PNT0、PNT1 在直线上；点 PNT2 和两直线交点重合。

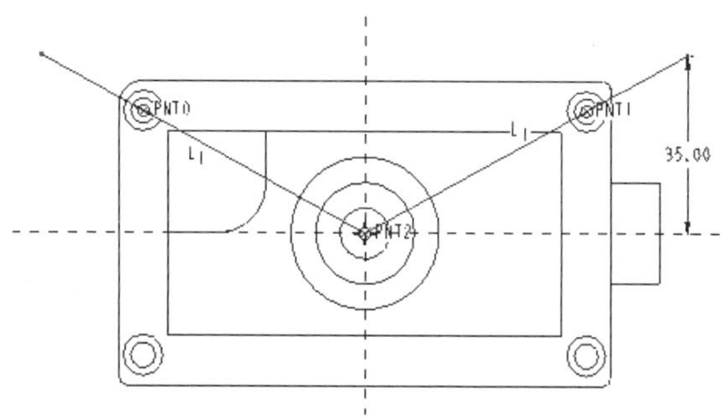

图 15-42 剖切线绘制

❷ 切换并激活工程视图，创建对齐剖截面。单击“布局”选项卡“模型视图”面板中的“投影”按钮，系统提示“选取投影父视图”，选取一般视图作为父视图，再在父视图上方单击鼠标左键放置投影视图，再选取投影视图，单击鼠标右键，从系统打开的快捷菜单中选择“属性”命令，系统打开“绘图视图”对话框，在“类别”列表框中选择“截面”选项，在“剖面选项”选项组中选中“2D 剖面”单选按钮，“模型边可见性”选为“区域”，再单击➕按钮添加剖截面，指定剖切面名称为 XSEC_1，剖切区域为“全部（对齐）”，系统提示选取轴，零件中心孔的轴线“A_2 轴”，所有设置如图 15-43 所示，单击“确定”按钮，系统完成剖视图的创建，完成效果如图 15-44 所示（为便于显示，前面创建的两个视图已经删除）。

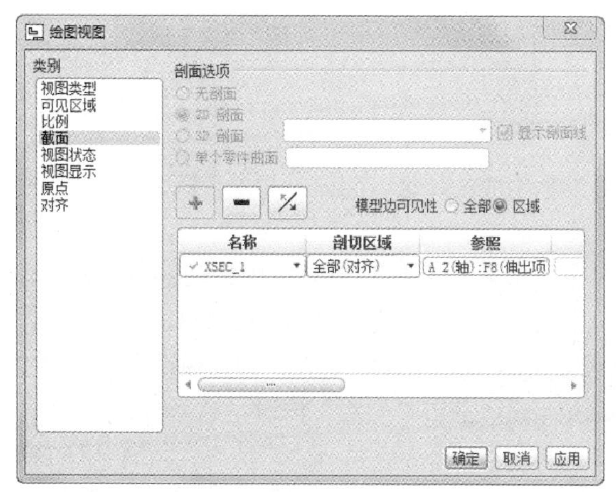

图 15-43 视图类型设置

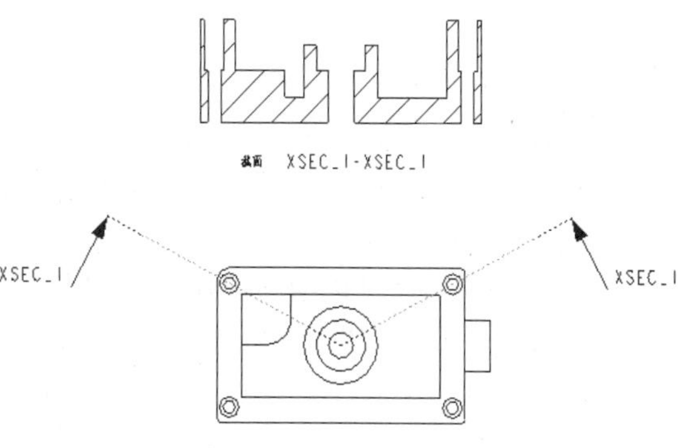

图 15-44 投影方向设置

Note

（7）其他几种视图与前 3 种视图的创建方法基本类似，只是视图外形不一样，在此不一一赘述，图 15-45～图 15-50 列出了其他几种剖视图的显示方式。

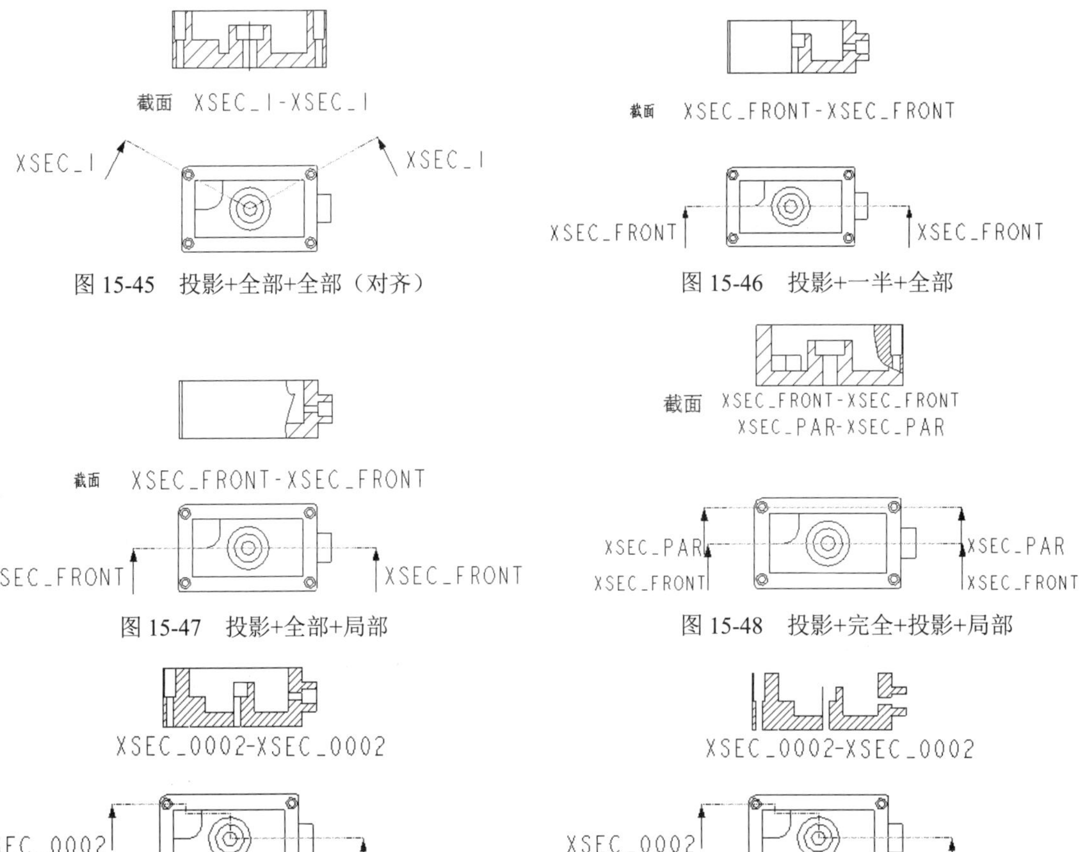

图 15-45　投影+全部+全部（对齐）

图 15-46　投影+一半+全部

图 15-47　投影+全部+局部

图 15-48　投影+完全+投影+局部

图 15-49　一般+角度+全部+完全

图 15-50　一般+角度+区域+完全

视频讲解

15.2.4　特殊视图

在工程图模块中，还有几种特殊的视图，分别是“图形视图”“展平折视图”“复制与对齐视图”“分解视图”“多模型视图”。

1. 图形视图

图形视图是用来显示零件模式下通过“图形关系”来生成的特征，因此，与工程图关联的 3D 模型中必须有一个或多个“图形”特征。

（1）首先将资料包 yuanwenjian\18\lingjian3 目录下的零件复制到当前工作目录下，打开零件 lingjian3.prt，接着在“新建”对话框中选取“绘图”模式，然后指定文件名为 lingjian3。

（2）系统打开“新建绘图”对话框，接受默认模型 LINGJIAN1.PRT，在“指定模板”选项组中选中“空”单选按钮，设置图纸方向为“横向”，大小为 A3，单击“确定”按钮。

（3）首先在工程图中创建一个“一般”视图，完成后单击“布局”选项卡“插入”面板中的“图形”按钮，系统打开“图形”对话框，如图 15-51 所示，表示 3D 模型中有两个图形：GRAPH 和

PICTURE，选取 GRAPH 图形，单击“确定”按钮，在工程图中合适的位置单击来放置“图形”视图。

（4）完成效果如图 15-52 所示，该“图形”视图中样条曲线高度的变化反映了酒瓶直径的变化趋势。

图 15-51　“图形”对话框

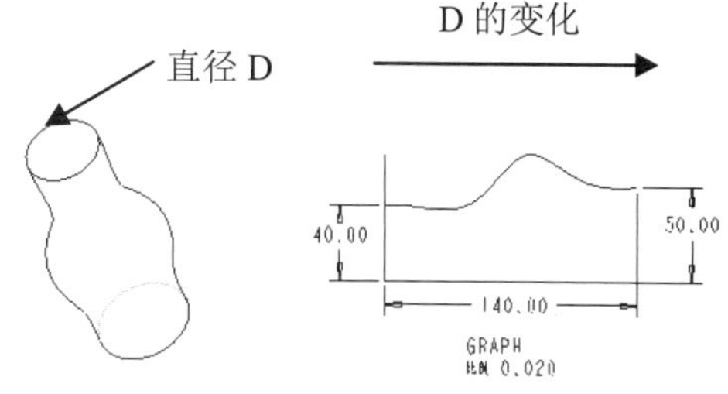

图 15-52　效果图

2. 展平折视图

展平折视图主要用于通过“复合”方式创建的零件，将零件（如胶板）展成一平坦的视图，然后标注其尺寸。

3. 复制与对齐视图

复制与对齐视图是在一个“部分”视图中再创建一个或多个部分视图，以便在同一视图方向中有选取性地显示几何模型，且与父视图之间保持相对位置关系，因此，在创建复制与对齐视图之前，工程图中必须存在“部分”视图，其创建步骤与“局部”视图类似。

4. 分解视图

分解视图的参考 3D 模型必须为组件，当为组件创建视图时，可以通过“绘图视图”对话框来设置分解视图：在“类别”列表框中选择“视图状态”选项，在“分解视图”选项组中选中“视图中的分解元件”复选框，如图 15-53 所示。

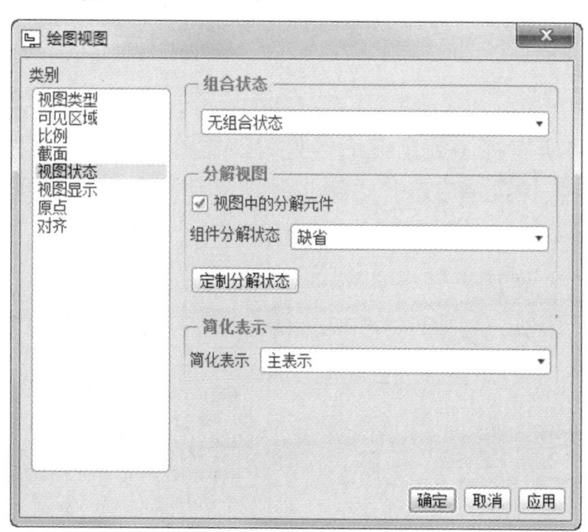

图 15-53　分解视图设置

5. 多模型视图

多模型视图用来在同一工程图中显示两个或两个以上的模型视图，例如在工程图上同时放置装配图的视图和某个零件的视图，其创建步骤如下。

Note

（1）一次选择“文件”→“绘图模型”命令。

（2）系统打开“绘图模型”菜单管理器，选择“添加模型”命令，如图 15-54 所示。

（3）系统弹出“打开”对话框，选取要添加的零件或组件。

（4）此时“设置模型”变为可用，选择“设置模型”命令，在打开的菜单管理器中选择当前要参照的模型，如图 15-55 所示。

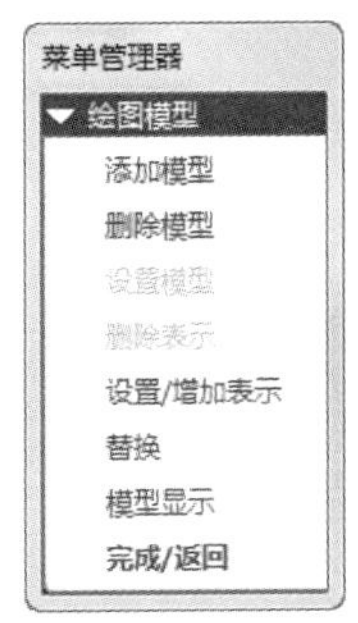

图 15-54　“添加模型”命令

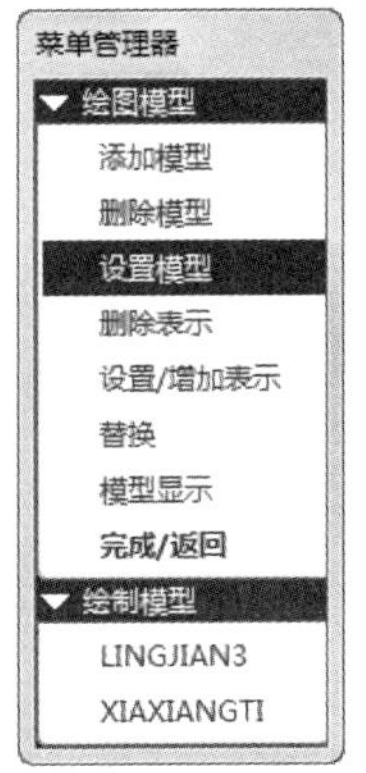

图 15-55　“设置模型”命令

（5）选择功能选项卡中的“布局”→“模型视图”→“一般”命令，接下来按前面介绍的方法创建相应的视图即可。

15.3　视 图 编 辑

工程图模块提供了视图的移动、删除与修改等编辑功能，下面来详细讲解这些功能。

15.3.1　移动视图

系统在默认情况下会将所有视图锁定在适当位置，要移动视图，首先要解除视图锁定：在视图上单击鼠标右键，在打开的快捷菜单中选择“锁定视图移动”命令，取消其前面的标记，如图 15-56 所示。

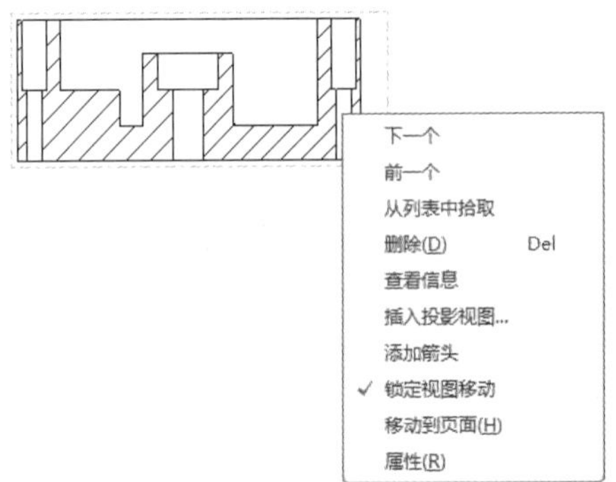

图 15-56　取消“锁定视图移动”前面的标记

当视图被解开锁定后选取图形，选取功能选项卡中的“注释”→“排列”→“移动特殊”命令，

系统提示“从选定的项目选取一点，执行特殊移动”，选取插入的视图，系统打开“移动特殊”对话框，通过输入 x 和 y 的坐标值来定位，也可以捕捉到视图上某个点来定位，如图 15-57 所示。

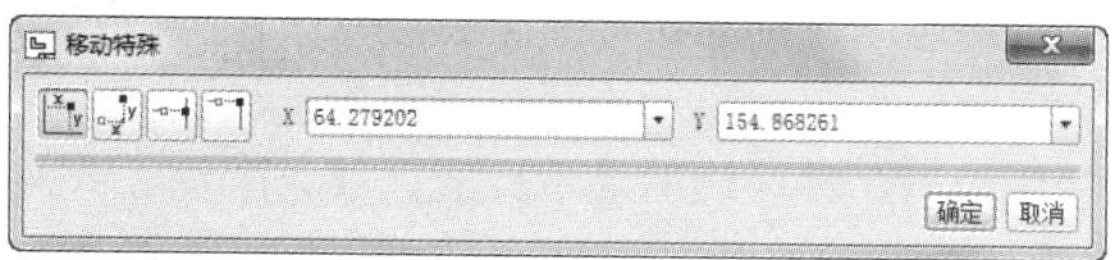

图 15-57　“移动特殊”对话框

如果无意间移动了视图，在移动过程中可按 Esc 键使视图回到初始位置。对于存在父子关系的视图，当移动父视图时，其所有子视图也会跟着移动，以保持初始的相对位置关系，移动子视图时，父视图会保持不动。

15.3.2　拭除、恢复与删除视图

“拭除”与 3D 模式下“隐含”的功能类似，拭除视图不是永久地删除视图，可在任何时候将其恢复，此功能可以提高视图再生和重画的速度。一般拭除视图不会影响其他视图和项目的显示，但是对于与拭除视图相关联的草绘对象或非连接注释，也会一起被隐藏。拭除与恢复视图的步骤如下。

（1）单击“布局”选项卡“模型视图”面板中的“拭除视图”按钮。

（2）系统提示“选取要拭除的绘图视图”，选择要拭除的视图后单击“选取”对话框中的确定按钮，或单击鼠标中键完成。

（3）单击“布局”选项卡“模型视图”面板中的“恢复视图”按钮，此时系统打开“视图名”菜单管理器，如图 15-58 所示，选取要恢复的视图，单击“选取”对话框中的确定按钮，或单击鼠标中键完成。

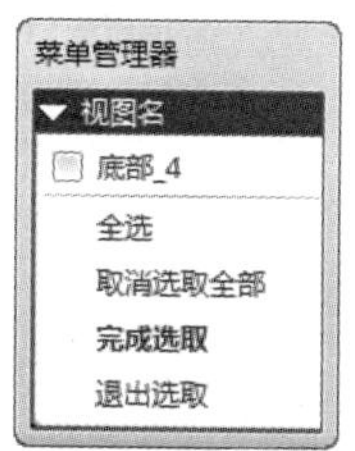

图 15-58　“视图名”菜单管理器

“删除”与 3D 模式下“删除”的功能类似，是不可恢复的，其操作步骤是：选取要删除的视图，再选取功能选项卡中的“注释”→“删除”→“删除”命令，或在要删除的视图上单击鼠标右键，从弹出的快捷菜单中选择“删除”命令，视图被删除。

15.3.3　修改视图

在要修改的视图上双击或单击鼠标右键，从弹出的快捷菜单中选择“属性”命令，系统打开“绘图视图”对话框，如图 15-59 所示，主要功能如下。

（1）视图类型：用来设置视图名称；改变视图类型，如将全视图改为半视图，将投影视图改为剖视图等；设置视图方向。

（2）可见区域：用来在全视图、半视图、局部视图和破断视图之间切换；定制样条边界和控制样条的显示与否；设置 Z 方向修剪，Z 修剪是用来处理隐藏线较多的视图，通过隐藏指定平面后的所有几何特征来显示视图。该命令对分解视图、透视图、区域剖视图和展开剖视图无效。

Note

（3）比例：用来设置透视图选项和“一般”视图与“详图”视图的比例，注意视图修改前必须是通过“比例”方式生成的视图。用户也可以通过选取系统菜单中的“编辑”→“数值”命令，再在视图上选取要修改的比例数值，并输入新的比例数值来完成修改比例；或者直接双击比例数值来修改。

（4）视图状态：用来设置分解视图的显示与简化视图的表示。

（5）视图显示：设置视图线型、相切边的显示样式、线条颜色、骨架模型的显示与否、隐藏线的显示与否、焊接剖面的显示与否。

（6）原点：用来重新指定视图原点到视图上的其他位置，默认的视图原点是视图外框线的两条对角线的交点。

（7）对齐：设置视图与其他视图的对齐方式。取消了视图间的对齐关系后，各子视图可任意移动，也不会随父视图的移动而移动。

（8）截面：用来创建或选取剖切面以及剖切面的显示方式；修改剖视图方向、名称及剖面线的方向，或者用新的剖截面来取代现有的剖截面；要修改剖面的属性，在剖视图区双击，系统打开“修改剖面线”菜单管理器，如图 15-60 所示，其主要选项功能如下。

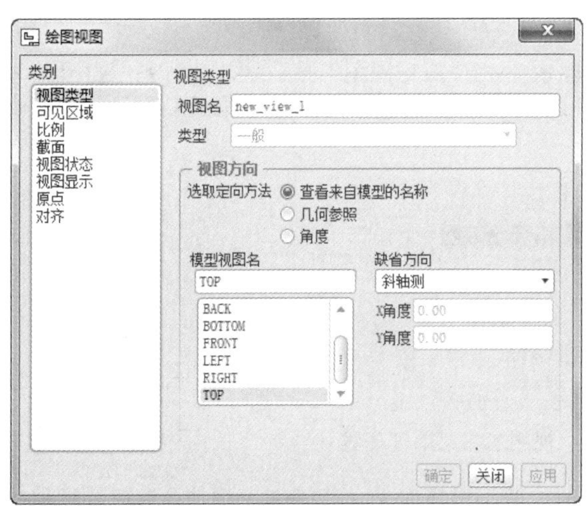

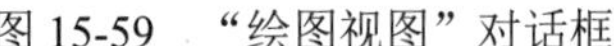
图 15-59　“绘图视图”对话框

图 15-60　“修改剖面线”菜单管理器

- ☑ 间距：用来设置剖面线的疏密程度，有“一半”“加倍”“值”3 种方式来定义剖面线的间距。
- ☑ 角度：用来设置剖面线的角度。
- ☑ 偏移：用来设置剖面线的间距。
- ☑ 线造型：用来设置剖面线的线条样式。
- ☑ 新增直线：在现有的剖面线上再添加一组剖面线，添加完后，其下面 3 个菜单项“删除直线”“下一直线”“前一直线”变为可用。
- ☑ 保存：保存工程图上剖面线的样式。
- ☑ 检索：将已保存过的剖面线样式应用于当前工程图中。
- ☑ 复制：将第一个选取的剖面线型值复制到其他成员。
- ☑ 剖面线：用于填充剖面线。

☑ 填充：用于填充通过 2D 草绘命令创建的封闭区域。

15.4　综合实例——轴承座工程图

本例创建轴承座的工程图。首先创建轴承座的三视图，然后分别对各个视图进行编辑，最后创建轴测图并对其进行编辑，得到轴承座的工程图如图 15-61 所示。

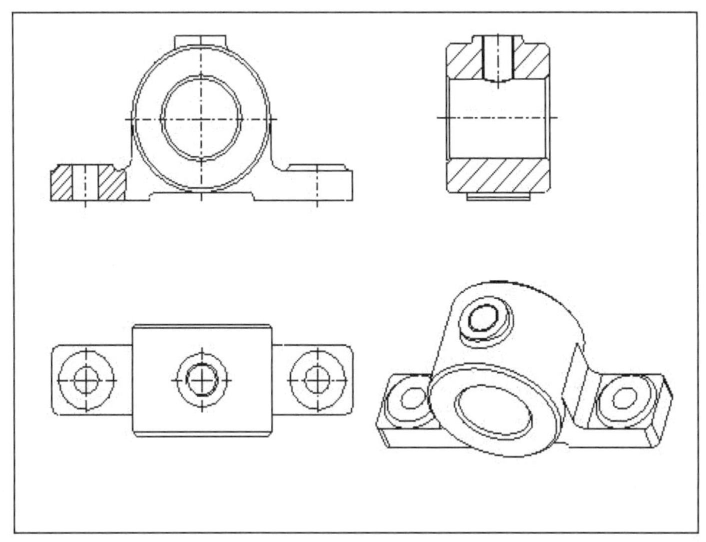

图 15-61　轴承座工程图

1. 进入绘图工作环境

（1）单击“新建”按钮，在弹出的“新建”对话框中选择“绘图”选项，并输入绘图文件名，单击“确定”按钮。

（2）在“新建绘图”对话框中，以轴承座为“缺省模型”，单击“浏览”按钮，在资料包中\15\下选择 zhouchengzuo.prt，打开轴承座零件，如图 15-62 所示。

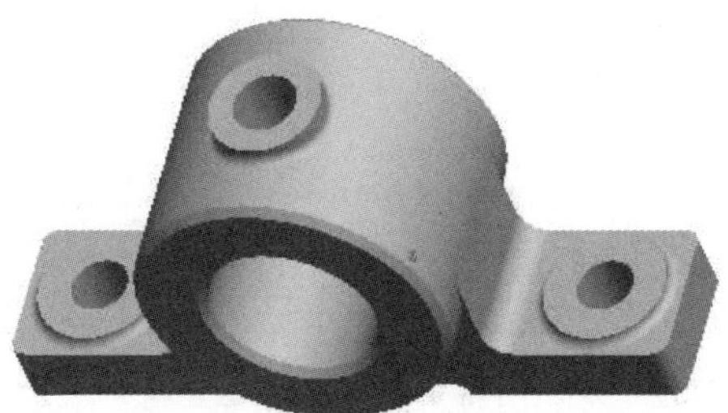

图 15-62　轴承座零件图

（3）在“指定模板”选项组中选中“使用模板”单选按钮，并在“模板”选项组中单击“浏览”按钮，在目录中选择 A4 绘图模板。

（4）单击“确定”按钮，系统进入绘图工作环境，并且轴承座的三视图显示在绘图边线框内，调整三视图后，如图 15-63 所示。

2. 编辑主视图

主要包括对底板上的孔特征进行局部剖视，以表达孔特征，显示孔特征的轴线。

（1）双击主视图，系统弹出“绘图视图”对话框，如图 15-64 所示。

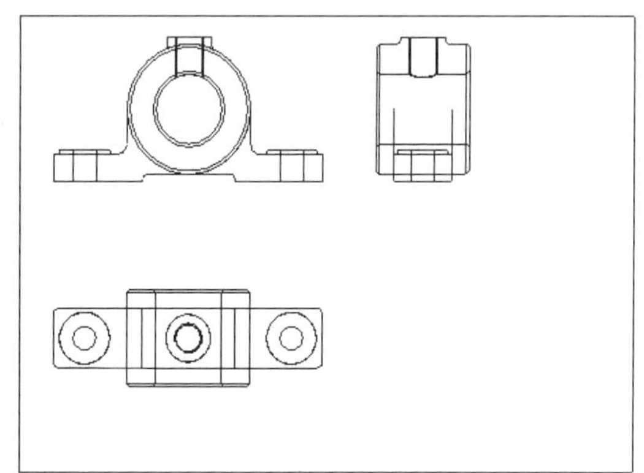

图 15-63　轴承座三视图

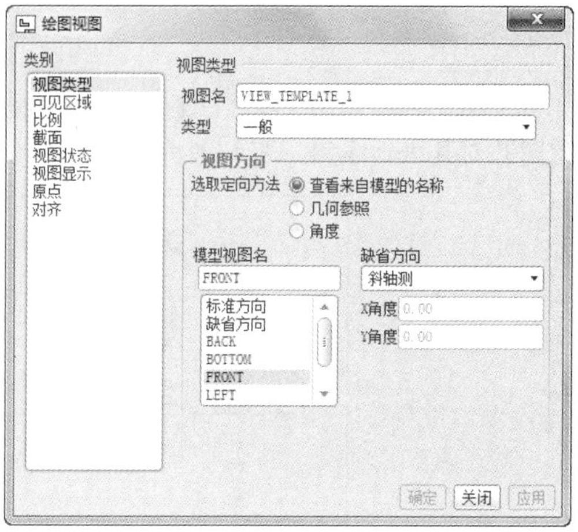

图 15-64　主视图“绘图视图”对话框

（2）在“类别”列表框中选择“比例”选项，与其相对应的设置选项如图 15-65 所示。选中“定制比例”单选按钮，设置比例为 1。

（3）在“类别”列表框中选择“截面”选项，主要对底板上的孔特征进行剖视。

（4）在“截面”的剖面选项中，选择“2D 剖面”单选按钮，并单击“添加剖面”按钮➕，创建新剖面，如图 15-66 所示。

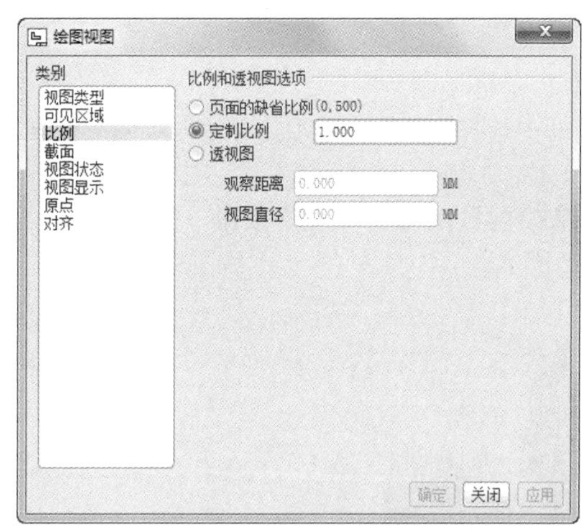

图 15-65　“比例”设置选项

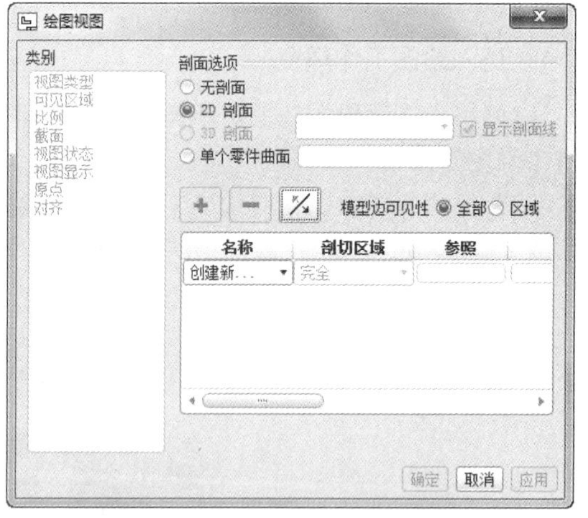

图 15-66　为剖面设置 2D 截面

（5）系统弹出“剖截面创建”菜单管理器，为剖面设置剖截面。选择“平面”→“单一”命令，最后选择“完成”命令，如图 15-67 所示。

（6）系统给出提示，输入剖截面的截面名称，如图 15-68 所示。

（7）系统弹出“设置平面”菜单管理器，如图 15-69 所示。给出提示选取平面以作为剖截面。由于剖开底板上两个孔特征时的剖截面需要通过底板上两个孔特征的轴线，所以需要创建一个基准平面穿过两轴线，并以此平面作为剖截面。在菜单管理器中选择“产生基准”命令。

图 15-67 “剖截面创建”菜单管理器

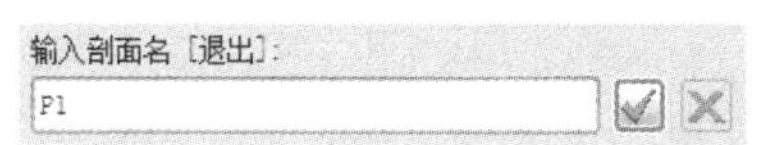

图 15-68 输入创建的剖面名称

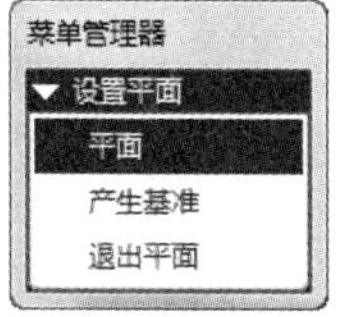

图 15-69 “设置平面”菜单管理器

（8）系统弹出“基准平面”菜单管理器，选择“穿过”命令，如图 15-70 所示。系统给出提示选择轴线、边、曲线等。

（9）在主视图中选择第一个孔特征轴线，然后在“基准平面”菜单管理器中选择“穿过”命令，之后选择第二个孔特征轴线，如图 15-71 所示。

（10）这样剖截面设置完成，并将有效剖截面 p1 列在“名称”列表中，如图 15-72 所示。

图 15-70 “基准平面”菜单管理器

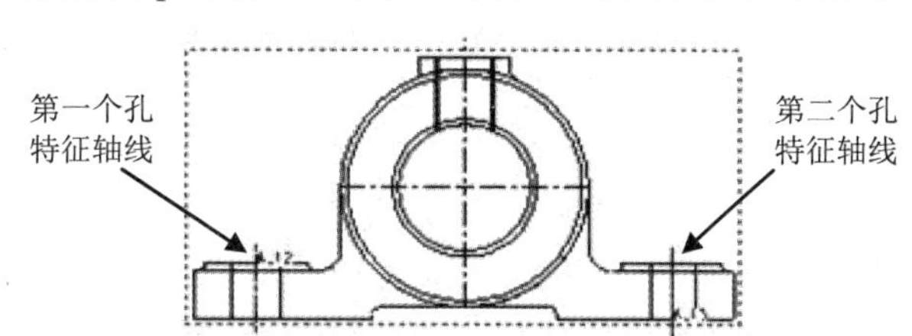

图 15-71 选取基准平面穿过两个孔特征轴线

图 15-72 创建出有效剖截面

（11）在“剖切区域”选项中选择“局部”，系统将提示选取局部剖面的中心点，并且围绕中心点绘制局部剖面的边界样条曲线，如图 15-73 所示。

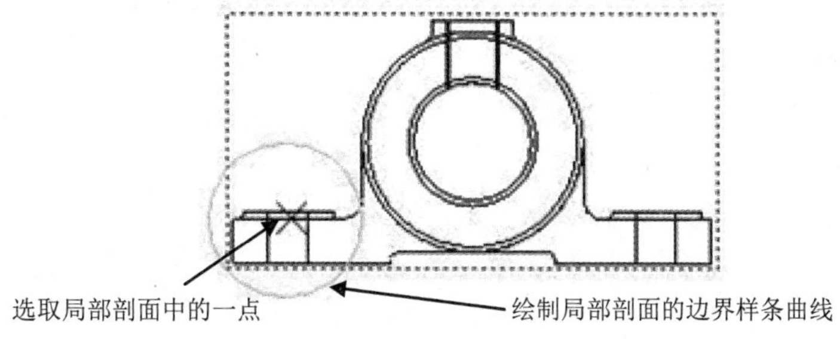

图 15-73 选取局部剖面的中心点和绘制边界样条曲线

注意：在选取中心点时，必须选取几何边线上的一点，不然选取的点无效。

Note

（12）局部剖面的设置到此完成，单击“绘图视图”对话框中的“应用”按钮，设置内容如图 15-74 所示。

（13）局部剖面的主视图如图 15-75 所示。

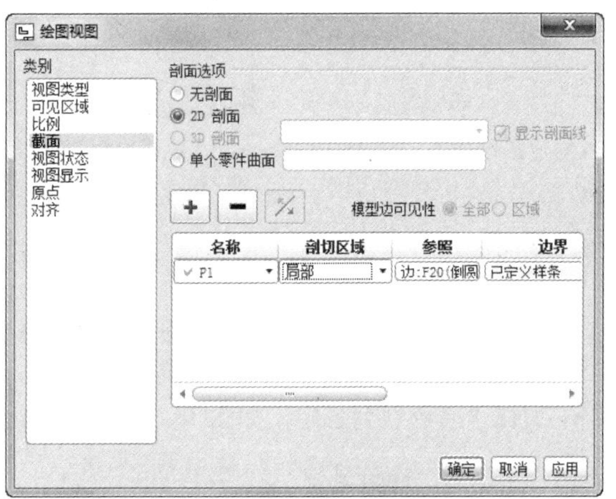

图 15-74　设置局部剖面的选项内容

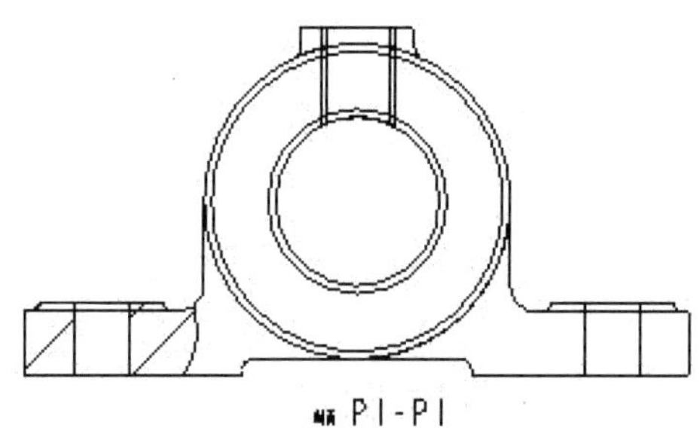

图 15-75　带有局部剖面的主视图

（14）系统自动为局部剖视图给出注释，如图 15-76 所示。在制图习惯上这个注释没有必要编著，需要将其删除。选择“注释”选项卡，然后单击“绘图树”模型树中的“注释”左侧的⊞，弹出下级菜单，右击 绘制: Note_0，在弹出的快捷菜单中选择“删除”命令，这样就可以去掉注释，如图 15-76 所示。

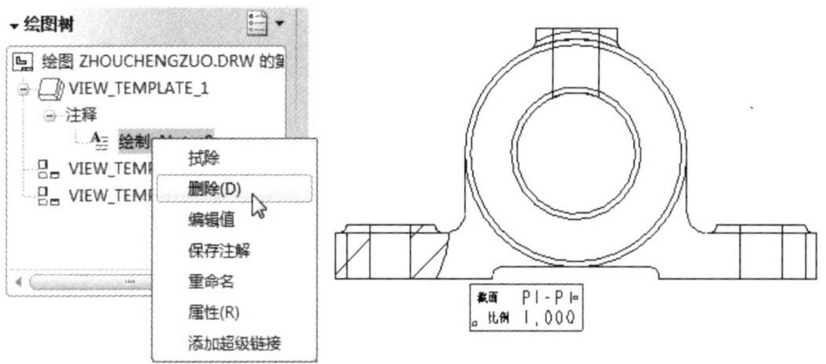

图 15-76　拭除主视图的剖面注释

（15）为孔特征绘制中心线。这在机械制图中是必须的，以表明孔特征。单击“草绘器工具”工具栏中的＼按钮，系统弹出“捕捉参照”对话框，单击按钮，系统提示选取捕捉参照，在主视图中选取具有孔特征的边线，如图 15-77 所示，其中箭头指向的边为选取边。

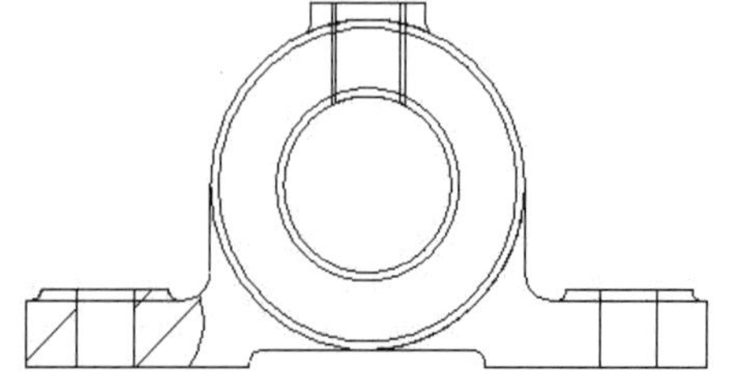

图 15-77　为草绘中心线选取“捕捉参照”

注意：选取捕捉参照的目的是为了在绘制孔特征中心线时系统可以自动捕捉孔特征的中心点。

(16）分别为孔特征绘制中心线，如图 15-78 所示。

(17）单击“草绘”选项卡“格式化”面板中的“线造型”按钮，系统弹出“线造型”菜单管理器，选择“修改直线”命令。选取视图中所有的中心线，单击“选取”对话框中的“确定”按钮。

(18）系统弹出“修改线造型”对话框，在“属性”选项组的“线型”下拉列表框中选择“控制线_L_L”选项，如图 15-79 所示。

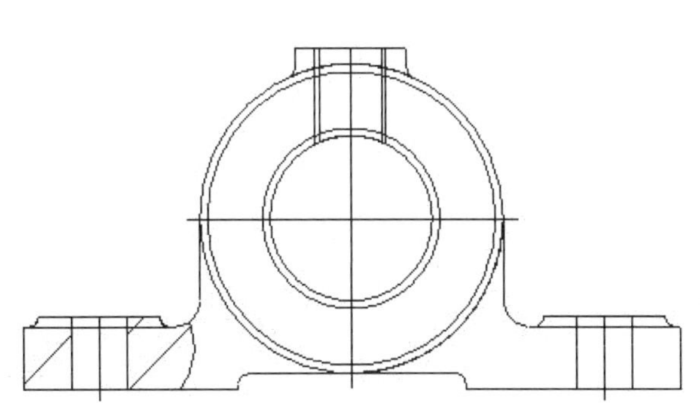

图 15-78　为孔特征绘制中心线

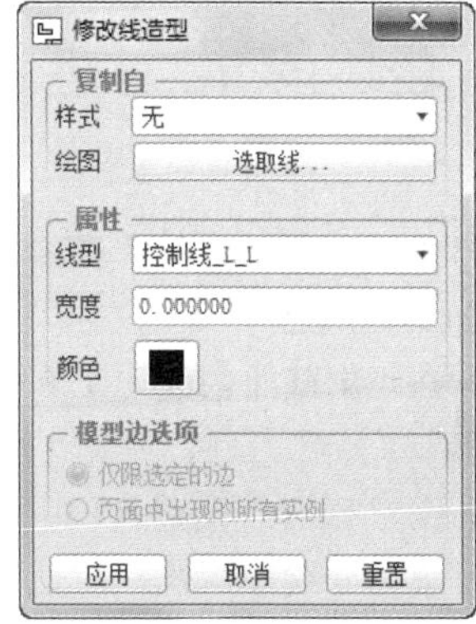

图 15-79　修改中心线线型

(19）单击“修改线造型”对话框中的“应用”按钮，视图中的中心线变为点画线，这样主视图的编辑完成，如图 15-80 所示。

3. 编辑左视图

主要是与主视图对齐；为了表达螺纹孔以及圆筒细节，需要进行剖视，绘制中心线。

(1）双击左视图，打开“绘图视图”对话框，在“类别”列表框中选择“对齐”选项，并使“将此视图与其它视图对齐”复选框处于选中状态。同时选中“水平”单选按钮，如图 15-81 所示。

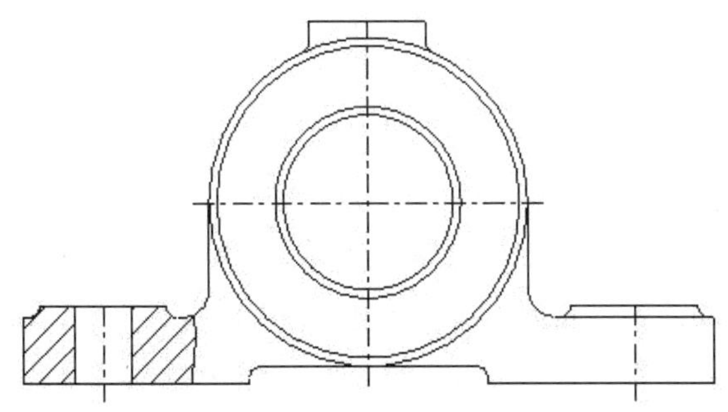

图 15-80　编辑完成的主视图

图 15-81　设置左视图与主视图水平对齐

(2）在“将此视图与其它视图对齐”后的相应选取项目设置为主视图，并单击“绘图视图”对话框中的“应用”按钮，这样就完成了视图对齐设置，如图 15-82 所示。

注意：双击左视图，打开“绘图视图”对话框，在“类别”列表框中选择“视图类型”选项，当“类型”为“投影”时，左视图将与其父视图（此时为主视图）保持水平对齐，无须再进行水平对齐设置。

(3）选择“绘图视图”对话框中“类别”列表框中的“截面”选项，选中“2D 剖面”复选框，

并单击“添加剖截面”按钮➕，以新建一个剖面 p2。

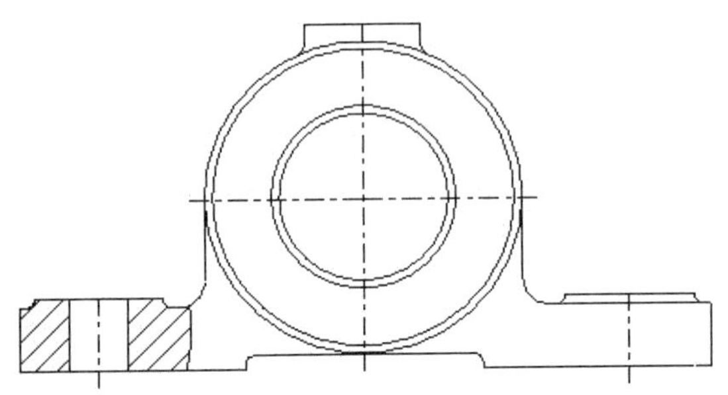

图 15-82　左视图与主视图对齐

（4）在“剖截面创建”菜单管理器中选择“平面”→“单一”命令，然后选择“完成”命令。输入剖截面名称 p2。

（5）在“剖截面创建”菜单管理器中选择“平面”命令，在视图中选择 RIGHT 基准平面作为剖截面。

（6）在“截面”设置选项中的“剖切区域”中选择“完全”选项，如图 15-83 所示。

（7）单击“绘图视图”对话框中的“应用”按钮，并关闭对话框。剖视图显示如图 15-84 所示。

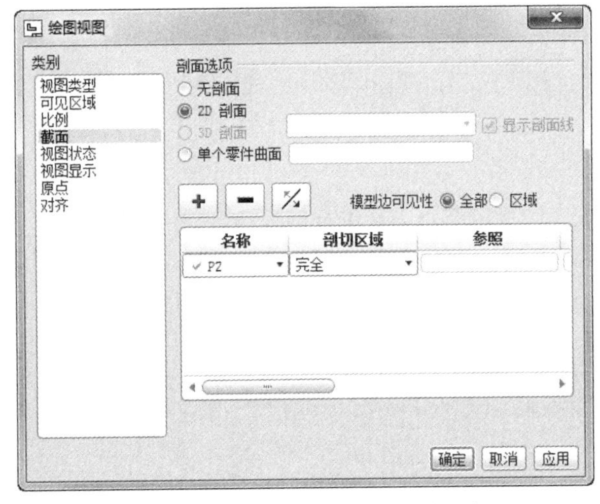

图 15-83　左视图“截面”选项设置

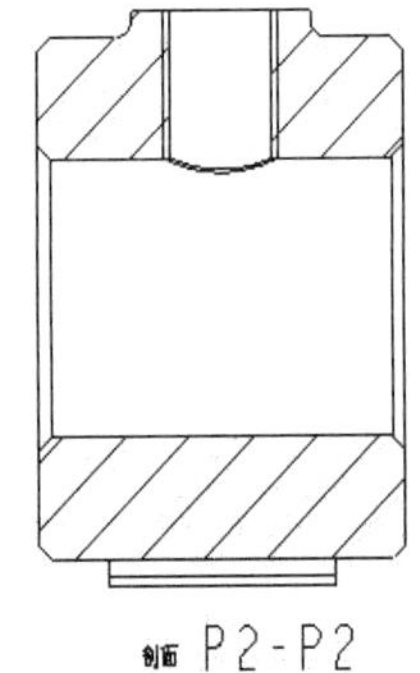

图 15-84　左视图的全剖视图

（8）由于在工程图中没有必要标注剖视图注释，须将其删除。选择“注释”选项卡，然后单击“绘图树”模型树中的“注释”左侧的⊞，弹出下级菜单，右击 绘制: Note_1，在弹出的快捷菜单中选择“删除”命令，这样就可以去掉注释了。

（9）为孔特征草绘中心线，并将实线线型转换为点画线。

（10）最后得到如图 15-85 所示的左视图。

4．编辑俯视图

主要是与主视图对齐，绘制孔特征中心线，在俯视图中无须剖视。

（1）在视图中观察，生成的俯视图不正确，需要重新插入俯视图。首先将现有的俯视图删除，然后单击“布局”选项卡“模型视图”面板中的“投影”按钮，选择主视图，然后向下移动鼠标，将新建的俯视图拖放到适当位置，双击俯视图，系统打开“绘图视图”对话框，在“类别”列表框

中选择“对齐”选项，选中“将此视图与其它视图对齐”复选框。同时选中“垂直”单选按钮，如图 15-86 所示。

（2）选取对齐视图为主视图，单击“绘图视图”对话框中的“应用”按钮，完成俯视图与主视图的对齐设置，如图 15-87 所示。

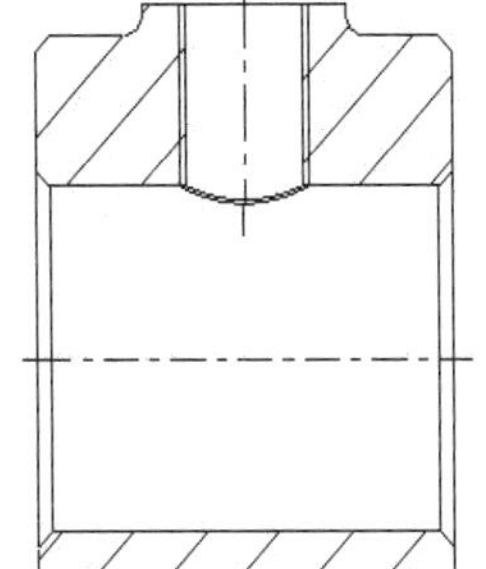
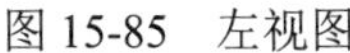

图 15-85　左视图

图 15-86　俯视图与主视图选项设置

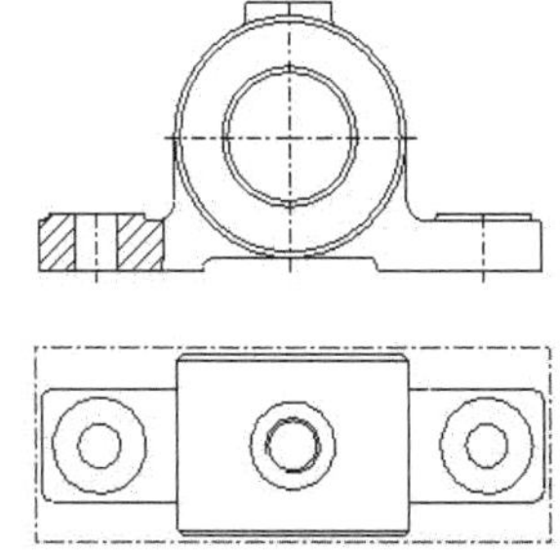

图 15-87　俯视图与主视图对齐

（3）绘制孔特征中心线，方法与主视图孔特征中心线绘制方法相同。最后的俯视图如图 15-88 所示。

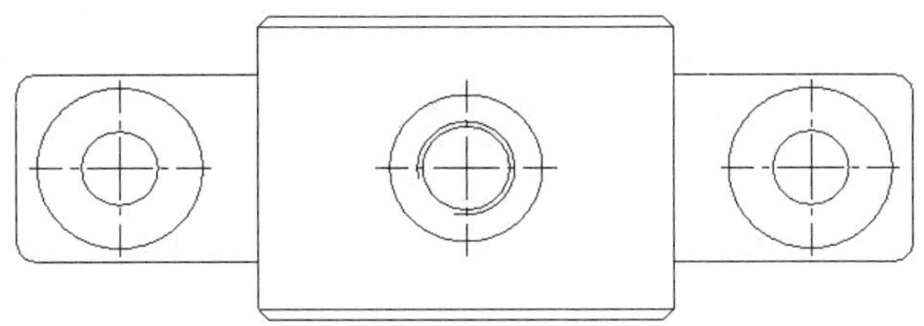

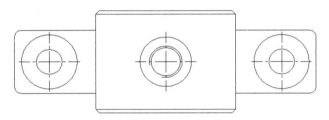

图 15-88　编辑完成的俯视图

5. 增加轴测图

为了能够直观地显示轴承座的特征，需要增加轴承座的斜轴测视图。

单击“布局”选项卡“模型视图”面板中的“一般”按钮，系统提示选取绘制视图的中心点，然后用鼠标左键在绘图区的合适位置选取一点作为轴测图的中心点，同时系统弹出“绘图视图”对话框，单击“应用”按钮，完成轴测图的生成，如图 15-89 所示。

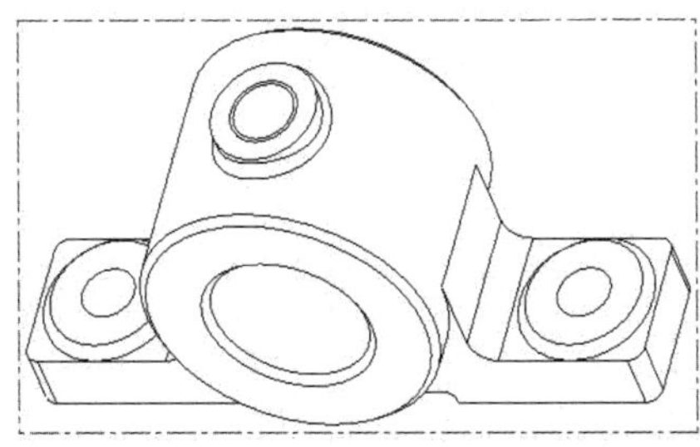

图 15-89　轴承座斜轴测图

6. 轴承座的视图编辑完成，保存文件

工程图汇总

完整的工程图除了各种形式的视图外，要想清楚地表达设计者的工程意图，必须借助一些非图形性的信息来丰富表达手段，以达到完整表达的效果。为此，Pro/ENGINEER Wildfire 5.0工程图引进了尺寸标注、注释、符号、线条样式、表格、图框和模板等设计工具。这些设计工具的使用，极大地丰富了Pro/ENGINEER的工程图设计方法和手段。与视图一起共同构建了工程图的全部信息内涵。

任务驱动&项目案例

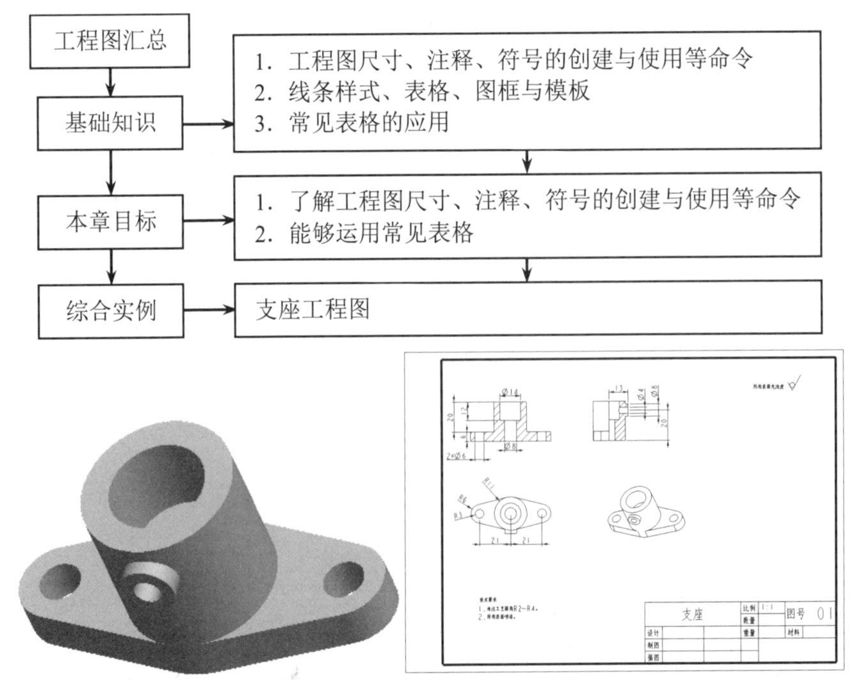

16.1　工程图尺寸

完整的工程图包括以上创建的各种视图外，尺寸也是必不可少的。

16.1.1　尺寸标注

1. 显示模型注释

“显示模型注释”命令可以用来显示 3D 模型的尺寸，也可显示从模型输入的其他视图项目，使用“显示模型注释”命令的好处如下。

（1）在工程图中显示尺寸并进行移动，要重新创建的尺寸更快。

（2）由于工程图与 3D 模型具有关联性，因此在工程图中对修改从 3D 模型显示的尺寸值，系统将在零件或组件中反映出来。

（3）可使用绘图模板自动“显示”和定位尺寸。

显示模型注释的方式：单击“注释”选项卡“插入”面板中的“显示模型注释”按钮，在类型选项中选取注释类型，在工程图中选取要进行注释的视图，在“显示模型注释”对话框中会有相应的显示，如图 16-1 所示。

图 16-1　“显示模型注释”对话框

各类型功能如表 16-1 所示。

表 16-1　类型功能

按　钮	功　能	按　钮	功　能
	显示/拭除尺寸		显示/拭除焊接符号
	显示/拭除形位公差		显示/拭除表面粗糙度
	显示/拭除注释		显示/拭除基准平面

2. 手动创建尺寸

前面提到的创建尺寸是系统自动完成的，用户还可以通过手动方式来创建尺寸，手动方式创建的尺寸是驱动尺寸，不能被修改。

（1）标注线性尺寸。单击“注释”选项卡“插入”面板中的“尺寸—新参照”按钮，使用此

命令可以标注水平尺寸、竖直尺寸、对齐尺寸及角度尺寸等，系统打开“依附类型”菜单管理器，如图 16-2 所示，各选项功能如下。

☑ 图元上：在工程图上选取一个或两个图元来标注，可以是视图或 2D 草绘中的图元，如图 16-3 所示。

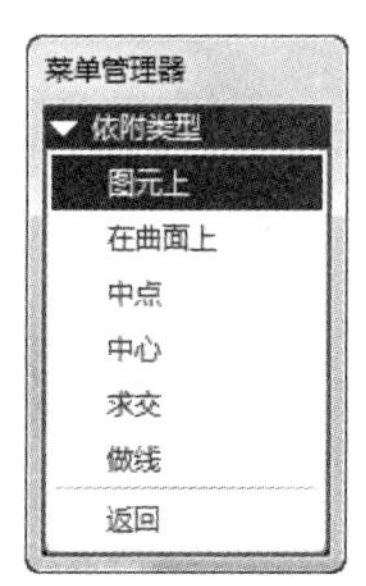

图 16-2　“依附类型”菜单管理器

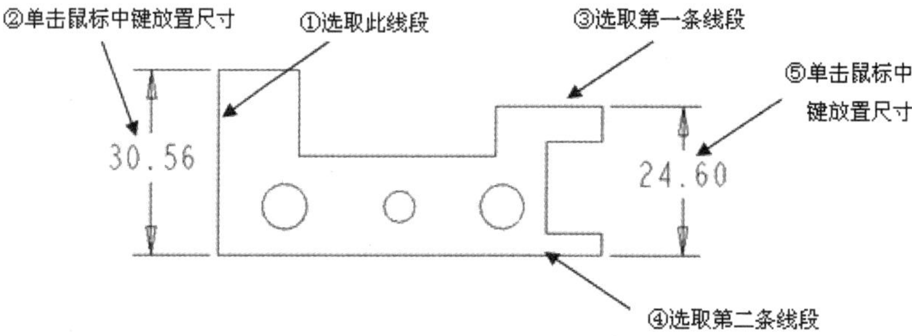

图 16-3　创建尺寸示意图

☑ 在曲面上：曲面类零件视图的标注，通过选取曲面进行标注，如图 16-4 所示。

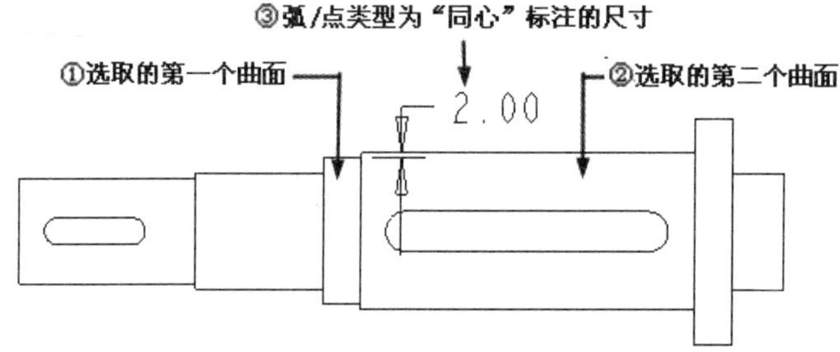

图 16-4　创建尺寸示意图

☑ 中点：通过捕捉对象的中点来标注尺寸，如图 16-5 所示。

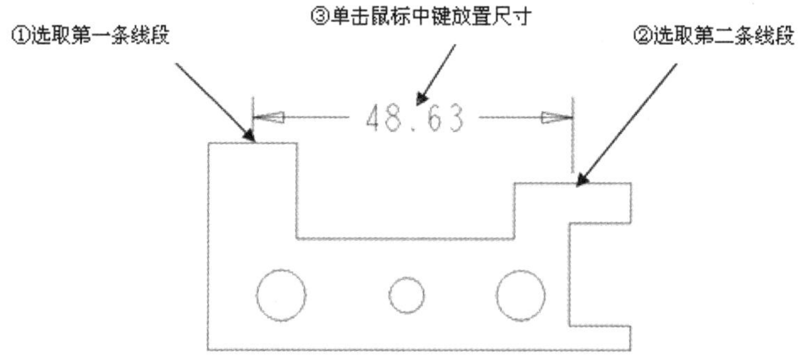

图 16-5　创建尺寸示意图

☑ 中心：通过捕捉圆或圆弧的中心来标注尺寸，如图 16-6 所示。

☑ 求交：通过捕捉两图元的交点来标注尺寸，交点可以是虚的，如图 16-7 所示。按住 Ctrl 键选取 4 条边线，然后选取“斜向”方式标注尺寸，系统将在交叉点位置标注尺寸。

☑ 做线：通过选取“两点”“水平方向”或“垂直方向”来标注尺寸。

（2）标注径向尺寸。单击“注释”选项卡“插入”面板中的“Z—半径尺寸”按钮，用鼠标左键单击圆或圆弧，系统提示选择圆心的位置，如图 16-8 所示。

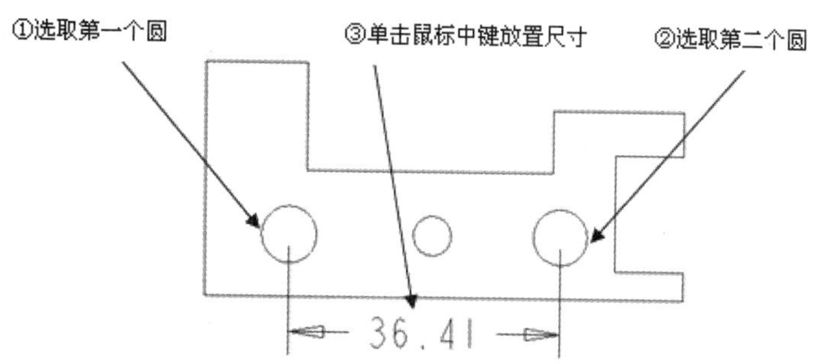

图 16-6　创建尺寸示意图

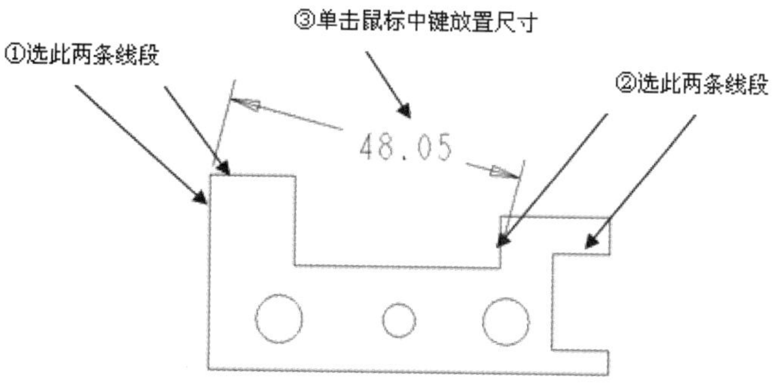

图 16-7　创建尺寸示意图

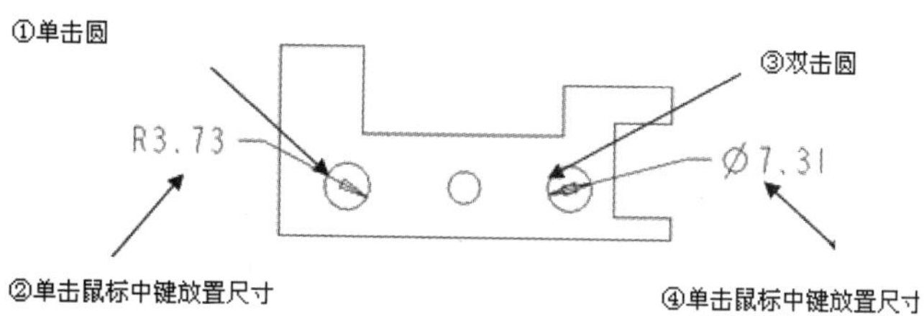

图 16-8　创建尺寸示意图

（3）标注角度尺寸。单击“注释”选项卡“插入”面板中的“参照尺寸—新参照”按钮，在“依附类型”菜单管理器中选择“图元上”命令，选取两个图元，再单击鼠标中键放置角度尺寸。

（4）按基准方式标注尺寸。选取“功能”选项卡中的“插入”→“尺寸”→“尺寸--公共参照”命令；系统打开“依附类型”菜单管理器，选择“图元上”命令；操作过程如图 16-9 所示。

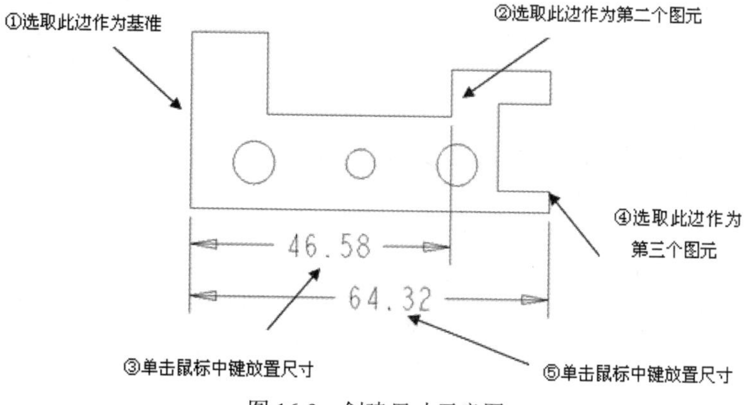

图 16-9　创建尺寸示意图

（5）纵坐标方式标注尺寸。创建纵坐标之前，必须存在一个线性尺寸，下面结合图 16-10 所示讲解具体的创建步骤。

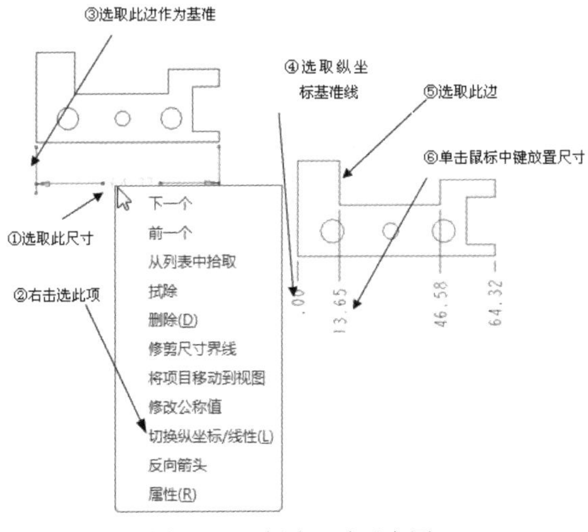

图 16-10　创建尺寸示意图

❶ 选取线性尺寸（选中后线性尺寸颜色变亮），单击鼠标右键，从弹出的快捷菜单中选择“切换纵坐标/线性”命令，将线性尺寸转换为纵坐标尺寸，再选择到尺寸线的一条边界线作为基准线。

❷ 单击“注释”选项卡“插入”面板中的“纵坐标参照尺寸”按钮，系统打开“依附类型”菜单。

❸ 选取一条现有的纵坐标基准线，表示从其开始标注。

❹ 在“依附类型”菜单管理器中选择“图元上”命令，再选取一个图元，单击鼠标中键放置尺寸。

❺ 重复上一步完成下一个尺寸的标注。

❻ 单击鼠标中键完成标注。

效果如图 16-10 所示。

（6）坐标尺寸。创建坐标尺寸前，工程图上必须存在水平与垂直两个方向的尺寸，单击“注释”选项卡“插入”面板中的“坐标尺寸”按钮，接着选取轴、边、基准点、曲线、顶点或是装配特征作为箭头依附的位置，最后选取要表示成坐标尺寸的水平、垂直两方向的尺寸（首先选取的尺寸会作为 x 方向的坐标尺寸），系统会自动完成转换，如图 16-11 所示。

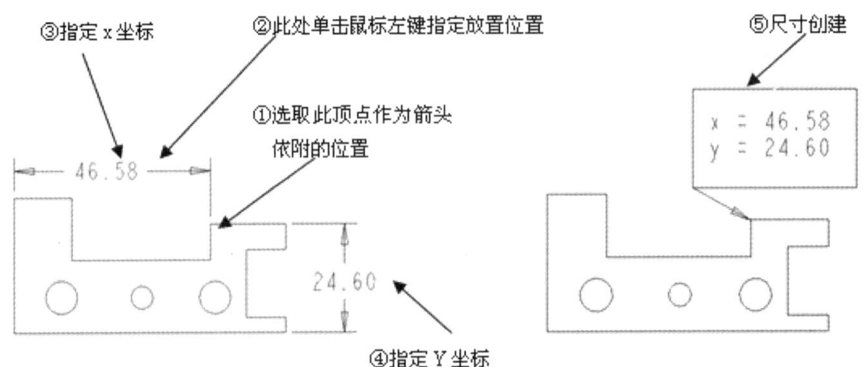

图 16-11　创建尺寸示意图

16.1.2 公差标注

在工程图模块中，可以创建两种公差，一种是尺寸公差；另一种是几何公差。

1. 尺寸公差

Pro/ENGINEER 提供了两种尺寸公差的表示方式：一种是 ANSI 公差标准；另一种是 ISO/DIN 公差标准。选取工程图系统菜单中的“文件”→“公差标准”命令，系统会打开“公差设置”菜单管理器，可以选取需要的标准类型，如图 16-12 所示，然后单击鼠标中键两次完成标准设置。

在零件或组件模式下，选择“文件”→“属性”命令，在“特征和几何”选项下选取“公差”，单击“更改”可用来设置公差标准，不过在零件或组件模式下所设置的公差标准，只会影响工程图上用“显示/拭除”菜单所显示的尺寸。

公差设置后，要在零件或组件模式下显示公差，选择“工具”→“环境”命令，在“尺寸公差”选项前打上标记单击确定即可；要在工程图中显示公差，需要将工程图配置文件中的 tol_display 选项的值设为 yes。

图 16-12　“公差设置”菜单管理器

Pro/ENGINEER 提供了 4 种公差表示模式：“限制”“加-减”“+—对称”“(如其)”，其设置方式是：选取线性尺寸（线性尺寸颜色变亮），单击鼠标右键，从弹出的快捷菜单中选择“属性”命令，系统打开“尺寸属性”对话框，在“公差”选项组中设置公差，如图 16-13 所示，各项的具体样式如图 16-14 所示。

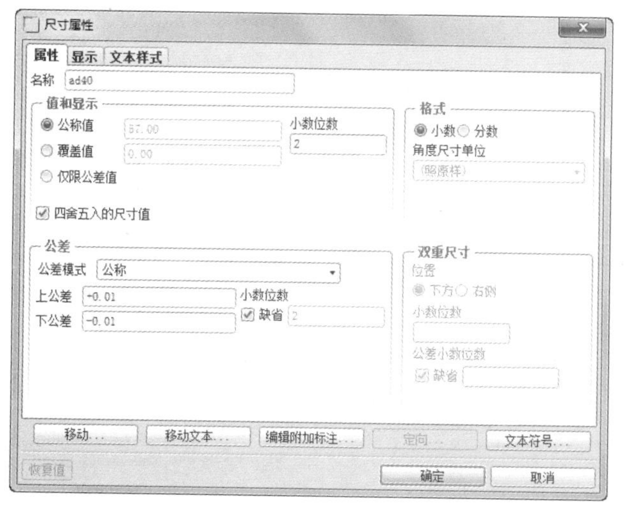

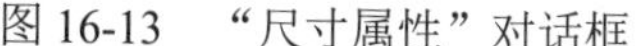

图 16-13　“尺寸属性”对话框

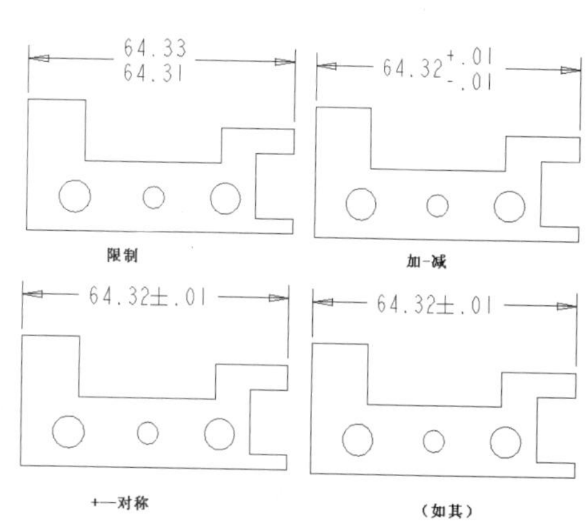

图 16-14　公差样式示例

ISO/DIN 公差标准是由“公差表”来设置的，在零件或组件模式下，将系统配置文件中的 tolerance_standard 选项的值设为 iso 后，可让公差表与模型能一起保存。在工程图模式下设置 ISO/DIN 公差标准后，如图 16-15 所示“公差设置”菜单管理器上出现的“模型等级”和“公差表”两选项变为可用。

- ☑ 模型等级：用来设置模型加工精度，其下选项分为 4 级：精加工、中、粗加工、非常粗糙，如图 16-15 所示。
- ☑ 公差表：用来处理公差表相关事项，分“公差表操作”和“公差表”两大项，如图 16-16 所示。

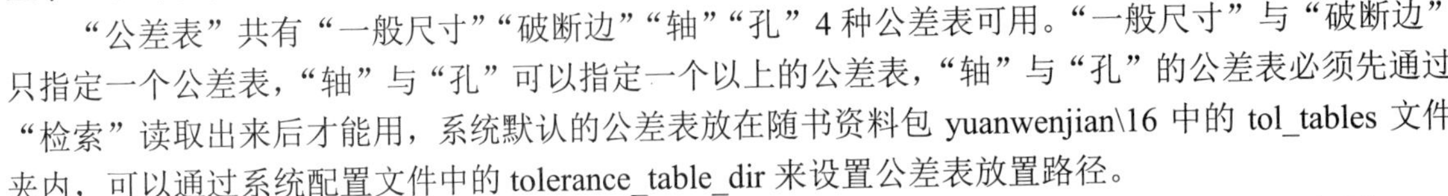

Note

“公差表操作”共有 4 个选项：“修改值”“检索”“保存”“显示”，分别用来修改、读、保存、显示一组公差表。

“公差表”共有“一般尺寸”“破断边”“轴”“孔”4 种公差表可用。“一般尺寸”与“破断边”只指定一个公差表，“轴”与“孔”可以指定一个以上的公差表，“轴”与“孔”的公差表必须先通过“检索”读取出来后才能用，系统默认的公差表放在随书资料包 yuanwenjian\16 中的 tol_tables 文件夹内，可以通过系统配置文件中的 tolerance_table_dir 来设置公差表放置路径。

ISO/DIN 公差表修改有两种方式：一种方式是利用“尺寸属性”对话框中的选项来修改，如图 16-17 所示；另一种方式是选择“文件”→“属性”→“公差表”→“修改值”命令，修改现有公差表内容。修改公差表时，系统会要求输入公差表字母，用户可以到 Pro/ENGINEER 随书资料包 yuanwenjian\16\tol_tables\iso 文件夹来查看公差字母。举例说明：如果使用 hole_b 公差表，则修改时仅需输入字母 b，系统自动打开公差表。此外，也可以创建新的公差表内容，再利用“检索”命令加载，公差表的标准格式如图 16-18 所示。

图 16-15 公差等级设置

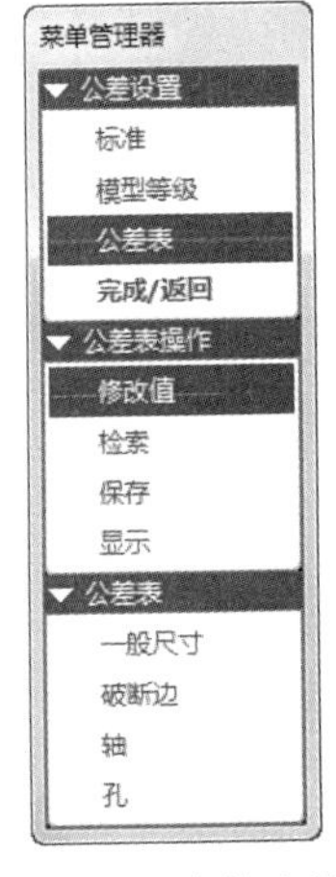

图 16-16 公差表设置

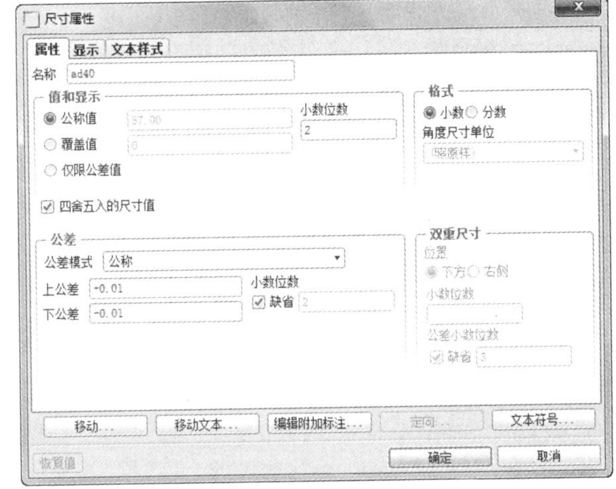

图 16-17 “尺寸属性”对话框

File Edit View Format Help

1810/840

! 忽略以!开头的单元
! 以#开头的单元是作为注释
! 所有的注释必须在文件开头，并在表头前面

ISO公差表

表_类型	孔
表_名称	B
表_单位	micrometer
范围_单位	millimeter

基本尺寸	8	9	10	11
0 - 3	154/140	165/140	180/140	200/140
3 - 6	158/140	170/140	188/140	215/140
6 - 10	172/150	186/150	208/150	240/150
10 - 18	177/150	193/150	220/150	260/150
18 - 30	193/160	212/160	244/160	290/160
30 - 40	209/170	232/170	270/170	320/170
40 - 50	219/180	242/180	280/180	340/180

图 16-18 公差表内容

2. 几何公差

在零件加工或装配时，设计者需要使用几何公差来控制几何形状、轮廓、定向或跳动，即对于大小与形状所允许的最大偏差量。在零件或组件模式下，选择“插入”→“注释”→“几何公差”命令可用来设置几何公差。

在工程图模式下，单击“注释”选项卡“插入”面板中的“几何公差”按钮，系统将打开“几何公差”对话框，如图 16-19 所示。共有 14 种形位公差，分为形状公差和位置公差两大类型，如表 16-2 所示。

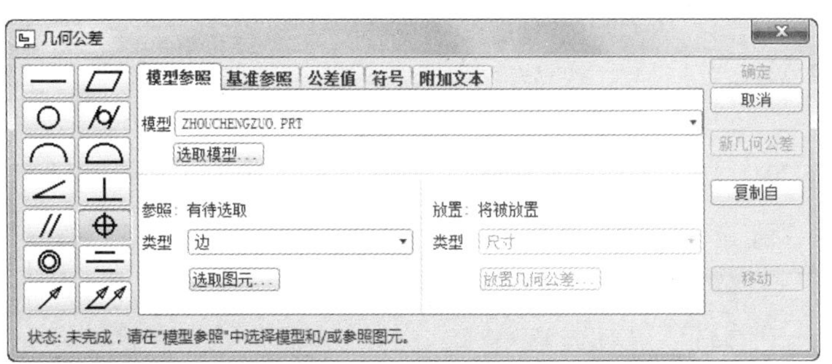

图 16-19 “几何公差”对话框

表 16-2 公差类型

类型	符号	名称	类型	符号	名称
形状公差	⏤	直线度	位置公差	∠	倾斜度
	⏥	平面度		⟂	垂直度
	○	圆度		⌖	位置度
	⌭	圆柱度		◎	同轴度
形状或位置公差	⌒	线轮廓度		⌯	对称度
				↗	圆跳动
	⌓	曲面轮廓度		⌰	总跳动
				∥	平行度

下面通过实例来具体地讲解几何公差的创建过程。

（1）将资料包 yuanwenjian\16\tolerance 目录下的所有文件复制到当前工作目录下，打开文件 part1_drw.drw。

（2）单击“注释”选项卡“插入”面板中的 **模型基准平面**按钮，系统打开“基准”对话框，如图 16-20 所示。

（3）在“类型”选项组中单击-A-按钮以定义基准的表示方式，在“放置”选项组中选中“在基准上”单选按钮，表示可以将后面创建的参考基准及名称移动到一个合适的位置，再在“定义”选项组中单击在曲面上...按钮，即通过指定基准平面或曲面来创建参考基准，选取如图 16-21 所示箭头所指的平面作为参考基准，设置完成后单击确定按钮。效果如图 16-21 所示。

（4）单击“注释”选项卡“插入”面板中的“几何公差”按钮，系统打开如图 16-22 所示的“几何公差”对话框，单击“平行度”按钮//以添加平行度公差。

（5）系统默认选取 PART1.PRT 为参考模型，“参照”选项组用来指定参考图元的类型，在“类型”下拉列表框中选择“曲面”选项，选取如图 16-23 所示的曲面；“放置”选项组用来指定形位公差的放置类型，在“类型”下拉列表框中选择“法向引线”选项（即箭头指引线垂直于曲面），在系

Note

统打开的“引线类型”菜单管理器中选择“箭头”命令，如图 16-24 所示。

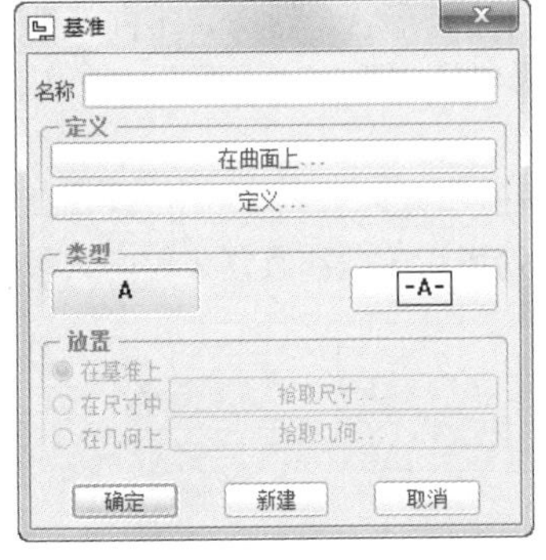

图 16-20 “基准”对话框

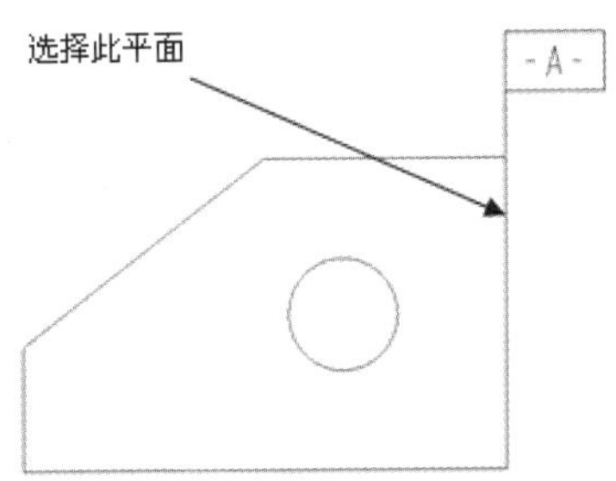

图 16-21 选取平面示意图

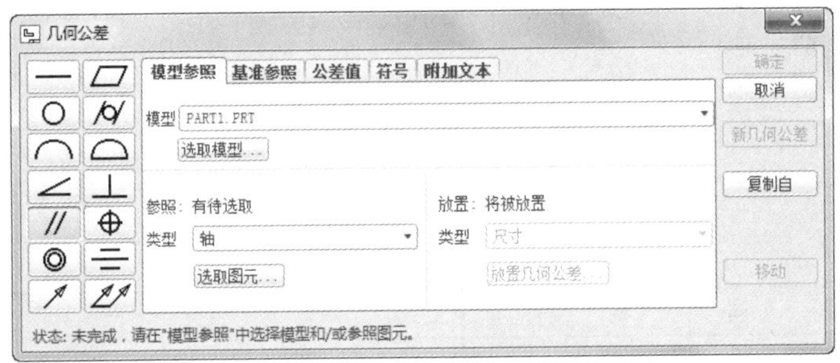

图 16-22 “几何公差”对话框

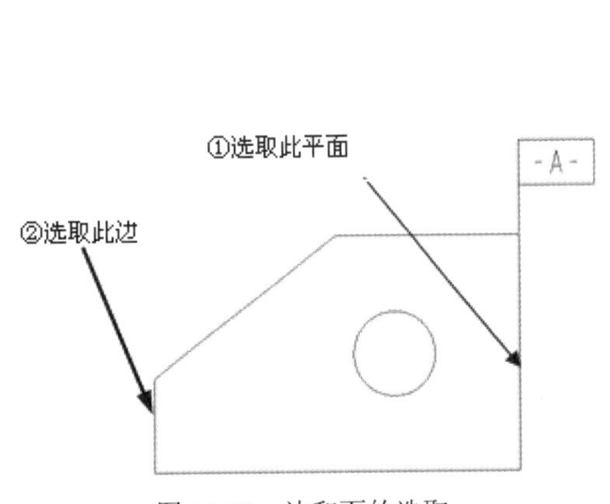

图 16-23 边和面的选取

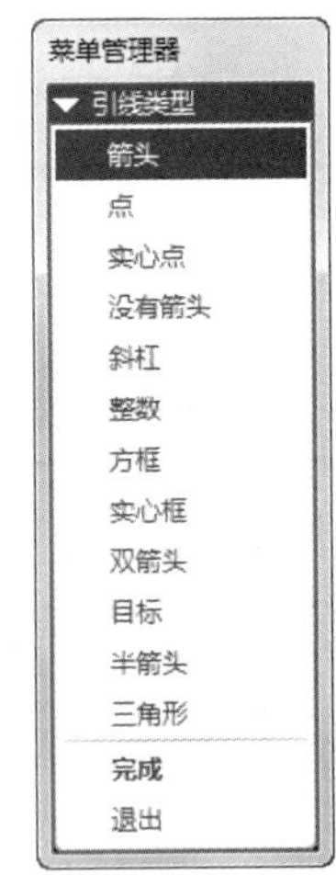

图 16-24 箭头样式设置

（6）系统提示“选取多边，尺寸界线，多个基准点，多个轴线或多曲线”，选取如图 16-23 所示的边线，单击鼠标中键完成。

（7）回到“几何公差”对话框，选择“基准参照”选项卡，在“基准参照”选项组中单击“基本”选项右侧的按钮，在视图上选取前面创建的基准面“-A-”，如图 16-25 所示。

（8）选择“公差值”选项卡，在“总公差”选项组中输入新的公差值 0.005，如图 16-26 所示。

（9）完成以上设置后，单击 移动 按钮可以将几何公差移到合适的位置，最后单击 确定 按钮可完成平行度公差的创建，如图 16-27 所示。

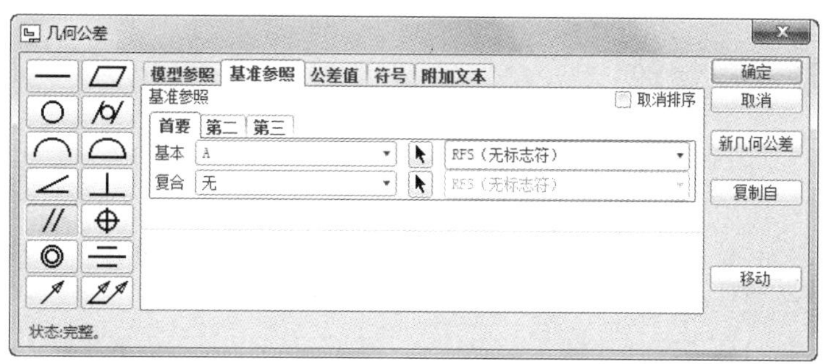

图 16-25 “几何公差”对话框

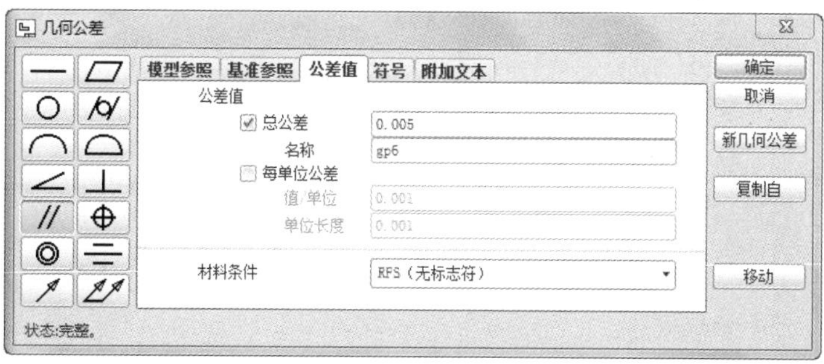

图 16-26 输入公差值

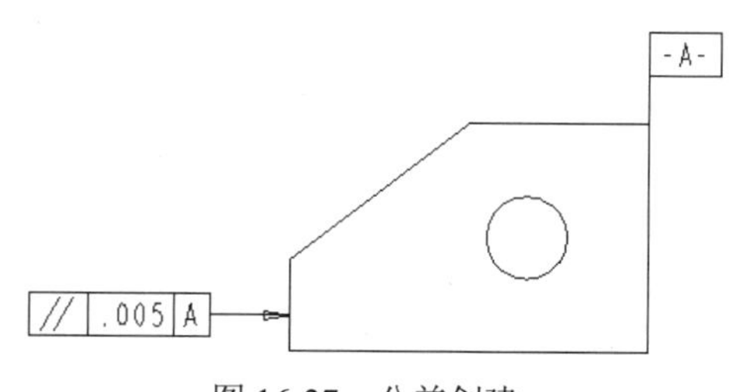

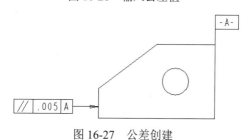

图 16-27 公差创建

（10）有些形位公差还需要指定额外的符号，如同轴度需要指定直径符号。在“几何公差”对话框中选择“符号”选项卡，如图 16-28 所示。可以根据需要添加各种符号、修饰符以及附加文本，单击新几何公差按钮可以不关闭“几何公差”对话框，并继续创建新的几何公差。

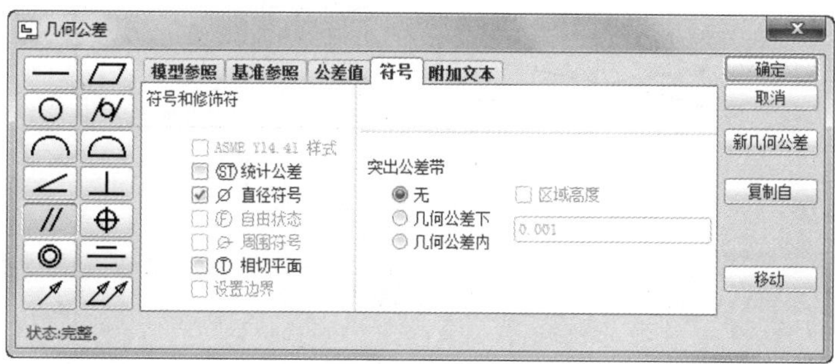

图 16-28 设置符号

要修改几何公差，只需选取几何公差符号，单击鼠标右键，从弹出的快捷菜单中选择“属性”命令，可重新调出“几何公差”对话框来进行修改。

16.1.3 尺寸整理与修改

1. 整理及清除尺寸

首先选中要整理或清除的尺寸，单击“注释”选项卡“排列”面板中的“清除尺寸”按钮，系统打开“清除尺寸”对话框，如图 16-29 所示，在“要清除的尺寸”选项组中单击按钮选择需要整理的尺寸。下面的“放置”和“修饰”选项卡功能分别讲解如下。

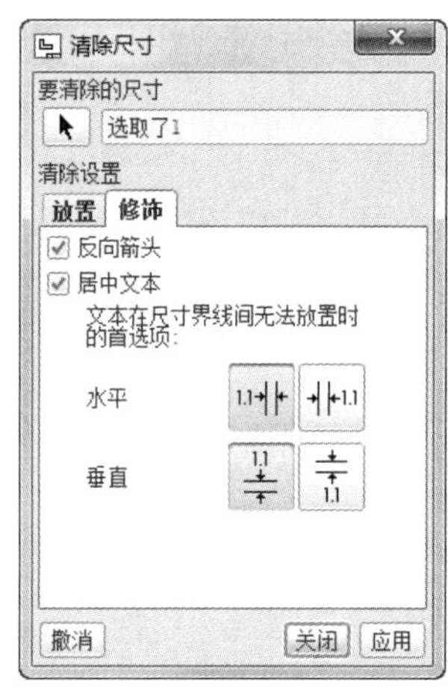

图 16-29 “清除尺寸”对话框

（1）放置。

❶ 偏移：用来指定第一个尺寸相对于参考图元的位置。

❷ 增量：指定两个尺寸的间距。

❸ 偏移参照：设置尺寸的参考图元，其中包括以下选项。

☑ 视图轮廓：以视图轮廓线作为偏移距离的参照，如图 16-30 所示。

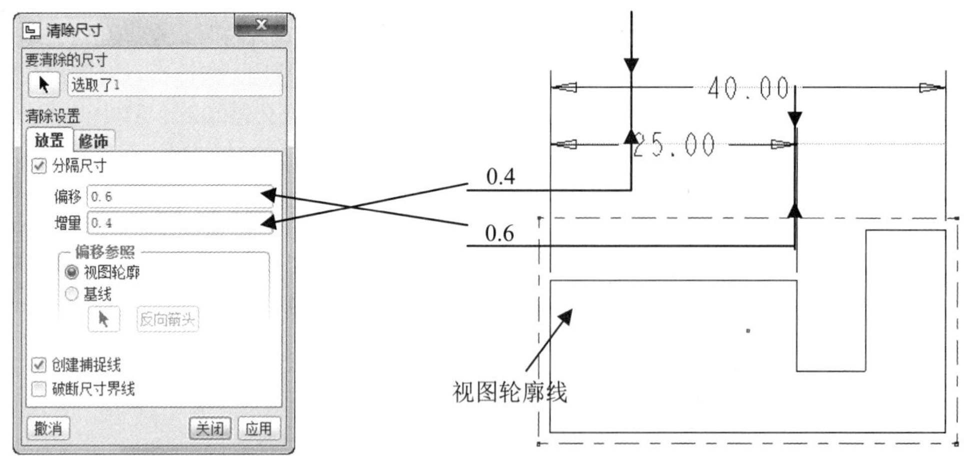

图 16-30 样例说明

☑ 基线：以用户所选取的基准面、捕捉线、视图轮廓线等图元作为偏移距离的参照，如图 16-31 所示。

❹ 创建捕捉线：用来创建捕捉线，以便让尺寸能对齐捕捉线。

Note

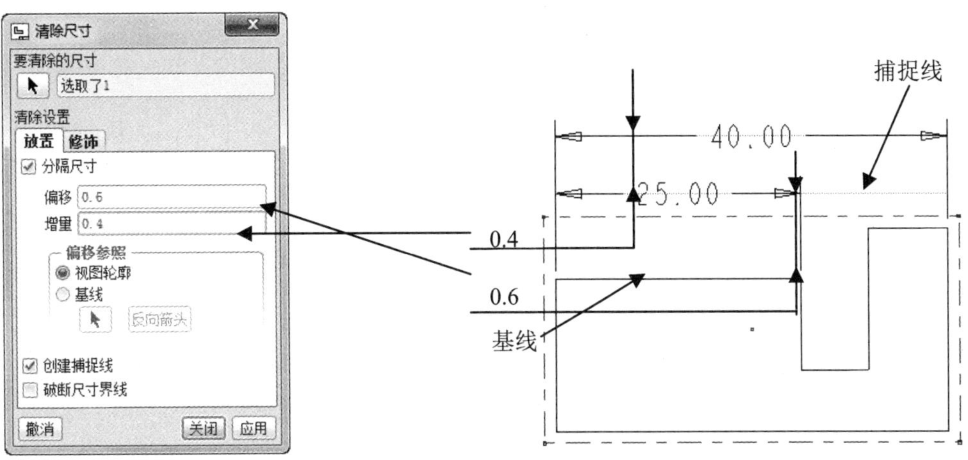

图 16-31　样例说明

❺ 破断尺寸界线：打断尺寸界线与尺寸草绘图元的交接处。

（2）修饰。此选项卡主要用来修饰尺寸文本的位置安排。

❶ 反向箭头：当尺寸距离太小时，箭头自动反向。

❷ 居中文本：尺寸文本居中对齐。

当在尺寸界线间的空间有限，放不下尺寸文本时，可以设置尺寸文本放置的优先选项，各选项如下。

☑ ：将尺寸文本放在左边。

☑ ：将尺寸文本放在右边。

☑ ：将尺寸文本放在上边。

☑ ：将尺寸文本放下边。

2. 尺寸移动

（1）移动尺寸位置。先用鼠标左键选取需要移动的尺寸（此时尺寸颜色会改变），之后当鼠标靠近尺寸时，会出现下面 3 种箭头符号的一种：✥、⇔、⇕，此时按下鼠标左键即拖动尺寸。

☑ ✥：尺寸文本、尺寸线与尺寸界线可以自由移动。

☑ ⇔：尺寸文本、尺寸线与尺寸界线在水平方向上移动。

☑ ⇕：尺寸文本、尺寸线与尺寸界线在垂直方向上移动，如图 16-32 所示。

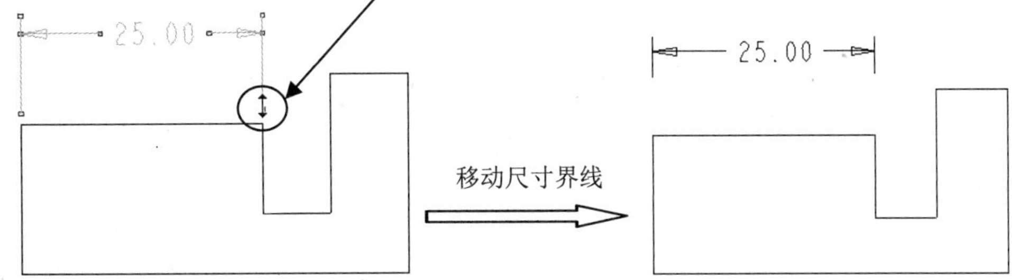

图 16-32　尺寸界线移动

可以按住 Ctrl 键选取多个尺寸，或直接用矩形框选取多个尺寸，再同时移动多个尺寸。

（2）对齐尺寸。选取多个尺寸后，单击“注释”选项卡“排列”面板中的对齐尺寸按钮，可以使多个尺寸同时对齐，并且使多尺寸之间的间距保持不变，如图 16-33 所示。

Note

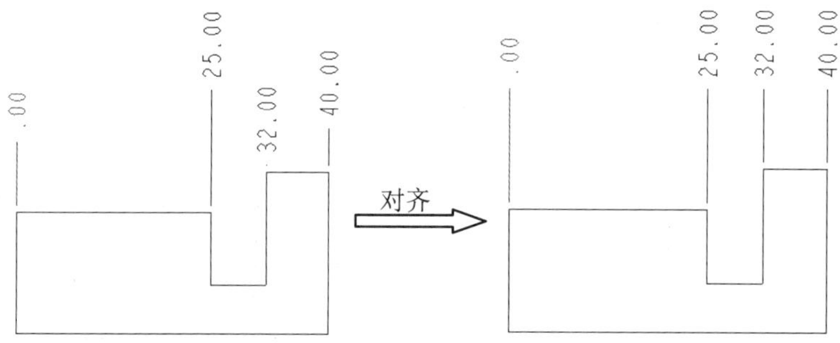

图 16-33　尺寸对齐

（3）在视图间移动尺寸。选取尺寸（尺寸颜色会改变），单击鼠标右键，从弹出的快捷菜单中选择“将项目移动到视图”命令，再选取目标视图，执行结果如图 16-34 所示。

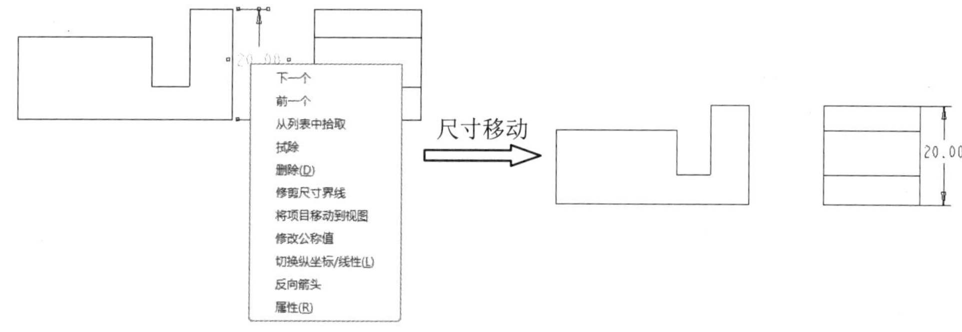

图 16-34　尺寸移动

（4）制作角拐与断点。“制作角拐”用来折弯尺寸界线：单击“注释”选项卡“插入”面板中的“拐角”按钮，根据系统提示选取尺寸（或注释），在尺寸边界线上选取断点位置，移动鼠标来重新放置尺寸，执行结果如图 16-35 所示。

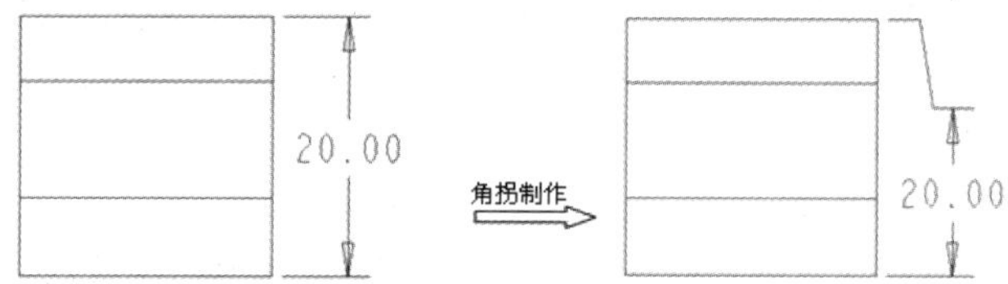

图 16-35　角拐制作

若要删除角拐，先选取尺寸线，用鼠标箭头指向角拐处，单击鼠标右键，从弹出的快捷菜单中选择“删除”命令即可，如图 16-36 所示。

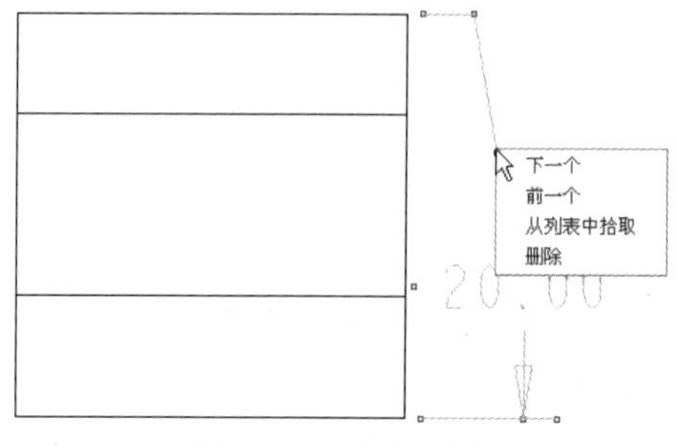

图 16-36　角拐删除

Note

“制作断点”用来在尺寸界线与图元相交处切断尺寸界线：单击“注释”选项卡“插入”面板中的“断点”按钮，根据系统提示在尺寸边界线上选取两断点，两断点之间的线段被删除，执行结果如图 16-37 所示。

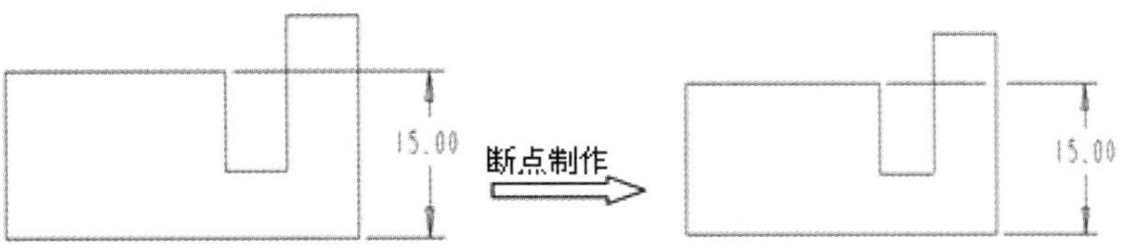

图 16-37 制作断点

（5）“尺寸属性”对话框是一个集成了所有关于尺寸选项的对话框，选取一个或多个尺寸后（尺寸颜色改变），单击鼠标右键，从弹出的快捷菜单中选择“属性”命令，系统打开“尺寸属性”对话框，该对话框包括“属性”“显示”“文本样式”3 个选项卡，如图 16-38 所示。

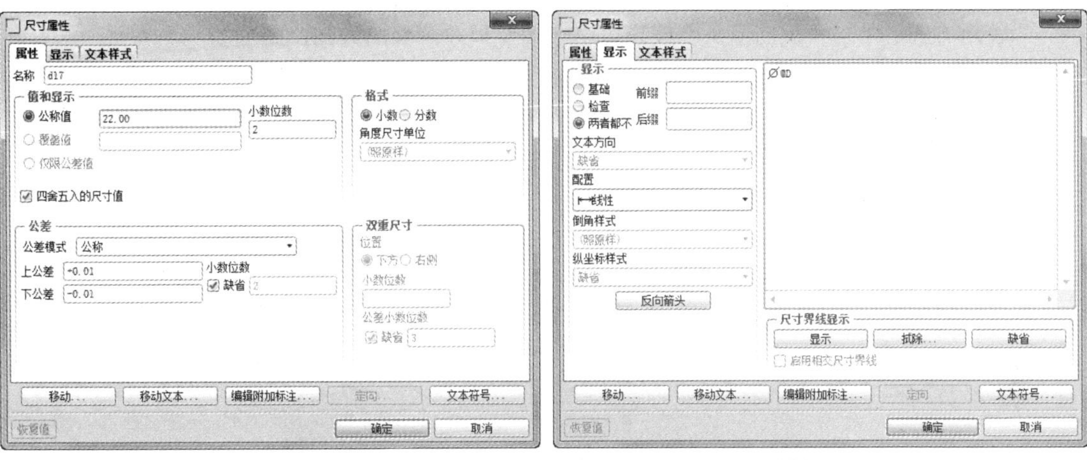

图 16-38 “尺寸属性”对话框

❶ “属性”选项卡。

☑ 值和显示：该选项组主要用来修改尺寸值。其中“公称值”指的是绘制模型的尺寸值，只有标注尺寸是通过“显示/拭除”方式创建时，才能修改尺寸值。修改后单击按钮，系统会更新模型和视图，如图 16-39 所示。

☑ 公差：该选项组主要用来设置公差的上下偏差值，如图 16-40 所示。

☑ 格式：该选项组主要用来设置尺寸值的小数位数或以分数形式表示，对于角度尺寸，可用来设置角度单位，如图 16-41 所示。

Note

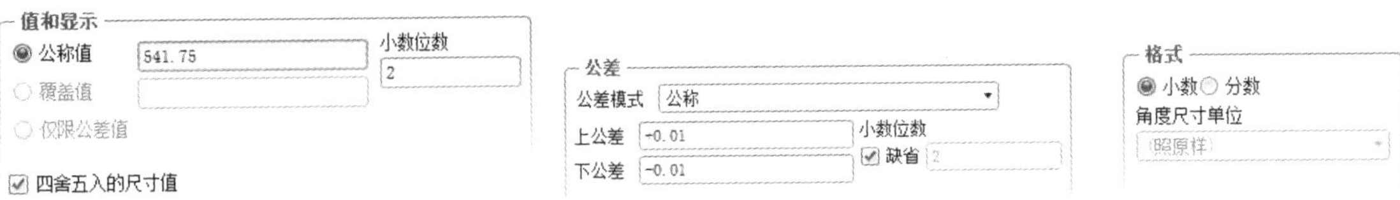

图 16-39 “值和显示”选项组　　图 16-40 “公差”选项组　　图 16-41 “格式”选项组

☑ 双重尺寸：该选项组在标注尺寸是以双重尺寸显示时，可以设置主要尺寸的位置与小数位数，如图 16-42 所示。

❷ “显示”选项卡。

☑ 显示：主要用来设置尺寸的表示方式与箭头方向，如图 16-43 所示。“基础”与“检查”的表示方式，单击“反向箭头”按钮可用来改变尺寸箭头的方向，如图 16-44 所示。

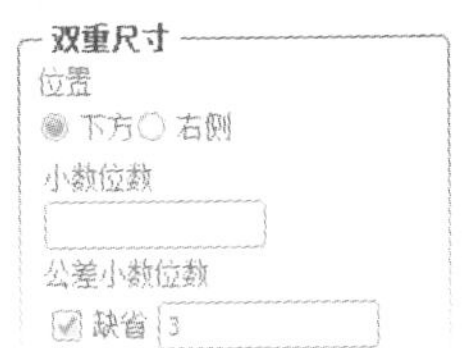

图 16-42 “双重尺寸”选项组

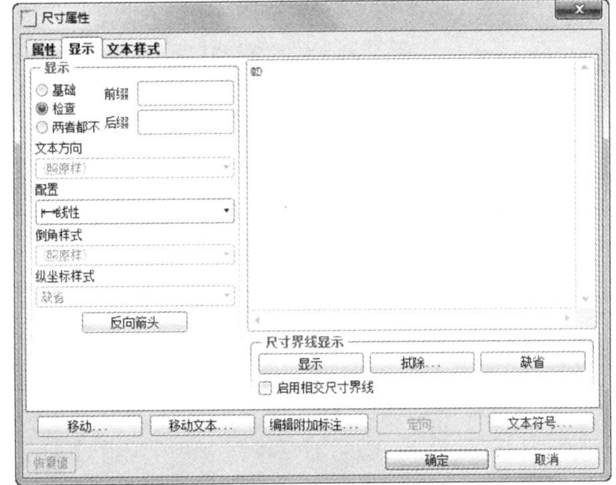

图 16-43 “显示”选项组

☑ 尺寸界线显示：主要用来控制尺寸界线的显示与否，如图 16-45 所示。

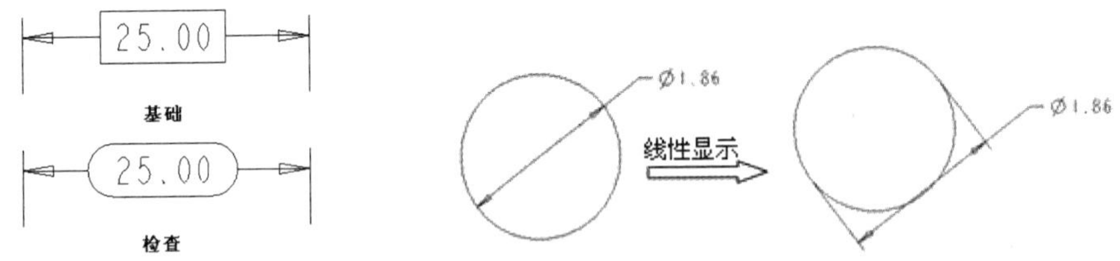

图 16-44 尺寸表示方式样例　　图 16-45 显示样式的改变

❸ “文本样式”选项卡。

☑ 复制自：选择文本样式，如图 16-46 所示。

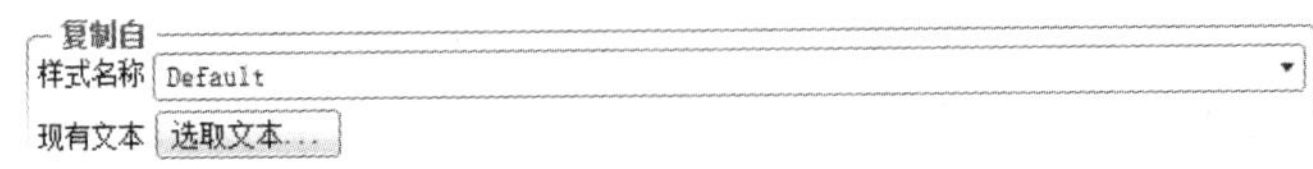

图 16-46 “复制自”选项组

☑　字符：设置文本的字体、高度、粗细、宽度因子、下画线、斜角、字符间距处理等，如图 16-47 所示。

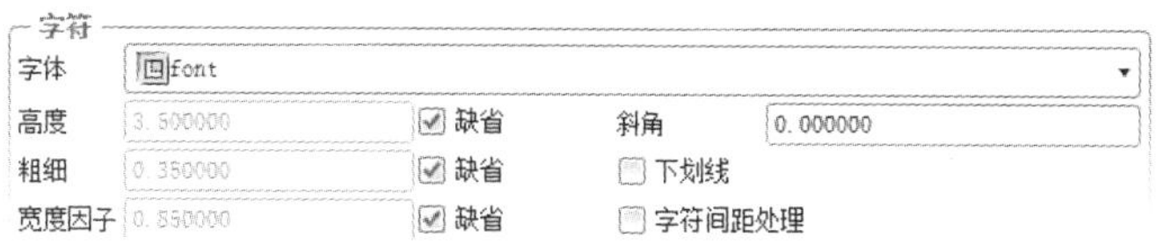

图 16-47　“字符”选项组

☑　注解/尺寸：设置文本水平、垂直、角度、颜色、行间距、镜像、打断剖面线、边距等，如图 16-48 所示。

图 16-48　“注解/尺寸”选项组

16.2　注　　解

“注解”主要用来补充必要的工程图信息。

16.2.1　注解的创建

单击“注释”选项卡“插入”面板中的“注解”按钮，系统打开“注解类型”菜单管理器，如图 16-49 所示，各项功能如下。

☑　无引线：注解不带指引线。
☑　带引线：注解带指引线。
☑　ISO 引线：注解带 ISO 样式的指引线。
☑　在项目上：将注解连接在曲线、边等图元上。
☑　偏移：绕过任何引线设置选项并且只提示给出偏移文本的注释文本和尺寸。
☑　输入：直接从键盘输入文字内容。
☑　文件：从*.txt 格式文件中读取文字内容。
☑　水平：注解水平放置。
☑　垂直：注解竖直放置。
☑　角度：注解倾斜放置。
☑　标准：注解的指引线为标准样式。
☑　法向引线：注解的指引线垂直于参考对象。
☑　切向引线：注解的指引线相切于参考对象。
☑　左：注解文字以左对齐方式放置。
☑　居中：注解文字以居中方式放置。
☑　右：注解文字以右对齐方式放置。
☑　缺省：注解文字以默认方式放置。

Note

☑ 样式库和当前样式：自定义文字的样式和指定当前使用文字的样式。

完成设置后，选择“进行注解”命令，再在工程图下方的提示框中输入注解内容，单击鼠标中键即可完成创建。图 16-50 表示了几种主要的指引线表示方式。

图 16-49 “注解类型”菜单管理器

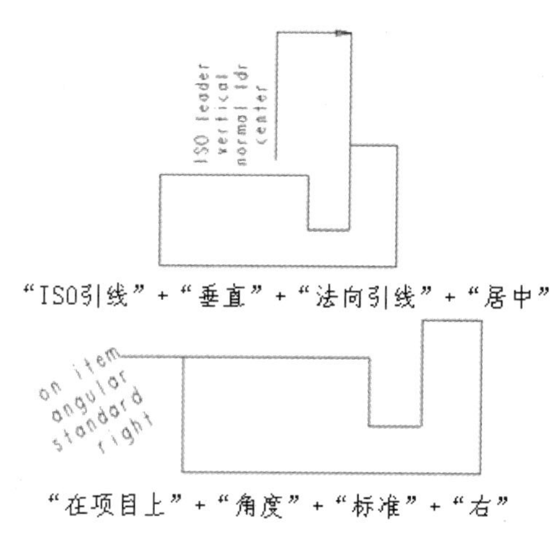

图 16-50 指引线样例

16.2.2 注解的修改

选取注解，单击鼠标右键，从弹出的快捷菜单中选择“编辑连接”命令，系统打开“修改选项”菜单管理器，如图 16-51 所示，各选项功能介绍如下。

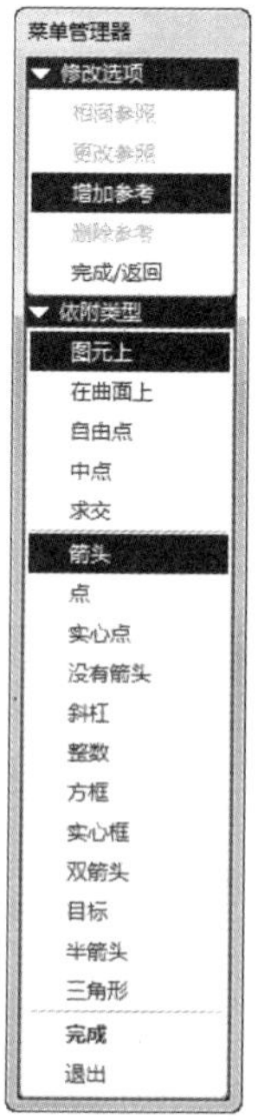

图 16-51 “修改选项”菜单管理器

Note

☑ 相同参照：不改变参考图元，但可改变指引线头的位置。
☑ 更改参照：用来改变参考图元、箭头样式与指引线头的依附位置。
☑ 增加参考：增加参考图元。
☑ 删除参考：删除指引线头所依附的参考。
☑ 图元上：指引线头指向参考图元的任何位置。
☑ 在曲面上：指引线头指向参考曲面的任意位置。
☑ 自由点：指引线头指向鼠标所选的任意位置。
☑ 中点：指引线头指向参考图元的中点位置。
☑ 求交：指引线头指向两图元的交点处。
☑ 箭头：指引线的端点为标准箭头。
☑ 点：指引线的端点为点箭头。
☑ 实心点：指引线的端点为实心点。
☑ 没有箭头：指引线的端点没有箭头。
☑ 斜杠：指引线的端点为破口连接点。
☑ 整数：指引线的端点为整数符号连接点。
☑ 方框：指引线的端点为矩形箭头。
☑ 实心框：指引线的端点为实心矩形箭头。
☑ 双箭头：指引线的端点为连接点双箭头。
☑ 目标：对连接点使用目标箭头。

16.2.3　注解的保存

注解的保存有以下两种方式。

（1）选取注解，单击鼠标右键，从弹出的快捷菜单中选择“保存注解”命令，输入保存文件名即可，系统会自动加上 txt.1 的扩展名，文件保存在工作目录下。当使用相同文件名来保存注解时，系统会把扩展名的数字加 1，使用时，系统会自动获取数字最大的文件内容来创建注解。不过，利用此方式不能保存文字样式与特殊符号。

（2）选取注解，单击鼠标右键，从弹出的快捷菜单中选择“属性”命令，系统打开“注解属性”对话框，如图 16-52 所示。

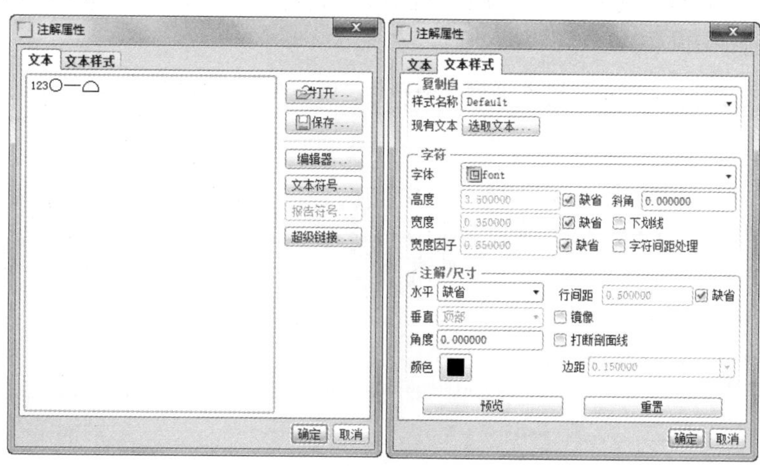

图 16-52　“注解属性”对话框

☑ 打开...：用来从*.txt 文件读入文本内容。
☑ 保存...：保存注解内容。
☑ 编辑器...：通过记事本来编辑保存注解内容，可以保存特殊符号。
☑ 文本符号...：用来从“文本符号”对话框上读取符号，如图 16-53 所示。

图 16-53 文本符号

Note

16.2.4 文本样式的编辑

1. “文本样式”对话框

单击“注释”选项卡“格式化”面板中的“文本样式”按钮，系统提示选取要编辑的文本（按住 Ctrl 键可选取多个），单击“选项”对话框中的“确定”按钮或单击鼠标中键同样可以调出“文本样式”选项卡，如图 16-54 所示，可用来编辑字符、注解/尺寸等。设置完成后，单击确定或取消按钮即可完成修改。

图 16-54 “文本样式”选项卡

2. 文字换行

当注解太长时，可以先选取注解，当出现注解边界框时，用鼠标左键拖动边界来将文字换行。

3. 指引线换行

当文字超过一行时，可将指引线连接到其他行中，只要在指引线所连接的文字行前加入@o 即可，如图 16-55 所示。

图 16-55 指引线换行示例

4. 参数内容获取

当在模型或工程图的参数（包括系统默认参数，如图纸比例 scale、图纸大小 format）名称前加上&符号时，可在注解或球标中读取对应参数的内容值，如图 16-56 所示，注释“高度是&ad41”显示的内容是“高度是 20.00”。

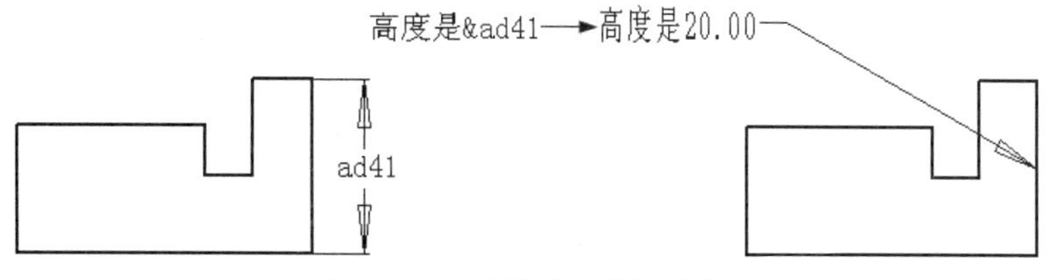

图 16-56　参数内容获取示例

5. 文字上标与下标的创建

在字前后添加“@+文字@#”内容，可以创建文字上标内容；如果要创建下标内容，则需添加“@-文字@#”内容；同时创建上、下标内容，则需添加“{1:@+上标@#}{2:@-下标@#}”内容，如图 16-57 所示。

6. 文字边界框的创建

在注释文字中添加“@[text@]”内容，可为注释加上边界框，如图 16-58 所示。

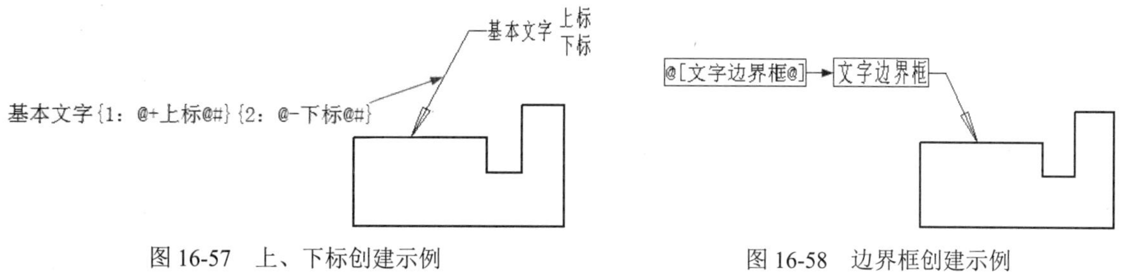

图 16-57　上、下标创建示例　　图 16-58　边界框创建示例

7. 符号输入

在文字中添加“&sym(符号名称)”可加入符号，如图 16-59 所示。当然，加入之前应存在定义好的符号，有关符号的创建将在 16.3 节中介绍。

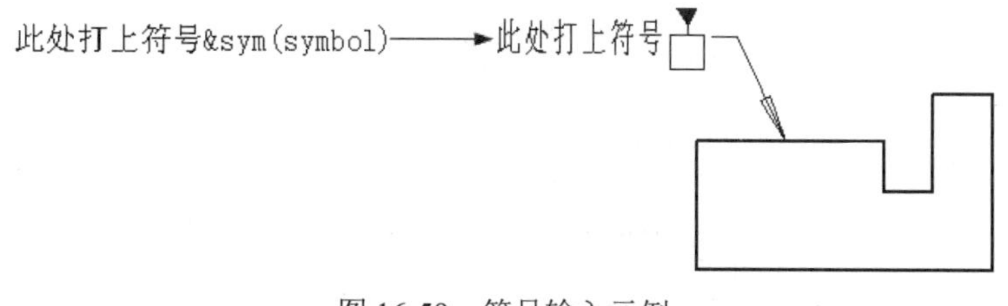

图 16-59　符号输入示例

16.3　符号的创建与使用

符号是 2D 草绘图元与文字的合成，分为系统内部符号和用户自定义符号，符号是以扩展名为“.sym”的文件保存的。

Note

16.3.1 系统内部符号

在工程图模式下，最常见的符号就是在输入注解时所出现的“文本符号”对话框，如图 16-60 所示。

除此以外，Pro/ENGINEER 系统内部的符号库都放在随书资料包的 yuanwenjian\16 文件夹中，以系统内部的表面粗糙度符号为例。

单击“注释”选项卡“插入”面板中的“表面光洁度”按钮，系统打开“得到符号”菜单管理器，如图 16-61 所示，选择“检索”命令，系统打开“打开”对话框，在资料包中的 yuanwenjian\16 中选取文件 standard1.sym，之后系统打开“实例依附”菜单管理器，如图 16-62 所示，各选项功能如下。

图 16-60 文本符号

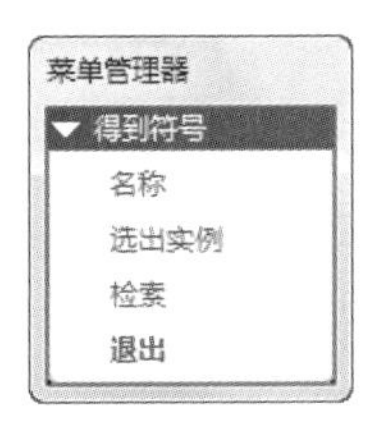

图 16-61 检索符号

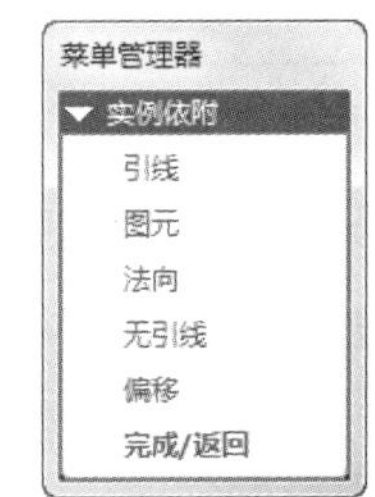

图 16-62 依附类型设置

☑ 引线：符号带有指引线。

☑ 图元：符号依附在模型边、草绘几何或尺寸上。

☑ 法向：符号依附在边、图元或尺寸上并且垂直参照图元。

☑ 无引线：符号不带指引线，可任意放置。

☑ 偏移：符号相对于参考图元有一段距离。

如果在创建之前工程图上存在粗糙度符号，可以通过使用“得到符号”菜单管理器上的“选出实例”命令，来直接使用图上的粗糙度符号。

如果要修改符号的大小，先选取符号，当出现鼠标箭头指针符号时，表示可以移动，表示可以缩放大小。

如果要修改符号属性，先选取符号（符号颜色改变），然后单击鼠标右键，从弹出的快捷菜单中选择“属性”命令，系统打开“表面光洁度”对话框，如图 16-63 所示。

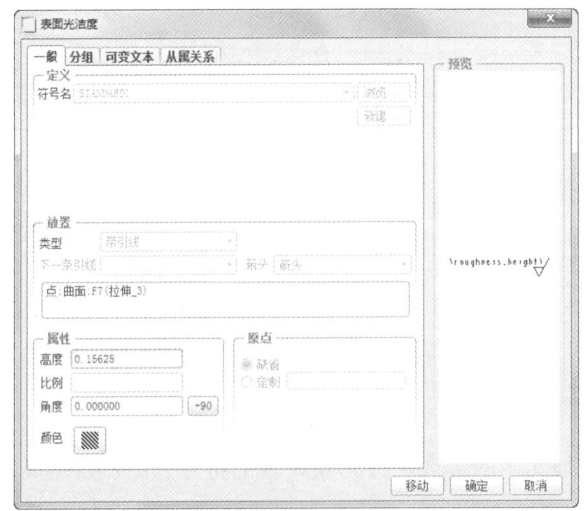

图 16-63 “表面光洁度”对话框

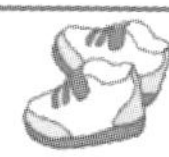

此对话框由 4 部分组成，各功能分述如下。

☑ 一般：用来设置符号名称、放置状态、符号高度与角度等。

☑ 分组：当定义符号时，可以用来显示符号的组合关系。

☑ 可变文本：通过输入文字来改变符号中的文字。

☑ 从属关系：用于确定符号与视图的关系。

16.3.2 自定义符号

在开始定义符号之前，在工程图上绘制如图 16-64 所示的几何外形和文字，文字内容是通过“注解”来添加的，之所以文字前后加上斜杠，是因为后面要将文字定义为“可变文字”，如果将文字设置为“不可变文字”，则前后不需加上斜杠。

（1）单击“注释”选项卡“格式化”面板中的“符号库”按钮，系统打开“符号库”菜单管理器，如图 16-65 所示，各项功能如下。

☑ 定义：定义新符号。

☑ 重定义：修改存在的符号。

☑ 删除：删除存在的符号。

☑ 写入：将符号保存。

☑ 符号目录：设置符号搜索的路径。

☑ 显示名称：显示符号所在的位置与名称。

（2）选择“定义”命令，输入符号名称 symbol，单击鼠标中键确定，系统打开“符号编辑”菜单管理器，如图 16-66 所示，各项功能如下。

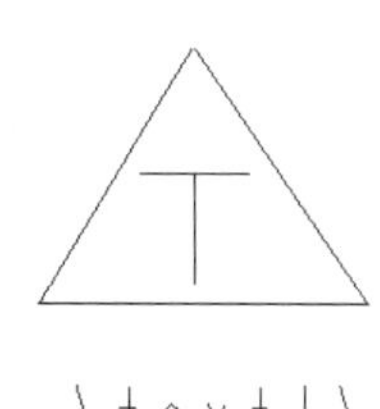

图 16-64 符号样式

图 16-65 “符号库”菜单管理器

图 16-66 “符号编辑”菜单管理器

☑ 属性：定义符号的放置方式与文字属性（如“可变文字”与“不可变文字”）等。

☑ 绘图复制：从工程图上选取 2D 草绘图元来构造符号。

☑ 复制符号：从已经存的符号复制样式。

☑ 参数：定义参数。

☑ 组：将图形分成几个组合单元，可将组合单元的属性设为“互斥”与“独立”。

☑ 注解旋转：用来设置文字是否随符号旋转。

（3）在此选择“绘图复制”命令来创建符号，选取图 16-64 中的所有图元和文字，单击鼠标中键完成选取，在符号绘图区出现刚才选取的图元和文字。

（4）进行分组操作，选择“组”命令，再选择“组属性”命令，设置组的属性为“独立”，如

图 16-67 所示，再选择“创建”命令，创建名分别为 a、b、c 的 3 个组，各组内容如图 16-68 所示，选择“完成/返回”命令完成组设置。

图 16-67 组属性设置

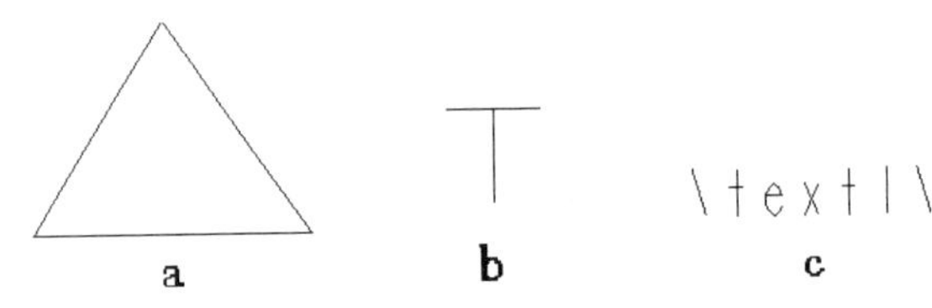

图 16-68 符号分为 3 组

（5）在“符号编辑”菜单管理器中选择“属性”命令，系统打开“符号定义属性”对话框，如图 16-69 所示，由“一般”和“可变文本”两个选项卡组成。“一般”选项卡用来设置符号的放置方式、高度及其他选项，在此选中“自由”复选框，表示符号可以在工程图上任意放置，在三角形内任选取一点作为放置原点，再选中“可变的-绘图单位”单选按钮；“可变文本”选项卡用来输入可能用到的文字。

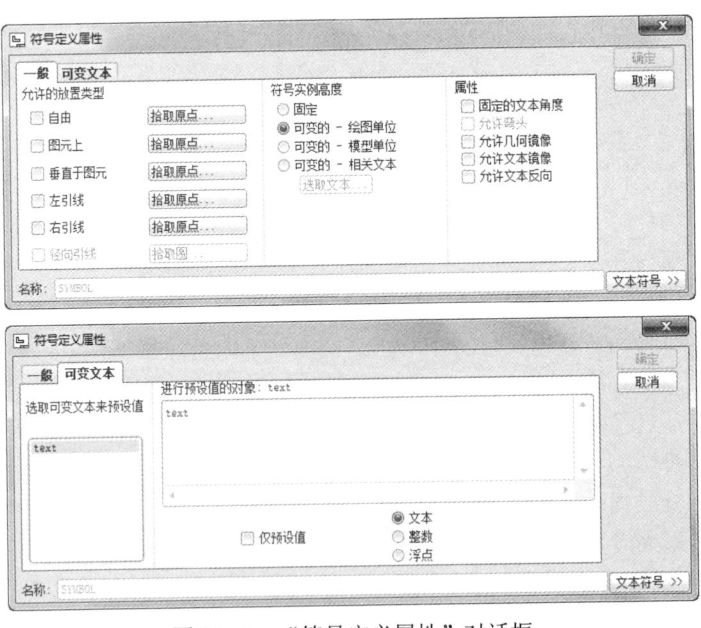

图 16-69 “符号定义属性”对话框

（6）属性设置好后，系统提示选取点，在视图中选取一点，选择“完成”命令完成符号的创建，

再选择“符号库”菜单管理器下的“写入”命令，单击鼠标中键将符号保存在系统默认的路径下，最后选择“完成”命令。

（7）单击“注释”选项卡“插入”面板中的“定制符号”按钮，系统打开“定制绘图符号”对话框，如图16-70所示，单击 浏览... 按钮，在弹出的“打开”对话框中选择前面创建的符号文件symbol.sym。

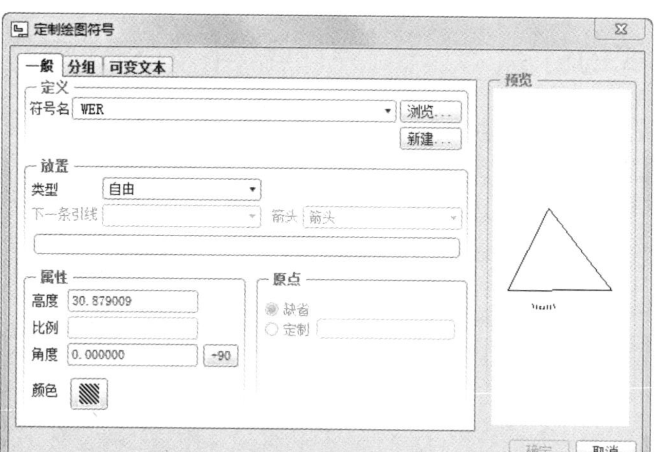

图16-70 “定制绘图符号”对话框

（8）此时还不能放置符号，切换到“分组”选项卡，如图16-71所示，选取A和C两个分组。

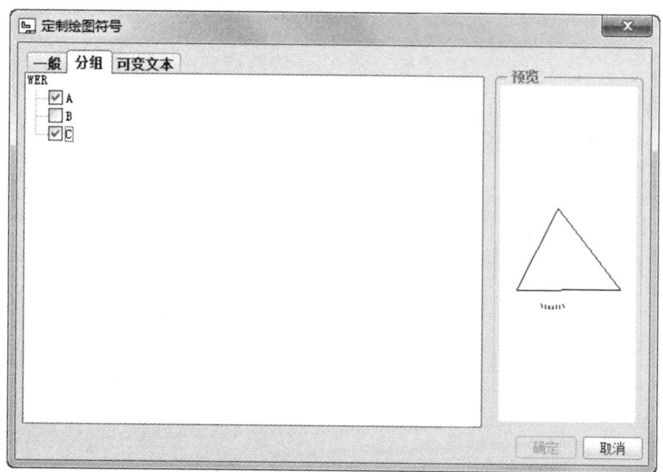

图16-71 “分组”选项卡

（9）在工程图中任一位置单击鼠标左键来放置符号，最后单击 确定 按钮来完成符号放置，放置效果如图16-72所示。

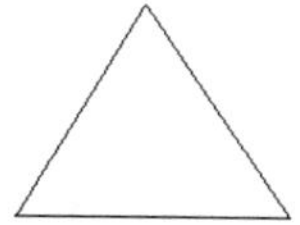

图16-72 完成的符号

16.4 线 条 样 式

在绘制工程图的过程中，有时需要创建一些新的线条样式。Pro/ENGINEER 为此设置了相关功能。

16.4.1 线条样式的创建

单击“布局”选项卡“格式化”面板中的管理线型或管理线造型按钮，来创建新的线型样式；“线型库”命令用来建立线条样式，“线造型库”命令用来设置线条颜色、粗细等，具体功能讲解如下。

（1）管理线型。单击“布局”选项卡“格式化”面板中的管理线型按钮，系统打开“线型库”对话框，如图 16-73 所示，单击新建...按钮，系统打开“新建线型”对话框，如图 16-74 所示，各项功能如下。

图 16-73 “线型库”对话框

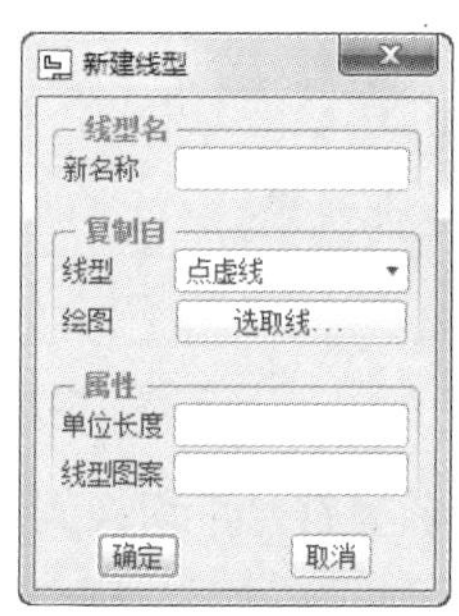

图 16-74 “新建线型”对话框

- ☑ 新名称：用来输入线体名称。
- ☑ 复制自：选取已有的线体样式来修改。
- ☑ 属性：定义线体的样式。在“单位长度”文本框中输入线条的单位长度，再在“线型图案”文本框中利用短横线（“-”）和空格的组合来建立线条的样式，如“--- -- -”，最多可组合使用 16 组短横线空格。

（2）管理线造型。单击“布局”选项卡“格式”面板中的管理线造型按钮，系统打开“线造型库”对话框，如图 16-75 所示，单击新建...按钮，系统打开“新建线造型”对话框，如图 16-76 所示，各项功能如下。

图 16-75 “线造型库”对话框

图 16-76 “新建线造型”对话框

☑　新名称：用来输入线型的名称。

☑　复制自：选取已有的线型样式来修改。

☑　属性：定义线型的样式。

16.4.2　线条样式的设置与修改

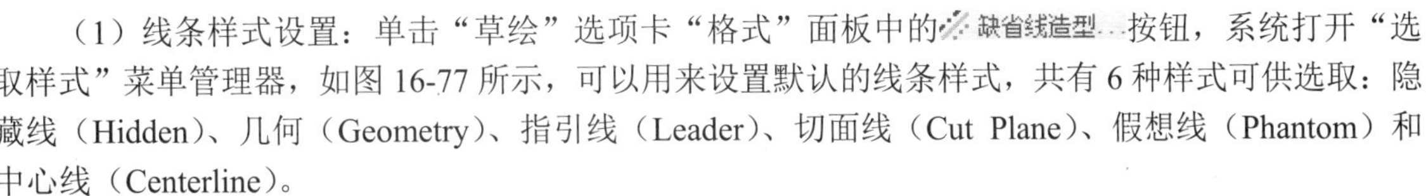

（1）线条样式设置：单击“草绘”选项卡“格式”面板中的“缺省线造型”按钮，系统打开“选取样式”菜单管理器，如图 16-77 所示，可以用来设置默认的线条样式，共有 6 种样式可供选取：隐藏线（Hidden）、几何（Geometry）、指引线（Leader）、切面线（Cut Plane）、假想线（Phantom）和中心线（Centerline）。

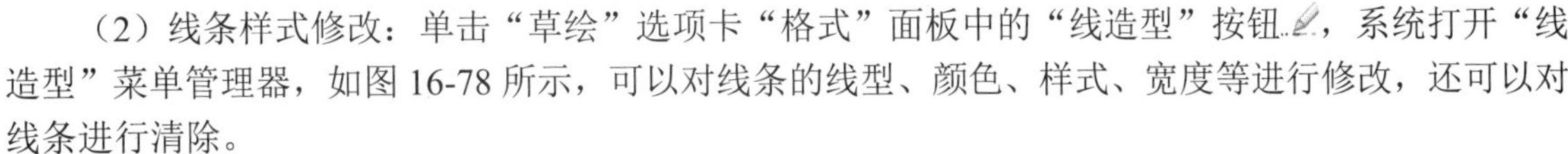

（2）线条样式修改：单击“草绘”选项卡“格式”面板中的“线造型”按钮，系统打开“线造型”菜单管理器，如图 16-78 所示，可以对线条的线型、颜色、样式、宽度等进行修改，还可以对线条进行清除。

图 16-77　样式类型

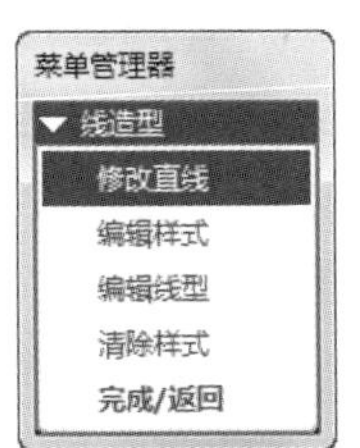

图 16-78　线型编辑设置

16.5　表格、图框与模板

Pro/E 虽然提供了一些工程图模板供用户使用，但是还远远不能满足用户对模板多样性的要求，因此很多时候还是需要用户来自已定义专门的模板。“表”可以用来制作标题选项组、BOM 表、零件族表，还可以用来显示零件的其他信息；可以通过“格式”来绘制图框，将制作好的表格和图框加入自定义的模板后，再保存模板，以后就可以反复调用集合了表格与图框功能的模板。

16.5.1　表格

1. 表格的创建

（1）单击“表”选项卡“表”面板中的“表”按钮，系统打开如图 16-79 所示的“创建表”菜单管理器，系统提示在视图上选取一个点作为表的一个顶点，该点可以通过以下 5 种方式获取。

☑　选出点：通过单击鼠标左键在工程图上选取一点。

☑　顶点：选取视图上的顶点作为表的顶点。

☑　图元上：选取图元上的一点作为表的顶点。

☑　相对坐标：通过对参考坐标的偏距来设置表的顶点。

☑　绝对坐标：通过对绝对坐标的偏距来设置表的顶点。

“降序”“升序”“右对齐”“左对齐”4 个选项用来指定表相对于表顶点的生长方向，其相对关

系如图 16-80 所示。

Note

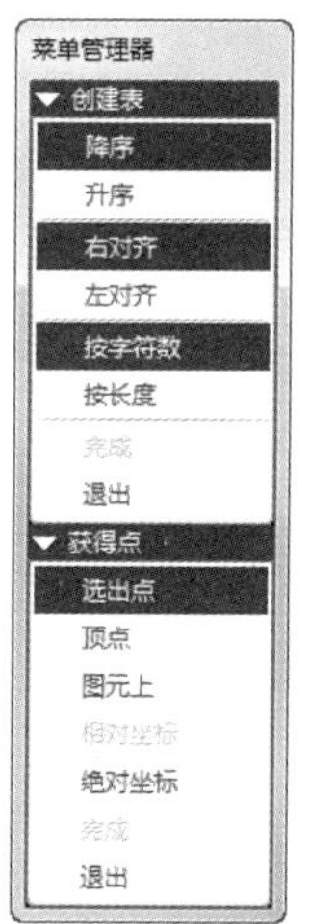

图 16-79 “创建表”菜单管理器

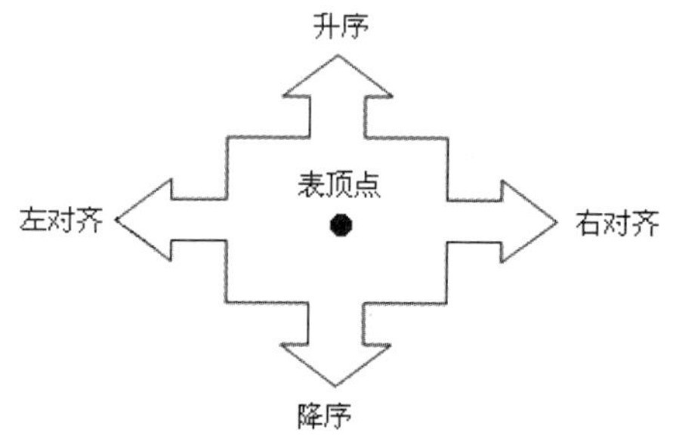

图 16-80 表生长方向示意图

（2）单击鼠标左键确定表格的顶点后，接下来确定列宽和行高，可以通过“按字符数”和“按长度”来指定。

☑ 按字符数：指定单元表格可容纳的字符数来指定列宽，如图 16-81 所示，指定完成列宽和列数后，单击鼠标中键，接下来指定行高和行数，如图 16-82 所示。

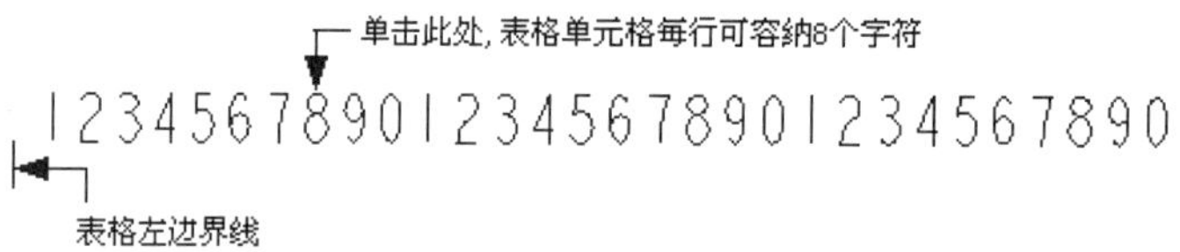

图 16-81 表单元格宽度设置

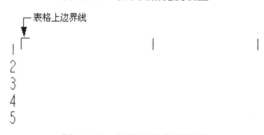

图 16-82 表单元格高度设置

☑ 按长度：通过在绘图区下侧输入列宽和行高来创建表格。

2. 表格的删除

（1）在要删除的表格内任意位置单击鼠标左键，单击“表”选项卡“表”面板中的选取表按钮，选取整个表；或者将指针移到表的任意一个顶点附近，当整个表的颜色改变后，单击鼠标左键选取整个表。

（2）选择“编辑”→“删除”→“删除”命令，或直接按 Delete 键，表格被删除。

3. 表格的移动

方法一：选取整个表，再将鼠标箭头移到表格顶点附近，当光标变为✥、⇔或⇕时，按住鼠标左

键并拖动表格到目标位置，松开鼠标左键以放置表格。

方法二：选取整个表，选择“编辑”→“移动特殊”命令，通过输入 x、y 的值来移动表格。

4. 文本输入与编辑

（1）双击要输入文本或编辑文本的单元格，系统打开“注解属性”对话框。

（2）在“文本”选项下输入文本、符号、尺寸、参数等项目，在“文本样式”选项下设置字符号高度、宽度、对齐方式等属性。

5. 文本自动换行

（1）选取包含文本的表单元格，按住 Ctrl 键可选取多个单元格，要一次选取整行或整列，将鼠标指针移到单元格的外边界，行或列变亮，单击鼠标左键选取整行或整列。

（2）单击鼠标右键，从弹出的快捷菜单中选择“文本换行”命令，文本根据列宽自动换行。

注意：要执行自动换行的功能，必须在文字间留下空格，因为 Pro/E 会将连续的文字视为一个单词，不进行分割。

6. 复制、粘贴单元格文本

（1）选取要被复制内容的表单元格。

（2）选择“编辑”→“复制”命令，或单击鼠标右键，从弹出的快捷菜单中选择“复制”命令。

（3）选取目标单元格。

（4）选择“编辑”→“粘贴”命令，或单击鼠标右键，从弹出的快捷菜单中选择“粘贴“命令。

7. 删除表格文本

（1）选取要被删除内容的单元格。

（2）选择“表”→“删除内容”命令，或单击鼠标右键，从弹出的快捷菜单中选择“删除内容”命令。

8. 表的保存

表可以保存为一个文本文件（.txt），还可以保存为一个专门的表文件（.tbl）。

（1）选取要保存的表或表单元。

（2）单击“表”选项卡“表”面板中的另存为表按钮。

（3）输入一个表的名称，单击保存按钮，系统将以.tbl 的格式将表格保存到当前工作目录下。

如果要保存为文本文件，单击“表”选项卡“表”面板中的另存为文本按钮，输入一个表的名称，单击保存按钮，系统将以.txt 的格式将表格保存到当前工作目录下。

9. 表的读取

（1）单击“表”选项卡“表”面板中的表来自文件...按钮。

（2）系统打开“打开”对话框，选取已保存的.tbl 文件。

（3）绘图区出现表的轮廓，在图上合适的位置单击鼠标左键以放置表。

10. 表的复制

（1）选取要复制的表。

（2）选择“编辑”→“复制”命令。

（3）单击鼠标中键退出“表”选取。

（4）选择“编辑”→“粘贴”命令。

（5）系统打开剪贴板窗口，显示要复制的对象，在剪切板中，单击以选取放置点。

Note

（6）在工程图中合适的位置单击鼠标左键以放置表。

11. 表的编辑

（1）插入列（行）的步骤如下。

❶ 选择“功能”选项卡中的“行和列”→“添加行”命令。

❷ 在表中选取一条直线，在所选直线处插入一个新列（行）。

（2）删除列（行）的步骤如下。

❶ 在要移去的列中选取某一单元格。

❷ 单击“表”选项卡“表”面板中的 选取列 按钮，选取整列（行）。

❸ 按 Delete 键，删除该列（行），若取消删除，选择“编辑”→“取消删除”命令。

❹ 在工程图上单击鼠标左键以确认删除。

（3）改变行高和列宽的步骤如下。

❶ 选取要重新设置的行或列。

❷ 单击“表”选项卡“行和列”面板中的 高度和宽度... 按钮。

❸ 系统打开“高度和宽度”对话框，如图 16-83 所示，通过设置长度或字符数来设置行高或列宽。

（4）表格的合并与还原的步骤如下。

❶ 选取要合并单元格的表。

❷ 单击“表”选项卡“行和列”面板中的 合并单元格... 按钮，系统打开“表合并”菜单管理器，如图 16-84 所示，选取一个选项。

❸ 选取要合并的第一个和最后一个单元格，所选两个单元格之间的所有单元格被合并，单击 确定 按钮。

❹ 单击鼠标中键退出合并单元格命令。

❺ 要还原单元格，单击“表”选项卡“行和列”面板中的 取消合并单元格 按钮。

❻ 选取要还原的第一个和最后一个单元格，所选两个单元格之间的所有单元格被还原，单击 确定 按钮。

（5）表格旋转与原点设置的步骤如下。

❶ 选取表格，单击“表”选项卡“表”面板中的 设置旋转原点 按钮，表的所有顶点被加亮。

❷ 选取新的顶点作为原点。

❸ 要旋转表格，首先在表内单击一下，再选择“表”→“旋转”命令，则表绕其原点逆时针旋转 90°。

（6）网格线的显示与隐藏的步骤如下。

❶ 选取整个表格。

❷ 单击“表”选项卡“行和列”面板中的 行显示... 按钮，系统打开“表格线”菜单管理器，如图 16-85 所示。

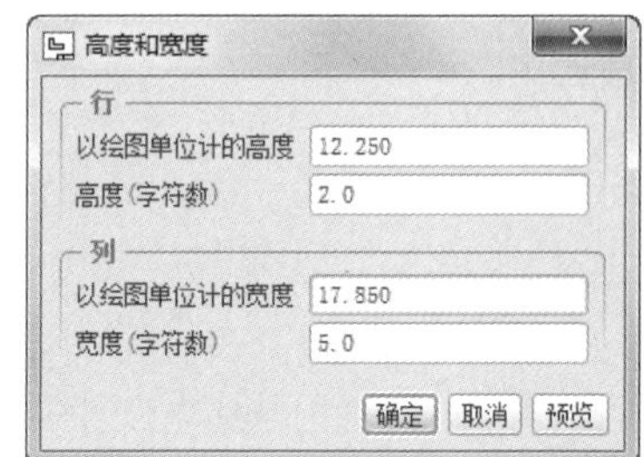

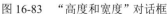

图 16-83 “高度和宽度”对话框

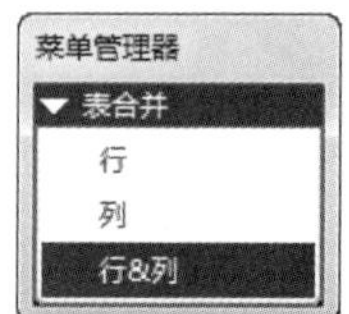

图 16-84 “表合并”菜单管理器

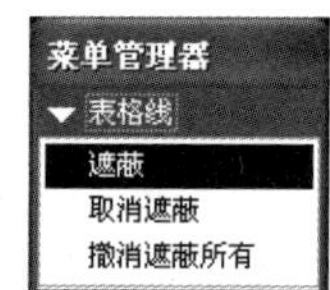

图 16-85 “表格线”菜单管理器

☑　遮蔽：隐藏所选线段。

☑　取消遮蔽：重新显示表中的所选线段。

☑　撤销遮蔽所有：重新显示表中的所有隐藏线。

❸ 单击鼠标中键完成操作。

16.5.2　图框

Pro/ENGINEER 提供了 3 种方式来创建图框：从外部系统导入、通过草绘命令绘制和使用草绘模式绘制。

1. 从外部系统导入

如果用户已有现成的图框文件，且该文件是 Pro/ENGINEER 能够读取的格式，如 DWG、DXF、IGES 文件，那么就可将其导入 Pro/ENGINEER 中，然后将其保存成图框文件即可（扩展名为.frm）。以 DWG 文件为例，具体操作过程如下。

（1）进入系统后，选择“文件”→“打开”命令，系统打开“打开”对话框，在“类型”下拉列表框中选取 DWG（*.dwg）选项，如图 16-86 所示，再浏览选取要导入的.dwg 文件，单击“打开”按钮。

（2）系统打开“导入新模型”对话框，如图 16-87 所示，在“类型”选项组中选中“格式”单选按钮，表示要将.dwg.文件转换成.frm 文件，再输入.frm 文件的名称，单击确定按钮即可完成图框的导入。

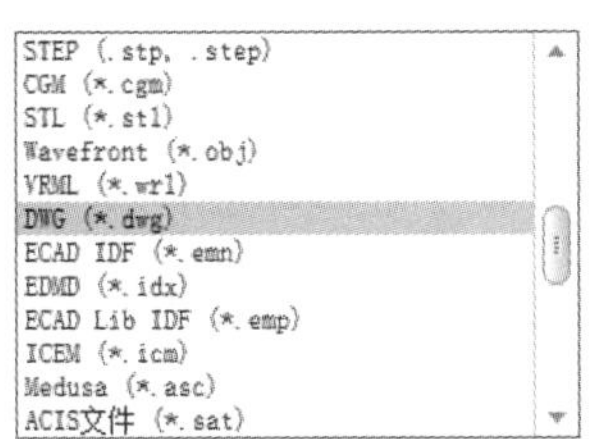

图 16-86　打开格式选项

图 16-87　“导入新模型”对话框

2. 通过草绘命令来绘制

（1）进入系统后，选择“文件”→“新建”命令，或直接单击“新建”按钮🗋，系统打开“新建”对话框，在“类型”选项组中选中“格式”单选按钮，如图 16-88 所示，再输入文件名称，单击确定按钮。

（2）系统打开“新格式”对话框，这与创建工程图时的对话框很相似，只是“使用模板”选项不能使用，如图 16-89 所示，“截面空”用来导入.sec 文件，“空”用来创建空白页面。

（3）选择“空”“横向”“A3”，单击确定按钮进入界面，如图 16-90 所示，四周的边线代表实际纸张的边界，出图时，只有边界内的项目才会打印出来，边界本身不会打印。

（4）可以使用 2D 草绘命令来绘制图框的边界，如折叠线，还可以利用 16.5.1 小节讲到的“表”命令来绘制标题选项组。

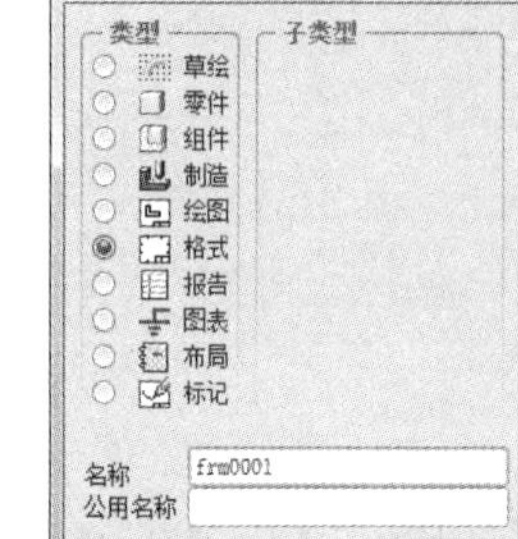

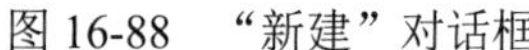

图 16-88 “新建”对话框

图 16-89 指定模板格式

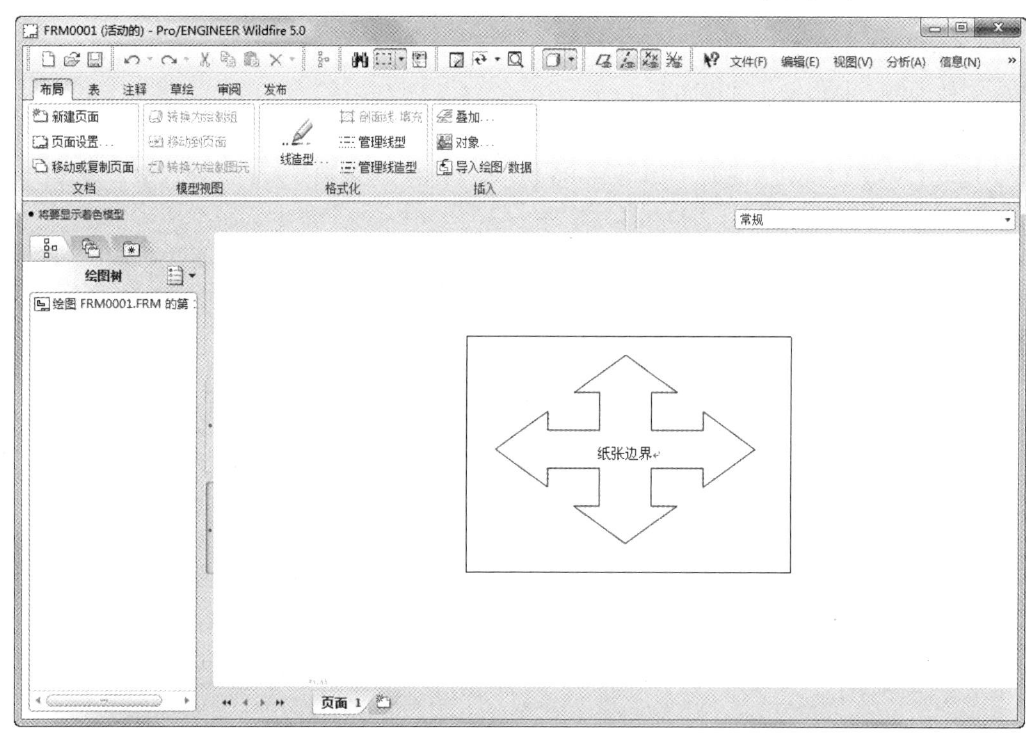

图 16-90 “格式”工作区

3. 通过草绘模式来绘制

（1）进入系统后，选择“文件”→“新建”命令，或直接单击“新建”按钮，系统打开“新建”对话框，在“类型”选项组中选中“草绘”单选按钮，再输入文件名称，单击确定按钮进入草绘工作区，绘制图框外型，完成后将其保存为扩展名为.sec 的文件。

（2）选择“文件”→“新建”命令，或直接单击“新建”按钮，系统打开“新建”对话框，在“类型”选项组中选中“格式”单选按钮，输入文件名称，单击确定按钮。

（3）系统打开“新格式”对话框，选中“截面空”单选按钮，单击浏览...按钮来选取前面创建的.sec 文件。

（4）单击确定按钮，系统自动将草绘文件导入图框文件。导入时，系统以左下角为对齐原点，并且根据草绘文件的大小来自动设置纸张的大小。

（5）如果要绘制标题选项组，还是要利用“表”功能。

注意：图框创建完成后，可以在图框中加入参数，让系统自动提取这些参数内容。调用时，必须在参数名称前加入&符号，如要提取视图比例，可以在字段中输入&view_scale。

16.5.3 模板

工程图“模板”可以用来提高工程图创建的效率，主要可以完成以下任务：安排视图布局，设置视图显示，放置注解、符号与表格，创建捕捉线，显示尺寸。创建新模板与创建工程图的步骤是一样的，而且扩展名也是*.drw，其详细步骤如下。

（1）选择“文件”→“新建”命令，或直接单击“新建”按钮。

（2）系统打开“新建”对话框，选中“绘图”单选按钮，输入模板名称，取消选中“使用缺省模板”复选框，单击确定按钮。

（3）系统打开“新建制图”对话框，在“指定模板”选项组中选取“空”选项，设置好纸张的放置方位和大小，单击确定按钮，即可进入工程图的工作环境。

（4）选择“应用程序”→“模板”命令，系统切换到模板绘制模式。

（5）单击“布局”选项卡“模型视图”面板中的“模板视图”按钮，系统打开“模板视图指令”对话框，如图 16-91 所示。

图 16-91　“模板视图指令”对话框

对话框各部分功能如下。

❶ 视图名称：用来设置视图的名称，当创建工程视图时，会以此作为视图名称。

❷ 视图类型：设置绘图视图的类型。

❸ 视图符号：用来定义更详细的视图符号属性，各功能如下。

☑ 放置视图：设置合适的选项和值后放置视图。使用“放置视图”通过在绘图页面选取一点并拖动，可以为视图定义边界框。边界框控制视图的位置和比例。在绘图页面上放置边界框后，视图符号将自动放置到边界框中心。

☑ 编辑视图符号：允许使用“符号实例”对话框编辑视图。

☑ 替换视图符号：允许使用“符号实例”对话框替换视图。

❹ 视图选项：用来定义更详细的视图属性，各项功能如下。

☑ 视图状态：如果在组件中已经定义了爆炸视图，则可以通过此选项来设置爆炸视图在工程图上的显示。

Note

☑ 比例：设置视图比例，只有视图类型选取“普通”时才能设置。
☑ 处理步骤：用来显示 NC 加工的程序步骤。
☑ 模型显示：用来设置工程视图的显示方式，分为“线框”“隐藏线”“无隐藏线”“缺省值”4 种方式。
☑ 相切边显示：用来设置相切边线的显示方式，共有 6 种显示方式：“相切实体”“不显示切线”“相切中心线”“相切双点画线”“切线无效”“切线缺省”。
☑ 捕捉线：用来创建捕捉线。
☑ 尺寸：设置视图上显示尺寸与参考图元的偏距和间距，并且可以设置是否同时创建捕捉线。
☑ 球标：当模型中预先创建 BOM 表时，进入工程图时，可以显示组件的球标。

16.6 常见表格的应用

表格是工程图不可或缺的重要组成部分。Pro/ENGINEER 创建了各种常见的表格。本节将介绍这些表格的应用。

16.6.1 孔表

孔表主要包含以下信息：“包括”“表列”“表格式”“孔标签”。下面详细介绍孔表的用法。

（1）在工程图模式下，单击“表”选项卡“表”面板中的孔表...按钮，系统打开“孔表”对话框，如图 16-92 所示。

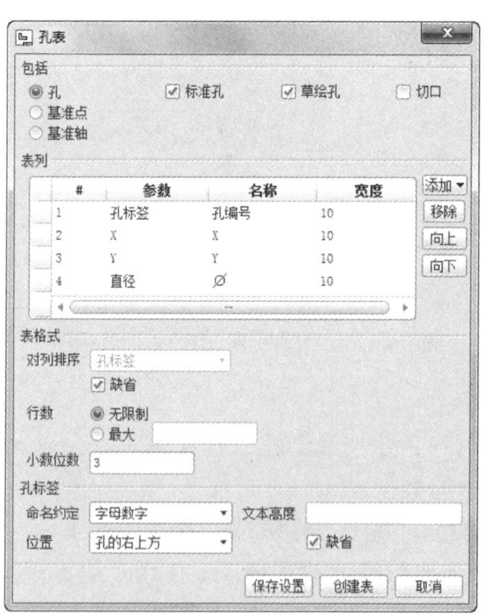

图 16-92 “孔表”对话框

（2）在“孔表”对话框中选择要创建孔的类型。各选项功能如下。
☑ 孔：创建列有孔在 X 和 Y 坐标中位置及其直径的孔表。
☑ 基准点：创建列有基准点在 X、Y 和 Z 坐标中位置的表格。

☑ 基准轴：创建列有基准轴在 X 和 Y 坐标中位置的表格。

（3）选中“孔”单选按钮，在表列中对参数进行设置。修改各表列的参数、名称及表列宽度。这里采用默认。

（4）对表格式进行设置，各选项功能如下。

☑ 对列排序：选择孔表排序的规则。

☑ 行数：定义孔表或表格中行数的最大值，也可选无限制。

☑ 小数位数：设置“孔表”“基准点表”“基准轴表”所显示的小数位数，只对设置后的表格有效。

（5）孔标签设置，用于定义命名孔的方法（字母或数字），设置文本高度及位置。

（6）在视图适当位置单击鼠标左键，放置孔表。

注意：孔表只会搜索使用“孔”命令创建的特征，而且是搜索孔的 X、Y 坐标值，因此在绘制模型时，必须注意孔的位置是否在 X-Y 平面上，否则就必须额外创建一个位于 X-Y 平面的坐标系。孔表只会提取 X、Y 坐标与直径值，对于深度不会提取，如果要将孔“深度”放入孔表，需要通过“参数选项组”选项将“孔深”变成参数而引入孔图表中。

16.6.2 零件族表

在工程图模式下，对于通过“零件族”方式创建的模型，可以用一张 generic model（普通模型）的工程图作为代表，然后将所有相关的族零件，以表格的方式列出，此表格就称为“零件族表”。下面详细讲解零件族表的创建步骤。

（1）在创建族表之前，必须存在一个已创建好的“族”零件，且每个零件验证无误码。可以在零件模式下，选择“工具”→“族表”命令来创建。在此将资料包 yuanwenjian\16\ family_table 目录下的零件复制到当前工作目录下，打开零件 gb9126a.prt。

（2）选择“文件”→“新建”命令，在弹出的“新建”对话框中选取“绘图”模式，然后指定文件名为 gb9126a_drw1。

（3）系统打开“新建绘图”对话框，接受默认模型：gb9126a.prt，在“指定模板”选项组中选中“空”单选按钮，设置图纸方向为“横向”，大小为 A3，单击确定按钮。

（4）系统打开“选取实例”对话框，如图 16-93 所示，在“按名称”选项卡上选择“普通模型”选项，单击打开按钮，系统进入绘图工作区。

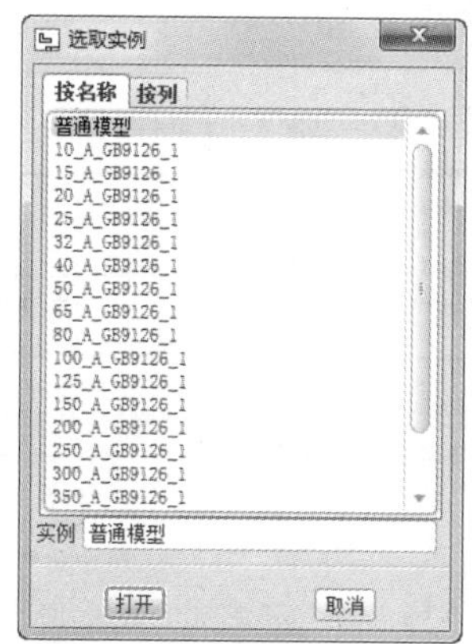

图 16-93　实例名称列表

（5）单击“表”选项卡“表”面板中的“表”命令，在工作区创建一个 2×2 的表格，单元格大

小可任意设置，如图 16-94 所示。

在创建零件族表时，会同时在水平、垂直两个方向增加零件信息。因此，在表创建零件族表时，必须定义一个 2-D 重复区域，使表格能同时显示两个方向的信息，具体操作步骤如下。

（1）单击“表”选项卡“数据”面板中的“重复区域”按钮，系统打开“表域”菜单管理器，选择“添加”命令，在“区域类型”菜单管理器中选择“二维”命令，如图 16-95 所示。确定两维区域外边界的角。

（2）系统提示“确定两维区域外边界的角”，选取如图 16-96 所示的单元格 I 和 II（先选 I 再选 II）。

（3）系统提示“选取一个单元，设置其行列子区域的上边界”，选取如图 16-96 所示的单元格 III，选择“完成”命令。

图 16-94　表格样式

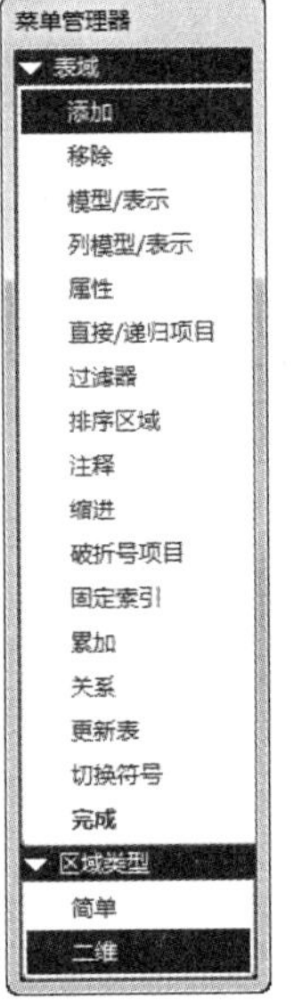

图 16-95　“表域”菜单管理器

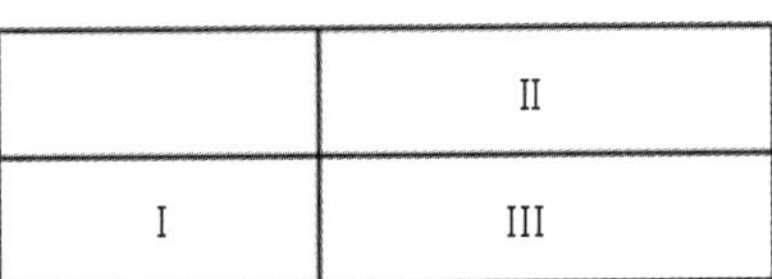

图 16-96　表边界设置

注意：根据表单元格选取顺序的不同，零件族表单元格在水平和竖直增加的方向也会有所不同，具体变化方向如图 16-97 所示。

向下和向右增加单元格

	II
I	III

向上和向右增加单元格

II	III
	I

向上和向左增加单元格

III	II
I	

向下和向左增加单元格

II	
III	I

图 16-97　表增加方向示例

（4）双击如图 16-96 所示的单元格 I，系统打开“报告符号”对话框，选取 fam、inst 和 name 3 项，如图 16-98 所示。

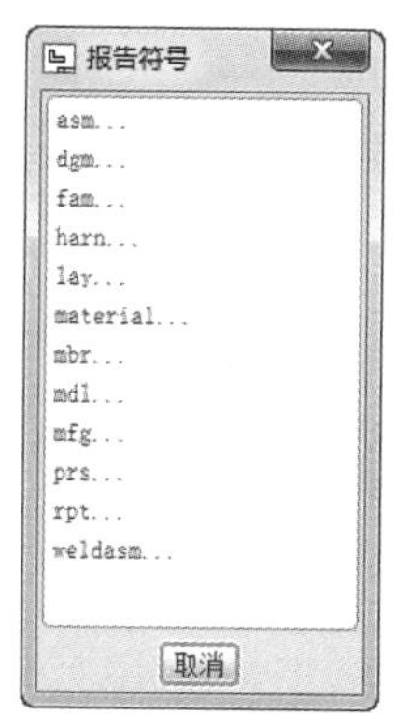

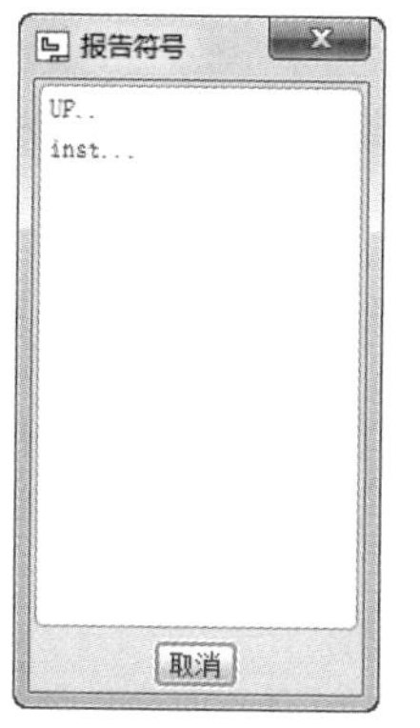

Note

图 16-98　符号名称设置

（5）采用同上一步相同的方法，在如图 16-96 所示的单元格 II 和 III 中分别输入 fam.inst.param.name 和 fam.inst.param.value，完成效果如图 16-99 所示。

	fam.inst.param.name
fam.inst.name	fam.inst.param.value

图 16-99　表格符号内容

（6）单击“表”选项卡“数据”面板中的“重复区域”按钮，系统打开“表域”菜单管理器，选择“更新表”命令，如图 16-100 所示。系统自动更新族表并显示表格内容，如图 16-101 所示。

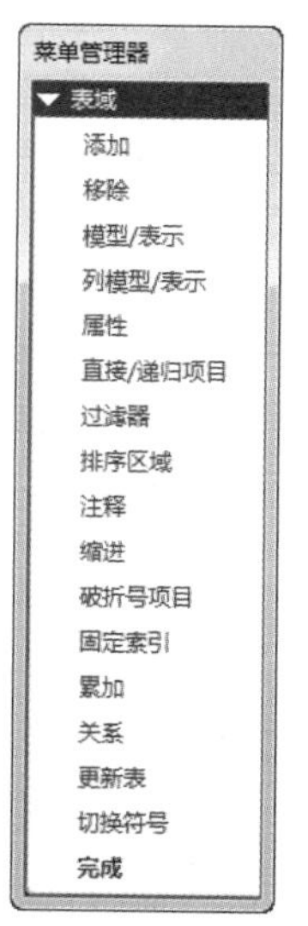

图 16-100　“表域”菜单管理器

	d2	d3	d4	d6	d7	p0
10_A_GB9126_1	18	75	2	25	11	4
15_A_GB9126_1	22	80	2	27.5	11	4
20_A_GB9126_1	27	90	2	32.5	11	4
25_A_GB9126_1	34	100	2	37.5	11	4
32_A_GB9126_1	43	120	2	45	14	4
40_A_GB9126_1	49	130	2	50	14	4
50_A_GB9126_1	61	140	2	55	14	4
65_A_GB9126_1	77	160	2	65	14	4
80_A_GB9126_1	89	190	2	75	18	4
100_A_GB9126_1	115	210	2	85	18	4
125_A_GB9126_1	141	240	2	100	18	8
150_A_GB9126_1	169	265	2	112.5	18	8
200_A_GB9126_1	220	320	2	140	18	8
250_A_GB9126_1	273	375	3	167.5	18	12
300_A_GB9126_1	324	440	3	197.5	22	12
350_A_GB9126_1	356	490	3	222.5	22	12
400_A_GB9126_1	407	540	3	247.5	22	16
450_A_GB9126_1	458	595	3	275	22	16
500_A_GB9126_1	508	645	3	300	22	20

图 16-101　表格内容

（7）筛选表格。

❶ 单击“表”选项卡“数据”面板中的“重复区域”按钮，系统打开“表域”菜单管理器，选择“过滤器”命令，系统提示“选取一个区域”，选取表格的重复区域后，系统打开如图 16-102 所示的“过滤器类型”菜单管理器。

❷ 选择“按规则”→“添加”命令，在绘图区下侧输入过滤关系式&fam.inst.param. name!=p0，单击 3 次鼠标中键或选择“完成”命令，则表格会按照刚才设置的筛选关系来显示内容，如图 16-103 所示。

在输入关系式时可以利用比较符号“<”“>”“<=”“>=”“!=”“==”来创建，也可以使用通用字符“*”和多个筛选项参数来定义筛选方式，每个筛选参数必须以逗号隔开。如关系式&fam.inst.param.name==d2,d3 只会显示名称中含有 d2 和 d3 的子零件。另外，可以通过“按项目”命令来直接选取要进行筛选的项目。

（8）表格排序。单击“表”选项卡“数据”面板中的“重复区域”按钮，系统打开“表域”菜单管理器，选择“排序区域”命令，系统提示“选取一个区域”，选取表格的重复区域后，系统打开如图 16-104 所示的“排列区域”菜单管理器，默认情况下，有两种排序方式。

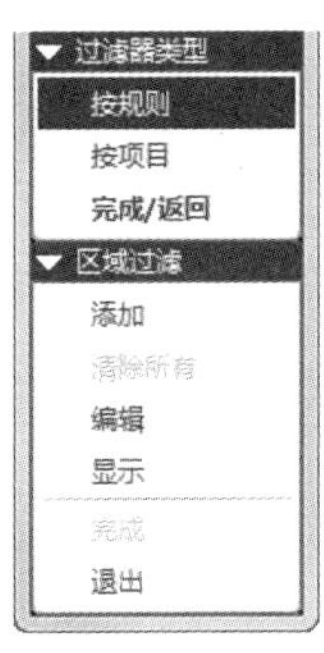

图 16-102　过滤设置

	d2	d3	d4	d6	d7
10_A_GB9126_1	18	75	2	25	11
15_A_GB9126_1	22	80	2	27.5	11
20_A_GB9126_1	27	90	2	32.5	11
25_A_GB9126_1	34	100	2	37.5	11

图 16-103　筛选后的表格内容

菜单管理器
表域
排序区域
排列区域
添加
清除所有
编辑
显示
缺省排序
无缺省
完成
退出

图 16-104　排序设置

☑　缺省排序：系统按照 ASCII 字符值排序。

☑　无缺省：系统按照数字由小到大排序。

要自定义排序方式，步骤如下：在“排列区域”菜单管理器上选择“添加”命令，选择“向后”命令，再根据系统提示选取重复区域内的数值和字母排序，单击确定按钮和选择“完成”命令，表格将按设定的排序方式重新显示，如图 16-105 所示。

选取“d2”作为排序符号

	d2	d3	d4	d6	d7	p0
10_A_GB9126_1	18	75	2	25	11	4
15_A_GB9126_1	22	80	2	27.5	11	4
20_A_GB9126_1	27	90	2	32.5	11	4
25_A_GB9126_1	34	100	2	37.5	11	4
32_A_GB9126_1	43	120	2	45	14	4
40_A_GB9126_1	49	130	2	50	14	4
50_A_GB9126_1	61	140	2	55	14	4

排序前

	p0	d2	d3	d4	d6	d7
10_A_GB9126_1	4	18	75	2	25	11
15_A_GB9126_1	4	22	80	2	27.5	11
20_A_GB9126_1	4	27	90	2	32.5	11
25_A_GB9126_1	4	34	100	2	37.5	11
32_A_GB9126_1	4	43	120	2	45	14
40_A_GB9126_1	4	49	130	2	50	14
50_A_GB9126_1	4	61	140	2	55	14

按字母降序排序后

图 16-105　排序前后表格的内容对比

（9）表格分页。如果表格过长以至超出了图纸的范围，可以将表格断开，然后将一部分放置到其他地方或另外一张图纸中，其操作步骤如下。

❶ 选取整个表，再单击“表”选项卡“表”面板中的编页...按钮。

❷ 选择“设置延拓”命令，并在表的断开处选取一行，表示该行以下部分被移开。

❸ 选择“增加段”命令，并在当前页面上定义一点开始新段的位置，可以通过“获得点”菜单提供的 5 种方式来定义点，如图 16-106 所示。

❹ 在当前页面上单击一点确定新段的范围，表格被分割成两段，如图 16-107 所示。

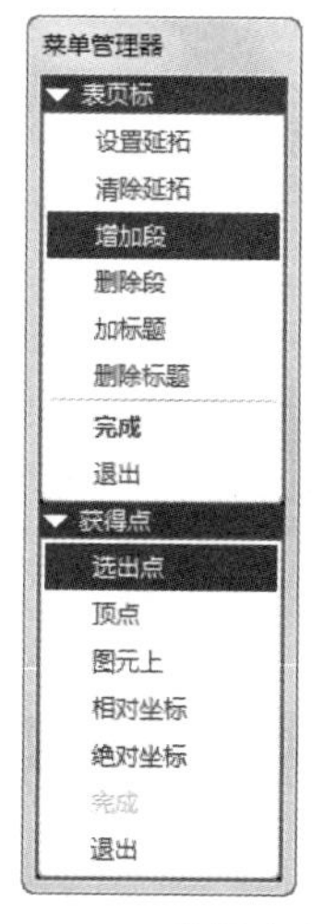

图 16-106　获得点菜单

	p0	d7	d6	d4	d3	d2
10_A_GB9126_1	4	11	25	2	75	18
15_A_GB9126_1	4	11	27.5	2	80	22
20_A_GB9126_1	4	11	32.5	2	90	27
25_A_GB9126_1	4	11	37.5	2	100	34
32_A_GB9126_1	4	14	45	2	120	43
40_A_GB9126_1	4	14	50	2	130	49
50_A_GB9126_1	4	14	55	2	140	61
65_A_GB9126_1	4	14	65	2	160	77
80_A_GB9126_1	4	18	75	2	190	89
100_A_GB9126_1	4	18	85	2	210	115

单击此处定义新段起始点

125_A_GB9126_1	8	18	100	2	240	141
150_A_GB9126_1	8	18	112.5	2	265	169
200_A_GB9126_1	8	18	140	2	320	220
250_A_GB9126_1	12	18	167.5	3	375	273
300_A_GB9126_1	12	22	197	3	440	324
350_A_GB9126_1	12	22	222	3	490	356
400_A_GB9126_1	16	22	247	3	540	407
450_A_GB9126_1	16	22	275	3	595	458
500_A_GB9126_1	20	22	300	3	645	508

单击此处定义新段终止点

图 16-107　分页后的表格

16.6.3　BOM 表

BOM table（材料清单表）是工程图的零部件明细表，通常包括零件名称、种类和数量，还可以包括用户所设置的参数，如价格、体积、重量、备注等，BOM 表的具体操作步骤如下。

1. 创建重复区域表格

（1）将资料包 yuanwenjian\16\BOM 目录下的零件复制到当前工作目录下，打开组件 zc-p-3.asm。

（2）选择“文件”→“新建”命令，在弹出的“新建”对话框中选取“绘图”模式，然后指定文件名为 zc-p-3_drw1。

（3）系统打开“新建绘图”对话框，接受默认模型 zc-p-3.asm，在“指定模板”选项组中选中“空”单选按钮，设置图纸方向为“横向”，大小为 A3，单击确定按钮。

（4）单击“表”选项卡“表”面板中的“表”按钮，在工作区创建一个 2×4 的表格，单元格大小可任意设置。

（5）单击“表”选项卡“数据”面板中的“重复区域”按钮，系统打开“表域”菜单管理器，选择“添加”命令，在“区域类型”选项组中选择“简单”命令，再选取图 16-108 所示的单元格 I、II，系统自动将两单元格间的区域定义为重复区域，单击确定按钮和选择“完成”命令。

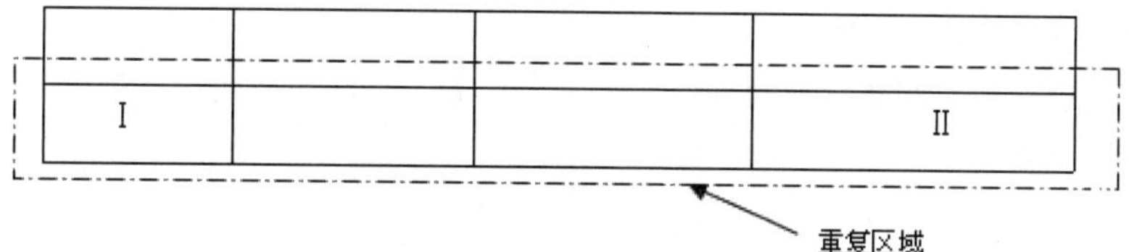

图 16-108　定义重复区域

2. 注解属性

双击非重复区域单元格，系统打开“注解属性”对话框，在“文本”选项组下输入如图 16-109 所示的内容，再双击重复区域单元格，系统打开“报告符号”对话框，输入如图 16-109 所示的内容。

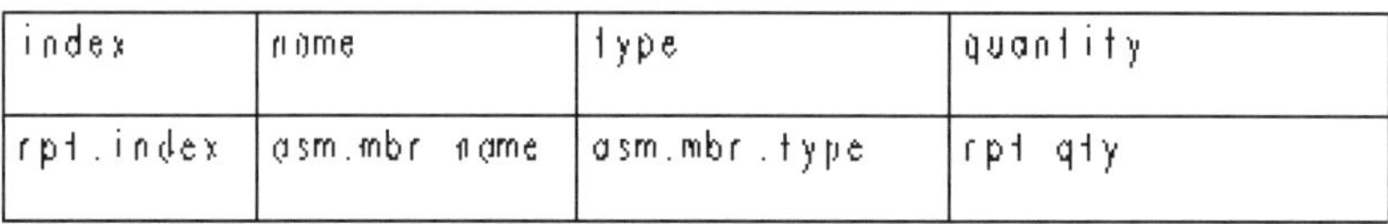

index	name	type	quantity
rpt.index	asm.mbr name	asm.mbr.type	rpt qty

图 16-109　表格内容

3. 更新表

单击“表”选项卡“数据”面板中的“重复区域”按钮，系统打开“表域”菜单管理器，选择“更新表”命令，如图 16-110 所示。系统会自动更新族表并显示表格内容，如图 16-111 所示。

此表最后一列定义了零部件的数量，但此时并没有显示具体的数量，这与重复区域的“属性定义”有关，稍后将做介绍。

4. 区域属性设置

单击“表”选项卡“数据”面板中的“重复区域”按钮，系统打开“表域”菜单管理器，选择“属性”命令，选取表的重复区域，系统打开“区域属性”菜单管理器，如图 16-112 所示，各选项具体功能如下。

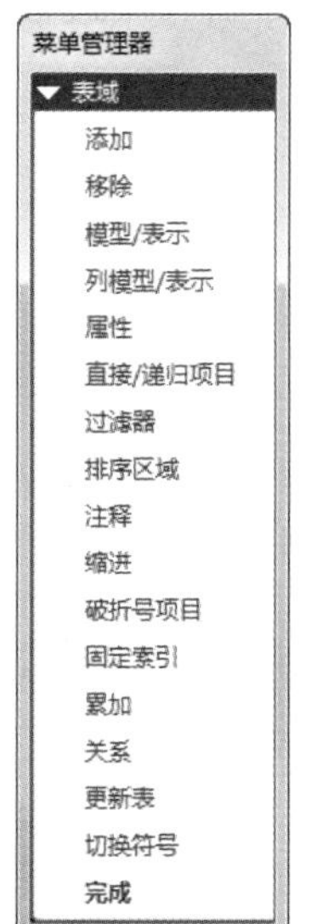

图 16-110　“表域”菜单管理器

index	name	type	quantity
1	50-W	PART	
2	GEAR-IN-3	PART	
3	52-W	PART	
4	NU211	ASSEMBLY	
5	KH-18-W	PART	
6	51-W	PART	
7	6211	ASSEMBLY	
8	KH-19-W	PART	
9	KH-20-W	PART	
10	53-W	PART	

图 16-111　表格内容

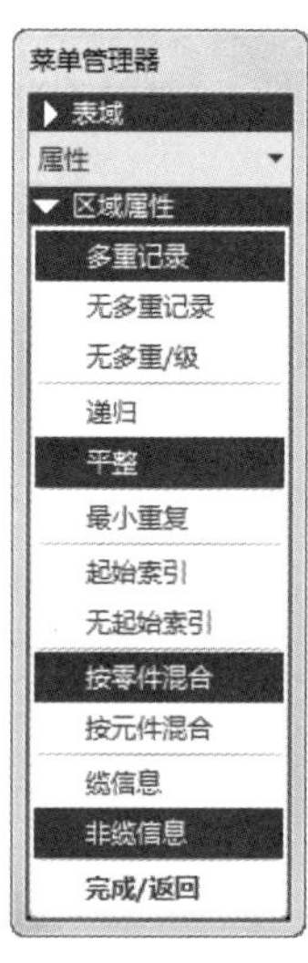

图 16-112　区域属性设置

- ☑ 多重记录：只要零件出现一次，就在 BOM 表中增加一行，不管零件是否重复出现，数量选项组中不会显示零件数量。
- ☑ 无多重记录：对于重复出现的零件，将会合并成一行，并在数量选项组显示零件数量，如图 16-113 所示。
- ☑ 无多重/级：对于重复出现的零件，在每个用到该零件的组件中列出，如图 16-114 所示。
- ☑ 递归：允许系统搜索位于下一层的次组件或零件，如图 16-114 所示。
- ☑ 平整：只允许系统搜索位于第一层的次组件或零件。

index	name	type	quantity
1	50-W	PART	1
2	51-W	PART	1
3	52-W	PART	1
4	53-W	PART	1
5	6211	ASSEMBLY	1
6	GEAR-IN-3	PART	1
7	KH-18-W	PART	1
8	KH-19-W	PART	1
9	KH-20-W	PART	1
10	NU211	ASSEMBLY	1

图 16-113 “无多重记录”表格

index	name	type	quantity
1	ZC-P-3	ASSEMBLY	1
2	50-W	PART	1
3	GEAR-IN-3	PART	1
4	52-W	PART	1
5	NU211	ASSEMBLY	1
6	2211_1	PART	1
7	32211_3	PART	4
8	2211_2	PART	1
9	KH-18-W	PART	1
10	51-W	PART	1
11	6211	ASSEMBLY	1
12	211_1	PART	1
13	211_2	PART	1
14	211_3	PART	4
15	KH-19-W	PART	1
16	KH-20-W	PART	1
17	53-W	PART	1

图 16-114 “无多重/级”和“递归”表格

5. 在 BOM 表中使用破折号

（1）单击“表”选项卡“数据”面板中的“重复区域”按钮▦，系统打开“表域”菜单管理器，选择“破折号项目”命令。

（2）系统提示“选取一个包含 rpt.index 或 rpt.qty 的文本”，选取参数为 rpt.index 的内容：1、6、7、8、12、13、14，完成后效果如图 16-115 所示。

index	name	type	quantity
-	ZC-P-3	ASSEMBLY	1
1	50-W	PART	1
2	GEAR-IN-3	PART	1
3	52-W	PART	1
4	NU211	ASSEMBLY	1
-	2211_1	PART	1
-	32211_3	PART	4
-	2211_2	PART	1
5	KH-18-W	PART	1
6	51-W	PART	1
7	6211	ASSEMBLY	1
-	211_1	PART	1
-	211_2	PART	1
-	211_3	PART	4
8	KH-19-W	PART	1
9	KH-20-W	PART	1
10	53-W	PART	1

图 16-115 使用破折号的表格

如果要重新显示，则需重新选取命令，在“-”上单击即可。

6. 替换 BOM 表

当 BOM 表创建后，单击“表”选项卡“数据”面板中的“重复区域”按钮▦，在弹出的“表域”菜单管理器中选择“模型/表示”命令。可以打开次组件或是组件中的“简化表示”，来替换 BOM 表

Note

中的零件清单，并且在替换的同时，系统也将 BOM 表格内的相关内容更新。

7. 为 BOM 表添加注释

（1）单击“表”选项卡“数据”面板中的“重复区域”按钮，系统打开“表域”菜单管理器，选择“注释”→“定义单元”命令。

（2）在重复区域中选取一个空单元，单元格被加亮，该列中的所有单元均为注释单元。

（3）双击注释单元格，输入注释内容。

注释与其所在的行保持关联，当该行位置在区域内发生变化时，注释所在的行也会发生相应的变化，如图 16-116 所示。

定义此单元格为注释单元格

index	name	type	
1	50-W	PART	
2	GEAR-IN-3	PART	note
3	52-W	PART	
4	NU211	ASSEMBLY	
5	KH-18-W	PART	
6	51-W	PART	
7	6211	ASSEMBLY	
8	KH-19-W	PART	
9	KH-20-W	PART	
10	53-W	PART	

排序前

index	name	type	
1	50-W	PART	
2	51-W	PART	
3	52-W	PART	
4	53-W	PART	
5	6211	ASSEMBLY	
6	GEAR-IN-3	PART	note
7	KH-18-W	PART	
8	KH-19-W	PART	
9	KH-20-W	PART	
10	NU211	ASSEMBLY	

排序后

图 16-116　表格排序前后对照

8. 在 BOM 中自定义参数和关系式

（1）创建一个 2×6 的表格，并定义第二行为重复区域，再输入内容，如图 16-117 所示。

index	name	type	quantity	cost	totalcost
rpt index	asm.mbr.name	asm.mbr.type	rpt.qty		

图 16-117　表格内容

（2）选取 cost 下的空白单元格，单击鼠标右键，在打开的快捷菜单中选择“属性”命令，输入文本&asm.mbr.cost[.1]，其中[.1]表示小数点位数为 1，cost 为自定义参数，在零件模式下，通过选择“工具”→“参数”命令来设置。

（3）以同样的方法在 totalcost 下的空白单元格输入&rpt.rel.tcost，如图 16-118 所示，其中 tcost 为自定义参数，在工程图模式下，通过选择“工具”→“参数”命令来设置。

index	name	type	quantity	cost	totalcost
rpt index	asm.mbr.name	asm.mbr.type	rpt.qty	asm.mbr.cost	rpt.rel.tcost

图 16-118　表格内容

（4）选取“功能”选项卡中的“工具”→“关系”命令，单击鼠标左键选取重复区域，再在打开的“关系”对话框上选取“关系”命令，在绘图区下侧输入关系式 tcost=asm_mbr_cost*rpt_qty，双击鼠标中键完成输入，再选择“完成/返回”命令。

（5）单击“表”选项卡“数据”面板中的“重复区域”按钮，系统打开“表域”菜单管理器，选择“更新表”命令，系统会自动更新族表并显示表格内容，如图 16-119 所示。

index	name	type	quantity	cost	totalcost
1	50-W	PART	1	50.0	50.000
2	51-W	PART	1	16.0	16.000
3	52-W	PART	1	18.5	18.500
4	53-W	PART	1	3.3	3.300
5	211_1	PART	1	5.2	5.200
6	211_2	PART	1	6.3	6.300
7	211_3	PART	4	1.8	7.200
8	2211_1	PART	1	16.8	16.800
9	2211_2	PART	1	18.8	18.800
10	6211	ASSEMBLY	1		
11	32211_3	PART	4	6.7	26.800
12	GEAR-IN-3	PART	1	80.0	80.000
13	KH-18-W	PART	1	3.6	3.600
14	KH-19-W	PART	1	2.0	2.000
15	KH-20-W	PART	1	2.5	2.500
16	NU211	ASSEMBLY	1		
17	ZC-P-3	ASSEMBLY	1		

图 16-119 表格内容

注意：创建关系时，要把报表参数符号中的“.”改成“_”，如 asm.mbr.cost 改为 asm_mbr_cost。

（6）创建累加。单击“表”选项卡“行和列”面板中的添加行按钮，在表格最下面添加一行，再单击“表”选项卡“数据”面板中的“重复区域”按钮，选择“累加”命令，单击鼠标左键选取一个重复区域，接着选取“增加”命令，在 totalcost 所在的列中任选一个数，如 18.500，然后在绘图区下侧输入要建立的参数名称，单击鼠标中键完成，选取 totalcost 所在的列中的空单元格来放置累加值，最后单击“表”选项卡“数据”面板中的“重复区域”按钮，选择“更新表”命令，系统会自动更新族表并显示表格内容，如图 16-120 所示。

index	name	type	quantity	cost	totalcost
1	50-W	PART	1	50.0	50.000
2	51-W	PART	1	16.0	16.000
3	52-W	PART	1	18.5	18.500
4	53-W	PART	1	3.3	3.300
5	211_1	PART	1	5.2	5.200
6	211_2	PART	1	6.3	6.300
7	211_3	PART	4	1.8	7.200
8	2211_1	PART	1	16.8	16.800
9	2211_2	PART	1	18.8	18.800
10	6211	ASSEMBLY	1		
11	32211_3	PART	4	6.7	26.800
12	GEAR-IN-3	PART	1	80.0	80.000
13	KH-18-W	PART	1	3.6	3.600
14	KH-19-W	PART	1	2.0	2.000
15	KH-20-W	PART	1	2.5	2.500
16	NU211	ASSEMBLY	1		
17	ZC-P-3	ASSEMBLY	1		
					257.000

图 16-120 表格内容

16.6.4 球标

在组件工程图中为每个零件加上“球标”，不仅提高了零件查找的速度，也提高了读图的方便性。在创建球标之前，必须创建 BOM 表。

下面详细讲解球标的创建步骤。

（1）在前面创建的工程图上再创建一个“一般视图”，再以“一般视图”为父视图创建两个“投影视图”，如 16-121 所示。

Note

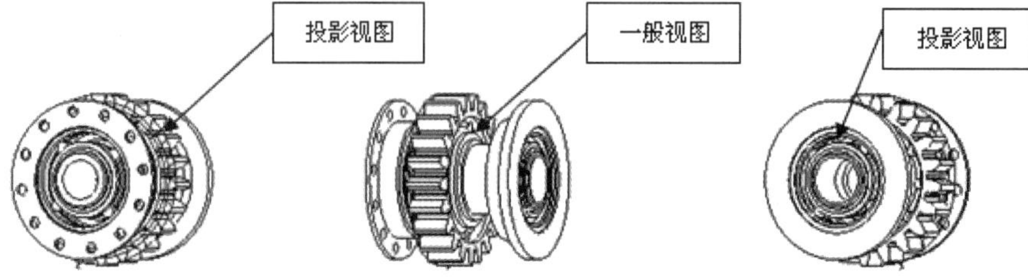

图 16-121　视图布置

（2）单击“表”选项卡“球标”面板中的 BOM球标... 按钮，系统打开“BOM 球标”菜单管理器，选择“设置区域”命令，如图 16-122 所示，BOM 球标一般分为以下 3 种类型。

☑　简单：仅显示一个报告符号的球标。通常是显示一个与 BOM 表中的零件的名称相对应的索引号（rpt.index）。

☑　带数量：BOM 球标由上、下两部分组成，上部分一般是索引号，下部分则是数量，要显示数量，rpt.qty 必须包含在重复区域的单元格中。

☑　定制：用户可以将某个已经创建并保存的绘制符号指定为 BOM 球标符号。

（3）接受“简单”类型，选取 BOM 表的重复区域使其成为 BOM 表的参照，系统提示“选取另一个区域进行设置”，在此选择“完成”命令来完成区域设置。要清除 BOM 球标区域设置，可通过选择“清除区域”命令来完成。

（4）选择“创建球标”命令，系统提示“选取要显示 bom 球标的视图”，共有 4 种显示方式。

☑　显示全部：显示所有与表区域相关的球标，它们可能根据视图方向放置到几个视图。

☑　根据视图：选取要显示其球标的一个或多个视图。

☑　通过元件：选取要显示其球标的一个或多个指定元件。

☑　元件&视图：如果某一区域涉及一个以上的视图，选取用于显示球标的视图。

☑　按记录：通过选取材料清单表中的记录来创建材料清单球标。

（5）选择“根据视图”命令，如图 16-123 所示，选取“一般视图”作为球标的放置视图，则系统自动完成球标的放置，如图 16-124 所示。

图 16-122　设置区域

图 16-123　创建球标

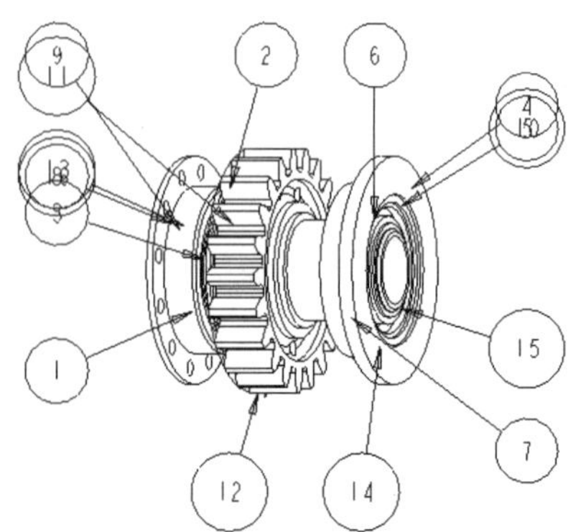

图 16-124　球标的创建

（6）整理球标，有以下两种方式。

❶ 选取一个球标，单击“表”选项卡“球标”面板中的清除球标按钮，系统弹出“清除 BOM 球标”对话框，如图 16-125 所示，可以用来设置球标的位置、指引线的位置等。

❷ 选取一个球标，再单击鼠标右键，系统打开快捷菜单，如图 16-126 所示，可以用来拭除或删除球标、在视图之间移动球标、编辑球标文本样式等。

（7）修改 BOM 球标类型。单击“表”选项卡“球标”面板中的 BOM球标... 按钮，在弹出的菜单管理器中选择“更改类型”命令，再选取 BOM 表的重复区域，系统打开的“BOM 球标类型”菜单管理器如图 16-127 所示。选取新的球标类型，如“带数量”，最后选择“完成/返回”命令，效果如图 16-128 所示。

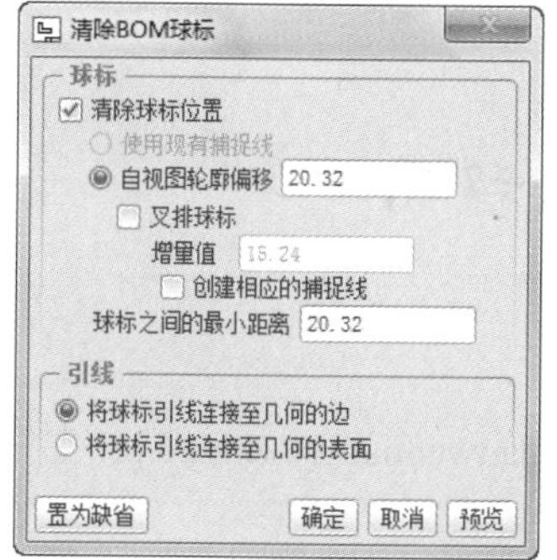

图 16-125　“清除 BOM 球标”对话框

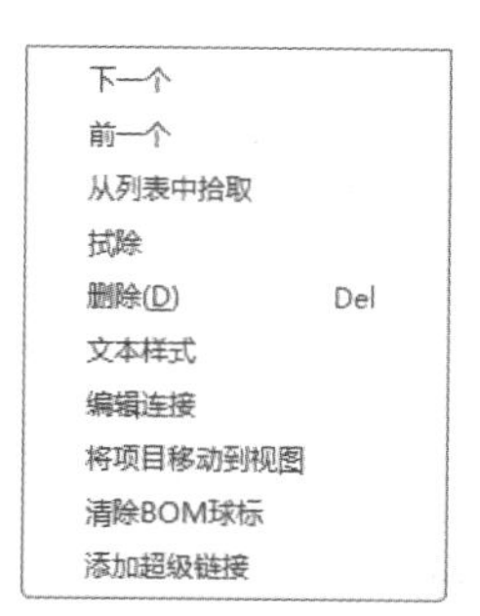

图 16-126　球标编辑设置

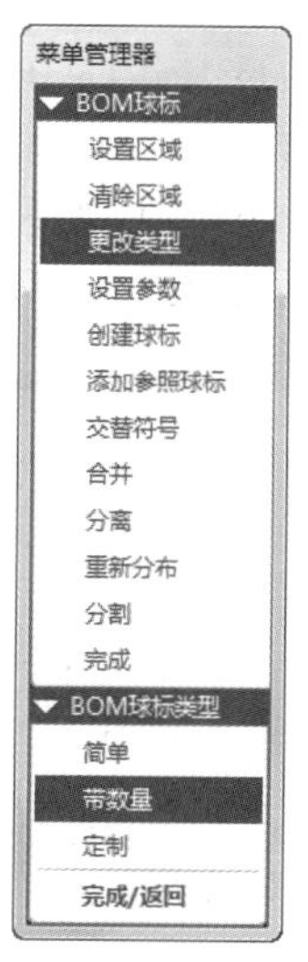

图 16-127　“BOM 球标类型”菜单管理器

（8）合并球标。实现依附在某一个零件上的数量球标中显示零件总数，具体操作步骤如下。

单击“表”选项卡“球标”面板中的 BOM球标... 按钮，在弹出的菜单管理器中选择“合并”命令，根据系统提示选取要合并的数量球标，再选取要合并的目标数量球标，即要保留的数量球标，这样先选取的球标被清除，后选取的球标数量增加 1，如图 16-129 所示，最后选择“完成/返回”命令。

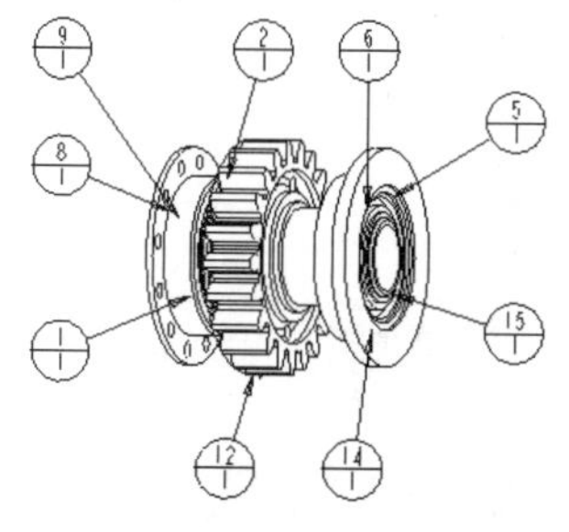

图 16-128　球标样式

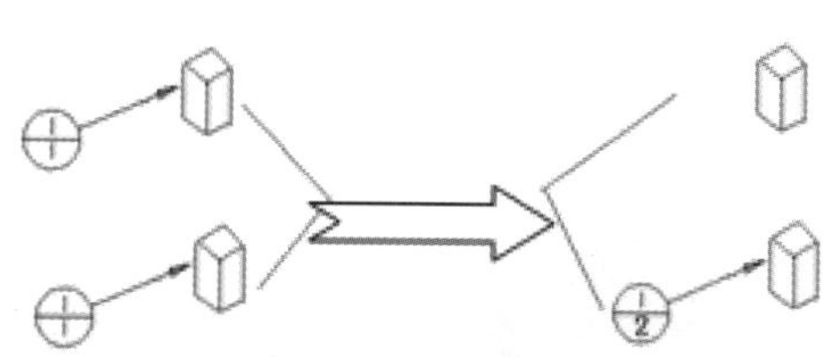

图 16-129　合并球标示例

（9）分离球标。用来在每个零件上都显示一个球标，具体操作步骤如下。

单击“表”选项卡“球标”面板中的 BOM球标... 按钮，在弹出的菜单管理器中选择“分离”命令，根据系统提示选取一个自定义球标或大于 1 的数量球标，再选取数量球标要依附的零部件（该部件不带球标，且与球标原先所指的零部件相同），接着选取一点放置球标，最后选择“完成/返回”命令。

Note

（10）重新分配 BOM 球标。如果球标中元件的数量大于两个，则会出现数量分配问题，如图 16-130 所示，可以通过重新分配球标来解决，具体操作步骤如下。

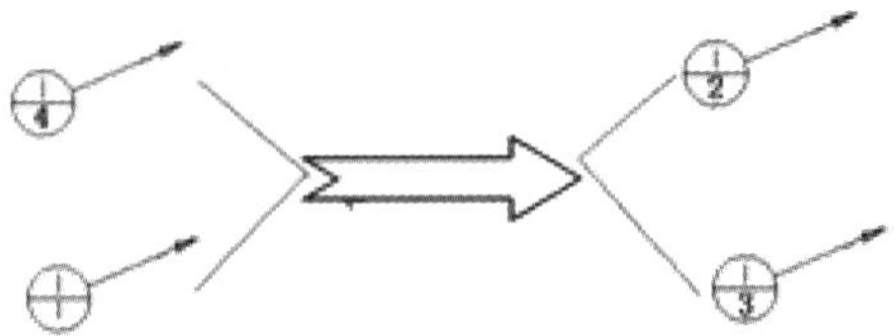

图 16-130　球标分配示例

单击“表”选项卡“球标”面板中的 BOM球标... 按钮，在弹出的菜单管理器中选择“重新分配”命令，选取数量大于 1 的球标，如果分配数量有多种可能性，则需要输入数量，其值等于零部件总数量减去同一零部件上球标的数量。

（11）BOM 球标显示参数。系统默认将 rpt.index 作为球标中的索引区域，可以单击“表”选项卡“球标”面板中的 BOM球标... 按钮，在弹出的菜单管理器中选择“设置参数”命令来为索引区域指定不同的参数。

视频讲解

16.7　综合实例——支座工程图

1. 创建基本视图

（1）打开文件。选择“文件”→“打开”命令，打开资料包中 yuanwenjian\16\zhizuo.prt 文件，如图 16-131 所示。

（2）新建工程图。选择“文件”→“新建”命令，或直接单击工具栏中的“新建”按钮，系统弹出“新建”对话框，在“类型”选项组中选择“绘图”模块，在“名称”输入栏输入文件名 16-1，单击“确定”按钮，系统弹出“新建绘图”对话框。设置“指定模板”为“空”，在图纸“标准大小”栏选择 A4，单击“确定”按钮，进入工程图主操作窗口。

（3）创建主视图。单击“布局”选项卡“模型视图”面板中的“一般”按钮，在页面上选取一个位置作为新视图的放置中心，模型将以 3D 形式显示在工程图中，随即弹出“绘图视图”对话框提示选择视图方向，在“模型视图名”列表框中选择 FRONT 方向，如图 16-132 所示。单击“确定”按钮，结果如图 16-133 所示。

图 16-131　零件模型

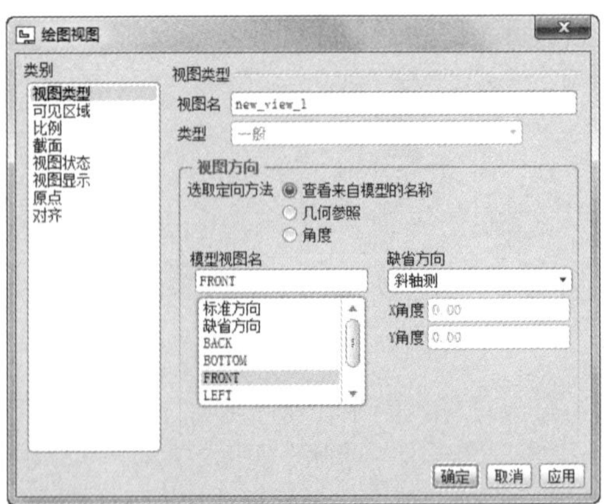

图 16-132　设置主视图方向

（4）创建左视图。单击“布局”选项卡“模型视图”面板中的“投影”按钮，系统提示选择绘图视图的放置中心点，在主视图的右侧选择左视图的放置中心点，左视图随即显示在工程图中，如图 16-134 所示。

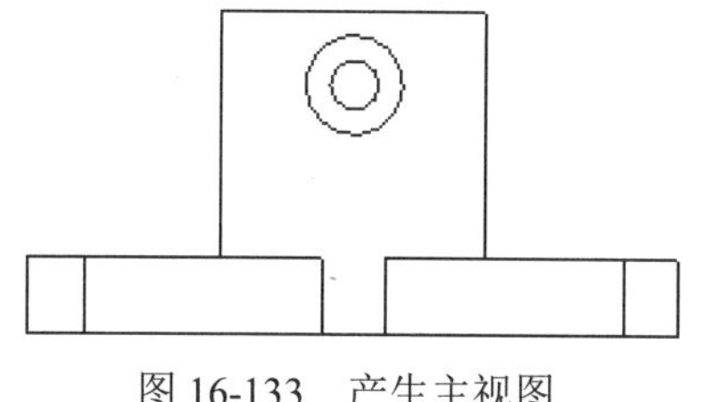

图 16-133　产生主视图

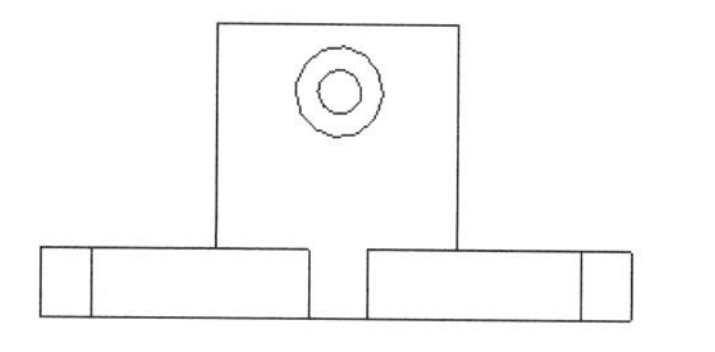

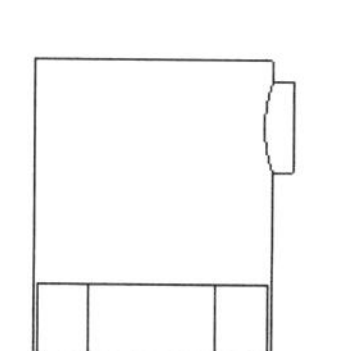

图 16-134　产生左视图

（5）创建俯视图。单击“布局”选项卡“模型视图”面板中的“投影”按钮，系统提示选择绘图视图的放置中心点，在主视图的下部选择俯视图的放置中心点，俯视图随即显示在工程图中，如图 16-135 所示。

（6）创建轴测视图。单击“布局”选项卡“模型视图”面板中的“一般”按钮，在页面上选取一个位置作为新视图的放置中心，系统弹出“绘图视图”对话框，在“模型视图名”栏中不选择任何项，单击“确定”按钮，结果如图 16-136 所示。

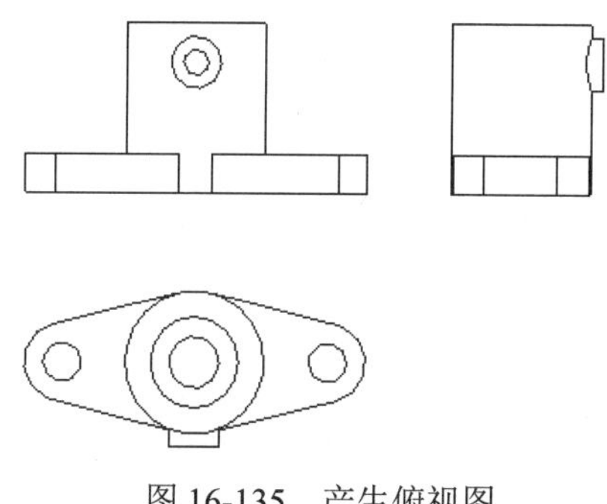

图 16-135　产生俯视图

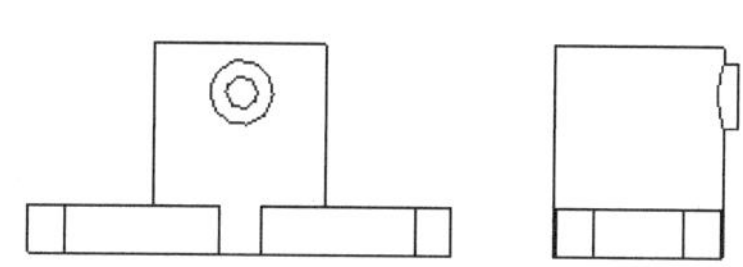

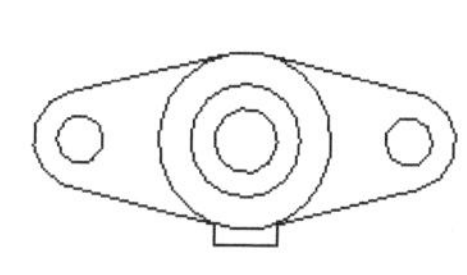

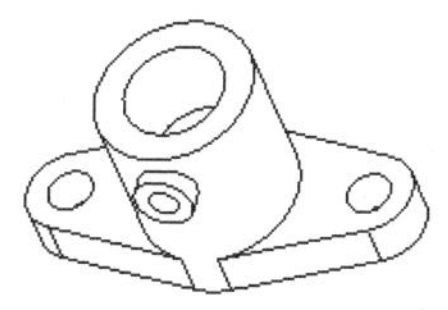

图 16-136　产生轴测视图

2. 创建剖视图

（1）创建全剖视图。用鼠标左键双击主视图，系统弹出“绘图视图”对话框，在“类别”列表框中选择“截面”选项，在“剖面选项”选项组中选中“2D 剖面”单选按钮，如图 16-137 所示。单击“增加截面”按钮➕，系统弹出“剖截面创建”菜单管理器，如图 16-138 所示。

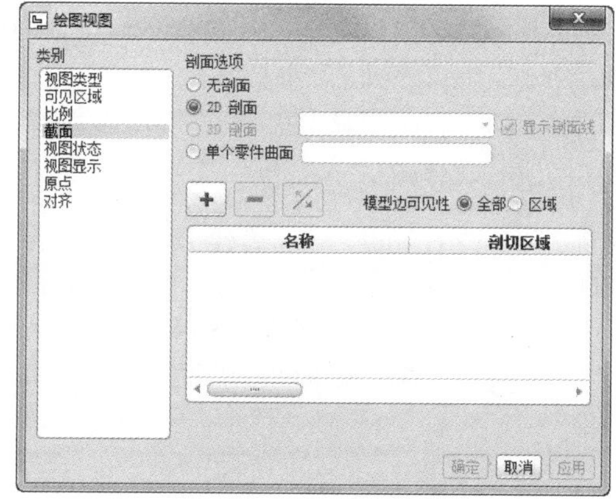

图 16-137　设置剖面选项

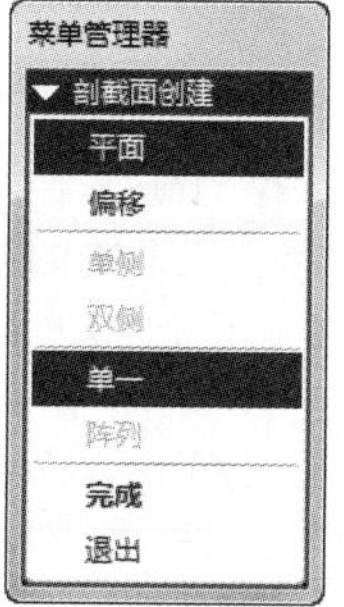

图 16-138　设置剖截面的形式

选择“剖截面创建”菜单管理器中的“平面”→“单一”→“完成”命令，在提示区输入截面名称 A，单击“接受值”按钮✓，如图 16-139 所示。系统提示选择剖截面平面或基准面，打开基准面显示，刷新屏幕，选择俯视图上的基准面 FRONT。单击“绘图视图”对话框中的“确定”按钮，刷新屏幕，结果如图 16-140 所示。

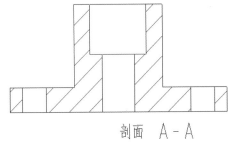

图 16-139　输入截面名

图 16-140　产生全剖视图

（2）创建半剖视图。左键双击左视图，系统弹出“绘图视图”对话框，在“类别”列表框中选择“截面”选项，在“剖面选项”选项组中选中“2D 剖面”单选按钮，如图 16-141 所示。单击“增加剖面”按钮➕，系统弹出“剖截面创建”菜单管理器，如图 16-142 所示。选择“剖截面创建”菜单管理器中的“平面”→“单一”→“完成”命令，在提示区输入截面名称 B，单击“接受值”按钮✓，如图 16-143 所示。

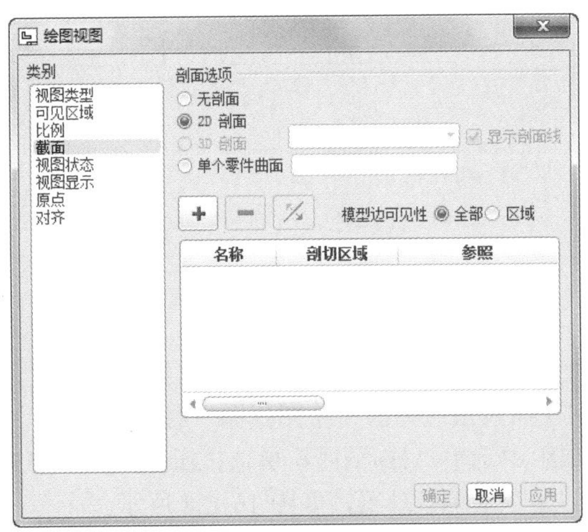

图 16-141　设置剖面选项

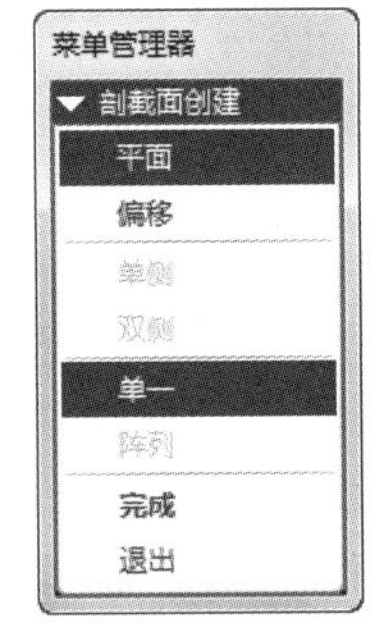

图 16-142　设置剖截面形式

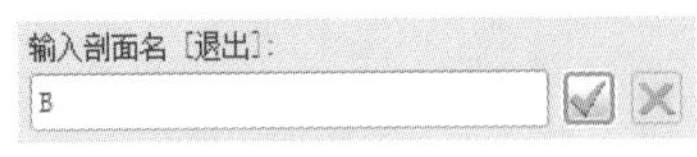

图 16-143　输入截面名

系统提示选择剖截面平面或基准面，打开基准面显示，刷新屏幕，选择主视图上的基准面 RIGHT，如图 16-144 所示。在“绘图视图”对话框中的“剖切区域”栏选择“一半”选项，如图 16-145 所示。系统提示选择半截面参照平面，选择左视图上的基准面 FRONT，如图 16-146 所示。单击半截面参考平面左侧，选择半截面剖切侧为左侧。单击“绘图视图”对话框中的“确定”按钮，刷新屏幕，半剖视图结果如图 16-147 所示。

3. 创建尺寸

（1）创建线性尺寸。单击“注释”选项卡“插入”面板中的“尺寸-新参照”按钮⟼，可以创建

标准线性尺寸。在这里采用依附类型来创建标准线性尺寸，创建时，有 6 种图元选取方式，如图 16-148 所示。

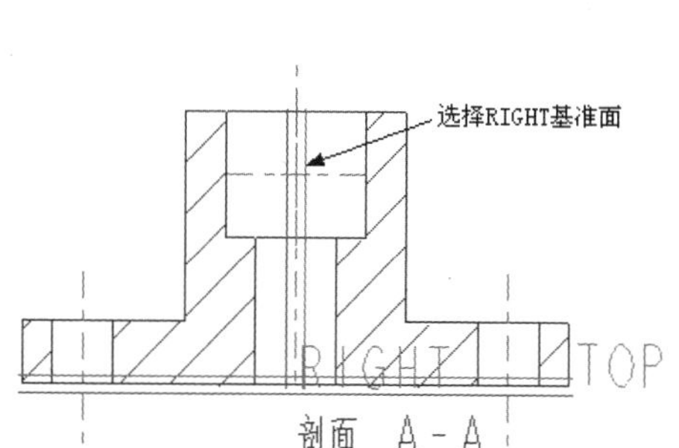

图 16-144　选择基准面

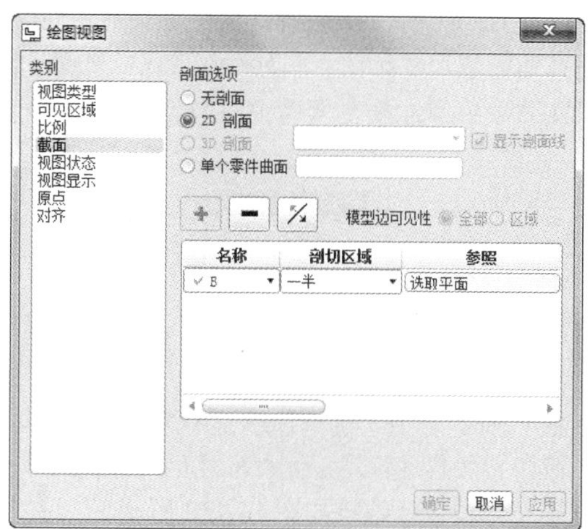

图 16-145　设置剖切区域

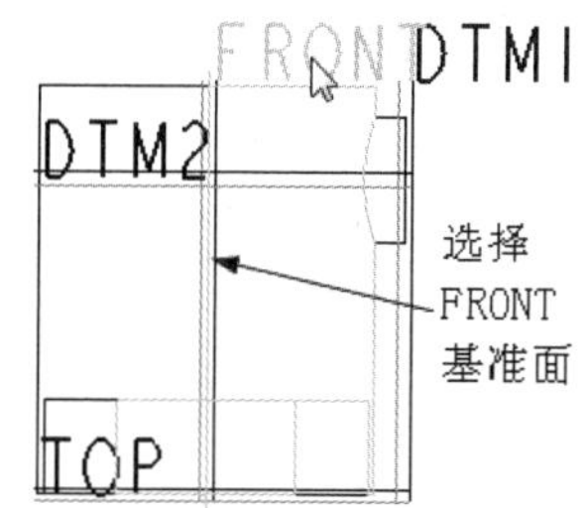

图 16-146　选择半截面参照平面

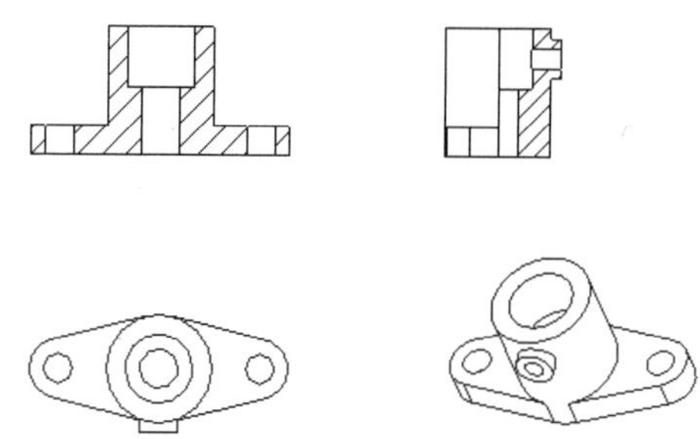

图 16-147　剖视图

❶ 依附类型－图元上。用鼠标左键点选要标注尺寸的图元，系统提示“选取进行尺寸标注的附加图元；中键退出”。单击鼠标中键决定尺寸放置位置，系统提示“选取图元进行尺寸标注或尺寸移动；中键完成”。

如果还想标注其他图元，可以重复上述步骤进行尺寸标注。

单击鼠标中键或单击“选取”对话框中的“确定”按钮完成尺寸标注，此时标注的尺寸还处于选中状态，可以用鼠标移动该尺寸或尺寸组，使得尺寸处于合理位置。结果如图 16-149 所示。

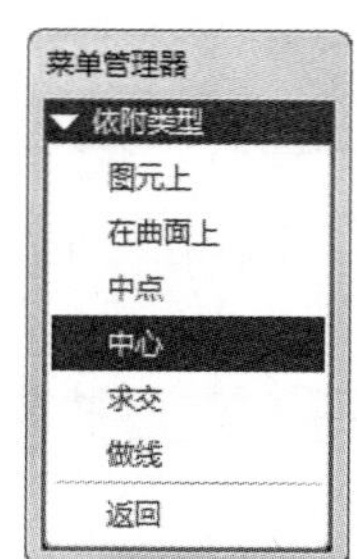

图 16-148　“依附类型”菜单管理器

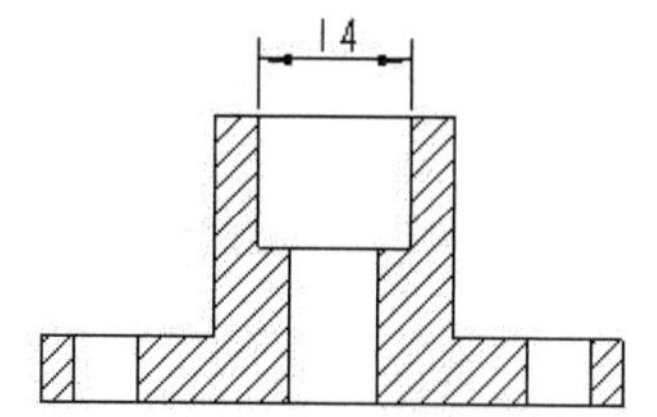

图 16-149　依附类型－图元上

❷ 依附类型－在曲面上。用鼠标左键选取第一个要标注尺寸的曲面，系统提示“选取进行尺寸标注的附加图元；中键退出”。用鼠标左键选取第二个要标注尺寸的曲面，系统提示“选取进行尺寸

Note

标注的附加图元；中键退出”。单击鼠标中键，系统弹出“弧/点类型”菜单管理器，如图 16-150 所示，同时系统提示“请选取中心或相切尺寸类型”。

在“弧/点类型”菜单管理器中选择“相切”命令，单击鼠标中键或单击“选取”对话框中的“确定”按钮完成尺寸标注。此时标注的尺寸还处于选中状态，可以用鼠标移动该尺寸或尺寸组，使得尺寸处于合理位置。结果如图 16-151 所示。

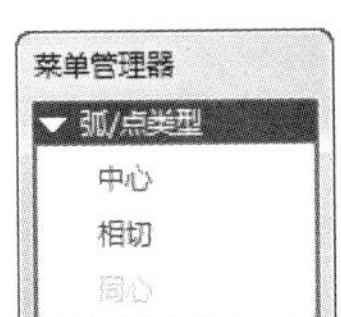

图 16-150 “弧/点类型”菜单管理器

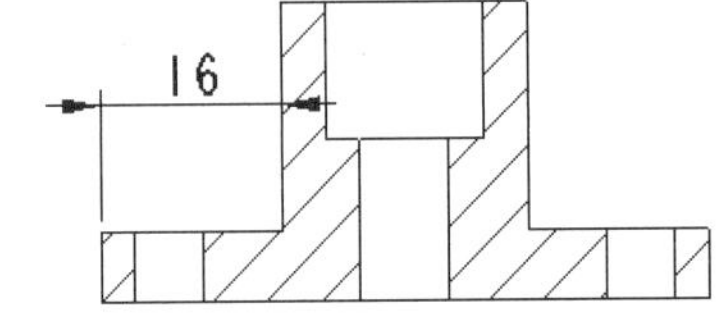

图 16-151 依附类型—在曲面上—相切图

在“弧/点类型”菜单管理器中选择“中心”命令，单击鼠标中键或单击“选取”对话框中的“确定”按钮完成尺寸标注。此时标注的尺寸还处于选中状态，可以用鼠标移动该尺寸或尺寸组，使得尺寸处于合理位置。结果如图 16-152 所示。

❸ 依附类型－中点。用鼠标左键选取第一个图元中点，系统提示“选取进行尺寸标注的附加图元；中键退出”。用鼠标左键选取第二个图元的中点，系统提示“选取进行尺寸标注的附加图元；中键退出”。用鼠标中键选取尺寸放置位置，系统弹出“尺寸方向”菜单管理器，如图 16-153 所示，同时系统提示“选择尺寸方向”。

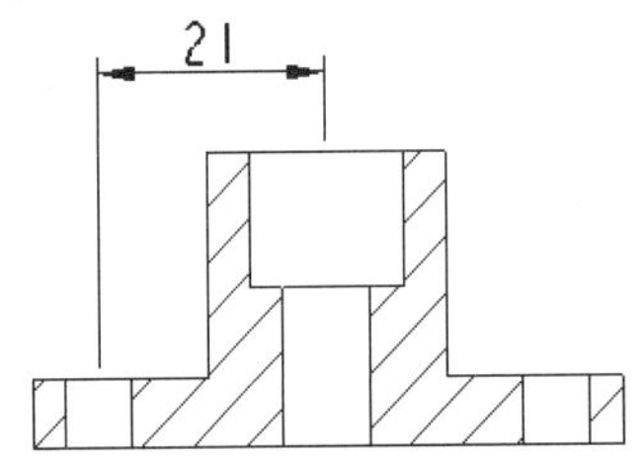

图 16-152 依附类型—在曲面上—中心

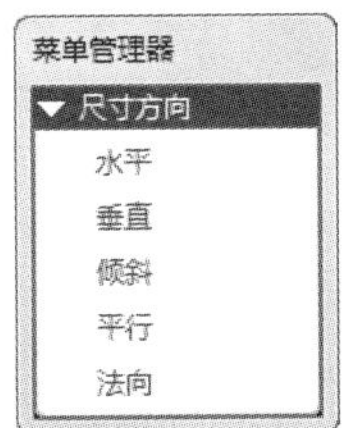

图 16-153 “尺寸方向”菜单管理器

在“尺寸方向”菜单管理器中选择“水平”命令，系统提示“选取图元进行尺寸标注或尺寸移动；中键完成”。

单击鼠标中键或单击“选取”对话框中的“确定”按钮完成尺寸标注。此时标注的尺寸还处于选中状态，可以用鼠标移动该尺寸或尺寸组，使得尺寸处于合理位置。结果如图 16-154 所示。

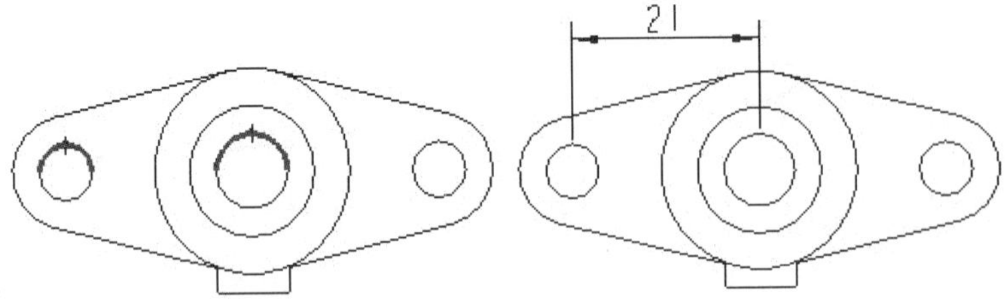

图 16-154 依附类型－中点

❹ 依附类型－中心。标注尺寸时，用左键点选圆形几何，系统会自动捕捉中心点，其余与选择“中点”选项时相同，如图 16-155 所示。选择“中心”选项时，尺寸标注步骤与步骤❸选项相同。

❺ 依附类型－求交。选取第一组第一个图元，再按住 Ctrl 键选取第一组第二个图元，此时第一个交点被标示，系统提示“选取进行尺寸标注的附加图元；中键退出”。选取第二组第一个图元，再

按住 Ctrl 键选取第二组第二个图元，此时第二个交点被标示，系统提示“选取进行尺寸标注的附加图元；中键退出”。

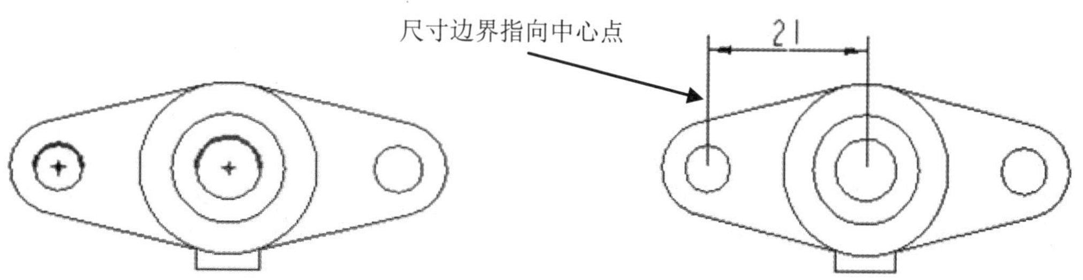

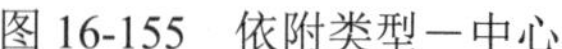

图 16-155　依附类型－中心

用鼠标中键选取尺寸放置位置，系统弹出“尺寸方向”菜单管理器，系统提示“选择尺寸方向”。

在“尺寸方向”菜单管理器中选择“水平”命令，系统提示“选取图元进行尺寸标注或尺寸移动；中键完成”。

单击鼠标中键或单击“选取”对话框中的“确定”按钮完成尺寸标注。此时标注的尺寸还处于选中状态，可以用鼠标移动该尺寸或尺寸组，使得尺寸处于合理位置。结果如图 16-156 所示。

❻ 依附类型－做线。在“依附类型”菜单管理器中选择“做线”命令，系统弹出“做线”菜单管理器，如图 16-157 所示。在“做线”菜单管理器中选择“水平线”命令，系统提示“选取通过其作一水平/垂直尺寸界线的顶点”。鼠标指向要标注的图元的顶点时，该顶点加亮显示，用鼠标单击选取，在顶点处显示如图 16-158 所示的水平双向箭头，系统提示“选取进行尺寸标注的附加图元；中键退出”。鼠标指向要标注的图元的另一顶点时，该顶点加亮显示，用鼠标单击选取，在顶点处显示如图 16-158 所示的水平双向箭头，系统提示“选取进行尺寸标注的附加图元；中键退出”。

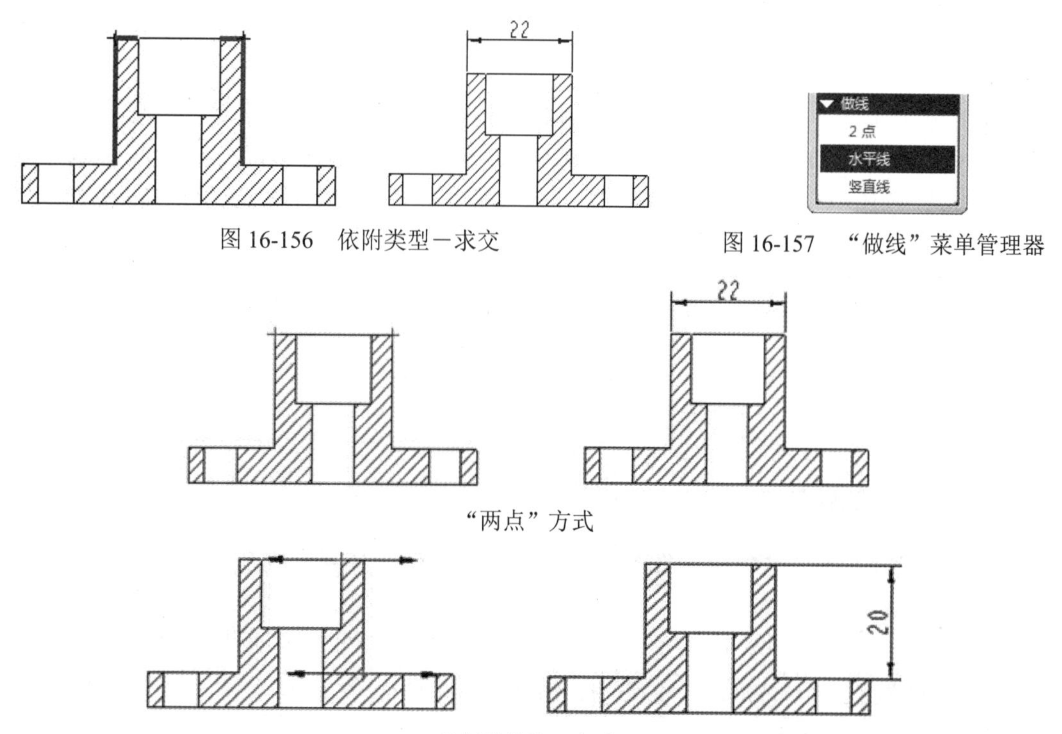

图 16-156　依附类型－求交

图 16-157　“做线”菜单管理器

“两点”方式

“水平直线”方式

图 16-158　标注方式

Note

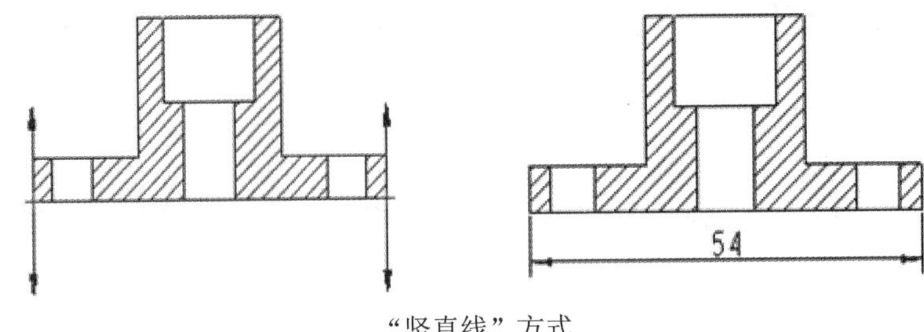

“竖直线”方式

图 16-158　标注方式（续）

用鼠标中键选取尺寸放置位置，系统提示“选取图元进行尺寸标注或尺寸移动；中键完成”。单击鼠标中键或单击“选取”对话框中的“确定”按钮完成尺寸标注。此时标注的尺寸处于选中状态，可以用鼠标移动该尺寸或尺寸组，调整尺寸位置。

（2）创建径向尺寸。创建径向尺寸的方式与创建线性尺寸的方式完全一样，只是选取图元为圆形或弧形几何。

❶ 用鼠标左键在圆或弧上单击，则所标注的尺寸为半径值；如果双击，则所标注的尺寸为直径值，如图 16-159 所示。

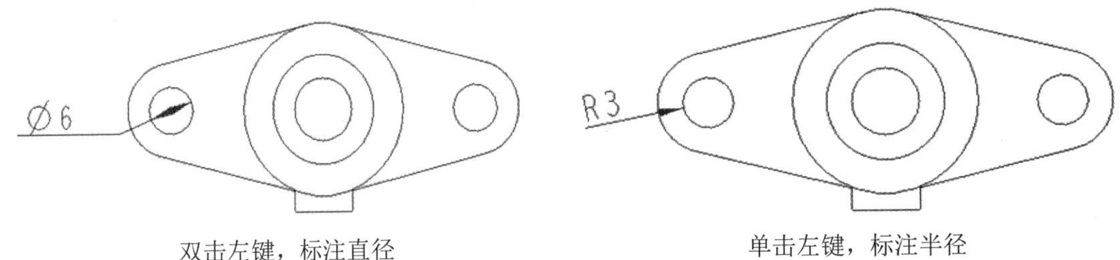

双击左键，标注直径　　　　单击左键，标注半径

图 16-159　径向尺寸标注

❷ 选取两圆，如图 16-161（a）所示。单击鼠标中键选取尺寸放置位置，系统弹出“弧/点类型”菜单管理器，如图 16-160 所示。同时系统提示“请选取中心或相切尺寸类型”。在“弧/点类型”菜单管理器中选择“中心”命令，同时系统弹出“尺寸方向”菜单管理器，系统提示“选择尺寸方向”。

在“尺寸方向”菜单管理器中选择“水平”命令，单击鼠标中键或单击“选取”对话框中的“确定”按钮完成尺寸标注。此时标注的尺寸还处于选中状态，可以用鼠标移动该尺寸或尺寸组，调整尺寸的位置，如图 16-161（b）所示。

菜单管理器
▼ 弧/点类型
中心
相切
同心

图 16-160　“弧/点类型”菜单管理器

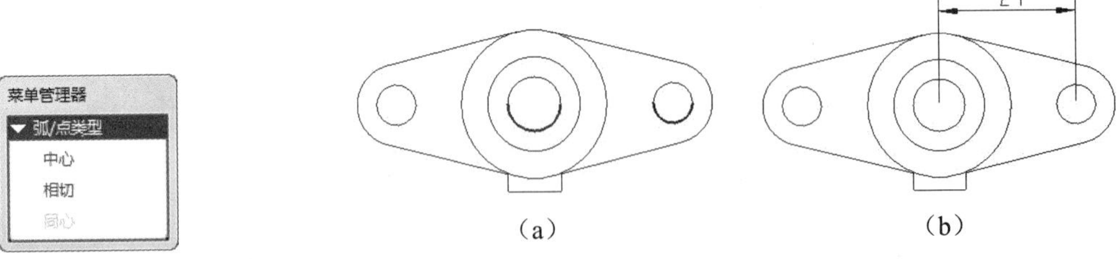

（a）　　（b）

图 16-161　两圆形之间的尺寸标注

用步骤 1 和步骤 2 的标注方法标注其他尺寸，结果如图 16-162 所示。

4. 标注粗糙度和技术要求

（1）创建粗糙度。单击“注释”选项卡“插入”面板中的“表面光洁度”按钮$^{32}\surd$，在弹出的菜

单管理器中选择“检索”命令，如图 16-163 所示。系统弹出“打开”对话框，列出系统提供的基本粗糙度符号文件夹和用户自定义的粗糙度符号，选择不去除材料粗糙度符号文件夹 unmachined 下的 no_value2.sym 符号，单击“打开”按钮，如图 16-164 所示。

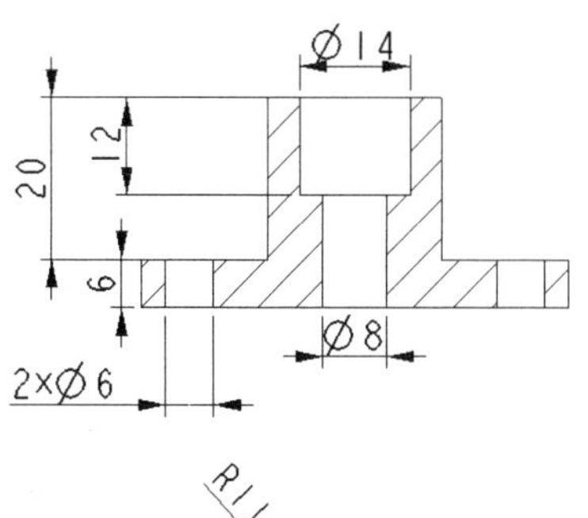

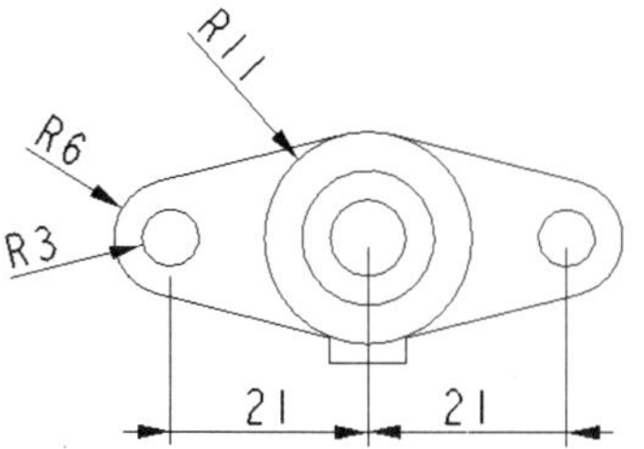

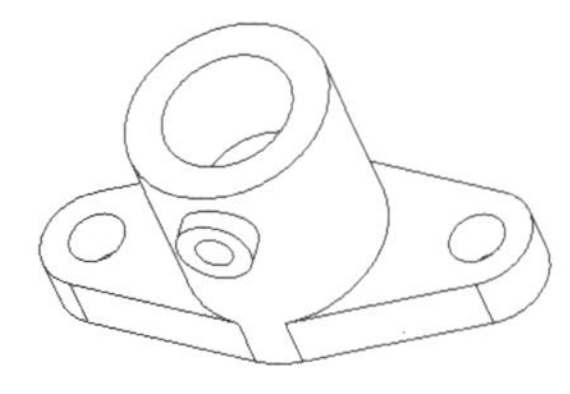

图 16-162　尺寸标注

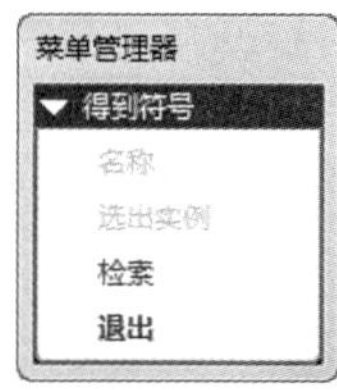

图 16-163　“得到符号”菜单管理器

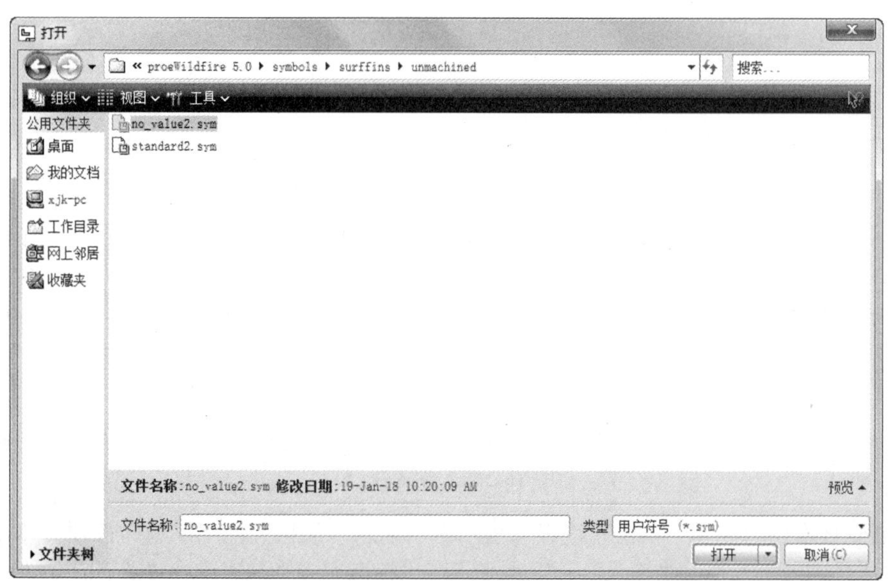

图 16-164　选择粗糙度符号

系统弹出“实例依附”菜单管理器，选择“无引线”命令，如图 16-165 所示。系统提示选择粗糙度符号放置位置，选择适当的空白处放置粗糙度符号。

选择菜单管理器中的“退出”命令，如图 16-166 所示，完成粗糙度符号的放置。产生粗糙度符号的结果如图 16-167 所示。

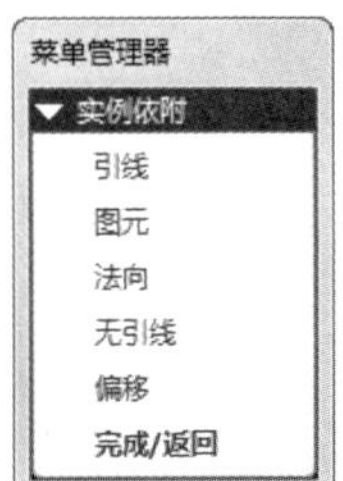

图 16-165　选择依附类型

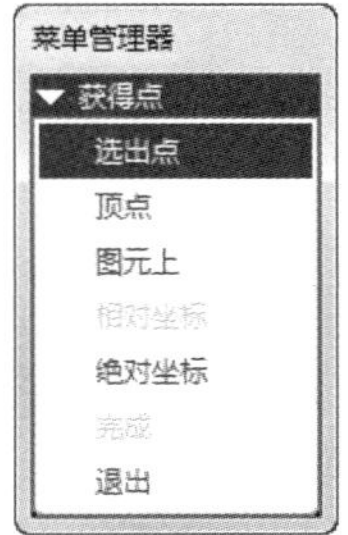

图 16-166　完成粗糙度符号位置放置

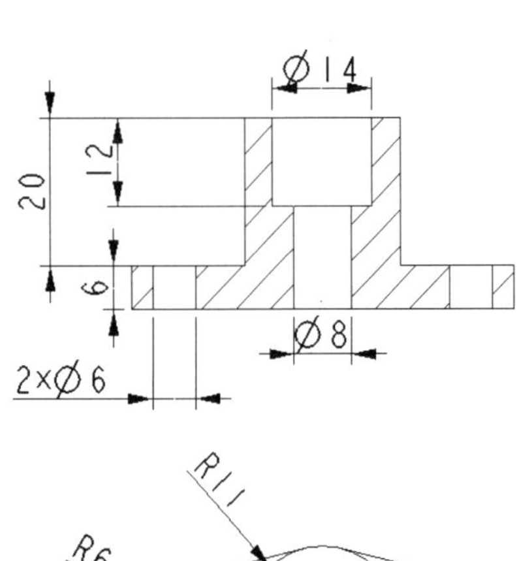

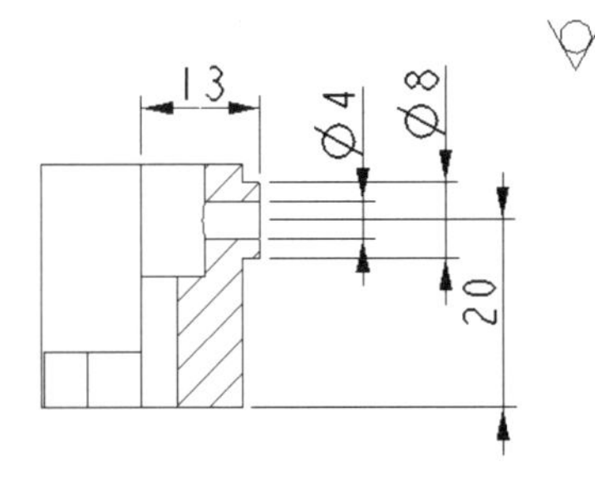

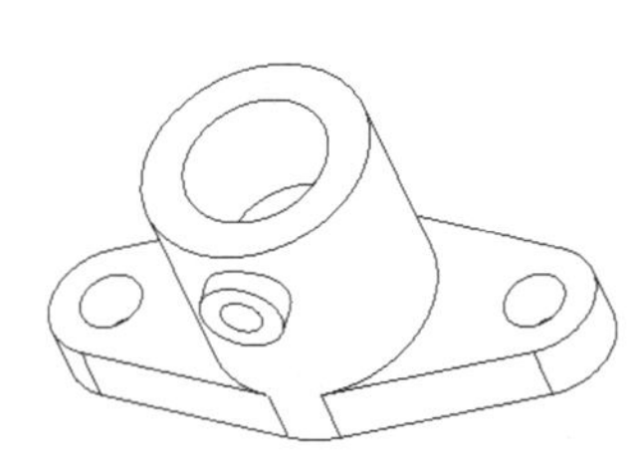

图 16-167　产生粗糙度符号

（2）创建粗糙度注释。单击“注释”选项卡“插入”面板中的“注释”按钮，在弹出的菜单管理器中选择“无引线”→“输入”→“水平”→“标准”→“缺省”→“进行注解”命令。系统提示选择注释放置位置，选择合适的空白处单击鼠标左键。系统提示输入注释文字，在提示区输入“所有表面光洁度”，如图 16-168 所示。单击两次接受值按钮结束注释输入，结果如图 16-169 所示。

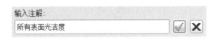

图 16-168　输入注释

（3）创建技术要求注释。单击“注释”选项卡“插入”面板中的“注释”按钮，在弹出的菜单管理器中选择“无引线”→“输入”→“水平”→“标准”→“缺省”→“进行注解”命令。系统提示选择注释放置位置，选择如图 16-170 所示空白处。

在提示区输入注释文字“技术要求”，单击“确定”按钮，如图 16-171 所示。系统提示继续输入

注释，在提示区输入注释文字“1.未注工艺圆角 R2～R4。”，单击“确定”按钮。系统提示继续输入注释，在提示区输入注释文字“2.所有表面喷漆。”，单击确定按钮系统提示继续输入注释，直接单击“确定”按钮，结束注释输入，结果如图 16-172 所示。选择菜单管理器中的“完成/返回”命令结束注释制作。

所有表面光洁度

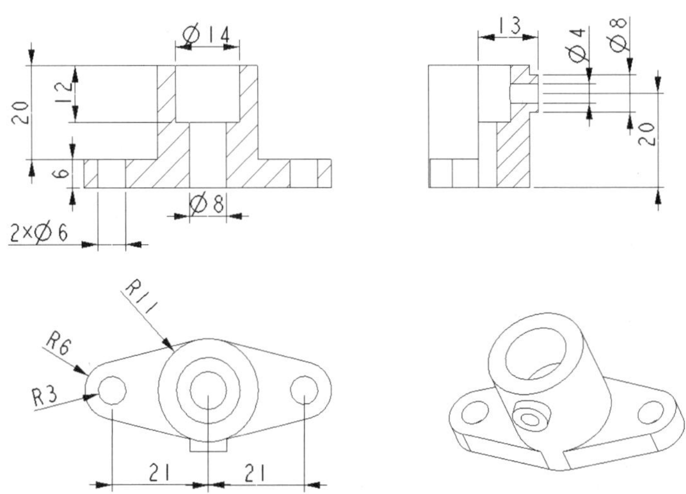

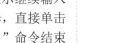

图 16-169　产生粗糙度注释

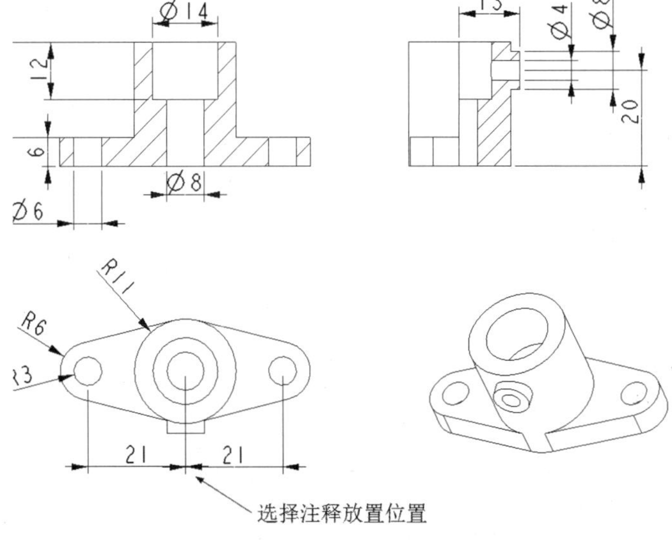

图 16-170　选择注释放置位置

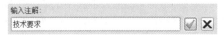

图 16-171　输入注释

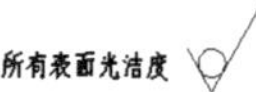

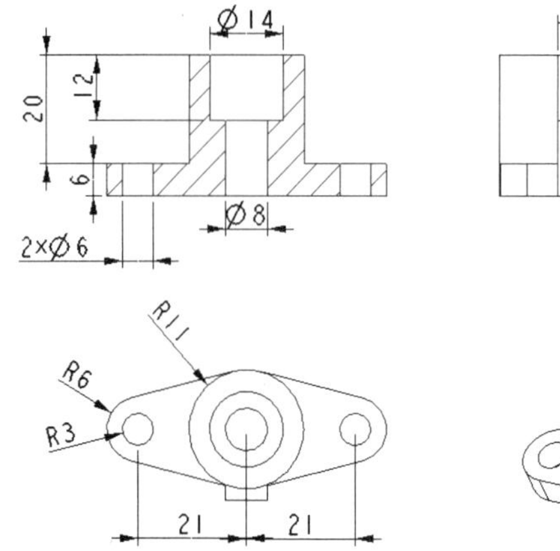

图 16-172　产生注释结果

5. 图框和标题栏

（1）移动工程视图。在绘制图框前先移动视图、技术要求和注释到图纸幅面的合适位置，如图 16-173 所示。

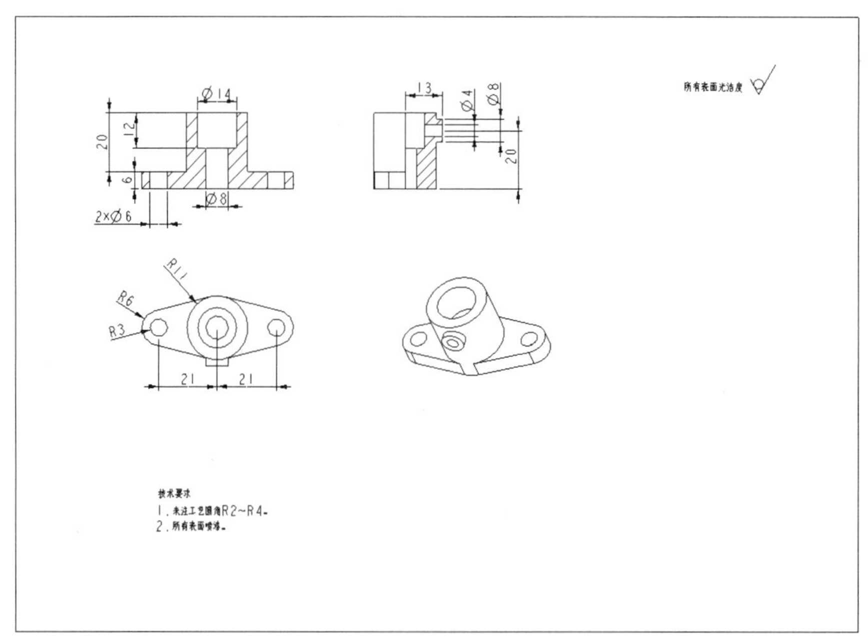

图 16-173　移动视图、技术要求和注释到合适位置

（2）绘制图框。单击“草绘”选项卡“设置”面板中的链按钮来绘制连续线，单击“直线”按钮╲，系统提示选择线的起点，单击鼠标右键，在如图 16-174 所示的快捷菜单中选择“绝对坐标”命令，在如图 16-175 所示的提示输入对话框内输入 X 坐标值 25、Y 坐标值 5，单击“接受值”按钮✓。

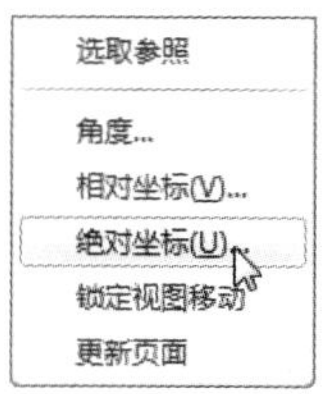

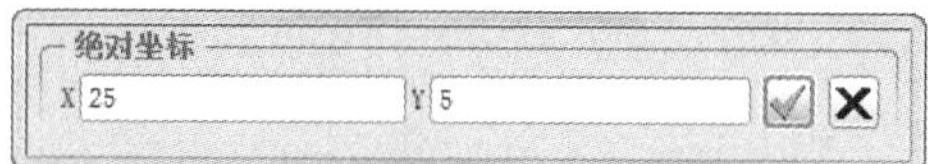

图 16-174　选择“绝对坐标”命令　　图 16-175　输入第一点的绝对坐标值

系统提示输入第二点的坐标，继续单击鼠标右键，在如图 16-176 所示的快捷菜单中选择“绝对坐标”命令，在如图 16-177 所示的提示输入对话框内输入 X 坐标值 292、Y 坐标值 5，单击“接受值”按钮☑。

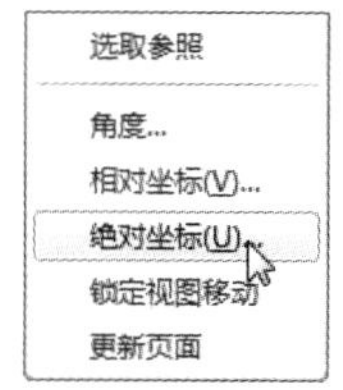

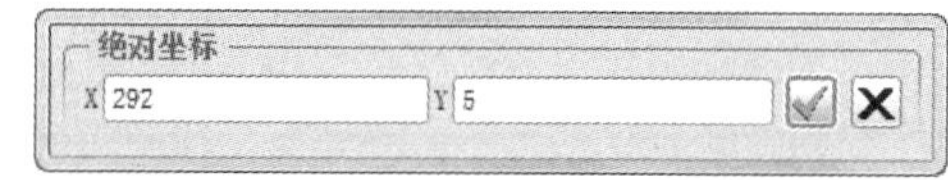

图 16-176　选择“绝对坐标”命令　　图 16-177　输入第二点的绝对坐标值

系统提示输入第三点的坐标，在如图 16-177 所示的提示输入对话框内输入 X 坐标值 292、Y 坐标值 205，单击“接受值”按钮☑。

系统提示输入第四点的坐标，在如图 16-177 所示的提示输入对话框内输入 X 坐标值 25、Y 坐标值 205，单击“接受值”按钮☑。

系统提示输入第五点的坐标，在如图 16-177 所示的提示输入对话框内输入 X 坐标值 25、Y 坐标值 5，单击“接受值”按钮☑。

系统继续提示输入第六点的坐标，双击鼠标中键结束绘制直线命令，结果如图 16-178 所示。

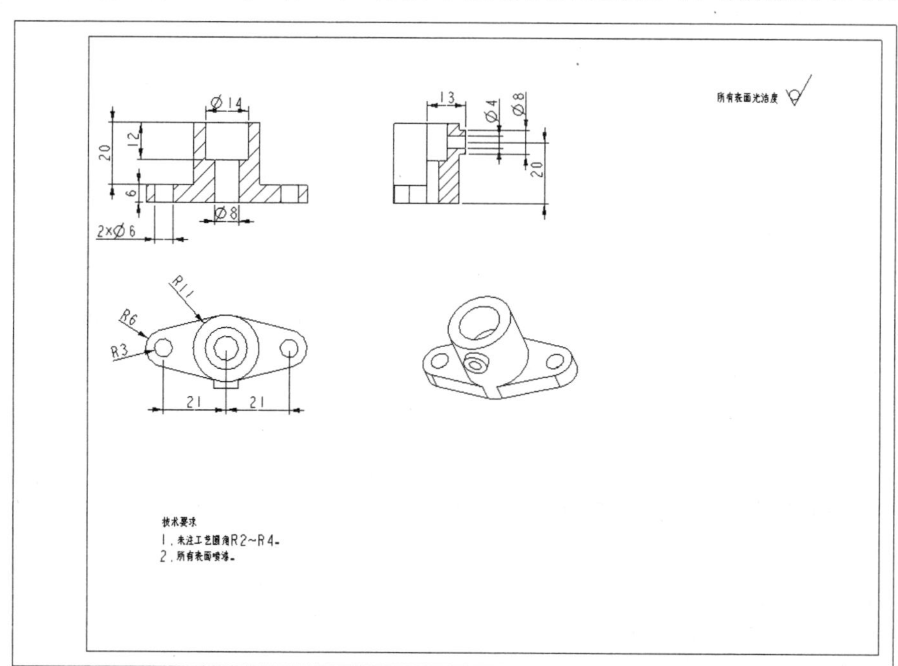

图 16-178　产生装订图框

（3）图框线加粗。按住 Ctrl 键，逐一选择如图 16-179 所示内侧的 4 条线，再单击鼠标右键，在弹出的快捷菜单中选择“线造型”命令，如图 16-179 所示。系统弹出如图 16-180 所示的“修改线造型”对话框，在“宽度”文本框中输入 1.5，单击“应用”按钮，单击“关闭”按钮，结果如图 16-181 所示。

Note

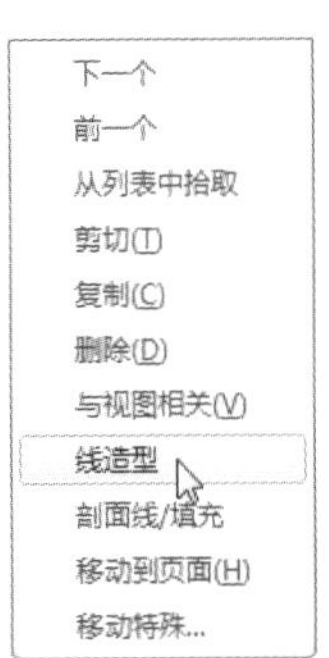

图 16-179　设置图框线型

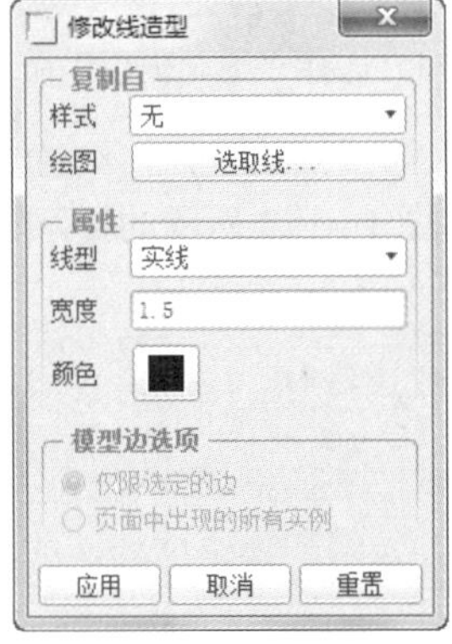

图 16-180　输入线宽

（4）绘制表格。单击“表”选项卡“表”面板中的“表”按钮，在弹出的菜单管理器中选择“升序”→“左对齐”→“按长度”→“绝对坐标”命令，如图 16-182 所示。

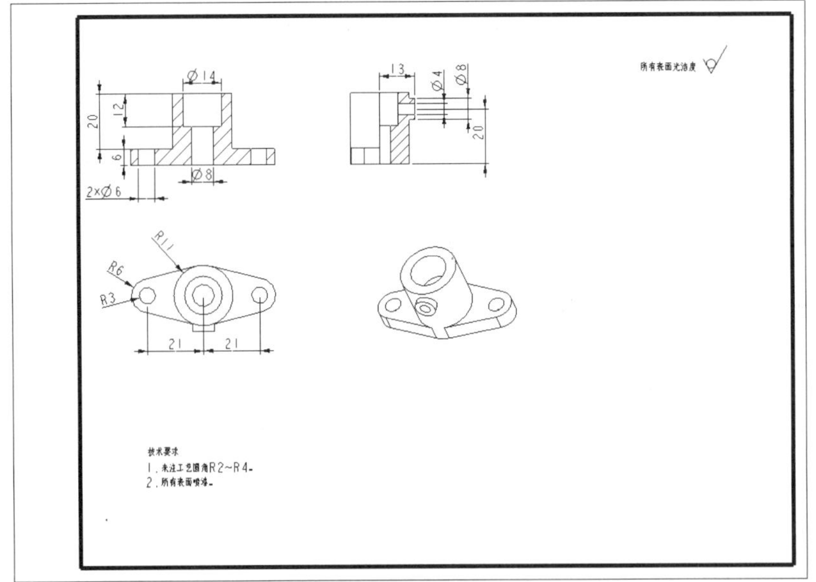

图 16-181　图框加宽

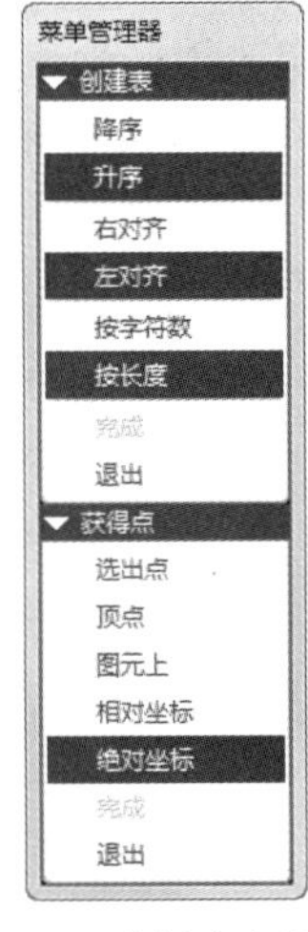

图 16-182　“创建表”菜单管理器

在如图 16-183 所示的提示区输入表右下角的 X 坐标值 292，单击“接受值”按钮。

在如图 16-184 所示的提示区输入表右下角的 Y 坐标值 5，单击“接受值”按钮。

图 16-183　输入表右下角的 x 坐标值

图 16-184　输入表右下角的 y 坐标值

Note

在如图 16-185 所示的提示区输入表第一列的宽度值 23，单击“接受值”按钮✓。

在如图 16-186 所示的提示区输入表第二列的宽度值 12，单击“接受值”按钮✓。

图 16-185　输入表第一列的宽度

图 16-186　输入表第二列的宽度

在如图 16-187 所示的提示区输入表第三列的宽度值 18，单击“接受值”按钮✓。

在如图 16-188 所示的提示区输入表第四列的宽度值 12，单击“接受值”按钮✓。

图 16-187　输入表第三列的宽度

图 16-188　输入表第四列的宽度

在如图 16-189 所示的提示区输入表第五列的宽度值 25，单击“接受值”按钮✓。

在如图 16-190 所示的提示区输入表第六列的宽度值 28，单击“接受值”按钮✓。

图 16-189　输入表第五列的宽度

图 16-190　输入表第六列的宽度

在如图 16-191 所示的提示区输入表第七列的宽度值 12，单击“接受值”按钮✓。

系统继续提示输入下一列的宽度，可以直接单击如图 16-192 所示的“接受值”按钮✓，结束列宽度的输入。

图 16-191　输入表第七列的宽度

图 16-192　结束列宽的输入

在如图 16-193 所示的提示区输入表第一行的高度值 8，单击“接受值”按钮✓。

在如图 16-194 所示的提示区输入表第二行的高度值 8，单击“接受值”按钮✓。

图 16-193　输入第一行的高度

图 16-194　输入第二行的高度

在如图 16-195 所示的提示区输入表第三行的高度值 8，单击“接受值”按钮✓。

在如图 16-196 所示的提示区输入表第四行的高度值 8，单击“接受值”按钮✓。

图 16-195　输入第三行的高度

图 16-196　输入第四行的高度

在如图 16-197 所示的提示区输入表第五行的高度值 8，单击“接受值”按钮✓。

系统继续提示输入下一行的高度，直接单击如图 16-198 所示的“接受值”按钮✓，结束行高度的输入，结果如图 16-199 所示。

图 16-197　输入第五行的高度

图 16-198　结束行高度的输入

（5）单元格合并。单击“表”选项卡“行和列”面板中的合并单元格...按钮，在弹出的菜单管理器中选择“行&列”命令，如图 16-200 所示。

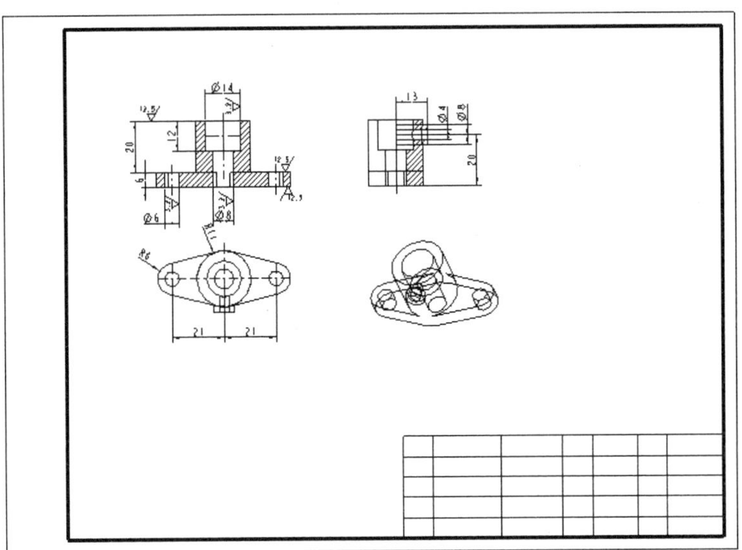

图 16-199　产生表格

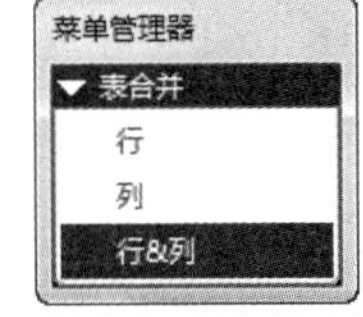

图 16-200　“表合并”菜单管理器

系统提示“为一个拐角选出表单元”，选择如图 16-201 所示左上角表单元格为第一个拐角表单元，系统提示“选出另一个表单元”，选择如图 16-202 所示的对角表单元格，结果如图 16-203 所示。

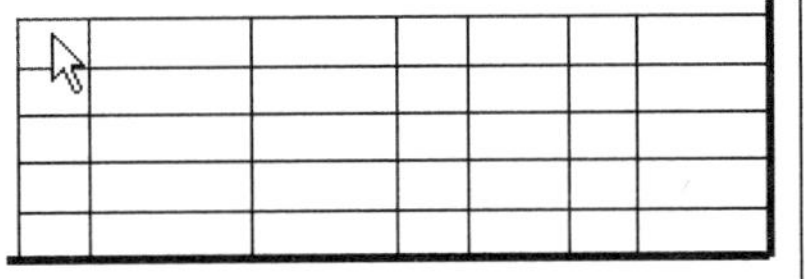

图 16-201　选择第一个拐角表单元

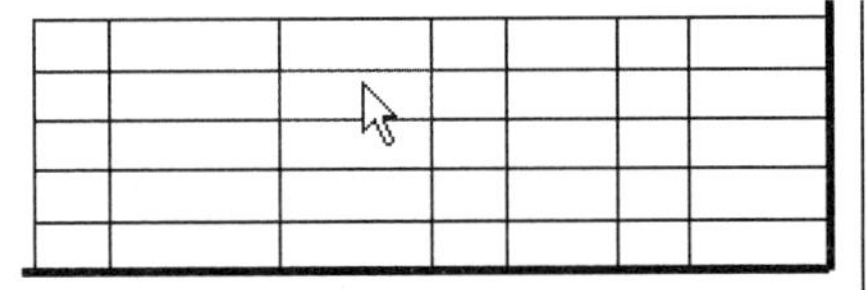

图 16-202　选择另一个表单元

继续选择如图 16-204 和图 16-205 所示的第一个表单元格和对角表单元格，结果如图 16-206 所示。

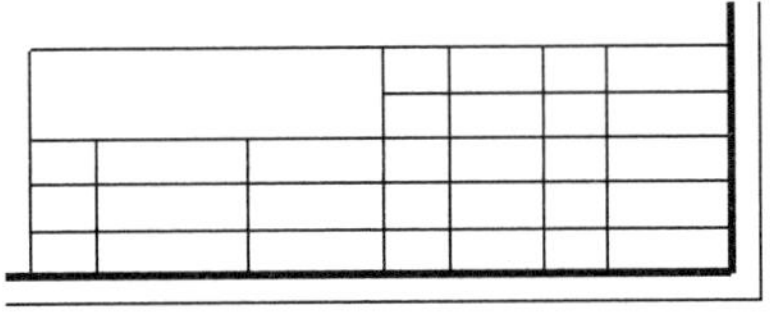

图 16-203　合并结果

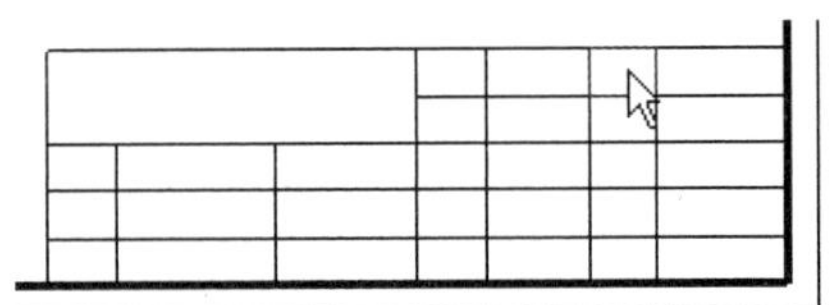

图 16-204　选择第一个拐角表单元

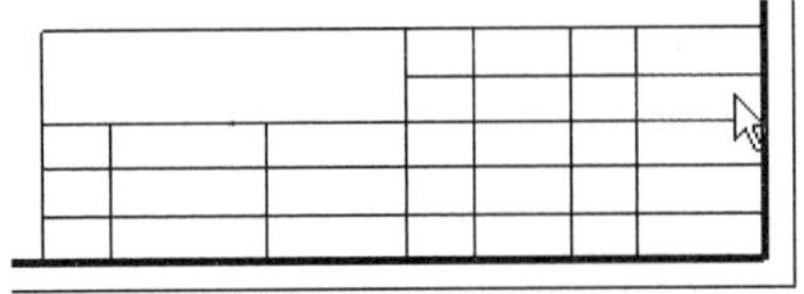

图 16-205　选择另一个表单元

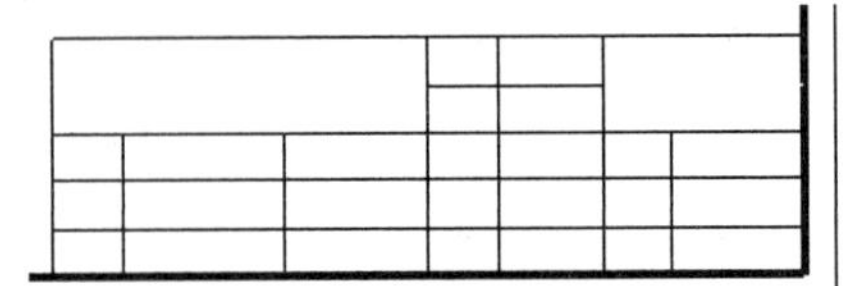

图 16-206　合并结果

继续选择如图 16-207 和图 16-208 所示的第一表单元格和对角单元格，结果如图 16-209 所示，双击鼠标中键结束表单元格的合并。

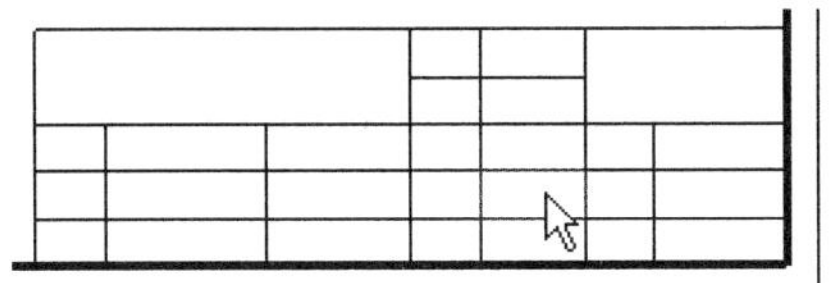

图 16-207　选择第一个拐角表单元

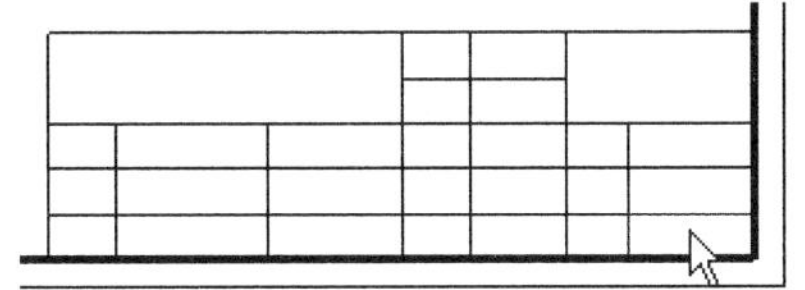

图 16-208　选择另一个表单元

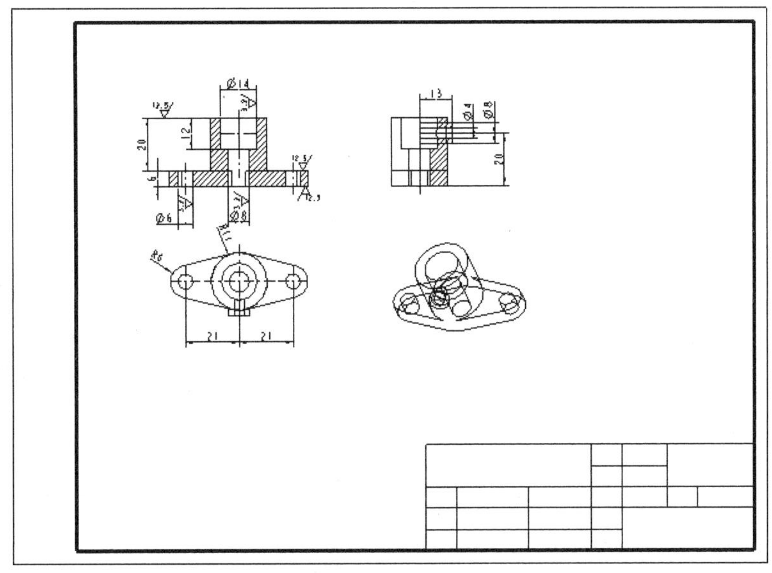

图 16-209　合并结果

（6）创建文字。双击要输入文字的表单元格，系统弹出如图 16-210 所示的“注释属性”对话框。

选择如图 16-211 所示的“注释属性”对话框中的“文本样式”选项卡，这里可以设置字符的字体、高度、宽度和宽度因子等，此外，还可以设置注释/尺寸栏的各项。

图 16-210　“注释属性”对话框

图 16-211　设置文本参数

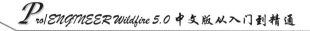

Note

在标题栏需要输入文本的表单元格输入相应的文本，结果如图 16-212 所示。

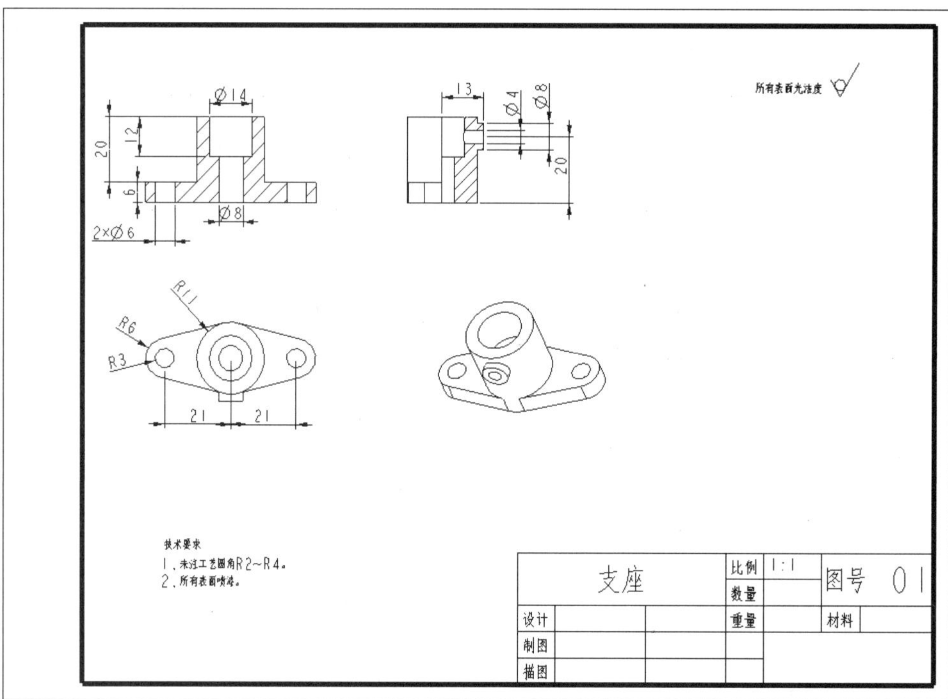

图 16-212　支座工程图

书 目 推 荐（一）

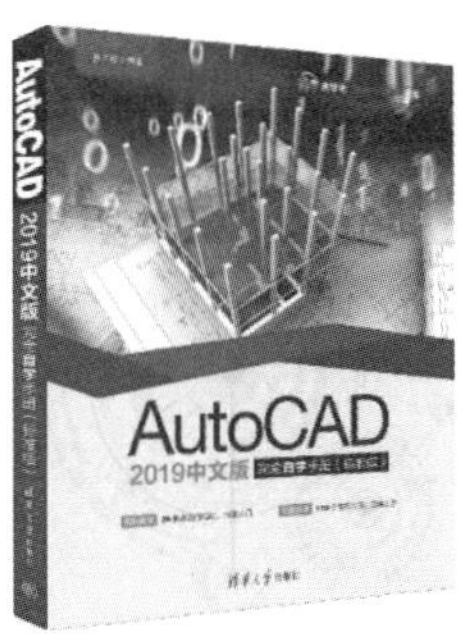

◎ 面向初学者，分为标准版、电子电气设计、CAXA、UG 等不同方向。

◎ 提供 AutoCAD、CAXA、UG 命令合集，工程师案头常备的工具书。根据功能用途分类，即时查询，快速方便。

◎ 资深 3D 打印工程师工作经验总结，产品造型与 3D 打印实操手册。

◎ 选材+建模+打印+处理，快速掌握 3D 打印全过程。

◎ 涵盖小家电、电子、电器、机械装备、航空器材等各类综合案例。

书 目 推 荐（二）

- ◎ 高清微课+常用图块集+工程案例+1200 项 CAD 学习资源。
- ◎ Autodesk 认证考试速练。256 项习题精选，快速掌握考试题型和答题思路。
- ◎ AutoCAD 命令+快捷键+工具按钮速查手册，CAD 制图标准。
- ◎ 98 个 AutoCAD 应用技巧，178 个 AutoCAD 疑难问题解答。

本书编写结构

基础知识 → 中小实例 → 综合实例 → 工程案例

本书学习模式

视频演示 → 实践练习 → 交流辅导 → 视野拓展

ISBN 978-7-302-53980-3
定价：89.80元